최신판 | PROFESSIONAL ENGINEER ELECTRIC APPLICATION

기기술사 시험 대비

전기응용기술

임근하 · 오승용 · 유문석 · 정재만

I권

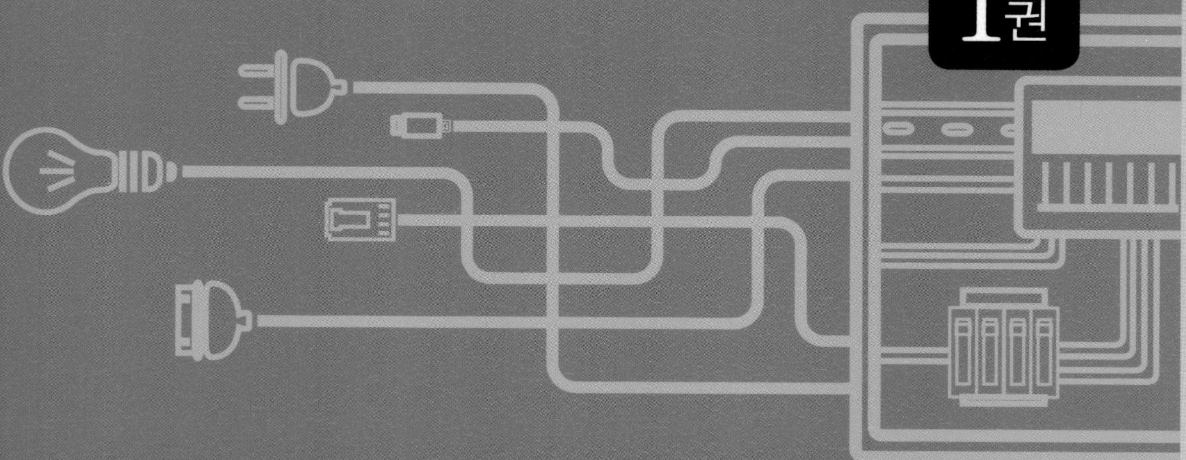

PROFESSIONAL ENGINEER

I권

예문사

최신판 | PROFESSIONAL ENGINEER ELECTRIC APPLICATION

전기기술사 시험 대비

전기응용기술

임근하 · 오승용 · 유문석 · 정재만

I권

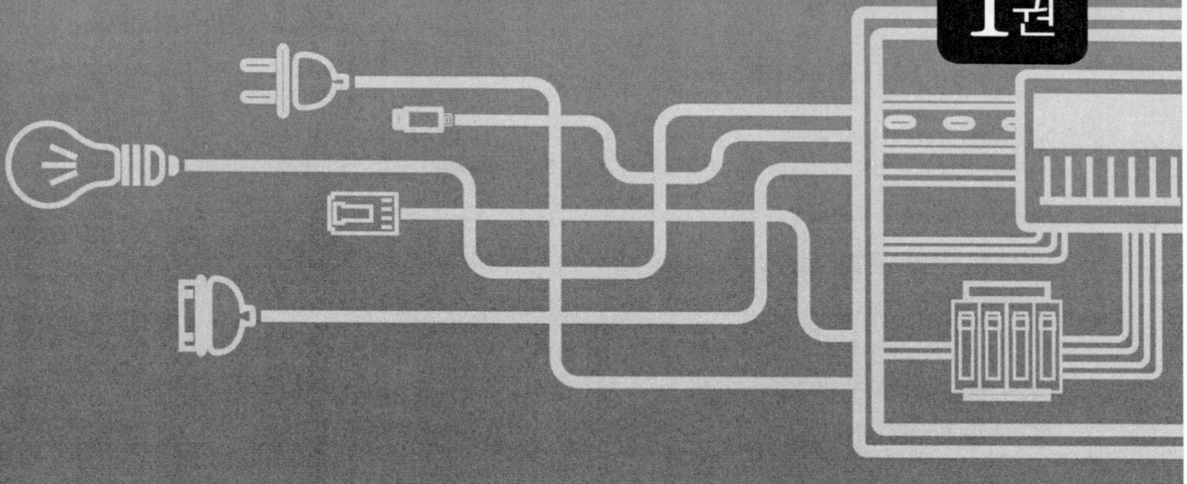

PROFESSIONAL ENGINEER

예문사

I N T R O

머리말

20여 년 전 전기기술사에 합격하려고 밤잠을 설쳐 가며 3년여를 공부하여 전기기술사 2종목을 취득하였고 현재 전기 분야 심의, 강의 등을 하며 매우 바쁜 나날을 보내고 있습니다.

전기기술사는 포기하지 않고 꾸준히 준비하면 누구나 합격할 수 있는 시험입니다. 다만, 점수가 공부 시간에 비례하여 늘어나지만은 않으므로 많은 인내가 필요한 시험이기도 합니다.
전기기술사 합격자들의 평균 공부 시간은 3,000시간 정도이고, 하루에 3시간을 공부한다고 가정하면 3년 정도의 긴 시간이 걸립니다. 물론 개인에 따라 차이는 있겠으나 대동소이할 것입니다.

이 책은 저자들이 전기응용기술사 시험을 준비하면서 작성한 서브 노트 및 기술사 학원 강의를 비롯한 실무경험 등을 바탕으로 핵심 답안을 수정 · 보안하여 수록하였습니다.

다음에서 전기응용기술사 합격 노하우를 몇 가지 소개합니다.

첫째, 범위를 확정하자.

1. 전기응용기술사 시험 출제 범위는 매우 넓어서 어디까지 공부할지 정해야 합니다. 이 책에서는 전기응용기술사의 핵심 문제 위주로 그 범위를 확정하여 수록하였고, 1회성 출제 문제는 가능한 한 배제하였습니다.
2. 이 책에 수록한 문제를 기본 범위로 하고 그 외 내용은 응용하여 답안을 작성할 수 있도록 준비해야 합니다.
3. 기술사 시험은 모범 답안을 보지 않고 쓸 수 있느냐 없느냐에 따라 합격의 당락이 결정되므로 반드시 쓰면서 공부하는 습관을 들여야 합니다. 범위 내에 있는 문제에서 보지 않고도 쓸 수 있는 문제가 많을수록 합격률은 상승합니다.

둘째, 공부 계획표를 작성하자.

1. 공부할 부분에 대한 구체적인 내용 및 시간을 계획하여 실천하는 것이 매우 중요합니다. 매일 공부할 내용과 시간을 정하여 실제 실천하였는지 확인해야 하며, 이렇게 일간, 주간, 월간, 연간의 계획표를 작성하여 계획대로 하고 있는지 체크해야 합니다.
2. 합격하는 데 걸리는 3,000시간을 달성하기 위해 일간, 월간 계획을 어떻게 준비하고 실천하였는지 체크하여야 힘이 나고 자기 반성도 하게 되면서 공부가 우선인 일상으로 변화합니다.

셋째, 자기 관리를 하자.

1. 사전에 주변 사람에게 공부하는 것을 알리고, 특히 가족의 협조를 구하여 합격 전까지는 각종 모임에 참석하지 않고 공부 계획을 지키도록 노력해야 합니다. 어떤 분은 조상님 기일에도 참석하지 않고 2년 만에 합격하셨다는 이야기를 들은 적이 있습니다(TV 시청, 회식, 친목회 등은 반드시 피해야 합니다).
2. 공부가 가장 잘되는 시간을 파악하여 그 시간에 집중하여 공부하여야 효과적입니다.
3. 공부는 머리가 아닌 엉덩이로 하는 것이라고 합니다. 공부하는 데 익숙하지 않은 분들은 보통 3개월 정도 지속적인 습관을 들이면 공부가 일상에 자리 잡게 됩니다.

이상 반드시 지켜야 할 내용만 언급하였고 이를 실천해 보시면 매우 도움이 되리라 생각합니다. 기술사 합격은 더 많이 읽어 보고, 생각해 보고, 써 보고, 고민해 보면서 자기에게 맞는 시험이 올 때까지 꾸준히 준비하면서 기회를 기다리는 데 있습니다.

끝으로 장기간 많은 수고를 해 주신 도서출판 예문사 임직원 및 이 책을 집필하는 데 참고 · 인용한 국내외 전문서적 및 학회지 저자들에게도 깊은 감사를 드립니다. 책에서 오탈자 및 내용의 오기가 있는 부분은 넓은 아량으로 이해해 주시기 바라며 수정해 나가겠습니다.
전기응용기술사를 준비하시는 모든 분들에게 합격의 영광이 있기를 기원합니다.

저 자 일 동

INFORMATION

이 책의 **특징**

전기 분야의 기초 실무 수록

전기 분야에 종사하는 분들이 전기 설비 기기들의 정격사항, 시공 및 설계 시 고려사항 등을 쉽게 이해하도록 수록하였다.

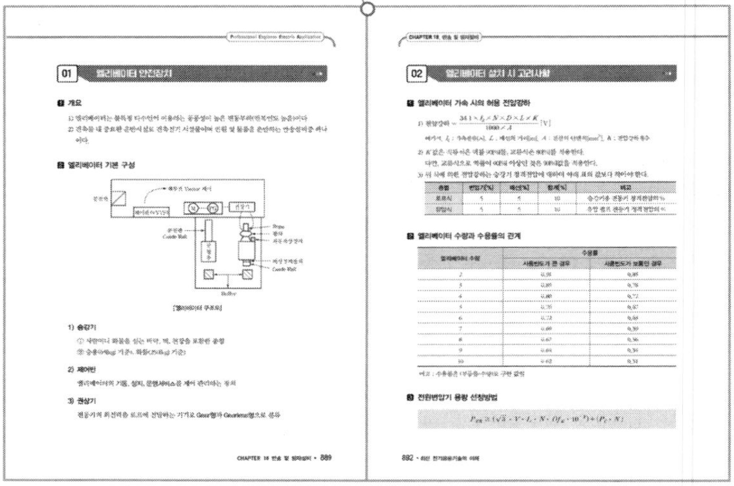

전문 분야 수록

전기응용의 핵심 분야인 전기철도, 조명설비, 전력전자, 신재생에너지 등을 다루어 전기응용만의 전문성을 가질 수 있도록 하였다.

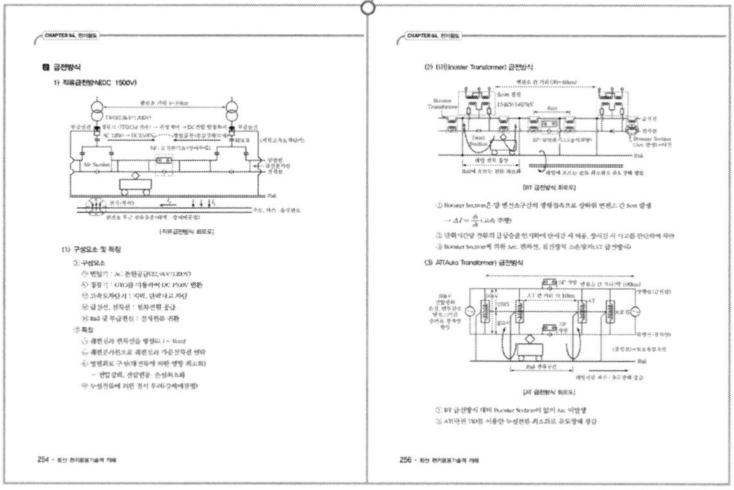

이해를 돕는 표 · 그림 삽입

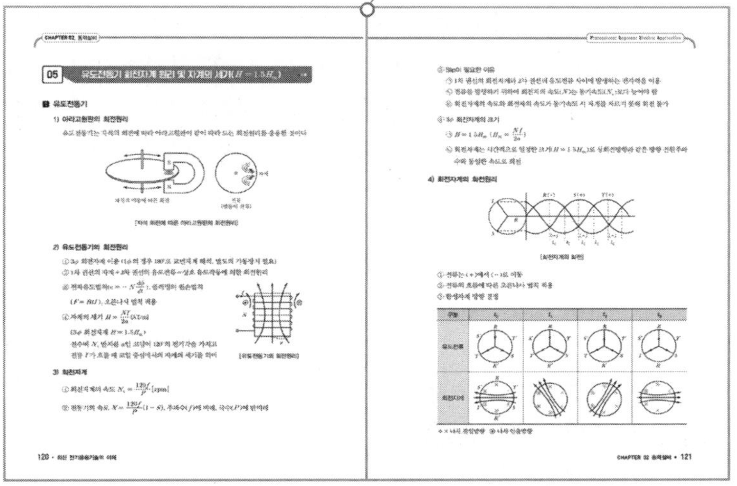

어렵고 복잡한 내용을 이해하기 쉽게 뒷받침해주는 각종 표, 그림, 그래프 등 시각 자료를 풍부하게 배치하였다.

10개년(2011~2020년) 과년도 기출문제 수록

자신이 공부한 내용을 실전처럼 확인할 수 있도록 전기응용기술사의 과년도 시험지를 그대로 수록하였다.

최신 출제 경향 분석

전기응용기술사 출제 경향을 분석하여 조명, 동력, 전열, 전력전자, 전기철도, 신재생에너지, 전기기기 등의 모범 답안을 수록하였고, 최근 중요한 문제가 무엇인지 파악하며 앞으로의 출제 방향을 예측할 수 있도록 구성하였다.

INFORMATION

출제 경향

1 출제 경향 분석

전기응용은 전기분야의 조명, 전동기, 전열, 철도, 수변전설비 등을 다루고 있으며 실무능력과 이론을 이용하여 설계, 감리, 계획, 평가, 심의 등의 업무를 하는 전문가를 전기응용기술사라 한다. 최근 화석연료의 감축, 에너지절감과 신재생에너지의 확대로 신재생에너지, IoT, 분산형전원, 전기자동차, 전기철도, 조명, 동력을 중심으로 시험문제가 출제되므로 기본적인 전기이론을 기초로 학습하고 점차 확대하여 발전설비에서 부하까지 전체적인 전력계통을 그림을 그려가며 학습하는 것이 올바른 방향이다.

[문제 출제 비율]

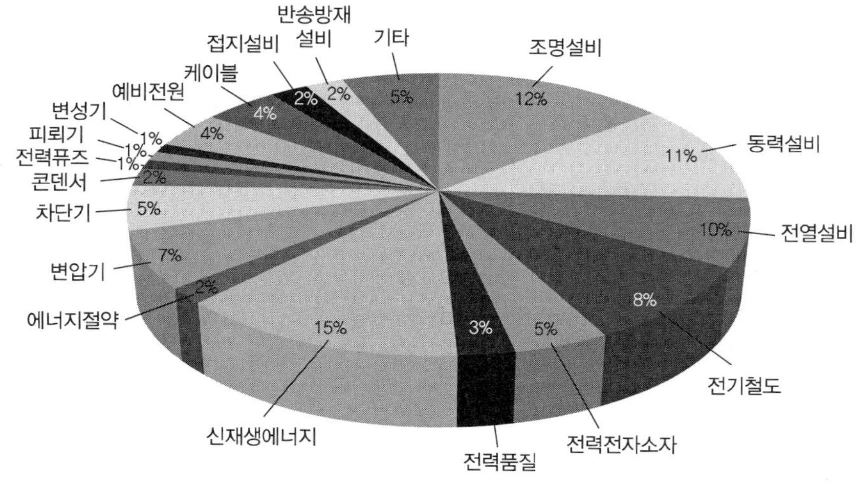

[주요 과목 출제 추이]

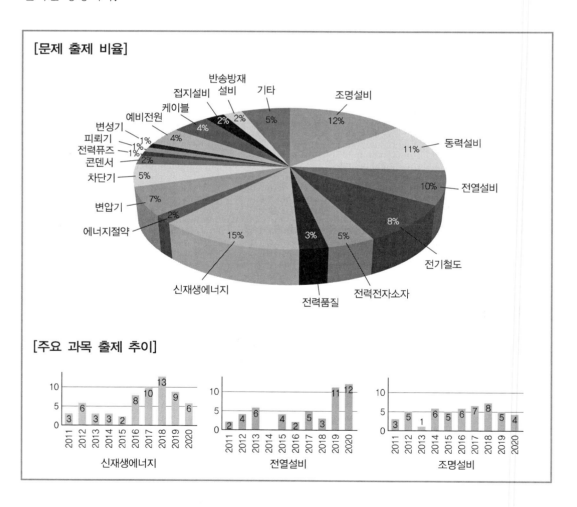

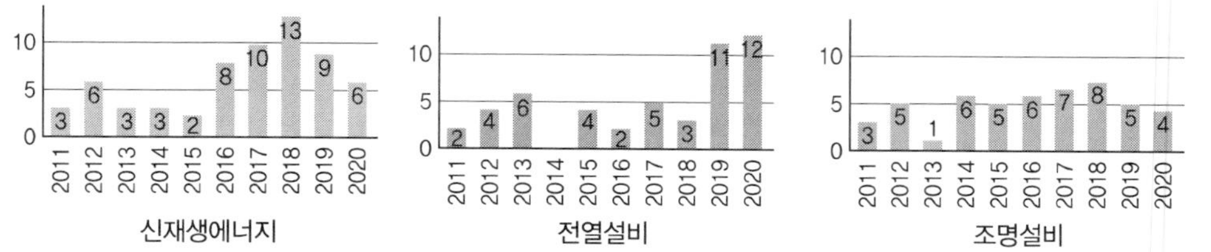

2 출제 빈도표(2011~2020)

구분	2011	2012	2013	2014	2015	2016	2017	2018	2019	2020	합계	비율(%)
조명설비	3	5	1	6	5	6	7	8	5	4	50	12%
동력설비	2	4	6		4	2	5	3	11	12	49	11%
전열설비	2	5	3	6		5	2	6	4	3	36	8%
전기철도	8	3	1	2	3	3	4	7	6	6	43	10%
전력전자소자	3	1	2	1	1	2	3	3	1	3	20	5%
전력품질			2	2	3	2	1		3	1	14	3%
신재생에너지	3	6	3	3	2	8	10	13	9	6	63	15%
에너지절약	3		1		1		2	1	2		10	2%
변압기	2		1	4	1	1	8	4	6	5	32	7%
차단기	2		2	2	3		3	2	4	3	21	5%
콘덴서	1	1	2		1					2	7	2%
전력퓨즈							1		1	2	4	1%
피뢰기							2	1	1	2	6	1%
변성기			1	1	1			1		1	5	1%
예비전원	1	1		2	1		1	4	3	2	15	4%
케이블		2	1		2		3	3	2	5	18	4%
접지설비		1	2		1		3	1		2	10	2%
반송방재설비			2	1			1	2	1	1	8	2%
기타	1	2	1	1	2	2	6	3	3	2	23	5%
합 계	31	31	31	31	31	31	62	62	62	62	434	100

출제 기준

• 직무분야 : 전기 · 전자	• 중직무분야 : 전기	• 자격종목 : 전기응용기술사	• 적용기간 : 2019. 1. 1 ~ 2022. 12. 31
• 직무내용 : 전기응용에 관한 고도의 전문지식과 실무경험을 바탕으로 직류기, 교류기, 변압기, 전력변환장치, 전기응용기기 등에 대한 진단 및 시험, 전기기기 및 설비의 설치 · 시공에 관한 공사지도 및 감독수행			
• 검정방법 : 단답형/주관식 논문형[4교시, 400분(1교시당 100분)]/구술형 면접시험(15~30분 내외)			

필기과목명	주요항목	세부항목
직류기, 교류기, 변압기, 전력변환장치, 개폐기, 차단기, 제어기기, 보호기기, 전열전기화학, 전기철도, 조명, 자동제어 등과 고전압기술, 전동력응용, 전기응용기기, 전기응용장치 및 전기재료에 관한 사항	1. 직류기	1. 직류전동기(직류직권, 분권, 복권 전동기) • 직류전동기의 특성(스타터, 속도제어, 토크, 효율 및 적용) • 직류전동기의 속도제어 및 토크의 특성 비교
	2. 교류기	1. 유도전동기의 토크, 속도제어방식, 손실 및 효율특성 2. 동기전동기의 토크, 속도제어방식, 손실 및 효율특성
	3. 변압기	1. 변압기 원리 및 이론 등 2. 변압기의 손실 및 효율 개선방법 • 무부하손, 동손, 철손, 히스테리시스 및 Eddy-Current 등에 대한 설명 3. 변압기 종류, 특성, 고장원인 및 대책 4. 변성기의 종류, 특성 및 활용 등 5. 변압기 설계, 제작, 설치, 유지관리 등
	4. 전력변환장치	1. 비상용 발전기 및 부하분담, 가버너 등 2. UPS(Uninterruptible Power Supply)의 종류 및 회로동작 설명 • UPS의 종류, 특성 및 효율 3. 전력용반도체 디바이스의 종류, 특성 및 용도 • 다이오드, 다이리스터, GTO, Bipolar-Transistor, MOS-FET, IGBT 등 4. 인버터, 컨버터, 초퍼 등에 대한 회로 및 구동방식, 응용분야 등 5. AVR 6. SMPS(Switching Mode Power Supply)의 종류, 동작특성, 장단점 설명 • 자려식 및 타려식 회로, 동작특성 및 장단점 • 제어방식(펄스폭제어, 전압제어, 전류제어, 혼합제어)
	5. 개폐기	1. 개폐기 일반 2. 퓨즈 3. DS(Disconnect Switch), ASS(Auto Sectionalized Switch) 등
	6. 차단기	1. 차단기 일반(차단기의 종류와 장단점 비교 등) 2. 차단원리 및 차단용량 등 3. 가스차단기, 진공차단기, 공기차단기 상세 등 4. 배선용차단기 및 누전차단기 5. GIS

필기과목명	주요항목	세부항목
직류기, 교류기, 변압기, 전력변환장치, 개폐기, 차단기, 제어기기, 보호기기, 전열전기화학, 전기철도, 조명, 자동제어 등과 고전압기술, 전동력응용, 전기응용기기, 전기응용장치 및 전기재료에 관한 사항	7. 제어기기	1. 제어기기의 노이즈 대책 • 노이즈방지용 소자(라인필터, 서지업소버, 바리스터, R-L-C 회로, 제너다이오드, 어레스터 등) • 회로구성 및 장단점 설명 2. 전자회로 및 제품의 정전기방지 대책 및 ESD • 전자파 차폐회로구성 및 전기적 차폐(동박절연), 자기적 차폐(자설재료차폐) 등 • ESD(Electro Static Discharge)로 정전기방전에 대한 내성시험 고저압의 방전전압을 시험품에 방전시켜 정상동작 확인 3. DCS와 PLC 개요 • 구성모듈(하드웨어) • 구성 소프트웨어 • 사용경험(확인 검증 방법 등) 4. 지능형 전력망 설비 • 지능형 소비자 전기설비 구축 • 지능형 소비자 시스템 구축 • 신재생 계통연계 설비 구축
	8. 보호기	1. LA, SA, VD 2. 보호계전기 3. 보호협조
	9. 전열전기화학	1. 전열방식의 종류, 특성 적용 시 장단점 • 유전가열, 유도가열, 마이크로파가열, 적외선가열 등 • 가열방식에 따른 장단점 및 효율성 2. 2차전지의 종류 및 특장 장단점 • 리튬이온전지, 니켈-카드뮴전지 등 3. 전기로 및 전기용접기 분야 4. 연료전지분야
	10. 전기철도	1. 전기철도 설계 · 감리 2. 전기철도 시공 3. 전기철도 시설물 유지보수 4. 전철에서 전식(Electrolytic Corrosion) 발생 및 방지방법 • 궤한회로에 의한 발생 • 전철 측에 의한 지중관매설법에 의한 발생 등 5. 최신 전기철도 방식 • 고속전철/자기부상열차 등의 개념
	11. 조명	1. 조명일반 • 명시론, 조명의 요건, 발광원리, 조도기준, 조명방식 등 • 용어 정의 등 : 광속, 공효율, 휘도, 조도, 균제도, 광속유지율 등 2. 광원 • 조명용 광원 - 형광등 및 전자식안정기의 종류, 특성, 수명 및 효율 등 - 고효율형광등, CCFL, EEFL, 무전극등, LED등, MH등, 수은등 등

출제 기준

필기과목명	주요항목	세부항목
직류기, 교류기, 변압기, 전력변환장치, 개폐기, 차단기, 제어기기, 보호기기, 전열전기화학, 전기철도, 조명, 자동제어 등과 고전압기술, 전동력응용, 전기응용기기, 전기응용장치 및 전기재료에 관한 사항	11. 조명	• 산업용 광원 – 자외선 방사광원 및 적외선 방사광원 – 기타 목적용 인공광원 3. 조명기구 : 재료, 형태, 구조 등 4. 조명기기의 에너지 절감 및 고효율화 • 고효율램프, 전자식 안정기, 등기구, 고조도 반사갓 등 • 조명설계 : 조명시스템, 조도계산(조명율, 반사율, 보수율 등) 등 • 조명방식 설계 : 도로, 터널, 경관조명 등 • 조명자동제어 5. 기타 조명응용 관련사항 : 고압방전램프, LED, EL램프 특성 등
	12. 자동제어	1. 자동제어 일반 : 구성 및 흐름도, 시퀀스제어 및 용어 등 2. 통합자동제어 설비 • 직접부하제어(DDC)란(동작특성, 활용도 및 특장점) • 용어정의 및 설명[리던던시(Redundacy), 디레이팅(Derating), 페일세이프(Fail–Safe), 고장수명(MTBF 또는 MTTF)] 3. 감시제어 설비(계장제어설비, 주차관제설비, 호텔객실관리설비 등) 등 4. 기타 자동제어 관련사항
	13. 고전압기술	1. 고전압응용장치의 원리와 종류, 적용개소 및 특징 설명 • X–선장치, 전기집진, 정전도장, 전기공기청정기, 전기훈제, 전시선별, 방전가공 등
	14. 전동력응용	1. 전동기 일반 • 전동기의 종류, 특성, 응용 등 • 특수 전동기 – 브러시리스 모터 – 리니어 모터 – 스테핑 모터 – 비동축 전동기 등 2. 공조용 동력, 급배수 위생용 동력, 펌프용 전동기(히트펌프 등) 3. 승강기(엘리베이터, 에스컬레이터, 수평보행기) 4. 전동기 용량 산정 5. 전동설비의 감시제어(MCC 등) : 기동방식, 운전방식 등
	15. 전기응용기기	1. 신재생에너지에 대한 원리, 구조 및 특성 • 태양광발전, 풍력발전, 조력발전, 지열발전, 연료전지발전 등 • 발전시스템 : 독립형, 계통연계형 • 전기자동차 전원공급 설비 등 2. 전기안전 및 방폭 관련 사항
	16. 전기응용장치 및 전기재료	1. 피에조(Piezo) 특성, 재료 및 용도에 대한 설명 • 피에조(압전) 효과, 동작원리 설명 • 재료 • 공진자, 압력계, 액튜에이터, 마이크로폰 등 2. 절연재료 및 신소재(특성 및 열화방지대책) 3. 전선 및 케이블 4. 전기기기의 고장원인 및 예방대책

CONTENTS

차 례

제1권

제2권

CONTENTS

차례

CHAPTER 01 조명공학

CHAPTER 02 동력설비

CONTENTS

차 례

CHAPTER 03 전열공학

CHAPTER 04 전기철도

CHAPTER 05 전력전자소자와 전기응용

CONTENTS

차 례

CHAPTER 06 전력품질

CHAPTER 07 신재생에너지

CHAPTER 08 에너지 절약

CHAPTER

01

조명공학

01 조명의 측광량 단위

1 측광량 단위

1) 방사속(Radient Flux)

① 단위 시간에 일정 면을 통과하는 방사 에너지의 총량

② 기호 : ϕ, 단위 : [W]

2) 광속(Lumious Flux)

① 가시범위 내의 방사속, 단위시간에 통과하는 광량, 사람의 눈에 보이는 빛

② 기호 : F, 단위 : [lm]

3) 광량(Quanity of Light)

① 광속을 시간에 대하여 적분한 것

② 기호 : Q, 단위 : [lm · h]

③ $F = \dfrac{dQ}{dt}$에서 $Q = \int_0^t F \cdot dt$[lm · h]

4) 광도(Luminous Intensity)

① 단위 입체각에 포함된 광속의 수

② 기호 : I, 단위 : [cd], 칸델라

③ $I = \dfrac{F}{\omega}$[cd]

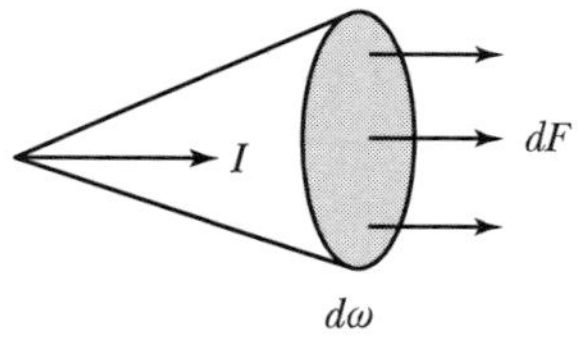

[광도]

5) 조도(Illumination)

① 면의 밝기를 표시한 것. 단위면적당 입사 광속

② 기호 : E, 단위 : [lux, lx]

③ $E = \dfrac{F}{A}$[lm/m^2] 또는 [lx]

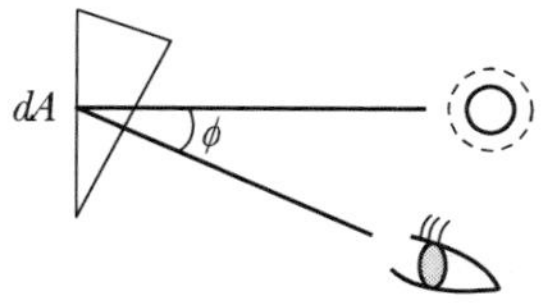

[휘도]

6) 휘도(Luminance)

① 광원이 빛나는 정도와 그 면의 밝기, 광도의 밀도

② 기호 : B, 단위 : [nt] 또는 [sb]

③ $L_{\phi} = \dfrac{I_{\phi}}{dA \cdot \cos\phi}[\mathrm{cd/cm^2}]$

$10{,}000[\mathrm{cd/m^2}][\mathrm{nt}] = 1[\mathrm{cd/cm^2}][\mathrm{sb}]$

7) 광속발산도(Luminous Radiance)

① 어느 면의 단위면적당 발산광속, 발산광속의 밀도

② 기호 : M 또는 R, 단위 : [rad lux] 또는 [asb]

③ $M = \rho E$, $M = \tau E$, $M = \alpha E[\mathrm{rlx}]$

여기서, E : 조도, ρ : 반사율, τ : 투과율, α : 흡수율

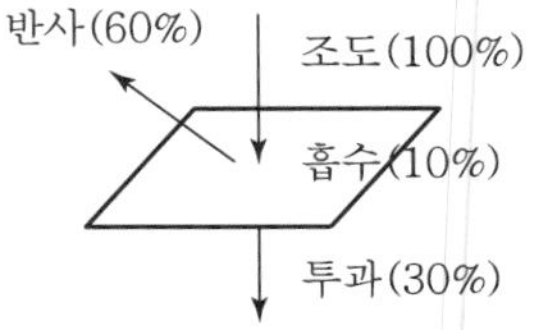

[반사율, 투과율, 흡수율]

8) 조명효율

(1) 방사효율

① 방사속에 대한 광속의 비

② $\varepsilon = \dfrac{F}{\phi}[\mathrm{lm/W}] \rightarrow 680[\mathrm{lm/W}]$가 최대

(2) 전등효율

① 소비전력에 대한 광속의 비

② $\eta = \dfrac{F}{P}[\mathrm{lm/W}]$

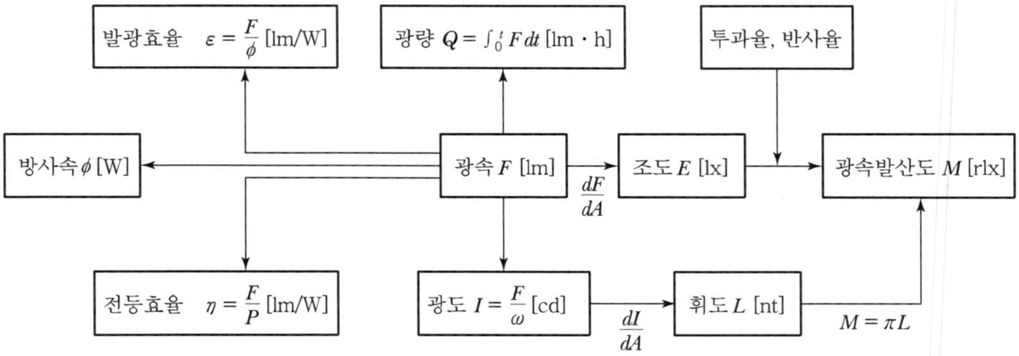

[측광량 상호관계도]

2 완전 확산면의 휘도와 광속발산도

$$M = \pi L[\mathrm{rlx}]$$

3 역자승 법칙

점광원이 반지름 r 인 구의 중심에 있는 경우 구면 위 모든 면의 조도는 다음과 같이 구한다.

$$E = \frac{F}{A} = \frac{4\pi I}{4\pi r^2} = \frac{I}{r^2}$$

4 입사각 여현의 법칙

1) 법선조도

$$E_n = \frac{I}{r^2}$$

2) 수평면조도

$$E_h = E_n \cos\theta = \frac{I}{r^2}\cos\theta$$

3) 수직면조도

$$E_v = E_n \sin\theta = \frac{I}{r^2}\sin\theta$$

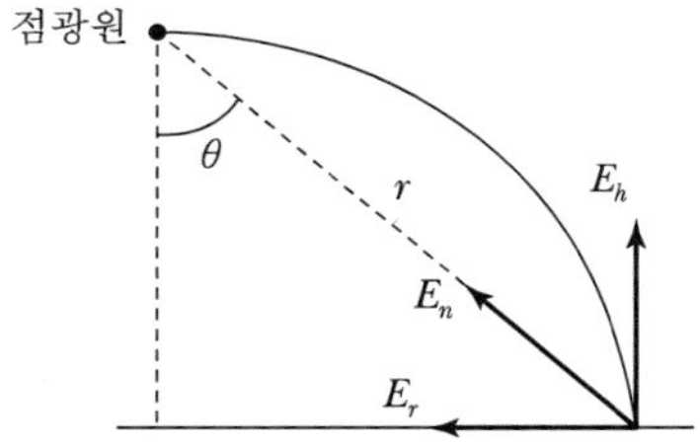

[입사각 여현의 법칙]

02 시감도와 비시감도

1 시감도

1) 가시광선이 주는 밝기의 감각이 파장에 따라 달라지는 정도를 나타내는 것이다.
2) 최대시감도는 파장 555[nm]에서 발광효율 680[lm/W]이다.

3) 공식

$$K_\lambda = \frac{F_\lambda}{\phi_\lambda}[\mathrm{lm/W}]$$

2 비시감도

1) 최대시감도에 대한 다른 파장의 시감도 비이다.

2) 공식

$$\text{비시감도} = \frac{\text{시감도(임의의 파장)}}{\text{최대시감도(555nm)}}$$

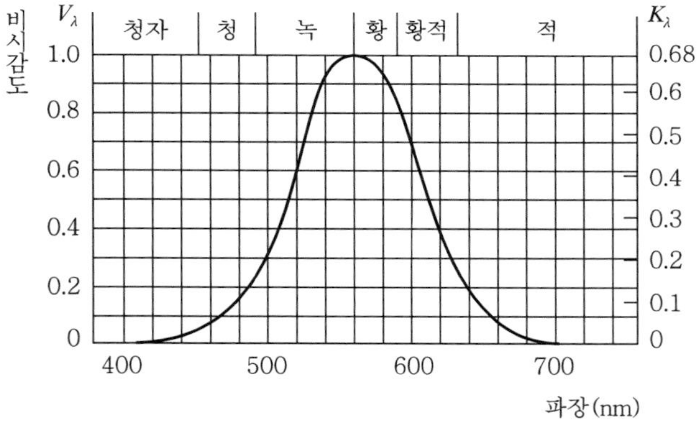

[비시감도 곡선]

3 퍼킨제 효과

1) 밝은 곳에서 같은 밝음으로 보이는 청색과 적색이 어두운 곳에서는 청색이 더 밝아 보이는 효과를 말한다.
2) 최대시감도가 555[nm]에서 510[nm]로 이동한다.

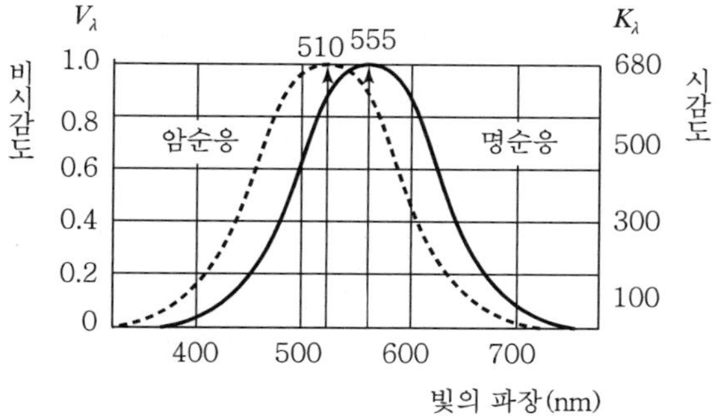

[퍼킨제 효과]

3) 적용 : 유도등, 유도표시, 간판, 이정표 등

03 순응

1 정의

1) 눈에 들어오는 빛이 소량인 경우 눈의 감광도는 대단히 커지며, 그 반대인 경우 눈의 감광도는 떨어지는데, 이러한 현상을 순응이라 한다.
2) 즉, 다른 밝기에서 물체가 보이도록 익숙해지는 것이 순응이다.

2 명순응

1) 어두운 곳에서 밝은 곳으로 나오는 경우의 순응이다.
2) 소요시간 1～2분 정도
3) 명순응된 눈의 최대시감도 : 555[nm]로 발광효율이 680[lm/W]

❸ 암순응

1) 밝은 곳에서 어두운 곳으로 나오는 경우의 순응이다.
2) 소요시간 30분 정도
3) 암순응된 눈의 최대시감도 : 510[nm]

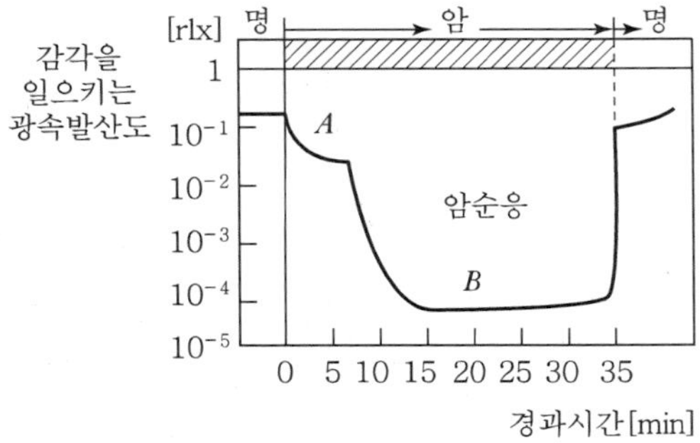

[명순응과 암순응]

04 색온도(Color Temperature)

❶ 색온도 정의

어떤 온도에서 흑체의 광원색과 광원의 광원색이 동일할 경우 그 흑체의 온도를 가지고 광원의 광원색을 표시하며, 이를 색온도라고 한다.

❷ 대표적인 광원의 색온도

광원의 종류	색온도(K)	광원의 종류	색온도(K)
지표상에서 본 태양	5,450	백열전구(1,000W)	2,830
지표상에서 본 만월	4,125	할로겐 전구(500W)	3,080
푸른 하늘(오전 9시)	12,000	형광램프(백색)	4,500
구름이 낀 하늘	7,000	형광램프(주광색)	6,500
촛불	1,930	고압수은램프(400W)	5,600

❸ 조도와 색온도에 대한 일반적인 느낌

조도	3,300K 이하	광원색의 느낌	5,000K 이상
< 500	즐겁다.	중간	서늘하다.
1,000～3,000	유유자적	즐겁다.	중간
> 3,000	부자연	유유자적	즐겁다.

❹ 색온도와 조도의 관계

1) 조도가 낮고 색온도가 높으면 서늘한 느낌을 주고 조도가 높고 색온도가 낮으면 덥고 따분한 느낌을 준다.
2) 반면에 조도가 높고 색온도가 높으면 쾌적한 느낌을 준다.

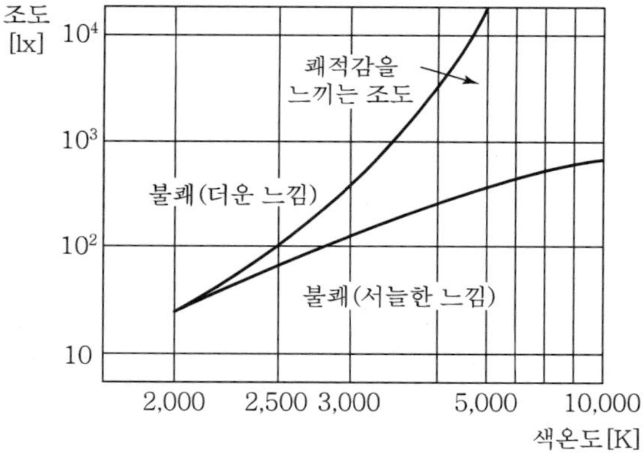

[조도와 색온도의 관계]

05 연색성(Color Rendering)

❶ 연색성 정의

1) 광원이 물체색을 충실하게 재현해 낼 수 있는 능력을 연색성이라 한다.
2) 조명한 물체색의 보임 정도를 나타내는 광원의 성질로서 빛의 분광특성이 색의 보임에 미치는 효과이다.

2 연색성 특성

1) 광원의 연색성과 용도

연색구분	연색평가 수(Ra)	광색	적용장소
1	$Ra \geq 85$	서늘함	페인트 공장, 인쇄 공장, 직물 공장
		중간	상점, 병원
		따뜻함	주택, 호텔, 레스토랑
2	$70 \leq Ra < 85$	서늘함	사무실, 학교, 점포, 공장 (고온지대)
		중간	사무실, 학교, 점포, 공장 (온난지대)
		따뜻함	사무실, 학교, 점포, 공장 (한냉지대)
3	$Ra < 70$	–	연색성이 중요하지 않은 장소
S(특별)	특수한 연색성	–	특별한 용도

2) 연색평가 수

① 연색성을 수치로 표시한 것

② 연색평가 수의 100은 그 광원의 연색성이 기준광원과 동일함을 뜻함

③ 평균연색평가 수와 특수연색평가 수의 총칭

㉠ 평균연색평가 수(Ra)

- 8종류의 시험색을 기준광원으로 조명하였을 때와 시료광원으로 조명하였을 때
- CIE－UCS 색도좌표에 있어서 변화의 평균치에서 구하는 수치

㉡ 특수연색평가 수(R_9～R_{15})

- 개개의 시험색을 기준광원으로 조명하였을 때와 시료광원으로 조명하였을 때
- 명도변화를 포함한 색 차이 양에서 구하는 연색평가 수

3) 연색성 평가

① 원칙적으로 평균연색평가 수(Ra) 및 특수연색평가 수(R_9～R_{15})에 의해 평가

② R_9 : 적색, R_{10} : 황색, R_{11} : 녹색, R_{12} : 청색, R_{13} : 서양인피부색, R_{14} : 나뭇잎, R_{15} : 동양인 피부색

3 물체색과 광원색

구분	광원색	물체색
정의	자체에서 빛을 발산하는 물체의 색	외부로부터 빛을 받아서 나타내는 색
적용	색온도, 주관적 광환경	연색성, 객관적 시환경

06 균제도

1 균제도 정의

작업 대상물의 수평면상에서 조도가 어느 정도 균일하지 못한가를 나타내는 척도

2 균제도 표현

1) 균제도 $U_1 = \dfrac{\text{수평면상의 최소조도[lx]}}{\text{수평면상의 평균조도[lx]}}$

2) 균제도 $U_2 = \dfrac{\text{수평면상의 최소조도[lx]}}{\text{수평면상의 최대조도[lx]}}$

3 균제도 측정 시 작업대상물의 높이

1) 특별히 지정되지 않은 경우 : 바닥 위 85[cm]
2) 앉아서 하는 작업 : 바닥 위 40[cm]
3) 복도, 옥외 : 바닥면 또는 지면

4 조명설계 시 적용

1) 사무실 전반조명 균제도 : U_1은 0.6 이상
2) 교실의 흑판조명 균제도 : U_1은 1/3 이상
3) 미술관 조명에서 균제도 : U_2는 1/3 이상
4) 경기장 조명에서 균제도 : U_2는 1/3 이상

5 휘도 균제도 → 운전자를 위한 도로조명 기준

도로등급	평균노면휘도(최소허용값) (cd/m^2)	휘도 균제도(최소허용값)	
		종합 균제도(u_1) (L_{min}/L_{avg})	차선축 균제도(u_2) (L_{min}/L_{max})
M1	2.0	0.4	0.7
M2	1.5	0.4	0.7
M3	1.0	0.4	0.5
M4	0.75	0.4	–
M5	0.5	0.4	–

07 방사와 온도방사

1 정의

1) 방사란 전자파 또는 입자에 의해서 에너지가 방출되는 현상이다.
2) 방사의 종류에는 온도방사와 루미네선스 방사로 구분된다.
3) 온도방사 : 물체가 고온이 되면 빛을 발산하며 여러 가지 파장의 전자파가 방사되는 것이다.
4) 온도방사 특징
   ① 방사에너지의 양은 파장에 따라 다르며 특정파장에서 최대가 된다.
   ② 흑체의 온도가 높을수록 방사에너지는 증가한다.
   ③ 특성곡선으로 포위된 면적은 방사에너지의 총량에 비례한다.

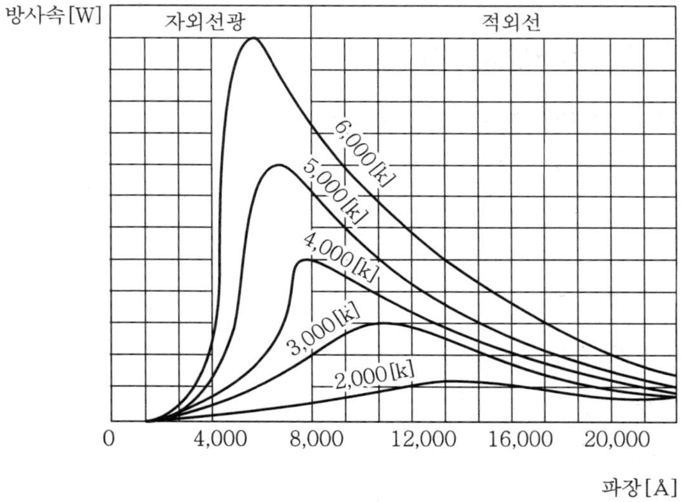

[흑체의 분광방사곡선]

2 온도방사의 법칙

1) 스테판－볼츠만의 법칙

① 절대온도 ↔ 전방사에너지
② 전방사에너지 S는 절대온도 T의 4승에 비례한다.
③ $S = \sigma T^4 [\mathrm{W/cm^2}]$
여기서, σ : $5.68 \times 10^{-8} [\mathrm{W \cdot M^{-2} \cdot deg^{-4}}]$로 상수

2) 빈의 변위 법칙

① 절대온도 ↔ 최대분광방사가 일어나는 파장

② 최대분광방사가 일어나는 파장 λ_m은 온도 T에 반비례한다.

③ $\lambda_m = \dfrac{b}{T}$[nm · deg]

3) 플랭크의 방사 법칙

① 절대온도 ↔분광방사

② 분광방사는 온도와 더불어 변화한다.

③ $S_\lambda = \dfrac{C_1}{\lambda^5} \cdot \dfrac{1}{e^{C_2/\lambda T^{-1}}} - 1[\mathrm{W/m^{-2} \cdot nm^{-1}}]$

여기서, $c_1 = 3.714 \times 10^{16}[\mathrm{W \cdot m^2}]$

$c_2 = 1.438 \times 10^{-2}[\mathrm{m \cdot K}]$

08 루미네선스

1 루미네선스 정의

1) 루미네선스는 온도방사 이외의 발광을 의미하며 여기에는 반드시 어떤 자극이 필요하다.

2) 루미네선스는 발광의 지속시간에 따라 형광과 인광으로 구분되는데, 10^{-8}[sec]를 경계로 이보다 짧은 것은 형광, 긴 것은 인광이라 한다.

2 루미네선스 종류

1) 전기 루미네선스

① 기체 또는 금속증기 내에서 방전에 의해 발광하는 현상

② 네온관, HID램프

2) 전계 루미네선스

① 전계에 의해서 고체가 발광하는 현상

② 발광다이오드, LED램프, EL램프

3) 방사 루미네선스

① 광선, 자외선 등의 방사를 받아서 그 파장보다 긴 파장을 방사하고 발광하는 현상
② 기체 또는 액체는 형광, 고체는 인광을 발광한다.
③ 형광등(스토크스 법칙 적용)

4) 음극선 루미네선스

① 음극선이 물체를 충격할 때 발광하는 현상
② 음극선 오실로스코프의 형광판, 브라운관

5) 생물 루미네선스

개똥벌레, 발광어류, 야광충 등이 발광하는 현상

6) 초 루미네선스

① 휘발성원소 염류를 가스불꽃에 넣을 때 금속증기가 발광하는 현상
② 염색반응에 의한 화학분석, 스펙트럼분석, 발염아크

7) 열 루미네선스

① 물체를 가열할 때 같은 온도의 흑체보다 대단히 강한 방사를 하면서 발광하는 현상
② 산화아연(강한 청색발산)

8) 화학 루미네선스

① 화학반응에 의하여 직접 발광하는 현상
② 황, 인 등의 산화

9) 마찰 루미네선스

각설탕, 석영 등이 기계적으로 마찰할 때 발광하는 현상

10) 결정 루미네선스

불화나트륨, 황산나트륨 등이 용액에서 결정으로 될 때 발광하는 현상

09 눈부심(Glare)

1 개요

1) 눈부심이란 시야 내에 어떤 고휘도로 인하여 고통, 불쾌, 눈의 피로, 시력감퇴 등을 일으키는 현상이다.
2) 최근 실외뿐만 아니라 실내에서도 LED 등과 같은 고휘도 광원이 보급됨에 따라 눈부심의 문제가 심각해지고 있다.
3) 따라서 이에 대한 대책과 규제가 필요하다.

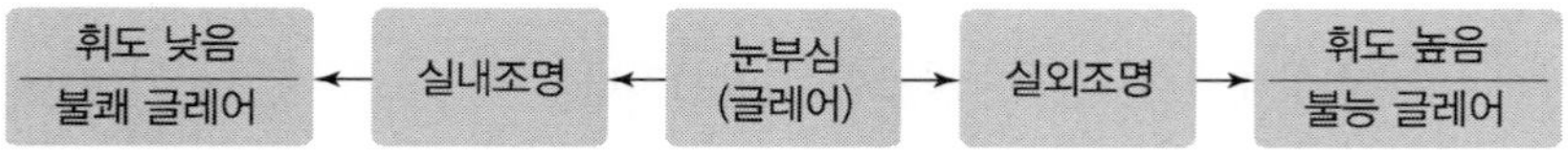

[눈부심과 휘도의 관계]

2 눈부심 원인

1) 고휘도 광원, 반사면, 투과면
2) 순응의 결핍
3) 눈에 입사하는 광속의 과다
4) 물체와 그 주위 사이의 고휘도 대비
5) 광원을 오랫동안 주시할 때
6) 시선 내에 노출된 광원

3 눈부심 종류

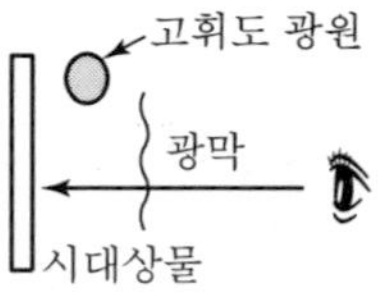

[감능 글레어]

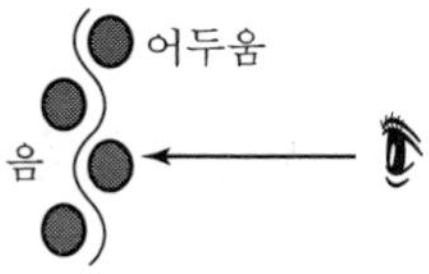

[불쾌 글레어]

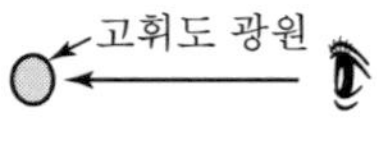

[직시 글레어]

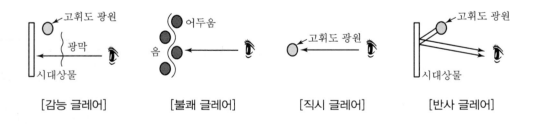

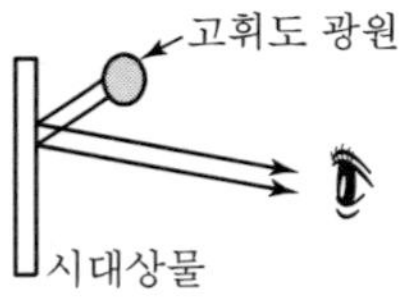

[반사 글레어]

종류	내용
감능 글레어	보고자 하는 물체와 시야 사이에 고휘도 광원이 있어 시력 저하를 일으키는 현상
불쾌 글레어	심한 휘도 차이에 의해 피로, 불쾌감 등을 느끼는 현상
직시 글레어	고휘도 광원을 직시하였을 때 시력장애를 받는 현상
반사 글레어	고휘도원이 반사면으로부터 나올 때 시력장애를 받는 현상

4 눈부심 영향

1) 불쾌감과 불편함을 야기시킨다.
2) 부상이나 재해의 원인이 된다.
3) 작업능률을 저하시킨다.
4) 장시간 눈부심 상태가 계속되면 피로를 촉진시킨다.
5) 시력을 약화시킨다.

5 눈부심 대책

1) 광원의 눈부심 방지대책

① 휘도가 낮은 광원을 선택한다. → 형광등 : 0.4[sb], 백열등 : 600[sb]

A ≤ 0.2[sb]	0.2[sb] < A ≤ 0.5[sb]	0.5[sb] < A
눈부심이 발생하지 않는 영역	때때로 눈부심이 발생하는 영역	눈부심이 발생하는 영역

② 등기구 높이를 조절한다.

2) 조명기구의 눈부심 방지대책

(1) 보호각 조정

광원으로부터 나오는 직사광의 각을 조정하여 휘도를 줄인다.

(2) 아크릴루버 설치

루버를 조명기구 하단에 부착하면 휘도를 근본적으로 방지하나 조명률이 저하된다.

(3) 간접조명기구 설치

시선에서 상 · 하 30° 범위의 글레어 존 내에는 간접조명기구를 설치한다(부득이한 경우 광도, 휘도가 낮은 광원 사용).

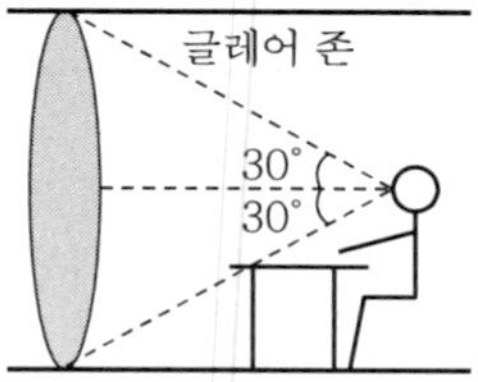

[눈부심 글레어 존]

3) 조명방식의 눈부심 방지대책

① 반간접 및 간접조명방식을 채택한다.
② 건축화 조명을 적용한다.

6 국제 동향

1) 불쾌 글레어 평가법(UGR값 7~31) : 북미조명학회(IESNA)의 VCP와 국제조명위원회(CIE)의 UGR이 있다.
2) 보편적인 평가법으로 통합글레어등급(UGR)이 사용된다.
3) CIE는 ISO의 승인을 받아 실내조명에서의 조도 기준 및 UGR 제한치를 제정한다.

[일반적인 건물영역에서 실내조명에 대한 UGR 제한치 예]

실내면 종류	UGRL(제한치)
입구 로비	22
라운지	22
복도	28
계단, 에스컬레이터, 무빙워크	25
화물용 램프, 적재구역	25
구내식당, 매점	22
휴게실	22
체력 단련실	22

10 명시론

1 개요

1) 명시론에서는 명시적, 시각적, 생리적, 심리적인 관계가 중요하다. 따라서 소요조도 결정은 편안하고 안락한 시각에 기초를 두어야 한다.
2) 명시론의 주요 항목에는 물체의 보임, 눈부심, 밝음의 분포, 편한 시각의 평가 등이 있다.

2 물체의 보임

영향 요인	내용	예
밝음	• 충분한 빛이 있어야 물체가 잘 보인다. • 관련 법칙 : Weber Fechner's Law $S = K \log R$ 여기서, S : 감각(시력), R : 자극(조도)	암실
물체의 크기	물체의 크기는 클수록 잘 보인다.	세포
대비	배경과 보려는 물체의 밝음의 비가 커야 잘 보인다.	밀가루와 소금
시간	눈이 물체를 보기 위해서는 충분한 시간이 필요하다.	탄환
색채	• 물체는 색이 있고, 색은 물체를 식별하기 위한 중요한 조건이다. • 관련 법칙 : 퍼킨제 효과	유도등

3 눈부심(Glare)

1) 정의

눈부심이란 시야 내에 어떤 고휘도로 인하여 고통, 불쾌, 눈의 피로, 시력감퇴를 일으키는 현상이다.

2) 종류

종류	내용
감능 글레어	보고자하는 물체와 시야 사이에 고휘도 광원이 있어 시력저하를 일으키는 현상
불쾌 글레어	심한 휘도 차이에 의해 피로, 불쾌감 등을 느끼는 현상
직시 글레어	고휘도 광원을 직시하였을 때 시력장애를 받는 현상
반사 글레어	고휘도 광원이 반사면으로부터 나올 때 시력장애를 받는 현상

4 밝음의 분포(균제도)

시야 내 밝음의 분포가 일정할수록 시력이 좋아지며, 전 시야가 동일 광속발산도일 때 최고의 시각을 얻는다.

1) 정지 물체에 대한 광속발산도(Logan 교수 이론)

구분	비율	영향
자연조명 광속발산도 비	10 : 1 이하	−
인공조명 광속발산도 비	100 : 1～1,000 : 1 이하	눈의 피로도 증가 원인

2) 움직이는 물체에 대한 광속발산도(Moon 교수 이론)

보려는 물체와 실내 전반의 광속발산도 비가 최대 3배 이하, 최소 1/3 이상 되어야 쾌적하고 편안한 조명이 될 수 있다.

3) 시야 내 광속발산도의 한계

내용	사무실 · 학교	공장
작업 대상물과 그 주위면(책과 책상면)	3 : 1	5 : 1
작업 대상물과 그것으로부터 떨어진 면(책과 바닥)	10 : 1	20 : 1
조명기구 또는 창과 그 주위면(천장, 벽면)	20 : 1	40 : 1
통로 내부의 밝은 부분과 어두운 부분	40 : 1	80 : 1

5 편한 시각의 평가

평가대상	측정 내용	조도와의 관계
시력	작은 점을 분별할 수 있는 능력	조도 증가 시 시력 증가
긴장	불충분한 조명 아래서 긴장으로 인한 피로유발 정도	조도 증가 시 긴장에 의한 압력 감소
심장박동수	심장박동수 측정	조도 증가 시 심장박동수 증가
안구 근육의 수축	안구 근육 수축으로 유발되는 피로도 측정	조도 증가 시 안구근육 피로 감소
눈을 깜빡이는 도수	눈의 긴장 완화를 위한 반사작용, 즉 깜빡이는 도수 측정	조도 증가 시 도수감소(불필요한 노력)
대비감도	휘도 차이를 분별할 수 있는 능력	조도 증가 시 대비감도 증가

6 맺음말

1) 눈부심이 없고 밝음의 분포가 일정하다면 조도가 높을수록 좋으나 이는 경제성과 상반된다.
2) 주관적인 광환경과 객관적인 시환경에 부합되고 경제적인 요건이 허용된다면 밝을수록 좋다.

11 명시적 조명과 장식적 조명의 설계요건

1 개요

1) 조명이란 사물과 그 범위를 보이도록 비추는 것이다.
2) 명시적 조명은 물체의 명시성에 중점을 두지만 장식적 조명은 실내 분위기의 쾌적성에 중점을 둔다.
3) 좋은 조명의 조건에는 조도, 휘도분포, 눈부심, 그림자, 분광분포, 심리적 효과, 미적 효과, 경제성 등이 있다.

2 좋은 조명의 조건 비교

요건	명시적(실리적) 조명		장식적(분위기적) 조명	
	• 물체의 보임 중시 • 장시간 작업에 적용	점수	• 심리적 · 미적 분야 중시 • 단시간 작업, 오락에 적용	점수
조도 (KSA3011, 수평면, 연직면)	밝을수록 좋으나 경제성 측면에서 한계가 있다.	25	경우에 따라 낮은 조도, 높은 색온도가 필요	5
광속발산도 분포 (휘도분포)	• 밝음의 차가 없을수록 좋다. • 주변 3 : 1, 작업면 5 : 1	25	계획에 따른 광속의 배분이 필요	20
정반사 (눈부심)	광원 및 반사면에 의한 눈부심이 없을수록 좋다.	10	의도적인 눈부심이 사람의 눈길을 끌 수 있다.	0
그림자 (입체감)	입체감, 재질감 표시를 위해 밝고 어둠의 비 3 : 1이 적당	10	• 경우에 따라 극단적인 그림자 비를 요구 • 2 : 1 이하 또는 7 : 1 이상	0
분광분포 (색온도, 연색성)	자연주광이 좋고 적외선, 자외선이 없는 것이 좋다.	5	사용 목적에 따라 파장, 분광분포, 색온도 등을 고려한다(난 · 한색).	5
심리적 효과	맑은 날 옥외 환경과 같은 느낌이 좋다.	5	목적에 따라 다른 감각이 필요하다.	20
미적 효과	단순한 기구 형태로 간단한 기하학적 배열이 좋다.	10	계획된 미의 배치, 조합이 필요하다.	40
경제성 (경제설계와 보수비용 검토)	광속과 비용을 고려한다.	10	조명효과와 비용을 고려한다.	10

3 용도

1) 명시적 조명 : 사무실, 공장, 주택
2) 장식적 조명 : 카페, 박물관, 미술관, 호텔 로비, 커피숍 등

4 합리적인 조명설계와 에너지 절약설계

$$\boxed{\text{조명의 사용 [kWh]}} = \underset{①\searrow}{\boxed{\text{기구 1대당 소비전력 [W]}}} \times \underset{②\searrow}{\boxed{\text{점등시간 [h]}}} \times \frac{\overset{③\searrow}{\boxed{\text{조도 [lx]}}} \times \overset{④\searrow}{\boxed{\text{면적 [m}^2\text{]}}}}{\underset{⑤\nearrow}{\boxed{\text{광속}}} \times \underset{⑥\nearrow}{\boxed{\text{조명률}}} \times \underset{⑦\nearrow}{\boxed{\text{보수율}}}}$$

[에너지 절약설계]

1) 고효율 광원 사용 : ⑤
2) 기구효율과 조명률이 높은 기구 사용 : ①, ⑥
3) 조명의 TPO → 시간(Time), 상황(Occasion), 장소(Place) : ②, ③, ④
4) 조명기구의 청소, 불량램프의 교환 : ⑦

5 맺음말

좋은 조명이란 명시적 요건과 분위기적 요건이 복합적으로 고려된 조명을 의미한다.

12 3배광법과 ZCM법

1 개요

옥내 조명설계의 평균조도 계산방법은 3배광법, ZCM법, BZE법, CIE법, MCS법 등이 있으며 정확성과 실용성을 고려한 조도 계산법의 선택이 필요하다.

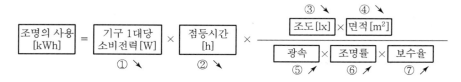

2 3배광법

1) 평균조도 계산법

$$E = \frac{F \cdot N \cdot U \cdot M}{A} [\text{lx}]$$

여기서, U : 조명률, M : 보수율(유지율)

2) 공간 비율

① 1공간으로 계산

② 실지수(K) $= \dfrac{X \cdot Y}{H \cdot (X+Y)}$

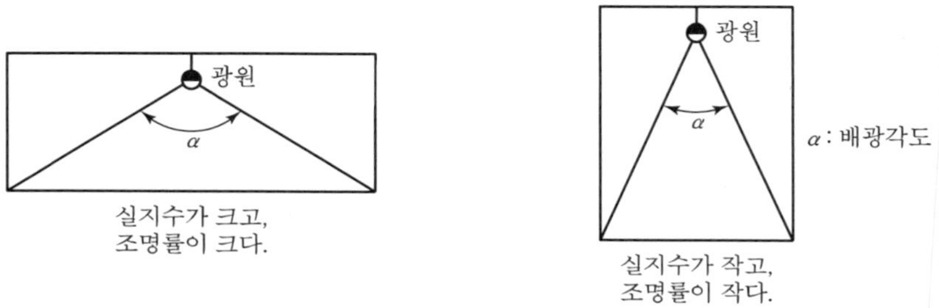

[실지수와 조명률의 관계]

3) 반사율

일정, 실지수에 의해 표에서 산정한다.

4) 보수율

① 보수율은 조명의 광출력 저하를 고려한 일종의 보정계수

$$MF = LLMF \times LSF \times LMF \times RSMF$$

여기서, $LLMF$(Lamp Lumen Maintenance Factors) : 램프 광속 유지계수
LSF(Lamp Survival Factors) : 램프 수명계수
LMF(Luminaire Maintenance Factors) : 조명기구 유지계수
$RSMF$: 방 표면 유지계수 → 터널에 관계됨

② 조명률(이용률) + 공간 데이터, 조명기구 데이터 + 보수율(광손실률)

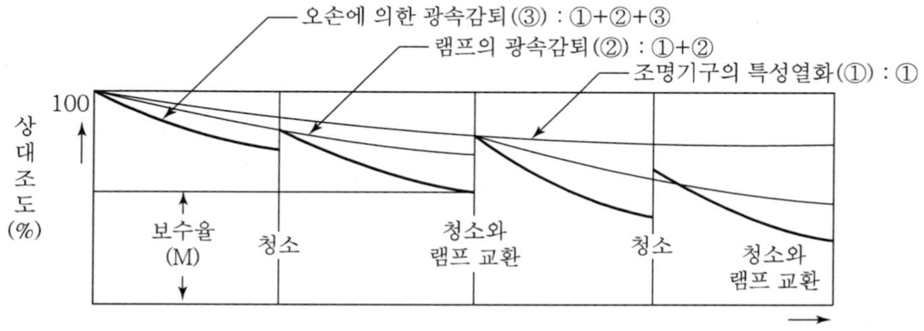

[청소 간격과 램프 교환 간격 모델]

5) 조명률

$$조명률(U) = \frac{작업면에\ 입사하는\ 광속(F_a)}{광원의\ 전광속(F)}$$

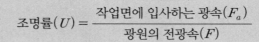

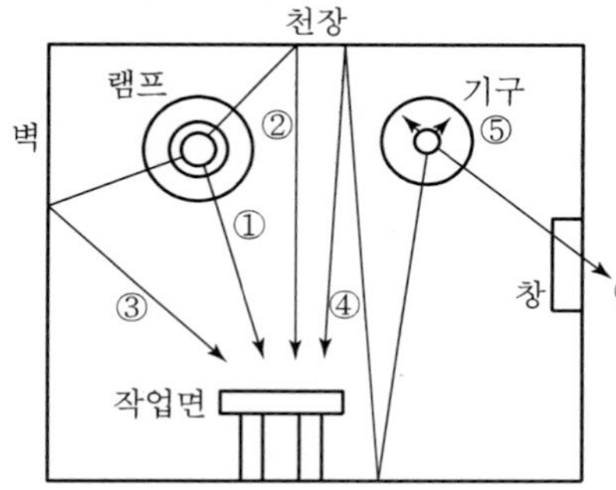

① : 직접 작업면에 도달
② : 천장에서 반사
③ : 벽에서 반사
④ : 바닥에서 반사
⑤ : 조명기구 반사판, 확산재에서 흡수
⑥ : 창밖으로 나가버리는 빛, 기타 벽 등에 소모

[조명률의 표현]

(1) 조명률에 영향을 주는 요소

① 조명기구의 **배광**은 협조형이 광조형보다 직접비가 크고 조명률이 높다.

② 조명기구의 **효율**은 배광형이 같을 경우 효율이 큰 것이 조명률이 높다.

③ **실지수**가 상승하면 조명률이 상승한다.

④ 조명기구의 S/H비가 상승하면 조명률이 상승한다.

⑤ 실내표면의 **반사율**이 상승하면 조명률이 상승한다.

6) 문제점

① 오차가 크다.

② 최근 삶의 질 향상으로 조도 개선이 요구되고 있다.

3 공간 구역법(ZCM)

1) 평균조도 계산법

$$E = \frac{F \cdot N \cdot Cu \cdot LLF}{A} [\mathrm{lx}]$$

여기서, Cu : 이용률, LLF : 광손실률

2) 공간 비율

① 방의 공간을 천장공간, 실공간, 바닥공간의 3가지로 분류

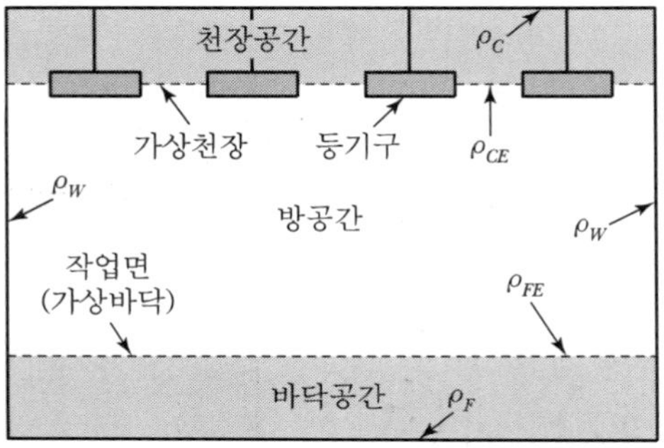

[ZCM의 공간 비율]

$$\text{공간비율} = \frac{5H(a+b)}{a \times b}$$

3) 유효공간 반사율

① 유효천장 반사율(ρ_{cc}), 유효바닥 반사율(ρ_{cc}), 벽 반사율(ρ_w)을 이용률 표에서 산정함

② 보간법, 보정계수를 이용

4) 광손실률(LLF = ①×②)

① 회복 가능 요인	② 회복 불가능 요인
• 램프 광출력 감소 요인 • 램프 수명 요인 • 조명기구 먼지열화 요인 • 실내면 먼지열화 요인	• 공급전압 요인 • 장치작동 요인 • 안정기 요인 • 조명기구 주위온도 요인 • 조명기구 표면열화 요인

5) 이용률(Cu)

① $Cu = \dfrac{\text{작업면에 입사하는 광속}}{\text{광원의 전광속}}$

② 방을 3개의 공간(천장, 방, 바닥)으로 나누고 이를 기준으로 Cu값 계산

6) 문제점

① 계산이 정확하나 국내 Data가 미비하다.

② 외산 자재를 사용해야 가능하다.

4 맺음말

1) 3배광법은 ZCM의 변형으로 오차가 발생하므로 향후 ZCM의 조도계산을 사용해야 할 것이다.
2) ZCM은 계산이 정확하나 미국의 Factor로 국내의 자료 및 Data가 미비하다.
3) 따라서 ZCM 적용에 앞서 국내 Data 작성이 우선시되어야 한다.
4) 조도 저하는 불편함과 불쾌감을 야기하고 작업능률을 저하시키며 부상이나 재해의 원인이 된다.
5) 따라서 보수율이나 광손실률을 설계 시 정확히 반영해야 하고 적절한 주기로 청소, 도색, 램프 교체 등의 유지보수를 해야 한다.

13 방전등 발광 메커니즘과 점등원리

1 개요

1) 방전등은 **전기 루미네선스** 발광원리를 적용한 광원으로, 전자가 **여기상태**에서 **기저상태**로 돌아갈 때 발광한다.
2) 점등회로에 전원을 인가하면 전자의 이동 및 충돌이 발생하고 음극에 **전계전자 방출** 및 **열 전자 방출**이 발생하며 **Townsend 방전**, **Glow 방전**, **Arc 방전**을 거쳐 점등한다.
3) 또한 점등 시 방전전압을 낮추기 위해 **파센법칙**, **페닝효과** 등을 응용하고 자외선을 가시광선으로 변형시키기 위해 **스토크 법칙**을 응용한다.

2 방전등 특징

1) 대부분 방전관을 갖는다.
2) 방전관 내의 봉입가스에 따라 특유의 색을 발산한다.
3) 별도의 점등장치 및 안정기가 필요하다.
4) 점등원리가 비슷하고 장수명, 고효율, 고휘도, 광원이다.

3 방전등 발광 메커니즘

1) 원자의 에너지 흡수 · 방사

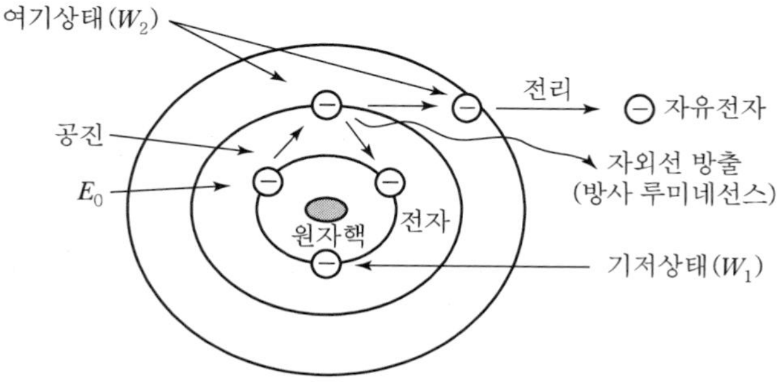

[원자로부터의 방사 · 흡수]

$$\text{기저상태}(W_1) \underset{\text{에너지 방사}}{\overset{\text{에너지 흡수}}{\rightleftarrows}} \text{여기상태}(W_2)$$

$$\text{방사(흡수)에너지 } \Delta W = W_2 - W_1 = h\nu[\text{J}]$$

2) 공진 · 여기 · 전리 에너지

(1) 공진 에너지

전자를 기저상태에서 여기시키는 데 필요한 최소 에너지

(2) 여기 에너지

전자를 제 2궤도 또는 그 이상의 안정궤도로 올리는 데 필요한 최소 에너지

(3) 전리 에너지

원자의 임의궤도 위를 회전하고 있는 전자를 완전히 원자 밖으로 튀어나가게 하는 에너지

$$1[eV] = 1.602 \times 10^{-19}[J]$$

3) 수소의 스펙트럼과 준안정상태

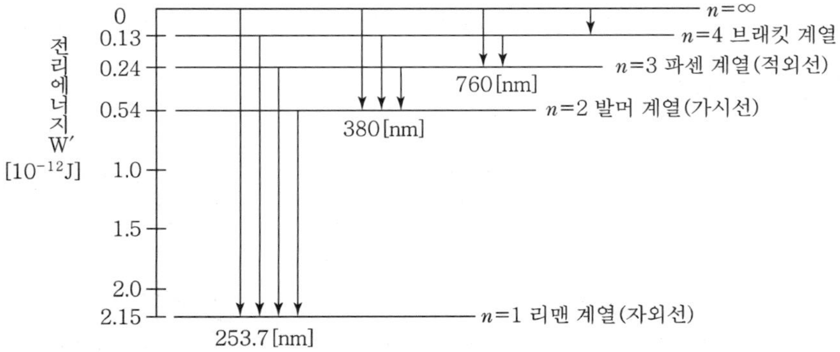

[수소의 전리에너지와 스펙트럼 계열]

4) 비탄성 충돌

① 정의 : 여기나 전리를 동반하는 충돌
② 제1종 충돌 : 운동에너지에 의한 여기 또는 전리 → 안정궤도 상태에서 발생
③ 제2종 충돌 : 여기에너지에 의한 전리 또는 운동에너지화 → 여기 상태에서 발생

4 방전등 점등원리

1) 점등원리

(1) 방전 개시 전

방전관 내의 기체 또는 증기 원자가 무질서하게 이동하고 있다.

(2) 방전 개시 후

일부 또는 전부의 방전로에 걸쳐 전기적인 절연파괴가 일어나고 자유전자가 이를 지속시킨다.

2) 음극의 전자방출

(1) 전계전자 방출

① 음극에 관전압을 걸어주면 전자가 튀어나오는 것
② 쇼트키 효과 : 방출전류가 포화된 후에도 전자방출이 증가되는 현상

(2) 열전자 방출

① 음극 재료가 고온이 되면 전자가 분자 열운동에 의해 튀어나오는 것

② 온도의 상승으로 전자의 에너지 '$E_1 > E_F$(페르미 준위)$+\Phi_w$(일함수)'를 만족할 때 전자가 방출

여기서, Φ_w : 고체의 전자 1개를 표면으로부터 외부까지 끌어내는 데 필요한 에너지

3) 방전개시 순서

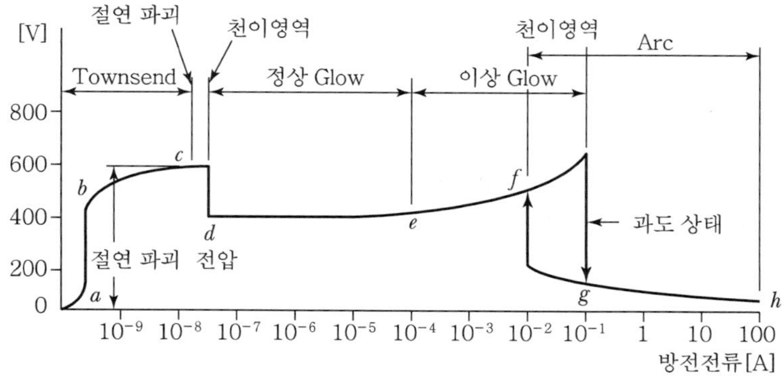

[방전전류에 따른 방전의 형태]

(1) 자속방전

① 외부자극에 의한 전자방출이 중지되어도 **스스로 지속되는 방전**으로 방전등의 점등은 대부분 자속방전에 의한다.

② 자속방전 개시조건 : $r(e^{\alpha d}-1) \geq 1$

여기서, α : 전자의 충돌 전리계수

(2) Townsend 방전

① OA 구간 : 자유전자가 이동을 시작한다.

② AB 구간 : 모든 자유전자가 이동하고 있는 상태로 **포화전류**상태라 한다.

③ BC 구간 : 2차 전자가 발생하여 이 전자의 충돌로 **전자사태**가 발생하고 방전을 개시한다.

(3) Glow 방전

전계전자 방출에 의한 방전, 즉 강한 전계에 가속된 양이온이 음극에 충돌하면서 전자가 방출되어 방전하는 것이다.

(4) Arc 방전

열전자 방출이 이루어지고 전류가 급격히 증가되어 방전의 최종형식을 이루게 되는 것이다.

(5) Glow 방전과 Arc 방전 비교

구분	Glow 방전	Arc 방전
원리	전계전자 방출	열전자 방출
기압	저기압	고기압
전압	고전압	저전압
전류	소전류	대전류

4) 적용 법칙

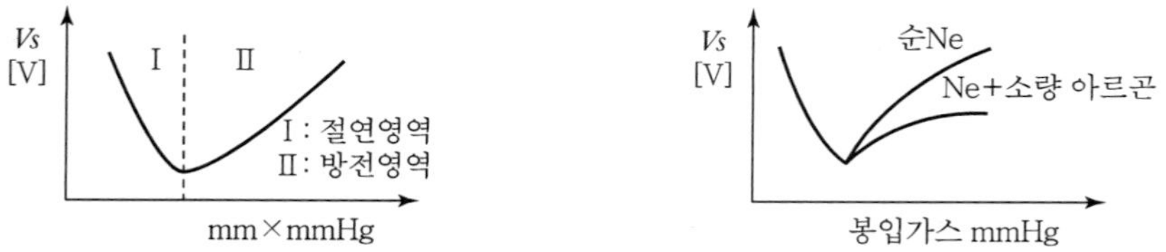

[기체의 방전개시전압]

(1) 파센의 법칙

방전개시전압(Vs)는 전극 간의 거리(d)와 방전관 내부기압(p)에 비례한다는 법칙이다.

$$Ap\ \exp\left[-\frac{Bpd}{V}\right]=\frac{1}{d}\ln\left(\frac{1}{\gamma}+1\right)$$

$$V=-\frac{Bpd}{\ln\left[\frac{1}{Apd}\ln\left(\frac{1}{\gamma}+1\right)\right]}=\frac{Bpd}{\ln\left[\frac{Apd}{\ln\left(\frac{1}{\gamma+1}\right)}\right]}$$

(2) 페닝 효과

준안정상태를 형성하는 기체에 적은 양의 다른 기체를 혼합한 경우 혼합기체의 전리전압이 원기체의 여기전압보다 낮으면 방전개시전압이 낮아지는 효과로 기동을 용이하게 한다.

(3) 적용 예 : Ne + 0.002(%) Ar → 기동전압이 낮아짐

구분	여기전압(eV)	전리전압(eV)
Ne	16.7	21.5
Ar	11.7	15.7

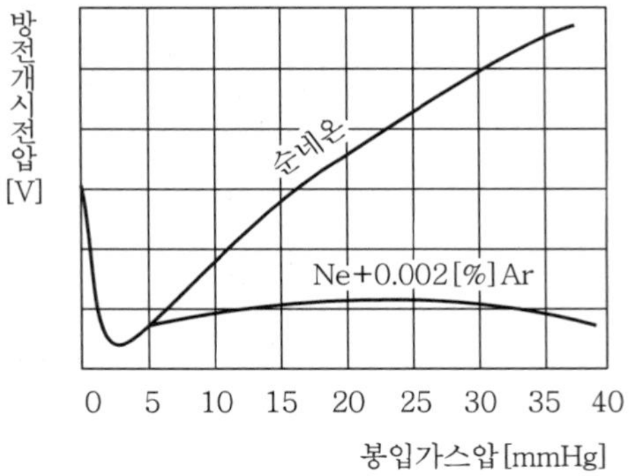

[네온과 아르곤 혼합기체의 방전개시전압]

14 조명용 광원의 최근 동향

1 개요

1) 광원의 요구 변화

장수명, 고효율화 → 장수명, 고효율화＋조명의 질적 향상, 슬림화 → 친환경 에너지 절약, 램프 일체화

2) 최신기술 개발 동향

재료 개선, 반도체 광원 연구, 무전극 점등방식 연구

2 기존 광원의 최근 동향

1) 백열전구

① 일반 백열전구 : 수명을 늘린 크립톤 전구, 세로형 필라멘트 전구 개발

② 할로겐 전구 : 고효율 저소비 전력화

2) 형광램프

① 5파장 형광램프 등장 → 분광분포 개선

② 전구식 형광램프(CFL) 등장 → 백열전구를 대체함

③ T−10 : 32[mm]/40[W] → T−8 : 26[mm]/32[W] → T−5 : 16[mm]/28[W]
④ 일반적으로 T−8 : 26[mm]/32[W] → T−5 : 16[mm]/28[W]로 교체하며 교체 시 20[%] 절전 효과

3) HID 램프

① 소형화, 콤팩트화, 고효율, 고연색성
② 조광 가능한 HID 램프 및 안정기 개발
③ 세라믹 메탈 헬라이드 램프(CDM) 등장
④ 코스모폴리스 램프 등장

3 신광원

무전극 램프, PLS, LED램프, OLED램프, CDM 램프, 코스모폴리스 램프 등

4 맺음말

1) 전 세계적으로 조명광원 시장규모는 방대하다. 그러나 장수명, 고효율, 고품질, 친환경성 등의 요구를 만족시키지 못할 경우 국내 조명산업의 존립마저 위태로운 실정이다.
2) 그러므로 기존광원의 개선뿐만 아니라 신광원 개발을 위한 범국가적 차원의 기술개발 지원 및 투자가 절실히 요구된다.

15 백열램프

1 정의

1) 필라멘트에 통전하여 고온으로 백열하는 램프이다.
2) 온도방사에 의하여 빛을 방사시키는 광원 중 하나이다.

2 구조와 원리

1) 구조

① 유리구 : 필라멘트를 보호하고 빛은 투과시킨다.

② 필라멘트 : 융점은 높고 증기압이 낮으며 방사효율은 좋고 가공이 용이해야 한다. 텅스텐선이나 몰리브덴선을 사용한다.
③ 게터 : 필라멘트의 산화방지를 위해 필라멘트나 스템에 도포하는 것으로 인이나 질산바륨을 사용한다.
④ 도입선 : 필라멘트에 전류도입을 위한 것으로 듀밋선을 사용한다.

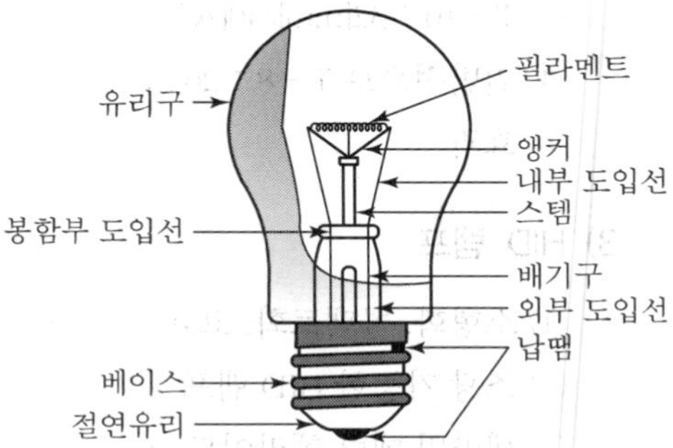

[백열전구의 구조]

2) 원리

① 물체를 가열할 때 생기는 연속 스펙트럼을 방사한다.
② 온도방사를 이용한 것으로 램프의 온도를 높여 전자파를 방사한다.

3 특성

1) 에너지 특성 : 전방사에너지는 전력의 80~90[%]
2) 전압특성 : 전압 5[%] 변화에 광속은 15~20[%], 수명은 1.5~2배 감소
3) 동정특성 : 점등시간 경과에 따라 광속, 효율, 전력, 전류 등이 변화한다.

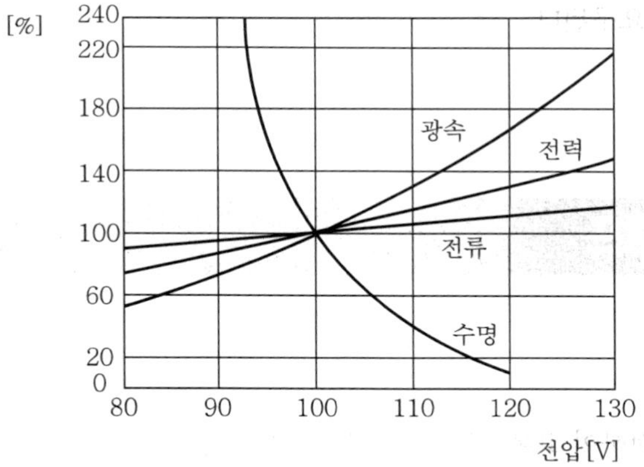

[가스입전구의 전압특성]

4 특징

1) 점광원에 가까워 빔의 제어가 용이하다.
2) 조광이 용이하고 연속적으로 제어가 가능하다.

3) 연색성이 좋아 따스한 광색을 갖는 광원이다.

4) 효율과 수명이 낮으며 열방사율이 많다.

5 타 광원과 비교

구분	백열전구	할로겐	형광등
용량	10~100[W]	50~150[W]	6~110[W]
특성	온도방사	재생사이클	스토크스의 법칙
효율	7~22[lm/W]	20~22[lm/W]	48~80[lm/W]
수명	100~1,500[h]	2,000~3,000[h]	7,000~8,000[h]
점등장치	필요 없음	필요 없음	안정기 필요
용도	분위기, 악센트 조명	경기장, 미술관	전반조명, 간접조명

16 형광램프

1 정의

1) 전압을 인가하여 방전과 내부에 자유전자를 발생시켜 관 내부에서 빛이 발생한다.

2) 스토크스의 법칙을 이용하여 외부로 빛을 방출하는 방사루미네선스를 이용한 광원이다.

2 구조와 원리

1) 구조

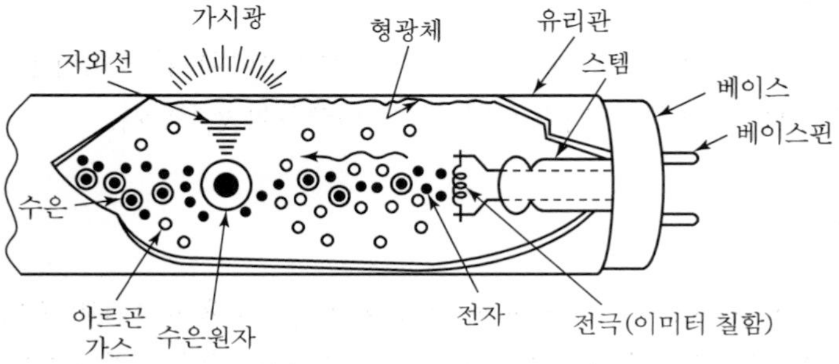

[형광램프의 구조]

2) 발광원리

① 형광램프는 일정전압을 인가하면 방전관 내부의 기체 절연파괴로 자유전자가 발생한다.

② 저압수은증기(약 10^{-2}[Torr])의 방전으로부터 발생한 강력한 자외선 253.7[nm]를 유리구 내벽에 칠한 각종 형광체를 통과시켜 가시광선(453.8, 546.1[nm])으로 변환하여 빛을 발생시킨다.

③ 유리관 내의 소량의 수은은 기동을 쉽게 하고 음극 물질의 증발 억제를 위해 0.02 [Torr]의 아르곤(Ar)을 봉입하여 페닝 효과를 이용한다.

3 형광체의 발광 메커니즘

1) 적외선 에너지를 흡수한다.
2) 전자가 충만대에서 전도대로 이동한다.
3) 양공 발생, 불안정한 형광 중심 전자를 잡아온다.
4) 전도대의 전자가 형광중심으로 이동한다.
5) $h\nu_2$ 인 에너지의 형광을 발산한다.

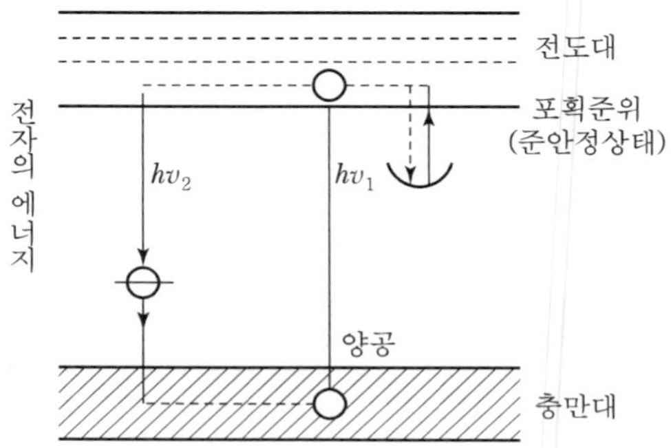

[형광체의 발광 메커니즘]

4 에너지 특성과 효율

1) 형광램프의 특성 및 효율

① 방전개시전압이 점등 시의 램프전압보다 높다.

② 효율은 백열전구의 3배로 80[lm/W]

③ 연색성 평가지수[Ra]는 60~80[Ra]

④ 주위온도 20~25[°C], 관벽온도 40~45[°C]일 때 발산 광속이 최대가 된다.

2) 전압특성

① 정격전압의 ±6[%] 범위에서 점등하여야 하며 이 범위를 벗어나면 수명이 단축된다.

② 광속, 전류, 전력 등은 거의 전원전압에 비례하여 변화한다.

5 온도특성

1) 주위온도 20~25[°C], 관벽온도 40~45[°C]일 때 방사효율이 최대가 된다.
2) 저온에서는 방전개시전압이 상승하며 아르곤에 대한 수은 증기의 분압의 감소로 수은 원자의 전리 확률이 감소한다.

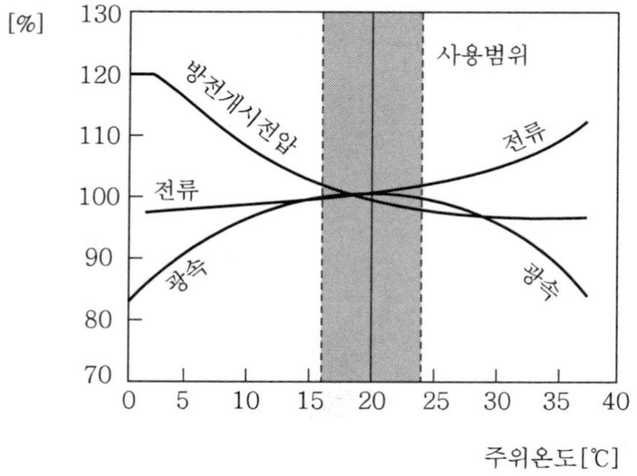

[형광등의 온도특성]

6 수명에 미치는 영향

1) 열음극의 소모

① 방전 중의 양이온이 높은 에너지로 음극과 충돌하면 음극물질인 Ba, Ca, St 등이 튀어나와 음극이 붕괴(스파터링 현상)된다.

② 음극물질이 관 단부에 부착, 흑화되어 오랜 시간 점등하면 전자방출 능력이 저하된다.

③ 이 현상은 점등 시 고전압에 의해 가장 심하며 1회 점멸은 점등 3시간에 해당하는 손실이다.

2) 형광물질의 변질

① 점등시간에 따라 광속은 점차 감소(최초 100시간은 급격히 감소, 5~10[%] 이후 서서히 감소)한다.

② 광속감소는 수은 화합물이 형광물질에 부착되기 때문이다.

7 무선주파수 잡음

1) 원인

형광램프의 고주파 진동 중에서 소호진동, 재점호 진동 등이 잡음의 원인이다.

2) 방지대책

① 병렬로 콘덴서(0.05~0.2[μF]) 삽입

② 대략 15[dB] 정도 저감

17 할로겐램프

1 정의

1) 미량의 할로겐 물질을 포함한 불활성가스를 봉입한 램프이다.
2) 할로겐 물질의 화학반응을 응용한 가스입 텅스텐 전구이다.

2 할로겐 재생사이클

1) 할로겐램프는 유리구 내에 불활성가스 이외에 할로겐화합물(요오드, 브롬, 염소) 등을 봉입한다.
2) 할로겐은 낮은 온도에서 텅스텐과 결합하고 고온에서는 분해된다.
3) 필라멘트에서 증발된 텅스텐이 온도가 낮은 유리구 관벽에서 할로겐과 결합한다.
4) 대류에 의해 다시 필라멘트로 가서 고온으로 분해된다.
5) 할로겐은 확산되고 관벽에 가서 또 다시 텅스텐을 잡아서 필라멘트로 되돌려 주는 재생사이클을 이룬다.

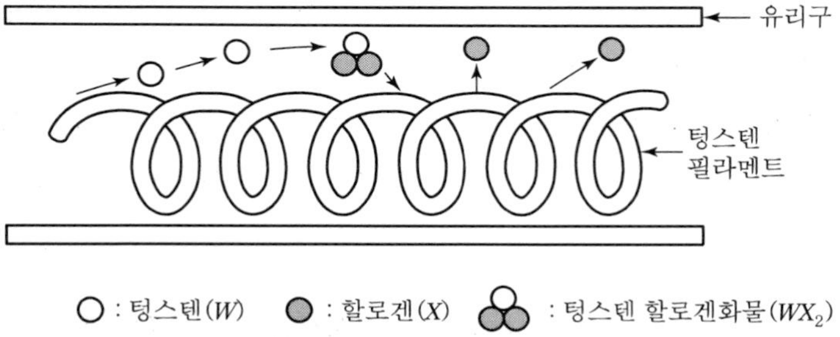

[할로겐 재생사이클]

$$W + 2X \rightarrow WX_2$$
$$WX_2 \rightarrow W + 2X$$

여기서, W : 텅스텐, X : 할로겐, WX : 텅스텐 헬라이드

3 종류

1) 다이크로익 미러 할로겐 전구

① 가시광선은 전면방사, 적외선은 후방 다이크로익 물질에 의해 80[%] 투과된다.
② 고조도 스폿조명에 적합하다.
③ 열방사가 적어 전시품의 손상을 방지한다.
④ 점포나 미술관, 박물관 조명에 적용된다.

2) 적외반사막 응용 할로겐 전구

① 석영유리 표면에 적외선 반사막을 형성한다.
② 가시광은 투과시키고 적외선은 필라멘트로 되돌려주어 가열에너지로 재이용한다.
③ 효율은 15～30[%] 향상, 손실은 50[%] 감소

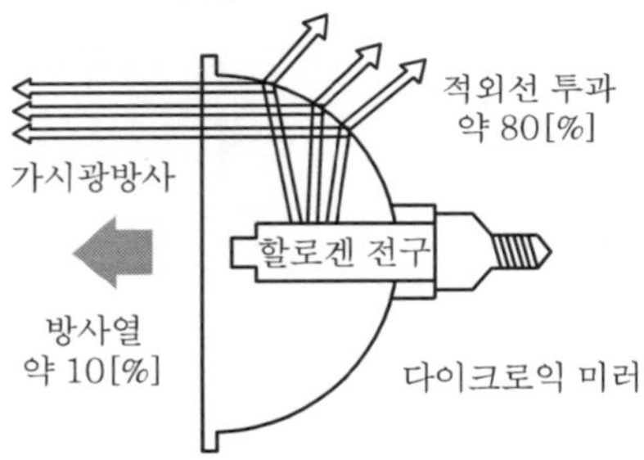

[다이크로익 미러 할로겐 전구]

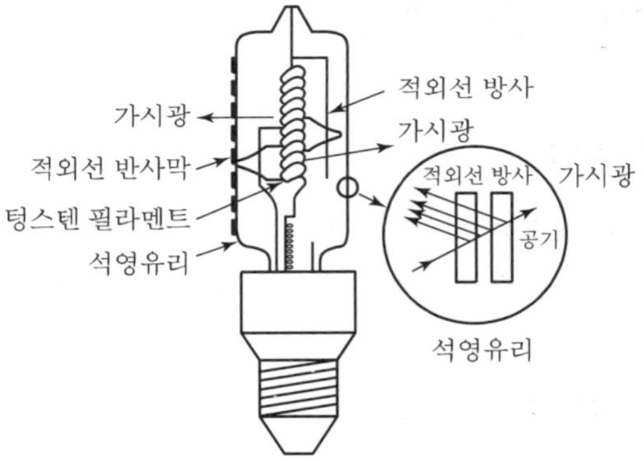

[적외반사막 응용 할로겐 전구]

3) 적외반사막, 다이크로익 미러부 분광특성 예

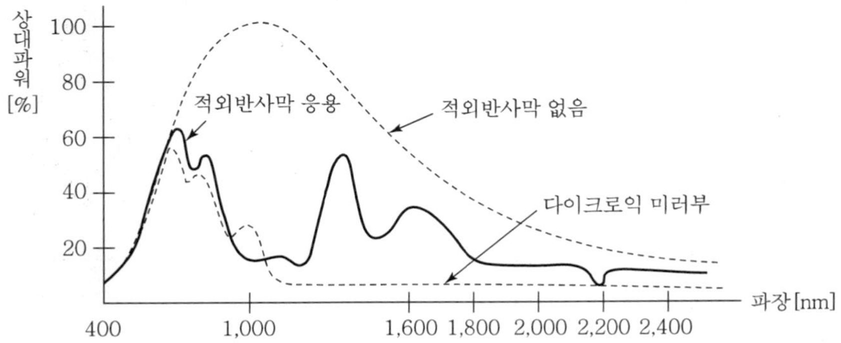

[할로겐램프의 분광특성]

4 할로겐램프의 특성

1) 수명 및 광속 저하가 작다(백열전구의 2배).
2) 점등장치가 필요 없다.
3) 연색성이 80[Ra] 이상으로 좋다.
4) 소형 경량의 전구(백열전구의 1/10)
5) 배광제어가 용이하다.
6) 단위광속이 크고 휘도가 높다.
7) 열충격에 강하고 열방사가 적다.

18 방전램프(메탈헬라이드램프, 나트륨램프, 수은램프)

1 정의

1) 방전등은 전기 루미네선스 발광원리를 적용한 광원이다.
2) 방전관 내의 봉입가스에 따라 특유의 색을 발산한다.

2 메탈헬라이드램프

1) 원리

① 연색성 및 효율을 개선하기 위하여 고압수은램프에 금속 또는 금속 혼합물을 혼입한 것이다.
② 금속 수은 증기 중에 금속 또는 할로겐화합물을 혼입하면 그 금속 원자에 의한 발광스펙트럼이 중첩되어 수은램프의 연색성과 효율이 개선된다.
③ 탈륨(Ti), 나트륨(Na), 인듐(In), 토륨(Th) 등의 수종의 금속원자를 옥화물, 취화물 등의 금속 할로겐화합물로서 첨가한다.
④ 시동전압은 일반 수은램프의 200[V]보다 높은 2차 전압으로서 300[V]가 필요하다.
⑤ 재시동 시간도 수은램프보다 길어 약 10분 정도 소요된다.

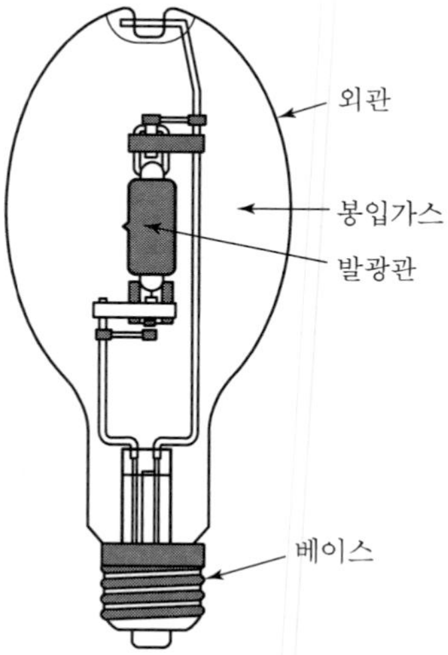

[메탈헬라이드램프]

2) 광방사

① 온도가 낮은 관벽 부근의 금속화합물은 증발하여 고온, 고압, 수은 아크부로 들어가 금속 할로겐화합물과 분해된다.

② 분해된 금속은 아크 내에서 여기되어 발생한다.

③ 분해된 금속은 다시 관벽으로 가서 결합하게 되어 광반사사이클을 이룬다.

3 나트륨램프

1) 원리

① 시동가스가 방전하여 발광관 온도가 상승하면서 수은을 방전한다.

② 시동가스(크세논)는 발광효율과 수명개선을 위한 완충가스 역할을 한다.

③ 시동기를 안정기에 내장하여 별도로 구비한다.

2) 특성

① 등황색의 D선 589[nm]의 분광분포를 가진다.

② 연색성이 20~25[Ra]로 낮다.

③ 백색광원 중 효율이 가장 높으며 따뜻한 느낌을 준다(120[lm/W]).

④ 전압이 150[%] 정도에 도달하면 수명이 거의 끝난 상태로 도로, 광장 조명에 사용한다.

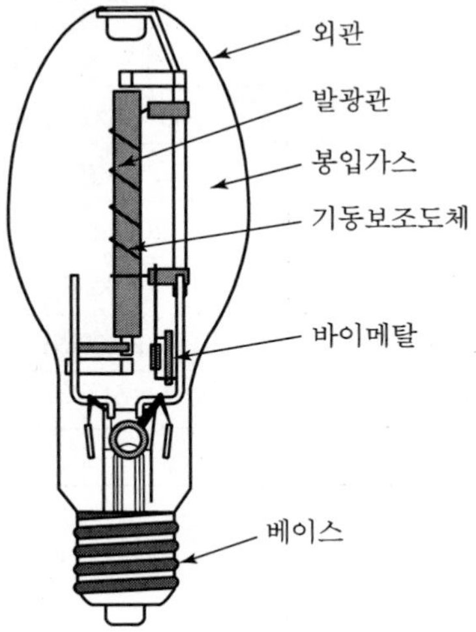

[나트륨램프]

4 수은램프

1) 원리

① 주전극과 보조극 사이의 글로우 방전에 의하여 이루어진다.
② 아크열에 의해 발광관 온도가 상승한다.
③ 수은이 증발하여 램프 전압이 상승하며 그 이후 안정된 방전을 지속한다.

2) 특성

① 전체 압력에너지에서 방사에너지의 비율은 50[%]이다.
② 연색성이 20～25[Ra]로 낮다.
③ 시동 및 재시동시간 : 시동 5분, 재시동 10분 이내
④ 도로, 광장 조명에 사용한다.

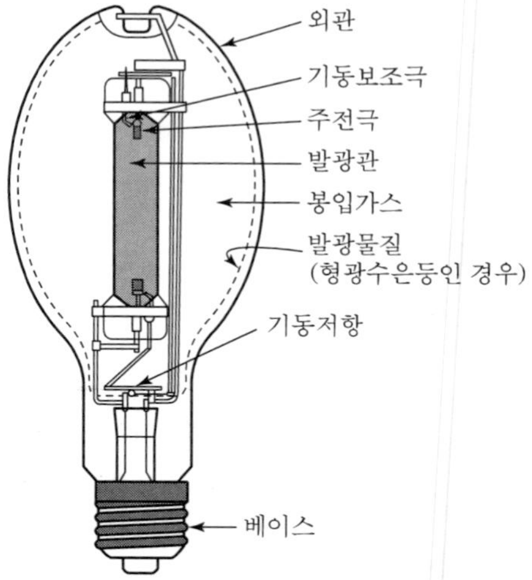

[수은램프]

5 방전램프의 비교

구분	수은등	나트륨등	메탈헬라이드등
점등원리	전계루미네선스	전계루미네선스	전계루미네선스(광방사)
효율	35～55[lm/W]	80～100[lm/W]	75～105[lm/W]
연색성	60[Ra]	22～35[Ra]	60～80[Ra]
용량	40～1,000[W]	20～400[W]	280～400[W]
수명	10,000[h]	6,000[h]	6,000[h]
색온도	3,300～4,200[K]	2,200[K]	4,500～6,500[K]
특성	고휘도, 배광 용이	60[%] 이상이 D선	고휘도, 배광 용이
용도	고천장, 투광등	해안가 도로, 보안등	고천장, 옥외, 도로

19 무전극램프

1 개요

1) 방전등의 전극은 에너지 손실원이며 제조가 까다롭고 수명단축의 주원인이다. 따라서 이를 개선하기 위해 무전극램프가 개발되었다.
2) 무전극램프는 고주파, 마이크로파 전원을 통해 전 · 자계를 형성하고 이를 이용해 방전하기 때문에 장수명 고효율의 장점을 지닌다.
3) 무전극램프를 방전형태에 따라 분류해보면 **유도결합방전, 용량결합방전, 마이크로파 방전, 배리어 방전**으로 나눌 수 있고
4) 현재 실용화되고 있는 조명광원은 주로 유도결합방전을 이용한 것이다.

2 구조 및 원리 : 전자기유도법칙

1) 자로철심에 코일을 감아 RF Power(고주파 전원)를 인가하면 방전관 내 내부에 강한 자계 형성
2) 자계에 의해 가속된 전자가 수은 입자와 충돌하여 여기나 전리를 일으킴
3) 안정상태로 귀환하면서 자외선을 방출

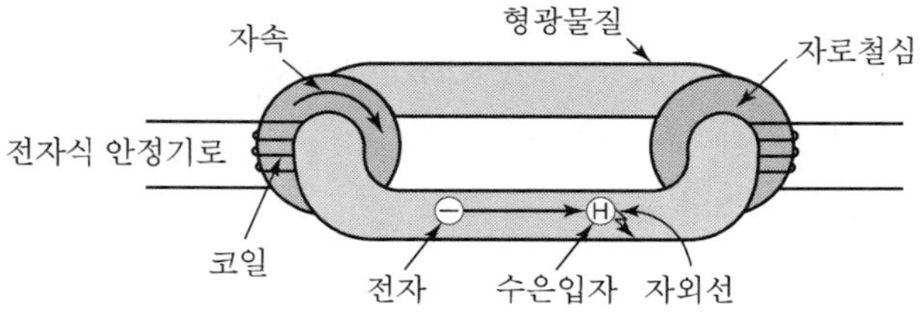

[무전극 형광램프]

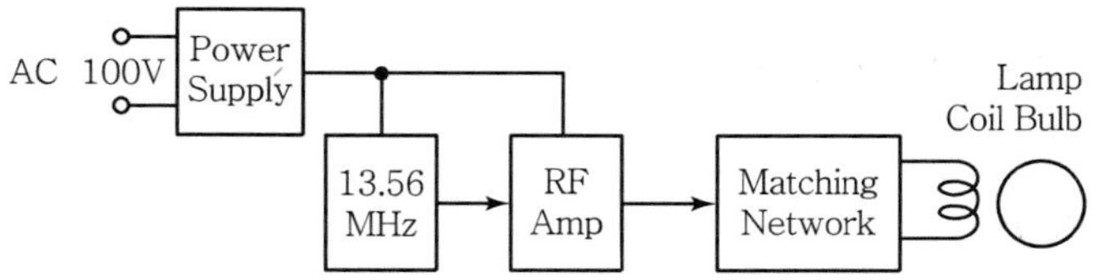

[무전극 방전등 회로의 블록선도]

3 종류

1) 유도결합 방전(H 방전) → 고주파 방전(RF) : 250[kHz]~2.5[MHz]

① 방전관 주위에 **코일**을 감고 **고주파 전류**를 인가하여 코일의 **전자유도** 작용에 의해 내부 가스를 여기 · 전리시키는 방식이다.

② 특징

㉠ 고밀도의 아크와 비슷한 성질을 가진다.

㉡ 방전전류는 관벽에 평행하게 흐른다.

③ 도로, 고천장, 경관조명 등

2) 용량결합 방전(E 방전) → 고주파 방전(RF) : 수십 [kHz]

① 방전관 양단 **평행판 전극** 사이에 **고주파 전원**을 인가하여 전극 사이에 형성되는 **전계**에 의해 내부 가스를 여기 · 전리시키는 방식이다.

② 특징

㉠ H 방전에 비해 사용주파수가 높다.

㉡ 저밀도의 글로우 방전에 해당된다.

③ 복사기, 스캐너, LCD 백라이트용 등

3) 마이크로파 방전 → 2.45[GHz]

① 마이크로파($E=200$[V/cm], $f=2.45$[GHz])에 의한 방전파괴를 통해 **플라즈마**를 발생시켜 내부 가스를 여기 · 전리시키는 방식이다.

② PLS, 무대조명, 특수조명 등

4) 배리어 방전

① 마이크로파 방전의 일종으로 전극 간에 인가한 전압이 2장의 글래스(Glass)를 통해 방전하는 형태이다.

② PDP TV, 오존발생장치 등

4 무전극램프 장점

1) 순간점등 및 재점등 : 0.01초 이하

2) 장수명 : 일반수명 100,000시간, 실효수명 60,000시간(초기 광속 대비 70[%])

3) 고연색성 : 80~90[Ra]

4) 색온도 : 3,000~7,000[K] 제작 가능

5) 고효율 : 70～80[lm/W]
6) 저온특성 우수 : 옥외용 가능
7) 연속조광 가능 : 10～100[%]
8) 낮은 발열량 : 기존 방전램프 350～450[℃], 무전극램프 90～110[℃]
9) 눈의 피로 감소 : 고주파 구동으로 플리커 현상이 없어 눈의 피로가 적음

5 무전극램프 단점

1) Noise 대책

고주파 점등하므로 전자파에 의해 타 기기에 영향을 준다.

2) 기구 내용연수

램프가 수명을 다하기 전에 조명기구가 절연열화, 기계적 손상, 부식되므로 대책이 필요하다.

3) 광원특성 개선

가격이 비싸고 소형화가 필요하다.

6 무전극램프 용도

1) 높은 위치에 설치되어 램프교환에 비용이 많이 드는 곳
2) 산업시설의 조명
3) 터널 조명
4) 옥외 조명

7 실용화 제품

1) 필립스(QL), 오스람(Endura), 금오전기
2) 유도결합형 : 전구형(2.5[MHz]), 둥근형(250[kHz])

20 PLS(Plasma Lighting System)

1 플라즈마 의미

1) 극도로 이온화된 기체상태를 지칭하는 것으로 기체가 수만 [℃] 이상의 고온이 되면서 만들어지기 시작하고 보통의 기체와 다른 독특한 성질을 갖기 때문에 물질의 제4상태라고 한다.
2) 플라즈마 상태에서 이온 간에 충돌하면 발광한다.

2 구조 및 원리

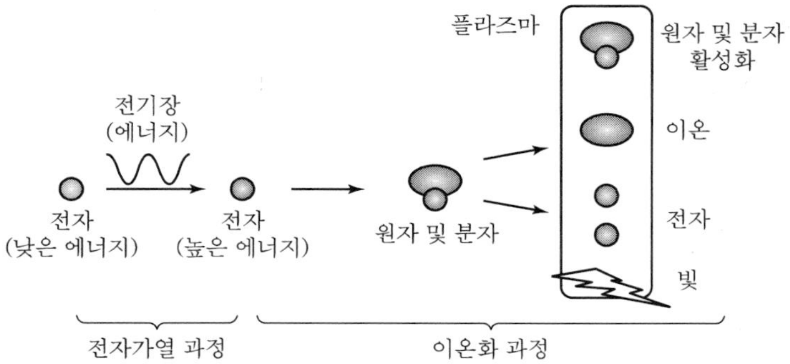

[플라즈마 생성 과정]

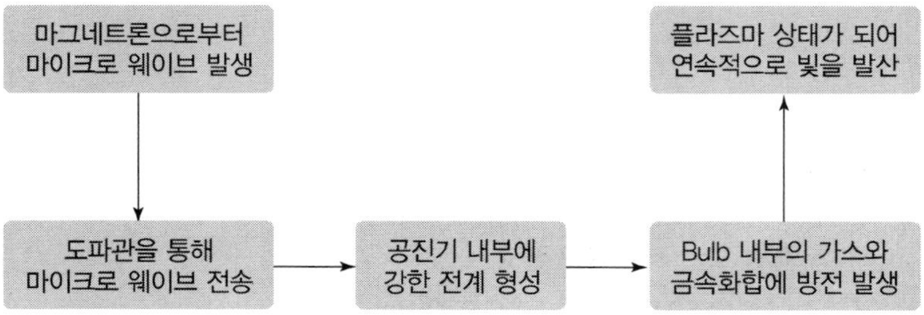

[플라즈마램프의 구성]

3 PLS 특징

1) 무전극, 무필라멘트, 무수은
2) 형체를 사용하지 않는 비형광형으로 환경 친화형 조명시스템
3) 연속 스펙트럼으로 연색성이 우수하다.

4) 장수명 → 60,000시간
5) 고광량, 고효율 광에너지
6) 안정기가 필요하지 않고 20초 스피드점등 시스템

❹ PLS 적용

1) 초고집적 반도체
2) 대형 디스플레이
3) 나노 신소재
4) 친환경 청정기술, 첨단 공학 등
5) 도로조명, 터널조명
6) 네온사인, 가로등, 실내 체육관, 공장 등

21 LED램프(Light Emitting Diode)

❶ 구조 및 원리

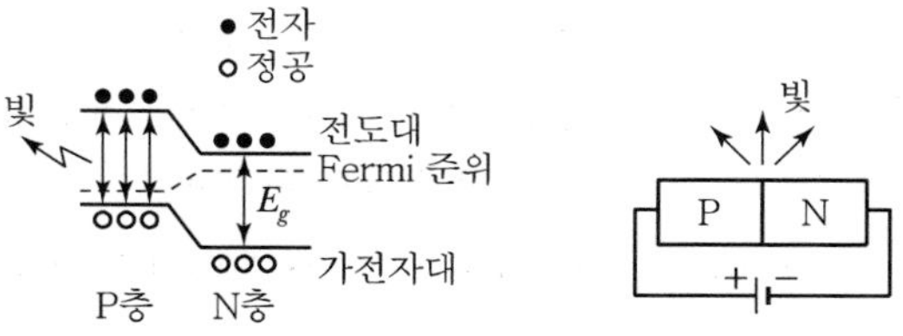

[LED의 원리]

1) 전계 루미네선스를 이용한 광원이다.
2) 반도체 발광소자에 직류전원을 가하면 PN 접합부에서 전도대의 전자와 가전대의 정공이 결합하며 빛이 발생한다.
3) LED의 PN 접합부에서 에너지 갭의 특성은 LED의 양자 효율과 방사에너지에 의해 결정되고 파장에 따라 LED의 발광색이 결정된다.

4) 방사에너지의 파장

$$\lambda = \frac{hc}{E_g} \simeq \frac{1240}{E_g}[\mathrm{nm}]$$

2 LED램프 특성

구조적	광학적	전기적	환경적
• 작은 점광원 • 매우 견고함 • 수명이 길 • 환경 친화적	• 단색광을 발광하여 연색성이 나쁨 • 지향성 광원으로서 등기구 손실 작음 • 색을 필요로 하는 조명기구에 적용 시 시인성 향상	• 특정전압 이상에서 점등을 시작 • 작은 전압 변화에도 전류와 광도가 변화	• 온도변화에 민감 • 과전류 시 수명 대폭 감소, 성능 저하 • 열처리장치와 전류제어장치가 필요 • 기후협약에 대응

3 LED램프 장점

1) 점등, 소등의 속도가 빠르다.
2) 전력 소모가 적다.
3) 수명이 길다. → 수명 10만 시간, 실효수명 6만 시간
4) 조광제어가 쉽다. → 가로등 적용 시 Dimming 제어로 종합규제도 및 안정성 향상
5) 시인성이 좋다. → 신호등, 채널간판, 유도등 이용
6) RGB 조합으로 다양한 색 발광 → 색온도 조절, 감성조명
7) 에너지 절감 → 백열등 · 할로겐 · 채널간판 : 85[%], CCFL : 55[%], 형광등 : 35[%] 절감
8) 환경오염이 적고 안전하다. → 무수은, 유해전자파 미방출, CO_2 배출량 감소, 저전압 사용
9) 광학적 효율이 높다. → 2010년 : 90[lm/W], 2010~2015년 : 150[lm/W]

4 LED램프 단점

1) 백열등, 형광등에 비해 고가이다.
2) 집광성이 강해 특정 각도에서 휘도가 높다.
3) 직류전원을 사용하므로 별도의 전원공급장치가 필요하다.
4) 발열량이 커서 광특성, 수명 등에 영향을 끼침 → 투입전력의 약 80[%]가 열로 발생한다.
5) SMPS 수명이 짧다. → 전해콘덴서 : 15,000시간, 세라믹콘덴서 30,000시간
6) 고조파, 노이즈가 발생한다.

5 LED램프 냉각방식

1) 정 전류원으로 구동한다. LED 특성에 맞는 전원 공급장치를 채용한다.
2) 전도, 대류에 의해 방출한다.
3) 구리나 알루미늄을 방열판으로 사용한다.
4) 조명기구 내부에 방열팬을 부착한다.
5) 능동적인 강제냉각방식을 채용한다.
6) 펠티어 소자를 이용한다.
7) 방열 코팅제를 사용한다. → 방열판에 방열 코팅제로 코팅 시 10[%]가량 온도가 떨어진다.

6 LED램프 사용 시 주의사항

1) 동종의 램프라도 환경에 따라 광색 밝기가 달라질 수 있으므로 주의할 것
2) 전용회로 및 기구를 사용할 것
3) 수분이나 습기가 많은 곳은 피할 것
4) 전자제품 주변에서 사용 시 노이즈 발생을 고려할 것
5) 장시간 주시하지 말 것
6) 5~35[℃] 이내에서 사용할 것

7 조명용 백색 LED램프

RGB 조합, UV LED + RGB 형광체, Blue LED + Yellow 형광체

8 기존 조명과 LED램프 비교

품목	전력소비		절감률(%)	판매가격		비용회수 기간(연)
	기존(W)	LED(W)		기존(천 원)	LED(천 원)	
백열등	60	8	87	2	30	1.1
할로겐	50	5	90	3	30	1.4
채널간판	30	3	90	150	300	3.4
CCFL	22	10	55	8	30	4.4
형광등	100	65	35	90	250	4.2

9 LED조명 보급 활성화 방안

1) LED조명 12/30 정책

① 2012년까지 공공기관 전체조명의 30[%]를 LED조명으로 교체

② 백열전구(2009년) 및 할로겐램프를 공공기관에서 퇴출

2) LED조명 15/30 프로젝트

① 2015년까지 전체조명 중 30[%]를 LED조명으로 교체

② 1조 6천억 원 절감

3) LED조명 20/60 계획

2020년까지 전체조명 중 60[%]를 LED조명으로 교체

10 맺음말

1) LED램프는 친환경, 장수명, 고효율 등의 장점으로 폭발적으로 시장이 확대되고 있다.

2) 따라서 세계적 수준의 LED램프 제조기술을 확보해야 하고 고부가가치 기능을 창조해야 하며 산학연 기술개발 협력 등의 노력을 기울여야 한다.

3) LED램프 발전방향

LED램프 제조기술	고부가가치 기능	산학연 기술개발 협력
• 사용 온도에서 수명 • 눈부심 방지 • 연색성 개선 • SMPS 수명	• Smart Lamp • 건물 에너지 관리 • 원격제어 • 감성 조명	• 지역별 상생협력 • 광기술원 • LED 산업단지

22 OLED(Organic Light Emitting Diode, 유기발광다이오드)

1 구조 및 원리

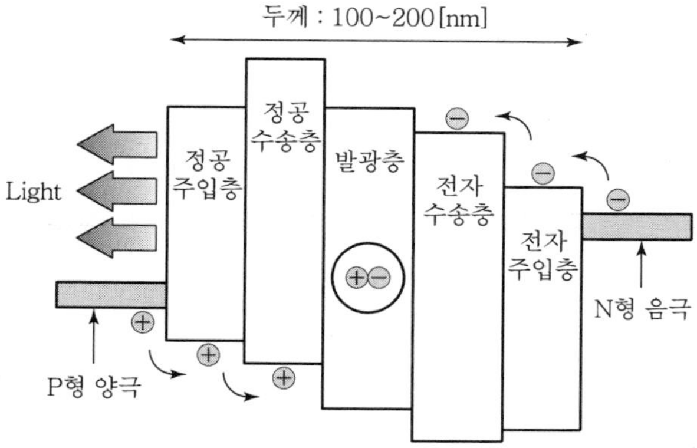

[OLED 발광 메커니즘]

1) 발광성 유기물화합물을 양극과 음극 사이에 박막 형태로 적층한 구조로 전계 루미네선스를 이용한 **면광원**이다.
2) OLED소자에 전기장을 가했을 때 **음극**에는 **전자**가, **양극**에는 **정공**이 주입되어 기능층을 거쳐 발광층으로 이동한 후 전자와 정공이 재결합하여 발광한다.

2 OLED 종류(구동방식)

수동형 구동방식	능동형 구동방식
• 제작공정 단순하고, 투자비 적음 • 능동형에 비해 성능이 떨어짐 • 소형에만 적용 가능	• TFT 수준 이상의 제조공정 및 투자비가 필요 • 화질, 수명, 소비전력 등이 우수 • 중 · 대형까지 확대적용 가능

3 OLED 특징

1) 적층형 구조 → 최고의 발광효율 구현
2) 자체 발광형 → 소자가 스스로 빛을 냄
3) 넓은 시야각
4) 빠른 응답속도 → 응답속도가 100만 분의 1초로 TFT LCD보다 1,000배 이상 빠름

5) 초박형, 저전력 → 백라이트가 필요 없어 초박형, 저소비전력 가능
6) 곡면 및 투명한 형태 제조 가능 → 유연함
7) 간단하고 저렴한 제조공정 → OLED : 55Step, LED : 62Step
8) 색가변 광원(Color－tunable Lighting) 3차원 형태의 광원(3－D Lighting)

4 OLED 적용

1) 휴대폰, 디지털 카메라, 캠코더
2) 내비게이션, PDA
3) 오디오
4) 노트북, 컴퓨터, 벽걸이 TV

5 OLED 백색구현방식

1) 파장변형방식

① 청색파장의 빛을 형광체에 여기
② 제작공정 간단
③ 색 변환층의 조절로 연색성 쉽게 조절

2) 색상혼합방식

① 적색(R), 녹색(G), 청색(B) 혼합 또는 황색(Y), 청색(B) 혼합
② 파장변환과 관련한 손실 없음
③ 고효율 백색 발광소자 제작 가능

3) 소자적층방식

적색(R), 녹색(G), 청색(B)의 단색발광 소자를 순차적으로 적층

6 OLED 컬러 패터닝 기술방식 비교

1) 독립 증착식

① 약 50[μm] 두께의 Metal Mask를 이용해 패터닝함
② 장점 : 패터닝이 용이, 발광체의 고유색상 유지 가능
③ 단점 : 대형화가 어렵고 생산성 저하됨

2) 잉크젯 프린팅 방식

① 고분자 OLED에 이용함
② 장점 : 대형화 가능, 대기 중에서 작업 가능
③ 단점 : 공정상 노즐막힘 현상과 유기막 두께 불균일 현상

3) 레이저 패터닝 방식(LITI)

① Flexible 필름과 레이저 광원을 이용해 유기물질을 기판 위에 패터닝함
② 장점 : 정밀도 우수, 대형화 용이
③ 단점 : 열에 의해 유기물질 특성이 저하됨

7 광원의 비교

[조명용 광원별 특성 비교]

구분		광원형태	광원효율 [lm/W]	면광원화 수단	기구의 광이용효율 [%]	면광원효율 [lm/W]	연색성 (CRI)	수명 (시간)	단가 ($/klm)
백열등		원광원	20	–	–	–	100	1,000	1
형광등	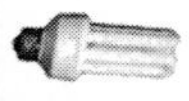	선광원	100	확산판	50	50	80~85	20,000	10
LED		점광원	100	도광판	30~70	30~70	80	100,000	100
OLED		면광원	100 (가능성)	불필요	100	100	>80	>20,000	20

* 자료 : D.O.E. Solid－State Lighting Research and Development(2009. 9)

8 최근 동향

1) 최근 유럽에서는 15×15[cm^2]의 면적에서 효율 50[lm/W], 수명 10,000시간인 백색 OLED 조명이 개발되었다.
2) 또한 1,000[cd/m^2]의 휘도와 1[m^2]의 면적에서 효율 100[lm/W], 수명 100,000시간인 OLED 조명 개발연구가 진행 중이다.

23 조도 측정 시 고려사항

1 개요

1) 조도 측정 시에는 충분한 준비와 행동이 있을 때만이 정보량이 많고 신뢰도가 높은 측정이 가능하다.

2) 조도 측정 시 가장 중요한 것은 참값에 가까운 측정값을 얻는 것이다.

2 측정 시 고려사항

1) 측정 전 준비사항

① 목적에 따른 측정방법 선정

② 측정장소 및 측정조건 조사

③ 램프 광출력을 안정화한 후 측정

④ 측정점을 선정한 후 도면에 표기

2) 측정 시 주의사항

① 조도계 취급지시 순서에 따라 측정한다.

② 지시값이 충분히 안정된 후에 읽는다.

③ 측정자의 그림자, 의복 등에 의한 반사가 측정에 영향을 주지 않아야 한다.

④ 측정대상 이외의 광영향이 있을 경우 그 영향을 제외시켜야 한다.

⑤ 반복 측정으로 정확한 측정값을 얻어야 한다.

3 평균조도 측정법

1) 1점법 : 조도 균제도가 좋은 장소에 적용

2) 4점법 : 조도 구배가 완만한 장소에 적용

$$\overline{E} = \frac{1}{4} E_i$$

여기서, $\overline{E}$: 평균조도, E_i : 우점의 조도

3) 5점법 : 조도 균제도가 나쁜 장소에 적용

① $\overline{E} = \frac{1}{12}\left(\sum E_i + 8E_g\right)$

② $\overline{E} = \frac{1}{6}\left(\sum E_m + 2E_g\right)$

여기서, E_g : 중앙 측정값

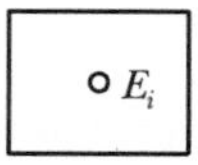

[1점법]

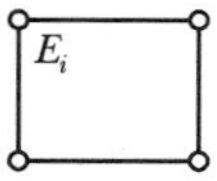

[4점법]

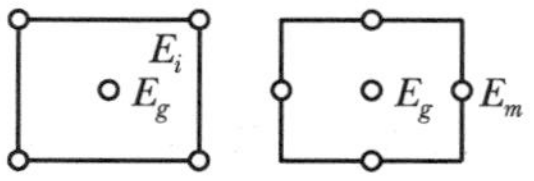

[5점법]

4 측정면 높이

실내		실외	
일반	책상면 또는 바닥위 85[cm]	도로	노면 15[cm] 이하
방	바닥위 40[cm]	운동장, 경기장	지면
복도, 계단	바닥면		

5 조도측정 후 기록

1) 측정 연, 월, 일, 시간
2) 측정자, 입회자 성명
3) 측정장소 도면, 조명기구 배열, 내부마감
4) 램프 종류, 조명기구 형식, 안정기 종류
5) 조도계 종류, 계기번호, 측정레인지

6 조도기준(KS A 3011)

조도 단계	aaa	aa	a	b	c
조도 범위[lx]	1,500∼3,000	600∼1,500	300∼600	150∼300	60∼150
표준 감도[lx]	2,000	1,000	450	200	125
공장	초정밀작업	정밀작업	보통작업	단순작업	거친 작업
사무실	설계, 제도	일반 사무실	회의실, 서고	복도, 화장실	차고, 창고
병원	분만실	수술실	진찰실	병실	–
학교	정밀시험	흑판면	일반교실	복도, 화장실	–
주택	재봉	공부, 독서	세탁, 조리	거실, 욕실	현관, 복도
경기장	공식경기	일반경기	레크리에이션	–	관람석

24 감성조명

1 정의

1) 기존의 실내조명은 단순히 빛을 발하는 용도에 국한되었지만 조명기술이 발달함에 따라 그 용도가 다양해지고 있다.
2) 감성조명이란 사람의 **심리상태**와 **몸상태**에 따라 **색온도**와 **밝기**를 알맞게 조절함으로써 인간의 감성을 높이고 공간분위기를 창조하는 조명기술이다.

2 감성조명의 특징

색온도, 조도, 색 조절이 가능한 시스템 조명이 가능하다.

1) 색온도 조절

① 감성 LED는 적색, 녹색, 청색 삼원색을 개별적으로 조절하여 주위 환경에 따라 최적의 색온도를 제공
② **낮은 색온도** : 붉은빛을 내어 따스한 느낌
③ **높은 색온도** : 푸른빛을 내어 시원한 느낌

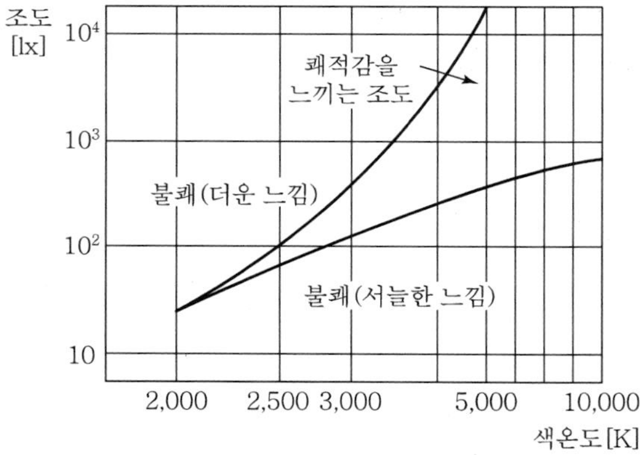

[색온도와 조도의 관계]

2) 기존 광원의 비교

① 백열전구 : 2,800[K], 형광등 : 4,500～6,500[K] 색온도 고정
② LED는 자유롭게 색온도 조절 가능

❸ 적용환경

1) 실내에서도 자연조명의 변화 연출
2) 심리적 안정과 쾌적한 환경 구현
3) 의료 효과(라이팅 테라피)
4) 업무능력, 학습능력의 향상
5) 현대인에게 필요한 Well－being 조명

❹ 차세대 LED 조명 동향

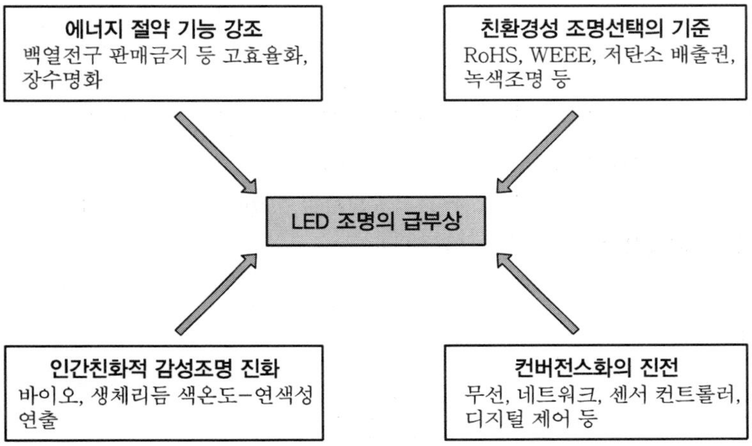

[LED 조명 동향]

❺ LED 조명 적용 시 이점

1) 색온도와 밝기 조절이 용이 : 획일화된 도시 미관을 벗어나 개성 있는 이미지 연출 가능
2) 디지털 컨버전스(Digital Convergence) : LED 조명은 GPS 통신장치와 센서를 부가한 스마트 조명으로 진화 중
3) 향후 기술과 감성을 모두 만족시키는 LED 조명

❻ 고려사항

1) 단지 감성조명만을 내세우는 것이 아닌 전체공간의 특징, 크기, 형태 및 색채들을 고려한 설계
2) 빛과 색이 인간의 감성과 행동에 미치는 영향에 대한 연구가 활발해져 IT기술과 융합
3) LED 색채조명의 감성적인 요소, 특히 사용자 활동의 다양한 특성이 고려된 데이터 구축에 대한 심리적 · 생리적 연구 요구

7 맺음말

1) LED를 통한 심리적 만족감을 줄 수 있는 조명설계가 가능하다.
2) LED 광원의 등장은 광원이 단순히 어둠을 밝히는 기능을 넘어 인간의 심리적 변화나 행동에 만족감을 주는 것을 용이하게 해주었다. 조명의 다양한 감성적 효과를 기대할 수 있다.

25 옥내 전반조명

1 개요

1) 옥내 전반조명은 명시적 · 시각적 · 생리적 · 심리적인 관계가 중요하다. 따라서 소요조도의 결정은 편안하고 안락한 시각에 기초를 두어야 한다.
2) 옥내 전반조명에서는 광원에서 발산되는 **직사광** 이외에 실내면의 천장, 벽, 바닥, 기구로부터 반사되는 **반사광**을 함께 고려하여야 한다.

2 설계순서

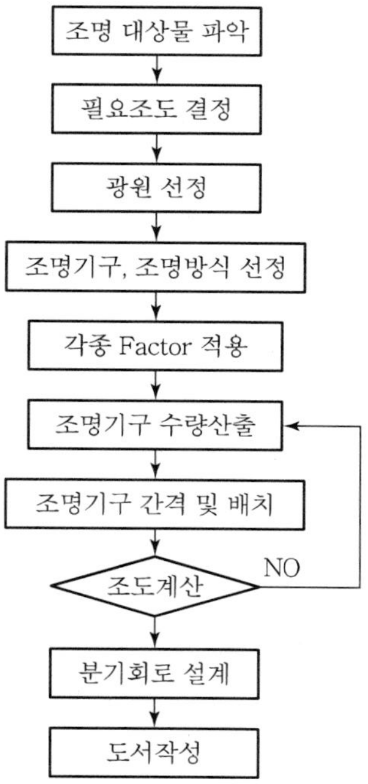

[옥내 전반조명 설계순서]

1) 조명 대상물 파악

① 건축물의 사용목적, 건축물의 내부구성, 자연채광, 입지조건, 주위환경

② 방의 치수 및 구조, 설비 배치상태. 마감재 및 채광창

2) 필요조도 결정

① 방의 형태, 작업의 종류, 용도, 특징, 경제성 고려

② 국내의 조도기준(KS A 3011)

거친 작업	단순작업	보통작업	정밀작업	초정밀작업
60 ~ 150	150 ~ 300	300 ~ 600	600 ~ 1,500	1,500 ~ 3,000 [lx]

[조도기준(KS A 3011)]

3) 광원 선정

종류	적용
방전등	원거리 투사
백열등, 할로겐램프	근거리 투사 및 고연색성 요구장소
LED램프	에너지 절감 · 친환경 · 장수명 요구장소
광섬유 조명 시스템	다양한 색깔 요구장소
무전극램프	전반적 조명, 고연색성 · 장수명 요구장소

4) 조명기구 선정

① $\text{기구효율}(\eta) = \dfrac{\text{기구에서 방사되는 광의 양[lm]}}{\text{기구에 부착된 광원에서 방사되는 광의 양[lm]}} \times 100[\%]$

② $\text{조명률}(u) = \dfrac{\text{작업면에 입사하는 광속[lm]}}{\text{광원의 전광속[lm]}} \times 100[\%]$

5) 조명방식 선정

① 조명기구 배광에 의한 분류 : 직접조명, 반직접조명, 전반확산조명, 반간접조명, 간접조명

② 조명기구 배치에 의한 분류 : 전반조명, 국부조명, 전반국부조명(TAL)

③ 기타 : 건축화조명, PSALI조명 등

④ 에너지 절약을 위해서는 TAL 방식과 PSALI 조명을 많이 활용한다.

6) 실지수 결정

① 실지수는 방의 크기와 형태를 나타내는 척도로서 조명률을 구할 때 반영한다.

② 실지수와 조명률의 관계 : 실지수가 크면 조명률이 크다.

③ 실지수 $= \dfrac{X \cdot Y}{H \cdot (X+Y)}$

7) 조명률 결정

① 조명률$(U) = \dfrac{\text{작업면에 입사하는 광속}(F_a)}{\text{광원의 전광속}(F)} \times 100[\%]$

② 조명률에 영향을 주는 요소

㉠ 조명기구의 배광은 협조형이 광조형보다 직접비가 크고 조명률이 높다.

㉡ 조명기구의 효율은 배광형이 같을 경우 효율이 큰 것이 조명률이 높다.

㉢ 실지수가 상승하면 조명률이 상승한다.

㉣ 조명기구의 S/H 비가 상승하면 조명률이 상승한다.

㉤ 실내표면의 반사율이 상승하면 조명률이 상승한다.

8) 보수율 결정

① 보수율은 조명의 광출력 저하를 고려한 일종의 보정계수이며 감광보상률은 보수율의 역수를 의미한다.

② $MF = LLMF \times LSF \times LMF \times RSMF$

여기서, $LLMF$: 램프 광속 유지계수
LSF : 램프 수명계수
LMF : 조명기구 유지계수
$RSMF$: 방 표면 유지계수

③ 보수율은 0.5~0.7 적용

9) 조명기구 수량산출

① 3배광법

$$E = \frac{F \cdot N \cdot U \cdot M}{A}[\text{lx}]$$

여기서, U : 조명률, M : 보수율(유지율)

② ZCM

$$E = \frac{F \cdot N \cdot Cu \cdot LLF}{A}[\text{lx}]$$

여기서, Cu : 이용률, LLF : 광손실

10) 조명기구 간격 및 배치

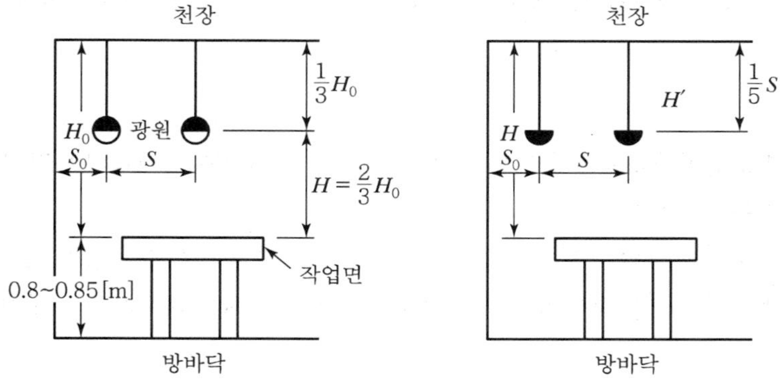

[조명기구 간격 및 배치]

(1) 직접조명의 경우

① 작업면에서 천장까지 높이 : H_0

② 등기구와 작업면 사이 간격 : $H=\frac{2}{3}H_0$

③ 등기구 사이 간격 : $S \leq 1.5H$

④ 등기구와 벽면 사이 간격 : 벽면 불이용 $S_0 \leq \frac{1}{2}H$, 벽면 이용 $S_0 \leq \frac{1}{3}H$

(2) 간접 및 반간접조명의 경우

① 작업면에서 천장까지 높이 : H

② 천장과 등기구 사이 간격 : $H'=\frac{1}{5}S$

③ 등기구 사이 간격 : $S \leq 1.5H$

④ 등기구와 벽면 사이 간격 : 벽면 불이용 $S_0 \leq \frac{1}{2}H$, 벽면 이용 $S_0 \leq \frac{1}{3}H$

11) 실내면의 광속발산도 계산

구분	사무실, 학교	공장
작업 대상물과 그 주위면(책과 책상면)	3 : 1	5 : 1
작업 대상물과 그것에서 떨어진 면(책과 바닥)	10 : 1	20 : 1
조명기구 또는 창과 그 주위면(천장, 벽면)	20 : 1	40 : 1
통로 내부의 밝은 부분과 어두운 부분	40 : 1	80 : 1

26 건축화 조명

1 개요

1) 건축화 조명이란 건축과 조명의 일체화, 즉 건축의 일부가 광원화되어 장식뿐만 아니라 건축의 중요한 부분이 되는 조명설비를 말한다.
2) 건축화 조명은 건축 설계자와 조명 설계자가 처음부터 상호 협의하여 설계에 임해야 한다.
3) 건축화 조명은 천장을 이용한 것과 벽면을 이용한 건축화 조명으로 구분된다.

2 장점 및 단점

1) 장점

① 실내를 단순하게 한다.
② 건축구조의 마감이 자연스러워 광원의 존재를 의식하지 못한다.
③ 의장성이 매우 우수하다.
④ 확산광 형태이므로 실내가 차분해진다.

2) 단점

① 조명효율이 나쁘다.
② 공사비가 증가한다.
③ 한번 시공하면 수정하기 힘들다.

3 종류와 특징

1) 광량조명(반매입 라인 라이트) : 가장 일반적인 조명방식이다.

① 천장에 일렬로 형광등을 매입 시공한다.
② 확산 플라스틱 설치 시 조명을 부드럽게 할 수 있다.

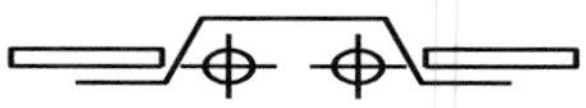

[광량조명]

2) 코퍼(Coffer)조명

천장에 환형, 사각형, 원형 등의 구멍을 뚫어 단 차이를 둔 후 그 내부에 등을 시공한다.

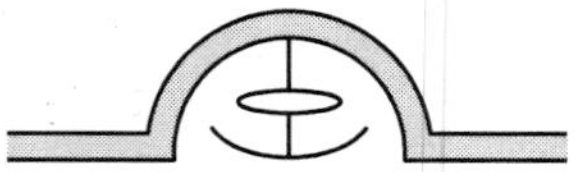

[코퍼조명]

3) 다운라이트조명

천장면에 여러 개의 작은 구멍을 뚫어 그 속에 등기구를 매입하는 조명방식이다.

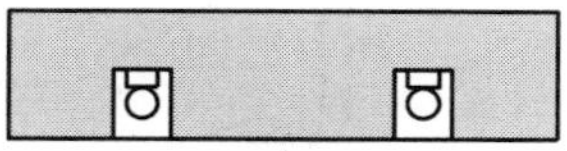

[다운라이트조명]

4) 광천장조명

① 천장면 전체에서 밝은 확산광의 조명이 조사된다.

② 실내조명 중 조명률이 가장 높고 설치비나 유지비가 비교적 저렴하여 많이 사용한다.

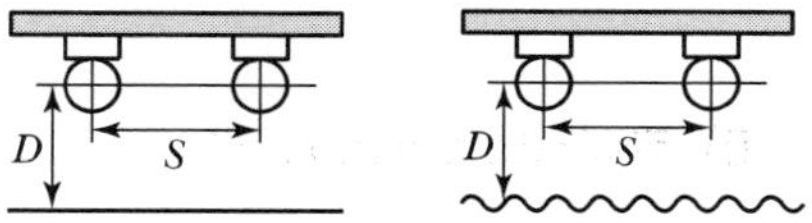

[광천장조명]

5) 루버조명

① 천장에 격자형 루버를 설치하고 그 내부에 형광등과 같은 직접 조명을 설치한다.

② 올려다 보지 않는 이상 조명이 보이지 않아 눈부심을 막을 수 있으며 쾌청한 낮과 같이 근사한 주광상태를 재현할 수 있다.

③ 루버의 청소와 등기구 등의 교체가 까다롭다.

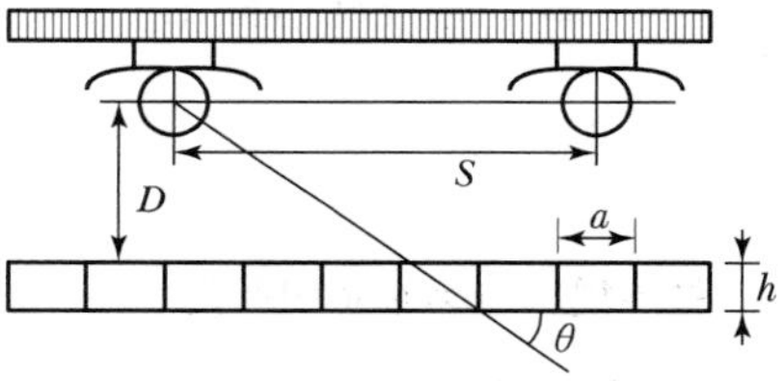

[루버조명]

6) 코너조명

① 천장과 벽면과의 경계에 조명기구를 배치하여 조명하는 방식이다.

② 천장과 벽면을 동시에 투사하는 조명방식으로 큰 객실, 지하철, 지하도 조명에 이용한다.

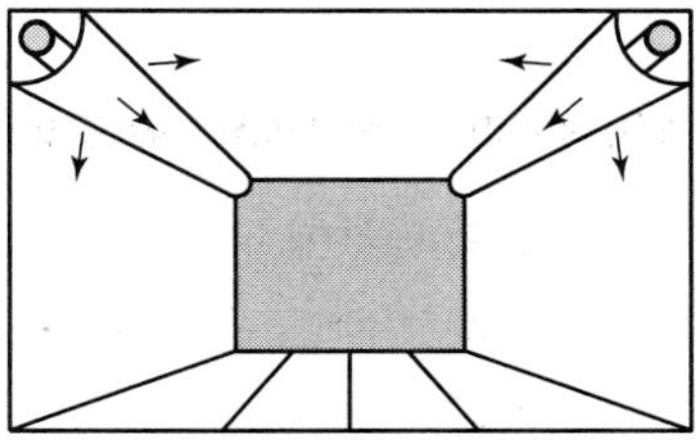

[코너조명]

7) 코브(Cove)조명

① 벽의 가장자리에 조명을 숨기고 천장면을 향하게 조사하여 조사된 조명이 확산되어 방안 전체를 은은하게 비춰준다.

② 눈부심이 없고 조도분포가 균일하며 그림자가 생기지 않지만 충분한 밝기를 위해서는 보조조명을 설치해야 한다.

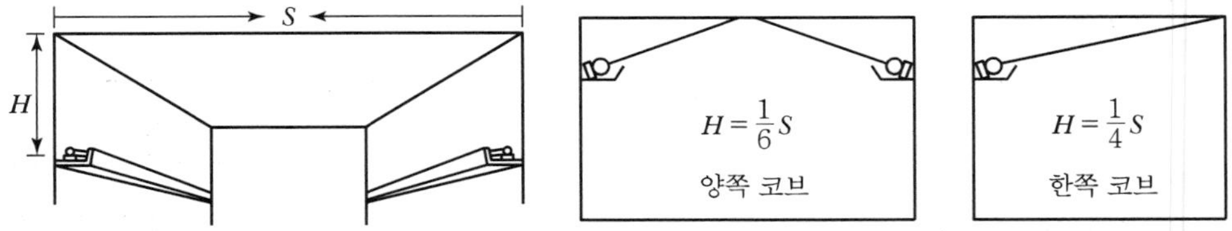

[코브조명]

8) 코니스(Cornice)조명

① 천장 근처의 벽면에 돌출형의 장식을 설치한 뒤 그 내부에 형광등 기구를 설치한다.

② 조명이 벽과 천장을 비추고 확산되어 방안 전체를 은은하게 비춘다.

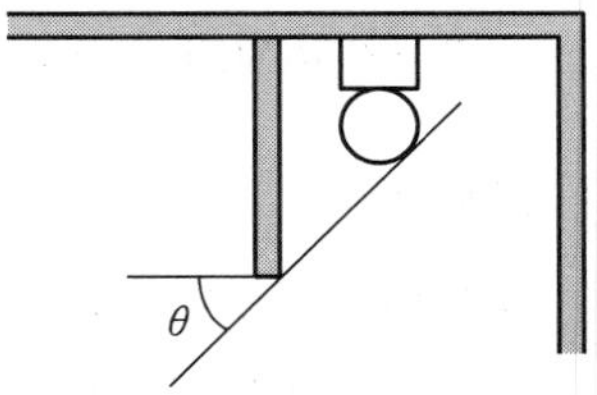

[코니스조명]

9) 밸런스(Balance)조명

① 일정한 높이로 벽면에 형광등 기구를 설치한 뒤 투과성이 낮은 재료로 조명이 보이지 않도록 막아준다.

② 상부의 천장과 하부의 벽을 비춘 조명이 방안으로 확산되어 실내를 밝혀 준다.

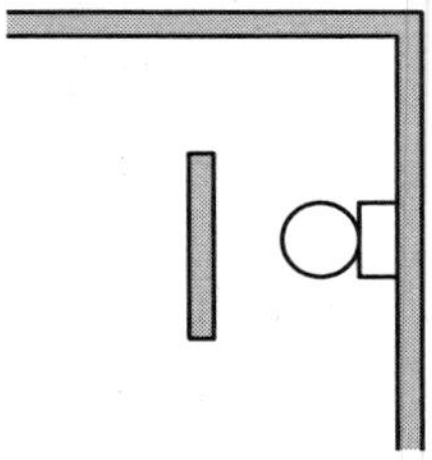

[밸런스조명]

10) 광창(Light Window)조명

① 벽의 일부에 창문형태의 조명을 설치한 것이다.

② 지하실 같은 곳에 자연채광 분위기를 연출할 때 적절하다.

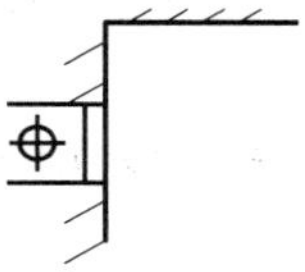

[광창조명]

27 TAL, 글레어 존(Glare Zone), 자연채광과 PSALI

1 Task & Ambient 조명방식

1) 정의

① TAL이란 Task Ambient Lighting의 약자로 **전반/국부조명 병용방식**을 의미한다.

② 즉, 특정 작업면을 작업등(Tack Lighting)으로 조명하고, 그 주변을 다른 조명등(Ambient Lighting)에 의해 작업조명의 1/2～1/3 조도로 조명하는 방식이다.

2) 적용

사무실 작업의 OA화, 즉 VDT 환경에 따라 TAL 방식을 적용한다.

3) 특징

① **에너지 절약** : 전체는 Ambient 조명으로 보통의 밝기만 확보한다.

② **보임의 향상** : 작업면은 Task 조명을 적용하여 업무에 맞는 조도를 확보한다.

2 글레어 존(Glare Zone)

눈의 수평 위치에서 상하 30°, 좌우 30° 범위 내의 영상이나 광원은 눈의 보임을 강하게 방해하는데, 이러한 범위를 글레어 존(눈부심 영역)이라고 한다.

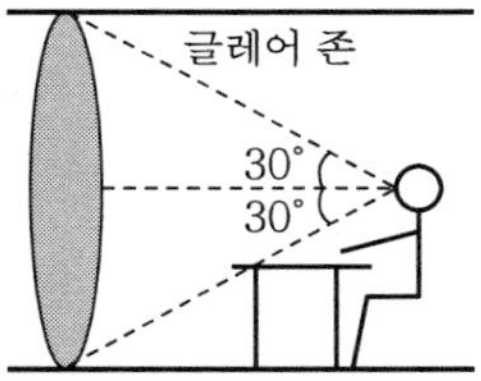

[눈부심 글레어 존]

3 자연채광과 PSALI(실내 상시 보조 인공조명)

1) 자연채광

(1) 정의

① 주광은 가장 자연스러운 빛이며, 직사일광과 천공광으로 구분한다.

② 자연채광의 대상은 천공광이며 주광의 25% 정도이다.

(2) 설비형 자연채광

① 건물의 일영부에 태양광을 도입하는 방법
② 건물의 중정이나 아트리움에 태양광을 도입하는 방법
③ 건물의 내부와 지하실에 태양광을 도입하는 방법

(3) 창으로부터의 자연채광방식

① **측광채광** : 수직의 벽면으로부터의 채광
② **천창채광** : 지붕 또는 천장면의 천창을 사용하여 채광
③ **정측채광** : 천장의 수직창을 정측창으로 보충

2) PSALI

(1) 정의

① Permenent Supplementary Artificial Linghting in interior의 약자로 실내상시보조인공조명이라 하며 자연채광만으로 실내조명이 불충분하거나 불쾌한 경우 자연채광의 보조용으로 설치하는 조명을 말한다.
② 어두운 안쪽에서 밝은 창문을 배경으로 한 사람의 얼굴은 바라보면 잘 보이지 않는데, 이것을 실루엣 현상이라고 한다. 이 현상은 PSALI를 설치함으로써 해소할 수 있다.

(2) 설치목적

① 실루엣 현상 제거를 위한 인공조명과의 병행
② 주광과 함께 좋은 균형을 이루기 위해 사용
③ 실내의 쾌적한 조명환경 개선

(3) 조도계산방법

① **보조인공광 평균조도**

$$E = \frac{\pi DL}{10}$$

여기서, D : 실내의 최저주광률(1.5~2.0)
L : 창에서 보이는 천공 휘도[cd/m^2]

② 주광률

$$D = \frac{\text{실내의 천공조도}}{\text{그 때의 천공조도}} \times 100[\%]$$

천공조도에 주광률을 곱한 것이 주광에 의한 실내조도가 됨

4 맺음말

1) 주간에 질 좋은 조명환경을 확보할 수 있다.
2) 실내 휘도를 높여 주광에 의한 글레어 발생을 방지한다.
3) 밝은 창가에 인공조명을 설치하여 전체 휘도를 균형 있게 보정한다.

28 박물관 · 미술관 조명설계

1 개요

1) 박물관이나 미술관에서는 미술품, 문서, 유물 등의 자료를 현존하는 사람에게 전시하는 동시에 후세에게 전할 수 있도록 잘 보존해야 한다.
2) 따라서 조명설계 시 전시물의 의미와 아름다움을 충분히 표현해야 하고 더불어 전시물의 손상 방지대책을 강구해야 한다.

2 조명설계 시 고려사항

1) 조도

① 지나친 조도는 광화학작용에 의한 변색, 퇴색과 물리적 변화에 의한 기계적 열화를 초래한다.

② 조도기준(KS A 3011)

조도[lx]	전시물
100	일반조명
200	동양화, 공예품
400	서양화, 조각(나무, 플라스틱)
1,000	조형물, 조각(돌, 금속)

2) 휘도분포

① 시야 내에 고휘도 광원이나 실외로 향하는 창을 설치하지 않는다.
② 전시물과 주위의 휘도분포가 1/2～1/3 이내가 되도록 한다.
③ 로비로부터 전시경로에 따라 조도를 차츰 낮추어 순응을 유도한다.

3) 눈부심

고휘도 광원, 반사면, 투과면 등에 의한 불쾌 글레어가 발생하지 않도록 광원과 전시물의 위치를 고려한다.

4) 빛의 방향과 확산성 → 그림자

① 입체물인 경우 질감을 고려, 입체감 표현이 중요하다.
② 전시물의 최대와 최소 휘도비는 6 : 1 이내로 유지한다.

5) 연색성 → 분광분포

평균연색평가지수[Ra]가 90 이상인 광원을 사용한다.

6) 색온도 → 심리적 효과

① 조도레벨이 낮은 전시조명에서는 색온도가 낮은 따뜻한 느낌의 광색이 심리적으로 쾌적하다.
② 보존을 위한 조명의 경우 3,000～4,000[K] 정도의 광원이 바람직하다.

3 광원과 조명기구

1) 광원의 종류

① 퇴색방지용 형광등
② 다이크로익 미러부 할로겐 전구
③ 적외선 반사막 할로겐 전구
④ 광섬유 조명

2) 전시조명용 광원의 요건(특징)

① 전 방사에너지 중 가시광선 비율이 높아야 한다.
② 색온도가 낮고 연색성이 높아야 한다.
③ 400[nm] 이하 파장의 방사에너지를 차단할 수 있어야 한다.
④ 안정성이 높아야 한다(장시간 사용에 의한 변화가 적어야 함).

3) 전시조명용 기구의 요건(특징)

① 외관의 형태 및 색상이 단순해야 한다.
② 직접 반사에 의한 눈부심을 발생시키지 않아야 한다.
③ 유지보수가 쉬워야 한다.
④ 발생열의 확산(방열)이 쉬워야 한다.

4 전시물에 따른 조명 시설방법

1) 그림, 벽면전시

① 재질에 따른 적정조도
② 정반사 고려
③ 눈부심 주의

2) 조각 · 조형물

① 전반조명과 국부조명의 조화
② 관람객의 그림자를 고려
③ 전시물 위치 변화에 대응

3) 진열장 조명

① 내부 광원이 관람객 시선에 들어오지 않도록 주의
② 외부로 빛이 새어나가지 않게 고려
③ 광원 수량을 최소화

5 전시물의 손상 방지대책

1) 손상 방지대책

① 전시물의 손상 최소화를 위해 광량을 제한한다.

$$\text{광량 } Q = \int_{t1}^{t2} F\,dt\,[\mathrm{lm} \cdot \mathrm{h}]$$

- 빛에 매우 민감한 유물 : 연간 120,000[lm · h]
- 빛에 비교적 민감한 유물 : 연간 480,000[lm · h]

② 손상계수는 광량 × 시간에 비례한다.

③ UV 흡수필터를 설치하여 400[nm] 이하 단파장을 차단한다.

④ 광량 최소화를 위해 조도를 낮게 유지한다.

2) 전시환경 조성

① 이상적 기상환경 조건 : 온도 20±2[°C], 습도 50±5[%]

② 진열장 내의 온도와 습도에 주의 : 무소음 팬(Fan)으로 통풍한다.

29 경관조명 설계 시 고려사항

1 개요

경관조명은 야간 도시경관의 연출을 극대화하고, 사람과 차량의 안전을 확보하며 상업활동을 조성하는 데 그 목적이 있는 조명을 말한다.

2 경관조명 목적 및 역할

1) 도심의 역사적 풍토와 거리문화 특징을 표현한다.

2) 공공시설 및 역사적 건물에 대한 이해와 친밀감을 조성한다.

3) 야간관광의 다양화, 야간시가지 활성화로 상업활동을 지원한다.

4) 기업 이미지를 제고한다.

5) 시민의 생활문화를 다양화하고 24시간 도시화한다.

3 조명계획 순서

대상물 선정 — 역사적 · 건축적 · 도시계획적 가치의 검토

↓

민간과 행정당국의 허가

↓

자료수집 — 지도, 도면, 사진 / 대상물의 크기, 형상, 색채, 재질

↓

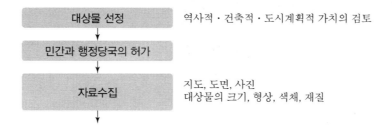

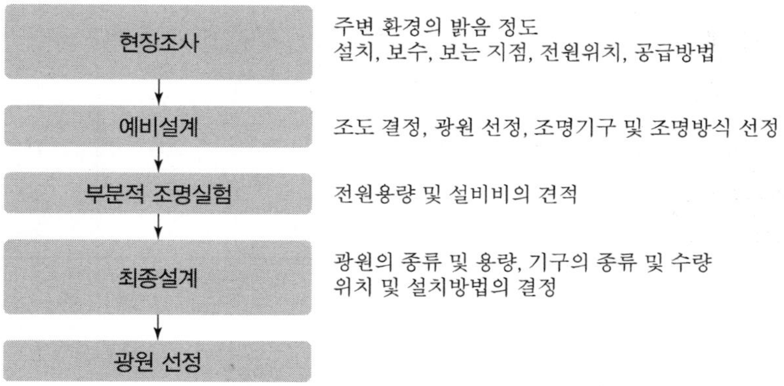

[경관조명의 계획 순서]

4 경관조명 분류 및 구성

1) 건축물 조명
2) 공원 조명
3) 광장 조명
4) 가로 조명

5 경관조명 설계 시 고려사항

1) 조명 대상물 파악

① 대상물의 크기, 형상, 색채, 재질 등을 고려한다.
② 주위의 가로등, 광고조명과 조화 여부를 고려한다(주변 환경의 밝음의 정도).
③ 주간 미관을 고려한다.
④ 대상물의 경년효과를 고려한다.
⑤ 빛공해를 고려한다.

2) 조도

① 주변환경과 조명환경을 고려한다.
② 표면재 반사율이 20[%] 미만 시 경관조명 효과가 미비하다. → 고반사 외장재 도입

표면재	명도	반사율[%]	주위의 밝기[lx]		
			밝다.	보통	어둡다.
흰 대리석	희다.	80	150	100	50
콘크리트	밝다.	60	200	150	100
황다색 벽돌	보통	35	300	200	150
암회색 벽돌	어둡다.	10	500	300	200

3) 광원

광속, 효율, 수명, 동정특성, 연색성, 색채 효과, 보수성을 고려한다.

종류	적용
메탈헬라이드 계열	원거리 투사
백열등, 할로겐램프	근거리 투사 및 고연색성 요구장소
LED램프	에너지 절감 · 친환경 · 장수명 요구장소
광섬유 조명 시스템	다양한 색깔 요구장소
무전극 램프	전반적 조명, 고연색성 · 장수명 요구장소

4) 조명기구

① 소요조도, 조사범위, 배광특성을 고려한 기구 선정을 한다. → 광각형 · 협각형 투광기
② 주간경관 고려(기구, 배선 처리)
③ 안전성 : 누전차단기, 접지 위치를 선정한다.
④ 보수점검과 조정이 용이해야 한다.
⑤ 눈부심을 방지한다.

5) 조명방식

① 직접투광
㉠ 음영을 강조한다.
㉡ 근대 건축물, 역사 건축물 등에 적용한다.
② 발광
㉠ 일루미네이션 장식조명으로 외형구조를 강조한다.
㉡ 건조물, 탑 등에 적용한다.
③ 투과광
㉠ 실내조명으로 창밖 야경을 연출하는 경우 활용한다.
㉡ 고층건물, 현대건물의 높이와 위용감을 표현한다.

6) 조명기법

① **대상물의 배경이 밝은 경우** : 대상물의 바깥쪽을 약간 어둡게 하고 중앙부는 밝게 하여 입체감을 준다.

② **대상물의 배경이 어두운 경우** : 대상물 둘레를 밝게 하여 입체감을 준다.

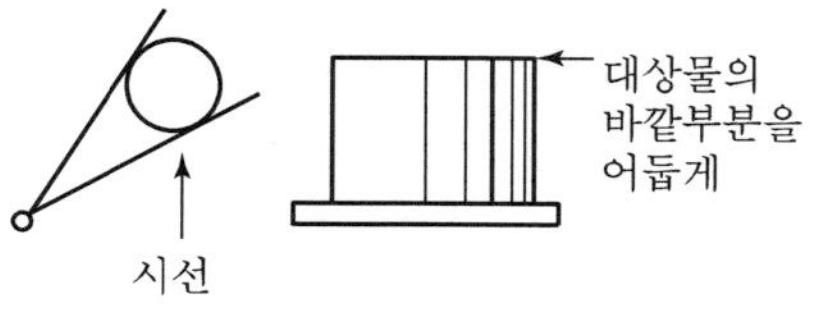

[대상물의 배경이 밝은 경우]

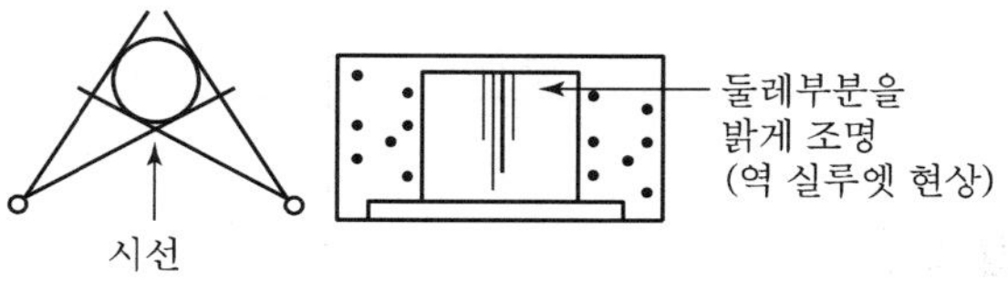

[대상물의 배경이 어두운 경우]

③ **대상물의 요철이 큰 경우** : 시선 방향에서 45° 이상으로 주조명을 설치하고 90° 방향에서 보조조명을 설치한다.

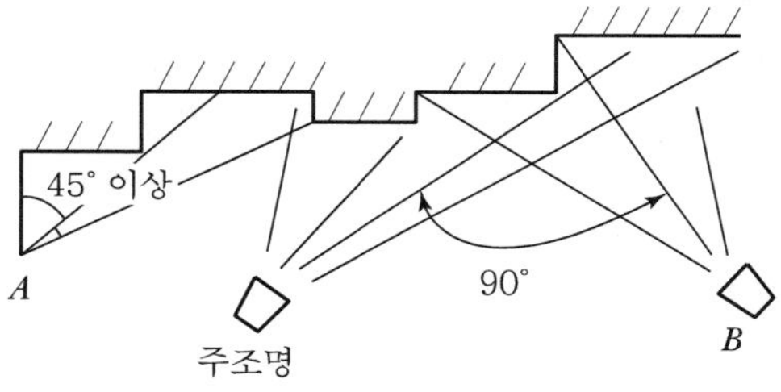

[대상물의 요철이 큰 경우]

7) 조명 효과 예측

컴퓨터 시뮬레이션을 통해 미리 조명 효과를 예측하고 미비점을 보완해야 한다.

30 빛공해 종류와 대책

1 개요

1) 빛공해(Light Pollution)는 인공조명에 의해 발생된 과잉 또는 불필요한 빛에 의한 공해를 말한다.

2) 이러한 빛공해는 **생태학적 위험 및 에너지 낭비**를 야기하므로 규제가 필요하다.

3) 규제의 필요성 및 규제방안

규제의 필요성	규제방안
• 옥외조명의 합리적인 사용 • 에너지 절약과 재사용 • 장해광에 의한 악영향의 최소화 • 천문관측을 위한 야간 환경의 개선 • 인공조명으로부터 자연환경 보호	• 제품성능 규제 → 조명기구 BUG 분류 • 설계 시 규제 → 조명성능 제한 • 설치 후 규제 → 표면휘도 제한 • 에너지 제한 • 지역별 조명전력 소비량 제한

2 빛공해 원인

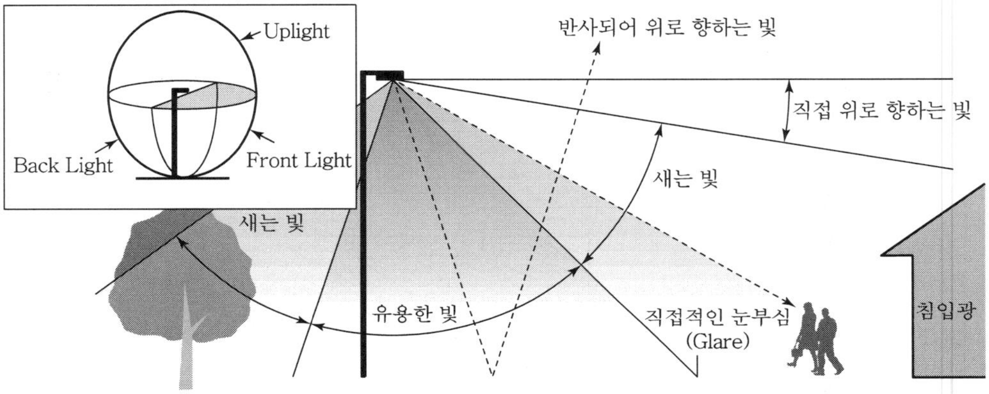

[빛공해 원인 및 종류]

3 빛공해 종류

빛공해	정의
산란광	지면의 인공조명에서 공중으로 새어나오는 빛이 산란을 일으켜 밤하늘이 부분적으로 환해 보이는 현상
침입광	원하지 않는 장소에 비치는 빛
글레어	옥외광원 자체의 높은 휘도로 인해 차량 운전자의 시각능력이 떨어지는 현상
광혼란	옥외에서 다양한 발광원이 혼재하여 보행자의 시각에 혼란을 주는 것
과도조명	옥외조명의 각 부분에서 필요 이상의 조명이 사용되는 것

4 빛공해 영향 및 대책

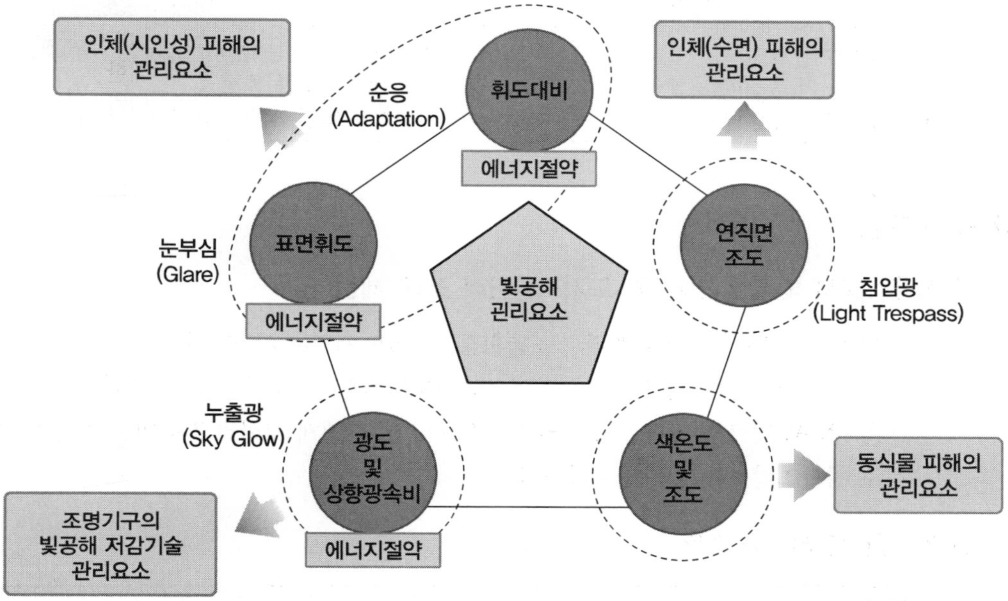

[빛공해 영향]

1) 동식물 및 생태계

영향	대책
• 농작물, 식물 : 결실을 맺지 못함 • 포유류, 파충류, 조류 : 야행성의 경우 생식에 문제 발생(종의 소멸) • 가축 : 생리나 대사기능에 영향을 미침(생산 저하)	• 점등시간 제한 : 심야소등, 스케줄 설정 타이머 이용 • 새는 빛 저감 : 조사 대상물 이외에 빛이 새어 나가지 않도록 조명기구 개선

2) 주거환경

영향	대책
• 수면 방해 • 교통안전 방해 • 불쾌감 유발	• 경관과 조화를 이루도록 함 • 글레어 저감 : 눈부심 방지판, 루버, 등의 조명기구를 설치

3) 천공

영향	대책
• 천문관측 방해 • 지구 온난화 촉진(CO_2 발생) • 불필요한 에너지 낭비	• Up Light보다는 Down Light 방식을 채용 • 투광기 각도를 좁게 • 고효율 광원, 사용목적에 적합한 광원 사용

5 국내 동향

1) 서울특별시 빛공해 방지 및 도시조명관리 조례 제정

① 빛이 환경에 미치는 영향에 따라 **조명환경관리 6개 지역**을 지정한다.
② 옥외조명 설치 시 조명계획을 수립해 **빛공해방지위원회** 심의를 받아야 한다.
③ **상향 광속률** 및 **건물 표면휘도** 등의 기준을 위반한 자에게 개선권고 등의 조치를 한다.
④ 우수 경관조명을 선정하여 시상한다.

2) 조명환경관리 6개 지역

조명환경 관리지역	세부지역	상향 광속률[%]	건축물 표준휘도[cd/m²]
제1종	산림지역	0	0
제2종	공원지역	5	5
제3종	주거지역	10～15	10～15
제4종	상업지역	20	20
제5종	상업밀집지역	25	25
제6종	일시적 고조도 필요지역	30	30

3) 빛공해방지위원회 심의대상 시설

구분	시설규모
건축물	연면적 2,000[m²] 이상 또는 4층 이상의 건축물
공동주택	20세대 이상의 공동주택
구조물	교량, 고가차도, 육교 등의 콘크리트구조물 및 강철구조물
도로부속 시설물	가로등, 보안등, 공원등
주유시설	주유소 및 석유판매소, 액화석유가스 충전소 등
미술장식	외부공간에 설치하는 미술장식, 동상, 기념비 등

6 빛공해 규제대상 및 평가척도(CIE)

빛공해 규제대상	평가척도 및 적용
산란광	조명설비의 상향광속비(ULR)
주거지에 미치는 침입광	주거지 창 표면의 연직면 조도
시야 내의 글레어	거주자에게 불편을 주는 방향에서의 광도
교통시스템 이용자에게 미치는 장해	특정위치 및 시선방향에 대한 임계치증분(TI)
건축물 등의 과도조명	건물, 간판의 수직 표면휘도 평균치

7 맺음말

1) 빛공해를 심각한 사회적 문제로 인식하고 빛공해를 방지하기 위한 연구, 규제 기준을 마련해야 한다.
2) 2010년 6월 29일 서울특별시 빛공해 방지 및 도시조명관리 조례안이 통과되었으나 이를 뒷받침할 국가 표준이 없는 실정이다.
3) 따라서 실효적인 빛공해 규제 방안을 연구하여 국제수준에 부합되고 국내 실정에 맞는 빛공해 기준을 마련하는 것이 시급한 과제라 판단된다.

31 도로조명 설계

1 개요

1) 도로조명은 야간에 운전자나 보행자의 시환경을 개선하여 쾌적하고 안전한 도로 이용을 할 수 있도록 설치한 조명이다.
2) 도로조명 목적
   ① 물체를 확실하게 보이게 함
   ② 도로의 이용률 향상
   ③ 사고 및 범죄 예방, 상업 활동에 기여
   ④ 쾌적하고 안전한 차량 통행
   ⑤ 도시미관 조성

2 도로조명 설계

1) 도로조명 기준(KS A 3701)

① 도로 및 교통의 종류에 따른 도로조명 등급

도로 종류		도로조명 등급
고속도로, 자동차 전용도로	상하행선이 분리되고 교차부는 모두 입체교차로로 출입이 완전히 제한되어 있는 고속의 도로	M1, M2, M3
주간선도로, 보조간선도로	상하행선 분리도로, 고속의 도로	M1, M2
	주요한 도시 교통로, 국도	M2, M3
집산 및 국지도로	중요도가 낮은 연결도로, 지방연결도로, 주택지역의 주 접근도로	M4, M5

② 보행자에 대한 도로조명 기준

야간보행자 교통량	지역	수평면조도	연직면조도	
교통량 많은 도로	주택	5	1	연평균 일 교통량(AADT) 25,000대가 교통량 많고 적음의 기준
	상업	20	4	
교통량 적은 도로	주택	3	0.5	
	상업	10	2	

③ 운전자에 대한 도로조명 휘도 기준

도로등급	평균노면휘도(최소허용값) [cd/m^2]	휘도 균제도(최소허용값)		TI[%] (최대허용치)
		종합 균제도(u_0) (L_{min}/L_{avg})	차선축 균제도(u_1) (L_{min}/L_{max})	
M1	2.0	0.4	0.7	10
M2	1.5	0.4	0.7	10
M3	1.0	0.4	0.5	10
M4	0.75	0.4	–	15
M5	0.5	0.4	–	15
임계치 증분(TI) : 도로조명에 따른 불능 글레어 기준				

2) 광원 선정

① 선정조건 : 광속, 효율, 수명, 동정특성, 연색성, 색채 효과, 보수성 등을 고려한다.

② 사용광원

종류	광질 및 특성
고압나트륨 램프	고효율, 연색성 낮음, 투과력 우수
메탈헬라이드 램프	연색성 우수
콤팩트 메탈헬라이드 램프	연색성 우수, 광속유지율 높음
무전극 형광램프	연색성 우수, 장수명, 온도 낮을 경우 효율 저하
LED램프	에너지 절감, 장수명, 요구장소, 다양한 색온도 구현

3) 조명기구 선정

① 조명성능 달성 여부, 눈부심 제한, 빛공해 방지, 효율 등을 고려한다.

② 조명기구의 컷오프 분류 → BUG 분류

(단위 : cd/1,000[lm])

구분	풀 컷오프형	컷오프형	세미 컷오프형
수직각 80°	100	100	200
수직각 90°	0	25	50

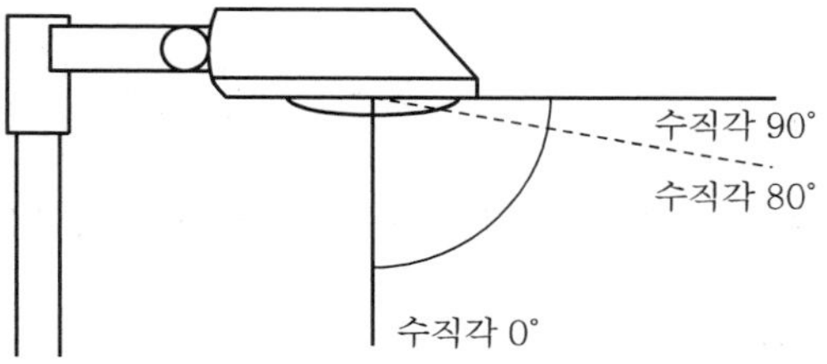

[1,000[lm]당 광도로 제한]

4) 조명방식 선정

① 원칙 : 등주 조명방식

② 기타 : 하이마스트 조명방식, 구조물 설치 조명방식, 커티너리 조명방식 등

5) 조명률 결정

① $조명률(U) = \frac{작업면에\ 입사하는\ 광속(F_a)}{광원의\ 전광속(F)} \times 100[\%]$

② 해외에서는 조명률을 포함한 성능데이터 제공이 의무화

③ 국산제품에서는 조명률 데이터 확보가 어려움

6) 보수율 결정

① **보수율**은 조명의 광출력 저하를 고려한 일종의 보정계수이며 **감광보상률**은 보수율의 역수를 의미한다.

② $MF = LLMF \times LSF \times LMF \times (RSMF)$

여기서, $LLMF$(Lamp Lumen Maintenance Factors) : 램프 광속 유지계수
LSF(Lamp Survival Factors) : 램프 수명계수
LMF(Luminaire Maintenance Factors) : 조명기구 유지계수
$RSMF$: 방 표면 유지계수 → 터널에 관계됨

③ 조명률(이용률) + 공간 데이터, 조명기구 데이터 + 보수율(광손실률)

7) 광원 크기(F) 및 등간격(S) 산출

① 광원 크기(F)

광원크기(F)	내용
클 경우	S 길어짐 → 기구수 감소 → 경제적 → 균제도 불량
작을 경우	S 짧아짐 → 기구수 증가 → 비용증가 → 균제도 양호

② 등간격(S)

$$S = \frac{F \cdot N \cdot U \cdot M}{K \cdot W \cdot L}$$

여기서, K : 평균조도 환산계수, W : 도로폭, L : 기준휘도

8) 조명기구 배치 및 배열

(1) 직선도로

구분	한쪽 배열	지그재그 배열	마주보기 배열	중앙 배열
배치형태	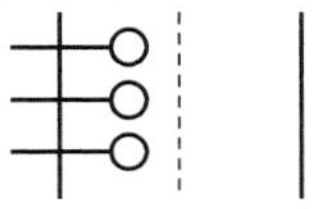	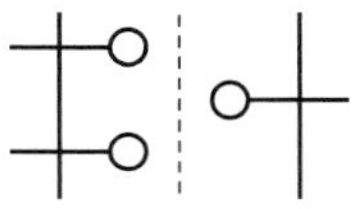	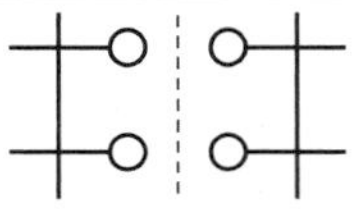	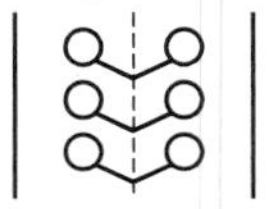
용도	지방도로 간이도로	일반도로 시가지도로	교통량 많고 빠른 도로	중앙분리대가 있는 빠른 도로

(2) 곡선도로

조명기구 간격을 직선부에서 설계한 간격보다 줄이고 중앙 배열인 경우 각 차도 외측에 **한쪽 배열**로 설치

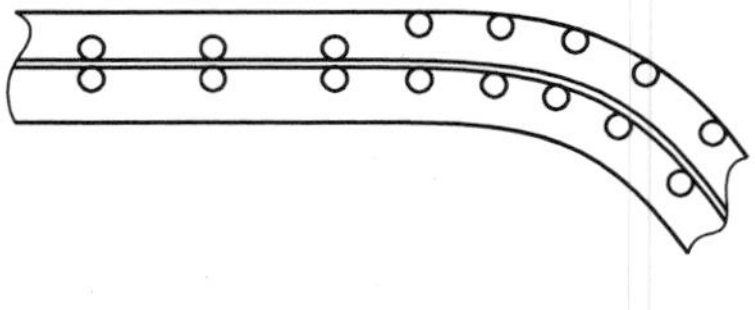

[곡선부에서 한쪽 2열 배열]

(3) 교차로

운전자가 도로선형, 전방의 교통조건, 인접차량의 유무 등을 쉽게 인지할 수 있게 함

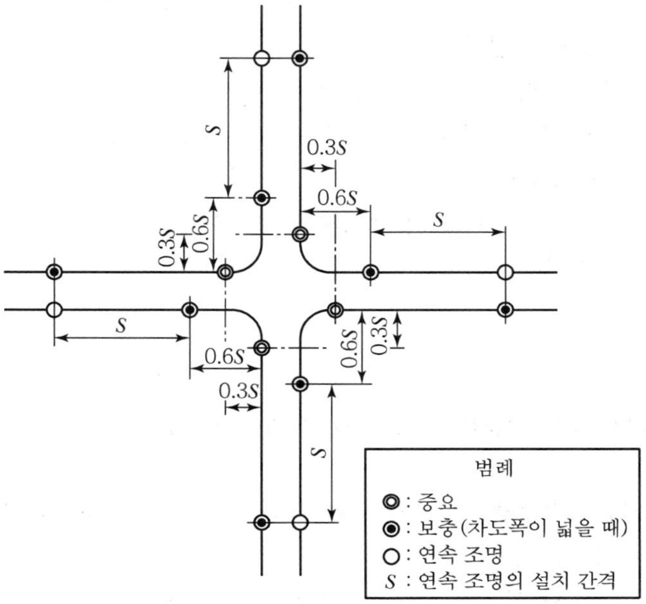

[십자형 교차로에서 조명기구 배치]

9) 기타

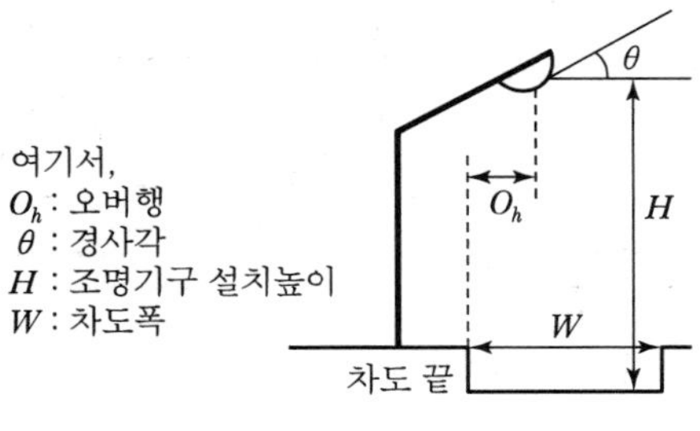

[조명기구의 설치 높이, 경사각, 오버행]

① 등주 → 강관, 주철, sus

② 설치높이 → 도로 : 10[m] 이상, 인터체인지 : 8.5[m] 이상

③ 경사각 → 5° 이하

④ 오버행 → 가능한 한 짧고 일정하게 적용(광원의 중심에서 차도 끝부분까지 수평거리)

3 도로조명 설계 시 고려사항

1) 허용전압강하 : 6[%] 이하
2) 접지 : 분전함 및 가로등주 → 제3종 단독접지 및 회로별 연접접지
3) 누전차단기 설치 및 접지저항 검토
4) 전기공급방식 : 단상2선식 220[V], 3상4선식 380[V]
5) 에너지 절약대책 강구 : 효율 75[lm/W] 이상 광원 사용, 회로 분리
6) 주위환경과 조화 검토
7) 평균 노면휘도, 휘도 균제도, 임계치 증분을 만족할 것
8) 타 공정과의 간섭사항 검토

4 최근 동향

1) 기존 250[W]급 메탈헬라이드 가로등은 100[W]급 LED, 140[W]급 코스모 폴리스 등으로 대체할 수 있으며
2) 대체 시 에너지 절감 효과는 물론 조광제어 및 원격감시 효과를 추가로 볼 수 있어 향상된 도로환경 조성이 기대된다.
3) 기존 가로등 시스템과 지능형 LED 가로등 시스템의 비교

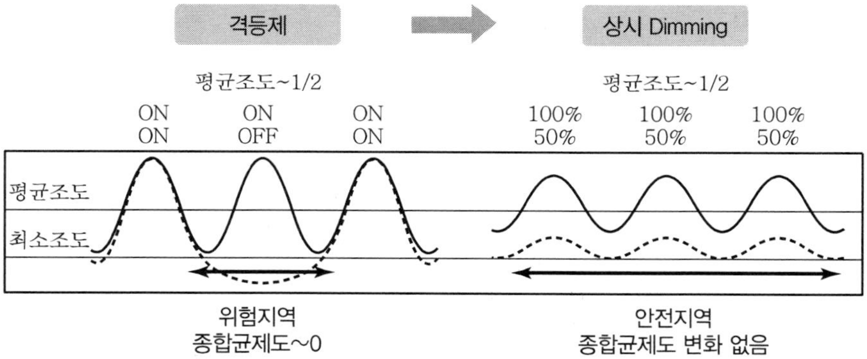

[지능형 LED 가로등 시스템 효과]

32 터널조명

1 개요

1) 터널조명은 날씨 변화 및 야간 이외에 주간에 발생하는 **블랙홀 효과**, **화이트홀 효과** 등으로 차량 운전자가 시력장애를 받지 않도록 적당한 조명을 유지해야 한다.
2) 즉, 사람의 눈에 대한 **휘도**, **명순응**, **암순응**을 고려한 조명이어야 한다.

2 터널조명 계획 시 유의사항

1) 입구 부근의 시야 상황

운전자 20° 시야 내의 천공, 노면 등의 인공 구조물, 인입구 부근의 지물, 경사면 등의 휘도와 그들이 시야 내에 차지하는 비율

2) 구조 조건

터널 단면형태, 전체길이, 터널 내의 표면상태, 반사율 등

3) 교통 상황

설계속도, 교통량, 통행방식, 대형차 혼입률 등

4) 환기 상황

배기설비 유무, 환기방식, 터널 내 공기투과율 등

5) 유지관리 계획

청소방법, 청소빈도 등

6) 부대시설 상황

교통안전표지, 도로표지, 교통신호기, 소화기, 긴급전화, 라디오 청취시설, 대피소, 소화전 등

3 터널조명의 요건

1) 운전자의 시야 확보

운전자가 노면 위 장애물을 발견하고 사고방지를 하기 위해 충분한 **시각 인지성 조명**을 설치한다.

2) 운전자의 쾌적성

(1) 운전자의 안심감

노면, 벽면은 충분한 **휘도** 및 **균제도**가 확보된 조명이 바람직하다.

(2) 운전자의 불쾌감

눈부심이나 플리커가 생길만한 빛의 변동이 없어야 한다.

3) 유도성 확보와 조명 조건

터널 내의 조명기구 배치는 노면, 벽면의 휘도 확보, 일정한 부착높이 유지, 도로선형이 분별되도록 설치한다.

4 터널조명의 구성

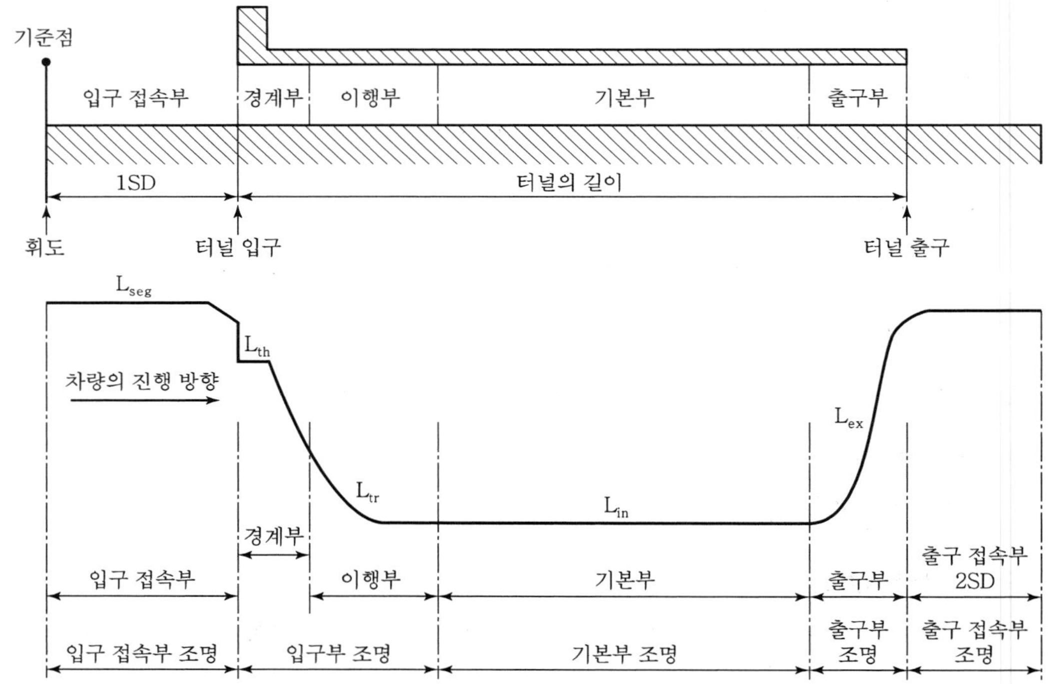

[터널 조명의 구성(일방 교통터널의 세로 단면도)]

1) 입구부 조명

① 주간에 운전자의 눈이 터널 내부에 암순응할 수 있도록 기본 조명에 부가하여 설치한 조명이다.

② 경계부 조명과 이행부 조명으로 구성된다.

2) 기본부 조명

운전자의 시야 확보를 위해 균일한 휘도로 터널 전체에 걸쳐 설치한 조명이다.

3) 출구부 조명

운전자의 눈이 터널 외부에 명순응할 수 있도록 기본조명에 부가하여 설치한 조명이다.

4) 입구부 접속도로 조명

야간에 터널 입구 상황을 판별할 수 있도록 설치한 조명이다.

5) 출구부 접속도로 조명

야간에 터널 출구 상황을 판별할 수 있도록 설치한 조명이다.

6) 정전 시 비상조명

① 200[m] 이상의 터널은 예비전원에 의한 비상용 조명을 설치해야 한다.

② 정전 시 0.8초 이내로 비상조명이 점등되어야 한다(UPS 설치).

③ 비상조명은 상시조명의 1/8, 간격은 200[m]

5 터널조명의 기준(KS C 3703)

1) 설계속도와 정지거리

정지거리는 운전자의 반응시간 및 브레이크 조작시간을 포함한 거리이며, 설계속도에 대응하는 정지거리는 표와 같다.

설계속도[km/h]	정지거리[m] SD
60	60
80	100
100	160

2) 경계부 조명

(1) 경계부 평균 노면휘도(L_{th})

L_{th} =20° 원추형 시야 내의 경계부 평균 노면휘도×경계부 노면휘도에 대한 조절계수

(2) 경계부 길이

경계부 전체의 길이는 정지거리와 같거나 이보다 길어야 한다.

(3) 경계부 조명수준

① 처음부터 중간 지점까지는 경계구역의 초반 값과 같아야 한다.
② 중간 지점부터 선형적으로 감소하여 종단에서는 0.4(L_{th})까지 감소하도록 한다.
③ 계단식으로 휘도를 감소시킬 경우 선형적 감소 시의 수치보다 떨어져서는 안 된다.

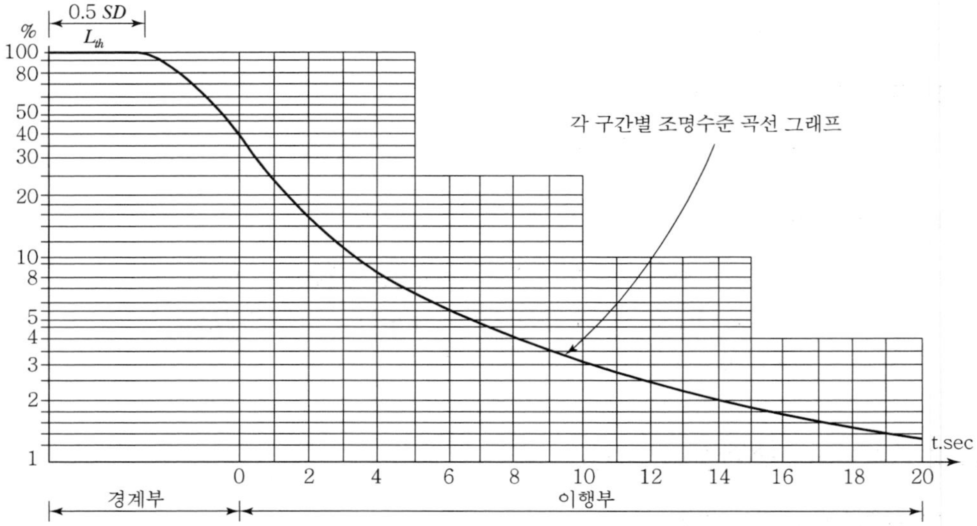

[주행속도에 따른 각 구간별 조명수준]

3) 이행부 조명

① 이행부에서 단계별 휘도 값(L_{tr})

$$L_{tr} = L_{th}(1.9+t)^{-1.4}$$

여기서, L_{th} : 경계부 평균 노면휘도[cd/m²]
t : 경계부 끝점에서부터 운행시간[sec]

4) 기본부 조명

[주간 자동차 터널도로의 기본부 노면휘도 L_{in}[cd/m²]]

정지거리(설계속도)	터널의 교통량		
	적음	보통	많음
160[m](100[km/h])	7	9	11
100[m](80[km/h])	5	6.5	8
60[m](60[km/h])	3	4.5	6

5) 출구부 조명

① 주간 휘도를 정지거리 이상의 구간에 걸쳐 점차 증가시킨다.
② 출구 접속부 전방 20[m] 지점의 휘도가 기본부 휘도의 5배가 되도록 단계적으로 상승시킨다.

6) 입구접속부 및 출구접속부 조명

① 야간조명을 설치해야 할 경우
　㉠ 터널이 조명이 없는 도로의 일부이고 운행속도가 50[km/h] 이상일 때
　㉡ 터널 내 야간 조명수준이 1[cd/m²] 이상인 경우
　㉢ 터널 입구와 출구에 각기 다른 기상상태가 나타나는 경우

② 입구접속부의 길이는 정지거리 이상으로, 출구접속부의 길이는 정지거리 2배 이상으로 하되 200[m] 이상일 필요는 없다.

7) 터널 전 구역의 천장 및 벽체 조명

① 노면에서 2[m] 높이까지 평균 벽면휘도가 해당지점 평균 노면휘도의 100[%] 이상이어야 한다.
② 노면에서 2[m] 높이까지 벽면의 종합 균제도는 0.4 이상이어야 한다.
③ 노면의 차선축 균제도는 0.6 이상이어야 한다.

6 터널조명 설계 시 고려사항

1) 광원 선정

① 효율 70[lm/W] 이상, 수명이 길고 매연 및 연기에 대해 투과력이 좋아야 한다.
② 저압 · 고압 나트륨등, 형광 수은등, LED등을 사용한다.

2) 조명기구 선정

① 배광특성이 우수하고 눈부심이 적어야 한다.

② 기구 효율이 높고 절연성이 좋아야 한다.
③ 기계적 강도가 유지되어 진동, 충격에 강해야 한다.
④ 방수특성 및 내식성이 좋아야 한다.

3) 조명방식 선정

(1) 대칭 조명

교통의 진행방향과 동일방향 및 반대방향으로 같은 크기의 빛이 투사되는 조명방식이다.

(2) 카운터빔 조명

① 교통의 진행방향과 반대방향으로 빛이 투사되는 조명방식이다.
② 노면휘도가 높아지고 노면과 수직인 차량의 배면이나 장해물은 검은 실루엣으로 나타난다.

(3) 프로빔 조명

① 교통의 진행방향과 동일방향으로 빛이 투사되는 조명방식이다.
② 노면휘도가 낮아지고 노면과 수직인 차량의 배면이나 장해물은 휘도가 높아진다.

7 맺음말

1) KS 터널조명 기준에서 균제도 기준을 제시하는 것은 터널 조명에 품질을 높이는 현명한 선택이다.
2) 따라서 엔지니어들도 엑셀에 의한 평균조도 계산을 한 후 균제도를 확인할 수 있는 조명 시뮬레이션을 반드시 수행해야 한다.
3) 운전자가 터널 내를 쾌적하고 안전하게 주행하기 위해 노면, 벽면, 천장의 밝기 밸런스를 적절히 해야 한다.
4) 자동차 배기가스에 의한 터널 내부 휘도감소 방지를 위해 환기장치를 해야 한다.
5) 터널조명에 가장 중요한 부분이 인입구 부근이므로 터널 전방에 스크린을 설치하여 입구부 휘도 차이를 적게 해야 한다.
6) 터널의 상황을 고려하여 조명기구의 선정 및 배치 등을 적절히 검토해야 하고 플리커 주파수 범위를 절대 피해야 한다.

33 경기장조명 설계 시 고려사항

1 개요

1) 경기장조명 설계 시 고려해야 할 활동주체 및 환경은 선수, 진행 관계자, 관객, TV 방송관계자, 경기 기록자 등이 있다.
2) 경기장 조명은 경기 종목의 특성에 따라 설계되어야 하며 공간 이용경기, 경기면 이용경기, 수면 이용경기, 수중 이용경기 등 여러 상태에서의 빛의 영향을 분석하여 설계한다.

2 경기장 조명 목적

1) 선수, 공 등의 기구, 경기면 등 시각 대상물의 존재 식별
2) 시각 대상물의 위치, 거리, 움직임 등을 정확히 인식하여 경기 전반 파악

3 경기장 조명 설계 시 고려사항

1) 추천 조도

① 경기장 추천 조도는 KS A 3011 조도기준과 IES(북미조명학회) 핸드북을 기준으로 한다.
② 국제 축구경기장 조명 예

구분	FIFA 규정	설계 적용	비고
조도	2,000[lx]	2,100[lx]	HDTV 기준
연색성	90 이상	93	
색온도	5,000[K]	5,600[K]	

2) 휘도 대비

① 대상물과 배경의 반사율을 조사하고 휘도를 조도로 환산하여 적절한 휘도 대비를 구한다.
② 대상물의 반사율

경기 종류	신품 반사율[%]	경기 종류	신품 반사율[%]
축구(공)	30	야구(공)	75
농구(공)	30	테니스(공)	75
배구(공)	80	탁구(공)	80

③ 균제도

적용 대상	균제도
경기장이 큰 경우 → 야구, 축구 등	(최소조도/최대조도) 0.4 이상
경기장이 작은 경우 → 농구, 배구 등	(최소조도/최대조도) 0.5 이상
TV 카메라 수직면 조도 균제도	(최소조도/최대조도) 1/3 이상

3) 눈부심 제한

① 시선 중심 30° 범위로 Glare Zone에 강한 빛이 없도록 하고 시야 내 밝음의 차이가 없도록 한다.

② 옥외 경기장의 경우 주변의 빛공해 영향을 고려한다.

4) 스트로보스코픽 현상 배제

① 교류전원 사용 시 빛의 강도는 주파수 2배로 변동, 빠른 피사체를 볼 경우 고스트 이미지가 남는다.

② 대책 : 고주파 점등, 플리커리스 안정기 사용, 인접광원을 다른 상에서 공급

5) 기타

① 관람석 조도는 경기장면 수직면 조도의 25[%] 정도가 바람직

② TV 중계의 경우 색온도 2,800～6,500[K] 램프를 사용할 때 1,500[lx]의 수직면 조도가 필요

③ 비상조명은 순간정전 시에도 재점등이 가능하도록 고려

④ 조명의 유지보수방안 검토

4 광원 및 조명기구

1) 광원 선정

① 광속, 효율, 수명, 동정특성, 연색성, 색채 효과, 보수성 등을 고려한다.

② 고압 나트륨램프, 메탈헬라이드램프, 할로겐램프(비상용)

2) 조명기구 설치

① 천장면 분산 배치 : 수평면 조도 균제도는 양호하나 수직면 조도 균제도가 불량하고 공중에서 게임 시 글레어 발생

② 사이드 배치 : 투광조명으로 사이드 배치하면 수직면 조도는 양호해지나 경기의 동선 방향에서 글레어 발생 가능

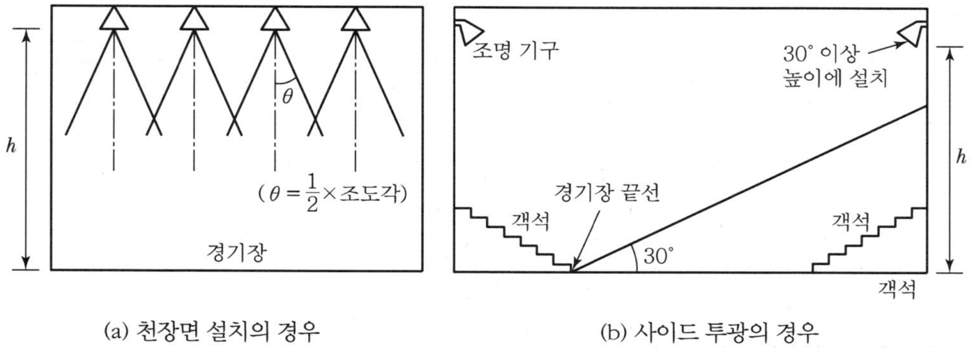

[실내 체육관 조명기구 배치]

34 무대조명장치 설계 시 고려사항

1 개요

1) 무대조명은 빛을 매체로 하는 시간과 공간의 무대디자인이다.
2) 무대조명장치는 공연장에서 작품을 표현하는 데 다양한 효과를 연출할 수 있는 필수 설비이다.
3) 무대에서는 항상 새로운 창조가 이루어지므로 조명설비가 풍부해야 하며 광량, 배광, 색광이 자유로워야 한다.

[무대형태 및 무대조명 특징]

무대형태	무대조명 특징
• 프로시니엄 무대 • 원형 무대 • 돌출 무대	• 주광원의 방향성에 대한 자유도 • 아름다운 조명 • 컬러 조명 • 조명 변화(작품 이미지에 맞는 조명)

2 무대조명 등기구

종류	내용
퍼넬 스폿	무대 전체를 고르게 비추기 위한 것
플라노컨벡스 스폿	볼록렌즈를 사용하여 특정구역이나 인물을 강조하기 위한 것
엘립소이달 스폿	• 빛의 퍼짐이 크고 강함 • 무대조명에 사용
파켄	• 가볍고 저렴함 • 무대조명, 순회콘서트, 댄스홀조명에 사용

3 무대조명 위치별 구분 및 기능

1) 전면 조명

종류	내용
실링 조명(Ceiling Cove)	• 객석 상부의 천장 안에 설치 • 무대 전면에 투사 • 피사체의 전면 명함을 결정짓는 주 광원
프런트 조명(Front Side)	• 객석 좌우 양측면 설치 • 피사체의 측면조광을 실시해 입체감을 줌
에이프런(Apron) 조명	무대 끝부분에 세부적인 조명을 투광
발코니(Balcony) 조명	얼굴의 그림자를 없애주고 무대장치를 살려줌

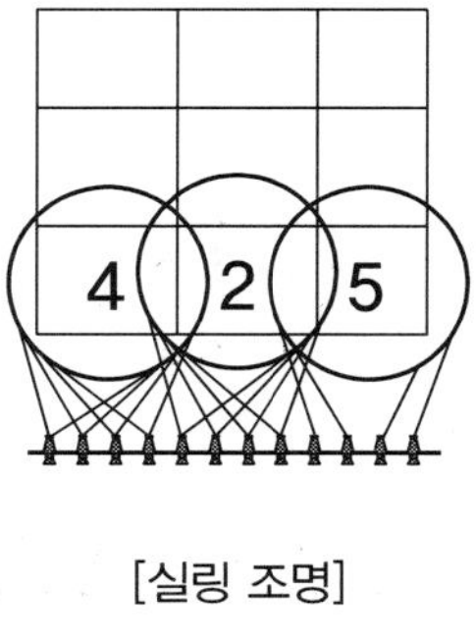

[실링 조명]

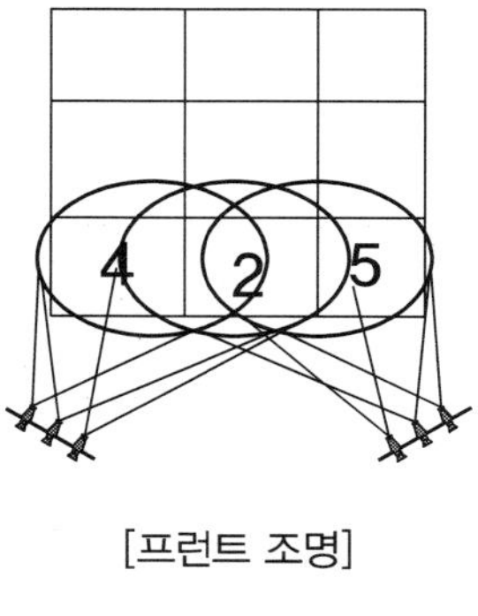

[프런트 조명]

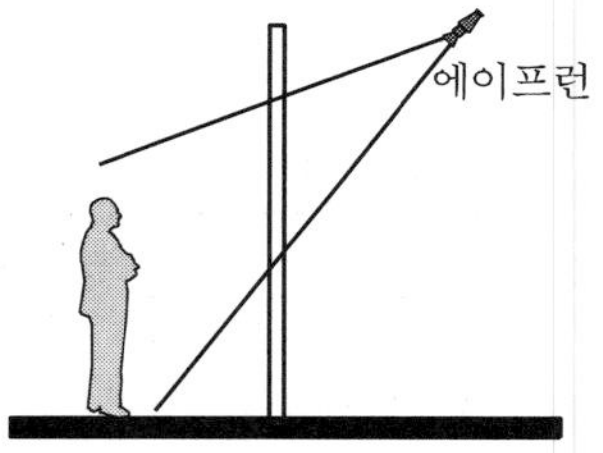

[에이프런 조명]

2) 상부 조명

종류	내용
서스펜션 탑 조명 (Suspension Light)	• 연기면 포인트에 세부조명을 비춤 • 초점조명과 투광각도 조절이 가능해야 함
보더 조명 (Border Light)	• 무대 전체를 균등하게 비추는 조명기 • 그림자를 방지하여 배경 막을 살려줌
상부 하늘 막 조명 (Upper Cyclorama)	• 배경 및 효과조명을 위해 설치 • 하부 하늘 막 조명은 무대 바닥에 설치

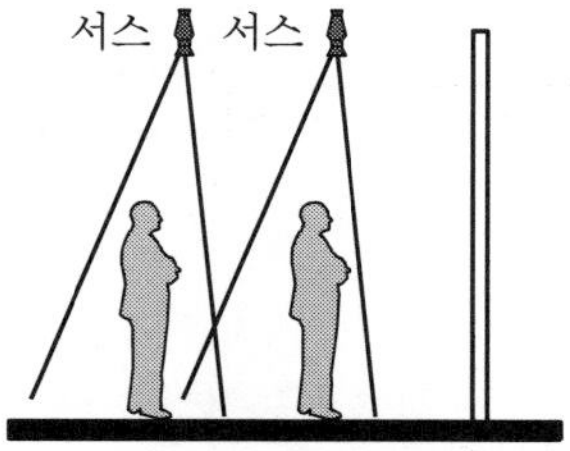

[서스펜션 탑 조명]

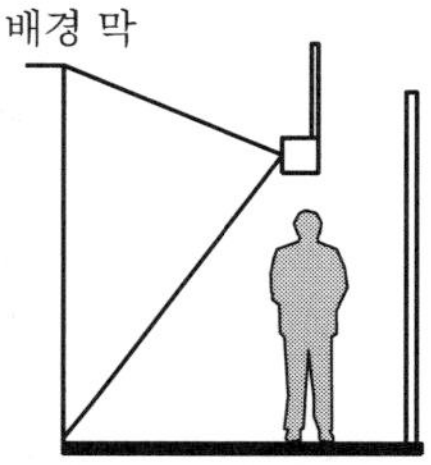

[보더 조명]

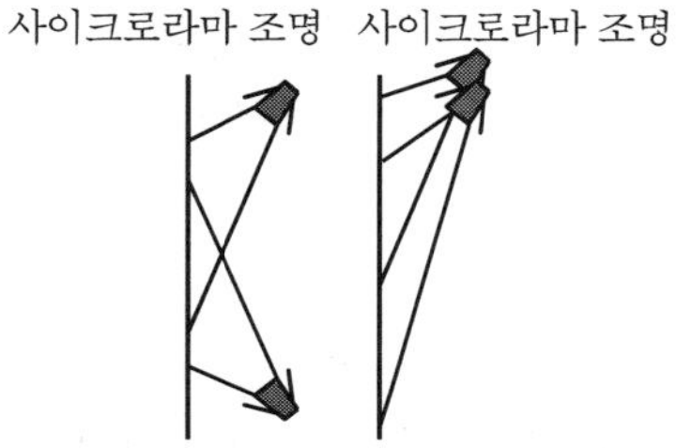

[하늘 막 조명]

3) 프로시니엄 무대조명장치 배치도

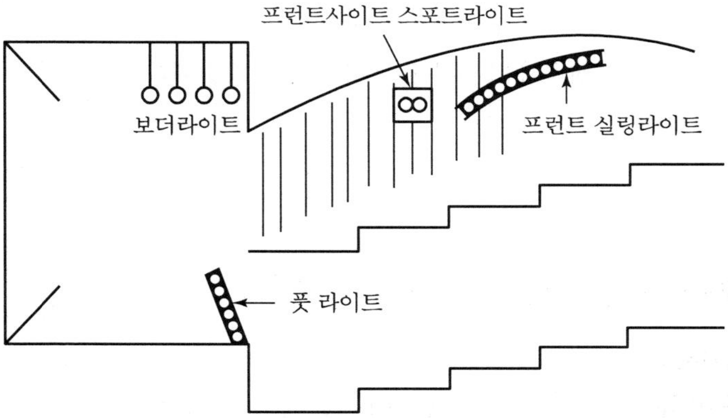

35 광섬유조명 시스템

1 원리

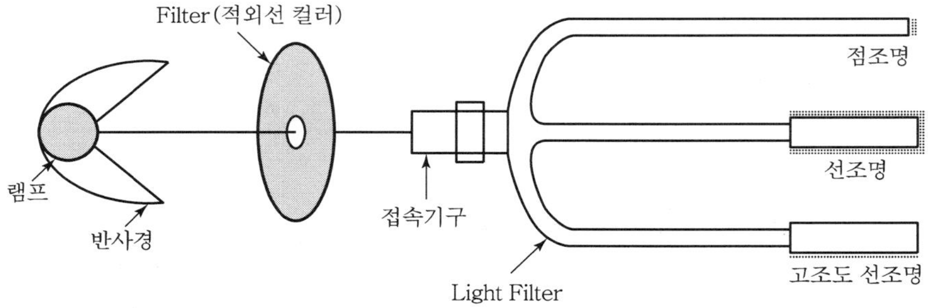

[시스템 구성도]

1) 램프에서 발생된 빛이 반사경과 필터를 통해 접속기구로 입사한다.

2) 입사된 빛은 광섬유를 통해 전달되어 조사된다.

3) 조사 형식

① 점조명은 광섬유의 **종단**에서만 빛이 방출된다.

② 선조명은 광섬유의 **옆면**에서만 빛이 방출된다.

③ 고조도 선조명은 광섬유의 **한쪽 면**에서만 빛이 방출된다.

2 구성

1) Lamp

에너지 효율이 높은 메탈헬라이드 램프를 사용한다.

2) 반사경(Reflector)

집광 효율이 높고 포커스 조정이 용이해야 한다.

3) Filter

적외선 차단 컬러조명이다.

4) Connector

광원과 광섬유 간을 접속한다.

5) Light Fiber

빛 전달의 목적으로 제작된 섬유이다.

3 특징

1) 유지보수 용이

램프만 교체하고 광섬유는 반영구적이다.

2) 다양한 연출

다양한 색상, 개성 있는 모양을 연출할 수 있다.

3) 냉광 조명

자체 열 발생이 없다.

4) 전기적 안정성

누전, 감전, 화재의 우려가 없다.

5) 내굴곡성

직선, 곡선 연출이 가능하다.

6) 절전 효과

전력소모가 일반 전구의 1/20~1/25 정도이다.

7) 냉광 조명, 자외선 차단 기능이 있어 전시조명 적용이 용이하다.
8) 특정 파장의 빛을 사용할 수 있다.
9) 초기 투자비가 고가이다.
10) 장식성, 기능성이 탁월하다.
11) 균일한 고휘도 조명을 연출한다.

4 용도

1) 경관 조명
2) 건축물 장식 조명
3) 사인 조명
4) 수중 조명
5) 매설 조명
6) 산업용 조명 등에 사용한다.

36 조명제어

1 개요

1) 조명제어는 건물에서 불필요한 조명을 차단함으로써 건축물의 에너지 사용량을 감소시킬 수 있는 가장 쉬운 방법 중 하나이다.
2) 조명제어를 통해 에너지 절약과 효율적인 유지관리가 가능하며 에너지 절약 금액과 설비비용이 비례하지 않으므로 비용을 고려한 제어방식의 선정이 필요하다.

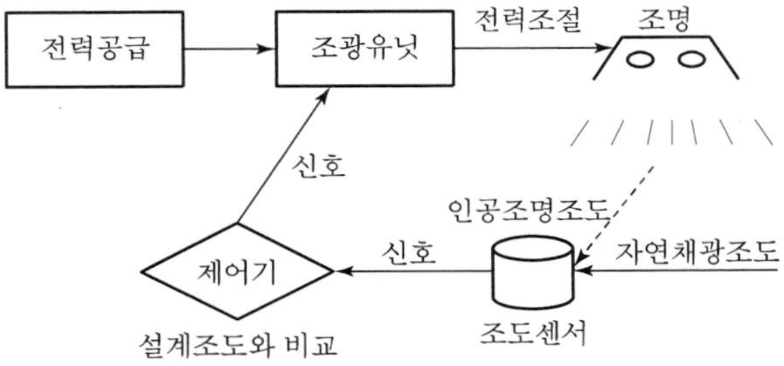

[조명제어 기본개념]

2 목적

1) 실내 시환경의 쾌적성 유지

① 실내 큰 휘도 대비와 눈부심 현상을 방지
② 이용자의 시환경에 쾌적성을 제공하기 위한 것

2) 유지관리의 효율성 제고

① 복수의 건물이 넓은 대지에 분산되어 있을 경우 1개소의 제어센터에서 제어 및 관리
② 중앙에 중앙제어시스템을 설치하고 각 건물에 분산제어반을 설치

3) 에너지 절약

① 국부 · 전반 병용조명방식을 적용하여 작업 종류별로 적정조도 유지
② 필요한 곳과 필요한 시간에만 조명

❸ 제어방식

1) 점멸제어방식(On/Off Control)

① 제어원리 : 제어시스템의 제어부로부터 초기 입력된 조건에 따라 조명기구의 작동을 결정하는 2진(0 또는 1) 신호를 받아 조명기구의 입력 전원을 개폐하는 원리이다.

② 가장 기본적이고 경제적인 형태의 조명제어방법이다.

③ 제어의 원리가 간단하여 여러 가지 제어시스템에 쉽게 적용할 수 있는 장점이 있다.

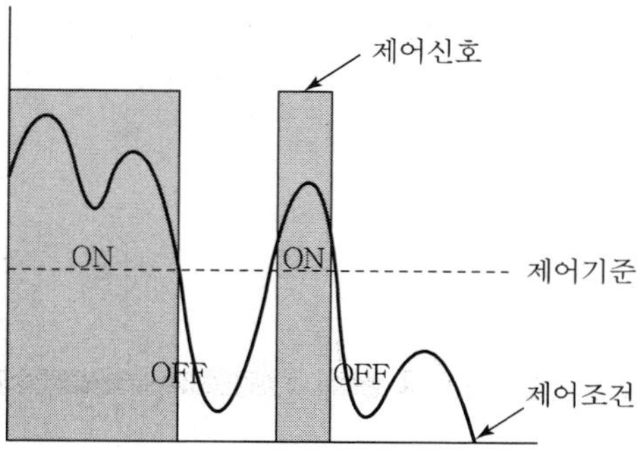

[점멸제어방식의 원리]

2) 조광제어방식(Dimming Control)

① 제어원리 : 제어기로부터 입력된 신호의 크기에 따라 조명기구의 입력전력량을 0~100[%]까지 연속적으로 변화시키는 방법이다.

② 정확한 제어가 가능하여 작업에 필요 조도를 일정하게 유지할 수 있다.

③ 점멸제어보다 구성이 복잡하고 고가의 가격으로 고급 제어시스템에 사용된다.

④ 그림은 조광제어방법을 적용한 조명시스템 구성에서 제어조건과 제어신호의 관계를 보인 것으로 제어/연산부로 입력되는 제어조건의 변화에 따라 제어기로 입력되는 제어 신호가 동일한 비율로 증감

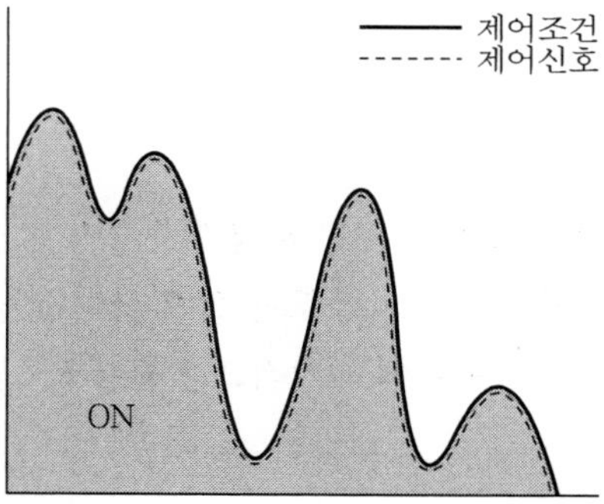

[조광제어방식의 원리]

3) 스텝제어방식(Step Control)

① 제어원리 : 점멸제어와 조광제어의 중간 형태로 조명기구의 출력을 사전에 정해진 단계별로 나누어 입력 신호에 따라 순차적으로 변화시키는 방법이다.

② 점멸제어에 비하여 작업면에 급격한 조도변화를 일으키지 않으며 조광제어방법보다 설치비가 저렴하다.

③ 그림은 단계별 제어방법을 적용한 조명시스템 구성에서 제어조건과 제어신호의 관계를 보인 것으로 제어/연산부로 입력되는 제어조건의 변화에 따라 제어기로 입력되는 제어신호가 정해진 제어기준 단계에 따라 구분된다.

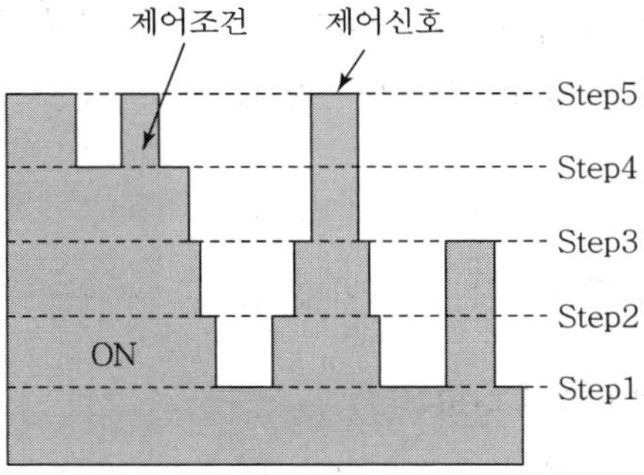

[스텝제어방식의 원리]

4 조명제어 종류

1) 재실감지제어

① 적외선 센서나 초음파 센서 등에 의해 재실자의 유무를 검출한다.

② 잦은 점멸은 시작업의 쾌적도를 저해할 수 있기 때문에 공용부분, 라커룸, 응접실 등의 제어에 주로 사용한다.

2) 적정조도 조정제어

① 조명설비 설계 시 설계 조도는 시간의 경과에 따라 램프의 효율이 떨어지지 않게 유지되어야 하는 유지조도이므로 초기의 조도는 설계 시의 설정조도보다 꽤 높게 설정된다.

② 이 여유조도를 절감하기 위하여 정기적으로 출력조도를 측정하여 자동적으로 조광하는 제어방법이다.

3) 타임스케줄 제어

① 시각에 따라서 조명기구를 점등하는 조광제어로서 업무를 시작하기 전후, 점심시간 등 건물의 사용률에 따라 조명기구를 제어한다.

② 제어패턴이 많은 경우나 제어대상구역이 세분화된 경우는 조명을 위한 전용의 제어장치를 사용한다.

③ 옥외조명에도 적용 사례가 증가하고 있다.

4) 주광이용제어

① 주광의 유입량에 따라서 인공조명을 제어하는 방식이다.
② 공장, 체육관, 돔과 같은 대공간 건축이나 사무소 건물 등에 적용한다.
③ 조광용 센서가 외부로부터의 주광의 강도를 감지하고 이를 바탕으로 인공조명으로 제어한다.
④ Open－loop 방식과 Close－loop 방식에 의해 실내의 조도를 낮추거나 디밍 조명기구를 계획적으로 점멸한다.
⑤ 점유 공간에 적당한 조도를 제공하면서 조도확보를 위해 소비되는 조명에너지 최소화가 가능하다.

5 주광제어의 알고리즘

1) 개방루프(Open－loop)방식

① 외부로부터 광센서로 유입되는 자연광의 레벨만을 감지하여 인공조명기구의 출력을 제어하는 방법이다.
② 광센서를 외부 자연광의 확보량을 가장 잘 감지할 수 있는 위치에 설치하고 센서의 시야를 좁게 하여 창문으로부터의 자연광만을 감지하도록 하며 인공조명으로부터의 빛은 감지하도록 유지한다.
③ 제어 알고리즘이 단순한 장점은 있지만, 조명기구의 사용시간 경과에 따른 출력 광속의 저하를 고려하지 않는 단점이 있다.

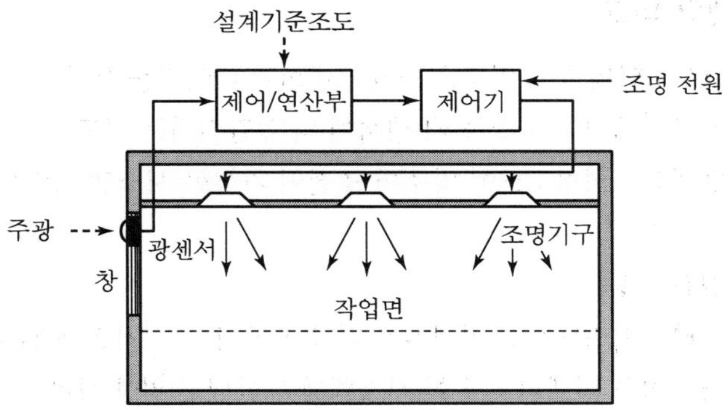

[개방루프방식]

2) 폐쇄루프(Close－loop)방식

① 작업면으로부터 유입된 자연광과 인공조명광이 작업면으로부터 천장을 향해 반사되는 빛의 레벨을 조광용 센서로 감지하여 인공 조명기구의 출력 광속을 제어하는 방식이다.
② 인공조명기구로부터 나온 빛을 감지하고 그 정도에 따라서 다시 인공 조명기구의 출력 광속을 제어하므로 폐쇄루프라고 한다.
③ 조광용 센서의 위치는 자연광에 의해 조명이 가능한 영역에서 창문으로부터의 깊이의 2/3 지점 천장에 하향으로 설치한다.
④ 조광용 센서의 시야는 넓은 지역을 바라볼 수 있게 하지만 창문으로부터의 자연광은 직접 보지 않도록 하고 작업면의 반사광을 측정하도록 설치한다.

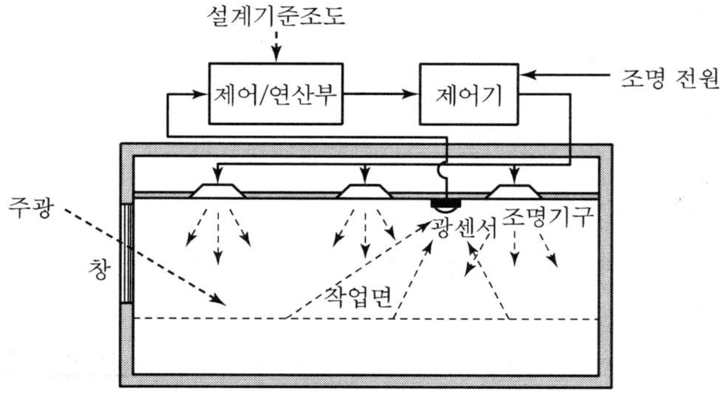

[폐쇄루프방식]

6 조명설계의 평가

1) 조명시스템의 비교

각 조명제어시스템의 특징 비교를 위한 표준화된 데이터를 작성하기 위한 기준은 다음과 같다.
① 재실감지도 : 재실자가 있을 때 센서에 의해 감지되는 정도
② 조명레벨선택 : 적정조도에 맞추어 조절이 가능한 시스템으로 디밍장치는 효과적으로 사용 가능
③ 에너지절감 성능
④ 관리모니터 : 시스템을 화면에 나타내거나 분석, 분석자료를 전달하는 평가항목
⑤ 통합능력 : 건물 전체의 자동화 시스템에 통합되기 위한 항목
⑥ 공간활용의 가변성 : 공간이 재배치될 때의 적응성
⑦ 비용 : 설치비용, 운영비, 유지비를 포함한 종합적인 면에서 분석

2) 조명제어시스템의 예측 평가

① 조명방식과 제어방식에 의해 조명설계가 이루어지면 설치하기 전에 사전 조명의 양과 질, 에너지 비용과 운영비를 예측하여 최적화된 시스템을 설치해야 한다.

② 컴퓨터를 이용한 예측 프로그램을 통해 조명설계를 하여 실내조도, 휘도 분포 및 가시화를 통한 비교 분석 및 문제점 도출이 가능하다.

CHAPTER

02

동력설비

01 직류전동기(DC MTR)

1 직류전동기

1) 개요

① 회전방향 변경, 속도제어 용이, 큰 힘(토크) 발생으로 전기철도, 제철압연기, 고급 E/V에 사용한다.

② 현재 유도전동기와 인버터 VVVF의 결합으로 DC MTR를 대신하여 현재는 사양 추세이다.

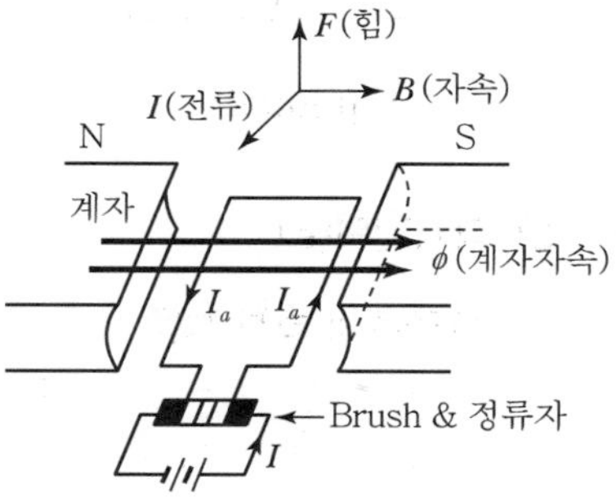

[직류전동기]

2) 구조

계자	전기자(역기전력 생성 : e)	정류자	Brush
계자자속(ϕ) 생성	전기자전류(I_a) + 계자자속(ϕ) = 회전	외부전원 입력	내 · 외부 전원 연결

3) 회전원리

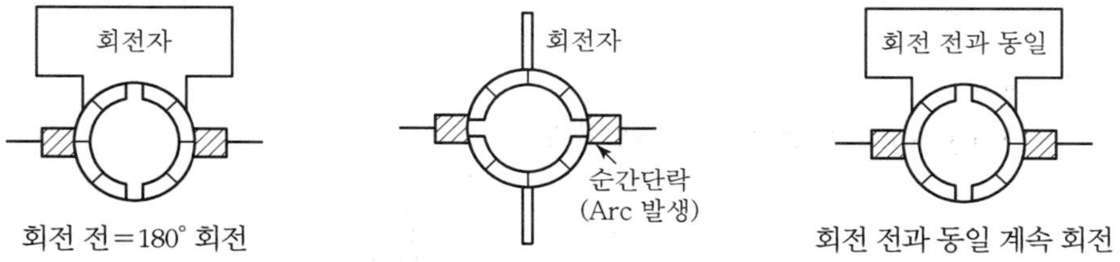

[회전 전] [90° 회전] [180° 회전]

① 플레밍의 왼손법칙 적용 $F = BlI$

② 전압 인가 Brush → 정류자 → 전기자전류 → 전기자전류 + 계자자속
= 회전(역기전력) $e = BlV$ → 전기자전류 감소 → 속도 안정

③ 회전자의 극성이 180° 회전 시 정류자도 180° 회전으로 다시 180° 회전하는 원리

4) 종류

① 타여자 전동기 : 계자전원과 전기자전원이 별도 구성(속도제어 용이)

② 자여자 전동기 : 계자전원과 전기자전원이 하나로 구성(직권, 분권, 복권)

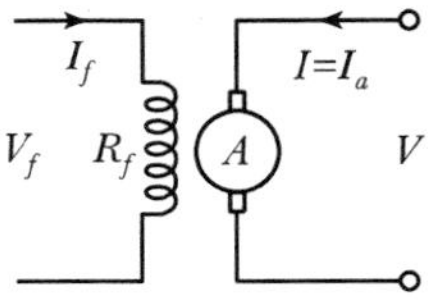

[타여자]

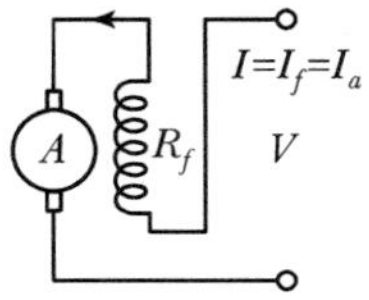

[직권]

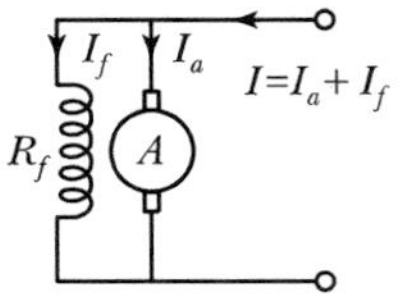

[분권]

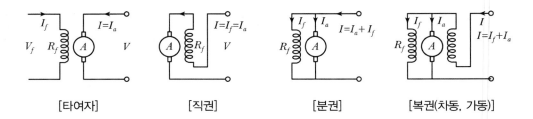

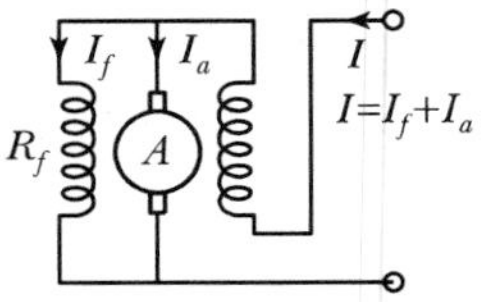

[복권(차동, 가동)]

5) 역기전력(e)

① 렌츠의 법칙 적용

$$e = -L\frac{di}{dt}$$

도체 회전 시 전기자전류와 자속쇄교 전류의 흐름을 방해하는 역기전력 발생

② 공식

$$\begin{aligned} e &= BlV \\ &= \frac{PZ\phi N}{60a} \\ &= K\phi N \end{aligned}$$

③ 결언

역기전력 e는 자속과 회전수에 비례

$$K = \frac{PZ}{60a}$$

여기서, P : 극수, Z : 도체수, ϕ : 자속, N : 회전수[rpm], a : 병렬회로수

6) 회전수(N)

① 역기전력 $e = K\phi N$에서

$$N = K'\frac{E}{\phi} = K'\frac{V - R_a I_a}{\phi} = K'\frac{V}{\phi}[\text{rpm}] \quad \begin{cases} K' = \dfrac{60a}{PZ} \\ E = V - R_a I_a \end{cases}$$

$V \gg R_a I_a$, $R_a I_a$=전압강하 무시

② 회전수 N은 단자전압에 비례, 계자자속 ϕ에 반비례

7) 토크(T)

① 전동기를 회전시키기 위해 필요한 힘(=회전력)

② $T = \dfrac{P}{W} = \dfrac{E \cdot I_a}{\dfrac{2\pi N}{60}} = \dfrac{PZ\phi N}{60a} \times \dfrac{60I_a}{2\pi N}$

$$= \frac{PZ\phi I_a}{2\pi a} = K\phi I_a \begin{cases} K = \dfrac{PZ}{2\pi a} \\ W = \dfrac{2\pi N}{60} \quad E = \dfrac{PZ\phi N}{60a} \end{cases}$$

③ 토크(T)는 계자자속(ϕ)과 전기자전류(I_a)에 비례

④ 직권의 경우 $I_a = \phi$이므로 $T = KI_a^2$ 성립(전류의 제곱에 비례)

8) 출력(P)

① $V = E + R_a I_a$에서 양변에 I_a를 곱하면 다음 식이 성립

$$VI_a = EI_a + R_a I_a^2$$

㉠ VI_a =입력전력

㉡ EI_a =출력전력

㉢ $R_a I_a^2$ =손실

② 출력 $P = WT$

$$W = 2\pi f = 2\pi n = \frac{2\pi N}{60} \begin{cases} n[\text{rps}] \\ N[\text{rpm}] \\ \therefore \omega = 60n \end{cases}$$

9) 속도 및 토크 특성(V와 R_f 일정의 I_a) 관계

(1) 속도 특성

$$N = K\frac{E}{\phi}$$

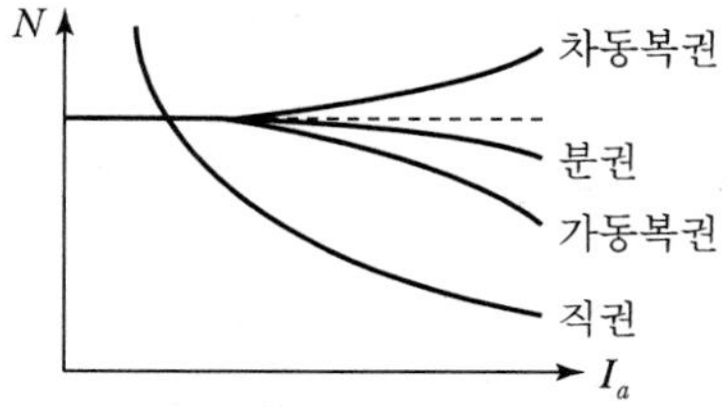

[속도(N)와 부하전류(I_a) 관계]

(2) 토크 특성

$$T = K\phi I_a$$

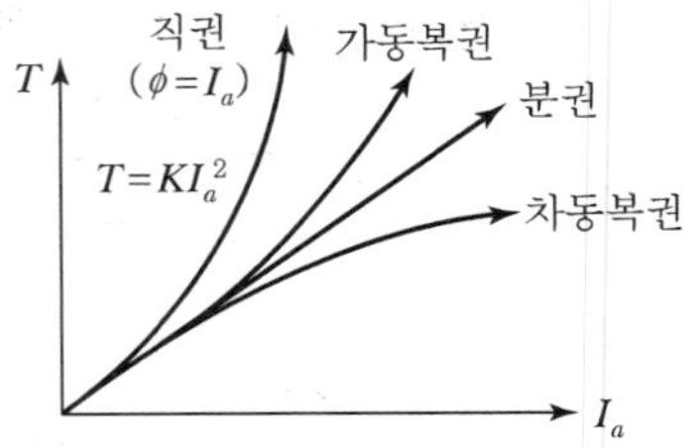

[토크(T)와 부하전류(I_a) 관계]

10) 특징

(1) 장점

① 기동토크가 큼(직권)
② 기동, 가속토크 임의 선택 가능
③ 속도제어 용이, 효율 우수
④ 유도전동기 대비 고가(경제성)

(2) 단점

① 구조가 복잡(정류자+Brush)
② 전기자 반작용의 불꽃(=통신장애)
③ 열악한 환경에서 구조적 영향
④ 정류 및 기계적 강도 영향(고전압, 고속화 제한)

11) 용도

구분	특징	적용
타여자	V, R_f 일정 유지 시 정밀하고 광범위한 속도제어	대형압연기, 고급 E/V, 워드레오너드, 일그너, 정지레오너드, 승압기, 초퍼방식
직권	$T = KI_a^2$ ($\phi = I_a$) 기동토크가 I_a^2에 비례 토크 증가 시 속도 저하(반비례)	전기철도, 기중기, 무부하 시 속도 증가 위험(Belt, Chain 금지)
분권	정속도 전동기 병렬계자 삽입 시 광범위한 속도제어 가능	권선기, 철압연기, 제지기 (계자 단선 시 고속도 위험)
복권	가동복권 : 직권+분권 특성 차동복권 : 기동토크가 작은 단점	권상기계, 공작기계, 압연보조 (거의 미사용)

2 맺음말

유도전동기는 정속도 전동기로 DC MTR를 속도제어용 전동기로 활용하였으나, 구조가 복잡하고 유지보수가 어려워 인버터(VVVF)가 등장한 이후 현재는 사양 추세이다.

02 직류전동기(DC MTR) 속도제어

1 직류전동기(DC MTR)

1) 정의

① 직류전원을 이용한 전동기

② 회전방향 변경, 속도제어 용이, 큰 힘 발생으로 전기철도, 제철압연기, 고급 E/V에 적용

③ 현재 유도전동기 + 인버터[VVVF]의 결합으로 DC MTR를 대신하여 사양 추세이며, DC MTR 대신 인버터와 유도전동기를 사용한다.

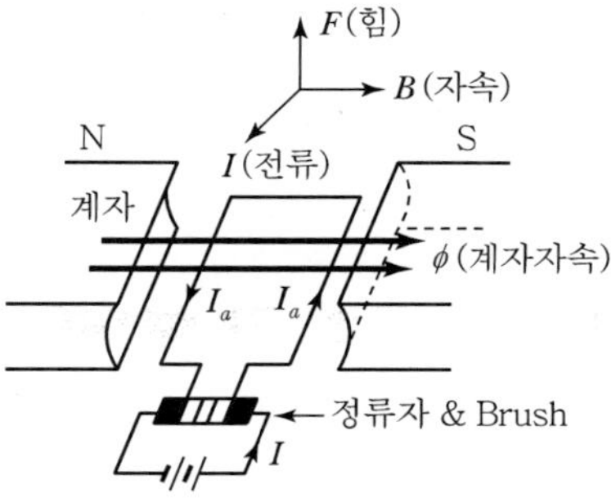

[직류전동기]

2) 구조

계자	전기자(역기전력 생성 : e)	정류자	Brush
계자자속(ϕ) 생성	전기자전류(I_a) + 계자자속(ϕ) = 회전	외부전원 입력	내 · 외부 전원 연결

3) 회전원리

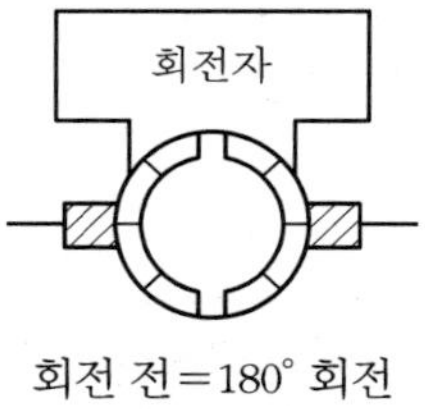

[회전 전]

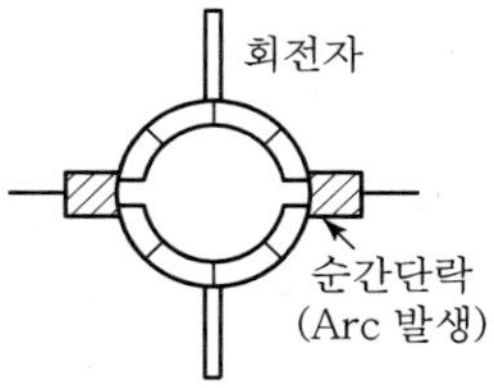

[90° 회전]

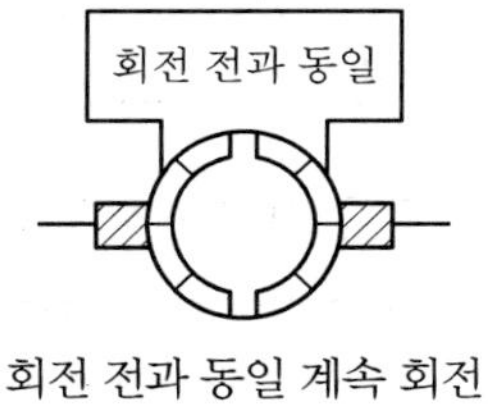

[180° 회전]

① 플레밍의 왼손법칙 적용 $F = BlI$

② 전압인가 Brush → 정류자 → 전기자전류 → 전기자전류 + 계자자속
= 역기전력 발생(회전, $e = BlV$) → 전기자전류 감소 → 속도 안정

③ 회전자의 극성이 180° 회전 시 정류자도 180° 회전으로 다시 180° 회전하는 원리

4) 역기전력과 회전속도

역기전력(e)	회전속도(N)
$e = K\phi N[\mathrm{V}]$	$N = K'\dfrac{E}{\phi} = K'\dfrac{V}{\phi}$
자속과 회전수에 비례	단자전압에 비례, 자속에 반비례

5) 속도제어법

$$N = K'\frac{E}{\phi} = K'\frac{V - R_a I_a}{\phi} \quad [K' = \frac{60a}{PZ}]$$

여기서, V : 단자전압제어, ϕ : 계자자속제어, R_a : 저항제어

2 직류전동기 속도제어법

구분	전압제어	계자제어	저항제어
타여자 분권	워드레오너드, 정지레오너드, 일그너, 승압기, 직류초퍼방식	직류발전기, Thyristor 계자저항 접속	가변저항
직권	Thyristor 위상제어, 직류초퍼, 직병렬제어, 저항제어(전차용)	계자권선 Tap 전환 계자권선과 병렬저항 제어 초퍼에 의한 조종시간 제어	가변저항
복권	전압, 계자, 저항제어가 가능하나 제어범위 한정으로 미사용		

1) 전압제어(계자자속 일정 조건)

타여자, 분권	직권
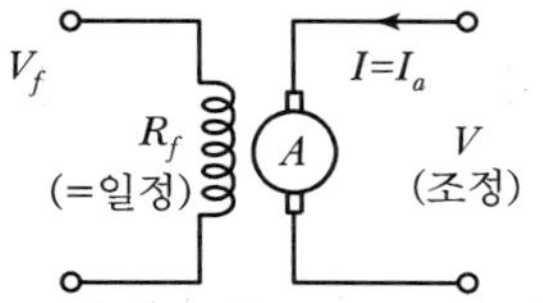 	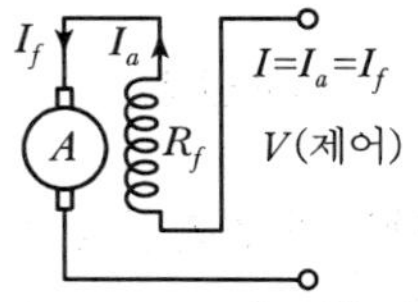
• 속도 N은 단자전압에 비례($N = K\dfrac{V}{\phi}$) • 광범위한 속도조정 가능(정밀도, 응답속도 우수)	속도와 토크는 상호 반비례 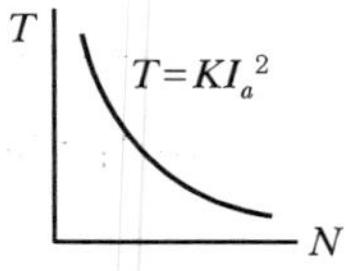

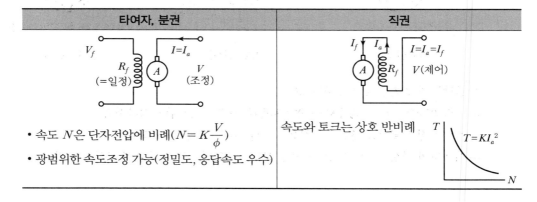

(1) 워드레오너드(일그너), 정지레오너드 방식

① 워드레오너드(일그너)

㉠ Motor－Generator를 이용한 직류전동기 단자전압 조정

㉡ 발전기 계자제어로 전압 조정

㉢ 전압변화에 따른 전동기 속도변화

㉣ 일그너 방식(Fly Wheel) 정밀도 우수

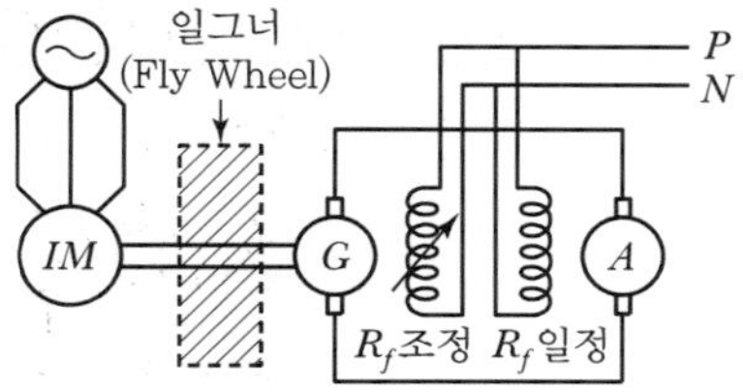

[워드레오너드 방식]

② 정지레오너드

㉠ 전력소자의 발달에 따른 Thyristor를 이용한 DC 변환 및 전압크기 조정

㉡ SCR, GTO, IGBT 이용

㉢ 고조파에 주의

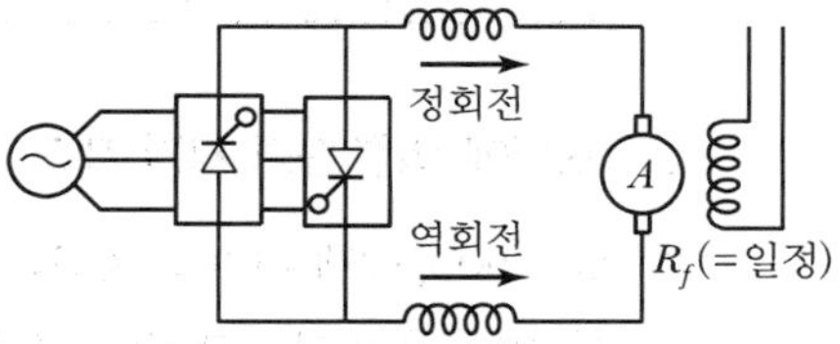

[정지레오너드 방식]

(2) 직류초퍼 및 승압기 방식

<table>
<tr><th>직류초퍼</th><th>승압기 방식</th></tr>
<tr><td>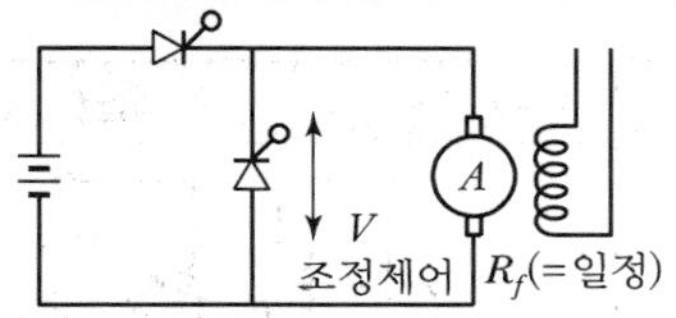

DC Chopper를 이용하여 전압의 크기 조정</td><td>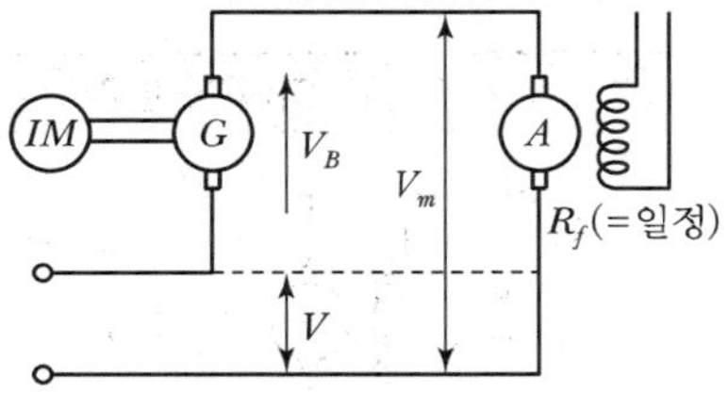
</td></tr>
</table>

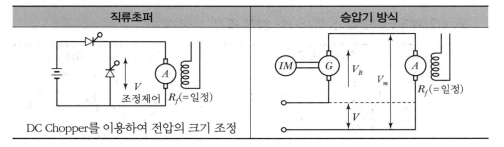

2) 계자제어법(단자전압 일정 조건) : 속도증가법

<table>
<tr><th>타여자, 분권</th><th>직권</th></tr>
<tr><td>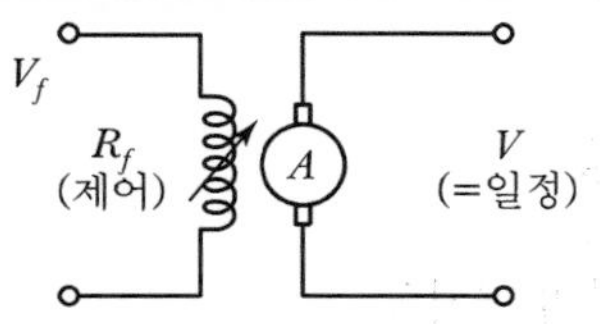

계자저항 조정 → 계자전류 감소 → 역기전력 감소 → 속도 증가</td><td>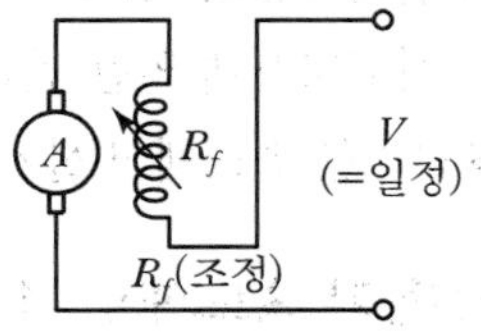

계자저항 병렬 삽입, 계자 Tap 조정 등
계자권선 단선, 단락 시 과속도 위험</td></tr>
</table>

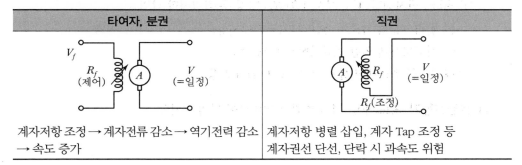

(1) Tap 전환방식과 병렬저항방식

<table>
<tr><th>Tap 전환방식</th><th>병렬저항방식</th></tr>
<tr><td>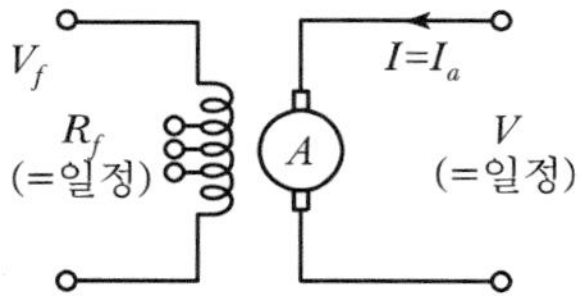
</td><td>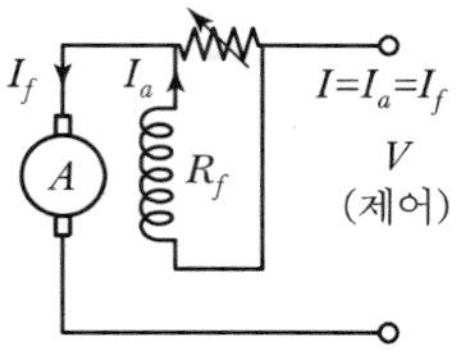
</td></tr>
<tr><td>• Tap 전환 시 R_f 감소(=ϕ 감소)
• 역기전력 감소로 속도 증가</td><td>• 병렬저항 설치 시 I_f 감소
• 자속(ϕ), 역기전력(e) 감소로 속도 증가</td></tr>
</table>

(2) 초퍼에 의한 도통시간 제어

① Chopper에 의한 I_f 감소

② 역기전력 감소로 속도 증가

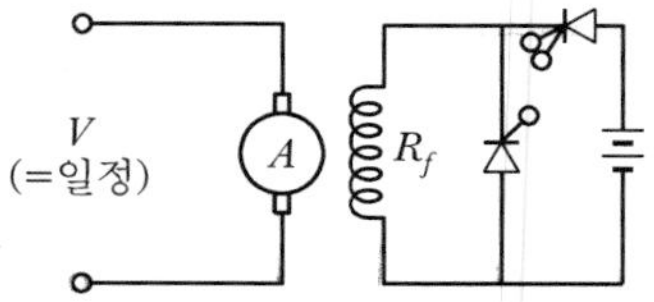

[초퍼에 의한 제어방식]

3) 저항제어(단자전압과 계자자속 일정 조건) : 속도감소법

<table>
<tr><th>타여자, 분권</th><th>직권</th></tr>
<tr><td>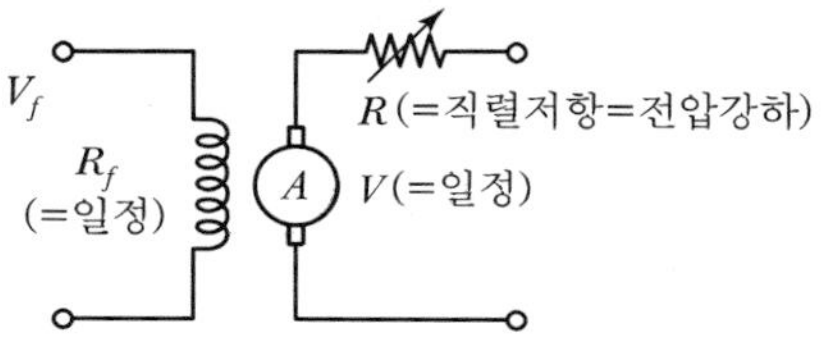
</td><td>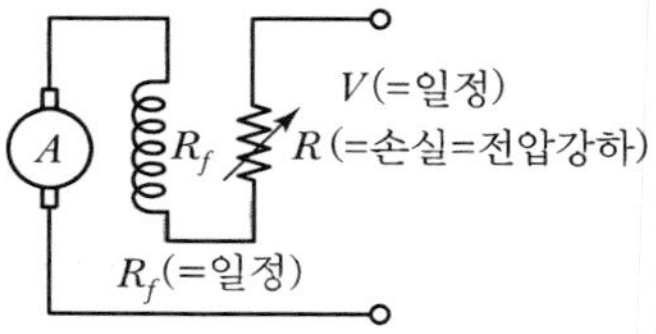
</td></tr>
</table>

① 원리 : 단자전압(V), 계자자속(R_f) 일정 후 직렬저항 삽입

㉠ 입력=출력 감소+손실 증가(=직렬저항)

㉡ 직렬저항에 의한 전압강하로 속도 감소

② 광범위한 속도제어 불가, 손실 증가, 열발생 등

4) 분권전동기 속도제어 : 속도변화가 미미하여 거의 미사용

03 유도전동기의 특성

1 유도전동기의 등가회로도

1) 정지 시

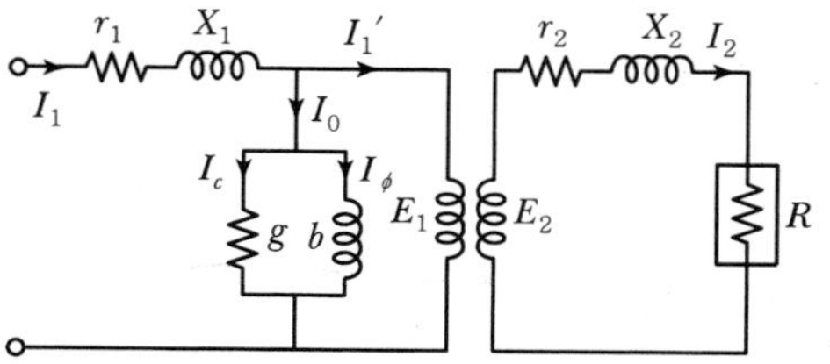

[정지 시($S=1$)]

2) Slip S로 운전 시

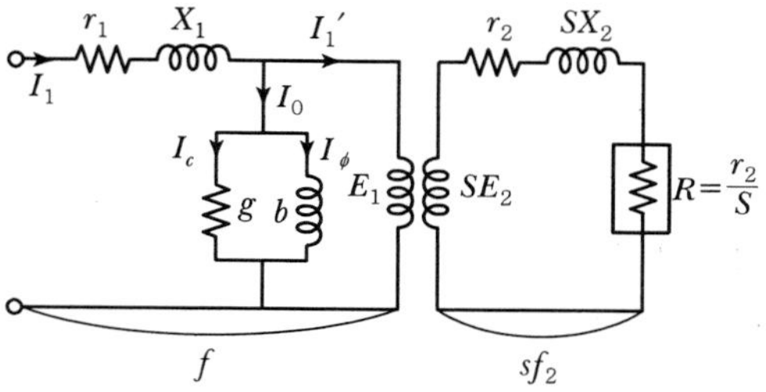

[기동 시($S=1$), 운전 시($S \fallingdotseq 0(0.05)$)]

3) 등가회로도

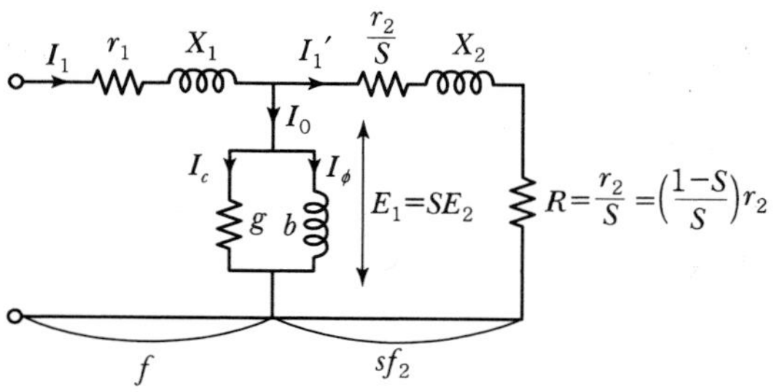

[등가회로도]

4) Slip의 영향 요소

① 주파수 $f_2 = sf_2$

② 2차 유기전압 $E_2 = SE_2$

③ 2차 리액턴스 $X_2 = SX_2$

④ Slip $S = 1$(정지 시), $S \fallingdotseq 0(0.05)$ (운전 시)

5) 기계적 출력 $R = \dfrac{r_2}{S} = \left(\dfrac{1-S}{S}\right)r_2$

6) 2차전류 $I_2 = \dfrac{SE_2}{\sqrt{{r_2}^2 + S{X_2}^2}} = \dfrac{E_2}{\sqrt{\left(\dfrac{r_2}{S}\right)^2 + {X_2}^2}}$

2 유도전동기의 특성

1) 벡터도

① E_1과 E_2 기준

② 90° 앞선 자속 ϕ

③ E_2와 180° 방향의 V_1'

④ V_1'와 ϕ각 사이 α각의 I_0

⑤ E_2보다 θ각 작은 I_2

⑥ I_2와 180°의 I_1'

⑦ I_1'와 I_0의 합성인 I_1

⑧ I_1과 평행한 저항 r_1I_1

⑨ r_1I_1과 수직인 X_1I_1

⑩ 합성의 $Z_1I_1 = V_1$

⑪ I_2와 저항 r_2I_2

⑫ r_2I_2와 직각의 X_2I_2

⑬ 합성 E_2I_2

⑭ $SE_2 = Z_2I_2$

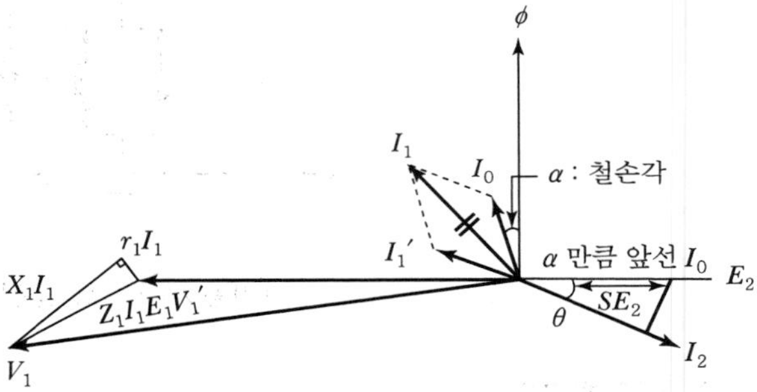

$S=1$일 때 E_2 최대, $S=0$일 때 E_2 최소

[벡터도]

2) 유도전동기의 속도

① 회전자계속도 $N_S = \dfrac{120f}{P}$

② 전동기속도 $N = \dfrac{120f}{P}(1-S) = N_S(1-S)$

$\therefore N = \dfrac{(1-S)}{S}$ 성립

3) 유도기전력

① 1차 역기전력(E_1)

$$E_1(vms) = \omega K_1 W_1 \phi = 2\pi f K_1 W_1 \phi = \frac{2\pi}{\sqrt{2}} f K_1 W_1 \phi = 4.44 f K_1 W \phi$$

여기서, W : 권수비, K_1 : 1차 권선계수

㉠ $\phi \propto B_m \propto I_\phi$ 성립

㉡ $f = \dfrac{E}{B_m}$ 성립

㉢ $\therefore \phi \propto B_m \propto I_\phi \propto \dfrac{1}{f}$ 성립

② 2차 역기전력(E_2)

$$E_2 = 4.44 f K_2 W_2 \phi$$

여기서, K_2 : 2차 권선계수

㉠ 주파수의 영향 $E_1 = SE_2$

③ Slip의 영향 요소

㉠ $f = Sf_2$

㉡ $E_2 = SE_2$

㉢ $X_2 = SX_2$

㉣ Slip $S = 1$(정지 시), $S \fallingdotseq 0(0.05)$ (운전 시)

④ 권수비

$$a = \frac{E_1}{E_2} = \frac{K_1 W_1}{K_2 W_2}$$

⑤ 2차 임피던스 $I_2 = \sqrt{r_2 + SX_2}$

㉠ $SX_2 = j\omega L = 2\pi f = 2\pi s f_2$ 성립

㉡ $\therefore X_2 = SX_2$ 성립

4) 유도전동기 2차 전류(I_2)

① $I_2 = \dfrac{E_2}{Z_2} = \dfrac{SE_2}{\sqrt{{r_2}^2 + S{X_2}^2}}$ (양변을 S로 나누면)

$= \dfrac{E_2}{\sqrt{\left(\dfrac{r_2}{S}\right)^2 + (X_2)^2}}$ ($S=1$일 때 $r_2 \ll \mathrm{X}_2$, $S=0$일 때 $\dfrac{r_2}{S} \gg X_2$ ($S=0.05$))

$= \dfrac{E_2}{r_2}$ ($S \fallingdotseq 0$)

② 기계적 출력(R)

$$R = \frac{r_2}{S} = R + r_2 = \frac{r_2}{S} = \left(\frac{1-S}{S}\right)r_2$$

여기서, R : 유도기의 기계적 출력, r_2 : 2차 저항

5) 유도기의 출력

① $P = WT$ ($P \propto T \quad W = 2\pi\dfrac{N}{60}$)

$= I_2 R_2$ (${I_2}^2 = \dfrac{(SE_2)^2}{r_2^2 + (SX_2)^2}$)

$= \dfrac{(SE_2)^2}{{r_2}^2 + (SX_2)^2} \times R_2$ ($R = \dfrac{r_2}{S}$)

$= \dfrac{(SE_2)^2}{{r_2}^2 + (SX_2)^2} \times \dfrac{r_2}{S}$ (Slip S로 나누면)

$= \dfrac{SE_2^2 \cdot r_2}{\left(\dfrac{r_2}{S}\right)^2 + (X_2)^2}$[W] $\quad \therefore P \propto E_2^2$ 비례

($E_2 = V_2 + Z_2 I_2$, $V_2 \gg Z_2 I_2$)

$\therefore P \propto E_2^2 \propto V^2 \propto \left(\dfrac{1}{Z_2}\right)^2$

② $T = \dfrac{P}{W}$ $\quad \therefore\ T \propto P_2$ 비례

㉠ 2차 출력 $P_2 = \dfrac{SE_2^2 \cdot r_2}{\left(\dfrac{r_2}{S}\right)^2 + (X_2)^2}$

㉡ $T \propto P_2 \propto \dfrac{1}{X_2} \propto \dfrac{1}{f} \propto E_2^2 \propto V_2^2$ 성립

$N_s = N + SN_s = (1-S)N_s + SN_s \quad \rightarrow 1 : (1-S) : S \qquad n_2 = 1$

$P_2 = P_0 + SP_2 = (1-S)P_2 + SP_2 \quad \rightarrow 1 : (1-S) : S$

$\therefore\ S = \dfrac{1-\mathrm{S}}{S}$

04 주파수(f) 변환 시 전동기의 특성 변화(50 → 60Hz)

1 전동기의 등가회로

1) 정지 시

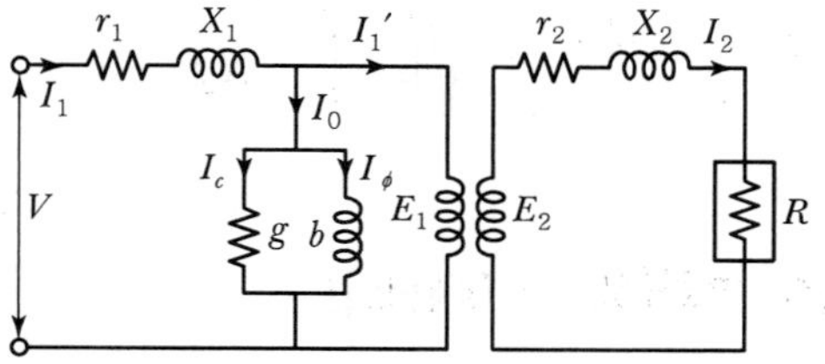

[정지 시($S=1$)]

2) Slip S로 운전 시

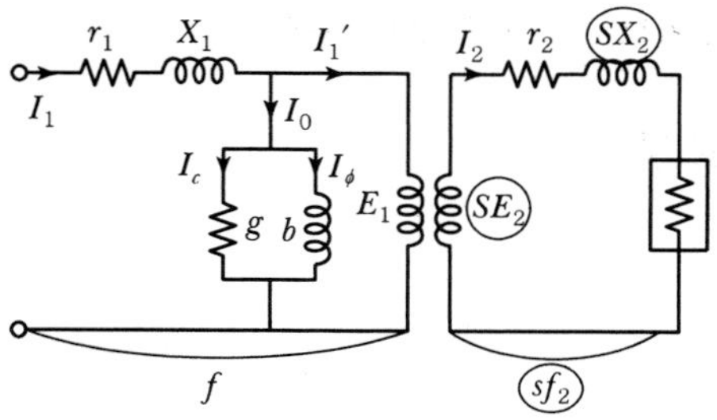

[$S=1$로 운전시작 시]

3) 등가회로도

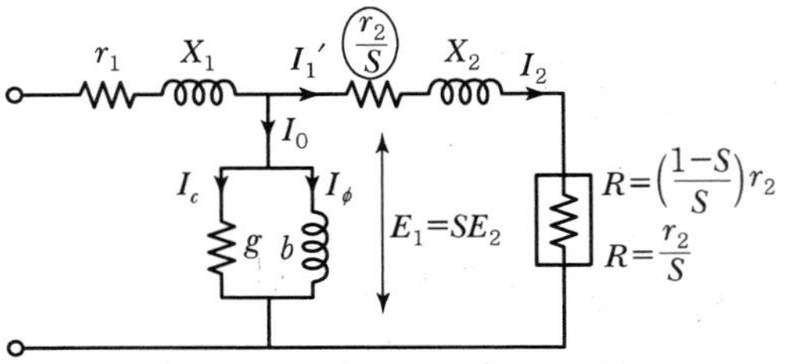

[등가회로도]

4) Slip의 영향요소

① 주파수 $f_2 = sf_2$

② 2차 유기전압 $E_2 = SE_2$

③ 2차 리액턴스 $X_2 = SX_2$

④ Slip $S = 1$(정지 시), $S \fallingdotseq 0(0.05)$ (운전 시)

5) 기계적 출력 $R = \left(\frac{1-S}{S}\right)r_2$

6) 2차 전류 $I_2 = \frac{SE_2}{\sqrt{{r_2}^2 + SX_2^2}} = \frac{E_2}{\sqrt{\left(\frac{r_2}{S}\right)^2 + X_2^2}}$

2 주파수 변환 시 특성 변화(50 → 60[Hz])

1) 여자전류(I_0)

① 여자전류(I_0)=자화전류(I_ϕ)+철손전류 (I_C)

㉠ 자화전류 $I_\phi > I_C$ 이므로 I_ϕ에 의해 결정

㉡ $I_\phi \propto \phi \propto \frac{1}{f}$ 이므로 주파수에 반비례

② $\therefore\ I_0 = \frac{50}{60}$ 으로 감소

2) 기동전류(I_2)

① 2차 전류 $I_2 = \dfrac{SE_2}{\sqrt{{r_2}^2 + S{X_2}^2}} = \dfrac{E_2}{\sqrt{\left(\dfrac{r_2}{S}\right)^2 + {X_2}^2}}$

㉠ 기동 시 $S=1$이므로 $I_2 = \dfrac{E_2}{\sqrt{{r_2}^2 + {X_2}^2}}$ 성립

㉡ $I_2 \propto \dfrac{1}{x} \propto \dfrac{1}{f}$이므로 주파수에 반비례

㉢ $\therefore\ I_2 = \dfrac{50}{60}$으로 감소

② 1차 전류

㉠ $I_1 = \dfrac{V}{\sqrt{\left\{\left(r_1 + r_2' + r_2\left(\dfrac{1-S}{S}\right)\right)\right\}^2 + (x_1 + x_2)^2}}$ ($S=1$: 기동)

$= \dfrac{V}{\sqrt{(r_1 + r_2)^2 + (x_1 + x_2)^2}}$ ($S=1$ 대입 시)

㉡ $\therefore\ I_1 \propto \dfrac{1}{(x_1 + x_2)} \propto \dfrac{1}{f}$이므로 $I_1 = \dfrac{50}{60}$으로 감소 (반비례)

③ 발전기의 자속밀도(E)

$E = 4.44 f \phi N = 4.44 f B_m N$

$\therefore\ \phi = B_m = I_\phi$

$f = \dfrac{E}{B_m}$ $\quad \therefore\ B_m = \dfrac{1}{f}$ 성립

3) 무부하손(P_{ℓ_0})

① 무부하손 P_{ℓ_0} = 히스테리시스손(P_n) + 와류손(P_e)

㉠ 히스테리시스손 $P_h = K_h \cdot f \cdot B_m^{1.6}$ $\left(B_m \propto \dfrac{1}{f}\right)$

$\therefore\ P_h = f \times \left(\dfrac{1}{f}\right)^{1.6} = \left(\dfrac{60}{50}\right) \times \left(\dfrac{50}{60}\right)^{1.6} < 1$이므로 감소

㉡ 와류손 $P_e = K_e (K_f \cdot f \cdot t \cdot B_m)^{2.0}$ $\left(\because\ B_m \propto \dfrac{1}{f}\right)$

$\therefore\ P_e = \left(f \times \dfrac{1}{f}\right)^{2.0} = \left\{\left(\dfrac{60}{50}\right) \times \left(\dfrac{50}{60}\right)\right\}^2$ = 일정

② 무부하손 $P_{\ell_0} = P_h$(감소) $+ P_e$(일정)으로 감소

무부하손 P_{ℓ_0}는 P_h가 감소하므로 감소 $\left\{\left(\frac{60}{50}\right) \times \left(\frac{50}{60}\right)^{1.6}\right\} \le 1$

4) 속도(N)

① 동기속도 $N_s = \frac{120f}{P}$

② 속도 $N = \frac{120f}{p}(1-S)$

③ $S = \frac{N_s - N}{N_s}$

④ 속도 $N \propto f$ 비례하므로

$\therefore$ N은 $\left(\frac{60}{50}\right)$ 비율 증가

5) 토크(T)

① 최대 토크 $T_{\max} = \frac{P_2}{W}$ $\therefore$ $T \propto P_2$ 비례

㉠ 2차 출력 $P_2 = I_2^2 \times \frac{r_2}{S} = \left(\frac{SE_2^2}{\sqrt{\left(\frac{r_2}{S}\right)^2 + X_2^2}}\right) \times \frac{r_2}{S} = \frac{SE_2^2 r_2}{\left(\frac{r_2}{S}\right)^2 + x_2^2}$

㉡ $T_{\max} \propto P_2 \propto \frac{1}{X_2} \propto \frac{1}{f}$이므로 $\left(\frac{50}{60}\right)$으로 감소 (반비례)

② 최대 토크 시 Slip 값

㉠ $S_m = \frac{r_2}{\sqrt{r_1^2 + (x_1 + x_2)^2}} \propto \frac{1}{f}$

㉡ $S_m \propto \frac{1}{f}$이므로 $\left(\frac{50}{60}\right)$으로 감소 (반비례)

6) 역률($\cos\theta$)

역률 $\cos\theta = \frac{P}{P_a} = \frac{P}{\sqrt{P^2 + P_r^2}}$

① 여자전류 I_0의 감소로 무효전력 P_r이 감소 $\therefore$ 역률 $\cos\theta$는 다소 증가 (비례)

② $I_\phi \propto \frac{1}{f} \propto P_r \propto \frac{1}{\cos\theta}$

7) 온도

① 히스테리시스손(P_h)의 감소분만큼 온도 하강

② 전동기의 속도 증가=냉각팬 속도 증가

∴ 온도 하강(반비례)

8) 축동력

① 축동력 $P_2 = P_1 \times \left(\frac{N_2}{N_1}\right)^3$ $\therefore P_2 \propto f^3$ (3승 비례)

② $\therefore P_2 = \left(\frac{60}{50}\right)^3$ 으로 증가

3 비교표

구분	증감	비고
여자전류(I_0)	감소(반비례)	$I_0 = \left(\frac{50}{60}\right)$ 으로 감소
기동전류(I_2)	감소(반비례)	$I_2 = \left(\frac{50}{60}\right)$ 으로 감소
무부하손(P_{ℓ_0})	감소(반비례)	$P_{\ell_0} = \left\{\left(\frac{60}{50}\right) \times \left(\frac{50}{60}\right)^{1.6}\right\} < 1$ 으로 감소
속도(N)	증가(비례)	$N = \left(\frac{60}{50}\right)$ 으로 증가
토크(T)	감소(반비례)	$T = \left(\frac{50}{60}\right)$ 으로 감소
역률($\cos\theta$)	증가(비례)	P_r 의 감소로 $\cos\theta$ 는 다소 증가
온도(T)	감소(반비례)	히스테리시스손 감소, 냉각팬속도 증가
축동력(P_2)	증가(비례)	$P_2 = \left(\frac{60}{50}\right)^3$ 으로 3승 비례 증가

05 유도전동기 회전자계 원리 및 자계의 세기($H=1.5H_m$)

1 유도전동기

1) 아라고원판의 회전원리

유도전동기는 자석의 회전에 따라 아라고원판이 같이 따라 도는 회전원리를 응용한 것이다.

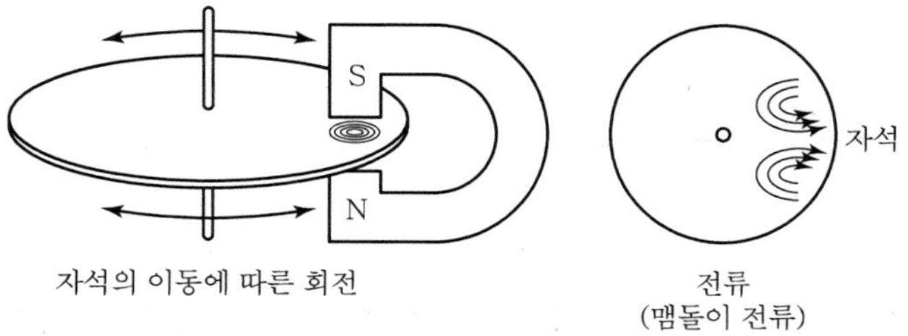

[자석 회전에 따른 아라고원판의 회전원리]

2) 유도전동기의 회전원리

① 3ϕ 회전자계 이용 (1ϕ 의 경우 180°로 교번자계 해석, 별도의 기동장치 필요)

② 1차 권선의 자계+2차 권선의 유도전류=상호 유도작용에 의한 회전원리

③ 전자유도법칙($e=-N\dfrac{d\phi}{dt}$), 플레밍의 왼손법칙

($F=BlI$), 오른나사 법칙 적용

④ 자계의 세기 $H=\dfrac{NI}{2a}$[AT/m]

(3ϕ 회전자계 $H=1.5H_m$)

권수비 N, 반지름 a인 코일이 120°의 전기각을 가지고

전류 I가 흐를 때 코일 중심에서의 자계의 세기를 의미

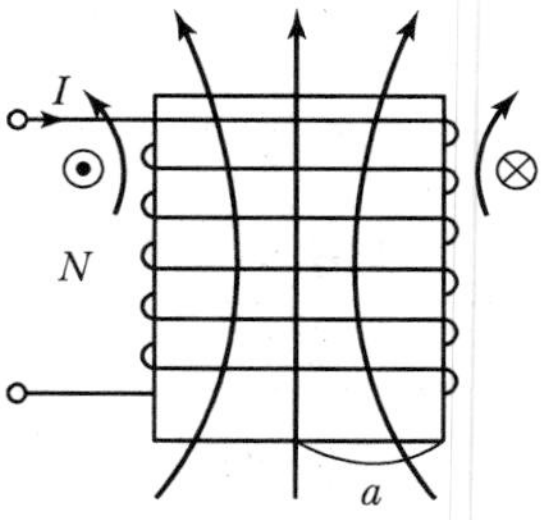

[유도전동기의 회전원리]

3) 회전자계

① 회전자계의 속도 $N_s=\dfrac{120f}{P}$[rpm]

② 전동기의 속도 $N=\dfrac{120f}{P}(1-S)$, 주파수(f)에 비례, 극수(P)에 반비례

③ Slip이 필요한 이유

㉠ 1차 권선의 회전자계와 2차 권선의 유도전류 사이에 발생하는 전자력을 이용

㉡ 전류를 발생하기 위하여 회전자의 속도(N)는 동기속도(N_s)보다 늦어야 함

㉢ 회전자계의 속도와 회전자의 속도가 동기속도 시 자계를 자르지 못해 회전 불가

④ 3ϕ 회전자계의 크기

㉠ $H = 1.5H_m \ (H_m = \dfrac{NI}{2a})$

㉡ 회전자계는 시간적으로 일정한 크기($H = 1.5H_m$)로 상회전방향과 같은 방향 전원주파수와 동일한 속도로 회전

4) 회전자계의 회전원리

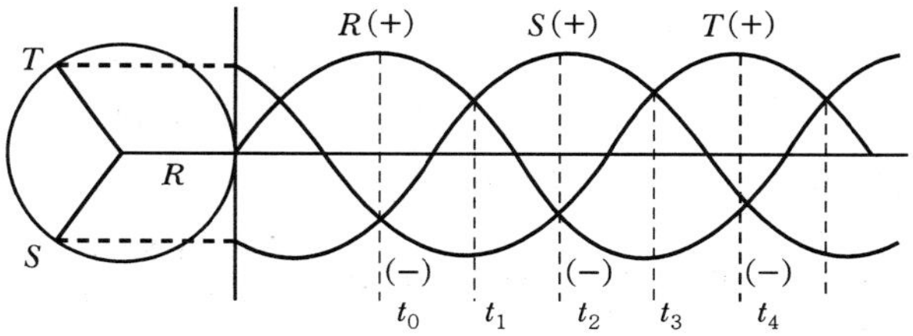

[회전자계의 회전]

① 전류는 (+)에서 (−)로 이동

② 전류의 흐름에 따른 오른나사 법칙 적용

③ 합성자계 방향 결정

구분	t_0	t_1	t_2	t_3
유도전류	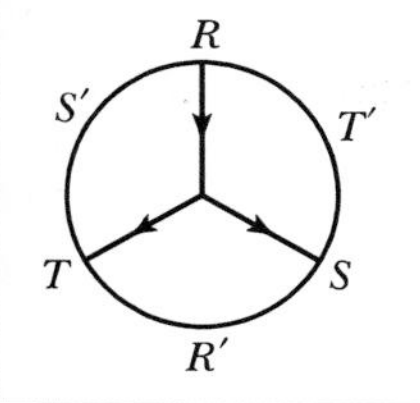	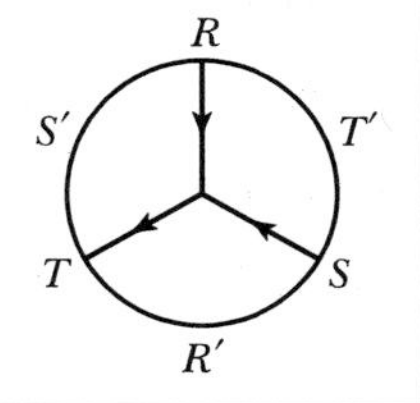	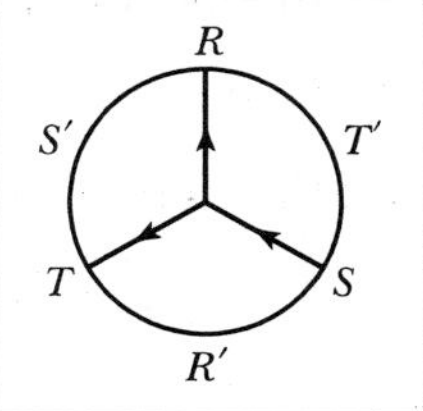	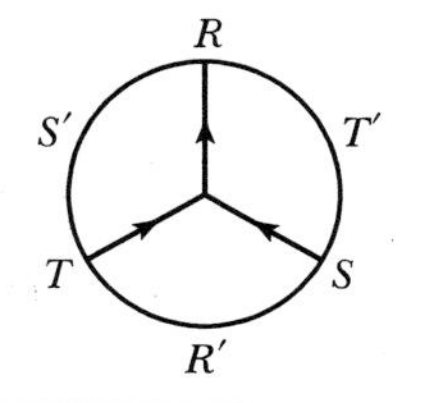
회전자계	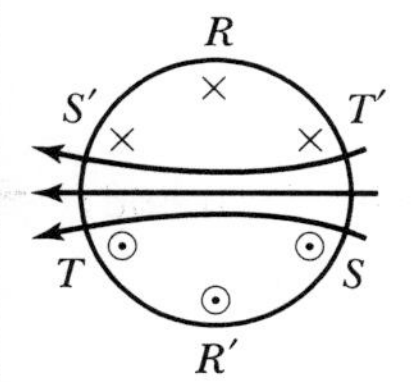	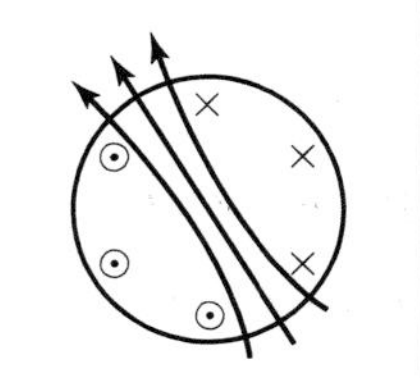	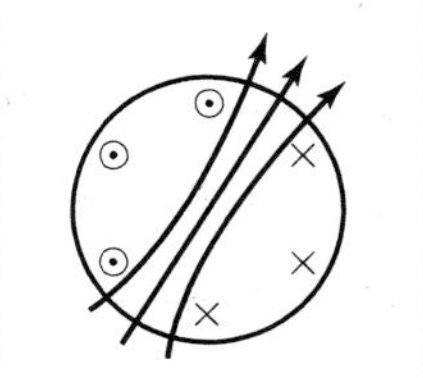	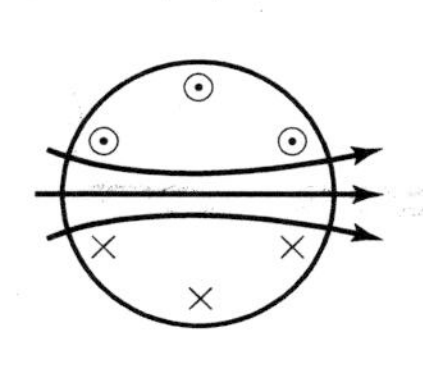

※ × 나사 진입방향 ⊙ 나사 인출방향

2 회전자계의 크기 $H = 1.5H_m$ 증명

1) 각 상별 자계의 세기 계산

① $H_a = \dfrac{NI}{2a}\sin\omega t = H_m \sin\omega t$　($H_m = NI/2a$ 치환)

② $H_b = \dfrac{NI}{2a}\sin(\omega t - 120°) = H_m \sin(\omega t + 240°)$

③ $H_c = \dfrac{NI}{2a}\sin(\omega t - 240°) = H_m \sin(\omega t + 120°)$

2) $\sin(x+y) = \sin x \cos y + \cos x \sin y$로 치환계산

① $H_a = H_m(\sin\omega t \cdot \cos 0° + \cos\omega t \cdot \sin 0°)$ $\begin{cases} \cos 0° = 1 \\ \sin 0° = 0 \end{cases}$

$= H_m \sin\omega t$

② $H_b = H_m(\sin\omega t \cos 240° + \cos\omega t \sin 240°)$ $\begin{cases} \cos 240° = -0.5 \\ \sin 240° = -0.866 \end{cases}$

$= H_m(-0.5\sin\omega t - 0.866\cos\omega t)$

③ $H_c = H_m(\sin\omega t \cos 120° + \cos\omega t \sin 120°)$ $\begin{cases} \cos 120° = -0.5 \\ \sin 120° = 0.866 \end{cases}$

$= H_m(-0.5\sin\omega t + 0.866\cos\omega t)$

3) H_a, H_b, H_c를 H_x축과 H_y축으로 치환계산

(1) H_x축 치환계산

① $H_{ax} = H_m \sin\omega t \cdot \cos 0° = H_m \sin\omega t$

② $H_{bx} = H_m(-0.5\sin\omega t - 0.866\cos\omega t) \times \cos 240°$ (-0.5)

$= H_m(0.25\sin\omega t + 0.433\cos\omega t)$

③ $H_{cx} = H_m(-0.5\sin\omega t + 0.866\cos\omega t) \times \cos 120°$ (-0.5)

$= H_m(0.25\sin\omega t - 0.433\cos\omega t)$

④ $\therefore H_x = H_{ax} + H_{bx} + H_{cx} = 1.5H_m \sin\omega t$

	1	0
	0.25	0.433
+	0.25	−0.433
	1.5	0

(2) H_y축 치환계산

① $H_{ay} = H_m \sin\omega t \times \sin 0° = 0$

② $H_{by} = H_m(-0.5\sin\omega t - 0.866\cos\omega t) \times \sin 240°$ (-0.866)

$= H_m(0.433\sin\omega t + 0.75\cos\omega t)$

	0	0
	0.433	0.75
+	−0.433	0.75
	0	1.5

③ $H_{cy} = H_m(-0.5\sin\omega t + 0.866\cos\omega t) \times \sin 120°\ (+0.866)$

$= H_m(-0.433\sin\omega t + 0.75\cos\omega t)$

④ $\therefore\ H_y = H_{ay} + H_{by} + H_{cy} = 1.5H_m\cos\omega t$

4) 합성자계의 계산

① $H = \sqrt{H_x^2 + H_y^2} = \sqrt{(1.5H_m\sin\omega t)^2 + (1.5H_m\cos\omega t)^2}$

$= \sqrt{(1.5H_m)^2 \cdot (\sin\omega t \cdot \cos\omega t)^2}$

$= \sqrt{(1.5H_m)^2} = 1.5H_m$

② $\therefore\ H = 1.5H_m$ 성립 $(H_m > \dfrac{NI}{2a})$

3 맺음말

1) 3ϕ 회전자계는 시간적으로 일정한 크기($H = 1.5H_m$)로 상회전과 같은 방향, 전원주파수의 속도와 동일속도로 회전한다.

2) $N = \dfrac{120f}{P}(1-S)$

주파수 f에 비례, 극수 N에 반비례한다.

06 권선형 유도전동기

1 유도전동기

1) 원리

3ϕ 회전자계를 이용한 회전원리($H = 1.5H_m$)

2) 종류

(1) 농형

① 1ϕ : 반발기동, 콘덴서기동, 분상기동, 셰이딩코일

② 3ϕ : 일반, 특수(2중, 심구, 쇄기형)

(2) 권선형

① 비례추이 원리($\frac{r_2}{S} = \frac{mr_2}{mS} = \frac{r_2 m}{Sm}$)

② 2차 여자, 2차 임피던스법

3) 등가회로도

(1) 정지 시

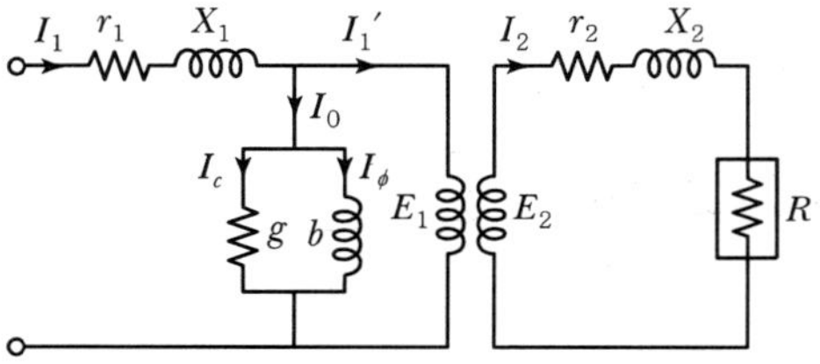

[정지 시 ($S=1$)]

(2) Slip S로 운전 시

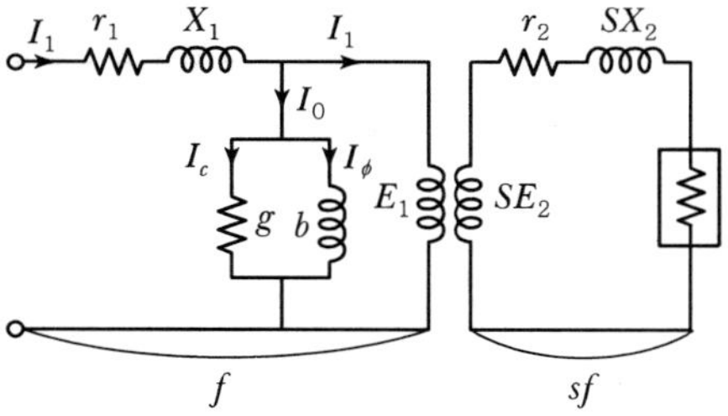

[운전 또는 기동 시 ($S=1$)]

(3) 등가회로도

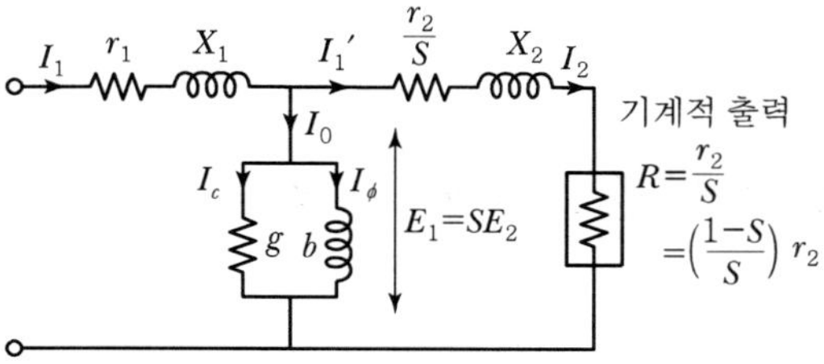

[등가회로도]

(4) Slip의 영향 요소

① 주파수 $f_2 = sf_2$

② 유기전압 $E_2 = SE_2$

③ 리액턴스 $x_2 = Sx_2 = \left(\frac{r_2}{S}\right)$

④ Slip $S = 1$(정지 시), $S \fallingdotseq 0(0.05)$ (운전 시)

4) 전류, 토크, 출력 관계

기계적 출력(R)	2차 전류(I_2)	최대 토크(T)	2차 출력(P_2)
$R = \left(\frac{1-S}{S}\right) r_2$	$I_2 = \frac{E_2}{\sqrt{\left(\frac{r_2}{S}\right)^2 + x_2^2}}$	$T_{\max} = \frac{P}{W}$	$P_2 = \frac{SE_2^2 \cdot r_2}{\left(\frac{r_2}{S}\right)^2 + x_2^2}$

① 전류 $I_2 = \frac{SE_2}{\sqrt{r_2^2 + Sx_2^2}} = \frac{E_2}{\sqrt{\left(\frac{r_2}{S}\right)^2 + x_2^2}}$ (양변을 S로 나누면)

② 출력 $P_2 = RI_2 = \frac{r_2}{S} \times I_2^2 = \left(\frac{S^2 E_2^2}{\sqrt{\left(\frac{r_2}{S}\right)^2 + x_2^2}}\right)^2 \times \frac{r_2}{S} = \frac{SE_2^2 \cdot r_2}{\left(\frac{r_2}{S}\right)^2 + x_2^2}$

③ $\therefore T_{\max} \propto P_2 \propto E_2^2(V^2) \propto \frac{1}{\alpha^2} \propto \frac{1}{f}$

2 권선형 유도전동기

1) 구조

① 1차 권선(고정자) : 3ϕ 권선 회전자계 이용

② 2차 권선(회전자) : 3ϕ 권선＋Slip－Ring＋2차 기동저항기(가변저항)

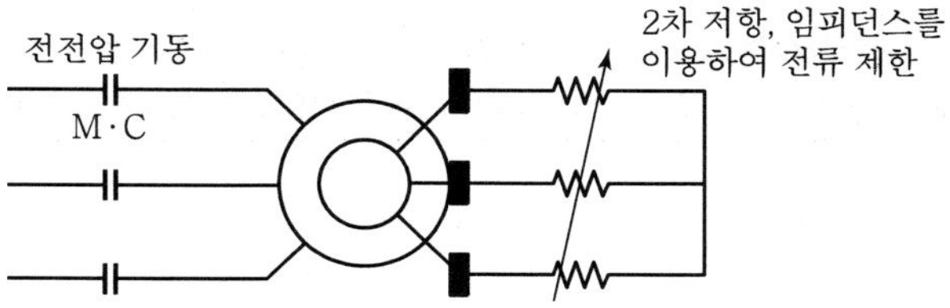

[Slip－Ring & Brush]

2) 원리

(1) 비례추이 원리

$$\frac{r_2}{S} = \frac{mr_2}{mS}$$

저항 삽입=전류 제한

(2) 내용

① 전전압 기동원리(대전류)=토크 일정
② 전류 제한을 위한 2차 저항, 기동보상기 삽입
③ 전류 제한 기동, 2차 단락 후 정상운전

3) 기동토크와 회전수(N)

① 전전압 기동, 최대 토크 일정(전압강하 무시)
② 저항, 임피던스 삽입에 따라 기동전류 제한속도 변화
③ 즉, 비례추이 원리 이용

$$\frac{r_2}{S} = \frac{mr_2}{mS} = \frac{r_2 m}{Sm}$$

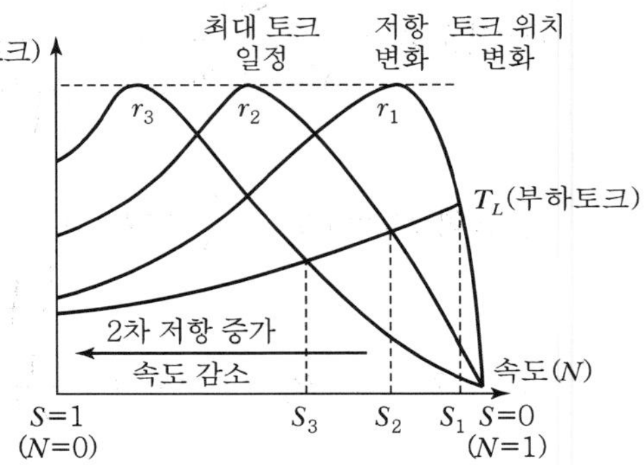

[기동토크와 회전수]

4) 비례추이(Proportional Shifting)

① 2차 저항과 Slip이 비례
② $\frac{mr_2}{mS}$, 즉 토크는 같으나 속도점이 변경됨을 의미

5) 특징 및 용도

장점	단점	용도
• 2차 저항으로 전류 제한속도 조정 • 전전압으로 최대 토크 일정	• 운전 시 손실 증가, 효율 저하 • 유지보수 곤란(Slip−Ring)	• Pump, Fan, Blower • 크레인, 압축기, 압연기 등

6) 기동방법

(1) 2차 저항기동(15[kW] 이상)

① 2차 저항의 크기를 전류변화

② 정상기동 후 2차 저항 단락

③ 기동전류는 $1.5I_n$ 이하 (I_n : 정격전류)

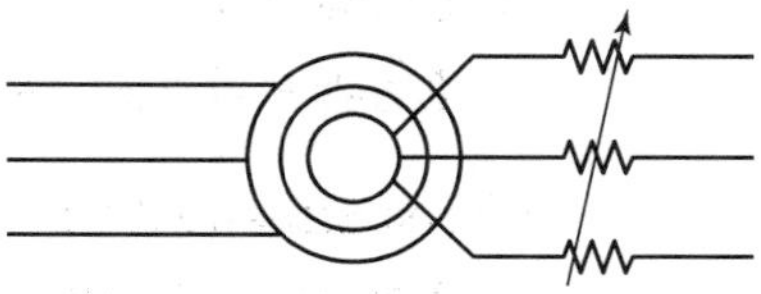

[2차 저항기동]

(2) 2차 임피던스 기동

① 기동 시 $f_1 = f_2\,(S=1)$

$\therefore\ WL \gg R$ (전류는 R측 유도(저항기동))

② 속도 상승 시 $f_2 \fallingdotseq 0\ (S \fallingdotseq 0, 0.05)$

$\therefore\ WL \ll R_2$ (운전 시 L측 유도)

③ 저항손실 감소

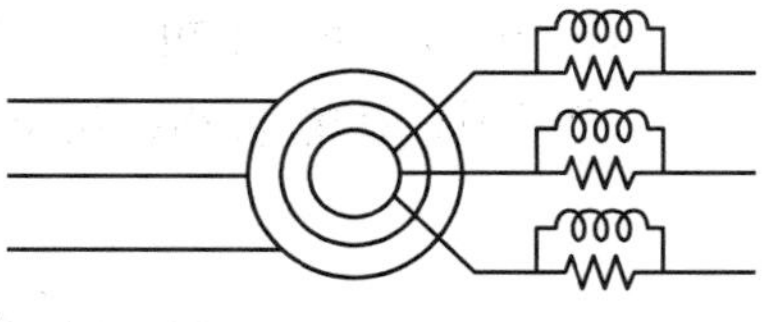

[2차 임피던스 기동]

7) 속도제어

전압제어	2차 저항 제어(비례추이)	2차 여자법	인버터 방식
전압 → 토크(T) → Slip 변화 = 속도제어 가능 단권TR, 위상제어, PWM(인버터)	권선형의 고유 특징 $\dfrac{r_2}{S} = \dfrac{mr_2}{mS}$	크래머 방식 세르비어스 방식	VVVF 소프트 Start VVCF

(1) 2차 여자법 : 2차 저항제어법의 손실감소방법

① **크래머 방식**

㉠ 저항 손실분을 직류 모터를 회전시켜 유도전동기와 기계적으로 직결하여 동력으로 변환

㉡ 속도제어 = 직류기 계자전류로 제어

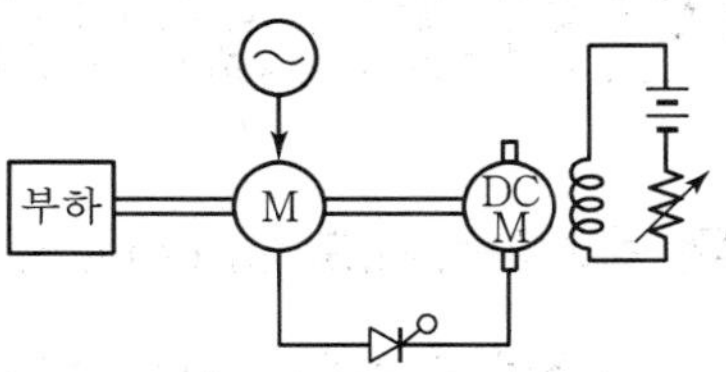

[크래머 방식]

② **세르비어스 방식**

㉠ 2차 손실분을 컨버팅 인버터 TR을 두어 1차 전원에 반환, 정토크 특성

㉡ 속도제어 = 인버터의 IGBT로 제어

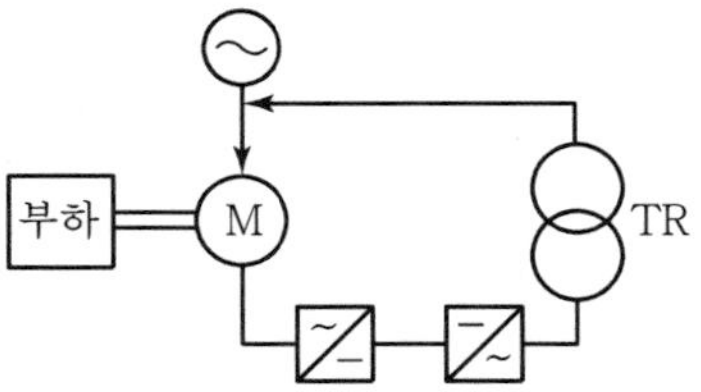

[세르비어스 방식]

(2) 인버터 및 Soft Starter 제어

① 인버터(VVVF)

전압과 주파수를 모두 변환속도제어

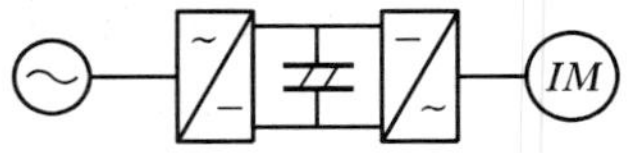

[인버터(VVVF)]

② Soft Starter(VVCF)

주파수는 동일, 전압 변환, 토크, Slip 변환속도제어

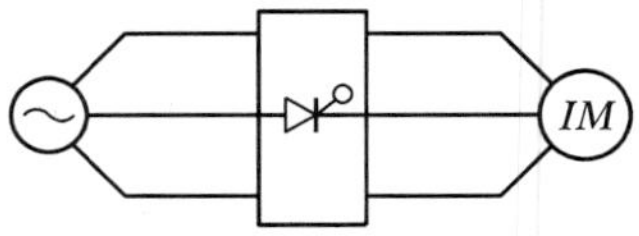

[Soft Starter(VVCF)]

8) 최근 동향

① Thyristor를 이용한 2차 저항 무접점 단락제어

② 유지보수 향상, 비용 감소, 생산성 향상

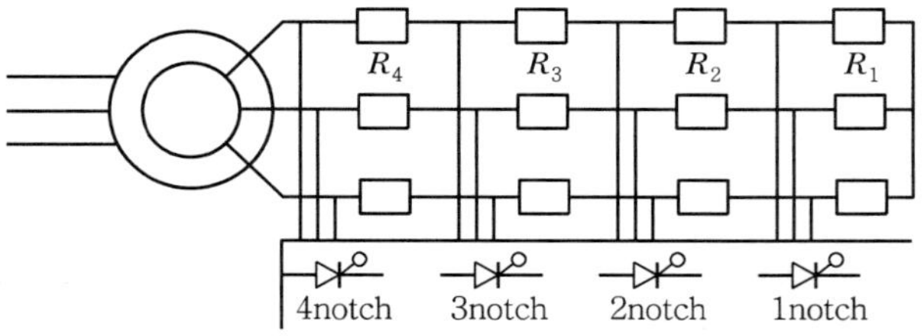

[JRS Notch]

07 동기전동기

1 동기전동기(Synchronous Motor)

1) 정속도 전동기(Slip 미발생)

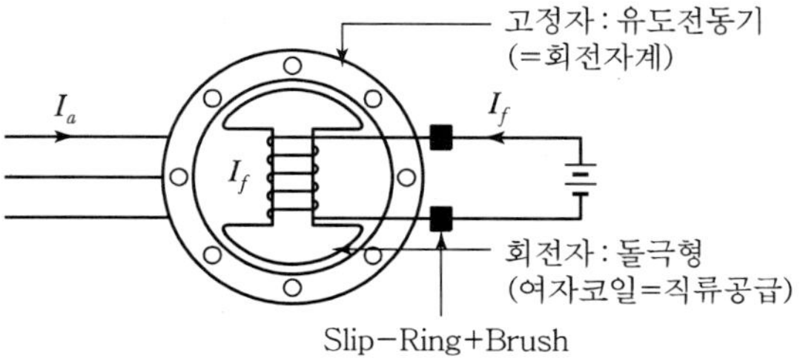

[동기전동기]

2) 1차 권선과 2차 권선의 자극을 다른 극으로 대립(N ↔ S)

① 1차 권선은 회전자계를 이용하여 회전

② 2차 권선(회전자)의 자극으로 동일 방향 회전원리

[동기전동기의 회전원리]

2 원리 및 종류

1) 원리

① 3ϕ 권선과 회전자코일에 전원 인가 시 3ϕ 회전자계 발생

② 회전자계의 속도 = 회전자속도

③ 동기속도$(N_s) = \dfrac{120f}{p}$[rpm]

2) 종류

영구자석형, 전자석형, 인덕턴스형, 릴럭턴스형(반발형), 히스테리시스형

3 주요 특징

장점	단점	진상용 콘덴서 역할
• 동기속도 회전(Slip 없음) • 부하의 증감에도 속도 일정 • 계자전류 고정 시 역률 조정 • 대용량의 저속기에서는 유도형보다 저렴	• 가격 고가 • 여자용 직류전원 필요 • 시동, 정지가 많은 부하는 부적합 • 유지보수 곤란(Slip – Ring)	유도형 대비 역률, 효율 우수

4 특성(V – 곡선)

① 여자전류(I_f)와 전기자전류(I_C) 관계곡선

② 단자전압, 부하를 일정하게 유지 후

③ 여자전류(I_f)를 조정하여 부하역률 조정 가능

계자전류(I_f)	위상	전기자전류(I_C)
감소	지상역률	증가
상승	진상역률	증가

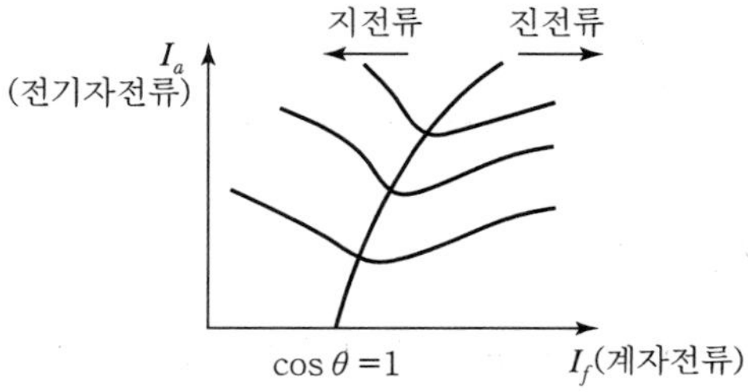

[V – 특성곡선]

5 난조 및 탈조현상

난조	탈조
• 주기적인 동기속도의 조화를 잃는 것 • 부하변동 → 토크 증감 → 과도적 속도전동 • 운전의 평형점 이동현상으로 심할 경우 일시적 탈조현상 발생	• 동기속도의 응동범위 이탈, 동기운전 불가 • 부하의 급변으로 인한 난조이탈, 탈조 발생 • 원인 : 계자 상실(여자기, 계자회로 단락 브러시 접촉불량) • 계통 고장, 급격한 부하변동

1) 대책

① 제동권선

② Fly Wheel

③ 운전 중 부하급변 금지

2) 발전기의 경우

① **내부적** : 거리계전기 이용 적용

② **외부적** : PSS 전력계통 안정화 장치 적용

6 속도제어

정속도 전동기로 속도제어 없음

7 기동법

동기전동기 자체로는 기동 불가, 별도의 기동장치가 필요

기동법	내용
• 유도전동기로 기동 • 3ϕ 기동권선 사용 • 기동용 전동기 사용	• 극수가 작은 유도전동기로 기동(가장 많이 나옴) • 큰 기동 토크 • 회전자 축에 기계적 연결 기동

8 용도

① 부하의 크기가 일정한 정속도 부하

② 부하의 역률제어가 필요한 장소(V－특성곡선 이용)

③ 대용량으로 연속 사용 부하(24시간/일 운전개소 적용)

④ 부하의 변동이 급격하지 않은 정도
⑤ 플랜트동력, 대형압출기, 송풍기, 제철압연기, 시멘트 공장의 분쇄기(Crusher) 등

9 동기전동기의 부하각

① 부하각 : 유기기전력과 단자전압의 위상차

유도전동기	동기전동기
부하에 따라 Slip 변화	부하에 따라 부하각 변화

② 부하토크가 너무 커지면 동기화되지 않기 때문에 정지
③ 이때의 토크를 탈출토크라 하며 부하각으로 50～70° 범위

10 기동회로도

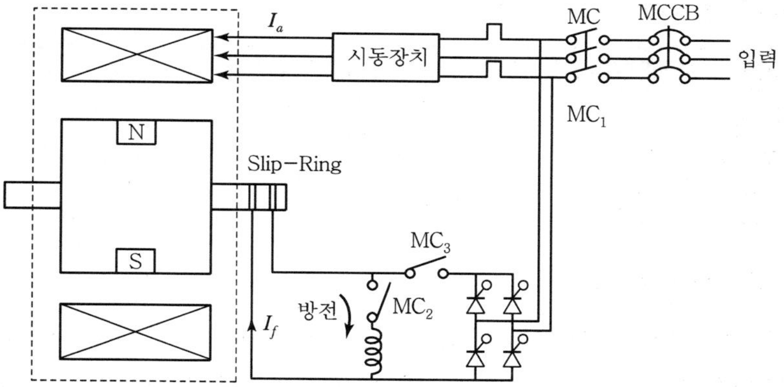

[기동회로도]

08 유도전동기 기동법

1 유도전동기

1) 종류별 기동, 속도제어, 제동법

구분	1ϕ 농형	3ϕ 농형	3ϕ 권선형
원리	교번자계+자속위상변화	회전자계($1.5H_m$)	회전자계
기동법	분상, 콘덴서 기동, 반발기동, 셰이딩코일형	직입, $Y-\Delta$, 리액터, 콘돌퍼, 쿠샤, 1차 임피던스	2차 임피던스(저항) 이용, 인버터, Soft Starter
속도제어	극수, 주파수, Slip	극수, 주파수, Slip	크래머, 세르비어스
제동법	발전, 회생, 직류, 단상	발전, 회생, 역상, 직류, 단상	발전, 회생, 역상, 직류, 단상

2) 전동기의 용량에 따른 기동법

구분	전전압(직입)	감전압 $Y-\Delta$	리액터, 콘돌퍼	쿠샤	인버터(VVVF)
3ϕ 220[V]	7.5[kW] 이하	22[kW] 이하	22[kW] 이상	소용량으로 기동을 부드럽게 (1ϕ만) 적용	전압, 주파수 제어 기동, 속도제어 및 에너지 Saving 효과
3ϕ 380[V]	11[kW] 이하	55[kW] 이하	55[kW] 이상		
적용	소용량	중용량	대용량		

3) 기동방법 선정 시 고려사항

① 전압강하 : 기동의 대전류($5\sim7I_n$), 역률(20~40[%]), $e = I(R\cos\theta + X\sin\theta)$

② 전압변동률 : 15[%] 이하 저항 (기동의 10[%] 운전 시 5[%] 이내) $\Sigma = P\cos\theta + q\sin\theta$

③ 전원 TR 용량 : 직입기동 시 전원용량의 10배 이상(3배 이하 시 감전압 기동 선정)

④ 부하토크 고려 : 가속토크(T_M) ≥ 부하토크(T_L)

⑤ 시간내량 고려

㉠ $Y-\Delta$: $T = 4 + 2\sqrt{P}$[sec]

㉡ 리액터 : $T = 2 + 4\sqrt{P}$[sec]

4) 부하특성 및 토크특성

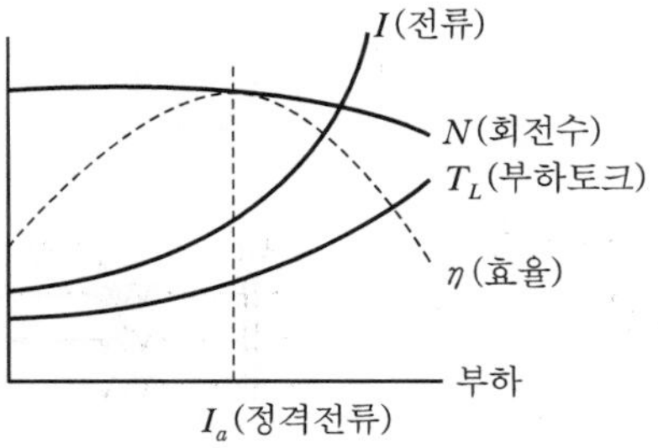

[부하특성]

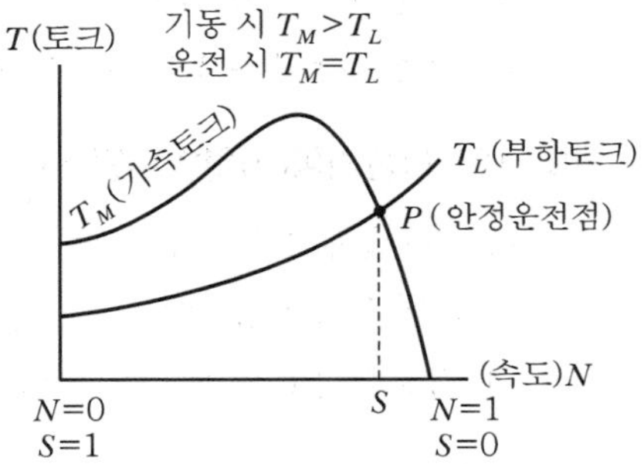

[토크특성]

2 3ϕ 농형 유도전동기 기동방법

1) 전전압기동

직입기동(대전류 문제 고려 : 전압강하, 전압변동, 전원용량 등)

2) 감전압기동

Y－Δ, 리액터, 콘돌퍼, 1차 임피던스, 쿠샤기동

3) 인버터를 이용한 기동법

VVVF, VVCF(Soft Starter)

4) 종류별 특징

(1) 직입기동

① 별도의 기동기가 없는 전전압기동
② 기동전류(5~7배 정격전류)
③ 작동 간단, 설치비 저렴, 소용량에 적용
④ 전원 TR 용량 고려(10배 이상)

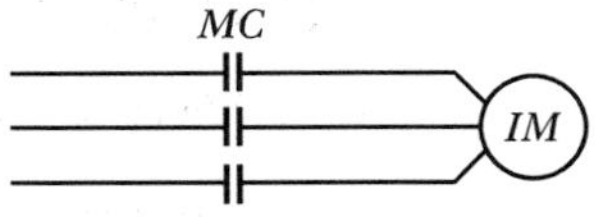

[직입기동]

(2) Y－Δ 기동(Open/Close Transition)

① 기동 시 Y 기동($MC_1 + MC_3$)
② 기동전류 1/3, 기동전압 1/ $\sqrt{3}$, 기동토크 1/3로 감소

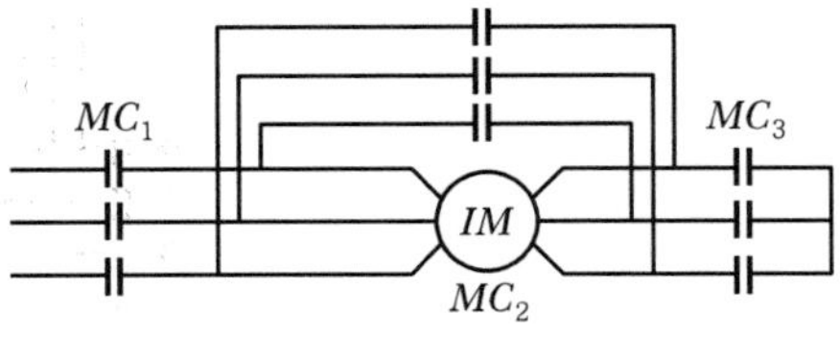

[Y－Δ 기동]

③ 운전 시 Δ 운전 ($MC_1 + MC_2$, MC_3 개방)

④ 기동전류 제한 목적

⑤ 기동시간 $T = 4 + 2\sqrt{P}$[sec]

(3) 1차 저항기동(직렬임피던스)

① 1차 측에 저항 또는 임피던스를 이용하여 기동

② 저항으로 전류 제한, 전압 감소, 토크 감소

③ 저항손실로 인한 효율 저하(기동 시)

[1차 저항기동]

(4) 쿠샤기동

① 1ϕ에만 저항 또는 Thyristor를 이용하여 기동

② 소용량에 적용, 부드러운 기동법

③ 크레인, 굴삭기, 호이스트에 적용

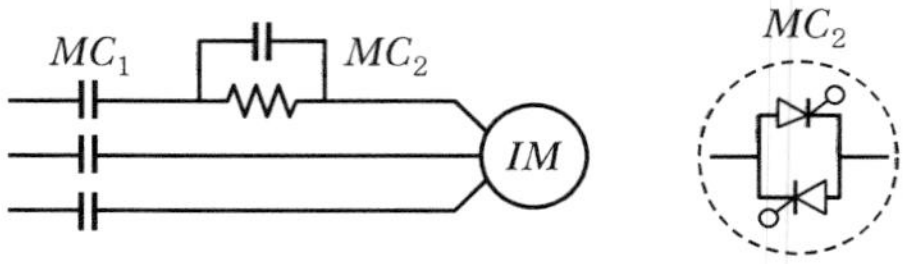

[쿠샤기동]

(5) 리액터 기동

① Δ 기동 후 TR Tap 조정

구분	기동	운전
Tap	0.5, 0.6, 0.7, 0.8, 0.9	1
전압/전류	50%, 60%, 70%, 80%, 90%	100%
토크	25%, 36%, 49%, 64%, 81%	100%

② 기동 시 MC_1 기동

③ 운전 시 MC_1 개방 후 MC_2 운전
(MC 전환 시 Arc 발생에 유의)

④ 기동시간 $T = 2 + 4\sqrt{P}$[sec]

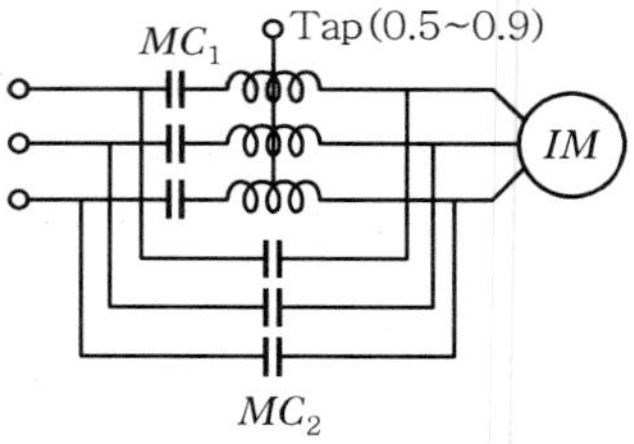

[리액터 기동]

(6) 콘돌퍼 기동(단권 TR)

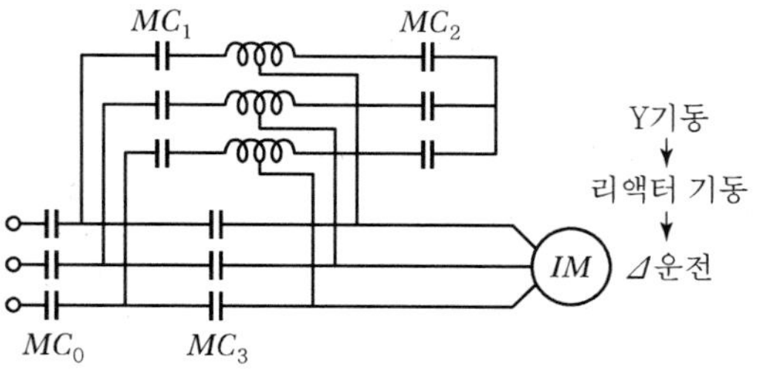

[콘돌퍼 기동]

① Y 기동 → 리액터 기동 → Δ 운전

구분	기동	운전
Y 기동	전압($1/\alpha$), 전류토크($1/\alpha^2$)	1
리액터 기동	0.5 → 0.65 → 0.8	1
Δ 운전	Δ 운전, 100 운전	1

② 리액터 기동의 Arc 발생을 보완

③ 무전압 상태가 없어 아크 미발생

④ MC_0 상시 투입, $MC_1 + MC_2$로 기동 시작

기동 시 MC_1 + Tap(0.5~0.8), 운전 시 $MC_0 + MC_3$

(7) Soft Starter(VVCF)

① 기동 시 MC_1 운전 Soft Starter 이용

② 주파수 일정, 전압의 크기 조정

③ 전압에 비례, 전류 토크변화(속도변화)

④ 기동 후 MC_2 투입 전전압운전(기동토크에 유의)

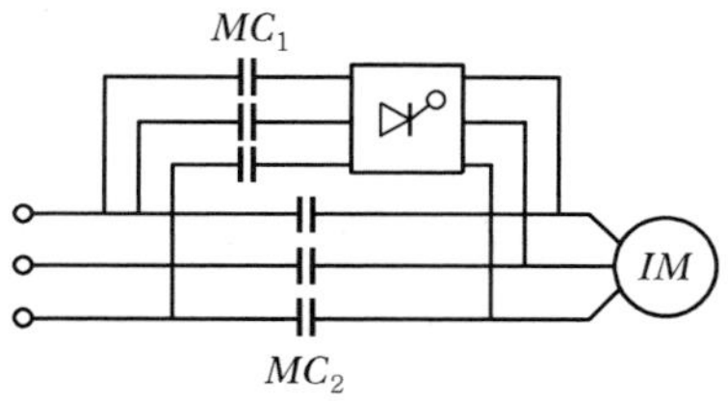

[VVCF]

(8) Inverter(VVVF)

① 전압과 주파수의 크기 조정 기동

$$N = \frac{120f}{P}$$

② 정상운전 시에도 전압의 크기와 주파수 조정, 속도제어 가능

③ Energy Saving 효과

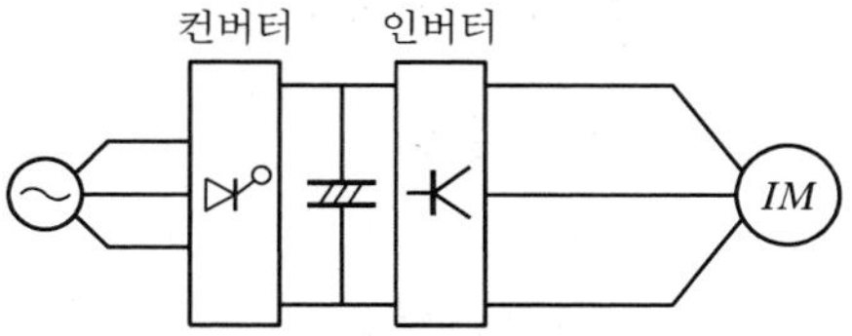

[VVVF]

3 1ϕ 농형 유도전동기 기동방법

1) 분상 기동형

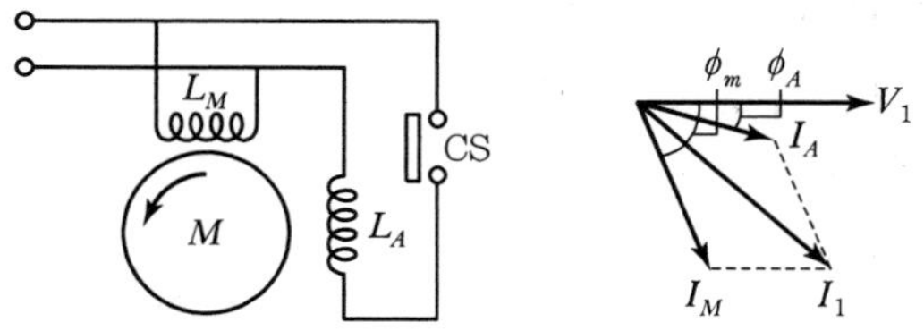

[분상 기동형]

① 주권선은 100[%] 고리액턴스 권선
② 보조권선은 고저항 저리액턴스 권선(1/2권선)
③ 주권선과 90° 각도 위상차를 이용한 기동
④ 정격속도의 70[%] 이상의 CS 개방 보조권선 개방
⑤ 소형전동기에 적용(Fan, Blower, 사무기기)

2) 콘덴서 기동형

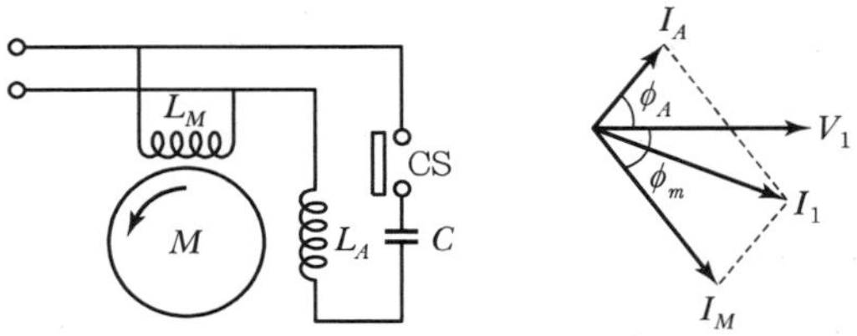

[콘덴서 기동형]

① 주권선은 고리액턴스 권선
② 보조권선은 1.5배 권선+콘덴서 설치
③ 주극 → 보조극으로 위상차에 의한 회전
④ 정격속도 70[%] 이상 시 CS 개방, 보조권선 개방
⑤ 생활용품에 적용(세탁기, 냉장고, 드라이기)

3) 셰이딩 코일형

① 고정자의 주극(돌극), 세돌극(단락극) → 자속 불평형
② 시간에 따른 ϕA → ϕB 로 자속변화 회전
③ 기동토크가 작아 공작기계용에 사용
④ 회전방향 변경이 곤란

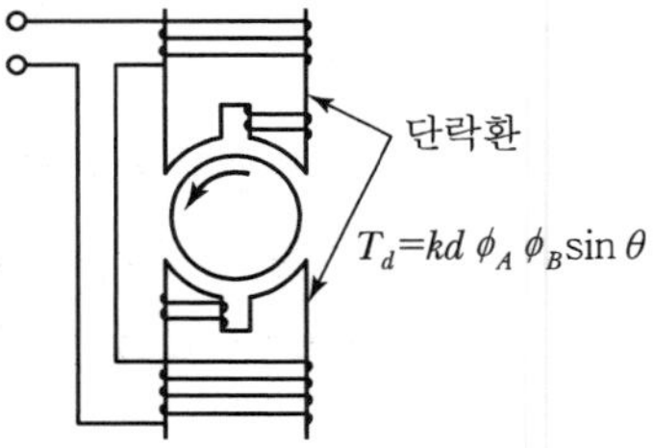

[셰이딩 코일형]

4) 반발 기동형

① 고정자(권선), 회전자(직류기)
② 기동 시 반발력을 이용한 전동기로 기동
③ 기동 후 전류와 단락 농형회전자
(정격속도 70[%] 이상 시)
④ 기동전류, 기동토크가 큼

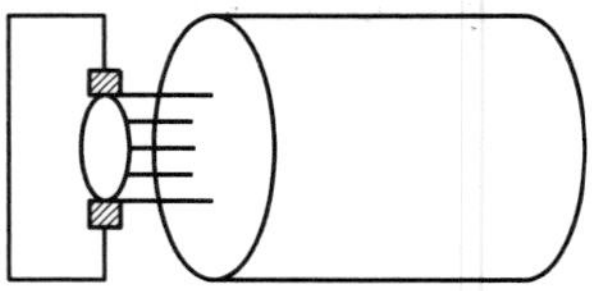

[반발 기동형]

4 3ϕ 권선형 유도전동기 기동방법

1) 전전압 기동방식에 따른 구분

(1) 2차 저항 기동

① 가변저항 또는 부하저항 직렬연결

② 비례추이 원리를 이용한 기동방식
(고저항 → 저저항 → 단락(기동전류 제한)

③ 저항기에 의한 손실 발생 문제

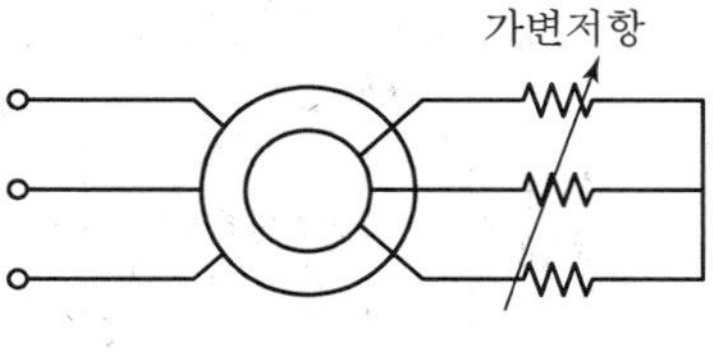

[2차 저항 기동]

(2) 2차 임피던스 기동

① 저항과 리액터를 병렬연결

② $f_2 = Sf_1$(Slip과 주파수 변화 이동)

㉠ 기동 시($S=1$) $r_2 \ll X_L$: 저항기동

㉡ 운전 시($S \fallingdotseq 0$) $r_2 \gg X_L$: 리액터 운전

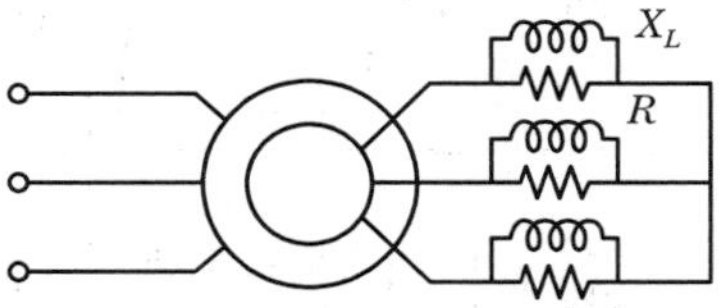

[2차 임피던스 기동]

2) 비례 추이

① 2차 저항과 Slip에 비례(전전압＝전압 일정)

② 비례 추이 $T = \dfrac{mr_2}{mS}$

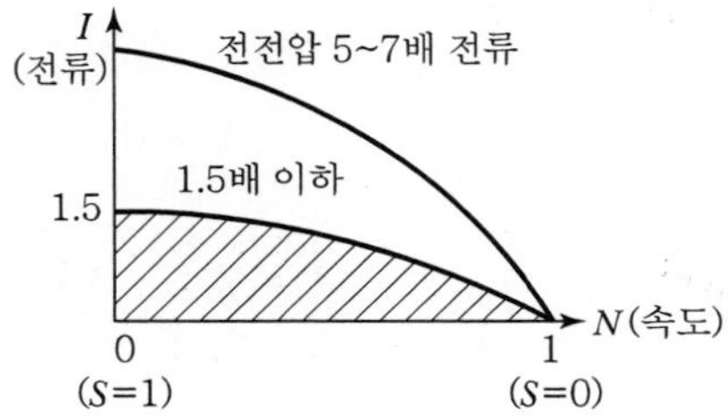

[부하특성]

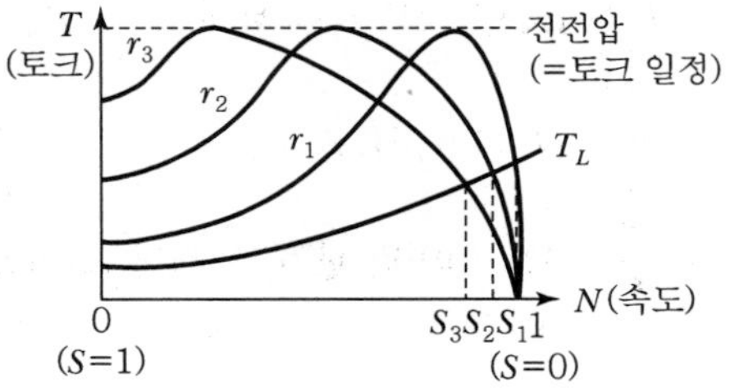

[토크특성]

5 기동방식 비교

구분	전전압		감전압		
	직입	2차 임피던스	Y－Δ	리액터	콘돌퍼
전류 특성	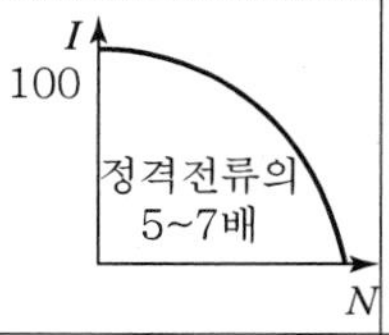	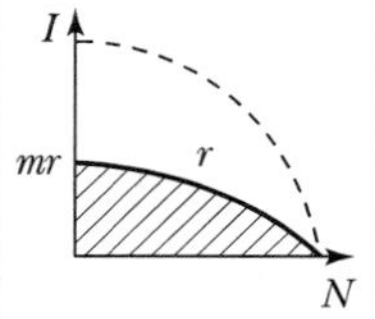	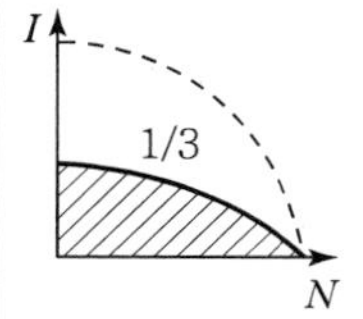	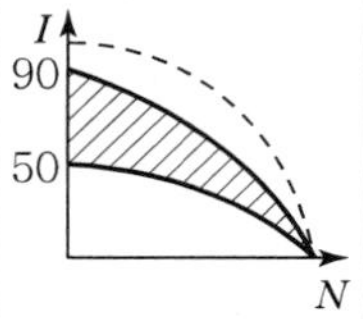	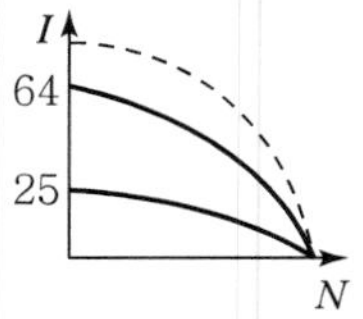
토크 특성	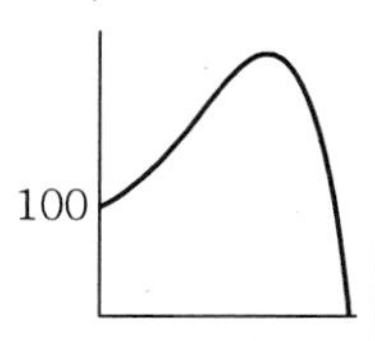	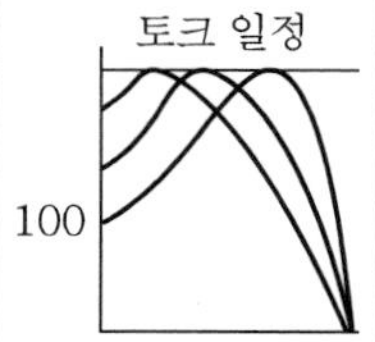	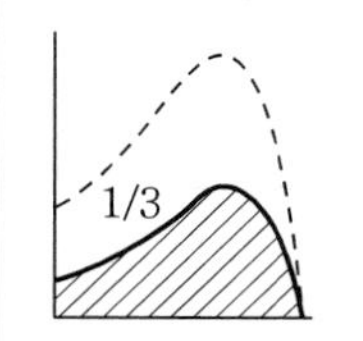	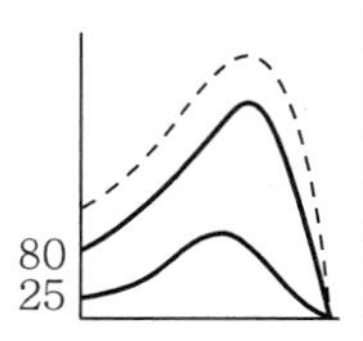	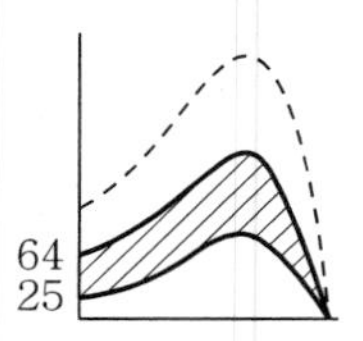
가속성	가속토크 최대 기동 시 토크 최대	토크 일정 기동전류 감소 (1.5)	토크증가 작음 최대토크 작음	토크증가 큼 토크 최대 원활한 가속	토크 약간 작음 최대토크가 작더라도 원활한 가속
가격	저렴	약간 저렴	강압기동에서 가장 저렴	약간 고가	고가

인버터 유기기전력

$E = 4.44 K_1 W_1 f\phi$에서 $\phi = \dfrac{V}{f}$이므로 $(E \propto V)$

$$\frac{V}{f} = 4.44 K_1 W_1 \phi$$

$\dfrac{V}{f}$ 제어 : 인버터 원리, V 제어 : Soft Starter 원리

09 콘돌퍼 기동과 리액터 기동의 차이점

1 리액터 기동(감전압 기동법)

1) 기동회로

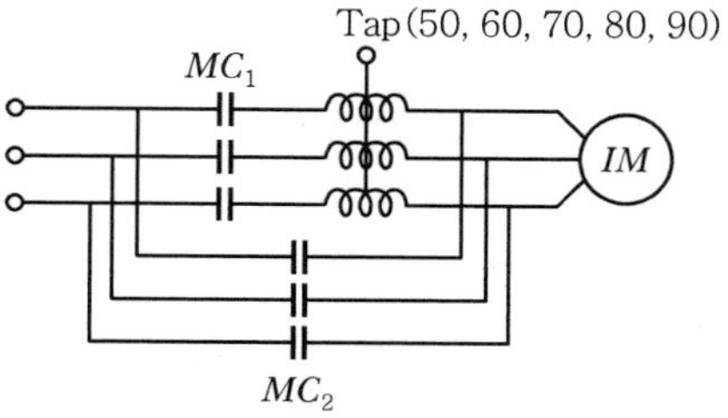

[리액터 기동회로]

① 기동순서

㉠ Δ 결선 이용 MC_1 투입 → 리액터에 의한 전류, 전압, 토크 감소

㉡ 리액터 Tap 변환 (50 → 90[%]) → 전류, 전압, 토크 순차적 상승

㉢ MC_1 개방 → MC_2 투입의 전전압 Δ 운전방식

② 즉, 50[%] 감전압 → Tap 상승(90[%]) → 100[%] 전전압운전

2) 저감률

전류	전압	토크(V^2)
50[%] 저감	50[%] 저감	25[%] $(0.5)^2$

기동시간 $T = 2 + 4\sqrt{P}$ [sec]

3) 문제점

① 감전압기동(MC_1) 개방 후(MC_2) 전전압 운전 시 무압상태 존재

무압(=무여자=발전기 적용) $e = -L\dfrac{di}{dt}$

② MC_2 투입 시 역전압에 의한 Arc 발생

㉠ MC 접점 소손

㉡ 심할 경우 전동기 소손 우려

2 콘돌퍼 기동(단권 TR) (Tap : 50, 65, 85)

1) 기동회로

구분	MC_1	MC_2	MC_3
Y 기동	○	○	–
리액터	○	– (개방)	–
Δ 운전	–	–	○

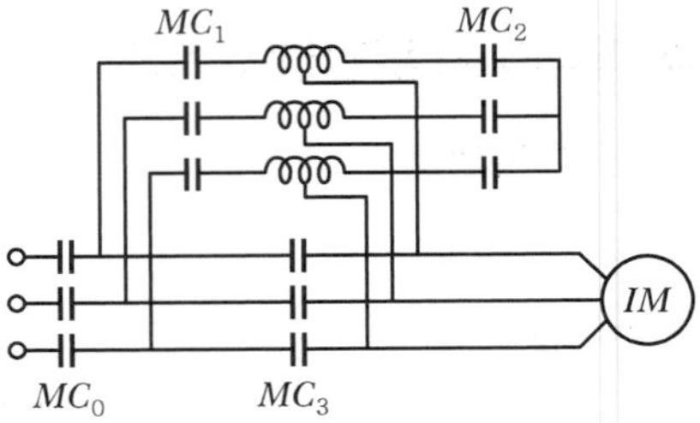

[콘돌퍼 기동회로]

2) 저감률

전류	전압	토크(V^2)
50[%] 저감	50[%] 저감	$1/\alpha^2$

① Y 기동 → 리액터 기동(Tap : 50 → 65 → 80) → Δ 운전

② MC_3 투입 후 MC_1 개방으로 역전압에 의한 Arc 미발생

3 리액터 기동과 콘돌퍼 기동의 차이점

구분	리액터	콘돌퍼
재질	리액터(Reactor)	단권 TR
기동순서	Δ결선 후 리액터 기동 → 전전압운전 (Tap : 50, 60, 70, 80, 90)	Y 기동 → 리액터 기동 → Δ 운전 (Tap : 50, 65, 80)
전류	50 → (기동) → 90[%] 후 100[%] 운전	25 → 42 → 64[%] 후 100[%] 운전
토크	25 → 36 → 49 → 64 → 81 → 100[%]	25 → 42 → 64[%] 후 100[%] 운전
특징	리액터 기동 → 전전압 운전전환 시 순간적인 무전압상태(발전기) $e = -L\dfrac{di}{dt}$[V] (=역전압 인가) 전전압 시 Arc 대전류, 소손 우려	Y → 리액터 → Δ 운전 리액터처럼 무전압상태가 없이 아크 미발생, 전류, 토크특성 양호, 즉 리액터의 무전압상태를 보완한 기동법

10 Y - Δ 기동의 Open/Close Transition 차이점

1 Y－Δ 기동

1) 목적

① 직입기동의 대전류를 제한하기 위한 Y－Δ 기동법 사용

② 중용량의 전동기 적용(220[V] : 22[kW] 이하, 380[V] : 55[kW] 이하)

③ 저감률

전류	전압	토크(V^2)
1/3	$1/\sqrt{3}$	1/3

④ 기동시간 $T = 4 + 2\sqrt{P}$[sec]

2) 회로도

Δ 구별선	Δ 선결선
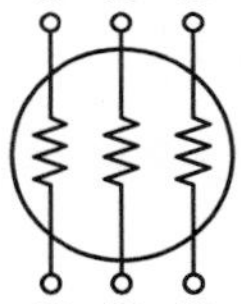 1/3 전류	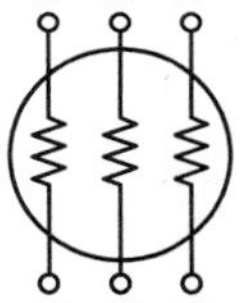 전기적 위상각감소 =전류 감소 (1/3 이하)

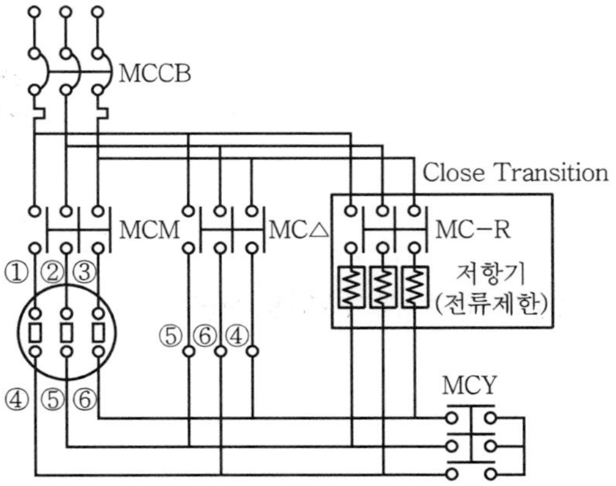

[Y－Δ 기동 회로도]

① MCM + MCY = Y 기동

② MCM + MCY + MCR
= 저항기 투입

③ MCY 개방 = 역전압 미발생($e = -L\frac{di}{dt}$)

④ MCΔ 투입 = Δ 운전

⑤ MCR 개방 = 저항기 개방

⑥ MCM + MCΔ = Δ 운전 유지

3) 저항기(무전압 상태 방지)

① Y－Δ 변환 전후 투입, 전류 제한 + 역전압 생성 방지

② 동작 시 전동기 권선전류를 감당할 수 있는 정격
③ 3ϕ 단락전류 제한 및 저항값이 너무 큰 경우 전압강하로 부적합

2 전류 감소의 증명

1) MCM + MCY

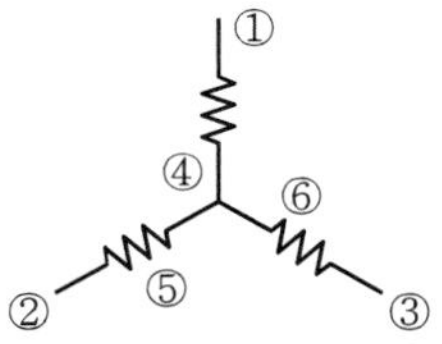

[Y 기동]

2) MCM + MCY + MCR

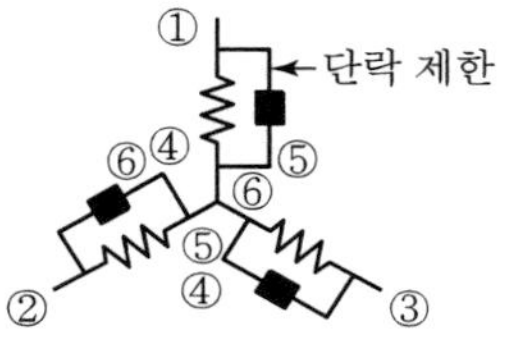

[Y+R(단락 제한)]

3) MCM + MCR(MCY 개방)

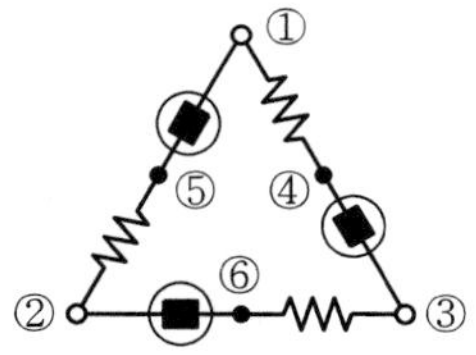

[R(전류 제한)]

4) MCM + MCR + MCΔ

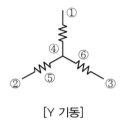

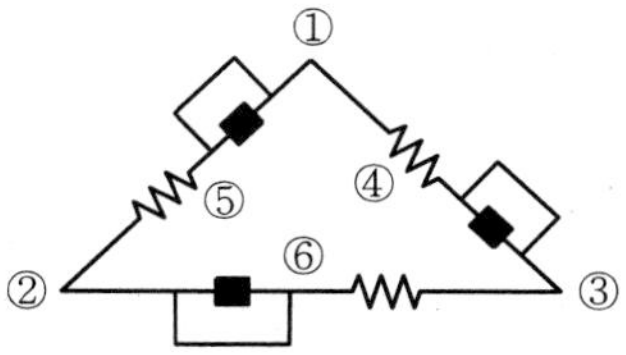

[Δ + R 단락]

5) MCM＋MCΔ

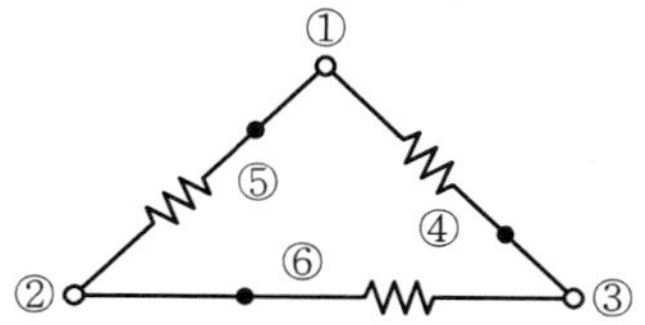

[Δ 운전]

3 차이점

1) Open Transition

① 통상적 사용방식

② Y개방 Δ투입 전까지 무여자 상태(무여자＝발전기 동력) $(e = -L\dfrac{di}{dt})$

③ Δ 투입 시 과전압, 충격, 비동기 투입전류로 인한 손상 우려

2) Close Transition

① Open Transition＋저항폐로 접점 추가

② Y 개방 전 → 저항(R) 통전 → Y 개방 → Δ 투입 → 저항(R) 개방

③ 즉, Y－Δ 전환 시 완충작용

④ 돌입전류 제한으로 인한 기기 손상 방지

11 유도전동기 속도제어

1 유도전동기

구분	1ϕ 농형	3ϕ 농형	권선형(비례추이)
원리	교번자계＋자속의 위상변화	3ϕ 회전자계$(1.5H_m)$	회전자계
기동법	반발기동, 콘덴서기동, 분상기동, 셰이딩코일형	직입, Y－Δ, 리액터, 콘돌퍼, 쿠샤, 1차 임피던스	2차 임피던스(저항) 이용, 인버터, 소프트스타터
속도제어	극수(P), 주파수(f), Slip	극수(P), 주파수(f), Slip	크래머, 세르비어스
제동법	발전, 회생, 직류, 단상	발전, 회생, 역상, 직류, 단상	발전, 회생, 역상, 직류, 단상

1) 원리 및 특징

종류	원리	속도	특징
농형 유도전동기	3ϕ 회전자계	$N=\dfrac{120f}{P}(1-S)$	구조가 간단, 취급이 용이, 운전특성 양호, 경제적
권선형 유도전동기	$H=1.5H_m$		기동 시 대전류 역률 저하(20~40[%])

2) 유도전동기의 속도제어

① 속도

$$N=\frac{120f}{P}(1-S)$$

여기서, N : 속도, f : 주파수, P : 극수, S : Slip

② 속도제어법 : 극수(P), 주파수(f), Slip(=전압, 토크, 임피던스 영향)

3) Slip과 운전영역 구분

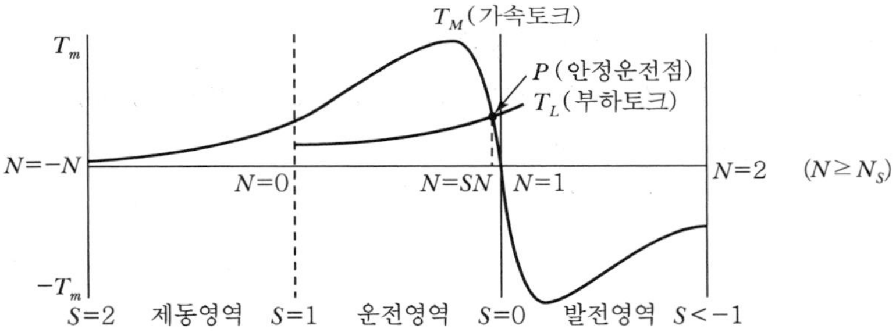

[Slip과 운전영역]

2 유도전동기 속도제어법

극수(P) 변환	주파수(f) 변환	Slip(S) 제어	기타
• 농형에서 사용(외부 인출) • 다단적 속도변화 • 전동기 제작 시 극수 결정 • 현장 적용 시 곤란	• 극수와 Slip 일정 제어 시 주파수를 변환하여 속도제어 • 주로 인버터를 이용하여 광범위한 속도제어 가능	• Slip을 이용한 제어 • Slip의 영향 요소 토크(T), 전압(V), 임피던스(Z : $r+X_L$)	• Slip 변화를 이용 • 인버터 제어(VVVF) • Soft Starter(VVCF) • 비례추이($T=\dfrac{mr_2}{mS}$)

1) 극수(P) 제어

① 전동기의 극수 변환제어
② 외부인출 필요 + 다단적 제어
③ 농형 일부에서만 적용(실제 현장적용 곤란)

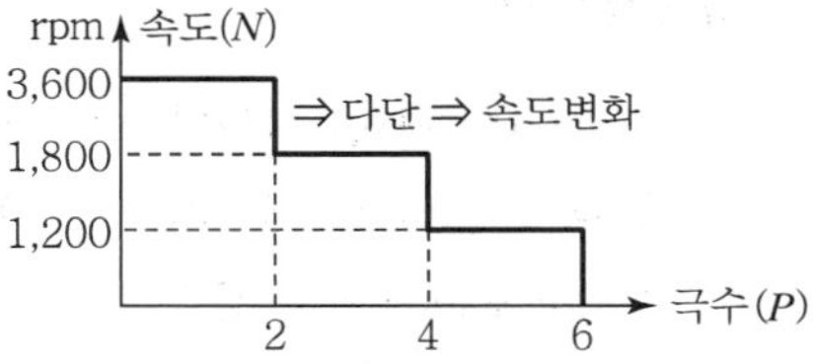

[극수 제어]

2) 주파수(f) 제어

① $E = 4.44\,Kf\phi N$에서 ($E \propto V$)

$$\frac{V}{f} = 4.44\,K\phi N \text{ 성립}$$

② 전압 일정 시 토크는 주파수에 반비례
③ 주파수와 전압을 동시제어 필요
④ 인버터 방식(VVVF) 적용

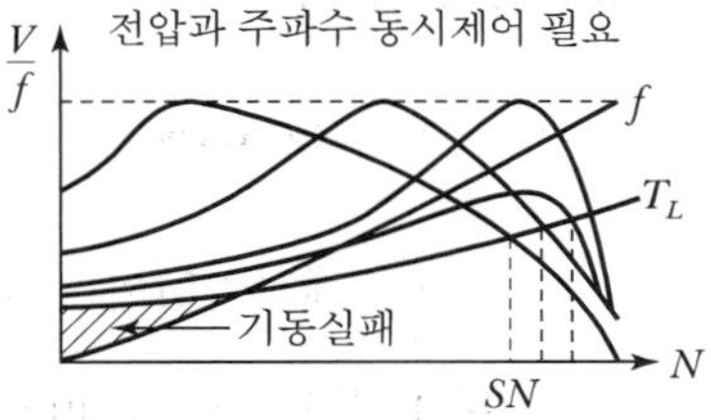

[주파수 제어]

3) Slip 제어(비례추이) : 권선형 전동기 속도제어

크래머 방식	세르비어스 방식
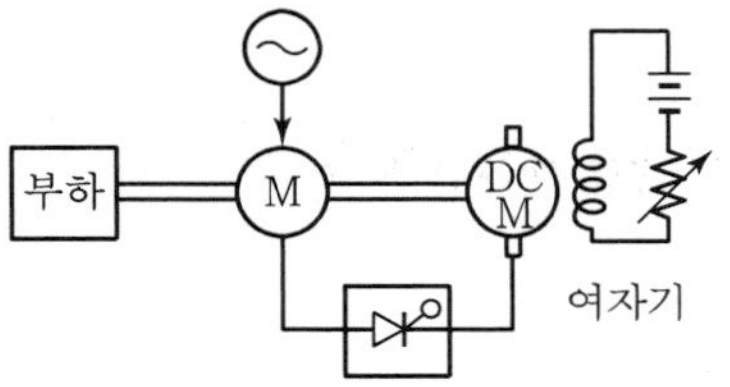	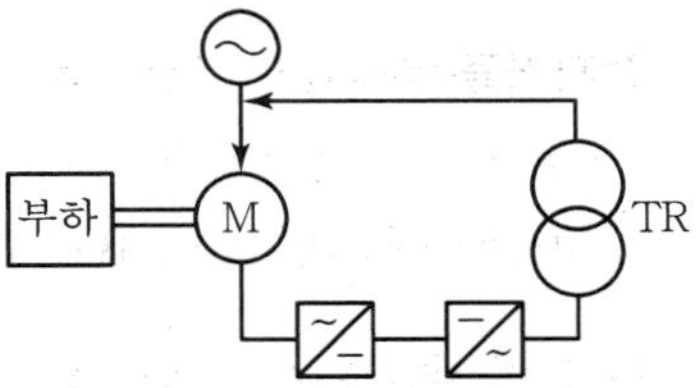
• 저항 손실분을 직류 모터를 회전 • 유도전동기 = DC MTR = 부하는 기계적 연결 (직결) • 속도제어 = 직류기 계자 조정	• 2차 손실분을 컨버팅, 인버터 TR을 두어 1차 전원에 반환, 정토크 특성 • 속도제어 = 인버터의 IGBT로 제어

① **기동법** : 2차 저항 제어, 2차 여자법
(저항 + X_L 병렬연결)

② 비례추이 ($T = \frac{mr_2}{mS}$)

㉠ 전전압기동 (T = 일정)
㉡ 전류 제한을 위한 2차 저항, 임피던스 삽입
㉢ 전류 제한 기동, 2차 단락, 유도전동기 운전

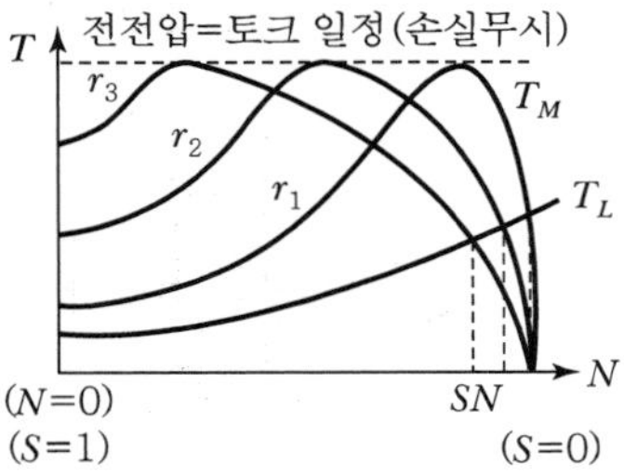

[비례추이]

4) 전압 제어

① Slip을 이용한 제어방식 ($T \propto V^2$)

② 토크 T는 V^2에 비례, Slip의 위치점 변화

③ Soft Starter 방식 적용

④ 전압의 크기에 따른 토크의 변화 이용

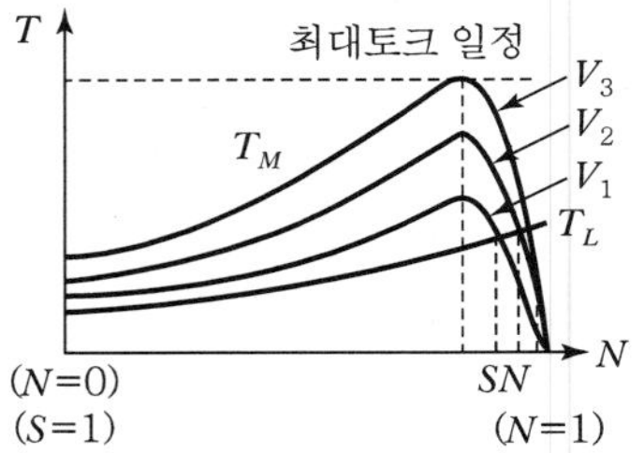

[전압 제어]

5) 인버터 제어

① $\dfrac{V}{f} = 4.44\,K\phi N$

㉠ $\dfrac{V}{f}$ 제어 : 인버터 제어

㉡ V 제어 : Soft Starter

② 전원전압과 전원주파수를 동시에 제어하는 방식

③ 다양한 주파수와 토크를 이용한 광범위한 속도제어 가능

6) 기타 제어

① **전자커플링(Magnet Coupling)**

㉠ 영구자석, 전자석의 Slip 이용＝일정 토크 이상 시 Slip 발생

㉡ 마찰열에 의한 과열, Bearing 손상 우려

② **유체 커플링(Fluid Coupling)에 의한 속도제어**

㉠ Coupling 유체를 이용, 회전의 원심력에 의한 속도전달

㉡ 기동을 부드럽게 함(Conveyor Belt, 자동차 Clutch 원리)

㉢ 과부하 시 적정속도 제어 가능

전자커플링	유체커플링
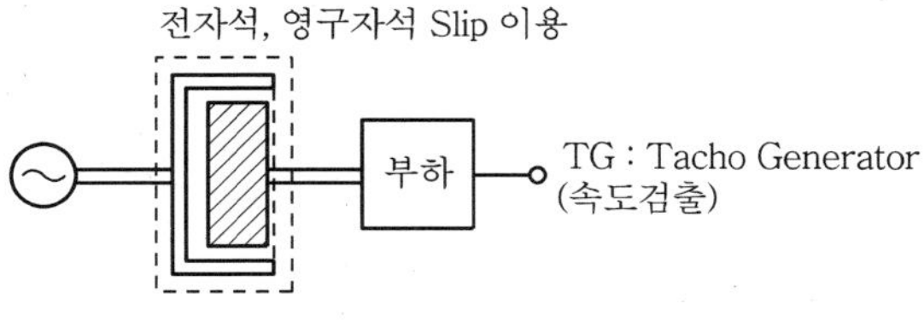	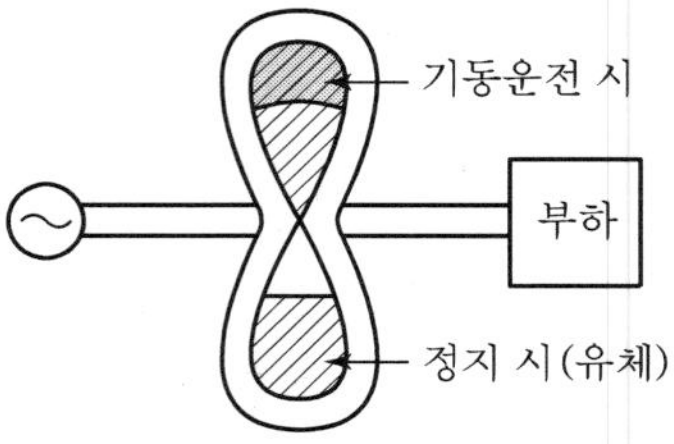
상시회전 일정 토크 이상에서는 Slip 유지, 토크 저하 시 부하 회전	전동기 기동 시 유체 내부 Blade에 의한 원심력을 이용하여 축동력 전달

③ 2차 여자 제어법

$$I_2 = \frac{E_2}{Z_2} = \frac{SE_2}{\sqrt{{r_2}^2 + (SX_2)^2}} = \frac{E_2}{\sqrt{\left(\frac{r_2}{S}\right)^2 + (X_2)^2}} \quad \therefore I_2 = \frac{SE_2 - E_C}{r_2}$$

여기서, $P_2 = E_2 I_2 \cos\theta_2$, E_C : 임의점

12 유도전동기 기동방식 선정 시 고려사항

1 유도전동기

구분	1ϕ 농형	3ϕ 농형	권선형(비례추이)
원리	교번자계 + 자속의 위상변화	3ϕ 회전자계($H=1.5H_m$)	회전자계
기동법	반발기동, 콘덴서기동, 분상기동, 셰이딩코일	직입, $Y-\Delta$, 리액터, 콘돌퍼, 쿠샤, 1차 임피던스	2차 임피던스(저항, 여자법), 인버터, 소프트스타터
속도제어	극수(P), 주파수(f), Slip	극수(P), 주파수(f), Slip	크래머, 세르비어스
제동법	발전, 회생, 직류, 단상	발전, 회생, 역상, 직류, 단상	발전, 회생, 역상, 직류, 단상

1) 원리 및 특징

종류	원리	속도	특징
농형	3ϕ 회전자계	$N=\frac{120f}{P}(1-S)$	구조가 간단, 취급이 용이, 운전특성 양호, 경제적
권선형	$H=1.5H_m$		기동 시 대전류, 역률 저하(20~40%)

2) 회전원리

원리	관련 법칙	자계의 세기
1차 권선의 자계와 2차 권선의 유도전류의 상호작용으로 회전자계 발생	전자유도 법칙 $e=-N\frac{d\phi}{dt}$ 플레밍의 왼손 법칙 $F=BlI$ 오른나사 법칙 적용	$H=\frac{NI}{2a}$[AT/m]$=1.5H_m$ 권수비 N, 반지름 am인 코일이 120°의 전기각을 가지고 전류 I가 흐를 때 코일 중심의 자계 세기를 의미($H_m=\frac{NI}{2a}$)

3) 기동 시 고려사항

대전류(I_n), 전압강하(e), 전압변동($\varepsilon\%$), 부하토크, 시간내량 등

① 시간내량 : 기동시간 지연의 전동기 및 기동장치 과열소손 방지

② 단시간 허용 : 1분 이내의 단시간 사용을 전제(기동장치)

2 기동방식 선정 시 고려사항

전압강하, 전압변동	가속토크와 부하토크 확인	기동방식별 시간내량
$e = I(R\cos\theta + X\sin\theta)$ $\varepsilon\% = P\cos\theta + q\sin\theta$ (15% 이내)	• 기동 시 $T_M > T_L$ ($T_L > T_M$ 시 기동실패) • 운전 시 $T_M = T_L$ (안정운전)	직입 ($7I_n < 10\text{sec}$) • $Y-\Delta$: $4+2\sqrt{P}$[sec] • 리액터 : $2+4\sqrt{P}$[sec]

1) 전압강하(e) 및 전압변동($\varepsilon\%$)

① 전압변동의 허용값

㉠ 15[%] 이하가 적당 : 기동 시 10[%], 정상 시 5[%] 정도

㉡ 15[%] 초과 시 대책 : 감전압방식, 전원 TR 용량 증가, Bank 분리 등

TR 용량/전동기 용량	기동방식
10배 이상	전전압기동(직입 : $7I_n \le 10\text{sec}$) 적용
3～10배	감전압 기동 검토
3배 이하	감전압 기동 적용

② 기동 시 전압강하

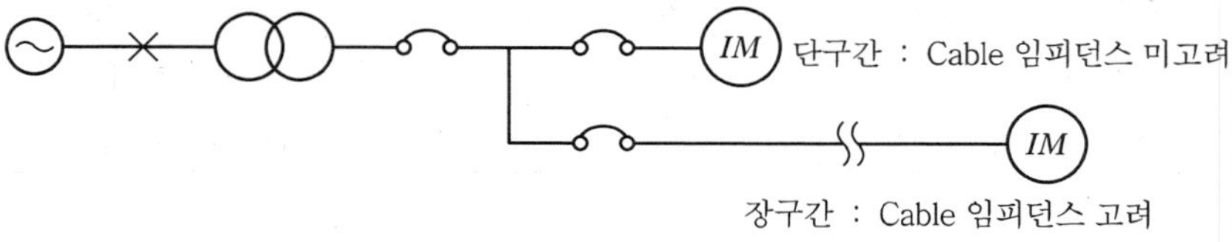

[기동 시 전압강하 계통도]

단구간	장구간
$e\% = \%Z \times \dfrac{P_M}{P_O} = \%Z \times \dfrac{\sqrt{3}\,VI}{P_O}$ P_M : 기동 시, P : 전동기입력, P_O : 전원용량	$e\% = \varepsilon\% \times \dfrac{P_M}{P_O} = \varepsilon\% \times \dfrac{\sqrt{3}\,VI}{P_O}$ ($\varepsilon\% = P\cos\theta + q\sin\theta$)

2) 전동기 토크와 부하토크 확인

(1) 유도기의 가속도와 토크 관계

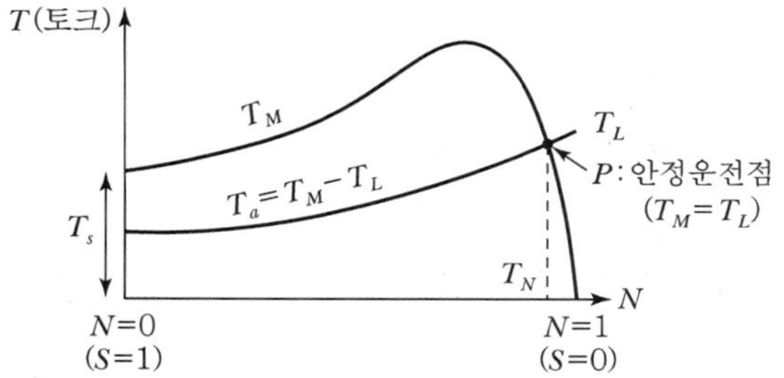

T_M : 전동기 토크
T_L : 부하토크
T_m : 전동기 최대토크
T_N : 정격토크
T_a : 가속토크
T_s : 시동토크

[유도기의 가속도와 토크 관계]

(2) 가속시간

$$T = \frac{GD^2}{375}\int_{n=1}^{n_2}\frac{1}{T_a}dn = \frac{GD^2(n_2 - n_1)}{375(BT_M - T_L)} = \frac{GD^2NR}{375T_a}$$

여기서, GD^2 : Fly Wheel[kg · m^2]
n : 회전속도[rpm]
T_a : 가속속도[kg · m]
B : 토크저감률
T_L : 부하평균토크[kg · m]

(3) 전동기와 부하토크 관계

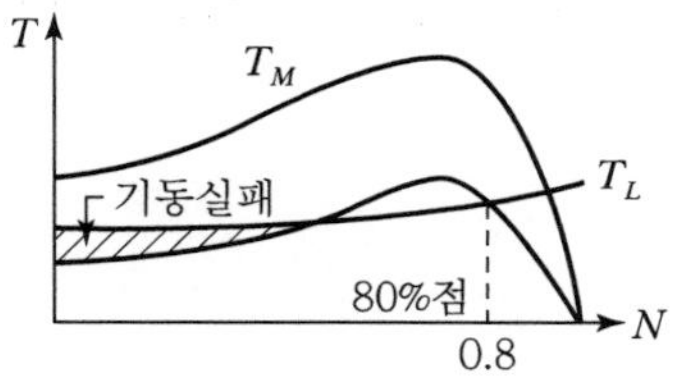

[기동실패]

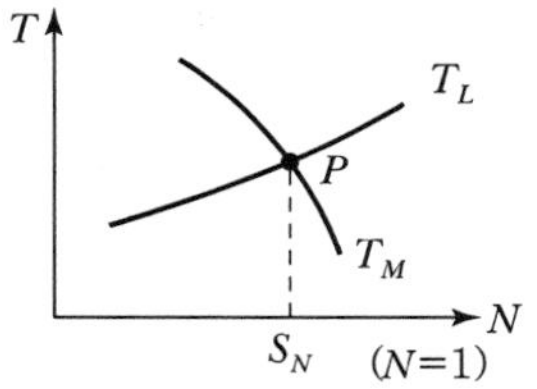

[안정운전]

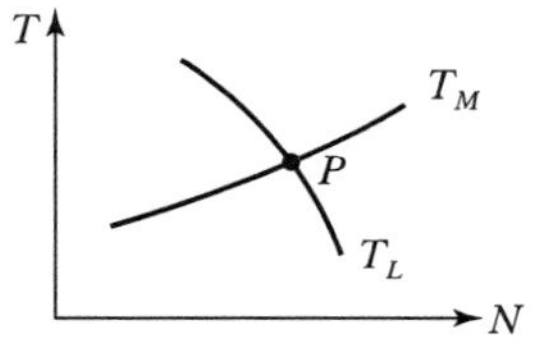

[불안정운전]

(4) 안정운전 조건

① 기동 시($T_M < T_L$)

㉠ $T \propto V^2$

㉡ $T_M < T_L$ 시

㉢ 저전압기동 시 기동토크가 부족하여 기동실패의 원인이 됨

② 가속시간

Y → Δ 변환점이 80% 이하의 충분한 가속 불가로 Δ 전환 시 대전류 형성
(즉, 기동전류＝직입기동전류)

③ 안정운전점(P)

전동토크(T_M)와 부하토크(T_L)의 교차점

㉠ 속도 상승 시 : $T_M < T_L$로 감속 복귀

㉡ 속도 감소 시 : $T_M > T_L$로 증속 복귀

3) 기동방식별 시간내량

① 직입기동 : 전자접촉기만으로 내량 결정(15초 이내)

㉠ 전류 : 5~7배

㉡ 기동시간 : $7I_n \leq 10\text{sec}$

② Y－Δ 기동

㉠ 전자접촉기에 의한 내량 결정(약 15초)

㉡ 전환시간 $T = 4 + 2\sqrt{P}[\text{sec}]$

③ 리액터 콘돌퍼 기동

㉠ 표준으로 1분 정격의 리액터 또는 단권 TR 사용

㉡ 전환시간 $T = 2 + 4\sqrt{P}[\text{sec}]$

㉢ 기동간격은 2시간 이상 필요

㉣ 2시간 이내로 기동간격이 될 경우 리액터 또는 단권 TR의 열시정수와 기동의 발열 여부 검토 필요

13 유도전동기 자기여자 현상

1 유도전동기

1) 원리

회전원리	관련 법칙	자계의 세기
1차 권선의 자계와 2차 권선의 유도전류의 상호작용으로 회전자계 발생	전자유도 법칙 $e=-N\dfrac{d\phi}{dt}$ 플레밍의 왼손 법칙 $F=BlI$ 오른나사 법칙 적용	$H=\dfrac{NI}{2a}$[AT/m]$=1.5H_m$ 권수비 N, 반지름 am인 코일이 120°의 전기각을 가지고 전류 I가 흐를 때 코일 중심의 자계 세기를 의미($H_m=\dfrac{NI}{2a}$)

2) 주요 특징

종류	속도	특징
농형	$N=\dfrac{120f}{P}(1-S)$	구조가 간단, 취급이 용이, 운전특성 양호, 경제적
권선형		기동 시 대전류($5I_n<10\sec$), 역률 저하(20~40%)

3) 종류별 특징

구분	1ϕ 농형	3ϕ 농형	권선형(비례추이)
원리	교번자계+자속의 위상변화	3ϕ 회전자계	회전자계
기동법	반발기동, 콘덴서기동, 분상기동, 셰이딩코일	직입, Y−Δ, 리액터, 콘돌퍼, 쿠샤, 1차 임피던스	2차 임피던스 이용, 2차 저항, 2차 여자법
속도제어	극수(P), 주파수(f), Slip	극수(P), 주파수(f), Slip	크래머, 세르비어스
제동법	발전, 회생, 직류, 단상	발전, 회생, 역상, 직류, 단상	발전, 회생, 역상, 직류, 단상

① 기동 및 속도제어법으로 인버터 방식과 Soft Starter 방식

㉠ 인버터 방식 ($\dfrac{V}{f}=4.44K\phi N$)

㉡ Soft Starter 방식 : V 제어

2 유도전동기 자기여자 현상

정의	원인	영향	대책
전동기 전원 차단 시 콘덴서에 의해 전압이 0이 되지 않고 이상상승하거나 감쇠되지 않는 현상($X_L \le X_C$)	$X_L \le X_C$ 콘덴서에 의함 $\frac{1}{2}LI^2 = \frac{1}{2}CV^2$	• 전동기 미정지(발전기 작용 시 과전압) • 공진주파수 시 전동기, 콘덴서 소손	• 콘덴서 용량 1/2~1/4로 감소 • 차단기와 동기 개폐되는 접점은 Link 사용 • 직렬리액터 삽입

1) 자기여자 현상의 정의

① 전동기 전원 차단 시 전압이 즉시 0이 되지 않고 이상상승하거나 감소되지 않는 현상

② 콘덴서 과보상에 의한 문제

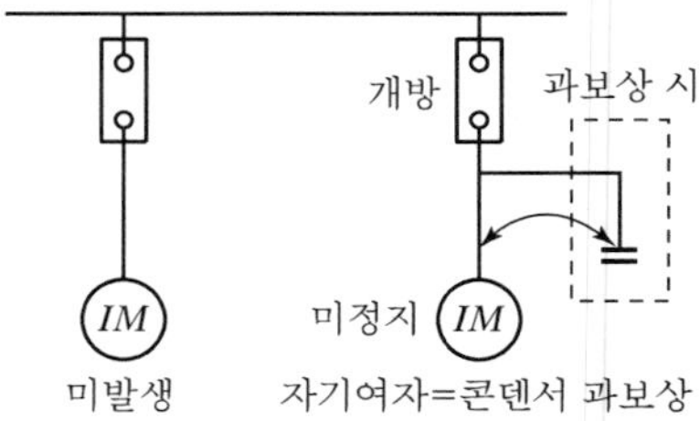

[자기여자 현상의 발생]

2) 원인

① 전동기 역률 과보상 시 나타나는 현상($X_L \le X_C$)

② 에너지 상호전달 보상 $W = \frac{1}{2}LI^2 = \frac{1}{2}CV^2$

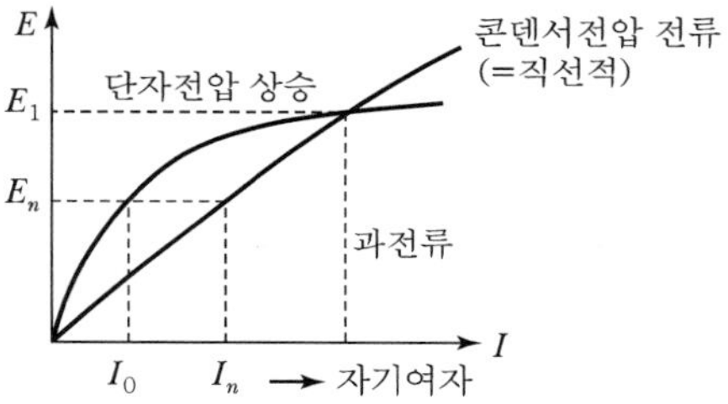

[자기여자 현상의 원인]

3) 영향

① 전동기와 발전기의 역할 반복 수행

② 회전속도＝주파수(f)

㉠ 유도기의 잔류자기 → 콘덴서 전압유지

㉡ 이것이 유도기의 여자전류가 되어 자속 증대＋발전전압 증대 반복

③ 전동기 속도 감소 중 공진주파수 형성으로 전동기 및 콘덴서 절연파괴

$$f = \frac{1}{2\pi\sqrt{LC}}$$

여기서, f : 전동기 회전수

4) 대책

① 콘덴서 용량 조정 : 전동기의 1/2～1/4이 적당
② 직렬리액터 삽입 : 전류 제한
③ 차단에 접점과 Link하여 분리방전

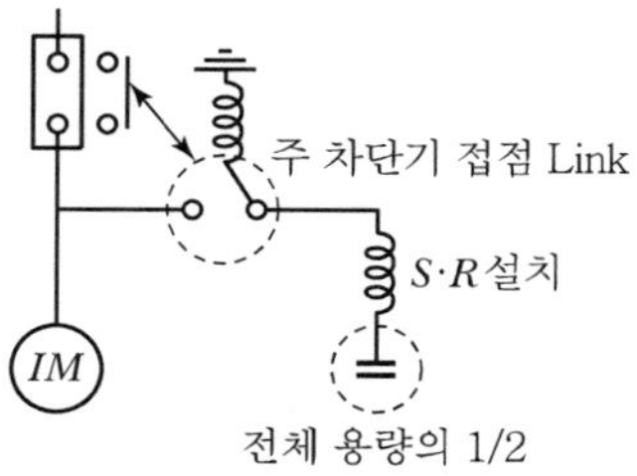

[자기여자 현상 대책]

3 자기여자 현상의 주요 특징

1) 자려현상 발진조건

$$WL > \frac{1}{WC} + \frac{r_1 + (r_1 + 2r_2 + 2R_2)}{\dfrac{1}{WC} - 2WL}$$

여기서, R_1 : 고정자 측 외부저장, R_2 : 회전자 측 외부저장

$$WL > \frac{1}{WC} + \frac{(r_1 + R_2)(r_1 + R_1 + 2r_2)}{\dfrac{1}{WC} - 2WL}$$

$$WL > \frac{1}{WC} + \frac{r_1(r_1 + 2r_2)}{\dfrac{1}{WC} - 2WL} \text{ (원식)}$$

① 회로의 저항분이 작을수록 공진조건 $W^2LC = 1$에 거의 일치
  ㉠ 변수 - 유도기의 자기포화 특성(L)
  ㉡ 콘덴서 : 자려 개시 시 회전수에 의한 전류자기의 크기 변화

② 기타

철심의 자기특성	콘덴서 용량	외부저항	콘덴서 삽입 시
자속밀도와 전류자기에 의해 결정 • 클 때 : 자려현상 발생 • 작을 때 : 미발생	• 클수록 전압 상승 • 회전수 증가 시 자려현상 증가($N = f$)	고정자 또는 회전자 외부저항은 공진회전수에서도 자려현상 억제 가능	권선형 전동기의 고정자 측에 콘덴서 삽입 시 고정자 철심의 전류자기에 의한 자려현상 발생

2) 자려과도 현상

① 일정 속도로 회전하는 유도기에 콘덴서 투입 시 전압 상승, 자려현상 발생

② 공식

㉠ $I_{M2} \ll I_{M1}\ (I_{M1} \simeq i_1 P)$

㉡ 콘덴서 삽입 시 동기발전기의 유기전압 생성

㉢ 유도발전기의 여자전류 및 동기발전기 각 상의 유기전압

여자전류	유기전압
$I_M = \sqrt{2}\, I_M \varepsilon j\,(1-B_1)\omega t$ $\therefore\ I_M = I_{MO}\,\varepsilon^{r_1 \omega t}$ ($I_M = t = 0$에서의 여자전류)	$e = \sqrt{2}\, E\varepsilon j(1-B_1)\omega t$ $\therefore\ E = \{r_1 + j(1-B_1)\}\, WMI_m$

③ 유기전압 확립조건 시간

시간 단축	시간 증가
회전수 높을 때 콘덴서 용량 증가 시 외부저항 작을 때	회전수 낮을 때 콘덴서 용량 감소 시 외부저항 클 때

3) 콘덴서 제동현상

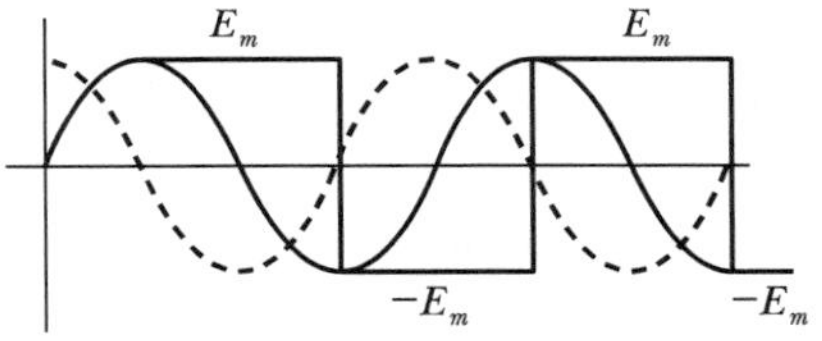

[제동저항 시($e = 2E_m$)]

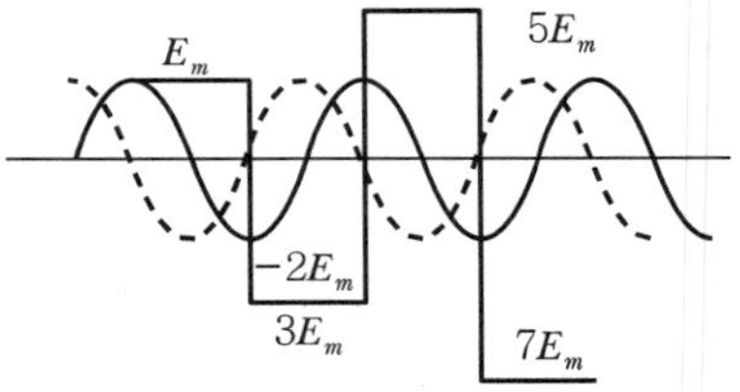

[무제동 시]

① 시정수 $\tau = \dfrac{X}{R}$에 의해 결정

$$\tau = \frac{X}{R} = \frac{L}{RC}$$

㉠ $RC > L$일 때 일시 제동 : 자려현상 억제

㉡ $RC < L$일 때 일시 무제동 : 자려현상 증가

14 단상(1ϕ) 유도전동기 기동법

1 유도전동기

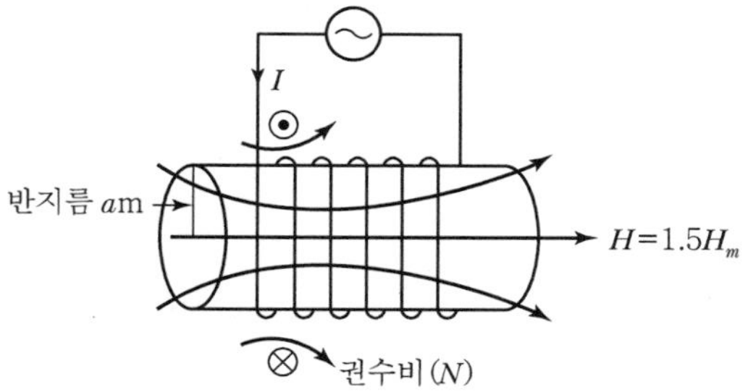

[유도전동기]

1) 원리

회전원리	관련 법칙	자계의 세기
1차 권선의 자계와 2차 권선의 유도전류의 상호작용으로 회전자계 발생	전자유도 법칙 $e=-N\dfrac{d\phi}{dt}$ 플레밍의 왼손 법칙 $F=BlI$ 오른나사 법칙 적용	$H=\dfrac{NI}{2a}$[AT/m]$=1.5H_m$ 권수비 N, 반지름 am인 코일이 120°의 전기각을 가지고 전류 I가 흐를 때 코일 중심의 자계 세기를 의미

① 단상 유도전동기는 180°의 전기각으로 교번자계로 해석

② 기동 시 수동회전 또는 자속의 위상변화 필요

2) 종류별 특징

구분	1ϕ 농형	3ϕ 농형	권선형(비례추이)
원리	교번자계+자속의 위상변화	3ϕ 회전자계	회전자계
기동법	반발기동, 콘덴서기동, 분상기동, 셰이딩코일	직입, Y−Δ, 리액터, 콘돌퍼, 쿠샤, 1차 임피던스	2차 임피던스 이용, 2차 저항, 2차 여자법
속도제어	극수(P), 주파수(f), Slip	극수(P), 주파수(f), Slip	크래머, 세르비어스
제동법	발전, 회생, 직류, 단상	발전, 회생, 역상, 직류, 단상	발전, 회생, 역상, 직류, 단상

① 기동 및 속도제어법으로 인버터 방식과 Soft Starter 방식

인버터(VVVF) 방식	Soft Starter(VVCF) 방식
$\frac{V}{f} = 4.44 K\phi N$ 전압과 주파수 동시제어(토크 일정)	전압(V) 제어 시 토크변화(Slip 변화) 이용

2 단산 유도전동기

1) 회전자계

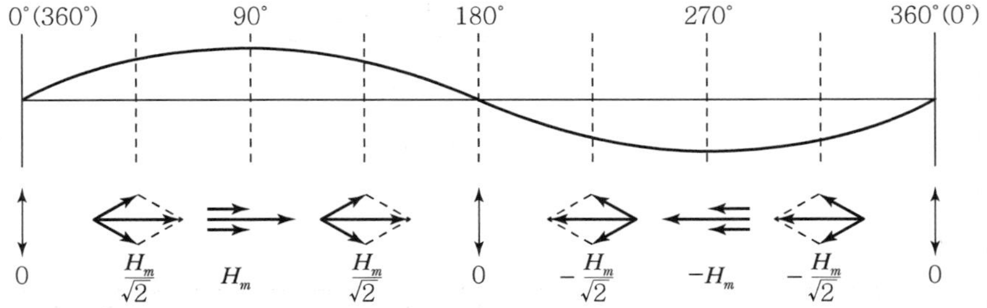

[단상 회전자계]

① 180°의 전기각으로 교번자계로 해석(스스로 기동 불가)

② 즉, 360°의 회전자계가 아닌 좌우만의 맥동자계 형성

2) 토크(T)

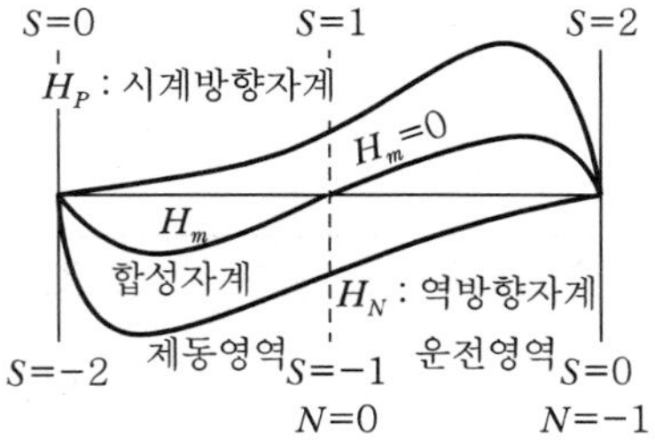

[합성자계]

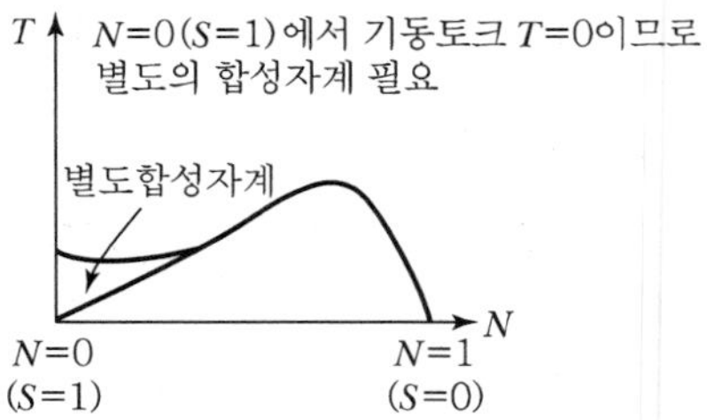

[기동토크와 자계]

① 단순교번작용으로 인한 기동토크(T)가 0으로 자체 회전 불가

② 기동토크(T)=자속(ϕ)이므로 불평형자계 필요

㉠ $T_P > T_N$: 시계방향 회전

㉡ $T_P < T_N$: 반시계방향 회전

③ 저항값 r을 증가시키면 T_m 감소(비례추이)

④ 저항값 r을 매우 크게 하면 단상제동 가능

㉠ $\phi_1 = N_S - N = SN_S$

㉡ $\phi_2 = N_S + N = (2-S)N_S$

3 단상 유도전동기 기동법

구분	셰이딩코일	분상기동	콘덴서기동	반발기동
기동전류[%]	400～500	500～600	400～500	300～400
기동토크[%]	40～50	125～200	200～300	400～600
출력[W]	10 이하	20～400	100～400	100～750
특징	소용량, 구조 간단	구조 간단	큰 기동토크	큰 기동토크, 고가용
용도	공작기계용	가정용	가정용(송풍기)	공업용(Comp' pump)

1) 분상기동형

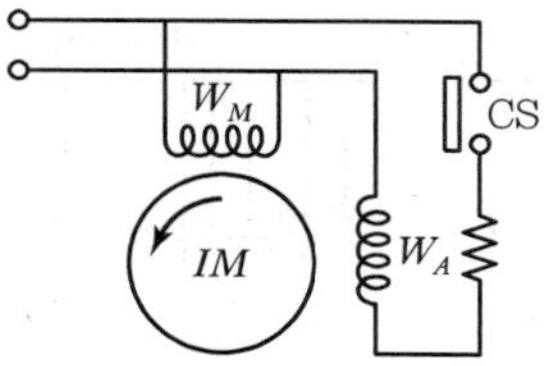

[회로도]

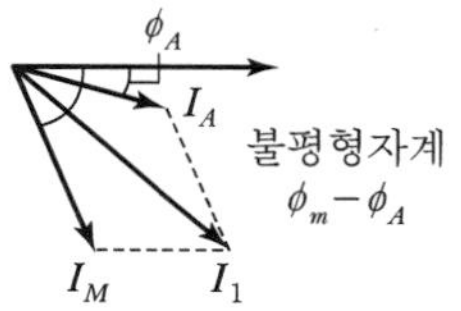

[벡터도]

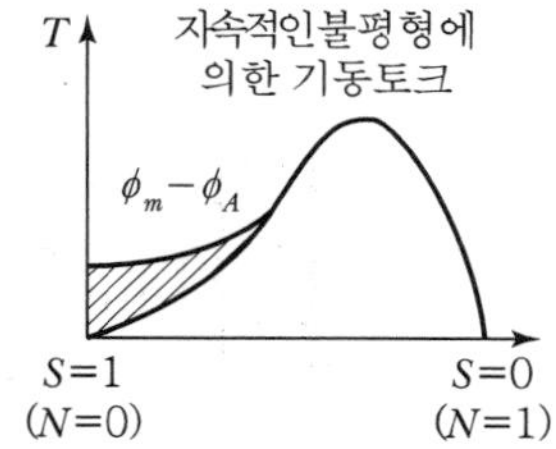

[토크특성]

주권선(W_m)	보조권선(W_A)	비고
고리액턴스	고저항, 저리액턴스	위상차에 의한 기동($\phi_m - \phi_A$)
100[%] 권선	주권선의 1/2 권선	정격속도 70[%] 이상 시 CS 개방(보조권선 개방)
보조권선과 90° 각도	불평형자계 형성	

① 기동토크가 작고(1.5～2배), 기동전류가 큼(5～6I_n)

② 출력이 20～400[W]인 소용량 가정용 Fan, 송풍기에 적용

2) 콘덴서 기동형

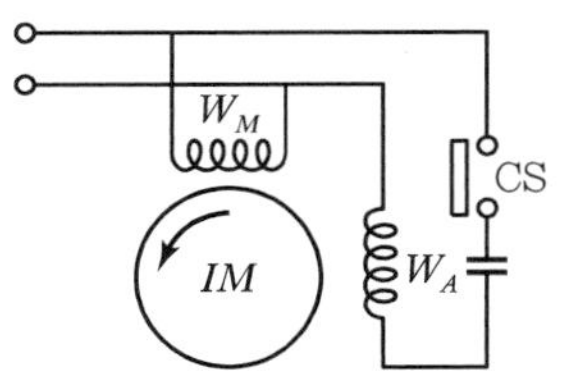

[회로도]

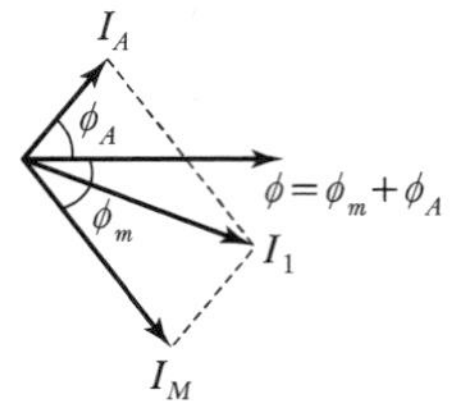

[벡터도]

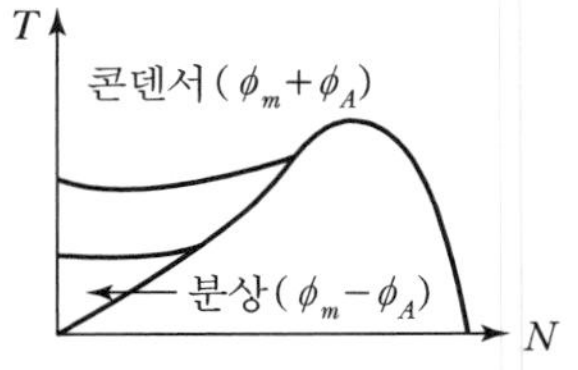

[토크특성]

주권선(W_m)	보조권선(W_A)	비고
보조권선을 90° 각도로 설치	주권선의 1.5배 권선+콘덴서 초기 기동 시 90°에 가까운 위상차	정격속도의 70[%] 이상 시 CS 개방 손실 최소화 $(\phi_m-\phi_A)$

① 역률 양호, 기동전류 감소, 기동토크가 크므로 중부하용에 적당

② 콘덴서 기동형, 콘덴서 운전형(CS 없음), 콘덴서 기동 콘덴서 운전형으로 구분

3) 셰이딩코일형

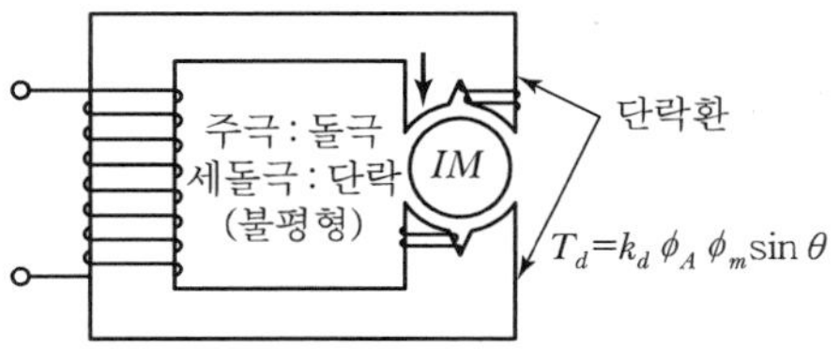

[셰이딩코일]

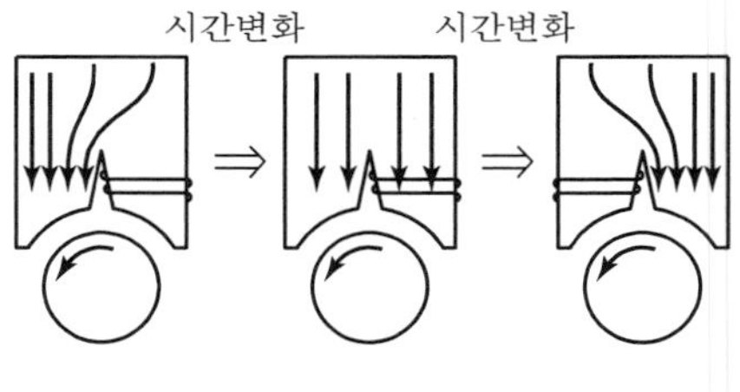

[공극자속에 대한 셰이딩코일의 영향]

① 시간변화에 따른 자속의 불평형(이동자계)을 이용($\phi_A \rightarrow \phi_B$로 이동)

② 기동토크가 작고, 회전방향 변경이 곤란

③ 공작기계용(천장전동기)

4) 반발기동형

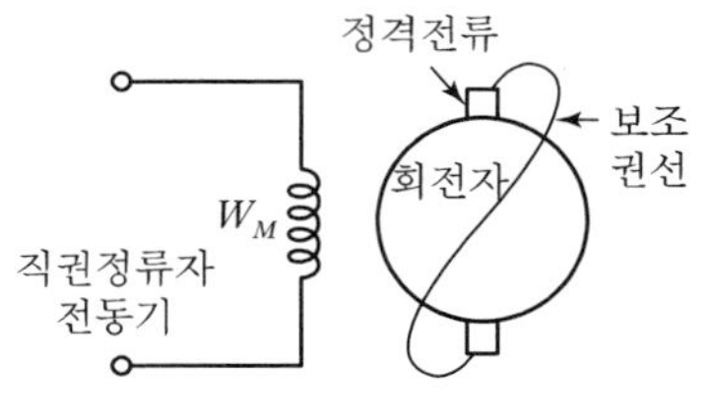

[회로도]

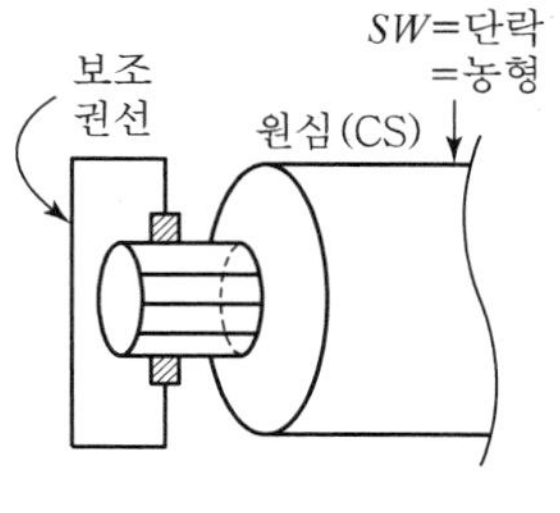

[전동기]

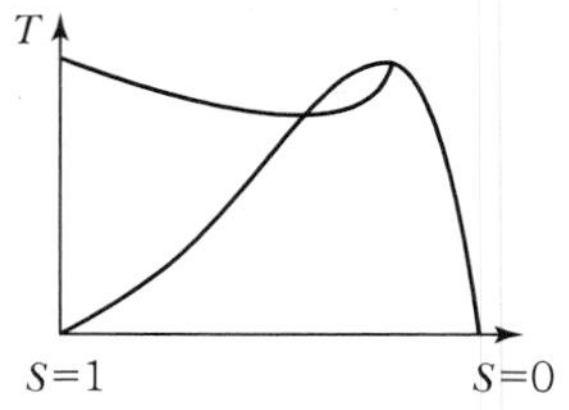

[토크특성]

주권선(W_m)	보조권선(W_A)	비고
단상직권 정류자 전동기의 일종 반발전동기 원리 이용	기동 후 보조권선 단락 (농형전동기)	매우 큰 기동토크 정류자불꽃, 단락장치 고장 우려

15 전동기 제동법

1 전동기 제동

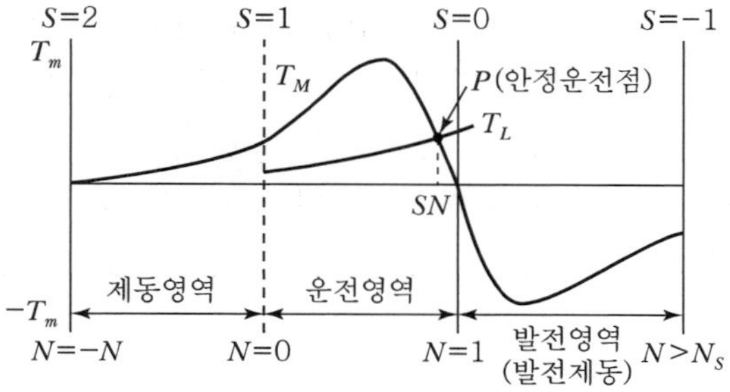

- 직류기 $N=K\dfrac{V}{\phi}$[rpm]
- 교류기 $N=\dfrac{120f}{P}(1-S)$
- 전동기 운전영역 이외는 제동영역으로 이용

[Slip과 운전영역]

1) 제동방식

전기적 또는 기계적으로 회전을 정지하는 제동법으로 정지제동(감속 후 정지), 운전제동(속도 감속)

구분	기계적 제동	전기적 제동
정의	브레이크(Brake) 이용 방식	전기적 감속 제동법
분류	마찰, 유압, 공기압, Shoe, Disk, Band	발전, 회생, 역상, 직류, 단상, 와전류제동

2) 제동방식별 특징

구분	기계적 제동	전기적 제동
장점	• 정전 시에도 제동 가능 • 저속도 영역에서 제동 가능 • 정지 후에도 제동력 유지	• 마찰, 마모부분 미발생 • 제동효과 우수(역상제동) • 직류기, 교류기 모두 가능
단점	• 마찰 및 마찰열에 주의 • 마모에 따른 정기적 보수 필요	• 감속에 따라 제동력 저하 우려 • 신속한 정리를 위한 기계적 제동과 병용 필요

2 전동기의 제동법

직류기	교류기
발전제동, 회생제동, 역상제동, 와전류제동(전기철도)	발전제동, 회생제동, 역상제동, 직류제동, 단상제동(권선형)

1) 발전제동

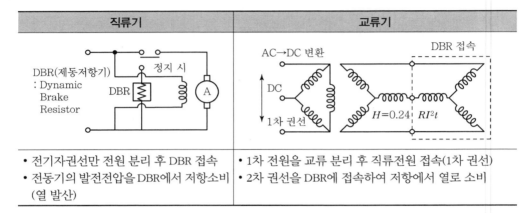

직류기	교류기
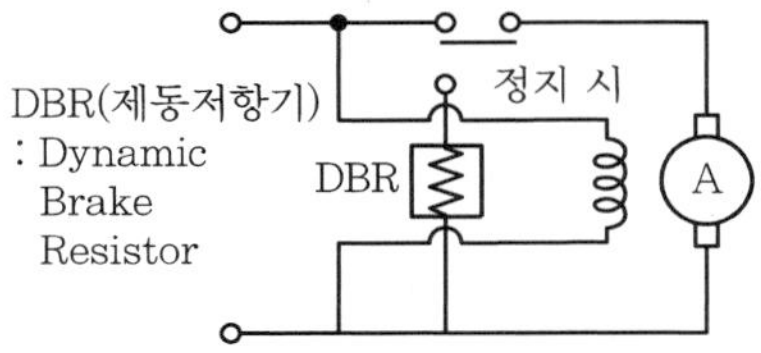	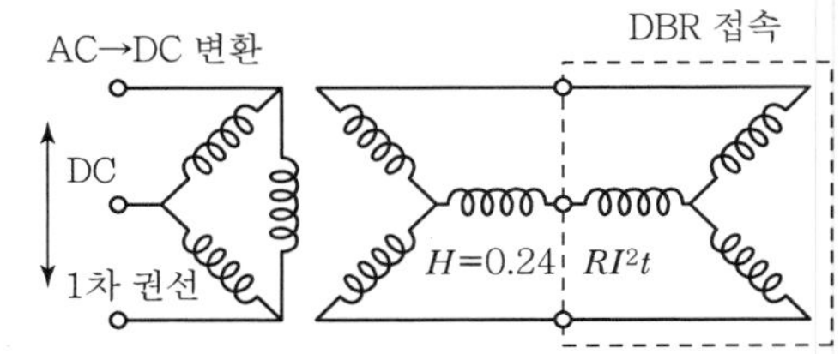
• 전기자권선만 전원 분리 후 DBR 접속 • 전동기의 발전전압을 DBR에서 저항소비(열 발산)	• 1차 전원을 교류 분리 후 직류전원 접속(1차 권선) • 2차 권선을 DBR에 접속하여 저항에서 열로 소비

① 주요 특징

㉠ DBR의 저항값에 의해 제동토크와 속도 변화

㉡ 흡수에너지는 DBR에서 열로 소비(발열에 주의 $H=0.24RI^2t$)

㉢ 실제적인 제동보다 전동기의 과전압 소손 방지 목적

2) 회생제동

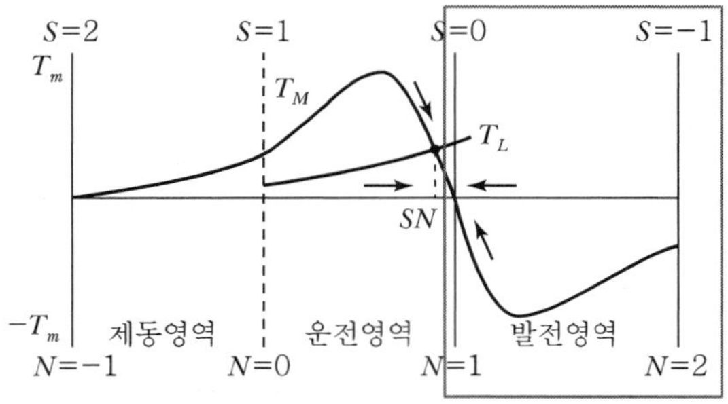

- 직류기 $N=K'\dfrac{V}{\phi}$
- 교류기 $N=\dfrac{120f}{P}(1-S)$
- 동기속도(N_s) 이상 시 발전기 영역으로 자동으로 속도 감소(즉, 안정운전점 이동현상)

[회생제동]

직류기	교류기
단자전압 급감, 계자전류 급증 시	단자전압 감소(무전압)

① 전동기가 동기속도 이상 운전 시 발전기 영역이 되어 회전방향과 반대방향으로 역토크가 발생하여 안전운전점으로 이동하는 원리

② $N > N_s \rightarrow N < N_s$ 복귀능력으로 단자전압을 제한, 전원 측으로 에너지 환원법(ESS 활용 중)

③ 주요 특징

㉠ 제동손실 저감, 고효율 제동

㉡ 전기철도 과속 방지(언덕을 내려갈 때)

㉢ 권상기, E/V, 기중기 등에 적용

3) 역상제동

<table>
<tr><th>직류기</th><th>교류기</th></tr>
<tr><td>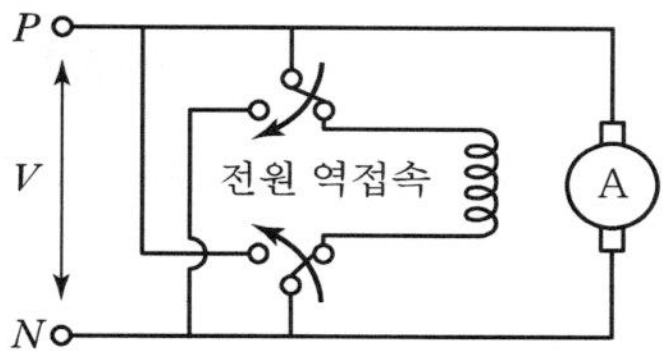
</td><td>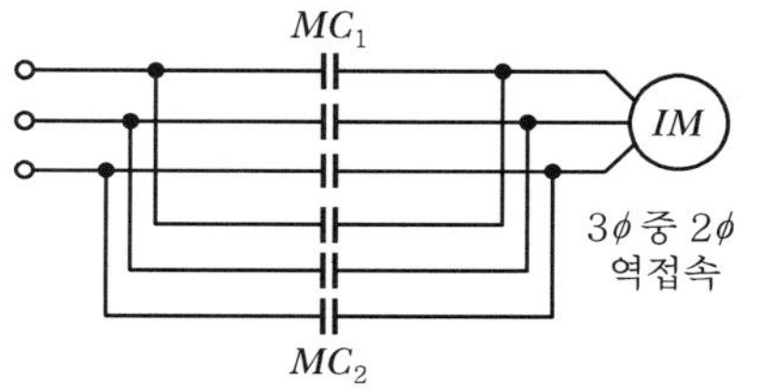
</td></tr>
<tr><td>계자권선 또는 전기자권선 한쪽만 변경</td><td>3φ 전원 중 2상만 역접속</td></tr>
</table>

① 정속방향에서 역방향 토크를 이용하여 강력한 힘으로 정지

② 주요 특징

㉠ 제동효과 우수

㉡ 발열에 주의

㉢ 역상운전 시 대전류에 주의

㉣ 대전류를 제한하기 위한 장치가 필요(직렬저항, 2차 저항 등)

4) 와전류제동(직류기의 전기철도 사용)

① 전기철도 차량에 이용되는 제동방식

② 전자석, 영구자석의 자기장을 사용하여 고속회전체의 와전류를 발생

③ N ↔ S극을 이용한 마찰제동법

㉠ 전자석의 Pad 부에 전압 인가

㉡ Rail에 와전류 형성(극성)

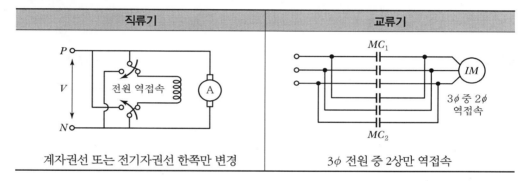

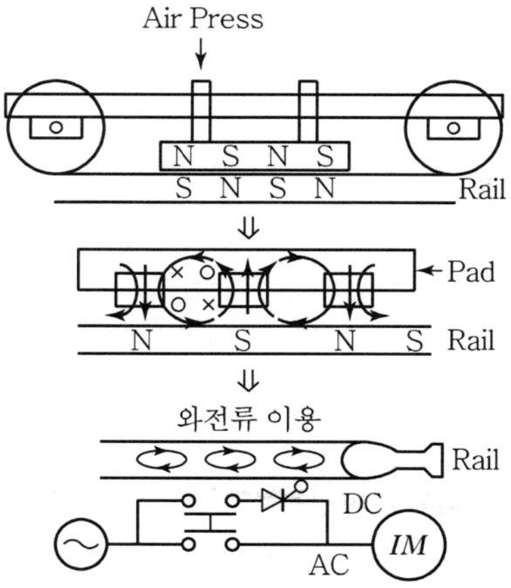

[와전류제동]

㉢ Pad와 Rail의 극성을 이용한 전자석의 힘으로 제동하는 방식(N－S)

5) 직류제동(DBR 미적용)

공급 중인 교류전원을 차단하고 직류전원을 공급하는 제동법

6) 단상제동(권선형 전동기)

① 2차 저항을 적정상태로 유지(속도 저감)

② 고정자 권선을 3ϕ 에서 1ϕ으로 전원 공급 (권선형)

③ 제동 중 고정자 권선전류는 25[%] 정도 흘러 과열 우려로 중규모 이하에만 적용

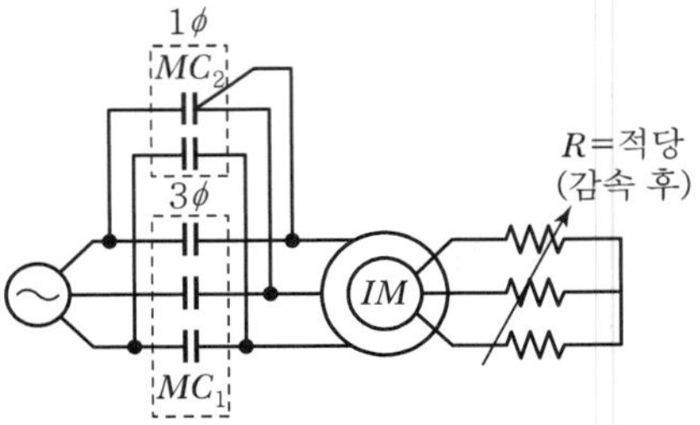

[단상제동]

3 맺음말

① 상기제동법은 과거 속도제어 곤란 시 사용하였으나 최근 인버터 VVVF와 기계적 제동을 조합하여 사용한다.

② 직류기의 전기철도에서는 와전류제동, 회생제동을 적용한다.

㉠ 회생제동 시 전원 측 전류를 ESS에 조합(충전)

㉡ 필요시 ESS 운전으로 에너지 Saving 극대화 시행 중

16 고효율 전동기

1 개요

1) 정의

① 손실 감소(20～30%), 효율 극대화(4～10%) 전동기

② 효율 상승방법은 손실을 최소화하는 것

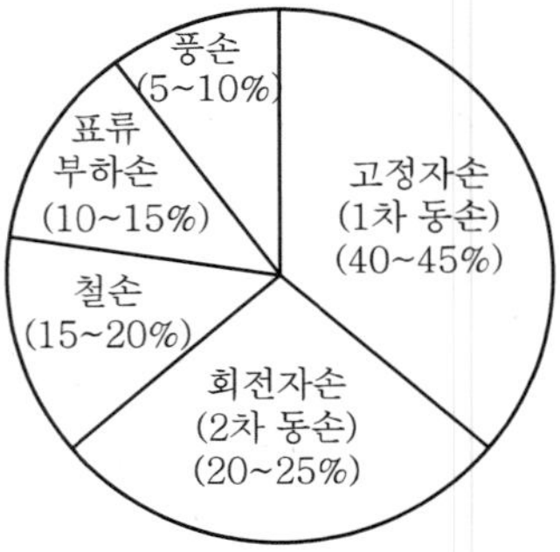

[전동기의 손실]

2) 고효율로 사용하는 방법

① 고효율 전동기 채택

② 인버터 방식(VVVF) 채택

2 전동기의 효율

$$\text{효율 } n = \frac{\text{출력}}{\text{입력}} \times 100\% = \frac{\text{입력} - \text{손실}}{\text{입력}} \times 100\% = \frac{\text{출력}}{\text{출력} + \text{손실}} \times 100\%$$

3 전동기의 손실

구분	손실	대책
무부하손	• 고정자손(1차 동손) $P_{C1} = RI^2$ • 철손 : 히스테리시스손 $P_h = K_h f B_m^{1.6}$ 와류손 $P_e = K_e (K_p f t B_m)^{2.0}$ • 기계손 : 마찰손, 베어링손, 풍손	• 고정자권선 체적 감소($R = \rho \frac{l}{A}$) • 자속밀도 저감, 고투자율의 전기강판 코어의 적층길이 증가, 얇은 강판 사용, 공기흐름 설계 개선, 베어링 개선, 냉각용량 감소
부하손	• 회전자손(2차 동손) $P_{C2} = R_2 I_2^2$ • 표류부하손 : 부하손과 동손의 차	도체, 엔드링 크기 증가, 전류 감소, 누설자속 감소, 공극 절연(심구형, 이중동형)
기타	냉각계통의 손실	냉각계통 최소화

4 전동기의 에너지 절약

① 고효율 전동기 채택
② VVVF 인버터 방식 적용
③ 진상용 콘덴서 적용
④ 흡수식 냉동기, 빙축열, Heat Pump
⑤ 기동방식 개선
⑥ 적정배전방식 선정
⑦ Cable 적정 선정
⑧ 적정 유지보수

5 고효율 전동기의 장점

① 고절연 재료로 낮은 온도상승과 권선수명 연장
② 저소음화 가능
③ 효율 극대화로 우수한 절전효과
④ 높은 경제성

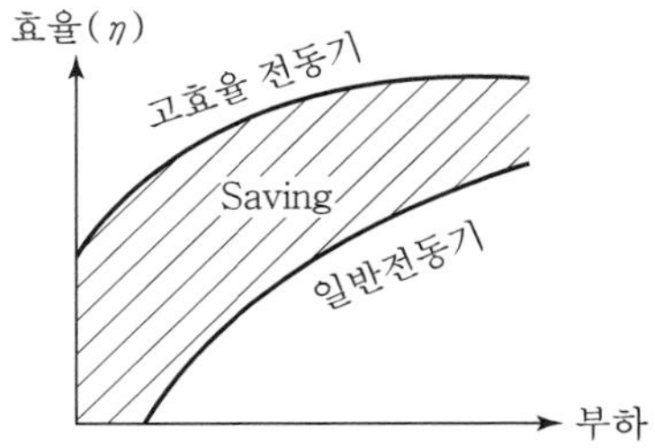

[부하에 따른 경제성]

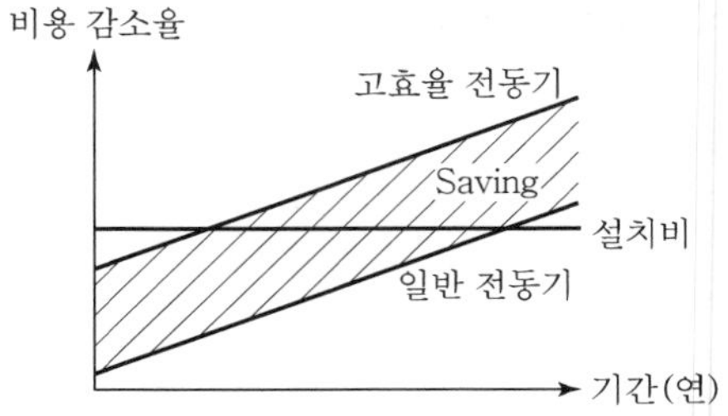

[사용기간에 따른 경제성]

6 적용 시 효과가 높은 장소

① 가동률이 높은 연속운전 장소
② 정숙운전 필요개소(저진동, 저소음)
③ 전동기의 소비전력이 큰 비중을 차지하는 장소
④ 전원용량의 제한으로 설비 증설이 곤란한 장소
⑤ Peak 시 전력소비가 많은 장소
⑥ Fan, Pump, Blower, Compressor 등에 적용 시 효과 우수

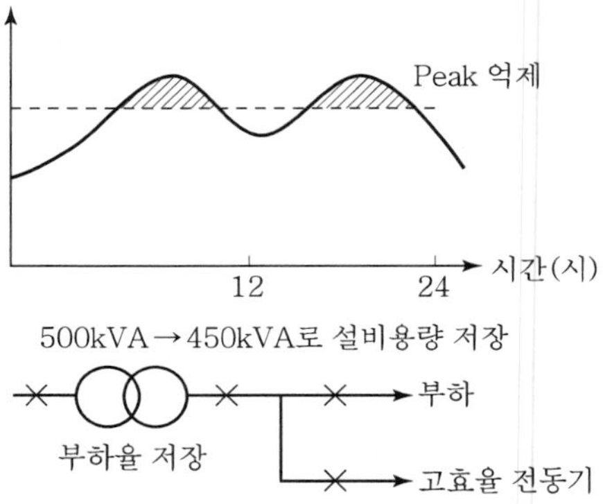

[에너지 절감]

7 고효율 전동기의 종류

구분	1E1(표준)	1E2(고효율)	1E3(프리미엄)	1E4(슈퍼프리미엄)	1E5(신설)
효율[%]	72~93	80~94	82~95	84~96	슈퍼울트라프리미엄

17 전동기의 진동과 소음

1 전동기의 진동

1) 진동 계급

계급	V5	V10	V15	V20	V30
기준[mm]	0.005 이하	0.01 이하	0.015 이하	0.02 이하	0.03 이하

2) 진동 원인

① 기계적 원인

- 회전자의 정적, 동적 불평형
- 베어링의 불평형
- Alignment 불량
- 설치 불량
- 냉각팬 불량

② 전기적(전자력) 원인

- 회전자 편심
- 회전 시 공극 변동
- 회전자 활성의 자기성질의 불평등
- 고조파 자계에 의한 자기력의 불평등
- 공급전압, 주파수의 주기적 불평형

3) 진동대책

① Alignment 조정
② 불평형 조정(전기적, 기계적)
③ 정밀도에 따라 진동의 진폭 제한
④ 인버터 사용 고조파, 자기 불평등 제어

2 전동기의 소음

1) 소음 제한

구분	사람의 대화	사무실	주택가	전동기 소음
제한[Phone]	50～60	50	40	주간 : 50, 야간 : 45 이하

2) 전동기의 소음 원인

기계적 소음	전자적 소음	통풍소음
• 진동 • Brush • Bearing	• 철심의 주기적 자력 • 전자력에 의한 진동소리(고조파, Noise 포함)	• 팬작용에 의한 소음 • 팬, 에어덕트 회전자 등의 소음

18 고효율 전동기와 전동기의 손실 저감대책

1 전동기(Motor)

1) 원리 : 전기에너지를 기계에너지의 회전력으로 변환기기

원리	관련 법칙	자계의 세기
1차 권선의 자계와 2차 권선의 유도전류의 상호작용으로 회전자계 발생	전자유도 법칙 $e=-N\dfrac{d\phi}{dt}$ 플레밍의 왼손 법칙 $F=BlI$ 오른나사 법칙 적용	$H=\dfrac{NI}{2a}$[AT/m]$=1.5H_m$ 권수비 N, 반지름 am인 코일이 120°의 전기각을 가지고 전류 I가 흐를 때 코일 중심의 자계 세기를 의미($H_m=\dfrac{NI}{2a}$)

2) 전동기의 효율

$$효율\ n=\frac{출력}{입력}\times 100\%=\frac{입력-손실}{입력}\times 100\%=\frac{출력}{출력+손실}\times 100\%$$

3) 전동기의 손실

구분	손실	원인	대책
동손 (P_c)	• 1차 동손 (고정자손 $= P_{c1}$) • 2차 동손 (회전자손 $= P_{c2}$) • $P_c = P_{c1} + P_{c2}$	• 고정자손실 $P_{c1} = RI^2$ • 회전자손실 $P_{c2} = r_2 i_2^2$	$R = \frac{\rho l}{A}$ 적용 시 • 권선체적, 도체, 엔드링 크기 증대 • 코일길이 단축, 1차 전류 저감
철손 (P_i)	고정자 철심 $P_i = P_h + P_e$	• 히스테리시스손 $P_h = K_h f B_m^{1.6}$ • 와류손 $P_e = K_e (K_p f t B_m)^{2.0}$ • 유전체손(무시) $W_c = WCE^2 \tan\delta$	• 철심의 재료, 형태, 설계 개선 • 자속밀도 저감, 투자율이 높은 재료 선정 • 철심두께 감소, 초전도체 사용
표류 부하손	부하손과 동손의 차	회전자 Cage의 공극에 의한 누설전류	• 회전자홈 절연(심구형, 이중농형) • 공극길이 최소, 공극자속밀도감소, Slot 수 최소화
기계손	베어링, 마찰, 풍손	• $Pl = N^3$승에 비례 • 냉각계 순환 순실	• 저손실 Bearing 및 Grease 채용 • 냉각 Fan 자손실화(소형화)

4) 종합적인 전동기 부하손실 저감대책

(1) 고효율 전동기 채택

구분	1E1(표준)	1E2(고효율)	1E3(프리미엄)	1E4(슈퍼프리미엄)	1E5(신설)
효율[%]	72~93	80~94	82~95	84~96	슈퍼울트라프리미엄

(2) 인버터 VVVF, Soft Starter VVCF 방식 적용

① 인버터 VVVF

Variable Voltage Variable Frequency(가변전압 가변주파수 제어)

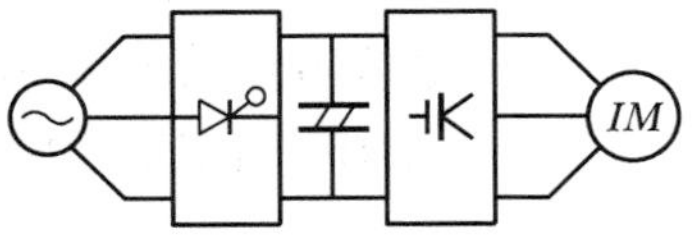

[인버터 VVVF]

㉠ 전압과 주파수를 모두 제어

㉡ 절전효과로 에너지 Saving

㉢ 전동기 유기기전력

$e = 4.44\,Kf\phi N$에서 $(e = V)$

$\frac{V}{f} = 4.44\,K\phi N$ 성립

전압, 주파수 제어＝인버터, 전압만 제어＝Soft Starter

② Soft Starter VVCF

Variable Voltage Constant Frequency(가변전압 정주파수 제어)

㉠ 주파수 일정, 전압의 크기 제어

㉡ 기동 시 적용, 절전 효과, 효율 상승

㉢ 전동기 유기기전력

$e = 4.44\,Kf\phi N$에서 $(e = V)$

$\frac{V}{f} = 4.44\,K\phi N$ 성립

전압, 주파수 제어＝인버터, 전압만 제어＝Soft Starter

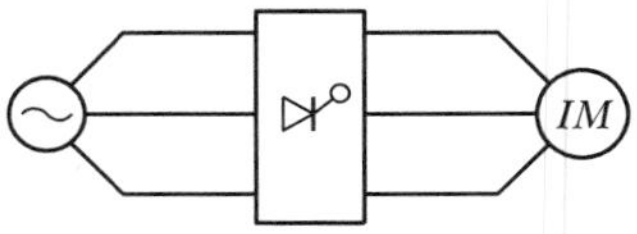

[Soft Starter VVCF]

(3) 진상용 콘덴서 설치

① 전동기 부하역률 개선

② 전압강하, 손실, 전원설비용량

③ 과보상에 주의(자기여자 현상)

④ 콘덴서 용량은 전동기 용량의 1/2 이하, 직렬리액터 개폐기와 링크 개방

(4) 적절한 기동방식 선택

① 직입기동 : $\frac{전원설비용량}{전동기용량}$＝10배 이상 시

② 감전압기동 : $\frac{전원설비용량}{전동기용량}$＝3배 이하 시

③ 감전압 기동법 : Y－Δ, 리액터, 콘돌퍼, 쿠샤, 1차 임피던스 기동

(5) 기타

① Heat pump를 이용한 냉난방에 적용

② 고효율 냉동기, 폐열회수 냉동기 채택

③ 적정 유지보수(Bearing, 윤활유, Grease 주입 등)

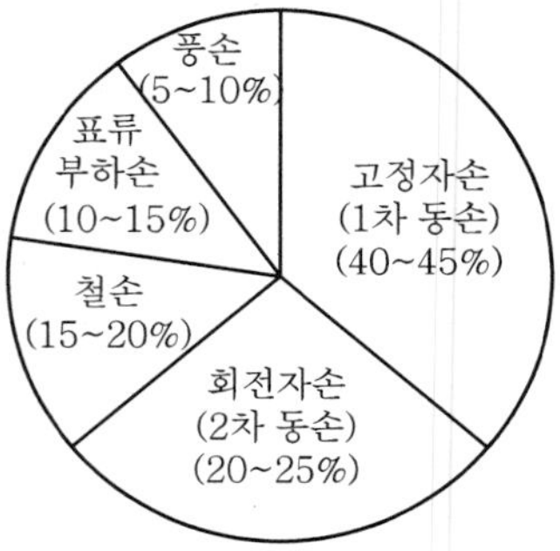

[전동기의 손실 원인]

2 고효율 전동기

1) 정의

① 손실을 감소(20～30%), 효율을 극대화(4～10%)

② 전동기 효율 상승방법은 손실을 최소화하는 방법

2) 고효율 전동기 종류

구분	1E1(표준)	1E2(고효율)	1E3(프리미엄)	1E4(슈퍼프리미엄)	1E5(신설)
효율[%]	72~93	80~94	82~95	84~96	슈퍼울트라프리미엄

3) 전동기를 고효율로 사용하는 방법

① 고효율 전동기 채택

② 인버터 방식 VVVF 선정

4) 장점

① 효율 극대화로 우수한 절전효과

② 높은 경제성

③ 고절연 재료로 낮은 온도상승과 권선수명 연장

④ 저소음화 가능

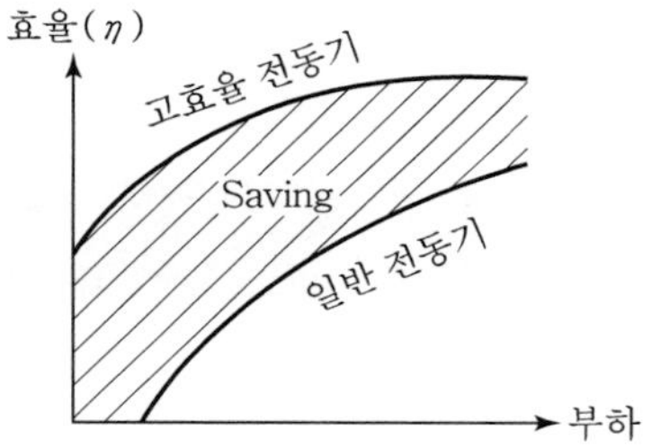

[부하에 따른 경제성]

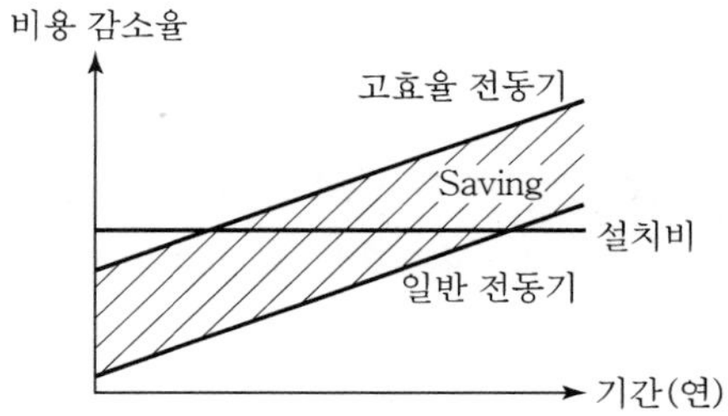

[사용기간에 따른 경제성]

5) 적용 시 효과가 높은 장소

① 가동률이 높은 연속운전 장소

② 정숙운전 필요장소(저진동, 저소음)

③ Peak 시 전력소비가 많은 장소

④ 전원용량의 제한으로 설비 증설이 곤란한 장소

⑤ 전동기의 소비전력이 큰 비중을 차지하는 장소

⑥ Fan, Pump, Blower, Comp' 등에 적용 시 효과 우수

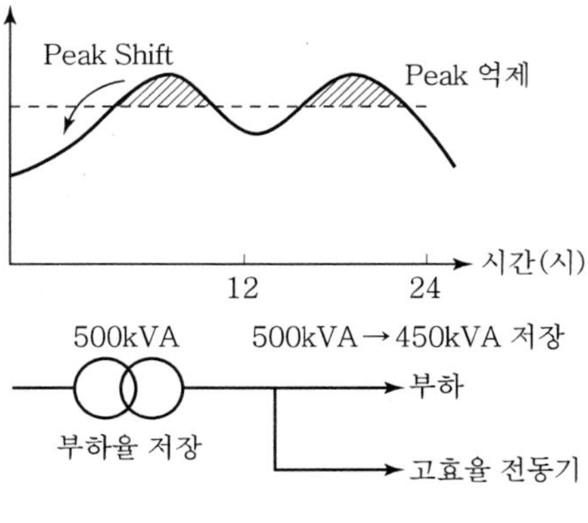

[에너지 절감]

6) 전동기의 손실 저감법

① 유량 $Q_2 = Q_1 \times \frac{N_2}{N_1}$

② 양정 $H_2 = H_1 \times \left(\frac{N_2}{N_1}\right)^2$

③ 축동력 $P_2 = P_1 \times \left(\frac{N_2}{N_1}\right)^3$

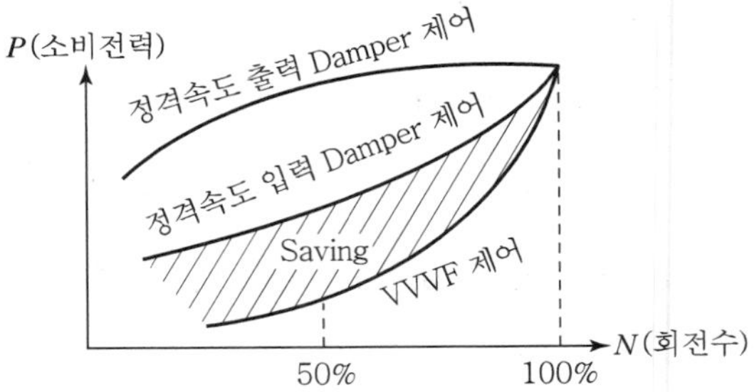

[속도제어와 에너지 절약]

3 맺음말

① 고효율 전동기는 손실을 줄여 효율을 극대화한 전동기

② 인버터는 전동기 속도 조정으로 Energy Saving 실현

③ 고효율 전동기와 인버터 적용 시 최대의 절전효과 실현 가능

19 인버터(VVVF)

1 인버터(Inverter)

① VVVF(Variable Voltage Variable Frequency : 가변전압 가변주파수 제어)

② 컨버터와 인버터를 통합하여 인버터라 총칭

③ 전동기 속도제어 목적 및 Energy Saving용

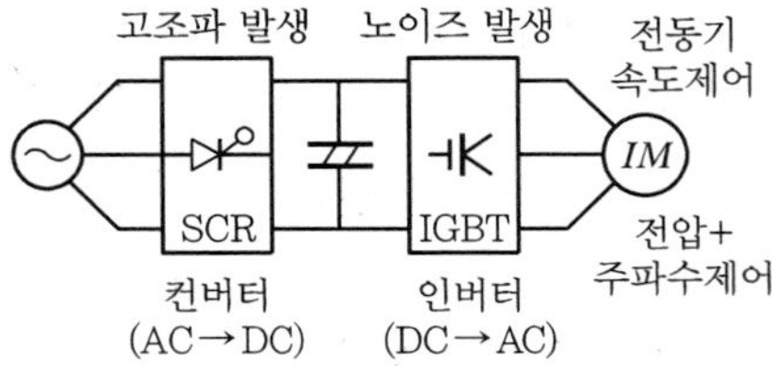

[인버터(VVVF)]

2 구성

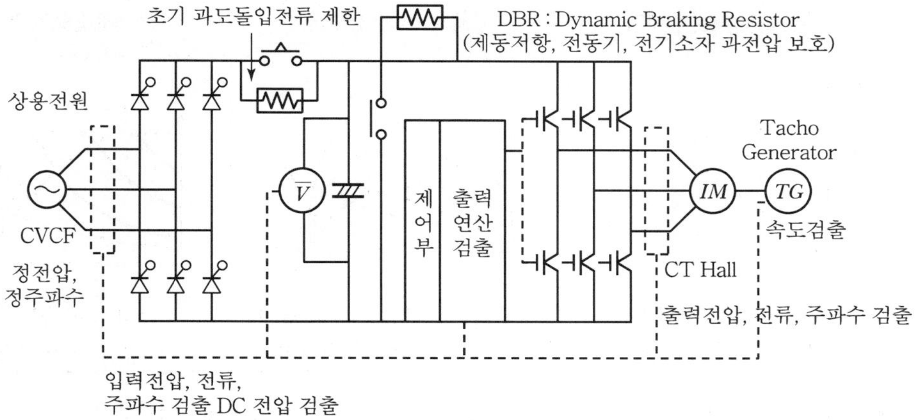

[주요 구성]

정류부(컨버터)	평활부	제어부	인버터
• AC → DC 변환 • SCR, GTO 사용(고조파 발생에 주의)	직류성분 Ripple 제거 • 전압형 : 평활콘덴서 • 전류형 : 리액터	검출, 연산, 출력부 입력과 출력 비교검출 (전압, 전류, 주파수)	• DC → AC 변환(전압, 주파수) • IGBT, GTO 사용 (Noise 발생에 주의)

3 원리

1) 동작원리

① 정전압 정주파수의 AC 전원 → DC 변환 → 가변전압, 가변주파수의 AC 변환

② 전압과 주파수를 제어, 전동기의 토크와 속도제어

$$\frac{V}{f} = 4.44\,K\phi N$$

㉠ 전압제어(V) : $T \propto V^2$으로 토크제어

㉡ 주파수제어(f) : $N = \frac{120f}{P}(1-S)$로 속도제어

2) 전동기 속도와 토크특성

전압 일정 주파수제어	정주파수 전압제어	$\frac{V}{f}$ 제어(토크 일정)
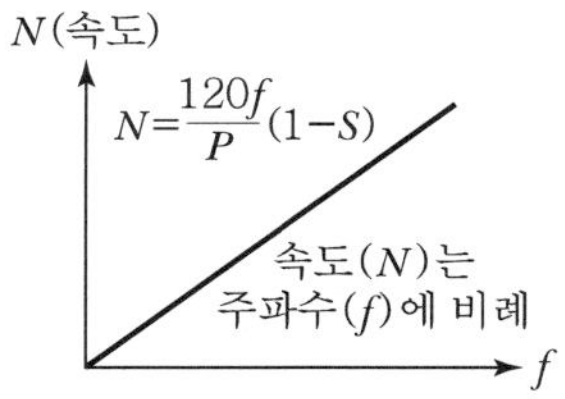	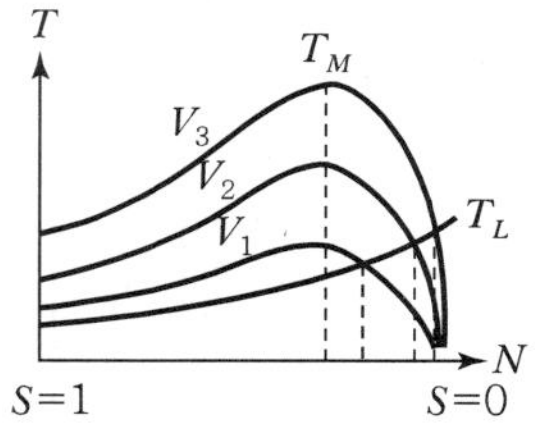	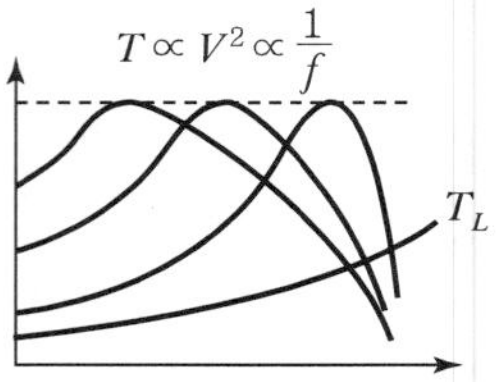
주파수 제어로 속도변경 토크는 주파수에 반비례	장주파수로 속도는 Slip 결정 토크는 전압의 2승에 비례	주파수로 속도제어 전압으로 토크제어

즉, 인버터의 전압과 주파수를 자유로이 조정하여 토크와 속도제어 가능

4 인버터의 종류

1) 전압형

① 평활회로부에 Capacitor 사용
② 출력이 정현파에 가까움
③ PAM, PWM 방식으로 구분
④ PWM 방식을 많이 사용
⑤ 전압파형이 구형파
⑥ 소형, 경량
⑦ 전동기 다수제어 가능

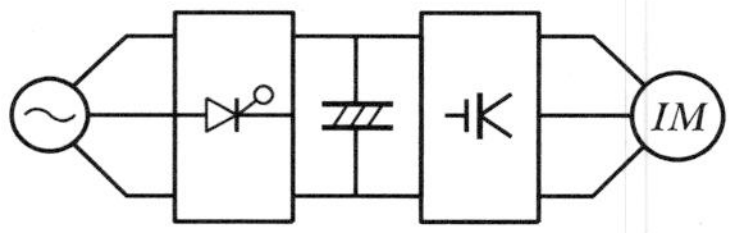

[평활콘덴서(전압 일정)]

2) 전류형

① 평활회로부에 리액터 사용
② 토크특성 우수, 응답성 양호
③ 부하전류형, 강제전류형으로 구분
④ 임피던스 정합 필요로 거의 미사용
⑤ 전류파형이 구형파
⑥ 대형, 중량
⑦ 전동기와 1 : 1 제어

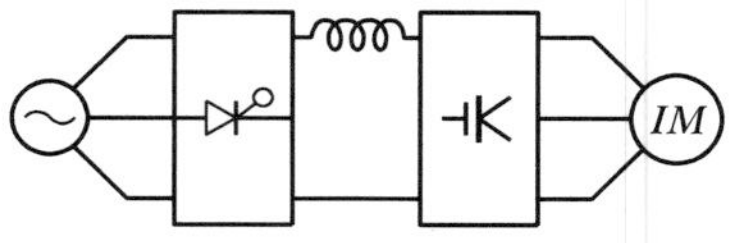

[리액터(전류 일정)]

5 전압형 인버터의 제어방식

구분	PAM	PWM
명칭	Pulse Amplitude Modulation	Pulse Width Modulation
컨버터	DC 전압의 크기 조정(제어 복잡)	DC 전압 일정 유지(제어 양호)
인버터	AC 전압의 크기 조정(컨버터 연계)	AC 전압 폭 조정
파형	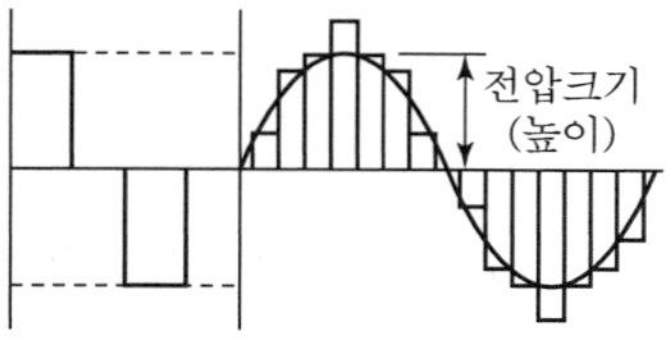	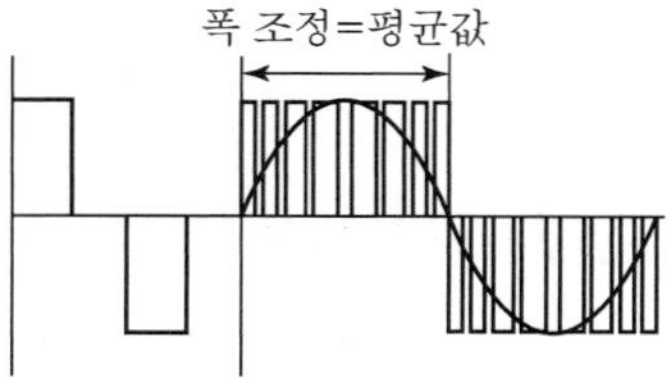
주회로	복잡	간단
제어회로	간단	복잡
응답성	저하	우수

6 특징

1) 장점

① 에너지 절약(30% 회전수 감소 시)

$(1-0.3)^3 \times w = 0.343$ (64% 절감)

② 유도전동기와 조합 시 경제적 성능 발휘

③ 연속적, 광범위한 속도제어 가능

④ 기동전류 감소, 유지보수 용이

2) 단점

① 고조파, 노이즈 장애(컨버터, 인버터부)

② 전동기축, 공진진동(Blower 등에서 GD^2 부하)

③ 원심응력 반복으로 피로도 증가

3) 보완대책

① 다펄스화 및 고조파 Filter 설치

② 공진점 부근의 운전 자제

③ 회전수 변경횟수 감소

7 적용효과

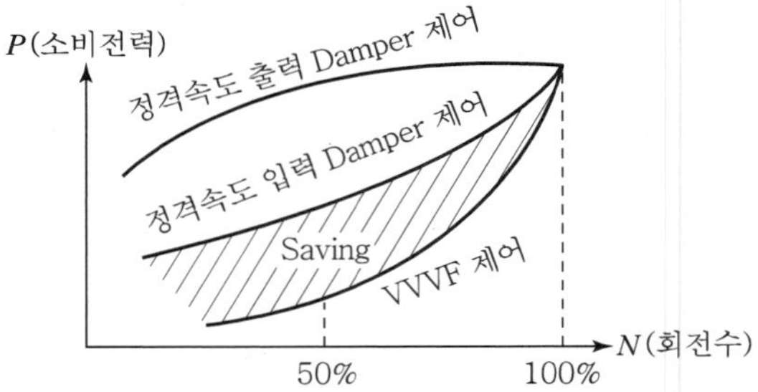

[속도제어와 에너지 절약]

- 유량 $Q_2 = Q_1 \times \dfrac{N_2}{N_1}$
- 양정 $H_2 = H_1 \times \left(\dfrac{N_2}{N_1}\right)^2$
- 축동력 $P_2 = P_1 \times \left(\dfrac{N_2}{N_1}\right)^3$

1) 전동기 속도제어

① DC MTR와 같은 광범위한 속도제어

② E/V, E/S, 하역기, 전기자동차에 적용

2) 에너지 절약

① 부하의 특성에 따른 토크특성 부하

② Pump, Fan, Blower, Comp'에 적용

8 인버터와 Soft Starter 비교

1) 인버터 VVVF

Variable Voltage Variable Frequency(가변전압 가변주파수 제어)

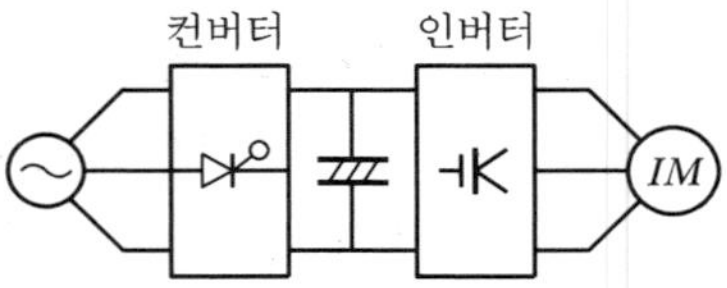

[인버터]

① 전압과 주파수를 이용하여 전동기 속도제어

② 절전효과로 에너지 절감효과

③ 전동기 유기기전력

$e = 4.44\,Kf\phi N$에서 $(e = V)$

$\dfrac{V}{f} = 4.44\,K\phi N$ 성립

V/f 제어＝인버터(토크 일정), V 제어＝Soft Starter(토크 변동)

2) Soft Starter VVCF

Variable Voltage Constant Frequency(가변전압 정주파수 제어)

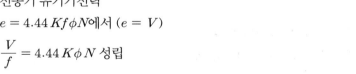

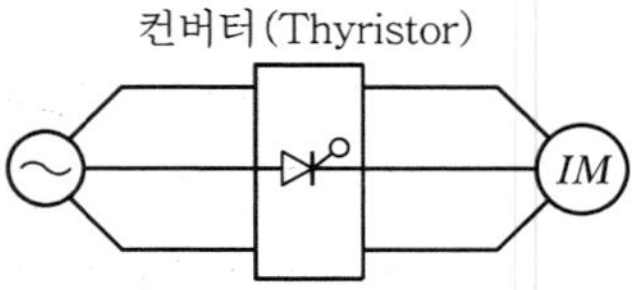

[Soft Starter]

① 주파수 일정, 전압의 크기 변화로 속도제어

② 기동 시 적용, 절전 효과, 효율 상승

③ 전동기 유기기전력

$e = 4.44Kf\phi N$에서 $(e = V)$

$\frac{V}{f} = 4.44K\phi N$ 성립

V/f 제어＝인버터(토크 일정), V 제어＝Soft Starter(토크 변동)

9 인버터에서 유도전동기 보호방법

구분	비용
과전류 보호	• 출력 측 과부하, 단락, 지락사고 시 전력소자 소손 방지 • Hall CT, 전류 검출(정격전류의 160～200%) • Current Limit(기동전류 제한), Stall 방지(주파수상승 억제)
과전압 보호	평활회로부 DC 전압 상승 시 출력 차단 • 1차 입력 측 전원전압, 감속, 정지 시, 전동기 역전압 시 • DBR을 이용하여 저항에 의한 열로 소비, 전압상승 억제 • 전력전자소자 보호방식(Free Wheel, Snubber)
부족전압 보호	DC, AC 부족전압 시 출력차단, 인버터 및 전동기 보호
순시정전 보호	전원계통 이상 시 오동작 방지를 위한 출력차단, SAG 및 낙뢰 시
과열 보호	냉각팬 고장 및 전동기 설정온도 초과 시 출력정지 보호 • 전동기 RTD : 권선온도, TC : Bearing 온도 감시 • 인버터 자체의 온도센서 감지
퓨즈 보호	• 정류부, 인버터부의 퓨즈 소손에 의한 출력장치 보호(단락) • 초기전원 투입 시 과도전류 돌입제한, 리액터 이용 퓨즈 보호
기타 보호	• 과속도, 저속도 보호 : Encoder를 이용하여 속도감지, 정격속도 이탈 시 출력 정지 • 병렬운전 시 전동기 출력 불평형 보호 : 과부하, 경부하의 차를 강제 출력차단
인버터 입출력 차단의 고장신호(Alarm) 시 Display	고장신호 확인 Reset 또는 유지보수 시행

10 인버터 과전압 상승 방지

전류제한기(리액터)	DBR(제동저항)	Free Wheel	Snubber
상시전원 정류 시 돌입전류 제한(낙뢰, 서지 보호)	평활회로부(DC) 과전압 시 제동저항기의 열로 소비하여 기기 보호	전동기 정지, 제동 시 평활회로부로 Bypass하여 전자소자 과전압 보호	전동기 정지, 제동 시 자체 저항의 열로 소비하여 전자소자 과전압 보호

1) 전류제한기(Reactor)

상시전원 투입 시 돌입전류 제한(낙뢰, 서지로부터 퓨즈 보호 목적)

2) DBR(Dynamic Brake Resistor : 제동저항기)

① 인버터 정류부 DC 전압 상승 시 DBR의 열로 소비하여 과전압 보호

② 전동기 제동, 정지 시 발전기로 동작 Inverter 유입 ($e = -L\dfrac{di}{dt}$)

3) Free Wheel

① 전동기 제동, 정지 시 역전압을 DBR로 Bypass

② 전력소자 IGBT 등 과전압 보호

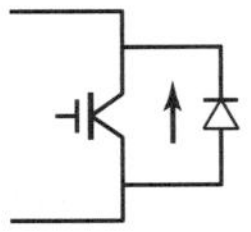
[Free Wheel]

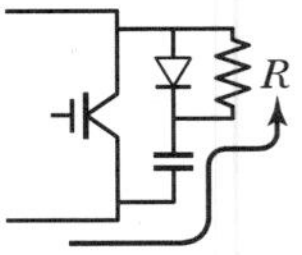

[Snubber]

4) Snubber

① Free Wheel은 Bypass, Snubber는 자체 저항 열로 소비

② 고속 스위칭 작용에 의한 전압상승 억제(개별설치 또는 일괄설치)

제어 방법	회로용량
$e = -L\dfrac{di}{dt}$에서 $\dfrac{di}{dt}$ 제어	$\dfrac{Li_o^2}{2} < (V_{ec} - V_d) < \dfrac{C}{2}$ 여기서, V_{ec} : 2차 전압, V_d : 1차 전압

11 인버터 설계 시 고려사항

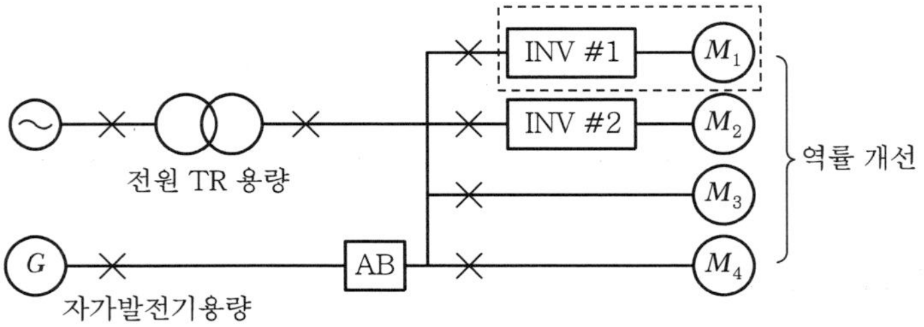

[계통도]

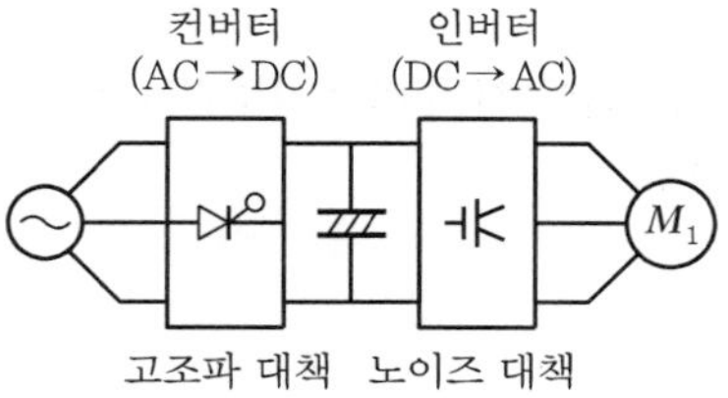

[인버터]

- 원심응력 변화
- 자속운전 시 온도상승
- 정지, 제동 시 역전압

1) 전원 TR 용량 및 자가발전용량 검토

① 인버터는 고조파 발생원으로 전원용량 검토가 필요(K−factor 적용)

전원 TR 용량	자가발전기 용량
인버터 부하용량의 2배 이상 적용 TR 용량 ≥ $(M_1+M_2)\times 2$배 $+(M_3+M_4)$	인버터 부하용량의 5~6배 이상 적용 발전기 용량 ≥ $(M_1+M_2)\times$(5~6배) $+(M_3+M_4)$

② K−factor를 고려하여 전원(자가발전) 용량 증가 필요

2) 인버터의 내외부 노이즈 대책

구분	내부 노이즈	외부 노이즈
원인	반도체소자의 고속 스위칭	주회로의 전원으로부터 유입(전도방사)
대책	• 노이즈 필터, 인버터 실드 설치 • 노이즈에 민감한 기기 이력	• 노이즈 필터 설치 • 인버터 기기내량 증가

3) 전원에 의한 고조파 우려 검토

원인	대책
컨버터부 전력변환장치의 비선형 부하에 의해 발생	• 고조파 함유율은 내선규정 적용 초과 시 대책강구 • K−factor를 고려하여 용량 증설 • 능동필터, 수동필터, 컨버터부의 다펄스화

4) 전동기 역률 개선

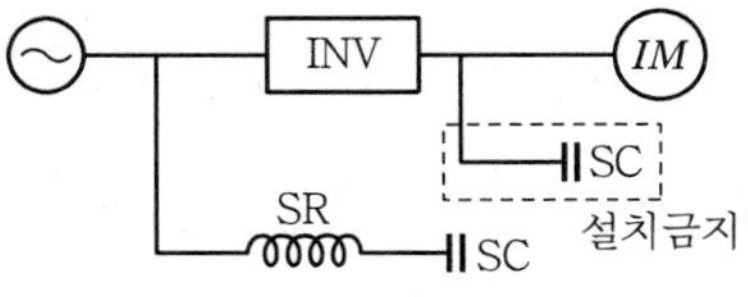

[역률 개선]

① 역률 개선용 콘덴서 설치
② 과보상에 의한 자기여자 현상과 고조파공진 방지를 위한 전원 측 설치(부하 측 설치 금지)
③ 콘덴서 측 고조파 유입 방지용 직렬리액터(SR) 설치

5) 원심응력 저하에 따른 피로도 증가 문제

① 급격한 회전속도 변화에 대한 Shaft의 기계적 응력 검토
② 비틀림, 공진, 위험속도 존재 시 연속운전 자제

6) 온도상승 문제

① 저속도운전 시 전동기 냉각효과 저하로 별도의 냉각장치 고려
② ZC416A(축방향) 또는 ZC416R(축과 직각) 냉각방식 적용

7) 제동, 정지 시 전동기의 과역전압 발생 고려(발전기 작용)

① 제동 시 전동기가 발전기 역할로 전환되어 과전압 유기 절연파괴 우려, $e = -L\frac{di}{dt}$
② 과전압 보호장치 필요 : DBR, Free Wheel, Snubber

20 전동기의 효율적인 운용방안과 제어방식

1 전동기의 효율적인 운용방안

구분	운용방안
효율적 운전 관리	정격전압 유지, 불평형 방지, 공운전, 경부하운전 방지
고효율 전동기 채택	손실을 최소화하여 효율 극대화로 높은 절전효과
절전제어 방식 적용	인버터 VVVF, Motor Save VVCF 방식 적용
역률 개선	진상용 콘덴서 적용으로 역률 개선(과보상 금지)
기동법 개선	직입기동($5I_n < 10\text{sec}$) 시 감전압기동 채택, 기동전류 감소
기타	적정 배전방식, 적정 Cable 선정, 고조파 관리

1) 효율적인 운전관리

① 정격전압 유지 및 전압불평형 방지로 손실 최소화

② 공운전, 경부하운전 방지 : 공극에 의한 무부하전류 증가($0.25 \sim 0.5I_n$)

2) 에너지 절약형 고효율 전동기 채택

① 손실 최소화(20～30%)로 효율 극대화(4～10%) 전동기

② 고절연재료 사용으로 수명 연장, 소음 감소, 경제성 및 우수한 절전효과

③ 전동기별 효율

구분	1E1(표준)	1E2(고효율)	1E3(프리미엄)	1E4(슈퍼프리미엄)	1E5(신설)
효율[%]	72～93	80～94	82～95	84～96	슈퍼울트라프리미엄

3) 절전제어방식 선정

① 유기기전력 $e = 4.44Kf\phi N$에서 $(e = V)$

$$\therefore \frac{V}{f} = 4.44K\phi N$$

V/f 제어=인버터 VVVF, V 제어=Motor Saver VVCF

② 절전제어방식

인버터 방식 VVVF	Motor Saver VVCF
• 전압, 주파수 제어방식 • 절전 효과로 에너지 절감 효과	• 정주파수, 전압의 크기로 속도, 토크제어 • 기동 시 적용, 절전 효과 및 효율 상승

4) 전동기 역률 개선

① 진상용 콘덴서 설치로 역률 개선

② 과보상으로 인한 고조파공진, 자기여자 현상에 주의

③ 대책으로는 SR 설치, 개폐기 접점 Link 콘덴서 용량 제한(전동기 용량의 1/4～1/2)

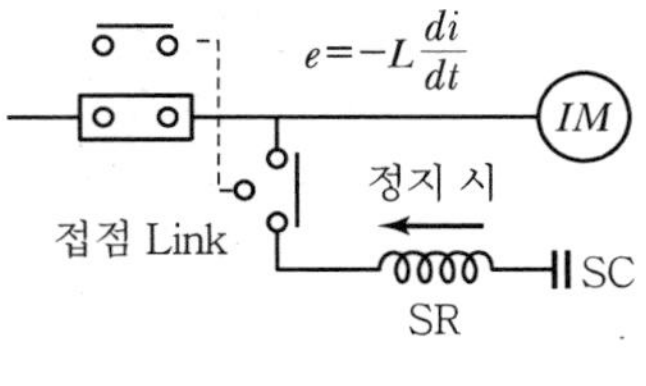

[개폐기 접점 Link]

5) 기동법 개선

① 직입기동 시 과전류($5I_n < 10\text{sec}$) 전원 TR 용량←$5 \sim 7I_n$ 전류(전압강화, 손실)

② 기동법 개선 기동전류 감소 : Y－Δ, 리액터, 콘돌퍼, 쿠샤, 임피던스법

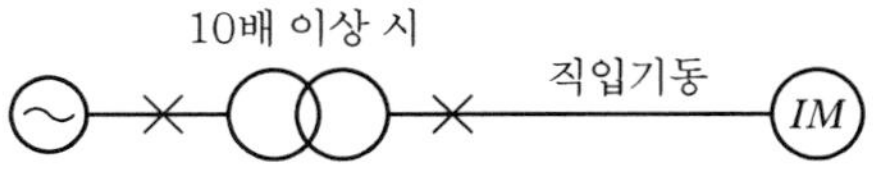

[계통도]

6) 기타

① 적정 배전방식, 적정 Cable 선정

② 고조파 관리(내선규정) 및 적정 유지보수 시행

2 전동기의 절전제어방식 적용

구분	인버터 VVVF	Soft Starter VVCF
정의	Variable Voltage Variable Frequency (가변전압 가변주파수 제어) 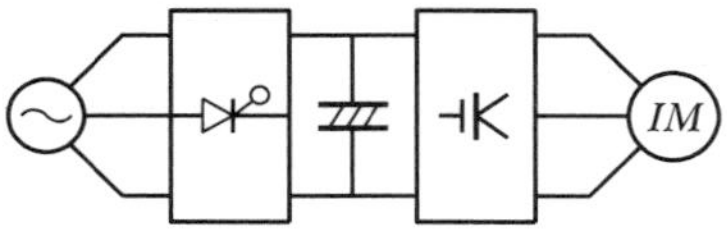	Variable Voltage Constant Frequency (가변전압 정주파수 제어) 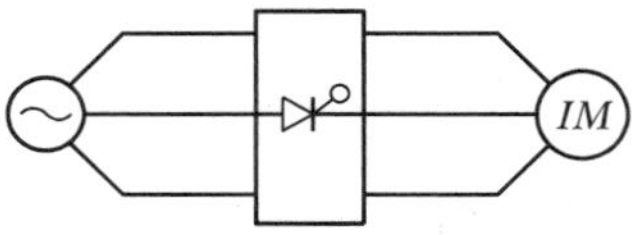
특징	• V/f 제어(전압, 주파수) • 절전효과로 에너지 Saving • 저장토크로 속도제어	• 주파수 일정, 전압의 크기 제어 • 기동 시, Motor saving으로 절전효과 • 토크의 크기로 Slip 변화로 속도제어
장점	• 무접점변환 • 연속적 제어	• 부하율에 따라(5∼10%) 절전효과 • 각 상별 전압, 전류조정으로 진동 및 소음방지, 부하변동 최고역류 운전
단점	• 비선형부하로 고조파, 저속에서 저역률 • 구성이 복잡, 고장 우려	• 비선형부하로 고조파, 저속에서 저역률 • 구성이 복잡, 고장 우려

1) 인버터 제어방식(VVVF, Vector Controller)

(1) 구성

컨버터(정류부)	평활부	제어부	인버터
• AC → DC 변환 • SCR, GTO 사용 (고조파 발생에 주의)	직류성분 Ripple 제거 • 전압형 : 평활콘덴서 • 전류형 : 리액터	검출, 연산, 출력부 입력과 출력 비교검출 (전압, 전류, 주파수)	• DC → AC 변환(전압, 주파수) • IGBT, GTO 사용 (Noise 발생에 주의)

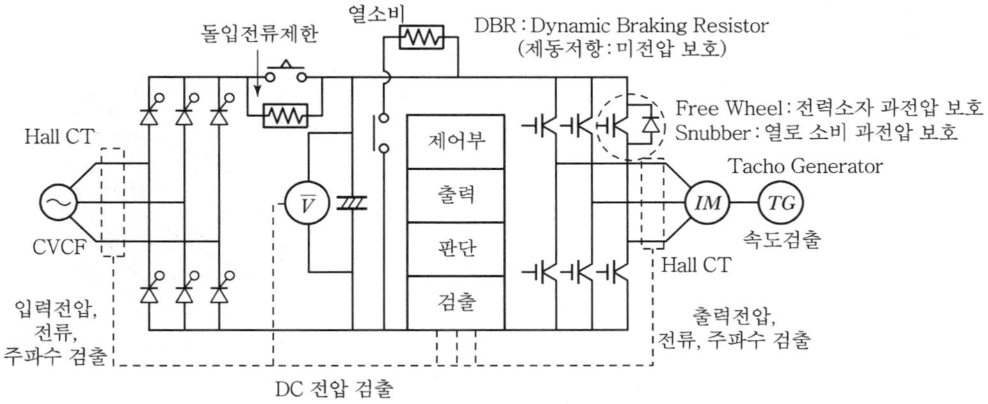

[인버터의 구성]

(2) 원리

① AC(정전압, 정주파) → (컨버터) → DC → (인버터, V/f 제어) → AC 변환 → 전동기속도제어

② 인버터 방식 VVVF과 Motor Saving 방식 VVCF로 구분

(3) 전압 주파수에 따른 회전수와 토크관계

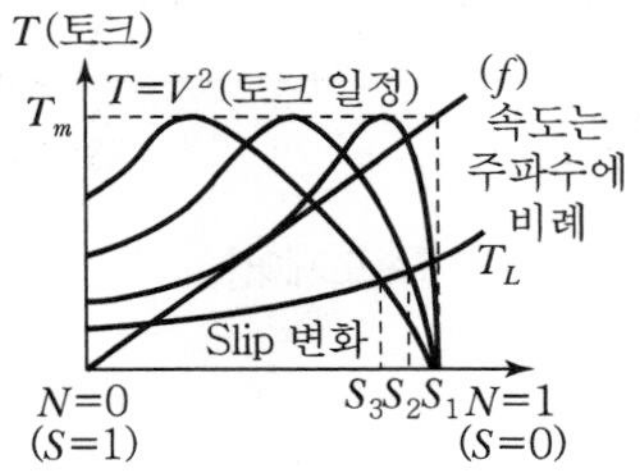

[주파수 제어(정전류)]

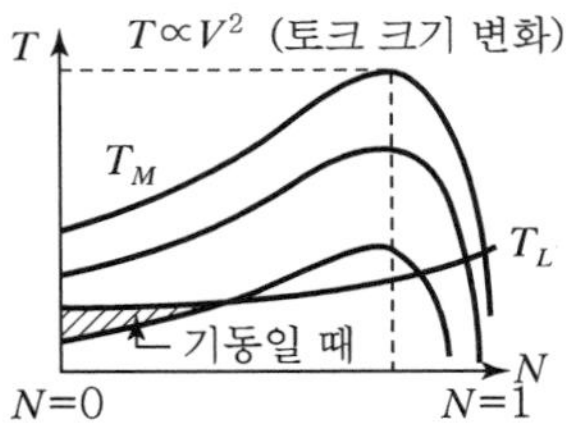

[정주파수 전압제어 VVCF]

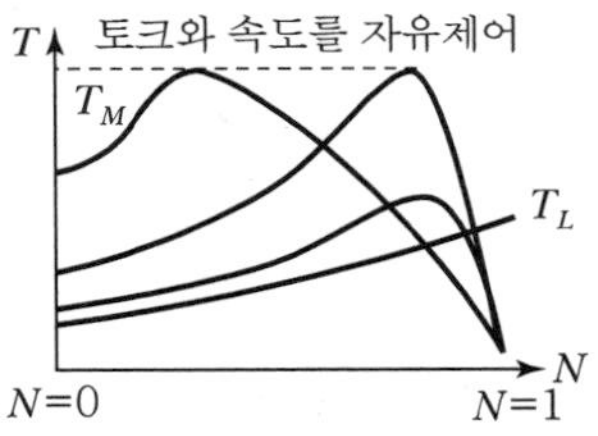

[V/f 제어 VVVF]

① 전동가속도 $N=\dfrac{120f}{P}(1-S)$: 주파수에 비례, 극수에 반비례

② 토크 $T=\dfrac{P}{W}\propto P_2=V_2 I_2^{\,2}=\dfrac{SE_2^{\,2}\cdot r_2}{\left(\dfrac{r_2}{S}\right)^2+x_2^{\,2}}$

$$\therefore\ T\propto P\propto V^2\propto\frac{1}{x^2}\propto\frac{1}{f}$$

(4) 적용

① 부하의 특성은 유량변화의 제곱저감

② Pump, Fan, Blower, Compressor에 적용 시 효과 우수

㉠ 유량 $Q_2 = Q_1 \times \dfrac{N_2}{N_1}$

㉡ 양정 $H_2 = H_1 \times \left(\dfrac{N_2}{N_1}\right)^2$

㉢ 축동력 $P_2 = P_1 \times \left(\dfrac{N_2}{N_1}\right)^3$

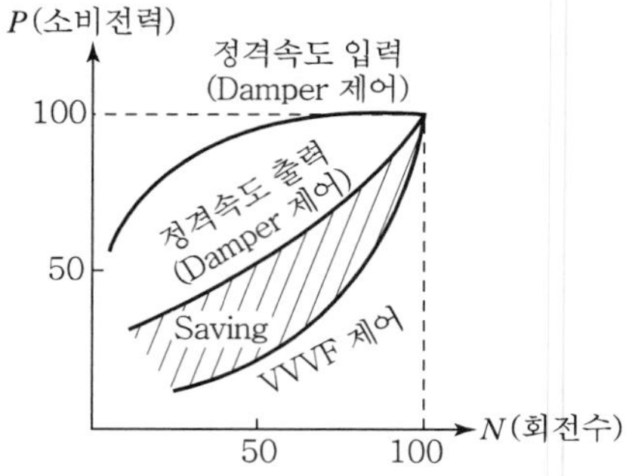

[속도제어와 에너지 절약]

2) Motor Saver(Soft Starter, VVCF)

On/Off Thyristor(전압 크기 제어)

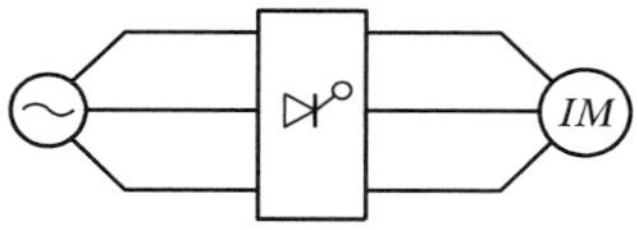

[구성도]

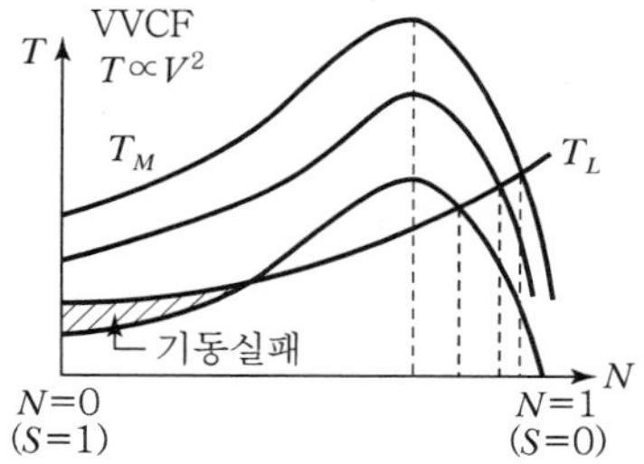

[속도제어]

(1) 적용 대상

① 기동전류 제한 및 유연한 기동, 정지 목적의 Soft Starter, Motor Saver

② 전동기 용량 과설계로 부하률이 낮은 전동기(50% 이하 시)

③ 무부하상태의 운전이 많거나, Loading과 Unloading이 빈번한 전동기

21 페루프, Vector의 위상제어

1 Vector 제어

1) 정의

교류전동기의 전류를 계자성분과 토크성분으로 분리하여 제어하는 방식(직류기의 타여자 방식)

계자성분(D축)	토크성분(Q축)
계자전류에 의한 자속제어	전기자 전류에 의한 토크제어

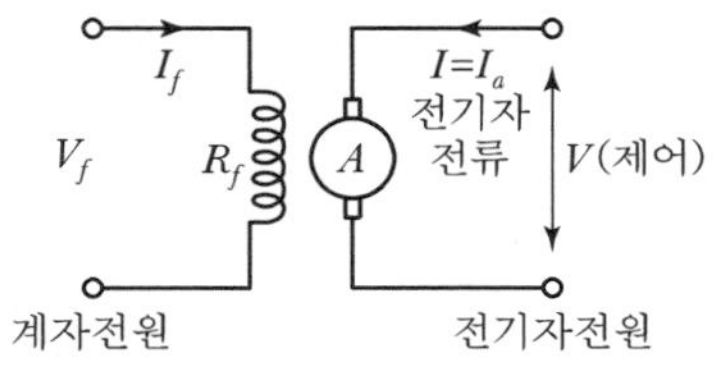

[Vector 제어]

2) 원리

① 전동기에 공급되는 1차 전류를 계자분전류와 계자와 직교하는 토크분전류로 분리 제어하는 방식

② 인버터에 의한 Vector 제어를 의미하며 Feed Back(속도검출)을 이용한 전동기 속도 제어법

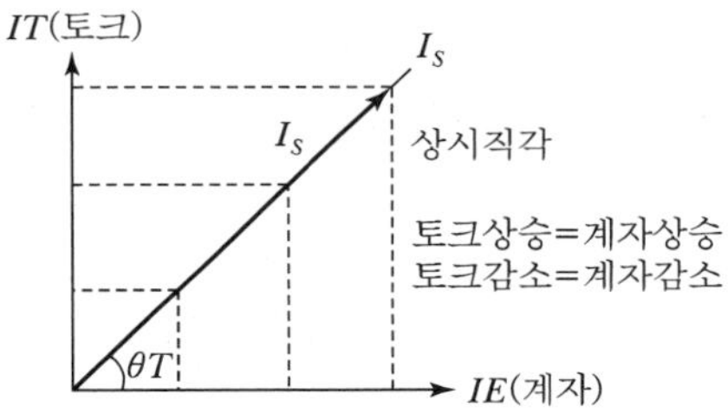

[토크와 계자 관계]

3) 유도전동기의 흐름도

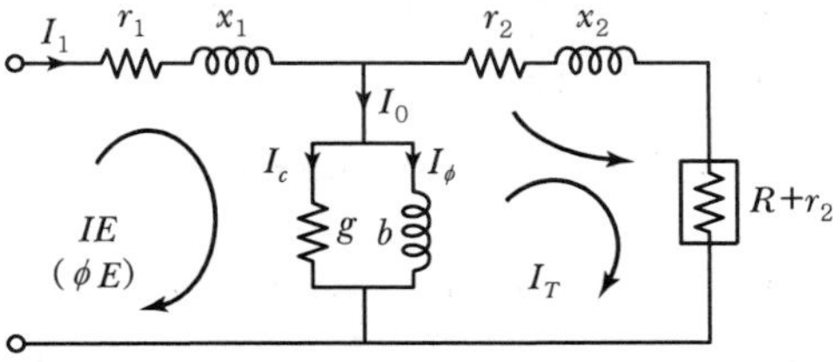

[등가회로도]

$$r_2 = \frac{r_2}{S} \ (Sx_2\text{를 } S\text{로 나누면})$$
$$= \left(\frac{1-S}{S}\right) r_2$$

① 타여자 전동기의 토크 $T = K\phi I_s \sin\theta$에서 θ가 일정하면 자속과 전류의 곱에 비례

② 즉, 계자전류와 토크전류 간에 90° 각이 유지되도록 계자전류 제어 시 유도전동기는 직류타여자 전동기와 같이 제어 가능

4) 제어의 구성

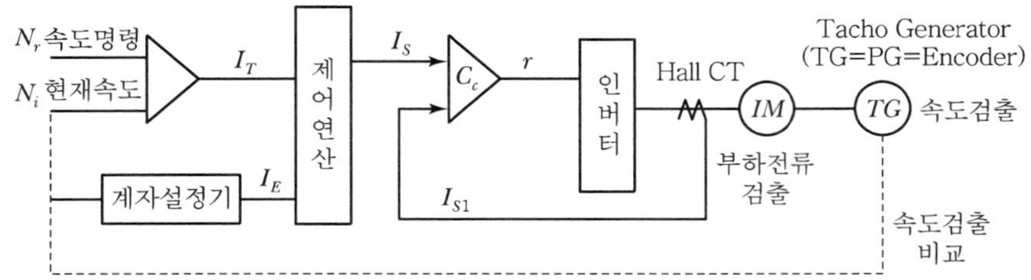

[제어도]

2 인버터 회로

1) 구성

(1) 주요 구성

컨버터(정류부)	평활부	제어부	인버터
• AC → DC 변환 • SCR, GTO 사용 (고조파 발생에 주의)	직류성분 Ripple 제거 • 전압형 : 평활콘덴서 • 전류형 : 리액터	검출, 연산, 출력부 입력과 출력 비교검토 제어(전압, 전류, 주파수)	• DC → AC 변환(전압, 주파수) • IGBT, GTO 사용 (Noise 발생주의)

(2) 기타 구성

① DBR, Free Wheel, Snubber : 회생전력에 의한 과전압 보호(열소비)

② 보호회로부 및 표시회로부 : 전동기 보호, 모니터링 기능

③ 속도검출부 : TG(Tacho Generator), PG(Pulse Generator), Encoder

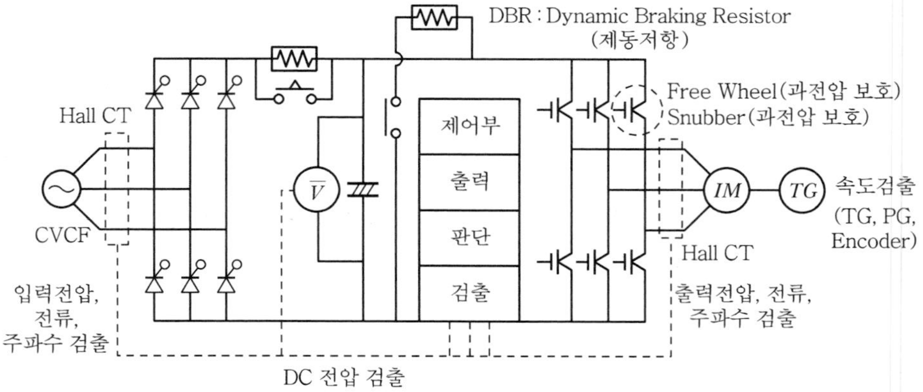

[인버터 구성도]

2) 인버터의 종류

(1) 전압형

① 평활회로부에 Capacitor 사용
② 출력이 정현파와 유사
③ PAM, PWM 방식으로 구분
④ 소형 경량 전동기 다수제어 가능

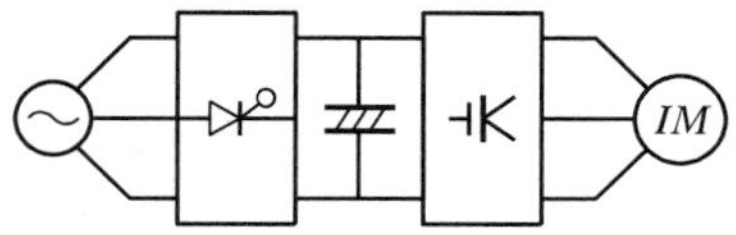

[평활콘덴서(전압형)]

(2) 전류형

① 평활회로부에 리액터 사용
② 토크특성, 응답성 우수
③ 부하전류형, 강제전류형(임피던스 정합)
④ 대형, 중량 전동기와 1 : 1 제어

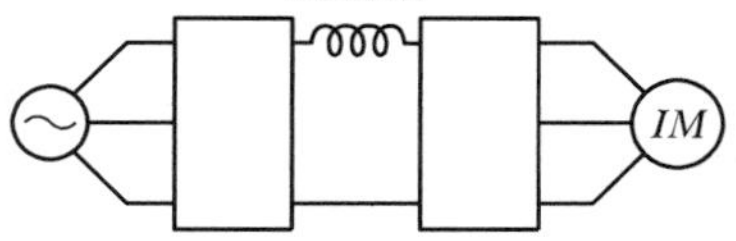

[리액터(전류형)]

3) 제어방식

구분	Open Loop(V/f)	Close Loop(벡터 제어)
제어방식	전압, 주파수 제어	전류제어(계자전류, 토크)
Loop 방식	Open Loop(개루프)	Close Loop(폐루프)
차이점	속도검출소자 없이 속도제어 출력 후 비교검출 소자 없음	속도검출소자 이용(PG, TG, Encoder) 검출, 비교, 연산으로 속도제어
특징	Energy Saving 및 속도제어	광범위하고 정밀한 속도제어
적용	전동기 단독운전 시 적용	전동기 다수(병렬)운전 시 적용

4) 주요 특징

(1) 장점

① PID 제어 가능(과부하 토크 별도 제어)
② 정확성, 고신뢰성
③ 속도특성 개선, 제어의 선형성과 빠른 응답성
④ 광범위하고 정밀한 연속적 속도제어
⑤ 에너지 절감 효과, 기동전류 감소
⑥ Loop 병렬운전 가능

(2) 단점

① 제어계통 부합(비교 검토)

② 속도검출소자 필요(PG, TG, Encoder)
③ 병렬운전 시 과부하에 유의

5) 적용

① Pump, Fan, Blower, Compressor 등의 속도제어
② 목표제어 기기에 적용 : 전동기속도, 유압, 압력, 토출량 제어 시
③ 고급 E/V 및 E/S 속도제어
④ 권상기, 대형크레인 등의 속도제어
⑤ 전동기 다수(병렬)운전 시 부하전류 불평형 방지

3 맺음말

1) 최근 속도검출부의 오차 감소를 위해 Sensor－less 벡터제어 인버터를 개발하고 있다.

2) Sensor－less 벡터제어
① 토크 성분의 전류를 검출하며, 회전속도제어로 정밀도가 우수하다.
② 기기수명 연장 및 유지보수가 간단하다.
③ 다수(병렬)운전 시 부하 불평형, 과부하 방지 및 안정적 운전이 가능하다.

22 BLDC와 PMSM

1 BLDC와 PMSM(회전자계 이용)의 정의

1) BLDC(회전자계)

① Brushless DC MTR
② 직류모터의 Brush 구조가 없는 전동기로 회전자계를 이용한 회전원리
③ 영구자석의 위치를 Hall Sensor로 속도검출하여 전류, 토크제어

2) PMSM(BLAC)

① Permanent Magnet Synchronous MTR
② 정현파를 이용한 AC MTR(BLDC와 구조, 원리 동일)
③ 정현파를 이용하여 정밀한 속도제어가 가능하며, 빠른 응답과 선형제어, 고효율화

❷ 구조 및 원리

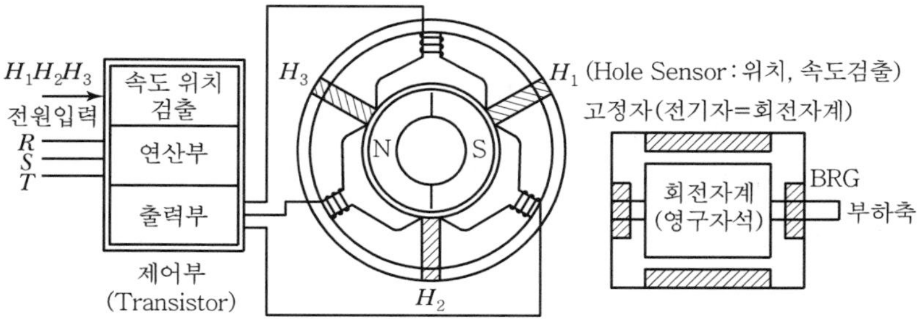

[BLDC의 구조]

구분	DC MTR	BLDC
고정자	계자	전기자
회전자	전기자	계자
Brush	유	무
출력파형	DC	구형파 또는 사다리꼴파

❸ 동작특성

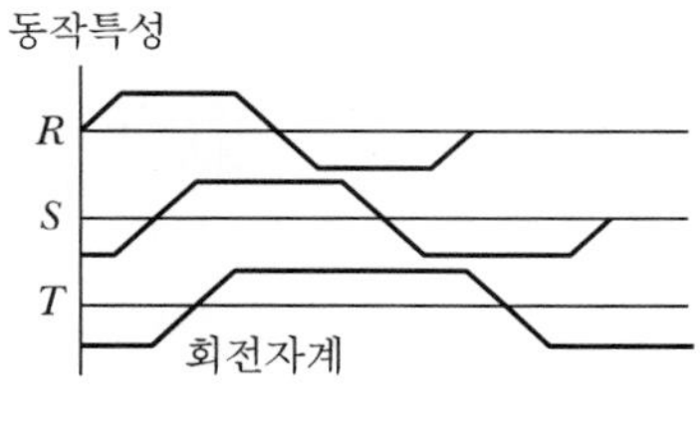

[출력파형]

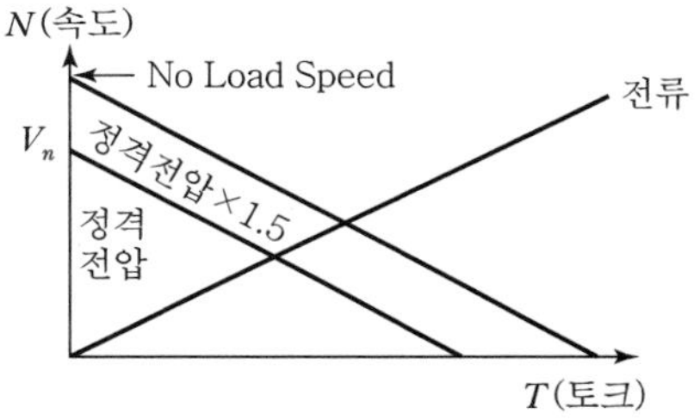

[동작특성표]

① 출력파형은 구형파 또는 사다리꼴파

② DC MTR와 같이 속도/토크특성이 선형적 감소

③ 정류자 및 Brush 대신 Hall Sensor(위치검출소자) + 고정자 전력 스위칭소자 필요

④ 회전속도 및 위치검출로 트랜지스터에서 회전토크 발생 스위칭 출력

4 특징 및 용도

1) 장점

① 고신뢰성과 장수명
② 제어성 및 효율 우수
③ 전기적(불꽃), 자기적(유도장해), 기계적(소음) 문제 미발생
④ 소형화 및 박형화 가능
⑤ 고속도운전 및 위치제어 가능
⑥ 순간허용 최대토크, 정격토크비 높음
⑦ Brush 불필요, 냉각 용이(회전열)

2) 단점

① 고가의 가격
② 전기적 시정수가 큼
③ 제어가 곤란

3) 용도

테이프, 레코드, 음향기기, 전산주변기기, 의료기기 등

5 DC MTR와 BLDC 비교

구분	정류자형 DC MTR	BLDC
고정자	계자	전기자
회전자	전기자	계자
정류자 브러시	필요	불필요
장점	• 기동토크가 큼 • 기동, 가속토크 임의선택 가능 • 속도제어 용이 및 효율 우수 • 가격이 저렴	• 브러시가 없어 노이즈 미발생 • 고속화 용이, 신뢰성 우수 • 일정속도, 가변속도 제어 및 유지보수 간단 • 모터 자체 신호로 위치제어 가능
단점	• 브러시로 인한 통신장애, 유지보수 필요 • 브러시의 불꽃 Noise 발생	• 시스템 복잡, 고가, 제어 곤란 • 전기적 시정수가 큼 $T = \frac{L}{RC}$

6 BLDC와 PSMS 비교

구분	BLDC	PMSM(BLAC)
명칭	Brushless DC MTR	Permanent Magnet Synchronous MTR
권선 형태	집중권(Concentrating)	분산권(Distributed Winding)
파형	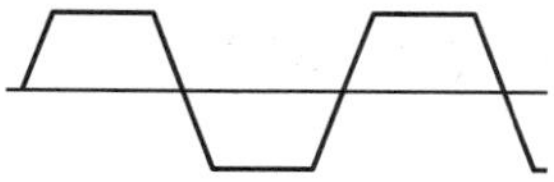 [구형파 또는 사다리꼴파]	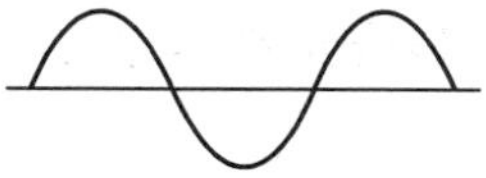 [정현파]
제어법	• Scala 제어 • 전류의 크기와 방향제어	• 공간벡터제어(Space Vector Control) • 전체 사이클에 대한 전류의 크기와 방향제어(계자, 토크 직접제어, 속도, 위치제어)
제어방식	고토크, 고속제어(잡음 발생)	고효율 위치, 정밀서보제어(잡음 없음)
인버터 효율	고효율	저효율
모터 효율	저효율	고효율
모터 비용	보통	고가
특징	• 느린 응답 • 전류 및 토크제어 최적화 곤란 • 저속 및 고속에서 토크 전달이 비효율적 • 저속에서 뛰어나지만 내부손실 • 맥동토크, 잡음, 발열 발생	• 빠른 응답과 선형제어 가능 • 전류, 토크, 속도의 독립제어 가능 • 전류제어로 시작 시 최대토크 • 고토크에서 비교적 높은 효율 • 토크 일정, 잡음 미발생, 낮은 발열

23 전동기의 선정방법

1 합리적 이용을 위한 전동기 선정방법

1) 부하토크 및 속도특성에 적합한 특성

정토크 부하	정속도 부하	정출력 부하
회전기, 펌프, 인쇄기, 직류분권, 권선형, 분권정류자전동기	동기, 유도, 직류복권	단상, 3ϕ 정류자전동기, 직류직권

2) 운전형식에 적당한 정격 및 냉각방식

정격	냉각방식
정격전압, 정격주파수, 정격토크, 정격회전수	고속도(자체 냉각팬, ZC01, ZC411), 자속(별도 냉각, ZC416ACR)

3) 사용장소별 적당한 보호방식(IPX_1X_2 : 분진, 방수)

① 방수형
② 수중형
③ 방식형
④ 방폭형
⑤ 방습형

4) 기타

① 용도에 적합한 기계적 형식 선정
② 가급적 표준출력 선정
③ 고장이 적고, 고신뢰의 경제적인 것 선정

2 전동기의 정격 선정

입출력	효율 및 속도변동률	온도상승	사용상태 분류	정격
입력	효율(입출력, 규약효율)	정상, 최고온도상승	단속, 연속, 단시간	전압, 전류, 주파수, 속도
출력	속도변동률(Slip)	절연종별 최고허용온도	반복, 변동, 반복부하연속	연속, 단시간, 반복정격

1) 전동기의 입출력

(1) 입력

전동기의 전기적 입력(P_i)

직류 $P_i = EI_a$

교류(1ϕ) $P_i = VI\cos\theta$

교류(3ϕ) $P_i = \sqrt{3}\,VI\cos\theta$

여기서, P_i : 입력, $E \cdot V$: 공급전압, I : 전류, $\cos\theta$: 역률

(2) 출력

전동기에서 발생하는 기계적 동력(P_m)

$$P_m = WT = 2\pi n T = 1.026NT[\text{W}]$$
$$P_m = 9.8\,WT[\text{W}]$$
$$T = \frac{P_m}{2\pi n}[\text{N} \cdot \text{m}] = \frac{P_m}{1.026N} = 0.975\frac{P}{N}$$
$$n[\text{rps}] = \frac{N[\text{rpm}]}{60}$$

2) 전동기의 효율 및 속도변동률

(1) 효율(n)

① 입출력효율 $n = \frac{P_m}{P_i} \times 100\%$

② 규약 효율 $n = \frac{P_i - P_L}{P_i} \times 100\%$

③ 총손실 P_L = 고정손 + 부하손

여기서, P_i : 입력, P_m : 출력, P_L : 총출력

(2) 속도변동률(ε_s)

① 부하변동에 따른 속도변동의 정도

② $\varepsilon_s = \frac{N_0 - N_1}{N_1} \times 100\%$

③ Slip $S = \frac{N_0 - N}{N_0} \times 100\%$

④ 속도변동률 $\varepsilon_s = \frac{S}{100 - S} \times 100\%$

$\therefore\ \varepsilon_s \fallingdotseq S\left(1 + \frac{S}{100}\right) \fallingdotseq S\%$

여기서, N_0 : 무부하(동기속도), N_1 : 정격, N : 부하속도

3) 전동기의 온도상승

① 전동기의 손실은 열이 되어 전동기의 온도상승을 초래

② 정상상태 도달 후 온도상승

손실(P_L)	최종상승온도(T)
$P_L = hsT$[W]	$T = \frac{P_L}{hs}$[°C]

여기서, h : 방열계수[W/m^{2}deg], s : 방열면적[m^2]

③ 최종상승온도(T)는 손실(P_L)에 비례, 즉 출력상승 시 손실 증가로 T는 상승

④ 전기기기 절연종별 최고허용온도

절연종	Y	A	E	B	F	H	C
허용온도[°C]	90	105	120	135	155	180	180 이상

4) 전동기의 사용상태 분류

구분	내용
연속사용	일정온도상승에 도달하는 시간 이상 연속운전 상태
단시간사용	최고온도상승 이하에서 운전 및 정지 상태
단시간부하 연속사용	부하운전 → 최고온도상승 이내 → 무부하운전 → 부하운전 반복
단속사용	일정부하운전 → 최고온도상승정지 → 정지 → 일정부하운전 반복
단속부하 연속사용	일정부하운전 → 최고온도상승 이내 → 무부하(미정지) → 일정부하운전 반복
변동부하 연속사용	변동부하로 연속운전(미정지 상태로 최고온도상승 이내 운전)
변동부하 단속사용	부하의 크기, 운전시간, 정지시간이 사용형태에 따라 불일정
반복사용	부하/정지시간으로 구성, 사이클이 열적 평형 도달보다 짧은 주기 반복
반복부하 연속사용	부하의 크기, 운전시간을 사용형태에 따라 조정(미정지)

5) 정격

① 회전기의 정격 : 여러 조건하에 기기를 사용할 수 있는 한도 표시

② 정격출력 : 정격사용한도를 기기의 출력으로 표시(전압, 전류, 주파수, 회전수로 구분)

③ 정격의 분류

연속정격	단시간정격	반복정격
• 지정조건하에 연속사용 시 정해진 온도상승 • 기타 제한을 넘지 않는 정격	• 일정 단시간의 사용조건 운전 시 규정으로 정해진 온도상승 • 기타 제한을 넘지 않는 장벽	• 지정조건하에 반복사용 시 규정으로 정해진 온도상승 • 기타 제한을 넘지 않는 장벽

24 전동기의 소손원인과 보호방법

1 전동기의 소손원인

1) 전기적 원인

종류	원인	현상	대책
과부하	기계의 과중한 부하	과열 절연파괴 소손	OCR, EOCR
결상	접점, PF의 결상	토크부족 회전정지, 과열 소손	OPR(결상 계전기)
층간단락	권선 1ϕ의 절연불량	코일단락, 과전류 소손	OCR 순시, PF
선간단락	권선 열화, 선간절연 파괴	선간단락, 과전류 소손	OCR 순시, PF
권선지락	절연불량, 공극불량, 회전자와 권선 접촉	완전지락, 과열, 과전류 소손	지락계전기(OCGR), ZCT+SGR(비접지)
과전압	전선로 이상(낙뢰, Swell)	심할 시 절연파괴 소손	OVR(과전압 계전기)
저전압	전선로 이상(SAG)	토크저하 과전류 소손	UVR(부족전압 계전기)

2) 기계적 원인

종류	원인	현상	대책
구속	과부하로 정지상태	과전류, 과열, 절연파괴 소손	OCR, EOCR
회전자와 고정자 간 마찰	전동기 축 이상, Bearing 마모	기계적 마찰로 인한 열 발생, 권선 마모, 절연파괴 소손	OCR, EOCR, OCGR
Bearing 마모	Bearing 소손	기계적 과열 소손	Bearing 교체
윤활그리스 부족	Grease 윤활유 미보충	기계적 과열 소손(절연파괴)	정기적 유지보수

2 전동기의 보호

1) 고압전동기 : 보호계전기 또는 PF를 이용하여 보호

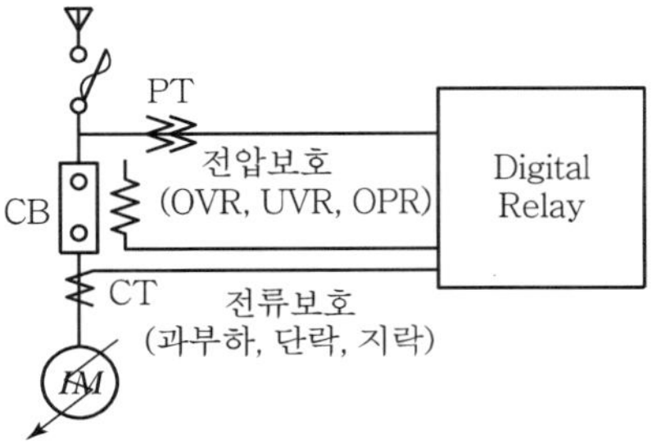

[접지계통 보호]

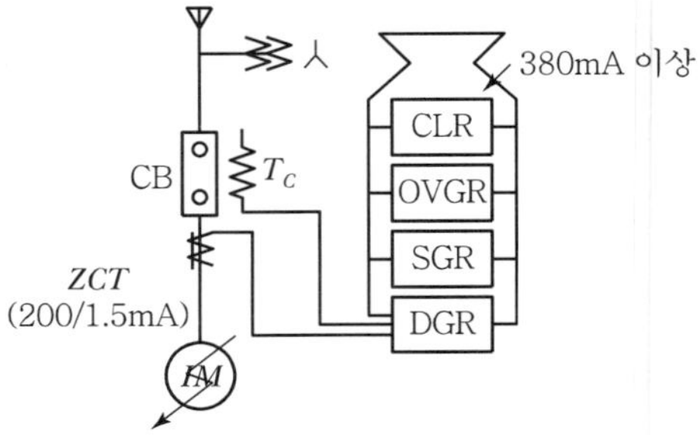

[비접지 계통의 보호]

보호방식	계전요소
단락보호	PF 또는 OCR 순시, 비율차동계전기(5,000kW 이상)
과전류보호	OCR 한시(과부하)
지락보호	접지계통(OCGR), 비접지계통(OVGR, DGR, SGR+ZCT)
과전압, 저전압	과전압(OVR), 저전압(UVR), 결상(OPR)
역상보호	RPR

2) 저압전동기

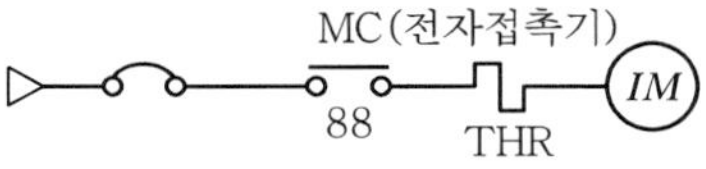

[계통도]

분류	Fuse	MCCB	ELB	THR	EOCR		
단락	○	○	선택	선택	2E	3E	4E
과전류	△	○	선택	○	○	○	○
결상	·	·	·		○	○	○
역상	·	·	·			○	○
지락	·	·	○				○

① EOCR : 전자식 과전류 계전기

2E	3E	4E
과부하(단락)+결상	2E+역상	3E+지락

3) 전동기의 열특성

① 허용되는 부하전류와 시간 관계

② 과전류 → 과열 → 절연파괴 문제

③ 과전류 억제, 과열소손 방지 필요

④ 기동전류 $= 7I_n \leq 10\text{sec}$

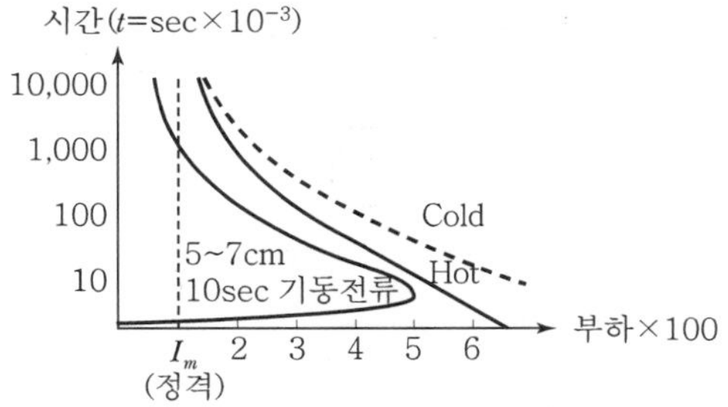

[전동기의 열특성]

4) 보호계전기에 의한 보호(비율차동계전기)

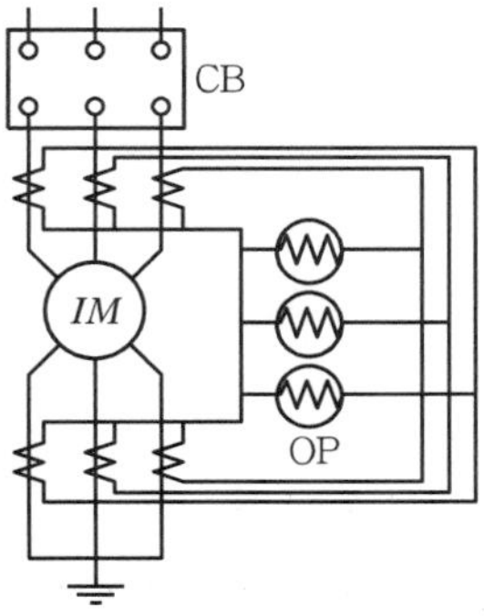

[비율차동계전기 회로도]

① 5,000kW 이상의 고압전동기 적용

형식	장력	정정범위[%]	표시기붙이 보조접촉기
1Y−BZ	/5A	10−15−20	1CS 0.8A
1Y−3R			

5) 과전류

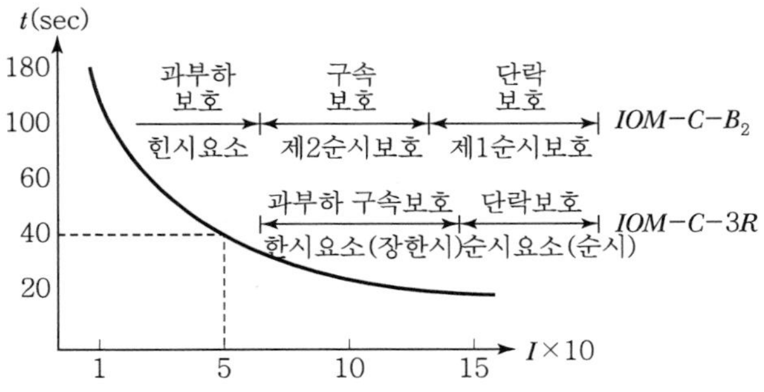

[Tap의 배수]

6) 지락보호

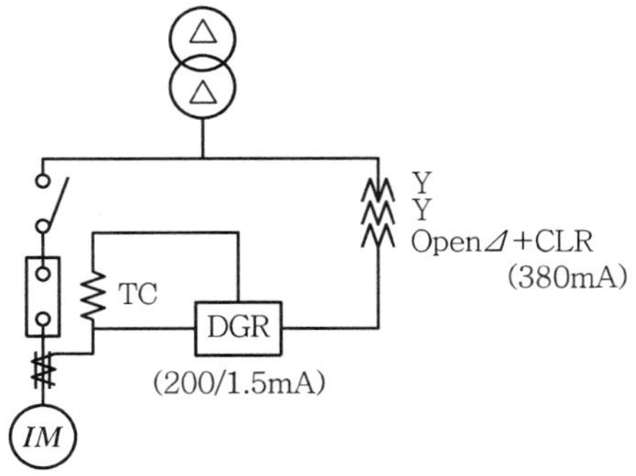

[비접지계통]

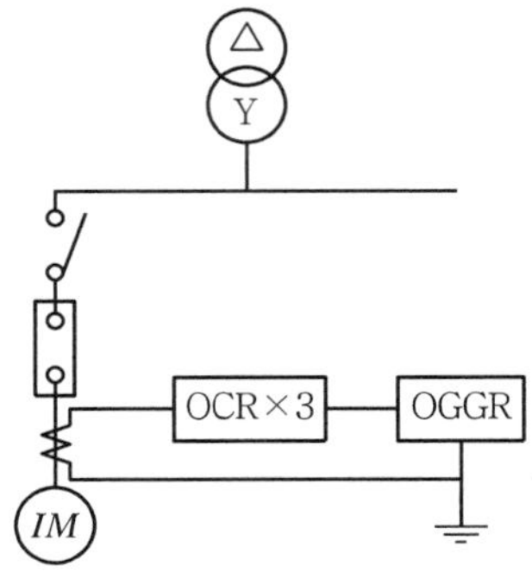

[접지계통]

3 맺음말

1) 전동기의 수명

① 전동기의 수명은 10~15년으로 추정

② 장기사용 전동기는 절연의 피로현상에 의해 소소한 문제로도 소손 우려

2) 전동기 소손 최소화 방법

① 기계적 용량과 특성에 맞는 전동기 선정

② 용도에 맞는 정확한 계전기 선정(접지, 비접지 회로)

③ 계전기의 Tap을 부하특성과 비교 적용 정정

④ 계전기의 정상작동 여부를 정기적으로 점검

⑤ 정기적인 유지보수 시행(Bearing 교체, 권선 절연 보장, Grease 주입)

⑥ 수명 노후화, 소손 우려 전동기는 사전교체 시행

25 장대터널용 환기용 Jet Fan 모터 운전방식

1 장대터널용 Jet Fan

① 1km 이상의 터널에 설치
② 운전자의 교통환경을 쾌적하게 개선
③ 운영, 유지관리자의 근무환경 개선
④ 운전 시 발생할 수 있는 사고 예방 목적(터널 화재 시 배기)

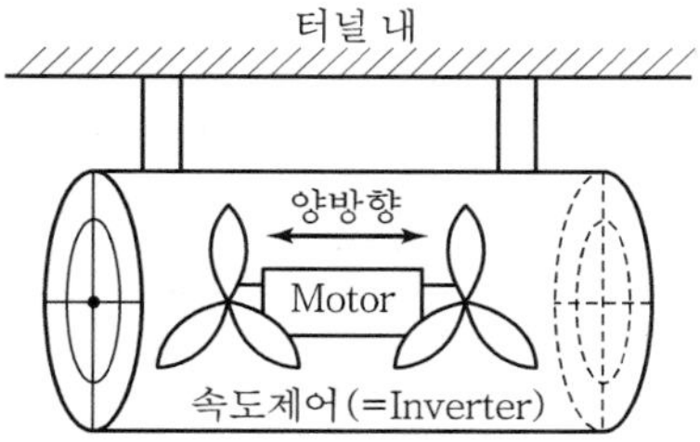

[장대터널용 Jet Fan]

2 필요성

차량 배출가스 영향 최소화

배출가스 종류	영향	대책
유해성 가스	빛을 흡수, 산란	Jet Fan 설치 운영
CO, CO_2, NOx, SOx	주행 시 전방의 가시도 저하, 호흡 곤란, 안전운전에 지장	차량 배출가스 제거, 흡기 및 배기

3 환기방식의 종류(KSC 3703)

환기방식은 터널 위험도에 따라 결정

등급	터널길이(m)	환기방식
4등급	500m 미만	자연 환기방식
3등급	1,000m 미만	
2등급	3,000m 미만	강제(기계) 환기방식
1등급	3,000m 이상	

4 환기 Fan의 운전

1) 운전방식

구분	내용
대수제어	일반적 사용(필요수량 운전)
Schedule 제어	프로그램에 의한 제어(시간, 요일, 계절, 교통량)
자동제어	터널 내의 오염농도에 따라 자동으로 Fan 대수 가감
수동제어	터널 내의 오염농도를 수동으로 판단, Fan 대수 수동운전

2) 정상상태와 비상상태

구분	정상상태	비상상태
상태	교통 원활상태(사고 미발생)	교통사고, 화재사고 발생 시
운영방법	평상시 자동운전	자동 또는 수동으로 배연
적용	센서측정기(VI, CO), 차량속도계, 풍향풍속계 이용	센서 및 CCTV에 의한 확인 (눈으로 직접 감시)

5 Jet Fan 설계 시 고려사항

① 정격전류

② 기동전류

③ 허용전압강하와 변동률

④ 기계적 감도

⑤ 단락전류

⑥ 역률, 효율 고려

⑦ 고조파(인버터 방식 채용 시)

⑧ 기동방식(Y－Δ, 인버터 방식)

⑨ 케이블의 종류(내열성 FR－8)

⑩ 현장조작반 위치

26 전동기 특성시험

1 전동기 특성

1) 등가회로도

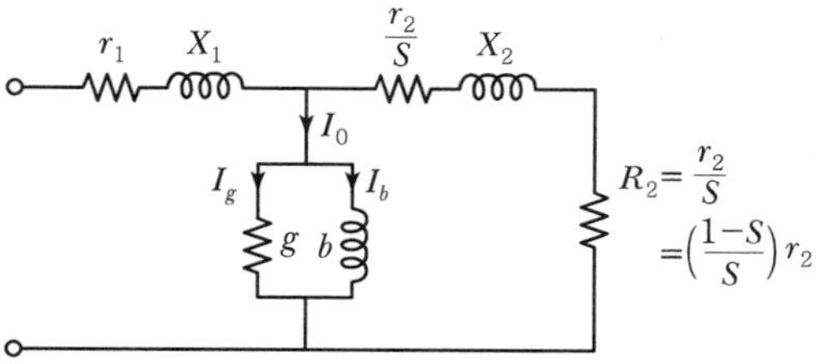

[등가회로도]

① Slip의 영향 요소

전압	주파수	리액턴스	정지 시 Slip	운전 시 Slip
$E_1 = SE_2$	$f_1 = Sf_2$	$X_1 = SX_2$	$S=1$	$S \fallingdotseq 0\ (0.05)$

2) 전동기의 손실

구분	손실	원인	대책
동손 (P_c)	• 1차 동손 (고정자손 $= P_{c1}$) • 2차 동손 (회전자손 $= P_{c2}$) • $P_c = P_{c1} + P_{c2}$	• 고정자손실 $P_{c1} = RI^2$ • 회전자손실 $P_{c2} = r_2 i_2^2$	$R = \frac{\rho l}{A}$ 적용 시 • 권선체적, 도체, 엔드링 크기 증대 • 코일길이 단축, 1차 전류 저감
철손 (P_i)	고정자 철심 $P_i = P_h + P_e$	• 히스테리시스손 $P_h = K_h f B_m^{1.6}$ • 와류손 $P_e = K_e (K_p f t B_m)^{2.0}$ • 유전체손(무시) $W_c = WCE^2 \tan\delta$	• 철심의 재료, 형태, 설계 개선 • 자속밀도 저감, 투자율이 높은 재료 선정 • 철심두께 감소, 초전도체 사용
표류 부하손	부하손과 동손의 차	회전자 Cage의 공극에 의한 누설전류	• 회전자홈 절연(심구형, 이중농형) • 공극길이 최소, 공극자속밀도감소, Slot 수 최소화
기계손	베어링, 마찰, 풍손	• $Pl = N^3$승에 비례 • 냉각계 순환 순실	• 저손실 Bearing 및 Grease 채용 • 냉각 Fan 자손실화(소형화)

2 전동기 특성시험

실부하법	무부하시험	구속시험
우선 적용, 곤란의 무부하, 구독시험 대체	철손과 기계손 파악	철손, 기계손, 저저항, 1차 권선저항, 온도시험 2차 전압, 절연내력, Slip, 저주파 구속 및 전류의 유효 · 무효분

1) 무부하시험

철손과 기계손 측정 목적(V_2 : 정격전압, P_o : 입력전압, I_o : 입력전류)

방법	무부하 전류	무부하 손실
• 정격전압, 정격주파수 인가 무부하시험 시행 • 전압을 변경 입력전력, 전류를 측정, 손실 측정	• 유효분 $I_oP = \dfrac{P_o}{\sqrt{3}\,V_2}$[A] • 무효분 $I_oQ = \sqrt{I_o^2 - I_oP^2}$[A]	• 철손 : 전원전압 V^2에 비례 • 기계손 : 전원전압과 무관, 항상 일정

2) 구속시험

방법	특성계단
• 전동기를 회전하지 않도록 구속 • 정격주파수가 낮은 전압에 인가 • 전압(V_1'), 입력(WS'), 전류(IS') 측정 • 정격전압에 있어 전류의 유효분과 무효분 계산	• 전류의 유효분(I_{sp}) $I_{sp} = \dfrac{V_1N}{V_1''^2} \times \dfrac{P_s}{\sqrt{3}}$[A] • 전류의 무효분(I_{sq}) $I_{sq} = \sqrt{\left(\dfrac{V_1N}{V_1'} \times I_s'\right)^2 - I_{sp}^{\ 2}}$[A]

(1) 1차 권선 저항(r_1)

① 전동기 고정자 권선 두 단자 간의 직류저항값 측정(r_1')

② $\Delta - \mathrm{Y}$ 결선에 관계없이 r_1'는 결선 1상당 저항값은 2배

③ 한 상당 저항값 r_1 : 운전 시(75℃), 온도 t[℃]일 시

$$r_1 = \frac{r_1'}{2} \times \frac{309.5}{234.5 + t}[\Omega]$$

(2) 저항 측정

전압강하법	브리지법
전기자권선과 같은 저저항 측정	권선온도가 오르지 않도록 20%의 정격전류로 단시간 측정 및 실온 기록

(3) 철손 및 기계손 측정

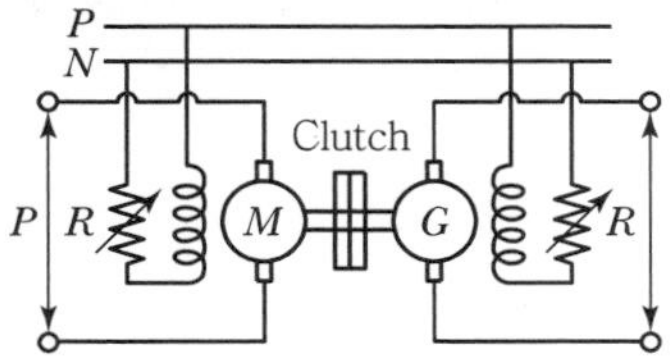

[철손 및 기계손 측정]

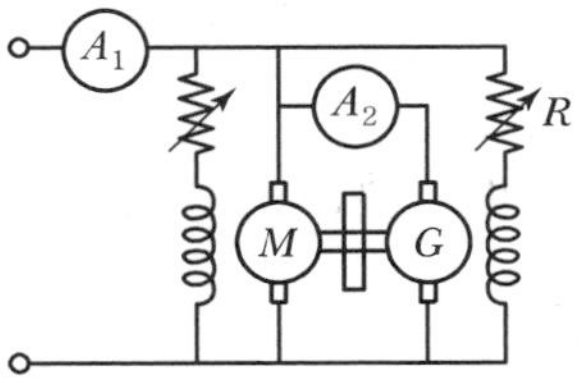

[캅법]

방법	조건	손실
피시험기 G를 다른 전동기 M으로 일정 속도로 회전	P_1 : G의 Clutch 차단 시 입력 P_2 : G가 무부하 무여자 시 입력 P_3 : G에서 소정의 여자전류 인가 시 입력	철손$(P_i) = P_3 - P_2$ 기계손 $= P_2 - P_1$

(4) 온도시험(캅법)

① 기계를 정격부하상태로 유지 시 장시간 운전시간과 온도상승 관계

② 대용량에서는 전원용량, 구동기의 출력부하 실버점에서 실부하시험 곤란으로 반환부하법 사용

③ 캅법을 주로 사용

(5) 기타 측정

구분	내용
2차 전압 측정	전동기 속도변화에 따른 2차 전압 측정
절연내력 시험	시험전압으로 권선과 대지 간 10분간 인가에 견딜 것
저주파 구속시험	주파수 변환장치 이용 정격주파수의 1/2 인가, 구속전압, 저주파 구속전류, 저주파 구속입력 계산
Slip 측정	정격전압, 정격주파수, 정격전류 시 Slip 값 측정

27 Universal MTR

1 유니버설 전동기(Universal Motor)

1) 정의

① 교류 및 직류전원 모두 사용 가능한 전동기
② 교직 양용, 만능전동기, 단상직권 정류자 전동기

2) 구성

① 고정자(계자) + 회전자(전기자) + 정류자 + Brush로 구성
② 구성은 직류직권전동기와 동일

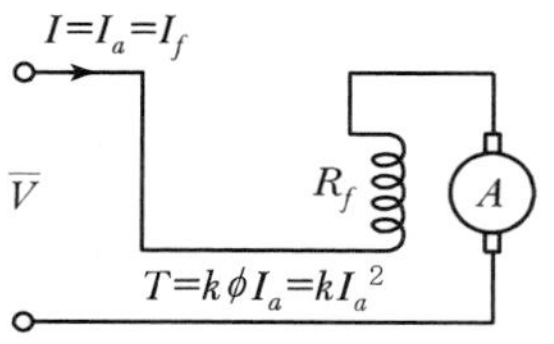

[직류직권 전동기]

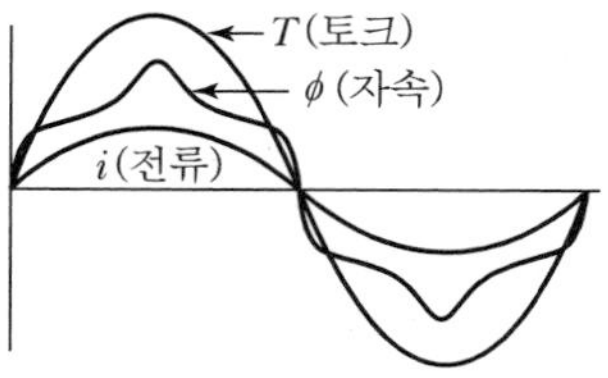

[파형]

2 원리

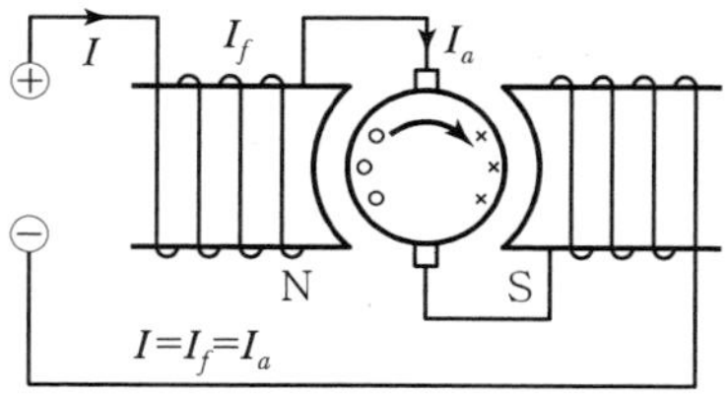

[+교류]

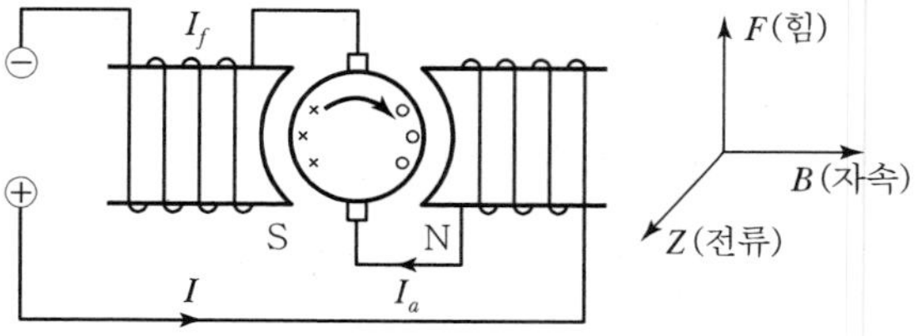

[−교류]

① 직권전동기에 교류전류 인가 시 전기자전류가 +, −로 변환
② 계자극성, 전기자전류의 방향이 동기반전
③ 회전방향, 토크는 항상 일정(플레밍의 왼손법칙) $F = BlI$

3 주요 특성

1) 토크 특성

① 저속 시 큰 기동토크

② 고속 시 토크 저하

③ $T = K\phi I_a (\phi = I_a) = KI_a^2$

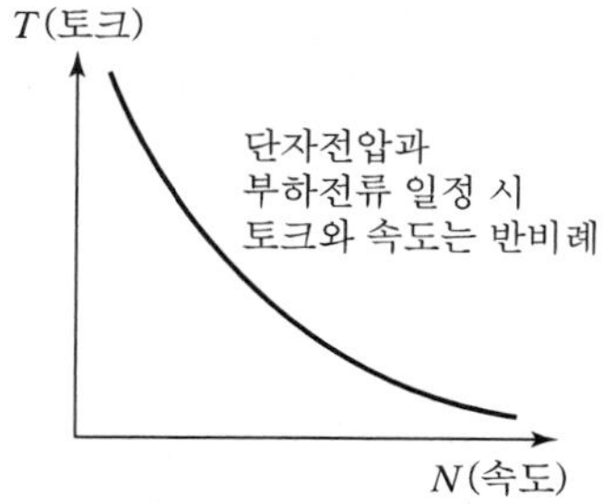

[토크와 속도 관계]

2) 주파수 특성

① 주파수 상승 시 효율 저하

② 효율이 0인 지점에서 정지현상

③ 주파수 저하 시 효율은 상승하나 전동기 진동현상

4 장단점

1) 장점

① 직류, 교류 모두 사용 가능

② 기동토크가 큼

③ 회전수는 전압에 비례 ($N = K\dfrac{E}{\phi}$)

④ 무부하의 회전수 증가

⑤ 전압 극성에 관계없이 회전방향 일정

2) 단점

① 무부하의 회전수 증가로 고속위험

② Brush에 의한 Noise 발생

③ 수명 저하

④ 전기자 반작용 출력 저하

5 직류직권 전동기를 AC로 사용 시 문제점 및 대책

구분	문제점	대책
교번자속	철심강도 약화	전기자, 계자철심에 성층철심 사용
계자권선의 리액턴스	• 전압 강하 (주자속 저하) • 역률 저하 • 토크 감소 • 전기자 반작용 증가	• 전기자 권수 증대 • 전기자수 편수 증대 • 보수, 보상권선 설치(토크, 회전수 상승)

6 용도

① 큰 기동토크를 필요로 하는 전동기에 적용
② 청소기, 믹서, 전동드릴 등에 적용

28 Step Motor

1 개요

① 1920년대 영국에서 개발, 1960년대 일본에서 NC제어 공작기계 도입
② 현재 수많은 전기기기 분야에서 이용 및 적용

2 구조

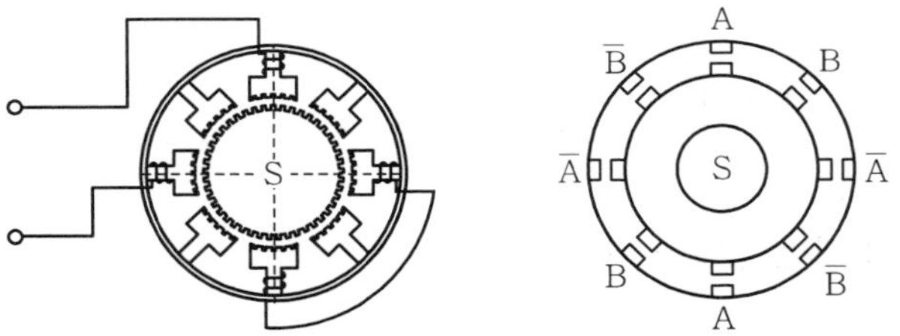

[Step Motor의 구조]

고정자(스테퍼)	로터(회전자)	원리
저층강판+코일권선	영구자석+저층강판	회전은 DC Motor 원리와 동일

3 원리

① 펄스신호 입력 시 일정 각도씩 회전 MTR
② 입력펄스 수에 대응하여 일정 각도씩 움직이는 모터로 펄스 스텝모터
③ 입력펄스 수와 모터의 회전각도의 완전 비례로 회전각도를 정확하게 제어 가능

4 종류

[VR형]

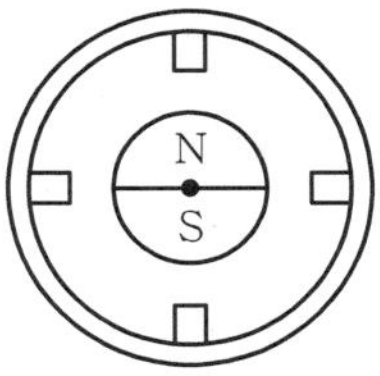

[PM형]

[하이브리드 PM형]

종류	특징
VR형	• Variable Reluctance Type : 가변리액턴스형 • 회전자(톱니바퀴)와 고정자에서 만들어지는 전자력으로 회전(인력) • 무여자 시 토크는 0으로 관성이 작고 고속응답(Step은 15°가 일반적)
PM형	• Permanent Type : 영구자석형 • 고정자 권선에서 만들어지는 전자력과 회전자의 영구자석의 힘으로 회전(인력) • 영구자석으로 무여자 시 유지토크가 큼
HB PM형	• Hybrid PM Type : 복합형 • 고정밀, 고토크, 소스텝에 주로 사용

5 장단점

1) 장점

① 피드백이 없는 단순 제어계

② 디지털 신호를 정밀기기에 적용

③ 총회전각은 입력펄스 수의 총수에 비례

④ 속도는 1초당 입력펄스 수에 비례

⑤ 정지 시 큰 토크로 회전오차각 누적 방지 및 초저속 동기회전 가능(진동 발생)

2) 단점

① 관성부하에 약하고 고부하, 고속운전 시 탈조현상

② 특정 주파수에서 공진과 진동(200Hz 부근)

③ 권선의 인덕턴스 영향으로 펄스비가 상승함에 따라 토크 저하로 인한 효율 저하

6 용도

1) 적용 대상

① Serial Print의 종이보내기 제어
② Print Head의 인자위치 제어
③ X · Y Plotter의 펜위치 제어
④ Floppy Disk의 Head 위치 제어
⑤ 지폐계산기
⑥ 봉재기기
⑦ 전동 타자기
⑧ 팩시밀리

2) 현재 BLDC로 대체

29 서보모터(Servo Motor)

1 서보모터의 정의

① 제어의 명령에 따라 속도, 위치 토크 제어
② Servo Drive의 제어기에 의한 정확한 위치와 속도를 추종 가능
㉠ 직류기 : 계자자속 제어
㉡ 교류기 : Servo Drive(인버터)
③ 속도, 위치 검출로, 정확하고 정밀한 제어

2 구조

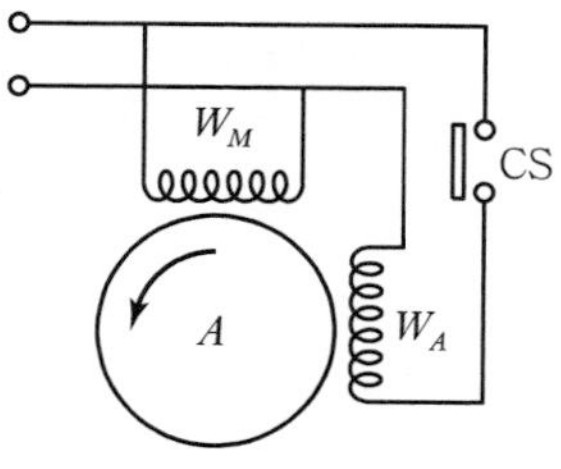

[단상 유도전동기]

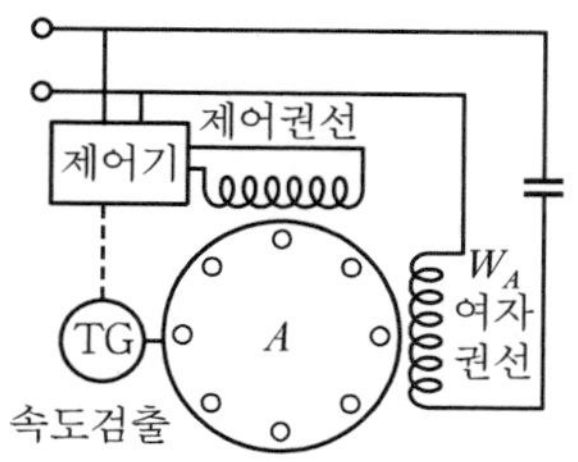

[서보모터]

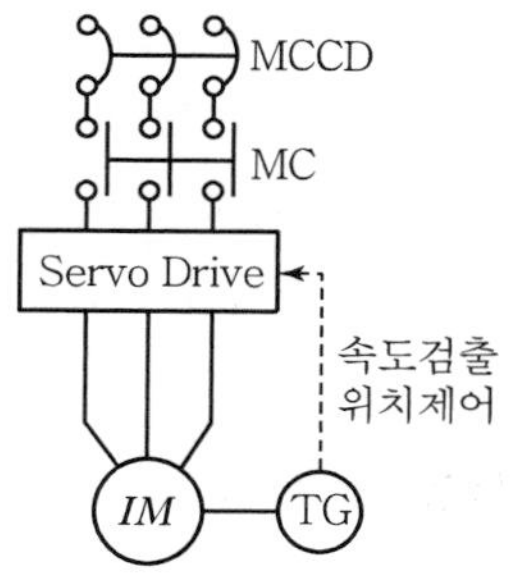

[회로도]

구분	일반모터	서보모터
권선	주권선(W_m)+시동권선(보조권선 W_a)	여자권선+제어권선+Servo Drive
속도검출	없음	Encoder 또는 Tacho Generator
속도제어	전압, 주파수, 저항, 극수	Servo Drive를 이용 (계산에 의한 위치, 속도 토크 제어)
회전	단방향 회전(역방향 시 접속 변경)	기동, 정지, 역회전이 용이

※ 주의 : 전동기의 관정모멘트를 작게, 마찰토크를 작게 할 것

3 원리 및 종류

원리	종류(유전공)		
	전기식	유입식	공기식
• Servo Drive와 속도검출기를 이용한 광범위한 속도제어 • 속도검출기의 신호와 출력제어신호로 연산제어	직류 및 교류서보 펄스 모터 전자클러치 등	직농형 유입모터 회전형 유입모터	Air Motor

4 직류서보와 교류서보의 비교

1) 직류서보

① 토크가 전류에 비례하므로 제어가 용이($T = K\phi I_a$)

② 가격이 저렴

③ 브러시, 정류자필요, 유지보수 곤란

④ 정밀한 위치 제어가 요구되는 공작기계에 적용

2) 교류서보

① $T \propto V^2$ 전압제어로 토크제어 용이
② 브러시, 정류자가 없어 유지보수 용이
③ 구동인버터는 사용 구조가 복잡, 가격 고가
④ 세탁기와 같이 큰 힘이 필요한 기기에 적용

5 특징 및 용도

1) 주요 특징

① 속도검출을 이용한 빠른 응답성
② 넓은 속도의 제어 범위
③ 정역동작의 반복 가능(증속기 필요)
④ 방열효과 우수

2) 용도

① 로봇
② 공작기계
③ 반송기계

6 최근 동향

① 고출력의 서보모터에 직류를 사용했으나, 최초 인버터로 Servo Drive 결합 3ϕ 유도 전동기까지 확대 적용
② 인버터의 Vector 제어를 이용하며 직류기와 거의 유사한 선형기로 점차 확대 이용 중

CHAPTER

03

전열공학

01 전기가열

1 전기가열 특징

구 분	일반가열	전기가열
열효율	연소가스, 과잉공기가 배기구로 유출될 때 유실되는 열, 불완전연소 가스가 함유된 열량 등이 많음	밀폐보온이 잘되고, 발생가스가 없어 고효율
온도	1,500[°C] 정도	• 아크 가열 : 5,000～6,000[°C] • 프라즈마 가열 : 10,000[°C] 이상
내부가열	물체의 표면에서만 가열되므로 피열물 내부 균일가열이 곤란함	직접 피열물로의 통전, 유전, 유도가열 등에 의해 피열물 내부 균일가열이 가능
방사열	방사열을 아래쪽으로 집중하기 어려움	방사열의 방향을 임의로 조정할 수 있음
로기제어	• 발생가스 많음 • 진공처리 불가능 • 임의 성분 및 고기압 유지가 어려움	• 발생가스 없음 • 진공처리 가능 • 임의 성분 및 고기압 유지 가능
기타	• 환경오염 많음 • 온도 및 가열시간 제어가 어려움 • 제품품질 향상에 한계가 있음	• 환경오염 없음 • 온도 및 가열시간 제어가 용이 • 제품품질 향상

2 전기가열 종류

구 분	원리	용도
저항가열	• 줄(Joule)의 법칙 • 발열체에 통전하여 저항열에 의해 가열	• 직접식 : 전기로, 흑연화로, 카바이드로 • 간접식 : 저항로, 전기히터, 히팅코일
아크가열	• 아크열 • 전극 사이 공간에 절연을 파괴시켜 가열	아크용접, 플라즈마용접, 아크로
유도가열	• 와전류손 • 교번자계에 의해 와류가 발생하고 줄열에 의해 가열	금속열처리, 용융, 특수분야 포장
유전가열	• 유전체손 • 전계를 가하면 쌍극자가 회전하는 마찰력에 의해 열이 발생	목재, 합판 등의 건조, 비닐시트
적외선가열	• 빛 • 전자파로 직접 피열물에 방사하여 가열	식품가공, 유기재료, 난방용 히터, 건조

구 분	원리	용도
전자빔가열	• 전자의 충돌에 의한 가열 • 고진공에서 고속도로 가속된 전자로 가열	용해, 절단
레이저가열	• 단일파장의 빛 • 유도방출에 의한 빛의 증폭(레이저) 가열	절단, 담금질

02 전열기 구조

1 전열재료

1) 발열체 : 고온에서 열을 발생시키는 데 사용되는 재료
2) 보온재 : 열을 전도시키는 데 사용되는 재료(양모, 코르크, 석면)
3) 열절연물 : 열을 절연하는 데 사용되는 재료
4) 내화물 : 위 재료들을 지지 및 구축하는 재료(운모, 석면, 내화벽돌)

2 발열체

1) 구비조건

① 가격이 저렴할 것
② 내열성이 클 것 → 용융 · 연화 · 산화온도가 높고 산화막이 견고할 것
③ 내식성이 클 것 → 화학적으로 안정할 것
④ 적당한 저항값을 가질 것 → 저항률이 비교적 클 것
⑤ 온도계수가 (+)일 것
⑥ 연성 및 전성이 풍부하여 가공이 쉬울 것

2) 종류

구분		내용
금속 발열체	합금 발열체	• 니켈－크롬 제1종 : 최고 사용 가능 온도 1,100(°C) • 니켈－크롬 제2종 : 최고 사용 가능 온도 900(°C) • 철－크롬 제1종 : 최고 사용 가능 온도 1,200(°C) • 철－크롬 제2종 : 최고 사용 가능 온도 1,100(°C)

구분		내용
금속 발열체	순금속 발열체	• 백금 : 최고 사용 가능 온도 1,768(℃) • 몰리브덴 : 최고 사용 가능 온도 2,610(℃) • 텅스텐 : 최고 사용 가능 온도 3,380(℃) • 탄탈 : 최고 사용 가능 온도 2,886(℃)
비금속 발열체	탄소질 발열체	SiC
	염욕 발열체	$NaNO_3$. NaCl. $CaCl_2$

3 전극

1) 구비조건

① 열전도율이 작고 전기전도율이 클 것
② 고온에 견디며 기계적 강도가 클 것
③ 피열물과 사이에 화학작용이 발생하지 않을 것

2) 종류

① 인조 흑연 전극
② 천연 흑연 전극

4 내화재

1) 구비조건

① 열전도율, 체적비율이 작을 것
② 사용온도에 견딜 것
③ 가격이 염가일 것
④ 내식성이 클 것
⑤ 급열, 급랭에 견딜 것

2) 종류

① 운모
② 석면
③ 내화 벽돌

5 보온재

1) 초저온 : 동물성(양모)
2) 저온 : 식물성(코르크)
3) 고온 : 광물성(석면)

03 열회로와 전기회로

1 열회로와 전기회로의 옴 법칙

1) 열회로

두 점 사이에 흐르는 **열류**는 **온도차**에 비례하고 **열저항**에 반비례한다는 법칙

2) 전기회로

두 점 사이에 흐르는 **전류**는 **전압**에 비례하고 **전기저항**에 반비례한다는 법칙

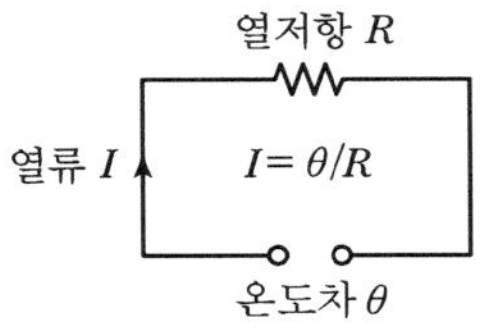

[열회로의 옴 법칙]

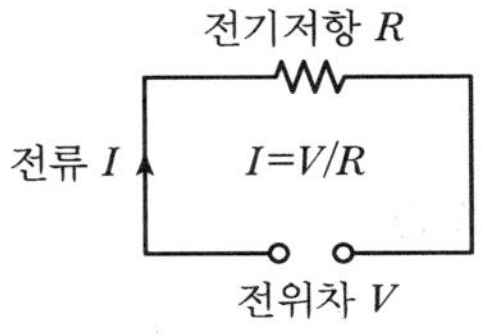

[전기회로의 옴 법칙]

2 열회로와 전기회로의 상호 대응관계

열회로		전기회로	
온도차	θ [K]	전위차	V [V]
열류	I [W]	전류	I [A]
열저항	R [K/W]	전기저항	R [Ω]
열저항률	ρ [m · K/W]	저항률	ρ [Ω · m]
열전도율	λ [W/m · K]	도전율	σ [℧/m]
열량	Q [J]	전기량	Q [C]
열용량	C [J/K]	정전용량	C [F]

3 열량 단위 → 1[kcal] : 1[kg]의 물을 1[℃] 높이는 데 필요한 열량

1) 1[Ws] = 1[J] = 0.2389[cal]
2) 1[cal] = 4.2[J]
3) 1[kWh] = 3600[kWs] = 3600[kJ] = 860[kcal]
4) 1[kcal] = 4.2[kJ]

04 열의 이동형식과 그 특징

1 전도 : 퓨리에의 열전도 법칙

1) 고체 내에서 열을 전달하는 방식이다.
2) 고체의 내부까지 전열이 가능하다.
3) 속도가 늦으며 접촉하지 않으면 전도되지 않는다.

2 대류 : 뉴턴의 냉각 법칙

1) 액체나 기체가 열의 운반자로 되는 방식이다.
2) 열 이동의 제어가 쉽다.
3) 속도가 늦으며 이동 가능 매체가 필요하다.

3 복사(방사) : 스테판-볼츠만 법칙

1) 열이 전자파 형태로 직접 전달되는 방식이다.
2) 전달시간이 빠르다.
3) 피가열물의 흡수 특성에 영향을 받는다.

05 전기가열 방식

1 저항가열

1) 원리

① 저항(R)에 전류(I)가 흐르면 $0.24 \times I^2 Rt$[cal]의 줄열이 발생한다.
② 저항가열은 이러한 줄열을 이용하여 가열하는 방식이다.

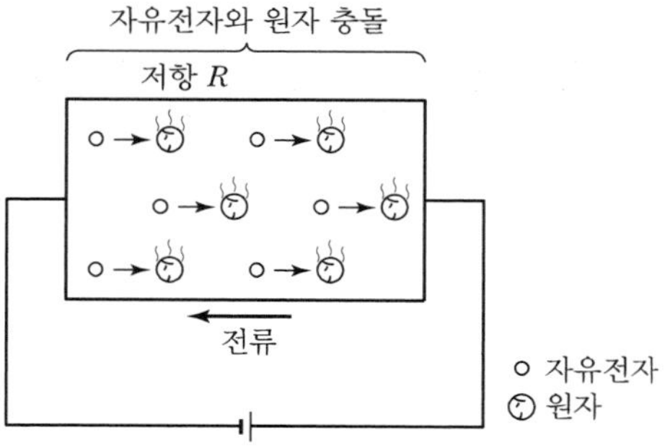

[저항가열 원리]

2) 방식 및 용도

저항가열 방식에는 직접가열과 간접가열의 두 가지가 있다.

① 직접가열 : 피열물에 직접 전류를 흘려서 가열하는 방식으로 전기로, 흑연화로, 카바이드로, 알루미늄 전해로 등에 사용한다.
② 간접가열 : 저항체에 전류를 흘려 발생한 열을 피열체에 전달하는 방식으로 저항로, 전기히터, 전기장판, Heating Cable 등에 사용한다.

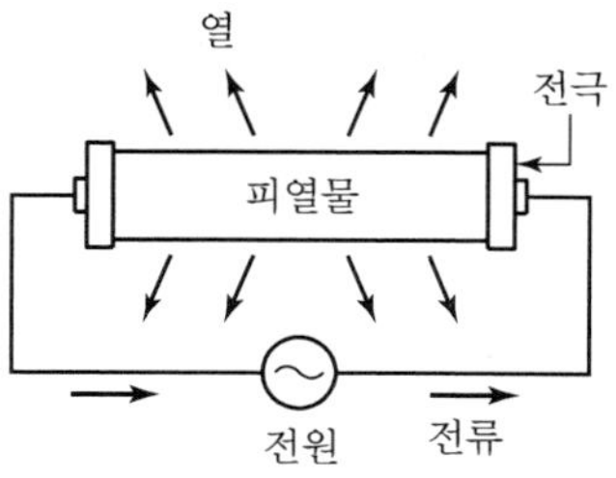

[직접식]

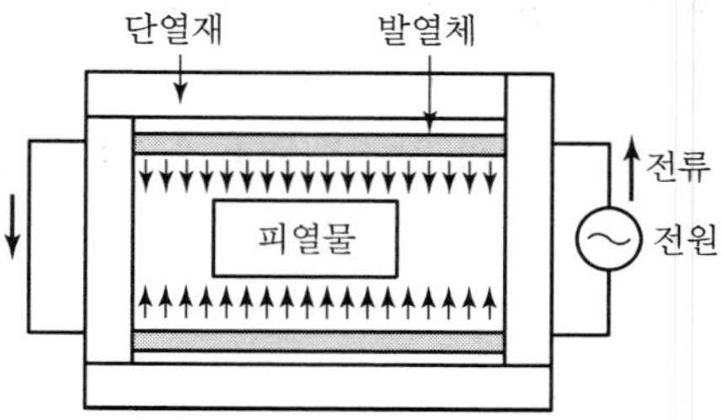

[간접식]

3) 특성

① 설비가 간단함
② 저온에서 고온까지 광범위하게 사용 가능
③ 다른 열원에 비해 온도 변화가 양호함
④ 열효율이 대단히 좋음

2 아크가열

1) 원리

① 공기 중에서 전극 사이에 고전압을 가하면 공기의 절연이 파괴되어 아크가 발생한다.
② 아크가 발생하면 아크저항(R_a)을 통해 아크전류(I_a)가 흐르고 줄열($Q_a = 0.24 I_a^2 R_a t$[cal])이 발생한다.
③ 아크가열은 이러한 줄열을 이용하여 가열하는 방식이다.

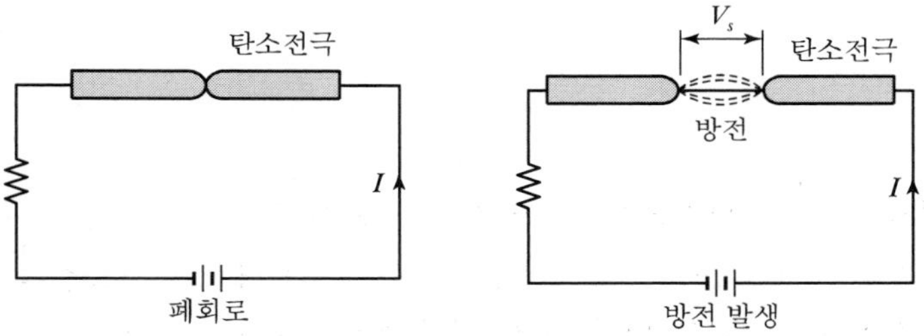

[아크가열 원리]

2) 방식 및 용도

① 아크가열 방식에는 직접가열과 간접가열의 두 가지가 있다.
㉠ 직접가열 : 전극의 한쪽을 피열물로 하는 방식이다.
㉡ 간접가열 : 아크열을 피열체에 전달하여 가열하는 방식이다.
② 아크가열은 아크용접, 플라즈마 용접, 제강용 아크로 등에 사용된다.

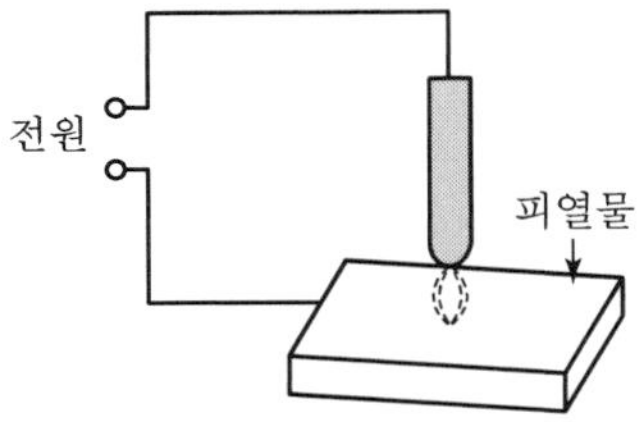

[직접식]

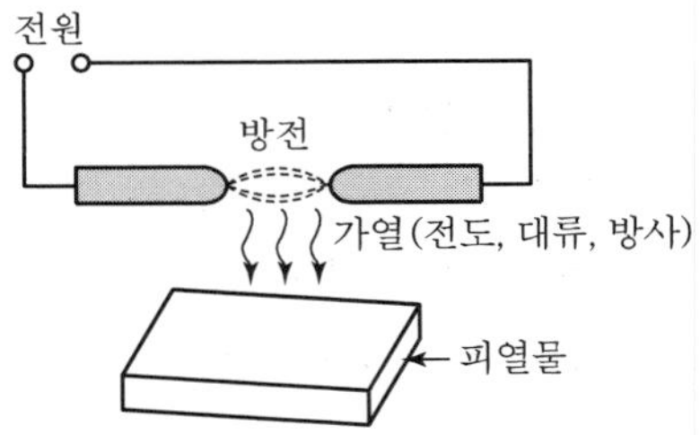

[간접식]

3) 특성

① 아크방전은 **부저항** 특성을 갖는다.

② 공기 중에서는 3,000~6,000[K] 정도, 플라즈마 기체 중에서는 10,000[K] 이상의 매우 높은 온도를 얻을 수 있다.

③ 단락회로로 작용하여 고조파, 노이즈, 플리커 등이 발생한다.

3 유도가열

1) 원리

① 교번자계 내에 **도전성 물체**를 두면 전압이 유기되고 이 전압에 의해서 도전성 물체 내에는 와전류가 흐른다.

② 유도가열은 와전류에 의한 **저항손**과 **히스테리시스손**을 이용하여 가열하는 방식이다.

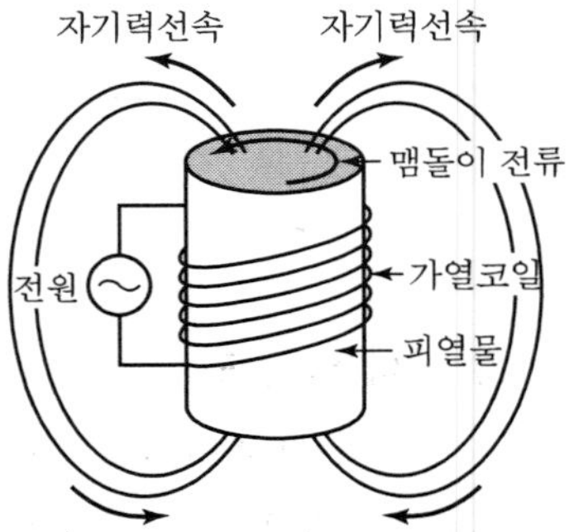

[유도가열 원리]

2) 방식 및 용도

① 유도가열 방식에는 **직접가열**과 **간접가열**의 두 가지가 있다.

㉠ 직접가열 : 코일 내에 넣은 금속봉 자체가 피열물이 되어 유도가열 되는 방식이다.

㉡ 간접가열 : 열의 방사에 의해 피열물을 가열하는 방식이다.

② 유도가열은 금속의 **열처리**, **열가공**, **표면처리** 등에 사용된다.

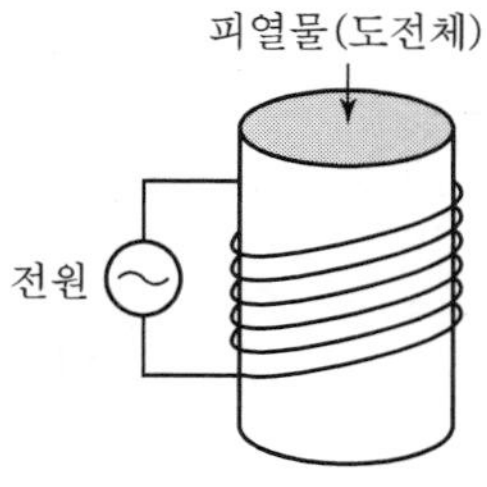

[직접식]

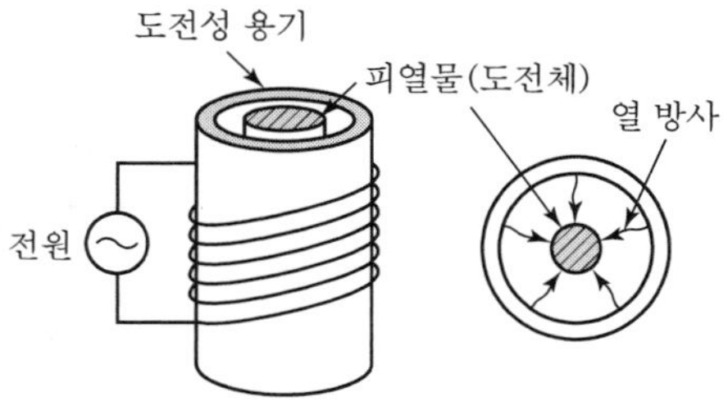

[간접식]

3) 특성

① 전극을 필요로 하지 않는 **무접촉 가열**이다.

② **급속가열** 및 **고온가열**이 가능하다.

③ 와전류의 표피효과를 이용하여 효과적인 **표면가열**이 가능하다.

④ 가열의 **제어가 용이**하고 작업이 쉬우며 청결하다.

4 유전가열

1) 원리

① 유전체 내부에서 발생하는 **전기쌍극자**를 고속으로 회전시키면 분자 간의 마찰에 의해 열이 발생한다.

② 즉, **유전체**에 고주파 전계를 가하면 **유전체손**이 발생하는데, 유전가열은 유전체손에 의한 열을 이용하여 가열하는 방식이다.

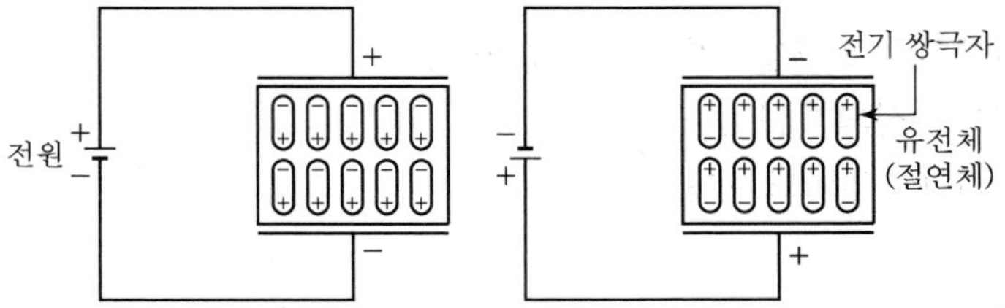

[유전체 분극]

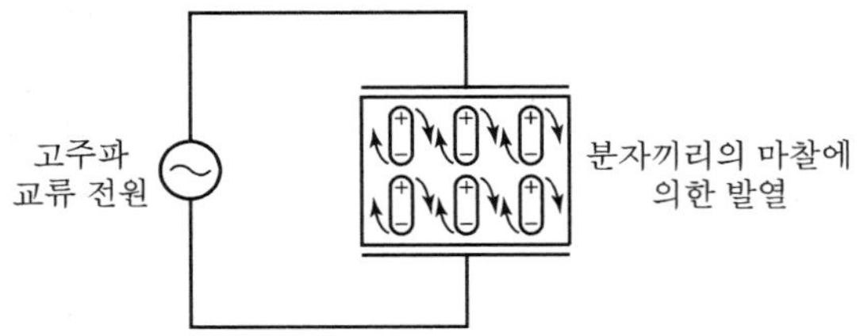

[유전가열 원리]

③ 유전체의 단위체적 중에 발생하는 전력에 의하여 발열량이 결정된다.

$P = VI_R = VI_c \tan\delta,\ I_c = \omega CV = 2\pi fCV$

$P = 2\pi fCV^2 \tan\delta$

평균전극의 정전용량 C는 $C = \dfrac{\varepsilon_0 \varepsilon_s S}{d}$

$P = 2\pi f \dfrac{\varepsilon_s \varepsilon_0 S}{d} V^2 \tan\delta$

단위체적당 유전체손 P_0는 전계강도 $E = \dfrac{V}{d}$라고 하면,

$P = \dfrac{P}{S_d} = \dfrac{5}{9} f \varepsilon_s E^2 \tan\delta \times 10^{-10} [\mathrm{W/m^3}]$

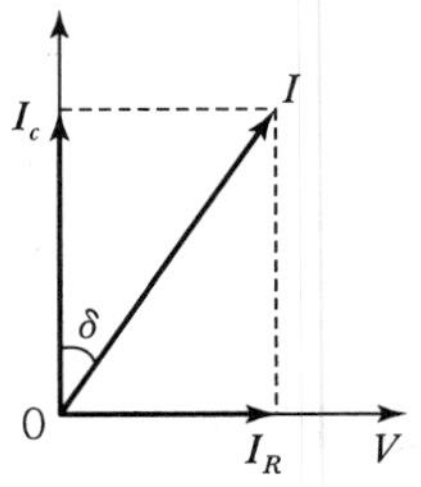

[유전손실각]

2) 용도

목재 · 합판 등의 건조, 비닐 · 시트 등의 용접에 사용된다.

3) 특성

① 피열체 내부를 균일하게 가열할 수 있다.

② 표면이 손상되지 않는다.

③ 가열시간이 짧아도 된다.

5 적외선가열

1) 원리

① 적외선은 전자파의 일종으로 공기매체를 필요로 하지 않으며 직접 피열물에 방사되기 때문에 가열효율이 높고 가열속도가 빠르다.

② 적외선가열은 빛의 파장범위가 0.76[μm]~1,000[μm]인 적외선을 이용하여 가열하는 방식이다.

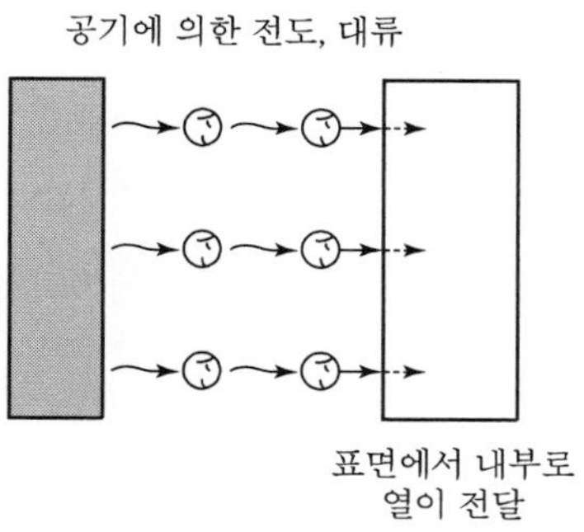
공기에 의한 전도, 대류
표면에서 내부로
열이 전달

[전도 · 대류 방식]

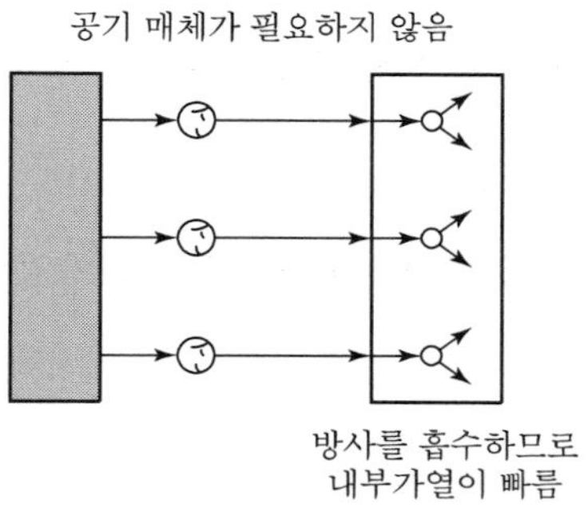
공기 매체가 필요하지 않음
방사를 흡수하므로
내부가열이 빠름

[적외선 방식]

2) 용도

페인트 도장 후의 건조, 식품가공, 난방용 적외선 히터, 유기재료 등에 사용된다.

3) 특성

① 주로 저온에 사용되고, 고온을 얻기는 어렵다.
② 금속의 경우 적외선을 반사하기 때문에 적외선가열이 부적합하다.

6 전자빔가열

1) 원리

고진공 중에서 고속도로 가속된 전자, 즉 전자빔에 의한 열을 이용하여 가열하는 방식이다.

2) 용도

고융점 물질의 용접, 절단, 증착 등에 사용된다.

3) 특성

전자빔에는 열음극을 전자 공급원으로 하는 전자빔과 플라즈마를 전자 공급원으로 하는 전자빔 두 가지가 있다.

7 레이저가열

1) 원리

유도방출에 의한 빛의 증폭, 즉 레이저에 의한 열을 이용하여 가열하는 방식이다.

2) 용도

금속의 절삭, 용접, 표면처리 및 의료 수술 등에 사용된다.

3) 특성

미소한 면적을 국부적으로 가열하는 것이 가능하다.

06 적외선가열

1 적외선가열 방식 원리

1) 적외선은 전자파의 일종으로 공기매체를 필요로 하지 않으며 직접 피열물에 방사되기 때문에 가열효율이 높고 가열속도가 빠르다.
2) 적외선 가열은 범위가 0.76[μm]~1,000[μm]인 적외선을 이용하여 가열하는 방식이다.

근적외선	중적외선	원적외선
0.76~2[μm]	2~4[μm]	4~1000[μm]

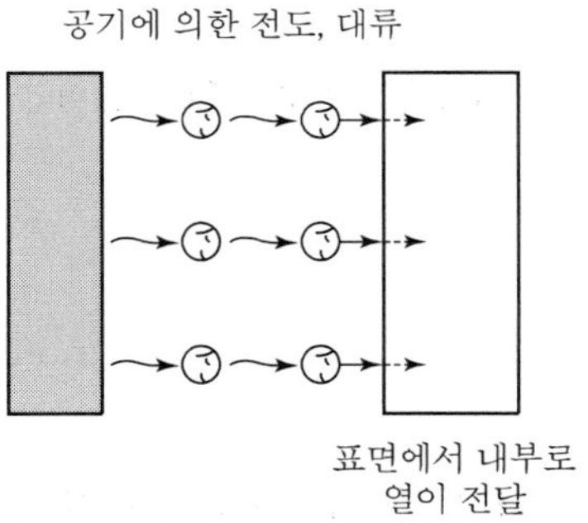
공기에 의한 전도, 대류
표면에서 내부로
열이 전달
[전도 · 대류 방식]

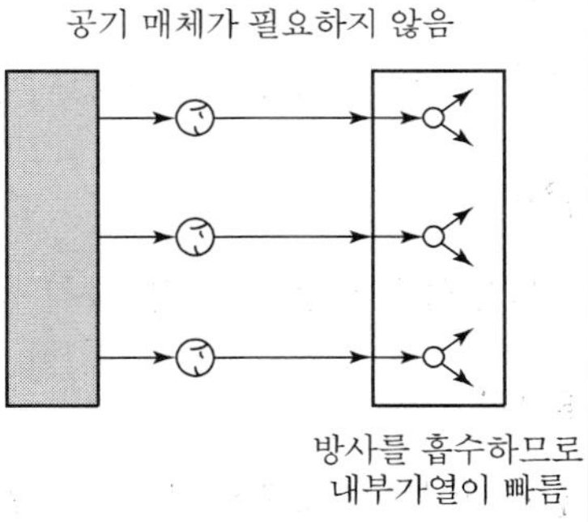
공기 매체가 필요하지 않음
방사를 흡수하므로
내부가열이 빠름
[적외선 방식]

2 원적외선

1) 적외선가열 중에서는 **원적외선가열**의 이용이 가장 활발하다.
2) 원적외선 파장의 경우 **유기화합물**에서 높은 가열효과를 보인다.

3) 원적외선을 이용한 건조, 가공, 살균 등은 식품의 색, 맛, 향을 손상시키지 않는다.
4) 원적외선 히터는 수명이 길며 내구성이 강하다.

3 용도

적외선가열은 페인트 도장 후의 건조, 식품가공, 난방용 적외선 히터, 유기재료 등에 사용된다.

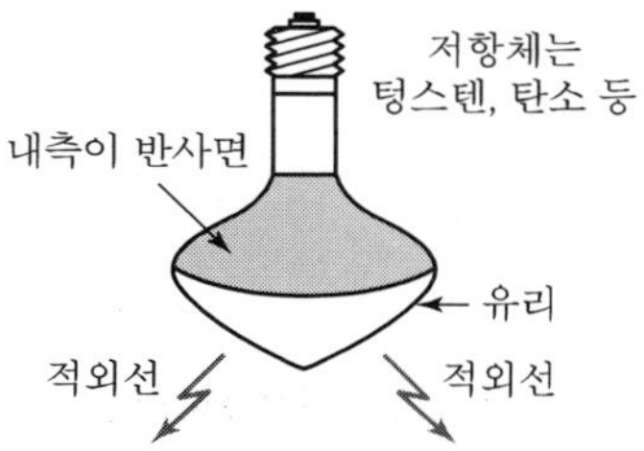

[R형 적외선 전구]

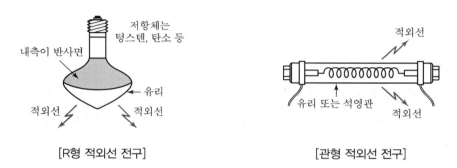

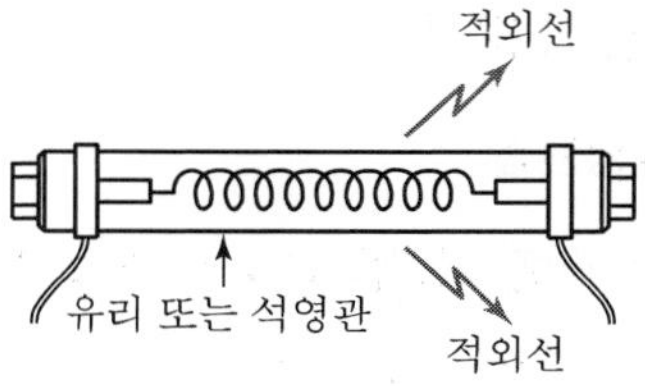

[관형 적외선 전구]

4 적외선가열 방식 장단점

1) 장점

① 적외선 방사는 물질에 흡수되고 직접 열에너지로 변환되므로 조사와 동시에 가열이 개시된다.
② 적외선 방사의 공급, 차단이 즉시 이루어지므로 가열 전후의 에너지 손실이 적다.
③ 온도제어가 쉽다.
④ 노가 소형이며 설치비가 싸다.
⑤ 노의 형태를 자유롭게 할 수 있다.
⑥ 보수가 용이하다.
⑦ 저공해로서 위험이 적다.
⑧ 사람의 피부 내부를 직접 가열하는 것이 가능하다.

2) 단점

① 대개의 물질은 적외선 방사를 내부로 투과시키므로 표면가열에 이용할 수 없다.
② 열용량이 커서 큰 물체에는 부적당하다.
③ 물, 공기 등 적외선 방사를 투과하는 것에는 효율이 나쁘다.
④ 전기로를 병용하여 주위온도를 높여줄 필요가 있다.

07 전기용접

1 용접 정의

전열을 이용하여 금속을 녹이고 접합하는 것을 **전기용접**이라 한다.

2 전기용접 분류

1) 저항용접

(1) 접합 저항용접(중첩 저항용접)

점 용접(Spot Welding), 프로젝션 용접(Projection Welding), 심용접(Seam Welding)

(2) 맞대기 저항용접

버트용접(Butt Welding), 불꽃용접(Flash Welding)

2) 아크용접

① 탄소 아크용접
② 금속 아크용접
③ 원자수소 아크용접
④ 불활성가스 아크용접
⑤ CO_2 가스 아크용접
⑥ 서브머지드 아크용접

3) 플라즈마용접

① 극도로 이온화된 기체상태, 즉 플라즈마에 의한 열을 이용하여 용접하는 방식이다.
② 고온을 얻을 수 있다.
③ 모재와 관계없이 독립적으로 아크가 발생할 수 있다.
④ 에너지 밀도가 커서 안정도가 높고 보유 열량이 크다.
⑤ 용접속도가 빠르고 균일한 용접이 가능하다.

4) 전자빔용접

① 고진공 중에서 고속도로 가속된 전자, 즉 전자빔에 의한 열을 이용하여 용접하는 방식이다.
② 유해가스를 방출하는 특수금속의 용접이 가능하다.

③ 전력, 열입력 조정이 쉬우며 미소 정밀용접이 가능하다.
④ 용접금속은 깨끗하고 산화물이 포함되지 않는다.
⑤ 통신, 항공, 원자력, 우주개발 기술 등에 이용한다.

5) 초음파 금속용접

① 초음파 진동에 의한 열을 이용하여 용접하는 방식이다.
② 초음파 진동에 의해 표면의 산화피막이나 흡착층이 파괴되므로 표면 전처리가 간단하다.
③ 가압 하중이 적으므로 변형이 적다.
④ 가열이 필요하지 않다.
⑤ 이종금속의 용접도 가능하다.

6) 레이저용접

① 유도방출에 의한 빛의 증폭, 즉 레이저에 의한 열을 이용하여 용접하는 방식이다.
② 종래 용접방식의 결점인 가열과 냉각으로 인한 왜곡 변형, 재료의 성질 변화 등을 개선한 방식이다.
③ 정밀도 향상이 가능하여 향후 널리 보급될 전망이다.

08 저항용접

1 개요

1) 저항(R)에 전류(I)가 흐르면 $0.24 \times I^2Rt$[cal]의 줄열이 발생한다.
2) 저항용접은 이러한 줄열과 가압을 이용하여 용접하는 방식이다.

2 중첩 저항용접(접합 저항용접)

1) 점용접(스폿용접)

① 용접물(판)을 겹쳐서 가압하고 봉상 전극으로 전류를 흘려 점용접 하는 방법이다.
② 얇은 판의 용접에 널리 사용되고 있다.

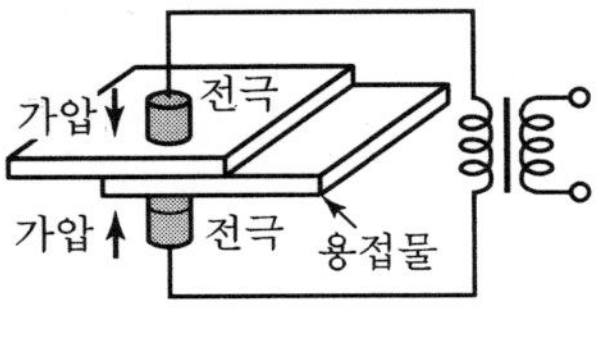

[스폿용접]

2) 프로젝션용접

① 프로젝션(Projection)이란 돌기를 말하는데 용접물에 돌기를 만들거나 가공 시 만들어지는 울퉁불퉁한 부분에 전류를 집중시켜 용접하는 방법이다.

② 용접물(판)을 **겹쳐서** 가압하고 **평판 전극**으로 전류를 흘려 다수의 점을 동시에 용접하는 방법이다.

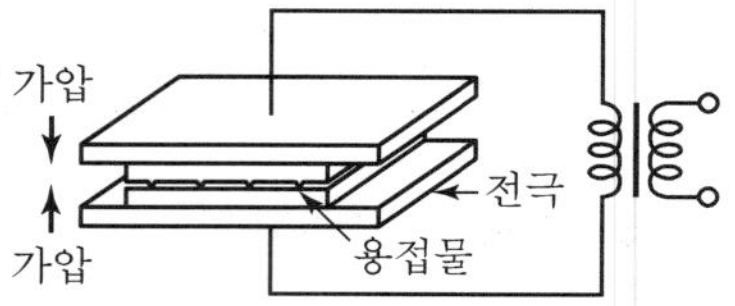

[프로젝션용접]

3) 심용접

① 용접물(판)을 **겹쳐서** 가압하고 **회전원판 전극**으로 전류를 흘려 **연속적으로** 용접하는 방법이다.

② 접합부에서 액체 등이 새어나오면 곤란한 **기밀용접**에 사용된다.

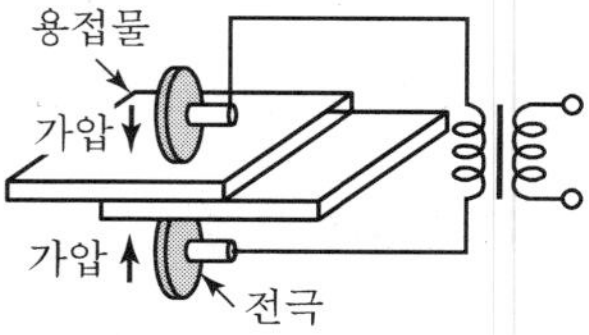

[심용접]

❸ 맞대기 저항용접

1) 버트용접

① 용접물(봉)을 **맞대어** 가압하고, 전극으로 전류를 흘려 용접하는 방법이다.

② 전선공장에서 강선, 동선 등의 연속적인 가공에 많이 사용되고 있다.

2) 플래시용접

① 버트용접 하는 두 금속면 사이에 **불꽃**이 발생되도록 용접하는 방법이다.

② 용접의 강도와 신뢰성이 높아 철도용 레일, 자동차의 스티어링, 샤프트 등의 용접에 사용된다.

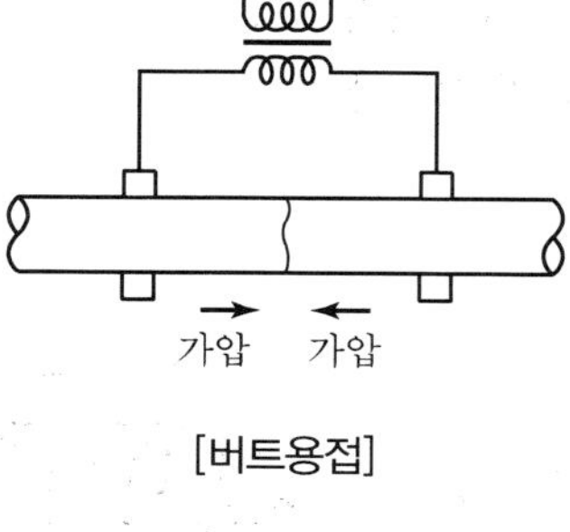

[버트용접]

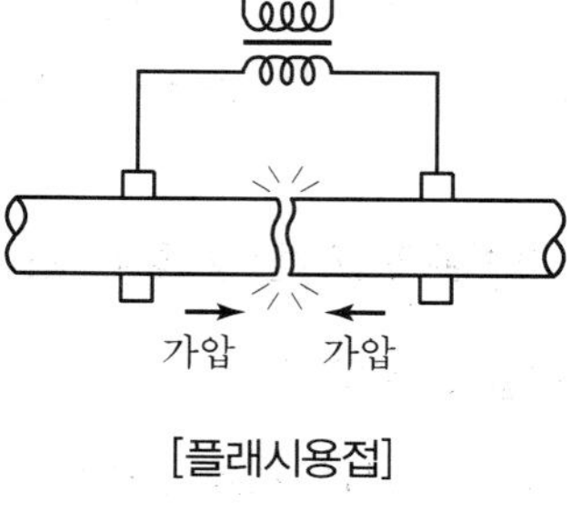

[플래시용접]

09 아크용접

1 개요

1) 공기 중에서 전극 사이에 고전압을 인가하면 공기의 절연이 파괴되어 아크가 발생한다.
2) 아크가 발생하면 아크저항(R_a)을 통해 아크전류(I_a)가 흐르고 $Q_a = 0.24 \times I_a^2 R_a t$[cal]의 줄열이 발생하는데, 아크용접은 이러한 줄열을 이용하여 용접하는 방식이다.

2 아크용접 형태

1) 용접식 아크용접법

용접용 전극을 녹여서 용접하는 방법이다.

2) 비용접식 아크용접법

용접용 전극이 탄소나 텅스텐으로 녹지 않아 별도의 첨가봉을 이용하여 용접하는 방법이다.

3 아크용접 특징

1) 고열, 적외선, 자외선 등을 방사하기 때문에 보호장구가 필요하다.
2) 배기에 주의해야 한다.
3) 탄소 아크용접과 금속 아크용접이 있다.
4) 용접방식에 따라 사용 전원이 다르다.
5) 수하 특성

수하 특성이란 부하전류가 증가하면 단자전압이 저하하는 특성으로, 아크용접기의 아크를 안정시키기 위해 필요하다.

① 초기에 개로전압이 필요하다.
② 부하전류가 흐르면서 전압이 낮아진다.
③ P점에서 안정된 아크가 발생한다.

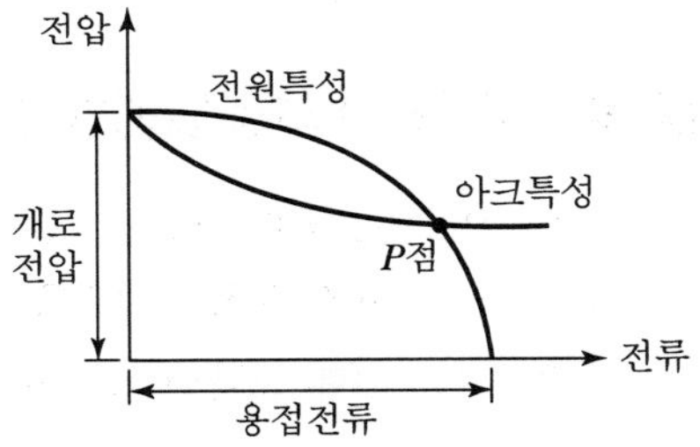

[수하특성]

4 탄소 아크용접

1) 탄소봉을 음극, 모재를 양극으로 사용하고 용접봉을 별도로 사용하여 용접하는 방식이다.
2) 전원으로 직류를 사용한다.
3) 용접봉은 모재와 같은 금속을 사용한다.

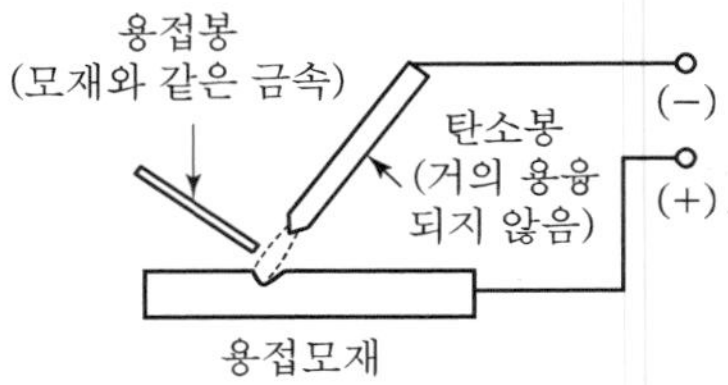

[탄소 아크용접]

5 금속 아크용접

1) 용접봉 자체를 전극으로 사용하여 용접하는 방식이다.
2) 전원으로 직류, 교류 모두를 사용할 수 있고 직류 전원 사용 시 용접봉을 음극으로 사용한다.
3) 용접봉은 모재와 같은 금속을 사용하고 용접봉에는 피복제가 도포되어 있다(아크의 불안정 해소).

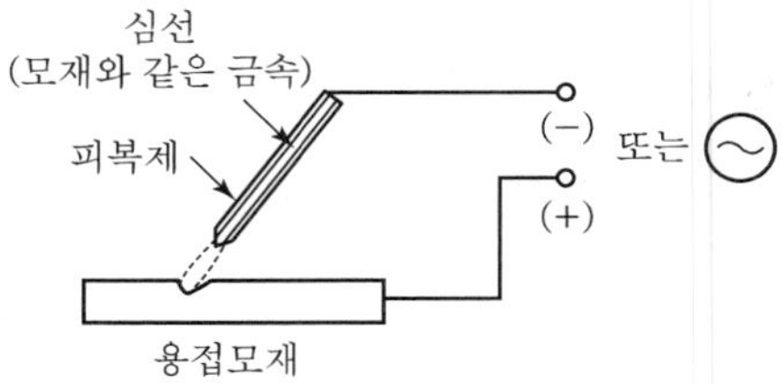

[금속 아크용접]

6 원자수소 아크용접(원자수소용접)

1) 직접 아크열을 이용하여 용접하는 것이 아니고 수소원자의 결합열을 이용하여 용접하는 방법이다.
2) 2개의 텅스텐 전극 사이에 아크를 발생시키고 이곳에 수소를 공급하여 용접한다.
3) 특수강, 스테인리스강, 공구의 날(초경합금) 등의 용접에 사용한다.
4) 수소가스 : $H_2 \rightarrow H(원자) + H(원자)$
   모재표면 : $H(원자) + H(원자) \rightarrow H_2$

7 불활성가스 아크용접(불활성가스 텅스텐 아크용접)

1) 고온에서 금속과 반응하지 않는 불활성가스를 공급하여 용접하는 방법이다.
2) 일반 아크용접은 철금속의 용접에 효과적이나 반응성이 큰 금속의 용접에는 부적당하므로 이를 개선하기 위해 불활성가스 아크용접을 사용한다.

8 서브머지드 아크용접

1) 이음의 표면에 쌓아 올린 입상의 플럭스 속에 비피복 전극 와이어를 집어넣고 용접하는 방법이다.
2) 대전류를 사용하므로 용접능률이 커지고 용접품질이 좋아진다.

3) 강관제조, 압력용기 등 연속용접이 필요한 판재의 용접에 적합하다.
4) 기계, 전기, 화학, 조선, 항공 등 각 방면에 사용한다.

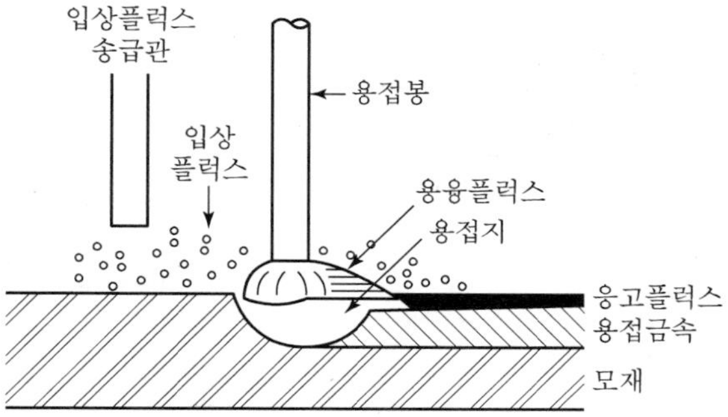

[서브머지드 아크용접]

9 직류 · 교류 아크용접기 비교

구분	직류용접기	교류용접기
아크의 안정성	우수	약간 떨어짐
극성 변화	가능	불가능
무부하 전압	낮음(40～60V)	높음(70～80V)
전격의 위험	낮음	높음
구조	복잡	간단
유지보수	약간 어려움	쉬움
역률	매우 양호	나쁨
고장	회전기에 많음	적음
가격	고가	저가

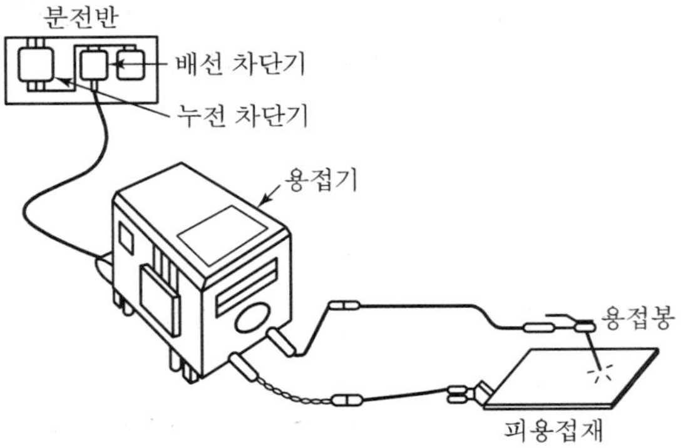

[아크용접기 계통도]

10 열전효과 4가지 현상

1 개요

1) 열전효과란 금속이나 반도체에서 열과 전기가 서로 관계하는 각종 물리현상을 의미하며, **제어벡 효과, 펠티에 효과, 톰슨 효과, 줄의 법칙** 등이 있다.
2) 이 현상을 온도측정에 이용한 것이 **열전대**이고 이때 사용된 두 종류의 금속을 **열전대소자**라 한다.

2 제어벡 효과(Seebeck Effect)

1) 두 종류의 금속 또는 반도체를 접합하여 **온도차**를 주면 온도에 비례한 **기전력**이 발생하는 현상이다.
2) 온도측정, 온도제어, 열전기 발전, 열전도 반도체, 화재감지기 등에 적용한다.

$$V = \alpha \cdot \Delta T = \alpha(T_h - T_c)$$

여기서, α : 비례상수

AB 간의 전계를 E라고 하면

$$E = \alpha \cdot \Delta T$$

여기서, E : 제어벡 전계, ΔT : 양단의 온도구배

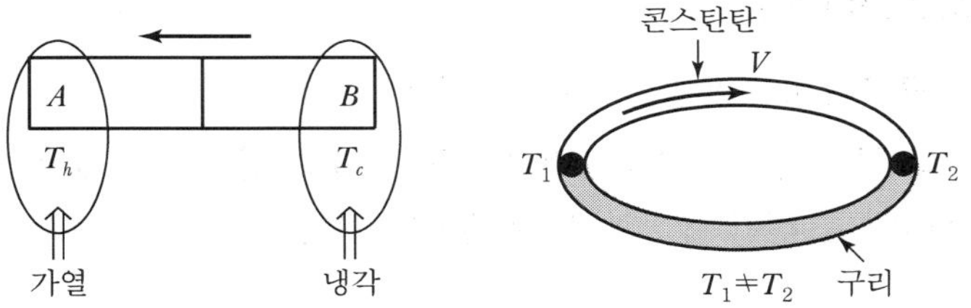

[열전소자와 제어벡효과]

❸ 펠티에 효과(Peltier Effect)

1) 제어벡 효과의 반대현상으로, 두 종류의 금속 또는 반도체를 접합하여 **전류(I)**를 흘리면 접속점에서 **열**이 발생 · 흡수되는 현상이다.
2) 전류의 방향을 반대로 하면 접합점의 발열과 흡열도 반대로 역전된다.
3) 전기에너지를 사용해서 열을 흡수 · 발생시킬 때 이용한다.

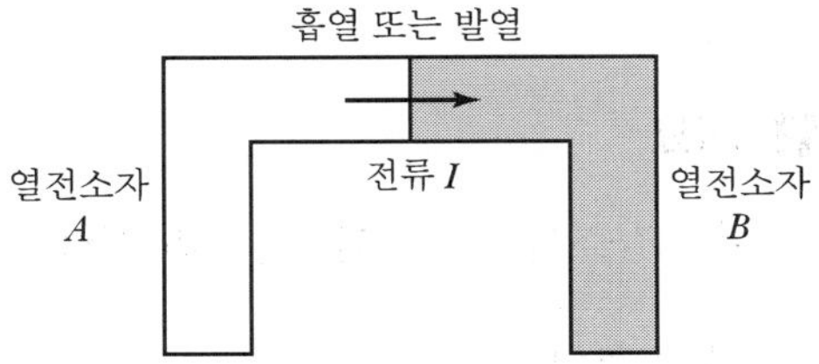

[열전소자와 펠티에 효과]

$$Q = \pi \cdot I$$

여기서, Q : 단위시간당 발열량 · 흡열량, π : 펠티에계수

4) 전자냉동 등에 적용한다.

❹ 톰슨 효과(Thomson Effect)

1) 동일금속 일부에 **온도차**가 있을 때 **전류(I)**를 흘리면 그 온도 차이점에서 **열**이 발생하거나 **흡수**되는 현상이다.
2) 전류를 고온부에서 저온부로 흘리면, **구리**는 **열**을 **발생**시키고, **철**은 **열**을 **흡수**한다.
3) 구리 같은 물질은 톰슨 효과가 플러스라 하고 철과 같은 물질은 마이너스라 한다.

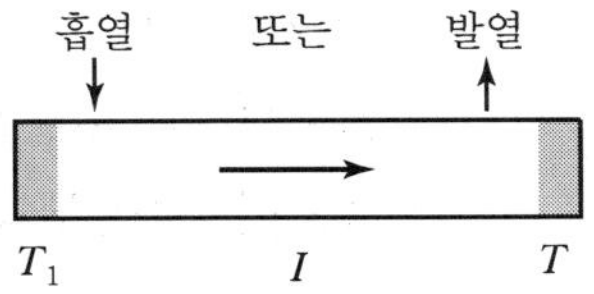

[톰슨 효과]

$$\Delta Q = \mathfrak{J} \cdot I \cdot \Delta T$$

여기서, $\mathfrak{J}$: 톰슨계수, ΔT : 온도차

※ 펠티에 효과는 이종금속에서의 흡열 · 발열현상이며, 톰슨 효과는 동일금속에서의 흡열 · 발열 현상이다.

5 줄의 법칙(Joule's Law)

1) 저항 R에 전류 I가 흐르면 발열하는 현상이다.
2) 전류가 흐르고 있는 가는 선의 전기저항을 R이라고 하면 발열량 $Q = 0.24I^2Rt[\mathrm{J}]$
3) 전기장판, 히팅코일, 전기로, 모발건조기 등에 적용한다.

11 온도측정법

1 개요

온도검출 방법에는 접촉식과 비접촉식이 있다.

1) 접촉식

검출단과 측정대상물의 온도를 동일하게 하여 온도를 측정한다.

2) 비접촉식

측정대상물로부터 나오는 방사에너지로 온도를 측정한다.

2 온도계의 구성 및 장점

1) 구성

① 측온부 : 온도 감지(온도 검출단)
② 표시부 : 온도를 직접 또는 간접적으로 표시(수신, 계기)
③ 측도선 : 측온부와 표시부 연결

2) 장점

① 정확성과 빠른 응답
② 오차가 적음
③ 좁은 장소에서 측정 가능
④ 경제적
⑤ 광범위한 온도측정 가능

3 온도계의 종류 및 사용범위

온도계 종류		사용 가능 온도(°C)	상용온도(°C)
접촉식	액체봉입 유리온도계	−50~500	−20~300
	압력온도계	−40~500	−40~400
	저항온도계	−200~500	−180~500
	열전온도계	−200~1,200	0~1,000
비접촉식	광고온계	700~2,000	900~2,000
	복사고온계	50~2,000	100~2,000

4 직접 접촉식 온도측정법

1) 저항온도계

① 순수한 금속의 저항률을 이용한 온도계이다.

② 온도 변화에 따른 저항 변화량을 이용하여 온도를 측정한다.

③ 측온 저항의 변화량을 측정(측정 가능 온도 : 500[°C])

④ 백금 저항온도계, 니켈 저항온도계, 동 저항온도계

2) 열전온도계

① 제어벡(Seebeck) 효과를 이용한 온도계이다.

② 열접점과 냉접점의 온도차에 의해 발생하는 열기전력을 이용하여 온도를 측정한다.

③ 열전대 구성 및 최고 사용온도(연속 사용)

종류	구성	최고 사용온도(°C)
PR 온도계	백금로듐−백금	1,600(1,400)
CA 온도계	크로멜−알루멜	1,200(1,000)
CC 온도계	구리−콘스탄탄	600(350)
IC 온도계	철−콘스탄탄	800(500)

④ 특징

㉠ 응답이 빠르고 시간(Time Log) 지연에 의한 오차가 비교적 적다.

㉡ 적절한 열전대를 선정하면 0~2,500[°C] 온도범위의 측정이 가능하다.

㉢ 특정한 위치나 좁은 장소의 온도측정이 가능하다.

㉣ 보일러 노내 온도 측정, 고압전동기 Shaft BRG의 온도를 측정한다.

3) 액체봉입 유리온도계

① 유리관 내에 액체를 봉입하고 이 액체의 온도 변화에 따른 열팽창을 이용하여 온도를 측정한다.

② 수은 온도계, 유기액체 온도계, 바이메탈 온도계

4) 압력온도계

① 유리관 내에 온도변화에 따른 압력변화를 이용하여 온도를 측정한다.

② 액체 팽창식 압력온도계, 증기압식 압력온도계

5 비접촉식 온도측정법

1) 방사(복사)온도계(Radiation Pyrometer)

① 스테판－볼츠만 법칙을 이용한 온도계이다(빛의 전복사선을 이용하는 원리).

② 측정대상의 전방사 에너지를 수열판에 모은 후 열기전력이나 저항치로 변환하여 온도를 측정한다.

③ 멀리 떨어져 있어도 측정할 수 있다.

④ 측정 가능 온도 : 2,000[℃]

2) 광온도계(Optical Pyrometer)

① 플랭크의 식을 이용한 온도계이다(빛의 가시부분의 단색광만을 이용하는 원리).

② 광전관 이용하여 이동하는 물체, 변화하는 물체의 온도를 측정한다.

③ 복사 온도계에 비하여 정밀도가 높다.

④ 측정 가능 온도 : 700～2,000[℃]

3) 적외선고온계

① 적외선(300～750[℃])을 이용한다.

② 최근 주로 사용하며, 300～750[℃] 정도까지 온도를 측정해야 할 경우가 많다.

4) 열화상 카메라

① 적외선＋열화상을 이용하여 측정한다.

② 전기기기의 접속부 과열 진단에 사용한다.

5) 반도체의 서미스터

① 정저항과 부저항의 특성을 이용한다.

② 미세한 온도변화를 감지할 수 있다.

6 접촉식 · 비접촉식 온도계 비교

구분	접촉식 온도계	비접촉식 온도계
조건	• 측정대상과 센서를 잘 접촉시킬 것 • 측정대상에 센서가 접촉될 때 측정할 것 • 대상온도가 변하지 않을 것	• 측정대상의 방사가 센서에 도달할 것 • 측정대상물의 실효 방사율이 명확하게 알려져 있거나 재현이 가능할 것
특징	• 열용량이 작은 측정대상은 센서접촉에 의해 온도가 변화하기 쉬움 • 움직이는 물체는 측정 곤란	• 측정대상의 온도가 변하지 않음 • 물체의 표면온도 측정 • 움직이는 물체 측정 가능
정밀도	높다.	낮다.
응답속도	늦다.	빠르다.
종류	저항온도계, 열전온도계, 액체봉입 유리온도계, 압력온도계	방사(복사)온도계, 광온도계

12 히트펌프

1 개요

1) 냉매의 **발열** 또는 **응축열**을 이용해 저온의 열원을 고온으로 전달하거나 고온의 열원을 저온으로 전달하는 냉난방장치로, 구동 방식에 따라 **전기식**과 **엔진식**으로 구분된다.
2) 구조는 **증발기**, **압축기**, **응축기**, **팽창밸브** 등으로 이루어져 있다.

2 작동원리

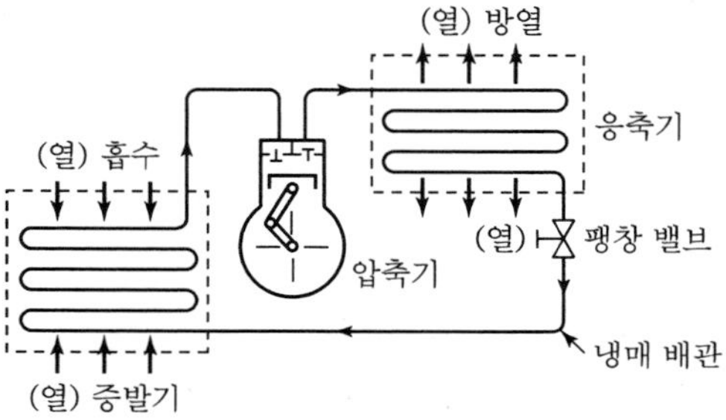

[히트펌프의 작동원리]

1) 저압 · 저온 습증기상태의 냉매는 증발기에서 열을 흡수하여 저온 · 저압 기체상태의 냉매가 된다.
2) 증발기에서 배출된 냉매는 압축기에서 단열 · 압축되어 고온 · 고압 기체상태의 냉매가 된다.
3) 압축기에서 배출된 냉매는 응축기에서 열을 방출하여 고온 · 고압 액체상태의 냉매가 된다.
4) 응축기에서 배출된 냉매는 팽창밸브에서 저온 · 저압의 습증기상태의 냉매가 된다.

3 특징

1) 환경친화적이다.
2) 안전하다.
3) 효율이 높다.
4) 난방과 냉방이 한 대로 이루어진다.
5) 내구성이 우수하다.

4 용도

냉동기와 공기조화기, 가정용 온수기, 지열발전, 건조용

13 전기건조

1 정의

1) 물질 중에 함유된 수분을 제거하는 조작을 건조라 한다.
2) 전력에 의하여 고체 중의 수분을 증발시켜 건조하는 것을 전기건조라 하고 크게 전열건조, 적외선건조, 고주파건조로 분류된다.

2 전열건조

1) 노내 가열건조

① 건조로 내에 발열체를 설치하여 건조한다.
② 증기를 배출하는 배기구, 노내 공기순환용 송풍기 또는 배기팬이 설치되어 있다.
③ 일반 간접식 저항로와 같은 전기로가 소량의 건조 처리에 가장 많이 이용된다.

2) 열풍건조

① 가열실 내에 히터를 사용하여 뜨거운 공기(열풍)로 건조한다.
② 가열실 내에 발열체를 넣고 노내가열과 열풍건조를 겸용하는 방법을 주로 사용한다.
③ 건조기 내에 댐퍼의 조작으로 배기와 순환공기를 적절히 안배하는 것이 중요하다.

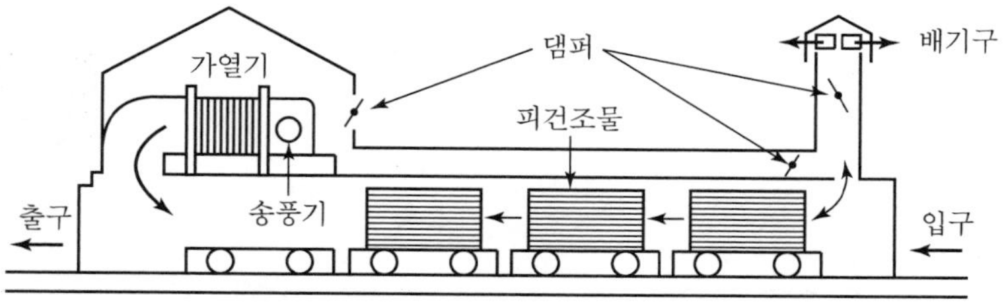

[열풍건조]

3) 가열면건조

① 발열체로 된 열판 위에 피건조물을 나란히 놓고 건조한다.
② 제과 및 제빵공장에서 많이 사용하는 방식이다.

3 적외선건조

1) 원리

열원으로부터 방사열에 의하여 피건조물을 가열하고 건조한다.

2) 특징

① 신속하고 효율이 좋으며 표면가열이 가능하다.
② 조작이 간단하고 온도조절도 쉬워 시간지연이 매우 적다.
③ 건조기의 구조가 간단하고 설비비가 적게 들며 소요되는 면적이 작다.
④ 적외선 전구를 배열형식으로 유지관리가 용이하다.
⑤ 건조표면이 고르고 관리와 감시가 쉽다.

3) 적외선전구

① 유리구를 특수형으로 하고 정면 이외에는 알루미늄을 진공증착 하여 도금한 것을 사용한다.
② 필라멘트의 온도를 가능한 한 높게 2,200～2,500[K]로 하여 사용한다.
※ 건조에 유효한 파장범위(1～4[μm])를 가장 효율적으로 방사하는 온도이다.
③ 수명은 5,000～10,000[h] 정도이다.

4) 적외선건조로

① 적외선전구를 유닛이라 하고 합쳐서 블록으로 사용하며 가열면(Bank)을 형성한다.

② 개방형, 평면형, 양면형, 터널형으로 구분한다.

③ 적외선전구를 배열하는 방식에 따라 사각형 배열과 지그재그형 배열이 있다.

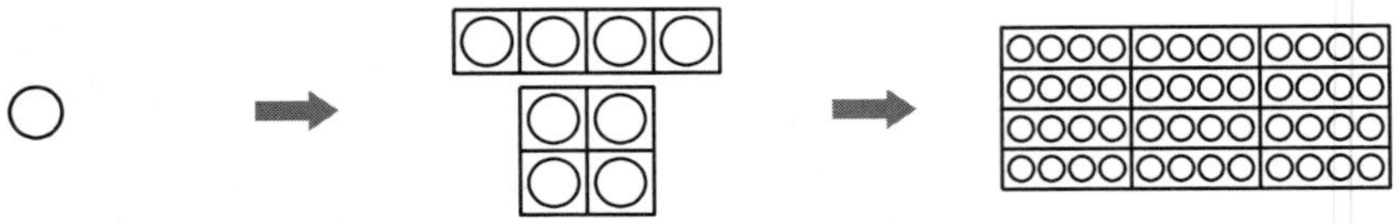

유닛(R형, S형) 블록 뱅크

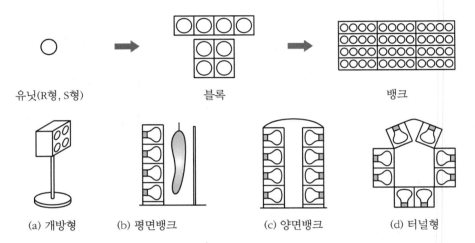

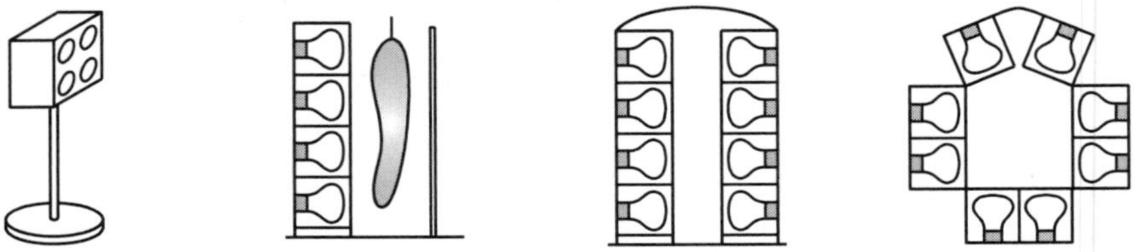

(a) 개방형 (b) 평면뱅크 (c) 양면뱅크 (d) 터널형

[적외선가열장치의 형식]

④ 필요한 조도 계산

$$\text{복사조도}(E) = \frac{\text{전구의 크기}[\mathrm{W}] \times \text{유닛 복사효율}(\eta)}{\text{전구 1개당 면적}[\mathrm{cm}^2]}[\mathrm{W/cm}^2]$$

㉠ 사각형 배열

$$E = \frac{\mu W}{d^2}[\mathrm{W/cm}^2]$$

㉡ 지그재그형 배열

$$E = \frac{\mu W}{0.87d^2}[\mathrm{W/cm}^2]$$

여기서, W : 전구의 와트수, μ : 전구의 반사효율, d : 중심간격 [cm]

사각형 배열에 비하여 15% 증가된 복사조도를 얻을 수 있다.

5) 용도

도장건조, 섬유건조, 도자기 건조, 인쇄건조, 탈수 건조 등

4 고주파 건조

1) 고주파를 이용하여 재료 속의 전장에 의한 유전작용으로 발생하는 열을 이용하여 건조한다.
2) 유전체에 교류전압을 인가하면 유전체손에 의하여 발열이 발생하며, 이는 유전가열의 원리와 동일하다.
3) 베니어 합판, 고무, 목재와 같은 두꺼운 물체를 내부까지 건조하는 데 사용한다.

14 전기로

1 개요

1) 정의

전기를 공급하여 물체를 가열하는 노를 총칭하여 전기로라고 한다.

2) 특징

① 높은 온도를 얻을 수 있다.
② 제품에 불순물의 혼입을 제거할 수 있다.
③ 온도의 조절이 정확하고 정밀하다.
④ 효율이 좋다.

2 저항로

저항로는 노체, 발열체, 반송장치로 구성된다.

1) 직접식 저항로

(1) 정의

피가열물 자체에 직접 전류를 흘려서 가열하는 방식이다.

(2) 종류

① 흑연화로

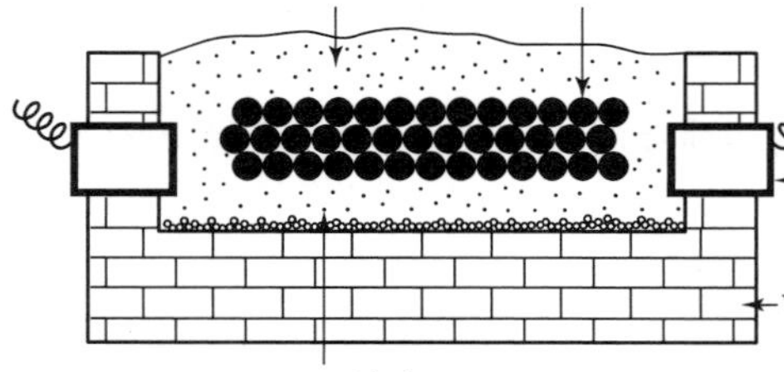

[흑연화로]

㉠ 전기제강 등의 전극을 소성하는 전기로이다.

㉡ 소성전극을 나란히 놓고 틈 사이에 코크스 분말을 넣는다.

㉢ 단상의 교류인가, 2,500[°C] 가열, 용량 1,000~6,000[kVA]

㉣ 2차전압 100[V] 이하, 전류는 수만 [A]에 도달하고, 전압강하가 상승하므로 역률은 70% 정도이다.

㉤ 역률 개선용 콘덴서가 필요하다.

② 카보랜덤로

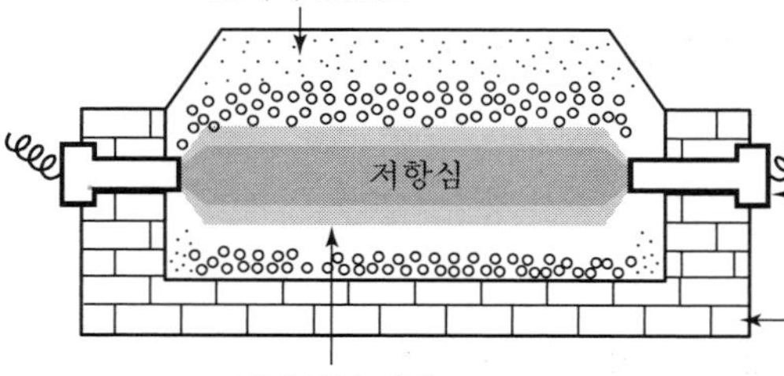

[카보랜덤로]

㉠ 중앙에 탄소립자의 저항심을 넣고 이것을 주 발열체로 사용한다.

㉡ 모래와 코크스를 혼합하고 여기에 전류를 흘려 2,000[°C] 이상 가열한다.

Si_2O(모래) + 3C(코크스) → SiC + 2CO(카보랜덤)

㉢ 2차전류 20,000~3,000[A], 용량 3,000~4,000[kW] 정도이다.

③ 카바이드로

㉠ 3개의 전극을 노의 상부로부터 삽입하여 줄열에 의해서 가열한다.

CaO(생석회) + 3C(코크스) ⇔ CaC_3(카바이드) + CO

㉡ 2,200[°C] 고온흡열 반응이 일어난다.

㉢ 2차전압 100～200[V], 2차전류 10,000[A], 용량 20,000[kW] 정도이다.

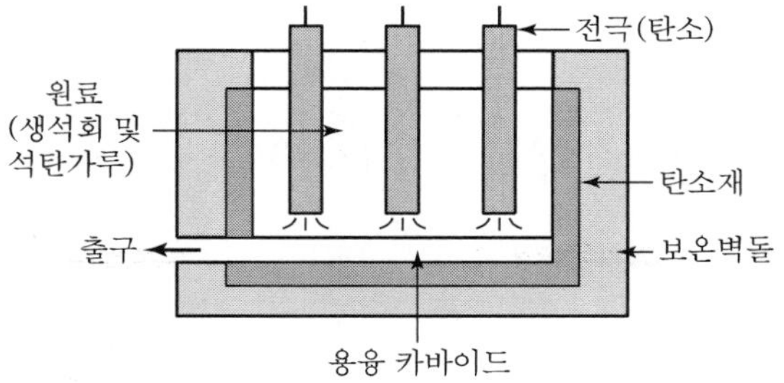

[카바이드로]

2) 간접식 저항로

(1) 정의

노벽에 저항 발열체를 설치하고 주로 열의 복사에 의하여 피열물을 가열한다.

(2) 종류

① **발열체로** : 발열체 사용(대류, 전도, 복사), (사용온도 1,000～1,700[°C])

② **크리프톨로** : 입자 간의 접촉저항을 이용, (사용온도 1,000～2,000[°C])

③ **염욕로** : 용융염을 저항발열체로 사용(600～700[°C])

3 아크로

1) 정의

아크로란 전극 사이에서 발생하는 아크열을 이용한 전기로이다.

2) 종류

아크로는 저압아크로와 고압아크로로 구분한다.

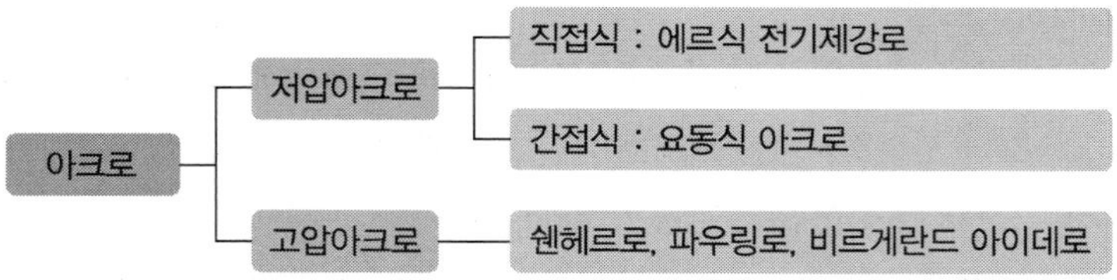

[아크로 종류]

(1) 저압아크로

저압아크로에는 직접식과 간접식이 있다.

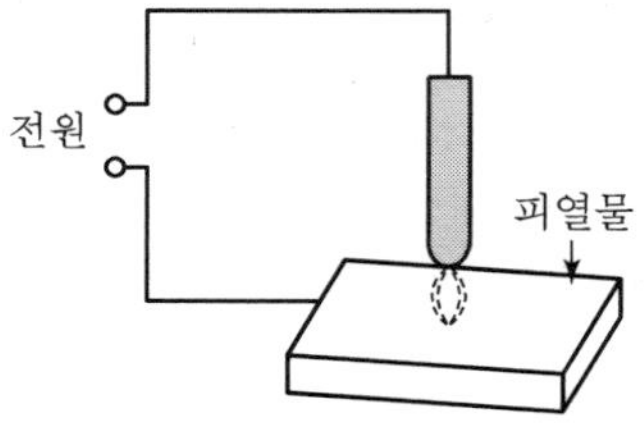

[직접식]

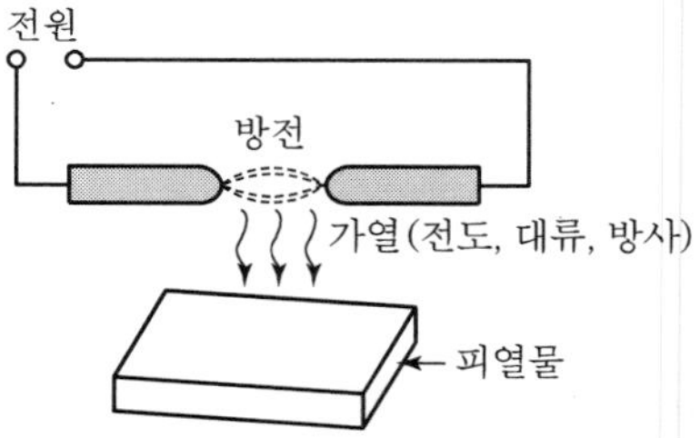

[간접식]

(2) 고압아크로

① 원리

㉠ 고압아크로는 공중질소를 고정하여 초산을 제조하는 데 사용한다.

$N_2 + O_2 = 2NO - 43{,}000$[cal]

㉡ 산소와 질소의 혼합기체를 고온으로 가열하면 주위로부터 열을 흡수하여 NO가 생성된다.

㉢ NO는 산화하여 NO_2가 되므로 물에 흡수시켜 초산을 만든다.

② 종류

구 분	쉔헤르로	파우링로	비르게란드 아이데로
원리도	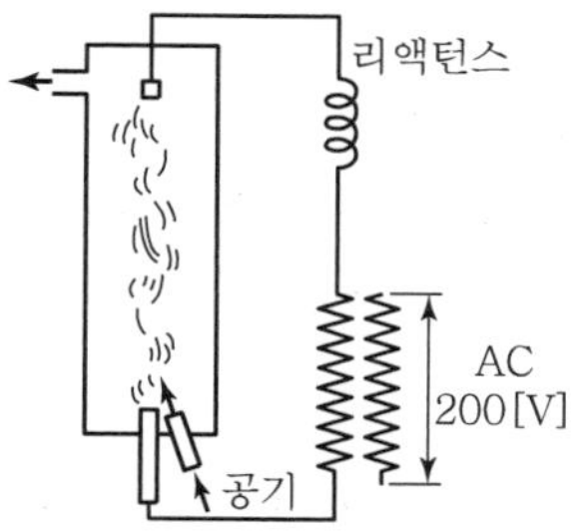	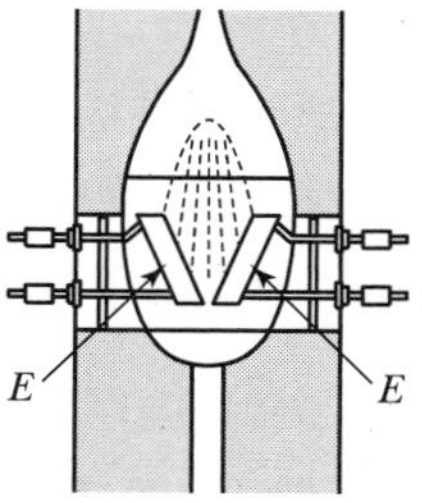	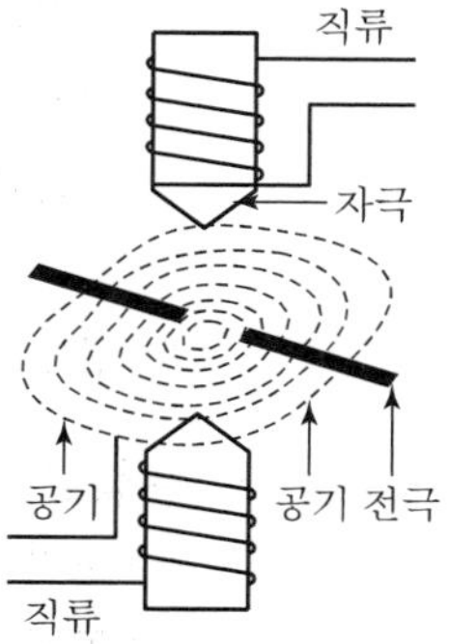
전압	4,000[V]	4,000～5,000[V]	5,000[V]
용량	1,000[kVA]	400～600[kVA]	3,000～5,000[kVA]
전극거리	10[m]	2～3[mm]	8～20[mm]

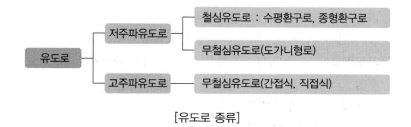

4 유도로

1) 원리

① 전자유도작용에 의하여 도전성의 피가열물에 와전류(Eddy Current)가 발생한다.
② 피가열물 자체의 줄열에 의해 가열하는 방식이다.

2) 종류

유도로는 저주파유도로와 고주파유도로로 구분한다.

- 유도로
  - 저주파유도로
    - 철심유도로 : 수평환구로, 종형환구로
    - 무철심유도로(도가니형로)
  - 고주파유도로
    - 무철심유도로(간접식, 직접식)

[유도로 종류]

(1) 저주파유도로

상용주파수인 50～60[Hz]를 전원으로 하는 유도로로, 변압기의 2차 측 단락과 같은 현상이며 2차코일(피열물)의 전기회로의 단락에 의하여 가열이 이루어진다.

① 철심유도로(구형로)

㉠ 2차회로가 환상의 피용해 금속으로 구성된다.

㉡ 2차 측이 단락되어 2차 측에 대전류가 흐른다.

㉢ 수평환구로

- 효율이 나쁘고 전류가 도중에 끊어지기도 한다.
- 1차 측과 2차 측의 자기결합이 나빠 누설자속이 많아져 저역률이 된다.

㉣ 종형저구로 : 효율이 좋고 역률도 75~85[%] 정도로 비교적 높다.

② 무철심유도로(도가니형로)

㉠ 도가니형의 용해실 안에 피가열물 금속을 넣어 가열 · 용해한다.

㉡ 공업용 대형로에서는 주로 1,000[Hz] 전후가 사용되고 있고, 역률 개선을 위해 콘덴서를 병렬접속 한다.

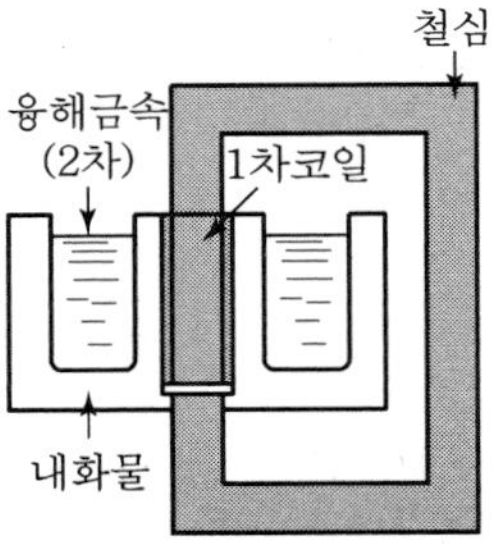

[철심유도로]

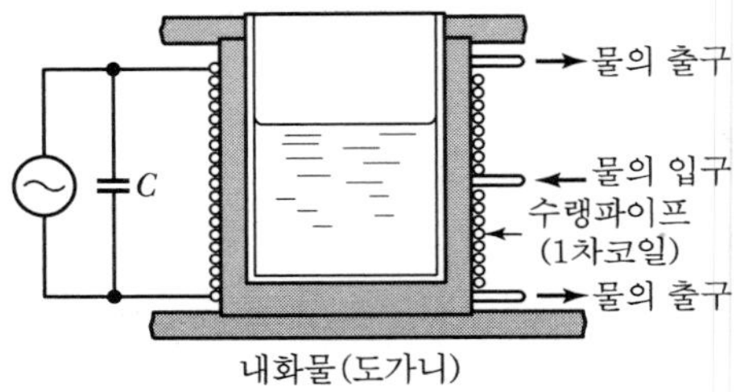

[무철심유도로]

(2) 고주파유도로

① 대부분 무철심유도로를 사용한다.

② 가열방식 : 간접유도법을 사용한다.

※ 직접유도법은 저주파 도가니형 유도로에 사용한다.

③ 사용주파수 : 1~10[kHz], 소형은 400[kHz]까지 사용한다.

④ 특징

㉠ 대전력을 국부적으로 집중할 수 있다.

㉡ 매우 정밀한 제어가 가능하다.

㉢ 근래에는 Ge나 Si 등 반도체의 단결정 증착이 가능하다.

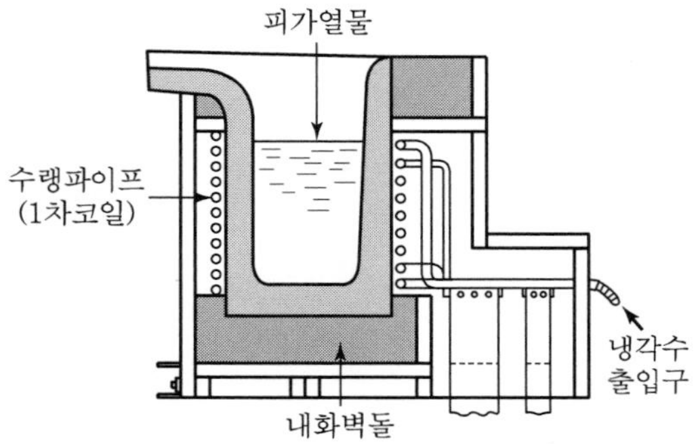

[고주파유도로]

CHAPTER 04

전기철도

01 전기철도의 전압강하가 전기차에 미치는 영향

1 전기철도

1) 급전방식

① 직류식 : DC 1500V

② 교류식 : 1ϕ AC 25kV, AT, BT, 직접급전방식 구분
3ϕ AC 6kV, 국내 미적용(설비, 집진장치, 절연거리 문제)

③ 직류식 · 교류식 비교

구분	직류식(DC 1500V)	교류식(AC 25kV)
전압, 전류	소전압, 대전류	고전압, 소전류
적용	도심 지하구간	시외 노상구간(KTX 등)
특징	대전류에 의한 문제	고전압에 의한 문제
장점	절연거리 단축	대전력용($P=VI$)
단점	전압강하, 전압변동, 손실증가	절연거리, 절연비용 증가
문제점	• 누설전류에 의한 전식 • 직류회로의 고속도 차단 문제	• 통신선의 유도장해 • 전력변환장치 필요(인버터) + 전압불평형(Scott 결선)

2 전압강하

1) 전차선의 공급전압

① 직류식 : DC 1500V(900～1620V DC)

② 교류식 : AC 25kV(AC 20～27.5kV)

2) 전압강하 공식

$$\Delta V(e) = E_s - E_r = I(R\cos\theta + X\sin\theta)$$

3) 전압강하의 영향

교류급전방식이 아닌 직류급전방식에서 대전류에 의해 발생한다.

① 전기차의 보기기능 상실

② 제어회로 기능 상실(제어 곤란)

③ 전기차의 속도특성 저하(직권 $T = K\phi I = KI_a^{\,2}$)

– 전차선의 전압강하에 비례속도 감소

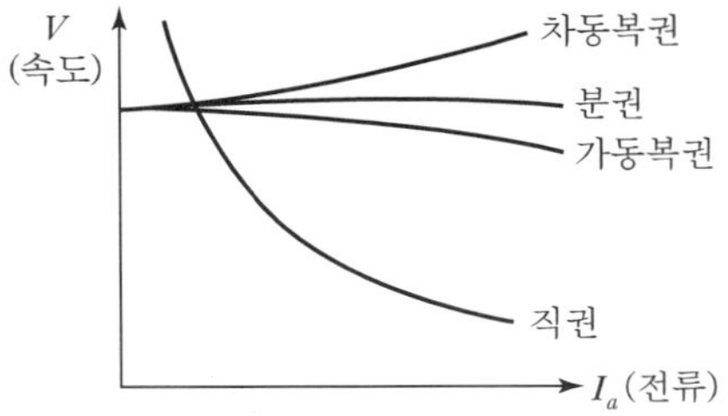

[직류전동기의 속도－전류 특성]

4) 전압강하 경감대책

① 소전압, 대전류에 의한 전압강하요인

$$\Delta V(e) = E_s - E_r = I(R\cos\theta + X\sin\theta)$$

② 대책

㉠ 직류급전방식

- 선로의 저항 감소($R = \rho\dfrac{l}{A}$) (거리 단축, 케이블 굵기 증대)
- 변전소 증설 급전거리 단축(l) (전압강하는 감소치가 경제성 악화)
- 급전구분소 적정 설치, 균압형성
- 승압기의 사용 등

㉡ 교류급전방식

- 직렬콘덴서는 이용한 무효전력 보상($\Delta V = K \cdot \Delta Q$: Q 보상)
- 단권 TR을 이용한 전압강화 경감(AT 급전) (X의 감소로 전압강하 감소)
- 자동전압 조정장치 적용(AT 급전)
- 기타(역률 개선, 동기조상기, 동축케이블을 급전선 이용)

02 전압강하의 공식유도

1 전압강하

1) 정의

전압강하란 전기회로 내 저항소자에 전류가 흐를 때 양단에 생기는 전압차이다.

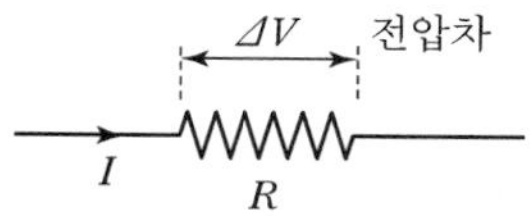

[전압강하]

2) 전압강하의 허용한도(%)

구분	60m 이내	160∼120m 이내	120∼200m 이내	200m 초과
전기사업자 (저압)	2	4	5	6%
구내설비 (전용 TR)	3	5	6	7%

3) 전압강하 계산

① 정상상태의 전압강하

$$\Delta V(e) = E_s - E_r \doteqdot I(R\cos\theta + X\sin\theta)$$

② 전압강하의 약식계산

$1\phi 2W$	$3\phi 3W$	$3\phi 4W(1\phi 3W)$
$e = \frac{35.6LI}{1000A}$	$e = \frac{30.8LI}{1000A}$	$e = \frac{17.8LI}{1000A}$

여기서, e : 전압강하[V], L : 선로길이[m], I : 전류[A], A : 단면적[mm^2]

❷ 전압강하의 공식유도

1) 등가회로도 및 벡터도

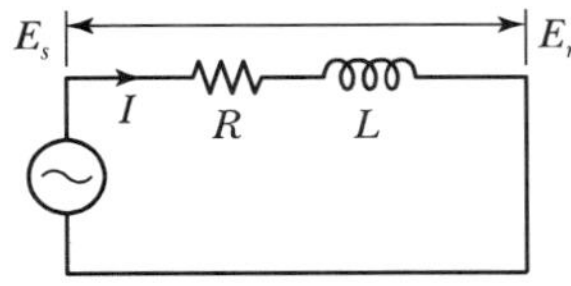

[등가회로도]

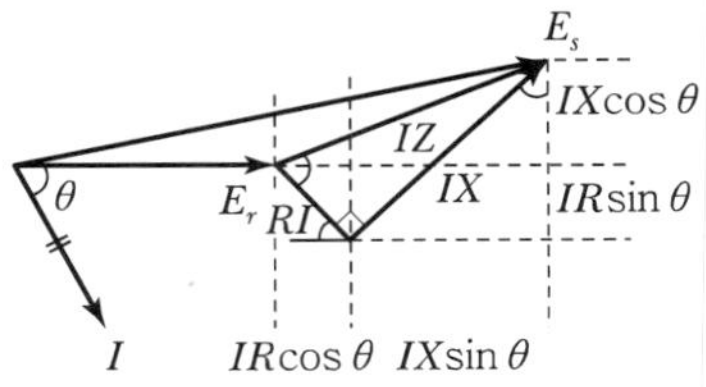

[벡터도]

① $E_s = E_r + IZ = E_r + I(\cos\theta - j\sin\theta)(R + JX)$

$= E_r + IR\cos\theta + IX\sin\theta + j(IX\cos\theta - IR\sin\theta)$

② $\therefore\ E_s = \sqrt{(E_r + IR\cos\theta + IX\sin\theta)^2 + (IX\cos\theta - IR\sin\theta)^2}$

③ 여기서, ②항은 ①항 값에 비해 매우 작으므로 무시

④ $\therefore\ E_s \fallingdotseq E_r + I(R\cos\theta + X\sin\theta)$ 성립

⑤ 상위 식에서 $\Delta V(e) = E_s - E_r \fallingdotseq I(R\cos\theta + X\sin\theta)$ 성립

3ϕ의 경우 $e = \sqrt{3}\, I(R\cos\theta + X\sin\theta)$

2) 전압강하의 약식 계산 유도

① 전압강하 $e = I(R\cos\theta + X\sin\theta)$

② $e = IR$

$\cos\theta = 1$ 대입 → 이상적인 전압강하 기준(직류), 주파수, 리액턴스, 표피효과로 인한 실효저항의 증가방지

이 기준으로 포설수, 금속관의 허용손실 계산

③ $e = I\left(\rho\dfrac{l}{A}\right)$ $[R = \rho\dfrac{l}{A}] \rightarrow \mu\Omega\,\mathrm{cm} = \dfrac{\rho l I}{A}$ 성립

④ $e = \dfrac{1.774\,LI}{A} \times 10^{-6}\,\Omega\mathrm{m}$

구리의 저항은 연동선 : $\dfrac{1}{58} = 0.0172$, 기준은 경동선기준 : 연동선의 도전율 97%

$\therefore$ 경동선의 저항률 $\rho = \dfrac{1}{58} \times \dfrac{1}{0.97} = 1.774 \times 10^{-6}\,\Omega\mathrm{m}$

⑤ $e = \dfrac{1.78 \times 10^{-6}\,\Omega\mathrm{cm}}{A} \times L(\mathrm{m}) \times I = \dfrac{1.78 \times 10^{-8}\,\Omega\mathrm{m}}{A \times 10^{-6}\,\mathrm{m}^2} \times L(\mathrm{m}) \times I$

$$= \frac{1.78 \times 10^{-2} LI}{A} = \frac{17.8LI}{1000A} \text{ 성립}$$

단위환산 → 기준(m), $10^{-6}\Omega\,\text{cm} = 10^{-8}\Omega\,\text{m}$, $\text{mm}^2 \rightarrow 10^{-6}\,\text{m}^2$

⑥ 따라서 약식 전압강하

$1\phi 2W$	$3\phi 3W$	$3\phi 4W(1\phi 3W)$
$e = \frac{35.6LI}{1000A}$ $L = 2L \ (\times 2)$	$e = \frac{30.8LI}{1000A}$ $I\ell = \sqrt{3}\, I_P \ (\times \sqrt{3})$	$e = \frac{17.8LI}{1000A}$ $Vl = \sqrt{3}\, V_P \ \left(\times \frac{1}{\sqrt{3}}\right)$

03 전기철도 급전방식

1 전기철도

1) 구성

(1) 급전설비

① **전철변전소** : 전압변성 공급(AC, DC)

② **급전설비** : 전기차에 전기공급

㉠ 전차선로 : 전기공급

㉡ 귀선로 : 전기차로 + 레일

③ **전기차** : 전력공급 차량운행

④ **보호방식** : 설비와 차량 간 보호협조

(2) 급전방식

① **직류급전방식** : DC 1500V

㉠ 소전압, 대전류 특성

② **교류급전방식** : AC 25kV

㉠ 고전압, 소전류 특성

㉡ 직접, BT, AT 급전방식

㉢ 3ϕ 6kV는 국내 미적용

2 급전방식

1) 직류급전방식(DC 1500V)

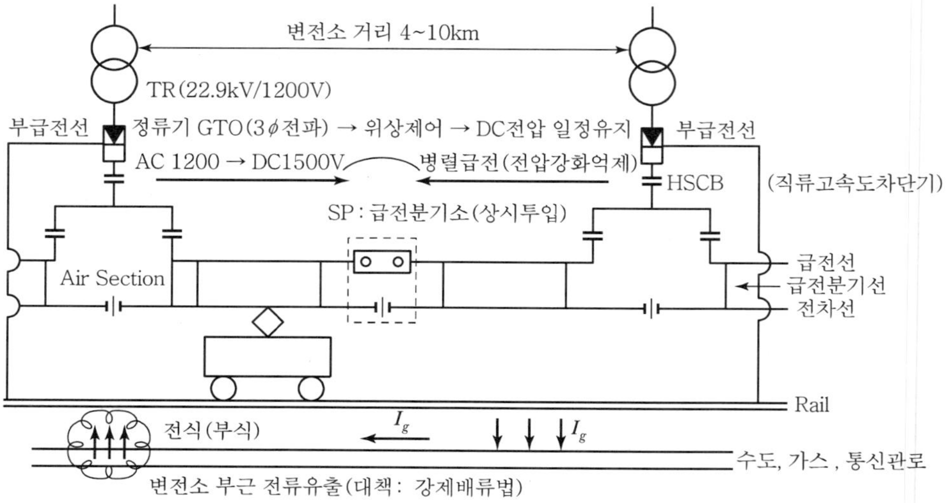

[직류급전방식 회로도]

(1) 구성요소 및 특징

① 구성요소

㉠ 변압기 : AC 전원공급(22.9kV/1200V)

㉡ 정류기 : GTO를 이용하여 DC 1500V 변환

㉢ 고속도차단기 : 지락, 단락사고 차단

㉣ 급전선, 전차선 : 전차전원 공급

㉤ Rail 및 부급전선 : 전차전류 귀환

② 특징

㉠ 궤전선과 전차선을 병설(0.1～1km)

㉡ 궤전분기선으로 궤전선과 가공전차선 연락

㉢ 병렬회로 구성(대전류에 의한 영향 최소화)

– 전압강화, 전압변동, 손실최소화

㉣ 누설전류에 의한 전식 우려(강제배류법)

(2) 장단점

① 장점

㉠ 견인특성이 우수한 직권전동기 사용($T = K\phi I$)

㉡ 저전압으로 절연용이, 도시지하철 적용

㉢ 터널, 교량, 지하 등 절연거리 저감

㉣ 저전압으로 활선작업이 용이, 응급복구 용이

② 단점

㉠ 대전류문제 : 전압강하, 변동, 손실 증가

㉡ 대전류억제, 변전소거리 단축, 경제성 저하

㉢ 누설전류에 의한 전식 발생

㉣ 대전류와 사고전류가 비슷하여 선택차단 곤란

2) 교류급전방식

직접급전방식	BT 급전방식(4km)	AT 급전방식(10km)
• 1ϕ 25kV 사용 • 누설전류에 의한 통신선의 유도장해 (대책 : 통신선차폐, 부급전선 Al 연선)	• 흡상변압기 이용 (권수비 1 : 1) • 귀선전류흡상 유도장해 경감 • Booster Section의 Arc 문제 • Arc 대책 → AT 급전방식	• 단권 TR을 이용하여 누설전류 최소화 • AT 간 거리 10km • Booster Section이 없이 Arc 미발생 • 변전소거리 증가 경제적 (40km → 100km)

(1) 직접급전방식

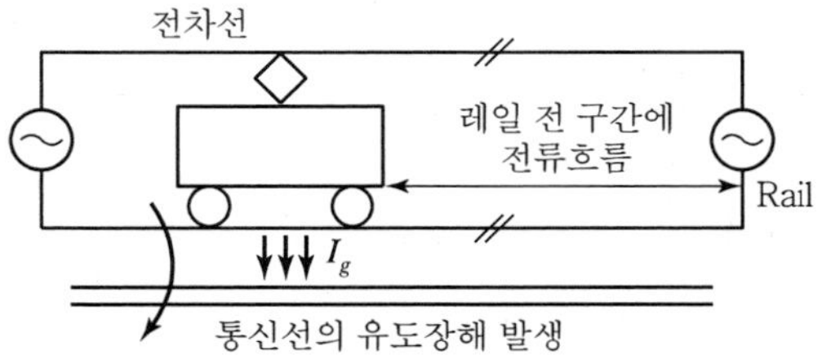

[직접급전방식 회로도]

(2) BT(Booster Transformer) 급전방식

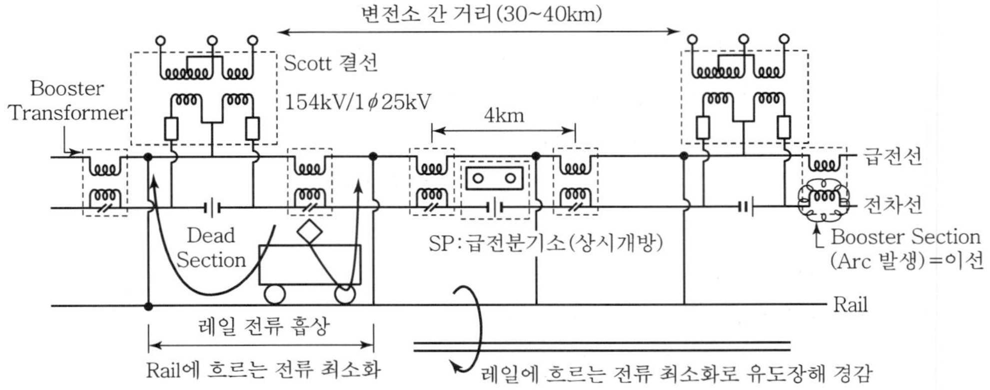

[BT 급전방식 회로도]

① Booster Section은 양 변전소구간의 병행접속으로 상하위 변전소 간 Sort 발생

$\rightarrow \Delta I = \frac{di}{dt}$ (고속 주행)

② 단위시간당 전류의 급상승을 인지하여 단시간 시 허용, 장시간 시 사고를 판단하여 차단

③ Booster Section에 의한 Arc, 전차선, 집전장치 소손방지(AT 급전방식)

(3) AT(Auto Transformer) 급전방식

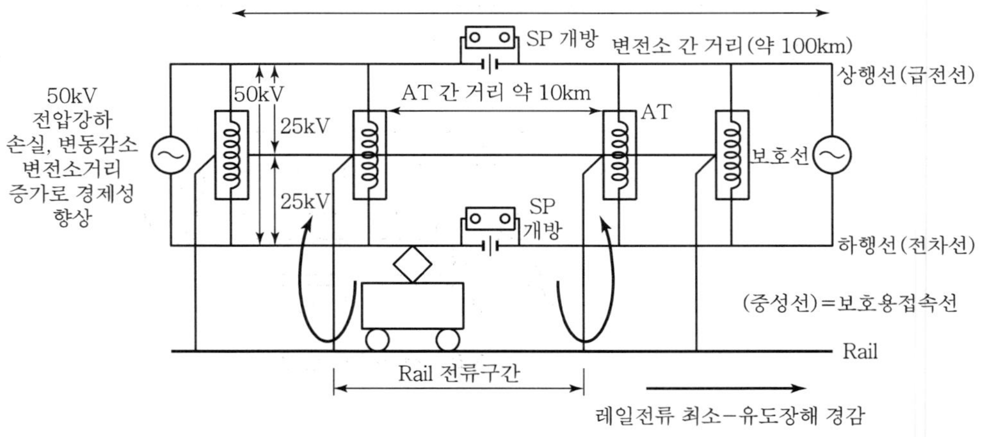

[AT 급전방식 회로도]

① BT 급전방식 대비 Booster Section이 없이 Arc 미발생

② AT(단권 TR)를 이용한 누설전류 최소화로 유도장해 경감

③ 변전소거리 증가로 경제성 향상(40km → 100km)

④ 고전압 · 저전류로 전압강하, 전압변동, 손실 최소화

⑤ 사고 시 대전류로 보호계전기 동작을 확실하게 차단

3 상호 비교

1) 직류 · 교류급전방식 비교

구분		직류(저전압, 대전류)	교류(고전압, 소전류)
전기차	전압	DC 1500V(저전압)	AC 25kV(고전압)
	전류	대전류	소전류
	집전	대전류 → 접전용량 증가 → 팬터그래프	소전류 → 팬터그래프 소형화
	특성	이중화, 고속운전 시(대전류) 효율 저하	고속운전의 효율 상승, 이선대책 용이
	경제성	전류 불필요 → 중량 감소 → 경제적	정류설비 필요 → 중량 증가 → 고가
급전설비	변전소	4～10km(전압강하 최소화)	40～100km(소전류)
	보호설비	보호장치 복잡 (운전전류≒사고전류, 선택 곤란)	운전전류(소전류), 사고전류(대전류) ⇒ 판별 용이
	전차선로	대전류 영향 → 급전선 굵기 증가	소전류 → 급전선 굵기 감소
	전압강하	대전류 영향 → e 증가	소전류 → e 감소
	불평형	3ϕ 전원의 불평형 미발생(정류기)	1ϕ 부하 시 불평형 (대책 Scott 결선)
	절연거리	저전압으로 이력거리 감소 (지하, 교량, 터널)	고전압(절연상승 → 이격거리 비용증가, 노상구간)
	문제	누설전류에 의한 전식문제	전류불평형에 따른 통신선 유도장해
	대책	강제배류법	• AT, BT 급전방식 • 통신선 차폐, 부급전선 Al 연선

2) AT, BT 방식 비교

구분	BT(Booster) 방식	AT(Auto) 방식
급전전압	변전소 AC 25kV	변전소 AC 50kV
전차선레일	AC 25kV	AC 25kV
변전소간격	30～40km	80～100km
변압기간격	1.5～4km	10km 간격
전차선로 구성	간단(저렴)	복잡(고가)
Booster	필요(Arc 발생원 : 10cm)	불필요(고속대용량 접전, 단권 TR)
Section	대책(아킹혼, 저항 Section)	불필요

구분	BT(Booster) 방식	AT(Auto) 방식
유도장해	발생(직접방식대비 감소)	BT 방식보다 감소
전압강하	크다. $e=I(R\cos\theta+X\sin\theta)$	작다.(전압 2배 ∴ 전류 1/2배) ∴ $e=1/2$ 감소, $Pl=V^2=\frac{1}{4}$배 감소
경제성	건설비 증가(변전소거리)	경제적(수전점 간격 증가)

※ 급전기능거리도 V^2에 비례하므로 AT 방식이 경제적이다.

04 단권변압기(Auto Transformer)

1 단권변압기(Auto Transformer)

1) 단권변압기

① 2권선 TR처럼 1 · 2차권선을 구별하지 않고 하나의 공통권선을 사용한다.

② 직렬접속 후 1 · 2차의 단자를 인출한 TR이다.

2) 단권 TR과 2권선 TR 비교

구분	단권	2권선
권선법	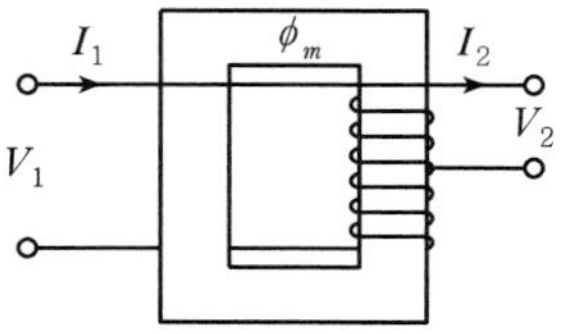	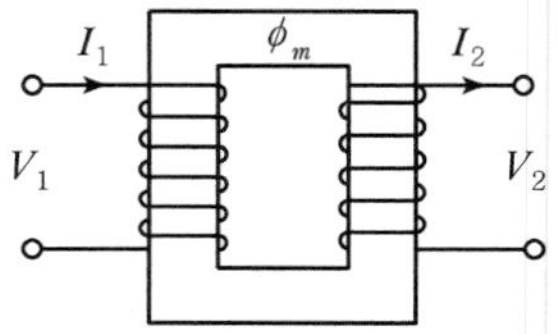
P_S (자기, 권선용량)	$I_1(V_1-V_2)\times\left(\frac{V_1}{V_1}\right)=V_1I_1\left(\frac{V_1-V_2}{V_1}\right)$	$V_1I_1=4.44K\phi_1 fN_1$
P_L (부하, 송전용량)	V_1I_1	$V_2I_2=4.44K\phi nf_2N$
권선분비 $(k=\frac{P_S}{P_L})$	$\frac{P_S}{P_L}=\frac{V_1I_1\left(\frac{V_1-V_2}{V_1}\right)}{V_1I_1}$	$K=\frac{P_S}{P_L}=\frac{V_1I_1}{V_2I_2}=1$

3) 단권 TR의 특징

공통권선 사용하므로 X_L이 감소한다.

(1) 장점

① 공통권선 사용

㉠ 여자전류(I_0), 전압강하(e) ↓

㉡ 전압변동(ε), 전격손실(Pl) ↓

㉢ 효율상승(η), 중량감소, 소형경량화

② X_L의 감소

송전용량 증가($P_S = \dfrac{E_s E_r}{X} \sin\delta$)

③ 권선분비(k) 및 자기용량이 작아서 철심 절약, 소형 경량화가 가능하다.

(2) 단점

① 공통권선 사용

㉠ 1 · 2차 회로가 전기적으로 완전절연 되지 않는다.

㉡ 1차 측과 같은 절연이 필요하다(절연비 고가).

② X_L 감소

㉠ $I_S = \dfrac{100In}{\%Z}$, $P_S = \dfrac{100Pn}{\%Z}$

㉡ 즉, 단락전류 및 차단용량 증가의 원인이 된다.

4) 단권 TR의 자기용량과 부하용량의 비

강압용	승압용
$\dfrac{P_S}{P_L} = \dfrac{V_1 I_1 \left(\dfrac{V_1 - V_2}{V_1}\right)}{V_1 I_1} = \dfrac{V_1 - V_2}{V_1}$	$\dfrac{P_S}{P_L} = \dfrac{V_2 I_2 (V_2 - V_1)}{V_2 I_2} = \dfrac{V_2 - V_1}{V_2}$

여기서, P_S : 자기용량, P_L : 부하용량

5) 용도

(1) 송전선로용 전력용 TR (345/154kV)

① 승압용 및 강압용 TR 적용

$\dfrac{(345 - 154)}{345} \times 100 = 55.36$ ∴ 권선비 55.36%로 절약 가능

② 초고압계통 이용 시 직접접지방식으로 단절연 가능(TR 절연저감 효과)

(2) 전기철도의 AT 급전방식 적용

① AT 급전방식의 단권 TR 이용하여 누설전류 억제(BT 방식의 Booster Section Arc 방지)

② 통신사의 유도장해 및 전압강하 경감 목적

(3) 유도전동기 콘돌퍼 기동방식

① 기동 시 기동전류 감소

② 전압강하 ↓, 전압변동률 ↓, 수전용량 부족방지

(4) 조명설비 적용

조광제어시스템 : 전압가변 시 조광회로 적용

6) 전기철도, 단권 TR 용량 계산

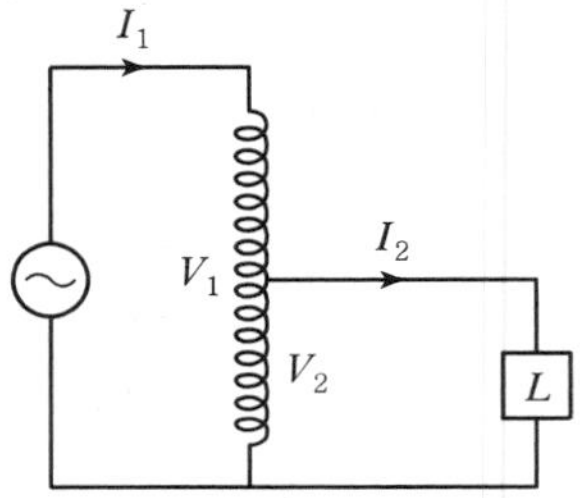

[단권 TR]

(1) 일반개소

$$W \geq \frac{1}{5} E_0 I_{TM}$$

(2) 변전소 부근

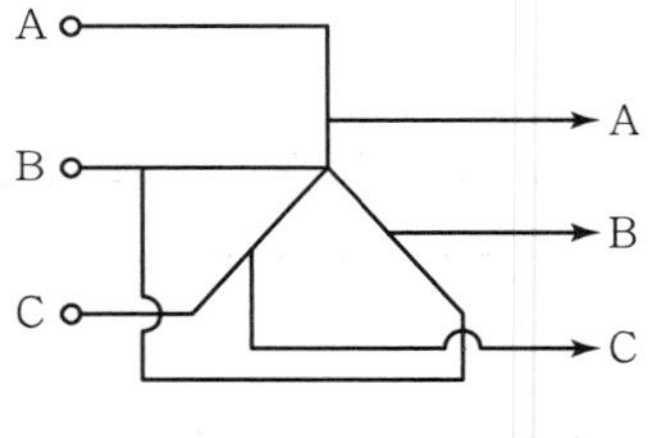

[345/154kV 강압용 TR]

$$W \geq \frac{1}{50} E_0 I_S$$

여기서, W : 단권 TR 자기용량[kVA]
E_0 : 정격단자 전압[kV]
I_{TM} : 전기차전류[A]
I_S : 사고(단락)전류 [A]

7) 단권 TR 표준용량과 최대부하

표준용량	1시간 최대출력	순시최대전력	비고
2000kVA 3000kVA 5000kVA	100%	300%에서 2분간	정격치 기준

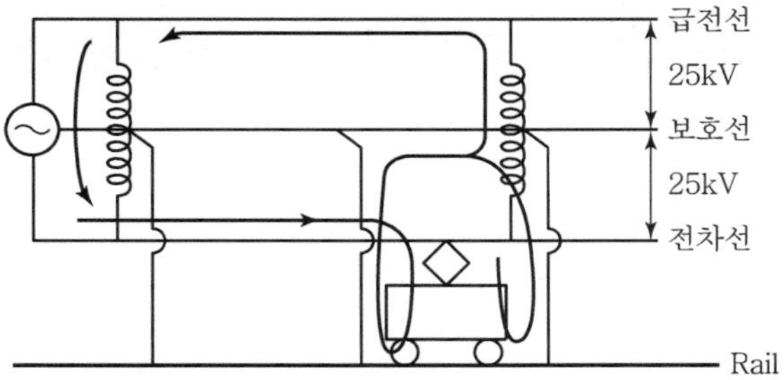

[AT 급전방식 회로도]

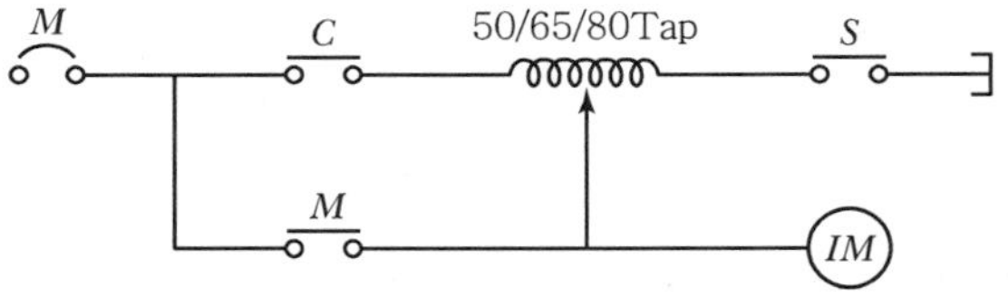

[콘돌퍼 기동방식 회로도]

[콘돌퍼 기동방식의 특징]

구분	M	C	S	V	I	T
기동보상기	×	○	○	$1/\alpha$	$1/\alpha^2$	$1/\alpha^2$
리액터	×	○	×	$1/\alpha$	$1/\alpha$	$1/\alpha^2$
운전	○	×	×	1	1	1

2 맺음말

1) AT 급전방식에서는 전압상승으로 전류 감소($\frac{1}{2}$), e, ε, Pl이 감소한다.

2) 누설전류에 의한 통신 유도장해 경감, 변전소 거리증가로 경제적이다.

3) 향후 급전방식은 AT 급전방식이 유리하다.

05 Scott 결선

1 개요

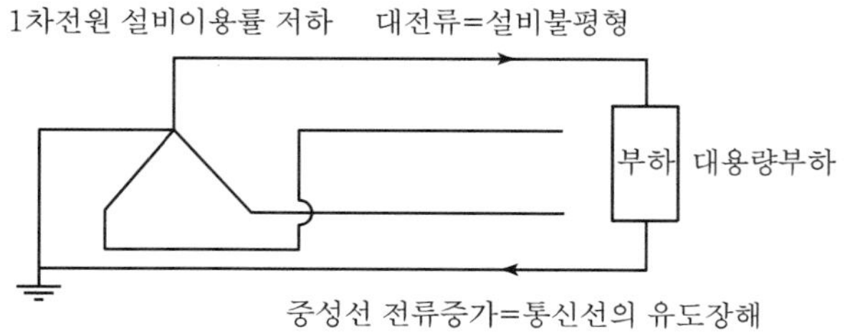

[Scott 결선]

1) 3ϕ 전원에 대용량의 단상부하 직접공급 시 문제점
   ① 3ϕ 전원의 설비불평형
   ② 불평형전류에 의한 통신선의 유도장해
   ③ 전원의 설비이용률 저하

2) Scott 결선의 목적 : 3ϕ 전원을 단상전원으로 변환 시 1차 측 전원의 평형을 유지하는 데 있다.

2 3ϕ 전원을 단상전원으로 변환하는 결선법

구분	적용
Scott 결선	국내전기철도에 가장 많이 사용(154kV/25kV)
Wood Bridge	Scott 결선 보완결선법(250kV 이상, 일본, 러시아 적용)
역 V결선	3ϕ4w Y결선에서 1ϕ를 제거한 결선법
리액터와 콘덴서 조합결선법	• 단상부하에 리액터와 콘덴서를 Δ결선하는 방법 • 단상전기로에 사용 부하전류 급변시 역률이 저하한다.

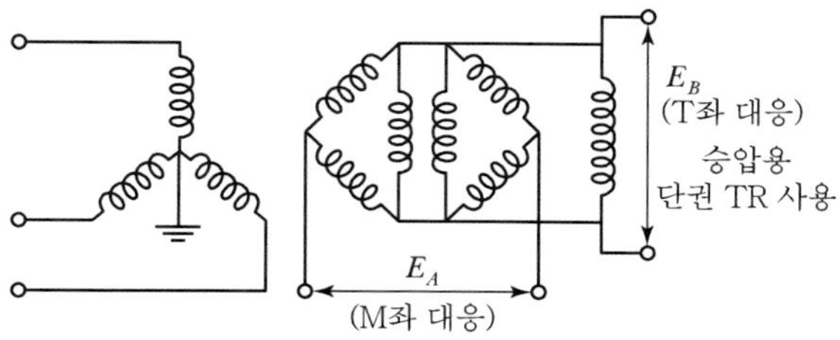

[Wood Bridge 결선법]

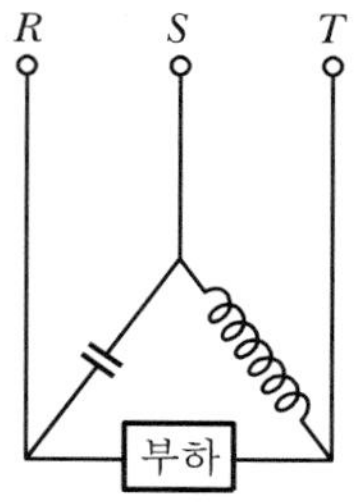

[리액터와 콘덴서 조합결선]

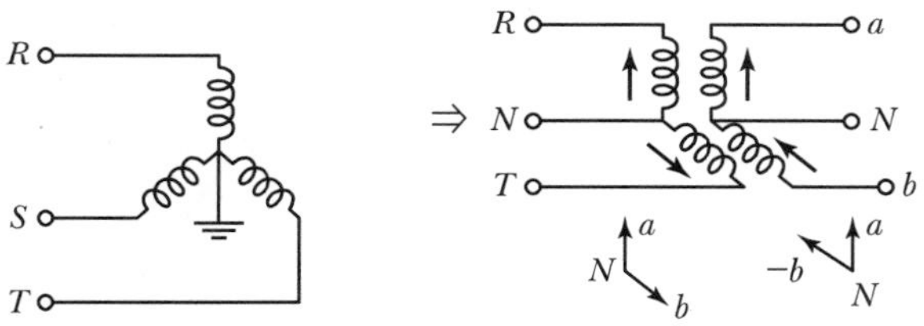

[역 V결선 : 극성 반대]

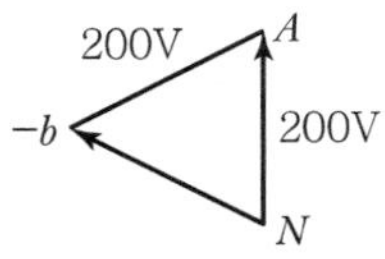

[벡터도]

- Δ결선 1ϕ 제거 → V결선
- Y결선 1ϕ 제거 → 역 V결선

3 사용목적

1) 3ϕ 전원의 부하불평형 해소
2) 불평형전류에 의한 통신선의 유도장해 경감
3) 설비이용률 향상

4 결선도

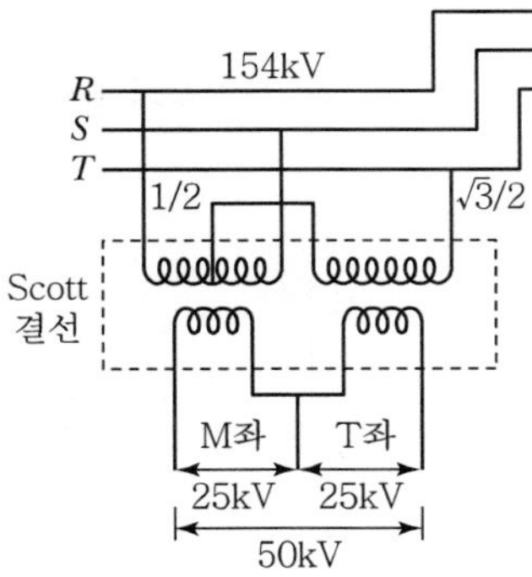

[일반적 결선]

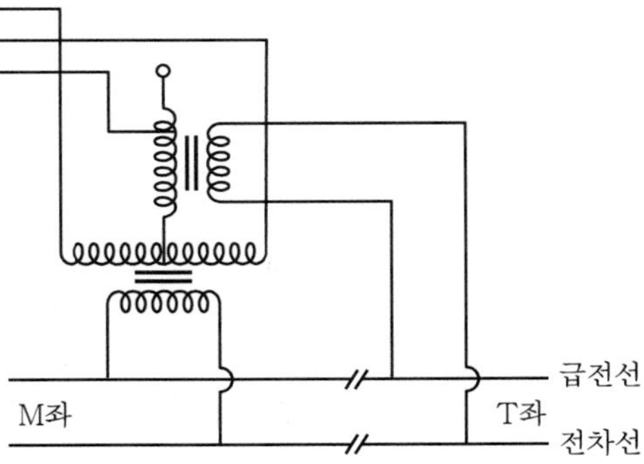

[Section : 절연구분정리]

(1) 1차 측 회로도 및 벡터도, 정삼각형＝전원 평형

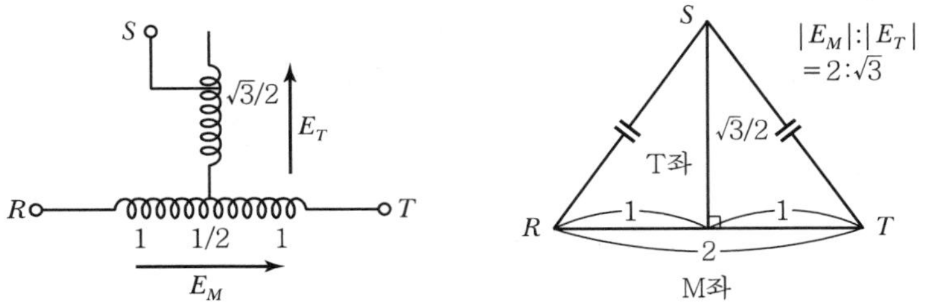

[Scott 결선의 회로도]

① Scott 결선을 이용 단상전원 2개 변환

② M좌는 1/2 지점 결선, T좌는 $\sqrt{3}/2$ 지점 구분결선

③ 2차전압의 크기는 같고 T좌는 M좌보다 90° 진상의 위상차 발생

④ 따라서 3ϕ 전원의 1차 측은 평형유지

(2) 2차 측 회로도 및 1 · 2차 합성벡터도

① 1차의 E_M과 2차 E_m은 동상

② 1차의 E_T와 2차 E_t는 동상

③ E_M과 E_T의 위상차는 90° 위상차

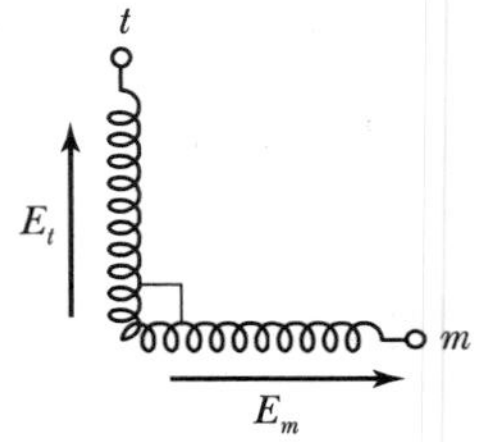

[Scott 결선의 위상차]

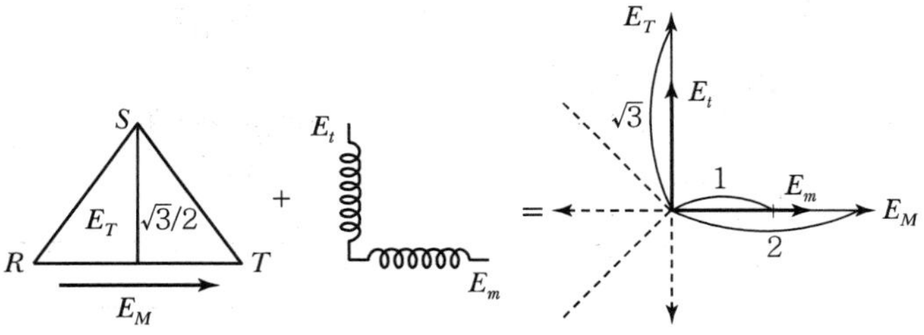

[1차 측과 2차 측 유도기전력의 크기 비교]

(3) 2차 측의 유도기전력 크기 동일 증명

① 권수비(M좌 $n_1 : n_2$), (T좌 : $\frac{\sqrt{3}}{2}n_1 : n_2$) 적용 시

② $|E_t| = |E_T| \times \dfrac{n_2}{\frac{\sqrt{3}}{2}n_1} = \dfrac{\sqrt{3}}{2}|E_M| \times \dfrac{n_2}{\frac{\sqrt{2}}{2}n_1} = |E_M| \times \dfrac{n_2}{n_1}$

③ $|E_m| = |E_M| \times \frac{n_2}{n_1}$

④ $\therefore |E_t| = |E_m|$ 성립 (2차유기기전력 크기 동일)

5 Scott 결선 시 전압불평형률

$$\text{불평형률 } K = Z(P_A - P_B) \times 10^{-4}[\%]$$

여기서, K : 전압불평형률, Z : 3ϕ 수전점 기준 %Z 임피던스[10kVA 기준]
P_A, P_B : 급전구간 내 2시간 연속 평균부하[kVA]

2시간 부하로 3% 이내 억제 필요

6 이용률(86.6%)

1) 동일부하 시 T좌는 M좌보다 1.154배($\frac{2}{\sqrt{3}}$배) 과부하한다.

2) 과부하가 걸리지 않게 조정해야 한다. ($1/1.154 = 0.866\left(\frac{\sqrt{3}}{2}\right)$)

3) 이용률은 86.6%이다.

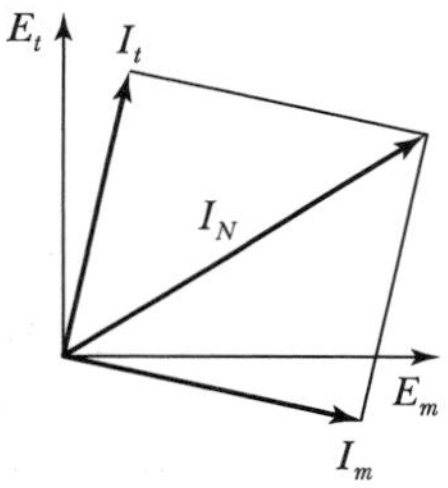

[전류벡터도]

7 특징

1) 장점

① 3ϕ전원을 단상전원 2배로 변환한다.
② 1차 측 설비불평형이 해소된다.
③ 2차전원의 크기는 같고 90°의 위상차가 발생한다.
④ 중성선에 불평형전류 미발생 ⇒ 유도장해가 경감된다.

2) 단점

① 중심점 미존재로, 중성점 접지가 불가하다.
② 지락 시 계통에 이상전압이 우려된다.
③ 위상차에 따른 절연구분장치(Section)가 필요하다.
※ Scott 결선 보완법으로 Wood Bridge 결선법이 있다.

06 3ϕ 전원의 단상변환 결선법

1 개요

1) 3ϕ 전원에 대용량의 단상부하 직접공급 시 문제점
   ① 3ϕ 전원 설비불평형
   ② 불평형전류에 의한 통신선의 유도장해
   ③ 전원설비 이용률 저하

2) Scott 결선 및 단상전환 결선법은 1차측 전원평형 유지목적임

3) 3ϕ 전원을 단상전원으로 변환하는 결선법

구분	적용
Scott 결선	국내전기철도에 가장 많이 사용(154kV/25kV)
Wood Bridge	Scott 결선 보완법(250kV 이상, 일본, 러시아 적용) 중성점 접지가능, 전압불평형 경감, 계통의 안정도 향상
역 V결선	3ϕ4w Y결선에서 1ϕ을 제거한 결선법
리액터와 콘덴서 조합결선법	단상전기로에 사용, 부하전류 급변에 따른 역률저하 문제
기타	Mayer, 전력소자 직류와 결선법(컨버터)

2 3ϕ 전원을 1ϕ로 변환하는 결선법

1) Scott 결선

(1) 목적
   ① 3ϕ 전원의 부하불평형 해소
   ② 설비이용률 향상(86.6%)
   ③ 불평형전류에 의한 통신선의 유도장해 경감

(2) 결선도

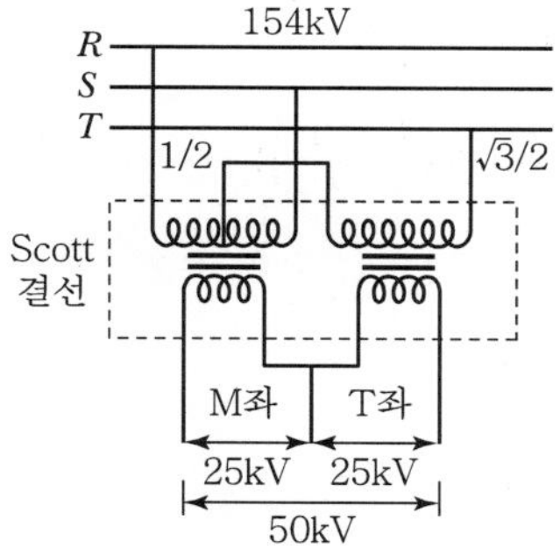

[결선도]

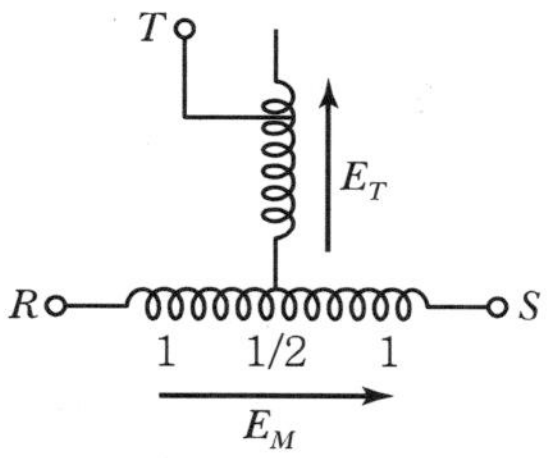

[1차 측 회로도 및 벡터도]

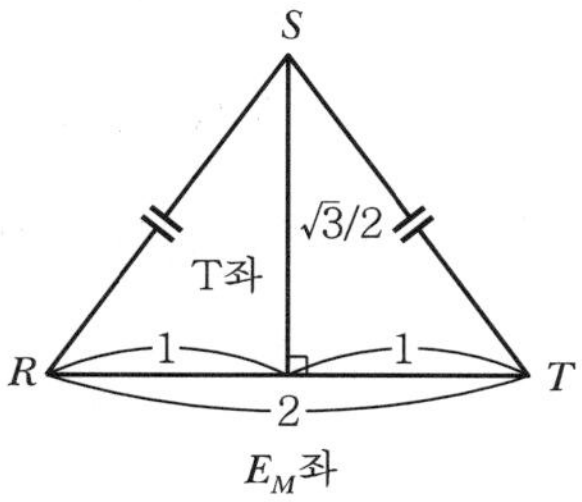

[정삼각형 = 전원평형]

(3) 장단점

① 장점

㉠ 3ϕ 전원을 단상전원 2개로 변환한다.

㉡ 1차 측 설비불평형이 해소된다.

㉢ 2차전원의 크기는 같고 90°의 위상차가 발생한다.

㉣ 중성선에 불평형전류 미발생 ⇒ 유도장해가 경감된다.

② 단점

㉠ 중성점 미존재로 접지가 불가하다.

㉡ 지락사고 시 계통에 이상전압이 우려된다.

㉢ 위상차에 따른 절연구분장치(Section)가 필요하다.

※ Scott 보완결선법으로 Wood Bridge 결선법이 있다.

(4) 전압불평형률

① 불평형률

$$K = Z(P_A - P_B) \times 10^{-4} [\%]$$

여기서, K : 전압불평형률, Z : 10kVA 기준 $\%Z$ 임피던스,
P_A, P_B : 급전구간 내 2시간 연속 평균부하[kVA]

② 2시간 부하로 3% 이내 억제 필요

(5) 이용률 향상(86.6%)

① 동일부하 시 T좌는 M좌보다 1.154배($\frac{2}{\sqrt{3}}$ 배) 과부하한다.

② 과부하가 걸리지 않게 조정 해야 한다. (1/1.154=0.866$\left(\frac{\sqrt{3}}{2}\right)$)

③ 이용률은 86.6%이다.

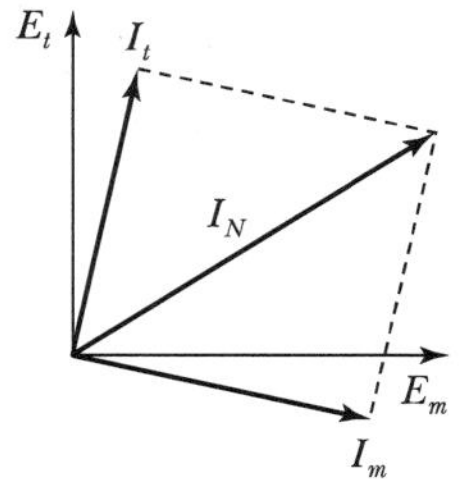

[전류벡터도]

2) 우드브리지(Wood Bridge) 결선

(1) 목적

① Scott 결선의 결점 보완(중성점 접지)

② 전압불평형 경감, 계통의 안정도 향상, 지락사고 시 이상전압 발생 억제

(2) 결선도

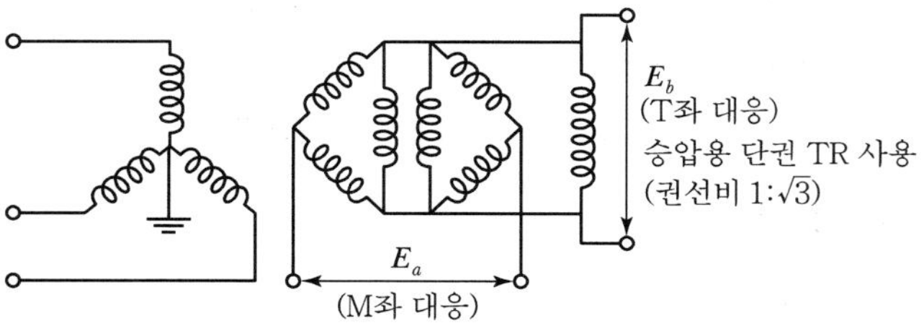

[Wood Bridge 결선]

(3) 특징

① 승압용 단권 TR을 이용한다.

② 중성점 접지를 통한 Scott 결선법을 보완하였다.

③ 특징은 Scott 결선방식과 비슷하다.

④ 통신선의 유도장해 방지, 전기철도 장애방지에 사용한다.

3) 역 V결선

(1) 회로도

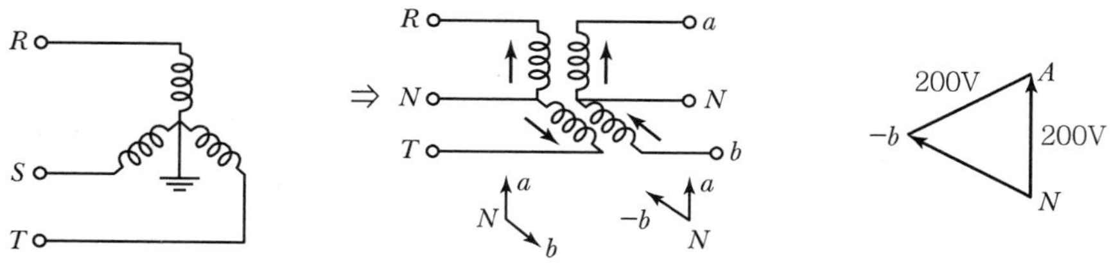

[역 V결선] [벡터도]

(2) 특징

① $3\phi 4w$의 Y결선에서 1ϕ를 제거하는 방식이다.

② 1차 측 한 선에서는 다른 선의 2배 전류가 생성된다.

※ V결선은 Δ결선에서 1ϕ를 제거한 결선, 역 V결선은 Y결선에서 1ϕ를 제거한 결선이다.

4) 리액터와 콘덴서 조합결선

(1) 회로도

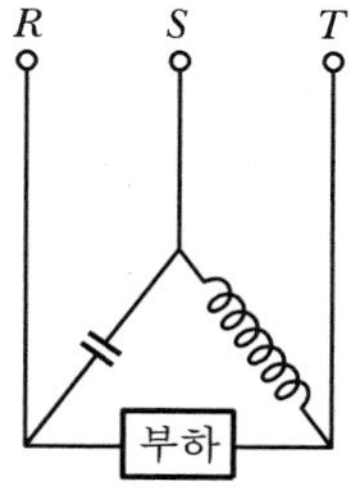

[리액터와 콘덴서 조합결선]

(2) 특징

① 리액터와 콘덴서를 혼합한 방식이다.

② 단상부하의 전기로에 적용한다.

③ 부하변동에 따른 역률변동이 심하다.

④ 타 결선 대비 경제적이다.

5) 기타 결선법

(1) 전력소자 이용방법

① SCR(정류부)

AC → DC 변환

② IGBT(인버터부)

DC → AC 변환

(2) 메이어 결선법 등

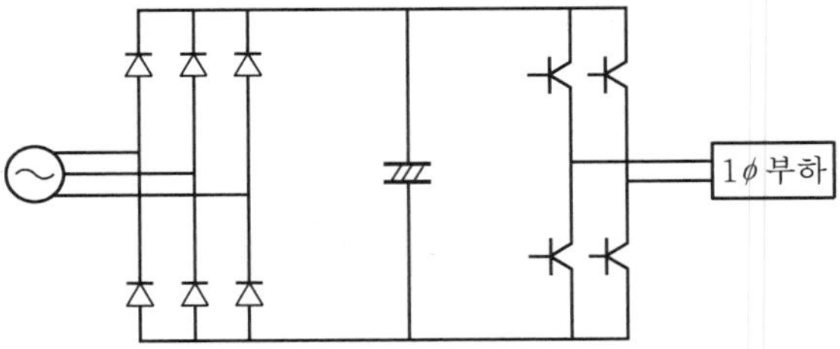

[전력소자를 이용한 결선]

07 전기철도의 전식

1 전식

1) 정의 : 전식은 지중에 매설된 금속체에 전류의 출입이 있는 경우 전류의 유출분에 금속이 이온화하여 대지로 유출됨으로써 부식되는 현상이다.

2) 전식발생의 4요소 : 양극, 음극, 이온경로(대지), 금속경로이다.

3) 전식 방지법 : 전식이 가장 문제가 되는 곳은 도시철도 근처에 매설된 시설물이며, 이에 대한 방지대책에는 희생양극법, 외부전원법, 배류법 등이 있다.

2 급전방식과 전식 메커니즘

1) 급전방식

구분	직류식(DC : 1500V)	교류식(1ϕ 25kV, 3ϕ 6kV : 국내 미적용)
문제점	• 저전압 대전류 • 누설전류에 의한 전식 • 대전류에 의한 손실증가, 보호협조 문제	• 고전압, 소전류 • 누설전류에의한 통신선의 유도장해 • 고전압에 의한 절연

① 전식 : 직류의 급전방식에서 발생

② 동신선의 유도장해 : 교류식 급전방식 발생(대책 : BT, AT 급전방식)

2) 직류급전방식 누설전류 메커니즘

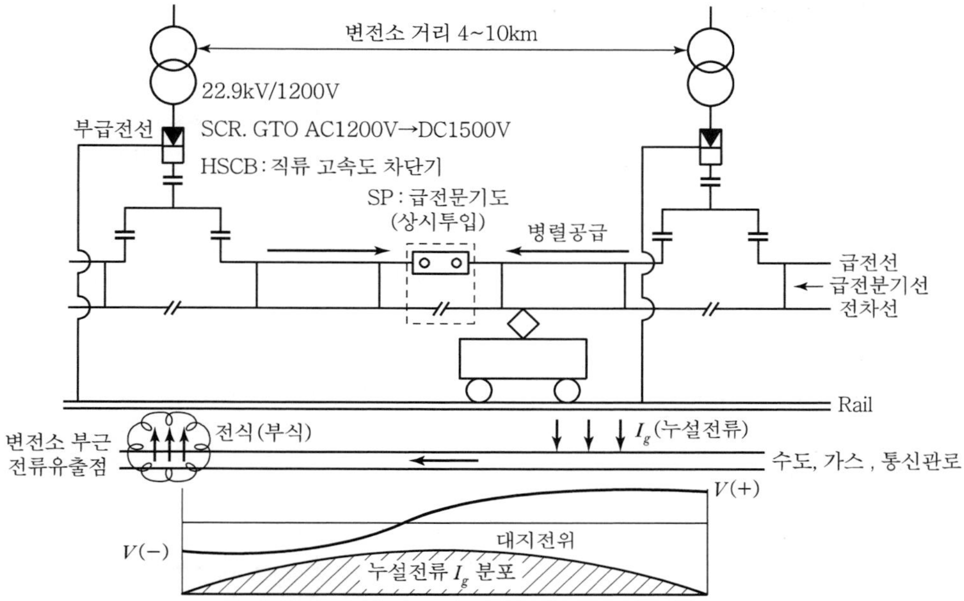

[직류급전방식 누설전류 회로도]

3) 누설전류 발생원인

① 부하전류 흐름 : 급전선 → 전차선 → 레일 → 부급전선 → 변전소

② 전기차의 레일에 귀환전류 흐름 발생 ⇒ 지하로 누설전류 발생

③ 지하 금속배관(가스, 수도관)을 따라 흐르다 변전소 부근 유출

④ 이때 변전소 부근 전류유출점에서 전식 발생

4) 전해부식 발생과 영향

① 배관의 전류유출 부근에서 집중 발생

② 배관의 부식, 구멍발생 수도, 가스관 Leak 현상(도시 싱크홀)

③ 전식량(패러데이 법칙)

$$M = Z \times i \times t$$

여기서, M : 전식량, Z : 금속의 화학당량, i : 통과전류, t : 통전시간

3 일반 전식방지대책

1) 유전양극법(희생양극법)

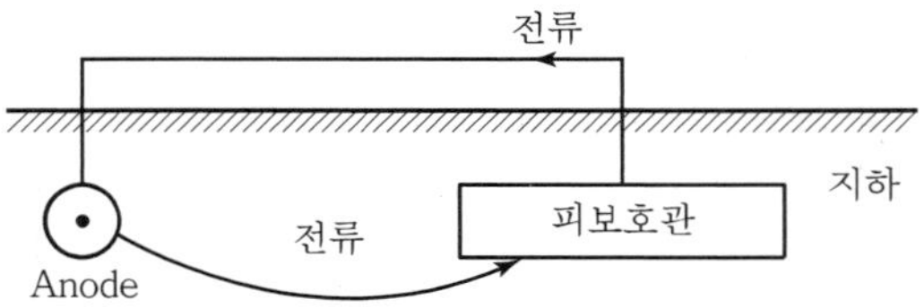

[유전양극법]

① 금속배관에 상대적으로 전위가 높은 금속을 직접 또는 도선으로 접속시키는 방법이다.
② Anode는 Fe보다 고전위인 Mg, Al, Zn 등을 사용한다.

2) 외부전원법

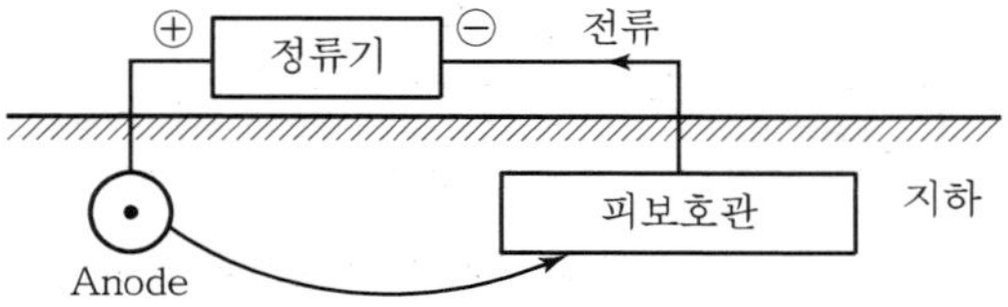

[외부전원법]

① 금속배관에 DC전원의 음극을 연결하고 외부 Anode에 양극을 연결시켜서 전해질을 통해 방식전류를 공급하는 방법이다.
② Anode는 **내구성이 강한 재질**(고규소 철, 백금전극 등)을 사용한다.

3) 배류법

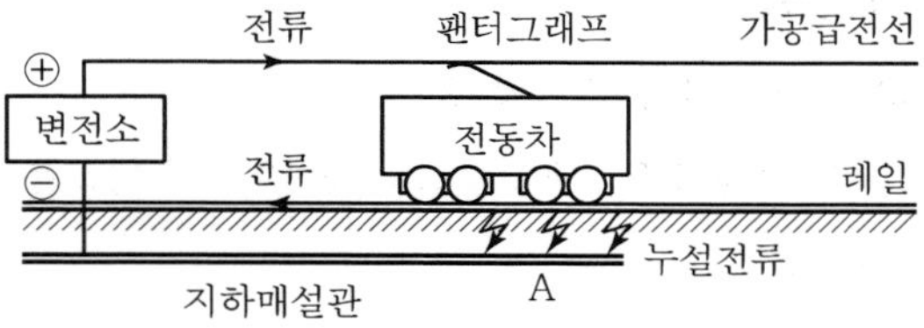

[배류법]

① **직접배류법** : 금속배관과 변전소 측 전철레일을 **전선**으로 접속하여 전기방식 하는 방법이다.
② **선택배류법** : 금속배관과 변전소 측 전철레일을 **다이오드**로 접속하여 전기방식 하는 방법이다.

③ **강제배류법** : 직류 전원장치로 레일에 강제배류하는 방법으로, 외부전원법과 선택배류법을 혼합한 방법이다.

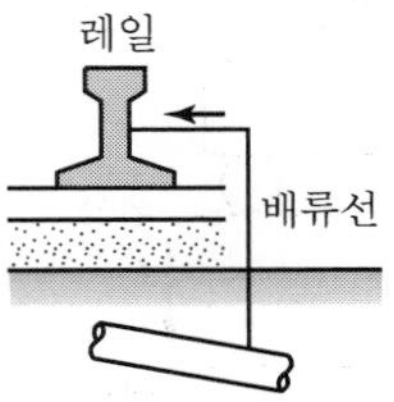

[직접배류법]

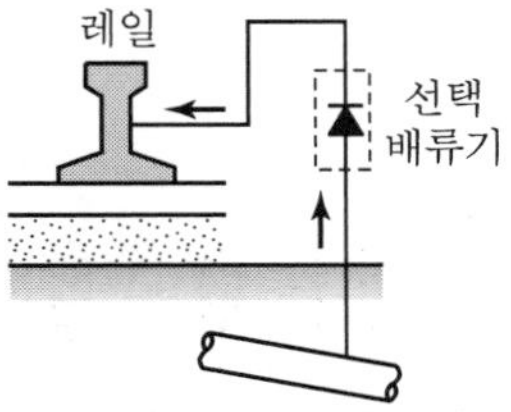

[선택배류법]

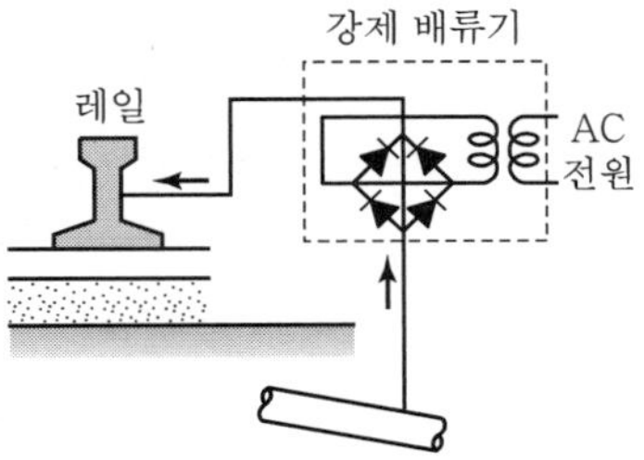

[강제배류법]

4 전기철도의 전식방지대책

1) 누설전류 방지대책

(1) 전차선

① 변전소거리 단축
② 누설저항 증대(절연패드, 침목, 터널배수)
③ 귀선저항 감소(레일용접, 본딩, 크로스본딩)
④ 직류기기의 절연판 설치
⑤ 도상철근 설치
⑥ 접지선 배선

(2) 직류전기차

① 도상철근 배류시스템
② 도상철근을 이용하여 변전소 귀환
③ 누설전류 포집
④ 차량기지 레일본선 절연

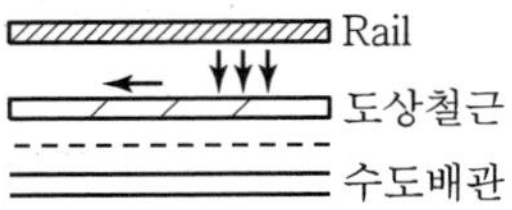

[도상철근 배류시스템]

(3) 지하배설관

① 제한적 배류시스템
② 분포형 외부전원 시스템
③ 속응제어형 전류기(누설전류에 신속대응)
④ 도체 차폐

⑤ 전기적 절연

⑥ 강제배류법 적용

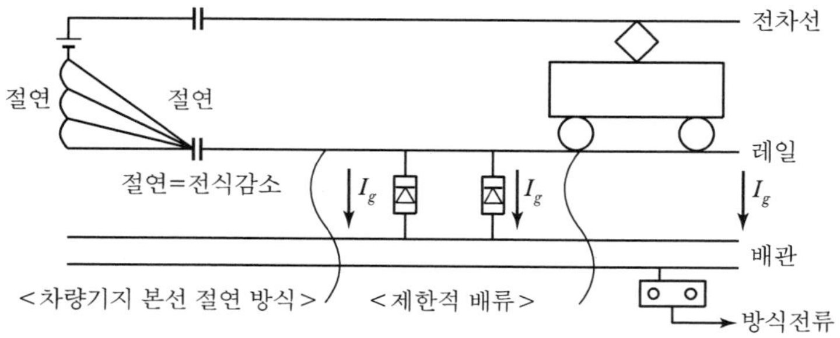

[전기철도 전식방지대책]

2) 전식방지 배류법

(1) 일반배류법

① 유전양극법 : 전기철도 미적용

② 직류배류법 : 레일을 도체에 직접접속

③ 선택배류법 : 역류발생 방지 필요, 전동기 변속, 회생 전력에 대한 역류

(2) 전기철도 배류법

① 강제배류법

㉠ 직류전원을 인가하여 배류한다.

㉡ 레일전류가 큰 폭으로 변동한다.

㉢ 서울지역의 80% 이상에 적용하고 있다.

㉣ 문제점 : 레일 전식

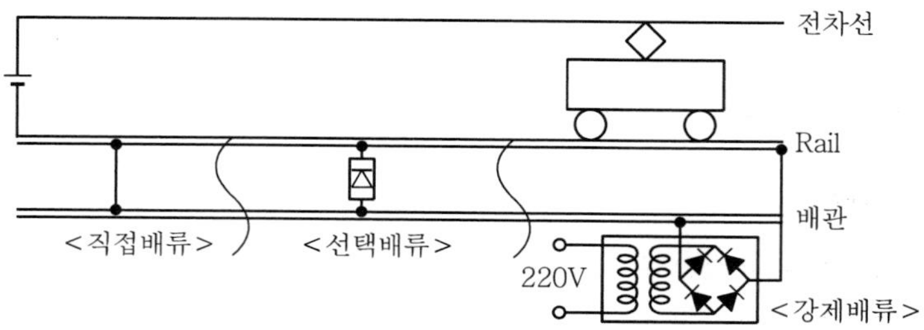

[전식방지 배류법]

5 맺음말

1) 국내 서울지역에서는 강제배류법을 80% 이상 사용 중이나 선택배류방식 대비 10배 이상의 방식전류로 레일이 전식되므로 대책이 필요하다.
2) 강제배류법도 중요하지만 근본적인 누설전류 저감대책이 필요하다.

08 전기철도의 전자유도장해

1 전기철도

1) 개요

① 전기철도는 급전방식에 따라 직류급전과 교류급전방식으로 구분한다.
  ㉠ 직류급전방식(DC 1500V) : 누설전류에 의한 전식 발생
  ㉡ 교류급전방식(AC 25kV) : 고전압과 불평형전류에 의한 유도장해 발생
② 즉, 유도장해는 교류급전방식에서 나타나는 특유현상이다.
  ㉠ 교류전압, 교류주파수+L.C 성분

2) 교류급전방식

① 종류 : 직접급전, BT 급전, AT 급전
② 직접급전방식의 예
  ㉠ 고전압에 의한 전압유기
    • 고전압+상호정전용량=전압유기
    • 즉, 통신선에 전압유기
  ㉡ 귀선전류에 의한 전압유기
    • 유도전류+상호인덕턴스=전압유기
    • 즉, 통신선에 전압유기

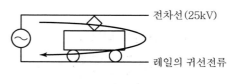

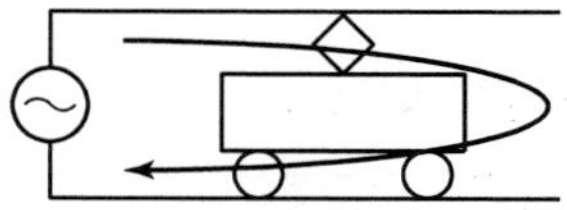

[직접급전방식의 예]

2 유도장해

1) 정의

① 전력선과 통신선의 병행설치 시 정전, 전자유도에 의한 통신선 측의 이상전압 발생현상이다.

② 통신선 및 통신기기의 장해 및 고장 유발, 인체 감전 우려
전자유도장해 > 정전유도장해

2) 종류

(1) 정전유도 : 통신선의 정전유도전압

$$E_S = \frac{C_{ab}}{C_{ab}+C_b} \times E$$

E : 전차선전압(25kV), C_a : 전차선의 대지정전용량
C_b : 통신선의 대지정전용량, C_{ab} : 상호정전용량

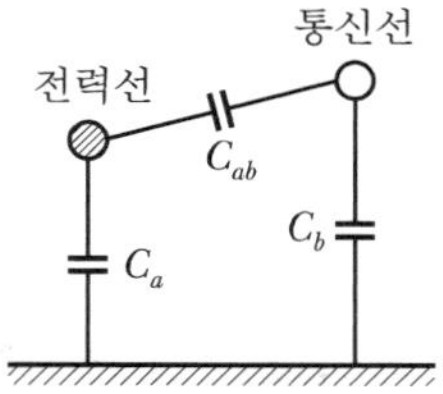

[정전유도]

(2) 전자유도 : 전자유도전압

$$V_S = -jWLMI_0 \ (I_0 = I - I_R)$$

여기서, I : 전차선전류, I_0 : 누설전류, I_R : 레일전류
L = 거리, M : 상호인덕턴스

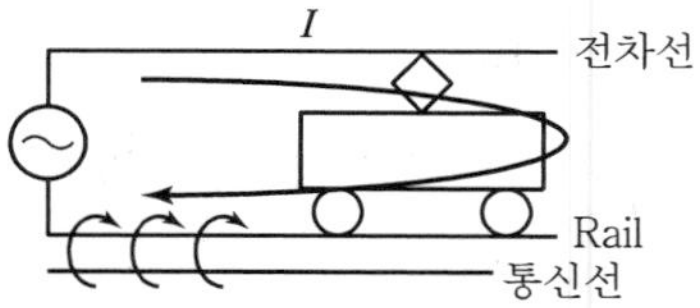

[전자유도]

(3) 전기차의 잡음전압(고주파장애)

전기차의 정류작용 = 고조파 ⇒ 통신선잡음

$$E = Z_0 I \ (Z_0 = RLC \text{ 병렬공진})$$
$$\therefore Z_0 = R$$

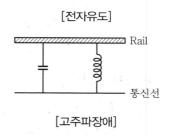

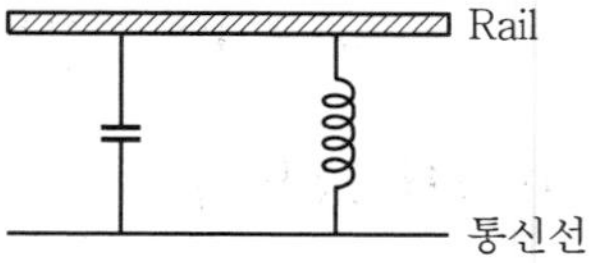

[고주파장애]

(4) 유도장해 비교

구분	정전유도	전자유도	잡음전압
원인	고전압 + 상호정전용량(C)	유도전류 + 상호인덕턴스(L)	전기차의 정류고조파
유도 전압	$E_S = \frac{C_{ab}}{C_{ab}+C_b} \times E$[V]	$V_S = -kWLMI_0$[V]	$E = Z_0 I (Z_0 = R)$
전압 제한	350V 이하 (고도보호선로 650V, 10mA 이하)	• 평상시 : 인체(60V), 기기(15V) • 지락사고 시 : 300~430V 이하	• 케이블 통신선 : 1mV • 나선통신선 : 2.5mV
영향	인체감전, 기기절연파괴	통신기기 잡음, 오동작	비선형부하 고조파영향
대책	거리이격, 정전차폐	광케이블, 차폐케이블	고조파필터

❸ 유도장해 경감대책

1) 급전방식 대책 : BT 급전, AT 급전방식 채택

(1) BT(Booster Transformer) 급전

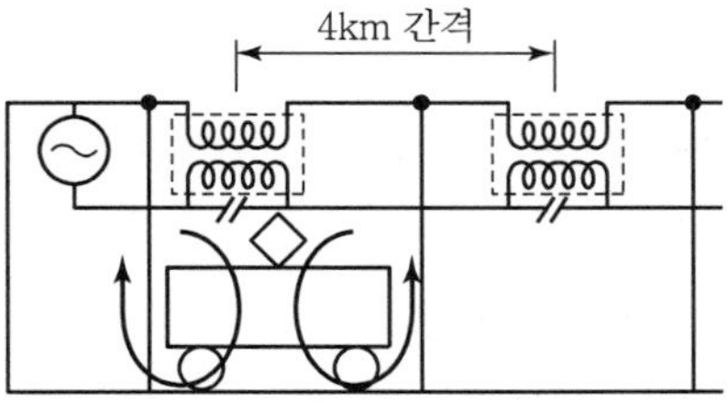

[BT 급전방식 회로도]

① Booster TR : 흡상변압기(1 : 1권선) 이용
② 4km 간격 설치, Rail 귀환전류 흡상
③ Rail 전류 최소화로 유도장해 경감
※ BT 방식의 Booster Section Arc 발생 ⇒ AT 급전방식 채택

(2) AT(Auto Transformer) 급전

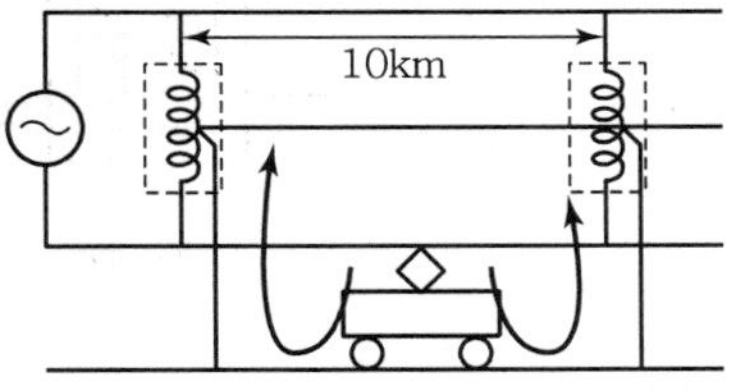

[AT 급전방식 회로도]

① Auto TR : 단권 TR 이용
② 10km 간격 설치, Rail 귀환전류가 자동으로 급전선 이동
③ Rail 전류 최소화, 유도장해 경감(BT 방식보다 우수)
※ BT 방식의 Booster Section Arc 발생 ⇒ AT 급전방식 채택

2) 전력공급, 통신선, 전기차 측 대책

(1) 전력공급

① 통신선과 이격
② 통신선 사이 차폐선 설치

③ 통신선과 직각교차

④ 고속도 차단방식(시간 단축)

⑤ 접지저항을 크게 하여 지락전류 감소

⑥ AT, BT 방식 채용

(2) 통신선

① 통신선 광케이블화

② 통신선 차폐케이블화

③ 배류코일을 설치하여 전하 방류

④ 차폐코일을 삽입하여 유도전압 소멸

⑤ 중계코일을 이용한 절연변압기

⑥ 연파케이블 사용

⑦ 통신선로의 경로 변경

⑧ LA 설치 등

(3) 전기차

① 절연 TR 사용

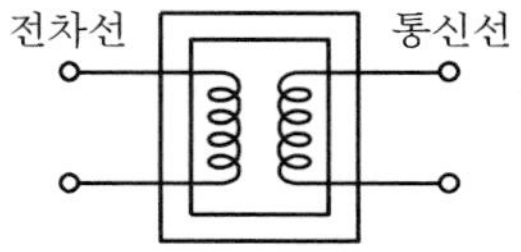

[절연 TR]

② 필터 설치(고조파 억제)

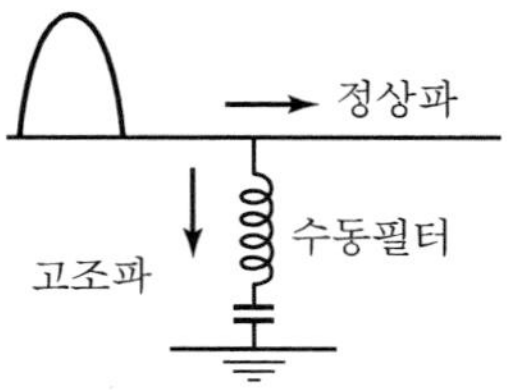

[수동필터]

③ 정류기의 다펄스화

④ 능동필터 사용

09 ATC(Auto Train Control, 자동열차 제어장치)

1 정의

1) ATC(Auto Train Control : 자동열차 제어장치)
2) 열차신호에 따라 구간 내의 열차속도를 자동 제어하는 장치이다.
3) ATS(Auto Train Stop : 자동열차정지)는 정지신호 오인방지가 주목적이다.
※ ATC는 운행 중 신호에 따라 바로 반응속도에 따라 제동이 자동적으로 작동한다.

2 ATC의 필요성

1) 사고위험 방식 : 신호오인, 적기에 속도조절 곤란 시
2) 고속주행에 따른 신호기 확인시간이 짧음
3) 제동거리가 길고 신호기 확인 곤란
4) 고속주행으로 속도관측 곤란, 약간의 속도차이에도 제동거리에 큰 영향
5) 기관사의 정신적 부담 감소효과

3 제어방법 및 구성설비

1) 제어방법

① 지상궤도의 신호를 차내신호로 변환 · 전송하면 운전실에 나타난다.
② 이 신호와 열차의 속도를 비교하여 속도제한 · 해제를 반복 실행한다.

2) 차상설비

송신기, 수신기, 속도조사기, 속도발전기, 신호표시등의 설비를 설치한다.

4 적용

전원동기의 대표적인 SSB 방식이 사용되고, 여러 속도의 단계로 지시된다.

10 ATO(Auto Train Operation, 자동열차 운전장치)

1 정의

1) ATO(Auto Train Operation) : 자동열차 운전장치
2) ATC(Auto Train Control)의 제어범위 확대
   열차의 제동＋가속도 자동화＝자동열차 운전방식

2 ATO 특징

1) 운전자동화 : 보안도 향상, 기관사의 숙련도 및 부담 감소

2) 정확한 운전시간 : 유지 및 수송효율 증대 ⇒ 원가 절감

3) 1인 승무 및 무인운전 가능
   ① 지정속도 운행제어
   ② 정위치 정지제어
   ③ 정시운전 프로그램제어

4) 역간에서 주행제어, 역내에서 정지제어의 자동화 기능

3 ATO 운전방식 사례

1) 국내의 열차운전은 ATC/ATO를 갖춘 1인 운전이 대부분
2) 완전 무인 : 프랑스 릴리의 Val system, 미국 마이애미 Val system → 열차편성이 소량(2～3량)

4 맺음말

1) 경전철도로 수송수요가 적은 노선에서 운용 중 → 승무원 탑승(장해대비)
2) ATO 고량은 열차운전 재해 → 대책 : 장치의 고신뢰화 및 충분한 Back up 방식
3) 기지 입출고나 단말역 회차운전을 무인운전방식으로 계획 중

11 이선

1 정의

팬터그래프의 접촉력이 0이 되어 전차선으로부터 이탈되는 것이다.

2 종류

1) **소이선** : 저속 시 팬터그래프의 진동(0.02sec 이하)
2) **중이선** : 불연속점(경점) (0.2sec 이하)
3) **대이선** : 두 지지점 주기의 이선(1~2sec)
※ 이선에 의한 사구간 방지 목적

3 이선율

1) $이선율 = \frac{일정구간의\ 이선시간의\ 합}{일정구간의\ 전체주행시간} \times 100\%$

열차가 일정구간 운행 시 팬터그래프가 전차선에서 이탈되는 비율

2) 이선율은 일반철도, 고속철도 모두 1% 이하가 되도록 제한한다.

4 영향

1) Arc 열화(전차선과 팬터그래프)
2) **무선통신의 잡음(유도장해)** : 전동기 Flash Over 현상
3) Arc → 접지물에 접촉 시 지락발생 우려

5 방지책

1) 전차선의 경점을 작게 하여 집전특성 향상
2) 2대의 팬터그래프를 모선에 연결
3) 팬터그래프 재료 개선(내아크성 우수 재료)
4) 커티너리 방식 도입(전차선, 조가선 장력 일정 유지)

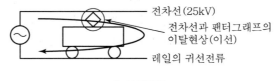

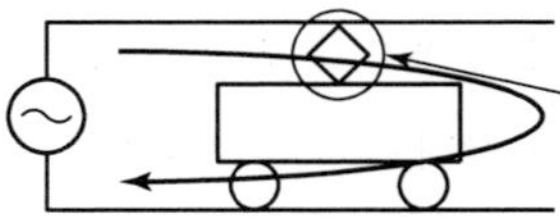

[이선현상]

5) 전차선의 구배열화가 작을 것
6) 열차의 속도는 파동전파속도 70% 이하로 운전

12 전차선로 집전방식

1 가공단선식(직류식)

1) 전차선 상부가설, 레일로 귀선
2) 구조 간단, 설비비, 보수비 ↓
3) 레일귀선 ⇒ 전식피해

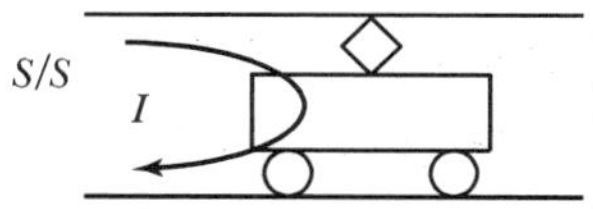

[가공단선식(직류식)]

2 가공복선식(1970년대)

1) 전차선과 레일선을 가공으로 두어 두 선을 사용
2) 단선식에 비해 전식피해 경감
3) 고무타이어 주행식의 경우 사용

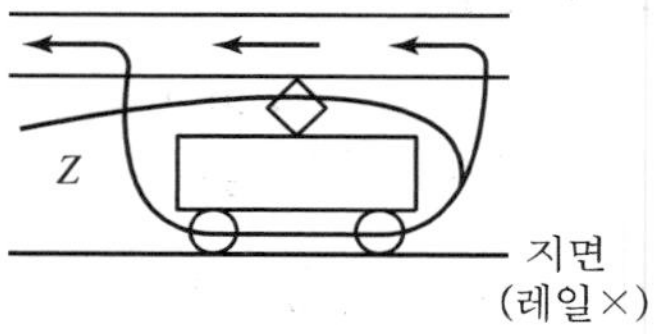

[가공복선식]

3 제3궤도식

1) 주행용 궤도와 병행으로 급전체도 부설
2) 차량상부에 급전선이 불필요하여 터널단면적 축소
3) 지하철, 경전철, 터널, 저압이용 구간 사용

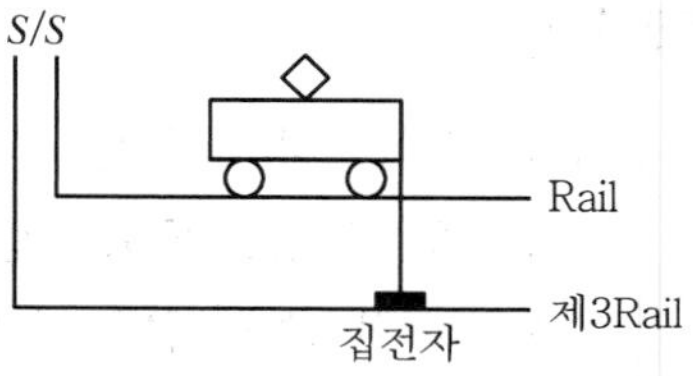

[제3궤도식]

4 강체복선식

1) Al 형재를 대자에 의해 궤도에 지지하는 방식
2) 단선위험은 없으나 집전자가 주행 중 동요
3) 모노레일 등에서 고무타이어 주행차량에 사용

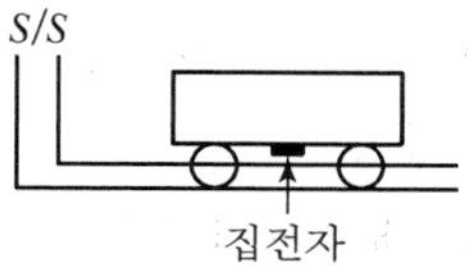

[강체복선식]

13 임피던스 본드

1 임피던스 본드

레일에 귀선전류의 흐름발생으로 신호전류용으로 사용하기 위한 설비이다.

1) 열차진입 시 열차바퀴에 의한 양 레일의 단락신호 형성, 귀선전류는 궤도전류를 통해 복귀
2) 신호전류는 임피던스 본드의 궤도계전기(신호수신기)에 의해 신호 전달
3) 즉, 열차진입 시 진입안내방송 송출, 열차의 위치 파악, 선행열차와의 거리유지용으로 사용
4) 레일연결 → 임피던스 본드 중성점 → 보호선용 접속선 → 보호선(귀선전류 귀로)
5) 레일 ⇒ 신로설비의 궤도회로 + 전차선의 귀선전류 공용사용

2 궤도방식

1) **편궤조** : 1선레일(신호회로), 다른 1선레일(전차선의 귀선전류 귀환회로)
2) **복궤조방식** : 임피던스 본드(전차선 귀선전류 + 신호전류 공용 사용)

3 임피던스 본드 회로

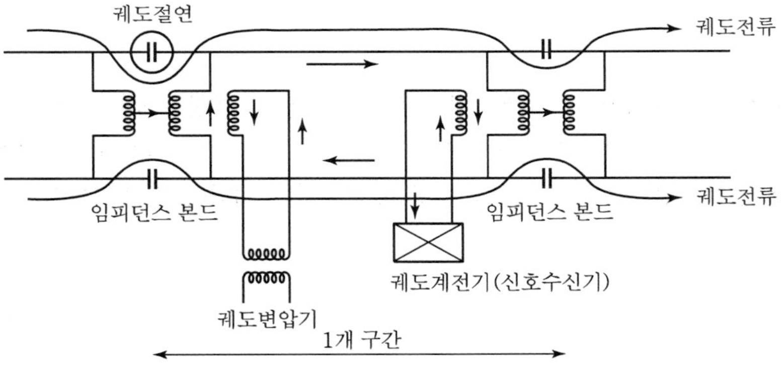

[임피던스 본드 회로도]

1) **전기회로 구성** : 신호전류 + 전차선 귀선전류 공용(신호전류는 1개 구간 회로에만 흐름)
2) **전차선의 귀선전류** : 임피던스 본드의 중성점을 연결하여 변전소까지 연속적으로 구성
3) **임피던스 본드** : 신호전류 차단, 귀선전류 도통(복궤조, 궤도회로의 경계점 설치)

4 임피던스 본드 구조 및 원리

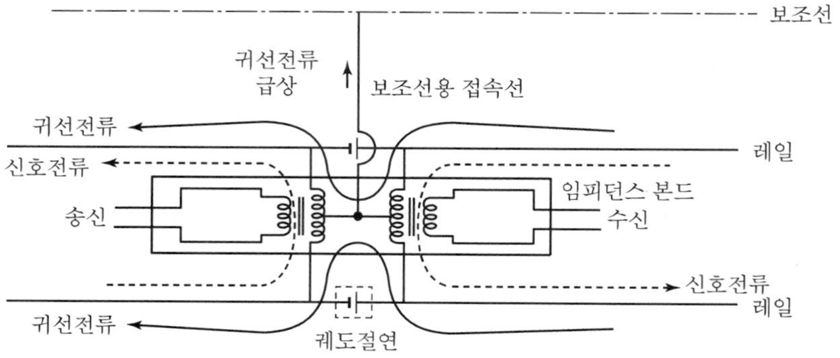

[임피던스 본드 구조 및 원리]

1) 전차선전류(변전소까지 회로구성), 신호전류(1개 궤도 내에서 신호전류흐름)
2) 전차전류의 철심자화 미발생(코일을 반반씩 반대방향으로 권선)
3) 신호전류(코일이 감겨진 방향으로 전류 흐름 → 임피던스 저하)
4) 임피던스 본드의 신호전류 → 영전위의 중성점을 상호 접촉
   ① 인접궤도의 회로로부터 미영향
   ② 중성점과 보호선을 접속 → 귀선전류를 보호선으로 흡상

5 맺음말

1) 임피던스 본드는 복궤도방식에 적용한다(귀선전류 + 신호전류 공용 사용).
   → 전차전류는 변전소까지 흐름을 연결하고, 신호전류는 1구간의 궤도에서만 흐르게 한다.
2) 중성점을 흡상선(보호선용 접속선)으로 부급전선 및 보호선에 연결하여 귀선전류를 흡상시킨다.

14 전기철도의 효과와 장래계획

1 육상교통문제 해결

1) 육상교통의 과대공급 : 자동차증가 → 교통정체 → 물류비, 공해 → 경제적 손실
2) 국가경쟁력 저하로 대체수단인 철도이용계획 수정 필요

2 전기철도의 효과

효과	내용
수송능력 증가	열차편성, 차량 증가 운전속도 증가(KTX, SRT)
수송원가 절감	차량의 내구연한 증가, 중량 감소, 보수비용 감소
에너지 효율 증대	유류에너지를 전기에너지로 대체
환경개선, 서비스 증대	공해 매연 미발생, 고속도 · 고밀도 운전의 교통서비스
지역균형발전	• 도시철도 : 인구, 경제활동분산으로 수도권 형성 • 광도시철도 : 인접도시, 지역 간, 대량수송체계 구축, 경제발전

3 장래계획

1) 현재의 산업전철 ⇒ 고속전철화 시대로 발전
   ① 경부선 : 2시간 20분(서울－부산)
   ② 호남선 : 3시간 30분(서울－여수)
   ③ 경강선 : 3시간(서울－강릉)

2) 수직이동체계(서울 ⇔ 광주, 부산) ⇒ 수평이동체계 구축(서울 ⇔ 강릉, 광주 ⇔ 부산)
3) 인력수송 및 물류수송의 확대발전 (고속화 운행)

4 맺음말

1) 육상교통 문제(교통정체, 공해문제, 경제적 손실)를 해결해야 한다.
2) 고속, 대용량 수단인 철도의 전철화 노력이 필요하다.

15 열차속도 향상 : 파동전파속도

1 파동전파속도의 정의

1) 열차운행 시 팬터그래프의 접촉, 전차선의 상하 파동 발생
2) 전차선로를 따라 전파되는 파동속도

2 원인

1) 열차운행 → 팬터그래프(PG) 이동 → 전차선의 진동, 파동변동
2) 파동은 전차선을 따라 이동전파(파동전파속도)

3 영향

1) 팬터그래프(PG) 속도(열차속도) > 파동전파속도 이상 시
   ① 전차선(강체성질)의 접촉력이 비정상적으로 증가
   ② 팬터그래프(PG)와 전차선에 충격 손상 우려

2) 이선의 원인 : 팬터그래프(PG)와 전차선 사이 Arc 손상 우려
3) 다수의 팬터그래프(PG) 설치 시 팬터그래프(PG)의 집전율 저하
4) 전차선의 파동전파속도는 최대속도기준

4 대책

1) 열차의 운행속도를 조정(파동전파속도의 70～80%)한다.
2) 이상 시 : 전차선의 진동을 증가시킨다(이선원인, 팬터그래프(PG)와 전차선 충격 소손).
3) 이하 시 : 파동전파속도에 의한 전차선의 진동을 감소한다(안전집전).

16 선형전동기와 단부 효과

1 선형전동기(Liner Motor)

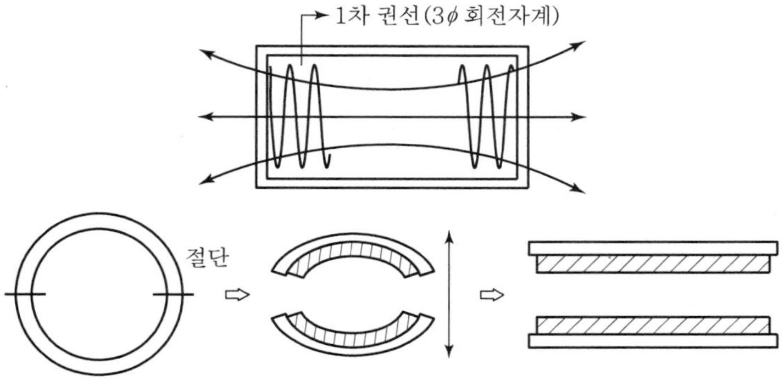

[선형전동기 원리]

1) 정의

① 회전형 전동기를 축방향으로 잘라 수평으로 편 것과 같은 상태
② 즉, 회전운동을 직선운동으로 변환시킨 전동기

2) 구분

추진방식	전원공급방식
선형유도방식(LIM)	차상 1차 방식
선형동기방식(LSM)	지상 1차 방식

(1) 추진방식 분류

선형유도방식(LIM)	선형동기방식(LSM)
• Liner Induction Motor • 전원과 추진체의 비동기화 • 즉, 흡인력을 이용한 주행(NIS)	• Liner Synchronous Motor • 전원과 추진체의 동기화 • 즉, 반발력을 이용한 주행

3ϕ 회전자계에 의한 변화를 이용하여 주행

(2) 전원공급방식에 의한 분류

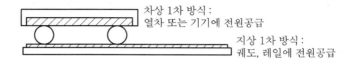

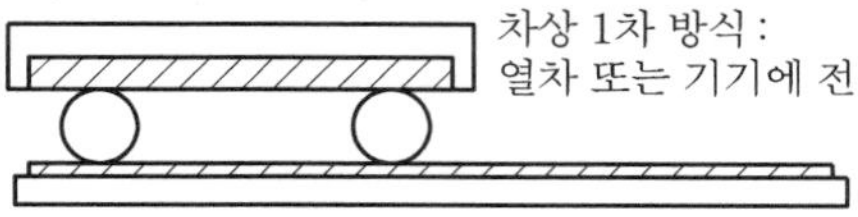

[전원공급방식]

① 선형전동기를 이용한 기기로 지상 1차 방식 적용(단구간)

② 자기부상열차 등 장거리 선로로 차상 1차 방식 적용

3) 주요 특징

구분	탑재방식	장점	단점
회전형	차량탑재	• 효율 우수 • 사용 실적 많음	• 차량의 단면 증가 • 보수, 소음에 불리
선형전동기	차상 1차	• 설치공간 협소 • 보수비용 저렴	• 저효율 • 누설자속 증가
	지상 1차	• 차량구조 간단 • 비접촉 주행 가능	• 구동제어 복잡 • 지상건설비용 증가

4) 장단점

(1) 장점

① 추진, 제동이 점착력과 무관

② 노면설정이 자유, 차륜경 작게 가능

③ 에너지 손실, 소음 발생 감소

④ 직선구력이 필요한 시스템에 유리

⑤ 기계적 변환장치가 단순

(2) 단점

① 단부 효과 발생(동적 · 정적 · 모서리 효과)

② 회전방향의 모서리 효과 발생

③ 누설자속에 따른 손실 발생

④ 효율 저하에 따른 인버터 용량 증가

⑤ 차상 1차 방식은 인버터, 리니어모터 탑재로 중량 증가에 따른 가격이 고가

2 단부 효과

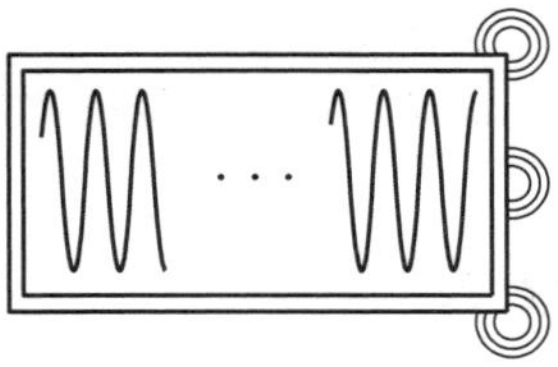

[단부 효과]

1) 단부 효과

① 선형전동기의 양 끝단에 단부가 존재, 손실 발생현상
② 즉, 누설자속에 의한 손실 발생현상

2) 종류

① **정적 단부** : 철심의 불연속에 의한 상간불균형 발생
② **동적 단부** : 양 끝단에서의 자속급변현상
③ **횡방향모서리 효과** : 측면, 모서리 방향으로 에너지 누설현상

3) 원인 및 영향

(1) 원인

① LIM은 구조적으로 길이가 유한하고 입출구단이 존재
② 누설자속에 의한 에너지 왜형 및 손실 유발, 특성 약화

(2) 영향

① **돌핀현상** : 입출구 간 자속분포 비대칭
② **특성저하** : 추력, 역률, 효율 저하현상

4) 대책

① **보조극 설치** : 보상권선(비용, 중량은 증가하나 성능 5% 증가)
② **설계 시 최적의 파라미터 설계**
㉠ 모터길이 길게
㉡ 회전과 두께, 오버행 적게, 모서리 둥글게
㉢ 전체 길이 대비 단부길이 최소화
㉣ 선형동기전동기(LSM : Liner Synchronous Motor) 사용
㉤ 철심삽입형, 슬롯레스형 사용

17 자기부상열차

1 정의

자속의 흡인력 또는 반발력을 이용하여 Rail 위를 부상주행 하는 원리

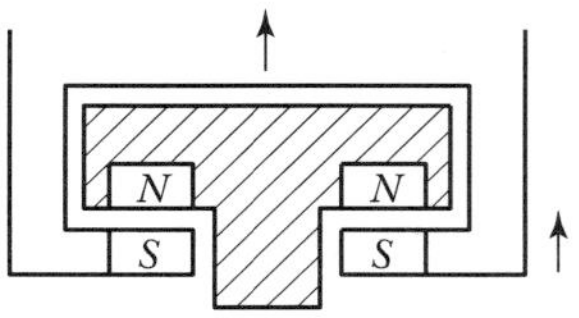

[흡인력 이용]

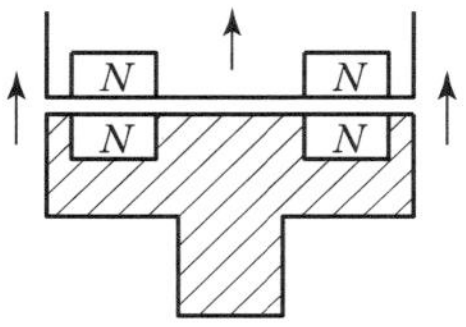

[반발력 이용]

1) 열차의 바퀴 불필요
2) 점착저항 미발생(350～400[km/h])

2 원리

1) 선형유도전동기 원리

① 동기식 : 동일 전극의 척력 이용(N : N)
② 비동기식 : 타 전극의 인력 이용(N : S)

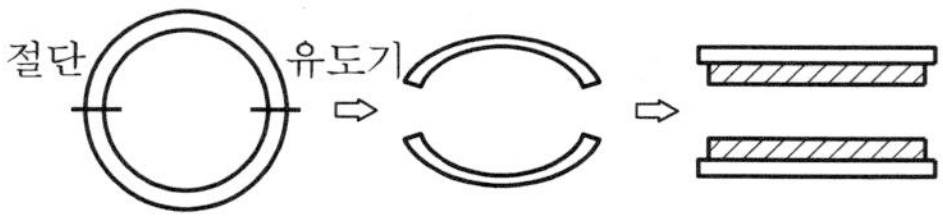

[선형유도전동기 원리]

2) 초전도의 마이스너 효과(Meissner Effect)

① 내부자속밀도($B = 0$)
② 완전반자성 물체
③ 자기장을 밖으로 밀어내는 차폐전류 성질

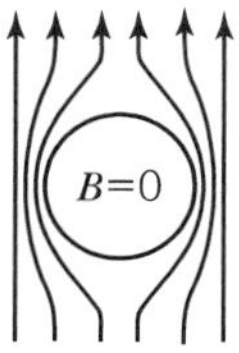

[마이스너 효과]

❸ 자기부상열차의 구분

전원공급방식	부상방식	추진방식
차상 1차 방식 지상 1차 방식	상전도 흡인 시(EMS) 초전도 반발 시(EDS)	선형유도방식(LIM) 선형동기방식(LSM)

1) 전원공급방식

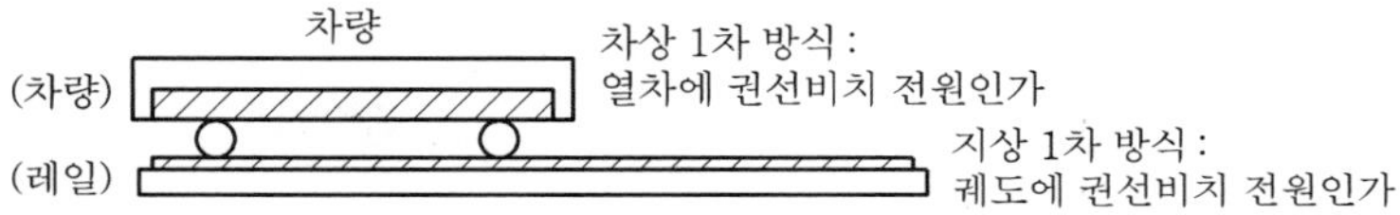

[전원공급방식]

① 궤도에 권선비치 시 비용 증가로 인한 차상 1차 방식을 사용

② 즉, 열차에 선형전동기의 권선을 비치하여 사용

2) 부상방식

(1) 상전도 흡인식(비동기, EMS : Electro Magnetic Suspension)

① 레일과 열차의 비동기화

② 약 1cm의 부상고 차량에 전자석(코일) 탑재

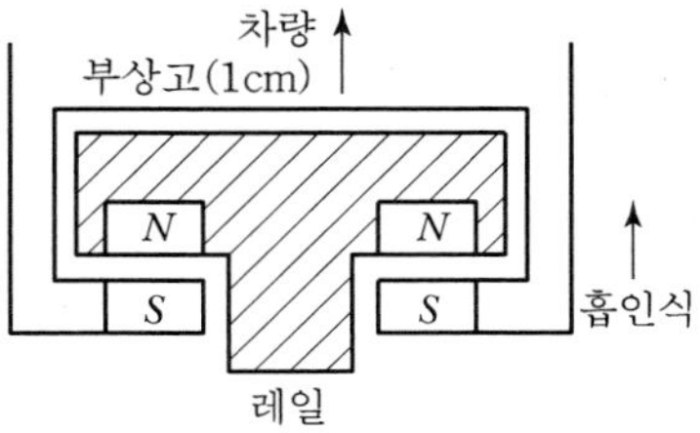

[상전도 흡인식]

(2) 초전도 반발식(동기, EDS : Electro Dynamic Suspension)

① 레일과 열차의 동기화

② 약 10cm 부상고 지상(궤도)에 전자석 탑재

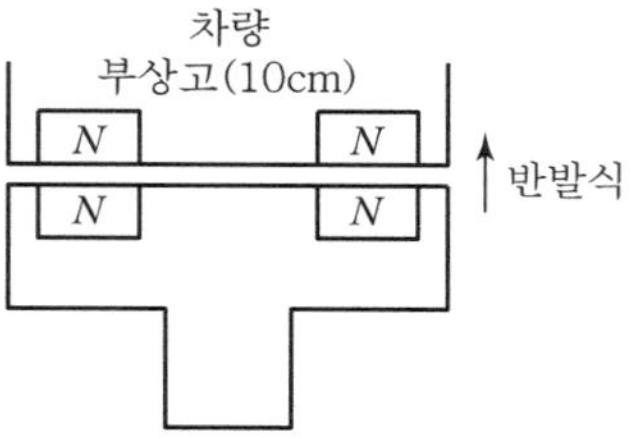

[초전도 반발식]

3) 추진방식

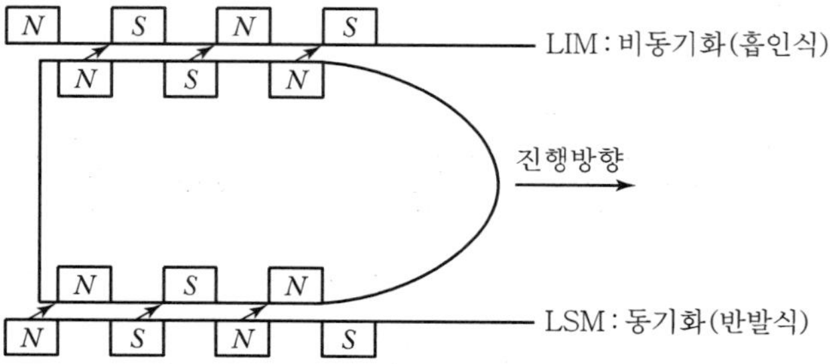

[자기부상열차 추진원리]

(1) 선형유도방식(LIM : Liner Induction Motor)

① 전원과 추진체의 비동기화

② 즉, 흡인력을 이용하여 주행

(2) 선형동기방식(LSM : Liner Synchronous Motor)

① 전원과 추진체의 동기화

② 즉, 반발력을 이용하여 주행

4 주요 특징

구분	상전도 흡인식(EMS)	초전도 반발식(EDS)
부상고	약 1cm	약 10cm
제어	상시제어(부상고 유지)	제어 불필요(부상고 유지)
정지 시	정지 시 부상 가능(바퀴 불필요)	정지 시 부상 불가(바퀴 필요)
자기저항	주행 중 자기저항 작음	저속에서 자기저항 증가
기술적	기존 철도기술과 조합 가능	초전도상태 유지 등 기술적 공간
적용	인천공항 및 인천 2호선	일본에서 적용

5 자기부상열차의 특징

1) 장점

① 저소음, 무진동, 저비용
② 점착력 미발생
③ 자기부상으로 마찰손실 없음
④ 차량설비와 무접촉, 무마모
⑤ 선형유도전동기 제어기술(회생제동)
⑥ 공진현상 미발생(차량의 경량화)
⑦ 궤도가 분포하중(건설비 경감)

2) 단점

① 운전경험 부족
② 고속주행 문제(공기소음)
③ 분기 및 설비 복잡
④ EDS의 경우 차량이 인체에 미치는 영향이 불명확
⑤ 단부 효과 발생

18 전기철도의 보호계전기의 종류 및 용도

1 보호계전기의 종류 및 용도

계통별	계전기명	번호	용도	비고
수전 측	과전류계전기	51R	과전류	
	단락계전기	50R	회선단락	최소 단락전류의 순시치
	지락계전기	64R	지락	최소 지락전류 전압치
	부족전압계전기	27R	저전압	
변압기 측	과전류계전기	51T	변압기 1차의 과전류	
	단락계전기	50T	단락	
	압력계전기	63T	변압기 내부 고장	
	온도계전기	26T	변압기 과열	
	비율차동계전기	87T	변압기 내부 고장	
급전 측	거리계전기	21F	전차선로 고장	
	고장선택계전기(ΔI 형)	50F	21F 후비보호	
	고속도로단락계전기	50F	과전류 (구내차량기지 등)	
	재폐로계전기	79F	차단기 재폐로	
	로케타계전기	99F	고장지점 검출	
	부족전압계전기	27F	저전압 검출	

19 급전방식 중 SP와 SSP 설치 목적 및 계통

1 SP(Section Post : 급전 구분소)

1) 설치 목적

① 직류 : 전압강하 경감(e, E, Pl ↓, ∴ n ↑), HSCB는 양방향 고속도 차단특성(상시투입 상태)

② 교류 : 급전전력 계통분리(변전소와 변전소 간, 이중전원 구분), 교류, SP의 CB는 상시개방 상태

2 SSP(Sub Sectioning Post : 보조급전 구분소)

1) 역할

사고 또는 작업 시 정전구간을 한정 구분하기 위해 개폐장치를 설치한 곳

2) 설치 이유

① 교류급전 → 거리 증가(BT : 4∼10, A : 80∼100[km]) ∴ 중간에 SP설치

② 전차선 보수작업 또는 사고 시 정전구간 확대

⇒ 변전소와 SP 간에 구분개소를 더하여 정전구간 축소, 복수차, 열차운행에 효과를 높이기 위한 목적

3 SP의 급전계통도

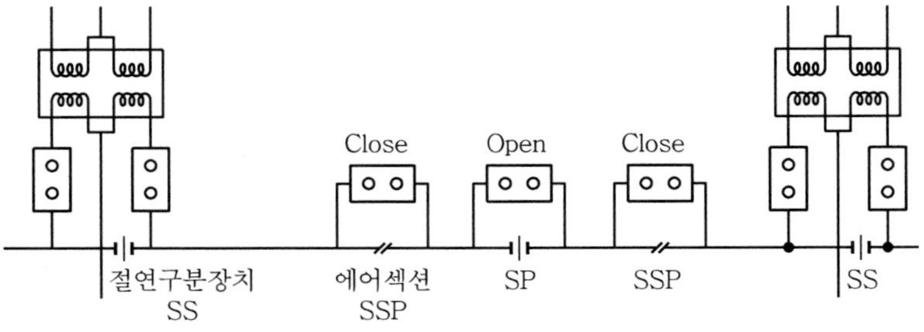

[SP의 급전계통도]

1) SSP 앞의 전차선에 Air Section 설치

2) SSP에는 단로기와 차단기, 단권변압기 설치

3) 차단기는 상시 투입 → 사고, 보수작업 시 개방

4) SP → 구간분리 4[km]마다 → 고장 시 범위 확대 → SSP 설치 → 고장범위 축소

4 결선도

1) SP 결선도

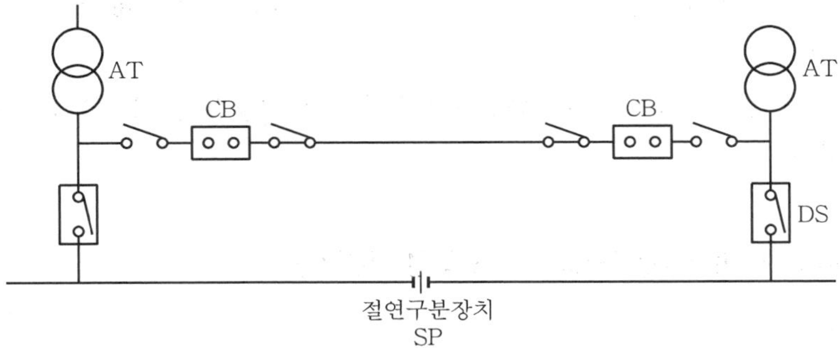

[SP 결선도]

2) SSP 결선도

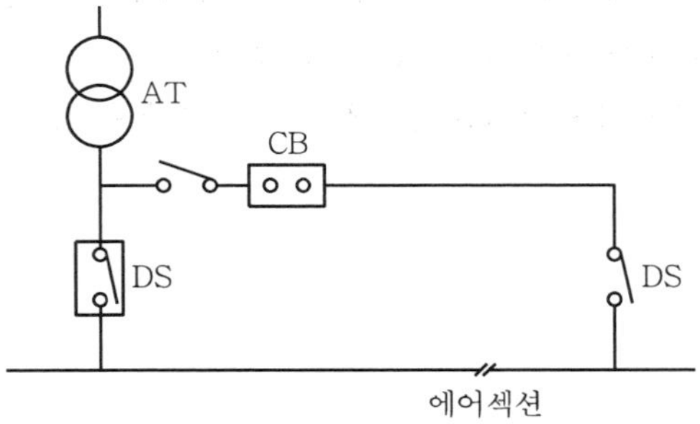

[SSP 결선도]

CHAPTER

05

전력전자소자와 전기응용

01 전력전자 반도체소자의 종류 및 특징

1 개요

1) 인버터를 비롯한 각종 전력변환장치에 폭넓게 활용되고 있는 전력전자 스위칭 소자는 저손실, 대전력, 고속 스위칭 등의 요구를 충족시키기 위해 SCR, GTO, TRIAC, SSS, PTR, MOSFET, IGBT 등으로 발전되어 왔고 향후에는 IGCT, MCT 등으로 발전되어 갈 것으로 예상된다.
2) P－wafer → 산화물 Diffusion → PR → Polymeried → Etching(HF 불산) → N형 물질 Diffusion

2 특징 비교

명칭	SCR	GTO	Power TR	MOSFET	IGBT
전류용량	대전류	대전류	대전류	소전류	대전류
제어방법	전류제어	전류제어	전류제어	전압제어	전압제어
스위칭속도	저속	저속	중간	고속	고속

3 Thyristor(SCR : Silicon Controlled Rectifier)

1) 사이리스터는 PNPN 또는 NPNP 4층 구조로 되어 있는 정류기이다.
2) 양극(Anode), 음극(Cathode), 게이트(Gate)의 3개 단자로 구성되어 있다.
3) Turn－on은 게이트에 부의 전류를 흘려서 하고, Turn－off는 Anode와 Cathode 사이에 부의 전류를 흘려서 한다.

예 2,500[V], 3,000[A] KTX 동기전동기

4 GTO(Gate Turn－Off Thyristor)

SCR의 경우 Turn－off를 Anode와 Cathode 사이에 부의 전류를 흘려서 하지만, GTO의 경우 Turn－off를 Gate에 부의 전류를 흘려서 한다.

예 14,500[V], 3,000[A] KTX 동기전동기

5 TRIAC

1) PNPN 4층 구조로 사이리스터 두 개를 **역병렬**로 접속한 것이다.
2) 게이트의 제어신호에 의해 어느 방향으로나 전류를 통전할 수 있는 사이리스터이다.
3) 교류회로의 스위칭에 사용된다.

6 SSS(Silicon Symmetrical Switch)

1) TRIAC에 사용된 **PNPN 4층 구조**를 **PNPNP 5층 구조**로 하고 Gate를 없앤 것이다.
2) 제어를 게이트를 통해 하는 대신 양 단자 간에 **순시전압**을 가해서 한다.
3) 트라이액과 같이 **양방향성** 소자로서 교류 스위칭에 사용된다.

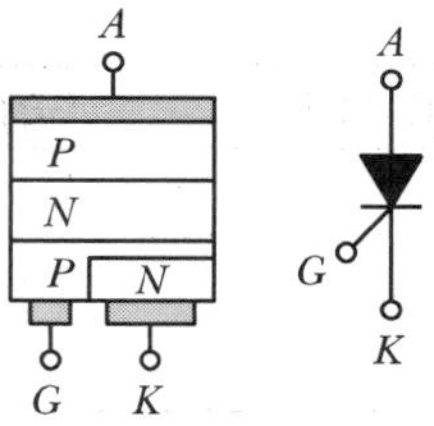

[SCR]

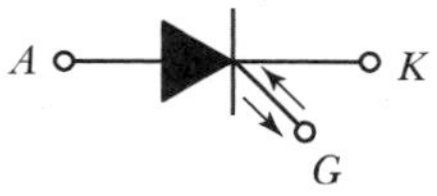

[GTO]

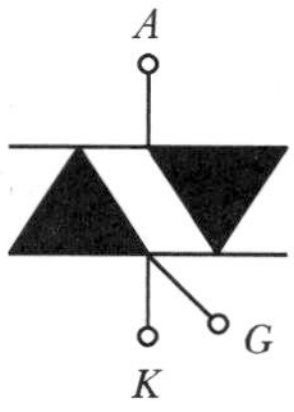

[TRIAC]

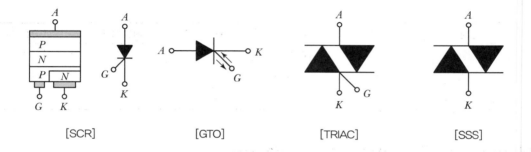

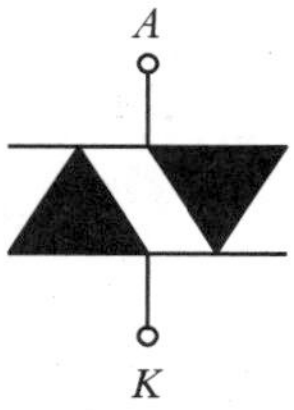

[SSS]

7 Power TR(BJT : Bipolar Junction Transistor)

1) BJT는 Bipolar Junction Transistor라고 하며 Base, Emitter, Collector 3개 단자로 구성되어 있다.
2) 고속제어가 가능하지만 Base 전력이 필요하고 구동손실이 크다.
3) DC 제어용으로만 적용한다(AC 제어 불가).

8 MOSFET(Metal－Oxide－Semiconductor Field－Effect Transistor)

1) MOSFET은 Metal－Oxide－Semiconductor Field－Effect Transistor라 하며 Gate, Drain, Source 3개 단자로 구성되어 있다.
2) Turn－on은 일반적인 사이리스터와 같은 방법으로 하고, Turn－off는 Gate에 음전압을 인가하여 한다.
3) **저손실, 저전력, 고속 스위칭**이 가능하다.

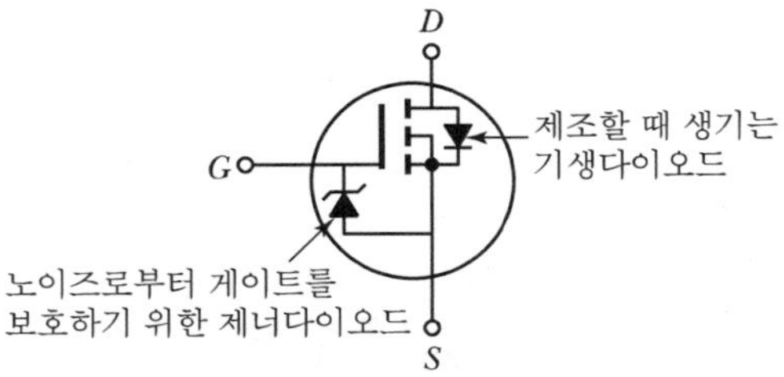

[MOSFET 구조]

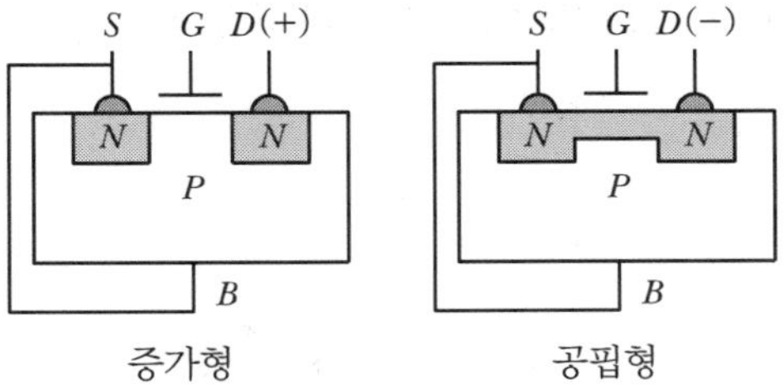

[제작방법에 따른 구분]

9 IGBT(Insulated Gate Bipolar Transistor)

1) IGBT는 Insulated Gate Bipolar Transistor라고 하며 Gate, Emitter, Collector 3개 단자로 구성되어 있다.
2) BJT의 대전류 특성+MOSFET의 고속 스위칭 특성을 가지고 있다.
3) IGBT의 게이트는 얇은 산화실리콘 막으로 절연되어 있어서 게이트에 전류를 흘려서 On−Off 하는 대신 전계를 가해서 On−off 한다.
4) MOSFET의 Drain 측에 P Collector를 추가한 구조이다.
5) 저손실, 대전력, 고속 스위칭이 가능한 자기 소호형 반도체 소자이다.

예 3,300[V], 1,200[A] KTX 산천 유도전동기, UPS, DVR

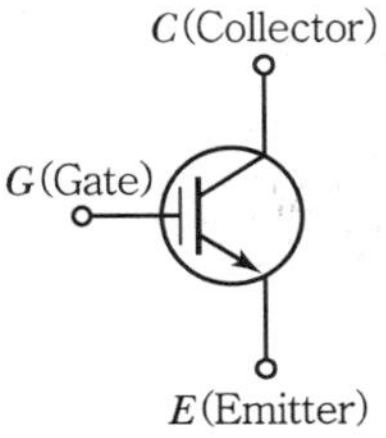

[IGBT 심벌]

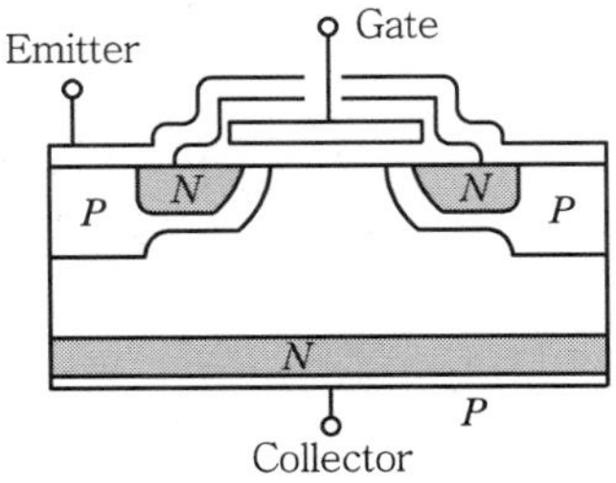

[IGBT 구조]

10 BJT와 MOSFET 차이점

1) BJT는 Base의 전류를 이용하여 제어하고 MOSFET은 Gate의 전압을 이용하여 제어한다.
2) 즉, 전류로 구동하느냐 전압으로 구동하느냐가 가장 큰 차이점이다.
3) 동작속도 면에서는 MOSFET이 더 빠르다.
4) BJT는 [μs] 단위로 동작하고 MOSFET은 [ns] 단위로 동작한다.

⓫ 전력변환 기술과 소자의 발전과정

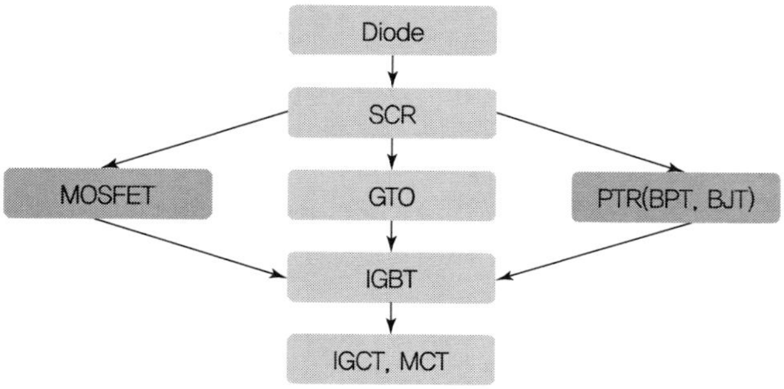

[전력변환 소자의 발전과정]

⓬ 전력변환 구조

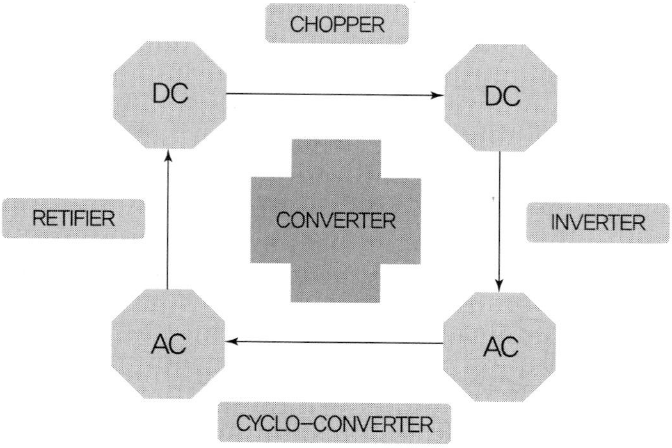

[전력변환 구조]

02 Thyristor와 SCR

1 Thyristor

1) 정의

① 사이리스터는 물리적으로 3개 이상의 PN 접합층을 가지는 소자이다.
② ON, OFF 2개의 안정상태와 ON, OFF 제어가 가능한 반도체의 총칭이다.

2) 턴 온과 턴 오프

(1) 턴 온

① 게이트 트리거에 의한 방식 : 게이트 전극을 가진 3단자 소자를 사용한다.
② Brake Over 전압을 인가 : DIAC, SSS 등에 사용한다.
③ 인가전압이 매우 상승률이 큰 경우 : dv/dt 스너버 회로를 사용한다.

(2) 턴 오프

① DC 제어모드
㉠ 소자 전류를 유지전류(I_H) 이하로 한다.
㉡ 소자에 역방향 전압을 인가한다.

② AC 제어모드 : AC전원은 반 주기마다 소자전류가 '0'이 될 때 턴 오프를 한다.

③ Thyristor용 트리거 소자
㉠ Thyristor를 On/Off 하는 제어신호를 트리거 신호라 한다.
㉡ DIAC, SBS, UJT, PVT 등의 소자가 있다.

3) 장단점

(1) 장점

① 고전압, 대전류이다.
② 서지전압, 전류에 강하다.
③ 소형경량이므로 기기나 장치 설치가 용이하다.
④ 게이트 신호가 소멸해도 ON 상태를 유지한다.

(2) 단점

① 설계 · 유지 · 보수 등 취급 시 전문가가 필요하다.

② 온도나 습도에 민감하여 배기 등의 주의가 필요하다.

2 SCR

1) 정의

① SCR은 3단자 단방향성 역저지 사이리스터이다.

② 다이오드와 같으나 게이트 단자에 트리거 펄스 신호를 가해 도통시킨다.

2) 구조 및 심벌

(1) 구조 및 심벌

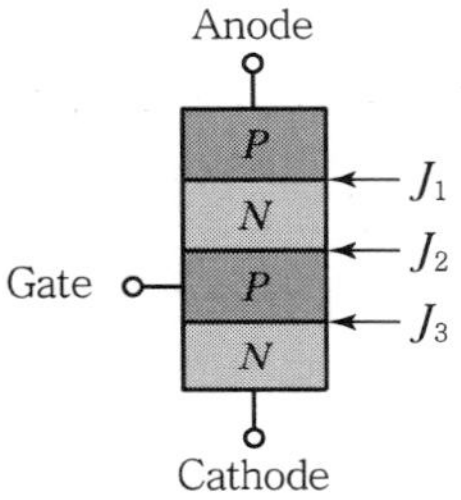

[구조]

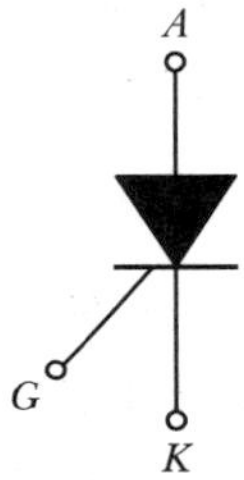

[심벌]

(2) 등가회로

① 턴 온

㉠ $I_G = 0$인 경우 Q_1, Q_2는 Off 상태

㉡ 게이트에 V_T(트리거전압) 인가

㉢ I_G가 흘러 Q_2 On, I_{C2}가 흐름

㉣ I_{C2}가 흘러 Q_1의 베이스전류가 되어 I_{C1}이 흐름

㉤ I_{C1}은 Q_2의 베이스 전류가 되어 On 상태를 계속 유지

② 턴 오프

㉠ 순방향 전류를 유지전류(I_H) 이하의 값으로 만듦

㉡ 역방향으로 전압을 인가

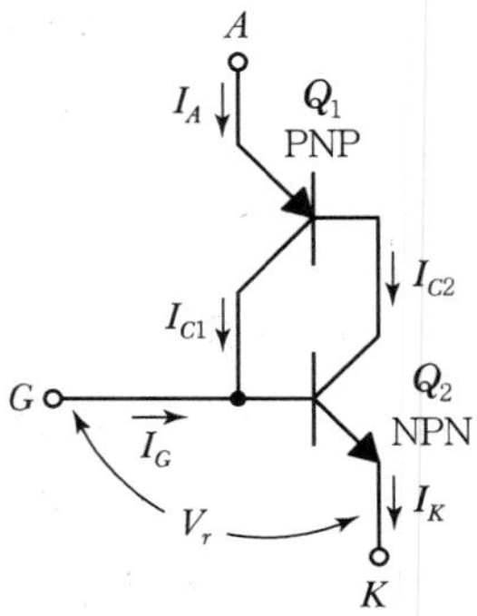

[SCR 등가회로]

3) 기본동작

① 직류

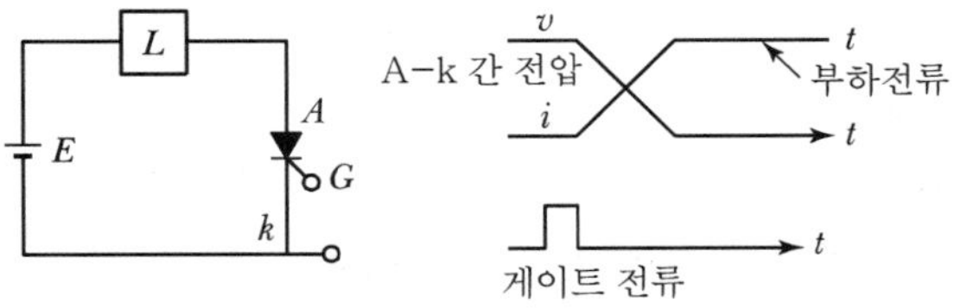

[직류]

② 교류

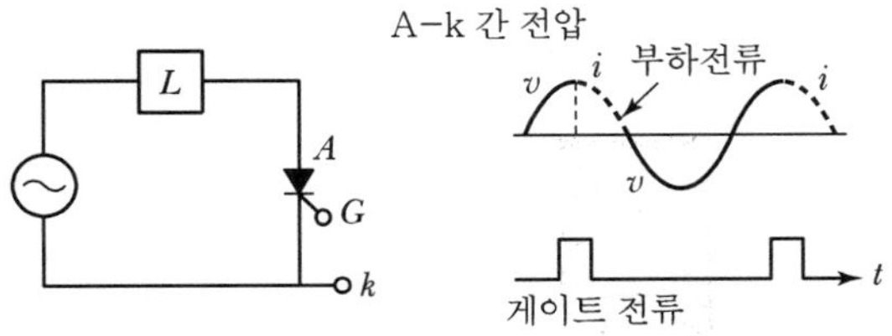

[교류]

4) 특징

① 게이트 전류에 의한 주전류의 차단은 어렵다.

② OFF 상태의 전압이 높다.

③ 양방향 전압에 대한 저지능력이 있다.

④ 위상각제어, 대전력 부하 시 교류 위상제어가 가능하다.

5) 응용분야

① 직류스위치(초퍼제어)

② 위상제어

03 GTO

1 정의

1) 자기소호형 3단자 역저지 사이리스터이다.
2) 게이트 트리거 신호로 A-k의 주전류를 On, Off 한다.

2 구조 및 원리

1) 구조 및 심벌

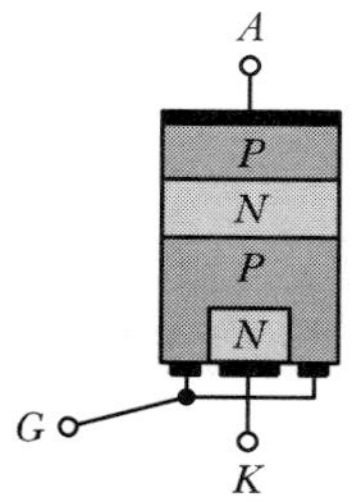

[구조]

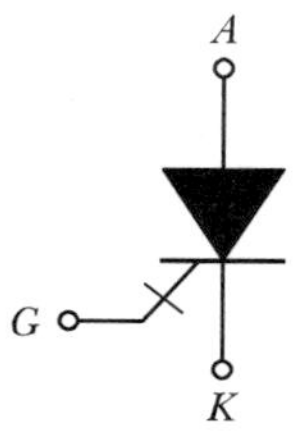

[심벌]

2) 원리

① 정(+)의 게이트 전류를 흘리면 A-k 간이 턴 온 된다.
② 부(-)의 게이트 전류를 흘리면 A-k 간이 턴 오프 된다.

3) 등가회로

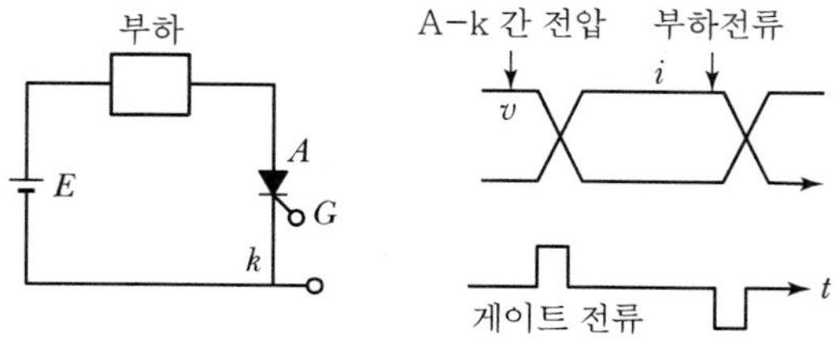

[GTO 등가회로]

3 특징

1) 전극구성 : Anode, Cathod, Gate
2) 주전류의 방향 : (A) → (k)
3) 오프 상태 시 양방향 전압에 대한 저지능력을 가진다.
4) 2[kHz] 주파수 이하의 대용량 고전압제어에 적합하다.
5) 턴 오프시키기 위한 게이트 전류가 주전류의 20%나 되어 대용량 게이트 구동회로가 필요하다.

4 응용분야

1) 전기차량, 전기철도, 철강압연기, VVVF 인버터 스위치 소자
2) 무정전 전원공급장치(UPS)
3) HVDC(제주-해남)

04 TRIAC과 DIAC

1 TRIAC(Triode AC Switch)

1) TRIAC은 사이리스터 두 개를 역병렬로 접속한다.
2) 3극 쌍방향 소자이다.

3) 구조 및 원리

(1) 구조 및 심벌

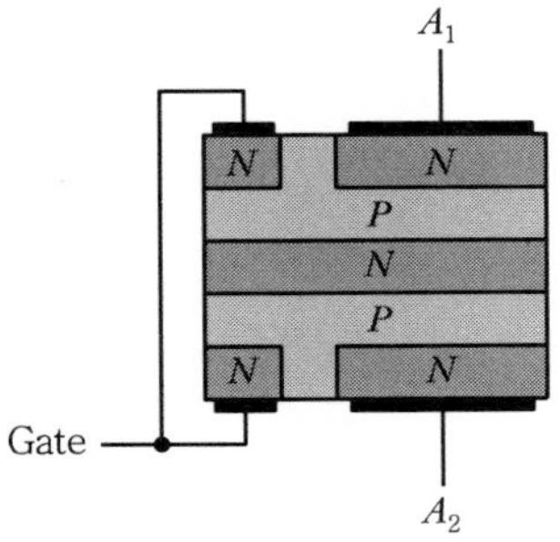

[구조]

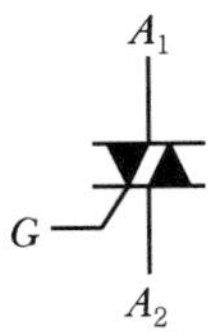

[심벌]

(2) 원리

① I_g 인가 시 On, 유지전류(I_H) 이하일 때 Off 된다.

② 쌍방향성으로 전류가 흐르기 때문에 교류 스위치로 사용된다.

4) 응용 : 교류스위치, 위상제어

2 DIAC

1) DIAC은 사이리스터 두 개를 역병렬로 접속한다.

2) 2극 쌍방향 소자이다.

3) 구조 및 원리

(1) 구조 및 심벌

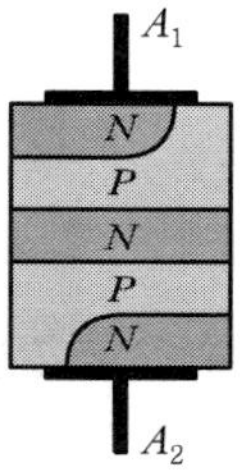

[구조]

[심벌]

(2) 원리

① 단자 어느 극성에 브레이크 오버 전압에 도달하면 On, 유지전류(I_H) 이하일 때 Off 된다.

② 교류전원으로부터 직접 트리거 펄스를 얻는 회로로 구성된다.

4) 응용 : 과전압 보호용, 트리거 소자

05 BJT

1 정의

BJT(Bipolar Junction Transistor)는 I_B로 I_C를 제어하는 전류제어소자이다.

2 구조 및 원리

1) 구조

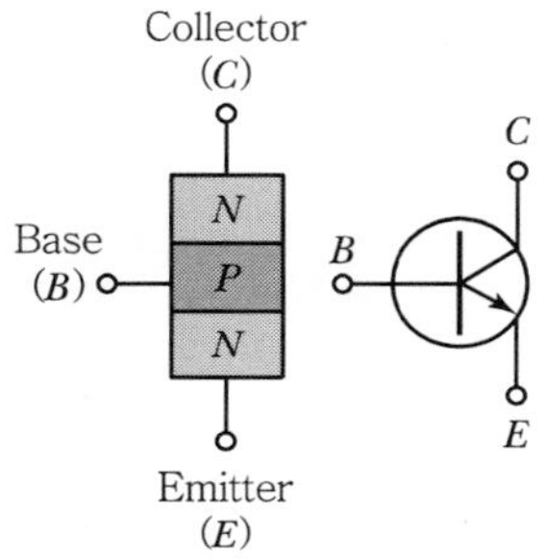

[NPN형 BJT]

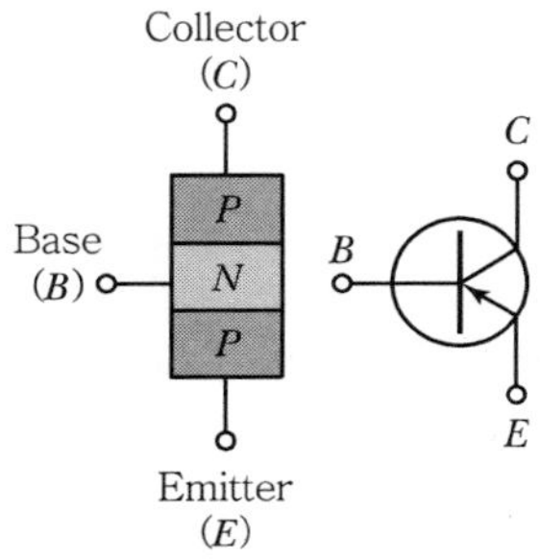

[PNP형 BJT]

2) 원리

① Emitter에 음(−), Collecter에 양(+) 전압을 인가한 상태에서 Base 전류가 흐르면 On 된다.

② Base 전류가 흐르지 않을 때나 역방향 바이어스 전류가 흐를 때 Off 된다.

3 스위칭 시간

1) Turn−On＝지연시간(t_d)＋상승시간(t_r)

2) Turn−Off＝축적시간(t_s)＋하강시간(t_f)

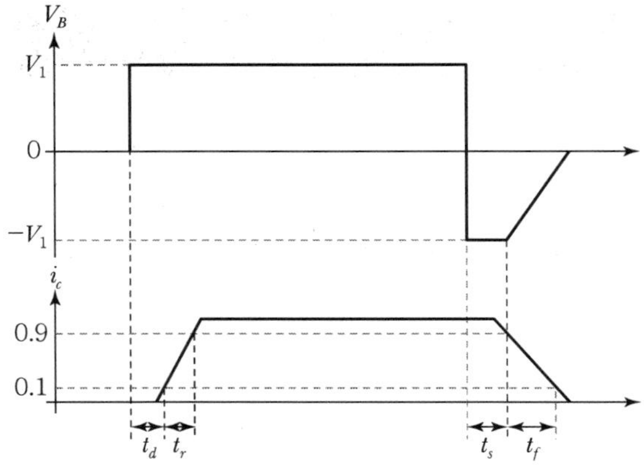

[BJT의 스위칭 시간]

4 특징

1) Base 전류에 비례한 Collecter 전류가 흐르게 된다.
2) 직류회로제어가 매우 간단하다.
3) 수 [kHz]로 턴 오프를 짧게 하여 스위칭 전력손실을 최소화하는 것이 설계의 핵심이다.

5 응용분야

1) SMPS, UPS
2) 용접기용 인버터, 범용인버터, 컨버터
3) 공작기계 및 산업용 로봇의 DC 서보모터
4) 스테핑모터의 구동장치

06 MOSFET

1 정의

1) Power MOSFET은 Metal Oxide Conductor Field Effect Transistor의 약자이다.

2) 게이트(G) – 소스(S) 간 전압제어에 의한 드레인(D) 전류 제어이다.

2 구조 및 원리

1) 구조

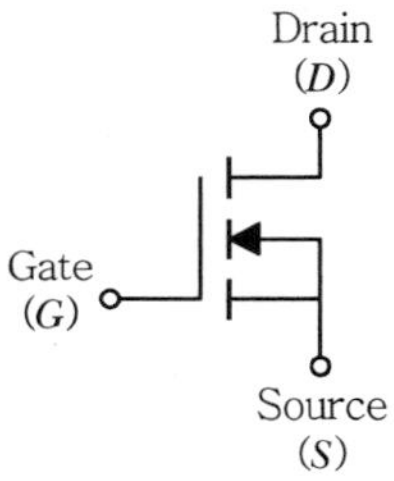

[N 채널]

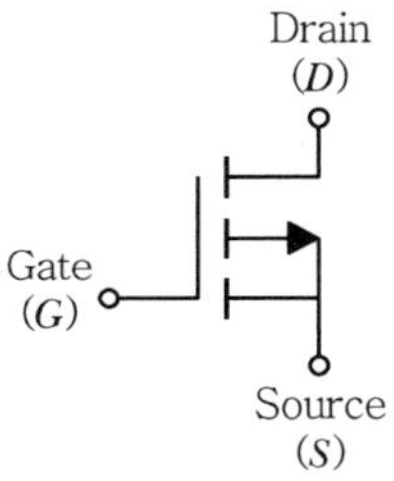

[P 채널]

2) 원리

① 유니폴라형 전압제어소자이다.

② 스위칭 속도가 매우 빨라서 고주파 스위칭이 가능하다.

③ 열적 안정성이 높으며 입력 임피던스가 높다.

3) 특징

① G – S 간 제어전압 V_{GS}에 의해 I_D 조절이 가능하다.

② 다수 캐리어 동작소자이므로 축적시간이 필요 없고 고속스위칭이 가능하다.

③ 입력임피던스가 매우 높고 구동전력이 작다.

④ SOA(Safe Operation Area)가 넓다.

⑤ 병렬접속 동작이 쉽다.

⑥ 열적으로 안정하다.

⑦ 저전압 대전류 제어에 적합한 소자이다.

3 스위칭 시간

1) Turn－On＝지연시간(t_d)＋상승시간(t_r)

2) Turn－Off＝지연시간(t_d)＋하강시간(t_f)

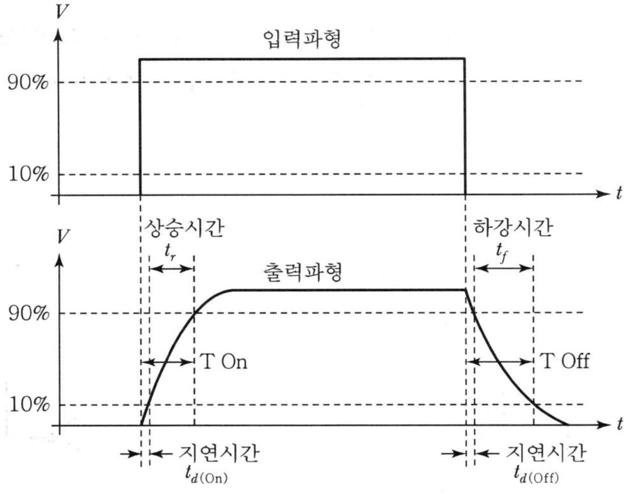

[MOSFET의 스위칭 시간]

4 응용분야

1) 고속스위칭, 고주파스위칭의 PWM 제어

2) 브러시리스 전동기(BLDC) 제어

3) VVVF 제어, 직류 초퍼제어

4) 가전제품

5) 인버터, SMPS, UPS 등 전력변환장치

07 IGBT

1 정의

IGBT(Insulated Gate Bipolar Transistor)는 절연게이트 바이폴라 트랜지스터이다.

2 구조 및 원리

1) 구조

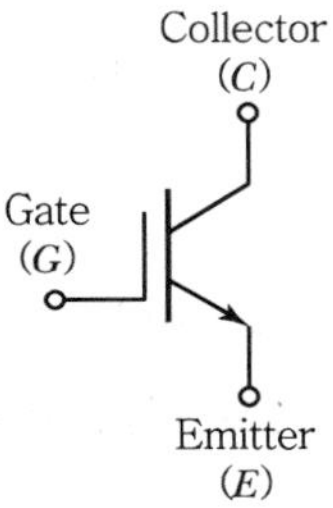

[심벌]

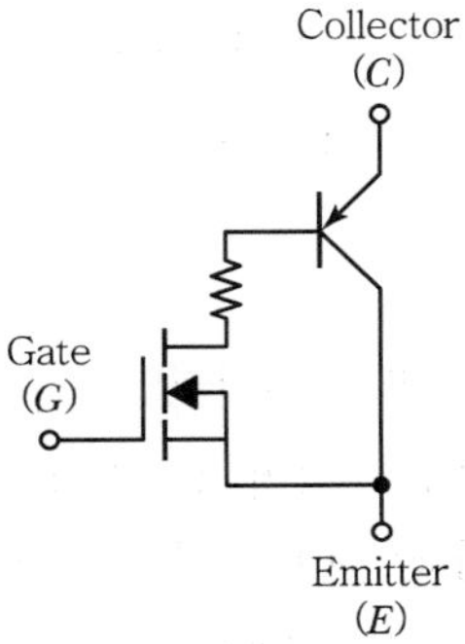

[등가회로]

2) 원리

(1) 턴 온

① $t_{d(on)}$: 턴 온 지연시간

$t_1 \sim t_2$까지로서 $V_{GE}=0$에서부터 I_C값이 $0.1 I_C$일 때까지이다.

② t_r : 상승시간

- $t_2 \sim t_3$까지로서 I_C값이 $0.1 I_C \sim 0.9 I_C$일 때까지이다.
- 이 상승시간은 IGBT 게이트 특성에 여향을 받는다.

③ t_{on} : 턴-온 시간, 즉 $t_{d(on)}$와 t_r을 합친 시간이다.

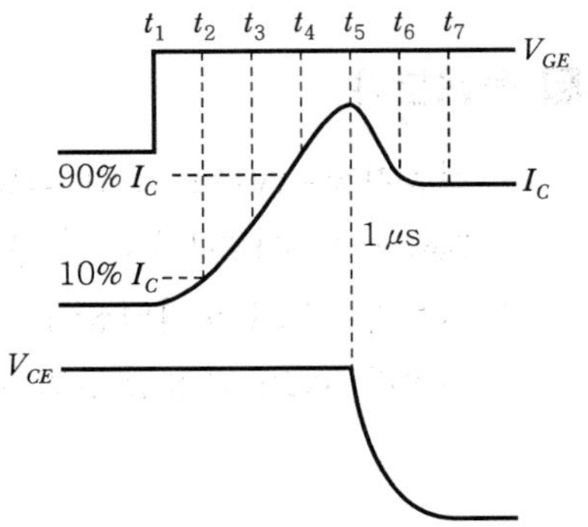

[턴-온 스위칭 파형]

(2) 턴 오프

① $t_{d(off)}$: 턴-오프 지연시간

이 시간은 t_8에서 t_9까지로서 V_{GE}값이 0.9 V_{GE}에서부터 I_C값이 $0.9I_C$일 때까지이다.

② t_f : 하강시간

이 시간은 t_9에서 t_{10}까지로서 I_C값이 $0.9I_C$에서 $0.1I_C$일 때까지이며 이 하강시간은 n 영역에 저장된 초과 전하의 재결합을 위한 시간인 Tail 구간을 포함한 시간이다.

③ t_{off} : 턴-오프 시간, 즉 $t_{d(off)}$와 t_f를 합친 시간이다.

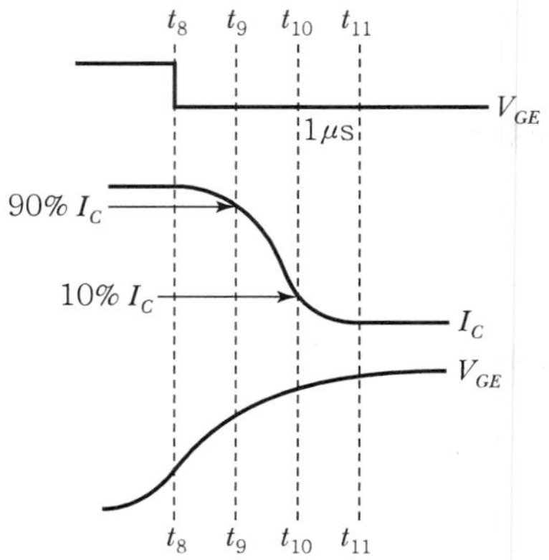

[턴-오프 스위칭 파형]

3) 특징

① G-E 간 제어전압 V_{GE}에 의해 I_C를 제어하는 전압소자이다.
② 다수 캐리어 동작소자이므로 축적시간이 필요 없고 고속스위칭이 가능하다.
③ 입력임피던스가 매우 높고 구동전력이 작다.
④ SOA(Safe Operation Area)가 넓다.
⑤ 병렬접속 동작이 쉽다.
⑥ Power MOSFET보다 더 큰 용량제어가 가능하다.
⑦ G-E 간 전압강하가 적다.
⑧ 대전류, 고전압 제어에 적합한 소자이다.

3 응용분야

1) 전동기제어(VVVF 제어), 직류초퍼제어
2) Power MOSFET보다 더 큰 용량의 전력변환회로
3) 범용컨버터, 유도가열장치
4) 인버터, SMPS, UPS 등 전력변환회로

08 MCT

1 정의

MCT(MOS Controlled Thyristor)는 사이리스터의 일종이며 구조적으로 GTO와 등가인 반도체 소자로서 턴-오프 게이트 전류가 작아도 가능하다.

2 구조 및 심벌

1) 구조

① 1개의 사이리스터와 2개의 MOSFET의 조합이다.

② MOSFET은 Metal Oxide Conductor Field Effect Transistor로서 전계 효과를 이용한 증폭작용을 한다.

2) 심벌

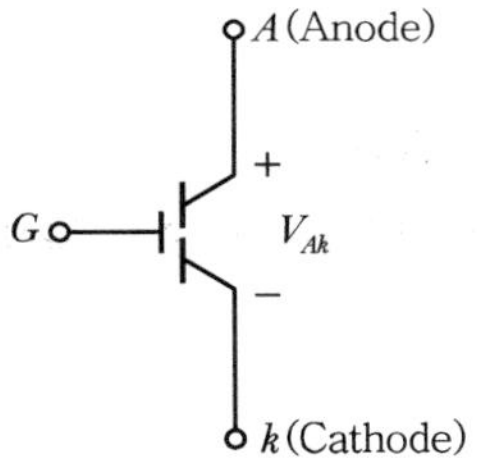

[MCT 심벌]

3 특징

1) 게이트 전류(GTO) 대신 게이트와 캐소드에 전압(V_{GA})을 인가하여 턴 온과 턴 오프를 할 수 있다.

2) 절연게이트형에서 절연물을 SiO_2 막을 사용한 것을 MOS라고 한다.

3) 전계 효과를 이용하여 증폭하는 소자를 FET라고 한다.

4) 턴 온 과정

5) GTO의 전류제어방식 드라이브 특성을 개선한 전압제어 스위치이다.

6) GTO처럼 순방향 전압강하를 갖지만 턴 오프 시 매우 큰 전류 펄스는 필요하지 않다.

7) 스위칭 속도는 IGBT와 유사하다.

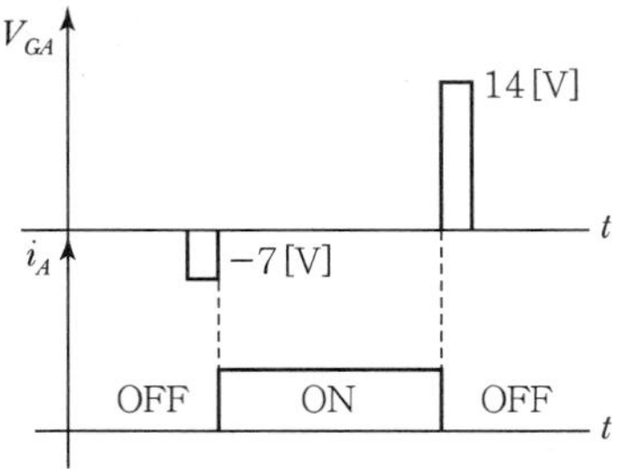

[턴 온 과정]

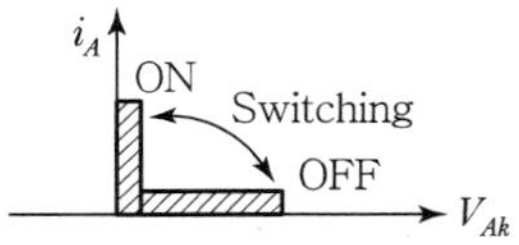

[이상적인 특성]

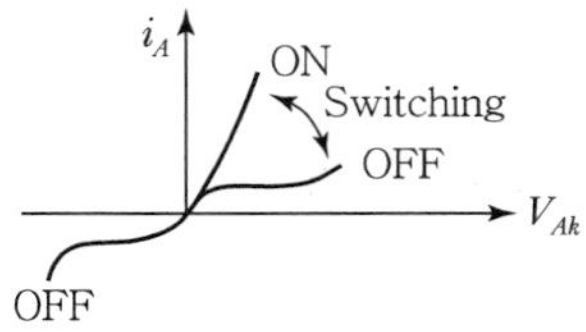

[실제 특성]

4 장점

1) 구동이 쉽고 전력이 적게 소모된다.

2) 대용량의 전력처리 능력과 구동의 용이성으로 차세대 전력반도체로 주목되고 있는 소자이다.

09 IGCT

1 정의

1) IGCT(Intergrated Gate Commutated Thyristor)는 GCT소자와 GDU(Gate Drive Unit)가 결합된 구조의 사이리스터이다.
2) GTO의 스위칭 손실을 감소시킬 수 있다.
3) 심벌 및 회로

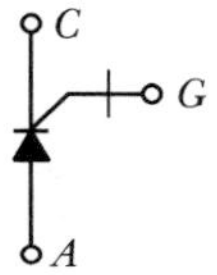

[심벌]

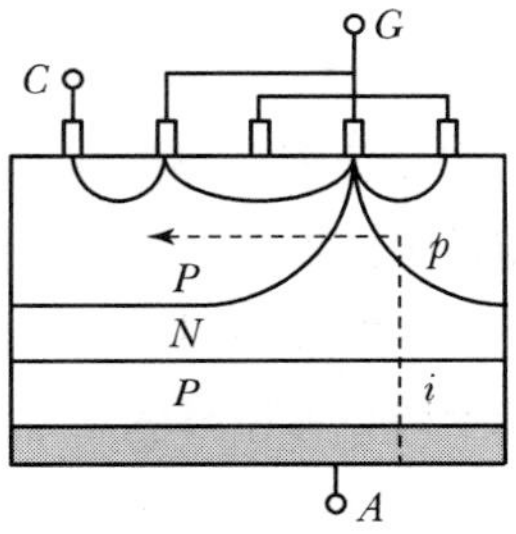

[회로]

2 종류

1) S-IGCT(대칭)

① 발생한 역전압을 순방향 전압이나 역방향 전압이 거의 비슷하게 막는 IGCT
② 전류 소스형 인버터에 사용

2) A-IGCT

① 발생한 역전압을 거의 막지 못하고 Breakdown 하는 IGCT
② 역전압이 거의 발생하지 않는 DC초퍼 등에 사용

3) R-IGCT(비대칭)

① 발생한 역전압을 별도의 다이오드를 통해 도통시키는 IGCT
② 비대칭한 동작을 하는 IGCT

3 장단점

1) 장점

① 구동전압이 높고 도통 가능한 전류가 높다.
② 드라이브 회로의 전력이 10[W] 정도인 저전력 제품도 있다.
③ 전압강하가 2～3[V] 정도로 높은 편이 아니며, 도통 저항값도 수 [mΩ] 정도로 우수한 도통 특성을 가진다.
④ 스너버 회로 없이 동작이 가능하다.

2) 단점

① 게이트 구동 전류가 높다.
② 대전류를 매우 빠르게 스위칭 가능하나 고조파 발생이 크다.
③ 광케이블 사용이 필요하다.
④ GTO보다 고가이다.
⑤ 고전력을 요구하는 경우 드라이브 회로 전력당 100[W]가 필요하다.
⑥ 제조회사는 ABB가 유일하다.

4 응용분야

1) 직류전동기 초퍼제어
2) AC유도전동기 전기차 제어
3) 고속철도 차량의 VVVF 제어
4) 중전압 인버터 솔루션
5) HVDC

5 맺음말

1) 전력전자의 발전 방향은 전력용 반도체 소자의 발전 추세와 동일하다.
2) 1980년대 후반부터 저소음화, 저손실화, 에너지 절약, 경제적인 것을 요구하고 있다.
3) 이러한 과정 속에서 현재 Bipolar 소자, MOSFET, IGBT로 발달되었다.
4) 향후 안정적 측면에서 자기진단, 보호기능이 포함된 패키지인 IPM(Intelligent Power Module)으로서 확대, 발전될 것으로 예상된다.

10 단상반파 및 전파정류회로에서 전압변동률, 맥동률, 정류효율, 최대역전압(PIV)

1 전압변동률

1) 부하 변화에 대한 단자전압의 변동폭을 백분율로 표현한 것이다.

2) 전압변동률 $= \dfrac{\text{무부하 시 직류출력전압} - \text{전부하 시 직류출력전압}}{\text{전부하 시 직류출력전압}} \times 100$

2 맥동률

1) 정류된 직류출력에 포함되어 있는 교류분 정도를 백분율로 표현한 것이다.

2) 작을수록 좋다.

3) 맥동률 $= \dfrac{\text{출력전압(전류)에 포함된 교류분 실효값}}{\text{직류출력전압(전류) 평균값}} \times 100$

4) 단상반파 : 75.6[%]

5) 단상전파 : 48.2[%]

3 정류효율

1) 교류입력에 대한 직류출력의 정도를 백분율로 표현한 것이다.

2) $\eta = \dfrac{P_{DC}}{P_{AC}} \times 100$

3) 단상반파 : 40.6[%]

4) 단상전파 : 81.2[%]

4 최대역전압(PIV)

1) 다이오드 단자 간에 발생할 수 있는 역방향 전압의 최대값이다.

2) 정류소자로 다이오드를 사용할 경우 PIV에 견딜 수 있는가를 확인하는 것이 중요하다.

3) 단상반파 : $PIV = \sqrt{2}\,E$

4) 단상전파 : $PIV = 2\sqrt{2}\,E$

11 패러데이 전기분해법칙

1 정의

전기분해 하는 동안 전극에 **석출되는 물질의 양**과 그 전극을 통과하는 **전하량(전류×시간)** 사이의 정량적인 관계를 나타낸 법칙으로 전기화학의 가장 기본적인 법칙이다.

2 제1법칙

전극에서 **석출되는 물질의 양**은 그 전극을 통과하는 **전하량**에 비례한다.

3 제2법칙

같은 전하량에서 **석출되는 물질의 양**은 각 물질의 **화학당량**에 비례한다.

4 석출되는 물질의 양(W)

$$W = KQ = KIt\,[\text{g}]$$

여기서, K : 전기 화학당량[g/C], Q : 전하량[C], I : 전류[A], t : 시간[sec]

5 전기 화학당량(K)

$$K = \frac{\text{화학당량}}{96{,}500}\,[\text{g/C}]$$

여기서, 화학당량 $= \frac{\text{원자량}}{\text{원자가}}$ (원자번호)

12 전기분해 종류 및 계면전기현상

1 전기분해 종류

1) 전기도금

① 전기분해를 이용하여 음극에 있는 금속에 양극의 금속을 입히는 것이다.

② 용도 : 장식용, 방식용, 장식과 방식 겸용 및 공업용

③ 전기도금면의 성질

㉠ 소지와의 부착이 좋을 것

㉡ 평활하고 균일한 두께의 도금층이 얻어질 것

㉢ 가급적 광택이 있을 것

2) 전해정련

① 전기분해를 이용하여 순수한 금속만을 음극에서 정제하여 석출하는 것이다.

② 전해정제법과 전해채취법으로 구분된다.

3) 전기주조

① 전착에 의하여 원형과 똑같은 제품을 복제하는 것이다.

② 기계가공으로 어려운 정도(精度)가 요구되는 제품을 만드는 데 적합하다.

③ 전기도금을 응용한 것이지만 전기도금을 벗겨내야 하고 전기도금에 비해 10~50배나 두꺼운 층을 만드는 것이 다른 점이다.

4) 전해연마

① 전해액 중에서 단시간 전류를 통하면 금속 표면의 돌출된 부분이 먼저 분해되어 평활하게 되는 것이다.

② 특징은 양극전류밀도가 수십~수백 $[A/dm^2]$으로 크지만 수초~수분에 기계적 손상을 남기지 않는다.

③ 전기도금의 예비처리, 펜촉, 정밀기계부품, 화학장치부품, 주사침 등에 응용된다.

2 계면전기현상

1) 정의

① 금속 전극이 전해액에 침적되면 전극과 전해액 중에 각각 전하층이 형성된다.

② 이것을 전기 2중층이라 하며 계면전기현상이 발생한다.

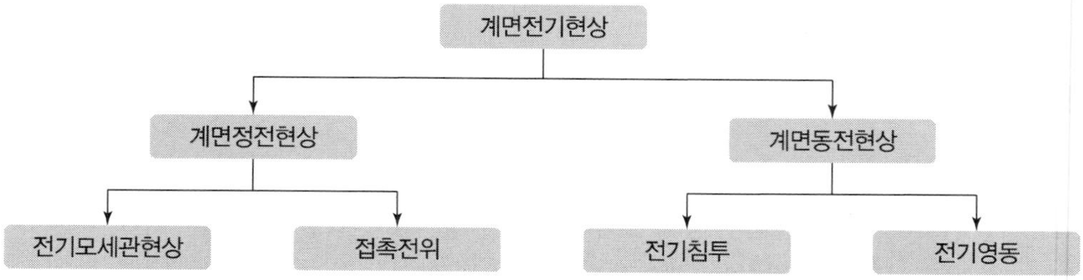

[계면전기현상의 종류]

(1) 전기영동

① 기체나 액체 속에 미립자가 분산되어 있을 경우 이에 전압을 가하면 많은 입자가 양극을 향하여 이동하는 현상이다.
② 전기침투와 원리는 같지만 전기침투는 액체가 이동하는 것이고 전기영동은 입자가 이동하는 것이다.
③ 점토나 흑연의 정제, 전착도장 등에 응용된다.

(2) 전기침투

① 중금속류 액체용액 속에 다공질 격막을 설치하고 직류 전압을 가할 경우 액체만이 격막을 통과하여 한쪽으로 이동하는 현상이다.
② 격막의 성질에 따라서 음, 양 어느 극으로 이동하는가가 결정된다.
③ 전해 콘덴서 제조, 재생 고무 제조 등에 이용된다.

13 전기화학용 직류변환장치의 요구사항

1 개요

1) 전기화학공업에서는 대용량의 교 · 직 변환장치가 필요하다.
2) 전기화학용 직류변환장치로 과거에는 회전용 변류기, 접촉변류기, 철조수은정류기 등이 사용되었으나 최근에는 대부분 **반도체 정류기**로 교체되었다.
3) 반도체 정류기는 **전압조정**이 용이하고 **전압변동**이 적으며 **고효율** · **고역률**, **소형** · **경량**의 장점이 있지만 **온도상승**과 **서지**에 약하므로 주의가 필요하다.

2 전기화학용 직류변환장치 요구사항

1) 저전압 대전류일 것
2) 전압조정이 가능할 것
3) 정전류로서 연속운전에 견딜 것
4) 효율이 높을 것
5) 안전성과 신뢰성이 높을 것
6) 유지보수, 취급운전이 간단할 것
7) 시설비가 저렴할 것

14 자동제어

1 제어

1) 제어 대상이 목적한 상태를 유지하도록 조작을 가하는 것이다.
   (제어 대상: 조명, 목적한 상태: 실내를 밝힘, 조작을 가하는 것: 스위치를 켬)

2) 제어는 수동제어와 자동제어로 분류된다.

제어	수동제어	
	자동제어	시퀀스 제어
		피드백 제어

2 제어의 종류

1) 수동제어

① 직접 또는 간접적으로 사람이 조작량을 결정하는 제어
② 손으로 조명 On−Off

2) 자동제어

① 제어계를 구성하여 자동적으로 수행하는 제어
② 센서로 조명 On−Off

(1) 시퀀스제어

① 시퀀스제어는 미리 정해진 순서에 따라 수행되는 제어를 의미하며 **개루프제어**라고도 한다.

② 세탁기, 자판기

(2) 피드백제어

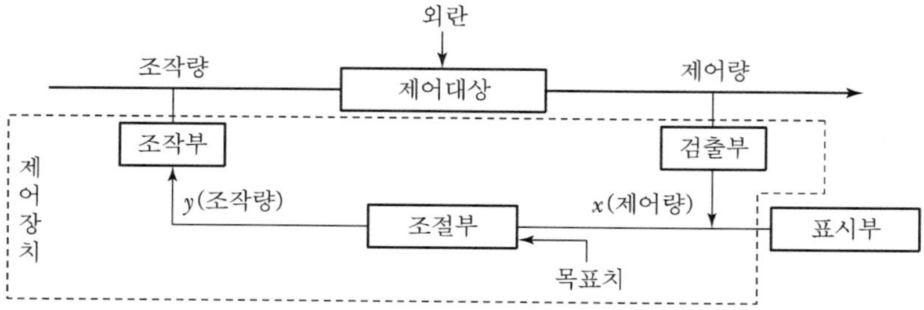

[피드백제어]

① 피드백제어는 **제어량**과 **목푯값**을 비교하면서 수행되는 제어를 의미하고 **폐루프 제어**라고도 한다.

② 냉·난방기 온도제어

③ 피드백제어에는 자동제어계를 구성하는 검출부, 비교조절부, 조작부 등 각 부의 특성이 선형 방정식에 따르는 **연속 제어동작**과 비선형 방정식에 따르는 **비연속 제어동작**이 있다.

④ 연속 제어동작 : 비례동작(P), 미분동작(D), 적분동작(I), PI 동작, PD 동작, PID 동작

⑤ 비연속 제어동작 : 2위치 동작, 다위치 동작, 시간적 비례동작, 샘플링 동작

3 제어장치

1) PLC(Programmable Logic Control)

① On−Off제어 및 간단한 Analog제어

② 메모리 확장의 한계

③ 소프트웨어의 호환성과 연속 개발성 문제

④ 단순제어 위주의 소규모

2) DDC(Digital Direct Control)

① 복잡하고 특성화된 제어기능 수행

② 부분별로 소프트웨어 수정, 추가, 변경 가능
③ 시스템 확장 시 모듈 및 카드 단위로 확장
④ 연속공정의 자동화 시스템 분야

4 운용방식

1) 직접제어

① 프로세서 제어 및 정보를 집중화시켜 관리 · 운용하는 방식
② 중 · 소형 빌딩의 공조전력 감시분야

2) 분산제어

① 프로세서 제어를 기능별로 분산시키고 정보는 통합시켜 관리 · 운용하는 방식
② 대규모 산업플랜트 및 대형빌딩

15 PLC(Programmable Logic Controller)

1 PLC 개요

1) PLC(Programmable Logic Controller)는 제어장치의 일종으로 프로그램 제어가 가능한 장치를 의미한다.
2) 자동화를 위하여 종전에는 제어시스템의 회로도에 따라 보조 릴레이, 컨트롤 릴레이, 타이머, 카운터 등을 직접 접속하였으나 원가절감 및 인원관리의 어려움이 있었다.
3) 따라서 이 문제를 해결하기 위하여 프로그램이 가능한 제어시스템이 개발되었고 그것이 PLC이다.
4) PLC는 컴퓨터와 같은 원리로 동작하며 생산공정 자동화, 로봇 컨트롤 등에 다양하게 사용되어 공장자동화(FA)에 크게 기여하고 있다.

2 PLC 구성

1) 중앙처리장치(CPU) : 마이크로프로세서 및 메모리를 중심으로 구성, 두뇌 역할
2) 입출력부 : 외부기기와 신호를 연결

3) 전원부(Power Supply) : 각 부에 전원을 공급
4) 주변장치 : PLC 내의 메모리에 프로그램을 기록하는 장치

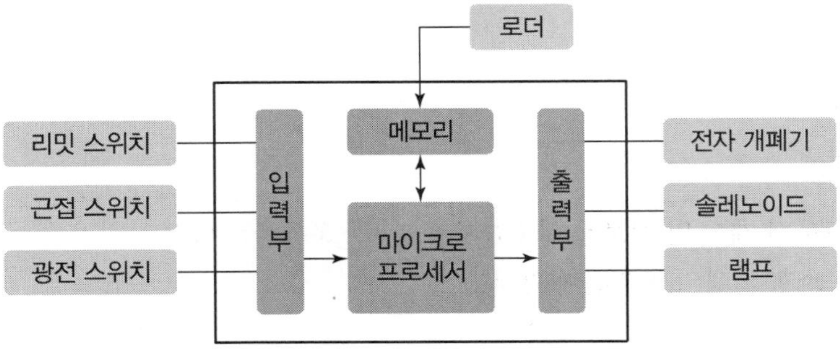

[PLC의 전체 구성]

3 PLC 기능

1) 프로그램 제어 기능
2) Timer & Counter 기능
3) 연산 처리 기능
4) 자기진단 기능
5) 시퀀스 처리 기능
6) 시뮬레이션 기능

4 맺음말

1) PLC는 On－Off제어 및 Analog제어를 하며 설치비용은 저렴하나 메모리 확장에 한계가 있고 소프트웨어의 호환성과 연속개발성에 문제가 있다.
2) 최근에는 DDC(Digital Direct Control) 사용이 증가하고 있다.
3) 또한 대규모 설비에서는 DSC(Distributed Control System)를 사용하여 프로세서 제어는 기능별로 분산시키고 정보는 통합 · 관리한다.

16 정전기 대전현상 응용

1 개요

1) 정전기란 정지해 있는 전기를 의미하며 정전기 대전현상이란 정전기가 물체상에 축적되어 극성을 띠게 되는 현상을 의미한다.
2) 방전현상이란 대전물체 주위에 형성된 정전계가 점점 커져 기체절연이 파괴되는 현상을 의미한다.

2 정전기록

1) **코로나 방전**과 **쿨롱 력**을 이용하여 문자나 도형을 기록하는 장치
2) 종이를 정(+), 토너를 부(−)로 하여 직류 고전압을 가하면 토너가 종이로 이동한다.
3) 복사기, 팩시밀리 등에 이용된다.

3 전기집진기

1) 전극 간의 **코로나 방전**과 **쿨롱 력**을 이용하여 0.1[μm] 정도까지의 미세한 입자를 제거하는 장치이다.
2) 평판, 철망 등의 **집진전극** 사이에 2~6[mm]의 강철선인 **방전전극**을 두고
3) 집진전극을 정(+), 방전전극을 부(−)로 하여 40~100[kV]의 전압을 가하면 미세한 입자가 제거된다.

4 정전도장(Electrostatic Coating)

1) **코로나 방전**과 **쿨롱력**을 이용하여 물체를 도장하는 장치이다.
2) 피도장물을 정(+), 도료입자를 부(−)로 하여 직류 고전압을 가하면 도료입자가 피도장물로 이동한다.
3) 대표적인 도장법으로는 그리드법(Grid Method), 캡법(Cap Method) 등이 있다.
4) 직류고압전원으로는 진공관, 셀렌정류기, 정전발전기를 사용한다.
5) 교류전원으로는 상용주파수, 기타의 고주파 발진기를 사용한다.
6) 다른 도장법에 비해 경제성과 위생상에서 큰 이점이 있다.

17 전기집진장치

1 개요

1) 전극 간의 코로나 방전과 쿨롱력을 이용하여 0.1[μm] 정도까지의 미세한 입자를 제거하는 장치이다.
2) 집진전극 사이에 방전전극을 두고 집진전극을 양(+), 방전전극을 음(−)으로 하여 DC 40~100[kV]의 전압을 가하면 미세한 입자가 제거된다.
3) 전기집진기에 모인 분진을 제거하는 방법에 따라 습식과 건식이 있고 가스의 흐름에 따라 수직방향인 것과 수평방향인 것이 있으며 하전 형식에 따라 1단식과 2단식이 있다.

2 전기집진기 분류

1) 분진 제거방법에 따른 분류

① 습식 : 먼지를 물로 씻어주는 방법으로 집진율이 건식보다 우수하나 폐수처리시설이 필요하고 장치구조가 복잡하다.
② 건식 : 기계적 충격을 주어 퇴적 분진을 탈진시키는 방법으로 대용량 가스 처리가 가능하나 집진율이 습식보다 낮다.

2) 가스 흐름에 따른 분류

① 수평방향 : 가스의 흐름이 수평방향인 것은 대용량 가스 처리에 적합하다.
② 수직방향 : 가스의 흐름이 수직방향인 것은 집진율이 높고 설치면적이 작다.

3) 하전 형식에 따른 분류

① 1단식 : 하전부와 집진부가 같이 설계된 것으로 집진율이 높고 구조가 간단하다.
② 2단식 : 하전부와 집진부가 분리 설계된 것으로 주로 공기정화기로 사용된다.

3 전기집진기 특징(타 집진기에 비해)

1) 장점

① 집진 성능 우수
② 고온, 고압에서도 사용 가능
③ 소비전력이 적고 통풍손실이 매우 작아 운전비가 저렴

④ 보수, 점검이 간단

2) 단점

① 폭발성, 가연성 가스에 적용 불가
② 접착성 분진에 적용 불가
③ 집진성능이 분진용도, 크기, 저항에 따라 크게 다름

18 생체현상 계측

1 개요

생체 계측은 생체 물리현상 계측과 생체 발전현상 계측으로 구분할 수 있다.

1) **생체 물리현상 계측** : 생체에서 발생하는 각종 물리현상을 변환기를 이용하여 전기량으로 변환한 후 계측하는 것으로 심음계, 맥파계, 전기혈압계, 초음파 진단장치 등이 있다.
2) **생체 발전현상 계측** : 생체에서 발생하는 각종 발전현상, 즉 전위차를 검출하여 증폭한 후 계측하는 것으로 심전계, 뇌파계, 근전계 등이 있다.

2 생체 물리현상의 계측

1) 심음계(Phonocardiograph)

① 심장과 대혈관의 활동에 의한 발생음 중에서 20~100[Hz]의 주파수 범위에 있는 음향을 흉벽 위에 놓은 마이크로폰으로 받아 증폭 기록해서 심음도를 만드는 것이다.
② 심장질환 진단에 사용한다.

2) 맥파계

심장의 맥박에 따르는 혈관의 박동 상태를 측정 기록한 것을 맥파도라 하고 맥파를 측정하는 장치를 맥파계라 한다.

3) 전기혈압계

① 생체 내의 혈압을 전자적 수단으로 계측하는 장치이다.
② 직접법과 간접법이 있다.

4) 초음파 진단장치

① 초음파 투사 시 감쇠도나 반사도가 생체 조직의 음향 임피던스에 따라서 달라지는 것을 이용하여 생체 조직 내의 상황 등을 조사하는 장치이다.
② 뇌종양, 담석, 태아의 건강 등의 진단용으로 사용한다.

3 생체 발전현상의 계측

1) 심전계

① 심장 근육의 활동에 의한 발생 기전력을 생체 표면의 2점 간의 전위차로 검출해서 증폭한 후 정속도로 움직이는 기록지 위에 기록하는 장치이다.
② 이렇게 얻은 파형기록을 심전도(ECG)라고 한다.

2) 뇌파계

뇌의 활동 전위를 머리에 댄 소전극 간의 전위차를 외부로 인도하여 증폭 기록하는 것을 뇌파라고 하며 증폭 기록하는 장치를 뇌파계라 한다.

3) 근전계

① 골격근의 수축에 따라 생기는 근동작 전류를 전극으로 검출해서 증폭 기록하는 장치이다.
② 그 기록 파형을 근전도(EMG)라 한다.

CHAPTER

06

전력품질

01 전력품질지표와 저하원인 및 대책

1 전력품질(Power Quality)

전력품질	평가지표	지표대상(외란)
계통에서 전력의 질적 상태 규정전압, 주파수, 제정 파형과 대칭성 기준 • 공급자 측 : 전력공급의 신뢰도 • 수용가 측 : 설비에 공급되는 전력의 질적 상태	• 전압유지율 • 주파수유지율 • 정전시간	전압변동(Sag, Swell Interruption), Flicker, Noise, Harmonics Surge, Voltage Unbalance

* 전원외란 : 전원의 정상상태에서 벗어난 현상을 총칭, 외란 초과 시 과도현상

1) 전력품질 지표기준

(1) 전압유지율

규정전압 유지율[%]	유지율[%]
$\dfrac{24\text{시간 전압공급개소}}{\text{총 측정개소}} \times 100[\%]$	• 우리나라 (전등 ±5, 동력 : ±10) • 외국의 경우 (±5~10[%]로 우리나라와 비슷)

[전압유지율]

전압[V]	유지율[V]	전압[kV]	유지율[kV]
110	±6	22.9	20.8~23.8
220	±13	154	139~169
380	±38	345	328~362

(2) 주파수 유지율

정상 시	비상시
60±0.2[Hz](우리나라는 ±0.1[Hz] 유지)	57.5~62.0[Hz]

(3) 정전시간

$$\text{호당 정전시간} = \frac{\Sigma(R_y \cdot N_y)}{N_t}$$

여기서, N_y : 정전수용가수, N_t : 총수용가수, R_y : 정전지속시간(분)

① 순간 정전(0.07～2[sec])
② 단시간 정전(2[sec]～1분)
③ 장시간 정전(30분 초과)

2 전력품질 저하원인(외란)

이상전압	외란의 증가
• 뇌서지 : 직격뇌, 유도뇌, 역섬락 • 개폐서지 : 여자, 단락, 충전전류, 직류하단, 고속도재폐로, 3ϕ 동시투입 실패 • 과도이상전압 : 지락 시 과도, 상용주파이상, 철심포화이상전압	• 비선형부하, 전력용 반도체 소자의 증가(스위칭) • 단일대형부하 등장에 따른 전압불평형 • 역률보상용 콘덴서 사용의 증가

1) 외란의 종류 및 영향

구분	명칭	기준	영향
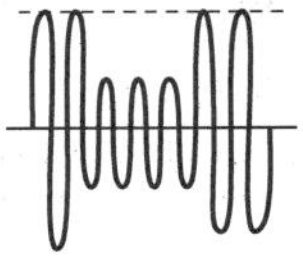	SAG, Dip	0.1～0.9[PU]	전력계통사고(낙뢰, 단락, 지락)
	순시전압 강하	0.5～30[cycle]	대형부하기동(Broun Down)
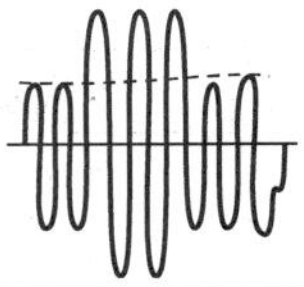	Swell	1.1～1.4(1.8)[PU]	대용량부하 차단, 비접지계통 1선지락
	순시전압상승	0.5～30[cycle]	(건전상의 전위상승), TR Tap 조정불량
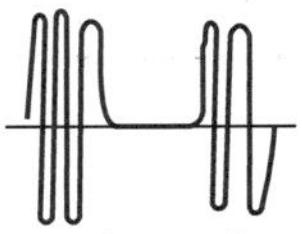	Interruption	0.1[Pu] 이하	PF, 차단기동작, Recloser
	순시정전	0.5～30[cycle]	발전기, 전동기, 변압기 사고
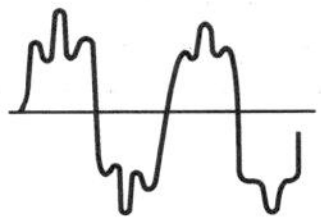	Harmonics	0～20[%]	전력용 반도체 소자 스위칭(비선형부하)
	고조파	120～3000[Hz]	철공진(회전기, TR), 과도현상
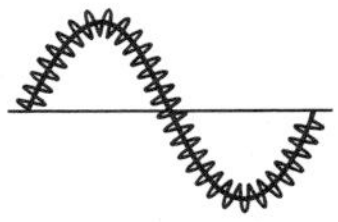	Noise	0.1～7[%]	Arc로의 부하급변
	노이즈	0.01～25[MHz]	무효전력 급변

구분	명칭	기준	영향
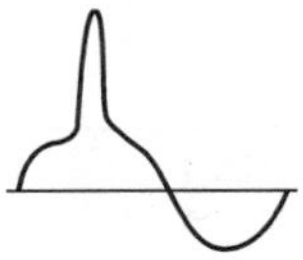	Surge	수십~수백	낙뢰에 의한 유도장애
	서지	3~8[cycle]	개폐 서지 등
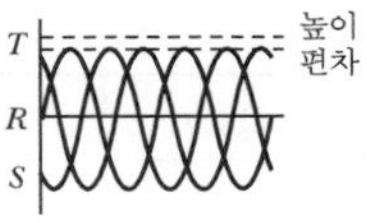	Voltage Unbalance (전압불평형)	0.5~2% 지속	• 단상대용량의 역률부하 • 유도전동기의 과부하, 역상토크, 역상전류
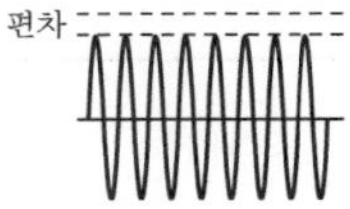	Flicker (플리커)	간헐적	전자파방해 등

(1) 주요 영향

① **전압변동** : 방전등 소등, 전자접촉기[MC(Magnetic Contactor)] 개방, 인버터 기기정지(E/V, E/S), 계전기오동작, 사무기기 정지 등

② 고조파, 노이즈, 전자파장애 : 통신선의 유도장해, 고조파공진, 기기 악영향

(2) 기기 악영향

구분	영향	대책
콘덴서	고조파공진, 단자전압상승, 전류의 실효치, 실효용량의 증가, 손실증가, 과열소손	직렬리액터
TR	출력강도(THDF), 손실증가(동손철손), 권선온도상승, 과열, 이상소음	K-Factor(여유율)
전동기	손실, 소음, 진동증가, 맥동, 역상토크 발생, 효율, 수명 저하	인버터방식 채용
케이블	중성선의 전류상승(3배), 중성선의 대지전위상승, 손실, 과열, 유도장해, 역률저하	중성선 굵게
기타	PF단선, Flicker, 통신선의 유도장해, 계전기오동작, 전자장비 오동작	Custom Power 기기

3 전력품질 저하방지책

1) 전원장치의 선정

전원장치	정전	외란	전압변동	SAG	Surge
UPS	○	○	○	○	○
AVR	–	○	○	○	○
발전기	○(15초)	○	○	○	○
노이즈절연 TR	–	○	○	–	–
비율차 변압기	–	–	–	○	○

2) Custom Power 기기 사용

① 고품질, 고신뢰의 전력공급, 제어관리 기능

구분	적용
능동필터 (A · F)	• Active Filter : 고조파의 흡수, 보상, 억제 • 고품질의 전력공급 : 저전압, Flicker+고조파 억제
무효전력보상장치 (SSC)	• Soft Switching Capacitor=Thyristor+Capacitor군 • 무효전력보상=저전압, Flicker+역률보상(SVC보다 경제적)
무효전력조정장치 (SVC)	• Static Var Compensator : TCR+TSC+Filter 조합 • 무효전력+수용가 전압조정가능 : 저전압, Flicker, 역률제어
고속정지형 절환 S/W SCS(SOS)	• Sub Cycle S/W : 2회선 누전방식 또는 비상전원 연결 사용 • 사고 발생이 고속도 절체를 통한 무정전 전원공급 시행
정지형 동적전압 조정장치(DVR)	Dynamic Voltage Resistor : 수전용 TR에 직렬연결
다기능전원 공급 관리장치(MFPC)	• Multi-Function Power Conditioner : 상위 모든 기능 통합 • 고품질의 전력공급+무정전 전원공급+전력감시 관리기능

02 순시전압강하[Instant Voltage SAG(=전압이도 : Dip)]

1 순시전압강하(Instant Voltage SAG)의 특징

정의	원인	영향	대책
전압의 실효값이 0.1~0.9[PU] 감소, 0.5~30cycle	• 계통, 수용가 사고 • 단락, 지락, 뇌서지	• M · C 개방 • 방전등 소등	• 계통분리, 전원분산배치 • 고저항 접지방식 채용
LA동작, 차단기동작시간 초과 시 과도현상	• 차단기 Recloser • 대용량전동기 직입 기동	• 인버터기기정지 • 사무용 기기정지 • 계전기오동작	• UPS, DPI, 콘덴서설치 • 별도 전원 사용(열병합, UPS)

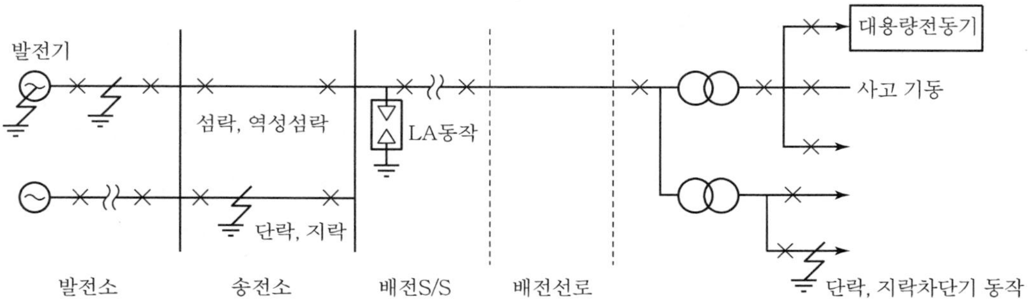

[SAG 발생]

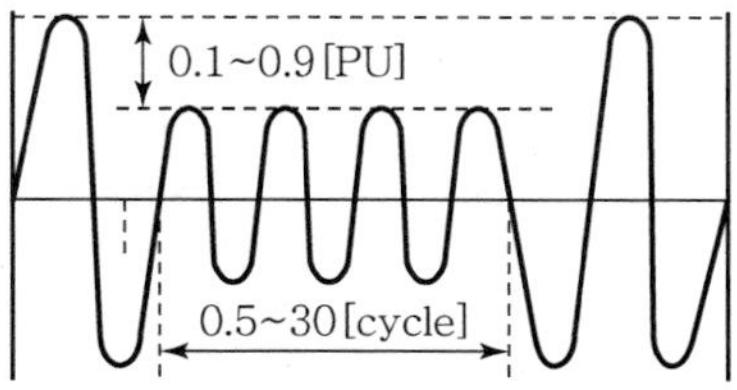

[SAG]

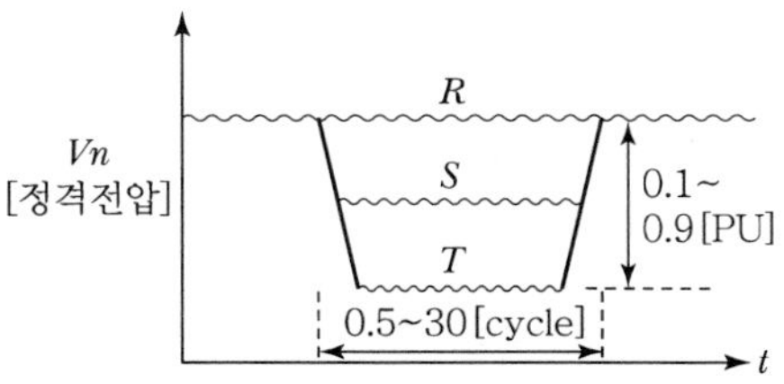

[전압 실효값]

$P = VI$ 여기서, P : 일정, I : 증가

$V = \frac{P}{I}\ (I \Rightarrow \infty)$ 여기서, V : 감소원리 ($V \doteqdot 0$)

① 검출기기 : PSDM(Power System Dynamic Monitering system)
전력동요 감시장치 또는 IED의 PQ(Power Quality)에 의한 검출

1) 정의

① 전력계통에서 전압의 실효값이 0.1～0.9[PU] 이내로 감소현상

㉠ 지속시간 : 0.5～30[cycle] 초과 시 과도현상 해석(전압 저하는 1분 이내)

② 지속시간은 LA의 동작 또는 차단기 동작시간으로 고장구간 분리 복구를 의미

2) 원인

구분	전력계통 측(사고전류미발생)	수용가 측(사고전류+차단기 개방)
원인	• 계통사고(단락, 지락) • Surge(뇌, 개폐서지) • 역섬락에 의한 Recloser	• 수용가 측 단락 · 지락사고 • 대용량전동기 기동(직입) • Surge(뇌, 개폐서지=LA동작)
특징	• 사고전류 미동반, 모선, Bank 전체 영향 • 1선지락 시 수용가는 2상에만 영향($\Delta - Y$ 결선)	• 사고전류동반+사고 Bank에만 발생 • 수용가 측에만 영향, 한전 측 영향 미비

3) 영향

① 전압강하와 지속시간이 클수록 예민한 기기 정지현상(오동작 $e = 30\%$, 한전계통 15%)

② 유도전동기 기동 시 전압강하의 허용한도(발전기 20%, 한전계통 15%)

구분	영향
방전등	저전압소등, 재점등시간 필요(10분 이내) 파센의 법칙 영향 $V_S = \dfrac{BPd}{\log\left(\dfrac{APd}{\log\left(1+\frac{1}{2}\right)}\right)}$
전자접촉기	순간적 전원상실 M · C 개방(재투입 필요)
인버터	전력전자소자 보호를 위한 자동정지, 자동절제(E/V, E/S, 승강기)
사무용기기	메모리 상실, 오동작에 의한 정지
계전기	보호계전기와 연동 시 관련 차단기 개방(UVR, OCR, OCGR)

4) 대책

(1) 전력계통 측 대책

대책	효과	문제점
가공선로의 케이블화	전선의 접촉사고 방지(단락, 지락)	송전용량의 제한과 비용 증가
계통분리	SAG 범위 축소	신뢰도 저하, 분리점 설정 곤란
전원의 분단배치	전압강하폭 감소	현장입지와 공급신뢰도 검토 필요
고저항 접지방식	1선지락 시 전압강하 감소	기기절연 비용증가(단절연 곤란)

(2) 수용가 측 대책

대책	효과	비고
UPS 설치	UPS로 SAG 보상	UPS(Dynamic, Fly Wheel 등)
콘덴서 설치 전압보상	전압평활화	Capacitor, ESS, DPI(Dip Proofing Inverter)
무효전력 보상	전력 보상	SVC, AVR, DVR ($\Delta V = X \cdot \Delta Q$)
별도의 전원 사용	별도 전원	열병합, 자가발전, ALTS, Spot Network 방식

(3) 기타 방법

① **계통의 %Z 조정** : 고임피던스(전압강하, 변동률, 손실 증가 및 안정도 저하)

② **제어회로의 동력지연** : 계전기(UVR) 동작시간 지연설정

③ **PF 채용** : 사고전류를 0.01[sec](0.5[cycle]) 이내 차단

④ **신축한 TR Tap 조정** : SCR, S－DVR 사용(현실적 곤란)

2 맺음말

1) 계통 또는 수용가 사고 시 SAG를 동반한 피해가 발생할 수 있다.
2) 특히, 전력계통사고 시 주변 전체에 영향이 파급되며
3) 심야시간 발생 시 양식장, 수족관 어류 피해가 속출할 수 있다.
4) 따라서 중요설비는 반드시 UPS 전원설치, 자동제어회로의 Sequence 개선, OCR, OCGR이 아닌 UVR 동작 시에도 자동 Reset 및 자동전원 투입회로 변경 사용이 필요하다.

5) DPI의 사용 (Voltage Dip Proofing Inverter)

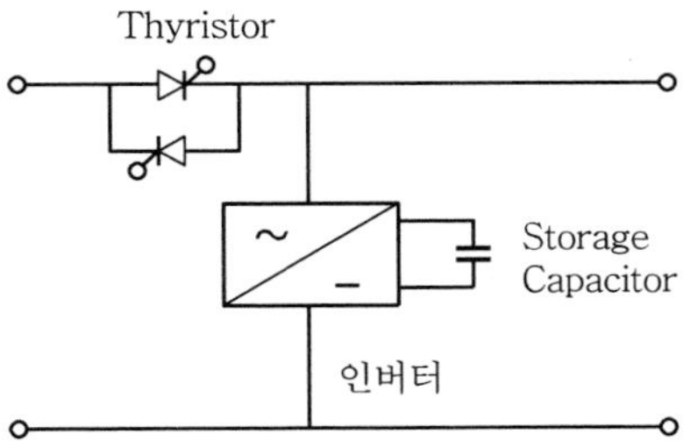

[DPI 회로도]

① 부하와 직렬로 Static S/W

② 병렬로 Inverter 연결

③ 평상시 부하전력공급, 콘덴서 충전

④ SAG 발생 시 전원 차단 인버터에 의한 전압보상 600[μs] 이내
⑤ 복전 시 복구 1초 이내 콘덴서 재충전

6) EDLC : Electric Double Layor Capacitor : 전기이중층 커패시터
① 순간적인 전하의 충 · 방전 이용
② 순시전압강하 대책응용
㉠ 저압회로의(100~200[V]) 순간방전을 이용한 순시전압강화 보상
㉡ ELDC는 순간적으로 큰 전력공급 가능(DPI 회로와 동일)

03 고조파(Harmonics)

1 고조파의 특징

고조파	원인	영향	대책
• 주기적인 복합파형 중 기본파 이외의 파형 • 푸리에급수에 해석 • 발생차수($n=mp\pm1$)	• 비선형부하의 전력변환장치 • 철심포화 • 과도현상	• 통신선의 유도장해 (정전, 전자유도) • 고조파 공진유발 • 기기 악영향	• 계통분리 및 전원 측 단락, 용량 증대 • Custom power 기기 사용 • PWM 제어방식 + 전력변환기 다펄스화 • 필터, 리액터, 직렬리액터 설치 등

1) 고조파(Harmonics)

① 주기적인 복합파형 중 기본파 이외의 파형, 기본파의 정수배파형(120~3,000[Hz])
② 크기는 $\frac{1}{n}$ 배로 기본파와 벡터적 합성으로 왜형파 생성(Distortion)

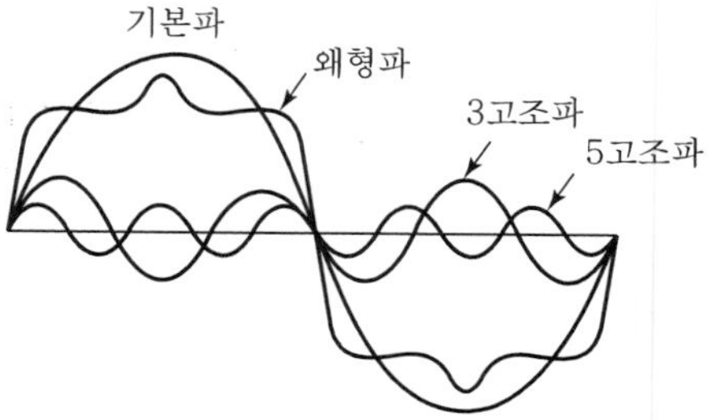

[고조파]

2) 고조파의 해석

① 푸리에 급수

$$f(t)=a_0+\sum_{n=1}^{\infty}a_n\sin n\omega t+\sum_{n=1}^{\infty}b_n\cos n\omega t$$

② 고조파 함유율과 전류계산

전압함유율 V_{THD}	전류함유율 I_{THD}	전류계산 I_{TDD}
$V_{THD}=\frac{\sqrt{\Sigma V_n^2}}{V_1}\times 100\%$	$I_{THD}=\frac{\sqrt{\Sigma I_n^2}}{I_1}\times 100\%$	$I_{TDD}=\frac{\sqrt{\Sigma I_n^2}}{I_L}\times 100\%$

여기서, V_1, I_1 : 기본파, V_n, I_n : n차 고조파, I_L : 부하전류

③ 고조파 발생차수

$$n = mp \pm 1$$

여기서, n : 차수, m : 상수, p : Pulse 수

m	p	n							
1	2	3	5	7	9	11	13	23	25
1	6	·	5	7	·	11	13	23	25
1	12	·	·	·	·	11	13	23	25

다펄스화 시 저차고조파 미발생 함유율 저감

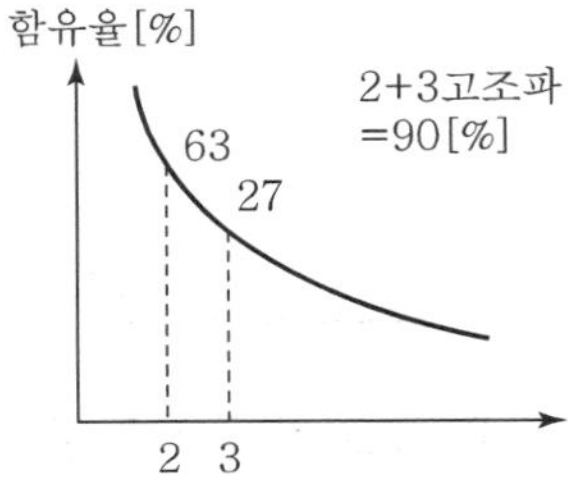

[고조파 발생차수]

2 고조파의 발생원인

전력변환장치의 비선형부하	철심포화	과도현상
인버터, 컨버터, UPS 등	회전기의 철심포화(전동기)	과도현상에 의한 경우
아크로, 전기로, 전기철도 형광등(안정기) LED(SMPS)	변압기의 철심포화 특성이 여자돌입 전류에 의한 경우	사무용, 가정기기

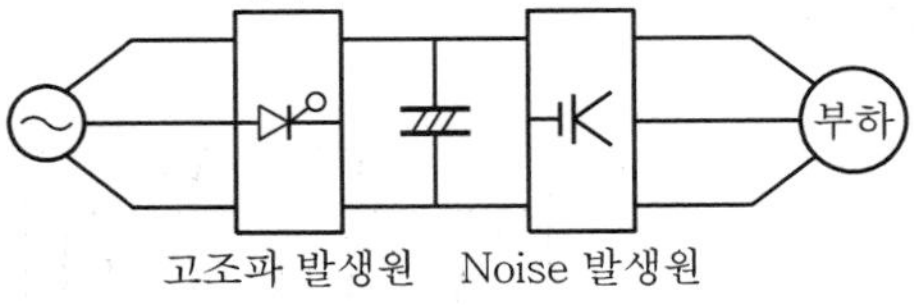

[전력변환기기]

1) 컨버터(Thyristor) : 비선형부하에 의한 고조파 발생원

2) 인버터(IGBT) : 고속스위칭에 의한 Noise 발생

3 고조파의 영향

1) 통신선의 유도장해

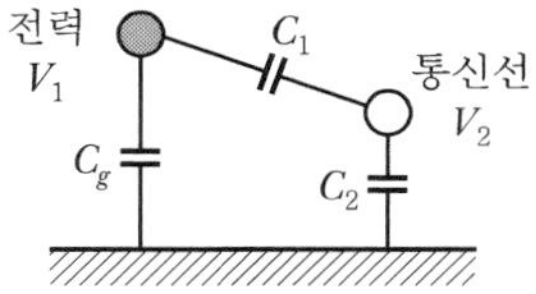

[정전유도]

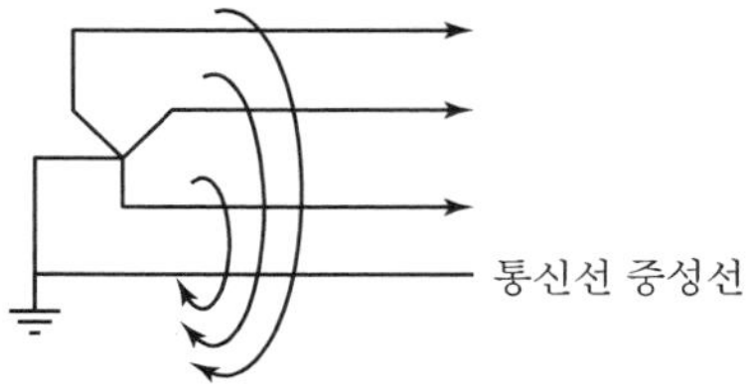

[전자유도]

정전유도	전자유도
상호정전용량에 의한 정전유도 $V_2 = \dfrac{C_1}{C_1 + C_2} \times V_1$ (고조파에 의한 전원전압 V_1 상승)	상호인덕턴스에 의한 전자유도 $V_S = jWLM(I_a + I_b + I_c)$ $= jWLM3I_o$

2) 고조파 공진유발

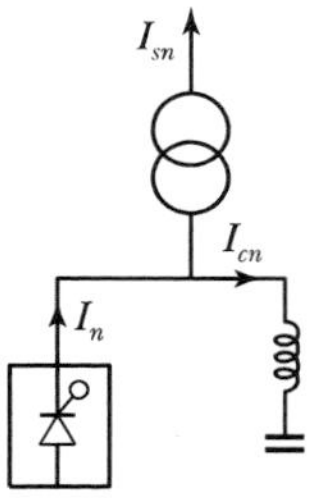

[계통도]

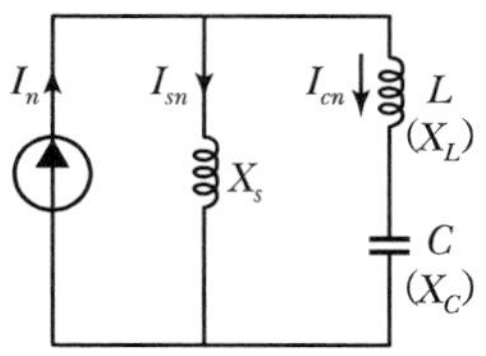

[등가회로도]

① 전원 측 유입전류(I_{sn})

$$I_{sn} = \left(\frac{nX_L - nX_C}{nX_S + \left(nX_L - \dfrac{X_C}{n} \right)} \right) \times I_n$$

② 콘덴서 측 유입전류(I_{cn})

$$I_{cn} = \left(\frac{nX_S}{nX_S + \left(nX_L - \frac{X_C}{n} \right)} \right) \times I_n$$

③ $X_C = j\omega C = \frac{1}{\omega C} = \frac{1}{2\pi fc}$ (주파수 상승 시 임피던스 저하 전류유입원)

④ 영향 및 대책

회로상태	회로조건	영향	대책
유도성	$nX_L > \frac{X_C}{n}$	확대 안 됨(바람직)	• 전원 측, 부하 측, 회로를 유도성 회로로 유도 • 콘덴서 과보상 금지 • 콘덴서 측 직렬리액터 설치
직렬공진	$nX_L = \frac{X_C}{n}$	모두 콘덴서로 유입, 소손	
용량성	$nX_L < \frac{X_C}{n}$	극단적 확대, 계통공진	
병렬공진	$nX_S = \left\| \left(nX_L - \frac{X_C}{n} \right) \right\|$	유발	

3) 기기 악영향

구분	영향	대책
콘덴서	공진, 단자전압 상승, 전류의 실효치, 실효용량의 증가, 손실증가, 과열소손	직렬리액터
변압기	출력강도(THDF), 손실 증가(동손철손), TR 권선온도상승, 과열, 이상소음	K−Factor(고려)
전동기	손실, 소음, 진동증가, 맥동, 역상토크 발생, 효율, 수명 저하	인버터방식 채용
케이블	중성선의 전류 상승(3배), 중성선의 대지전위 상승, 손실, 과열, 유도장해, 역률 저하	중성선 굵게
기타	PF 단선, Flicker, 통신선의 유도장해, 계전기 오동작, 전자장비 오동작	Custom Power 기기

4 고조파 방지대책

발생원 측 대책	계통 측 대책	피해기기 측 대책
• Custom Power 기기 채택 • 인버터의 PWM 제어방식 • 전력변환기의 다펄스화 • 콘덴서 측 직렬리액터 삽입 • 리액터 설치(ACL, DCL) • 필터 설치(수동, 능동, 동조)	• 계통분리(고조파 분리) • 전원 측 단락용량 증대 – 단락용량 증가 시 역비례 감소 – $I_n = \frac{V_n}{X_L}$ – $n = \sqrt{\frac{X_L}{X_C}} = \sqrt{\frac{P}{Q}}$ $= \sqrt{\frac{\text{전원용량}}{\text{콘덴서 용량}}}$	• 장애기기 고조파 내량 증대 • K－Factor를 고려 여유율 증가 • 케이블 굵기 증대 • 비상발전기 용량증대 • 2단 강압방식의 TR 적용 • TR의 Δ 결선, Zig－Zag 결선 • SR 설치(출력리액터)

1) Custom Power 기기

(1) 능동필터(Active Filter)

① 고조파, 흡수, 억제, 보상

② 고조파 발생원에 사용하며 고품질 전력 확보

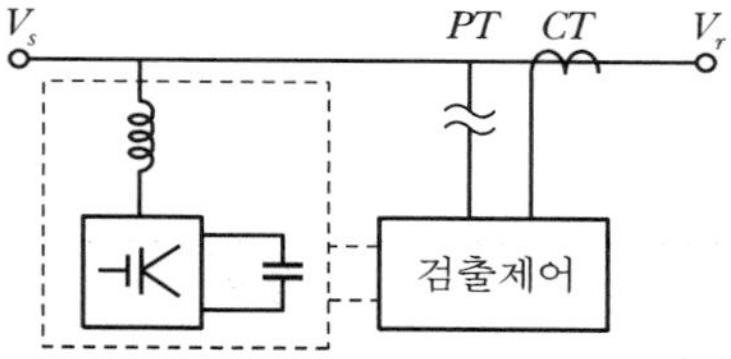

[능동필터]

(2) SSC(Soft Switching Capacitor)

① Thyristor＋콘덴서＝무효전력 보상

② 저전압, Flicker, 역률 개선(SVC보다 경제적)

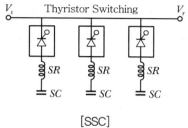

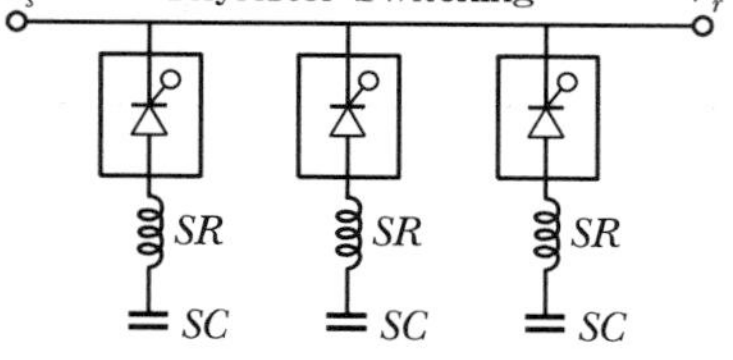

[SSC]

(3) SVC(Static Var Compensator, 무효전력조정)

① TCR + TSC + Filter = 무효전력보상

② 전압조정, 고품질 전력공급(저전압, 역률, Flicker)

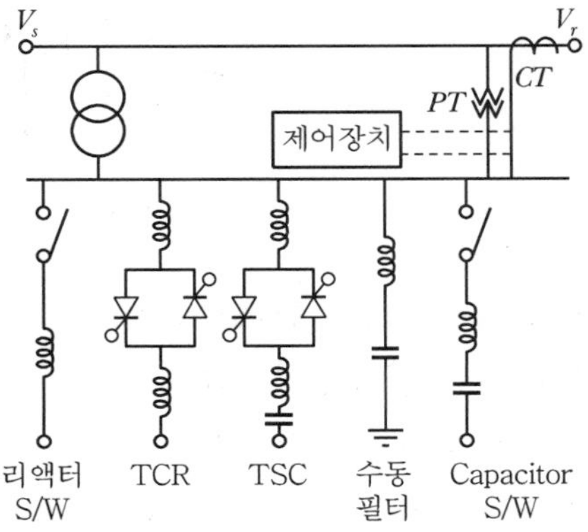

[SVC]

(4) SCS(Sub Cycle S/W : 정지형 고속전환 S/W)

① 2회선 수전방식 또는 비상용 전원

② 고속절체를 통한 무정전 전원공급 시행

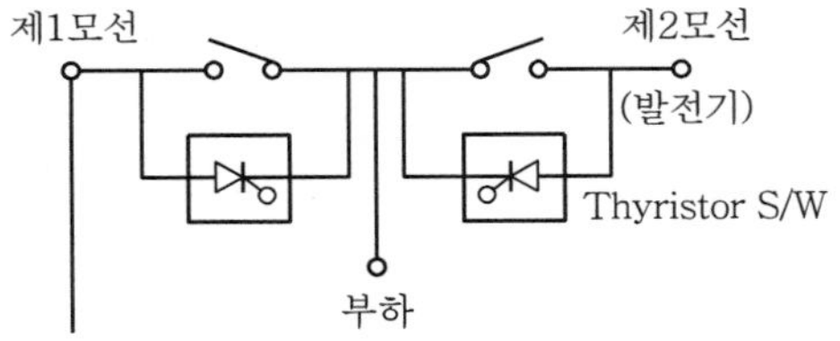

[SCS 회로도]

(5) DVR(Dynamic Voltage Restorer)

① 수전 TR과 직렬 설치 고품질의 전력공급

② 고조파, 저전압, Flicker + SAG 보상

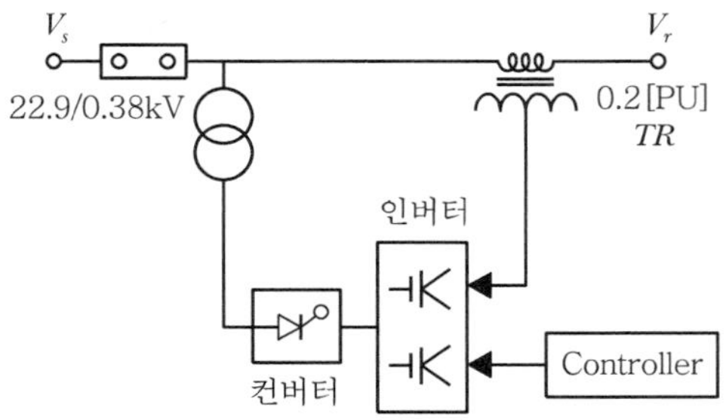

[DVR]

(6) MFPC(Multi – Function Power Conditioner)

① 상위 5가지의 기능을 모두 겸비한 통합장치

② 장시간의 무정전, 고품질의 전원 공급

③ 전력감시 관리기능(장시간, 무정전 보상＝Battery)

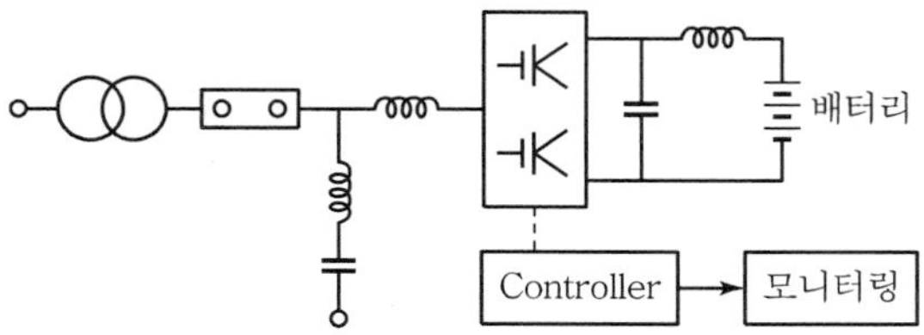

[MFPC]

04 K - Factor(고조파가 변압기에 미치는 영향)

1 K – Factor

K – Factor	원인	TR 영향	대책
고조파의 영향으로부터 기계기구가 과열현상 없이 부하에 전력공급 능력, 즉 TR의 출력감소 의미	고조파가 TR에 미치는 영향	• 출력 감소(THDF) • 손실 증가(철손, 동손) • TR 권선온도 상승 • 과열 및 이상소음	• 계통분리 및 전원단락용량 증대 • Custom Power 기기, PWM 방식＋다Pulse화 • 필터, 리액터(ACL, DCL), SR 설치 • K – Factor 고려 여유율 증대, TR Δ 결선, 2단강압방식

1) 고조파의 영향

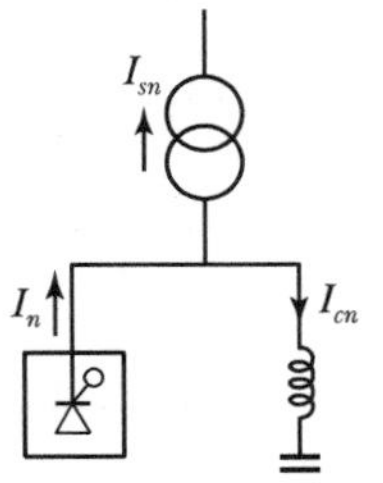

[계통도]

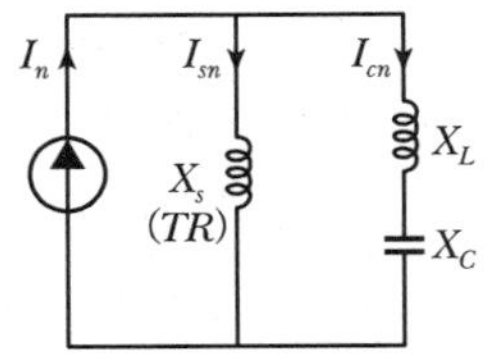

[등가회로]

① 전원 측 유입전류(I_{sn})

$$I_{sn}=\left(\frac{nX_L-nX_C}{nX_S+\left(nX_L-\dfrac{X_C}{n}\right)}\right)\times I_n$$

② 콘덴서 측 유입전류(I_{cn})

$$I_{cn}=\left(\frac{nX_S}{nX_S+\left(nX_L-\dfrac{X_C}{n}\right)}\right)\times I_n$$

③ $X_C=j\omega C=\dfrac{1}{\omega C}=\dfrac{1}{2\pi fc}$ (f 상승 시 임피던스(Z) 저하, 전류유입 원인)

고조파(Harmonics)	K-Factor
• 주기적인 복합파형 중 기본파 이외 파형 • 기본파의 정수배(3배) 크기는 $\dfrac{1}{n}$배 (120~300[Hz]) • 기본파와 벡터합성 = 왜형파(Distortion) • 손실 증가 → 효율역률 저하 → 설비용량 감소	• 비선형부하에 의한 고조파의 영향으로 과열현상 없이 전하를 부하에 안정적 공급능력 • 고조파에 의한 TR 출력 감소(THDF)

2) K-Factor

① K-Factor $=\Sigma\left(h^2\times I_n^{\,2}\right)$

② K-Factor 값과 와전류손 값(P_{EC-R})

구분	K · F	구분	용량[MVA]	와류손값[P_{EC-R} : %]
순수선형, 왜곡이 없는 부하	1	건식 TR	1 이하	5.5
3ϕ 부하 중 각각 50%의 선형, 비선형	7		1 초과	14
3ϕ 비선형부하(고조파 발생원)	13	유입 TR	2.5 이하	1
1ϕ과 3ϕ 비선형부하 양립	20		2.5 ~ 5 이하	2.5
순수 1ϕ 비선형부하(고조파 최고)	30		5 초과	12

2 K－Factor의 영향(고조파가 TR에 미치는 영향)

1) 변압기 출력감소 THDF

① THDF(Transformer Harmonics De－rating Factor) : 변압기출력감소율

② $THDF = \sqrt{\dfrac{P_{LL-R}}{P_{LL}}} \times 100\% = \sqrt{\dfrac{1+(P_{EC-R})}{1+(K \cdot P_{EC-R})}} \times 100\%$

P_{LL}(Load Loss)	P_{LL-R}(정격기준 Load Loss)
고조파를 감안한 부하손실 $P_{LL}=1+(K \cdot P_{EC-R})$ $=$부하손(RI^2)+무부하손(PEC)+기하손(POSL)	정격에서의 부하손, 즉 고조파가 없을 때 순수손실 $P_{LL-R}=1+P_{EC-R}$

㉠ K : K－Factor 값

㉡ P_{EC-R} : 와전류손 값

③ Mold TR 1000kVA시 THDF 계산

㉠ 와류손(P_{EC-R}) = 14%

㉡ K－Factor (3ϕ 비선형) = 13%

㉢ $THDF = \sqrt{\dfrac{(1+0.14)}{1+(13 \times 0.14)}} \times 100\% = 64\%$

㉣ 즉, TR 1,000[kVA] 용량 중 64[%]의 출력 가능(=640[kVA])

④ TR 설계 시 고조파에 의한 K－Factor를 고려 충분한 여유 필요(2~3배)

2) 변압기의 손실 증가

① 고조파와 임피던스 특성

㉠ 고조파에 의한 주파수 f 증가 시(f : 120~3,000[Hz])

리액턴스(X_L)	커패시턴스(X_C)
$X_L = \omega L = 2\pi f L$	$X_C = \dfrac{1}{\omega C} = \dfrac{1}{2\pi f C}$
• 임피던스(X_L) 상승 • 전류제동특성 표피 효과 증가	• 임피던스(X_C) 저하 • 전류유입특성 전류통과 • 전류유입 기기 과열, 소손

㉡ 주요 현상

영상분 고조파 순환	와전류손실	표피효과
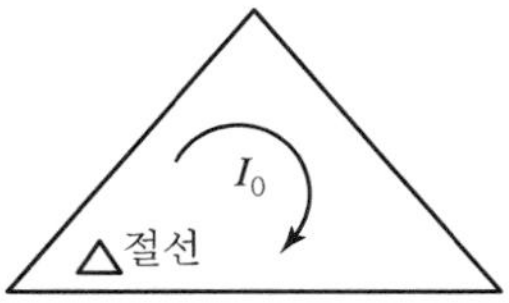	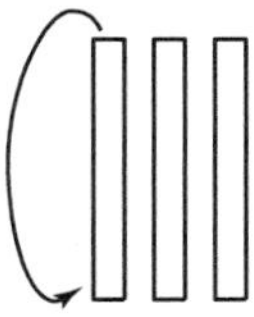	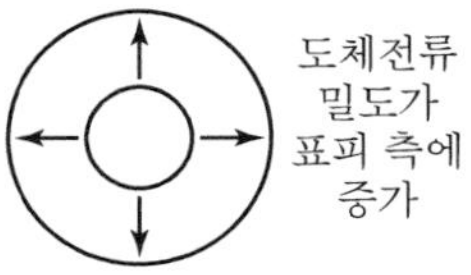

② 변압기의 동손(P_c) 증가

㉠ 고조파 전류중첩＋표피 효과에 의한 저항 증가

㉡ 동손 $P_c = RI^2$ (증가)

③ 변압기의 철손(P_i) 증가

㉠ 철손 $P_i = P_h + P_e$ (히스테리시스손＋와류손)

㉡ 히스테리시스손 $P_h = K_h \cdot f \cdot B_m^{1.6}$ (f 증가, 손실 증가)

㉢ 와전류손 $P_e = K_e(k_p \cdot f \cdot t \cdot B_m)^{2.0}$ (f 증가 시 손실 증가)

3) 변압기의 권선온도 상승

$$\Delta\theta_0 = \Delta\theta \times \left(\frac{I_e}{I_1}\right)^{1.6}$$

여기서, I_e : 고조파를 포함한 실효치 전류, 즉 히스테리시스손에 의한 온도상승

4) 변압기의 과열 및 이상소음 발생

① 영상분 고조파는 변압기 1차로 변환하여 Δ 권선 내 순환

② 순환전류는 열로 발생 과열원인 및 전자력에 의한 소음 발생

5) 기타

손실 증가 → 무효전력 증가 → 역률, 효율 저하 → TR 용량 감소

3 대책

1) 발생원 측

① Custom Power 기기 사용
② PWM 방식 적용(인버터)
③ 전력변환기의 다펄스화($n = mp \pm 1$)
④ 콘덴서 회로에 SR 설치
⑤ 리액터 설치(ACL, DCL)
⑥ 필터설치(수동 : 동조, 고차, 능동필터)

2) 계통 측

① 계통분리(고조파부하 분리)
② 전원의 단락용량 증대
㉠ $I_n = \frac{V_n}{X_L}$
㉡ 단락용량 증대 시 I_n 역비례 감소
㉢ $n = \sqrt{\frac{X_L}{X_C}} = \sqrt{\frac{P}{Q}} = \sqrt{\frac{\text{전원용량}}{\text{콘덴서용량}}}$

3) 피해기기 측

① K－Factor를 고려한 TR용량(여유율) 증대(2～3배)
② TR 측 Δ 결선을 이용한 3고조파 순환 감소
③ Hybrid TR 또는 Zig－Zag 결선을 이용 고조파 제거
④ 2단 강압방식(Two－Step) TR 적용
⑤ 과열대책
㉠ OAFA 방식 적용
㉡ 동의 굵기 굵게 선정
㉢ 자로에 의한 손실 감소
㉣ 규소강판 크게
㉤ 자속밀도 최소화
㉥ 투자율이 높은 재료 선정

05 고조파가 전력용 콘덴서에 미치는 영향과 대책

1 고조파

1) 고조파(Harmonics)

① 주기적인 복합파형 중 기본파 이외의 파형 ($V_n \leq 120\%$)

② 기본파의 정수배파형(n배), 크기는 $\frac{1}{n}$배 (120～3,000[Hz])

③ 기본파와 벡터적 합성＝왜형파 Distortion

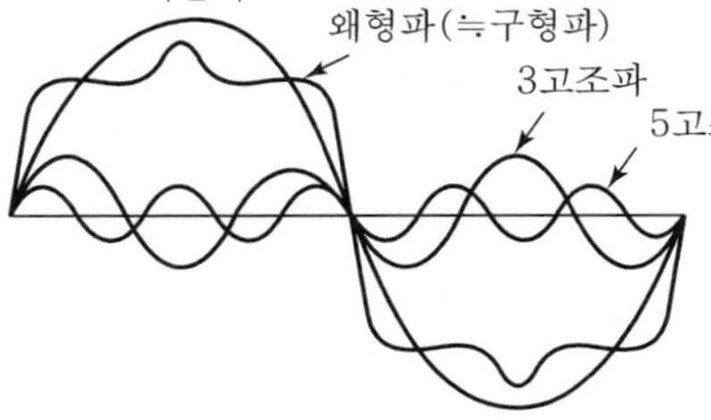

[고조파]

2) 고조파와 임피던스

① 임피던스 $Z = R + jX$(고조파 유입 시 주파수 상승, f＝120～3,000[Hz])

리액턴스(X_L)	커패시턴스(X_C)
$X_L = \omega L = 2\pi f L$	$X_C = \frac{1}{\omega C} = \frac{1}{2\pi f C}$
• 임피던스(X_L) 상승 • 전류제동특성 표피 효과 증가 • 전류제동	• 임피던스(X_C) 저하 • 전류유입특성 전류통과 • 전류유입 기기 과열, 소손

② 공진조건식

직렬공진($X_L = X_C$)	병렬공진($X_L = X_C$)
• Z 최소화, 전류최대 특성 • 수동필터 적용, 최대전력 전달조건	• Z 최소화, 전류 확대, 계통 전체 영향 • FACTS 설비적용 : SVC, UPFC

3) 고조파와 콘덴서

고조파원인	콘덴서 영향	대책
비선형부하의 전력변환장치(SCR, GTO)	공진 발생, 단자전압 상승	계통분리 및 전원단락용량 증대
철심포화	전류의 실효치, 실효용량 증가	Custom Power기기, PWM＋다펄스화
과도현상	손실 증가, 과열소손	리액터, 필터, SR설치, APFC, 동기전동기, 기기내량 증대

2 고조파의 발생원인

전력변환장치의 비선형부하	철심포화	과도현상
• 인버터, 컨버터, UPS 등 • 아크로, 전기로, 전기철도 • 형광등(안전기), LED(SMPS)	• 회전기의 철심포화 • 변압기의 철심포화 특성이 여자돌입 전류에 의한 경우	과도현상에 의한 경우

1) 컨버터(Thyristor)

비선형부하에 의한 고조파 발생원

2) 인버터(ZGBT)

고속스위칭에 의한 Noise 발생

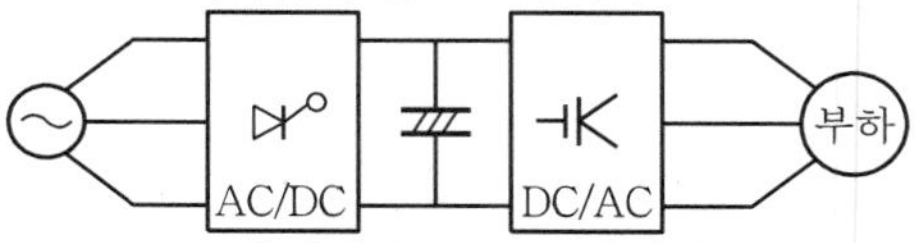

[전력변환장치(인버터)]

3 고조파가 콘덴서에 미치는 영향

1) 공진 발생

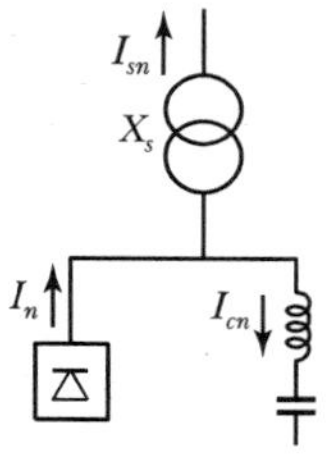

[계통도]

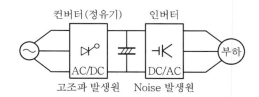

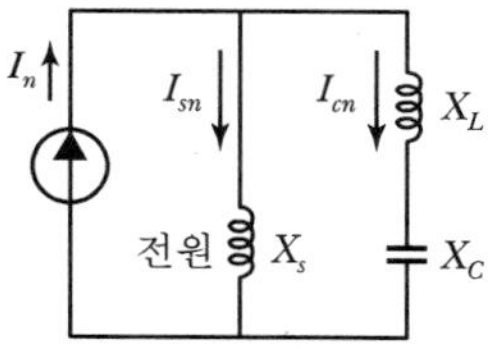

[등가회로도]

① 전원 측 유입전류(I_{sn})

$$I_{sn} = \left(\frac{nX_L - nX_C}{nX_S + \left(nX_L - \frac{X_C}{n} \right)} \right) \times I_n$$

② 콘덴서 측 유입전류(I_{cn})

$$I_{cn} = \left(\frac{nX_S}{nX_S + \left(nX_L - \frac{X_C}{n} \right)} \right) \times I_n$$

③ 영향 및 대책

회로상태	회로조건	영향	대책
유도성	$nX_L > \frac{X_C}{n}$	확대 안 됨(바람직)	• 전원 및 부하 측 회로를 유도성 회로로 구성 • 콘덴서 전단 SR 설치로 유도성 회로 구성(이론상 4%, 실제 6%)
직렬공진	$nX_L = \frac{X_C}{n}$	콘덴서 유입 소손	
용량성	$nX_L < \frac{X_C}{n}$	전류 유입 확대 소손	
병렬공진	$nX_S = \left\| \left(nX_L - \frac{X_C}{n} \right) \right\|$	극단적 확대, 계통공진	

2) 단자전압상승

① $V = V_1 \times \left(1 + \sum_{n=2}^{n} \frac{1}{n} \times \frac{I_n}{I_1} \right)$

② 단자전압 6%, 전류 6.38% 상승 $Q = 13\%$ 상승

③ 콘덴서 및 직렬리액터 내부 층간 및 대지절연파괴

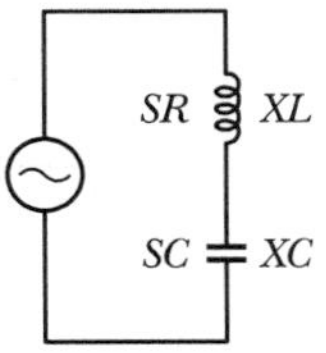

$V = ZI$ (X_L 6% 삽입)

$V \propto Z$ ∴ 6% 상승

$Z = \frac{V}{Z} = \frac{V}{X_C - X_L}$ $(X_L = 6\%)$

$\therefore I = \frac{1}{1 - 0.06} = 1.0638\%$

[단자전압상승]

3) 전류의 실효치 증가

① $X_C = \frac{1}{\omega C} = \frac{1}{2\pi f C}$ ∴ $X_C \propto \frac{1}{f}$ 주파수 반비례

② $X_L = \omega L = 2\pi f L$ ∴ $X_L \propto f$ 주파수 반비례

③ 즉, 고조파전류는 임피던스가 낮은 콘덴서로 유입, 과열 소손의 원인

④ 콘덴서 유입전류(I_c)

$I_c = \sqrt{(I_1 : 정격전류)^2 + (I_n : 고조파전류)^2}$

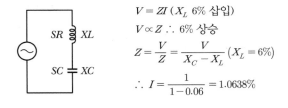

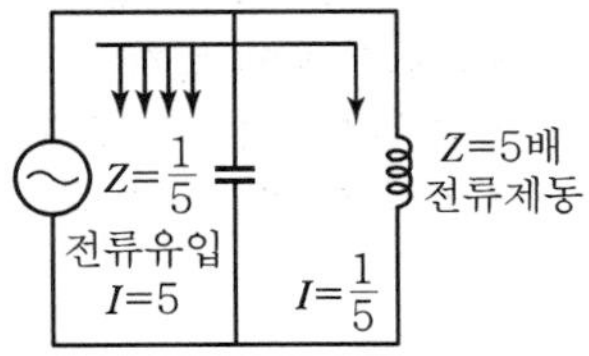

[전류 실효치 증가]

4) 콘덴서의 실효용량 증가

① $Q = Q_1 \times \left[1 + \sum_{n=2}^{n} \frac{1}{n} \times \left(\frac{I_n}{I_1}\right)^2\right]$

② 용량 증가에 따른 유전체손 증가, 콘덴서 온도 상승 및 열화 촉진

5) 고조파 전류로 인한 손실 증가

① $W = W_1 \times \left[1 + \sum_{n=2}^{n} \frac{1}{n} \times \left(\frac{I_n}{I_1}\right)^2\right]$

② 직렬리액터(SR), 콘덴서의 과열, 소손, 소음 진동 발생

6) 과열 소손 발생

고조파 유입 시 과열 소손 발생

7) 콘덴서의 허용최대전류 및 허용과 전압

구분	SR 무	SR 유	허용과전압($L = 6\%$ 시)
저압(400[V] 이하)	130% 이하	120% 이하	110%
고압(3~6[kV])	135% 이하(고조파 포함)		최고 115% (일평균 110%)
특고압(10[kV] 이상)	135% 이하(고조파 포함)		110%

4 대책

발생원 측	계통 측	기기(콘덴서) 측
• Custom Power 기기 선정 • PWM 방식 채용(인버터) • 전력변환기의 다펄스화 • 콘덴서에 SR 설치 • 리액터 설치(ACL, DCL) • 필터 설치(수동, 능동)	• 계통 분리(고조파부하 분리) • 전원의 단락용량 증대 $I_n = \frac{V_n}{X_L}$ 단락용량 증대 시 I_n 역비례 감소 $n = \sqrt{\frac{X_L}{X_C}} = \sqrt{\frac{P}{Q}}$ $= \sqrt{\frac{\text{전원용량}}{\text{콘덴서용량}}}$	• 직렬리액터(SR 설치, 6%) • APFR 사용 • SC 사용 억제 • 동기전동기 채용(역률제어) • 허용최대전류, 최대전압 고려 적용 • TR Δ결선, 기기내량 증대

06 고조파가 회전기(전동기)에 미치는 영향과 대책

1 고조파(Harmonics)

3, 5, 7, 9 ~ 무한대의 고조파가 결합하여 왜형파가 형성되고 왜형파의 최대치는 구형파(직각파) 형성을 의미한다.

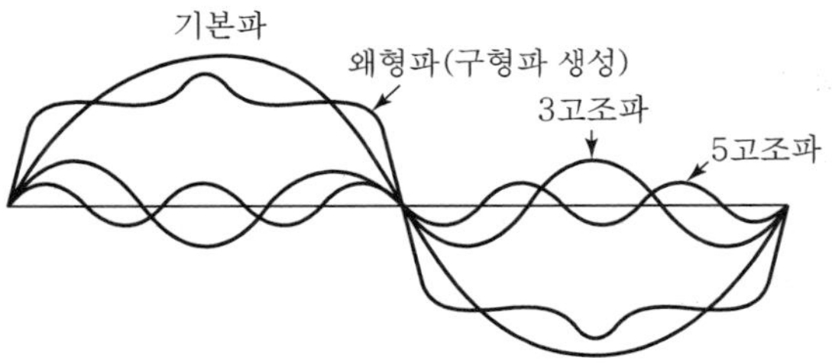

[고조파]

고조파	원인	영향	대책
• 주기적인 복합파형 중 기본파 이외의 파형 • 푸리에 급수에 해석 • 발생차수($n=mp\pm1$)	• 비선형부하의 전력변환장치 • 철심포화 • 과도현상	• 손실, 소음, 진동 증가 • 맥동, 역상토크 발생 • 역률, 효율, 수명 저하	• 계통분리 및 전원 단락 용량 증대 • Custom Power 기기, PWM+다펄스화 • 필터, 리액터, SR 설치, 방진고무 사용 • 공극자속평활화, 공진주파수 생성방지, 인버터 사용

1) 고조파

① 주기적인 복합파형 중 기본파 이외의 파형($V_n \le 120\%$) 기본파의 정수배 파형(120~3,000Hz)

② 크기는 $1/n$배로 기본파와 벡터적 합성=왜형파 발생 [Distortion]

2) 고조파의 해석

① 푸리에 급수

$$f(t)=a_0+\sum_{n=1}^{\infty}a_n\sin n\omega t+\sum_{n=1}^{\infty}b_n\cos n\omega t$$

② 고조파 함유율과 전류계산

전압 종합 왜형률(V_{THD})	전류 종합 왜형률(I_{THD})	전류 총수요 왜형률(I_{TDD})
기본파 대비 고조파전압 함유율 (%) $V_{THD} = \frac{\sqrt{\Sigma V_n^2}}{V_1} \times 100\%$	기본파 대비 고조파전류 함유율 (%) $I_{THD} = \frac{\sqrt{\Sigma I_n^2}}{I_1} \times 100\%$	최대부하전류 대비 고조파전류 함유율 $I_{TDD} = \frac{\sqrt{\Sigma I_n^2}}{I_L} \times 100\%$

여기서, V_1, I_1 : 기본파, V_n, I_n : n차 고조파, I_L : 부하전류

③ 고조파 발생차수

㉠ $n = mp \pm 1$

여기서, n : 차수, m ; 상수, p : Pulse 수

㉡ 다펄스 시 저차고조파 미발생 함유율 저감

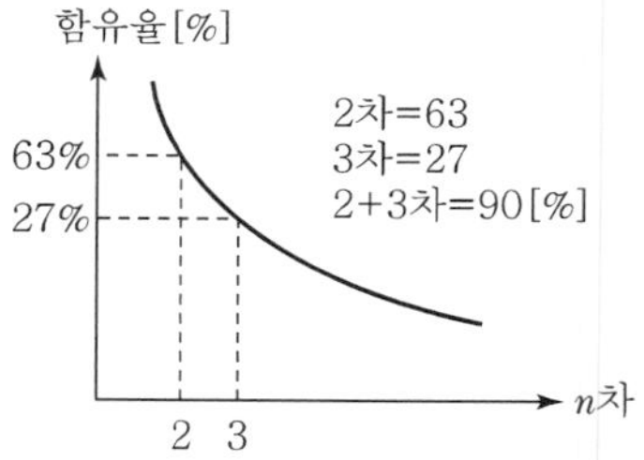

[고조파 발생차수]

3) 고조파와 임피던스

① 임피던스 $Z = R + jX$(고조파 유입 시 주파수 상승, $f = 120 \sim 3{,}000$[Hz])

리액턴스(X_L)	커패시턴스(X_C)
$X_L = \omega L = 2\pi f L$ • 임피던스(X_L) 상승 • 전류제동특성 표피 효과 증가 • 전류제동	$X_C = \frac{1}{\omega C} = \frac{1}{2\pi f C}$ • 임피던스(X_C) 저하 • 전류유입특성 전류통과 • 전류유입 기기 과열, 소손

② 공진조건식

직렬공진($X_L = X_C$)	병렬공진($X_L = X_C$)
• Z 최소화, 전류최대 특성 • 수동필터 적용, 최대전력 전달조건	• Z 최소화, 전류 확대, 계통 전체 영향 • Facts 설비적용 방지 : SVC, UPFC

2 고조파의 발생원인

전력변화장치의 비선형부하	철심포화	과도현상
• 인버터, 컨버터, UPS 등 • 아크로, 전기로, 전기철도 • 형광등(안전기), LED(SMPS)	• 회전기의 철심포화 • 변압기의 철심포화 특성이 여자돌입 전류에 의한 경우	과도현상에 의한 경우

1) 컨버터(Thyristor)

비선형부하에 의한 고조파 발생원

2) 인버터(IGBT)

고속스위칭에 의한 Noise 발생원

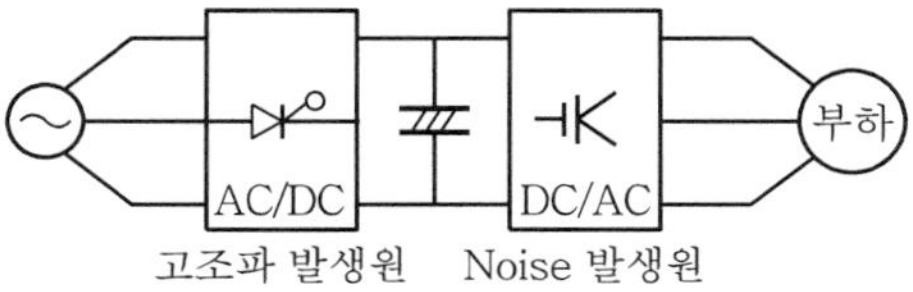

[고조파의 발생원인(인버터)]

3 고조파가 회전기(전동기)에 미치는 영향

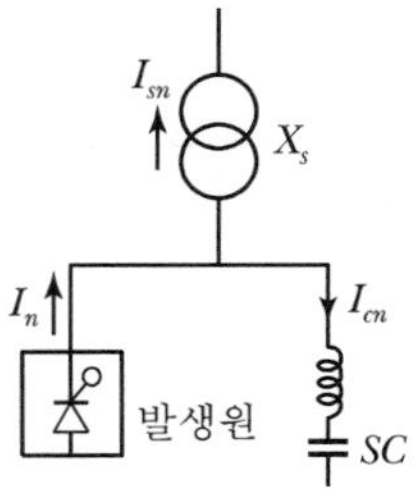

[회로도]

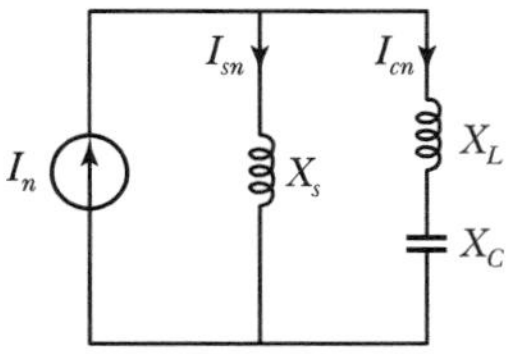

[등가회로도]

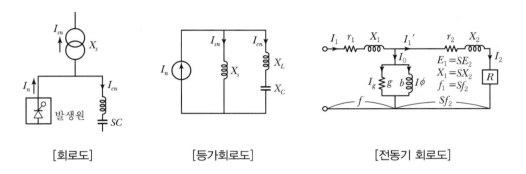

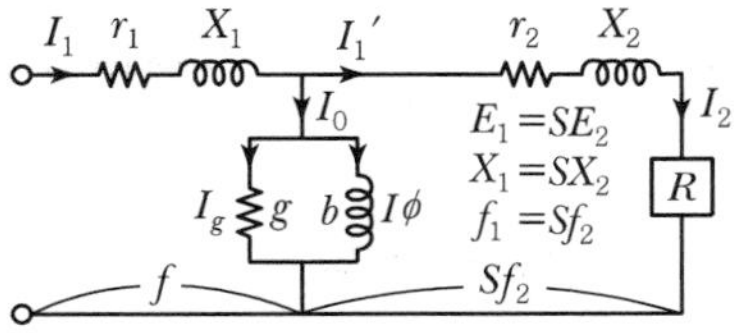

[전동기 회로도]

1) 손실의 증가

영향	대책
• 부하손(=동손)의 증가 $P_c = KI_1^2 R(1 + CPF^2)$[W] • 무부하손의 증가($P_i = P_h + P_e$) $P_h = K_h f B_m^{1.6}$[W/Kg] $P_e = K_e(KpftB_m)^{2.0}$[W/Kg]	• $R = \rho \dfrac{l}{A}$ 에서 저항(R)을 작게 하여 동손 저하 • 자속밀도 낮게 철손 감소 • 인버터를 이용한 파형 개선

※ CDF(Current Distortion Factor : 전류왜형률)

① 동손은 기본파전류 + 고조파전류 = 중첩에 의한 손실

② 철손의 경우 주파수 상승에 따른 히스테리시스손(P_h), 와류손(P_e) 증가

③ 손실 증가로 회전기의 온도상승, 역률, 효율 저하

2) 토크의 감소

① 토크 $T = \dfrac{P}{W}$ $\therefore T \propto P_2$ 비례

② $P_2 = I_2^{\,2} \times \frac{r_2}{S} = \left(\frac{SE_2}{\sqrt{\left(\frac{r_2}{S}\right)^2 + X_2^{\,2}}} \right)^2 \times \frac{r_2}{S} = \frac{SE_2^{\,2} \cdot r_2}{\left(\frac{r_2}{S}\right)^2 + X_2^{\,2}}$

③ 전동기는 X_L로 구성 $X_L = \omega L = 2\pi f L$로 주파수 상승 시 X_2의 증가로 T는 감소 (P_2 감소)

④ 토크 감소로 인한 과열, 소음의 원인

3) 맥동토크의 발생(크롤링 현상=회전자계 영향)

① 기본파+고조파=왜형파로 인한 맥동토크 발생

② 진동 증대, 공작기계 가공 시 제품불량 원인(연마면에 줄무늬)

③ 구동주파수가 낮을 시, 회전속도가 낮을 시 현저함(회전자계가 회전자에 영향)

4) 역상토크 발생

① 고조파에 포함된 역상분에 의한 역상토크로 회전기기 토크 발생

② 과열, 소손의 원인(부하 측 전동기보다 전원 측 발전기에 피해)

5) 소음의 증가 및 진동발생

소음의 증가	진동발생
• 전동기소음 : 전자소음, 통풍소음, 회전자축소음 • 고조파는 전자소음 증대	• 회전체의 불균형 • 기계의 고유진동수와 공진 • 맥동토크에 의한 진동

4 대책

발생원 측	계통 측	전동기 측
• Custom Power 기기 • PWM 방식 채용 • 전력변환기의 다펄스화 • 콘덴서에 SR 설치 • 리액터 설치(ACL, DCL) • 필터 설치(능동, 수동)	• 계통 분리(고조파부하 분리) • 전원의 단락용량 증대 $I_n = \frac{V_n}{X_L}$ 단락용량 증대 시 I_n 역비례 감소 $n = \sqrt{\frac{X_L}{X_C}} = \sqrt{\frac{P}{Q}}$ $= \sqrt{\frac{\text{전원용량}}{\text{콘덴서용량}}}$ • TR Δ결선 적용	• 공진자속 평활화 • 공진주파수 생성방지 • 자속밀도 낮게 • 기기에 방진고무판 방진커플링 사용 • 인버터 간 ACL 사용, PWM 방식 사용, 파형개선 등

07 고조파가 중선선, 간선, 케이블에 미치는 영향과 대책

1 고조파(Harmonics)

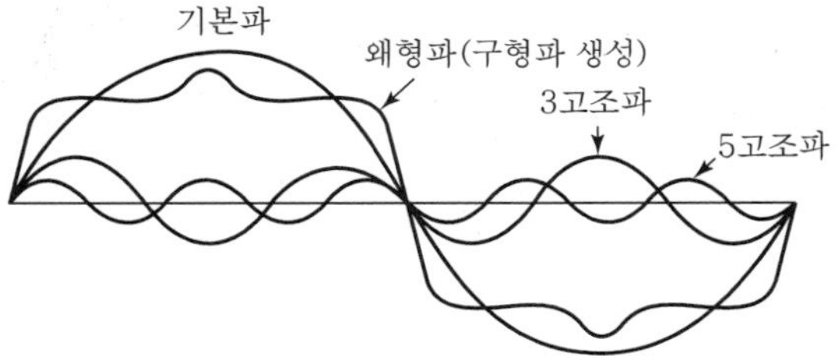

[고조파]

고조파	원인	영향	대책
• 주기적인 복합파형 중 기본파 이외의 파형 • 푸리에급수에 해석 • 발생차수($n=mp\pm1$)	• 비선형부하의 전력변환장치 • 철심포화 • 과도현상	• 중성선의 전류상승(3배) • 중성선의 대지전위상승 • 손실 과열 증대 • 통신선의 유도장해, 역률저하	• 계통분리 및 전원단락용량 증대 • Custom Power 기기, PWM+다펄스화 • 필터, 리액터, SR 설치, 굵기 증대 • 수동, 능동필터, Blocking Filter, ZED

1) 고조파

① 주기적인 복합파형 중 기본파 이외의 파형($V_n \le 120\%$), 기본파의 정수배파형(120~3,000[Hz])

② 기본파와 벡터적 합성=왜형파 [Distortion]

2) 고조파의 합성

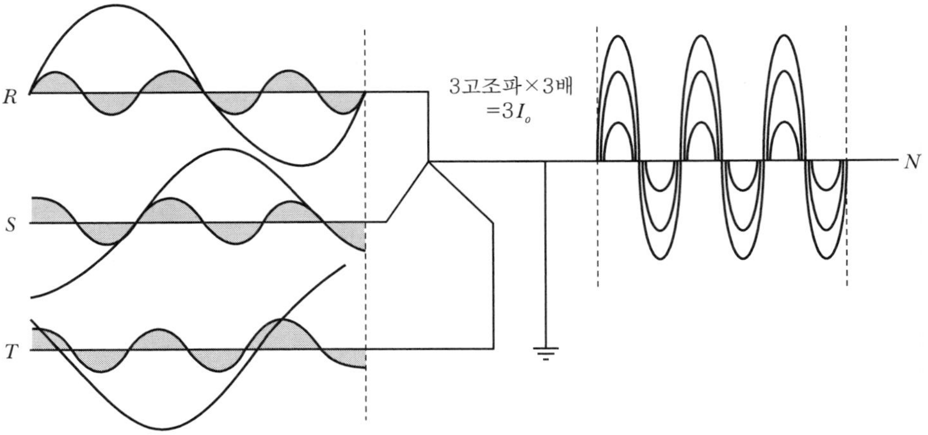

[중성선에 3고조파 전류 중첩원리]

(1) 중성선(간선)에 고조파중첩 전류상승(3배)

① 기본파 전류의 벡터합 = 0

$$IR_1 + IS_1 + IT_1 = I_m \sin\omega t + I_m \sin(\omega t - 120) + I_m \sin(\omega t - 240) = 0$$

② 3고파전류의 벡터합 $= 3I_m \sin\omega t$ (3배)

$$IR_3 + IS_3 + IT_3 = I_m \sin 3st + I_m \sin 3(\omega t - 120) + I_m \sin 3(\omega t - 240)$$
$$= 3I_m \sin 3\omega t \ (I_0\text{의 3배 중첩})$$
$$(I_m \sin 3(\omega t - 120) = I_m \sin 3\omega t,\ I_m \sin 3(\omega t - 240) = I_m \sin 3\omega t)$$

2 고조파의 발생원인

전력변환장치의 비선형부하	철심포화	과도현상
인버터, 컨버터, UPS 등	회전기의 철심포화(전동기)	과도현상에 의한 경우
아크로, 전기로, 전기철도 형광등(안정기) LED(SMPS)	변압기의 철심포화 특성이 여자돌입전류에 의한 경우	

1) 컨버터(Thyristor)

비선형부하에 의한 고조파 발생원

2) 인버터(IGBT)

고속스위칭에 의한 Noise 발생

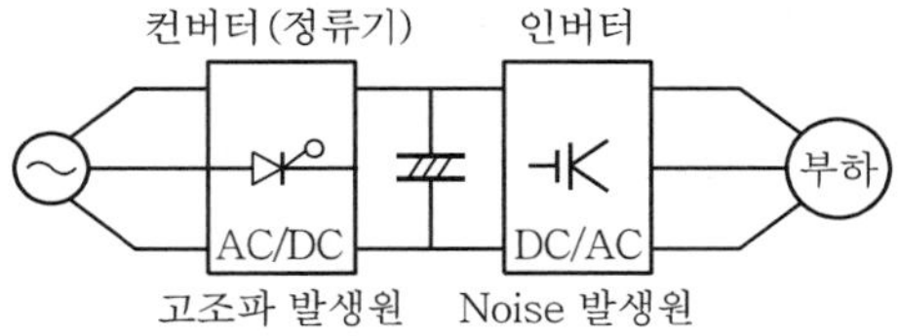

[고조파 발생원인(인버터)]

3 고조파가 Cable에 미치는 영향

1) 중성선의 과대전류 케이블 과열 및 손실 증가

고조파 전류증대(3배)	임피던스 증가, 손실, 과열
• 중성선에 고조파 전류 중첩 • $I_o = I_a + I_b + I_c = 3I_o$ • 3배의 영상전류 생성	• $X_L = \omega L = 2\pi f L$(주파수 상승) • L의 증가에 의한 표피효과 및 전류제동 • $H = 0.24RI^2t$ 전류증대, 손실, 과열원인

2) 중성선의 대지전위 상승

중성선에 3고조파 전류 유입 시 중성선과 대지 간 전위차 발생

① $V_{N-G} = I_n \times (R + j3X_L)$

② 중성선의 전류와 중성선 임피던스의 3배의 곱

3) 통신선의 유도장해 증가

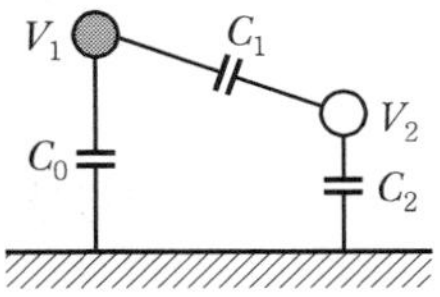

[정전유도]

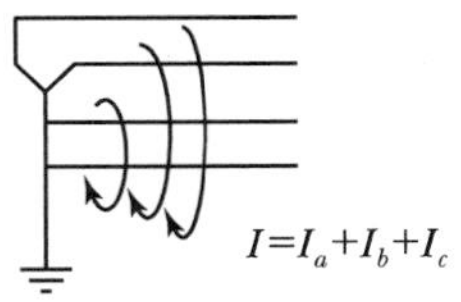

[전자유도]

정전유도	전자유도
상호 정전용량에 대한(원전압 V_1 상승) $V_2 = \dfrac{C_1}{C_1 + C_2} \times V_1$	상호 인덕턴스에 의함 $V_m = -jWLM3I_o$

4) 역률 저하 및 손실 증대

선형부하 시	비선형부하 시
$PF = \dfrac{P}{P_a} = \dfrac{P}{\sqrt{P^2 + P_r^2}}$	$PF = \dfrac{P}{S}\left(S = \sqrt{(P^2 + P_r^2 + H^2)}\right)$ $\therefore PF = \dfrac{1}{\sqrt{1 + THD^2}}\cos\phi_1$

5) 기타

① TR 출력 감소[THDF] 및 과열

② 발전기 출력 저하

③ 공진에 의한 전류실효 증대, 불평형전류

④ 과열, 계전기 오동작, 케이블수명 단축

⑤ NCT에 의한 계전기 오동작

4 대책

발생원 측	계통 측	중성선(간단) 측
• Custom Power 기기 • PWM 방식 채용 • 전력변환기의 다펄스화 • 콘덴서에 SR 삽입 • 리액터 설치(ACL, DCL) • 필터 설치(수동, 능동)	• 계통 분리(고조파부하 분리) • 전원의 단락용량 증대 $I_n = \dfrac{V_n}{X_L}$ 단락용량 증대 시 I_n 역비례감소 $n = \sqrt{\dfrac{X_L}{X_C}} = \sqrt{\dfrac{P}{Q}}$ $= \sqrt{\dfrac{\text{전원용량}}{\text{콘덴서용량}}}$ • TR Δ결선 사용, 2단강압방식	• Cable 굵기 증대(K－Factor) • 3고조파용 Blocking Filter • 능동필터(Active－Filter) • 수동필터(동조, Band) Passive • 영상전류 제거장치 － ZED － NCE • Δ결선, Hybrid TR, Zig－Zag 결선

1) 제3고조파 Blocking Filter

LC 병렬공진을 이용 중성선의 고조파 전류 저장

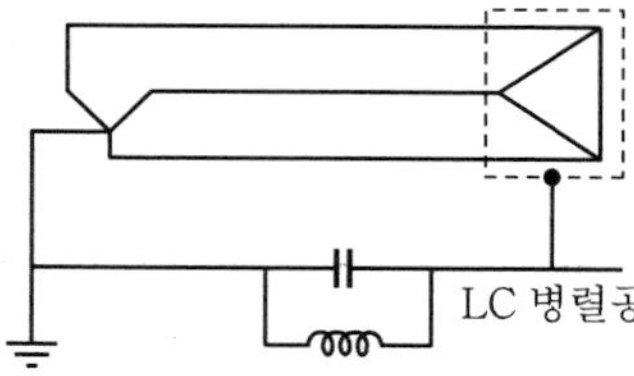

[Blocking Filter]

2) 능동필터(Active Filter)

① 고조파 전류 흡수보상 억제, 고품질의 전력 공급
② 전압강하, Flicker＋고조파 억제
③ UPS, Inverter 등 발생원 측 설치

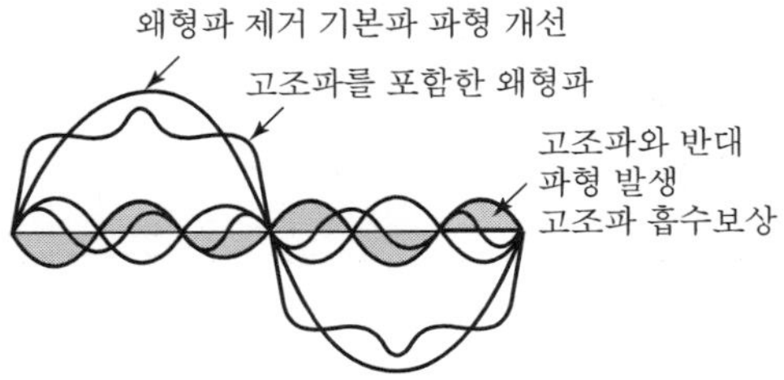

[능동필터(Active Filter)]

3) 수동필터(Passive Filter)

① 직렬 공진을 이용한 특정고조파 제거
② 동조(Band), 고차(High), 3차형(C－Type), 적용 시 특정＋고차 고조파 제거 가능

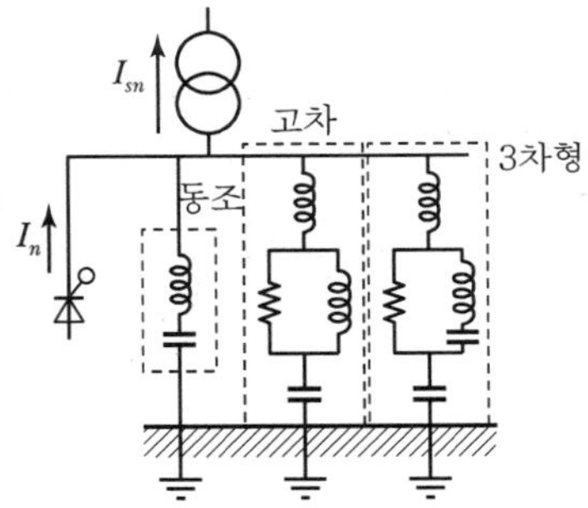

[수동필터(Passive Filter)]

4) 영상전류 제거 장치(NCE : Neutral Current Eliminator)

① ZED(Zero harmonics Eliminator) : 영상임피던스를 작게 또는 정상 및 역상임피던스를 크게 하여 영상전류만 제거
② NCE : 같은 철심에 2개의 권선을 역방향 권선(＝Zig－Zag, Hybrid TR)

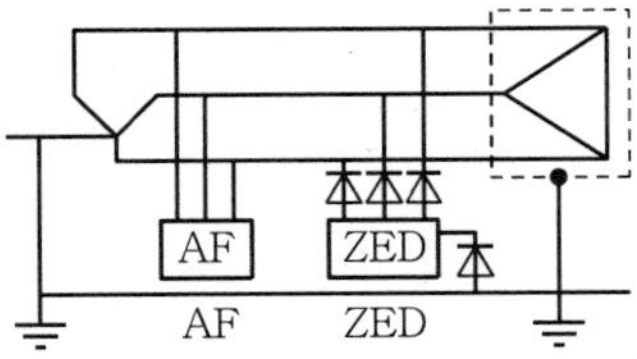

[영상전류 제거 장치]

구분	NCE(ZED)	Blocking Filter	능동필터	수동필터
원리	Zig−Zag TR	LC 병렬공진	역고조파 발생	직렬공진
저장범위	영상고조파(3.9.15)	3고조파	광대역	해당차수
저장률	50～90%	90% 이상	90% 이상	70% 이상
계통영향	−	소손 시 중성선 단선	−	병렬공진, 페란티효과
비용	저가	고가	고가	중간
비고	부하말단 설치 시 효과 우수	TR 용량에 맞게 설치용량의 증가	고가, 소비전력 높음 유지관리 곤란	저부하 시 전압 상승

08 고조파 왜형률(THD, TDD)

1 고조파(Harmonics)

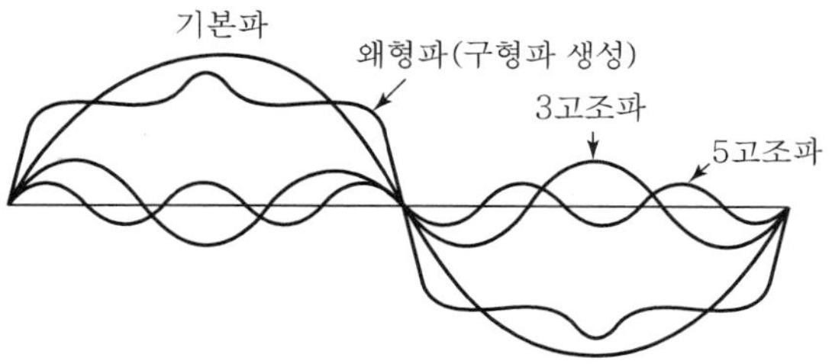

[고조파]

고조파	원인	영향	대책
• 주기적인 복합파형 중 기본파 이외의 파형 • 벡터적 합성＝왜형파 Distortion	• 비선형부하의 전력변환장치 • 철심포화 • 과도현상	• 통신선의 유도장해 • 고조파 공진유발 • 기기 악영향 • 계전기 오동작	• 계통분리 및 전원단락용량 증대 • Custom Power 기기, PWM＋다펄스화 • 필터, 리액터, SR 설치, TR Δ결선, 기기내량 증가

1) 고조파

① 주기적인 복합파형 중 기본파 이외의 파형(20% 이하), 기본파의 정수배파형 (120～3,000[Hz])

② 크기는 $\frac{1}{n}$ 배로 기본파와 벡터적 합성=왜형파 생성 [Distortion]

2) 고조파 함유율과 해석

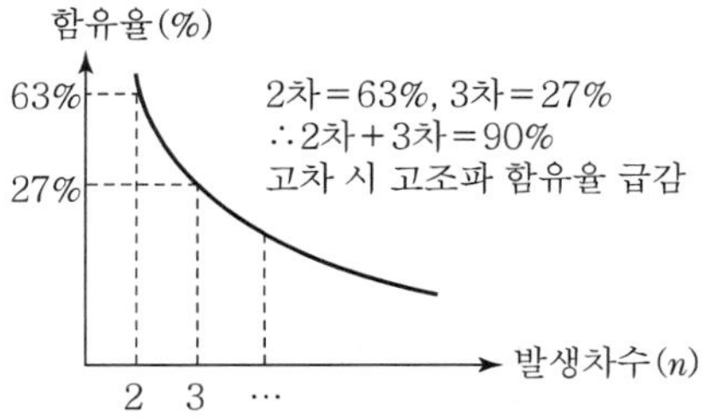

[고조파 발생차수]

① 고조파 발생차수

㉠ $n = mp \pm 1$

여기서, n : 차수, m : 상수, p : pulse 수

㉡ 다펄스 시 저차고조파 미발생 함유율 저감

② 푸리에 급수에 의한 해석 가능

$$f(t) = a_0 + \sum_{n=1}^{\infty} a_n \sin n\omega t + \sum_{n=1}^{\infty} b_n \cos n\omega t$$

③ 고조파 함유율

고조파 전압함유율	고조파 전류함유율	고조파 전류계산
$I_n = \frac{I_n}{I_1} \times 100\%$	$V_n = \frac{V_n}{V_1} \times 100\%$	$I_n = K_n \times \frac{I_1}{n}$

여기서, V_1, I_1 : 기본파 전압, 전류, n : n차 고조파, K_n : 고조파 저감계수

3) 고조파와 임피던스

① 임피던스 $Z = R + jX$(고조파 유입 시 주파수 상승, f=120~3,000[Hz])

리액턴스(X_L)	커패시턴스(X_C)
$X_L = \omega L = 2\pi f L$	$X_C = \frac{1}{\omega C} = \frac{1}{2\pi f C}$
• 임피던스(X_L) 상승 • 전류제동특성 표피 효과 증가 • 전류제동	• 임피던스(X_C) 저하 • 전류유입특성 전류통과 • 전류유입 기기 과열, 소손

② 공진조건식

직렬공진($X_L = X_C$)	병렬공진($X_L = X_C$)
• Z 최소화, 전류최대특성 • 수동필터 적용, 최대전력 전달조건	• Z 최소화, 전류 확대, 계통 전체 영향 • Blocking Filter 적용

2 고조파 왜형률

전압 종합 왜형률(V_{THD})	전류 종합 왜형률(I_{THD})	전류 총수요 왜형률(I_{TDD})
기본파 대비 고조파전압 함유율	기본파 대비 고조파전류 함유율	최대부하전류 대비 고조파전류 함유율
고조파 전압의 규제치 판단기준	–	고조파전류의 규제치 판단기준
$V_{THD}=\dfrac{\sqrt{\sum V_n^2}}{V_1}$	$I_{THD}=\dfrac{\sqrt{\sum I_n^2}}{I_1}$	$I_{TDD}=\dfrac{\sqrt{\sum I_n^2}}{I_L}$

여기서, V_1, I_1 : 기본파 전압, 전류, V_n, I_n : n차 고조파 전압, 전류, I_L 부하최대전류

1) THD(Total Harmonics Distortion : 종합 고조파 왜형률)

① 기본파 전압, 전류 대비 고조파 실효값의 함유율(원전압(V_1) 원전류(I_1)의 상승원인)

② 즉, 고조파의 발생 정도를 의미하며 V_{THD}와 I_{THD}로 구분

③ 전압고조파 왜형률의 규제치(V_{THD} : %)

수전전압[kV]	69 이하	69~161	161 초과
개별(특수) 수용가	3.0	1.5	1.0
일반계통	5	2.5	1.5

2) TDD(Total Demand Distortion : 총수요 왜형률)

(1) TDD의 사용배경 ($I_1=20$[A], I_n : 10[A], I_L : 1,000[A] 시)

I_{THD}	I_{TDD}
$I_{THD}=\dfrac{10}{20}\times 100\%=50\%$	$I_{TDD}=\dfrac{10}{1{,}000}\times 100=1\%$
상대적 왜형률은 높음	고조파 전류의 크기는 작음

① 부하변동 시 전압은 일정하나 전류는 부하에 따라 변한다.

② 고조파전류 함유율은 기기단독은 높지만 전체부하로 볼 시 낮을 수 있다.

③ 따라서 이러한 문제를 해결하기 위해 I_{TDD}를 사용한다(IEEE 519).

(2) ITDD(Current Total Demand Distortion : 전류 총수요 왜형률)

① 최대부하전류(I_L) 대비 고조파전류의 함유율(규제치 판단기준)

② 고조파 전류의 규제치(수전전압 69[kV] 이하)

$\frac{I_{SC}}{I_L}$	20 이하	20～50	50～100	100～1,000	1,000 초과
I_{TDD}[%]	5	8	12	15	20

여기서, I_{SC} : 단락전류, I_L : 부하최대전류(1년 평균)

③ TDD[%]는 5개 차수로 분리계산(11차, 17차, 23차, 35차 이하, 35차 이상) 후 합산값

3) ITDD 측정법 및 계산

① TDD 계산을 위해 12개월의 평균값 적용, 부하최대전류를 200[A]로 가정 시(단락비 $\frac{I_{SC}}{I_L}$ = 100～1,000[A] 가정)

항목	기본파	3차	5차	7차	9차	11차	15차 초과합
전압	100	2	5	2	1	1	1
전류	100	15	25	12	10	5	3

② 계산값

㉠ $V_{THD} = \dfrac{\sqrt{(2^2+5^2+2^2+1^2+1^2+1^2)}}{100} = 6\%$

㉡ $I_{THD} = \dfrac{\sqrt{(15^2+25^2+12^2+10^2+5^2+3^2)}}{100} = 34\%$

㉢ $I_{TDD} = \dfrac{\sqrt{(15^2+25^2+12^2+10^2+5^2+3^2)}}{200} = 17\%$

③ 판정

㉠ V_{THD}는 6%로 기준 5% 대비 초과

㉡ I_{TDD}는 17%로 단락비($\frac{I_{SC}}{I_L}$ =100～1,000)

적용 시 규제치 15% 초과

④ 대책 : 계산결과 수용가 측 대책 필요(Active Filter 등)

4) EDC(Equipment Disturbing Current : 등가방해전류)

① 전자계통에서고조파가 통신선에 영향 한계값

② $EDC = \sqrt{\sum_{n=1}^{\infty}\left(S_n^2 \times I_n^2\right)}$ [A]

여기서, S_n : 통신유도계수, I_n : 영상고조파 전류

③ 전기공급규정에 의거 154[kV] 지중선로에 대해 3.8[A] 기준 적용

① TR 용량 파악

500[kVA] ($\%Z = 5\%$)

↓

② 부하전류(I_L) 파악

(1년 평균, 최대부하전류 기준)

↓

③ 단락전류(I_s) 계산

$$I_s = \frac{100 I_n}{\%Z}$$

↓

④ 단락비 계산($\frac{I_{SC}}{I_L}$)

$$K = \frac{I_{SC}}{I_L} \text{ (실부하)}$$

↓

⑤ 규제판단(K 적용)

V_{THD}, I_{TDD}

↓

대책 수립

능동필터 등

[I_{TDD} 계산순서]

09 고조파 허용기준

1 고조파(Harmonics)

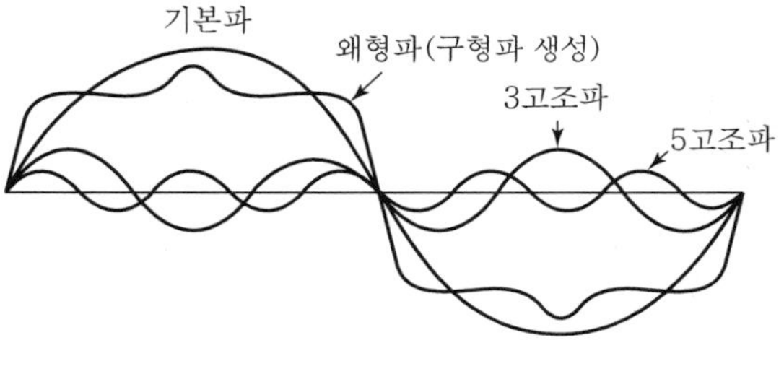

[고조파]

고조파	원인	영향	허용기준	대책
• 주기적인 복합파형 중 기본파 이외의 파형 • 벡터적합성(=왜형파, Distortion)	• 비선형부하의 전력변환장치 • 철심포화 • 과도현상	• 통신선의 유도장해 • 고조파 공진유발 • 기기 악영향 • 계전기 오동작	THD[VI] TDD[I] EDC, TIF THDF	• 계통분리 및 전원단락용량 증대 • Custom Power 기기, PWM+다펄스화 • 필터, 리액터, SR 설치, TRΔ결선, 기기내량 증가

1) 고조파(Harmonics)

① 주기적인 복합파형 중 기본파 이외의 파형($V_n \leq 20\%$), 기본파의 정수배파형(120~3,000[Hz])

② 크기는 $1/n$배, 기본파와 벡터적 합성=왜형파 [Distortion]

2) 고조파 함유율과 해석

(1) 고조파 발생차수

① $n = mp \pm 1$

여기서, n : 차수, m : 상수, p : Pulse 수

② 다펄스 시 저차고조파 미발생 함유율 저감

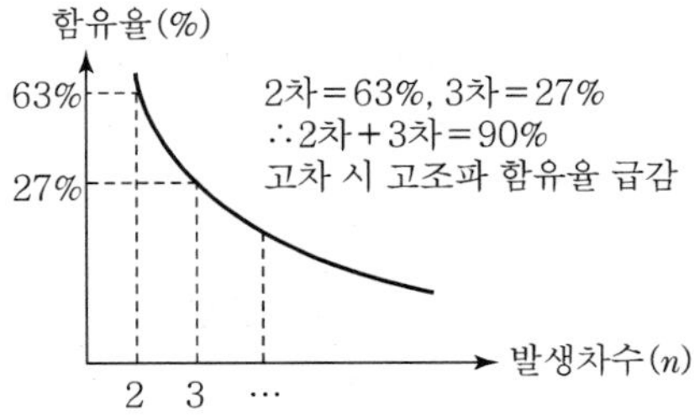

[고조파 발생차수]

(2) 푸리에 급수에 의한 해석 가능

$$f(t) = a_0 + \sum_{n=1}^{\infty} a_n \sin n\omega t + \sum_{n=1}^{\infty} b_n \cos n\omega t$$

(3) 고조파 함유율

고조파 전압함유율	고조파 전류함유율	고조파 전류계산
$V_n = \frac{V_n}{V_1} \times 100\%$	$I_n = \frac{I_n}{I_1} \times 100\%$	$I_n = K_n \times \frac{I_1}{n}$

여기서, V_1, I_1 : 기본파 전압, 전류, n : n차 고조파, K_n : 고조파 저감계수

2 고조파 허용기준

1) 왜형률(Distortion)

전압 종합 왜형률(V_{THD})	전류 종합 왜형률(I_{THD})	전류 총수요 왜형률(I_{TDD})
기본파 대비 고조파전압 함유율	기본파 대비 고조파전류 함유율	최대부하전류 대비 고조파전류 함유율
고조파전압의 규제치 판단기준	–	고조파전류의 규제치 판단기준
$V_{THD} = \frac{\sqrt{\Sigma V_n^2}}{V_1}$	$I_{THD} = \frac{\sqrt{\Sigma I_n^2}}{I_1}$	$I_{TDD} = \frac{\sqrt{\Sigma I_n^2}}{I_L}$

여기서, V_1, I_1 : 기본파, V_n, I_n : n차 고조파, I_L 부하최대전류(1년 평균)

(1) THD(Total Harmonics Distortion : 종합 고조파 왜형률)

① 기본파 전압 대비 고조파 실효값의 함유율(원전압(V_1), 원전류(I_1)의 상승원인)

② 즉, 고조파의 발생 정도를 의미하며 V_{THD}와 I_{THD}로 구분

③ 전압고조파 왜형률의 규제치 (V_{THD}, %)

수전전압[kV]	69 이하	69~161	161 초과
개별(특수) 수용가	3.0	1.5	1.0
일반계통	5	2.5	1.5

(2) TDD(Total Demand Distortion : 총수요 왜형률)

① TDD의 사용배경 (I_1 =20[A], I_n : 10[A], I_L : 1,000[A] 시)

I_{THD}	I_{TDD}
$I_{THD} = \frac{10}{20} \times 100\% = 50\%$	$I_{TDD} = \frac{10}{1,000} \times 100 = 1\%$
기기단독 상대적 왜형률 높음	전체부하 대비 고조파 전류 크기 작음

㉠ 부하변동 시 전압은 일정하나 전류는 부하에 따라 변한다.

㉡ 즉, 고조파전류 함유율은 기기단독은 높지만 전체부하로 볼 시 낮을 수 있다.

② ITDD(Current Total Demand Distortion : 전류 총수요 왜형률)

㉠ 최대부하전류(I_L) 대비 고조파전류의 함유율(규제치 판단기준)

㉡ 고조파 전류의 규제치(수전전압 69[kV] 이하)

$\frac{I_{SC}}{I_L}$	20 이하	20∼50	50∼100	100∼1,000	1,000 초과
I_{TDD}[%]	5	8	12	15	20

여기서, I_{SC} : 단락전류, I_L : 부하최대전류(1년 평균)

2) EDC와 TIF

(1) EDC(Equipment Disturbing Current : 등가방해전류)

① 전력계통에서 고조파전류가 통신선에 영향을 주는 한계값

② $EDC = \sqrt{\sum_{n=1}^{\infty} \left(S_n^2 \times I_n^2\right)}\,[\mathrm{A}]$

여기서, S_n : 통신유도계수, I_n : 영상고조파 전류

③ 전기공급규정에 의거 154[kV] 지중선로에 대하여 3.8[A] 이하 기준

(2) TIF(Telephone Interference Factor : 통신유도장해)

V_T Product	I_T Product
고조파전압이 통신선에 영향을 미치는 정도	고조파전류가 청각에 장해를 미치는 정도
$V_T = \sqrt{\frac{\sum_{n=1}^{h} (T_n \times I_n \times Z_n)^2}{V_1}}$	$I_T = \sqrt{\sum_{n=1}^{h} (T_n \times I_n)^2}$

여기서, V_1 : 기본파 상전압, T_n : 차수별 통신유도장해 계수, I_n : 차수별 고조파 전류,
Z_n : 차수별 임피던스(고조파)

3) THDF(Transformer Harmonics Derating Factor : **변압기 출력 감소율**)

(1) K－Factor

고조파의 영향으로부터 기계기구가 과열현상 없이 전력을 부하에 안정적으로 공급할 수 있는 능력

$$\text{K}-\text{Factor}= = \sum\left(h^2 \times I_h^2\right)$$

(2) THDF(변압기 출력 감소율)

① 고조파에 의한 변압기의 출력 감소율을 의미

② $THDF = \sqrt{\dfrac{P_{LL-R}}{P_{LL}}} \times 100\% = \sqrt{\dfrac{1+P_{EC-R}}{1+(K \cdot P_{EC-R})}} \times 100\%$

㉠ P_{LL} : 고조파를 감안한 부하손 $[1+(K \cdot P_{EC-R})]$

㉡ P_{LL-R} : 정격에서의 부하손 $[1+P_{EC-R}]$

㉢ K(K－Factor) : 3ϕ 비선형부하 : 13% 적용

㉣ P_{EC-R} : 와류손(건식 TR 5.5 ≤ 1,000[kVA] (14%)

③ THDF 적용

$$THDF = \sqrt{\frac{1+0.14}{1+(13 \times 0.14)}} \times 100 = 64\%$$

3ϕ 1,000[kVA] 건식 TR의 64% 출력 가능 → 640[kVA] 용량

구분	K·F	구분	용량[MVA]	와류손값[P_{EC-R}]
순수선형, 왜곡이 없는 부하	1	건식 TR	1 이하	5.5
3ϕ 부하 중 50%의 선형, 50% 비선	7		1 초과	14
3ϕ 비선형부하(고조파 발생원)	13	유입 TR	2.5 이하	1
1ϕ과 3ϕ 비선형부하 양립	20		2.5 ~ 5 이하	2.5
순수 1ϕ 비선형부하(고조파 최고)	30		5 초과	12

10 자가발전기와 UPS 통합운전 시 고려사항

1 개요

건축전기설비의 예비전원으로 자가발전기와 UPS를 가장 많이 사용한다.

1) 자가발전기와 UPS 비교

자가발전기	UPS
• 장시간 정전 시 대용량의 비상전원 공급 • 15[sec] 이내 전압 확립 및 공급 • K－Factor를 고려한 충분한 여유 필요	• 순간정전도 불허하는 중요부하 설치 운영 • 무정전, 무순단절체(ON－Line, OFF－Line, Interactive 방식) • 고조파 및 외란을 고려한 적용(워크인, 다펄스화)

① UPS는 고조파 발생원으로 K－Factor를 고려한 발전기 설치 운영 필요

② UPS는 고조파 발생 최소화 필요, 인버터의 PWM 방식＋정류기 다펄스화＋워크인

2) UPS의 구성도

UPS는 비선형부하에 의한 정류작용 시 고조파 발생원으로 작용한다.

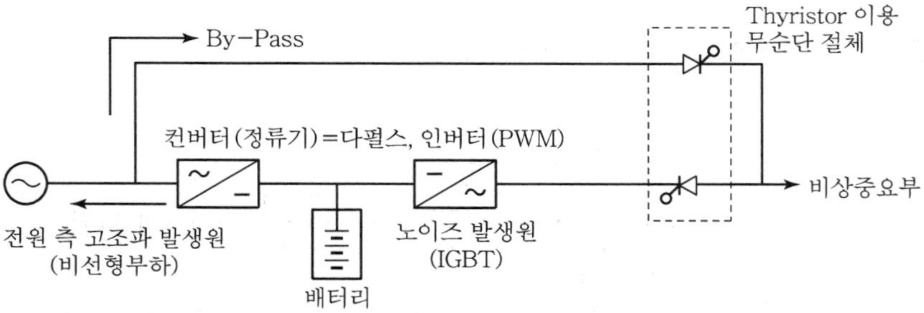

[UPS 구성도]

3) 발전기와 UPS 조합의 구성도

① 상시전원 정전

② 중요부하 UPS 무정전공급(30분 이상)

③ 비상발전기 기동 비상전원공급(15초 이내)

④ ATS, CTTS 절체 시 고조파 영향 고려

⑤ UPS 워크인 기능 필요 → 복전 시 순시전력 인가방식, 순차적인 정류기능

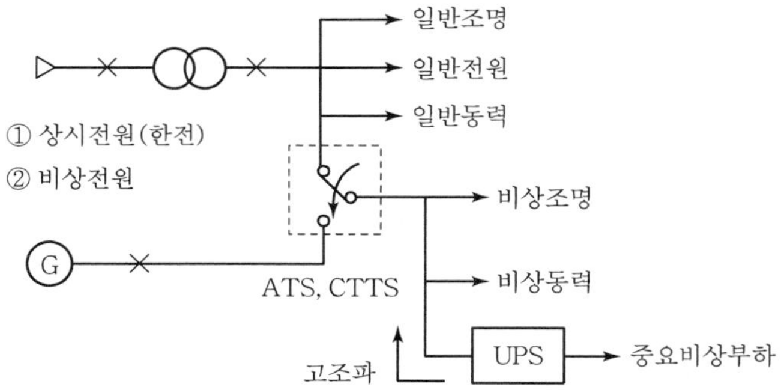

[발전기와 UPS 조합의 구성도]

2 발전기와 UPS 조합 시 고려사항

원인	영향	대책
• UPS의 고조파 • 비선형 부하에 의한 비상발전기에 영향 (K－Factor 고려)	• 발전기의 출력전압, 주파수 불안정현상 • 고조파에 의한 파형왜곡 • UPS의 운전모드 변화(발전기의 AVR, UPS, 제어장치)	• 발전기의 Damper 권선 굵게 제작 • K－Factor 고려 충분한 여유율과 기기내량 증가 • AVR 및 UPS 제어 응답속도 동기모드 구성 • UPS의 PWM방식＋다펄스화＋워크인 기능

1) 발전기의 출력전압, 주파수, 불안정현상

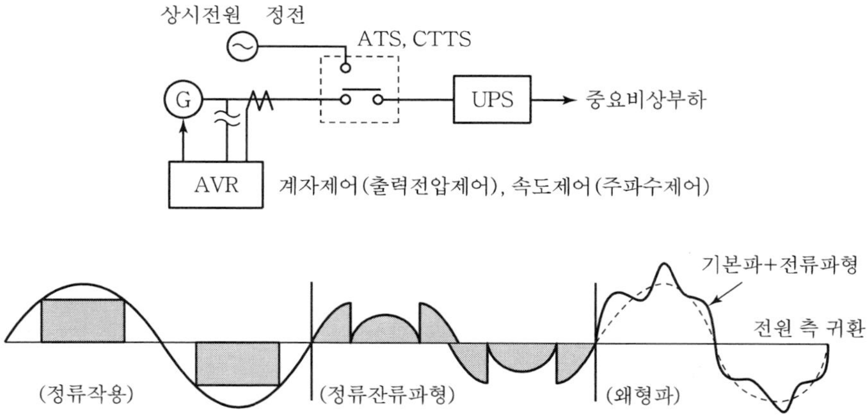

[UPS 정류작용의 파형변화]

원인	영향	대책
• UPS 직류회로 LC고유진동에 의한 자려진동 발생 • UPS의 고조파의 영향으로 전원 측 복귀로 발전기의 왜형파 발생 영향	• 출력전압 불안정 • 출력주파수 불안정 • AVR 전압제어 불안정 • 심하면 기동 실패 • UPS는 위상제어 실패	• 발전기의 댐퍼권선을 굵게 제작 • K−Factor를 고려한 충분한 여유율(2배 이상) • 발전기의 기기내량 증가 및 AVR 응답속도 조정(실효값 검출 AVR 적용) • 전원 측 고조파 필터 설치(능동, 수동) • UPS 측 PWM 제어, 다펄스화, 워크인 기능

2) 고조파 파형의 왜곡 발생

(1) UPS 컨버터(정류기)의 직류변환에 따른 고조파 발생

원인	영향	대책
UPS의 고조파 영향 TR의 THDF와 동일현상 $\cos\phi = \dfrac{1}{\sqrt{1+(THD)^2}}$	발전기 출력 저하(K−Factor) 조명부하 Flicker 현상 발전기 수명저하, 전동기 소음, 진동 심할시 계전기 오동작(과전압, 과전류)	리액턴스 발전기 사용 K−Factor는 고려 발전기 용량 증대, 고조파 억제

(2) 발전기의 과열발생 내량강화 필요

원인	영향	대책
고조파 전류에 의한 과열 전압파형의 왜곡	발전기 과열, 소음, 진동 역률 효율, 출력저하	발전기의 역상전류 내량 강화(댐퍼권선) UPS의 PWM+다펄스+워크인 발전기 용량 증가, 고조파 필터채용

3) UPS의 운전 Mode 변화(Off−line 방식)

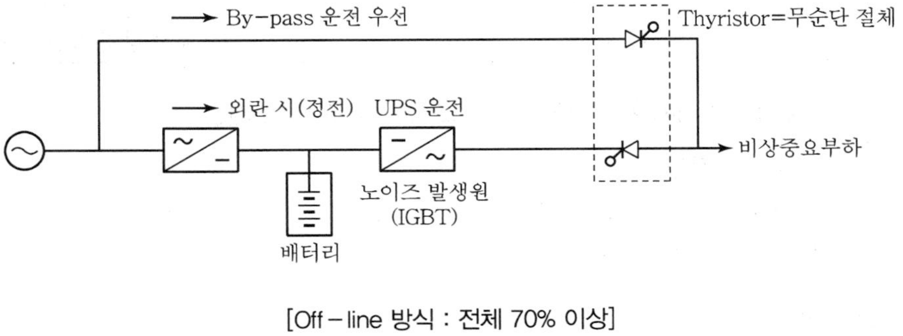

[Off−line 방식 : 전체 70% 이상]

① Off−line 방식은 상시전원(비상발전전원 확립 공급) 공급 시 By−pass 운전, 정전(외란)시 Battery를 이용한 UPS 운전방식

② 비상발전기 기동 비상전원 확립 시 UPS의 By-pass 절체 : 절체 시 인버터의 위상과 발전기의 위상파에 의한 동기이탈현상 우려

③ 고조파 외란에 의한 By-pass, UPS 운전 Mode 수시변경 발생

[UPS의 운전 Mode 변화의 원인, 영향 및 대책]

원인	영향	대책
• UPS와 발전기 간 위상차 • 고조파 시 파형 왜곡 • Off-line 방식에만 발생	• UPS와 발전기 간 위상차에 의한 과전류(무효횡류 발생) • 고조파 외란에 의한 운전 Mode 수시변경	• 발전기 전원 정밀도 향상 • UPS가 전원과 동기 Mode가 되도록 구성

4) UPS와 발전기의 용량 고려 적용

(1) 발전기 용량 고려 시 주요사항

① 발전기의 사양검토 : 용량, 주파수검토, 전압안정도 검토

② 발전기의 용량산정방법(K-Factor 고려)

발전기 용량 대비 UPS 용량	고려사항
25% 미만	특별히 미고려
50% 미만	발전기, AVR(전압제어), 특수가버너, 필터 검토
50% 초과	기동실패, 계전기동작 우려(발전기 제조사 기술문의 필요)

(2) UPS 부하요구조건

UPS 용량[kVA]	발전기용량[kVA]
20～150	2배의 발전기 용량
200(12pulse 이상)	1.5배 이상의 발전기 용량

(3) 정류기의 전류제한(워크인 기능), 고조파 감도 방법 개선

① 워크인 기능 내장

② UPS의 PWM 방식+다펄스화

③ 고조파 필터 실시(수동, 능동필터)

(4) 대책

① 발전기 전원의 정밀도 향상

② UPS가 전원동기 모드가 되도록 구성

11 수동필터와 능동필터

1 고조파(Harmonics)

고조파	원인	영향	허용기준	대책
• 주기적인 복합파형 중 기본파 이외의 파형 • 벡터적합성 ＝왜형파(Distortion)	• 비선형부하의 전력변환장치 • 철심포화 • 과도현상	• 통신선의 유도장해 • 고조파 공진 • 기기 악영향 • 계전기 오동작	• THD[VI] • TDD[I] • EDC, TIF THDF	• 계통분리 및 전원 단락용량 증대 • Custom Power 기기, PWM＋다펄스화 • 필터, 리액터, SR 설치, TRΔ결선, 기기내량 증가

1) 고조파(Harmonics)

① 주기적인 복합파형 중 기본파 이외의 파형($V_n \le 20\%$), 기본파의 정수배파형(120~3,000[Hz])

② 크기는 $1/n$배, 기본파와 벡터적 합성＝왜형파(Distortion)

2) 고조파 함유율과 해석

(1) 고조파 발생차수

① $n = mp \pm 1$

여기서, n : 차수, m : 상수, p : pulse 수

② 다펄스화 시 저차고조파 미발생 함유율 저감

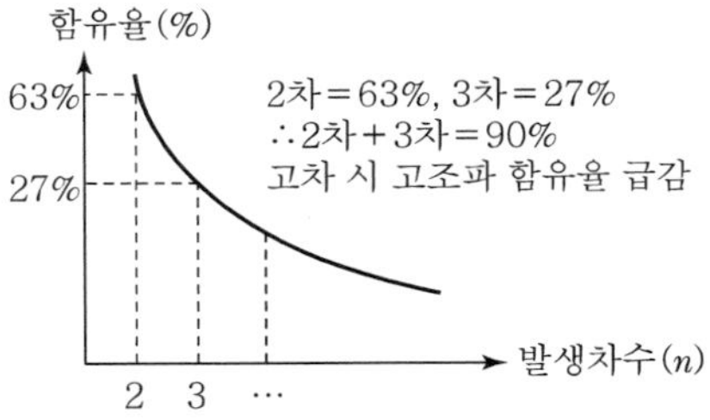

[고조파 발생차수]

(2) 푸리에 급수에 의한 해석 가능

$$f(t) = a_0 + \sum_{n=1}^{\infty} a_n \sin n\omega t + \sum_{n=1}^{\infty} b_n \cos n\omega t$$

(3) 고조파 함유율

전압함유율	전류함유율	고조파 전류계산
$V_n = \dfrac{V_n}{V_1} \times 100\%$	$I_n = \dfrac{I_n}{I_1}$	$I_n = K_n \times \dfrac{I_1}{n}$

여기서, V_1, I_1 : 기본파 전압, 전류, n : n차 고조파, K_n : 고조파 저감계수

3) 고조파와 임피던스

① 임피던스 $Z = R + jX$(고조파 유입 시 주파수 상승, f=120~3,000[Hz])

리액턴스(X_L)	커패시턴스(X_C)
$X_L = \omega L = 2\pi f L$(표피 효과) 여기서, X_L 상승 전류제동특성	$X_C = \dfrac{1}{\omega C} = \dfrac{1}{2\pi f C}$ 여기서, X_C : 저하 전류유입 기기과열 소손

② 공진조건식

직렬공진 시($X_L = X_C$)	병렬공진 시($X_L = X_C$)
• Z 최소화, 전류최대 특성 • 최대전력 전달조건 동조 수동필터 적용	• Z 최소화, 전류확대, 계통 전체 영향 • Blocking Filter 수동(고차)필터 적용

2 수동필터(Passive Filter)

원리	종류	효과
• 고조파에 따른 직 · 병렬 공진 이용 • 임피던스의 변화를 이용한 특정차수의 고조파 제거	• 동조(직렬공진) • 고차(직병렬공진) • 3차형(병렬공진)	• 저차고조파 제거 효과 우수 • 특정고조파 대지방류 • L.C 용량 선정에 주의 필요

1) 회로도

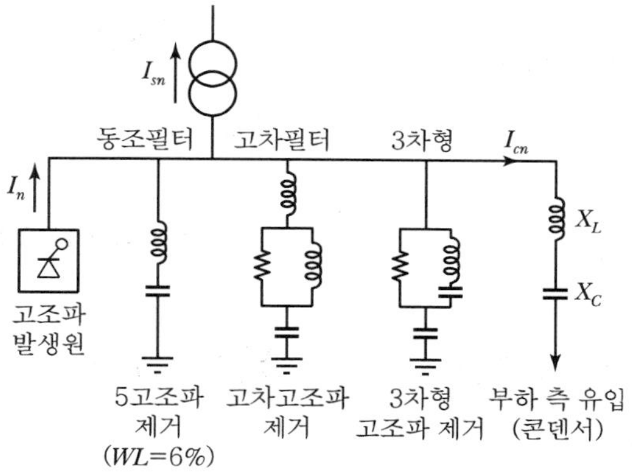

• 단일동조 : 직렬공진
• 고차필터 : 직병렬공진
• 3차형 : 병렬공진
(=고조파 대지방류)

2) 원리

① 수동필터(Passive Filter, 특정고조파를 대지로 방류)

㉠ 3고조파 : TR Δ 결선 순환방지

㉡ 5, 7, 9고조파 : 수동필터를 통한 대지방류

② 고조파에 따른 임피던스 변화 이용

㉠ $nX_L = \dfrac{X_C}{n}$

㉡ 직렬, 병렬, 직병렬공진을 이용하여 고조파 제거

3) 종류

구분	내용
동조필터(Band P.F)	저차 고조파 제거(5, 7, 9) → 함유율 급감
고차필터(High P.F)	고차고조파 제거
3차형 필터(C－Type P.F)	임피던스 조정을 통한 임의 고조파 제거 가능

3 능동필터(Active Filter)

1) 구성도

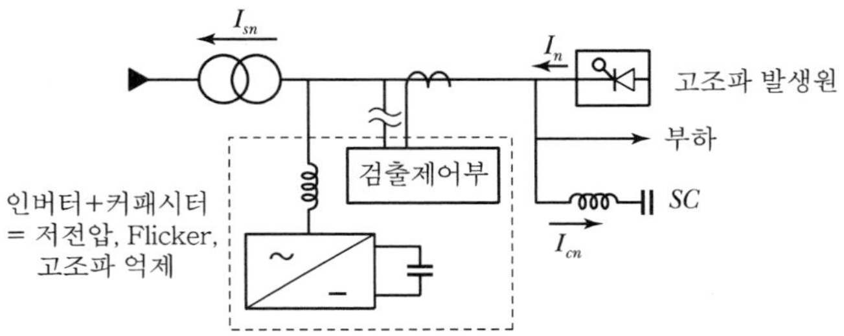

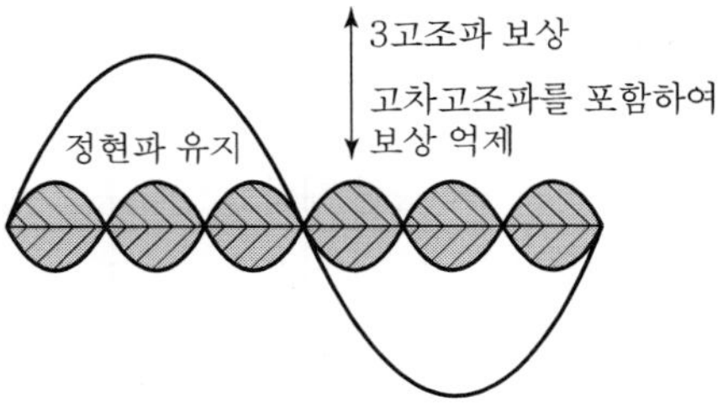

[능동필터]

2) 원리

① 고조파의 흡수, 보상, 억제

② 인버터 구동방식을 이용, 저전압, Flicker, 고조파 억제

3) 종류

전류형 인버터	전압형 인버터(PWM)
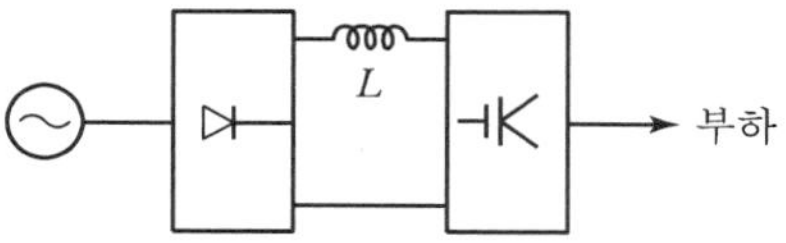	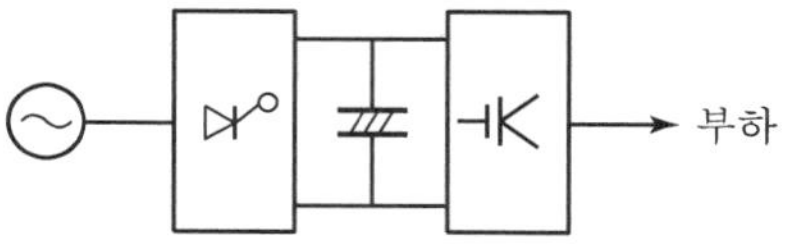
• 고속도로 역고조파 생성 가능 • 손실 증가	• 전류형 대비 손실 감소 • 응답특성은 감소하나 고속스위칭으로 고차의 고조파 보상 가능(8[kHz])

4 주요 특징 비교

구분	수동필터	능동필터
효과	• 직병렬공진＋분로 이용＝특정고조파 제거 • 저차고조파는 확대문제 • 전원 임피던스 영향	• 임의의 고조파 동시억제 가능 • 저차고조파 확대 방지 • 전원 임피던스의 영향과 무관
장점	• 가격 저렴 • 손실이 적음 • 직렬, 병렬, 직병렬 공진 이용	• 다차수, 변동고조파 대응 양호 • 전압변동＋Flicker＋저전압 개선＝역률 개선효과 • 비상발전기 등가역상전류보상＋주파수 변동 억제
단점	• 전원주파수, 전원 임피던스 변동 시 효과 저감 • 계통의 설비변경 시 임피던스 변화 • 부하의 증가, 전원전압 왜곡 시 과부하가 됨(재검토 필요(L.C 공진 변화)	• 고차(25차 이상) 고조파 개선 효과 저하 • 손실, 소음 발생 및 고가 • 유지보수, 전문기술인력 필요
역률 개선	고정식	가변제어 가능
증설	필터 간 협조 필요(L.C 용량 재검토)	용이
손실	저손실(용량의 1～2%, [VAR])	고손실(용량의 5～10%, [kVA])
정격용량	각 분로마다 기본파 용량	$P = V_3 \times V \times$ 보상전류 실효치
가격	저가	고가(3～6배)

12 비선형부하의 역률계산

1 비선형부하와 역률

1) 비선형부하

선형부하	비선형부하
• 전압과 전류의 비가 직선적 관계 • RLC 회로만으로 구성	• 전압과 전류의 비가 비직선적 관계 • Thyristor의 정류, 고속스위칭 영향
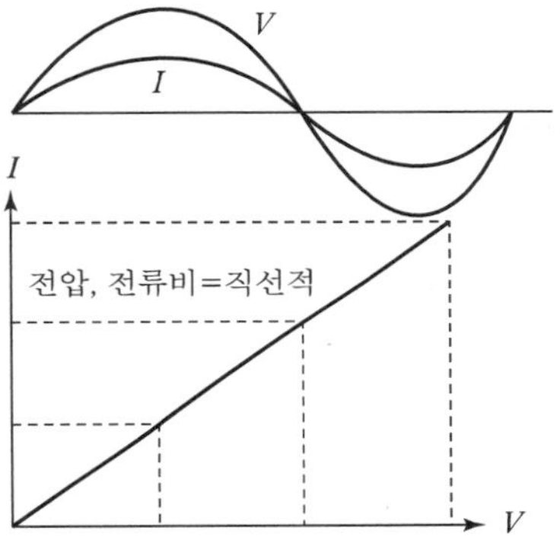	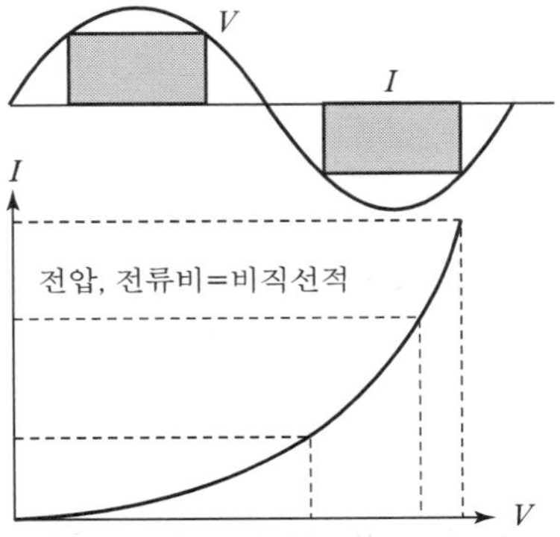

2) 역률(Power Factor)

① 전압과 전류의 위상차로 공급전력이 부하에서 유효하게 이용되는 비율

② $PF = \dfrac{P}{P_a} = \dfrac{P}{\sqrt{(P^2 + P_r^2)}}$

여기서, P_a[kVA] : 전원용량, P[kW] : 실제소비전력, P_r[kVA] : 전원부하 왕복 손실 유발

③ 각 회로의 역률

R만의 회로	RLC회로	고조파회로
직류파형과 같이 계산(1) $PF = \dfrac{P}{VI}$ (역률 = 1)	위상차 적용(L.C) $PF = \dfrac{P}{V_1 \cos\theta}$	고조파 추가계단(3차원) $PF = \dfrac{1}{\sqrt{1+THD^2}} \cos\phi$

2 비선형부하의 역률계산 순서

푸리에 급수 ➡	고조파 성분 ➡	합성실효치 ➡
계산 $I(t)=I_1+I_H$	• 실효치 계산 • I_H 계산	계산 $I=\sqrt{I_P^2+I_Q^2+I_H^2}$

합성상호 관계식 ➡	벡터표현 ➡	역률의 계산
계산 $S=\sqrt{(P^2+Q^2+H^2)}$	$PF=\dfrac{P}{\sqrt{(P^2+Q^2+H^2)}}$	비선형부하 역률계산

1) 푸리에 급수 계산

$$I(t)=\sqrt{2}\,\{I_1\cos(\omega t-\phi_1)+I_2\cos(\pi\omega t-\phi_2)+I_3\cos(3\omega t-\phi_3+\cdots+I_n\cos(n\omega t-\phi_n))\}$$

$$=\underbrace{\sqrt{2}\,I_1\cos(\omega t-\phi_1)}_{\text{기본파}=I_1}+\underbrace{\sum_{n=2}^{\infty}\sqrt{2}\,I_n\cos(n\omega t-\phi_n)}_{\text{고조파}=I_H}$$

$\therefore\ I(t)=I_1+I_H$

2) 고조파 성분만의 실효치 계산

$$I_H=\sqrt{I_2^2+I_3^2+\cdots+I_n^2}$$

3) 합성 실효치의 계산

① 기본파성분은 전압과 동상은 유효성분과 전압과 직교하는 무효성분으로 분리

② $I=\sqrt{I_P^2+I_Q^2+I_H^2}$

기본파 유효전력(P)	기본파 무효전력(Q)	고조파전류 무효전력(H)
$P=VI_1\cos\phi_1=VI_P$	$Q=VI_1\sin\phi_1=VI_Q$	$H=VI_H$

4) 합성상호 관계식

$$S=\sqrt{(P^2+Q^2+H^2)}$$

여기서, P : 유효전력, Q : 무효전력, H : 고조파전류 무효전력

5) 벡터의 표현

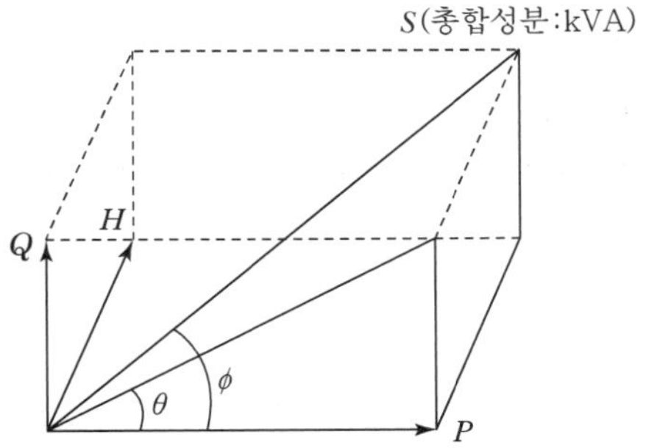

[고조파를 포함한 피상전력 벡터도]

① $\mathrm{kVA} = \sqrt{(\mathrm{kW})^2 + (\mathrm{kVAR})^2 + (\mathrm{kVAH})^2}$

② $S = \sqrt{(P^2 + Q^2 + H^2)}$

③ $PF = \dfrac{P}{S} = \dfrac{P}{\sqrt{(P^2 + Q^2 + H^2)}} \neq \cos\theta$

6) 역률의 계산

선형부하(고조파 없음)	비선형부하(고조파 포함)
• 기본파 역률로 FPF(Fundamental PF) • 변위율 표현(Displacement Factor) : 전압과 전류에 의한 위상차 간 지수표현 $PF = \cos\theta = \dfrac{P}{P_a} = \dfrac{P}{\sqrt{P^2 + P_r^2}}$	$PF = \dfrac{1}{\sqrt{1 + (THD)^2}} \cos\phi$ $PF = DF \times HF$ 여기서, DF : 기본파성분의 변위율 HF(Harmonics Factor) : 고조파

7) 비선형부하의 역률계산식

① $PF = \dfrac{1}{\sqrt{1 + THD^2}} \cos\phi$

② HTD(Total Harmonics Distortion : 종합 고조파 왜형률)

㉠ 고조파에 의한 전압, 전류의 파형이 왜곡되면 역률 저하

㉡ 전류의 파형이 왜곡된 정도를 나타내는 총고조파 왜형률을 의미

③ 계산 예

㉠ DPF = 0.95

㉡ THF = 0.9

㉢ $PF = \frac{1}{\sqrt{1+THD^2}}\cos\phi = \frac{1}{\sqrt{1+0.9^2}} \times 0.95$

$= 0.7433 \times 0.95 = 0.70.61 \quad \therefore 70\%$

㉣ 고조파전류의 실효치가 기본파전류의 크기와 같은 크기일 때, 즉 고조파의 왜형률이 100%인 경우의 역률은 기본파 성분만 있는 경우에 비해 약 70% 수준이다.

3 맺음말

1) 일반적으로 역률 개선 시 콘덴서만 추가하는 경우 과보상으로 인한 진상회로로 계통에 악영향을 초래한다(계통공진).
2) 따라서 고조파전류의 함유율을 확인하고 역률 개선을 종합적으로 검토해야 한다.
3) 고조파 제거로 수동필터, 능동필터 TR의 Zig－Zag 결선을 적용하나, 근본적으로 고조파 발생을 최소화해야 한다.

13 Noise(노이즈)

1 노이즈

노이즈	종류	원인	전달경로	영향	대책
전기기기의 기능을 방해하는 전기 에너지의 총칭(잡음, 영상 떨림)	• 전자파 유도 • 전원 Spark 접지	• 자연적(전자 폭풍, 낙뢰) • 인공적(의도, 비의도성)	• 방사(공간) • 전도(도체) • Normal mode • Common mode	• 기기 오동작, 소손(메모리 소자, 외란 자동화설비) • 신호선잡음 장해	• 발생 억제(발생, 침입 억제, 내량 증가) • 방지 : 차폐, 접지, Filter • 종류별 : 뇌개폐서지, 정전, 전자유도 • 전원 및 간선설비 대책

1) 노이즈

① 전자기기의 기능을 방해하는 전기에너지의 총칭

② 잡음 및 영상떨림으로 자연현상과 인공현상으로 분류

③ 노이즈의 3요소

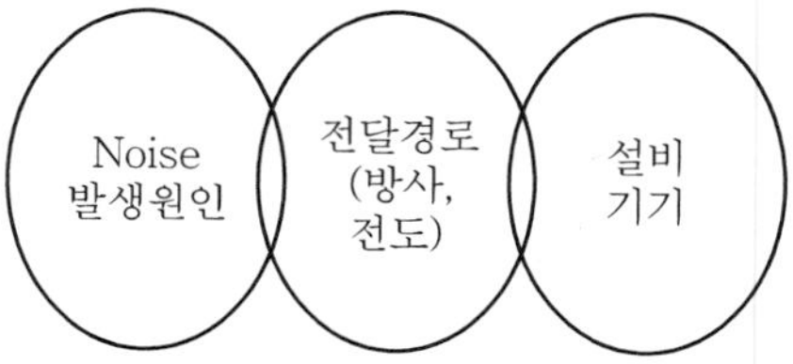

[Noise]

Noise 발생원 →	전달매체 →	피해기기
• 자연 : 태양의 전자폭풍, 낙뢰 • 인공 : 의도성(TV, 라디오), 비의도성(가전제품)	• 방사 : 무선(공간) • 전도 : 전기회로(도체)	• 생명체 : 인축 • 기기, 제품, 회로 등

2) 노이즈의 종류

종류	내용
전자파 노이즈	전계+자계성질 고주파 노이즈로 잡음 발생(300만[Hz]까지)
유도 노이즈	전류에 의한 자속 생성, 다른 전선에 유도(Normal, Common Mode)
전원 노이즈	반도체 스위칭 노이즈로 기기 내부에서 전원으로 복귀 노이즈
기타	Spark, 접지, Noise

3) 발생원인 및 전달경로

① Noise의 발생원인 및 전달경로

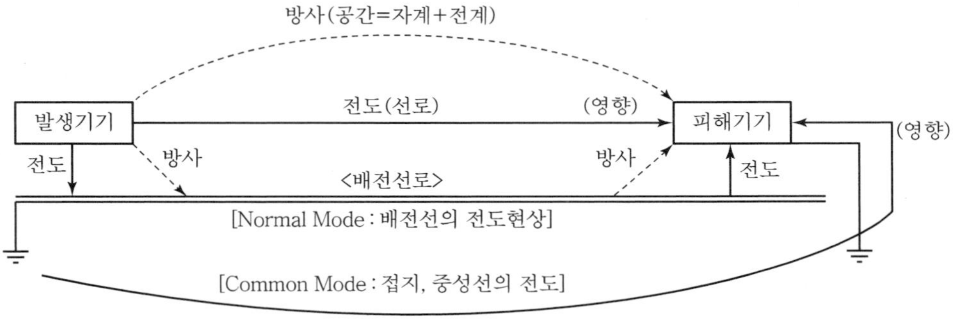

[Noise의 발생원인 및 전달경로]

발생원인	전달경로

• 지면 : 태양의 전자폭풍, 낙뢰
• 인공적
  – 의도성 : 방송파(TV, 라디오)
  – 비의도성 : 가전제품(전자레인지 등)
	• 방사성 노이즈 : 전도성 노이즈+공간을 통한 전파
	• 전도성 노이즈 : 전기회로의 도체를 통한 전파(계전기 Noise)
	※ Normal Mode와 Common Mode로 구분

② 전도성 Noise의 구분

Normal Mode Noise	Common Mode Noise
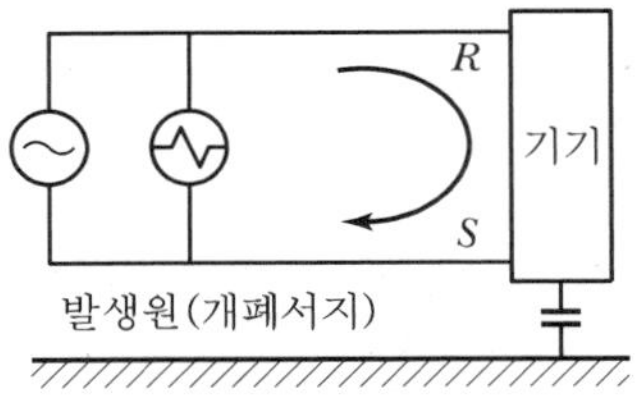	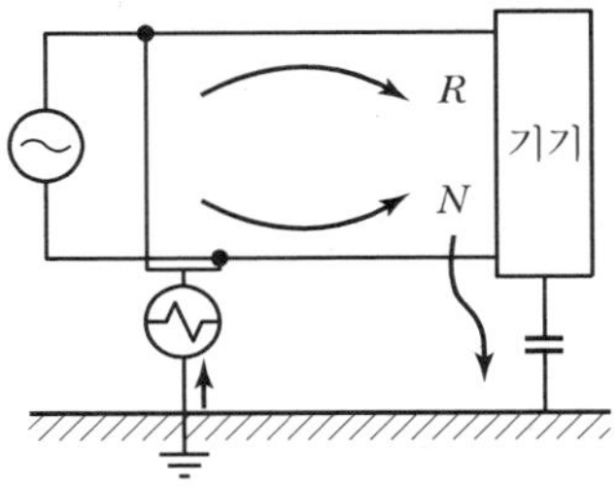
전원으로부터 유입되는 임펄스서지 등(조명의 점소등, 전동기기동 · 정지)	Hot Line 중성선 유입 → 중성선 유출 Thyristor 위상제어

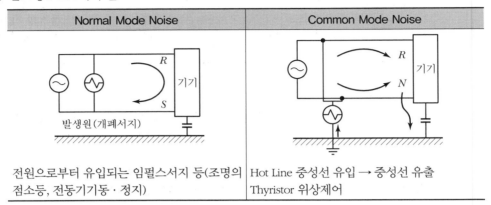

4) Noise의 영향

① 자동화설비 오동작

② Memory 소자 오동작, 데이터 상실

③ 외란에 의한 오동작

④ 선호선의 잡음, 장해

⑤ 계전기 오동작

⑤ 심하면 기기 기능 저하 소손

5) 노이즈 대책

(1) Noise의 발생 억제, 방지

발생 억제	발생방지
• 발생방지 : Noise 억제용 기기 • 침입방지 : 절연상승, By-pass • 내량증가 : 피해기기 내량 증가	• 차폐 : 차폐 케이블 사용 • 접지 : 기준접지, 노이즈방지 접지 • 흡수 및 노이즈 방지 부품 채택(Filter)

(2) 기기의 종류별 대책

종류	대책
뇌 · 개폐서지	LA, SA, SPD, 흡수장치 및 Line Filter 설치
정전유도	거리이격, 차폐케이블, 차폐층의 저저항 편단접지
전자유도	절연 TR, 실드용 전원 Filter, 차폐케이블, 차폐층의 저저항 편단접지

(3) 전원 및 간선설비의 대책

① 전원설비 대책

㉠ 신호선은 Twist Shield Cable 사용(Normal Mode Noise 방지)

㉡ Common Mode Chocke 설치(전류에 의해 생성되는 자속상태)

㉢ NCT(Noise Cut TR) 설치

㉣ Noise Filter [LC, Active Filter]

㉤ 과전압 보호소자 설치

- 직렬소자 : 신호회로 사용(인덕터, 저항기)
- 병렬소자 : 전원회로 사용(바리스터, 제너다이오드)

② 간선설비 대책

㉠ 정보기기 간선의 별도회로 구성

㉡ 전선의 개선

- 저임피던스 Bus Duct
- 다심, 굵은 전선

㉢ 배선의 개선

- 차폐를 위한 금속관 배관
- 전기적 본딩
- 배전선로와 간선과의 충분한 거리이격

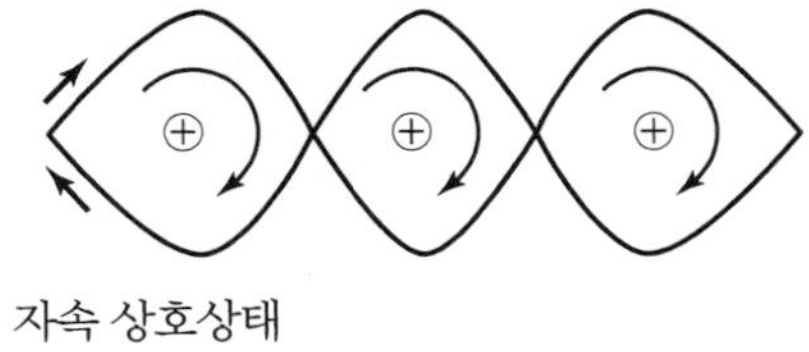

[Twist Pair(자속상호상쇄)]

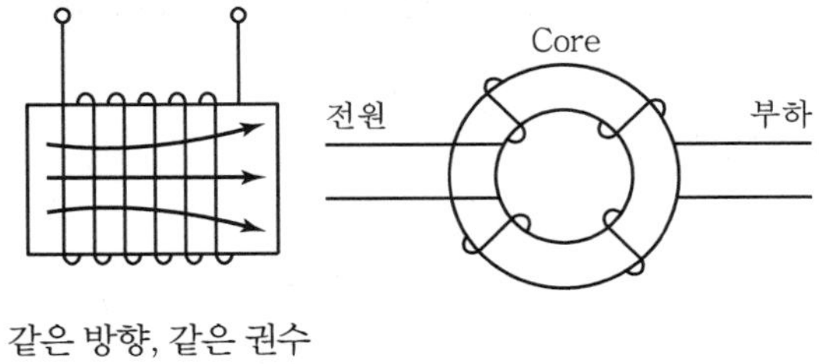

[Common Mode Choke]

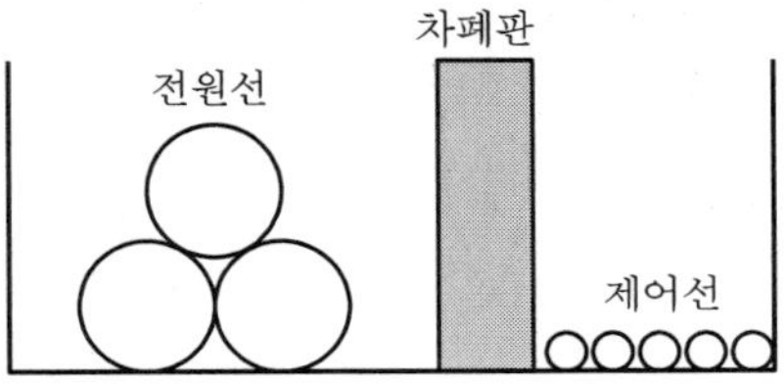

[차폐(차폐판)]

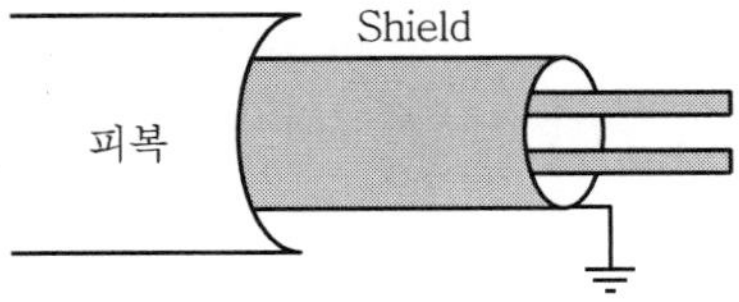

[차폐케이블]

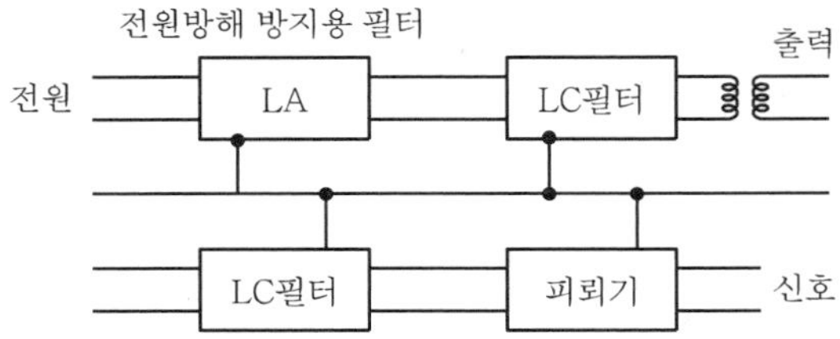

[Noise Filter]

[NCT(Noise Cut Transformer)의 역할]

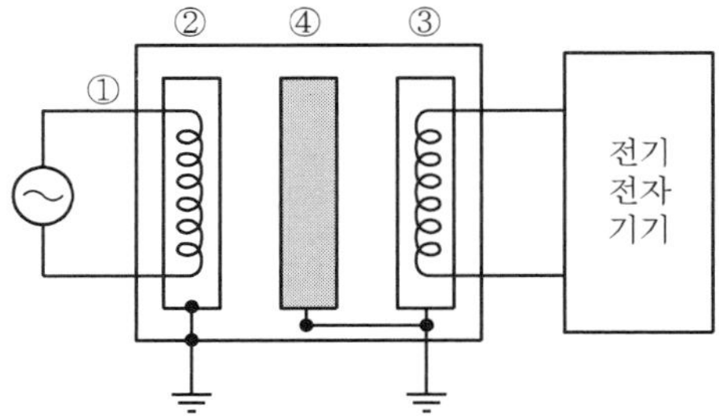

구분	방지	비고
①	외함에 의한 노이즈 방지	전기장 : 접지
②	1차 코일부의 노이즈 방지	자기장 : 차폐
③	2차 코일부의 노이즈 방지	
④	1 · 2차 간의 노이즈 방지(Separator) → 다중전지의 차폐판 설치	

14 전자파(Electro - Magnetic Wave)

1 전자파

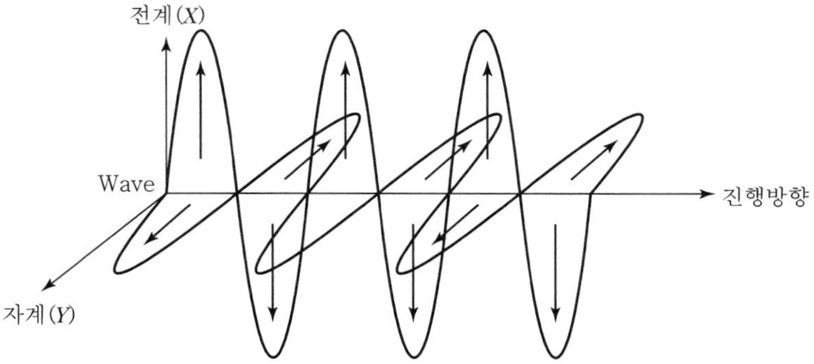

[전자파의 표현]

전자파	전자파 경로	용어	원인	영향	대책
전계와 자계의 합성으로 발생하는 파동의 전파현상 전자파 환경 대책 필요	방사(RE) 전도(CE) 편측 EMI 상호 EMI	EMC EMI EMS EMF	• 전력설비 • 조명기기 • 산업, 사무용기기 • 가전, 무선제품	• 인체영향 전자기기 • 전자잡음 • 영상 떨림 • 간섭, 오차, 오동작, 고장	• 억제(발생, 침입방지, 내량증가) • 방지(차폐, 접지, Filter) • 흡수(저항손실, 자기손실, 복합형) • 배선(길이, 이격, 동축연선, 차폐, Twist Cable)

1) 전자파(Electro－Magnetic Wave)

① 전계와 자계의 합성으로 발생하는 파동의 전파현상

② 전기가 흐르는 모든 기기에서 발생하므로 전자파환경 [EMC] 대책 필요

2) 전자파의 경로

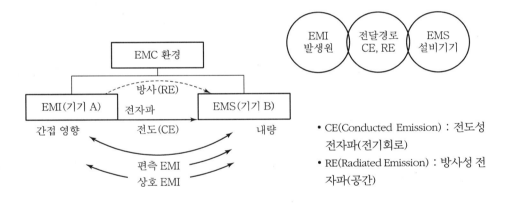

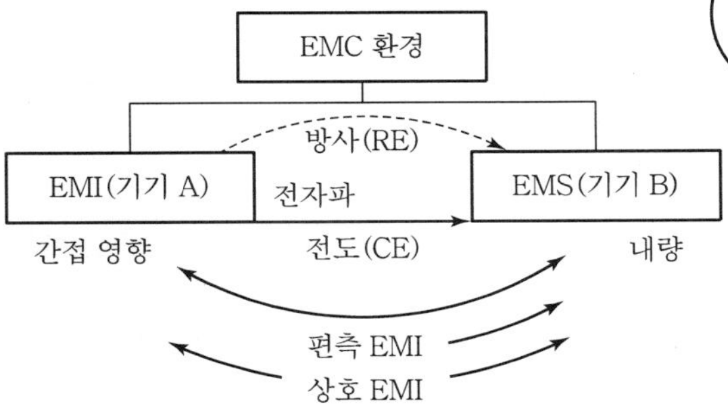

• CE(Conducted Emission) : 전도성 전자파(전기회로)

• RE(Radiated Emission) : 방사성 전자파(공간)

3) 전자파 용어(전자파 : Electro－Magnetic＋…)

① EMC(EM · Compatibility : **전자파 환경**) : 전자파의 발생, 흡수, 영향에 적응능력

② EMI[EM · Interference : **전자파간섭(영향)**] : 전자파가 다른 기기에 영향을 주는 현상(편측, 상호 EMI 구분)

③ EMS(EM · Susceptibility : **전자파내량**) : 전자파에 대한 피해기기의 민감도, 내량평가

④ EMF(EM · Field : **전자파 영향평가**) : 전자파가 인체에 미치는 영향평가

4) 전자파의 발생원인 및 영향

원인	영향
• 전력설비 : 송전, 배전, 변전선로 및 설비 • 조명기기 : 방전등의 안정기, LED의 SMPS • 사무용 OA : PC, FAX, 프린터, 복사기 • 무선제품 : 휴대폰, PDA, 기지국, 무선통신기기 • 가전제품 : 전자레인지, 전기장판, TV, 드라이어 • 산업용기기 : 인버터, UPS 등 전력용 반도체 소자	• 인체영향 : Joule열에 의한 근육수축, 이완 • 전자기기 영향 – 자동화설비, 오동작, 소손 – 무선통신채널 상호간섭 – 전자잡음, 화면 떨림 – 기능장애, 오차, 파괴에 의한 고장

5) 전자파 방지대책

(1) 발생 억제 및 방지

발생 억제	발생방지
• 발생방지 : 전자파노이즈 억제용 기기 • 침입방지 : 절연강화, By-pass • 내량증가 : 피해기기 내량 증가	• 차폐 : 방사성노이즈 방지(전기, 자기차폐) • 접지 : 기준전위 확보, 노이즈장애 방지용 접지 (안전접지, 신호접지 구분) • Filter, 절연 TR 등 노이즈 방지용 부품채택

① 차폐

전기차폐	자기차폐
• 고주파 전계대책 • 도전율이 높은 재료 선정	• 저주파 자계대책 • 투자율이 높은 재료 선정

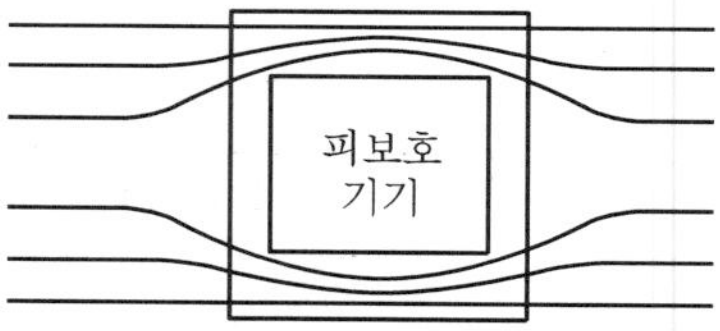

[고투자물질에 의한 차폐]

② 접지

㉠ 안전접지 : 전하방전을 위한 대지에 저저항 접지 접속

㉡ 신호접지 : ZSRG(Zero Signal Reference Grid)를 두어 회로의 동작 안정화

(2) 흡수에 의한 대책

① 전자파를 내부에서 흡수, 열에너지로 변환 감소

② 저항손실형, 자기손실형, 복합형

(3) 배선에 의한 대책

① 기기이격 또는 차폐 시행

② 동축케이블 또는 연선 사용

③ 케이블의 길이 최소화

④ 일정방향의 배선 구축

⑤ Two Pair Wire(Twist pair) 방식 채용

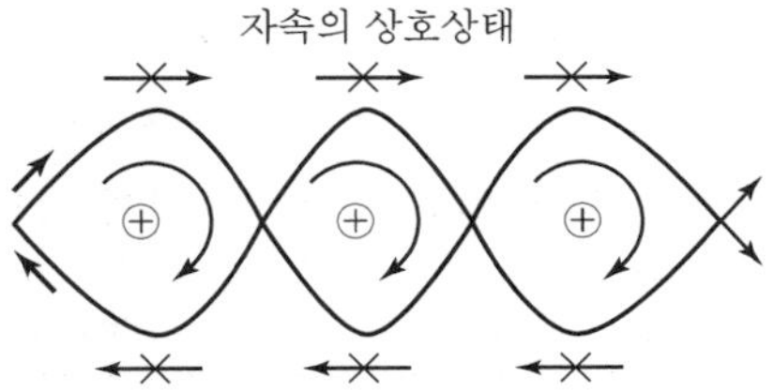

[Twist Pair]

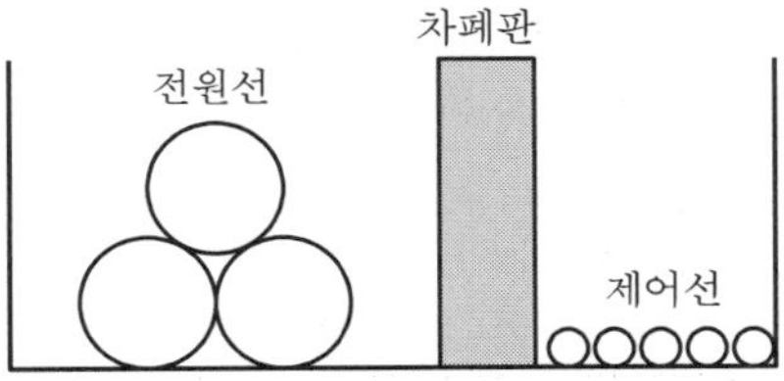

[차폐판]

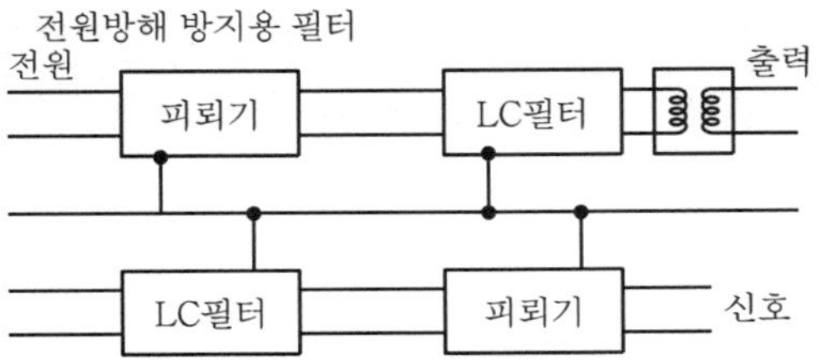

[Noise Filter]

[NCT(Noise Cut Transformer)의 역할]

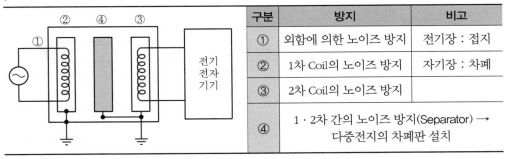

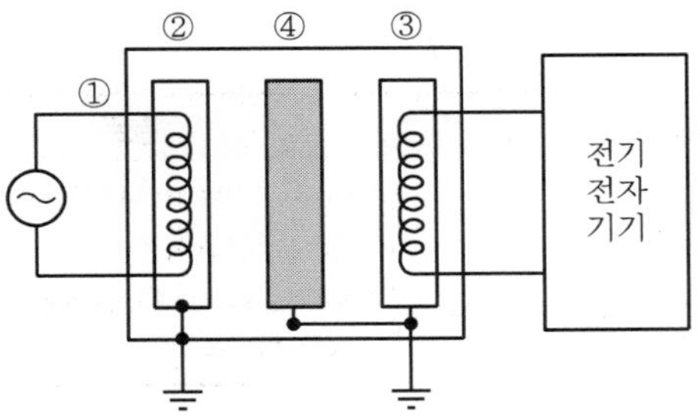

구분	방지	비고
①	외함에 의한 노이즈 방지	전기장 : 접지
②	1차 Coil의 노이즈 방지	자기장 : 차폐
③	2차 Coil의 노이즈 방지	
④	1 · 2차 간의 노이즈 방지(Separator) → 다중전지의 차폐판 설치	

6) 고조파, 노이즈, 전자파 간 상호 비교

구분	고조파	노이즈	전자파
크기	0～20%	0.1～7%	–
주파수	120～3,000[Hz]	0.01～25[MHz]	수십 [kHz] 이상의 주파수
발생량	부하전류(I_L) 비례	부하, 무효전력 급변 시	기기 내부의 잡음 (PC, 모니터)
계산	푸리에 급수로 정량화 가능	랜덤 발생 정량화 곤란	랜덤 발생 정량화 곤란

구분	고조파	노이즈	전자파
환경	선로 전원임피던스 영향	공간, 기기, 경로(자계+전계)	공간, 기기, 경로(자계+전계)
기기내량	기기마다 정격표시	기기의 사양에 따라 다름	기기의 사양에 따라 다름
종류	3, 5, 7, 9, ⋯	전자파, 유도, 전원노이즈	전자파 노이즈
대책	리액터, 필터 설치 PWM 방식 다펄스화($n = mp \pm 1$)	차폐, 접지, 필터 Twist Pair 스위칭 주파수 저하	차폐, 접지, 필터 노이즈 방지 부품 Twist Pair

15 건축물에서의 전자파의 종류, 성질, 대책

1 전자파

1) 개요

① 빌딩의 대형화로 정보처리, 사무기기 사용 증가에 따른 EMC 문제가 대두되고 있다.
② 전원 및 통신선의 공통 접지, 전위차 등에 의한 고장이 발생한다.

2) 전자파

정의(Electro Magnetic Wave)	경로
• 전기에 의한 전기장과 자기장의 흐름 • 진동이 동시 발생, 주기적 발생 파동 • 전기가 흐르는 모든 기기에 발생으로 전자파 환경 대책 필요	• CE(Conducted Emission) : 전도성 전자파(유선) • RE(Radiated Emission) : 방사성 전자파(무선)

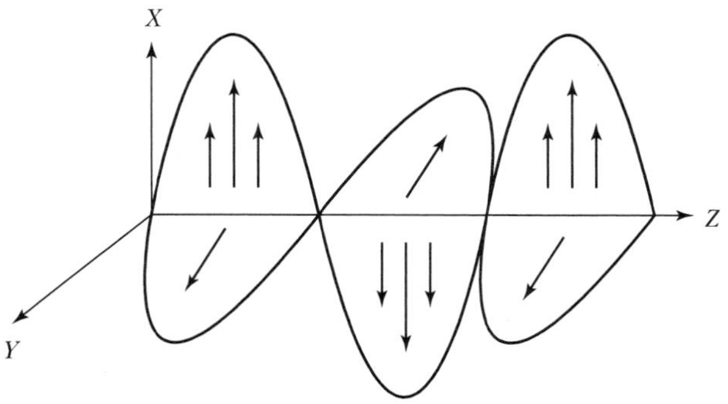

[전자파의 파형]

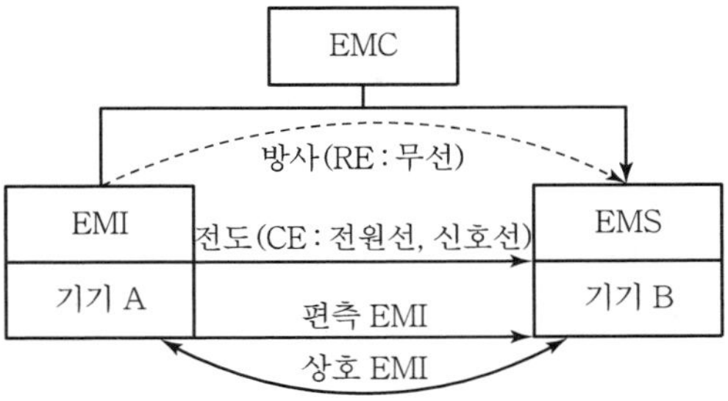

[전자파의 발생 및 영향]

3) 전자파 용어

(1) EMC(Electro Magnetic Compatibility : 전자파환경 적합성)

전자파의 편측과 상호 EMI 양쪽에 적응능력, 성능확보능력

(2) EMI(Electro Magnetic Interference : 전자파 장해)

① 전자파가 다른 기기에 간섭, 기능장해 현상
② 편측 EMI와 상호 EMI로 구분

(3) EMS(Electro Magnetic Suceptibility : 전자파 내량)

전자파 간섭에 의한 피해기기의 민감한 정도의 표현

(4) EMF(Electro Magnetic Field : 전자기장 환경인증)

전자파가 인체에 미치는 영향 평가

4) 전자파내성(EMS)

Surge와 같은 교란에 얼마나 잘 견디는지를 나타내는 정도를 전자파내성(EMS)이라 한다.

[전자파내성의 종류]

종류	내용
정전기내성	겨울철, 자동차문 개폐 시 나타나는 정전기 방전현상
조합서지내성	낙뢰, 차단기 동작 시의 개폐서지 발생현상
급과도 버스트 내성	VCB, 단로기 등의 동작 시 발생현상
고주파 전도 내성	고주파 노이즈가 케이블에 유압현상(150[kHz]~80[MHz])
고주파 방사내성	안테나, 레이더에서 발생하는 무선 고주파
자계 내성	전류에 의한 자계가 전자기기에 미치는 영향

[전자파내성의 종류]

종류	내용
상용주파전압 전도내성	직류회로에 교류전원인가 시 기기에서 발생
주파수 변화 내성	주파수 변동 시 기기가 받는 영향
순간정전전압 강하내성	급격한 부하의 투입, 차단, 재폐로 시 발생
진동서지 내성	유도부하 개폐 시 발생
전압변동 고주파내성	부하의 변동, 전력용 반도체 소자 사용 시 발생
직류전원 리플내성	직류전원의 Ripple 전압에 의한 발생
불평형 내성	3ϕ 전압의 크기가 다를 때 기기가 받는 영향

2 전자파의 성질

1) 저항결합

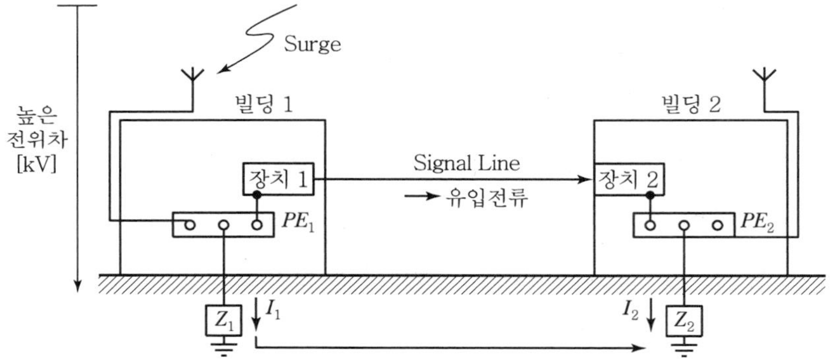

[저항결합]

① 두 회로의 공통임피던스 사용 시 과도현상에 의한 회로전달

② 결합 메커니즘은 두 회로의 공유 임피던스에 의한 영향이 결정

③ 빌딩 1의 낙뢰 시 접지저항에 의한 수 [kV](100[kV])의 전위차 유발

④ 고전압은 장치 1 → 장치 2의 절연섬락으로 소손 우려

⑤ 서지전류값은 두 빌딩의 접지저항값에 의해 결정($V = RI$)

2) 유도결합

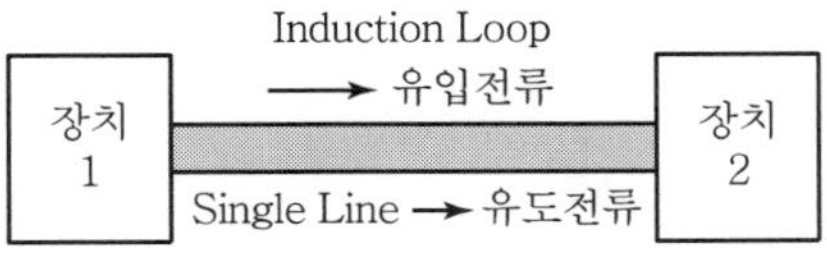

[신호 Line 배선 사이 유도 주도]

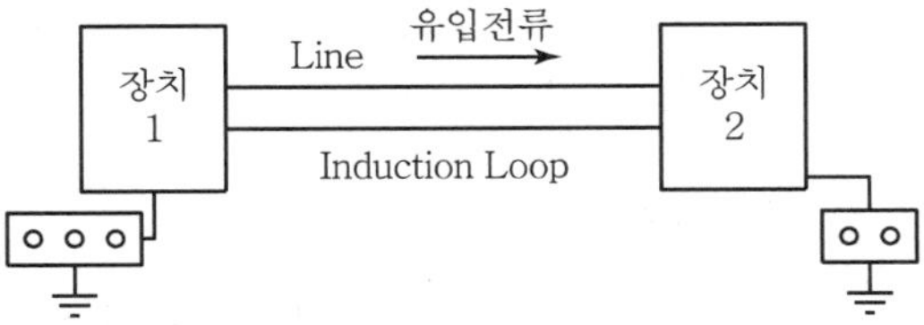

[신호 Line 및 접지 사이 유도 주도]

① 별도 접지 시 정전유도 영향 $V_2 = \dfrac{C_1}{C_1 + C_2} V_1$

② 공통접지 시 전자유도 영향 $I = j\,WML\,3\,I_0$

③ 정전유도, 전자유도에 의한 기기절연 파괴 우려

3) 정전결합

정전용량 결합에 의한 충전, 절연거리를 통하여 대지방류

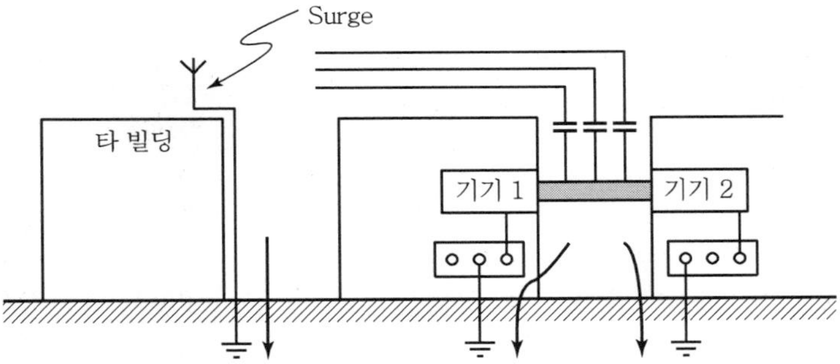

[정전결합]

❸ 건축물에서의 대책

1) 전자파장해 저감

전자파장해 저감장치	EMI 발생기기 주변에 기기미설치
• 접지(기본접지, 공통, 등전위, 본딩), By－pass 도체 등 • Filter 설치(전자파 흡수, 방류) • 차폐(차폐, 실드케이블) • 기타 : 공통루프(유도루프 억제) 　– 케이블 직각교차, 동심도체 케이블＋보호접지 　– 최소이격거리, 인버터, 전동기 배선 멀티코어	• 유도부하 스위칭장치(정류기, UPS) • 인버터와 전기 Motor • 형광등, LED, 용접기 • 변압기, 차단기, 주파수변환장치 : Elevator, Escalator 주변에 기기 미설치

2) 부대설비 빌딩인입

① 금속배관(수도, 가스, 난방)은 건물 동일장소에 입출구 선택
② 등전위 본딩, 본딩 Bar 설치

3) 분리건물

독립등전위 본딩 시 상호분리를 위한 신호용 TR 사용

4) 신호케이블

차폐, Twist Pair 사용

16 보호계전기의 노이즈 및 서지보호 대책

1 보호계전기

구성	목적	오동작 시 문제점	대책
• 검출부 : 사고검출(PT, CT) • 판단부 : Tap 설정 동작 판단 • 동작부 : 동작지령, 차단기 차단(Digital 보호계전기 적용)	• 사고검출, 고속도차단 • 보호대상, 기기손상방지 • 사고확대방지, 정전 예방 • 전력계통의 안전도 향상	• 동작구간 정전발생 • 신뢰도 저하 • 고장분석, 복전시간 지연	• PT, CT의 정전실드, Spark Killer • Limitter, Line Filter • 차폐, 흡수, 접지회로 강화 • 배선의 분리이격, 장한검출방식, 프린트기판배선

1) 주요 구성

① 검출부 : 전압, 전류에 의한 사고검출(PT, CT)
② 판단부 : Tap 설정 초과 시 동작판단
③ 동작부 : 동작지령에 의한 차단기 차단

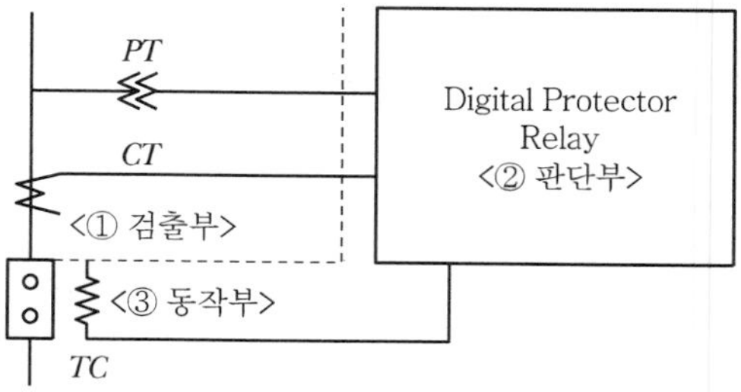

[보호계전기의 구성]

2) 목적 및 오동작 시 문제점

목적	오동작 시 문제점
• 사고구간 검출, 고속도 선택 차단 • 보호대상물 보호로 기기손상방지 • 사고확대 방지로 정전 예방 및 전력계통의 안정도 향상	• 동작구간의 정전 발생(=신뢰도 저하) • 고장분석 및 복전시간 지연

2 Noise 및 Surge

1) Noise 및 Surge

① 전원의 정상상태에서 벗어나는 현상(외란)

② 전압변동(Sag, Swell, Intteruption), Surge, 고조파, Noise, Flicker, 전압불평형

③ Surge의 경우 낙뢰와 개폐서지로 분류

2) 발생원인 및 전달경로

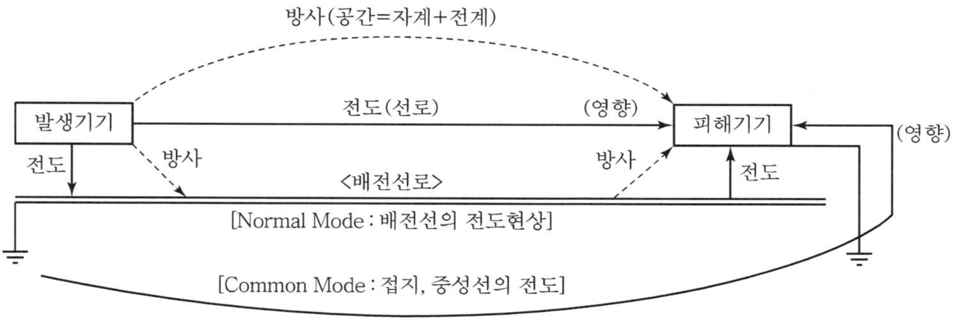

[Noise의 발생원인 및 전달경로]

발생원인	전달경로
• 자연적 : 낙뢰, 태양의 전자폭풍 • 인공적 – 의도성 : 방송파(TV, 라디오) – 비의도성 : 가전제품(전자레인지 등)	• 방사성 노이즈(RE) : 전도성 노이즈+공간을 통한 전파 • 전도성 노이즈(CE) : 전기회로의 도체를 통한 전파(계전기 Noise) ※ Normal Mode와 Common Mode로 구분

3) 대책

구분	내부 발생 및 외부 침입억제	이행전압 저감(차폐, 흡수, 접지)
내부서지	Spark killer, Line Filter	배선분리, Twist pair, 접지회로강화
외부서지	PT, CT 정전실드, 필터콘덴서, Limmitter	실드선 사용, PT, CT, 제어회로 콘덴서 설치

❸ 보호계전기 노이즈 및 서지보호 대책

1) PT, CT의 정전실드

① 정전실드는 PT, CT 간에 침입하는 Common Mode Noise 제거 목적

② 1 · 2차 권선 간 정전실드(얇은 동판) 설치

③ 정전실드로 1차 측 접지 간 노이즈 제거

④ 즉, 2차 측 이행전압 제거 의미

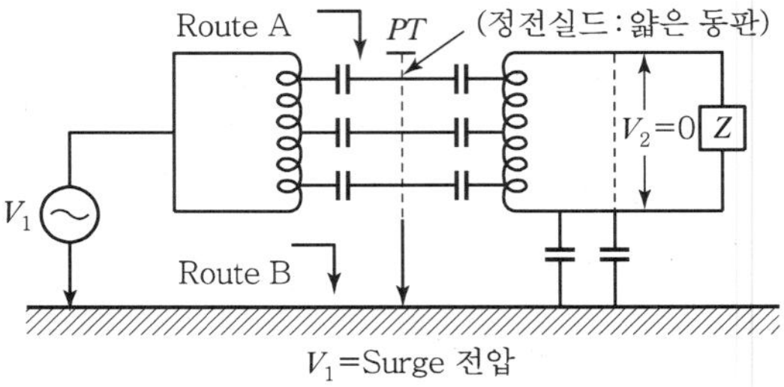

[정전실드 사용]

2) Line Filter

① 전원회로의 극간 및 대지 간에 침입하는 서지 제거 목적

② Line Filter는 LC. Low Filter 일종

㉠ $L_1 - C_1$: 극간서지 제거

㉡ $L_1 - C_2$: 대지, 접지 간 서지 제거

③ C_2 중간을 접지 사용

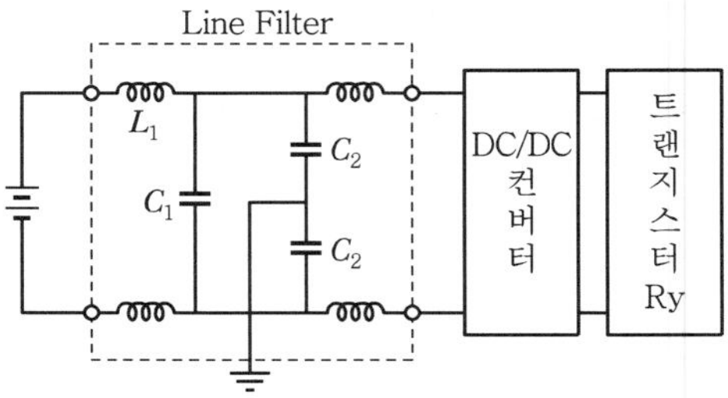

[Line Filter]

3) Limitter

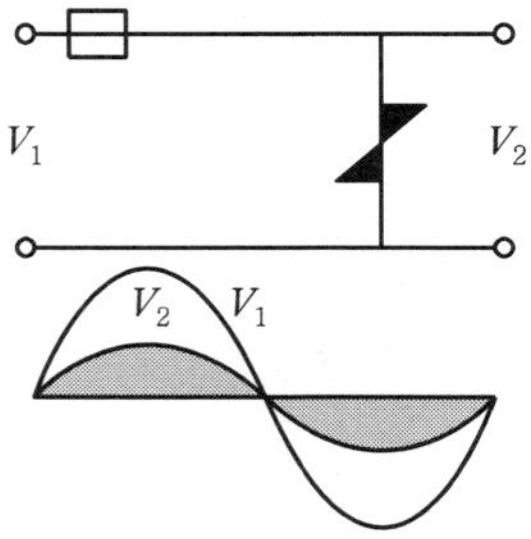

[Varistor]

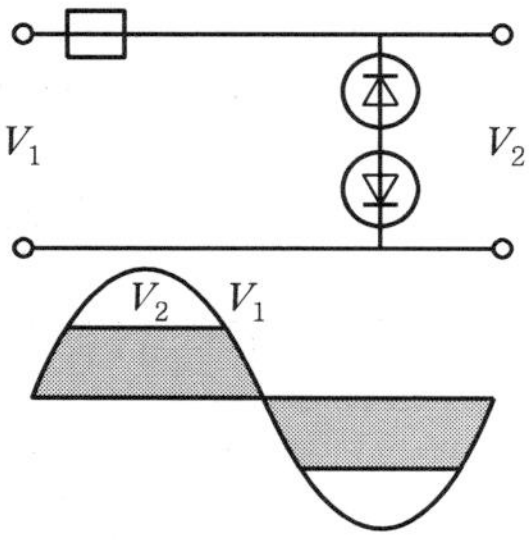

[Zener Diode]

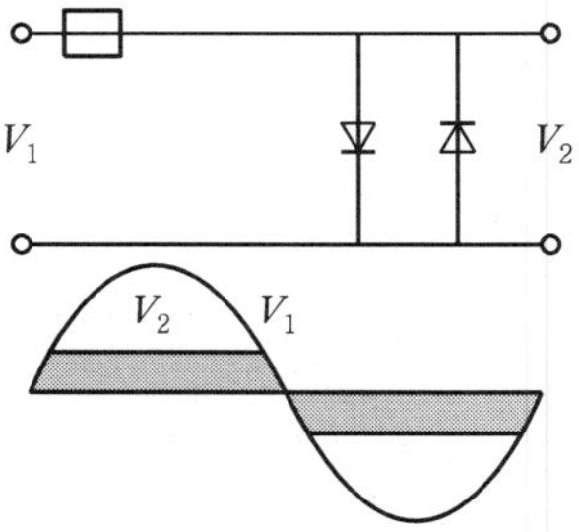

[Diode]

① PT, CT회로의 극간에 침입하는 과대서지에 대한 전자회로 보호 목적

② 반도체소자의 비직진성을 이용, 즉 인가전압 상승 시 임피던스 저하특성 이용

4) 보호계전기의 Spark Killer

① 보호계전기 인가전압 개방 시 코일(L)에 축적된 에너지 방출 개폐서지 전압 발생($e = -L\frac{di}{dt}$)

② 보호계전기 Coil과 Spark Killer를 이용하여 다이오드의 역전압 방지와 서지전압의 열소비 억제 기능

③ 직렬저항삽입으로 복귀시간 지연, Diode 단락 시 접점 및 반도체소자 소손방지

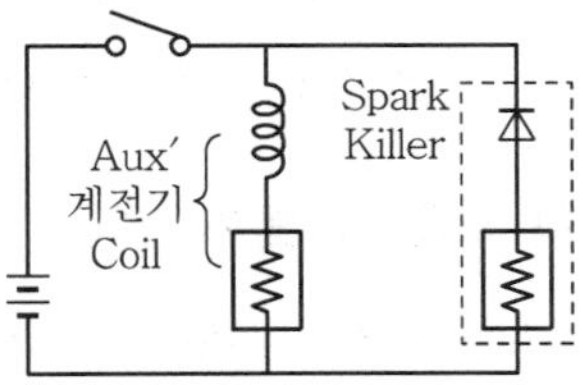

[Spark Killer]

5) 배선의 분리 이격

① 정전유도에 의한 Noise 제거(거리이격)

② A 전선과 B 전선의 거리이격

③ C_A 용량 작게 또는 C_B 용량 크게(대지와 근접)

④ V_B의 감소로 Noise 서지 감소

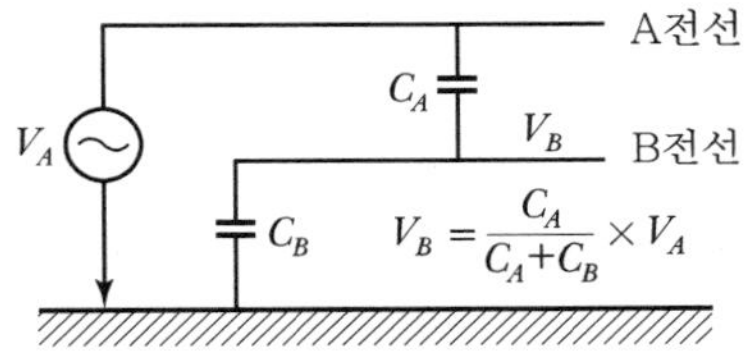

[배선의 분리 및 이격]

6) 접지회로의 강화(전기장 제거)

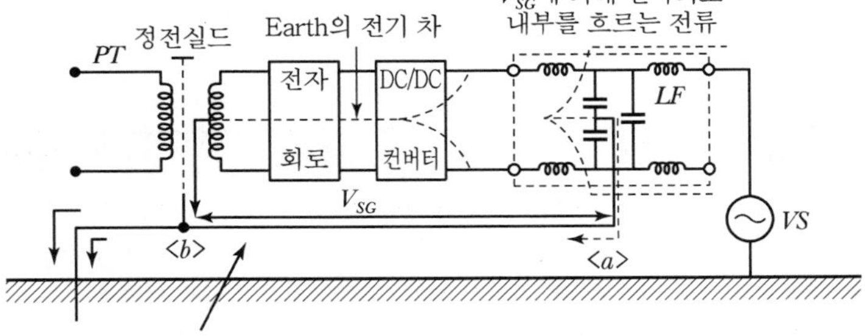

- 접지도선을 굵게 하여 서지임피던스 저감
- 정전실드 단자와 접지기준면을 만들어 PT/CT의 정전실드 단자와 실드선의 실드 접지단자와 접속

[Transistor Relay 내부의 Earth 회로]

① PT에 정전실드, Line Filter 설치 Common Mode Noise 침입 시 a－b 단자에 대지전위와 V_{SG} 생성, 전자회로 내부로 전류에 의한 노이즈 발생 억제

② 접지모선 굵게, 서지임피던스 낮게, 정전실드 단자로 실드선을 접지단자와 접촉

7) 차폐 및 흡수

① 차폐 : 자계에 의한 방사성 노이즈 억제

전기차폐	자기차폐
• 고주파 전계대책 • 도전율이 높은 재료 선정	• 저주파 자계대책 • 투자율이 높은 재료 선정

② 흡수 : 전자파를 내부에서 흡수하여 열에너지 변환감소(저항손실, 자기손실, 복합형)

8) Noise 방지를 위한 장한검출방식

① Transistor 계전기의 검출방식 : Level 검출방식 위상비교방식 구분 → 노이즈문제

㉠ 정한시 Level 검출방식 : 정전값을 일정시간 초과 확인 후 출력신호

㉡ 적분위상 비교방식 : 복수입력 위상의 중복부분을 시간적분 → 설정값 초과 시 동작

9) 프린트 기판의 배선

0V 전위의 기준전압의 패턴강화, 직교배선을 통한 노이즈 억제

17 플리커(Flicker)

1 플리커(Flicker)

정의	원인	영향	대책
• 전압변동의 반복현상 (0.9～1.1[Pu]) • 무효전력의 급변 시 전압 동요 • 조명의 깜박임, 영상 떨림 • ΔV10 표기(＝AC 100[V] 기준 1[%]×10회 변동/1초)	• 뇌 Surge, 아크방전반복 • 대형전동기, 기동, 정지 • 개폐기의 개폐동작 • 전력변환소자 고속스위칭 • 대전류 및 차단	• 불쾌감 조성 • 전동기 맥동, 과열 • 정밀기기 오동작 소손 • PF 용단 • 조명 깜박임, 영상 떨림	• $\Delta V = X \cdot \Delta Q$ X의 저감, Q의 저감 • 전용 TR수전, TR용량 증대 • 배전선 굵기 증가, SC, SR 설치 • SVS, 동기조상기, 완충리액터 병용

1) 정의

① 전압변동의 반복현상(0.9∼1.1[Pu])

② 무효전력 급변 시 부하에서 발생

③ 조명의 깜박임, 영상의 일그러짐 현상

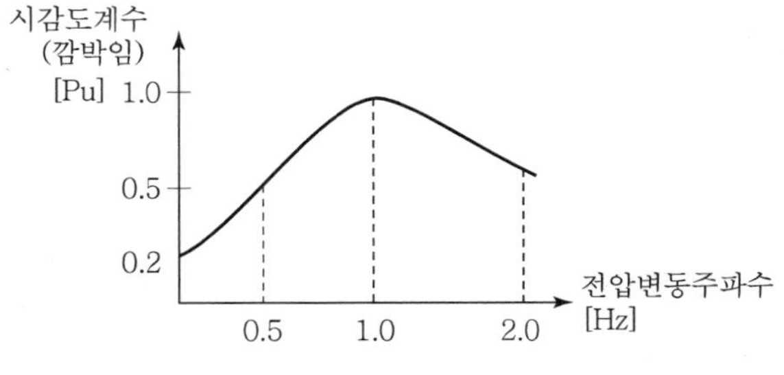

[깜박임 시감도계수]

2) Flicker의 크기

① 변동주기를 모두 10[Hz]로 환산한 전압 변동기준

② $\Delta V10 = \sqrt{\sum_{n=1}^{n}(a_n \cdot \Delta V_n)^2}$

여기서, a_n : 깜박임 시감도 계수

ΔV_n : 전압변동의 크기

③ $\Delta V10$: AC 100[V]부터 99[V]까지 1초 동안 1회 변동값($\Delta V10 = 1$[%]를 의미)

④ 터널조명 시 : 주행속도/조명거리로 4∼11[cycle/sec] 초과 시 대책 필요

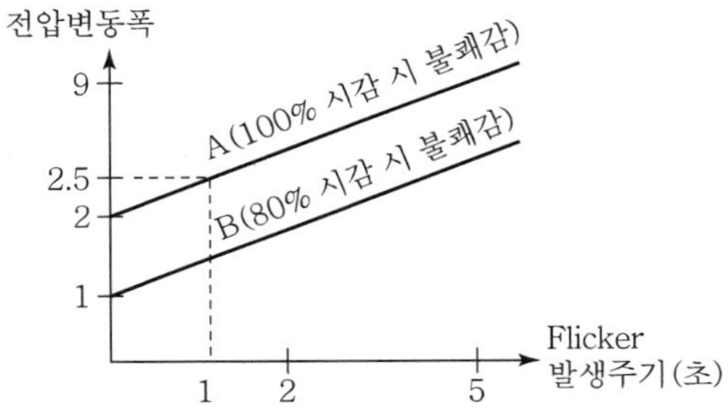

[Flicker 불쾌감 한계곡선]

3) 기준

Flicker	2% 이하	2∼2.5%	2.5% 초과
내용	무관	조건부 사용	대책 필요

4) 발생원인 및 영향

원인	영향
• 뇌서지(직격, 유도뇌, 역섬락) • 아크방전반복 : 전기로 아크로, 용접기 • 대형전동기의 기동, 정지반복 : 압연기, 반송기계 • 개폐기의 개폐동작 : 개폐서지, TR여자돌입전류 • 전력변환소자의 고속스위칭 : 인버터, UPS 등 비선형부하 • 대전류의 차단 : 단락, 지락 등	• 불쾌감 조성(Flicker 주파수) • 전동기의 맥동 및 과열 • 정밀기기 오동작 소손 • TR 보호용 PF의 용단 • 조명의 깜박임 • 화면 영상의 떨림 등

5) 대책

전력 공급자 측	수용가 측
• 전용계통, 전용TR, TR용량 증대 • 단락용량이 큰 계통에서 공급 • 공급전압승압, 전선굵기 증대 • Spot Network 수전방식 채택 • SVC, 동기조상기, 완충리액터 조합	• $\Delta V = X \cdot \Delta Q$ ($\therefore$ X의 저감과 ΔQ의 저감) • X의 저감 : 단락용량 증가, 선로임피던스 감소, 직렬콘덴서 설치, 3권선 TR, 단권 TR • ΔQ의 저감 : 동기조상기, SVC, STATCOM, 직렬리액터, 전압직접조정(OLTC, ULTC, Booster)

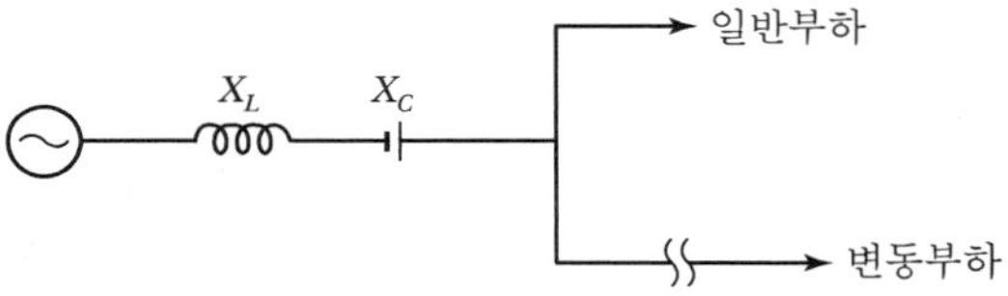

[계통도]

6) 공식유도($\Delta V = X \cdot \Delta Q$ 증명)

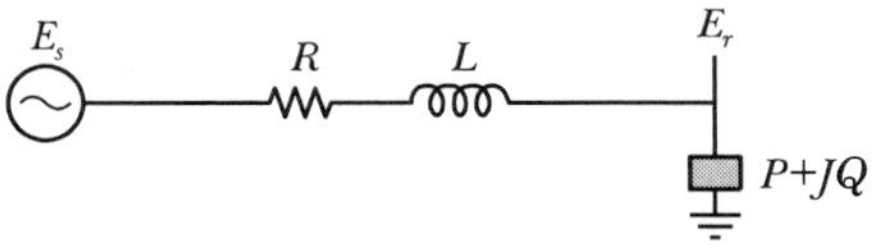

[회로도]

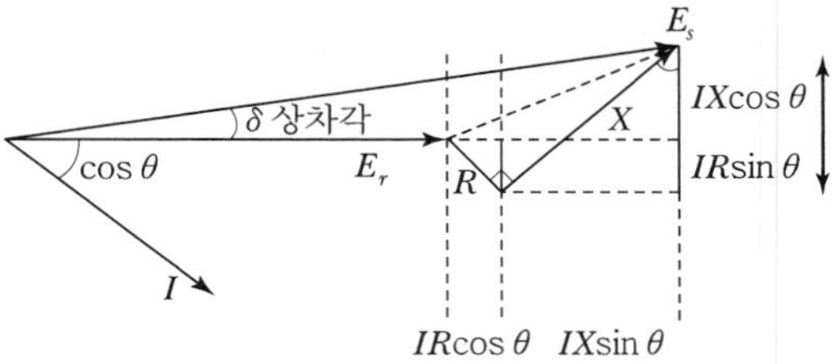

[벡터도]

① $E_s = \sqrt{(E_r + I(R\cos\theta + X\sin\theta) + jI(X\cos\theta - R\sin\theta))^2}$

$$= \underbrace{\left(E_r + \frac{P_r + Q_x}{E_r}\right)^2}_{\Delta V} + \underbrace{\left(\frac{P_x}{E_r} - \frac{Q_r}{E_r}\right)^2}_{\delta V}$$

② $R \ll x$, $E_r = 1$[Pu]로 놓으면 $E_s = (E_r + \Delta V)^2 + (\delta V)^2$

$E_s - E_r = \Delta V + (\delta V)^2$

$$E_s - E_r = \Delta V\left(= \frac{P_r + Q_x}{E_r}\right) + \delta V\left(= \frac{P_x - Q_r}{E_r}\right)$$

③ $\therefore \Delta V = X \cdot \Delta Q$ 성립 (δV : 상차각－상태안정도관계)

7) $Q-V$ Control

① 위 6)의 ③식에서 $Q = \dfrac{\Delta V}{X} E_r = \dfrac{E_r}{X}(E_s \cdot E_r)$

② $\Delta V = E_s - E_r = I(R\cos\theta + X\sin\theta) = \dfrac{P_r + P_x \tan\theta}{E_r} = \dfrac{P_r + Q_x}{E_r}$

③ $\therefore \Delta V = \dfrac{Q_x}{E_r}$ $(R \ll x)$

㉠ 우리나라의 경우 정전압 송전방식 채택

㉡ E_r과 X 일정 시 $\Delta V \propto Q$ 비례

㉢ ΔV는 무효전력 Q와만 관계됨

18 FACTS : 유연송전시스템

1 FACTS(Flexible Ac Transmission System : 유연송전시스템)

1) 구성도

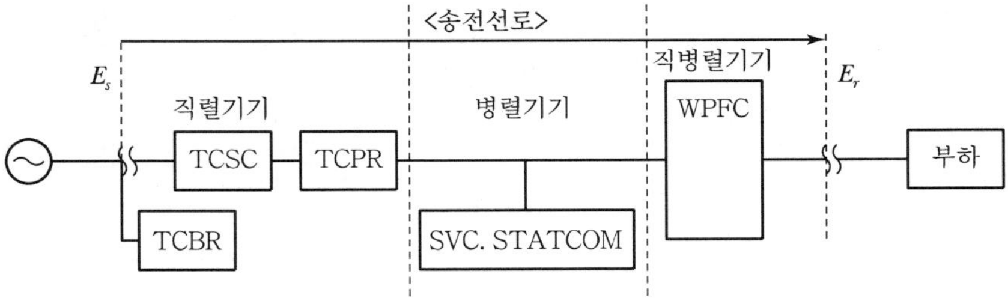

[FACTS의 구성]

2) 정의 및 원리

FACT(유연송전시스템)	원리
• 송전선로 계통의 전압 무효전력, 위상각 제어 • 병렬조류 조정의 신전력 시스템 • 전력수송 + Thyristor Control = 계통의 설비 이용률 극대화 (즉, 계통의 안정도 향상 목적)	$P = \frac{E_s \cdot E_r}{X} \sin\delta$ • 계통의 리액턴스 조정(X) : TCSC, STATCOM, SVC • 위상각 보정(δ) : TCPR • 전압보정(E_s, E_r) : SVC, STATCOM • 발전전력 조정(P) : TCBR • 종합적 제어(V, X, δ) : UPFC

3) 개발 배경 및 목적

개발 배경(문제점)	개발 목적
• 전압강하, 변동, 손실 유발 • 임피던스제어 곤란 • 병렬조류의 불균형 • 계통의 안정도 저하	• 전압변동 억제, 전기품질, 공급신뢰도 향상 • 손실강도, 송전전력 증대(무효전력 최소화) • 임피던스제어, 전력조류제어로 설비이용률 향상 • 전력계통의 안정도 향상(사고영향 최소화)

4) 주요 특징(장점)

설비면	운용면
• 구조 간단, 신뢰도 우수 • 소음, 진동 미발생 • 무효전력의 연속정밀제어 • 빠른 응답 속도(0.2[sec])	• 임피던스, 무효전력 조정, 전력병렬조류제어 • 손실최소화 송전용량 증대 • 사고영향 최소화, 계통의 안정도 증대 • 송전선로 이용률 향상 및 경제성

2 FACTS의 종류별 특징

1) TCBR(Thyristor Controlled Braking Resistor : 사이리스터제어 제동저항)

목적	원리	특징
발전전력 조정(P)	계통 고장 시 발전기단자에 직렬저항 삽입, 가속 중인 발전기 군의 에너지 흡수, 발전기 보호, 과도안정도 향상	• 정밀제어 기능 • Brake의 투입, 자동 차단 • 제동저항의 임계차단시간을 정할 필요 없음

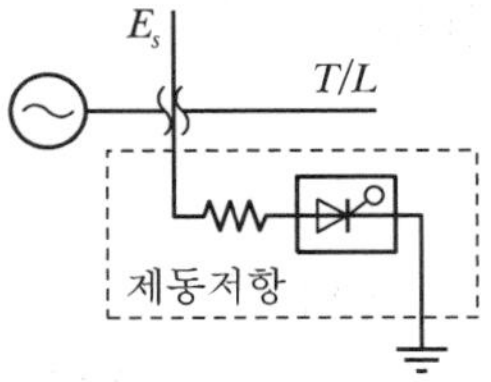

[TCBR]

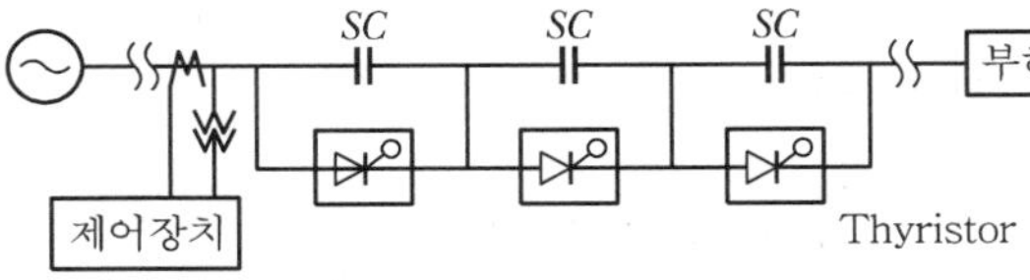

[TCSC]

2) TCSC(Thyristor Controlled Series Capacitor : 사이리스터 제어 직렬콘덴서)

목적	원리	장점	단점
• 임피던스제어(X_C) • 무효전력 보상 • 전력조류제어 • 안정도 향상	• X_C 투입 X_L 보상 • SC를 직렬 삽입 • Thyristor를 통한 제어 및 By－pass	• 기존선로에 설치 용이 • 공기단축 가능 • 경제성 우수	• SC 보상 시 과전압 우려 • 선로고장 시 고장전류에 의한 SC 소손 우려 • SC 소손방지를 위한 보호장치 필요(SR)

3) TCPR(Thyristor Controlled Phase Angle Regulator : 사이리스터제어 위상변환기)

목적	원리	특징(장점)
• 위상각제어(δ) • 전력조류제어 • 계통안정도 향상	• Thyristor＋위상조정 TR Tap 조정 • 무효전력조정, 위상제어(독립권선 TR) • 독립권선 TR 3대를 By－pass 또는 역접속	• 상시운영 가능 • 조류제어 용이 • 계통동요 억제 과도안정도 향상

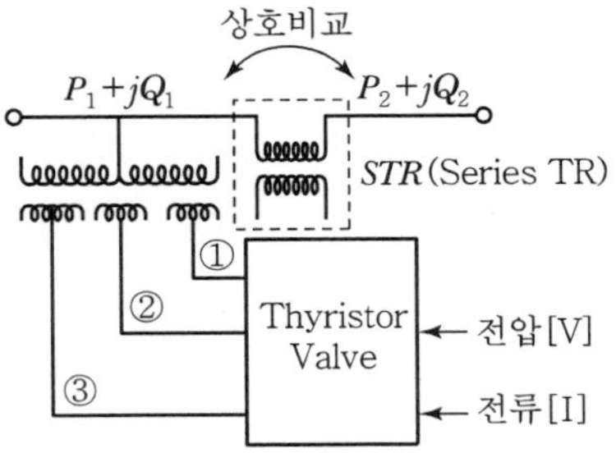

[TCPR]

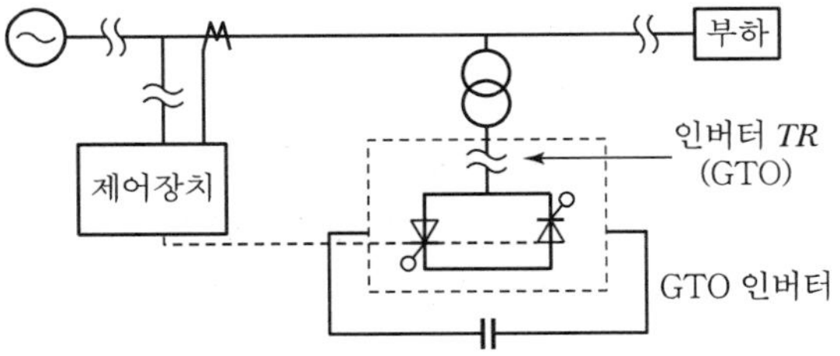

[STATCOM]

4) STATCOM(Static Synchronous Compensator : 자려식 SVC)

① 자려식 SVC로 인버터를 이용한 무효전력제어(SVC와 동일원리)

② GTO 인버터＋출력위상동기화＋전압차＝무효전력의 보상

③ 특징은 SVC와 동일＋설치면적 축소 가능(SVC의 70%)

5) SVC(Static Var Compensator : 정지형 무효전력 보상기)

(1) 회로도

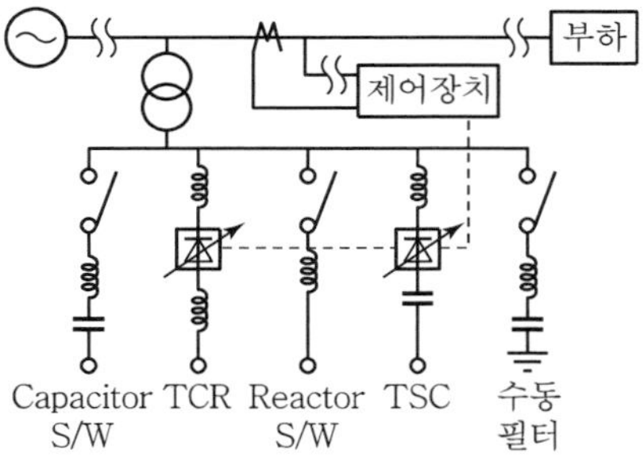

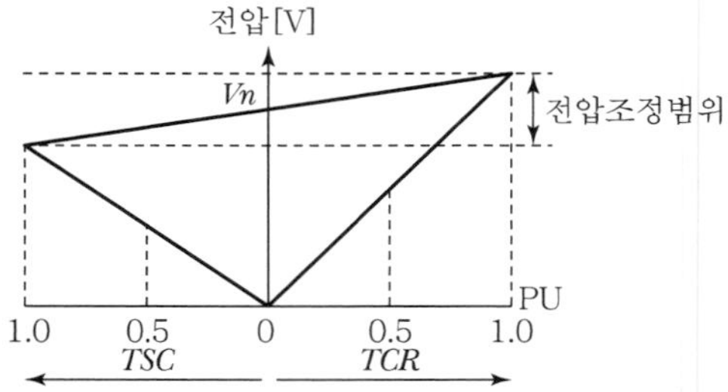

[무효전력과 전압조정 범위]

(2) SVC

목적	원리	종류	제어
• 무효전력 조정 • 선로전압 조정 • 고조파 제거기능	• TCR, TSC 이용 • 무효전력 최소화 • 전압을 일정유지	• TCR, TSC • TCR+TSC • FC(MSC)+TCR	• TCR : Thyristor+Reactor (=연속제어) • TSC : Switching+Capacitor (=다단제어) • FC : 고정콘덴서군 • MSC : 가변콘덴서군

(3) SVC 장단점

① 장점

㉠ 연속제어+빠른 응답 특성(0.02[sec])

㉡ 무효전력, 전압변동, 손실 억제, 송전용량 증가

㉢ 부하변동에 따른 전압변동 개선 효과

㉣ 계통의 과도안정도 향상

② 단점

㉠ Thyristor의 용량한계

㉡ 고속스위칭에 의한 고조파 발생(수동필터 흡수 대지방류)

㉢ Capacitor 개폐 시 특이현상 발생

6) UPFC(Unified power Flow Controller : 종합전력 조류제어기)

(1) 회로도

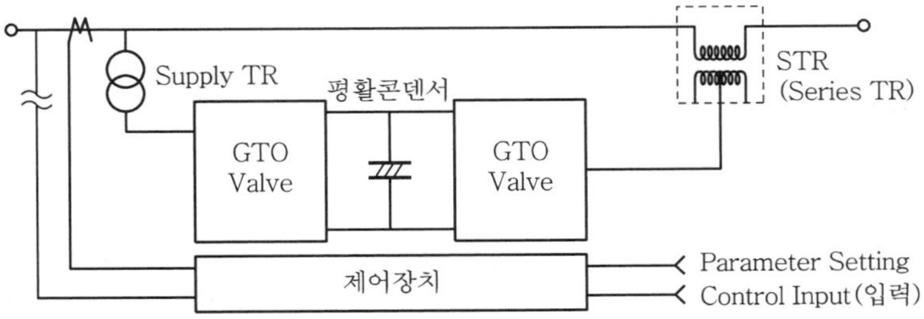

[UPFC]

(2) UPFC

목적	원리	특징
무효전력조정	인버터를 이용하여 무효전력 흡수 보상	종합적인 제어기능(연속, 분리제어)
선로전압조정	무효전력 최소화로 전압제어	전력조류제어
위상각제어	DC콘덴서 활용 유효전력 공급 및 소비	계통의 안정도 향상

(3) 장점

위 5가지 설비의 장점을 모두 포함한다.

19 정지형 무효전력 보상장치(SVC : Static Var Compensator)

1 개요

1) 송전선로와 무효전력

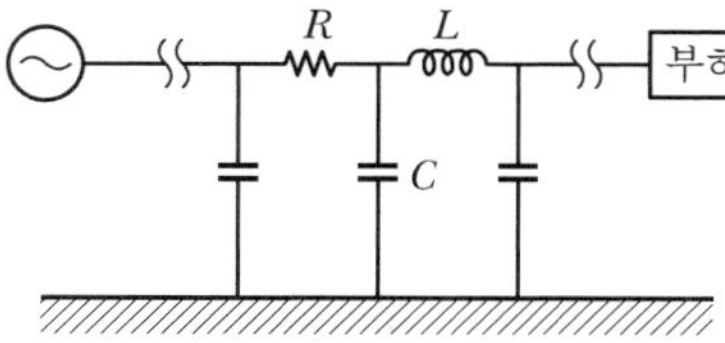

[장거리 송전선로 구성도]

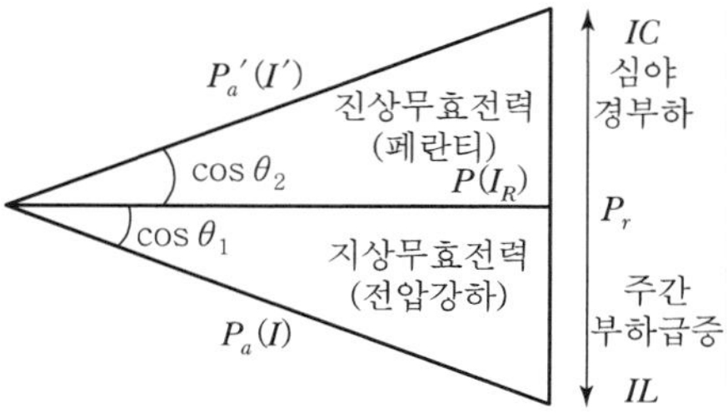

[벡터도]

[무효전력]

무효전력의 발생원인	영향	대책
송전선로의 부하증감 시 무효전력 변동	전압변동(전압강하, 페란티) 심각	FACTS 설비
주간 : 부하급증(지상＝전압강하)	임피던스 제어곤란, 병렬조류의 불안정	SVC
야간 : 경부하 (진상＝페란티)	계통의 안정도 저하	STATCOM

2 SVC(Static Var Compensator : 정지형 무효전력 보상장치)

목적	원리	종류	특징
무효전력 조정	TCR, TSC 이용	TCR, TSC	연속제어＋빠른응답특성(0.02[sec])
선로전압 일정유지	무효전력 최소화	TCR＋TSC	무효전력, 전압변동, 손실억제, 송전용량 증가
계통의 안전도 향상	전압을 일정유지	FC(MSC)＋TCR	계통의 과도안정도 향상(고조파, Thyristor 용량한계)

1) 구성도

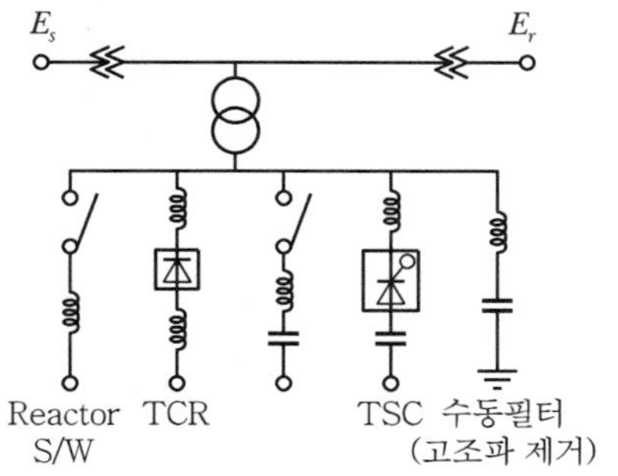

[SVC 구성도]

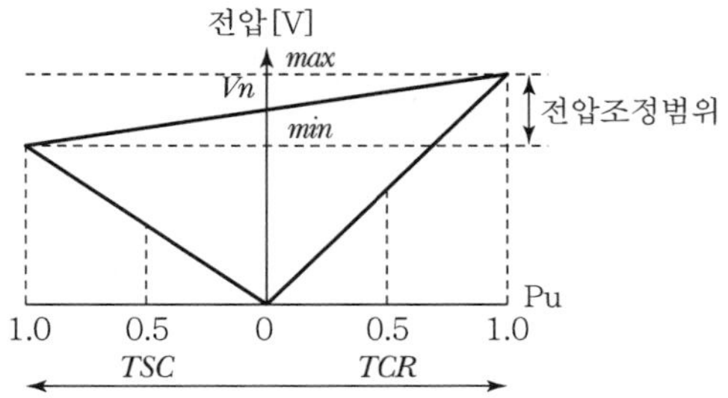

[전압 조정제어]

2) SVC

① SVC(Static Var Compensator) : 정지형 무효전력 보상장치

② 목적 : 무효전력 보상, 수전단 전압 일정유지

③ 구성

㉠ TCR(Thyristor Control Reactor : X_L 보상+연속제어)

㉡ TSC(Thyristor Switching Capacitor : X_C 보상+다단제어)

㉢ 콘덴서군 및 리액터 : FC(고정군), MSC(가변군－개폐제어)

㉣ 수동필터 : Thyristor에 의한 고조파를 흡수 대지방류(직·병렬공진)

④

$$P = \frac{E_s \cdot E_r}{X} \sin\delta$$

여기서, E_s : 송전전압, E_r : 수전전압, X 무효분, δ : 위상각

㉠ SVC는 무효분(X성분)제어 계통의 안정도 향상

⑤ 개발 배경

개발 전(다단적 제어)	개발 후(연속제어)
• 전기로, 아크로의 전압강하 방지 목적 • 동기조상기, Shunt Reactor • 병렬콘덴서에 의한 다단적 제어	• 전력계통에 적용 무효전력 최소화 • Thyristor를 이용한 연속 또는 다단제어 • TCR+TSC=연속제어

3 SVC의 종류별 특징

1) TCR(Thyristor Control Reactor)

목적	원리	특성
• 가변의 지상무효전력(X_L) • 공급(=연속제어)	• Thyristor+Reactor • X_L 성분의 연속제어 • 무효전력 조정	• 연속가변 점호각제어 (0° : 최대출력~180° : 최소출력) • 1/2[cycle]마다 점호각제어(6pulse) • 고조파 발생으로 필터 적용 필요

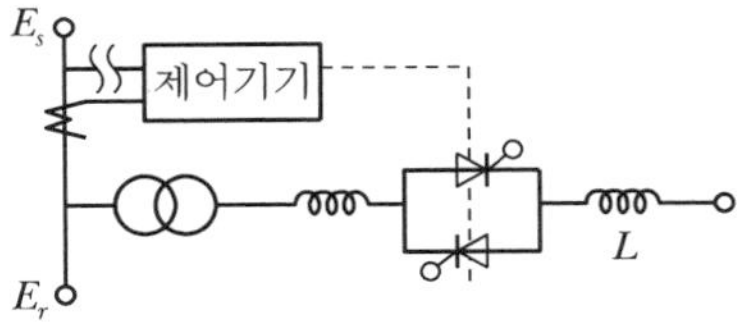

[TCR]

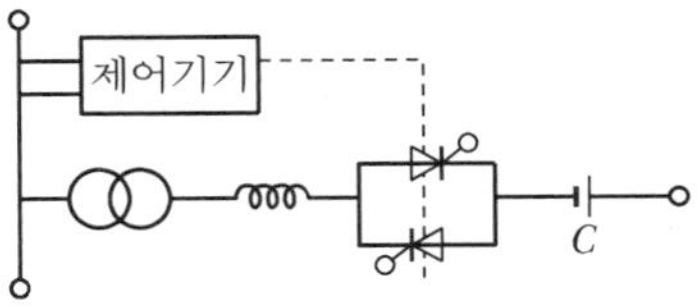

[TSC → 2개군 이상]

2) TSC(Thyristor Switching Capacitor)

목적	원리	특성
진상무효전력(X_C)의 단계적 제어	Thyristor+Capacitor Bank+SR =단계적 무효전력조정	• Capacitor 전압은 최대 90° 지상 → 전류 0점에서 전압은 90° 위상 • 동일극성에서 1/2[cycle] 점호각제어 • 개별적 개폐가 가능하도록 Bank 실시

3) TCR+TSC

목적	원리	특성
• 부하급변개소에서 진상(X_C) 지상(X_L)의 무효전력제어 • 수전전압 일정유지 효과	• TCR을 이용 X_L 연속제어 • TSC를 이용 X_C 다단제어 • 무효전력 급변제도 적용 • 전압일정 및 안정도 향상	• TCR 특성+TSC 특성=무효전력제어 및 전압일정 • 고조파 발생에 따른 수동필터 적용 고조파 흡수 억제

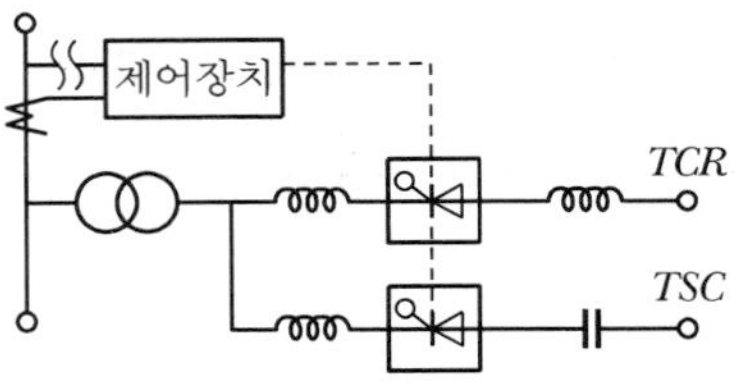

[TCR+TSC]

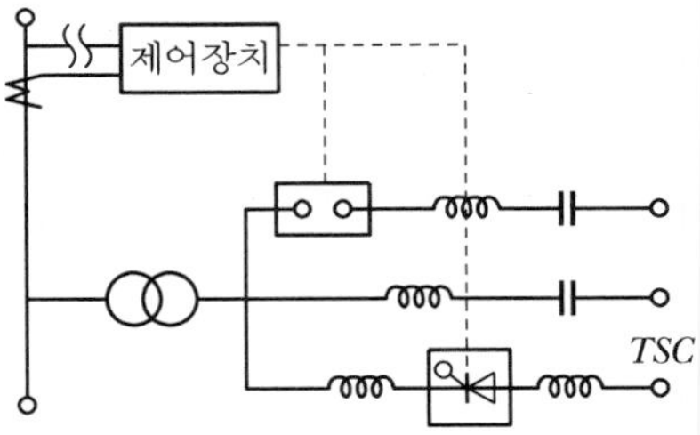

[FC(MSC)+TCR]

4) FC－TCR과 MSC－TCR

목적	원리	특징
X_C를 고정(가변)후 TCR을 이용하여 무효전력 조정	• FC(Fixed Capacitor＝콘덴서 고정군) • MSC(Mecanical s/w Capacitor＝가변군)	• Capacitor Bank 형성 • 일부는 고정군(F · C) • 일부는 가변군 구성(MSC) 후 TCR을 이용 무료전력조정

5) 장단점

(1) 장점

① 연속제어＋빠른 응답특성(0.02[sec])
② 무효전력, 전압변동 손실 억제 송전용량 증가
③ 부하의 변동에 따른 전압변동 개선 효과
④ 계통의 과도안정도 향상

(2) 단점

① Thyristor 용량의 한계
② 고속스위칭에 의한 고조파 발생
③ 개폐 시 특이현상 발생(L.C)

6) 적용

① 제강용 Arc로 : 무효전력의 심한 변동 → 전압변동 보상
② 전력계통의 부하나 국지적인 전압변동 보상

4 맺음말

1) SVC는 FACTS 설비의 일종이며 계통의 무효전력제어로 수전전압을 일정하게 유지하여 전력품질을 향상한다.
2) SVC 적용 시 무효전력의 다단적 제어에서 연속제어가 가능하다(Thyristor 이용).

20 산업용 Loop 전류

1 계장신호

1) 정의

① 현장의 전압, 전류, 온도, 압력신호를 시스템에 전송 시 소세력을 이용한 신호전달

② 전류는 4~20[mA], 전압은 1~5[V]를 많이 사용

2) 신호의 종류

공기식(Pneumatic)	전기식
3~14.7[PSI] (0.2~1[kg/cm^2], 20~100[kPa])	4~20[mA](1~5[V]) (전압은 저항값에 따라 변환, 250[Ω] 기준)

3) 신호의 사용 여유

① 전압강하 미발생 : 선로에 상시동일전류 인가 전압강하 미발생

② 단선감지 : 4[mA]가 아닌 0[mA] 감지 시 단선감지

③ 접촉불량 등 오동작 감소 : 미세신호로 오동작 감소

④ 종단저항을 이용한 전압측정 : 5[V](250[Ω]), 10[V](500[Ω]), 15[V](750[Ω])

⑤ 노이즈 영향 감소 : 노이즈 한계 1[mA] 보다 큰 4[mA] 적용(+CVVS)

⑥ 감전보호 : 인체감전 한계전류인 30[mA]보다 적은 20[mA] 적용

4) DC 사용 이유

① DC는 저항 R만 영향, AC는 임피던스 Z(R.LC+주파수) 영향

② 즉, 임피던스 영향 감소, 과도현상 억제, 주파주 영향감소를 위해 DC전원 사용

5) Relay 접점

SPST	SPDT	DPDT
Single Pole Single Thorough 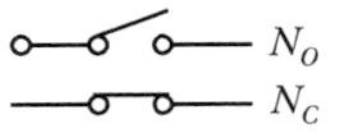 1개 접점	Single Pole Double Through 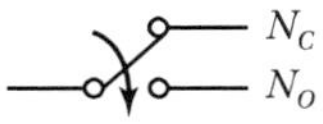 2개 접점	Double Pole Double Through 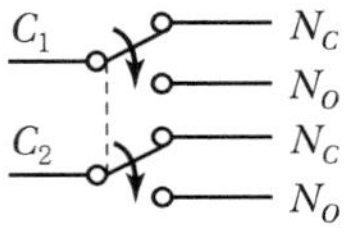 2개 접점 동시연동

6) Dead Bond

Hight Alarm	Low Alarm	Fail Safe
Set 18[mA] 설정 초과 시 Alarm 복구 시 해제	Set 1[mA] 설정 이하 시 Alarm 복구시 해제(노이즈 방지)	전원인가 불능확인 단선, 전원차단 Relay 소손 등

7) RTD(Resistance Temperature Detector, 측온저항기)의 적용

① 백금(PT 100[Ω]) : 정확성, 안정성, 선형성

<table>
<tr><th>휘스톤 브리지 방식(3가닥)</th><th>정전류방식(4가닥)</th></tr>
<tr><td>3선 사용(오차 발생)
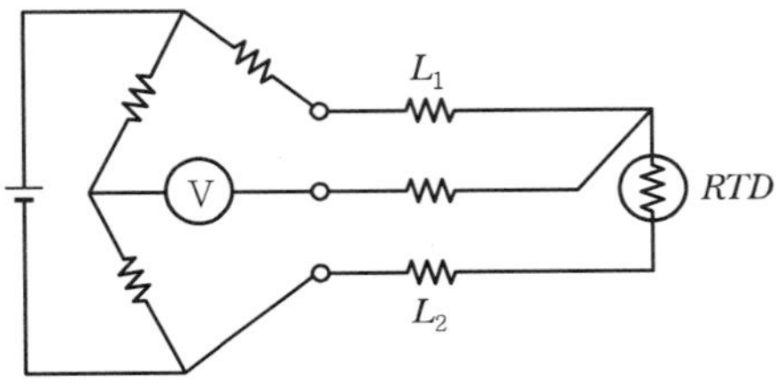

</td><td>4선 사용(정확도 개선)
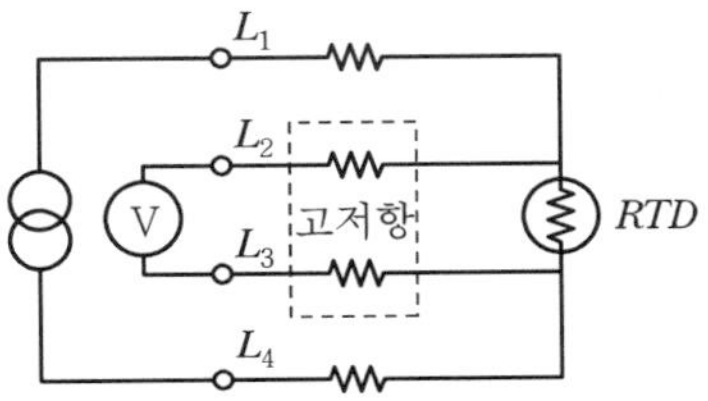

L_2, L_3 = 고저항,
전류 흐름은 RTD를 통한 흐름 형성</td></tr>
</table>

CHAPTER

07

신재생에너지

01 신재생에너지

1 정의

기존의 화석연료를 변환시켜 이용하거나 햇빛, 물, 지열, 강수, 생물 유기체 등을 포함한 재생 가능한 에너지를 변환시켜 이용하는 에너지로서 11개 분야로 구분된다.

2 구분

1) 신에너지 : 연료전지, 석탄 액화 · 가스화, 수소에너지(3개 분야)
2) 재생에너지 : 태양광, 태양열, 풍력, 해양, 수력, 바이오매스, 폐기물, 지열(8개 분야)

3 신재생에너지 필요성

필요성	특성	문제점
• 자원고갈 위기 • 물 부족 심화 • 온실가스 배출 증가 • 에너지 소비 증가	• 공공미래에너지 • 비고갈성에너지 • 기술력으로 확보 가능한 에너지 • 환경친화형 청정에너지	• 조정이 어렵다. • 대부분 직류를 생산한다. • 예측이 어렵다. • 출력 패턴이 불규칙하다.

4 연료전지

1) 연료전지는 전기화학반응에 의하여 연료가 갖는 화학에너지를 직접 전기에너지와 열로 변환시키는 발전장치이다.
2) 발전효율은 35[%] 정도로 기존 발전장치에 비해 높으며 난방 등에 의한 열회수까지 고려하면 효율은 80[%] 이상에 이른다.
3) 또한 다양한 형태의 연료를 사용할 수 있으며 대기오염 물질의 배출이 극히 적고 소음, 진동이 거의 없는 환경친화적 기술이라 할 수 있다.

5 석탄 액화 · 가스화

1) 저급 연료를 활용하여 고효율, 친환경적인 에너지를 생산기술로서 석탄 액화 · 가스화, 석탄 중질잔사유 가스화를 통해 CO와 H_2가 주성분인 가스를 제조한다.
2) 대표 이용기술에는 석탄가스화 복합발전(IGCC)이 있다.

6 수소에너지

1) 환경오염과 자연고갈 문제가 없는 미래 에너지원이다.
2) 원자력발전의 전력으로 물을 전기분해하는 방법과 열화학 사이클 법 등이 연구되고 있다.

7 태양광에너지

1) 태양으로부터 내리쬐는 방사성 에너지를 전기에너지로 변환하여 발전하는 방식이다.
2) 태양전지, 축전지, PCS 등으로 구성되어 있다.

8 태양열에너지

1) 태양의 직사광을 반사경으로 모아 그 열에너지로 증기터빈을 돌려 발전하는 방식이다.
2) 집열부, 축열부, 이용부로 구성되어 있다.

9 풍력에너지

1) 풍력발전은 바람에너지를 이용한 발전 방식이다.
2) 풍차를 이용하여 기계적 에너지를 전기적 에너지로 변환한다.

10 해양에너지

1) 조석, 조류, 파랑, 해수의 수온 · 밀도차 등 해양에 부존하는 에너지원을 이용하여 발전하는 방식이다.
2) 조력발전, 파력발전, 온도차발전 등이 있다.

11 수력에너지

1) 소수력 발전은 설비용량 10,000[kW] 이하의 수력발전을 의미한다.
2) 수차, 발전기, 전력변환장치 등으로 구성되어 있다.

12 바이오에너지

바이오에너지는 생물 자원, 유기성 폐기물 등을 생물학적 · 열화학적으로 전환하여 액체연료나 기체연료를 생산하는 기술이다.

⑬ 폐기물에너지

폐기물을 열분해, 고형화, 연소 등의 가공처리하여 고체연료, 액체연로, 가스연료, 폐열 등을 생산하는 기술이다.

⑭ 지열에너지

1) 지하의 온도에너지를 이용하여 발전하는 기술이다.
2) 5~30[℃]의 저온 지열은 열펌프를 통해 여름에는 냉방, 겨울에는 난방으로 이용된다.

02 태양전지의 정의 및 원리

1 태양전지 정의

1) 태양전지는 태양으로부터 내리쬐는 방사성 에너지를 전기에너지로 변환하는 장치이다.
2) 태양전지는 빛에너지를 이용하여 전기에너지를 변환하는 광전지로 P−N 반도체가 사용되며 재료에 따라 결정질 실리콘, 비정질 실리콘, 화합물 반도체 등이 사용된다.

2 구조 및 원리

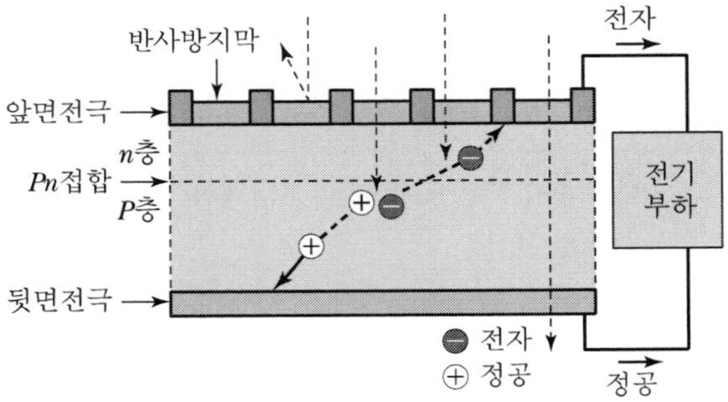

[태양전지의 원리]

1) P−N 접합 반도체가 태양광에너지를 흡수하면 반도체 중에 과잉 전하대가 발생된다.
2) 이때 발생한 정공과 전자가 정(+), 부(−)로 분리되어 외부 회로에 전류가 통전된다.

3) 전자와 정공이 서로 반대 방향으로 흘러가는 이유는 PN 접합부에 존재하는 전기장의 영향 때문이다.
   ① 열적평형상태에서 N형 반도체와 P형 반도체의 접합으로 이루어진 Diode에서 농도 구배에 의한 확산으로 전하의 불균형이 생기고 이로 인한 전기장이 형성되어 Carrier의 확산은 없다.
   ② 이 Diode에 그 물질의 전도대와 가전도대 사이의 에너지 차이인 Band 갭 에너지 이상이 가해졌을 때 이 빛에너지를 받아서 전자들은 가전도대에서 전도대로 여기된다. 이때 전도대로 여기된 전자들은 자유로이 이동할 수 있게 되고, 가전도대에는 전자들이 빠져나간 자리에 정공이 생성되며 농도 차이에 의해 확산된다.
   ③ 이때 다수 Carrier는 전기장으로 인한 장벽 때문에 흐름의 방해를 받으나 P형 반도체의 소수 Carrier인 전자는 N형 쪽으로 이동할 수 있으며, 이로 인한 전압차가 발생되는데 이를 이용한 것이 태양광 전지의 원리이다.

3 에너지 변환효율을 높이기 위한 방법

1) 가급적 많은 빛이 반도체 내부에 흡수되도록 한다.
2) 빛에 의해 생성된 정공과 전자쌍이 소멸되지 않고, 외부 회로까지 전달되도록 한다.
3) PN 접합부에 큰 전기장이 생기도록 소재 및 공정을 설계해야 한다.

4 태양전지의 종류

분류		변환 효율	신뢰성	비용
실리콘		○	○	○
아몰퍼스		△	△	◎
화합물 반도체	Ⅱ－Ⅳ족	△	○	○
	Ⅲ－Ⅴ족	◎	◎	×

※ ◎ : 우수하다. ○ : 좋다. △ : 약간 나쁘다. × : 나쁘다.

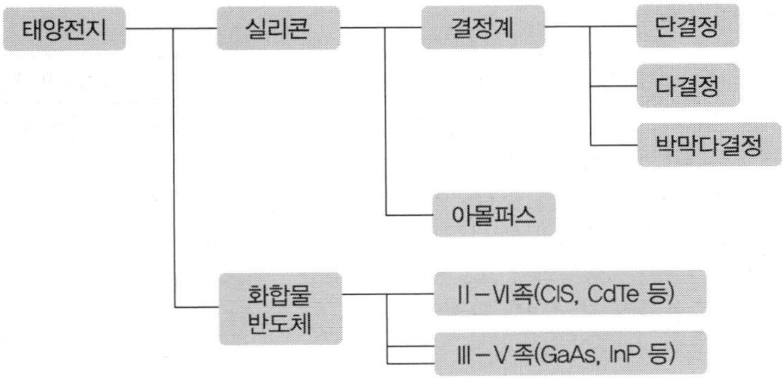

[태양전지의 종류]

1) 실리콘 계열 태양전지

종류	결정 실리콘		박막 실리콘	
	단결정	다결정	아몰퍼스	다접합
특징	순도와 결정결합 밀도가 높은 고품위 재료	• 다결정 실리콘 입자가 여러 개 모여 만들어진 태양전지 • 현재 가장 많이 사용	• 비정질 실리콘으로 유리기판에 얇은 박막을 형성하여 제조 • 다면적 대량양산 가능	• 실리콘 사용량이 결정형 태양전지의 1/100 • 다면적 대량양산 가능
수명	20년 이상	20년 이상	20년 이상	20년 이상
효율	~20[%]	~18[%]	~8[%]	~12[%]
가격	고가	단결정보다 저가	저가	저가

2) 화합물 계열 태양전지

종류	CIS 박막계열	III－V 결정계열
특징	• 박막전지로 재조공정 간단 • 고성능을 기대할 수 있어 경쟁 치열	• 화합물 반도체의 기판을 사용한 초고성능 전지임 • 우주 등 특수용도로 사용하지만 집광판의 내재로 저비용화 도모
효율	~12[%]	~30[%]
실용화	보급단계	연구단계

3) 유기계열 태양전지

종류	염료감응 태양전지	유기박막 태양전지
특징	• 산화티탄 혼합물의 염료가 빛을 흡수하여 전자를 방출하는 전지 • 제조가 간단하고 다중적층이 가능 • 투명성과 채색성 확보 가능 • 경사각과 저광량에도 효율 유지 • 고효율화 및 내구성이 과제임	• 유기반도체를 이용한 플라스틱 필름형태의 태양전지 • 제조가 간단 • 플렉시블하고 프린팅까지 가능 • 고효율화 및 내구성이 과제임
효율	~12[%]	~7[%]
실용화	보급단계	연구단계

4) 적용 현황

① 현재의 태양전지는 실리콘 반도체에 의한 것이며, 특히 실리콘 결정계의 단결정, 다결정 태양전지는 변환효율과 신뢰성 등에서 넓게 사용되고 있다. 아몰퍼스의 경우 결정계에 비해 변환효율이 낮으나(10~12[%]) 제조기술이 대량생산에 적합하다.

② 가격이 저렴하고 온도 특성이 우수하여 기존 결정계의 경우 온도 상승 시 출력이 현저히 저하되는 문제에 온도 상승 시 출력이 거의 변하지 않는 장점 및 적층화 기술에 따라 변환 효율이 향상되고 있어 차세대 모듈로 주목받고 있다.

5 태양광발전시스템 종류

1) 독립형 시스템

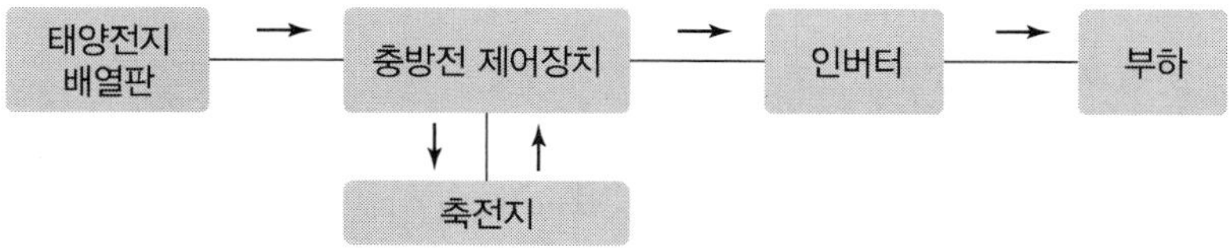

[태양광발전 독립형 시스템]

① 일반적으로 야간, 흐린 날에 전기 사용을 위해 축전지 및 교류사용을 위한 인버터로 구성되어 있다.

② 발전의 불안정성을 보완하기 위해 부하용도에 따라 축전지+비상발전기를 사용하는 경우도 있다.

③ 축전지 비용보다 원격지에서 상용전력을 배선하는 것이 고가인 경우에 적용한다.

④ 적용 : 등대, 무선중계소 등의 조명, 동력용 전원, 가로등 전원에 사용한다.

2) 하이브리드형 시스템

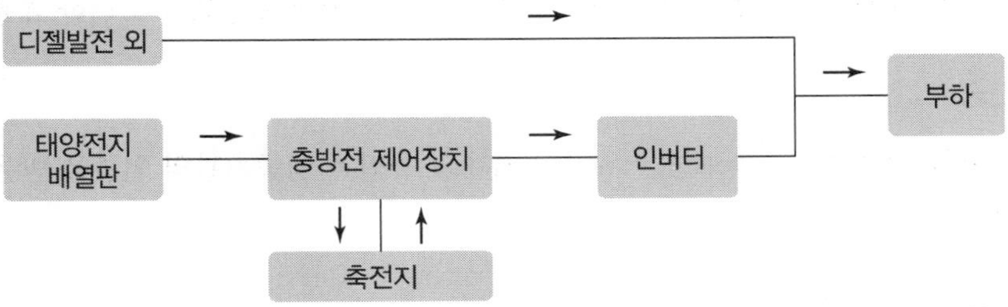

[태양광발전 하이브리드형 시스템]

① 태양광발전시스템과 풍력발전, 연료전지, 디젤발전과 조합시킨 시스템이다.
② 각 시스템의 결점을 서로 보완하는 시스템이다.

3) 계통연계 시스템

① 태양광전력과 전력회사 전력을 함께 사용하는 시스템이다.
② 심야나 악천후 시 태양광발전시스템으로 전력공급이 불가능할 경우 상용전원으로부터 전력을 공급받는다.
③ 태양광발전으로 얻은 전력이 남을 경우 전력계통에 역송하는 방법이다.

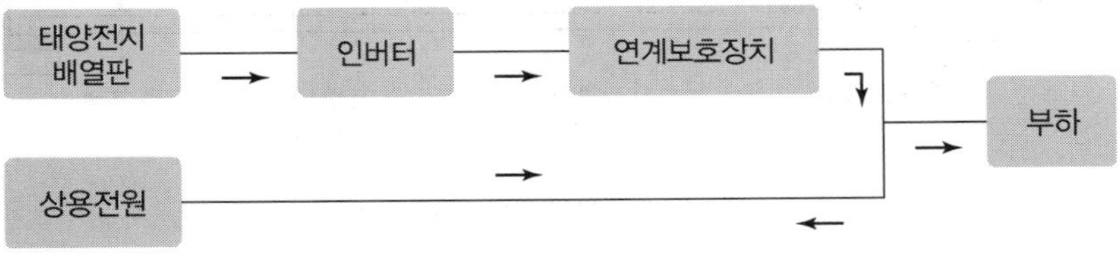

[태양광발전 계통연계형 시스템]

6 태양전지 모듈 선정 시 고려사항

1) 셀 타입

고순도, 결정결함이 낮고 높은 효율을 갖는 단결정을 사용한다.

2) 용량

작은 용량 사용 시 시스템이 복잡하며 직렬 연결 수가 증가하여 접속저항 증가, 손실 증가 및 유지관리가 어렵고 설비 비용이 증가한다.

3) 효율

효율 낮은 모듈을 사용하면 모듈 사용 면적이 넓어지므로 면적을 고려한 효율을 선정한다.

4) 인증

설비의 안정적인 출력보증을 위하여 국내외 공인된 인증기관의 인증을 받은 제품으로 해야 한다.

5) 기타

모듈가격	시공가격	설치면적
[Wp]당 2,000원 정도	[Wp]당 4,000원 정도	1[kW]당 6∼8[m²] 정도

7 태양전지 모듈 구조

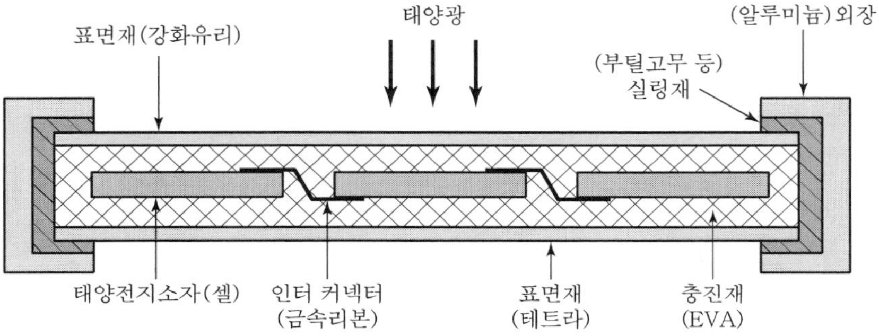

[태양전지 모듈 구조]

03 태양전지의 전류－전압 특성 곡선 및 모듈 인버터의 설치기준

1 태양전지의 전류－전압 특성 곡선

1) 태양전지 모듈(Solar Cell Module)에 입사된 빛에너지가 변환되어 발생하는 전기적 출력의 특성을 전류－전압 특성이라고 하며 다음 그림에 표시하였다.
2) 이 특성은 I－V 곡선이라고 한다.

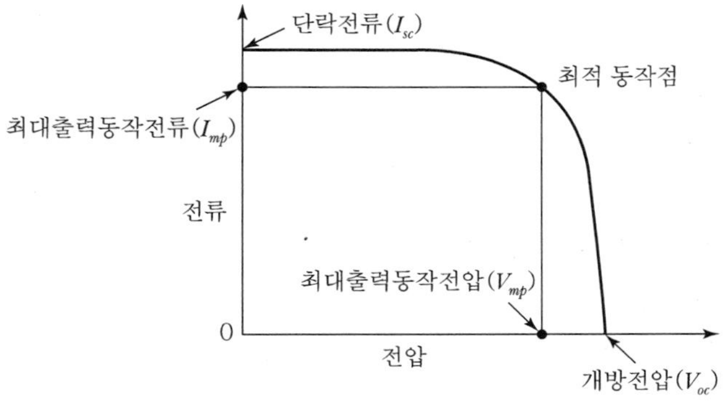

[태양전지 모듈의 전류－전압 특성]

① I_{sc}(단락전류)

㉠ 임피던스가 낮을 때 단락 회로 조건에 상응하는 셀을 통해 전달되는 최대전류이다.
㉡ 이 상태는 전압이 '0'일 때 스위프 시작에서 발생한다.
㉢ 이상적인 셀은 최대 전류값이 광자 여기에 의한 태양전지에서 생성한 전체 전류이다.

② V_{oc}(개방전압)

셀 전반의 최대 전압차이며 셀을 통해 전달되는 전류가 없을 때 발생한다.

③ 최적 동작점

㉠ 최대의 출력을 발생하는 점
㉡ 이때의 최대출력($P_{\max}$)은 최대출력 동작전류(I_{mp})×최대출력 동작전압(V_{mp})이다.

④ 즉, I_{sc}와 V_{oc} 지점에서 전력은 '0'이 되고 전력에 대한 최대값은 둘 사이에서 발생하게 된다.

3) Fill Factor(FF)

① 최대전력점에서의 전류밀도와 전압값의 곱($V_{mp} \times J_{mp}$)을 V_{oc}와 I_{sc}의 곱으로 나눈 값이다.
② Fill Factor는 빛이 가해진 상태에서 I－V 곡선의 모양이 사각형에 얼마나 가까운가를 나타내는 지표이다.
③ 태양전지의 효율(η)은 전지에 의해 생산된 최대전력과 입사광 에너지 Pin 사이의 비율이다.

4) 실제로 태양전지의 동작은 부하 및 방사조건 등에 따라 차이가 있기 때문에 동작점은 최적 동작점에서 벗어나는 경우가 있다.
5) 태양전지 모듈의 출력 측정기준은 AM 1.5, 1[kW/m^2]에서 동작을 기준으로 한다.

2 모듈의 설치기준

1) 모듈

① 인증한 태양전지모듈을 사용하여야 한다.

② 단, 건물일체형 태양광시스템의 경우 인증 모델과 유사한 형태(태양전지의 종류와 크기가 동일한 형태)의 모듈을 사용할 수 있다.

③ 이 경우 용량이 다른 모듈에 대해 신재생에너지 설비 인증에 관한 규정상의 발전성능시험 결과가 포함된 시험성적서를 제출하여야 한다.

2) 설치용량

① 설치용량은 모듈 설계용량과 동일하여야 한다.

② 다만, 단위 모듈당 용량에 따라 설계용량과 동일하게 설치할 수 없을 경우에 한하여 설계용량의 110[%] 이내까지 가능하다.

3) 일조시간

① 장애물로 인한 음영에도 불구하고 일조시간은 1일 5시간[춘계(3～5월) · 추계(9～11월)기준] 이상이어야 한다.

② 단, 전깃줄 · 피뢰침 · 안테나 등 경미한 음영은 장애물로 보지 않는다.

③ 태양광모듈 설치열이 2열 이상일 경우 앞열은 뒷열에 음영이 지지 않도록 설치하여야 한다.

4) 설치

태양광설비를 건물 상부에 설치할 경우 태양광설비의 눈 · 얼음이 보행자에게 낙하하는 것을 방지하기 위하여 태양광설비의 수평투영면적 전체가 건물의 외벽마감선을 벗어나지 않도록 하거나 빗물받이를 설치하여야 한다.

3 인버터의 설치기준

1) 제품

① 인증제품을 설치하여야 한다.

② 해당 용량이 없어 인증을 받지 않은 제품을 설치할 경우 신재생에너지 설비 인증에 관한 규정상의 효율시험 및 보호기능시험이 포함된 시험성적서를 제출하여야 한다.

2) 설치상태

① 옥내 · 옥외용을 구분하여 설치하여야 한다.

② 단, 옥내용을 옥외에 설치하는 경우는 5[kW] 이상 용량일 경우에만 가능하다.

③ 이 경우 빗물 침투를 방지할 수 있도록 옥내에 준하는 수준으로 외함 등을 설치하여야 한다.

3) 설치용량

① 사업계획서상의 인버터 설계용량 이상이어야 하고, 인버터에 연결된 모듈의 설치용량은 인버터의 설치용량 105[%] 이내이어야 한다.

② 단, 각 직렬군의 태양전지 개방전압은 인버터 입력전압 범위 안에 있어야 한다.

4) 표시사항

입력단(모듈출력) 전압, 전류, 전력과 출력단(인버터출력)의 전압, 전류, 전력, 역률, 주파수, 누적발전량, 최대출력량[peak]이 표시되어야 한다.

04 태양광발전용 전력변환장치(PCS)의 회로방식

1 PCS(Power Conditioning System)의 회로방식

인버터 회로방식에는 여러 가지가 있겠지만 가장 많이 사용하는 3가지 방식을 설명하면 다음과 같다.

1) 상용주파 변압기 절연방식

상용주파 변압기 절연방식은 변환방식을 PWM 방식의 인버터를 이용해서 상용주파수의 교류로 만들어 공급하는 방식을 말한다. 상용주파수의 변압기를 이용해 절연과 전압변환을 하기 때문에 내부 신뢰성이나 노이즈 컷(Noise Cut)이 우수하지만, 인버터 내부에 별도의 변압기를 이용하기 때문에 중량이 무겁고 인버터 사이즈가 커지며 변압기에 의한 효율이 떨어진다는 단점이 있다.

2) 고주파 변압기 절연방식

고주파 변압기 절연방식은 소형 · 경량이지만 회로가 복잡하고, 고가이기 때문에 국내에서는 아직 태양광발전시스템에 적용한 사례를 찾아보기 힘들다.

3) 트랜스리스 방식

트랜스리스 방식(Trans Less 방식, 즉 2차 회로에 Transformer를 사용하지 않는 방식)은 소형경량으로 가격적인 측면에서도 안정되고, 신뢰성도 높지만 상용전원과의 사이에는 절연변압기가 없기 때문에 비절연(절연하지 않음)이라는 것이 상용주파 및 고주파 변압기 절연방식과의 차이점이다.

방식	회로도	설명
상용주파 변압기 절연방식	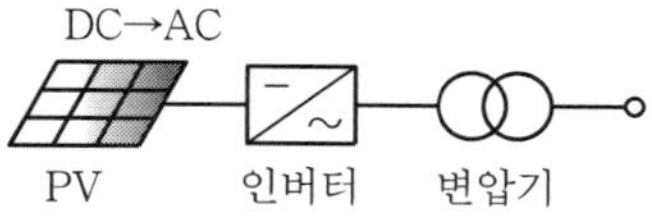	태양전지의 직류출력을 상용주파의 교류로 변환한 후 변압기로 절환하는 방식이다.
고주파 변압기 절연방식	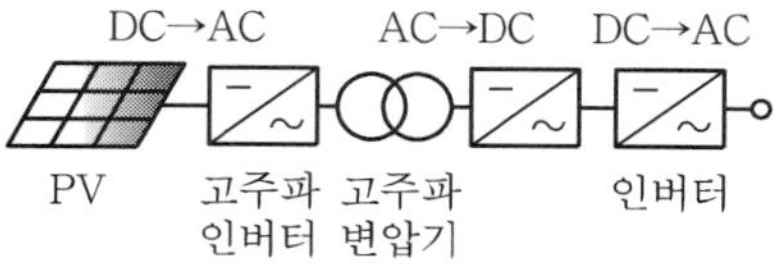	태양전지의 직류출력을 고주파의 교류로 변환한 후 소형의 고주파 변압기로 절연한다. 그 후 일단 직류로 변환하고 재차 상용주파의 교류로 변환하는 방식이다.
트랜스리스 방식		태양전지의 직류출력을 DC－DC 컨버터로 승압하고 인버터에서 상용주파의 교류로 변환하는 방식이다.

2 PCS의 장단점

	변압기 절연방식	트랜스리스 방식
특징	태양전지 직류출력을 상용주파수 교류로 변환 후 절환하는 방식	태양전기직류 출력을 DC－DC컨버터로 승압하고 인버터에서 상용주파수로 변환하는 방식
장점	• 신뢰성 우수 • 노이즈 컷 우수 • 누설전류 감소 • 사용범위 넓음	• 효율 높음 • 크기 및 무게 감소 • 가격 저렴
단점	• 변압기 손실 증가(트랜스리스 방식 대비) • 크기 및 무게 증가 • 가격 고가	• 인버터와 인버터 간에 비절연 • 누설전류 증가로 오동작 우려 • 일부 모듈에 사용 불가 • 추가 보호장치 필요 • 대용량에는 잘 사용하지 않음

3 PCS의 선정

태양광발전시스템은 무엇보다 종합적인 효율을 향상시키고, 고장을 최소화하며, 유지보수가 용이해야 한다. 갈수록 반도체 기술이나 변환기술이 향상되어 인버터 효율이 올라가고 있지만, 그래도 태양광발전소의 가장 큰 손실 중 하나이다. 소용량인 경우에는 손실률이 작겠지만, 대용량 발전소나 전국 단위로 볼 때에는 많은 손실부분에 해당하므로 인버터 선정과 설치조건 등을 종합적으로 검토하여 선정하여야 한다.

05 태양광발전설비 설계절차 작성 시 조사자료 항목 및 고려사항

1 시스템계획 수립 전 조사항목

1) 사전조사

① 각 지자체 조례 등의 조사

㉠ 각 지자체별로 조례 등이 각각 다르기 때문에 그 지방의 특성에 맞는 여러 가지 행정절차가 있다.

㉡ 인허가까지 고려하여 계획하고 설계하여야 한다.

② **계통연계 기준용량 등의 조사** : 태양광발전 설비용량에 따라 전력회사 배전선로의 접근성과 그 선로의 허용용량을 사전에 확인하는 것이 필수사항이다.

③ 회선당 운전용량 및 최대 긍장

2) 환경조건의 조사

(1) 빛장해의 장애

① 주변의 높은 산에 의한 그늘, 나무의 그늘, 연돌, 전주, 철탑, 피뢰침 등의 그늘에 따라 태양전지 모듈에 그늘이 발생하면 발전전력량 감소 및 국부 발열현상이 발생한다.

② 주변의 건물이나 나무의 낙엽 등의 영향이 있는지를 조사한다.

(2) 염해 · 공해의 유해

해안지역 부근에서는 염해의 유해, 녹 발생 등의 영향을 사전에 조사한다.

(3) 동계적설 · 결빙 · 뇌해 상태

과거 30년 정도의 소재지 기상청의 데이터를 입수하여 최다 적설 시에도 태양전지 어레이가 매몰되지 않는 높이로 한다. 유도뢰에 의한 파손방지를 위하여 선간에 피뢰소자 및 피뢰침의 설치가 필요하다.

(4) 자연재해

설치 예정 장소가 주위보다 낮은 경우, 집중호우나 태풍 시에 배수가 잘 되는지 등 과거의 기상조건을 조사한다.

(5) 새 등의 분비물 피해 유무

새의 분비물에 의한 수광장해 등이 발생하므로 주변 상황을 조사하고 대책을 수립한다.

3) 설치조건의 조사

(1) 설치장소의 조사

지상설치 시 진흙이나 모래의 튀김, 소동물에 의한 피해를 방지하기 위해 지상 0.5[m] 이상 높이에 시설하도록 계획하고, 경사면 설치 시 집중호우에 따른 붕괴의 위험성, 경사면 배수관 매립의 필요성 등과 지내력을 검토한다. 건물 옥상에 설치 시 들보의 위치나 방수구조 등 건물의 구조사항을 조사한다. 벽면에 취부할 때는 태양전지 온도 상승을 고려하여 방열 틈새 및 배기구를 설치하는 것이 필요하다.

(2) 건물의 상태

주택용 태양광발전설비의 경우 기존건물의 옥상이나 개인주택의 평지붕 위에 설치하는 기초 및 어레이는 지중에 가해지는 풍압, 적설의 최대하중에도 건물의 강도가 충분한가를 검토하여 설계한다. 또한 누수대책이나 방화대책도 검토한다.

(3) 재료의 반입경로

설치장소에 이르는 도로 폭이나 포장의 내하중, 가공배전선이나 통신선의 유무, 설치 높이 등을 조사하여 두고, 공사 시의 재료반입까지 대비한다.

4) 설계조건의 검토

(1) 태양전지 어레이의 방위각과 경사각

남향으로 설치할 수 있는 장소를 선택하고, 설치조건과 지역의 특성 등을 고려하여 20~50[°] 전후의 경사각을 갖도록 한다. 또한 그늘의 영향이 없도록 한다.

(2) 기타 조건

사전조사와 기술적인 내용을 파악한 후 실시설계를 하여야 하며, 특히 시설면적 대비 시설용량 결정은 아주 중요한 요소 중 하나이다.

2 태양광발전시스템 설계순서 및 발전량 산출

1) 설계순서

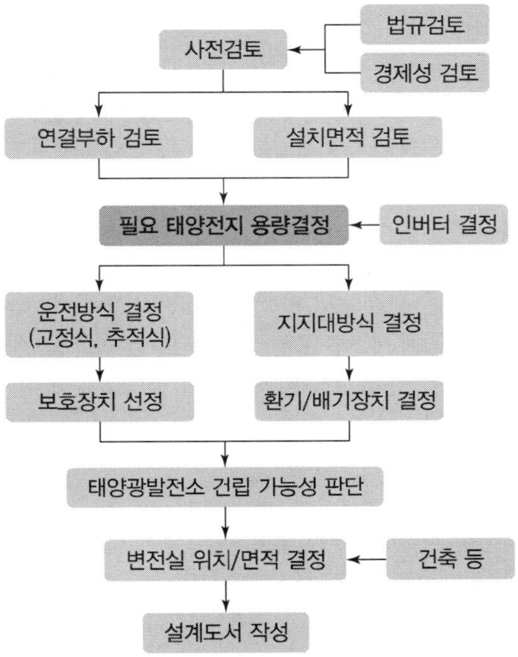

[태양광발전시스템 설계순서]

2) 독립형 태양광발전시스템 용량 선정

$$P_{AS} = \frac{E_L \times D \times R}{(H_A / G_s) \times K}\,[\text{kW}]$$

여기서, P_{AS} : 표준상태에서 태양전지 어레이 출력

(표준상태 : AM 1.5, 일사강도 1,000[W/m^2], 태양전지 셀 온도 25[℃])

H_A : 어느 기간에 얻을 수 있는 어레이 표면 일사량[kW/m^2/기간]

G_s : 표준상태에서의 일사량[kW/m^2]

E_L : 수용전력량[kWh/기간]

D : 부하의 태양광발전시스템에 대한 의존율 = 1 − (백업 전원전력의 의존율)

R : 설계여유계수(추정한 일사량의 정확성 등의 설치환경에 따른 보정)
K : 종합설계계수(태양전지 모듈 출력의 불균일 보정, 회로손실, 기기에 의한 손실)

3 태양광발전시스템 설계 시 고려사항

구분	일반사항	기술적 사항
설치 위치 결정	양호한 일사조건	태양고도별 비음영 지역 선정
설치 방법 결정	• 설치의 차별화 • 건물과의 통합성	• 태양광발전과 건물의 통합 수준 • BIPV 설치위치별 통합방법 및 배선방법검토 • 유지보수의 적절성
디자인 결정	• 실용성 • 설계의 유연성 • 실현 가능성	• 경사각, 방위각 결정 • 구조 안정성 판단 • 시공방법
태양전지 모듈 선정	• 시장성 • 제작 가능성	• 설치형태에 따른 적합한 모듈선정 • 전자재료로서의 적합성 여부
설치면적 및 시스템 용량 결정	모듈 크기	• 모듈의 크기에 따른 설치면적 결정 • 어레이 구성 방안 고려
시스템 구성	• 최적 시스템 구성 • 실시설계 • 사후관리 • 복합시스템 구성 방안	• 성능과 효율 • 어레이 구성 및 결선방법 결정 • 계통연계방안 및 효율적 전력공급방안 • 모니터링 방안
어레이	고정 및 가변	• 경제적 방법 고려 • 설치장소에 따른 방식
구성요소별 설계	• 최대 발전 보장 • 기능성 • 보호성	• 최대발전 추종제어(MPPT) • 역전류 방지 • 최소 전압강하 • 내외부 설치에 따른 보호기능
독립형 시스템	신뢰성	• 최대공급 가능성 • 보조전원 유무
계통연계형 시스템	• 안정성 • 역류방지	• 지속적인 전원공급 • 상호 계측 시스템

06 태양전지 모듈 선정 시 고려사항

1 개요

태양전지 모듈(PV Module)은 광전효과를 이용하여 빛에너지를 직접 전기에너지로 변환시키는 반도체 소자로 원하는 전압 또는 전류를 얻기 위해서 여러 개의 태양전지 모듈을 직병렬로 연결하여 일정 출력이 나오도록 접속한다.

2 태양광발전시스템 기본 구성도

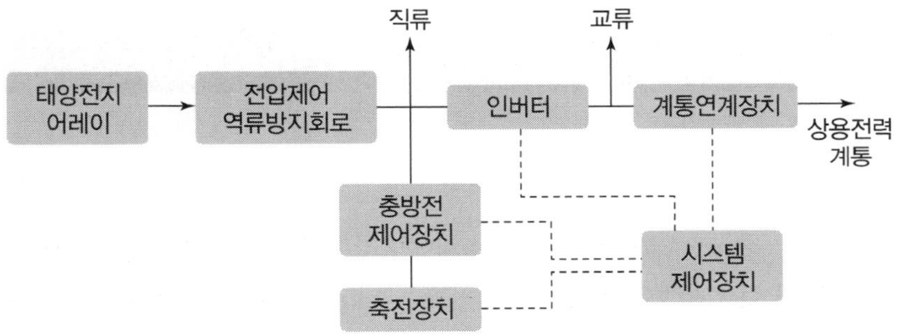

[태양광발전시스템 기본 구성도]

1) 태양전지 어레이(태양전지 모듈)

태양전지는 재료에 따라 결정질 실리콘(단 · 다결정), 비정질 실리콘으로 분류한다.

① SI계 : 결정질 실리콘(기판형, 박막형), 비정질 실리콘(박막)

② 화합물반도체 : Ⅱ－Ⅵ족, Ⅲ－Ⅴ족, 기타로 분류한다.

2) 인버터(Power Conditioner)

① 주요 구성은 컨버터, 인버터, 출력 필터, 연계개폐기 등으로 이루어져 있다.

② 인버터로 태양전지에서 발전되는 직류전력을 상용 60[Hz]의 교류전력으로 변환한다.

3) 시스템 제어장치

전체 이상적인 운전이 가능하도록 각 시스템 구성기기를 감시 · 제어하는 기능이 있다.

3 태양전지 모듈 선정 시 고려사항

① 시설용량이 결정되면 모듈을 선정한다.
② 모듈은 메이커에 따라 각각 용량이 다르므로 총시설용량과 인버터의 관계를 잘 파악한다.
③ 효율, 신뢰성, 모듈의 형식, 가격적인 측면, 납기시기 등을 고려하여 결정한다.
④ 최근 모듈의 특성은 단위 용량이 커지고 있으므로 향후 유지보수와 호환성 등을 고려하여 모듈 용량을 선정한다.
⑤ 따라서, 설계자는 투자자의 의지를 파악하여 모듈의 선정에 신중을 기하여야 한다.

07 태양광발전시스템의 구성과 태양전지 패널 설치방식의 종류 및 특징

1 개요

태양광 발전(PV : Photo Voltaic)은 태양의 빛에너지를 변환시켜 전기를 생산하는 발전기술로서 햇빛을 받으면 광전효과에 의해 전기를 발생하는 태양전지를 이용한 발전방식이다.

2 태양광발전의 발전원리

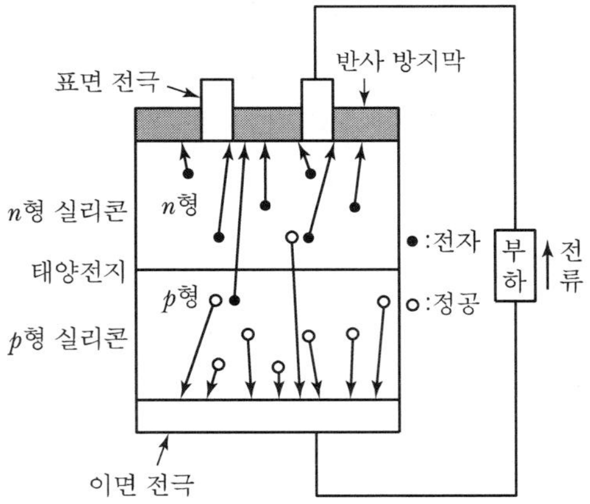

[태양전지의 발전원리]

태양에너지를 전기에너지로 변환할 목적으로 제작된 광전지로서 금속과 반도체의 접촉면 또는 반도체의 PN 접합면에 빛을 받으면 광전효과에 의해 전기가 발생된다.

3 태양전지 패널 설치방식의 종류 및 특징

1) 고정형 어레이(Fixecd Array)

어레이 지지형태가 가장 경제적이고 안정된 구조로서 비교적 원격지역에 설치면적의 제약이 없는 곳에 많이 이용된다.

① 풍속이 강한 곳에 적합하다.
② 발전효율이 낮다.
③ 초기투자비가 적다.
④ 보수관리에 위험이 없고 가장 많이 사용된다.

2) 반고정형 어레이(Semi-Fixed Array)

① 반고정형 어레이는 태양전지 어레이 경사각을 계절 또는 월별에 따라서 상하로 위치를 변화시켜 주는 어레이 지지방식이다.
② 일반적으로 각 계절에 한 번씩 어레이 경사각을 수동으로 변화시킨다.
③ 이때 어레이 경사각은 설치지역의 위도에 따라서 최대경사면 일사량을 갖도록 조정한다.
④ 반고정형 어레이의 발전량은 고정형과 추적식의 중간 정도로서 고정형에 비교하여 평균 20[%] 정도 발전량이 증가한다.

3) 추적식 어레이(Tracking Array)

① 태양광발전시스템의 발전효율을 극대화하기 위한 방식으로 태양의 직사광선이 항상 태양전지판의 전면에 수직으로 입사할 수 있도록 동력 또는 기기 조작을 통하여 태양의 위치를 추적해가는 방식이다.
② 추적 방향에 따라 단방향 추적식과 양방향 추적식으로 나눈다.
③ 또한 태양을 추적하는 방법에 따라서 감지식, 프로그램 제어식, 혼합형 추적방식이 있다.

구분	고정식	추적식	
		1축	2축
개요	정남향 방위각으로 동에서 서로 30[°] 변위로 고정설치	태양광 방위각 변화에 따라 모듈 방향이 동 → 서로 회전	태양 방위각 및 고도 변화에 따라 모듈 방향이 동 → 서, 남 → 북으로 회전
설치단가	100[%]	110[%]	115[%]
발전효율	100[%]	120[%]	130~160[%]
비고	• 추적식 발전설치로 태양광 발전설비의 효율 극대화 • 1축 20[%] 이상, 2축 30~60[%] 효율 상승 기대		

08 태양광발전시스템과 어레이(Array) 설치방식별 종류 및 특징

1 개요

태양광발전은 무한정, 무공해의 태양에너지를 직접 전기에너지로 변환시키는 기술이다. 즉, 태양전지를 이용하여 햇빛을 직접 전기로 변환하는 장치로 시스템 작동에 별도의 에너지가 필요 없다.

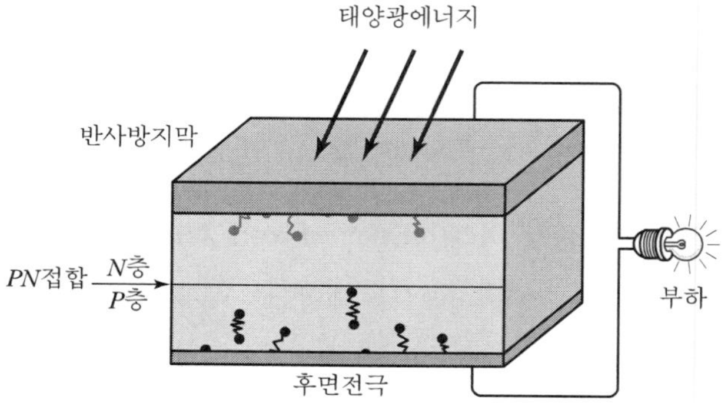

[전하의 수집]

태양광발전기는 반도체로 이루어진 태양전지가 빛에너지(광자)를 받으면 그 속에서 전자의 이동으로 전압이 발생되어 전류가 흐르게 되는 원리를 이용한 것이다. 전체 시스템은 태양전지판, 전력변환 장치 및 조절장치 등으로 구성되며, 독립형 태양광발전시스템의 경우에는 축전지와 비상발전기가 부가된다. 초기 투자비용이 많이 들지만 시설의 수명이 길고 보수와 유지가 거의 필요 없어 도서지방의 전력공급과 같이 특수 목적의 전력공급장치로 적합하다.

2 태양광발전시스템의 구성

1) 독립형 시스템

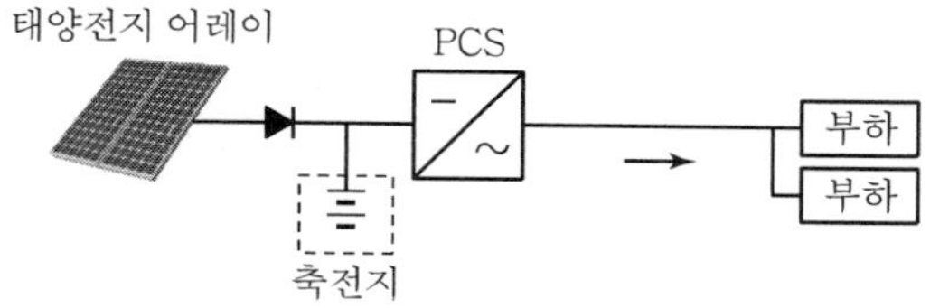

[태양광발전 독립형 시스템]

독립형 시스템은 상용계통과 직접 연계되지 않고 분리된 발전방식으로 태양광발전시스템의 발전전력만으로 부하에 전력을 공급하는 시스템이다. 야간 혹은 우천 시에 태양광발전시스템의 발전을 기대할 수 없는 경우에 발전된 전력을 저장할 수 있는 충방전 장치 및 축전지 등의 축전장치를 접속하여 태양광 전력을 저장하여 사용하는 방식이다.

2) 계통연계형 시스템

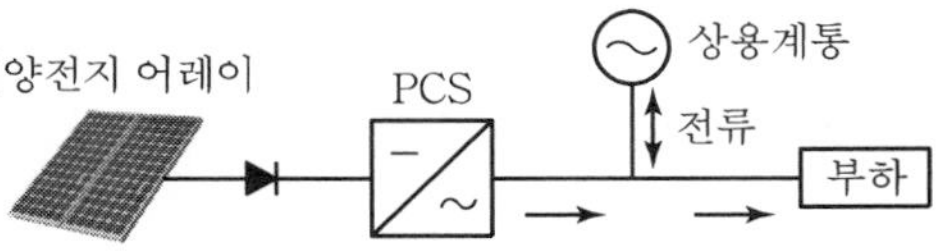

[태양광발전 계통연계형 시스템]

계통연계형 시스템은 태양광시스템에서 생산된 전력을 지역 전력망에 공급할 수 있도록 구성되며, 주택용이나 상업용, 빌딩, 대규모 공단 복합형 태양광발전시스템에서 단순 복합형(태양광－풍력 연계기술) 또는 다중 복합형 등으로 사용할 수 있는 태양광발전의 가장 일반적인 형태이다.

3) 하이브리드 시스템

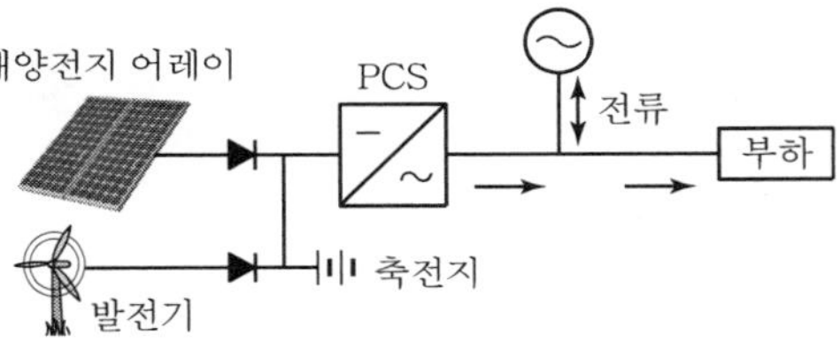

[태양광발전 하이브리드 시스템]

하이브리드 시스템은 태양광발전시스템에 풍력발전, 열병합발전, 디젤발전 등의 타 에너지원의 발전시스템과 결합하여 출전지, 부하 혹은 상용계통에 전력을 공급하는 시스템이다. 하이브리드 시스템 구성 및 부하 종류에 따라 계통연계형 및 독립형 시스템에 모두 적용 가능하다.

3 태양광발전 어레이 시스템

태양광발전 시스템의 종류는 태양전지 셀 설비의 종류에 따라 고정형, 반고정형, 추적형, 건물일체형 태양광발전시스템으로 구분할 수 있다.

1) 고정형 시스템(Fixed Array System)

가장 값이 싸고 안정된 구조로서 비교적 원격지역에 설치면적의 제약이 없는 곳에 많이 이용되고 있다.
특히, 도서지역 등 풍속이 강한 곳에 설치한다. 우리나라의 도서용 태양광시스템에서는 고정형 시스템을 표준으로 하고 있다.

[고정형 시스템]

추적형, 반고정형에 비해 발전효율은 낮은 반면에 초기 설치비가 적게 들고 보수관리에 따른 위험이 없어서 상대적으로 많이 이용되는 어레이 지지방법이다.

2) 반고정형 시스템(Semi – Tracking Array System)

태양전지 어레이 경사각을 계절 또는 월별에 따라서 상하로 위치를 변화시켜주는 방식으로 일반적으로 사계절에 한 번씩 어레이 경사각을 변화시키는 방식을 반고정형 시스템이라고 한다. 반고정형 어레이의 발전량은 고정식과 추적식의 중간 정도로서 고정식에 비교하여 20[%] 정도의 발전량 증가를 갖는다.

3) 추적형 시스템(Tracking Array System)

[단축 추적형]

[양축 추적형]

추적형 시스템은 태양광발전시스템의 발전효율을 극대화하기 위한 방식으로 태양의 직사광선이 항상 태양전지판의 전면에 수직으로 입사할 수 있도록 동력 또는 기기조작을 통하여 태양의 위치를 추적해 가는 방식이다.

추적형 태양전지에는 단축 추적형과 양축 추적형이 있으며, 추적시스템의 종류에 따라 태양자오선 정보에 위치정보 프로그래밍 시스템과 광센서 자동추적시스템으로 구분된다.

태양 자외선정보에 의한 위치정보 프로그래밍시스템은 시스템이 간단하고 고장요인이 없는 장점이 있는 반면 최대 태양광발전 효율보다는 조금 낮은 효율을 보이는 단점이 있다. 광센서 자동추적시스템은 두 개 이상의 광센서를 부착한 2개의 광센서로 들어오는 빛의 양이 동일한 지점을 추종하는 방식으로 항상 최대에너지 효율을 보장할 수 있다는 장점이 있는 반면 구름이 지나가면서 태양광의 굴절을 일으켜 펌핑현상을 유발하는 단점이 있다.

4) 건물일체형 태양광발전시스템(BIPV)

건물일체형 태양광발전시스템은 기존의 건축자재와 태양전지를 결합시켜 건축재료와 발전기능을 동시에 발휘하는 것으로 PV모듈을 건축 자재화하여 지붕, 파사드, 블라인드, 태양열 집열기 등과 같이 건물외피에 적용함으로써 경제성은 물론 각종 부가가치를 높여 보다 효율적으로 PV시스템을 보급 · 활성화하려는 개념이다. 이와 같이 복합적인 기능을 통한 비용절감 효과는 건물에서 흔히 볼 수 있는 고가의 외장 마감재에 소요되는 비용과 PV시스템의 비용이 비슷할 때 최대의 경제성을 확보할 수 있을 것이며, 부가적으로 PV시스템을 위한 별도의 부지 확보비용과 PV시스템 지지를 위한 구조물 건립비용이 필요하지 않으며 전기부하가 발생하는 지점에서 발전을 할 수 있는 장점이 있다.

한편, PV시스템을 건축설계와 통합시키는 문제는 단지 에너지 성능측면의 비용 효과차원을 넘어 사회 경제적으로도 많은 부가가치를 제공하며, 건축가는 실내의 쾌적한 수준 저하나 건물외관의 의장적 문제 및 경제적 제한사항 등에 크게 제약을 받지 않고도 환경 친화적이고 에너지 효율적인 건물을 설계할 수 있다.

09 태양광발전 용어

1 FF(Fill Factor, 충진율)

1) 개념

개방전압(V_{oc})과 단락전류(I_{sc})의 곱에 대한 최대출력전압과 최대출력전류의 곱에 대한 비율이다.

$$FF = \frac{V_{\max} \times I_{\max}}{V_{oc} \times I_{sc}} = \frac{P_{\max}}{V_{oc} \times I_{sc}}$$

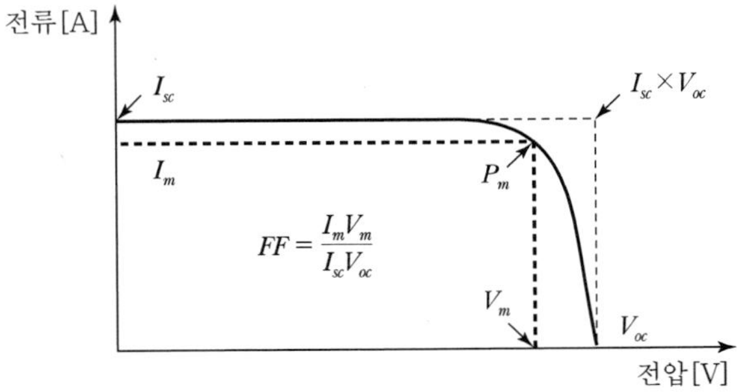

[태양전지 전류 – 전압 곡선에서의 FF]

2) 내용 설명

① 이론상의 전력대비 최대전력의 비이다.
② FF값은 0∼1 사이의 값으로 표현하거나 백분율로도 나타낸다.
③ 태양광 품질에서 가장 중요한 척도이다.
④ I_m과 V_m이 I_{sc}와 V_{oc}에 가까운 정도를 나타낸다.
⑤ 보다 큰 FF값이 유리하다.
⑥ 전형적인 FF의 값은 0.5 ~ 0.82 범위이다.
⑦ 전지의 효율에 직접적인 영향을 미치는 파라미터이다.
⑧ 태양전지 제조과정에 가장 민감한 태양전지 변수이다.

3) 영향 요소

① 직렬저항
② 병렬저항
③ Diode 인자

2 단락전류(Short Circuit Current, I_{sc})

1) 개념

태양전지의 전극단자를 단락시켰을 때 흐르는 전류로서 이때 전극단자가 단락이 되면 전압은 0이 되며 전류－전압 곡선상에서 전압 '0'에서의 전류가 단락전류이다.

2) I_{sc}의 단위 : 암페어[A]

3) 단락전류밀도(J_{sc})

$$J_{sc} = \frac{I_{sc}}{\text{태양전지면적}}$$

① 적용 : 서로 다른 태양전지의 특성 비교에 이용된다.
② 단위 : A/cm^2

4) 내용 설명

① 광에 의해 발생된 캐리어의 생성과 수집에 의해 발생된다.
② 이상적인 태양전지의 경우 단락전류는 광생성전류와 동일하다.

③ 단락전류는 태양전지로부터 발생시킬 수 있는 최대전류이다.

5) 영향 요소

① 태양전지의 면적
② 입사 광자 수
③ 입사광 스펙트럼
④ 태양전지의 수집확률
⑤ 태양전지의 광학적 특성

6) 개방전압(Open Circuit Voltage : V_{oc})

① 개념 : 태양전지의 전극단자를 개방하였을 때 양단자 간의 전압을 말하며 전류전압 곡선상에서 전류가 흐르지 않을 경우의 전압이다.
② 단위 : 볼트[V], 밀리볼트[mV]
③ 영향요소
㉠ P형 반도체와 N형 반도체의 일함수의 차이로 결정된다.
㉡ 누설전류가 작을수록 밴드갭이 클수록 높은 V_{oc} 값이 발생된다.

3 태양전지의 효율(Solar Cell Effiency, η)

1) 개념

단위면적당 입사하는 빛에너지와 태양전지의 출력의 비로서 빛에너지 100[mW/cm^2], 온도 25[°C]를 기준으로 하며 효율은 다음과 같이 표현된다.

$$\eta(\%) = \frac{V_{oc} \cdot J_{sc} \cdot FF}{P_{input}} \times 100(\%)$$
$$= \frac{V_{oc} \cdot I_{sc} \cdot FF}{A \cdot P_{input}} \times 100(\%) = \frac{P_{\max}}{A \cdot P_{input}} \times 100(\%)$$

여기서, V_{oc} : 개방단 전압[V]
J_{sc} : 단락전류밀도[A/cm^2]
FF : 곡선인자($0 \leq FF \leq 1$)
A : 태양전지 면적

2) 단위

① 0과 1의 사이값

② 백분율 퍼센트[%]

3) 내용 설명

① V_{oc}, J_{sc}, FF는 출력 특성 요소이다.

② 효율이 최대가 되기 위해서는 FF(Fill Factor)가 클수록 유리하다.

③ 입사광선의 온도, 강도 및 스펙트럼이 주변환경에 영향을 받을 수 있다.

④ 온도가 증가하면 효율은 감소하게 된다.

4 최대전력추종 제어기능(MPPT : Maximum Power Point Tracking)

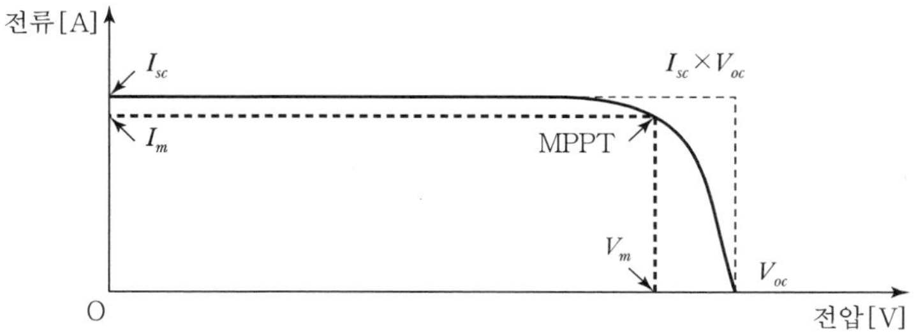

[태양광 모듈의 전압 – 전류 특성 곡선]

1) 개념

① 태양전지에서 발생되는 전압과 전류를 곱하여 최대가 되는 출력 전력점을 최대 전력점이라 한다.

② 그때의 전류와 전압의 값은 최대전류($I_{\max}$), 최대전압($V_{\max}$)가 된다.

③ 태양광발전에서는 전력전자 기술을 이용하여 태양광시스템이 항상 최대 출력에 동작하도록 최대전력 추종시스템 기능을 가지도록 하여 출력 효율을 증가시킨다.

④ 태양전지에 연결된 부하의 조건이나 방사조건에 의해서 좌우되기 때문에 실제 동작점은 그림에 나타난 최적 동작점에서 약간 벗어나게 됨.

2) 최대전력 추종기법

(1) 종류

① P & O(Perturb and Observation)

② Inc Cond(Increment Conductance)

③ CVT(Constant Voltage)

(2) P & O 기법

현재의 출력전력(P_t)과 이전출력($P_t - 1$)을 비교하여 지정된 이득값의 연산에 의해 출력전압(V_{ref})을 계산하는 제어방식이다.

(3) 제어기법

① 아날로그 방식

㉠ 센서 및 제어회로가 저가이다.

㉡ 온도 변화폭이 넓고, 일사량의 변화가 심한 경우 정밀도 유지가 어렵다.

② 디지털 방식

MPU의 연산에 의해 제어함으로써 제어의 유연성과 신뢰성을 확보할 수 있다.

10 태양광발전 간이 등가회로 구성 및 전류-전압 곡선

1 개요

1) 태양광전지는 태양광이 입사될 때 광기전력 효과를 이용하여 전류, 전압을 발생시키는 장치이다.
2) 효율이 우수한 이유로 인해 현재 결정계 실리콘 전지가 많이 사용되나 온도 상승에 따른 출력저하 문제로 비결정계 실리콘 전지에 대한 관심이 증대되고 있다.
3) 태양광전지의 간이 등가회로를 구성하고 전류-전압 곡선을 설명한다.

2 간이등가회로

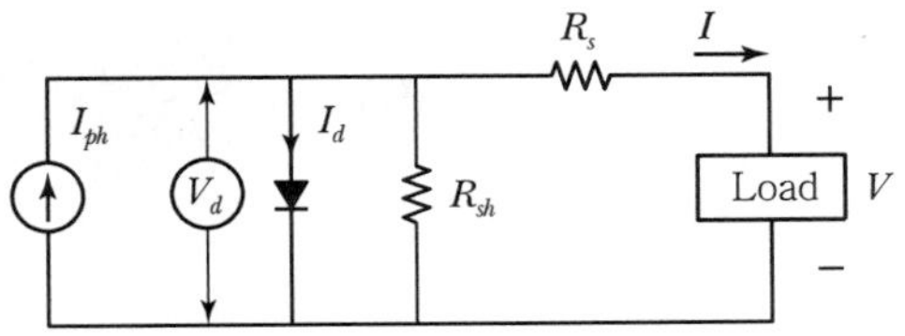

[태양전지의 등가회로]

여기서, I_{ph} : 광전류, R_{sh} : 각 셀의 병렬저항[Ω], R_s : 셀의 직렬저항[Ω], V_{oc} : 무부하 시 양단전압[V]

1) 빛이 태양전지에 조사되면 태양전지의 등가회로는 위와 같은 회로가 구성된다.
2) 태양전지는 광발전 I_{ph} 의 정전류원과 다이오드로 구성된다.
3) 물질 자체의 저항성분인 직렬저항 R_s 와 PN 접합부에서의 분로저항 R_{sh} 가 존재하게 된다.
4) 이론적으로 직렬저항(R_s)값은 작을수록, 병렬저항은 클수록 좋다.

❸ 전류 – 전압 곡선

1) 이상적인 경우 광투사 시 전류 – 전압 관계

$$I = I_{ph} - I_d\left(\left[\exp\frac{qv}{nkT} - 1\right]\right)$$

2) 실제 직렬저항 R_s와 병렬저항 R_{sh}가 가해진 전류식(출력전류)

$$I = I_{ph} - I_d\left[\exp\frac{qv}{nkT} - 1\right] - \frac{V + IR_s}{R_{sh}}$$

여기서, I : 출력전류[A], I_{ph} : 광전류[A]
I_{sc} : 단락전류[A], I_d : 다이오드 포화전류[A]
n : 다이오드 성능지수(이상계수), k : 볼츠만 상수
T : 태양전지 동작온도(절대온도)[°K], q : 전하량
V : 부하전압[V], $V_{oc}(v)$: 개방단 전압[V]

3) 개방단 전압(V_{oc})

$$V_{oc} = \frac{nkT}{q}\ln\left(\frac{I_{ph}}{I_d} + 1\right)$$

4) 단락전류

$$I_{sc} = I_{ph} - I_d\left[\exp\frac{qIR_s}{nkT} - 1\right]$$

11 태양광발전 파워컨디셔너(PCS)

1 회로방식

1) 상용주파 변압기 절연방식

① 변환방식을 PWM 인버터를 이용해서 상용주파수의 교류로 만드는 것이 특징이다.
② 상용주파수 변압기를 이용함으로써 절연과 전압변환을 하기 때문에 내부 신뢰성이나 Noise-Cut이 우수하다.
③ 변압기로 인해 중량이 증가한다.
④ 효율이 저하되는 단점이 있다.

2) 고주파 변압기 절연방식

① 소형 · 경량이다.
② 회로가 복잡하고 고가이다.
③ 국내의 경우 적용한 사례가 거의 없다.

3) 트랜스리스 방식(Trans Less)

2차 회로에 변압기를 사용하지 않는 방식이다.

① 소형 · 경량으로 가격적인 측면에서도 안정되고 신뢰성이 높다.
② 사용전원과의 사이가 비절연이다.
③ 전자적인 회로를 보강하여 절연변압기를 사용한 것과 같은 제품이 출현된다.

2 회로방식별 비교

방식	회로도	내용 설명
상용주파 변압기 절연방식	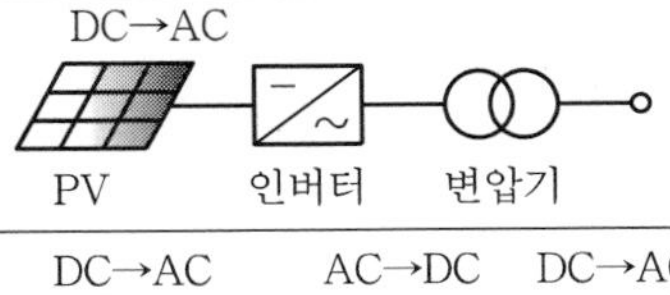	태양전지 직류출력을 상용주파의 교류로 변환한 후 변압기로 절환하는 방식이다.
고주파 변압기 절연방식	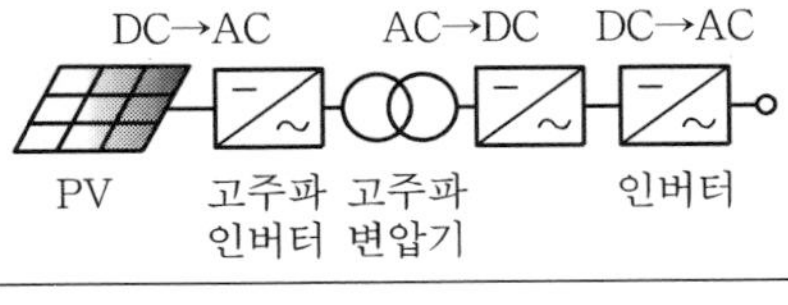	태양전지의 직류출력을 고주파의 교류로 변환한 후 소형의 고주파 변압기로 절연한다. 그후 일단 직류로 변환하고 재차 상용주파의 교류로 변환하는 방식이다.
트랜스리스 방식	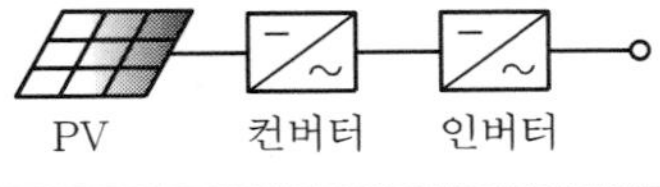	태양전지의 직류출력을 DC-DC 컨버터로 승압하고 인버터에서 상용주파의 교류로 변환하는 방식이다.

❸ 기능

1) 자동운전 정지기능

① 파워컨디셔너는 일출과 함께 일사강도가 증대하여 출력이 발생되는 조건이 되면 자동적으로 운전을 시작한다.

② 운전을 시작하게 되면 태양전지의 출력을 자체적으로 감시하여 자동적으로 운전을 계속하게 된다.

③ 해가 질 때도 출력이 발생되는 한 운전을 계속하며 일몰 시에 운전을 정지하게 된다.

④ 흐린 날이나 비오는 날에도 운전을 계속할 수는 있지만 태양전지 출력이 적게 되고 파워컨디셔너 출력이 거의 0이 되면 대기 상태로 되는 기능을 말한다.

2) 단독운전 방지기능

(1) 수동방식

① 전압위상 도약 검출방식

㉠ 계통 연계 시 파워컨디셔너는 역률 1로 운전되어 유효전력만 공급한다.

㉡ 단독 운전 시 유효, 무효전력공급으로 전압위상이 급변하며 이를 검출한다.

② 제3차 고조파 전압 급증 검출방식

단독운전 이행 시 변압기의 여자전류 공급에 동반하는 전압 변형의 급변을 검출하는 방식이다.

③ 주파수 변화율 검출방식

주로 단독운전 이행 시에 발전전력과 부하의 불평형에 의한 주파수의 급변을 검출하는 방식이다.

(2) 능동방식

① 주파수 시프트 방식

파워컨디셔너의 내부 발진기에 주파수 바이어스를 부여하고 단독운전 시에 나타나는 주파수 변동을 검출하는 방식이다.

② 유효전력 변동방식

파워컨디셔너의 출력에 주기적인 유효전력 변동을 부여하고 단독 운전 시에 나타나는 전압, 전류 혹은 주파수 변동을 검출하는 방식이다.

③ 무효전력 변동방식

파워컨디셔너의 출력에 주기적인 무효전력 변동을 부여하여 두고 단독 운전 시에 나타나는 주파수 변동을 검출하는 방식이다.

④ 부하변동방식

파워컨디셔너의 출력과 병렬로 임피던스를 순시적 또한 주기적으로 삽입하여 전압 혹은 전류의 급변을 검출하는 방식이다.

3) 최대전력 추종제어

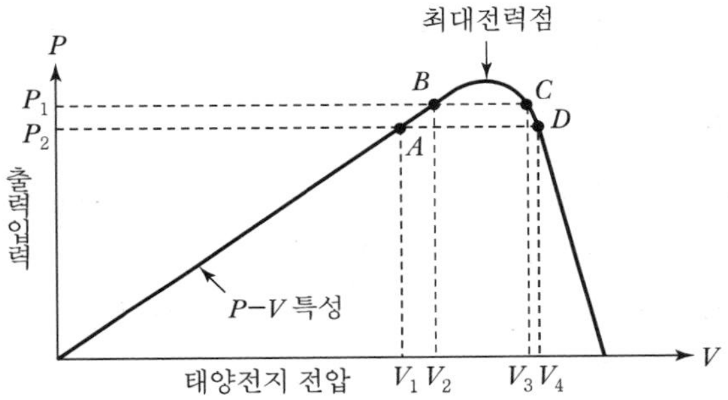

[최대전력 추종제어]

① 태양전지의 출력은 일사강도나 태양전지 표면온도에 의해 변동하며 이런 변동에 대해서 태양전지의 동작점이 항상 최대전력이 추종되도록 변화시켜 태양전지에서 최대전력을 발생하는 제어를 최대전력 추종(MPPT : Maximum Power Point Tracking)제어라 한다.

② 최대전력 추종제어는 파워컨디셔너의 직류동작전압을 일정시간 간격으로 약간 변동시켜 그때의 태양전지 출력전력을 계측하여 사전에 발생한 부분과 비교하게 되고 항상 전력이 크게 되는 방향에 파워컨디셔너의 직류전압을 변화시킨다.

③ 동작전압을 V_1에서 V_2로 변화시켜 출력전력이 $P_1 < P_2$로 된 경우 재차 V_2에서 V_1로 되돌려도 $P_1 < P_2$로 된 때 동작전압을 V_2로 변화시킨다. 이와 같이 최대전력 추종제어는 출력전력의 증감을 감시하여 항상 최대전력점(출력점)에서 동작하도록 제어한다.

4) 자동전압 조정기능

태양광발전시스템을 계통에 역송전 운전하는 경우 전력의 역송 때문에 수전점의 전압이 상승하며 이를 방지하기 위하여 자동전압 조정기능을 설치하여 전압상승을 방지하고 있다.

(1) 진상 무효전력제어

① 연계점의 전압이 상승하여 진상 무효전력제어의 설정전압 이상 시 인버터의 전류위상이 계통전압보다 앞서간다.

② 그것과 동반하여 계통 측에서 유입하는 전류가 늦은 전류가 되어 연계점의 전압을 떨어뜨리는 방향으로 작용한다.

③ 앞선 전류의 제어는 역률 0.8까지 실행되고 전압 상승 억제효과는 최대 2~3[%] 정도이다.

(2) 출력제어

진상 무효전력제어에 의한 전압제어가 한계에 달해도 계통전압이 상승하는 경우에는 태양광발전시스템의 출력을 제한하여 연계점의 전압 상승을 방지하기 위해 동작한다.

5) 직류 검출기능

① 파워컨디셔너는 반도체 스위치를 고주파로 스위칭 제어하기 때문에 소자의 불균형 등에 따라 그 출력에 약간의 직류분이 중첩된다.

② 상용주파 절연변압기를 내장하고 있는 파워컨디셔너에서는 직류분이 절연변압기를 통해 어느 정도 줄이고 계통 측에 유출되지 않는다.

③ 고주파 변압기 절연방식이나 트랜스리스 방식에서는 파워컨디셔너 출력이 직접계통에 접속되기 때문에 다소 직류분이 존재한다.

④ 이를 방지하기 위해서 고주파 변압기 절연방식이나 트랜스리스 방식의 파워컨디셔너에서는 출력전류에 중첩되는 직류분이 정격교류 출력전류의 0.5[%]일 것을 요구한다.

⑤ 직류분을 제어하는 직류 제어기능과 함께 이 기능에 장해가 생긴 경우에 파워컨디셔너를 정지시키는 보호기능이 내장되어 있다.

6) 지락전류 검출기능

① 태양전지에서는 지락이 발생하면 지락전류에 직류성분이 중첩되어 통상의 누전차단기에서는 보호되지 않는 경우가 있다.

② 파워컨디셔너 내부에 직류의 지락검출기를 설치하여 그것을 검출 · 보호하는 것이 필요하다.

12 풍력발전시스템

1 개요

1) 풍력발전은 바람에너지를 이용한 발전방식으로 풍차를 이용하여 기계에너지를 전기에너지로 변환한다.
2) 풍력발전의 최근 경향은 대형화, 대규모화, 해상풍력 이렇게 3가지로 압축하여 표현할 수 있다.
3) 최근에는 바람이 우수하고 소음이나 경관에 문제가 없는 해상풍력발전 단지 개발이 크게 늘고 있으며 이를 위해 해상풍력 발전용 초대형 풍력발전시스템의 개발 및 설치가 늘어나고 있다.

2 풍력발전 원리

1) 유체 운동에너지

$$P_W = \frac{1}{2} m V^2 = \frac{1}{2}(\rho A V) V^2 = \frac{1}{2}\rho A V^3$$

여기서, P_W : 에너지[W], m : 질량[kg], ρ : 공기밀도[kg/m^3],
A : 로터 단면적, V : 평균풍속[m/s]

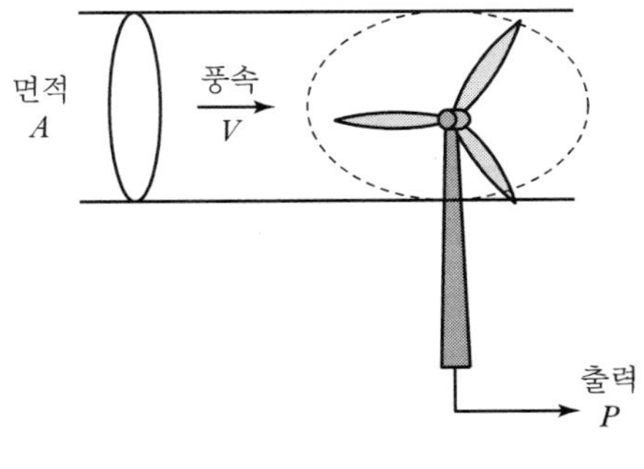

[풍력발전의 유체 운동에너지]

2) 풍차의 출력계수

$$C_P = \frac{P}{P_W} = \frac{P}{\frac{1}{2}\rho A V^3}$$

여기서, P : 실제 풍차출력, P_W : 이론적 출력(출력계수의 이론적 최대값은 0.6 정도)

3 풍차의 주속비(Φ : Tip speed ratio)

1) 주속비

풍차의 날개 끝부분 주변 속도와 풍속의 비율이다.

$$\Phi = \frac{v}{V} \rightarrow \frac{w \times r}{V} = \frac{w \times D}{2V} = \frac{\pi D n}{V}$$

여기서, v : 날개 주변 속도[m/s], V : 풍속[m/s]
D : 풍차의 지름[m], n : 회전수[rpm]
[Φ값] 고속풍차 : 3.5 이상
중속풍차 : 1.5~3.5
저속풍차 : 1.5 이하

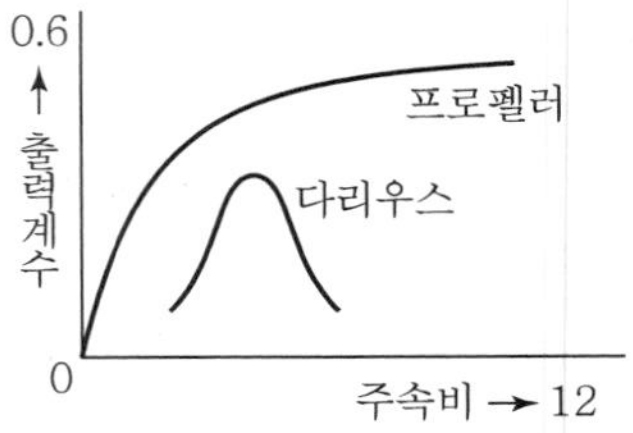

[출력계수와 주속비]

2) 출력계수

① 이론상 최대치 : 0.593

② 프로펠러형 : 0.45

③ 사보니우스형 : 0.15

4 풍력발전의 특징

1) 무공해 재생 가능한 에너지자원이다.
2) 에너지 밀도가 낮고 간헐적이며 지점에 따라 에너지양이 다른 특성이 있어서 에너지 저장장치가 필요하다.
3) 에너지 수용의 다양성에 적용하기 쉽다.
4) 낙도, 해안지방, 산간지역에서 유용한 에너지이다.
5) 입지조건이 중요한 전제가 된다.
6) 풍력발전기 단위용량은 최대 6[MW] 정도이다.
7) 대형 풍력발전시스템은 대부분 가변속 운전방식을 채택한다.

5 회전축에 따른 구분

1) 수평축 : 더치형, 블레이드형, 세일윙형, 프로펠러형

[더치형]

[세일윙형]

[프로펠러형]

[블레이드형]

2) 수직축 : 스보니우스형, 패들형, 크로스 플로형, 다리우스형

[크로스 플로형]

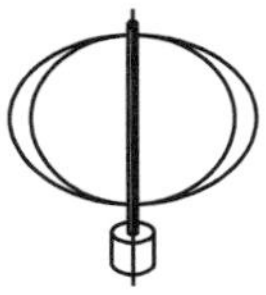
[다리우스형]

[사보니우스형]

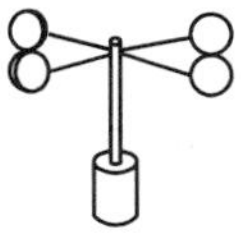
[패들형]

6 운전방식에 따른 구분

1) 정속 운전방식

① 풍속의 변화에 관계없이 터빈의 속도가 일정한 방식으로 우리나라처럼 풍속이 일정하지 않은 지역에서는 적합하지 않다.

② 장점 : 터빈 속도를 제어할 필요가 없다.

③ 단점 : 설계 풍속을 벗어나면 에너지 변환 효율이 낮아진다.

2) 가변속 운전방식

① 풍속의 변화에 따라 터빈의 속도가 변하는 방식으로 대부분의 대형 풍력발전시스템은 가변속 운전방식이다.

② 대표적인 방식은 유도기를 사용하는 DFIG 방식과 동기기를 사용하는 Full－Power Conversion 방식이다.

③ DFIG와 Full－Power Conversion 비교

항목	DFIG 방식	Full－Power Conversion 방식
Cut－in 풍속	3～4[m/s]	2.5～3[m/s]
기어	증속비 100 전후인 3단 기어	Gearless/중속형/고속형

항목	DFIG 방식	Full – Power Conversion 방식
발전	유도기	동기기
발전기 극수	극수는 4극 또는 6극	극수는 수십 극
전력변환 장치	정격출력의 30[%] 이내	정격출력
운전속도 범위	최대속도/최저속도 = 대략 2	최대속도/최저속도 = 대략 3
장점	• 작은 용량의 전력변환장치 • 저비용	기어 손실 없음, 넓은 가변속 범위, 낮은 Cut – in 풍속
단점	• 낮은 가변속 범위 • 복잡한 제어 및 보호 • 유지보수 복잡 • LVRT 등 Grid Code 대응 복잡	• 전력변환장치 용량 증가(고비용) • 대형발전기(Gearless)의 경우 • 나셀(Nacelle) 무게 증가 • 수송의 어려움

7 풍력발전시스템 구분

1) 프로펠러형 풍력발전시스템

① 직류발전의 경우는 변환기를 거쳐 전력계통과 연계한다.

② 교류발전의 경우는 바로 연계한다.

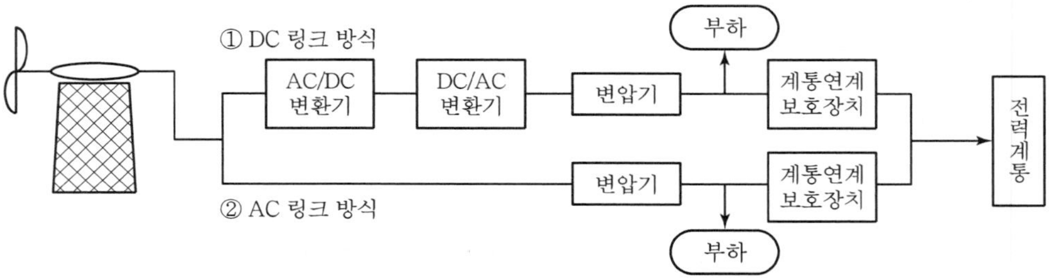

[프로펠러형 시스템 구성도]

2) 직접이용시스템

직접이용시스템은 풍력 강약에 따른 출력 변동을 피할 수 없다.

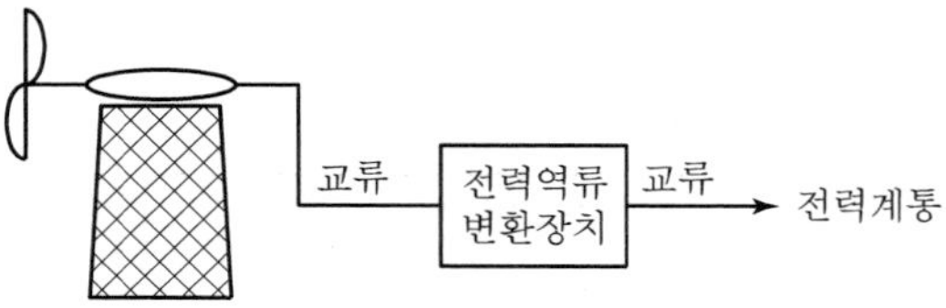

[직접이용시스템 구성도]

3) 축전지이용시스템

발전력을 일단 축적해서 풍력이 변화하더라도 평균적으로 일정한 전력을 이용할 수 있다.

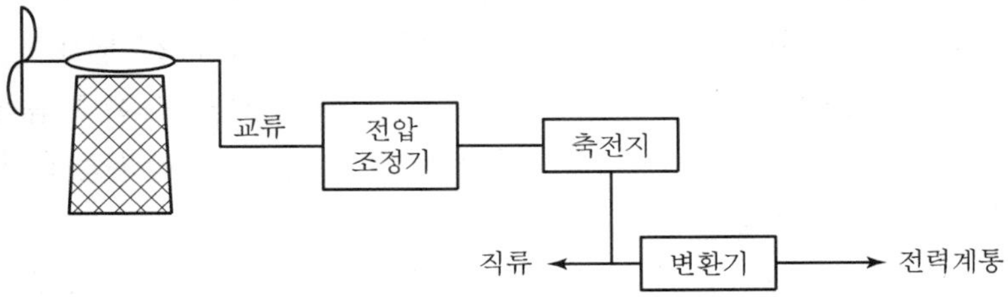

[축전지이용시스템 구성도]

8 풍력발전시스템 적용 시 고려사항(문제점)

1) 건설공사에 따른 생태계 파괴를 고려한다.
2) 계통연계 문제를 고려한다.
3) 바람의 불안정성을 고려한다.
4) 소음 문제, 풍속이 7～8[m/s] 정도의 중 · 저속일 경우 특히 문제가 된다.
5) 낙뢰 대책, 낙뢰가 풍차에 떨어지지 않도록 해야 한다.
6) 전파 장애, TV는 고스트 등의 영향이 우려된다.

9 해상풍력발전시스템 적용 시 고려사항(문제점)

1) 육상에서 풍력발전은 설치장소가 한정적이다.
2) 소음, 경관 등의 문제가 발생한다.
3) 해상은 육상에 비해 평균풍속이 높고 바람의 난류, 높이, 방향에 따른 풍속변화가 적다.
4) 날개끝 속도(Tip Speed)를 60[m/sec] 정도로 제한하고 있는 것을 100[m/sec]를 초과하는 수준까지 고속화 · 대형화가 가능하다(Tip Speed Ratio＝Tip Speed/풍속).
5) 해상 기초 및 설치공사의 기술적 · 경제적인 문제가 있다.
6) 염해, 파랑 등의 환경조건에 대한 대책 필요하다.
7) 보수비용이 육상에 비해 많이 소요된다.
8) 케이블 설치 시 문제점으로 해상변전소 설치 및 초고압으로 승압 후 육지로 송전해야 한다.
9) 어업 보상 문제

⑩ 도시형 풍력발전시스템

1) 풍력발전에서 생산되는 에너지는 풍속의 3승에 비례하므로 가능한 한 상시 높은 풍속을 유지할 수 있는 곳에 설치해야 한다. 바람의 세기가 일 초에 평균 4[m/s] 이상이면 풍력발전기를 운전할 수 있지만 효율적인 운전을 위해서는 약 10[m/s]의 풍속이 요구된다.
2) 도시지역에서 풍속은 고도가 높아질수록 빨라지므로 풍차를 가능한 한 높게 설치한다.
3) 풍력에너지는 공기흐름의 단면적에 비례하므로 대략 날개길이의 제곱에 비례한다고 할 수 있다. 즉, 날개길이는 가능한 한 크게 한다.
4) 풍력발전기가 자연 경관을 해치고 새의 이동을 방해함으로써 생태계를 손상시킬 수도 있으므로 가능한 한 경관을 해치지 않고 새들의 주된 이동통로가 아닌 곳에 설치한다.
5) 계통연계형으로 할 경우에는 한전의 분산형 전원 계통연계 기술기준에 부합되도록 계통연계 보호장치를 설치해야 한다.
6) 풍차가 회전하면서 소음을 발생시키므로 가능한 한 주거지역에서 먼 곳에 설치한다. 소음은 풍속 7~8[m/s]에서 가장 문제가 된다.
7) 풍차의 설치높이가 60[m]를 초과할 때는 항공 장애등을 설치해야 한다.
8) 낙뢰에 대한 보호대책을 강구해야 한다.

13 연료전지 발전

1 개요

연료전지는 수소와 산소를 반응시켜서 물을 만들 때 수소가 갖는 화학에너지를 전기에너지로 변화시켜 발전하는 방식으로 전기화학 반응을 이용하므로 발전효율이 40~60[%] 정도로 높고, 그 배열 이용 시 종합효율이 80[%] 정도로 기대된다.

2 원리 및 구성

1) 원리

① (−)극(수소극)

$$H_2 \cdot 2H^+ + 2e^-$$

수소가 (−)극에서 전자와 수소이온으로 되며, 인산수용액의 전해질 속을 지나 (+)극으로 이동한다.

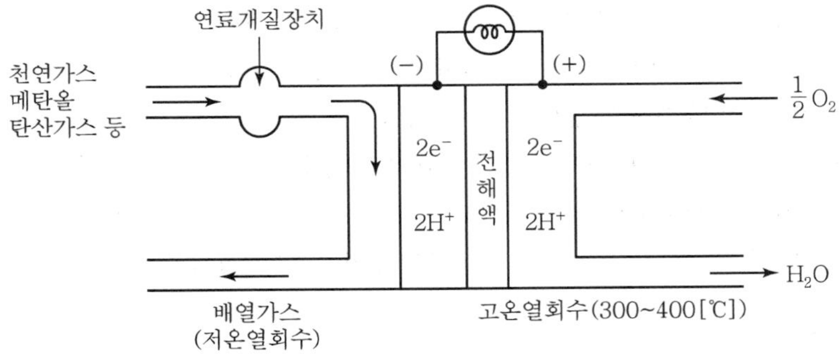

[연료전지 원리]

② (+)극(산소극)

$$\frac{1}{2}O_2 + 2H^+ + 2e^- \rightarrow H_2O$$

외부회로를 통과한 전자와 전해액 중의 수소이온은 산소와 반응해서 물을 생성한다.

③ 이 반응 중에서 외부회로에 전자 흐름이 형성되어 전류가 흐르게 된다.

2) 구성

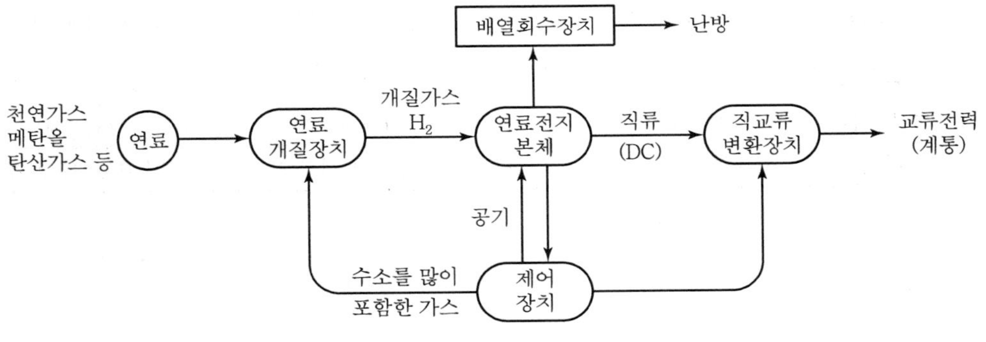

[연료전지의 구성]

① **개질기** : LNG, 나프타, 메탄올 등의 연료로부터 수소를 제조한다.

② **연료전지 본체** : 수소와 산소를 반응시켜 물과 직류를 발생시킨다.

③ **인버터** : 직류전력을 교류전력으로 변환한다.

3 특징

1) 장점

① 환경상 문제가 없어 수용가 근처에 설치가 가능하다.
② 부하조정이 용이하고 저부하에서 효율 저하가 작다.
③ 에너지 변환 효율이 높다.
④ 다양한 연료 사용으로 석유 대체 효과가 기대된다.
⑤ 단위출력당의 용적 또는 무게가 작다.
⑥ 설비의 모듈화가 가능해서 대량생산이 가능하고, 설치공기가 짧다.

2) 단점

① 반응가스 중에 포함되어 있는 불순물을 제거해야 한다.
② Cost가 높고 내구성이 약하다.
③ 불순물에 견딜 수 있는 전극재료를 개발해야 한다.
④ 충방전의 한계수명 보유로 수명이 짧다.

4 종류별 비교

구분	인산형(제1세대)	용융탄산염형(제2세대)	고체 전해질형(제3세대)
연료	• 천연가스(개질) • 메탄올(개질)	• 천연가스 • 석탄 가스화 가스	• 천연가스 • 석탄 가스화 가스
전해질	인산수용액	• 리튬－나트륨계 탄산염 • 리튬－칼륨계 탄산염	질코니아계 세라믹스
작동온도	200[℃]	650～700[℃]	900～1,000[℃]
발전효율	35～45[%]	45～60[%]	45～65[%]
특징	실용화에 가장 근접	고효율 발전, 내부 개질 가능	고발전 효율, 내부 개질 가능

14 연료전지설비에서 보호장치, 비상정지장치, 모니터링 설비

1 연료전지(Fuel Cell) 발전시스템

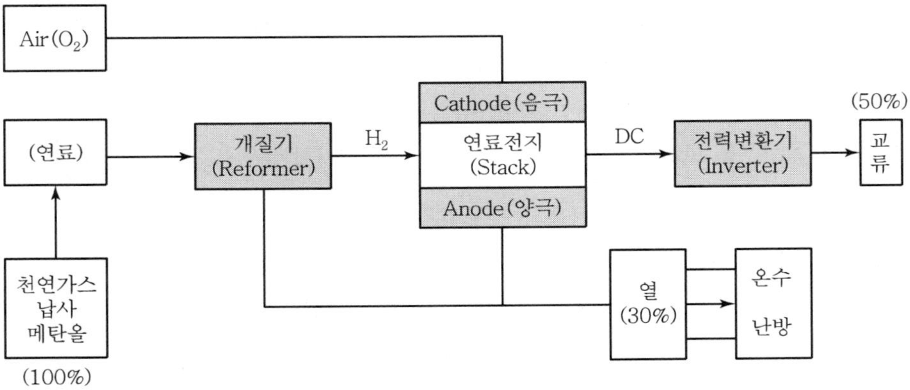

[연료전지 발전시스템 구성]

연료와 산화제의 화학에너지를 전기에너지, 열 및 반응 물체로 변환시키는 전기 · 화학적 기기로서 일반적으로 수소와 산소(공기)로부터 전기를 발생시키는 장치를 말한다. 전해질(Electrolyte)의 종류에 따라 고체고분자형(PEFC), 인산형(PAFC), 용융탄산염형(MCFC), 고체산화물형(SOFC), 알칼리형(AFC), 직접메탄올변환형(DMFC) 등으로 분류된다.

2 연료전지설비의 보호장치

1) 연료전지는 다음의 경우에 자동적으로 이를 전로에서 차단하고 연료전지에 연료가스공급을 자동적으로 차단하며 연료전지 내의 연료가스를 자동적으로 배제하는 장치이다.
   ① 연료전지에 과전류가 생긴 경우
   ② 발전요소(發電要素)의 발전전압에 이상이 생겼을 경우 또는 연료가스 출구에서의 산소농도 또는 공기 출구에서의 연료가스 농도가 현저히 상승한 경우
   ③ 연료전지의 온도가 현저하게 상승한 경우

2) 상용 전원으로 쓰이는 축전지에 과전류가 생겼을 경우에 자동적으로 이를 전로로부터 차단하는 장치이다.

3 연료전지의 비상정지장치

연료전지 설비에는 운전 중에 일어나는 이상에 의한 위험의 발생을 방지하기 위해 해당 설비를 자동적이고 신속하게 정지하는 장치를 설치하여야 한다.

1) 운전 중에 일어나는 이상이란 다음과 같은 경우를 말한다.
   ① 연료계통 설비 내 연료가스의 압력 또는 온도가 현저하게 상승하는 경우
   ② 증기계통 설비 내 증기의 압력 또는 온도가 현저하게 상승하는 경우
   ③ 실내에 설치되는 것에서는 연료가스가 누설하는 경우
   ④ 공기압축기 및 보조연소기에는 해당 기기에 이상이 발생했을 경우

2) Cathode Inlet Temp Abnormal(음극 입구 온도 불평형 정지시험)
3) Air to Fuel Ratio Abnormal(증기－탄소비율 불평형 정지시험)
4) Cell Differential Temp High(셀 간 온도차 상승 정지시험)
5) Fuel Cell Module Temp High(연료전지 모듈 고온도 정지시험)
6) Air Blower Failure(환기장치 이상 정지시험)
7) Air Pr High(송풍공기 고압력 정지시험)
8) Water Sys. Pr Low(배수시스템 저압력 정지시험)
9) Manual Trip(수동정지복귀)
10) Fuel Gas Pressure/Temp High(연료가스 고압력/고온도 정지시험, 외부 개질기형)
11) Loss of Flame(개질기 점화불량 정지시험, 외부 개질기형)
12) Steam Pressure/Temp High(개질기 증기 고압력/고온도 정지시험, 외부 개질기형)
13) Furnace Pressure Abnormal(개질기 노내압 불평형 정지시험, 외부 개질기형)
14) 개질기

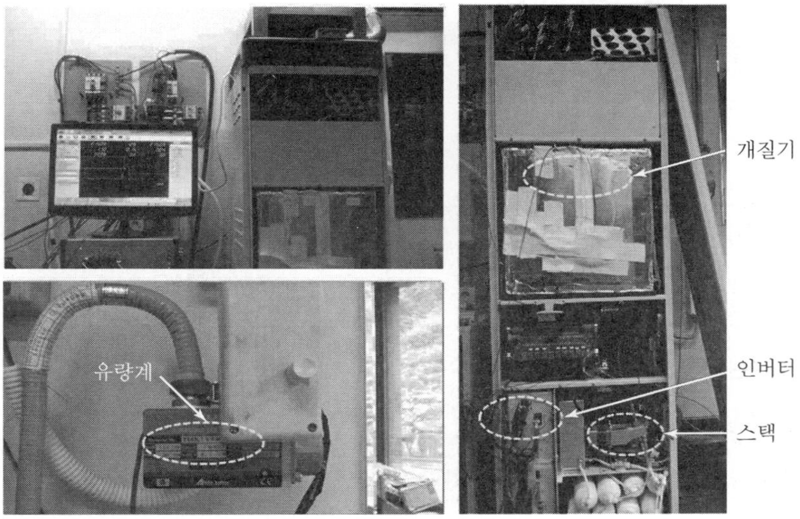

[가정용 1[kW] 연료전지 발전설비]

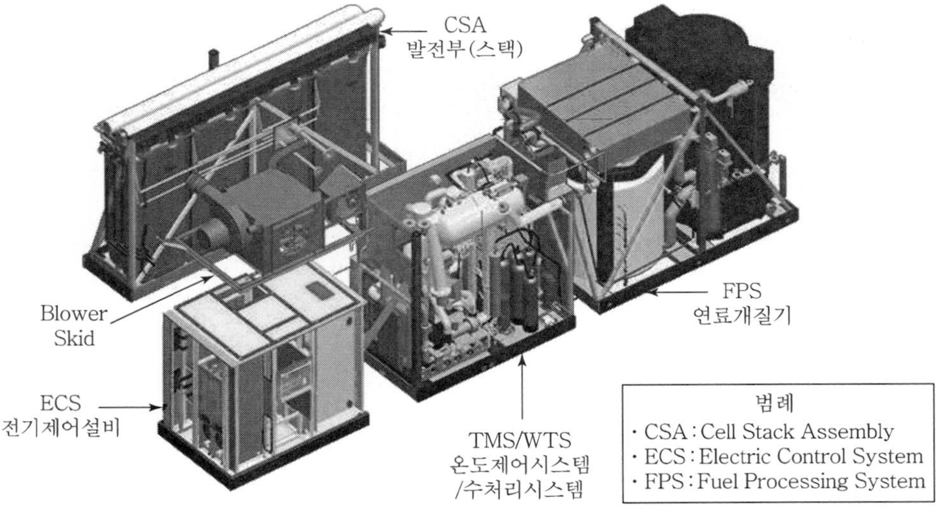

[PAFC 400[kW] 연료전지 발전설비(인산형)]

4 연료전지설비의 모니터링장치

1) 모니터링장치의 계측설비

모니터링설비의 계측설비는 다음을 만족하도록 설치하여야 한다.

[계측설비별 요구사항]

계측설비	요구사항	확인방법
인버터	CT 정확도 3[%] 이내	• 관련 내용이 명시된 설비 스펙 제시 • 인증 인버터는 면제
온도센서	정확도 ±0.3[°C](−20~100[°C]) 미만	관련 내용이 명시된 설비 스펙 제시
	정확도 ±1[°C](100~1,000[°C]) 이내	
유량계, 열량계	정확도 ±1.5[%] 이내	관련 내용이 명시된 설비 스펙 제시
전력량계	정확도 1[%] 이내	관련 내용이 명시된 설비 스펙 제시

2) 측정위치 및 모니터링 항목

다음 요건을 만족하여 측정된 에너지 생산량 및 생산시간을 누적으로 모니터링하여야 한다.

[측정 및 모니터링 항목]

구분	모니터링 항목	데이터(누계치)	측정 항목
수소 · 연료전지	일일발전량[kWh]	24개(시간당)	인버터 출력
	일일열생산량[kW]	24개(시간당)	
	생산시간(분)	1개(1일)	

15 지열발전

1 원리

지중으로부터 끄집어낸 지열에너지(증기)로 직접 터빈을 회전시켜 발전한다.

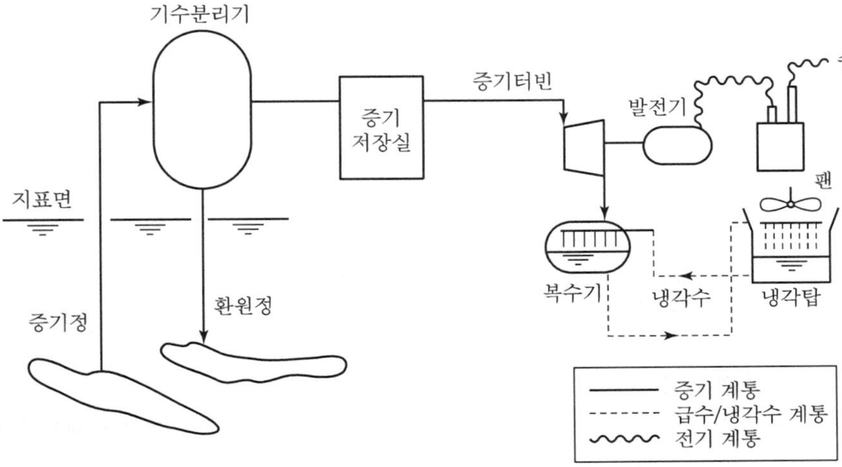

[지열발전 개념도]

2 발전방식 분류

1) 천연증기 이용 배압식

천연증기를 이용해서 발전하고 배기는 대기로 배출시키는 방식으로 설비비는 싸지만 발전 효율은 낮다.

2) 열수분리 증기이용 복수식

기수분리기로 포화증기를 얻어 발전에 이용하고 열수와 복수는 다시 지하로 되돌려주는 방식으로서 현재 세계 각지에서 널리 채용되고 있다.

3) 열수증기 병용식

기수분리기로 증기와 열수로 분리하고 증기를 터빈에 유도하는 것은 위의 증기이용 복수식과 동일하지만, 이 방식은 열수도 플래시탱크를 통해 저압 포화증기로 변환하여 터빈의 혼압단으로 보내서 이용하고 있다.

4) 열교환 방식(열수 이용식)

열수 또는 천연증기로 다른 작동유체(프레온, 이소부탄 등의 저비등점 액체) 증기를 만들어서 밀폐 사이클(Closed Cycle)로 하는 방식이다.

3 지열발전의 특징

1) 장점

① 지하 천연증기를 사용하므로 기력발전처럼 보일러나 급수설비가 필요 없어 경제적이다.
② 연료가 필요 없으므로 소용량 설비라도 경제적으로 유리하다.
③ 천연증기는 자급 에너지이므로 안정된 공급이 가능하다.

2) 단점

① 개발지점이 지열증기를 분출하는 지점으로 한정적이다.
② 정출력을 유지하기 어렵다(채취되는 증기량의 위치, 심도, 채취경력 등에 따라 다름).

③ 방식 대책 또는 스케일 대책 필요
㉠ 지열증기 중에 포함되는 부식성 가스로 인해 부식과 응력부식이 발생할 위험성이 매우 높다. 따라서 부식과 응력부식 등이 잘 일어나지 않는 재료를 채용하는 동시에 설계응력을 재료의 강도보다 충분히 낮춰 계획하거나 응력이 집중하기 어려운 형상으로 설계하는 것이 중요하다.
㉡ 스케일 방지대책을 위해 스크러빙 설비(증기 청정화 설비)를 설치하여 불순물을 제거한다.

16 ESS(Energy Storage System)

1 개요

전력에너지는 저장이 곤란하고 공급과 수요가 동시에 이루어지는 단점을 가지고 있다. ESS란 생산된 전력을 전력계통(Grid, 발전소, 변전소, 송전선 등)에 저장했다가 전력이 가장 필요한 시기에 공급하여 에너지 효율을 높이는 시스템으로 전력에너지의 단점을 보완하는 설비를 말한다.

2 설치목적

계절별 부하의 격차에 따른 첨두부하의 감소(Peak Shaving), 전력부하의 평균화를 위한 예비발전 용량 확보(Spinning Reserve), 발전소의 효율적 운영을 위한 신재생에너지 발전안정화(Generating Stabilizer)와 부하안정화(Load Leveling)를 통한 전력계통의 합리적 운영을 제고에 활용하기 위함이다.

3 설치효과

1) 발전의 안정적 전력공급을 실현한다.
2) 신재생에너지의 전력 안정화를 위한 예비발전용량을 확보한다.
3) 계절적 부하평준화를 통한 스마트 그리드를 실현한다.

4 전력저장 기술의 종류

1) 전기에너지 : 초전도에너지 저장
2) 위치에너지 : 양수발전
3) 화학에너지 : 신형축전지 전력저장
4) 운동에너지 : Fly Wheel 에너지 저장
5) 압력에너지 : 압축공기 저장
6) 열에너지 : 잠열에너지 저장

5 에너지 저장 장치용 전지적용 기술

1) 대용량의 축전지로 심야전력을 전기화학적 반응으로 저장하고, 피크시간대에 방전하는 부하평준화 기능을 가지고 있는 시스템이다.
2) 축전지, 직 · 교류 변환을 위한 전력변환장치 및 감시제어장치 등으로 구성한다.

3) 주요 특징
① 저장효율(60～75[%])이 비교적 우수하다.
② 높은 에너지 밀도를 가지고 있어 기동정지 및 부하추종 등의 운전 특성이 우수하다.
③ 진동 · 소음이 적어서 환경에 미치는 영향이 거의 없다.
④ 입지제약이 거의 없어 수요지 부근에 설치가 가능하다.
⑤ 모듈 구조로 양산이 가능하며, 건설기간이 짧다.
⑥ 비용절감 가능성이 높으며, 적용 범위가 광범위하다.

4) ESS 적용 시 기대효과

① 송전손실이 감소한다.
② 전원설비 가동률이 향상된다.
③ 부하가 평준화된다.
④ 피크부하에 대한 예비율이 확보된다.
⑤ 전력계통이 안정화된다.
⑥ 정전 시 비상전원으로 사용할 수 있다.

6 전지의 종류 및 특징

1) 리튬이온전지

(1) 원리

리튬이온이 분리막과 전해질을 통하여 양극(리튬산화물전극)과 음극(탄소계 전극) 사이를 이동하며 에너지를 저장한다.

(2) 특징

출력 특성과 효율이 좋으나, [kWh]당 단가가 높아 주파수 조정과 같은 단기 저장 방식에 유리하며, 에너지밀도와 효율이 높고 장수명이다.

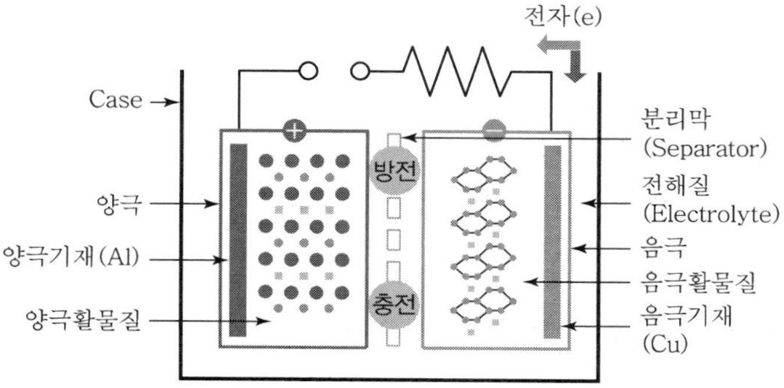

[리튬이온전지 구조]

2) NAS 전지(나트륨황 전지)

(1) 원리

양극활물질에 유황을, 음극활물질에 나트륨을, 전해질에 베타 알루미나라는 파인 세라믹스를 이용한 전지이며 베타 알루미나는 나트륨이온을 통과시키는 성질이 있는 세라믹스이다.

(2) 특징

대용량이며 가격이 저렴한 재료를 사용하여 경제성이 우수하다. 고온시스템이 필요하며, 에너지 효율이 낮다.

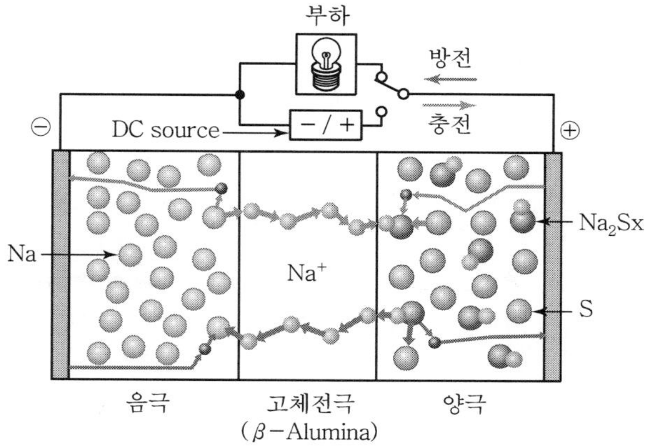

[NAS 전지 구조]

3) 레독스 플로 전지

(1) 원리

전해액 내 이온들의 산화, 환원차를 이용하여 전기에너지를 충방전한 후 이용한다.

(2) 특징

저비용, 대용량화 용이, 장시간 사용 가능, 저에너지밀도, 저에너지 효율의 특징이 있다.

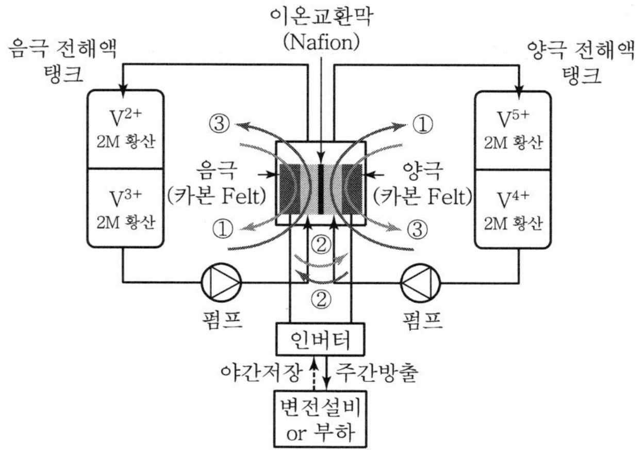

[레독스 플로 전지 구조]

[에너지저장시스템의 종류]

구분	특징
LiB (리튬이온전지)	• 원리 : 리튬이온이 양극과 음극을 오가면서 전위차 발생 • 장점 : 고에너지 밀도, 고에너지 효율(고출력)로 적용 범위가 가장 넓음 • 단점 : 안전성, 고비용, 수명 미검증, 저장용량이 3[kW]~3[MW]로 500[MW] 이상 대용량 용도에서는 불리
CAES (압축공기 에너지 저장)	• 원리 : 잉여전력으로 공기를 동굴이나 지하에 압축하고 압축된 공기를 가열하여 터빈을 돌리는 방식 • 장점 : 대규모 저장 가능(100[MW] 이상), 낮은 발전단가 • 단점 : 초기비용 과다, 지하 굴착 등으로 지리적 제약
NAS (나트륨유황전지)	• 원리 : 300~350[℃]의 온도에서 용융 상태의 나트륨(Na) 이온이 베타－알루미나 고체전해질을 이동하면서 전기화학에너지 저장 • 장점 : 고에너지밀도, 저비용, 대용량화 용이 • 단점 : 저에너지 효율(저출력), 고온시스템이 필요하여 저장용량이30[MW]로 제한적
Fly Wheel	• 원리 : 전기에너지를 회전하는 운동에너지로 저장하였다가 다시 전기에너지로 변환하여 사용 • 장점 : 고에너지 효율(고출력)로 UPS, 전력망 안전화용으로 적용 가능, 장수명(20년), 급속저장(분 단위) • 단점 : 초기 구축비용 과다, 저에너지 밀도, 장시간 사용 시 동력효율 저하
RFB (레독스 흐름 전지)	• 원리 : 전해액 내 이온들의 산화·환원 전위차를 이용하여 전기에너지를 충·방전하여 이용 • 장점 : 저비용, 대용량화 용이, 장시간 사용 가능 • 단점 : 저에너지밀도, 저에너지 효율
Super Capacitior (슈퍼 커패시터)	• 원리 : 소재의 결정 구조 내에 저장되는 전자와는 달리, 소재의 표면에 대전되는 형태로 전력을 저장 • 장점 : 고출력 밀도, 긴 수명, 안정성 • 단점 : 저에너지 밀도, 고비용

17 ESS용 PCS의 요구 성능

1 개요

ESS용 PCS(Power Conversion System or Power Conditioning System)는 기본적으로 양방향 전력제어 기능을 가지고 있다. 배터리의 DC전압을 AC로 변환하여 인버터 기능과 AC전압을 DC로 바꿔 배터리를 충전하는 기능도 포함된다. 기본적으로 배터리의 SOC에 따른 충방전전류를 조절하거나 전력계통이 요구하는 전원의 품질에 대한 대응 기능이 있어야 한다.

2 PCS 시험 항목

PCS 시험 항목	
1. 절연성능시험	절연저항시험
	절연내력시험
2. 보호기능시험	직류 측 과전압 및 부족전압 보호기능시험
	교류 측 과전압 및 부족전압 보호기능시험
	주파수 상승 및 저하 보호기능시험
	단독운전 방지기능 시험
	직류 측, 교류 측 돌입전류 보호기능시험
	교류 측 과전류 보호기능시험
	복전 후 일정시간 투입방지기능 시험
3. 외부사고시험	누설전류시험
	계통 전압 순간정정, 순간강하 시험
4. 주위환경시험	습도시험
	온습도 사이클 시험
5. 온습도 사이클 시험	방출
	내성
6. 정상 특성 시험	구조시험
	교류전압 및 주파수 추종범위 시험
	효율시험
	역률 측정시험
	교류출력전류 왜형률 시험

7. 과도응답 특성 시험	입력전력 급변시험
	계통전압 급변시험
	계통전압 위상 급변시험

3 맺음말

1) ESS용 PCS에 대한 성능 요구사항은 한국스마트 그리드협회의 단체 심의 표준인 '전기에너지저장시스템용 전력변환장치의 성능 요구사항', SPS－SGSF－04－2012－07－1972(Ed1.0)를 기준으로 하며, 2016년 한국스마트 그리드협회에서 보완하여 SPS－SGSF－02－4－1972 : 2016으로 표준번호가 변경되었다. 해당 표준은 ESS용 PCS의 성능 요구사항에 대해 적용하고 있으며 PCS 안전에 대한 사항은 KS C IEC 62477－1에 규정되어 있다.
2) 신재생에너지의 대형화에 따라 에너지저장 장치 또한 대형화되어 가고 있다. 시험 인증항목은 정격시험항목을 포함하고 있으며, 이를 인증할 수 있는 장비의 확충은 필수적이다. 국외의 경우 1[MW] 이상의 제품 성능을 시험할 수 있는 설비들이 확충되어 있으나 국내의 경우는 아직 설비가 없어 이에 대한 도입이 필요하다.
3) 신재생에너지를 안정적으로 활용하기 위해서는 국가에서 인정한 공인인증기관의 공인인증 시험이 필수적이다. 이를 통해 표준화된 안정한 에너지공급원을 확보하고, 기존 계통과의 상호운용성 또한 보장될 수 있다. 이러한 대용량 설비들의 공인인증 시험 기반을 확충함으로써 국내의 신재생에너지 확대 및 활성화가 이루어질 것이며, 향후 해외 수출 및 시험인증 사업의 기술이전 등도 가능할 것으로 판단된다.

18 태양광발전 연계 ESS용 리튬이온 배터리

1 개요

1) 전기저장장치(Electrical Energy Storage System)는 생산된 전력을 기계적 · 전기적 · 화학적 · 전기화학적인 형태로 저장하여 필요시 전력계통 및 부하에 전력을 공급하는 시스템으로서 용도는 계통에 연계하여 상용전원으로 사용하는 것과 비상용 예비전원으로 사용하는 것 등으로 나눌 수 있다.
2) 리튬이온 2차 전지는 충방전 시의 에너지 손실이 적고, 환경규제물질(카드뮴, 납, 수은 등)을 사용하지 않는 친환경적인 전지이다.

2 저장형태에 따른 저장장치의 종류

저장형태	저장장치의 예
기계적	양수발전(PHS), 압축공기(CAES), 플라이휠(FES)
전기 화학적	축전지(LA), 니켈－카드뮴전지(Ni－Cd), 리튬이온전지(Li－ion), 금속공기전지(Me－air), 나트륨황(NAS) 전지, 나트륨니켈클로라이드(NaNiCl), 레독스 플로전지(RFB)
화학적	수소저장(H_2), 합성천연가스(SNG)
전기적	이중층캐패시터(DLC), 초전도저장(SMES)

3 동작원리

충전 시에 리튬의 화합물인 양극재료 안에 존재하는 리튬이온이 음극인 탄소재의 층간으로 이동함으로써 충전전류가 흐르게 된다. 또한 방전 시에는 리튬이온이 음극에서 양극으로 이동함으로써 방전전류가 흐르게 된다. 이와 같이 리튬이온 2차 전지는 리튬의 이동만으로 충방전이 이루어진다.

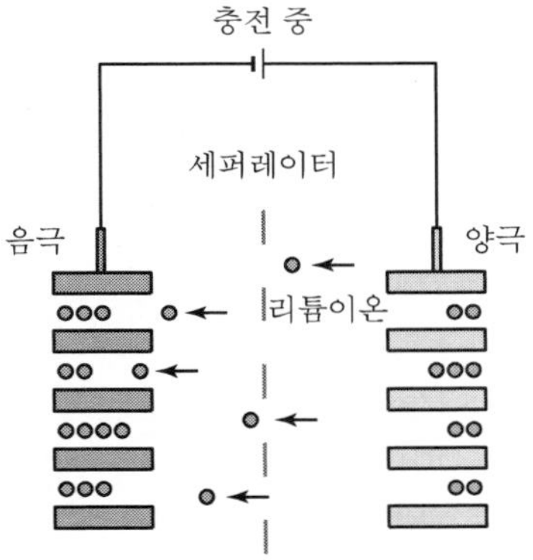

[충전]

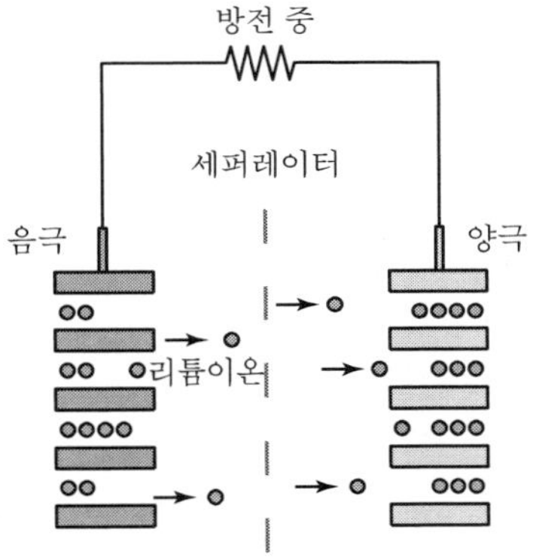

[방전]

4 특징

대형 대용량 전지에는 높은 안전성, 긴 수명, 낮은 비용이 요구된다. 전지의 대형화에 따라 비축한 에너지 및 가연물인 전해액의 양이 늘어나기 때문에 높은 안전성 확보는 필수적이다. 대형 축전 시스템은 한번 구입하면 장기간 사용하려는 구매자가 많아 장기에 걸친 수명 특성 및 신뢰성이 요구된다. 또한 전지가 커지면 사용되는 재료도 다량으로 필요하기 때문에 합리적인 제품가격을 책정하기 위해서는 재료비용을 낮출 필요가 있다.

계통연계 및 정치형(定置型) 축전 용도에 있어서 축전지는 비교적 높은 에너지 밀도와 고효율을 발휘하며, 기동 및 정지가 순시에 이루어져 부하 응답 특성이 우수하다는 장점을 지닌다. 또한 신재생에너지의 도입량 증대에 따라 주파수 변동 및 잉여전력의 대응에 있어서도 축전지 이용이 증가하고 있다.

1) 에너지 밀도가 높고 US18650 크기에 있어서, 체적 에너지 밀도로 440[Wh/L], 중량 에너지 밀도로 160[Wh/kg]을 얻을 수 있다.
2) 전압이 높고, Hard Carbon(경화 탄소) Battery의 평균 동작 전압은 3.6[V]이며, Graphite(흑연) Battery는 3.7[V]이다. 이는 Ni－Cd나 Ni－MH Battery보다 약 3배나 높은 수치이다.
3) 충방전 CYCLE 특성이 우수하여, 500회 이상의 충방전 반복이 가능하다.
4) 자기방전이 적고, 10[%/월] 이하다.
5) 니켈카드뮴축전지에서 나타나는 MEMORY 효과가 없다.
6) 방전곡선의 특징을 이용하여, 잔존량 표시가 용이하다.

[2차 전지 특징 비교]

전지의 종류	납	니켈수소	리튬이온	NAS	레독스 플로
에너지 밀도 (Wh/kg)	× 35	△ 60	◎ 200	○ 130	× 10
비용 (십만 원/kWh)	5	10	20	4	평가 중
대용량화 (4~8시간)	○ ~MW급	○ ~MW급	○ 1MW급	◎ >MW급	◎ >MW급
충전상태의 정확한 계측 · 감시	△	△	○	△	◎
안전성	○	○	△	△	◎
자원	○	△	○	◎	△
수명 (사이클 수)	17년 (3,150회)	5~7년 (2,000회)	6~10년 (3,500회)	15년 (4,500회)	6~10년 (제한 없음)

※ ◎ : 매우 좋음 ○ : 좋음 △ : 보통 × : 나쁨

5 태양광 연계 ESS 배터리 선정 시 고려사항

리튬이온 배터리의 경우 효율 및 수명을 보장하기 위해서는 무엇보다 사용 환경이 알맞게 유지되어야 한다. 가장 중요한 것은 온도 및 습도로서, 온도는 23±5[℃] 이내, 습도는 80[%] 이하 결로 없는 상태가 유지되어야 배터리의 수명이 최선으로 보장된다.

이러한 사용 환경을 유지하기 위해서 설치 장소 내 공조설비와 방식에 대하여 ESS 제안업체와 구축 전 미리 면밀히 검토하여야 한다. 공조에 소비되는 전력 비용이 수익에 큰 영향을 미치기 때문에, 온도 및 습도를 알맞게 유지하면서도 공조 비용을 가장 경제적으로 줄이는 방법에 대하여 잘 검토되었는지 확인하는 것이 필요하다.

보통 컨테이너에 구축되는 옥외형 타입보다 건물 내에 구축되는 옥내형 타입이 공조비용 절감에 유리하다. 또한, 배터리를 포함하여 ESS 전체 설비의 안전성 확보를 위하여 배터리실 및 PCS 전기실에 적합한 친환경 소화약제를 채택하여 소방설비를 구비하는 것이 반드시 필요하다. 건물의 규모가 큰 경우 별도의 소화약제실을 두어야 하며, 컨테이너 혹은 작은 규모의 공간인 경우 패널 타입의 자동소화설비를 구비하는 것이 좋다.

19 무선전력전송기술

1 개요

1) 무선전력전송기술은 전력선과 디바이스가 전선으로 연결되지 않은 모든 전력전송 체계와 관련된 기술이다.
2) 유선전력전송의 문제를 극복하고 전원 공급의 편의성과 효율성 및 공간의 복잡한 배선을 피할 수 있는 방법으로 최근 무선충전 기술이 부각되고 있다.

2 무선전력전송의 기술 동향

동작방식	전자기 유도	자기공명	전자기파
동작원리	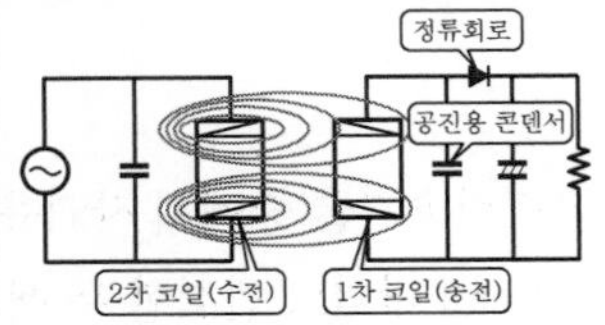	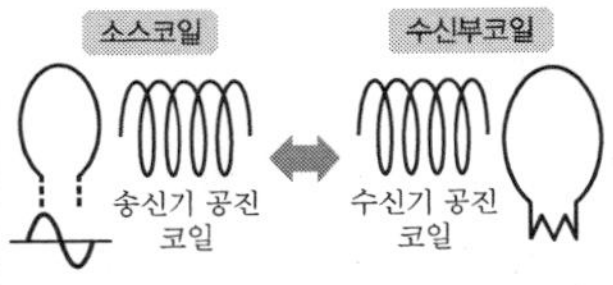	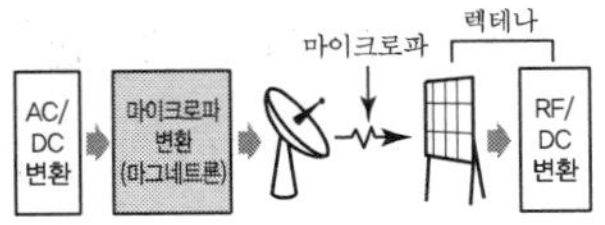
	변압기 1, 2차 코일 간의 전자기 유도 현상 이용(수백 [kHz] 대역)	송수신 안테나 간의 자기공명(Magnetic Resonance) 이용(수 [MHz]~수십 [MHz] 대역)	RF대역 송수신 안테나 간의 Radiation 성질을 이용 • 소출력 : RFID 등 • 대출력 : 5.8[GHz] 등 이용
장점	• 근접 전송효율이 높음 • 대전력 전송 가능	• 1~2[m] 이내(근거리) • A4WP 등 국제적 관심 급증	• 전송거리 : ~수 [m](근거리) • 전송거리 : >수 [m](원거리)
단점	• 근접거리 동작(접촉식) • 1, 2차 코일 정렬 필수(상용화된 기술)	• 안테나 Size가 큼 • 대전력 전송 어려움 • 미완성 기술	• 전송효율 낮음 • 인체 및 장애물 영향 큼 • 무선통신 규제 받음

동작 방식	전자기 유도	자기공명	전자기파
주요 회사	Fulton, Wildcharge, 아모센스, LG이노텍	삼성전자, Intel, Qualcomm	Powercast, NASA Project
현황	• 효율 70[%] 수준 • 여러 기업이 상용화 완료 • 효율 향상에 주력	• 삼성전자가 A4WP를 주도 • 상용화 준비 중 • 기술개발 필요	인체 유해성 극복 문제

1) 원거리 전송기술(전자기파)

전자기파 방식이란 원거리에서 수 [GHz]의 고주파수를 이용해 고출력 에너지를 전송하는 기술로 기술적 제약 때문에 실용화까지는 많은 시간이 소요될 것으로 예상된다. 전자기파 방식은 특정 목표 지점으로의 방향성을 가지고 수 [km] 이상의 장거리에서 사용된다.

그러나 전자기파 방식은 매우 큰 송수신 안테나가 필요하고, 무선으로 전송되는 전력이 대기 중에 흡수되거나 수분에 의해 방해를 받아 매우 비효율적이어서 저렴하게 전력을 공급할 수 없으며, 고출력 에너지를 전송함에 따라 인체에 매우 치명적이라는 단점이 있다.

2) 근거리 전송기술(Radiative)

수 [m] 내에서 에너지를 전달하는 근거리 전송 기술은 전자파 방사에 기반하고 비교적 작은 출력을 전달하는 방식이다. 전자기 방사의 특징인 전방향성 특성으로 인해 전송 효율이 매우 떨어져서 상대적으로 고전력을 요구하는 기기의 경우, 충전시간이 매우 길어지는 단점이 있다. 이를 만회하기 위해 송신부의 출력을 높이게 되면 인체에 해를 끼치게 되는 환경적 요인이 발생하게 된다. 그러므로 광범위한 사용을 위한 무선전력전송방법으로는 적합하지 않다.

3) 비접촉식 전송기술(자기유도)

무선으로 전기에너지를 원하는 기기로 전달하는 무선전력전송기술 중에서 자기유도(Magnetic Induction) 현상을 이용한 것이다. 자기유도 방식이란 수 [mm] 내외로 인접한 두 개의 코일에 유도전류를 일으켜 배터리를 충전하는 방식이다. 3[W] 이하의 소형기기에 적용 가능하고 공급 전력 대비 60~90[%]의 효율을 보이나, 충전기 – 수신기 간 거리가 수 [mm]로 매우 짧고 발열이 많으며 충전 위치에 따라 충전 효율이 크게 달라진다는 것이 단점이다.

4) 근거리 전송기술(자기공명)

자기공명 방식이란 두 매체가 같은 주파수로 공진할 경우 전자파가 근거리자기장을 통해 한 매체에서 다른 매체로 이동하는 감쇄파 결합 현상을 이용하는 기술이다.

3 무선전력전송기술 응용

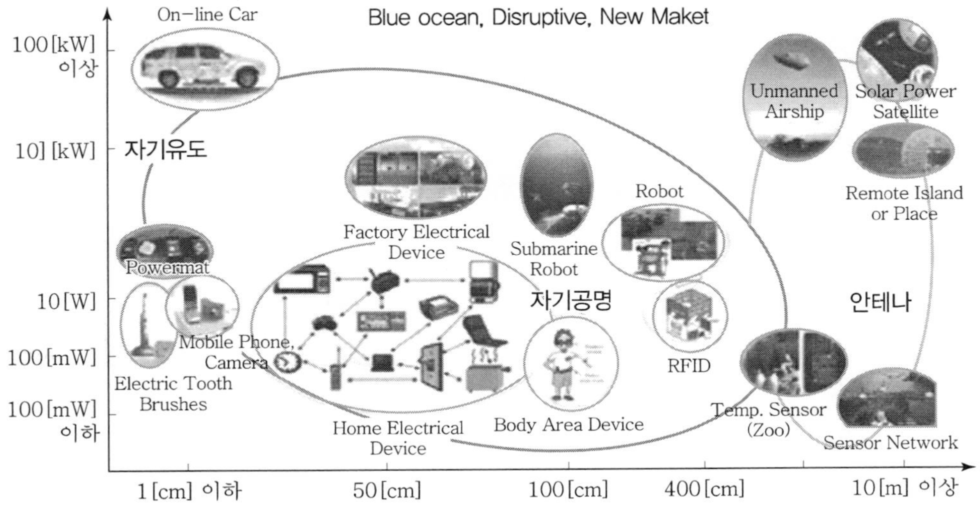

[무선전력전송 방식별 응용분야]

4 맺음말

무선전력전송기술은 기술의 패러다임을 바꿀 만큼 파급 효과가 매우 큰 첨단기술이다. 모든 영역에서 전선들이 제거되고 가전기기들이 전선의 길이에 따라 위치가 정해지지 않고 전기에너지가 전달되는 영역 내에서 자유롭게 이동하여 사용할 수 있다면 일상생활에서 지금까지와는 다른 변화가 있을 것이다.

조금 더 확대하여 사무실에서나 산업체에서 에너지 전달이 무선으로 이루어질 수 있다면 경제적 · 산업적 측면에서 새로운 혁명적 변화가 있으리라 예상할 수 있을 것이다. 국내의 많은 연구자들이 함께 참여한다면, IT 산업에서 신산업을 창출할 수 있는 기술로 발전시킬 수 있으리라 생각된다.

20 스마트 그리드

1 개요

현대는 중앙에 집중되었던 대규모 발전형태에 지역적으로 분산된 전원이 도입되고, IT와 인터넷 기술을 도입하여 정전 없이 전력을 공급하고 전력품질을 고려해야 하며, 수요자 중심의 가장 효율적인 전력시스템 운영이 필요하게 되었는데, 이러한 필요성과 관련 기술의 발전을 근간으로 스마트 그리드가 계획되는 것이다.

2 정의

스마트 그리드는 기존의 전력망에 정보통신기술[IT(Information Technology)와 인터넷]을 적용하여 전력공급자와 소비자가 실시간으로 정보를 교환함으로써 에너지 이용효율을 최적화하는 차세대 지능형 전력망을 말한다.

3 스마트 그리드의 구현 기술

정보통신기술, 스마트 미터링, 분산형 에너지관리시스템, 전기품질 보상장치, 에너지 저장설비, 감시모니터링설비 보호시스템 등

4 그린홈 설비

1) 스마트계량시스템으로 에너지 상호정보교환
2) 스마트 미터로 전기사용 및 요금정보교환
3) 상호작용으로 에너지 절약 및 절감효과

5 스마트 그리드 적용 효과

대체에너지는 자연조건에 따라 전력생산에 변화가 크므로 기존 전력시스템과 연계할 경우 전력품질의 문제가 된다. 따라서 양방향 전력망을 이용한 스마트 그리드가 대안이다.

1) 전력생산과 소비의 합리화 및 효율화
2) 소비자의 선택권 확대
3) 전기품질 및 신뢰도 향상
4) 녹색에너지 이용의 극대화

5) 저품질 녹색에너지를 고품질 녹색에너지로 전환
6) 신재생에너지 간 정보교환시스템으로 고신뢰도 형성
7) 전기저장기술 발전으로 충전소 설치 용이
8) 신재생에너지 전력분산으로 가격 안정

6 스마트 그리드 상용화 및 발전과제

1) 양방향 정보통신시스템 개발 보급
2) 실시간 가격결정 시장체계 구축
3) 감시모니터링 설비
4) 사생활 보호에 대한 부정적인 견해

7 맺음말

스마트 그리드는 저탄소 녹색성장산업의 전력인프라 설비로 신성장동력의 구현을 위해 동시에 연계할 경우 시너지 효과가 크다.

21 스마트 그리드와 마이크로 그리드

1 개요

1) 스마트 그리드

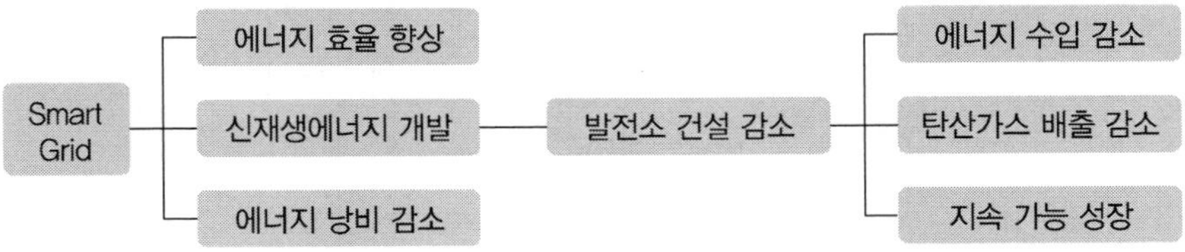

[스마트 그리드 적용 효과]

① 현재의 전력계통이 중앙집중형, 일반형인 것을 개선한 것이다.
② 전력계통이 분산적이고, 독립적으로 운영된다.
③ 실시간으로 서비스할 수 있는 지능화된 전력망이다.

2) 마이크로 그리드

① 소형에너지 공급원들과 수용가들을 서로 연결한다.

② 종합적으로 에너지를 공급하고 수요관리를 하는 시스템이다.

2 구성요소

1) 스마트 그리드

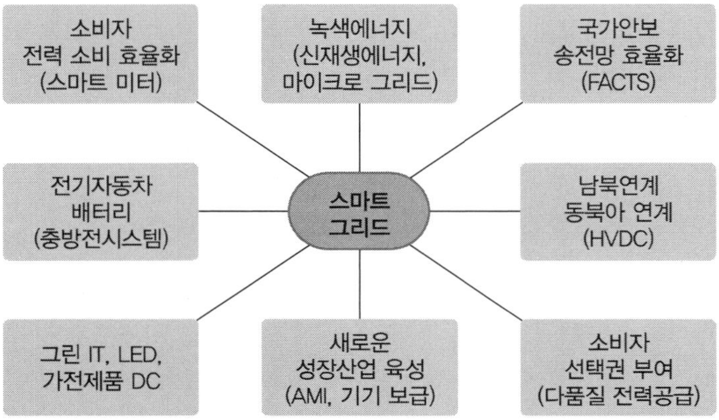

[스마트 그리드 구성요소]

2) 마이크로 그리드

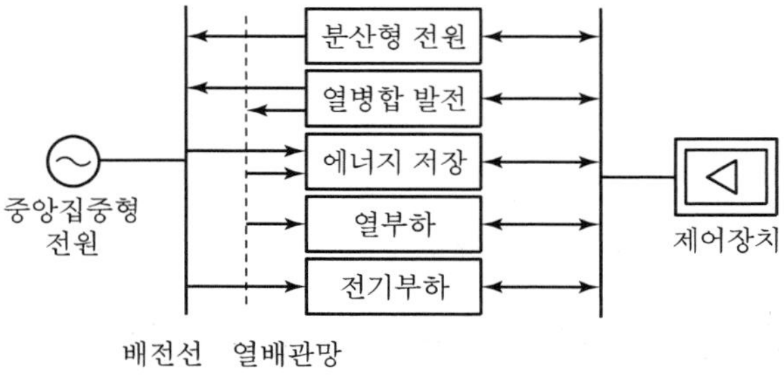

[마이크로 그리드 개념도]

3 특징

1) 스마트 그리드

① 교류에 비해 직류전기 수요가 증가
② 스마트 그리드의 하부에 마이크로 그리드(Micro Grid)가 존재
③ 안전하고 신속, 정확한 통신시스템 구축 가능

2) 마이크로 그리드

① 중앙집중형 에너지 공급시스템에 비해 고효율 운전 가능
② 에너지 이송소비량의 최소화
③ 시스템의 안정적 및 사고를 최소화
④ 장기적 경제성 향상 및 우수한 환경성
⑤ 배전계통과 분산형 전원의 연계에 따른 보호협조가 복잡
⑥ 양방향 전력조류 발생에 따른 사고전류가 증가
⑦ 에너지 설비의 초기 투자비가 과다

4 구축 시 선결과제

1) 실시간 전기요금제도 도입을 위한 법적 · 제도적 장치가 필요하다.
2) 기존 전력망과 통합 및 지속적인 발전이 이루어져야 한다.
3) 기술 표준화가 능동적이어야 한다.
4) 보안성 강화가 필요하다(해킹문제).
5) 신재생에너지 발전설비에 대한 보조금 정책이 요구된다.

22 스마트 그리드의 기반 스마트 미터

1 개요

계획정전 문제와 전력망 부실을 해결하는 대안으로서 스마트 미터로 전력을 시각화하고 수요에 따른 동적 요금제가 가능한 스마트 그리드에 대한 관심이 높다.

2 스마트 그리드의 구성요소와 스마트 미터

일반적으로 에너지 사용량을 실시간으로 계측하고 통신망을 통한 계량 정보 제공으로 가격 정보에 대응하여 수용가 에너지 사용을 적정하게 제어할 수 있는 기능을 갖는 디지털 전자식 계량기이다. 양방향 통신을 가능하게 하는 통신 모듈을 탑재하고 있어 홈 네트워크에서 통신 게이트웨이 역할 및 다양한 가전 기기들을 제어할 수 있는 역할까지 확장이 가능하다.

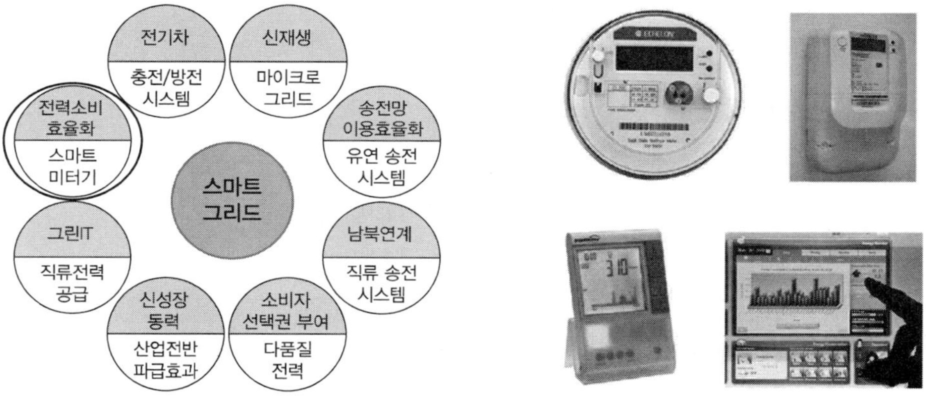

[스마트 그리드 구성요소와 스마트 미터]

3 스마트 미터 도입 효과

구분	내용
수용가 이점	• Web이나 HAN(Home Area Network) 등을 통한 전력사용 정보 · 요금 정보 모니터링, 제삼자에 의한 에너지 절약 진단 서비스 제공 등을 통해 에너지 절감 도모 • 요금 메뉴 세분화와 적정 요금 메뉴 이용을 통해 에너지 절감, CO_2 감축, 가계요금 절감 효과 기대
전력회사 이점	• 원격 검침 및 원격 조작을 통해 검침 업무 등 업무 효율화와 작업의 안전성 향상 • 재생 가능 에너지를 포함한 수급 패턴을 상세하게 파악하고, 이들 데이터를 토대로 한 새로운 요금 메뉴 설정을 통해 효율적인 에너지 이용에 기여 • 각종 기기의 상세한 사용 상황 파악이 가능하여 설비 갱신 시 전력 사용 실태에 대응한 효율적인 설비 구축 가능
사회적 이점	• 수용가 측의 에너지 절감/CO_2 감축과 전력회사 측의 수요반응(Demand Response) 대응 등을 통해 저탄소 사회 구현에 기여 • 스마트 미터가 제공하는 정보를 활용한 새로운 서비스, 새로운 산업 창출로 생활의 질 향상 및 경제 활성화에 기여

※ HAN : 가정용 기기 또는 설비 사이의 통신을 위한 가정용 통신망

4 스마트 미터 추진 동향

1) 2010, 2030으로 구성된 단계별 추진 시나리오를 담은 스마트 그리드 국가 로드맵 발표
2) 5대 추진분야의 하나인 '지능형 소비자' 분야 추진 목표에 '스마트 미터 및 AMI 구축'을 명시하고, 로드맵 이행을 위한 정책 과제에 '스마트 미터 설치 의무화를 통해 2020년까지 전체 수용가에 대한 스마트 미터 및 양방향 통신시스템 구축' 명시
3) 2011년 2월, 스마트 그리드 사업 활성화 계획에서는 스마트 그리드 보급 · 확대 기반 구축의 일환으로 2020년까지 스마트 미터 보급 완료 명시

5 스마트 미터 도입에 따른 주요 이슈

1) 스마트 미터의 제조 및 설치 관련 비즈니스를 창출 및 확대
2) 전력업계의 IT화 및 전력소비정보 관련 비즈니스를 창출
3) 스마트 미터 도입은 스마트 가전 시장 확대를 촉진
4) 프라이버시 · 시큐리티 보호가 주요 이슈로 대두
5) 코스트 다운을 위한 스마트 미터 표준화 시급

6 맺음말

1) 스마트 미터 도입은 사회간접자본의 하나인 전력과 IT가 융합된 스마트 그리드 시장을 여는 첫 단추로, 새로운 성장분야이다.
2) 스마트 미터를 중심으로 한 새로운 비즈니스 개발에 관심을 두어야 하며 부가가치의 구조 변화에 사전 대응해야 한다.
3) 스마트 미터와 연계된 스마트 가전 시장 선도에 앞장서야 한다.

23 스마트 그리드의 AMI

1 개요

스마트 그리드는 기존 전력망에 정보 · 통신 기술을 접목하여 공급자와 수요자 간 양방향으로 실시간 전력 정보를 교환함으로써 지능형 수요관리, 신재생 에너지연계, 전기차 충전 등을 가능하게 하는 차세대 전력인프라 시스템이며 AMI(Advanced Metering Infrastructure)는 스마트 그리드의 핵심기술 중 하나이다.

2 기존 전력망과 스마트 그리드의 비교

항목	기존 전력망	스마트 그리드
전원 공급 방식	중앙 전원	분산 전원
에너지 효율	30～50[%]	70～90[%]
전력 흐름제어	Demand－Pull 방식	전력흐름에 따른 세부 제어
발전 특성 및 네트워크 토폴로지	대도시 인근의 중앙 집중식 방사형 구조	최적 자연조건을 활용하는 분산형 네트워크 구조
통신 방식	단방향 통신	양방향 통신
기술 특성	아날로그/전자기계적	디지털
장애 대응	수동 복구	자동 복구
설비 점검	수동	원격
가격 정보	제한적 가격 정보	가격 정보 열람 가능

3 AMI의 정의 및 기능

1) 스마트 그리드의 주요 분야인 AMI는 최종 전력 소비자와 전력회사 사이의 전력서비스 인프라로 스마트 그리드 실현에 필수적인 핵심 인프라 시스템
2) AMI는 전력 공급자와 수요자의 상호 인지 기반 DR 시스템 구현 및 운영을 위한 중요 수단
3) 다양한 유형의 분산전원 체계, 배전지능화 시스템 등과의 정보연계 등 미래 지능형 전력망 운용을 위해 요구되는 최우선적으로 구축해야 할 지능화 전력망 인프라
4) AMI는 표준화된 프로토콜을 통해 시스템 간 상호 운용성을 확보하여 미터기로 양방향 통신 지원
5) 수용가와 전력회사 간의 양방향 데이터 통신을 통해 다양한 부가서비스 제공 전력의 공급자와 수요자 간의 상호 정보제공 수단이며 다양한 유형의 부가서비스 제공
   ① TOU(Time of Use), CPP(Critical Peak Pricing), RTP(Real Time Pricing) 등 고도화된 Time–based 요금제 지원
   ② 이를 통해 수용가 측 DR을 통하여 능동적인 에너지 절감 참여 유도 가능
   ③ 부하예상, 부하제어, 정전관리, 전력품질 모니터링 등 전력회사 측면에서의 효율적인 전력 수급을 위한 부가서비스 제공 가능

4 AMR과 AMI의 비교

범주	AMR(자동검침시스템)	AMI(첨단검침인프라)
요금	에너지 총소비량	• 에너지 총소비량 • 계시별 요금제(TOU) • 피크 요금제(CPP) • 실시간 요금제(RTP)
DR	–	• 부하제어 • 소비자 입찰 • 수요 예측 • 임계 피크 리베이트제
소비자 피드백	월별 요금	• 월별 요금 • 월별 상세 내역 • Web 디스플레이 • In Home Display(IHD)
소비자 요금 절약	수동적인 가전기기 Turn Off	• 가전기기 Turn Off • 최대 부하이전 • 수동/자동 제어
고장	고객 알림	• 자동 검출 • 개별적 가정에서의 복구 확인
배전 운영	Engineering Model 사용	동적, 실시간 운영

5 AMI 시스템 구성도

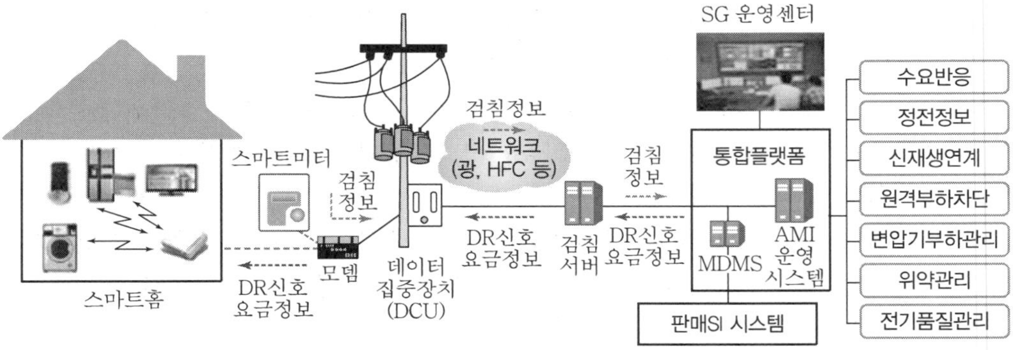

6 AMI의 추진목표 및 실행계획

1) 단방향 · 폐쇄적 에너지 공급에서 AMI 기반의 양방향 에너지 종합관리시스템 구축을 통한 에너지 소비의 합리화
2) 스마트 미터 및 AMI 구축을 통해 전기요금에 반응하여 에너지를 절약하는 가전기기 보급 및 부하관리를 실현하여 최대 전력 감소를 목표로 함
3) 실행계획

1단계(2010~2012)	2단계(2013~2020)	3단계(2021~2030)
AMI 기반 기술 확보 • 지능형 홈 전력관리 시스템 • AMI 인프라 구축 및 실증	AMI 시스템 구축 • 지능형 전력관리 상용화 • 소비자 중심 전력거래	양방향 전력거래 활성화 • 제로 에너지 홈/빌딩 • 융복합 서비스의 보편화

7 기대효과

1) AMI 개발을 통해 스마트 미터의 원천기술 개발, 양방향 DR 기기의 지능화, 국내 환경에 적합한 변동요금제 개발, 전력소비 효율화를 위한 다양한 부가서비스 창출 및 해외 수출형 서비스 모델 개발의 기반 확보
2) 인력고용 효과 창출 기대
3) 에너지 사용 절감을 통한 환경 개선
4) 에너지 효율 향상 측면에서 에너지 저감을 위한 소비자 DR 시스템과 연동하여 디지털 가전기기의 개발 및 보급 활성화 예상

24 직류배전 시스템

1 개요

전원에는 시간에 따라 정현적으로 크기가 바뀌는 교류전원과 항상 일정한 크기를 갖는 직류전원이 있다. 직류전원은 크기만 같으면 동일한 전원으로 간주되어 사용 가능하나 교류전원은 진폭, 주파수도 같아야 동일한 전원으로 사용되고 위상각이 다른 경우에는 상호 간에 복잡한 전기현상이 발생된다. 따라서 교류전원 계통이 그 현상을 예측하기가 어렵고 관리비용이 많이 요구된다.

2 직류배전과 교류배전의 특징

구분	장점	단점
직류배전 시스템	• 전력변환기 수의 최소화를 통한 전체 효율 증가 • 수변전설비의 경량화 및 공간 감소 • 신재생에너지자원의 고효율 및 고신뢰성 연계 (2~10[%] 효율 증가) • 소형마이크로터빈은 1단계 변환으로 충분 (AC/DC) • 고신뢰성 디지털부하의 대응 편이성 • 고효율 조명과 전자기기의 연계 • 홈오토메이션과의 시너지 효과 창출 • 전력선을 통한 옥내 LAN 구성 용이 • 전자기파 영향의 감소	• 무효전력 보상설비의 경비가 큼 • 필터가 필요함 • 교류계통보다 자유도가 적음 • 직류변환장치가 고가 • 직류전류의 차단이 어려움
교류배전 시스템	• 변압기에 의한 쉬운 승압, 강압 • 정류자를 사용하지 않은 교류발전기의 고효율 • 장거리 전송 • 3상 회전자계의 발생이 교류전동기의 운전에 적합 • 교류방식의 일관된 운용으로 편리성과 합리성 • 장거리 전송	• 표피효과 및 코로나 손실 발생(손실, 실효저항 및 절연비용의 증가) • 계통의 안정도 저하 • 페란티 현상에 따른 배전선 말단 전압의 변동 발생 • 주파수가 다른 계통끼리는 연결 불가 • 통신선 유도장애 발생

3 직류배전의 필요성

1) 증가하는 디지털부하에 대응하여 2020년도에는 디지털부하가 50[%]까지 상승, 정전 시 UPS 2단계 전력변환과정으로 인한 30[%]의 에너지 손실 방지 및 전력변환기 자체의 효율 및 신뢰성 문제 해결

2) 신재생에너지원과 분산발전계통에 대응

신재생에너지원은 직류체계가 기본으로 신재생에너지의 보급과 효율성을 높이며 2025년경에는 전체 전력의 32[%]가 직류배전으로 보급될 것으로 추정

4 직류배전의 발전을 위해 필요한 기술

1) 대전력 고효율 전력변환 기술
2) 변환기에서 고조파 필터 및 차폐기술
3) 계통연계기술(교류배전망 – 직류배전망 연계)
4) 과전류 차단기술
5) 접지 및 인체보호기술
6) 에너지 저장장치
7) IT융합 전력모니터링 및 관리기술(EMS)
8) 배전 전압레벨의 표준화
9) 케이블 설계의 표준화

5 직류배전 사례

1) 미국 : IDC를 380[V] 직류배전시스템을 채용하여 10～15[%] 효율 향상
2) 일본 : IDC의 신뢰성이 20배 향상, 전력요금이 20[%] 감소
3) 한국 : IDC를 48[V] 직류배전으로 개조해서 약 10[%]의 효율 향상과 서버 설치 공간의 활용도를 500[%] 이상 향상시킴

이와 같이 직류는 교류에 비해 고신뢰성, 고효율, 저손실, 공간절약의 전원시스템을 구축할 수 있는 가능성이 있다.

6 직류 도입 시 고려사항

1) 전압의 선택

우리나라 교류 배전계통은 380/220[V]를 주로 사용하고 있다. 직류 계통의 전압은 어떻게 하는 것이 바람직한가에 대한 많은 논의가 필요하다. 전압의 크기에 따른 안전성, 경제성 등을 고려하여 표준 전압을 선정하여야 한다.

2) 차단기술

교류는 Zero Crossing이 있어 소호가 용이하지만 직류는 교류와 달리 일정한 크기의 전류가 지

속적으로 흘러 차단이 어렵다. 고장전류가 큰 차단기 개발이 어렵고 비용이 많이 든다. 따라서 큰 고장전류를 차단하는 고속차단기술, 한류기능, 저가의 차단기 실현 등이 개발되어야 한다.

3) 접지방식 및 보호기술

직류 접지는 어떻게 하는 것이 가장 바람직한 것인가에 대하여 많은 연구가 필요하다.
또한 Mono-Poly, Bi-Poly System 등에 따라 어떤 접지방식이 타당한지 검토되어야 하며, 지락보호방식 및 직류누설전류를 경제적으로 검출하는 기술 개발도 요구된다.

4) 계통연계 및 신재생에너지와 연계

다양한 상황과 경제성 있는 시스템을 위하여 더욱 연구가 필요하다. 아울러 전기자동차 충전장치 등 신기술에 적용을 위한 연구가 요구된다.

CHAPTER

08

에너지 절약

01 건축물 에너지 절약

1 개요

1) 전기설비의 에너지 절약

소프트웨어 측면(합리화)	하드웨어 측면(개선)
• 에너지 절약설비 시스템 설계 • 유지관리 방안 검토	• 전기기기의 효율 상승 • 에너지 절약형 기기 개발

2) 전기설비별 에너지 절약

수변전설비	동력설비	조명설비	신재생에너지
• 위치는 부하 중심 • 고효율 TR, 적정용량 선정 • 콘덴서를 이용한 역률 개선 • Peak 부하관리 • 열병합+신재생에너지 • 대기전력 경감, 차단	• 고효율 전동기 채택 • 인버터 방식 적용 • 진상용 콘덴서 설치 • 흡수식 냉동기, 빙축열 • 기동법 개선(VVCF) • 적정배전방식, Cable 선정	• 에너지 절약설계 • 적정조도 Level 선정 • 적정조명 제어방식 선정 • 고효율 광원 선정 • 고효율 조명기구, 조명방식 선정 • 센서 부착, 조명기구 사용	• ESS • 태양광 • 태양열, 지열 • 연료전기 • 풍력 • Hybrid

2 건축물의 에너지 절약

1) 수변전설비

(1) 수변전설비 위치 부하 중심 선정

① 전압강하 감소

② 전압변동 감소

③ 전력손실 최소화

(2) 고효율 TR 선정 및 적정용량 산정

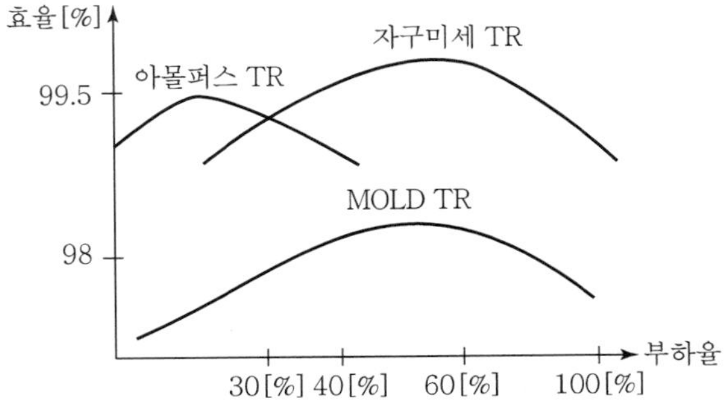

[변압기 효율]

① 고효율 TR 선정

② 적정용량 산정 : 수용률, 부등률, 부하율을 고려하여 적용

③ One－Step 강압방식, OLTC, 병렬 또는 통합운전

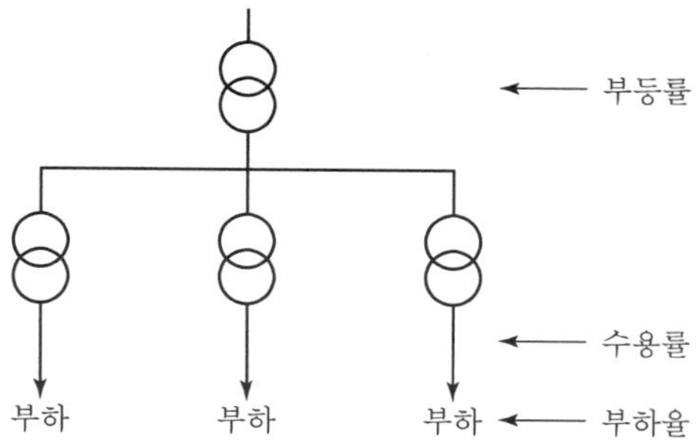

[TR의 적정용량 산정]

(3) 콘덴서를 이용한 역률 개선(APFR)

① 지상역률 95[%] 목표 : 설비용량 여유도 증가, 전압강하 감소, 손실 감소, 전기요금 감소
② 모선 측, 부하 측, 분산설치, 부하분산설치로 역률 개선
③ 과보상에 주의 : 모선전압 상승, 고조파 공진, 전동기 자기여자현상

(4) Peak 부하관리

① Peak Cut
② Peak Shift
③ Peak 시 자가발전
④ Demand Control

(5) 열병합 발전 및 신재생에너지 이용

① 발전전력 및 흡수식 냉동기 사용, 소비전력 경감
② 신재생에너지 이용 : ESS, 태양광, 태양열, 지열, 연료전지, 풍력, Hybrid

(6) 대기전력 차단 에너지 절약

사용전력의 5～10[%]가 대기전력임

2) 동력설비

(1) 고효율 전동기 채용 : 20～30[%] 소비전력절감(η : 4～10[%])

구분	1E1(표준)	1E2(고효율)	1E3(프리미엄)	1E4(슈퍼프리미엄)	1E5(신설)
효율[%]	72～93	80～94	82～95	84～96	슈퍼울트라프리미엄

(2) 인버터 방식 채용(VVVF, VVCF)

① 부하의 특성 변화에 따른 속도제어 및 에너지 절약

② Pump, Fan, Blower, Compressor에 적용 시 우수

③ 유량 $Q_2 = Q_1 \times \dfrac{N_2}{N_1}$, 양정 $H_2 = H_1 \times \left(\dfrac{N_2}{N_1}\right)^2$, 축동력 $P_2 = P_1 \times \left(\dfrac{N_2}{N_1}\right)^3$

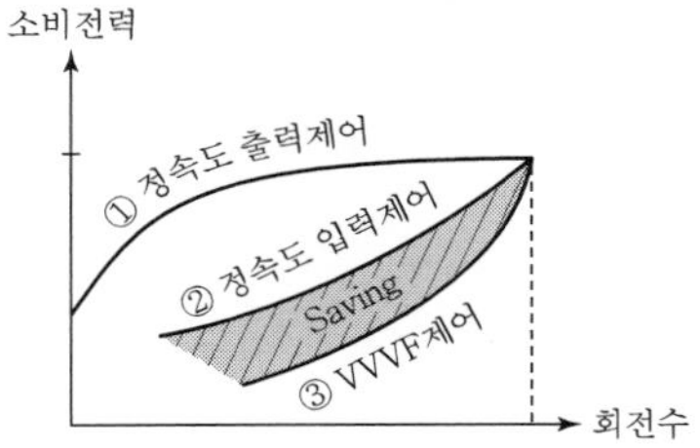

[VVVF 제어 절감 효과]

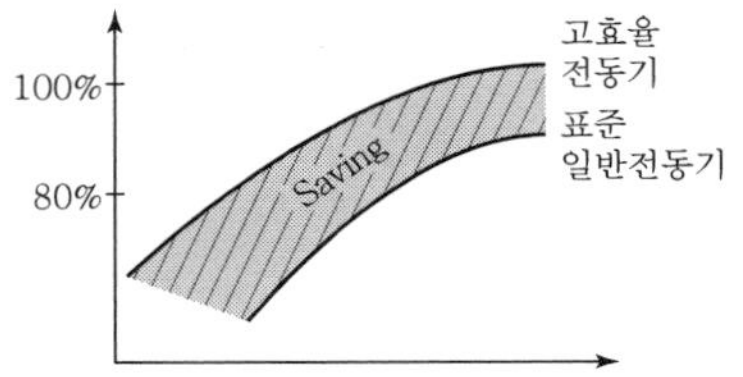

[효율 비교]

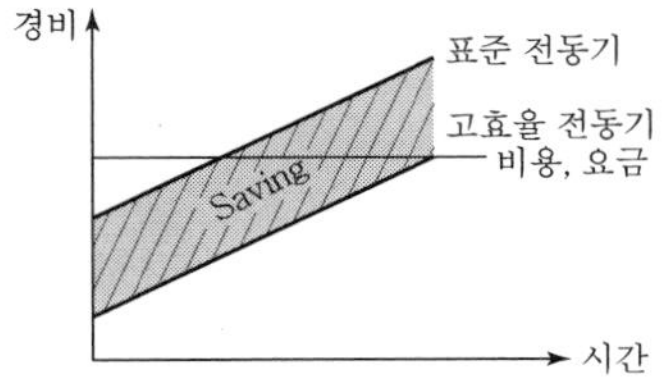

[절감 효과]

(3) 진상용 콘덴서 설치

① 전동기의 역률 개선, 손실 경감, 효율 상승 효과

② **자기여자현상에 주의** : 전력용 콘덴서는 전동기 출력의 1/2～1/4의 용량으로 설치, 차단기 접점과 링크개방 방전, 직렬 리액터 설치

(4) 흡수식 냉동기 설치

① 냉동기의 Ranking Cycle 중 응축기의 폐열을 이용

② 터보냉동기의 소비전력 절약 및 도시냉난방 이용

(5) 빙축열시스템 구성

① 심야전력 이용 → 축열로 저장 → 주간에 냉난방 이용

② **운전방식** : 축열, 동시, 해빙 단독, 냉동기 단독운전

(6) 동력용 배전설비 적정 선정

① 적정 배전방식 및 적정 Cable 선정

② 허용전류, 전압강하, 열적강도, 고조파, 선로부하, 부하불평형 고려 적용

(7) 기타

① VVCF(토크가 문제되지 않는 범위)

② 기동방법 개선(직입 → Y－Δ, 리액터, 콘돌퍼, 소프트 스타터)

③ 배전전압 승압

3) 조명설비

(1) 에너지 절약 설계

$$\text{조명의 사용[kWh]} = \text{등당 소비전력[kW]} \times \text{점등시간[h]} \times \frac{\text{조도}(E) \times \text{면적}[A : \text{m}^2]}{\text{광속}(F) \times \text{조명률}(H) \times \text{보수율}(M)}$$

① 고효율 광원 선정 시 : 광속 고려

② 기구 효율, 조명률 선정 시 : 등당 소비전력, 조명률 고려

③ 조명의 TPO 선정 시(시간, 장소, 상황) : 점등시간, 조도, 면적 고려

④ 등기구의 유지보수 고려 시 보수율을 고려하여 선정

(2) 적정 조도레벨 선정 : 20[W/m^2] 이상

① 웨버 – 페그너 법칙 적용 : 일정조도 이상 시 시력은 개선되지 않고 전력 소비만 증가

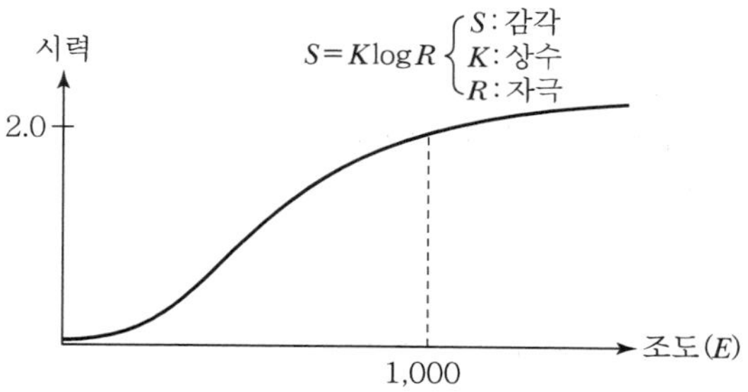

[웨버 – 페그너의 법칙]

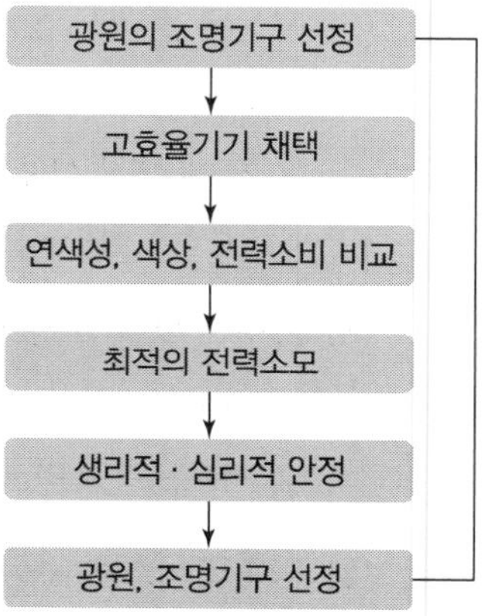

[조명설계 Flow Chart]

② KSA 3011에 의한 조도기준표 적용

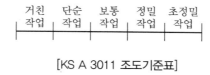

[KS A 3011 조도기준표]

(3) 적정 조명제어 방식 선정

① 주광을 이용한 제어

② 적정 조도제어(수동, 자동, 보수율)

③ 타임스케줄 제어

④ 인체장치센서
⑤ 설정조도제어(광센서)
⑥ 연동제어(타기기)
⑦ 조광조명

(4) 고효율 광원의 선정

① 백열전구 대신 형광램프
② T_8(26[mm]/32[W]) → T_5(18[mm]/28[W])
③ 최근
- 실내 : 형광등 → LED
- 실외 : M/H, 고압나트륨 → LED

(5) 고효율 조명기구, 조명방식 선정

① 고효율 광원, 조명률이 우수한 제품 선정
② 절전형 안정기(전자식)
③ 고효율 조명기구(고조도 반사갓)
④ 센서부 조명기구(조도, 자외선)
⑤ 공조형 조명기구 선정
⑥ 배광조명방식(Dimming)
⑦ 전반＋국부조명＝전반국부 병용 조명방식 대책

(6) 센서형 부착기구 선정

① 밝기장치 시스템(광센서)
② 인체장치시스템
③ 혼합형 사용

(7) 기타 설비 에너지 절약

① 대기전력 차단(5～10[%])
② 불필요한 전등 소등
③ 실내마감재 반사율 향상
④ 조명간선의 적정 전압 유지(±6[%])
⑤ 신재생을 이용한 태양광, 풍력 가로등 설치

4) 신재생에너지

① 연료전지 : 고가의 설치비로 곤란
② ESS(에너지 저장장치) : Peak 억제로 전기요금 절감
③ 태양광 : 태양광발전을 이용한 에너지 절약(장소 제약)
④ 기타, 풍력, 하이브리드 시스템을 이용한 에너지 절약

3 맺음말

1) 에너지 절약 설치는 설계, 운영, 개선, 관리 효율 향상 등 모든 면에서 중요하다.
2) 에너지 이용을 위하여 발전설비 증가(1세대) → 기기효율 상승(2세대) → 신재생에너지 이용(3세대) → 향후 에너지 절감이 중요하다(4세대).

02 스마트 그리드(Smart Grid, 지능형 전력망)

1 개요

1) 그리드

기존의 대규모 집중전원을 중심(공급자 중심)으로 한 광역전력시스템이다.

[전력계통]

2) 마이크로 그리드

① 분산전원과 부하로 이루어진 소규모의 차세대 배전시스템이다(집중제어관리).
② 계통운영자에게 제어가 가능한 하나의 부하이거나 하나의 발전기로 인식된다.

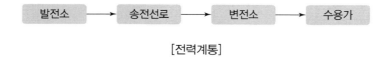

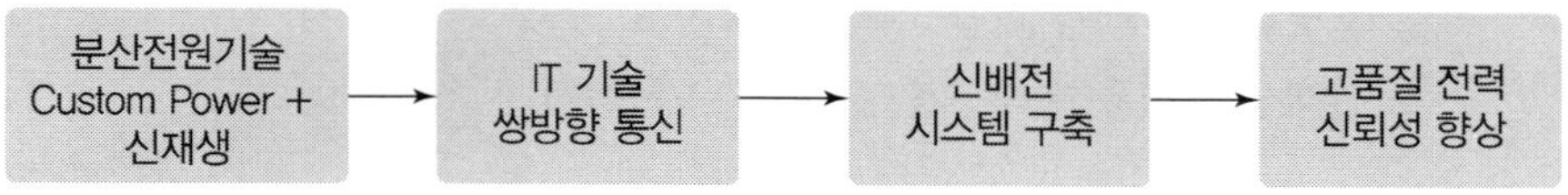

[마이크로 그리드]

3) 스마트 그리드(마이크로 그리드+마이크로 그리드+양방향 통신)

① 기존의 전력망과 IT 정보통신기술을 접목한 실시간 전력 공급시스템이다.
② 즉, 공급자와 소비자 간 양방향 정보교환으로 에너지 손실 감소 효율을 최적화한다.
③ 현재의 중앙집중, 단방향 전력의 비효율성을 극복, 분산전원시스템을 핵심으로 한 지능화 된 전력망이다.

❷ 스마트 그리드

1) 구성

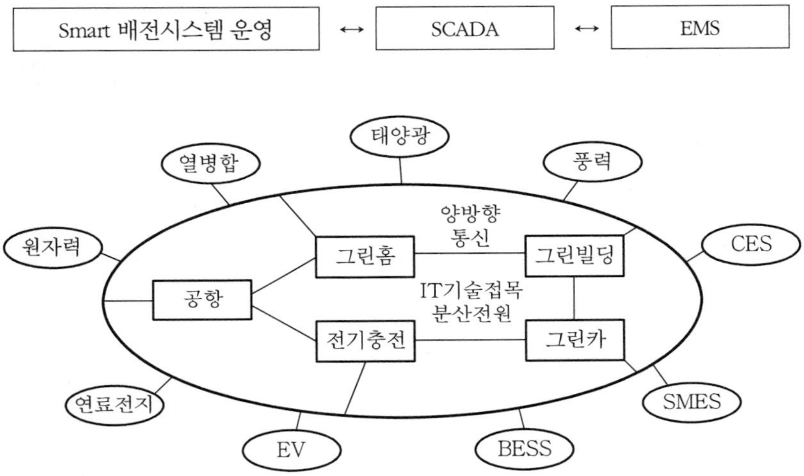

[스마트 그리드]

① ESS(에너지 저장장치) : SMES, BESS, Fly－Wheel
② 신재생에너지 : 연료전지, 태양광, 풍력
③ 지능형 송배전시스템(SCAD, Micro Grid의 기반)
④ EMS(에너지관리 시스템) : 현재 전력거래소에서 담당(KPX)
⑤ 지능형 원격검침 인프라 구축(AMI) : 전력수요의 실시간 감시
⑥ 기타 : 분산전원, 양방향 통신(IT), 전기차 및 초전도기술, 수요반응

2) 현재 전력망과 스마트 그리드 비교

구분	현재 전력망	스마트 그리드
전원공급방식	중앙전원	분산전원
구조	방사형 구조	네트워크 구조
통신방식	단방향 통신	양방향 통신
기술기반	아날로그 전자기계력	디지털화
사고복구	수동복구	반자동복구 및 자기치유
제어방식	지역 제어	광범위 제어

3) 효과

에너지 효율개선	신재생에너지의 확산기반	신성장산업 육성
피크전력 감소(평준화)	전력생산의 불규칙 개선	배전망의 혁신
설비투자비 감소(전력망)	ESS와 상호접목 구현	DC 전기의 수요 증가
자발적 에너지 절약 유도	전기자동차 인프라 구축	마이크로 그리드 생성
EMS를 연계운용	전력품질, 신뢰도 향상	전기차, ESS, 초전도 산업의 개발실용

4) 타 산업에 미치는 영향

구분	영향
전력	공급자의 다변화로 완전경쟁시장 형성
가전	전력효율 상승, 스마트 가전제품의 수요 증가
건설	그린홈, 그린빌딩, 그린팩토리 설계 구현
자동차	EV, PEV 자동차산업＋충전인프라 구축
에너지	주유소 → 전기충전소로 변경

3 Smart Grid의 로드맵 및 목표

1) 비전

스마트 그리드 구축을 통한 저탄소 녹색담당 기반 조성

2) 단계별 목표

① 2012년 : 시범도시 구축

② 2020년 : 광역단위 스마트 그리드 구축

③ 2030년 : 국가단위 스마트 그리드 구축

3) 전략방향

① 국가 : 에너지 효율 향상 및 CO_2 배출 저감
② 기업 : 신성장 동력 발굴, 수출의 산업화
③ 국민 : 삶의 질 향상

4) 5대 추진분야

① 지능형 전력망 : 개방형 전력, 고장 예측, 자동복구시스템 구축
② 지능형 소비자 : EMS+지능형 계량(AMI) 인프라 구축
③ 지능형 운동 : 전국단위 충전인프라 구축(V2G, ICT)
④ 지능형 신재생 : 대규모 신재생 발전단지, Energy Zero Building 구현
⑤ 지능형 전력서비스 : 다양한 전기요금제도 개발, 지능형 전력기계 시스템 구축

5) 전력기술의 변화

과거	항목	미래
집적화 및 대용량화	소형발전기, 신재생에너지 효율개선	분산화+집적화
AC 교류송전	전력변환기술, 케이블기술	교류+DC 송전
공급자 위주 공급	전력시장도입, 수요자참여 확대	수요자 위주 공급
Analog 방식	전력 IT 기술개발	디지털 온라인 방식
단일전력품질	소비자 요구 변화	차별화된 전력품질 공급

4 맺음말

1) 신재생에너지와 전력의 안정적인 운용을 위해 스마트 그리드는 선택이 아닌 필수항목이며 다양한 산업현장에 적용될 것으로 예상한다.

2) 스마트 그리드를 위한 설치과제 해결 필요
① 실시간 전기요금 도입의 법적 체계
② 기존 전기망의 통합 및 지속적 발전
③ 통신인프라 구축(보안성, 네트워크의 결합)
④ 정부차원의 신재생에너지 보급 및 국민의 자발적 통합 필요

3) 선진국의 성공사례를 바탕으로 전사적인 관점에서 국가적인 전력 대응이 필요하다.

03 신기후체계 파리협정(Post - 2020)에 따른 에너지 신산업

1 파리협정

1) 파리협정

① 2015년 프랑스 파리에서 개최되었던 신기후체제에 관한 사항
② 2020 이후부터 신기후체제를 규정, 모든 국가가 전 기구적인 기후변화 대응 노력에 참여 의미

2) 주요 사항

① 자국의 평균기온온도 상승 제한(2[°C/연] → 1.5[°C/연])
② 각국의 자발적 노력과 5년마다 상향된 목표 제출
③ 2020년까지 장기 저탄소 개발전략 마련 및 제출
④ 2023년부터 5년 단위로 이행 전반에 대한 종합적 이행점검 실시

3) 파리협정에 따른 대응

① 기본전략 : 화석연료 → 저탄소 에너지 구조 → 신재생, ESS 등
② 대응 콘셉트
㉠ 국가경쟁력 강화
㉡ 국제탄소시장을 이용하여 감축목표를 달성
㉢ 기후변화에 대한 위상 제고

2 에너지의 신산업 방향

구분	내용
수요자원 거래시장	현행 전력시장 → 메가와트 발전시장
ESS	피크 감소, 신재생출력 안정화, 주파수 조정
에너지 자립섬	ESS + 마이크로 그리드 융합
전기자동차	전기차 유류충전 서비스
발전소 온배수열 활용	온배수열을 이용한 신재생에너지원 인정
태양광 대여	전기요금 경감
재로에너지 빌딩	제로에너지 빌딩 시범사업
친환경 에너지 타운	주민참여형 신재생 발전사업 구성

1) 수요자원 거래시장

① 다소비 수용가에서 절약한 전기를 전력시장에 되팔아 수익 창출
② 수요자원 거래시장 개설 : 현재 244만 [kW] 수요자원 확보
③ 가정용, 일반용 등 다양한 전기사용자의 참여 확대

2) ESS

① 전력 Peak 억제, 전력공급 안정화, 전력판매 등 다양한 서비스 활용
② 대규모 주파수 조정용, 대용량 ESS 시험평가 센터 착공

종류	원리	적용
SMES	초전도 현상을 이용하여 코일에 에너지 저장($W = \frac{1}{2}LI^2$)	SMES
BESS	충방전이 가능한 2차 전지 이용(PCS+BMS+EMS)	리튬, Ni−Cd, 레독스
Fly Wheel	회전의 관성모멘트를 이용한 운동에너지 저장	Fly Wheel UPS
증기저장	열병합 발전소의 증기를 응축조에 저장	열병합발전
압축공기	지하암반 Tank 내 압축공기 저장	Compressor
양수발전	심야 경부하 시 물을 끌어올려 저장, Peak 시 발전	양수발전

3) 에너지 자립섬

풍력 태양광 지열 테마단지	도서지역 (에너지 자립섬)	Micro Grid ESS 융합

① 도시전역의 디젤발전기를 신재생에너지와 ESS를 융합한 마이크로 그리드로 대체
② 울릉도 등 국내에너지 자립섬 및 해외 진출 추진
③ 풍력+태양광+지열+디젤발전+ESS=마이크로 그리드

4) 전기자동차

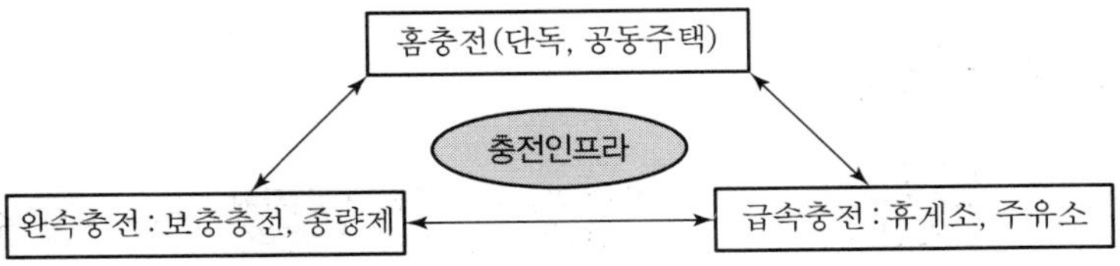

[전기자동차 충전 방식]

① 충전인프라 구축, 고가의 Battery 등 전기차 저해 확산문제를 해결하는 신사업 발굴 육성
② 전기차 Battery 리스전담회사 운영, 유로충전 전담회사 설립
③ 민간 중심의 충전인프라 확충, 전기버스, 전기택시, 렌터카 운행

5) 발전소 온배수열 활용

농업 측면	+	에너지 측면
저장작물 생육환경 조성 IT 기반 Smart 생육관리	복합영농시설 생산	열, 전기에너지(발전소) EMS(냉난방, 공조제어)

① 발전소의 온배수열을 인근의 농업, 수산업에 활용하여 연료비 절감
② 발전소의 온배수열을 신재생에너지원으로 인정
③ 당진, 제주, 하동을 중심으로 온실재배사업 확대

6) 태양광 대여

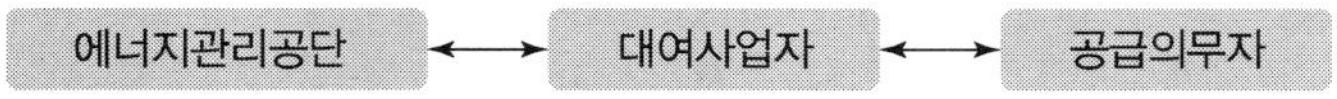

[태양광 대여사업 관계도]

태양광설비를 가정에 대여하여 줄어든 전기요금을 통한 대여료를 받아 수익 창출(지원대상 → 아파트 확대 예정)

7) 제로에너지 빌딩

[제로에너지 빌딩 원리]

① 에너지 사용 최소화 : 단열성능 극대화
② 신재생을 이용한 에너지 자급자족의 건축물
③ 제로에너지 빌딩 활성화제도 개선 및 시범사업 추진

8) 친환경 에너지 타운

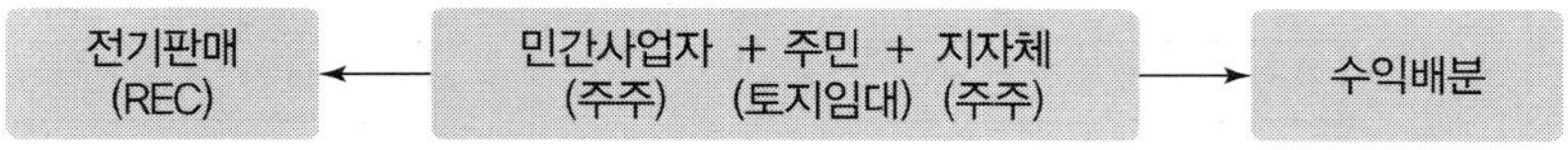

[친환경 에너지 타운 사업 관계도]

① SPC 설립

- 소각장, 매립장 등 기피시설, 유휴시설 대상의 주민참여형 신재생 발전단지로 추진하여 님비현상과 에너지 부족문제 해결
- 친환경 에너지 타운의 시범사업 추진 및 성공을 통하여 해외시장으로 사업을 확대

04 초전도 현상(Super Conductivity)

1 개요

1) 최근 전력설비의 기술개발로 기기의 효율 상승과 에너지 저장, 전송 등 초전도 현상을 이용한 응용기술의 연구개발 등에 관심이 높아지고 있다.
2) 초전도 현상이란 절대온도 4[K](−269[°C])에서 수은의 전기저항이 '0'이 되는 원리를 기초로 한다.

2 초전도의 원리 및 특징

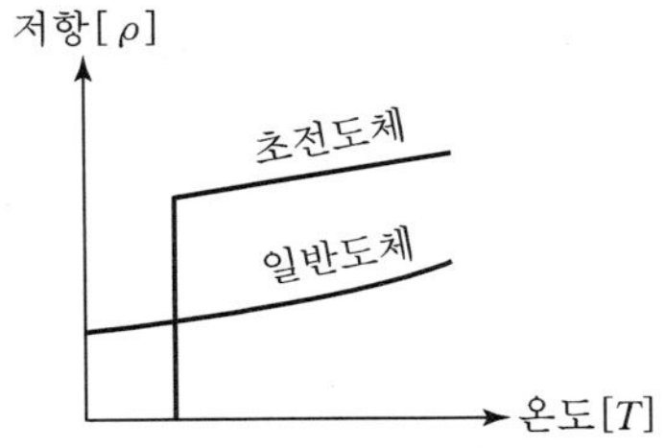

[전기저항의 Zero화]

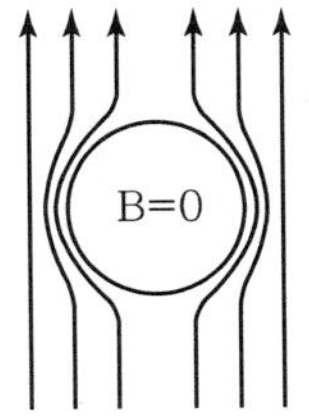

[마이스너 효과]

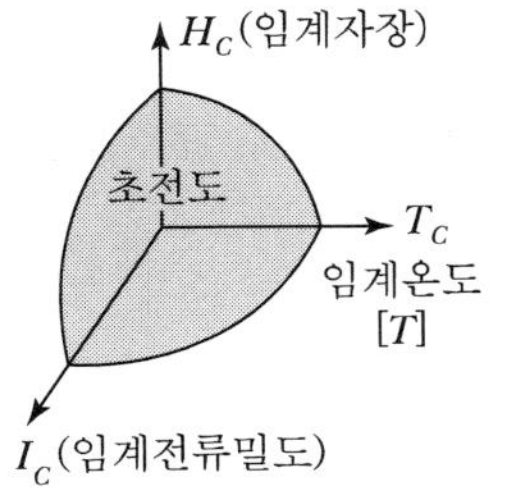

[임계치 존재]

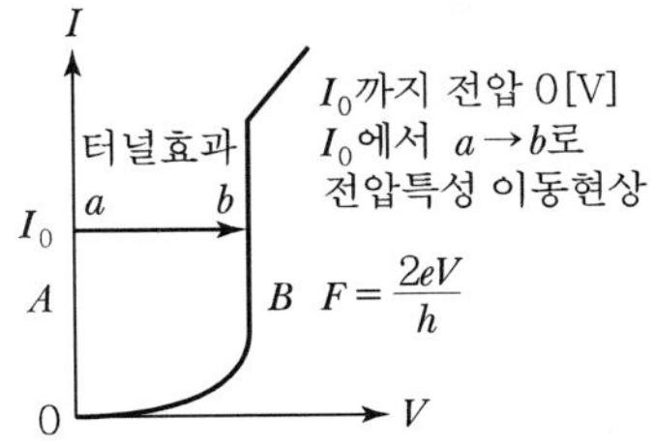

[조셉슨 효과]

1) 전기저항의 Zero화

① 절대온도 4[K](−269[°C])에서 수은의 전기저항이 '0'이 되는 현상

② 전기저항이 0일 때 손실 미발생[$Z = \frac{V}{R}(R \doteqdot 0) = \infty$ 무한전류공급]

③ 초전도 변압기, 케이블, ESS(SMES) 적용

2) 마이스너 효과(Meissner Effect)

① 초전도체는 완전 반자성 물체(내부자속 밀도 $B = 0$)

② 자기장을 밖으로 밀어내는 차폐전류성질 발생

③ 자기부상열차, 초전도 베어링 등

3) 임계치의 존재(Quenching 현상)

① 임계자기장(H), 임계전류밀도(I_c), 임계온도(T) 존재

② 임계점 이상 시 초전도 현상(Quenching), 이탈 현상 발생

③ 초전도 변압기, 초전도 케이블, SMES 등

4) 조셉슨 효과(Joshepson Effect)

① 2개의 초전도체 사이에 박막을 끼워도 일정조건에서 전류가 흐르는 현상

② 이는 전지가 특수한 쿠퍼쌍을 이루어 터널효과에 의한 절연막을 통과하기 때문임

③ 검파기, PC 연산소자에 응용

㉠ DC 조셉슨 : 임계전류(I_0)가 터널효과에 의한 전압특성 이동현상(약한 자계의 주기적 변화)

㉡ AC 조셉슨 : 초전도 사이 직류전압 인가 시 교류전압 발생현상

$f = \frac{2eV}{h}$ 진동수가 전압에 비례

5) 자기장 보존현상

일반상태의 회로에서의 자기장이 냉각상태의 초전도체가 되어도 초전도회로의 자기장은 냉각 전의 상태 유지(외부 영향 미전달)

3 초전도의 응용기기

1) 초전도 케이블

① 전기저항의 Zero화 $I = \frac{V}{R} = \infty\,(R \doteqdot 0 \rightarrow I = \infty)$

② 저손실, 대용량의 장거리 송전 가능

구분	저온초전도체	고온초전도체
냉각온도	4.2[K](−269[°C])	77[K](−196[°C])
냉각재료	액체 He	액체질소
초전도체	니옵, 니옵티탄	이트륨, 바륨, 구리, 산소화합물
가격	고가	저가
관로규격	360[mm]	130[mm]

③ 문제점 : 장거리 구간의 케이블 개발, 접속기술, 경제성 필요

2) 초전도 변압기

① 코일과 철심을 액체 헬륨으로 냉각

② 코일을 초전도체로 하여 효율을 99%까지 상승

③ 사고 시 Quenching 효과 방지를 위한 전류제한기 설치

④ 저손실, 고효율, 과부하내량 증가, 무게 부피감소 및 친환경적

3) 초전도 에너지 저장장치(SMES)

① 전력을 콘덴서가 아닌 코일에 저장 $W = \frac{1}{2}LI^2\,[\mathrm{J}]$

② 무손실이므로 저장효율이 높고 장기간 저장 가능

③ 대용량으로 초전도를 유지하기 위한 냉각장치 및 Quenching 검출장치 필요

4) 초전도 (동기)발전기

① 회전계자형 발전기의 계자권선을 초전도체로 사용

② 전기자권선을 동심구조로 하여 계자권선의 강력한 자계 유지와 철심미포화로 고효율화

③ 회전자철심은 포화되지 않는 비자성의 동심원통구조 + 액체헬륨(냉각)

④ 고효율(45% → 99% 이상), 전기자공심 → 동기임피던스 ↓ → 계통안정도 향상
절연 용이 및 고전압화 가능

5) 초전도 자기부상열차

① Rail의 마찰계수로 인한 속도제한 개선(300~350[km] → 속도 증가)

② 전자유도 전류에 의한 자장의 반발력에 의해 부상되는 열차(=반발식 자기부상)
③ 상부의 흡인력을 이용한 자기부상(=상전도 흡인식 자기부상)

6) 기타

① 초전도 전동기
② 초전도 직류기
③ 초전도 한류저항기
④ 초전도 의료기 등

7) 초전도의 특징과 응용분야의 비교

구분	장점	응용분야
전기저항의 Zero화	저손실, 저발열	변압기, 케이블, SMES
임계치의 존재	저전압, 대전력 수송	발전기, 케이블
마이스너 효과	소형 · 경량, 대용량화	에너지 저항장치
조셉슨 효과	계통의 안정도 향상	한류기 등
자기장 보존	환경친화적	자기부상열차 등

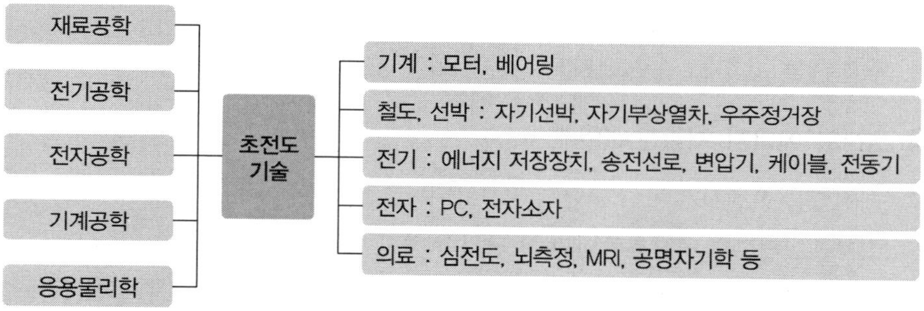

[초전도 기술의 응용]

05 SMES(초전도에너지 저장장치)

1 초전도 현상과 에너지 저장

1) 초전도 현상

초전도 현상이란 절대온도 4[K](−269[°C])에서 수은의 전기저항이 '0'이 되는 현상을 말한다.

종류	원리	초전도의 장점	적용분야
• 전기저항의 Zero화	• $R \doteqdot 0$	• 저손실, 대전류	• 변압기, 전동기
• 마이스너 효과	• 완전반자성체	• 저전압, 대전력	• Cable, SMES
• 임계치의 존재	• 임계점 이하 초전도	• 소형 · 경량, 대용량화	• 발전기, ESS
• 조셉슨 효과	• 쿠퍼쌍+터널효과	• 계통의 안정도 향상	• 한류기
• 자기장보존 효과	• 초전도 이전의 자기장 보존	• 환경친화적	• 자기부상열차

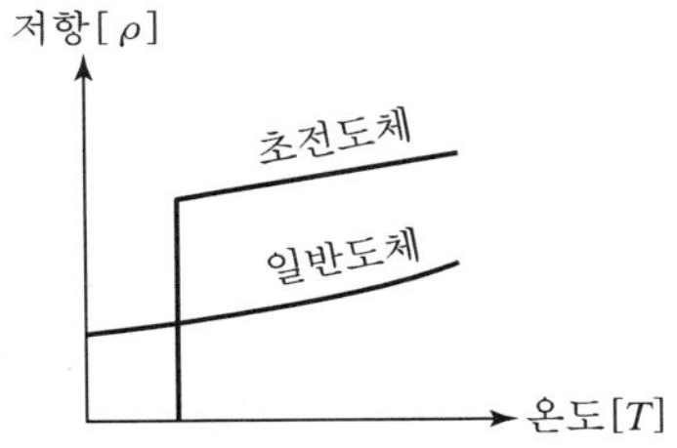

[전기저항의 Zero화]

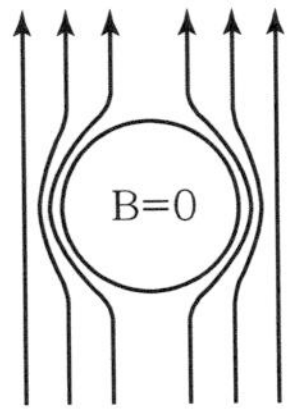

[마이스너 효과]

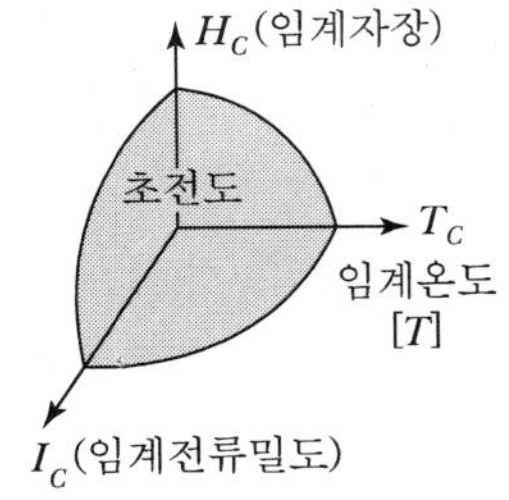

[임계치 존재]

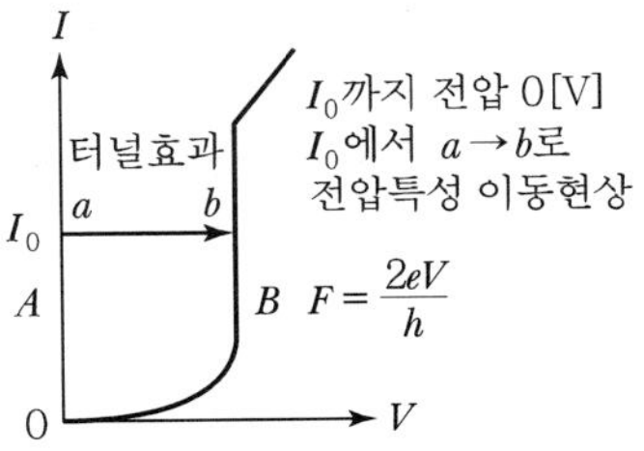

[조셉슨 효과]

2) 에너지 저장장치(ESS)

종류	원리	적용
SMES	초전도 현상을 이용하여 코일에 에너지 저장($W=\frac{1}{2}LI^2$)	SMES
BESS	충방전이 가능한 2차 전지 이용(PCS＋BMS＋EMS)	리튬, Ni－Cd, 레독스
Fly Wheel	회전의 관성모멘트를 이용한 운동에너지 저장	Fly Wheel UPS
증기저장	열병합 발전소의 증기를 응축조에 저장	열병합발전
압축공기	지하암반 Tenk 내 압축공기 저장	Compressor
양수발전	심야 경부하 시 물을 끌어올려 저장, Peak 시 발전	양수발전

❷ 초전도에너지 저장장치(SMES)

1) SMES(Super Conducting Magnet Energy Storage System)

초전도를 이용한 대용량의 에너지 저장 방식

2) SMES의 구성

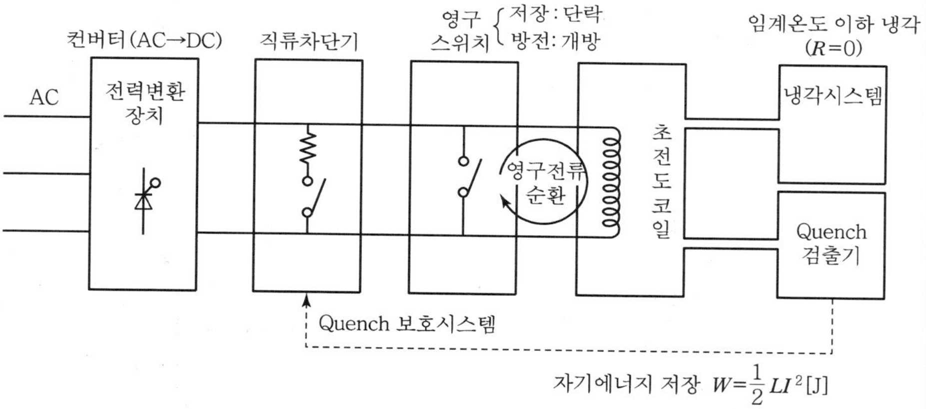

[SMES의 구성]

(1) 전력변환장치(PCS : Power Conditioner System)

① 저장 : AC → DC 변환 저장(＝컨버터)

② 출력 : 직류(DC) → 교류(AC) 변환 출력(＝인버터)

③ 무효전력 자동조성 : 무효전력의 흡수 보상 안정도 향상

(2) 초전도 코일(에너지 저장)

$W = \frac{1}{2}LI^2$ 코일과 전류의 양에 따라 에너지 저장력 결정

(3) 영구스위치

① 저장 : 단락 후 순환전류 형성

② 출력 : 개방 후 저장에너지 출력

(4) 냉각장치

임계온도로 냉각 초전도상태 유지($R \fallingdotseq 0$)

(5) Quenching 보호시스템

① Quenching 검출기 : 내부 이상 발생 시 초전도 이탈상태 검출

② 직류차단기로 동작 코일에 저장된 에너지를 안전하게 방출(열로 소비함)

③ 직류차단기 : SMES의 이상 발생 시 회로를 단락하여 차단

3) 저장원리

① 전기저항의 Zero화($R \fallingdotseq 0$ 일시 $I = \frac{V}{R} = \infty$)

㉠ 전력 손실 미발생

㉡ 대전류 공급

㉢ 에너지 미소비

② 초전도체를 폐회로로 구성 시 누설자속 미발생, 영구전류 생성

③ 자기에너지의 출력 $W = \frac{1}{2}LI^2$[J] (여기서, L : 인덕턴스, I : 전류)

4) 주요 특징

① 저장효율 우수(무손실 80~90[%])

② 대용량의 전기에너지를 장시간에 걸쳐 저장 가능

③ 전원 측의 유효 · 무효전력을 독립적으로 제어 가능

④ PCS를 통한 저장 및 방출이 고속(속응성 우수)

⑤ 에너지의 크기 조정 가능, 저장에너지 증대(L과 I 조정)

⑥ 정지기이며 수명이 길다

5) 적용 효과

① 전력저장용 SMES : 충방전시간이 길고(1시간~1주일), 저장용량이 양수발전규모(10^{14}[J])

② 전력계통의 안전화용 : 단위시간의 충방전(1초~1분), 유효 · 무효전력제어로 저장용량이

적어도 됨

③ **무효전력 보상용** : 무효전력을 흡수, 보상

점호각 – 저장로드 : 0~90[°], 보상(방출)모드 : 90~180[°]

6) 향후 과제

① 대형초전도 코일의 개발

② 대전류용 전력변환장치(PCS)의 개발

③ 코일보호기술의 개발

④ 대전류용 영구스위치의 개발

3 맺음말

SMES는 전기저항을 Zero화하므로 타 전력설비에 응용가치가 높다($R=0$, $\therefore\ I=\dfrac{V}{R}=\infty$).

① 초전도케이블(상용화)

② 초전도변압기

③ 초전도전동기, 발전기 등

06 ESS(전자전력 저장장치)

1 ESS(Energy Storage System)

1) 에너지 저장장치

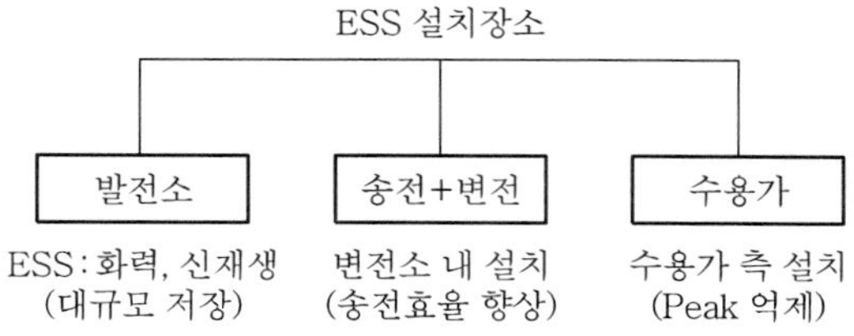

[설치장소 및 용도]

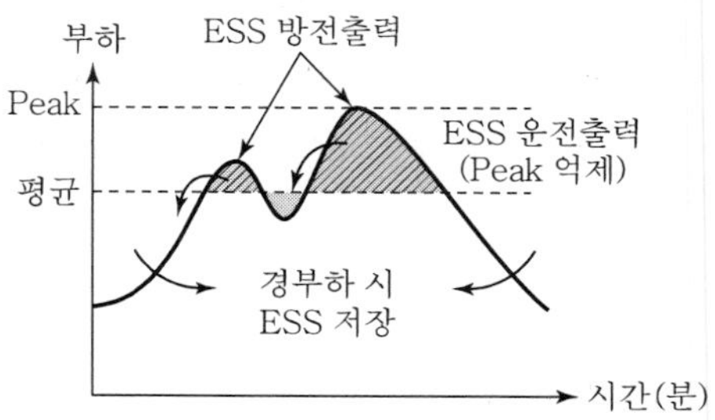

[ESS 저장 · 방전]

생성된 전력을 전력계통에 저장 후 Peak 전력시간에 공급에너지 효율 상승

발전소	전력계통(송배전)	수용가
• 잉여전력 저장 • RPS 활용(+ESS)	• 송전전력 강조(무효전력 보상) • 에너지 효율 상승	• Peak 전력 억제 • 전기요금 경감

2) 개발 배경

전력계통의 문제점	해결 방안
선간 변화에 따른 수요전력 변화(수요, 임대, 부족)	수요조절(Demand Response)
효율성을 위한 수요조절 필요(Peak 억제)	스마트 그리드, 분산형 전원(신재생)
계통의 대정전 우려(Black Out)	전력의 저장(ESS)

3) 종류

종류	원리	적용
SMES	초전도 현상을 이용하여 코일에 에너지 저장($W=\frac{1}{2}LI^2$)	SMES
BESS	충방전이 가능한 2차 전지 이용(PCS+BMS+EMS)	리튬, Ni−Cd, 레독스
Fly Wheel	회전의 관성모멘트를 이용한 운동에너지 저장	Fly Wheel UPS
증기저장	열병합 발전소의 증기를 응축조에 저장	열병합발전
압축공기	지하암반 Tank 내 압축공기 저장	Compressor
양수발전	심야 경부하 시 물을 끌어올려 저장, Peak 시 발전	양수발전

4) 적용

① 첨두부하 공급용(Peak 억제)

② 전력계통 안정화용

③ 부하변동 억제용

④ 주파수 안정용

⑤ 조상용(무효전력 보상)

5) 효과

① Energy Saving

㉠ 부하관리 기능(Peak Cat, Peak Shift, Load Balancing)

㉡ 전기요금의 경감(Peak 감소)

② 전력품질 향상
㉠ 전압제어
㉡ 주파수제어
㉢ 계통연계의 신뢰성 확보, 전력품질 향상

③ 수용가의 예비전원 확보 및 Peak 억제

6) 상호 비교

구분	SMES	BESS	양수발전	Fly Wheel	압축공기
효율(용량)	90[%](대)	70[%](중)	60[%](대)	90[%](대)	70[%](대)
충전시간	수 시간	수 시간	수 시간	수 분	수 시간
건설기간	수년	수개월	수년	수 주	수년
환경파괴	약간	환경오염	환경파괴	환경친화	약간 영향
실용화	개발 중	실용화	실용화	개발 중	실용화(해외)
장점	고효율	넓은 사용범위	장수명, 대용량	짧은 충전	장수명, 대용량
단점	냉각 필요	수명한계	환경파괴	폭발위험	지형제약

2 BESS(Battery Energy Strage System)

1) BESS

① 2차 전지를 이용한 전력의 저장(충방전) ⇒ (전기 ↔ 화학에너지)

② 최근 신재생을 이용한 연계용으로 활용(RPS 적용)
㉠ 풍력＋ESS
㉡ 발전＋ESS

③ 최근 전기철도의 회생제동전력을 이용한 BESS도 개발상용화 중

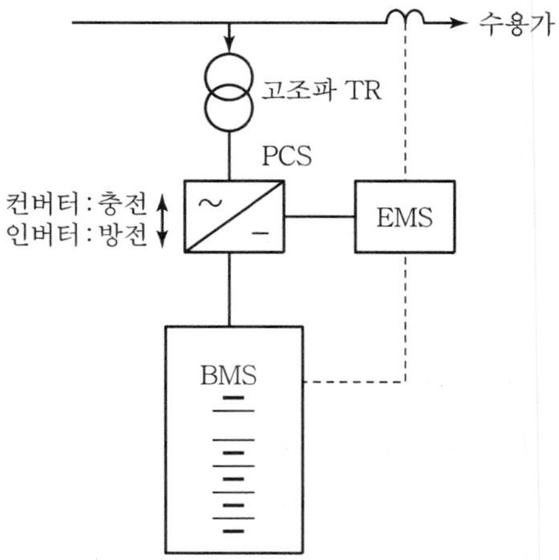

[BESS 구성]

2) 주요 구성

① EMS(Energy Management System)
㉠ 운전정보 수집, 충방전제어
㉡ 정출력, Peak Cut 제어

② BMS(Battery Management System)
㉠ 전력저장관리 및 충방전제어

㉡ Battery 용량 검출(충전/방전)

③ PCS(Power Conditioning System, 전력변환장치)

- 충전 : AC → DC : 컨버터
- 방전 : DC → AC : 인버터

④ Battery : 전력 저장

⑤ 고조파 TR : 전력변환장치에서 발생하는 고조파 제거용($\Delta - \Delta$ 결선)

3) 장단점

(1) 장점

① 에너지 저장효율 우수(65~75[%])
② 진동, 소음이 적어 친환경적
③ 입지제약이 적고 수요지 부근에 설치 가능
④ 에너지 밀도가 높음(연속전지 3~5배)
⑤ 모듈구조로 양산하므로 건설기간 단축
⑥ 부하추종 특성이 우수하여 Peak 억제용으로 적합
⑦ 도심지 설치 가능 및 대기오염 미발생

(2) 단점

① 설치비 고가
② 전자수명의 한계
③ 고도의 보수관리 기술 필요

4) 적용

① 접두부하 공급용(Peak 억제)
② 전력계통 안정용
③ 부하변동 억제용
④ 주파수 안정용
⑤ 조상용(무효전력 흡수보상)
⑥ 수용가 전기요금 절감(에너지 Saving)

5) 효과

① Energy Saving : Peak 억제, 전기요금 경감
② 전력품질 향상 : 전압, 주파수제어로 전력품질 향상, 계통연계 신뢰성 확보

6) 2차 전지의 종류 및 특성

구분	리튬이온	레독스 플로	NAS	납축전지	Ni-Cd
용도	전력계통 주파수제어	Peak 제어	Peak 조정	자동차 (전류기)	항공기 철도
수명(회)	9,000	3,000~5,000	3,000	200~300	1,000
효율[%]	90	60~80	87	85	70~90
가격	고가	중가	중가	저가	저가
특징	• 고에너지 밀도 • 단시간 충방전 • 친환경 • 유지보수 간단	• 대용량 • 부피 증가 • 저효율 • 저에너지 밀도	• 대용량 • 부피 증가 • 고온유지 필요 (300~350[℃]) • 고열폭발 우려	• 저용량 • 단수명 • 유해물질	• 메모리 효과 • 고온 불안정 • 환경오염

3 레독스 플로(Redox Flow) 전지

1) 구성

레독스 플로 전지는 대용량에 적용하여 다음과 같이 구성된다.

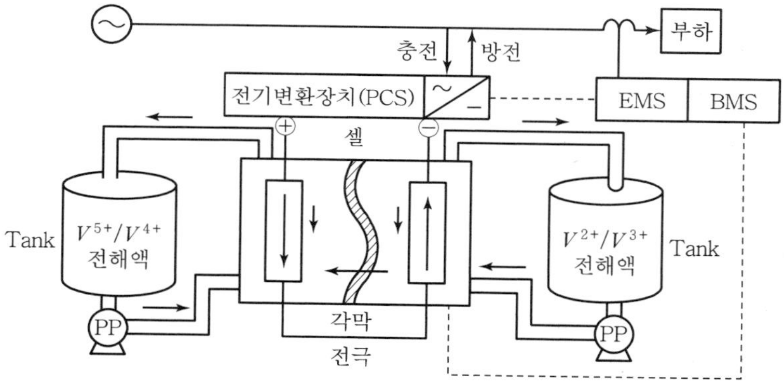

[레독스 플로 전지 구성]

① EMS(Energy Management System)

㉠ 전력수요의 변화에 따른 충방전 시스템 구축

㉡ 에너지 절감 효과

② BMS(Battery Management System) : Battery 충방전 제어

③ PCS(Power Conditioning System) : 충방전 시 출력제어

④ Redox Flow 전지
㉠ Tank 내 양극, 음극의 전해질 분리저장
㉡ Pump를 이용하여 Coil로 이동 후 산화 환원에 의한 충방전 시행
㉢ 양극과 음극의 전해질은 바나듐 사용(전력저장)

2) 적용 효과

① Peak Cut, Peak Shift
② 신재생에너지 발전출력 안정화 ESS
③ 전력계통 안정화 : 전압, 주파수 관리
④ 예비전력 서비스
⑤ 자체 기동 보조서비스

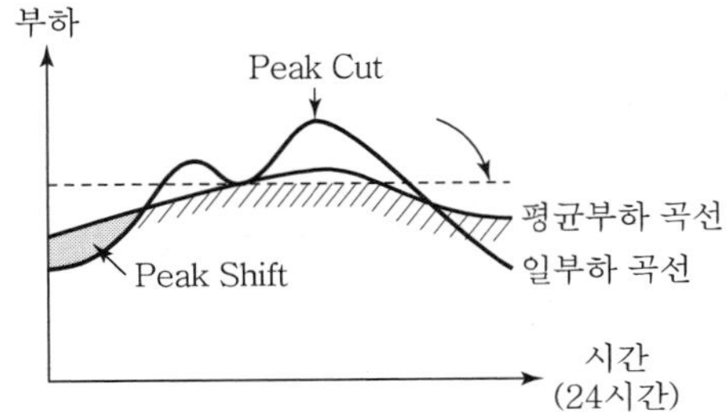

[일부하 곡선]

07 초전도케이블(Super Conducting Cable)

1 구성

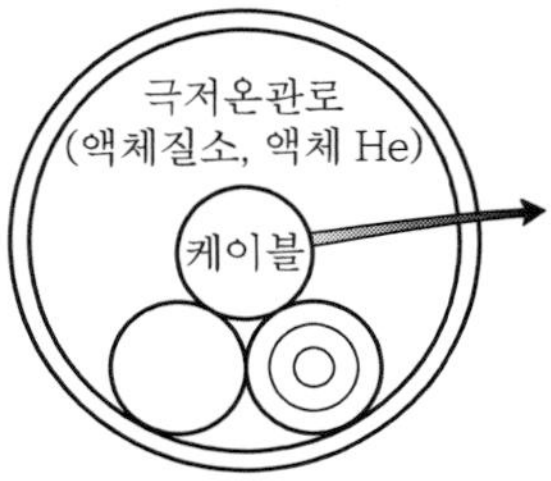

[극저온관로]

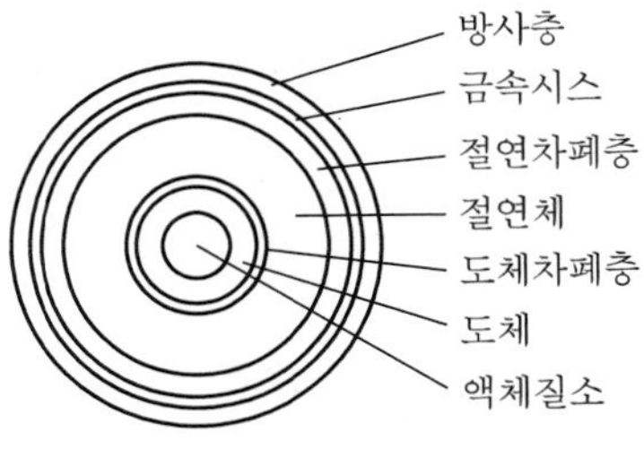

[케이블 Core]

① 극저온관로 : 초전도 유지를 위한 극저온관로로 액화질소 보호
② 액체질소 : 초전도 유지를 위한 냉각제(액체 헬륨)
③ 케이블 코어 : 초전도 현상을 이용한 전력수송

2 원리

1) 전기저항의 Zero화

① 구리도체 대신 초전도체 사용($I = \frac{V}{R} = \infty$, $R \doteqdot 0$, 전류 증대)
② 초전도 현상 시 저손실, 대용량의 전력수송
③ 극저온관로＋액체질소＋Cable Core＝전기저항 Zero화

3 종류

구분	저온초전도체	고온초전도체
냉각온도	4.2[K](－269[°C])	77[K](－196[°C])
냉각재료	액체 He	액체질소
초전도체	니옵, 니옵티탄	이트륨, 바륨, 구리, 산소화합물
가격	고가	저가
관로규격	360[mm]	130[mm]

※ 66[kV] 9000[A] 1회선 기준임

4 특징

1) 장점

① 저손실(1/20), 대용량(수배)
② 저전압 송전 가능(345, 765[kV] → 22.9[kV])
③ 장거리 송전 가능(저손실, 대용량)
④ 케이블 및 관로의 소형화 가능
⑤ 송전비용 절감
  ㉠ 변전소 생략
  ㉡ 절연 Level 감소
  ㉢ 소형 · 경량화
  ㉣ 저전압으로 충전전류 감소

2) 단점

① 고가
② 케이블 접속 곤란

③ 재료선정의 한계(초전도 유지)
④ 저온유지 보호장치 필요

5 초전도케이블의 필요 조건

① 임계전류밀도(I_c)가 클 것
② 정상상태에서 Quenching 현상이 발생하지 않을 것
③ 표피 효과가 적을 것
④ 대전류 용량의 특성이 있을 것
⑤ 고온화가 가능할 것
⑥ 제작, 가공, 설치가 용이할 것
⑦ 기계적 강도, 전기적 특성 유지에 유리할 것
⑧ 대량생산이 가능하고 경제성이 있을 것
⑨ 장거리화가 가능할 것
⑩ 환경파괴가 없을 것

6 맺음말

① 국내 초전도케이블 개발에 성공하여 제주에 154[kV] 설치 · 운영 중이다.
② 최초 초전도를 이용한 변압기, SMES, 자기부상열차에서 기술개발이 활발히 진행 중이다.

08 BEMS(Building Energy Management System)

1 개요

최근 정부의 주도하에 저탄소 녹색성장을 새로운 비전의 축이자 신(新)국가패러다임으로 제시하고 있다. 국내외 환경적 관점에서 본 도입배경에는 기후변화협약, 고유가시대, 건축물에너지 소비 증가, 건축물에너지 절감정책이 있다.

2 BEMS의 개념

실내환경 및 에너지 사용 현황을 계량·계측하고, 수집된 데이터로 설비운영 분석과 에너지 소비 분석을 통해 비효율적 운영설비를 파악하고, 최적의 설비제어를 통해 쾌적한 환경을 제공하며, 에너지 절감을 극대화하는 시스템이다. 에너지 데이터를 관리하고 그 데이터나 BEMS에 탑재된 애플리케이션, 그 외 에너지 절약 제어와의 인터페이스에 의해 건물을 종합적으로 관리한다.

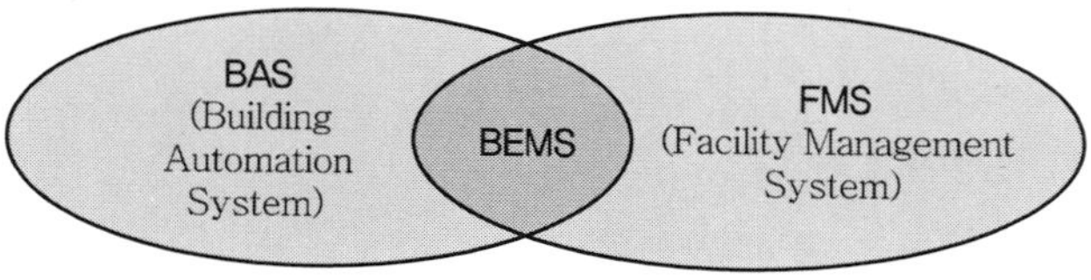

[BEMS의 개념]

3 BEMS의 목적

BEMS의 목적은 에너지소비량을 파악하고 에너지원별, 열원별, 계통별, 주요장비별 적정한 에너지가 소비되는지 분석하여 효율적으로 에너지를 관리하는 것이다.

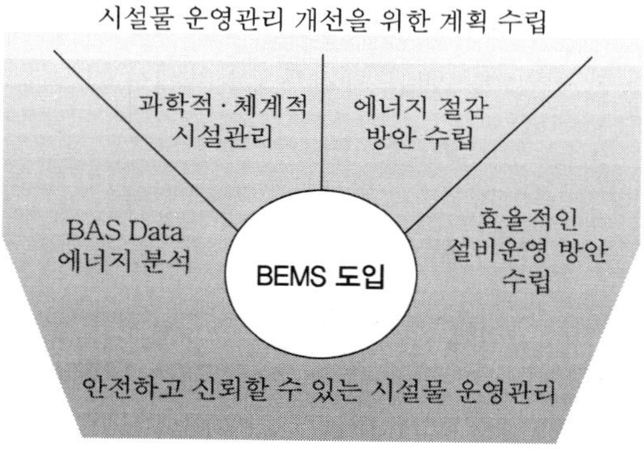

[BEMS의 목적]

4 BEMS의 필요성

지구온난화를 방지하기 위해 탄소배출량 감소가 필요한 가운데 빌딩에서도 다음 문제에 따라 에너지 절약이 요구되고 있다.

1) 계절, 시간, 운용 상황에 따른 부하변동

2) 피크부하를 바탕으로 한 설계로 설비능력 과잉
3) 외기조건에 따라 변화하는 자연에너지 유효성
4) Zone별 부하, 운영의 차이

5 BEMS 전기분야

1) 최대수요전력제어
2) 실시간 예측관리 시스템
3) 시간제어, DAY LIGHT 센서 제어
4) WEB에 의한 원격제어
5) 방법시스템 연동, 정전패턴 등록
6) BAS
7) FMS
8) SI 등

6 BEMS의 기능

1) 건물의 설비 감시제어와 유기적인 통합관리

① 설비의 에너지 사용량 수집 · 분석
② 설비운전 데이터 수집 · 분석
③ 에너지원 · 계통별 · 존별 데이터 수집 · 분석

2) 에너지 절감을 위한 공조관리

① 공조시스템의 최적 제어 알고리즘 구현
② BAS시스템의 EMS 기능과 연계
③ 에너지를 최소화하는 통합 최적 제어 수행
④ 장비의 운전효율을 고려한 선택운전
⑤ 경제성과 효율성을 고려한 최적 관리

3) 고장검출진단 및 유지보수 서비스

① 건물설비의 LCC 분석을 통한 종합관리
② 설비의 가동시간 분석 및 점검주기 체크
③ 설비의 다양한 경보데이터 분석 · 고장검출
④ 종합적 관리를 통한 건물유지비용 절감

4) 전력수요를 실시간 예측한 부하관리 서비스

① 건물의 전력수요를 예측한 부하관리
② 건물의 신재생에너지의 관리 서비스
③ BAS시스템과 연계한 최적 부하 관리
④ 전력 피크관리를 통한 순차적 부하 제어

7 BEMS의 감시 및 평가대상항목

1) 전기설비

관리항목	계측항목	비고
수변전 설비	수요감시제어, 역률 개선, 발전기부하제어	정전 시, 복전 시 제어
조명설비	주광이용에 의한 점멸 제어, 원격조명제어, 방범시스템과의 연동에 의한 점멸제어, 부재실 인감제어	브라인드 제어와 관계

2) 품질 및 에너지 소비

관리항목	계측항목	계측방법
전원품질	상전류/전압, 역률	말단의 전압강하 계측
계통별 소비전력	열원, 공조, 조명, 콘센트, 위생, EV 설비 등의 전력	시간, 일, 월, 연의 추이를 측정

3) 설비전반

관리항목	계측항목	계측방법
에너지 원단위	수전전력, 가스, 유류, 물	3년간의 트렌드치
LCC	기기의 기동시간	설비의 운전효율, 보전 인터벌의 검토를 실행

8 도입 효과

1) 에너지 절감에 따른 비용 절감
2) 에너지원의 적정 사용량 검토
3) 최적 운전을 통한 탄소배출량 감소
4) 시설운영관리 원가 절감 및 장비수명 증가
5) 설비운영시간의 효율화

6) 비용절감에 따른 건물의 부가가치 증대
7) 문서/자료의 활용도 파악
8) 관리인원의 적정 여부 검토
9) 경영 정보화에 따른 최고경영층의 정확한 의사결정 지원
10) 시설 확충 시 관리운영 방안의 단계적 수립

09 전기차 충전방식

1 전기차 충전시스템의 구성

전기차 충전시스템은 크게 충전방식, 연결방식, 통신 및 제어방식에 따라 구분할 수 있다.

1) **충전방식** : 접촉식(Conductive) 충전방식, 유도식(Inductive) 충전방식 그리고 배터리 교환방식(Battery Swapping)으로 구분한다.
2) **연결방식** : 전기적 연결장치에는 주유기에 해당하는 커넥터(Connector) 및 주유구에 해당하는 전기차에 장착되는 인렛(Inlet)이 있으며, 단상 및 삼상 교류형, 직류전용 그리고 교류와 직류가 함께 있는 콤보형으로 구분한다.
3) **통신방식 및 제어방식** : CAN통신방식과 PLC통신방식이 있다.

2 전기차 충전방식

1) 접촉식 충전방식

접촉식은 전기적 접속을 통하여 충전이 이루어지며 교류 충전스탠드, 직류충전장치로 구분한다.

① **교류 충전스탠드**

㉠ 충전장치가 아니고 충전을 위하여 교류전원을 공급해 주는 전원 공급장치에 해당되며 실제 충전은 전기차 내부의 온보드 충전기(OBC : On Board Charge)가 담당한다.
㉡ 이 방식은 충전시간이 7~8시간 소요되며, 주로 심야 시간대의 저렴한 전력을 이용하여 충전하므로 스마트 그리드 측면에서 매우 바람직하다.
㉢ 유럽에서는 전기차 내부의 전력변환장치에 충전기능을 추가하여 충전시간을 2~3시간으로 단축하는 기술도 개발하고 있다.

② 직류 충전장치

㉠ 출력이 직류로 전기차 내부의 배터리에 바로 전기를 공급하여 충전하는 방식으로 국내 개발제품은 50[kW]급 DC 500[V] 120[A] 레벨이다.

㉡ 배터리 충전은 전기차 내부에 설치된 배터리관리장치(BMS : Battery Management System)에서 관리하며 직류 충전장치는 BMS제어에 순응하게 된다.

㉢ 출력 직류전압이 높고 전류가 커서 충전 중 사고의 위험성이 매우 높아 국제표준에서는 많은 안전사항을 추가하고 있다.

2) 유도식 충전방식

① 유도식은 변압기의 원리를 이용한 것으로 1차 측 권선에 해당하는 장치를 주차장 등 외부에 설치하고 2차 측에 해당하는 장치를 전기차 내부에 설치하여 전력을 전달하고 전기차 내부의 OBC를 이용하여 충전을 한다. 이때 전력전달 효율을 높이기 위하여 인버터를 사용하여 주파수를 높인다.

② 최근 '미국 자동차기술학회'에서는 MIT에서 개발한 자기공명기술을 이용한 유도식 충전기술을 표준으로 규정하려는 추세도 있다.

③ 주파수가 높은 관계로 외부에 전자파 장해을 유발할 수 있고 1차와 2차가 떨어진 상태에서 전력을 전달해야 하므로 효율이 낮은 점 등이 문제가 되고 있으나 안전성과 편리성 등을 고려하여 IEC국제표준에서는 활발히 진행 중이다.

3) 배터리 교환방식

① 배터리 교환방식은 사전에 충전한 배터리를 교환해주는 방식으로 충전시간을 획기적으로 단축하여 각광받고 있다.

② 국내에서는 국토교통부에서 이 분야 국책과제를 수행하고 있으며 유럽연합에서는 컨소시엄을 이루어 연구개발에 착수하였다. IEC국제표준에서는 아직 정식 문서는 없지만 이스라엘에서 초안을 개발하는 것으로 계획되어 있다.

③ 배터리 교환방식이 성공하기 위해서는 배터리의 표준화 및 차량의 표준화가 필요하고 진동 충격 등에 의한 배터리의 내구성능이 보장되어야 한다.

10 사물인터넷(IoT : Internet of Things)

1 개요

1) 인터넷을 기반으로 모든 사물을 연결하여 사람과 사물, 사물과 사물 간의 정보를 상호 소통하는 지능형 기술 및 서비스를 말한다.
2) 각종 사물에 센서와 통신 기능을 내장하여 인터넷에 연결하는 기술을 의미한다. 여기서 사물이란 가전제품, 모바일 장비, 웨어러블 컴퓨터 등 다양한 임베디드 시스템이 된다.

2 사물인터넷의 특징 및 기술 요소

1) 사물 인터넷에 연결되는 사물들은 자신을 구별할 수 있는 유일한 IP를 가지고 인터넷으로 연결되어야 하며, 외부 환경으로부터의 데이터 취득을 위해 센서를 내장할 수 있다. 모든 사물이 해킹의 대상이 될 수 있어 사물 인터넷의 발달과 보안 발달은 함께 갈 수밖에 없는 구조이다.
2) 사물인터넷은 기존의 유선통신을 기반으로 한 인터넷이나 모바일 인터넷보다 진화된 단계로 인터넷에 연결된 기기가 사람의 개입 없이 상호 간에 알아서 정보를 주고받아 처리한다. 사물이 인간에 의존하지 않고 통신을 주고받는 점에서 기존의 유비쿼터스나 M2M(Machine to Machine, 사물지능통신)과 비슷하기도 하지만, 통신장비와 사람과의 통신을 주목적으로 하는 M2M의 개념을 인터넷으로 확장하여 사물은 물론이고 현실과 가상세계의 모든 정보와 상호 작용하는 개념으로 진화한 단계라고 할 수 있다.
3) 구현하기 위한 기술 요소
   ① 센싱기술 : 유형의 사물과 주위 환경으로부터 정보를 얻는 기술
   ② 유무선 통신 및 네트워크 인프라 기술 : 사물이 인터넷에 연결되도록 지원하는 기술
   ③ 서비스 인터페이스 기술 : 각종 서비스 분야와 형태에 적합하게 정보를 가공하고 처리하거나 각종 기술을 융합하는 기술
   ④ 보안 기술 : 대량의 데이터 등 사물 인터넷 구성 요소에 대한 해킹이나 정보유출을 방지하기 위한 기술

3 전력 IoT

1) 전력 IoT는 사물인터넷의 기술을 전력설비 관리 · 감시기술에 적용하여 배전설비 상태를 실시간 모니터링 시행을 통해 인력점검을 최소화하고, 설비상태를 연속적으로 상시 감시하여 경제적 · 효율적인 배전설비 관리를 목적으로 한다.

2) 전력설비에 설비상태를 감시할 수 있는 Smart Sensor를 개발하고 통신네트워크를 구성하여 계통을 운영하는 배전센터에서 모든 설비를 실시간으로 확인이 가능함을 의미한다.
3) 전력 IoT를 구성하는 요건은 설비상태를 감시하는 Smart Sensor, Sensing 정보를 무선으로 취득하는 단말장치인 Gate－Way, 광통신 Network 그리고 Data를 이용하여 각종 Service 개발을 위한 Platform이 필요하다. 이러한 설치체계를 이용하면 전력설비의 자가진단이 가능하다.
4) 이러한 자가진단 체계는 전주, 애자, 전선, 기기류의 설비상태를 지속적으로 감시함으로써 불량 또는 고장으로 인한 정전발생 이전에 사전대응할 수 있는 체계로서 기존에 배전계통에서 운영하고 있는 배전지능화시스템(DAS)과 차이를 보이고 있다. DAS는 정전이 발생하고 나면 신속하게 고장구간을 분리하여 건전구간을 복구하는 체계로, 정전의 사전과 사후대응에 큰 차이가 있다.

11 스마트(IoT) 도로조명시스템

1 개요

1) 도로의 상황과 필요에 따라 사용자가 원하는 대로(원하는 시간, 원하는 광량, 원하는 배광, 원하는 운영주기 등) 도로조명을 운영하여 최적의 에너지 절감과 도로 안전을 확보한다.
2) 이는 기존 유무선 스마트 조명운영시스템과 같이 도로상황의 변화에도 고정된 광량으로 조광하는 시스템과는 차별화된다.

2 특징

① 스마트 센서 기반으로 무선통신시스템과 인터넷을 통하여 정보를 공유한다.
② 도로상황 변화나 관리주체의 운영방침 변화에 따라 추가공사나 설비투자 없이 실시간으로 유지 · 변경할 수 있다.
③ 실시간 에너지 사용, 도로조명시스템 상태 등이 관리자에게 보고된다.
④ 스마트 센서, 제어기, 게이트웨이, 관리서버로 구성된다.
⑤ 교통, 기상정보 등 사회안전망 정보연결 시 유연한 도로운영이 가능하다.
⑥ **안전시스템** : 스마트 조명제어시스템 오류 시, 도로등급에 맞추어 설계된 최대 밝기로 자동복귀하여 도로안전에 이상이 없도록 한다.
⑦ 인터넷망을 활용하기 때문에 해킹에 의한 보안안전이 우선이다.

3 구성

1) 스마트 센서, 스마트 제어기

① 차량, 자전거, 보행인의 움직임을 감지함과 동시에 사용자가 미리 정해놓은 디밍동작을 시작한다(개별 및 그룹제어 가능).

② 설치되어 있는 각 스마트 센서 또는 스마트 제어기가 정보를 주고받아 움직임 감지와 디밍 정보 공유가 가능하다(운영자의 도로조명별 그룹설계방식에 따라 유연하게 적용 가능).

③ 스마트 센서와 스마트 제어기는 알고리즘으로 진동, 나뭇잎, 강아지 등을 구별하여 선별적으로 디밍동작을 한다.

2) 게이트 웨이

① 스마트 센서와 스마트 제어기로부터 받은 정보를 서버에 전송하고 또한 서버에서 받은 정보와 새로운 명령을 스마트 센서와 네트워크 기기에게 전달한다(실시간 양방향통신).

② 모든 통신방식과 통신사에 관계없이 사용 가능하다.

3) 서버

① 관리 서버를 통하여 관리하며 사용자의 컴퓨터와 모바일 기기, 게이트웨이에 정보를 전달한다.

② 인터넷을 통하여 데이터를 주고받으며, 해킹위험에 노출되지 않는 웹망을 통하여 안전하게 정보를 공유한다.

4) 사용자

① 사용자 컴퓨터와 모바일 기기에서 실시간으로 도로조명 상태, 에너지사용량, 센서 동작 빈도 등을 파악할 수 있으며, 디밍단계와 디밍시간 등 프로파일을 변경할 수 있다.

② 별도의 프로그램을 개발하거나 설치할 필요 없이 인터넷 사이트를 통하여 실시간으로 운영 및 확인할 수 있다.

③ 관리자에게 SMS 통보나 이메일 전송이 가능하다.

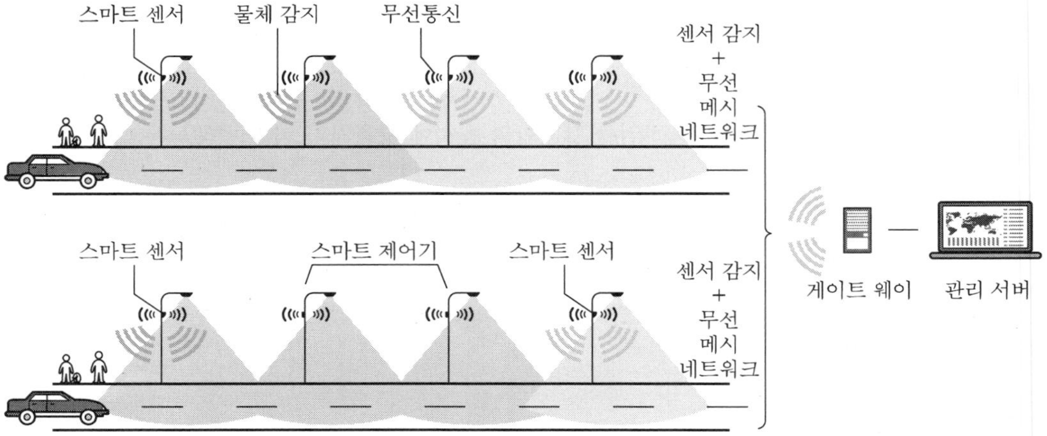

[스마트 도로조명시스템 계통도]

4 맺음말

스마트 조명시스템 = 시민의 안전성 확보 + 에너지 절약 + 빛공해 예방

1) **안전성 확보** : 가로등선로 단선 및 누설전류, 고장상황을 실시간 감시한다.
2) **에너지 절약** : 고용량 광원 LED 등 교체 및 심야시간대 밝기를 조정한다.
3) **빛공해 예방** : 빛공해를 유발하는 등기구를 컷오프형으로 교체한다.
4) **지능형 사용** : IoT 센싱과 조광을 통한 격등으로 위험성을 감소한다.

PROFESSIONAL ENGINEER ELECTRIC APPLICATION

전기기술사 시험 대비

전기응용기술

I권

CHAPTER 01 조명공학 | CHAPTER 02 동력설비
CHAPTER 03 전열공학 | CHAPTER 04 전기철도
CHAPTER 05 전력전자소자와 전기응용 | CHAPTER 06 전력품질
CHAPTER 07 신재생에너지 | CHAPTER 08 에너지 절약

PROFESSIONAL ENGINEER

www.yeamoonsa.com

최신판 | PROFESSIONAL ENGINEER ELECTRIC APPLICATION

전기기술사 시험 대비

전기응용기술

임근하 · 오승용 · 유문석 · 정재만

Ⅱ권

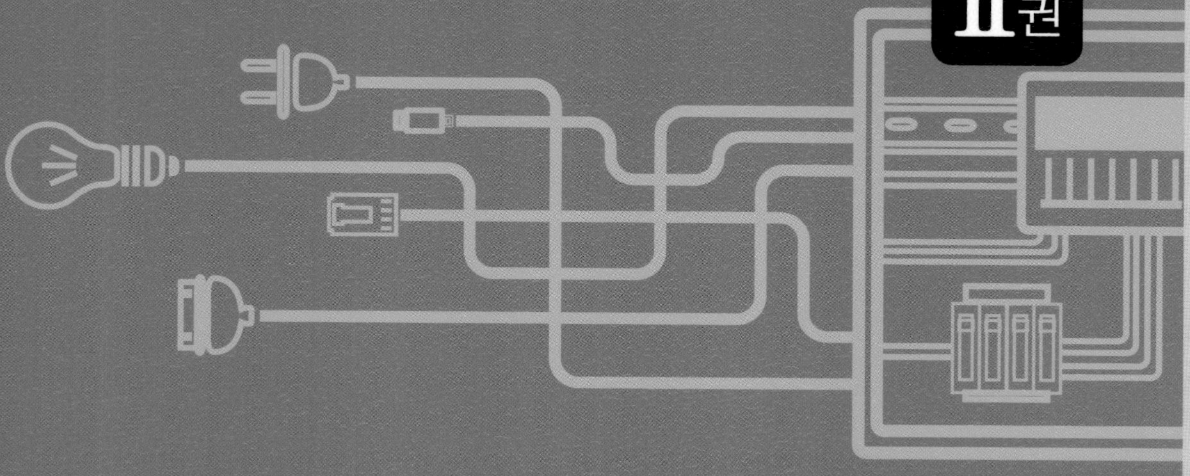

PROFESSIONAL ENGINEER

Ⅱ권

예문사

최신판 | PROFESSIONAL ENGINEER ELECTRIC APPLICATION

전기기술사 시험 대비

전기응용기술

임근하 · 오승용 · 유문석 · 정재만

Ⅱ권

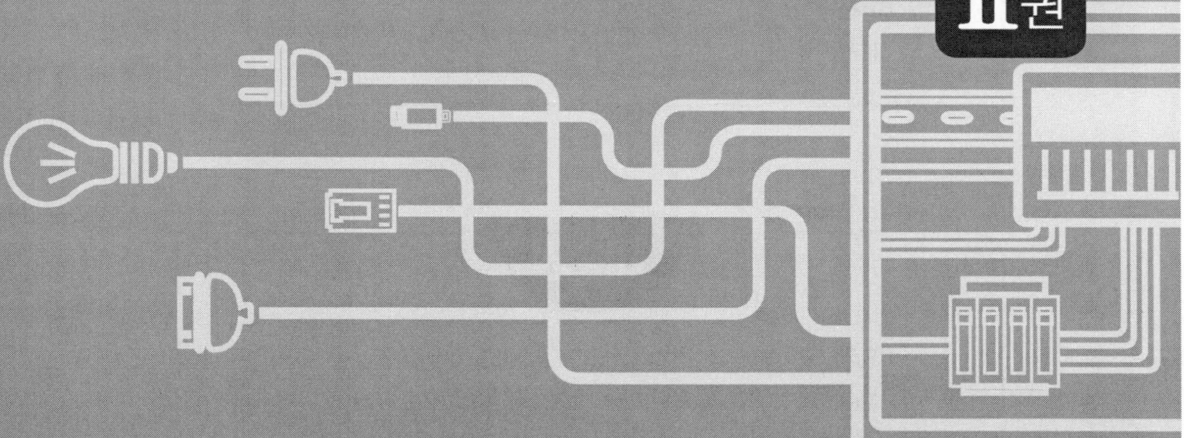

PROFESSIONAL ENGINEER

예문사

CONTENTS

차 례

제1권

제2권

CHAPTER 09 변압기

CHAPTER 10 차단기

C O N T E N T S

차 례

CHAPTER 13 변성기

CHAPTER 14 피뢰설비

C O N T E N T S

차 례

CHAPTER 15 예비전원설비

CHAPTER 16 케이블

CHAPTER 17 접지설비

CONTENTS

차 례

CHAPTER 18 반송 및 방재설비

APPENDIX 부 록

CHAPTER

09

변압기

01 변압기 기본이론

1 변압기 정의

1) 변압기는 2개의 전기회로를 1개의 자기회로로 연결하여 전압과 전류의 크기를 변성하는 장치이다.
2) 권선, 철심, 절연재, 부싱, 외함 등으로 구성되어 있다.
3) 구성 재료에 따른 변압기 분류

권선	철심	절연
• 일반 : 구리 도체 • 초전도 : 초전도 도체	• 일반 : 규소 강판 • 아몰퍼스 : 아몰퍼스 박대상 • 자구미세 : 자구미세화 강판	• 유입 : 절연유(광유) • 몰드 : 에폭시수지 • 가스 : SF_6 가스

2 역기전력

$$E_1 = \frac{2\pi}{\sqrt{2}} f \cdot N_1 \cdot \phi_m = 4.44 f \cdot N_1 \cdot \phi_m \,[\mathrm{V}]$$

3 권수비

$$a = \frac{V_1}{V_2} = \frac{E_1}{E_2} = \frac{N_1}{N_2} = \frac{I_2}{I_1}$$

여기서, a : 권수비

$$Z_2 = \frac{1}{a^2} \cdot Z_1$$

$$Z_1 = a^2 \cdot Z_2$$

4 등가회로 및 벡터도

1) 2차를 1차로 환산한 변압기의 등가회로

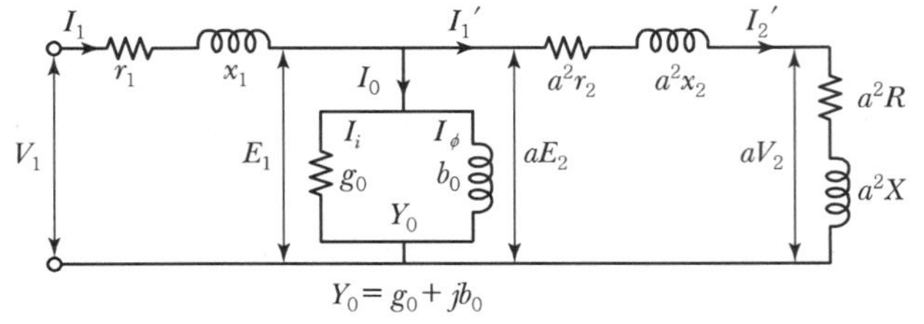

[2차를 1차로 환산한 변압기의 등가회로]

여기서, Y_0 : 여자 어드미턴스, g_0 : 여자 콘덕턴스, b_0 : 여자 서셉턴스

2) 벡터도

변압기는 코일로 구성되어 유도성 부하로 간주되며 벡터도는 다음과 같다.

$$\theta_2 = \tan^{-1}\frac{X + x_2}{R + r_2}$$

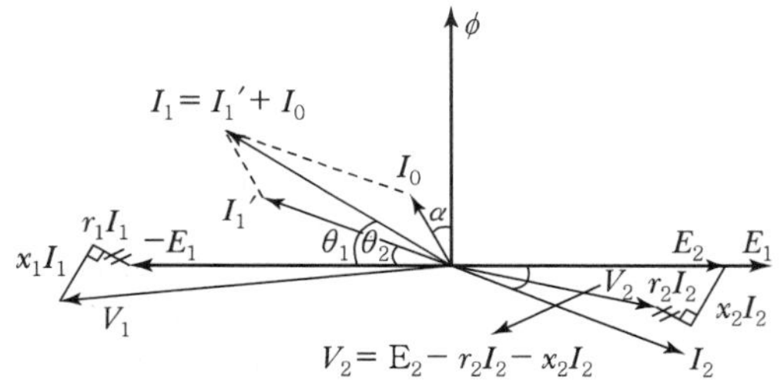

[벡터도]

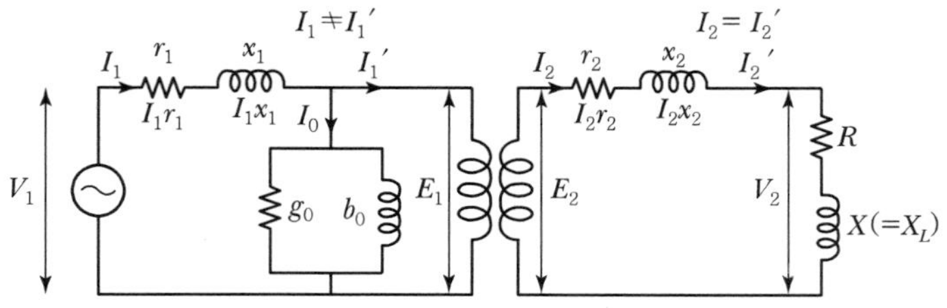

[등가회로]

5 변압기 분류

구조	절연	상수	권선수	탭절체 방식
• 내철형 • 외철형	• 건식, 유입 • 몰드, 가스	• 단상 • 3상	• 단권 • 2권선 • 3권선	• NLTC • OLTC

6 변압기 극성

1) 변압기 극성

① 변압기 극성은 변압기 1, 2차 단자의 유기기전력 방향을 상대적 방향으로 표시하는 것이다.

② 변압기 단독 사용 시에는 문제되지 않으나 3상 결선, 병렬운전 시에는 문제가 되므로 반드시 극성을 맞춰야 한다.

2) 감극성(국내 표준)

① 변압기 고 · 저압 단자의 극성이 같은 변압기이다.

② 1, 2차 권선의 감는 방향을 반대로 해서 자속의 방향을 같게 한 변압기이다.

3) 가극성

① 변압기 고 · 저압 단자의 극성이 다른 변압기이다.

② 1, 2차 권선의 감는 방향을 같게 해서 자속의 방향을 반대로 한 변압기이다.

4) 측정방법

전압계를 1, 2차측에 연결한 때 전압계 ⓥ가 $V = V_1 - V_2$의 관계이면 감극성이고, $V = V_1 + V_2$의 관계이면 가극성이다.

7 전자유도(Electromagnetic Induction)

1) 전자유도 정의

도체의 주변에서 자기장을 변화시켰을 때 전압이 유도되어 전류가 흐르는 현상으로 자기유도와 상호유도가 있다.

2) 자기유도(Self Induction)

코일에 흐르는 전류가 변화하면 코일 중의 자속이 변화하여 그 코일에 유도전압이 발생하는 현상이다.

3) 상호유도(Mutual Induction)

두 개의 코일이 인접해 있을 때 한 코일에 흐르는 **전류**가 변화하면 코일 중의 **자속**이 변화하여 다른 코일에 **유도전압**이 발생하는 현상이다.

8 패러데이 법칙

1) 전자유도에 의해 회로 내에 유발된 **기전력의 크기**는 회로를 관통하는 **자속의 시간적 변화율**에 비례한다는 법칙이다.

2) $E = -L\dfrac{di}{dt} = -N\dfrac{d\phi}{dt}$

9 렌츠 법칙

1) **유도전압**과 **유도전류**는 자기장의 변화를 상쇄하려는 방향으로 발생한다는 법칙이다.

2) 즉, 패러데이 법칙의 부호가 **렌츠의 법칙**을 의미한다.

10 인덕턴스(L)

1) **전류**를 흘렸을 때 발생되는 **자속**의 크기를 결정하는 비례상수이다.

2) 기호는 L, 단위는 [H]이고 **자기 인덕턴스**와 **상호 인덕턴스**가 있다.

① **자기 인덕턴스** : 자속이 코일 자신의 전류에 의한 것

② **상호 인덕턴스** : 자속이 다른 전선이나 코일의 전류에 의한 것

11 정전용량(C)

1) **전압**을 가했을 때 축적되는 **전하량**의 크기를 결정하는 비례상수이다.

2) 기호는 C, 단위는 [F]이고 정전용량은 **대지전압**에 비례한다.

12 여자전류

1) **여자**는 자기장 안의 물체가 자기를 띠는 현상이다.

2) **여자전류**는 변압기 1차 권선에 전압인가하고 부하를 연결하지 않는 상태에서 1차 측에 흐르는 전류이다.

3) 여자전류는 철의 자기적 현상에 의해서 발생한다.

4) 여자전류 = 자화전류 + 철손전류

5) 파형은 철심의 자기포화 현상 및 히스테리시스 현상 때문에 왜형파이다.

6) 기본파와 제2고조파를 고려해야 한다.

02 변압기 각종 규정

1 변압기 열화정도 판정

1) 산가도 측정, 절연내력 측정, 절연저항 측정, 흡수전류 측정, 유전정접 시험, 유중가스 분석

2) 절연유 산가도 판정

구분	산가도[mg KOH/g]	판정
새 절연유	0.02 이하	적합
사용 중인 절연유	0.2 이하	적합
	0.2 초과~0.4 미만	적합(요주의)
	0.4 이상	부적합

3) 절연파괴전압 판정기준

구분	절연파괴전압	판정	
		50[kV] 미만 기기	50[kV] 이상 기기
새 절연유	30[kV] 이상	적합	적합
사용 중인 절연유	20[kV] 이상	적합	적합
	20[kV] 미만 15[kV] 이상	적합(요주의)	부적합
	15[kV] 미만	부적합	부적합

2 특고압용 변압기 보호장치 시설

1) 용량에 따른 보호장치 시설

변압기 용량	보호장치	자동차단	경보	비고
5,000~10,000[kVA]	과전류	○		
	내부 고장		○	
10,000[kVA] 이상	과전류	○		
	내부 고장	○		
	온도 상승		○	다이얼온도계 등에 의함

2) 특고압용 변압기 내부 고장 검출 및 차단장치 시설

① 전기적 방식인 비율차동 계전기, 과전류 계전기는 차단용으로 사용한다.

② 기계적 방식인 부흐홀츠 계전기, 충격압력 계전기, 유면계전기, 온도 계전기는 진동, 외기 등에 따라 오동작할 우려가 있으므로 차단용으로 사용하지 않는 것이 좋다.

3) 보호계전기 용도

보호계전기		검출 방법	동작요인(사고내용)	용도
명칭	기구 번호			
부흐홀츠 계전기	96	기계적	• 이상과열 및 유중아크에 의해 절연유가 가스화해서 유면 저하 • 급격한 절연유 이동	• 1단계 : 경보용 • 2단계 : 트립용
방압장치			이상과열 및 유중아크에 의해 내압이 상승하여 방출될 때. 외함, 방열기 등을 보호하는 장치	경보용
충격압력 계전기 (충압계전기)	96P	기계적	이상과열 및 유중아크에 의해 급격한 압력 상승	트립용
유면계전기 (접점부 유면계)	33Q	기계적	유류 누수에 의한 유면 저하	경보용
온도계전기 (접점부 온도계)	69Q	기계적	온도 상승	경보용
비율차동 계전기	87	전기적	권선의 상간 및 층간 단락에 의한 단락전류	트립용
과전류 계전기	51	전기적	• 권선의 상간 및 층간 단락에 의한 단락전류 • 변압기 외부의 과부하 및 단락전류	트립용
지락 과전류 계전기	51G	전기적	• 권선과 철심 간의 절연파괴에 의한 지락전류 • 변압기 외부의 지락전류	트립용

3 변압기 냉각방식

1) 변압기 냉각방식은 권선 및 철심을 냉각하는 내부 냉각매체, 이 매체를 냉각하는 외부 냉각매체 그리고 순환방식에 따라 여러 가지로 나뉜다.

2) 주요 냉각방식

냉각방식	내용
건식 자냉식	소용량 변압기에 사용
건식 풍냉식	건식 자냉식의 방열기탱크에 송풍기를 설치
유입 자냉식	• 보수가 간단하고 가장 널리 사용 • 500[MVA] 이하 TR에 적용
유입 풍냉식	• 유입 자냉식의 방열기탱크에 송풍기를 설치 • 자냉식보다 20[%] 용량 증가
송유 자냉식	방열기탱크와 본체탱크 접속관로에 기름을 강제적으로 순환
송유 풍냉식	• 송유 자냉식의 방열기탱크에 송풍기를 설치 • 300[MVA] 이상 대용량에는 대부분 사용

4 변압기 탭 전압 선정

1) 탭 절환장치 정의

탭 절환장치는 조류 제어, 정전압 유지 등을 위해 변압기 권수비를 조정하는 장치로 NLTC, OLTC가 있다.

2) 무부하 탭 절환장치(NLTC : No Load Tap Changer)

① 변압기를 여자하지 않은 상태에서 변압기 외부에서 탭 절체

② 22.9[kV] 이하에 사용

3) 부하 탭 절환장치(OLTC : On Load Tap Changer)

① 변압기 여자 상태나 부하를 건 상태에서 탭 절체

② 10[MVA] 이상, 154[kV] 이상에 사용

5 PCBs(폴리염화비페닐)

1) PCBs는 절연성능 보강을 위해 절연유에 포함시킨 유기화합물이다.

2) 인간의 지방이나 뇌에 축적되며 성호르몬 파괴, 암 유발 등의 문제를 발생시킨다.

3) 국내 기준 2[ppm] 이하, 일본 0.5[ppm] 이하, 미국 · 캐나다 50[ppm] 이하이다.

4) 현재 철도차량의 변압기, 정류기 등에 사용 중이다.

03 변압기 정격

1 개요

1) 변압기는 2개의 전기회로를 1개의 자기회로로 연결하여 전압과 전류의 크기를 변성하는 장치이다.
2) 권선, 철심, 절연재, 부싱, 외함 등으로 구성되어 있다.
3) 정격에는 상수, 주파수, 정격용량, 사용정격, 정격전압, 결선, 냉각방식, 극성, 각변위, 온도 상승, 단자기호 등이 있다.

2 변압기 정격(명판 기재사항)

정격	비고
상수	단상, 3상
정격주파수	60[Hz]
정격용량	2권선 → 2차 권선 용량, 3권선 → 1, 2, 3차 권선 용량 따로 표시
사용정격	연속 사용, 단속 사용
정격전압	1, 2, 3차 권선 정격전압 표시
결선	Δ, Y로 표시
냉각방식	건식 자냉식(AN : Air Natural), 건식 풍냉식(AF : Air Forced) 등
극성	감극성
각변위	각 권선 결선에 따른 벡터기호(Y_{y0}, Y_{d1}, D_{d0} D_{y11})
온도 상승	유입 → 권선온도와 유온 표시, 건식 → 권선온도
단자기호	1, 2차 권선 상순위대로 표시
임피던스 전압	정격전류를 흘렸을 때의 1, 2차 권선의 임피던스에 의한 전압강하
절연계급	이상전압 등에 대한 변압기의 절연강도를 표시하는 계급 표시
기타	제조자명, 제조연월일, 제조번호, 총중량 등

04 변압기 절연 종류(절연방식)

1 개요

1) 내부 이상전압에 대해 기기 및 선로가 그 충격에 견딜 수 있는 절연강도가 필요하다.
2) 접지방식에 따라 절연등급 및 종류가 구분된다.

3) 절연방식의 종류
   ① 전절연
   ② 저감절연
   ③ 단절연
   ④ 균등절연

2 접지방식

1) **비유효접지방식** : 1선의 지락 시 건전상의 대지전위 상승이 $\sqrt{3}\,E$ 이상이 된다(비접지방식 등).
2) **유효접지방식** : 1선의 자락 시 건전상의 대지전위 상승이 $1.3E$ 이하가 된다(직접접지).
3) 유효접지방식은 지락 사고 시 건전상 대지전압 상승이 $1.3E$ 이하이기 때문에 절연레벨 감소가 가능하다.

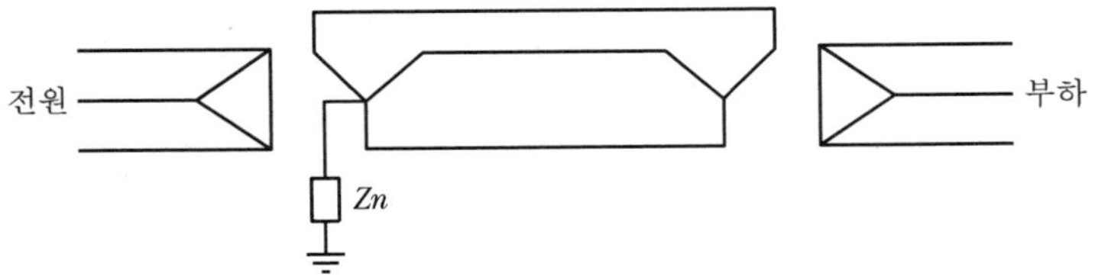

[계통의 접지방식]

[접지방식에 따른 Z_n 값]

접지방식 종류	중성점 삽입 임피던스의 종류 및 크기
비접지방식	$Z_n = \infty$
저항접지방식(고저항접지, 저저항접지)	$Z_n = R$
직접접지방식	$Z_n = 0$
리액터접지방식(고리액턴스접지, 저리액턴스접지)	$Z_n = jX$
소호 리액터접지방식	$Z_n = jX,\ Z_0 = \infty$

3 절연의 종류

1) 전절연(Full Insulation)

① 전체를 절연, 비유효 접지계통에 접속되는 권선에 채용하는 방식
② 절연계급 수치가 (공칭전압/1.1)과 일치하는 절연방식

2) 저감절연(Reduced Insulation)

① 비유효접지계의 BIL보다 낮출 수 있음. 유효 접지계통에 접속되는 권선에 채용하는 방식
② 절연계급 수치가 (공칭전압/1.1)보다 낮은 경우의 절연방식

3) 단절연(Graded Insulation)

① 변압기 중성점이 항상 0전위를 유지하므로 선로 측에서 중성점으로 갈수록 단계적으로 절연기준을 낮추어서 적용하는 방식
② 유효 접지계통에 접속되는 권선에 채용하는 방식

4) 균등절연(Uniform Insulation)

① Δ 결선이나 비접지식 Y결선의 경우 변압기 권선은 모든 부분에 대하여 동일하게 절연기준을 적용
② 비유효 접지계통에 접속되는 권선에 채용하는 방식

4 절연방식 비교

구분	전절연	단절연	저감절연	균등절연
접지방식	비유효	유효	유효	비유효
특징	• 절연비 고가 • 계통구성비 고가 • 비경제적	• 경제적 설계 가능 • 변압기치수 감소 • 중량이 경감	• 정격전압이 낮은 피뢰기 사용 가능 • 절연레벨 감소	• 절연비 고가 • 계통구성비 고가 • 비경제적
BIL	140호×5+50	• 선로 측 650 BIL • 중성점 350 BIL	120호×5+50	140호×5+50

05 전기기기 절연등급

1 개요

1) 절연은 전류가 원하는 곳 이외에서 흐르지 않도록 하는 데 목적이 있다.
2) 절연물질은 온도등급을 정하여 사용하고 있다.
3) 온도등급을 사용하는 이유는 절연물질의 최대허용온도와 운영온도를 제한해서 열에 의한 절연 파괴나 절연수명 감소를 방지하기 위해서이다.

2 전기기기 절연등급

종별	허용온도 상승한도	절연물 종류	용도
Y	90	면, 견, 종이 등	저전압 기기
A	105	Y종 재료를 바니시 또는 기름에 채운 것	유입 변압기
E	120	에폭시 수지, 멜라민 수지, 폴리 우레탄 수지 등	대용량 기기
B	130	운모, 석면, 유리섬유 등의 재료를 접착재료와 같이 사용한 것	몰드 변압기
F	155	B종 재료를 실리콘, 알키드 수지 등의 비접착재료와 함께 사용한 것	몰드 · 건식 변압기 대부분 전동기
H	180	B종 재료를 규소 수지 또는 동등 특성을 가진 재료와 함께 사용한 것	건식 변압기
C	200/220/250	운모, 석면, 자기 등을 단독 또는 접착제와 함께 사용한 것	고온을 요하는 특수기기

※ 250[℃] 이상에서는 25[℃] 간격으로 등급을 나누고 있음

06 임피던스 전압이 변압기에 미치는 영향

1 개요

1) 임피던스 전압

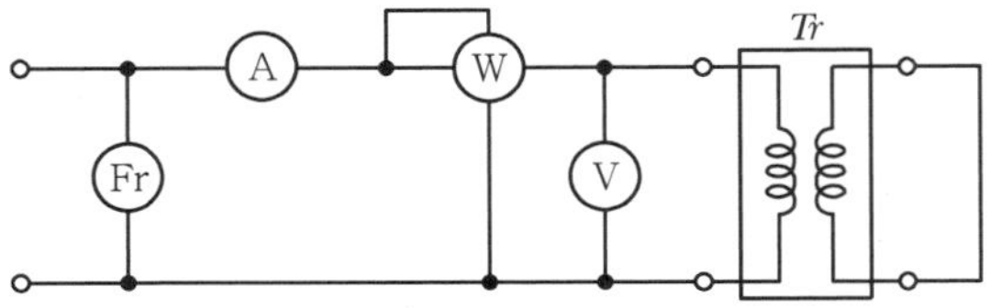

[변압기 단락특성시험 회로도]

① 임피던스 전압이란 변압기 한쪽 권선을 단락한 상태에서 단락한 권선에 정격전류가 흐를 때 다른 권선에 인가된 전압이다.

② 즉, 변압기, 발전기, 전선로 등에서 내부 임피던스에 의한 전압강하를 의미한다.

2) 퍼센트 임피던스

① 퍼센트 임피던스란 1차 측 정격전압과 임피던스 전압과의 비를 백분율로 나타낸 것이다.

② $\%Z = \dfrac{I \cdot Z}{E} \times 100 = \left(\dfrac{\text{임피던스전압}}{\text{1차 측 정격전압}}\right) \times 100[\%]$

2 변압기에 미치는 영향

1) 전압변동률

① $\varepsilon = \left(\dfrac{V_{2o} - V_{2n}}{V_{2n}}\right) \times 100 = p \cdot \cos\theta + q \cdot \sin\theta[\%]$

여기서, V_{2o} : 변압기 2차 측 무부하전압, V_{2n} : 변압기 2차 측 정격전압

② % 저항강하 $p = \left(\dfrac{r \times I_{2n}}{V_{2n}}\right) \times 100[\%]$

③ % 리액턴스강하 $q = \left(\dfrac{x \times I_{2n}}{V_{2n}}\right) \times 100[\%]$

④ $\%Z = \sqrt{(p^2 + q^2)}$ 이므로 $\%Z$가 증가 시 전압변동률이 증가한다.

2) 변압기 손실비(부하손/무부하손)

① 부하손은 동손으로 저항 성분과 관계가 있고, 무부하손은 철손으로 리액턴스 성분과 관계가 있다.

② 임피던스 전압이 작으면 부하손이 작아져 손실비가 작아지고, 임피던스 전압이 크면 부하손이 커져 손실비가 커진다.

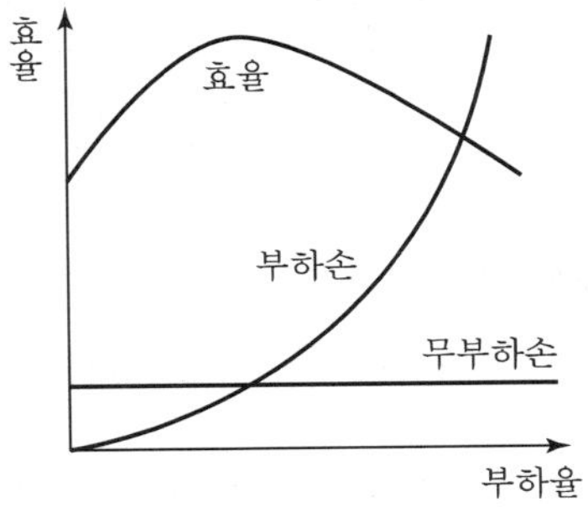

[변압기 손실과 효율]

3) 단락전류 및 단락용량

① 단락전류 $I_s = \left(\dfrac{100}{\%Z}\right) \times I_n$

② 단락용량 $P_s = \left(\dfrac{100}{\%Z}\right) \times P_n\ [\mathrm{MVA}]$

여기서, P_s : 단락용량, P_n : 기준용량

③ $\%Z$가 크면 단락용량이 감소한다.

4) 변압기 병렬운전

① $\%Z$가 다를 경우 작은 쪽 변압기가 과부하된다(±10[%] 이내 허용).

- $P_{r1} = \dfrac{Z_2}{Z_1 + Z_2} \times P$
- $P_{r1} = \dfrac{\%Z_2}{\%Z_1 + \%Z_2} \times P$
- $P_{r2} = \dfrac{Z_1}{Z_1 + Z_2} \times P$
- $P_{r2} = \dfrac{\%Z_1}{\%Z_1 + \%Z_2} \times P$

② $\%\left(\dfrac{X}{R}\right)$가 다를 경우 역률에 따라 부하분담이 변동한다.

5) 기기 전자기계력

$\%Z$가 작으면 단락전류가 커지므로 단락 사고 시 전자기계력이 커진다.

6) 계통 안정도

① 안정도란 전력계통에 급격한 부하변화 또는 단락사고 등이 발생해도 발전기가 일정한 상차각을 유지하고 동기운전을 계속할 수 있는 정도를 의미한다.

② $P = \dfrac{V_S \cdot V_R}{X} \cdot \sin\delta$

③ $\%Z$가 작으면 단락전류가 커지므로 단락 사고 시 계통 안정도 유지가 어려워진다.

3 경제적인 %Z

전압	22.9[kV]	154[kV]	345[kV]	765[kV]
%Z	6[%]	11[%]	15[%]	18[%]

4 맺음말

1) 변압기 용량이 증가하면 %Z가 증가한다.

2) 동일 용량의 변압기에서 %Z가 증가하면 전압변동률 증가, 부하손 증가, 단락용량 감소, 중량 감소한다.

%Z	전압변동률	부하손	단락용량	중량	비고
%Z 증가	증가	증가	감소	감소(동기계)	경제성 향상
%Z 감소	감소	감소	증가	증가(철기계)	신뢰성 향상

3) 또한 변압기 병렬운전, 기기 전자기계력, 계통 안정도 등에 영향을 주므로 전력설비 선정 시 %Z를 적절히 고려하는 것은 대단히 중요하다.

07 변압기 손실 및 효율

1 개요

1) 전력설비에서 변압기는 비교적 고효율 기기에 속하나 상시 전력계통에 연결되어 있으므로 이에 대한 손실은 매우 크다.
2) 배전설비별 손실의 구성을 보면 총배전손실의 약 40[%]가 전력용 변압기의 손실이다.

2 변압기 손실 종류

1) 무부하손(철손)

① 부하 증감과 상관없이 일정한 손실로 히스테리시스손, 와류손 등이 있다.
② 히스테리시스손 : 철심의 자구 재배열에 의해 발생한다.

$$P_h = K_h \cdot f \cdot B_m^{1.6 \sim 2.0} [\mathrm{W/kg}]$$

K_h : 재료상수, f : 주파수, B_m : 자속밀도

③ 와류손 : 철심 내 와전류에 의해 발생한다.

$$P_e = K_e (K_f \cdot f \cdot t \cdot B_m)^2 [\mathrm{W/kg}]$$

2) 부하손(동손)

① 부하 증감에 따라 변동되는 손실로 **저항손**, **와류손**, **표류부하손** 등이 있다.

② **저항손** : 권선의 **직렬저항**에 의해 발생한다.

③ **와류손** : 도체 내의 **와전류**에 의해 발생한다.

④ **표류부하손** : 권선 이외에서 **누설자속**에 의해 발생한다.

3 변압기 손실 저감대책

1) 설계 개선방법

① 최고효율은 $P_i = m^2 \cdot P_c$이므로 $m = \sqrt{\dfrac{P_i}{P_c}}$

② 유입변압기의 경우 부하율 50[%]에서, 몰드변압기의 경우 부하율 70[%]에서 최고 효율을 나타낸다.

③ 아몰퍼스 몰드 TR과 자구미세 몰드 TR 비교

구분	아몰퍼스 몰드 TR	자구미세 몰드 TR
무부하손	적음	많음
효율	부하율 40[%] 미만에서 우수	부하율 40[%] 이상에서 우수

④ 즉, 변압기 설계 시에는 부하율, 사용부하, 사용장소 등을 종합적으로 고려해 변압기를 선정해야 하고 또한 변압기가 최고 효율 근처에서 운전되도록 해야 한다.

2) 권선 개선방법

① **권선재료 개선** : 초전도 변압기와 같이 권선에 초전도 도체 사용한다.

② **권선형태 개선** : 단권 변압기와 같이 권선의 일부를 공용해서 사용한다.

3) 철심 개선방법

① 철심재료 개선 : 아몰퍼스 박대상, 자구미세화 강판 등과 같은 저손실 철심재료를 사용한다.

② 철심형태 개선 : 두께를 얇게 하여 와류손을 감소, 모서리를 둥글게 하여 엣지효과를 감소시킨다.

4 변압기 효율

1) 변압기 총손실

$$P_l = P_i + m^2 \cdot P_c$$

여기서, P_i : 철손, P_c : 동손, m : 부하율

2) 효율[%]의 종류

① 실측효율

$$\eta = \frac{\text{출력의 측정값}}{\text{입력의 측정값}} \times 100[\%]$$

② 규약효율

$$\eta = \frac{\text{출력}}{\text{입력}} \times 100[\%]$$

③ 전일효율

$$\eta = \frac{\text{출력 전력량}[\mathrm{kWh}]}{\text{출력}[\mathrm{kWh}] + \text{손실}[\mathrm{kWh}]} \times 100[\%]$$

3) 변압기 최대효율조건

① 일반적으로 변압기 효율이라 함은 규약효율을 말한다.

② $\eta = \dfrac{\text{출력}}{\text{입력}} \times 100[\%] = \dfrac{\text{출력}}{\text{출력} + \text{손실}} \times 100[\%]$

③ $\eta = \dfrac{V_2 I_2 \cos\theta}{V_2 I_2 \cos\theta + P_i + P_c} \times 100[\%] = \dfrac{P}{P + P_i + P_c} \times 100[\%]$

부하율 m을 적용하면 $\eta = \dfrac{mP}{mP + P_i + m^2 P_c} \times 100[\%]$

최고효율은 $P_i = m^2 \cdot P_c$이므로 $m = \sqrt{\dfrac{P_i}{P_c}}$ 가 된다.

08 일반 몰드 변압기

1 개요

1) 변압기란 2개의 전기회로를 1개의 자기회로로 연결하여 전압과 전류의 크기를 변성하는 장치로서 구성은 권선, 철심, 절연재, 부싱, 외함 등으로 되어 있다.
2) 일반 몰드 변압기란 전기적 · 기계적으로 뛰어난 에폭시 수지로 몰드화한 변압기이다.
3) 난연성, 내습성, 내열성, 내진성이 우수하고 고체절연 방식이기 때문에 내임펄스성, 내코로나성 등도 우수하나 서지에는 약하다.

2 장점

1) 난연성

기름을 사용하지 않기 때문에 발화의 위험이 적고 몰드 처리된 권선 자체가 **자기소화성**이 있다.

2) 소형화 · 경량화

에폭시수지의 높은 절연내력이 있어 절연간격이 대폭 축소되어 소형 · 경량화된다.

3) 고효율, 저손실

무부하 손실이 적어 에너지 절약에 기여한다.

4) 내습성, 내열성, 내진성

권선이 에폭시수지로 몰드되어 있으므로 흡습의 염려가 없고 가혹한 조건에서도 사용할 수 있다.

5) 절연내력

습기, 오염 등에 의한 절연내력의 저하가 없으며 경년변화도 훨씬 적다.

6) 단시간 과부하 내량

코일 전체 **열용량**, **열시정수**가 커서 권선온도 상승이 적고 과부하 내량이 크다.

3 단점

1) 무보수화가 가능하나 수명 예측이 곤란하다.
2) 인출부 절연과 방열에 문제가 있어 고전압, 대용량화에는 한계가 있다.
3) 소음이 크고(70[dB]) 옥외 설치 시 전용함이 필요하다.
4) Surge 대책을 수립 VCB+Mold TR 사용 시 1차 측에 Surge Absorber를 설치한다.

4 크랙 발생 원인

1) 진동
2) 동과 에폭시의 열팽창계수의 차이
3) 돌입전류의 기계적 충격

09 아몰퍼스 몰드 변압기

1 개요

1) 아몰퍼스 몰드 변압기란 철심에 규소강판 대신 **아몰퍼스 박대상(Fe+C+B+Si)**을 사용한 변압기로 규소강판 변압기에 비해 무부하손을 75~80[%] 절감한 고효율 변압기이다.
2) 아몰퍼스 몰드 변압기는 전부하 효율이 약 98.9[%]인 변압기로 부하율 40[%] 이하에서 효율이 가장 높다.
3) 소음이 70[dB]로 높고 가격이 고가이며 제작용량이 1,500[kVA] 미만이라는 단점이 있다.

2 장점

1) 저손실(특히 우수), 고효율, 콤팩트화
2) 철손 및 여자전류가 $\frac{1}{4} \sim \frac{1}{5}$로 작아 양호한 특성을 소유한다.
3) 히스테리시스 루프의 면적이 규소강판보다 작다. → 히스테리시스손 감소

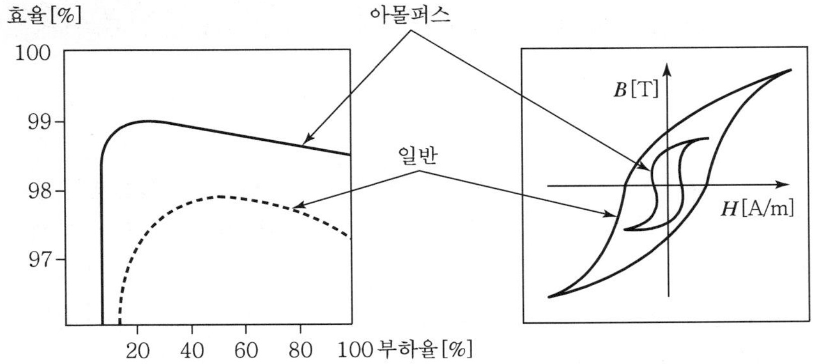

[부하율에 따른 효율 비교와 히스테리시스 곡선 비교]

4) 아몰퍼스 자성재료는 두께가 20~30[μm] 정도로 얇다. → 와류손 감소
5) 고조파에 강한 특성이 있다.

3 단점

1) 자왜현상이 커서 소음이 70[dB] 정도로 크다.
2) 포화 자속밀도가 낮아 변압기 크기가 커진다.
3) 가공이 어렵고 철심의 점적률도 저하된다.
4) 가격이 고가이며 제작용량이 1,500[kVA] 이하로 작다.
5) 온도 상승에 따라 자기 특성이 저하된다.

4 적용 장소

1) 부하율이 낮은 수용가
2) 효율 향상과 소형화가 기대되는 고주파 변압기
3) 아몰퍼스 유입 변압기는 한전 주상변압기용으로 가장 적합하다. → 현재 중소용량에 적용되고 있다.

10 자구미세 몰드 변압기

1 개요

1) 자구미세 몰드 변압기란 철심에 분자구조인 자구를 미세하게 분할한 방향성 규소강판을 사용한 변압기로 규소강판 변압기에 비해 부하손 20~30[%], 무부하손 60~70[%]를 절감한 고효율 변압기이다.

2) 자구미세 몰드 변압기는 전부하 효율이 약 99.1[%]인 변압기로 부하율 40[%] 이상에서 효율이 가장 높다.

3) 소음이 55[dB]로 가장 낮고 가격이 아몰퍼스에 비해 저가이며, 제작용량도 20[MVA]까지 가능하다는 장점이 있다. 5~10[%] 개선, 두께 230[μm]

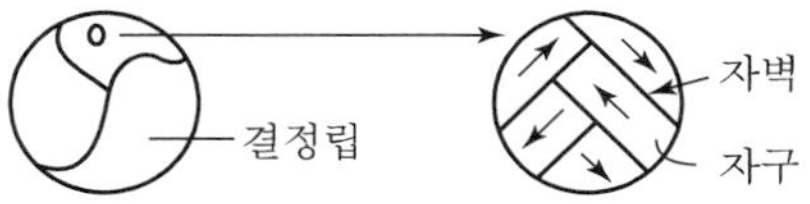

[자구미세화]

2 미세화 방법

1) Lager 처리, Geared roll에 의한 압입, 화학적 Etching 등이 있다.

2) Lager 처리에 의한 방법은 임시적인 방법으로 500[°C] 이상 열처리 시 효과가 상실된다.

3 특징

1) 부하율 40[%] 이상에서 자구미세형 변압기 효율 특성이 가장 우수하다.

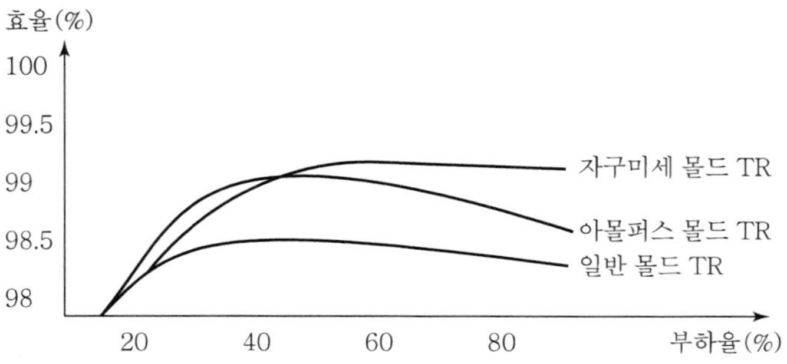

[부하율에 따른 효율 비교]

2) 규소강판 변압기에 비해 부하손실 30[%], 무부하손실 60~70[%]를 절감한 고효율 변압기이다.
3) 55[dB]로 저소음이고, 20[MVA]까지 대용량 제작이 가능하다. 과부하 내량이 크고 고조파에 강하다.
4) 초기비용은 고가이지만 장기적인 Life Cycle 관점에서 전력손실 절감으로 이익이다.

4 변압기 비교

구분	일반 몰드	아몰퍼스 몰드	자구미세 몰드
총손실	100[%]	79[%]	64[%]
효율	98.6[%]	98.9[%]	99.1[%]
유리한 부하율	100[%]	30[%] 미만	30[%] 이상
고조파부하	불가	불가	K-Factor 7 운전 가능
과부하운전	100[%]	100[%]	115[%]
소음	70[dB]	70[dB]	55[dB]
제작 가능 용량	20[MVA]	1,500[kVA]	20[MVA]

5 향후 전망

경제성, 대용량화, 저소음 등을 고려할 때 부하율 40[%] 이상에서 적용 확대가 예상된다.

11 TR 특성 비교(3상 1,000[kVA] 1대 기준)

1 TR 특성 비교

항목	유입 변압기	일반 몰드 변압기	아몰퍼스 몰드 변압기	자구미세 몰드 변압기
절연 종별	A종	B종	B종	B종
권선의 온도 상승한도	60[°C]	100[°C]	100[°C]	100[°C]
전부하 효율	98.4[%]	98.6[%]	98.9[%]	99.1[%]

항목	유입 변압기	일반 몰드 변압기	아몰퍼스 몰드 변압기	자구미세 몰드 변압기
철심 재료	방향성 규소 강판	방향성 규소 강판	아몰퍼스 (규소 합금)	자구미세화 강판
총손실 (철손+동손)	보통	보통	적다.	아주 적다.
무부하전류	4.5[%]	3.0[%]	1.0[%]	1.0[%]
철심 두께	250～300[μm]	250～300[μm]	20～30[μm]	230[μm]
수명	17～20년 정도	정상상태 운전에서 반영구적	정상상태 운전에서 반영구적	정상상태 운전에서 반영구적
화재, 폭발성	있다. (기름의 사용)	없다. (난연성 재료)	없다. (난연성 재료)	없다. (난연성 재료)
흡습성	있다.	없다.	없다.	없다.
소음[dB]	70(KS)	65	70	55
충격파 내전압	높다. 150 BIL	낮다. 95 또는 125 BIL	낮다. 95 또는 125 BIL	낮다. 95 또는 125 BIL
과부하 내력	낮다. 150[%] 15분	높다. 150[%] 55분	높다. 150[%] 55분	높다. 150[%] 55분
공해 요인	폐유 발생	없다.	없다.	없다.
중량	크다.	작다.	가장 작다.	작다.
유지보수	정기적으로 절연유 점검 및 교체	외관청소 외의 유지보수 필요 없음	외관청소 외의 유지보수 필요 없음	외관청소 외의 유지보수 필요 없음
Life Cycle Cost	높다.	낮다(기준).	다소 낮다(약 4년).	아주 낮다(약 2년).
가격	낮다.	높다(100[%]).	가장 높다(200[%]).	다소 높다(150[%]).
장점	저렴, 절연 특성 우수	난연성, 내습성 우수	난연성, 내습성 우수	난연성, 내습성 우수
단점	가연소성, 전력손실 많음	고가, 충격파 내전압 낮음	가장 고가, 충격파 내전압 낮음	고가, 충격파 내전압 낮음

12 단권 변압기

1 개요

한 권선의 중간에 탭을 만들어 사용하는 변압기로서 1차와 2차 회로가 전기적으로 절연되지 않고 권선의 일부를 공통으로 사용한다.

2 구조 및 원리

$$\frac{\text{자기용량}}{\text{부하용량}} = \frac{(V_2 - V_1)\, I_2}{V_2\, I_2} = 1 - \frac{V_1}{V_2}$$

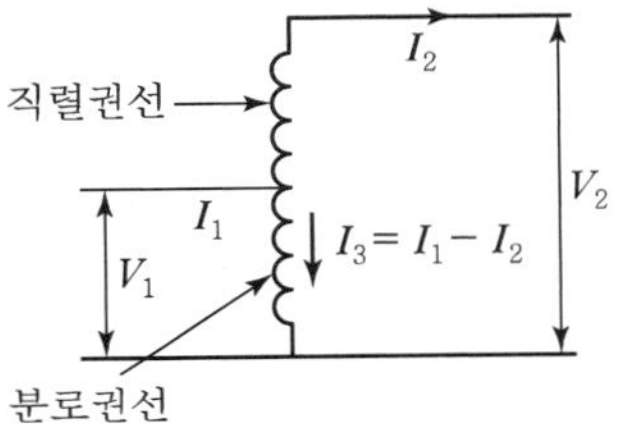

[단권 TR의 구조]

3 장점

1) 일반변압기에 비해 임피던스 전압강하와 전압변동이 작다.
2) 동량도 적게 들며 동손이 감소한다.
3) 중량이 가볍다.
4) 작은 용량의 변압기로 큰 부하를 걸 수 있다.

4 단점

1) 1차 측의 전기적 이상이 바로 2차 측에 영향을 미친다.
2) 단락전류가 커서 열적 · 기계적 강도가 커야 한다.
3) 충격전압은 거의 직렬권선에 가해지므로 적절한 절연설계가 필요하다.

5 용도

1) 전동기의 기동 보상기용
2) 가정용의 승압 · 강압 변압기
3) 배전 선로의 승압기
4) 초고압 계통의 계통 연계용

13 3권선 변압기

1 개요

1, 2차 권선에 3차 권선을 설치한 변압기로 권수비에 따라 1조의 변압기로 2종의 전압과 용량을 얻을 수 있다.

2 장점

1) 제3고조파를 권선 내에서 순환시키기 위해 Δ 결선을 가지고 있다.
2) 2차 권선에 유도성 부하가 있는 경우 3차 권선에 진상용 콘덴서를 설치하면 1차 회로에 역률을 개선할 수 있다.

3 단점

1) 3차 측 전압조정이 필요하다.
2) 조상용량에 제한(Δ 결선 내 동기조상기 11[kV]로 제한)이 있다.
3) 모선에 단락방지 대책이 필요하다.
4) 이행전압에 의한 절연파괴 위험이 있다.

4 용도

1) 설치장소가 좁아서 변압기 2대를 설치하지 못하는 경우로서 2종류의 전원이 필요한 곳
2) 통신선 유도장애 경감 대책용 → 제3고조파 Δ 결선 내 순환
3) 전압변동 경감 대책용 → $\Delta V = X_s \cdot \Delta Q$에서 X_s 작게
4) 송전용 변압기 사용 → Δ 결선 외부인출 소내전원과 조상설비에 접속
5) 중성점이 필요한 경우 접지하여 사용 → 중성점 전위이동 없음

5 3권선 변압기의 전압변동 대책

1) 3권선 변압기의 누설임피던스를 등가회로에 의해 각 권선으로 분해하면 1차 권선의 임피던스를 0 혹은 음으로 할 수 있다.
2) 2차 권선에서 일반부하로 3차 권선에서 변동부하로 공급하면 직렬 콘덴서와 같이 ΔV를 작게 할 수 있다.

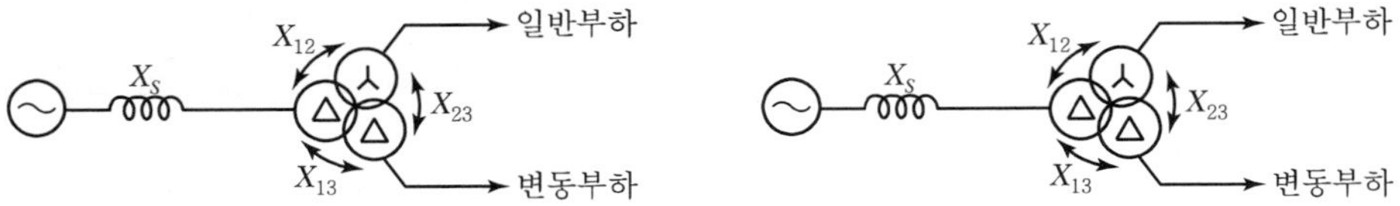

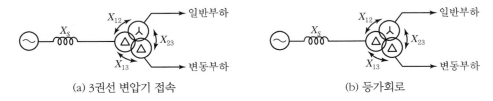

(a) 3권선 변압기 접속 (b) 등가회로

[3권선 변압기]

3) 아래 그림과 같이 코일을 등간격 배치로 하면 기준 용량 베이스로 환산한 각 권선 누설 리액턴스 X_{12}, X_{23}, X_{13} 사이에는 다음의 관계가 성립한다.

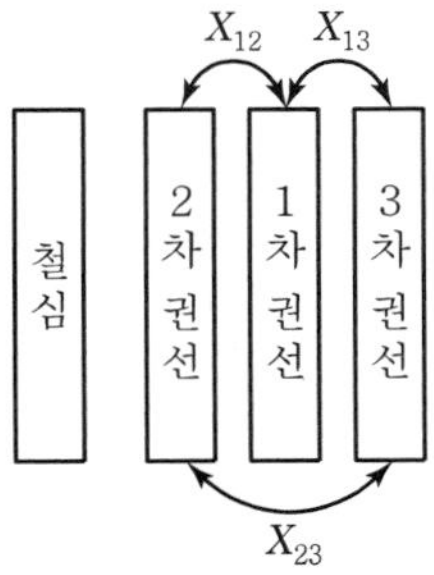

[권선의 배치]

$$X_{12} = X_{13},\ X_{23} = 2X_{12} = 2X_{13}$$

따라서 각 권선의 리액턴스는

$$X_1 = \frac{X_{12} + X_{13} - X_{23}}{2}$$

$$X_2 = \frac{X_{12} + X_{23} - X_{13}}{2}$$

$$X_3 = \frac{X_{23} + X_{13} - X_{12}}{2}$$

가 되어 $X_1 = 0$으로 할 수 있다.

14 변압기 용량 선정 시 고려사항

1 개요

1) 에너지 자립도가 낮은 국내의 경우 에너지 절약이 절실하며 변압기 적정용량 선정도 그 방법의 하나이다.
2) 변압기는 전원 인가 시 부하의 유무에 상관없이 손실이 발생하며, 고가 제품으로 교체가 어렵고 수용가의 부하 특성에 따라 부하율, 이용률이 수시로 변화한다.
3) 따라서 각종 Factor의 정확한 적용이 필요하고 장례증설 및 고조파 영향을 고려해야 한다.

2 용량 선정 시 고려사항

1) 부하설비 용량 산출 후 TR 용량 결정

① 부하설비용량(VA) = 표준부하밀도[VA/m²] × 연면적[m²]

② 대형건축물 표준부하밀도[VA/m²]

종류	호텔	대형 사무실	IB	종합병원	백화점	전산센터	연구소
표준부하밀도 [VA/m²]	120	130	150	170	175	190	220

③ 부하 군마다 수용률, 부등률, 부하율을 감안하여 변압기 용량을 산출한다.

④ 변압기 용량 $= \left(\dfrac{\text{총설비용량} \times \text{수용률}}{\text{부등률}}\right) \times \text{여유율}\,(1.1 \sim 1.2)$

⑤ 여유율은 장례 증설을 감안한 용량 확보를 위해 적용한다.

⑥ 부등률은 Two－Step 방식을 채택한 경우 Main 변압기에만 적용한다.

2) 급전방식 및 대수결정

구분	1대 급전	2대 급전	3대 급전
결선도	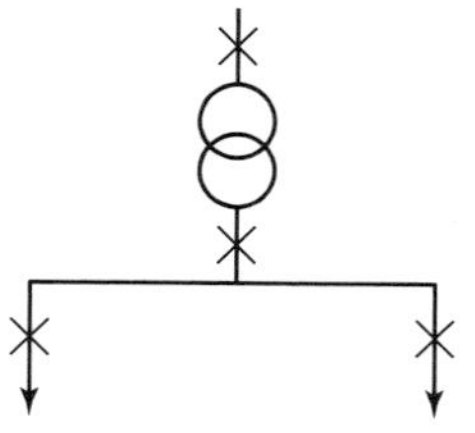	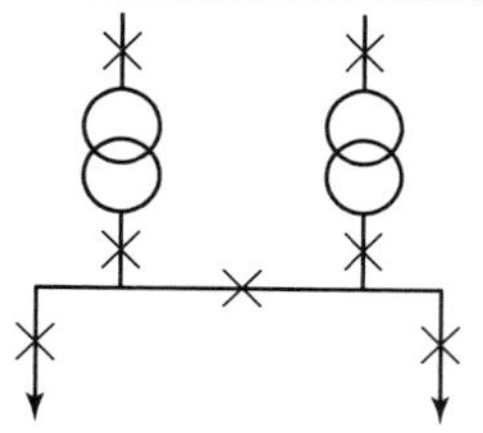	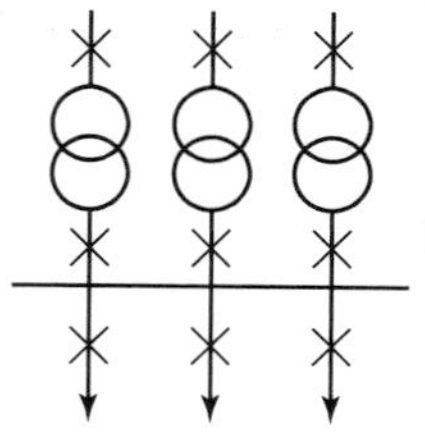
특징	• 가장 간단하고 경제적 • 고장 시 장시간 정전	• 배전의 신뢰도 향상 • 병렬운전 시 단락용량 • 과부하 주의	• 신뢰성 가장 우수 • 시설비 가장 고가

3) 전압변동률

(1) 전압변동률은 %Z에 의해 결정

$$\varepsilon = \left(\frac{V_{2o} - V_{2n}}{V_{2n}}\right) \times 100 = p \cdot \cos\theta + q \cdot \sin\theta = \sqrt{(p^2 + q^2)}$$

(2) %Z가 변압기에 미치는 영향

$\%Z$	전압변동률	부하손	단락용량	중량
$\%Z$ 증가	증가	증가	감소	감소(동기계)
$\%Z$ 감소	감소	감소	증가	증가(철기계)

4) 주위온도와 발열량 파악

① 주위온도는 변압기의 수명과 손실에 영향을 주며 발열량과 부하용량 관계에도 영향을 준다.

② 변압기 주위온도를 30°C에서 1°C 내릴 때마다 0.8(%)씩 과부하를 걸 수 있다.

③ IEC76에 의한 냉각방식 분류

건식	유입식	송유식
• 건식 자냉식 : AN • 건식 풍냉식 : AF • 건식 밀폐 자냉식 : ANAN	• 유입 자냉식 : ONAN • 유입 풍냉식 : ONAF • 유입 수냉식 : ONWF	• 송유 자냉식 : OFAN • 송유 풍냉식 : OFAF • 송유 수냉식 : OFWF

5) 단락보호 방식

① 계통 연계기 설치

② 변압기 Z Control

③ 한류 리액터 설치

④ 계통 분리

⑤ 한류형 퓨즈에 의한 Backup 차단

⑥ Cascade 차단방식 적용

⑦ 한류 저항기 설치

6) 단락전류 추정 및 차단기 선정

① 예상 Skeleton 작성

② 고장점 선정(차단기 선정 Point)

③ 각 기기의 $\%Z$를 산정

④ 각 기기의 $\%Z$를 기준용량으로 환산
⑤ Impedance Map 작성
⑥ 차단점에서의 합성 $\%Z$ 결정
⑦ 단락전류 계산
⑧ 차단용량 계산
⑨ 표준차단기 선정

7) 부하 밸런스 및 단시간 정격

(1) 부하 불평형률

배전방식	부하 불평형률
단상 3선식	40[%] 이하
3상 3선식, 3상 4선식	30[%] 이하

(2) 단시간 정격

① 풍냉식 : 자냉식 변압기에 송풍기(Fan) 부착 시 20[%] 출력 증가
② Mold TR : 150[%] 과부하에서 55분 운전 가능 → 과부하 내력

8) 고조파

① 발주 시 K－Factor, THDF를 고려
② 2.0～2.5배 여유를 둘 것

9) 에너지 절감 대책

변압시설 효율화	역률 관리	최대수요전력 관리
One－Step 방식 채택	콘덴서 용량의 적정화	Peak Cut
고효율 TR 채용	역률변동 심한 곳에 APFR 설치	Peak Shift
TR 적정 Tap 선정	저역률 기기를 개별 설치	Demand Control
TR 적정용량 선정 및 대수제어	콘덴서를 부하 측과 모선 측에 분산 설치	분산형 전원 이용

10) 기타 사항

① Surge 보호
㉠ 뇌서지 : 피뢰기
㉡ 개폐서지 : Surge Absorber
㉢ 특고압과 고압 혼촉방지를 위한 방전장치

② 여자돌입전류에 대한 대책 : 감도저하법, 고조파억제법, 비대칭파저지법

③ Flicker에 대한 대책 : 3권선 TR 채용

3 맺음말

1) 변압기 적정용량 선정은 에너지 절약 및 기기의 효율적 운영에 첫걸음이다.

2) 따라서 부하율, 이용률을 고려한 용량산정을 해야 하고 최대효율 부근에서 운전될 수 있도록 해야 한다.

15 전력용 변압기 결선방식

1 개요

1) 변압기 결선방식은 일반 수용가, 전기철도, 분산형 전원 등 공급대상 특성에 따른 선정이 필요하다.

2) 또한 수전방식, 병렬운전방식, 접지방식 등과 부하의 요구전압 등에 만족해야 한다.

2 결선방식(단상변압기 3대를 1Bank로 운전 시)

결선방식	장점	단점	적용
$\Delta-\Delta$ 결선	• 제3고조파 없음 • 대전류 부하에 적합 (선전류 $=\sqrt{3}\times$상전류) • 1대 고장 시 V결선 가능	• 중성점 접지 불가 • 지락검출 곤란 • 변압비 다르면 순환전류 발생 • Z가 다르면 부하전류 불평형	75[kVA] 이상 저전압 대전류의 중성점 접지가 필요 없는 곳
Y−Y 결선	• 중성점 접지 가능(단절연) • 순환전류 없음 • 고전압 결선 (선간전압 $=\sqrt{3}\times$상전압)	• 제3고조파 있음 • 통신선 유도장애 발생 • V−V 결선 불가	50[kVA] 이하 중성점 접지가 필요한 곳
Δ−Y 결선	• $\Delta-\Delta$, Y−Y 결선의 장점을 지님 • 승압용에 적합	• 1대 고장 시 V−V 결선 불가 • 1, 2차 간 30[°] 위상차 발생	75[kVA] 이상 2차 측에 중성점 접지가 필요한 곳

결선방식	장점	단점	적용
Y−Δ 결선	• Δ−Δ, Y−Y 결선의 장점을 지님 • 강압용에 적합	• 1대 고장 시 V−V 결선 불가 • 1, 2차 간 30[°] 위상차 발생	75[kVA] 이상 1차 측에 중성점 접지가 필요한 곳
V−V 결선	Δ−Δ 결선에서 1대 고장 시 2대 TR로 3상 공급 가능	• 이용률 : 86.6[%] • 출력비 : 57.7[%]	장래 부하증설이 예상되는 곳
Y−지그재그 결선	제3고조파 없음(서로 상쇄)	순환전류 발생	고속차단기가 필요한 곳, 1, 2차 중성점 접지가 필요한 곳
Y−Y−Δ 결선	제3고조파를 제거하기 위해 안정권선(Δ)을 삽입	서지 유입 시 안정권선(Δ)에 고전압 유기, 절연파괴 위험	송전용 변압기로 사용

3 결선방식 선정 시 고려사항

고려사항	내용
V−V 결선	1대 고장 시 V−V 결선 사용하려면 Δ−Δ 결선 사용
사용 전류	대전류인 경우 Δ−Δ 결선 사용
제3고조파	제3고조파를 제거하기 위해 Δ−Δ, Δ−Y, Y−Δ, Y−Z 결선 사용
승압 · 강압	• 승압용 : Δ−Y 결선 • 강압용 : Y−Δ 결선
중성점	Δ−Δ 결선은 중성점 접지 불가
배전방식	중성점 다중접지 방식이라면 변압기 2차 측 Y 결선(22.9[kV−Y])
각변위	• Δ−Y 결선 : 2차 측이 1차 측보다 30[°] 진행 • Y−Δ 결선 : 2차 측이 1차 측보다 30[°] 지연

4 결선방식에 따른 각변위

결선방식	전압 벡터도		각변위	기호	결선도
	1차 측	2차 측			
Y−Y 결선	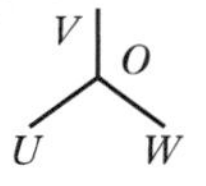	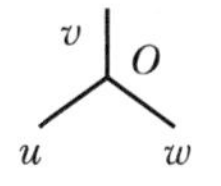	0[°]	Yy_0	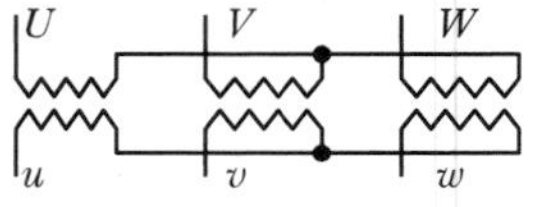
Y−Δ 결선	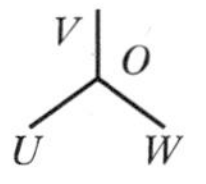	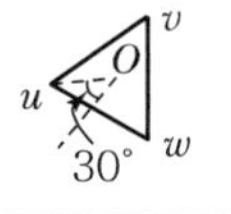	30[°] 지연	Yd_1	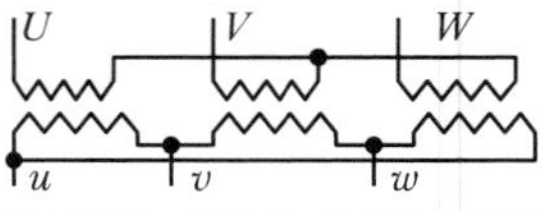

결선방식	전압 벡터도		각변위	기호	결선도
	1차 측	2차 측			
$\Delta-\Delta$ 결선		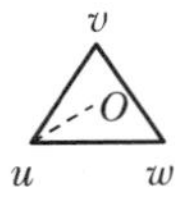	0[°]	Dd_0	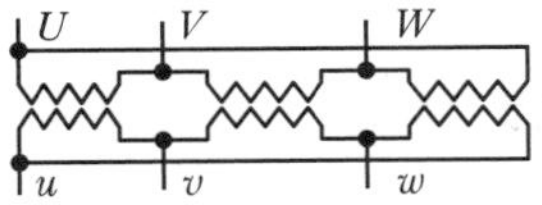
$\Delta-Y$ 결선		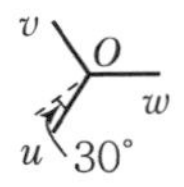	30[°] 진행	Dy_{11}	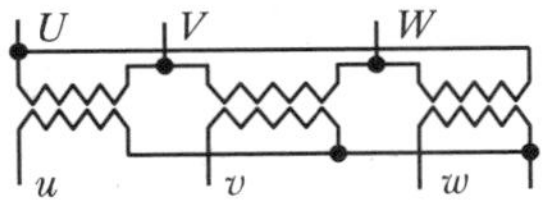

5 병렬운전 가능 결선과 불가능 결선

병렬운전 가능	병렬운전 불가능
$\Delta-\Delta$와 $\Delta-\Delta$	$\Delta-\Delta$와 $\Delta-Y$
$Y-Y$와 $Y-Y$	$\Delta-\Delta$와 $Y-\Delta$
$\Delta-Y$와 $\Delta-Y$	$Y-Y$와 $Y-\Delta$
$Y-\Delta$와 $Y-\Delta$	$Y-Y$와 $\Delta-Y$

6 맺음말

1) 용도에 맞는 결선방식 선정은 계통의 합리적 운용, 경제성 확보 등을 가능하게 한다.
2) 특히, 분산형 전원에서 결선방식 선정 시에는 손실저감, 계통보호 측면을, 비선형 부하에서 결선방식 선정 시에는 고조파에 대한 고려를 해야 한다.

16 3상에서 단상으로 변환하는 결선방식

1 개요

1) 부하변동이 큰 단상부하를 3상 전원에 바로 연결할 경우 전압불평형이 발생한다.
2) 따라서 3상 전원을 단상전원으로 바꿔 공급해야 하고, 그 방법에는 스코트 결선, 변형 우드브리지 결선, 역 V결선, 리액터와 콘덴서 조합에 의한 방법 등이 있다.

2 스코트 결선

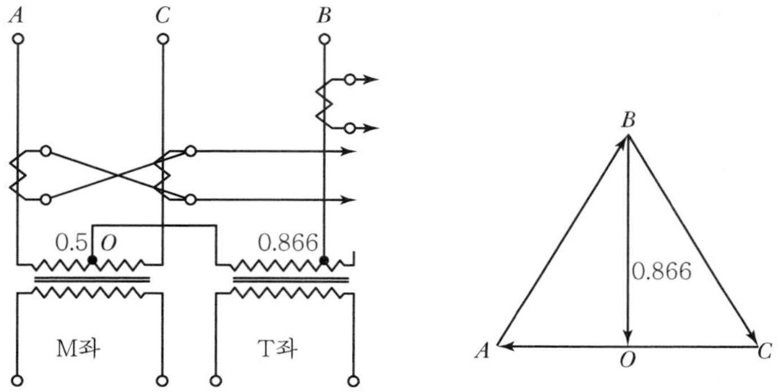

[Scott 결선 회로 구성]

1) 단상변압기 2개를 T형으로 결선한 방식이다.
2) 스코트 결선을 이용할 경우 90[°] 위상차가 있는 단상전원 2개를 얻을 수 있다.
3) 전압불평형 방지를 위해 사용한다.
4) 교류 전기철도 AT 급전방식에 주로 사용된다.
5) 이용률이 92.8[%]로 높다.
6) 중성점 접지가 불가능하다.
7) 권선의 임피던스 정합이 곤란하다.
8) 통신선 유도장애가 발생한다.

3 변형 우드브리지 결선

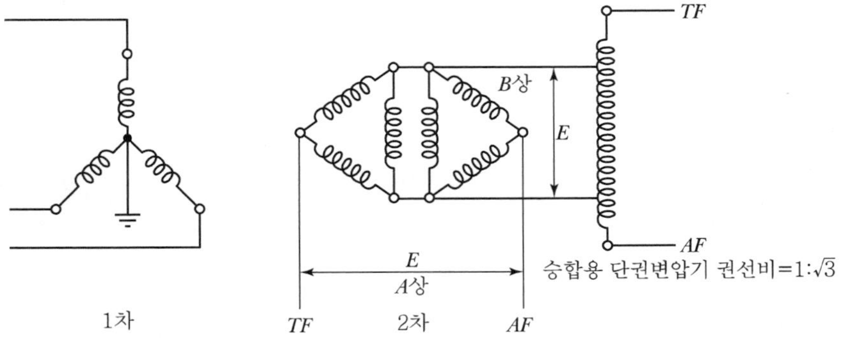

[변형 우드브리지 결선]

1) 승합용 단권변압기를 이용한 방식이다.
2) 스코트 결선 변압기와 동일한 기능을 하면서 1차 측에 중성점 접지를 취하는 방식이다.
3) 스코트 결선의 결점을 보완한 것이다.
4) 통신선 유도장애를 경감시킨다.
5) 전기철도 장애 방지용으로 사용된다(일본).

4 역 V결선

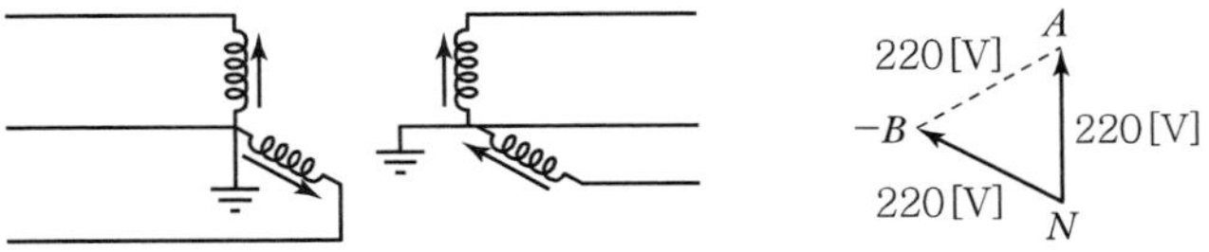

[역 V결선]

1) 3상 4선식 Y결선에서 1상을 제거하여 단상을 얻는 방식이다.
2) 1차 측 한 선에는 다른 2선의 2배 전류가 흐른다.
3) V결선은 Δ 결선에서 1상을 제거한 형태이다.
4) 역 V결선은 3상 4선식 Y결선에서 1상을 제거한 형태이다.

5 리액터와 콘덴서 조합에 의한 방법

1) 리액터와 콘덴서를 조합하여 단상을 얻는 방식이다.
2) 경제적이다.

3) 부하전류에 의한 역률변동이 심하다.
4) 주로 단상부하 전기로에 사용된다.

17 변압기 냉각방식

1 개요

1) 변압기 냉각방식은 권선 및 철심을 냉각하는 **내부 냉각매체**, 이 매체를 냉각하는 **외부 냉각매체** 그리고 **순환방식**에 따라 여러 가지로 나뉜다.
2) 냉각방식의 규정에는 크게 ANSI 규정과 IEC 규정이 있다.
3) 변압기 냉각의 목적은 권선과 철심에서 발생하는 열에 의한 온도 상승 방지이다.

2 IEC76 냉각방식 표기방법

원칙적으로 다음과 같이 4글자로 표기한다.

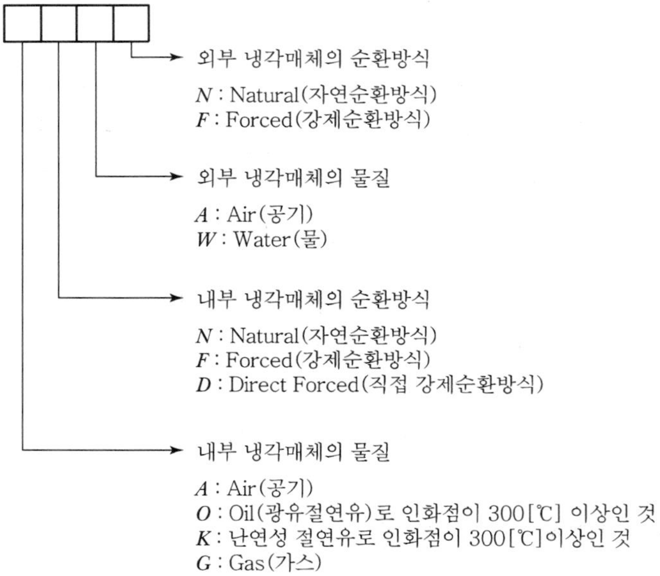

[변압기 냉각방식 표기방법]

3 IEC76/ANSI 냉각방식 분류

IEC76 냉각방식		표시기호
건식	건식 자냉식	AN
	건식 풍냉식	AF
	건식밀폐 자냉식	ANAN
유입식	유입 자냉식	ONAN
	유입 풍냉식	ONAF
	유입 수냉식	ONWF
송유식	송유 자냉식	OFAN
	송유 풍냉식	OFAF
	송유 수냉식	OFWF

ANSI 냉각방식		표시기호
건식	통풍 자냉식	AA
	통풍 풍냉식	AFA
	비통풍 자냉식	ANV
	밀폐 자냉식	GA
유입식	유입 자냉식	OA
	유입 풍냉식	FA
	유입 수냉식	OW
송유식	송유 풍냉식	F0A
	송유 수냉식	FOW

4 주요 냉각방식

냉각방식	내용
건식 자냉식	소용량 변압기에 사용
건식 풍냉식	건식 자냉식의 방열기탱크에 송풍기를 설치
유입 자냉식	보수가 간단하고 가장 널리 사용 500[MVA] 이하 TR에 적용
유입 풍냉식	• 유입 자냉식의 방열기탱크에 송풍기를 설치 • 자냉식보다 20[%] 용량 증가
송유 자냉식	방열기탱크와 본체탱크 접속관로에 기름을 강제적으로 순환
송유 풍냉식	송유 자냉식의 방열기탱크에 송풍기를 설치 300[MVA] 이상 대용량에는 대부분 사용

5 변압기 냉각의 목적

1) 온도 상승을 방지하여 손실을 줄이고 열화를 방지하기 위해서다.

2) 변압기 사고를 방지하고 수명을 보장하기 위해서다.

18 변압기 병렬운전 및 통합운전

1 개요

1) 병렬운전은 변압기 2대 이상을 연결하여 운전하는 것으로 설비이용 효율을 향상시키기 위한 방법이다.

2) 병렬운전 목적 및 필요성

목적(장점)	필요성	고려사항
• 계통 안정도 향상 • 신뢰성 향상 • 경제적 운전 • 통합운전, 계절운전	• 부하 증가 및 고장 시 공급능력 저하 방지 • 부하변동에 대한 대응 • 에너지 절약	• 보호협조 • Cascading 장애현상 • $\%Z$ • 고조파

2 변압기 병렬운전 조건

병렬운전 조건	다를 경우
권수비가 같고 1, 2차 정격전압이 같을 것	순환전류가 흘러 과열, 소손, 동손 증가
단상의 경우 극성이 같을 것	단락에 의한 과전류가 흘러 소손
3상의 경우 각 변위와 상회전이 같을 것	각 변위가 다르면 순환전류가 흐르고 상회전이 다르면 단락에 의한 과전류가 흐름
$\%Z$가 같을 것	$\%Z$가 작은 쪽에 과부하(± 10[%] 이내 허용)
저항과 리액턴스 비가 같을 것	역률에 따라 부하분담이 변동
온도 상승 한도가 같을 것	온도 상승 한도가 낮은 변압기에 맞춰야 함
BIL이 같을 것	피뢰기, 서지흡수기 등의 선정이 곤란
용량비가 3 : 1 이내일 것	이상일 경우 소용량 변압기에 과부하

3 병렬운전 가능 결선과 불가능 결선

병렬운전 가능	병렬운전 불가능
$\Delta-\Delta$와 $\Delta-\Delta$ Y−Y와 Y−Y Δ−Y와 Δ−Y Y−Δ와 Y−Δ	$\Delta-\Delta$와 Δ−Y $\Delta-\Delta$와 Y−Δ Y−Y와 Y−Δ Y−Y와 Δ−Y

4 병렬운전 부하분담

1) 동일 용량에 %Z가 다른 경우 부하분담

- $P_{r1} = \dfrac{Z_2}{Z_1 + Z_2} \times P$
- $P_{r2} = \dfrac{Z_1}{Z_1 + Z_2} \times P$
- $P_{r1} = \dfrac{\%Z_2}{\%Z_1 + \%Z_2} \times P$
- $P_{r2} = \dfrac{\%Z_1}{\%Z_1 + \%Z_2} \times P$

2) 용량과 %Z가 다른 경우 합성최대부하

$$P_{\max} \le Z_a\left(\frac{P_a}{Z_a} + \frac{P_b}{Z_b} + \frac{P_c}{Z_c}\right) \quad Z_a\text{가 가장 작을 경우}$$

5 병렬운전 문제점

1) 계통에 %Z가 적어져 단락용량이 증대된다.
2) 차단기의 빈번한 동작으로 수명이 단축된다.
3) 전부하 운전 시 손실이 증가한다.

6 병렬운전이 부적합한 경우

1) 부하의 합계가 변압기 정격용량보다 큰 경우
2) 무부하 순환전류가 정격전류의 10[%]를 초과한 경우
3) 순환전류와 부하전류의 합이 정격전류의 110[%]를 초과한 경우

7 변압기 통합운전

1) 정의

전력손실 경감 목적으로 변압기 운전대수가 최소가 되도록 일부 변압기를 정지운전하는 것

2) 조건

① 단시간 과부하 운전을 할 수 있을 것
② 종합 손실을 경감할 수 있을 것
③ 고장 시 공급 신뢰도를 유지할 것

3) 운전 시 고려사항

① 선형 부하는 수용률, 부등률, 부하율을 고려하여 70[%] 정도로 운전한다.
② 비선형 부하는 고조파 필터를 설치하거나 K-Factor와 THDF를 고려하여 운전한다.
③ 차단기의 계폐수명을 고려한다(경제성 검토).

8 맺음말

1) 변압기 병렬운전은 계통의 신뢰성 향상과 경제적 운전을 가능하게 한다.
2) 또한 통합운전, 계절운전을 적용할 경우 에너지 절약 효과가 크다.
3) 병렬운전을 효율적·경제적으로 하기 위해서는 순환전류가 흐르지 않도록 하는 것이 중요하다.

19 변압기 보호대책

1 개요

1) 변압기는 수변전 설비에서 가장 중요한 기기로 보호방식에는 외부사고에 의한 보호방식과 내부사고에 의한 보호방식이 있다.
2) 여기에서는 변압기 보호에 대한 목적 및 필요성, 고장 원인 및 종류, 외부사고 보호, 내부사고 보호, 예방보전 측면의 열화감시 등을 중심으로 언급하고자 한다.

2 변압기 보호의 목적 및 필요성

목적	필요성
• 사고의 예방 및 확산 방지 • 내부의 단락 및 지락사고 방지 • 절연내력 저하 방지	• 최신설비의 고도화, 대용량화 • 신·증설에 따른 복잡화 • 기존 설비 노후화

3 변압기 고장의 원인 및 종류

원인	종류
• 제작상 결점 및 설치환경의 부적합 • 경년변화에 따른 절연물의 열화 • 가혹한 운전 및 불충분한 유지보수	• 권선의 상간 및 층간 단락 • 고 · 저압 권선의 혼촉 및 단선 • 부싱 또는 리드의 절연파괴

4 외부사고에 대한 보호

1) 1차 측 사고로부터 보호

보호기기	내용
LA	낙뢰, 개폐서지 등의 이상전압 보호
VCB	고장전류 차단, 개폐서지 고려(전류재단, 반복 재점호)
SA	개폐서지, 순간과도전압 등의 이상전압 보호
PF	변압기 단락보호

2) 2차 측 사고로부터 보호

고장전류		보호방식
과부하 및 단락		과전류 계전기, 비율차동 계전기
지락	직접 접지	지락 과전류 계전기, Y결선 잔류 회로법
	비접지	ZCT+OCGR, GSC+ELB, GPT+OVGR, ZCT+GPT+SGR/DGR
	저항 접지	Y결선 잔류 회로법, 3권선 CT법, 관통형 CT법
고조파		발주 시 K−Factor, THDF 고려, 용량 2.0~2.5배 증설

5 내부사고에 대한 보호

1) 용량에 따른 보호장치 시설

변압기 용량	보호장치	자동차단	경보	비고
5,000~10,000[kVA]	과전류	○		
	내부 고장		○	
10,000[kVA] 이상	과전류	○		
	내부 고장	○		
	온도 상승		○	다이얼온도계 등에 의함

2) 특고압용 변압기 내부 고장 검출 및 차단장치 시설

① 전기적 방식인 비율차동 계전기, 과전류 계전기는 차단용으로 사용한다.
② 기계적 방식인 부흐홀츠 계전기, 충격압력 계전기, 유면계전기, 온도 계전기는 진동, 외기 등에 따라 오동작 우려가 있으므로 차단용으로 사용하지 않는 것이 좋다.

3) 보호계전기 용도

보호계전기		검출 방법	동작요인(사고내용)	용도
명칭	기구 번호			
부흐홀츠 계전기	96	기계적	• 이상과열 및 유중아크에 의해 절연유가 가스화해서 유면 저하 • 급격한 절연유 이동	• 1단계 : 경보용 • 2단계 : 트립용
방압장치			• 이상과열 및 유중아크에 의해 내압 상승하여 방출될 때 동작 • 외함, 방열기 등을 보호하는 장치	경보용
충격압력 계전기 (충압계전기)	96P	기계적	이상과열 및 유중아크에 의해 급격한 압력 상승	트립용
유면계전기 (접점부 유면계)	33Q	기계적	유류 누수에 의한 유면 저하	경보용
온도계전기 (접점부 온도계)	69Q	기계적	온도 상승	경보용
비율차동 계전기	87	전기적	권선의 상간 및 층간 단락에 의한 단락전류	트립용
과전류 계전기	51	전기적	• 권선의 상간 및 층간 단락에 의한 단락전류 • 변압기 외부의 과부하 및 단락전류	트립용
지락 과전류 계전기	51G	전기적	• 권선과 철심간의 절연파괴에 의한 지락전류 • 변압기 외부의 지락전류	트립용

6 예방보전 측면의 열화감시

열화진단 방법	특징
충격전압 시험	BIL과 같은 크기의 충격파 전압을 인가
유전정접 시험	절연물의 유전체손실각 δ를 측정, $\tan\delta$를 측정
부분방전 시험	미소 코로나를 측정하여 판정
직류 누설전류 시험	절연물에 직류전압 인가 시 흐르는 전류로 판정
절연저항 시험	가장 간단하게 측정, 저압회로에서 많이 사용

7 맺음말

1) 상기에서 언급하였듯이 변압기의 보호대책은 여러 가지 조건을 종합 검토해야 한다.
2) 특히, 고조파를 제거하기 위해서는 용량을 2.0~2.5배 증설하거나 발주 시 K-Factor, THDF를 고려해 주어야 한다.
3) 또한 여자돌입전류에 대한 대책 및 사고에 대한 보호협조 체계도 갖추어야 한다.

20 변압기 전기적 · 기계적 보호방식

1 전기적 보호방식

1) 과전류 계전방식(OCR)

① 각 상에 과전류 계전기를 설치하여 **과전류 보호와 외부사고의 후비보호**를 겸하는 방식이다.
② **한시요소** : 최대부하전류의 150~170[%]에서 0.6초 이내
③ **순시요소** : 3상 단락전류의 150~250[%]에서 0.05초 이내
④ **특징** : 감도와 동작속도 면에서 비율차동계전방식보다 성능이 떨어진다.
⑤ **적용** : 모든 TR에 적용한다.

2) 비율차동 계전방식

① 변압기의 내부 고장 시 1차와 2차 전류의 차를 이용하되 **동작비율 30~40[%]** 이상일 때만 동작하도록 한 계전기이다.

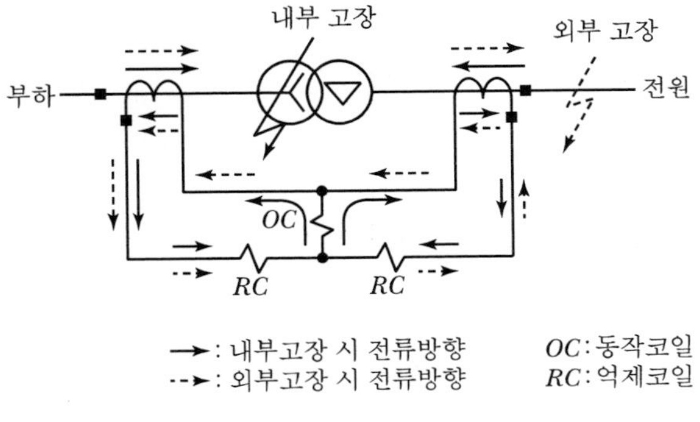

[비율차동 계전기 원리]

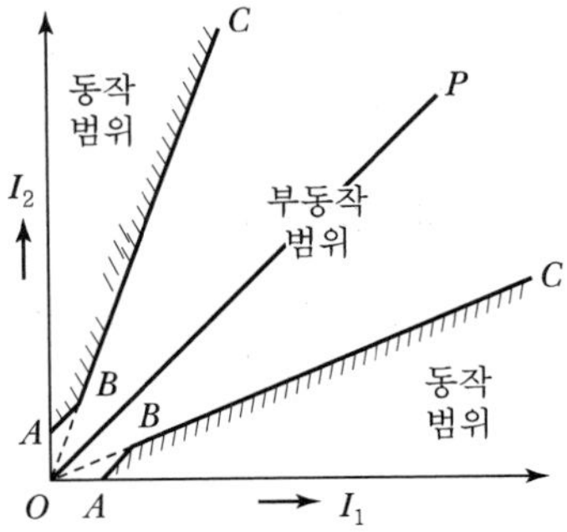

[동작 특성도]

② 주요소 및 과전류요소 : 전류 정정치 300[%]에서 0.75초 이내

③ 순시요소 : 전류 정정치 1,000～1,500[%]에서 0.04초 이내

④ 적용 : 5,000[kVA] 이상 특고용 TR에 주로 적용한다.

⑤ 여자돌입전류 오동작 방지대책 : 감도 저하법, 고조파 억제법, 비대칭파 저지법

2 기계적 보호방식

1) 부흐홀츠 계전기

① Float Switch와 Flow Relay를 조합한 계전기이다.

② Float Switch(B_1) : 변압기 과열 등으로 절연유가 가스화해서 유면이 내려가면 경보접점을 접촉시킨다.

③ Flow Relay(B_2) : 급격한 절연유 이동이 생기면 차단접점을 접촉시킨다.

2) 충격압력 계전기

① 변압기 내부 사고 시 충격성 이상 압력이 생기므로 이 압력을 검출하여 차단하는 장치이다.

② 급격한 압력 상승에는 Float를 밀어 올려 동작하고 완만한 압력 상승에는 동작하지 않는다.

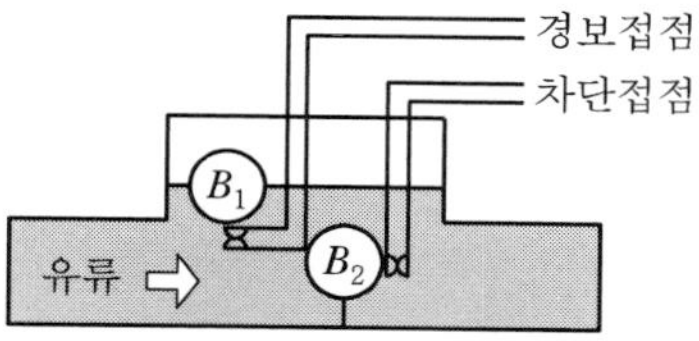

[부흐홀츠 계전기]

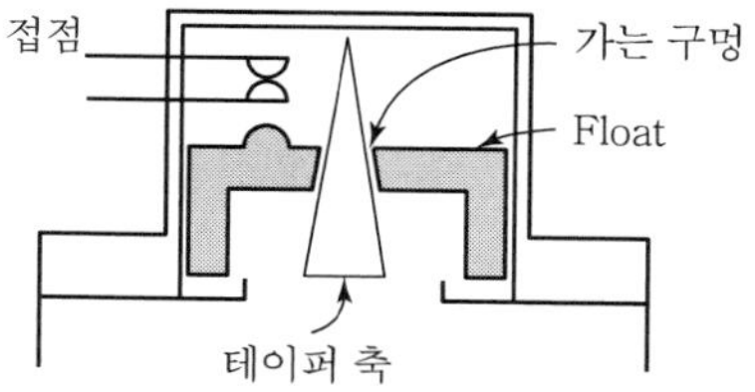

[충격압력 계전기]

3) 유면계전기

변압기의 유면이 설정치 이하로 내려가면 경보를 발한다.

4) 온도계전기

변압기의 온도가 설정치 이상으로 상승하면 경보를 발한다.

21 GIS 변전소

1 개요

1) GIS 변전소(Gas Insulation Substation)란 GIS(Gas Insulatied Switch Gear)와 변압기를 GIB (Gas Insulatied Bus)로 연결해서 사용하는 변전소를 말한다.

2) GIS(Gas Insulatied Switch Gear)란 절체용기에 모선, 차단기, 단로기 등을 넣고 SF_6 가스를 충진 · 밀폐한 것으로 변전소 부지의 대폭 축소 및 고신뢰도 확보가 가능하다.

2 SF_6 가스 성질

1) 물리 · 화학적 성질

① 무색무취, 무독, 무연이다.

② 불활성 기체이다.

③ 공기에 비해 절연강도가 크며, 1기압 −60[°C]에서 액화된다.

④ 화학적 · 열적으로 안정적이다.

2) 전기적 성질

① 소호능력이 공기의 100배 이상이다.

② 절연내력이 동일 압력하에서 공기의 2.5~3.5배이다.

③ 가스의 우수성 때문에 차단기 소형으로 축소할 수 있다.

3 GIS 장단점

1) 장점

(1) 설비의 축소

충전부 절연거리를 $\frac{1}{10} \sim \frac{1}{15}$ 로 축소 가능하다.

(2) 환경과 조화

개폐음이 적고 소형이며 기름을 사용하지 않으므로 화재 및 오염 우려가 없다.

(3) 건설공기 단축

공장제작 완료 후 현장에서 조립한다.

(4) 고성능, 고신뢰

① 절연능력, 차단 특성, 냉각매체의 우수성 때문에 Compact한 고성능의 기기가 가능하다.
② 염해, 오손, 기후 등의 영향이 적다.

(5) 보수점검 간략화(GIS 압력계)

밀폐형이므로 운전 중 점검횟수가 적다.

(6) 높은 안전성

기름을 사용하지 않아 화재 우려가 없고 충전부가 없어 감전 우려도 없다.

(7) 경제성

기기가 고가이나 용지비용 및 환경비용을 고려하면 오히려 저렴하다.

2) 단점

① 밀폐구조로 육안으로 점검하기 어렵다.
② SF_6 가스의 압력과 수분함량에 주의가 필요하다.
③ 한랭지에선 가스의 액화방지장치가 필요하다.
④ 사고의 대응이 부적절한 경우 대형 사고를 유발한다.
⑤ 고장 발생 시 조기복구, 임시복구가 거의 불가능하다.

4 GIS 적용

1) 도심지의 변전소

변전설비 공간 축소로 환경장해 및 용지확보난을 해결한다.

2) 해안지역, 산악지역 등의 대규모 전력설비

① 완전밀폐식 절연으로 해안지역 염해 우려가 없다.
② 공간 축소로 지하에 변전소 설치 시 굴착량이 감소한다.
③ 화재 · 습기 피해의 우려가 적다.

3) 고전압 · 대용량 기간계통의 전력설비

① 외부환경의 영향이 적다.
② 운전 시 안전성 및 신뢰성 확보가 가능하다.

5 GIS 진단기술

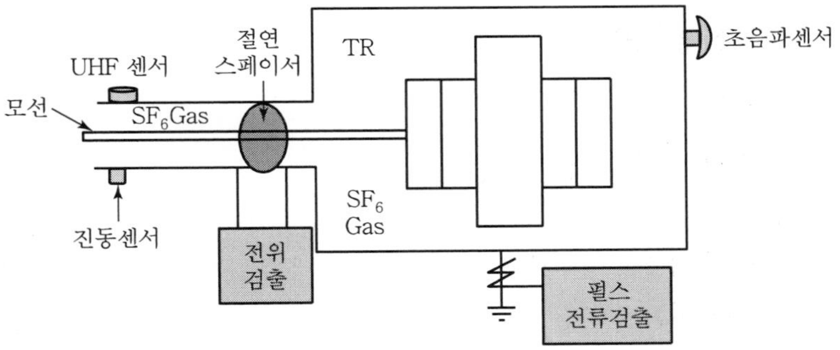

[GIS 부분방전 검출]

1) 전기적 진단법

(1) 절연 스페이서법

절연 스페이서에 취부한 전위 센서를 이용하여 부분방전 시 발생되는 전위차 검출

(2) 접지선 전류법

접지선에 삽입한 로고스키 코일(고주파 전류 센서)을 이용하여 부분방전 시 발생되는 펄스 전류 검출

(3) 전자파 진단법

전자파 센싱 안테나+방사 전자파 측정장비를 이용하여 부분방전 시 발생되는 UHF대 전자파 검출

2) 기계적 검출방법

(1) 초음파 검출법

음향방출 센서(AE), 초음파 센서를 이용하여 부분방전 시 발생되는 정전력에 의한 충격파 검출

(2) 진동 검출법

고감도 진동가속계를 이용하여 부분방전 시 발생되는 팽창과 수축에 의한 진동 검출

3) 기타

① 분해가스 측정법 : 고분자막 센서를 이용하여 절연물 열화 시 발생되는 수소, 저급탄화수소, 일산화탄소 등의 분해가스 검출

② X선 촬영법 : 기기에 X선을 투과하여 기기내부 촬영

6 수분 및 분해가스 발생원인

1) 수분 발생원인

① SF_6 가스 중에 포함되어 있는 수분량
② 조립 시 침입하는 수분량
③ 유기재료에서 석출하는 수분량
④ 패킹에서 투과되는 수분량

2) 분해가스 발생원인

① SF_6 가스는 상온에서 극히 안정, 아크 전류에 노출되면 약간의 분해가스 발생
② 분해된 가스는 즉시 재결합되고 대부분 SF_6 가스로 되돌아감
③ 재결합 과정에서 극히 일부는 수분과 반응하고 불화황산가스와 가루모양의 석출물을 유발
④ 불화황산가스는 절연재료와 금속표면을 열화시킬 수 있음

7 수분 및 분해가스 대책

1) 수분과 분해가스를 흡착하는 흡착제를 기기 내에 봉입

2) 흡착제가 갖추어야 할 성질
① 분해가스에 대한 흡착성이 뛰어날 것
② 수분에 대한 흡착성능이 뛰어날 것
③ 분해가스와 반응하여 2차적인 유해가스가 발생하지 않을 것
④ 기계적 강도가 높아 사용 중 마모되어 수분에 녹지 않을 것

3) 흡착제의 종류 : 활성 알루미나, 합성 제오라이트

8 기후협약과 교토의정서

1) 감축대상 가스

PFCs(과불화탄소), CH_4(메탄), CO_2(이산화탄소), N_2O(아산화질소), HFCs(수소불화탄소), SF_6 (육불화황)

2) SF_6 대체물질

① $SF_6 + N_2$ 혼합가스(SF_6는 20[%] 이내)

② N_2, Dry－Air, SIS 등

③ CF_3I 가스

9 향후 전망

1) GIS 변전소 건설은 경제성보다는 전력계통의 신뢰성 유지 및 사회환경 적응에 주안점을 둔 방식이며 향후 급진적으로 확대 적용될 것으로 예상된다.
2) SF_6 가스는 물리 · 화학적, 전기적으로 우수하지만 지구온난화 물질이다.
3) 따라서 폐기 시 원자력과 같이 밀폐 · 보관해야 하며 위에서 언급한 대체물질 사용을 고려해야 한다.

22 주파수를 60[Hz] → 50[Hz] 변경 시 변화

1 변압기

1) 자속밀도 증가

$$\phi = B \times S \quad \rightarrow \phi \propto B$$
$$E = 4.44 \cdot f \cdot \phi \cdot N \rightarrow \phi \propto \frac{1}{f}$$

ϕ는 B와 비례하고 ϕ는 f와 반비례 → $\left(\frac{60}{50}\right)$ 증가

2) 히스테리시스손 증가

철심의 자구 재배열에 의해 발생한다.

$$P_h = K_h \cdot f \cdot B_m^{1.6\,\sim\,2.0}$$

주파수에 비례하고 자속밀도의 1.6승에 비례한다. 자속밀도는 주파수에 반비례한다.

$\left(\frac{50}{60}\right) \times \left(\frac{60}{50}\right)^{1.6}$ 증가

3) 와전류손 일정

철심 내 와전류에 의해 발생한다.

$$P_e = K_e \cdot (K_f \cdot f \cdot t \cdot B_m)^2$$

주파수의 제곱에 비례하고 자속밀의 제곱에 비례한다. 자속밀도는 주파수에 반비례한다.

$\left(\frac{50}{60}\right)^2 \times \left(\frac{60}{50}\right)^2$ 일정

4) 온도 증가

히스테리시스손 증가분만큼 상승한다.

5) 출력 및 전압변동률 감소

① 무부하손 증가로 출력이 감소한다.

② 내부 임피던스 감소로 전압변동률이 감소한다.

2 전동기

1) 토크, 기동전류, 무부하손, 여자전류, 온도가 증가한다.

2) 회전속도, 축동력, 역률이 감소한다.

3 형광등

밝아지나 전류가 증가되어 안정기 수명이 단축된다.

4 맺음말

1) 50[Hz]용 기기를 60[Hz]용에 사용할 경우 일반적으로 임피던스가 증가하고 전류는 감소하므로 수명이 길어진다.

2) 60[Hz]용 기기를 50[Hz]용에 사용할 경우 일반적으로 임피던스가 감소하고 전류는 증가하므로 수명이 짧아진다.

23 각종 변압기

1 이상적인 변압기

이상적인 변압기는 변압기 코어에서 **투자율**이 일정하고 **철손, 동손**이 없으며 코어를 벗어나는 자속, 즉 누설 리액턴스가 없는 변압기를 말한다.

2 1 : 1 변압기

1) 1 : 1 변압기란 권수비가 1인 변압기로 **서지 및 노이즈 제거, 안정적인 전원공급, 통신선 유도장애 경감, 단락용량 경감** 등의 목적으로 사용한다.
2) 1 : 1 변압기는 저항분이 적어 전력손실이 적어야 하고 1, 2차 코일의 혼촉이 발생하지 않아야 한다.
3) 절연 변압기, 흡상 변압기, 항공등화용 변압기는 $\%Z$가 적어 전압강하가 적어야 한다.
4) 단락용량 경감용 변압기는 저항이 작고 리액턴스는 커야 한다.

3 지그재그 결선 변압기

1) 2차 권선을 둘로 나누어 다른 변압기의 권선을 직병렬로 연결한 방식이다.
2) 제3고조파 여자전류는 각기에서 서로 상반된다.

3) 효과
   ① 상전압의 불평형 방지
   ② 제3고조파 억제
   ③ 3상 4선식 배전용 변압기로 사용

4 하이브리드 변압기

1) 정의

① ZigZag 결선을 6조의 다중권취법으로 사용
② 변압 기능에 고조파 억제, 소음 억제 기능을 추가한 변압기

2) 특징

① 고조파 및 전류 불평형 개선 기능을 가지고 있다.

② 에너지절감률은 약 6 ± 1[%]이다.
③ 제품 크기가 5[%] 정도 증가한다.
④ 원가 상승으로 가격이 20[%] 정도 비싸다.

5 페라이트 변압기

1) 정의

① 자성이 있는 세라믹금속(페라이트)을 성형하여 코어 형상을 만든다.
② 수 [kHz]~수십 [kHz]에서 사용한다.

2) 특징

① 손실이 매우 적고 효율이 높다.
② 사용주파수대가 높아 용량에 비해 소형 · 경량이다.
③ 외부 충격에 쉽게 파손되며, 고가이다.

6 알루미늄 변압기

1) 정의

알루미늄 권선을 감아서 제작한 변압기이다.

2) 특징

① 알루미늄 도체의 도전율은 구리의 2/3 수준이다.
② 권선에서 알루미늄과 절연물의 결합력이 구리에 비하여 높기 때문에 단락강도 측면에서 우수하다.
③ 발생손실이 구리에 비하여 78[%]밖에 안 되기 때문에 설계 제작이 용이하다.
④ 비중은 구리의 1/3 수준으로 일반 변압기에 비해 85[%] 정도 경량화가 가능하다.
⑤ 절연유와 접촉해도 화학적으로 안정하기 때문에 변압기의 전체수명을 연장할 수 있다.

7 10 : 1 변압기와 100 : 10 변압기의 차이점(철손 동손)

1) 철손과 동손의 비가 달라진다.
2) 100 : 10 변압기는 10 : 1 변압기보다 코일을 많이 감기 때문에 $\%Z$가 커진다.
3) $\%Z$가 커지면 전압변동률 증가, 부하손 증가, 단락용량 감소, 중량이 감소한다(동기계).
4) $\%Z$는 변압기 병렬운전, 기기의 전자기계력, 계통 안정도 등에 영향을 미친다.

CHAPTER

10

차단기

01 단락전류

1 개요

1) 전로가 절연파괴로 인해 전기적으로 접촉하게 되면 전류는 부하임피던스를 통해 흐르지 않고 접촉된 점을 통해 흐르게 되는데 이러한 전류를 **단락전류**라 한다.
2) 단락전류가 장시간 지속될 경우 계통의 기기들을 손상시키기 때문에 **크기를 감소시키고 신속히 차단**해야 한다.

3) 단락전류 계산목적 및 계산방법

목적	영향	방법	순서
• 차단기의 차단용량 • 기기의 열적 · 기계적 강도 • 보호계전기 Setting • 시스템 경제성, 안정성	• 계통의 안정도 저하 • 기기의 열적 · 기계적 파손 • 선로의 소손 • 통신선 유도장애	• 대칭좌표법 • Ω법 • %Z법 • PU법	• 예상 Skeleton 작성 및 고장점 선정 • %Z 선정 및 기준용량 환산 • Z−Map 작성 및 합성 %Z 결정 • 단락전류 및 차단용량 계산

2 단락전류 계산 목적

1) 차단기의 차단용량 선정
2) 기기의 열적 · 기계적 강도 선정
3) 보호계전기 Setting
4) 시스템의 경제성 · 안전성 검토
5) 순시 전압강하 검토
6) 직접접지 계통에서의 유효접지계수 검토
7) 계통 안정도에 미치는 영향
8) 근접 통신선에서 유도장애 검토

3 단락전류 계산방법

구분	계산방법	계산 프로그램
평형 고장(3상 단락)	Ω법, %Z법, PU법	ETAP R7.5.2를 이용하여 계산함
불평형 고장(1선지락, 2선지락, 선간단락)	대칭좌표법	

4 단락전류 계산순서

1) 예상 Skeleton 작성 및 고장점 선정(차단기 선정 Point)

수전방식, 모선방식, 배전방식에 따라 Skeleton을 작성한다.

2) 각각 기기나 선로의 %Z를 산정

① 한전을 통해 %Z를 조사한다.

전압	22.9[kV]	154[kV]	345[kV]	765[kV]
%Z	6[%]	11[%]	15[%]	18[%]

② 예시가 없을 경우 선로의 %Z는 무시한다.

③ 변압기 및 장거리 선로의 임피던스로 계산한다.

④ 선로의 경우%Z로 치환한다. → $\%Z = \dfrac{PZ}{10 \cdot V^2}[\%]$

⑤ 고장점은 차단기 선정지점 후단에 산정한다.

3) 각각 기기나 선로의 %Z를 기준용량으로 환산

기준용량(단락용량)에 부하 %Z를 일치시킨다.

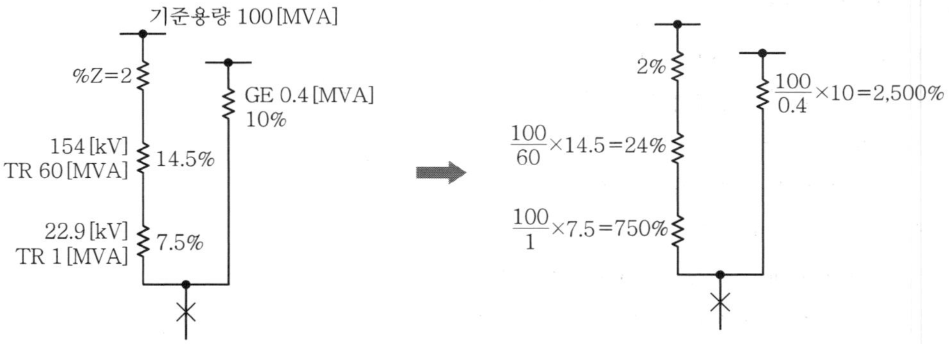

[%Z 기준용량으로 환산]

4) Impedance Map 작성

① 단독운전 조건에서는 Impedance Map을 분리한다.

② 조건이 없을 경우에는 병렬운전으로 작성한다.

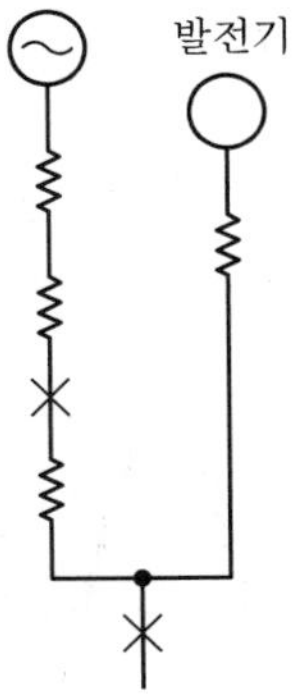

[예상 Skeleton]

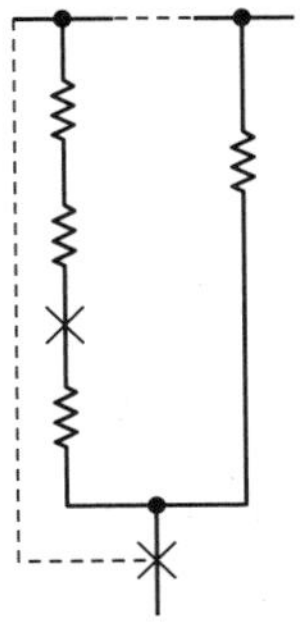

[병렬운전]

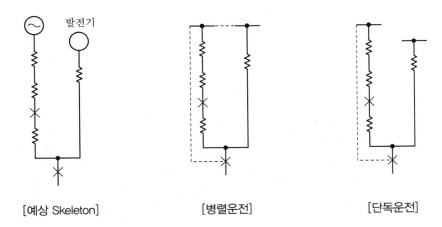

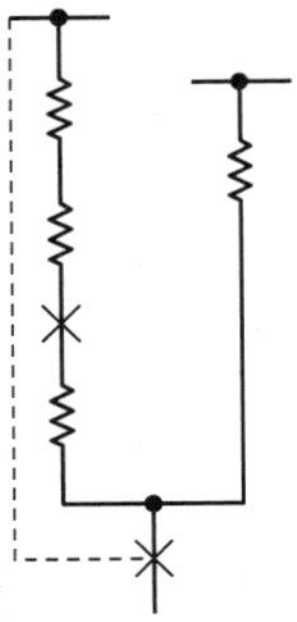

[단독운전]

5) 차단점 합성 $\%Z$ 결정

Impedance Map에 의해 전체 $\%Z$를 산출한다.

6) 단락전류 및 차단용량 계산

① 전체 $\%Z$로 단락전류를 계산한다.

② 단락전류 $I_s = \dfrac{100}{\%Z} \times I_n$

③ 차단용량 $P_s = \sqrt{3} \times$ 정격전압 $\times I_s$

④ 고압차단기는 [MVA]로 저압차단기는 [kA]로 표기한다.

7) 표준용량의 차단기 선정

① 차단용량 산출 후 안전율을 고려하여 상위계급의 표준차단기를 선정한다.

② 국내의 24[kV]급 차단기는 520[MVA]뿐이다.

5 단락전류 형태 및 종류

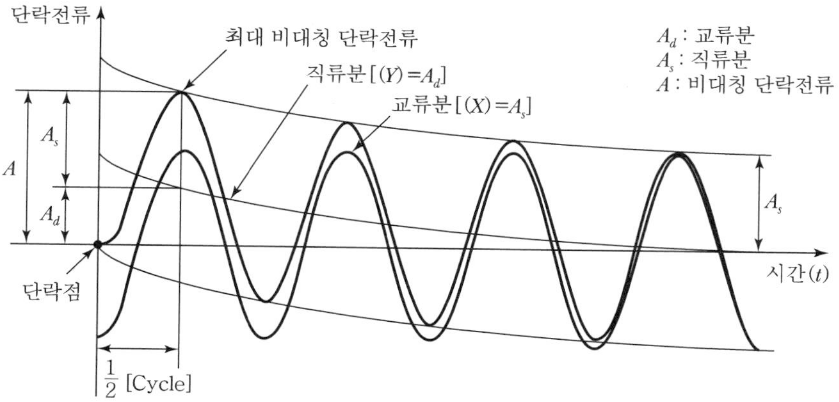

[단락전류의 형태]

1) 대칭 단락전류 실효치

① 교류분만의 실효값

② $I_s = \dfrac{X}{\sqrt{2}}$

③ 고압 및 특고압 차단기 선정 시 적용

2) 최대 비대칭 단락전류 실효치

① 비대칭 단락전류의 실효치가 최대가 되는 값

② $I_{as} = \sqrt{\left(\dfrac{X}{\sqrt{2}}\right)^2 + Y^2}$

③ 전선, CT 등의 열적강도 검토 시 적용

3) 최대 비대칭 단락전류 순시치

① 비대칭 단락전류의 순시치가 최대가 되는 투입위상에서의 값

② 단락 발생 후 1/2[Cycle]에서 최대

③ 직렬기기의 기계적 강도 검토 시 적용

4) 3상 평균 비대칭 단락전류 실효치

① 3상 회로에서 각 상의 비대칭 단락전류는 투입위상이 다르기 때문에 직류분 함유율이 다름

② 각 상의 비대칭 단락전류 실효치를 평균한 값

6 과도현상

1) 전류가 초기값에서 최종값으로 변하는 현상을 **과도현상**이라 하고 그 상태를 **과도상태**라 하며 그 기간을 **과도기간**이라 한다.
2) 또한 전류값이 최종값에 도달한 이후의 상태를 **정상상태**라 하고, 이때의 최종값을 **정상값**이라 한다.

7 X/R의 의미와 비대칭계수

1) X/R의 의미

① 선로에는 **저항, 인덕턴스, 정전용량, 누설컨덕턴스**가 존재하는데, 이를 **선로정수(회로정수)**라 하며 전선의 종류, 굵기, 배치 등에 따라 정해진다.
② 전력계통이 과도상태가 되면 저항분과 리액턴스의 비를 가지고 해석하는데, 이 크기에 따라서 과도상태의 시정수가 결정된다.
③ 시정수(Time Constant)란 어떤 회로, 어떤 물체, 어떤 제어대상이 외부로부터의 입력에 얼마나 빠르게 혹은 느리게 반응할 수 있는지를 나타내는 지표라 할 수 있다.
④ 시정수 τ는 R−C 회로에서는 $\tau = RC$, R−L 회로에서는 $\tau = L/R$이며 일반적인 전력계통은 유도성이므로 X/R비가 클수록 과도현상이 커진다.
⑤ 154[kV]급은 X/R비가 20, 22[kV]급은 X/R비가 4 정도로 계산되며 여기서 직류분이 포함되면 비대칭 정현파가 된다.
⑥ IEEE에서는 X/R비가 15보다 크면 비대칭계수를 적용하고, 15보다 작으면 비대칭계수를 적용하지 않는다.

2) 비대칭계수

① 직류분과 교류분이 중첩된 비대칭 고장전류를 대칭 고장전류로 환산하기 위한 계수로, 전원에서 단락 발생점까지의 X/R와 역률에 의해 크기가 정해지며 시간에 따라 감쇄한다.

② 비대칭계수 K 적용

구분	K_3(3상 평균 비대칭계수)	K_1(단상 최대 비대칭계수)
변압기 전원에 가까운 장소	1.25	1.6
변압기 전원에 떨어진 부하 측	1.1	1.4

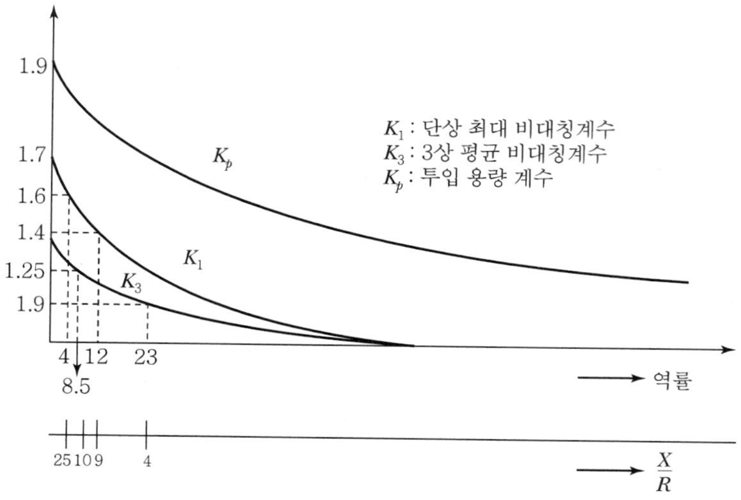

[비대칭계수]

8 단락전류 계산적용

1) VCB 차단용량 선정 시 적용

① $P_s = \sqrt{3} \times V_n \times I_s = \sqrt{3} \times V_n \times \frac{100}{\%Z} \times I_n = \frac{100}{\%Z} \times P_n$

② 대칭 단락전류 $I_s = \frac{100}{\%Z} \times I_n$

③ 비대칭 단락전류 $I_{as} = K_3 \times I_s = 1.25 \times I_s$

④ $K_3 = \frac{\text{3상 평균 비대칭 단락전류 실효치}}{\text{대칭 단락전류 실효치}}$

2) PF 차단용량 선정 시 적용

① 비대칭 단락전류 $I_{as} = K_1 \times I_s = 1.6 \times I_s$

② $K_1 = \frac{\text{최대 비대칭 단락전류 실효치}}{\text{대칭 단락전류 실효치}}$

3) 케이블 단락 시 허용전류 계산

• Cu → $I = 134 \frac{A}{\sqrt{t}}$ • Al → $I = 90 \frac{A}{\sqrt{t}}$

여기서, A : 단면적[mm^2], t : 통전시간[sec]

4) 변성기 과전류 강도 선정

$$\text{과전류 강도} = \frac{I_s}{I_n} = \frac{\text{대칭 단락전류 실효치}}{\text{정격 1차 전류 실효치}}$$

5) OCR 보호계전기 순시 탭 선정

$$\text{순시 탭} = \frac{I_s}{CT\text{비}} \times 150 \sim 250[\%]$$

9 단락전류 경감대책

1) 계통연계기 설치

① 사이리스터 스위칭 작용에 의해 가변 임피던스 특성을 가진다.
② 정상 시에는 조류 통과, 고장 시에는 단락전류 억제
③ 공급 신뢰도 및 안정도 향상
④ 정전범위 자동제한
⑤ 고가의 초기투자비

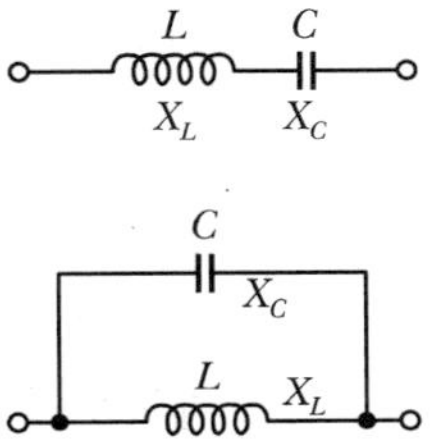

[계통연계기 구성도]

⑥ 계통연계기 설치장소

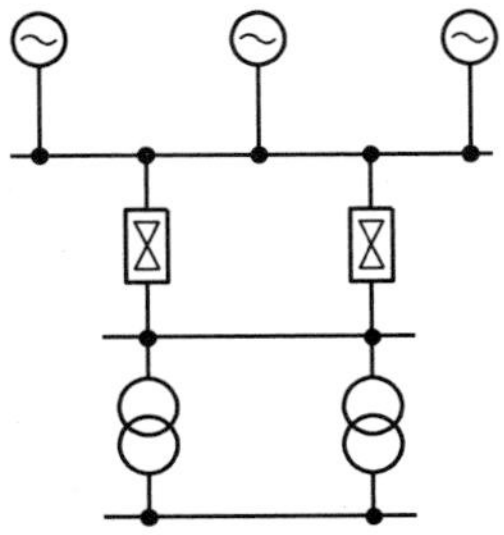
[급전선에 삽입]

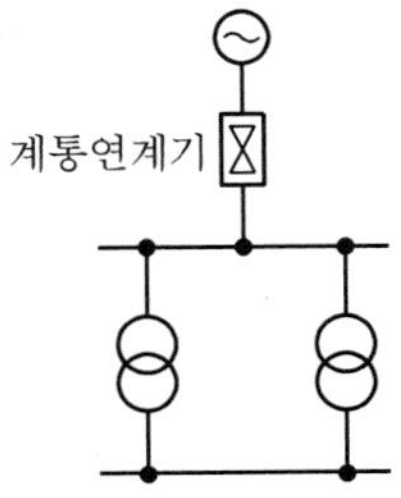

[전력회사와 연계점에 설치]

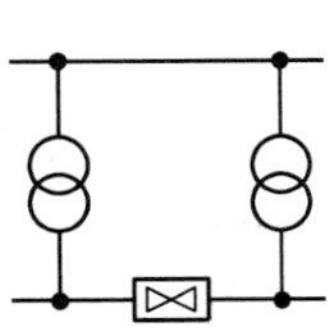
[모선 간에 설치]

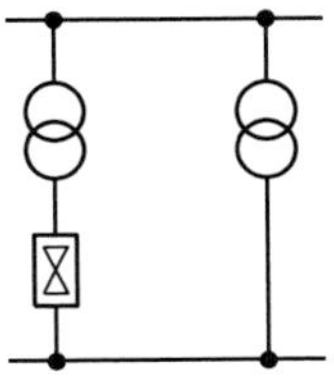
[TR 2차 측에 직렬로 삽입]

2) 변압기 %임피던스 컨트롤

① 주문 제작 시 변압기의 $\%Z$를 크게 함
② 경제성 검토가 필요함
③ 일반적으로 사용하지 않음

3) 한류 리액터 설치

① 기존설비 증설로 단락용량 증가 시 적합
② 차단기 교체 없이 리액터 설치
③ 저압회로에서 사용

4) 계통분리

① F점에서 단락사고 발생 시 E를 차단하여 계통 분리한 후 B차단기를 차단하는 방식
② 설비비가 싸고 간선용 차단기의 단락용량을 크게 하지 않아도 됨
③ 재병렬 투입, 인터록 구성 등으로 회로가 복잡
④ 계통분리 전까지 단락전류가 과대해짐

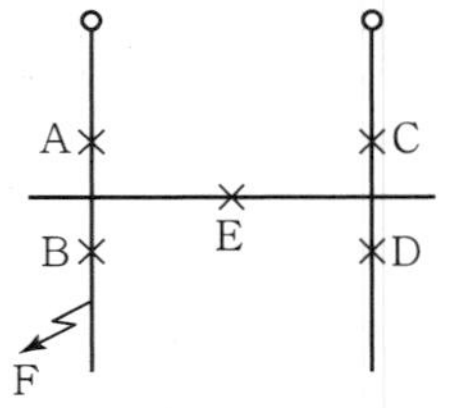

[계통분리]

5) 한류형 퓨즈에 의한 Back Up 차단

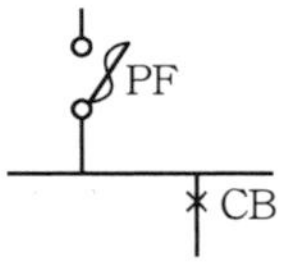

[한류형 퓨즈 설치]

① 한류형 퓨즈의 현저한 한류특성 이용
② 저렴한 가격, 소형 · 경량, 차단 시 무소음
③ 재투입 불가, 차단 시 과전압이 발생, 결상 우려

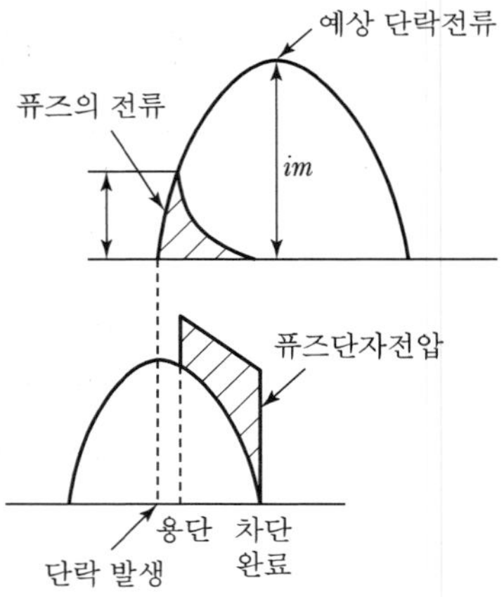

[한류형 퓨즈의 차단현상]

6) Cascade 차단방식 적용

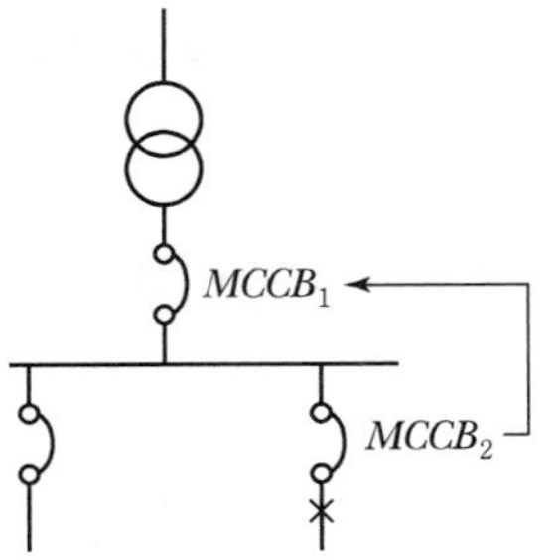

[차단방식]

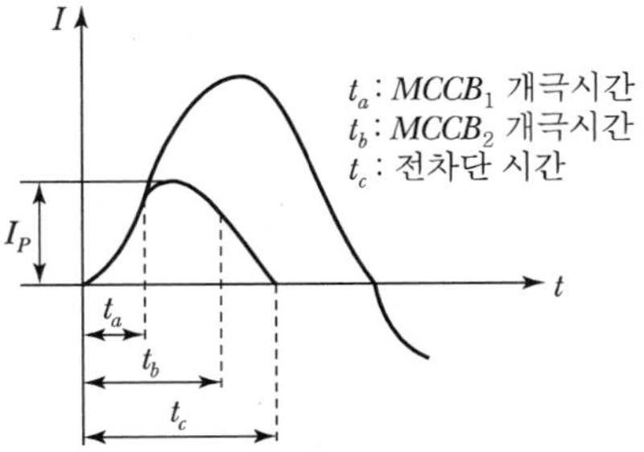

[차단시간]

① 상위차단기로 후비보호를 행하는 방식

② 분기회로의 단락전류가 분기회로 차단용량을 상회하는 경우 적용

③ 단락전류가 10[kA] 이상인 경우 적용

7) 한류저항기 설치

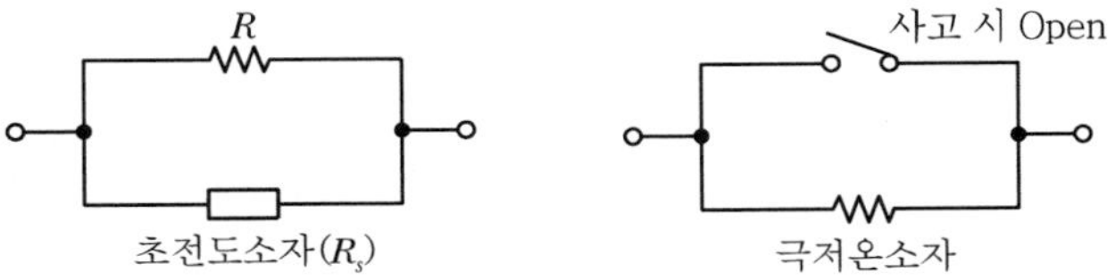

[한류저항기]

(1) 초전도소자 이용

Quench 시 발생하는 저항을 이용하여 고장전류를 제한하는 장치로 정상 시 $R_s = 0$이고, 사고 시 임계전류 이상의 고장전류 흐르면 **상전도**로 이행

(2) 극저온소자 이용

발열 시 발생하는 저항을 이용하여 고장전류를 제한

⑩ 맺음말

1) 단락전류는 사고점 파괴 및 2차 재해를 유발하므로 **상호관계**를 잘 고려하여 **크기**를 **감소**시키고 적정 **차단기 선정**을 하여야 한다.

2) 단락전류 계산 및 상호관계도

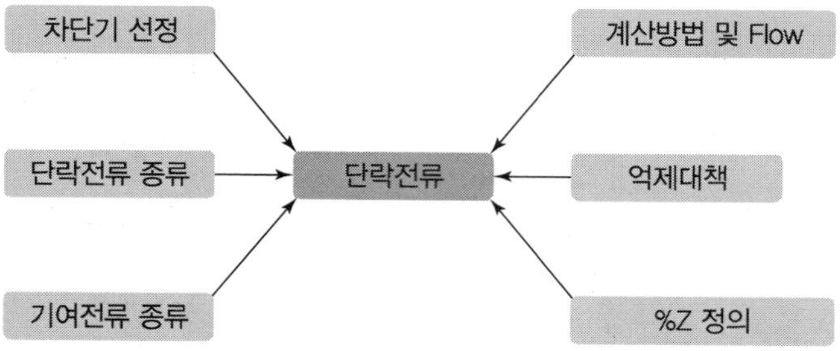

[단락전류 계산 및 상호관계도]

02 차단기 정격

1 개요

1) 차단기는 **과전류, 단락, 지락, 부족전압** 등 전력계통 이상 시 고장전류를 차단하는 기기로 동작 횟수에 제한이 있다.
2) 차단기는 부하전류를 개폐할 수도 있고 고장전류는 신속히 차단하여 기기 및 전선을 보호한다.
3) 차단기 기능 및 구성

기능	구성	선정순서
• 전류 투입/통전 • 고장전류 차단 • 절연기능 • 개폐기능	• 전류 전달부 • 절연부 • 소호장치 • 보조장치	• 예상 Skeleton 작성 및 고장점 선정 • $\%Z$ 선정 및 기준용량 환산 • Z−Map 작성 및 합성 $\%Z$ 결정 • 단락전류 및 차단용량 계산

2 정격전압

1) **규정된 조건하에서 차단기에 가할 수 있는 전압의 한도**, 즉 회로최고전압을 의미하며 선간전압의 실효치로 표시한다.
2) 정격전압 $=$ 공칭전압 $\times \dfrac{1.2}{1.1}[\mathrm{kV}]$

3) 차단기 정격전압

공칭전압[kV]	정격전압[kV]
3.3	3.6
6.6	7.2
22 또는 22.9	25.8
66	72.5
154	170
345	362

3 정격전류

정격전압, 정격주파수에서 규정된 온도 상승 한도(40[°C])를 초과하지 않고 연속하여 흘릴 수 있는 전류의 한도로 실효치로 표시한다.

$$I_n = \frac{P}{\sqrt{3} \times V \times \cos\theta}$$

4 정격차단전류

1) 모든 정격 및 규정된 회로조건에서 규정된 표준동작책무에 따라 차단할 수 있는 전류의 한도이다.
2) 직류비율이 20[%] 이하일 때 교류성분의 대칭분 실효치로 나타내며 일반적으로 [kA]로 표시한다.

$$I_s = \frac{100}{\%Z} \times I_n$$

5 정격차단용량

차단기가 설치된 바로 2차 측에 3상 단락사고가 발생한 경우 이를 차단할 수 있는 용량의 한도이다.

$$P_s[\mathrm{MVA}] = \sqrt{3} \times \text{정격전압}[\mathrm{kV}] \times \text{정격차단전류}[\mathrm{kA}]$$

6 정격투입전류

1) 모든 정격 및 규정된 회로조건에서 규정된 표준 동작책무에 따라 투입할 수 있는 전류의 한도이다.
2) 일반적으로 정격차단전류의 2.5배를 표준으로 한다.

7 정격개극시간

트립코일이 여자된 순간부터 접촉자가 분리될 때까지 시간을 말한다.

8 정격차단시간

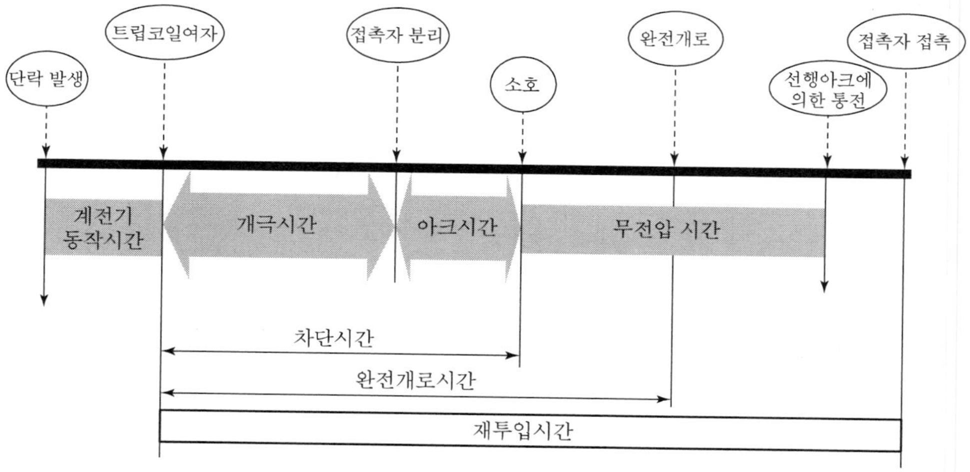

[정격차단시간의 구성]

1) 모든 정격 및 규정된 회로 조건에서 정격차단전류를 차단할 경우 소요되는 시간
2) 정격 차단시간(7.3[Cycle]) = 개극시간(5.8[Cycle]) + 아크시간(1.5[Cycle])
3) VCB 및 GCB는 대개 3~5[Hz]

9 기기별 주요정격

구분	주요 정격	비고
변압기	[kVA]	부하가 정해지지 않아 [kVA]로 표시
차단기	[kA], [MVA]	고장전류 차단능력 중요
전동기	[HP], [PS]	일을 할 수 있는 능력 중요
부하기기	[kW]	부하기기는 역률이 정해져 있음

10 맺음말

1) 국내의 경우 22.9[kV] 계통 차단기로 24[kV], 630[A], 520[MVA]만 생산하고 있다.
2) 즉, 단락전류 계산과 관계없이 520(MVA)만 사용하므로 비경제적이다.
3) 따라서 수용가 용량에 따라 정격용량을 선정할 수 있도록 개선이 필요하다.

03 차단기 동작책무

1 개요

1) 동작책무란 차단기에 부과된 1~2회 이상의 투입차단 동작을 일정시간 간격으로 행하는 하나의 연속동작이다.
2) 동작책무를 기준으로 하여 차단기의 **차단성능**, **투입성능** 등을 정한 것이 **표준동작책무**이다.

2 전력회사 표준동작책무(ESB)

종별	전압[kV]	표준동작책무
일반용	7.2	CO－15초－CO
고속도 재투입용	25.8	O－0.3초－CO－3분－CO

1) 현장에서는 대부분 ESB로 정해진 표준동작책무를 사용
2) **일반용** 표준동작책무는 7.2[kV]급 차단기, 전력용 콘덴서용 차단기, 분로 리액터용 차단기에 사용
3) **고속도 재투입용** 표준동작책무는 25.8[kV]급 차단기에 사용

3 Trip Free

1) 투입보다 개방이 우선한 회로
2) 즉, 주 회로가 통전상태일 때는 트립신호에 의해 트립될 수 있지만 트립 완료 후에는 계속하여 투입명령을 가해도 트립 명령을 해제하기 전까지 다시 투입되지 않는 회로를 의미
3) 기계적 트립프리, 전기적 트립프리, 공기적 트립프리

4 Anti－Pumping

1) Pumping 은 차단기에 투입, 개방 신호가 동시에 들어왔을 때 투입과 개방이 계속 반복되는 현상
2) Anti－Pumping 회로는 트립 완료 후에는 계속하여 투입명령을 가해도 트립명령을 해제하기 전까지 다시 투입되지 않는 회로를 의미

04 차단기 트립방식

1 개요

1) 차단기의 트립장치는 전기적으로 제어하거나 전자 솔레노이드에 의해 트립기구를 구동한다.

2) 제어에 사용되는 전기에너지의 종류에 따른 분류
① 전압트립방식
② 과전류 트립방식
③ 콘덴서 트립방식
④ 부족전압트립방식

2 종류

1) 전압트립방식

① 직류 또는 교류전자 솔레노이드로 트립시키는 것
② 개로제어 코일의 용량은 500[VA] 이하가 일반적임
③ 가장 선호되는 트립방식으로 배터리전원에 의한 직류전압 트립방식이 가장 많이 사용됨

2) 과전류 트립방식

① 변류기의 2차 전류를 솔레노이드코일에 흘려 트립시키는 방식
② 교류기기 2차 전류에서의 상시여자방식과 보호계전기에 의한 동작 시에만 여자되는 순시여자방식이 있음
③ 일반적으로 7.2[kV] 이하의 소형차단기에서 채택되고 있고 개로제어 코일 용량은 500[VA] 이하

3) 콘덴서 트립방식

① 배터리 등의 직류 전원이 없는 경우 사용

② 주 회로에서 보조변압기와 정류기를 조합해서 콘덴서를 충전

③ 그 에너지로 전자솔레노이드를 여자시켜 트립하는 방식

4) 부족전압트립방식

① 트립장치의 전자솔레노이드에 인가되고 있는 전압의 저하로 트립되는 방식

② 주 회로에서 보조변압기와 정류기를 조합해서 콘덴서를 충전

③ 그 에너지로 전자솔레노이드를 여자시켜 트립하는 방식

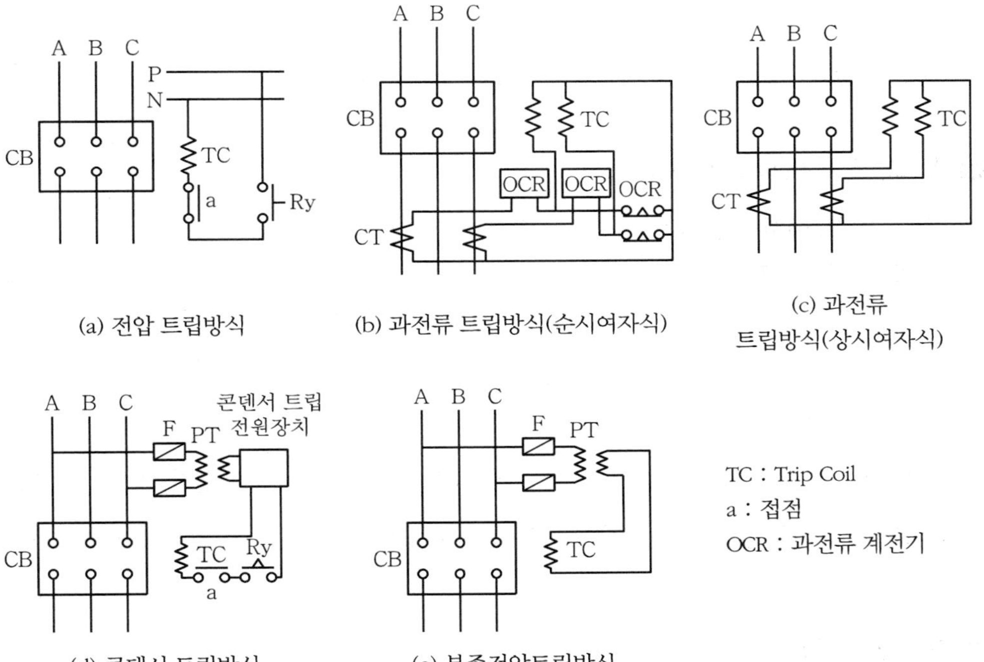

[차단기 트립방식]

05 표준전압

1 표준전압(Standard Voltage)

1) 송배전계통의 전압을 표준화해서 정한 것이다.
2) 우리나라에서 사용하고 있는 표준전압에는 **공칭전압**과 **최고전압**이 있다.

2 공칭전압(Nominal Voltage)

1) 정격주파수에서 전선로를 대표하는 선간전압을 의미하며 이 전압으로 계통의 송전전압을 나타낸다.
2) 공칭전압은 **계통전압**이라고도 한다.

3 최고전압(Maximum Voltage)

1) 그 전선로에서 통상 발생하는 최고의 선간전압이다.
2) 염해대책, 1선지락 고장 등의 내부 이상전압, 코로나 장애, 정전유도 등을 고려할 때 표준이 되는 전압이다.

4 정격전압(Rated Voltage)

1) 3상 회로에 가할 수 있는 전압의 한도, 즉 회로최고전압을 의미하며 선간전압 실효치로 표시한다.
2) 정격전압은 공칭전압에 대략 $\frac{1.2}{1.1}$를 곱한 정도의 값인데, 이는 규격마다 조금씩 다르다.

5 표준전압 예

공칭전압[kV]	최고전압[kV]	정격전압[kV]
345	360	362
154	161	170
66	69	72.5
22.9	23.8	25.8
6.6	6.9	7.2
3.3	3.4	3.6

06 차단 동작 시 발생되는 현상

1 개요

1) 전력계통에서 차단기를 개폐하는 경우 과도현상으로 이상전압이 발생하고, 특히 유도성, 용량성 전류의 경우 메커니즘이 복잡하다.
2) 보통 개폐서지라는 것은 무부하 가공송전선, 무부하 케이블, 전력용 콘덴서 등의 **용량성 소전류** 개폐와 무부하 변압기, 리액터 등의 **유도성 소전류** 개폐에 의한 중간주파수의 이상전압을 말한다.

2 교류의 차단현상(차단 메커니즘)

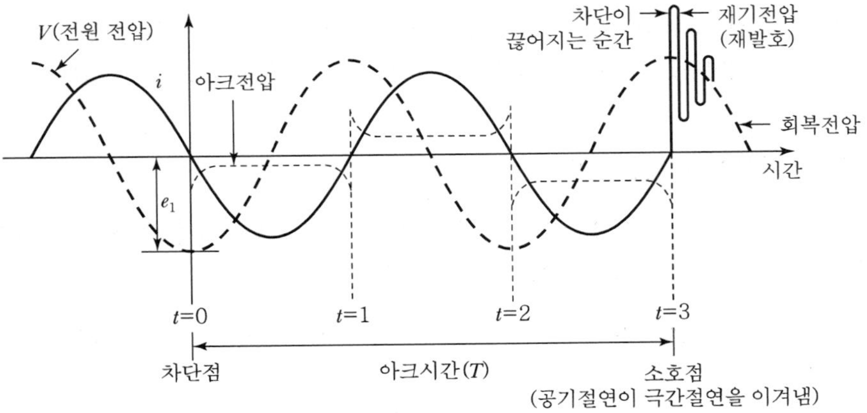

[교류의 차단 메커니즘]

개방 → $t=0$에서 전류 i가 영점소호 → 아크 발생 → 전기적 도통 → $t=1$에서 전류 i가 영점소호 → 같은 과정 반복 → 공기절연이 극간절연을 이겨낼 때 차단 완료

3 재기전압(재발호, 단락전류 차단 시)

1) 차단기 차단 직후 차단기 양단자 간에 선로 및 기기의 RLC에 의해 발생하는 과도 진동전압
2) 전류 i가 영점소호 → 전원 측의 RLC 회로에서 과도진동 발생 → 재기전압 발생
3) 재발호는 차단기의 차단능력을 저하시키지만 이상전압은 작음
4) 차단기의 차단능력을 측정하는 중요한 요소가 됨

4 재점호(충전전류 차단 시)

1) 접촉자 간의 절연이 재기전압에 견디지 못하고 다시 아크를 일으키는 현상
2) $t=0$에서 전류 i가 영점소호 → $\frac{1}{2}$[Cycle] 후 무부하 송전선로의 정전용량 C에 의해 진폭의 2배 전압이 차단기 극간에 걸리게 됨 → 재점호 발생
3) 재점호가 반복되면 Surge에 의해 3~7배 이상전압이 발생

5 회복전압(Recovery Voltage)

1) 차단기의 차단 직후 계속하여 양단자 간 또는 차단점 간에 나타나는 상용주파수의 전압으로 실효치로 나타냄

2) 종류
   ① 과도회복전압(TRV) : 단락고장 차단 시 전류차단 직후에 나타나는 회복전압
   ② 순시과도회복전압(ITRV) : 차단기의 고장점 간 전압진동에 의해서 정해지는 회복전압
   ③ 상용주파회복전압(PFRV) : TRV진동이 진정된 후 상용주파수와 같이 회복하는 전압

6 전류재단(여자전류 차단 시)

1) 변압기 여자전류 등의 지상 소전류를 진공차단기 등의 소호력이 강한 차단기로 차단할 경우 전류가 자연영점 전에 강제 소호되는 현상

2) 전류영점 전에 지상소전류 차단 → $e=-L\dfrac{di}{dt}$ → $t=0,\ e=\infty$ → 이상전압 발생

7 영점추이현상

1) 사고 시 대칭전류, 비대칭전류, DC성분 발생
2) DC성분에 의해 0점이 미발생되어 차단되지 않는 현상(2.5[Cycle])

8 이상전압 구분

외부 이상전압 (뇌 과전압)	내부 이상전압			
	과도 이상전압(개폐 과전압)		지속성 이상전압(단시간 과전압)	
	계통 조작 시	고장 발생 시	계통 조작 시	고장 발생 시
• 직격뢰 • 유도뢰 • 간접뢰	• 무부하 선로 개폐 시 • 유도성 소전류 차단 시 • 3상 비동기 투입 시	• 고장전류 차단 시 • 고속도 재폐로 시 • 아크지락 발생 시	• 페란티 효과 • 발전기 자기여자 • 전동기 자기여자	• 지락 시 이상전압 • 철공진 이상전압 • 변압기 이행전압

07 개폐서지 종류 및 대책

1 개요

1) 전력계통에서 차단기를 개폐하는 경우 과도현상으로 이상전압이 발생하고, 특히 유도성, 용량성 전류의 경우 메커니즘이 복잡하다.
2) 보통 개폐서지란 무부하 가공송전선, 무부하 케이블, 전력용 콘덴서 등의 **용량성 소전류** 개폐와 무부하 변압기, 리액터 등의 **유도성 소전류** 개폐에 의한 중간주파수의 이상전압을 말한다.

2 개폐서지 종류

1) 단락전류 차단 시(고장전류 차단 시 재발호)

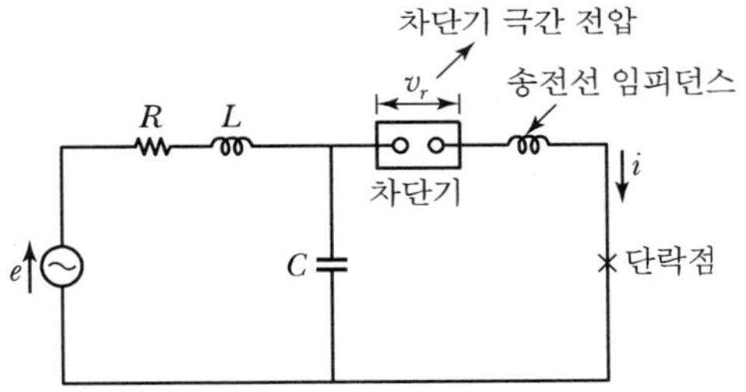

[회로도]

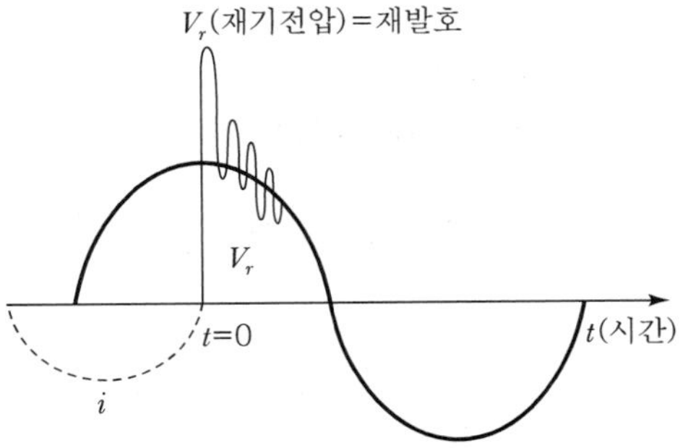

[재기전압 발생]

① 단락전류 i는 전원전압 e에 비하여 90[°] 정도 지상전류이므로 전류 i가 영점소호 되었을 때 V_r은 선로 및 기기의 RLC에 의해 과도진동전압(재기전압)이 발생한다.
② 재기전압은 차단기의 차단성능을 저하시키지만 이상전압은 작다.

2) 충전전류 차단 시(무부하 선로 개폐 시 재점호)

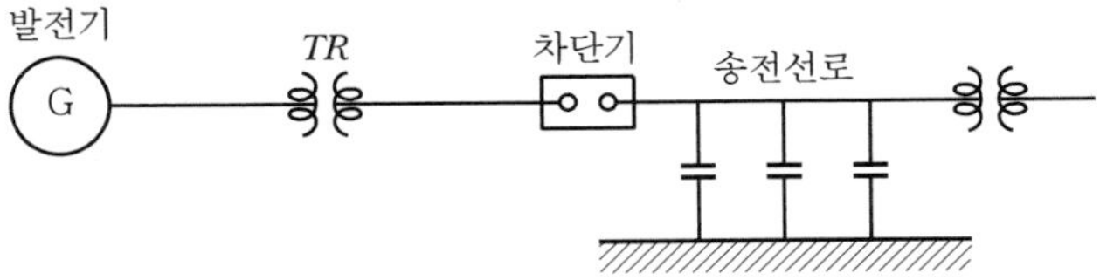

[무부하 충전전류 계통도]

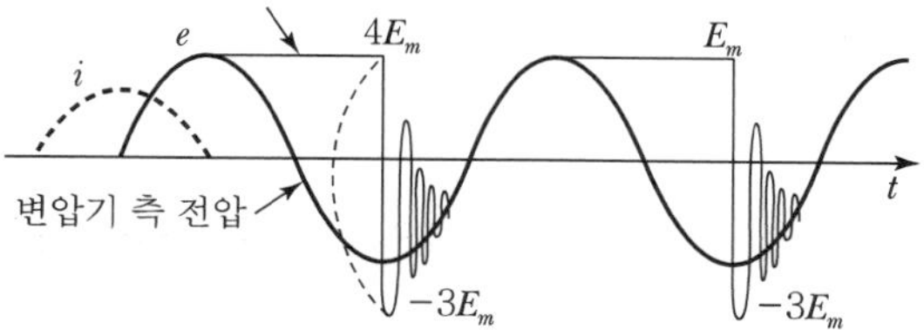

[충전전류 차단]

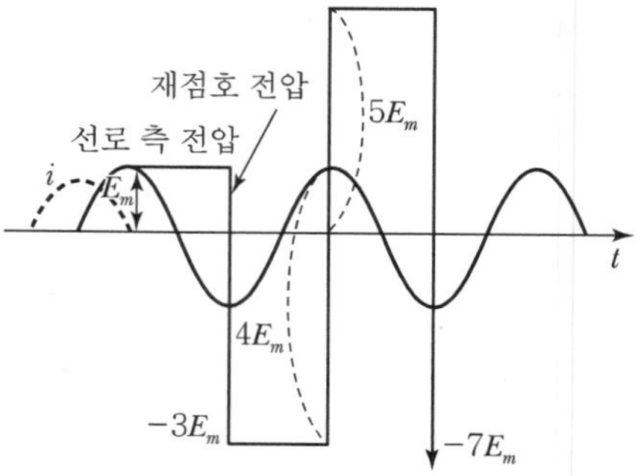

[재점호 반복 시 이상전압 발생]

① 충전전류는 차단하기 쉽지만 재점호를 일으킴

② 접촉자 간의 절연이 재기전압에 견디지 못하고 다시 아크를 일으키는 현상

③ $t=0$에서 전류 i가 영점소호 → $\frac{1}{2}$[Cycle] 후 무부하 송전선로의 정전용량 C에 의해 진폭의 2배 전압이 차단기 극간에 걸리게 됨 → 재점호 발생

④ 재점호가 반복되면 Surge에 의해 3~7배 이상전압이 발생

3) 여자전류 차단 시(유도성 소전류 차단 시 전류재단)

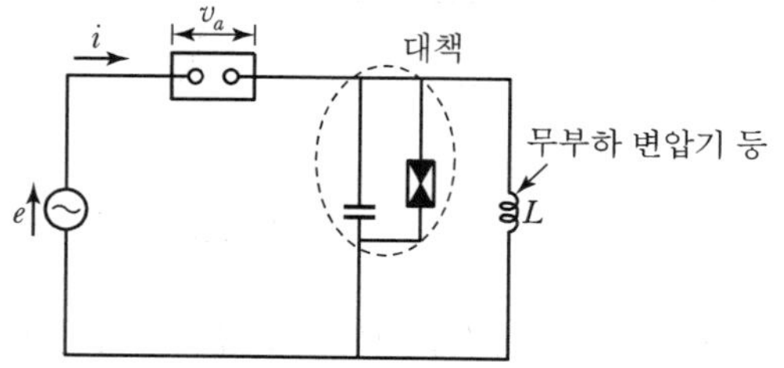

[회로도]

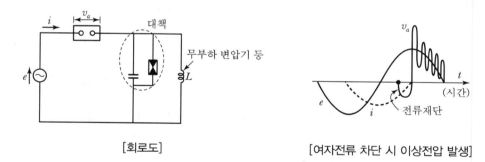

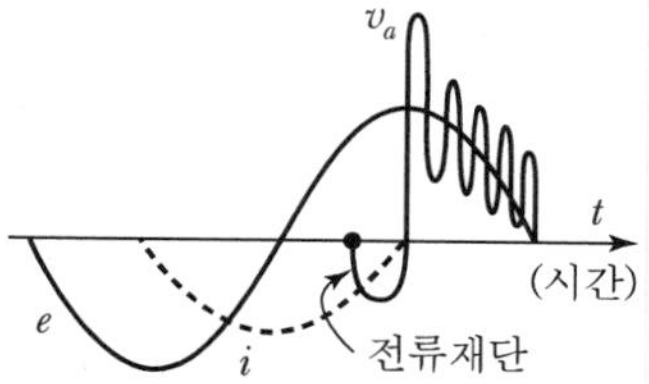

[여자전류 차단 시 이상전압 발생]

① 변압기 여자전류 등의 지상 소전류를 진공차단기 등의 소호력이 강한 차단기로 차단할 경우 전류가 자연영점 전에 강제 소호되는 전류재단 현상 발생

② 전류영점 전에 지상소전류 차단 → $e=-L\frac{di}{dt}$ → $t=0$, $e=\infty$ → 이상전압 발생

4) 고속도 재폐로 시(무부하선로의 투입 및 재투입 Surge)

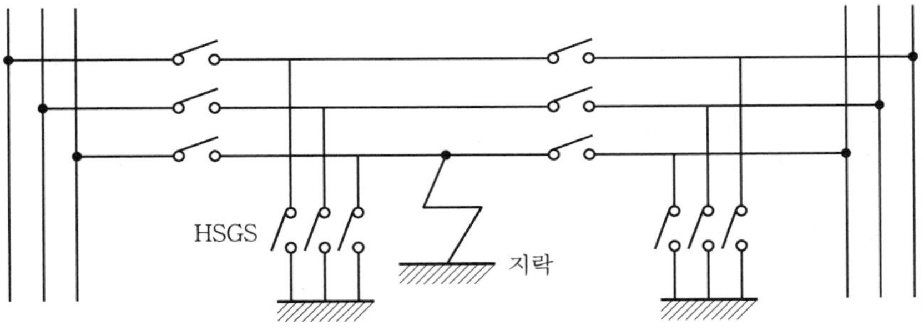

[HSGS]

① 재폐로 시에 선로 측에 잔류전하가 있고 재점호가 일어나면 큰 Surge가 발생
② 차단 후 충분한 소이온 시간이 지난 후에 재투입 → 재폐로 시의 재점호 방지
③ 소이온 시간은 345[kV]에서 20[cycle], 765[kV]에서 33[cycle] 정도
④ HSGS(High Speed Ground Switch)를 설치하여 선로의 잔류전하를 대지로 방전시킨 후 재투입(765[kV]에 적용)

5) 직류 차단 시

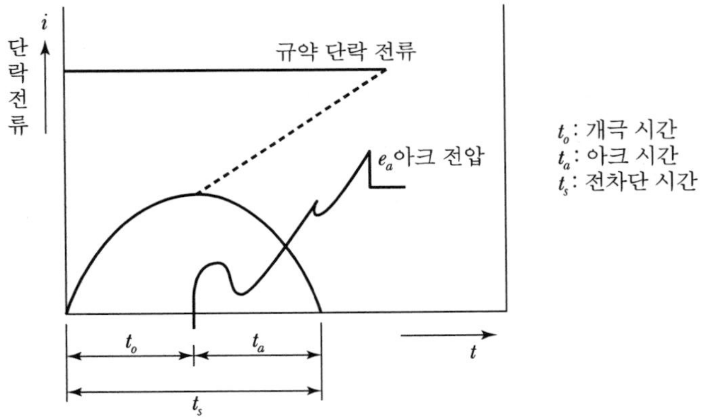

[직류 차단의 차단 등가회로]

① 직류는 맥류이므로 전류영점이 없어 차단 시 전류재단에 의한 강한 Arc가 발생하고 폭발음이 큼
② 차단기 접촉자의 마모가 쉬우므로 접촉자 간에 바리스터, ZNR 등을 삽입
③ 직류 차단기로는 HSCB(High Speed CB) 사용

6) 3상 비동기 투입 시

① 차단기 각 상의 전극은 동시에 투입되지 않고 근소한 시간적 차이가 생김
② 이 차이가 심한 경우 정상 대지전압 파고치의 3배 정도의 Surge가 발생

3 개폐서지 대책

1) 개폐서지 억제대책

① 경부하 시에는 역률 개선용 콘덴서를 모두 개방하여 용량성 회로가 되지 않도록 함
② 수전단에 병렬로 리액터를 접속해서 진상 충전용량의 일부 상쇄
③ 단로기로 끊을 수 있을 정도의 유도성 소전류인 경우 단로기로 차단
④ 중성점을 직접접지하여 개폐 이상전압을 억제

2) 재점호 방지대책

① 직류 차단기로는 HSCB(High Speed CB)를 사용할 것
② 차단기의 차단속도를 빠르게 하여 차단할 것
③ 개폐기 또는 차단기의 용량을 충분히 크게 할 것
④ 콘덴서 회로용 개폐기는 진공개폐기를 사용하여 90[°] 진상전류에 의한 재점호를 방지할 것

3) 서지억제장치 사용

① 피뢰기를 사용하여 개폐서지의 파고치를 감소
② 진공차단기와 몰드변압기 사이에 서지흡수기 사용
③ SVC, SVG, SPD 등의 활용

4 맺음말

1) 개폐서지는 뇌서지에 비해 파고값은 높지 않으나 그 계속시간이 수 [ms]로 비교적 길기 때문에 기기의 절연에 주는 영향을 무시할 수 없다.
2) 특히, 무부하 선로의 개폐서지, 유도성 소전류 차단서지의 경우 서지전압의 준도완화 및 진폭 제한을 해야 하고 LA 및 SA를 적절히 적용해야 한다.

08 주택용과 산업용 차단기

1 개요

배선차단기 및 누전차단기를 주택용과 산업용으로 구분하여 제작하도록 한국산업표준(KS 규격)을 2011년 개정 및 제정하여 2012년부터 생산 및 보급하였다.

2 주택용과 산업용 차단기

구분	주택용	산업용
정격전압	440[V] 및 380[V] 이하	1,000[V] 이하
정격전류	125[A] 이하	2,000[A] 이하
정격차단용량	25[kA] 이하	200[kA] 이하
동작전류 설정치	조정 불가능	조정 가능
사용자	일반인도 사용	숙련자 및 기능인 위주로 사용
기타	사용자의 안전을 고려하여 이격, 보호등급 등을 규정	가혹한 환경에도 사용할 수 있도록 오손등급을 정하여 제작

3 차단기 종류

종류	기능
MCB	주택용 배선차단기
MCCB	산업용 배선차단기
RCCB	과전류 보호장치가 없는 주택용 누전차단기
RCBO	과전류 보호장치가 있는 주택용 누전차단기
CBR	산업용 누전차단기

4 과전류 보호(IEC 60364-4)

1) 과전류 보호장치의 동작 특성

과전류 보호장치의 동작 특성은 다음 2가지 조건을 만족할 것

$$I_B \le I_n \le I_Z \qquad I_2 \le 1.45 \times I_Z$$

여기서, I_B : 회로의 설계전류

I_n : 보호장치의 정격전류. 사용장소에서 설정이 가능한 제품은 조정이 완료된 전류값

I_Z : 케이블의 연속허용전류

I_2 : 보호장치가 규약시간 이내에 유효하게 동작하는 것을 보장하는 전류로 제조자가 제시 또는 제품 표준에 따라 I_t, I_f 등으로 표기 가능

2) 과전류 보호의 설계 조건도

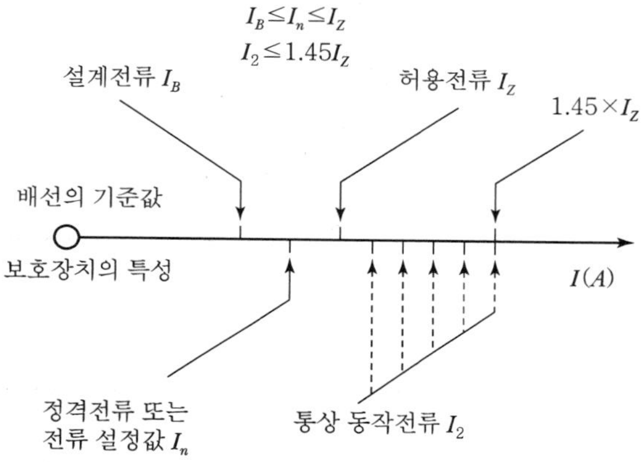

[과전류 보호 설계 조건도]

3) 병렬도체의 과전류 보호

① 하나의 보호장치로 2개 또는 여러 개의 병렬도체를 보호할 때 단위 병렬도체에서 회로분기 및 개폐장치 설치금지

② 3개 이상 도체를 사용할 경우 불균등한 전류 분담을 상세하게 검토

③ 병렬 케이블 간의 전류분담은 케이블의 임피던스 영향이 큼

④ 단면적이 큰 케이블은 리액턴스 성분이 저항 성분보다 커지므로 전류분담에 중대한 영향을 줌

5 저압옥내 배선의 허용전류와 배선용 차단기의 전류선정

부하의 종류		전선(간선)의 허용전류	MCCB의 정격전류
전동기 등이 없는 경우	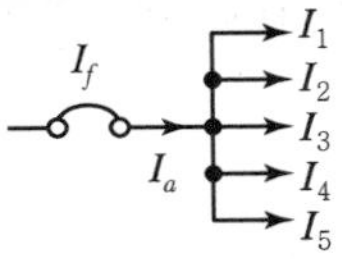	$I_a \geqq I_1+I_2+I_3+\cdots$	$I_f \leqq I_a$
전동기 등이 있는 경우	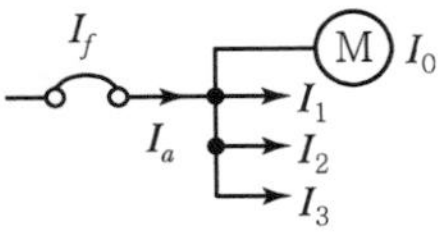 $I_0 < I_1+I_2+I_3+\cdots$	$I_a \geqq I_1+I_2+I_3+\cdots$	$I_f \leqq 3I_0+I_1+I_2+I_3+\cdots$ $\leqq 2.5I_a$ (I_f의 최대치는 $2.5I_a$로 한다.)
	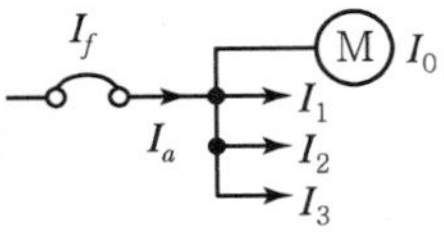 $I_0 > I_1+I_2+I_3+\cdots$ $I_0 \leqq 50[A]$	$I_a \geqq 1.25I_0+I_1+I_2+I_3+\cdots$ (전압변동 · 과부하 사용을 고려하여 전동기 등의 전류를 1.25배 한다.)	
	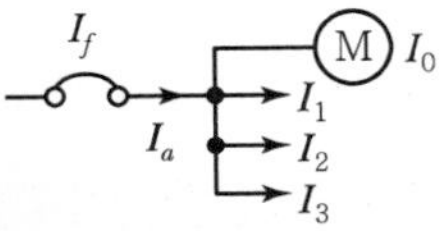 $I_0 > I_1+I_2+I_3+\cdots$ $I_0 > 50[A]$	$I_a \geqq 1.1I_0+I_1+I_2+I_3+\cdots$ (전압변동을 고려하여 전동기 등의 전류를 1.1배한다.)	

6 차단기의 AT(Ampere Trip), AF(Ampere Frame)

구분	AT	AF
정의	차단기 접점에 연속하여 흘릴 수 있는 전류의 한도	기술적 측면에서 차단기 소재 중 도체 부분을 제외한 부도체 부분, 즉 프레임에 연속하여 흘릴 수 있는 전류의 한도
특징	차단기 **접점성능**과 관계	• 차단기 자체 **내열성능**과 관계 • 외형적 측면에서 차단기 **크기**를 의미
선정 시 고려사항	보호대상의 정격을 고려하여 정확히 선정	• 경제성이 허락하는 한 큰 것으로 선정 • AF가 같은 차단기 사용 시 분전반 제작이 용이 • AF 이상의 전류가 흐르면 그라파이트 현상 발생

※ 그라파이트 현상 : 프레임의 재질이 도체로 바뀌는 현상

7 차단기 선정 시 고려사항

1) 단락전류 및 비대칭계수
2) 차단기 정격 → 정격전압, 정격전류, 정격 차단전류, 정격 차단용량, 정격 투입전류, 정격 차단 시간
3) 차단기 형식 및 동작책무
4) 투입 시 과도돌입전류에 견디어야 함
5) 개방 시 재기전압에 견디어 재점호가 없어야 함
6) 보호계전 시스템과 협조관계 검토
7) 전기적, 기계적, 다빈도 개폐에 견뎌야 함
8) 보수점검 주기가 길고 수명이 길어야 함
9) 사용조건, 특징을 고려하고 경제성을 검토
10) 유지보수가 간단하여야 함

09 저압차단기 종류 및 배선차단기 차단협조

1 개요

1) 저압계통 배선차단기의 단락보호 협조방식으로 선택 차단방식과 Cascade 차단방식이 있으며 신뢰성과 경제성에서 대조적인 측면이 있다.
2) 따라서 부하의 종류 및 중요도에 따라 차단방식을 고려해야 한다.

2 저압차단기 종류

1) 기중차단기(ACB : Air Circuit Breaker)

① 기중차단기는 아크를 공기 중에서 자력으로 소호하는 차단기이다.
② 교류 600[V] 이하 또는 직류 차단기로 사용한다.
③ 설치방법에 따라 고정형과 인출형이 있고 수동조작방식과 전동기조작방식이 있다.

2) 배선차단기

① 배선차단기는 개폐기구, 트립장치 등을 몰드된 절연함 내에 수납한 차단기이다.
② 교류 1,000[V] 이하 또는 직류 차단기로 옥내전로에 사용한다.
③ 통전상태의 전로를 수동, 자동으로 개폐할 수 있고 과부하 및 단락 사고 시 자동으로 전로를 차단한다.

3) CP(Circuit Protector)

① CP는 배선차단기와 유사하나 그 전류용량이 작은 것이다.
② 정격차단전류는 0.3[A], 0.5[A], 1[A], 3[A], 5[A], 10[A] 등이 있다.
③ 배선차단기의 경우에는 최소 차단전류가 15[A]이기 때문에 전류용량이 작은 것은 차단하지 못한다.

4) 저압퓨즈

① 퓨즈는 차단기, 변성기, 릴레이의 역할을 수행할 수 있는 단락보호용 기기이다.
② 후비보호 및 말단부하 보호에 사용한다.
③ 퓨즈는 반복 사용이 불가능하다.
④ 3상 중 1상만 용단되면 결상이 될 우려가 크다.

5) 전자개폐기

① 전자개폐기는 전자접촉기와 열동계전기를 조합한 것이다.
② 부하의 빈번한 개폐 및 과부하 보호용으로 사용한다.
③ 전자개폐기 1차 측에서는 일반적으로 배선차단기 또는 저압퓨즈가 후비보호를 담당한다.

6) 저압차단기 비교

항목	저압/기중 차단기	배선차단기	저압퓨즈	전자개폐기
정격차단용량	최대 200[kA]	최대 200[kA]	최대 200[kA]	정격사용전류 10배
동작전류 설정치 조정	가능	가능한 것과 불가능한 것 있음	불가능	시연 Trip만 가능
비고	• 주로 1,000[A] 이상 간선용에 사용 • 보수점검 용이 • 선택협조 상위 CB	• 회로개폐 과부하 전류의 반복차단에 특히 우수 • 충전부 노출 없음	• 한류차단성능이 가장 좋음 • 보호효과 큼 • 차단전류 큼	• 전동기 보호 • 고빈도 개폐가 가장 큰 장점

3 배선차단기 차단협조

1) 선택 차단방식

(1) 정의

사고 시 사고회로에 직접 관계된 보호장치만 동작하고 다른 건전회로는 급전을 계속하는 방식

(2) 조건

① $MCCB_2$의 전차단 시간은 $MCCB_1$의 릴레이 시간보다 짧을 것

② $MCCB_2$의 전자트립 전류값은 $MCCB_1$의 단한시 픽업 전류값보다 작을 것

③ $MCCB_1$ 설치점에서 단락전류는 $MCCB_1$의 정격차단용량을 초과하지 않을 것

④ $MCCB_2$ 설치점에서 단락전류는 $MCCB_2$의 정격차단용량을 초과하지 않을 것

2) Cascade 차단방식

(1) 정의

분기회로 단락전류가 분기회로용 차단기 정격차단용량을 초과한 경우 상위 차단기로 후비보호를 행하는 방식

(2) 조건

① 통과에너지 I^2t가 $MCCB_2$의 허용값을 넘지 않을 것(열적 강도)

② 통과전류의 파고값 I_P가 $MCCB_2$의 허용값을 넘지 않을 것(기계적 강도)

③ $MCCB_2$의 아크에너지는 $MCCB_2$의 허용값을 넘지 않을 것

④ $MCCB_2$의 전차단 특성 곡선과 $MCCB_1$의 개극시간과의 교점이 $MCCB_2$ 정격차단용량 이하일 것

⑤ 고압회로에서는 적용이 불가능하고 고장전류가 10[kA] 이상인 경우 1회에 한하여 적용

(3) 회로 및 동작 특성

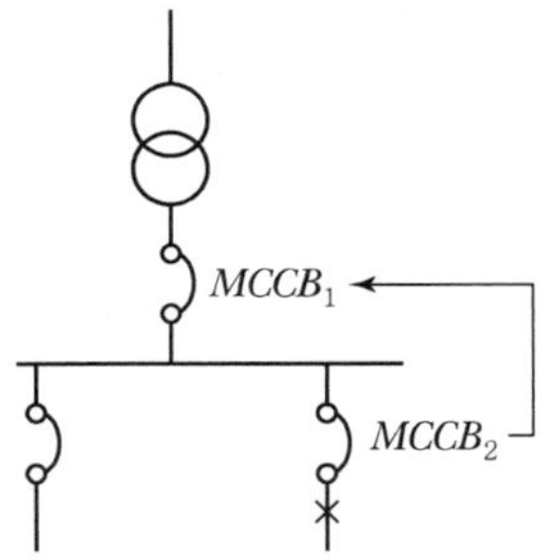

[차단방식]

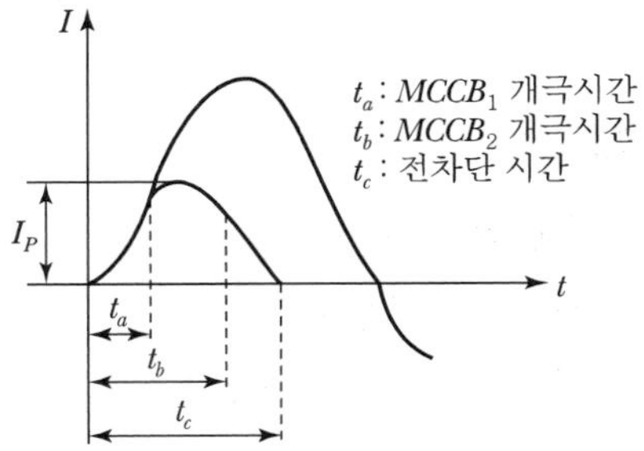

[차단시간]

(4) Flow Chart

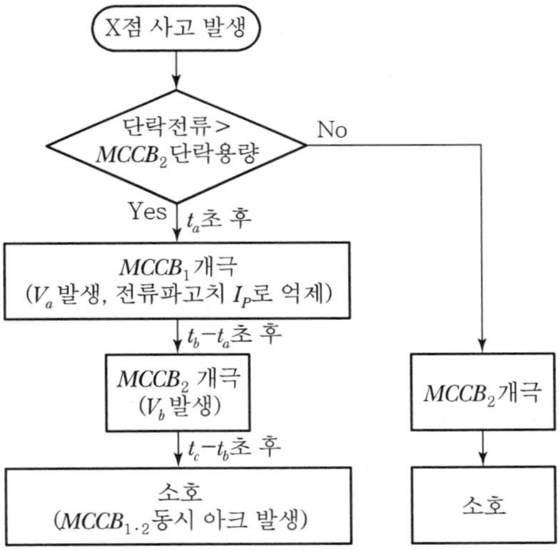

[Flow Chart]

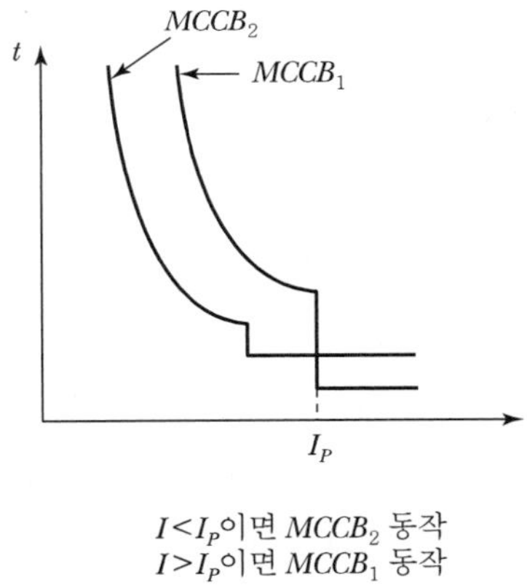

[보호협조]

3) 선택 차단방식과 Cascade 차단방식의 비교

구분	선택 차단방식	Cascade 차단방식
차단방법	사고회선만 차단	주차단기와 차단협조
설비가격	고가	저가
MCCB 차단용량	크다.	작다.
정전구간	사고회선에 한정	주차단기 이하 전체
적용선로	신뢰성 요구장소	경제성 요구장소

10 특고압차단기 종류 및 특징

1 개요

1) 차단기는 **과전류, 단락, 지락, 부족전압** 등 전력계통 이상 시 고장전류를 차단하는 기기로 그 동작횟수에 제한이 있다.
2) 차단기는 부하전류를 개폐하고 고장전류를 신속히 차단하여 선로 및 기기를 보호한다.
3) 차단기 기능 및 구성

기능	구성	선정순서
• 전류 투입/통전 • 고장전류 차단 • 절연기능 • 개폐기능	• 전류 전달부 • 절연부 • 소호장치 • 보조장치	• 예상 Skeleton 작성 및 고장점 선정 • $\%Z$ 선정 및 기준용량 환산 • Z−Map 작성 및 합성 $\%Z$ 결정 • 단락전류 및 차단용량 계산

2 차단기 종류 및 특징

1) 유입차단기(OCB)

① 절연유의 소호작용으로 아크를 소호하는 방식으로 역사가 가장 긴 차단기이다.
② 탱크형과 애자형의 두 가지가 있다.
③ 높은 재기전압 상승률에 대해서도 차단성능이 거의 영향을 받지 않는다.
④ 폭발음을 내지 않으므로 방음 설비가 필요 없다.
⑤ 기름을 사용하므로 화재의 위험성과 보수의 번거로움이 있다.

2) 자기차단기(MBB)

① 아크와 직각으로 아크전류에 의한 전자력을 발생시켜 아크를 소호실로 밀어 넣어 냉각 소호하는 방식이다.
② 전류 차단에 의한 과전압이 발생하지 않아서 직류 차단도 가능하다.
③ 차단기 투입 시 소음이 발생한다.
④ 기름을 사용하지 않으므로 화재 위험이 없고 보수성이 용이하다.

3) 진공차단기(VCB)

① 진공 중의 높은 절연 내력과 아크 생성물의 진공 중 급속한 확산을 이용하여 소호하는 방식이다.

② 차단시간이 짧고 차단성능이 주파수의 영향을 받지 않는다.
③ 저소음 차단기이고 화재의 위험이 없다.
④ 동작 시 이상전압을 발생시킨다.

4) 압축공기차단기(ABB)

① 아크를 26[kg/cm^2] 정도의 강력한 압축공기로 불어서 소호한다.
② 압축공기를 만들기 위해 Compressor가 필요하다.
③ 대전류 차단용으로 개폐빈도가 많은 곳에 사용된다.
④ 보수점검이 간단하다.
⑤ 경제적이다.
⑥ 동작 시 이상전압이 발생한다.
⑦ 회로의 고유주파수에 민감하고 높은 재기전압에 대한 대책이 필요하다.
⑧ 동작 시 폭발음이 발생하므로 소음기가 필수이다.

5) 가스차단기(GCB)

① SF_6 가스의 높은 절연내력과 소호능력을 이용해 소호한다.
② 이중가스압식(15[kg/cm^2], 3[kg/cm^2])과 단일가스압식(4～5[kg/cm^2])이 있는데, 근래에는 단일가스압식이 주로 쓰인다.
③ 차단성능이 뛰어나고 개폐서지가 낮다.
④ 저소음이며 보수점검의 주기가 길다.
⑤ 차단시간이 짧고 BCT 설치가 용이하다.
⑥ 가스의 기밀구조가 필요하고 액화 방지대책이 필요하다.
⑦ 저소음으로 OCB보다 소음이 작다.

3 차단기 종류별 비교

분류	VCB	GCB	ABB	MBB	OCB
소호방식	진공 중의 아크 확산	SF_6 가스 확산	압축공기 소호	아크의 자계작용	오일소호
차단전류[kA]	8～40	20～25	8～40	12.5～50	8～40
차단시간	3	5	3	5	3
연소성	불연성	불연성	난연성	난연성	가연성
보수점검	용이	용이	번잡	약간 번잡	번잡
서지전압	매우 높다.	매우 낮다.	약간 높다.	낮다.	약간 높다.

분류	VCB	GCB	ABB	MBB	OCB
수명	대	대	중	중	중
경제성	고가	고가	중간	중간	염가

4 차단기 용량산정

$$정격차단용량 = \sqrt{3} \times 정격전압 \times 정격차단전류$$

11 직류차단기 자기유지현상

1 개요

1) 차단기의 자기유지현상이란 차단기 트립명령 후에도 통전상태를 유지하는 현상이다.
2) 전류를 차단하는 가장 적절한 시점은 전류가 0점에 도달되는 순간이며, 직류에는 전류 0점이 없기 때문에 자기유지현상이 발생한다.
3) 교류와 직류 비교

교류	직류
자연적으로 전류 0점에 도달되며, 차단기는 이 순간에 전류를 차단할 수 있다.	자연적으로 전류 0점에 도달되지 않으며, 차단기는 전류 차단이 어렵다.

2 직류차단기 특성

1) 강제적으로 전류 0점을 발생시킬 수 있는 장치를 갖추어야 한다.
2) 직류의 크기를 감소시키기 위해 유도성 회로에 저장된 에너지를 소모시켜야 한다.
3) 전류차단에 의해 야기되는 과전압을 억제해야 한다.

3 전류 0점 발생방법

1) 역전압발생방식(Inverse Voltage Generating Method)
2) 역전류주입방식(Inverse Current Injecting Method)

3) 전류전환방식(Current Commutating Method)

4) 발산전류진동방식(Divergent Current Oscillation Method)

12 고압 부하개폐기 종류 및 특징

1 자동 재폐로 장치

1) R/C : Recloser

① 가공배전선로의 **영구사고**를 줄이고 **고장범위**를 최소화하는 목적으로 사용한다.

② 조류, 수목 등에 의한 접촉사고 발생 시 고장구간을 차단하고 사고점 아크를 소멸시킨 후 즉시 재투입한다.

③ R/C의 **동작책무는** CO－15초－CO이고 **재폐로** **동작은** 2～3회이며, 그 이후는 영구사고로 구분하여 완전 차단한다.

2) S/E : Sectionalizer

① 부하전류 개폐만 가능하므로 단독으로 사용하지 못하고 R/C와 조합하여 사용한다.

② 선로사고 발생 시 사고횟수를 감지하여 R/C 동작시키고 무전압 상태에서 고장구간을 분리한다.

③ S/E는 R/C의 부하 측에 설치하고 R/C 동작횟수보다 1회 이상 적은 동작횟수를 설정한다.

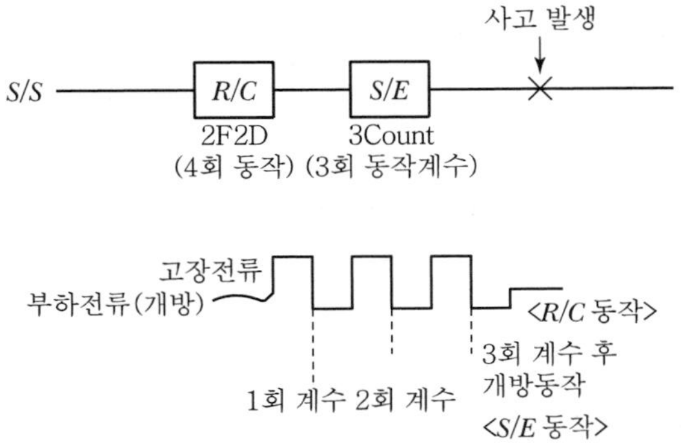

[S/E 동작 메커니즘]

❷ 수변전설비 인입구 시설

1) 인입구 장치

수전 종류	인입구 장치
고압 수전	OS, ASS 등
특고압 수전	• 3,000[kW] 이하의 경우 COS • 7,000[kW] 이하의 경우 Int Sw • 14,000[kW] 이하의 경우 Sectionalizer

2) 인입선 시설

전선 종류	전선 굵기
고압 및 특고압 절연전선	5.0[mm²] 이상
고압 및 특고압 케이블	기계적 강도면의 제한은 없음

3) 인입선 취부높이

인입선 종류	취부 높이
저압 인입선	도로횡단 5[m] 이상
고압 인입선	도로횡단 6[m] 이상, 철도 또는 궤도횡단 6.5[m] 이상

❸ 수변전설비 인입구 개폐기

1) 부하 개폐기(LBS : Load Break Switch)

① 수변전설비 인입구 개폐기로 사용되고 있으며 **PF 용단 시 결상방지**를 목적으로 많이 채용

② 3상 부하가 있는 경우 **부하개폐기(LBS) + 전력퓨즈(PF) 일체형**을 사용하는 것이 바람직

③ PF가 없는 LBS는 LS 대용으로 사용하고 **부하전류**는 개폐할 수 있으나 고장전류는 차단할 수 없음

④ 퓨즈 일체형의 경우 대용량에는 적합하지 않으므로 설계 시 주의

⑤ **정격전류** : 630[A]

2) 선로 개폐기(LS : Line Switch)

① **66[kV] 이상**인 수변전설비 인입구 개폐기로 사용되고 있으며 최근에는 LS 대신 ASS를 사용

② 단로기와 비슷한 용도로 **무부하 상태**에서만 개폐 가능

③ **정격전류** : 400[A], 800[A]

3) 기중부하 개폐기(Int Sw : Interrupter Switch)

① 22.9[kV－Y], 300[kVA] 이하인 수변전설비 인입구 개폐기로 사용

② 부하전류 개폐만 필요로 하는 장소에도 사용 가능(구내선로 간선 및 분기선)

③ 부하전류는 개폐할 수 있으나 고장전류는 차단할 수 없음

④ 정격전류 : 600[A]

4) 자동고장구분 개폐기(ASS : Automatic Section Switch)

① 수변전설비 인입구 개폐기로 사용되고 있으며, 고장구간 자동분리로 사고 확대를 방지

② 22.9[kV－Y] 경우 300[kVA] 초과~1,000[kVA] 이하 수변전설비에 의무적으로 설치

③ 정격전류 : 200[A], 400[A], 정격차단전류 : 900[A], 정격차단용량 : 40[MVA]

④ 탭 정정

상 동작전류 정정	정격전류 × 1.5
지락 최소동작전류 정정	상 동작전류 정정 × 1/2
돌입전류 시간 정정	0.5초, 1초

5) 자동부하전환 개폐기(ALTS : Automatic Load Transfer Switch)

① 22.9[kV－Y] 지중인입선로의 인입구 개폐기로 사용

② 정전 시 주 전원에서 예비전원으로 순간 자동전환되어 무정전 전원공급을 수행하는 3회로 2 스위치 개폐기

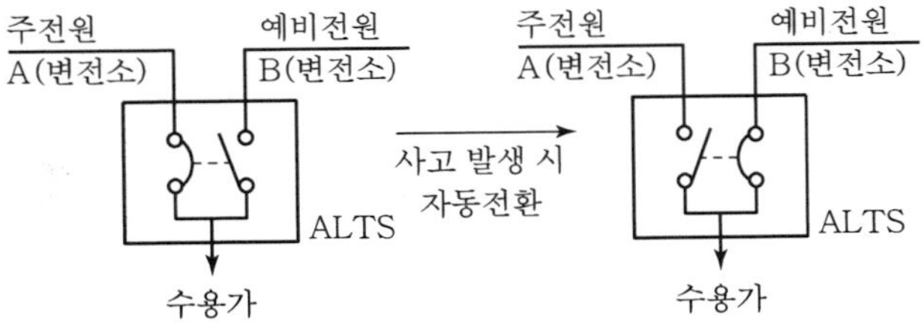

[ALTS 동작원리]

4 기타

1) 컷아웃 스위치(COS : Cut Out Switch)

① 변압기의 과전류 보호와 선로의 개폐를 위하여 사용

② 퓨즈는 고압 및 특고압 2종류가 있으며 변압기용량 300[kVA] 이하 사용

③ 차단용량 10[kA] 이상의 것을 사용

2) 단로기(DS : Disconnecting Switch)

고압 이상 전로에서 단독으로 사용하고 무부하 상태에서만 개폐 가능

13 자동고장구분 개폐기(ASS : Automatic Section Switch)

1 개요

1) ASS는 수변전설비 인입구 개폐기로 사용되고 있으며 고장구간 자동분리로 사고확대를 방지한다.
2) 22.9[kV－Y] 경우 300[kVA] 초과~1,000[kVA] 이하 수변전설비에 의무적으로 설치한다.
3) 배전선로 Recloser 및 변전소 CB와 협조하여 정전을 최소한으로 제어하기 위한 장치이다.

2 적용 범위

1) 300[kVA] 초과~1,000[kVA] 이하는 간이 수전설비를 할 수 있으며 인입구에 ASS를 설치해야 한다.
2) 300[kVA] 이하는 ASS 대신 Int Sw를 사용할 수 있다.
3) 300[kVA] 이하인 경우 PF 대신 COS(10[kA] 이상) 사용 가능 → 가능한 한 PF 사용 권장

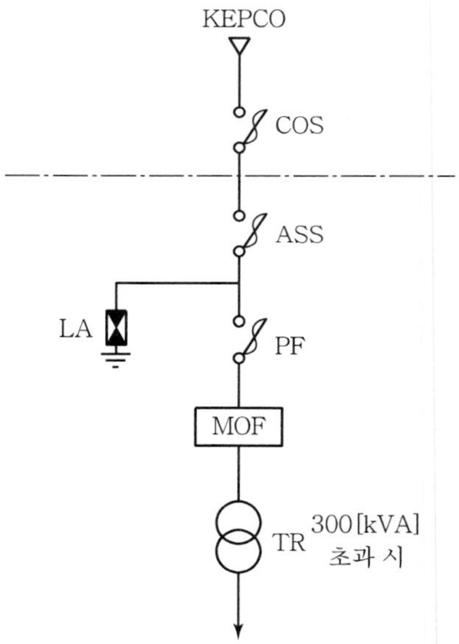

[특고압 간이 수전설비 결선도]

3 ASS 특징

1) 고장구간 자동분리

배전선로 Recloser 및 변전소 CB와 협조하여 1회 순간정전 후 고장구간을 자동 분리

2) 과부하 보호

① 900[A]의 차단능력이 있음

② 800[A] 미만의 과부하 및 이상전류에 대해 자동 차단

3) 투입 및 차단(전부하 상태에서)

① 투입 : 수동투입 방식(최근에는 자동 및 수동 방식)

② 차단 : 자동 및 수동 방식

4) 개폐 조작

스프링 출력에 의한 구조로 작동이 확실하고 신속함

5) 안전성

① 설치 및 취급 간편

② 900[A] 이상의 고장전류 발생 시 Recloser의 협조에 의해 무전압 상태에서 개방

6) 정격

① 정격전압 23[kV]

② 최대설계전압 25.8[kV]

③ 정격전류 200[A]

7) 기능

① 정격에서 200회까지 개폐 가능, 무부하 개폐능력은 1,100회 정도 가능

② 정격 이하

$$\text{개폐 횟수} = 200 \times \left(\frac{\text{개폐시 정격전류}}{\text{부하전류}} \right)^2$$

4 ASS 동작협조

1) 배전선로의 Recloser와 협조

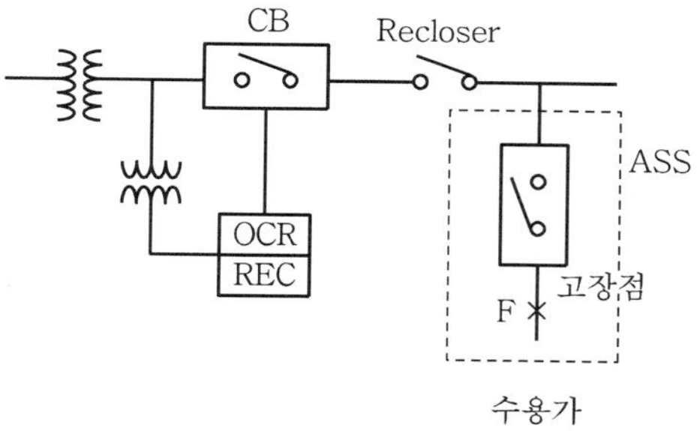

[계통도]

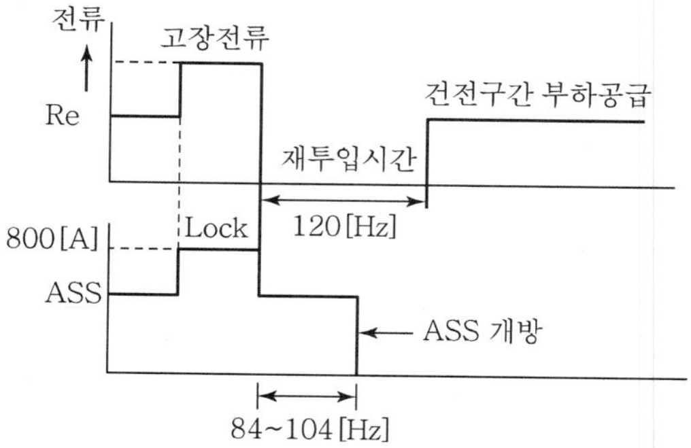

[동작협조]

① 수용가에서 800[A] 이상 고장전류가 발생하면 배전선로의 Recloser가 트립된다.

② Recloser가 개방되어 전원이 없어지면 ASS는 개로 준비시간인 84～104[Hz]를 거쳐 자동으로 트립된다.

③ 트립된 Recloser가 120[Hz] 후에 재투입될 때는 ASS는 개방되어 있기 때문에 고장수용가는 분리되어 계속 전력을 공급할 수 있게 된다.

2) 변전소 CB와 협조

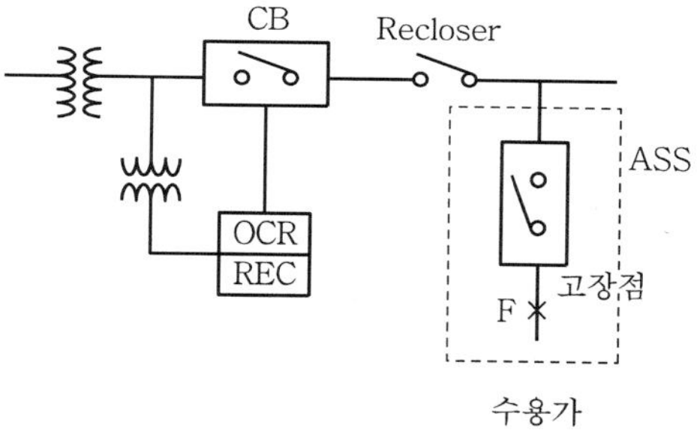

[계통도]

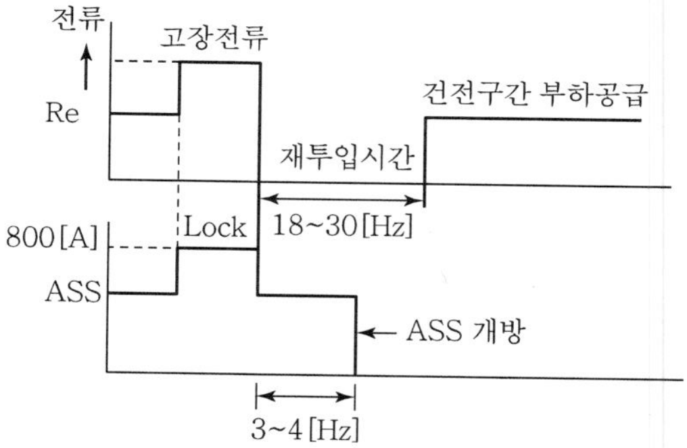

[동작협조]

① 수용가에서 800[A] 이상 고장전류가 발생하면 변전소의 CB가 트립된다.

② CB가 개방되어 전원이 없어지면 ASS는 개로 준비시간인 3～4[Hz]를 거쳐 자동으로 트립된다.

③ 트립된 CB가 18～30[Hz] 후에 재투입될 때는 ASS는 개방되어 있기 때문에 고장수용가는 분리되어 계속 전력을 공급할 수 있게 된다.

14 누전차단기

1 개요

누전차단기는 교류 600[V] 이하의 저압전로에서 누전으로 인한 **감전사고 방지, 전기화재 방지**를 목적으로 사용하는 차단기이다.

2 구조 및 동작원리

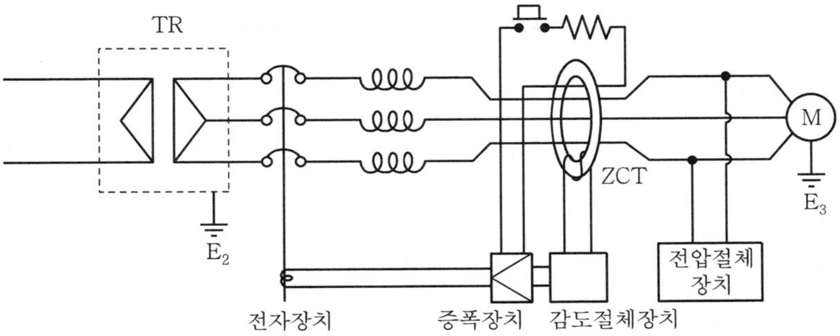

[누전차단기 구성]

1) 지락

지락 발생 → $I_1 \neq I_2$ → ZCT 2차 측 전압유기 → 증폭 → 전자장치 여자 → 차단기 Trip

2) 과부하 및 단락

내장된 기계장치를 이용하여 과부하 및 단락 사고를 검출하고 차단

3) 시험버튼 장치

고의로 영상전류를 흐르게 하여 지락사고에 확실하게 동작하는가를 확인하는 장치

3 종류

동작원리	동작시간	정격감도전류
• 전류형 : 접지식 전로 • 전압형 : 비접지식 전로 • 전력형 : 선택 차단	• 고속형 : 0.1초 이하(인체 0.03초 이하) • 시연형 : 0.1초 초과, 2초 이하 • 반한시형 : 0.2초 초과, 1초 이하	• 고감도형 : 30[mA] 이하(인체 15[mA] 이하) • 중감도형 : 30[mA] 초과, 1,000[mA] 이하 • 저감도형 : 1[A] 초과, 20[A] 이하

4 시설방법

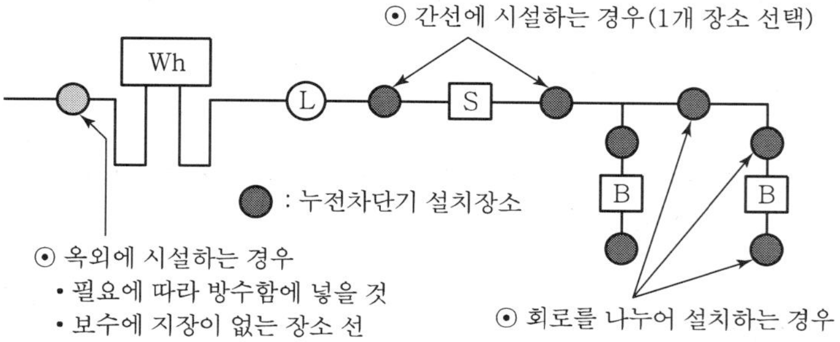

[시설방법]

5 설치장소

1) 60[V]를 초과하는 철제외함
2) 300[V]를 초과하는 저압전로
3) 주택 내 대지전압 150[V] 이상 300[V] 이하 전로 또는 대지전압 150[V] 이상 이동기기
4) 고저압 전로에서 사람의 안전 확보에 지장을 주는 기기
5) 화약고 내의 전기공작물 등 위험물 취급장소
6) 도로바닥 등의 발열선
7) 아케이드 조명설비, 풀장용 수중조명
8) 건축공사의 가설전로, 습기가 많은 장소

6 선정방식

1) 저압전로에는 **전류 동작형**을 선정
2) 인입구 장치에는 **전류 동작형** 또는 **충격파 부동작형**을 선정
3) 감전 보호용으로 **전류 동작형**을 선정
4) 누전화재 방지용으로 **전로를 차단**하는 경우 **ELB 200[mA]**를 사용
5) 누전화재 방지용으로 **경보만 요구**되는 경우 **누전릴레이 500[mA]**를 사용
6) 동작시간 t[sec]와 전류감도 I[mA]의 관계($I \cdot \sqrt{t} < 116$)

7 ELB 부동작 전류

1) ZCT 1차 측 지락전류가 있어도 ELB가 Trip 동작을 하지 않도록 정해 놓은 1차 측 전류의 한계
2) ELB의 불필요한 동작을 방지하기 위해 정해 놓은 전류로 정격감도전류의 50[%] 정도의 전류

8 최근 동향

1) 최근 **저항성분**의 전류에 의해서만 동작하는 누전차단기가 개발
2) 이 누전차단기는 누설전류를 **저항성분**과 **충전전류 성분**으로 분리하고 저항성분의 전류에 의해서만 동작
3) 따라서 정밀한 누설전류 검출이 가능하게 되었고 더욱 안전한 전기 사용이 가능하게 됨

15 대칭좌표법

1 개요

1) 평상시의 3상 교류 회로에서는 발전기의 유기전압 및 선로나 기기의 임피던스가 3상 평형되어 있다.
2) 무부하 전압은 물론 부하전류도 3상 대칭값이 된다. 사고 발생 시 각 상의 임피던스의 불평형을 해석하고 적절한 보호방법을 선정하기 위한 계산으로 대칭좌표법이 널리 사용되고 있다.
3) 대규모의 계통이나 불평형 계통의 경우에 주로 사용한다.

2 정의

비대칭 회로를 계산할 때 회로의 모든 양을 정상, 역상, 영상의 대칭분으로 분해해서 이것들을 각각 대칭회로로 계산하고 그 결과를 다시 합성해서 해를 얻는 기법이다.

3 개념도

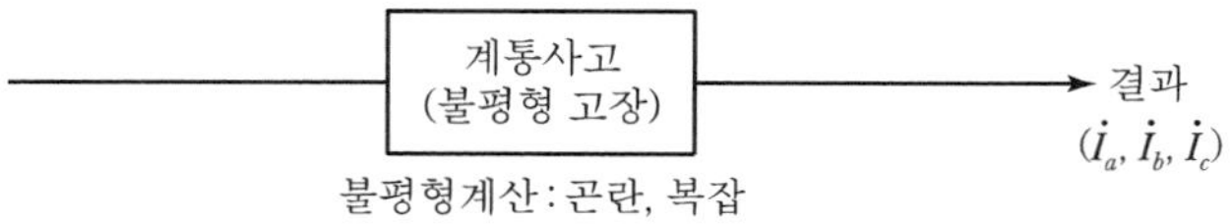

(a) 불평형 계산을 직접 계산하는 방법

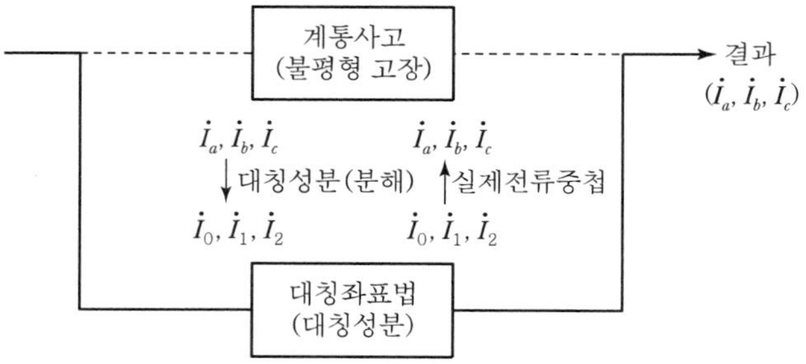

(b) 불평형 계산을 대칭좌표법을 이용하여 계산

[대칭좌표법 개념도]

4 고장계산을 위한 기본사항

1) 고장계산법의 종류

① 3상 회로법 : 계통을 있는 그대로 3상 회로로 표현하여 계산

② 대칭좌표법

㉠ 정상, 역상, 영상 각 대칭분 회로로 나누어 표현

㉡ 각각의 회로에 대칭분 전압, 전류를 구함

㉢ 이것을 중첩하여 합성

㉣ 대규모의 계통이나 불평형 계통의 경우에 사용

2) 벡터연산자(a)

① 3상 전력계통에는 상회전 방향이 있음

② 정상 : 시계방향으로 회전

③ 역상 : 반시계방향으로 회전

④ 즉, 벡터연산자는 허수에서의 j에 대응하는 것이고 벡터의 크기를 바꾸지 않고 위상을 120[°] 진행시키는 기호임

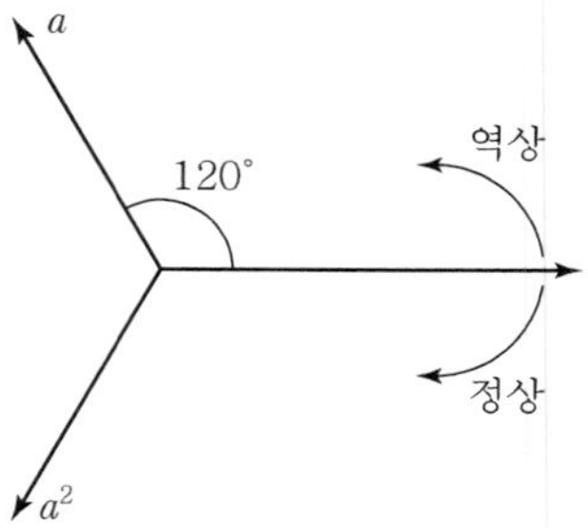

[벡터연산자 개념도]

$$a = 1\angle 120 = -\frac{1}{2} + j\frac{\sqrt{3}}{2}$$

$$a^2 = 1\angle 240 = -\frac{1}{2} - j\frac{\sqrt{3}}{2}$$

$$a^3 = 1,\ 1 + a + a^2 = 0$$

5 대칭좌표법 계산

1) 대칭분 전압 및 전류

각 상 전압 및 전류를 벡터(V_a, V_b, V_c, I_a, I_b, I_c)와 벡터연산자(a)로 나타내면 다음과 같음

$$\left.\begin{aligned} V_1 &= \frac{1}{3}(V_a + aV_b + a^2V_c) \\ V_2 &= \frac{1}{3}(V_a + a^2V_b + aV_c) \\ V_0 &= \frac{1}{3}(V_a + V_b + V_c) \end{aligned}\right\}$$

$$\left.\begin{aligned} I_1 &= \frac{1}{3}(I_a + aI_b + a^2I_c) \\ I_2 &= \frac{1}{3}(I_a + a^2I_b + aI_c) \\ I_0 &= \frac{1}{3}(I_a + I_b + I_c) \end{aligned}\right\}$$

단, V_1, V_2, V_0 : 정상전압, 역상전압, 영상전압

I_1, I_2, I_0 : 정상전류, 역상전류, 영상전류

① 위와 같이 구한 정상전압 V_1은 원래의 3상 불평형 전압과 같은 상회전의 3상 평형전압을 나타냄

② 역상전압 V_2은 원래의 상회전을 반대로 한 3상 평형전압을 나타냄

③ 영상전압 V_0은 각 상 동일한 단상 평형전압을 나타내게 됨

2) 중첩하여 합성

① 위에서 구한 대칭분의 계산결과를 다시 원래의 각 상 성분으로 변화시키는 데는 다음의 식을 사용

$$\left.\begin{aligned} V_a &= V_1 + V_2 + V_0 \\ V_b &= a^2 V_1 + a V_2 + a V_0 \\ V_c &= a V_1 + a^2 V_2 + V_0 \end{aligned}\right\}$$

$$\left.\begin{aligned} I_a &= I_1 + I_2 + I_0 \\ I_b &= a^2 I_1 + a I_2 + a I_0 \\ I_c &= a I_1 + a^2 I_2 + I_0 \end{aligned}\right\}$$

② 즉, 아래와 같이 대칭분 전압 V_1, V_2, V_0는 위의 식에 의해 원래의 각 상 전압 V_a, V_b, V_c로 합성할 수 있음

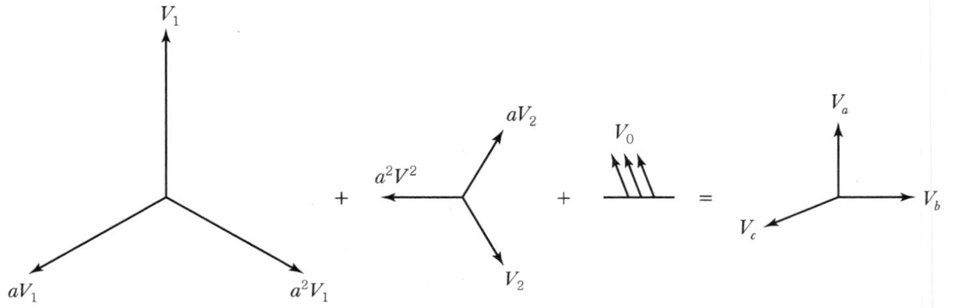

[대칭분 합성]

6 맺음말

1) 계통의 고장은 평형고장과 불평형 고장으로 구분할 수 있고 고장해석 시 평형고장은 Ω법, % 임피던스법 PU법을 사용하고 불평형 고장에는 대칭좌표법을 사용한다.
2) 대칭좌표법은 대칭분(정상, 영상, 역상)을 구한 후 대칭분과 벡터연산자를 중첩하여 합성한 후 각 성분을 구하는 방법으로, 불평형 고장으로 발생하는 과전압 및 전류를 계산하여 차단기의 용량결정, 보호계전기의 정정, 직렬기기의 기계적 강도 등을 결정하기 위해서 사용한다.

CHAPTER

11

전력퓨즈

01 전력퓨즈 원리와 정격

1 개요

1) **전력퓨즈**는 차단기, 변성기, 릴레이의 역할을 수행할 수 있는 **단락보호용** 기기로서 소호방식에 따라 **한류형**과 **비한류형**으로 구분된다.
2) 전력퓨즈의 경우 차단기에 비해 가격이 저렴하고 소형 · 경량이며 한류 특성이 우수해 현장에서 많이 사용되고 있으나 일회성이므로 다른 개폐기와 보호협조에 신중을 기해야 한다.

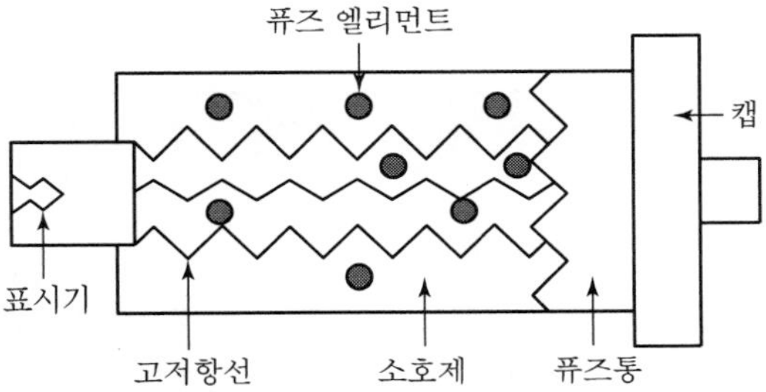

[한류형 퓨즈 구조]

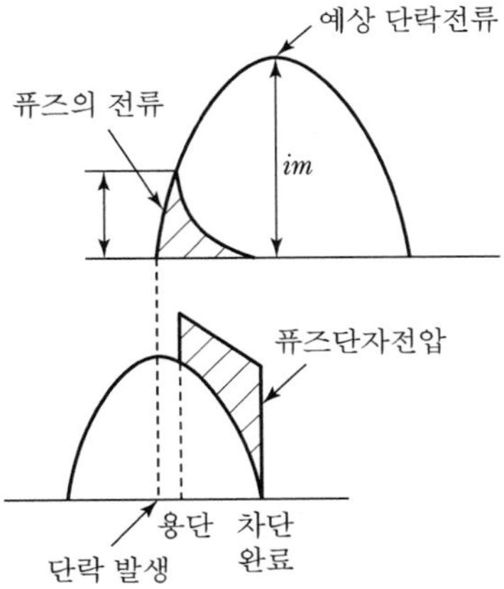

[한류형 퓨즈의 차단현상]

2 구조 및 원리

1) 높은 **아크저항**을 발생시켜 고장전류를 강제로 차단하며 한류형의 경우 **전압 0점**에서 차단한다.
2) 한류형 퓨즈는 소호원리상 **아크전압**이 높으며 일반적으로 정격전압 파고치의 3배까지 허용된다.

3 전력퓨즈 종류

구분	한류형	비한류형
소호방식	높은 아크저항을 발생시켜 강제로 차단한다(전압 0점에서 차단).	소호가스로 극 간의 절연내력을 높여 차단한다(전류 0점에서 차단).
장점	• 소형이다. • 한류효과 커서 백업용으로 적당하다. • 차단용량이 크다.	• 과전압이 발생하지 않는다. • 과부하 보호가 가능하다. • 퓨즈가 녹으면 반드시 차단한다.
단점	• 과전압이 발생한다. • 최소차단전류가 존재한다.	• 대형이다. • 한류효과가 적다.
전차단 시간	0.5[Hz]	0.65[Hz]

4 전력퓨즈 특성

특성	내용	적용
단시간 허용 특성	열화를 일으키지 않는 I와 t의 관계	퓨즈 정격전류 선정
용단 특성	일정전류를 보내 용단시킨 경우 I와 t의 관계	–
전차단 특성	고장 발생, 용단, 아크소멸까지 I와 t의 관계	보호협조 검토
한류 특성	단락전류가 흐를 경우 어느 정도까지 억제 가능한가를 나타낸 특성	• 차단기 : 3~8[Cycle] • PF : 0.5[Cycle]
I^2t 특성	전류 순시치의 2승 적분치를 나타낸 특성	후비보호용

5 전력퓨즈 장단점 및 보안대책

장점	단점	보안대책
• 가격 저렴 • 소형 · 경량 • 차단 시 무소음(한류형) • 현저한 한류 특성(한류형) • 완벽한 후비보호	• 결상 우려 • 재투입 불가 • $I-t$ 특성 조정 불가 • 차단 시 과전압 발생(한류형) • 비보호 영역이 있음(한류형)	• 용도 한정 • 큰 정격전류 선정 • 절연협조 고려 • 과소 정격의 배제 • 동작 시 전체 상 교체

6 전력퓨즈 정격선정

1) 정격전압 선정

① 전력퓨즈에 가할 수 있는 전압의 최대값, 즉 회로최고전압을 의미하며 선간전압의 실효치로 표시한다.

$$정격전압 = 공칭전압 \times \frac{1.2}{1.1}$$

② 한류형 퓨즈는 차단 시 **과전압**이 발생하므로 회로전압보다 한 단계 높은 것의 사용을 피해야 한다.

전선로의 공칭전압(kV)	퓨즈의 정격전압(kV)
3.3	3.6
6.6	7.2

2) 정격전류 선정

구분	내용
일반적 회로	• 상시 부하전류 안전통전, 반복부하 충분한 여유 • 과부하 및 과도돌입전류는 단시간 허용 특성 이하 • 타 기기와 보호협조
변압기	• 상시 부하전류 안전통전 • 과부하 및 여자돌입전류는 단시간 허용 특성 이하 • 2차 측 단락 시 변압기 보호
전동기	• 상시 부하전류 안전통전 • 과부하 및 시동전류는 단시간 허용 특성 이하 • 빈번한 개폐나 역전 시에도 퓨즈가 열화되지 않을 것
콘덴서	• 상시 부하전류 안전통전 • 과부하 및 과도돌입전류는 단시간 허용 특성 이하 • 콘덴서 파괴 확률 10[%] 특성이 퓨즈 전차단 특성보다 우측에 있을 것

3) 정격차단용량 선정

① 퓨즈가 차단할 수 있는 **전류의 최대값**을 의미한다.

② 교류성분의 대칭분 실효치로 나타내며 일반적으로 [kA]로 표시한다.

$$K_1 = \frac{최대\ 비대칭\ 단락전류\ 실효치}{대칭\ 단락전류\ 실효치}\ (선로역률이\ 나쁠수록\ 크다)$$

③ 정격차단용량 예

정격전압[kV]	정격차단전류[kA]				
7.2	8	12.5	20	31.5	40
25.8	12.5 이상의 것				

4) 최소차단전류 선정

① 퓨즈가 차단할 수 있는 전류의 최소값을 의미한다.
② 최소 차단전류 이하에서 동작하지 않도록 큰 정격의 전력퓨즈를 사용한다.
③ 최소 차단전류 이하는 다른 기기로 보호시킨다.
④ 한류형 퓨즈의 경우 단락전류는 바로 차단하나 과전류는 차단하지 않는다.

7 전력퓨즈와 차단기 비교

구분	전력퓨즈(한류형)	차단기
역할	단락전류를 차단	과부하, 단락, 지락, 부족전압 차단
목적	경제적인 설계, 직렬기기 비용 감소	보호협조 체계를 구성
차단시간	0.5[Cycle]에 차단하고 전압 0점에서 차단	3～5[Cycle]에 차단하고 전류 0점에서 차단
소호 메커니즘	• 0.01초 이상에서 3가지 영역 있으나 사용 안 함 • 0.01초 이하에서 한류 특성이 우수	• 10초 이상에서는 열동형의 반한시 작동 • 0.1～0.5초 범위는 선정 차단점에서 작동

8 전력퓨즈와 각종 개폐기 비교

구분	회로 분리		사고 차단	
	무부하	부하	과부하	단락
전력 퓨즈	○	–	–	○
차단기	○	○	○	○
개폐기	○	○	○	–
단로기	○	–	–	–
전자 접촉기	○	○	○	–

9 맺음말

1) 정격선정에 필요한 **단시간 대전류 특성**은 동일 정격전류라도 용단 특성이 각 회사마다 다르므로 설계 시 Maker의 동작 특성 곡선을 참고하여 **과도돌입전류** 이상 ANSI Point 이하로 선정해야 한다.
2) **용단 특성**과 **불용단 특성**을 동시에 만족하기는 어려우므로 먼저 불용단 특성에 맞는 PF를 선정 후 용단 특성에 맞는 PF를 선정하도록 해야 한다.

02 전력퓨즈 특성

1 단시간 허용 특성

1) 열화를 일으키지 않는 전류와 시간의 관계를 나타낸 특성이다.
2) 용단 특성을 왼쪽으로 20～50[%] 평행이동시킨 것으로 퓨즈 정격전류 선정에 기초가 되는 중요한 특성이다.

2 용단 특성

1) 일정 전류를 보내 용단시킨 경우 전류와 시간의 관계를 나타낸 특성이다.
2) 최소 용단 특성, 평균 용단 특성, 최대 용단 특성이 있다.

3 전차단 특성

1) 고장 발생 → 용단 → 아크 소멸까지 전류와 시간의 관계를 나타낸 특성이다.
2) 보호협조 검토에 적용한다.

4 한류 특성

1) 단락전류가 흐를 경우 어느 정도까지 억제 가능한가를 나타낸 특성으로 다른 기기에서 볼 수 없는 한류형 퓨즈만의 귀중한 특성이다.
2) 열적 강도 : 1/30, 기계적 강도 : 1/50 경감
3) 용단시간 : 0.1[cycle], Arc 시간 : 0.4[cycle], 전차단시간 : 0.5[cycle]

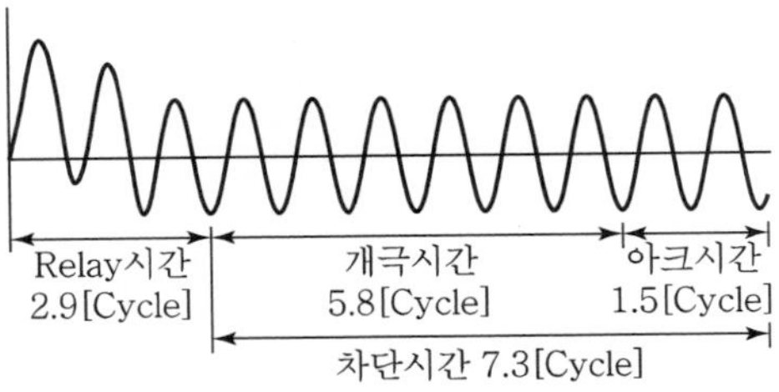

[고압차단기의 차단시간]

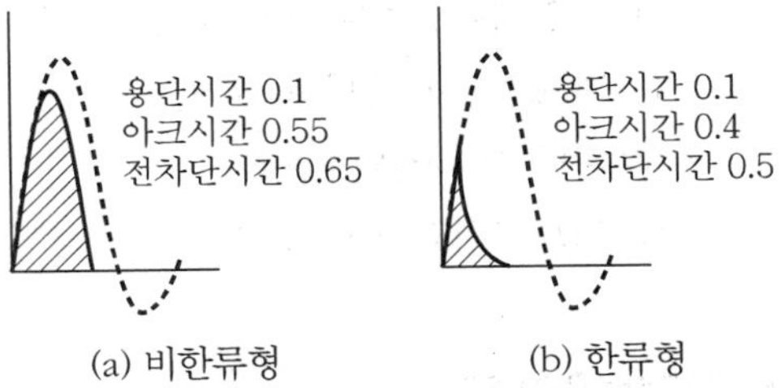

[퓨즈의 차단시간]

5 I^2t 특성

1) 일정기간 중 전류 순시치의 2승 적분치를 나타낸 특성이다. 즉, 퓨즈의 열적 에너지 특성이다.
2) 후비보호용으로 퓨즈를 사용할 때 열적응력을 검토하기 위해 사용한다.

03 전력퓨즈의 장단점 및 단점보완대책

1 장단점

1) 장점

① 현저한 한류 특성을 가짐
② 후비보호에 완벽함
③ 한류형 퓨즈는 차단 시 무음 무방출
④ 고속도차단을 함
⑤ 릴레이나 변성기가 불필요
⑥ 소형 · 경량
⑦ 소형으로 큰 차단용량을 가짐

2) 단점

① 재투입이 불가
② 한류형의 경우 용단되도 차단되지 않는 영역이 있음
③ 동작시간－전류 특성의 조정 불가
④ 고임피던스 계통에서 지락보호 불가능
⑤ 과도전류에 용단될 수 있음
⑥ 차단 시 과전압 발생
⑦ 비보호영역이 있어 사용 중 결상의 우려가 있음

2 단점보완대책

1) 용도의 한정
① 단락 시에만 동작하도록 변경
② 상시 과부하를 차단하는 곳, 전력퓨즈 동작 직후에 재투입이 필요한 곳은 쓰지 않음

2) 과도전류가 안전통전 특성 내에 들어가도록 큰 정격전류 선정
3) 사용 시 계획, 용도, 회로 특성, 전류－시간 특성을 비교해 적절한 정격전류를 선정

4) 과소 정격의 배제
① 최소 차단전류 이하에서 동작하지 않도록 큰 정격전류 선정
② 최소 차단전류 이하는 다른 기기로 보호

5) 동작 시 전체 상 교체
① 단락보호만, 과부하는 다른 기기로 보호
② 동작 시 전체 상 퓨즈 교체

6) 절연강도의 협조
회로의 절연강도가 퓨즈의 과전압보다 높은 것을 확인해야 함

04 전력퓨즈의 한류 특성

1 개요

1) 전력퓨즈의 한류 특성은 퓨즈 이외의 기기에서는 낼 수 없는 귀중한 특성이다.
2) 퓨즈보호의 특성이며 전류가 커질수록 시간이 짧아진다.

2 한류 특성

1) 고압차단기의 정격값으로 사고를 차단한 경우

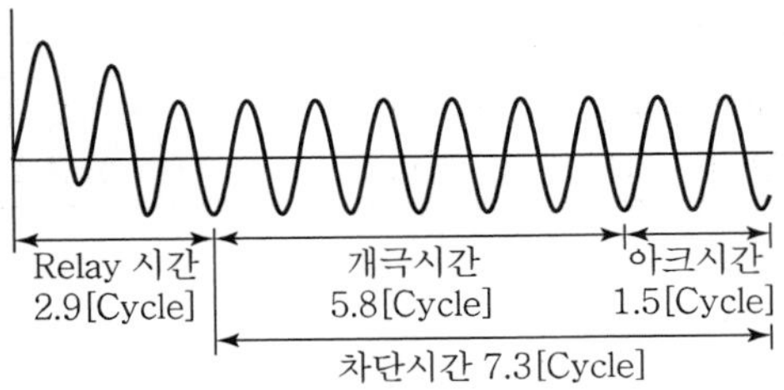

[고압차단기의 차단시간]

2) 전력퓨즈의 정격값으로 사고를 차단한 경우

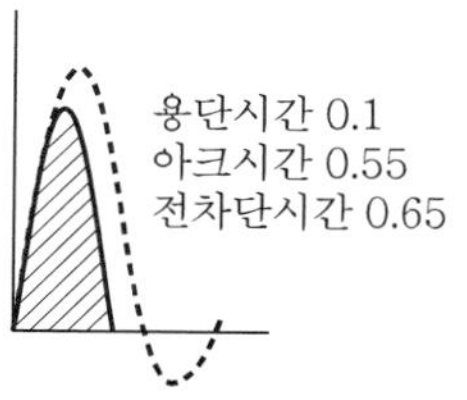

[비한류형]

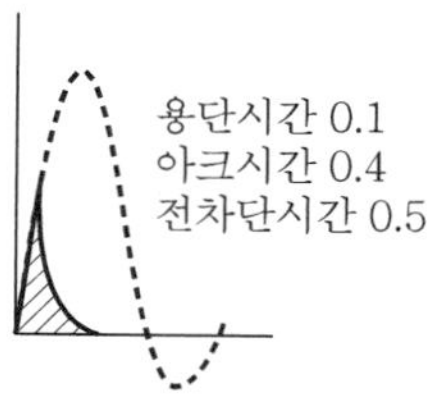

[한류형]

3) 차단기는 전차단시간이 10[Cycle]로 길고 파고값이 높음
4) 전력퓨즈는 전차단시간이 한류형은 0.5[Cycle], 비한류형은 0.65[Cycle]로 짧아서 파고값이 낮아 직렬기기의 열적, 기계적 강도를 낮출 수 있음

3 퓨즈의 종류(소호방식에 따른 분류)

1) 한류형 퓨즈 : 전압 '0'점에서 차단

① 퓨즈 안에 엘리먼트와 규소를 밀봉함
② 높은 아크 저항을 발생시켜 사고 전류를 강제적으로 차단

2) 비한류형 퓨즈 : 전류 '0'점에서 차단

① 파이버와 붕산에서 발생하는 가스를 이용함
② 소호가스가 극 간의 절연내력을 재기전압 이상으로 높여서 차단

4 한류형과 비한류형의 비교

구분	장점	단점
한류형 퓨즈	• 한류 특성이 크다. • 소형이며 차단용량이 크다.	• 과전압이 발생한다. • 최소차단전류가 있다.
비한류형 퓨즈	• 과전압이 발생하지 않는다. • 용단되면 반드시 차단된다.	• 대형이다. • 한류 특성이 작다.

05 전력퓨즈의 동작 특성

1 전력퓨즈의 전류 – 시간 특성

1) 퓨즈는 전류와 시간의 관계에서 전류가 커질수록 시간이 짧아지는 특성이 있음

2) $\frac{1}{2}$[Cycle] 이하에서 한류작용이 크게 나타남

3) 한류작용이 없는 0.01초 이상의 영역과 0.01초 이하의 영역이 구분됨

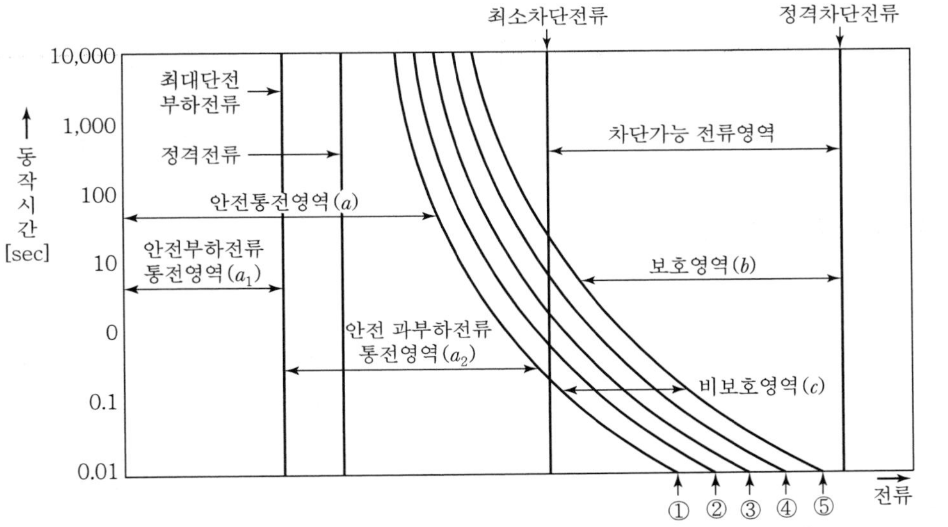

① 단시간 허용 특성, ② 최소 용단 특성, ③ 평균 용단 특성, ④ 최대 용단 특성, ⑤ 전차단 특성

[전력퓨즈의 전류 – 시간 특성]

2 동작시간 0.01초 이상의 동작 특성

1) 안전통전영역

① 안전부하전류 통전영역과 안전 과부하전류 통전영역이 있음

② 단시간 허용 특성은 퓨즈 엘리먼트를 사용하고 있는 재료의 내열 특성으로 결정

③ 고압퓨즈에는 은이 다른 재료에 비해 고온열화가 아주 적어서 안전 과부하전류 통전영역을 넓히기 위해 사용

2) 보호영역

① 퓨즈는 연동적으로 작용, 대전류 영역에서는 아주 빨리 동작

② 소전류 영역에서는 장시간 동작해 통과 전류의 변화에 비해 용단 시간의 변화가 크며 그 변화도 크게 되어 신뢰성이 낮음

③ 이 특성은 일반적으로 퓨즈는 단락보호에는 최적이나 과부하보호는 적용되지 않음

3) 비보호영역

① 안전통전영역과 보호영역 사이에 들어가는 영역으로 퓨즈는 보호되지 않음

② 용단하지 않아도 손상, 열화할 우려가 있는 영역

③ 대비책

㉠ 큰 정격전류를 적용시켜 안전통전시킴

㉡ 다른 차단장치(차단기 또는 저압퓨즈)로 안전통전영역대를 차단 · 보호시킴

3 동작시간 0.01초 이하의 동작 특성

이 영역에서는 차단기는 동작하지 않으나 퓨즈는 동작하므로 주의가 필요함

1) 단시간 I^2t

① 퓨즈가 수용할 수 있는 열에너지의 한계치

② 전류가 크면 허용시간이 짧음. 허용열에너지는 단시간 허용 I^2t가 일정함

③ 단시간 허용 I^2t가 일정한 것은 퓨즈의 단점 중 하나임

④ 과도전류 I^2t < 단시간허용 I^2t가 아닐 경우 용단 · 열화됨

2) 차단 I^2t

① 퓨즈가 차단 완료할 때까지 회로에 유입되는 열에너지

② 미소동작시간의 보호영역은 차단 I^2t 특성이 적용됨

③ 피보호기기 I^2t(내량) > 퓨즈 I^2t일 때 완전히 보호됨

3) 통과전류 파고치(i_p)

① 한류작용으로 사고 시 한류 특성

② 열적 강도 $\frac{1}{30}$, 기계적 강도 $\frac{1}{50}$ 경감

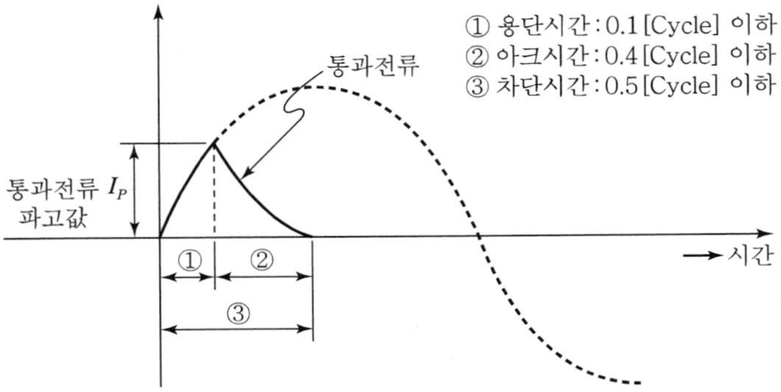

[한류형 퓨즈의 동작 특성]

06 VCB와 전력용 퓨즈의 차단용량 결정 시 비대칭분에 대한 영향

1 개요

1) 차단용량 $P_s = \sqrt{3} \cdot V \cdot I_s$로 계산함

2) 여기서, 단락전류 I_s는 교류분만을 표시하는 대칭 전류분과 비대칭 전류분을 포함

3) 단락전류의 구성

2 VCB와 전력 Fuse의 비대칭 전류 영향

1) VCB와 전력퓨즈의 전류차단 시 파형 비교

① VCB

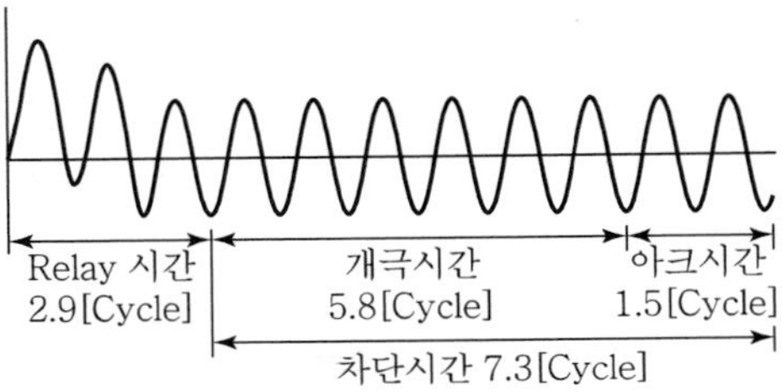

[고압차단기의 차단시간]

② 전력퓨즈

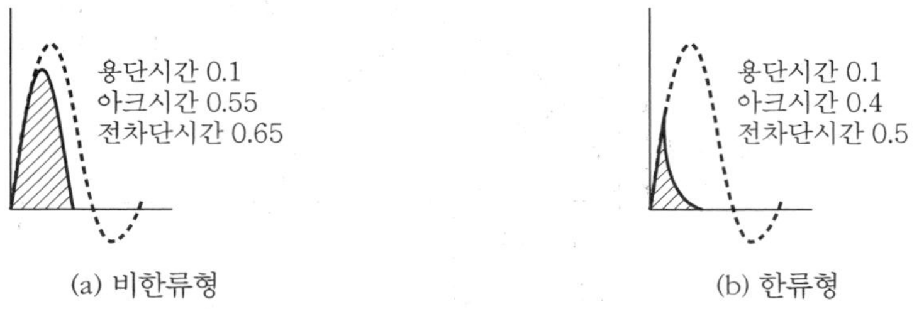
용단시간 0.1
아크시간 0.55
전차단시간 0.65
(a) 비한류형
용단시간 0.1
아크시간 0.4
전차단시간 0.5
(b) 한류형

[VCB와 전력퓨즈의 전류 차단 시 파형]

2) 비대칭 단락전류의 적용(k)

① 비대칭 단락전류

$$I_{SA} = I_s \times k$$

② 비대칭 계수 k

㉠ k_1 : 단상 최대 비대칭 계수(PF)

㉡ k_3 : 3상 평균 비대칭 계수(ACB, VCB, $MCCB$)

③ k값의 적용

구분	전원에 가까운 장소	전원에 멀리 떨어진 장소
k_1	1.6	1.4
k_3	1.25	1.1

3) VCB의 비대칭 전류 영향

① VCB는 차단시간이 5~7[Cycle]인 관계로 단락 순시 전류는 생각하지 않는다.

② VCB의 비대칭계수는 k_3이며 3상 평균 비대칭 계수에 해당된다(1.1~1.25 적용).

③ VCB의 용량계산 $P_s = \sqrt{3} \times V \times I_s \times k_3$ (1.1~1.25)

4) 퓨즈의 비대칭 전류 영향

① 차단시간이 0.5[Cycle]인 관계로 비대칭 단락전류를 고려한다.

② 퓨즈의 비대칭계수는 k_1이며 단상최대 비대칭계수를 적용한다(1.4~1.6).

5) 단락 발생 순간 전압의 위상과 역률에 의해 어떤 크기의 직류가 중첩된다.

6) 이것은 곧 감쇠하지만(2.5[Cycle]) 고속도 차단하는 MCCB나 Fuse는 문제가 된다.

CHAPTER

12

콘덴서

01 전력의 종류와 역률

1 전력의 종류

1) 유효전력(Active Power)

① 전원에서 공급되는 전력 중 저항성 부하에 공급되어 부하에서 실제로 소비되는 전력

② 터빈에 공급되는 증기의 양과 같음

$$P = VI\cos\theta[\mathrm{W}]$$

2) 무효전력(Relative Power)

① 교류회로, 즉 용량성, 유도성 회로에서는 전원 측으로부터 공급된 에너지가 자기에너지, 정전에너지로 변환되어 부하 측에 축적된 후 다시 전원 측으로 되돌려지는데, 이와 같이 아무 일도 하지 않고 부하 측과 전원 측을 왕복하는 전력을 무효전력이라 한다.

② 회전자에 공급되는 계자전류로 조정

$$P = VI\sin\theta[\mathrm{VAR}]$$

3) 피상전력

① 전원용량을 나타내는 데 사용하는 겉보기 전력

② 피상전력

$$P = VI[\mathrm{VA}]$$

2 역률

1) 역률이란 전원에서 공급된 전력이 부하에서 얼마나 유효하게 이용되는지를 나타내는 척도이다.

2) 피상전력에 대한 유효전력의 비

$$\cos\theta = \frac{R}{Z} = \frac{\text{유효전력}}{\text{피상전력}}$$

3) 유효전력은 $P = VI\cos\theta[\mathrm{W}]$로 표현되고 θ는 전압과 전류의 위상차를 의미한다.

4) 역률이 큰 경우에는 유효전력이 피상전력에 근접하므로 설비용량 여유도가 증가하고 전압강하, 전력손실, 전력요금이 감소한다.

5) 역률 개선방법 및 효과 · 문제점

개선방법	설치효과	문제점
• 병렬로 콘덴서 설치 • 동기조상기 • 발전기회전자의 계자조정 • 분로 리액터	• 설비용량 여유도 증가 • 전압강하 경감 • 전력손실 경감 • 전력요금 경감	• 과보상 문제 • 개폐 시 특이현상 • 열화에 의한 2차 피해 • 고조파 공진 발생

02 전력용 콘덴서 역률 개선 원리와 설치효과

1 개요

1) 전력용 콘덴서는 무효전력을 보상하는 장치로 전력용 콘덴서를 병렬로 설치하면 역률 개선 효과를 볼 수 있지만 각종 문제가 발생하므로 주의가 필요하다.

2) 전력용 콘덴서 설치효과와 문제점 및 대책

설치효과	문제점	대책
• 설비용량 여유도 증가 • 전압강하 경감 • 전력손실 경감 • 전력요금 경감	• 과보상 문제 • 개폐 시 특이현상 • 열화에 의한 2차 피해 • 고조파 공진 발생	• APFR 설치 • 직렬 리액터, 방전장치 설치 • VCS, GCS 설치 • 적정 보호방식 선정

2 역률 개선 원리

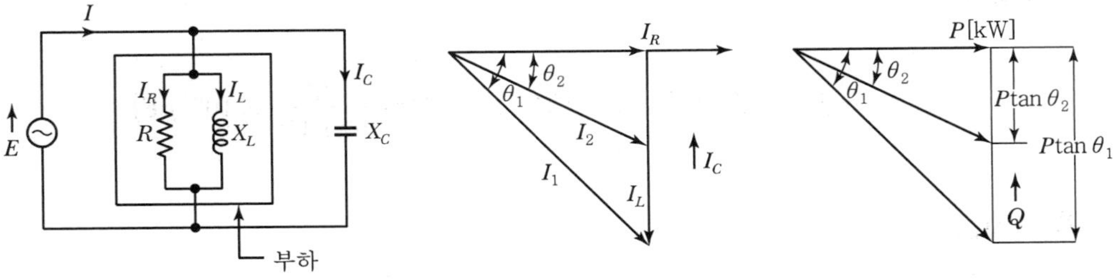

[콘덴서의 역률 개선 원리]

$\cos\theta_1$: 개선 전 역률, $\cos\theta_2$: 개선 후 역률, P : 부하전력[kW]

1) 전력부하는 R과 X_L에 의해 θ만큼 위상차가 발생한다(지상역률).

2) 부하에 병렬로 X_C를 접속하면 I_L과 I_C가 상쇄되어 역률이 개선된다.

3) 콘덴서 용량

$$Q_C = P \cdot (\tan\theta_1 - \tan\theta_2)$$

3 설치방법

구분	중앙 설치	중앙 분산 설치	부하 말단 설치
구성도	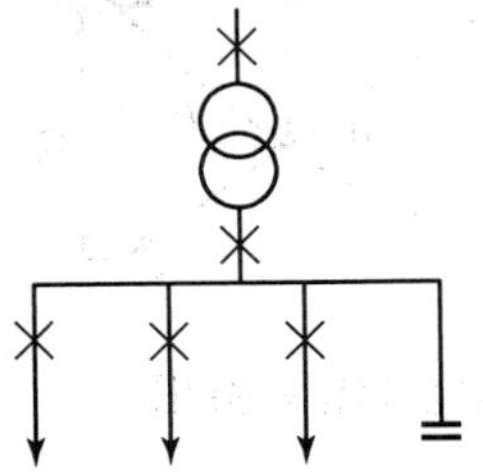	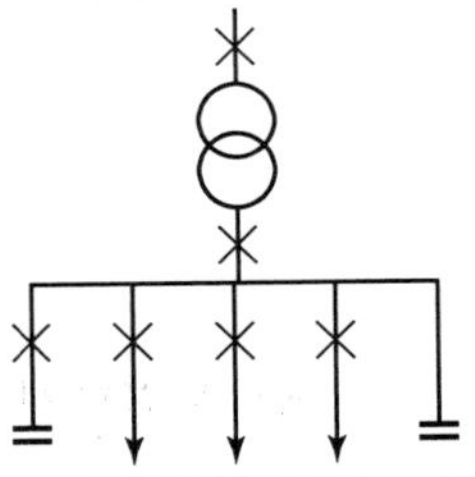	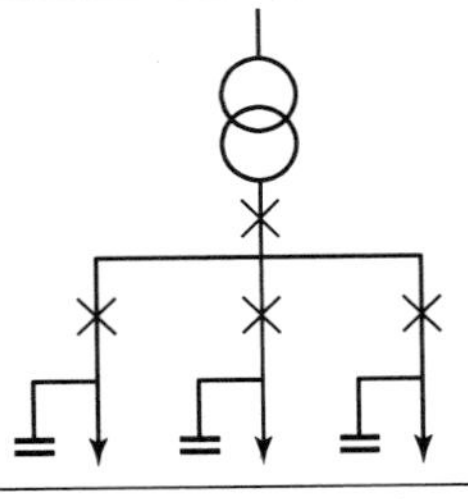
개선효과	나쁨	보통	좋음
보수점검	좋음	보통	나쁨
경제성	좋음	보통	나쁨

4 전력용 콘덴서 용량계산

1) Y결선

$$Q = 2\pi f CV^2 \times 10^{-9}[\text{kVar}] \rightarrow C = \frac{Q}{2\pi f V^2} \times 10^9[\mu\text{F}]$$

2) Δ결선

$$Q = 6\pi f CV^2 \times 10^{-9}[\text{kVar}] \rightarrow C = \frac{Q}{6\pi f V^2} \times 10^9[\mu\text{F}]$$

5 설치효과

1) 설비용량 여유도 증가

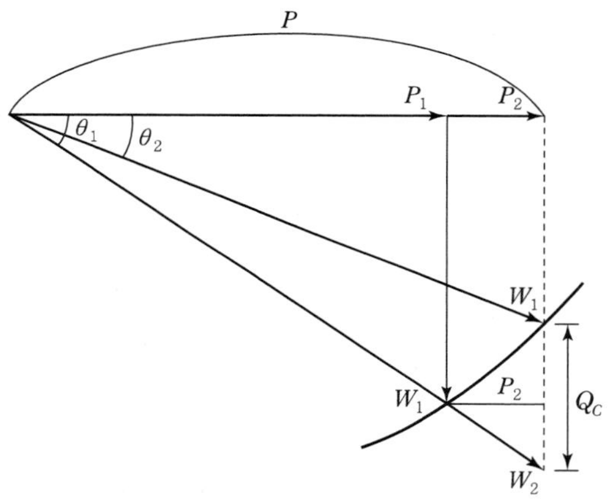

[콘덴서 설치 시 설비용량 여유도 증가]

(1) 전력용 콘덴서 용량

$$Q_c = P(\tan\theta_1 - \tan\theta_2) = W_1\cos\theta_2(\tan\theta_1 - \tan\theta_2)$$

(2) 증가 유효 전력

$$P_2 = P - P_1 = W_1\cos\theta_2 - W_1\cos\theta_1 = W_1(\cos\theta_2 - \cos\theta_1)$$

(3) 증가 피상 전력

$$W_2 = \frac{P_2}{\cos\theta_1} = \frac{W_1(\cos\theta_2 - \cos\theta_1)}{\cos\theta_1} = W_1\left(\frac{\cos\theta_2}{\cos\theta_1} - 1\right)$$

2) 전압강하 경감

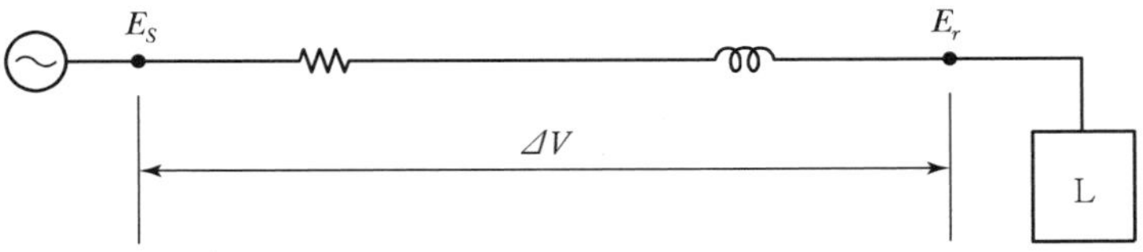

[콘덴서 설치 시 전압강하 경감]

① 무효전류 증가 시 배전선 및 기기의 전력손실이 증가함

② 무효전류 감소 시 전압강하가 경감됨

③ 콘덴서 설치 효과

㉠ 콘덴서 설치 전 전압강하

$$\begin{aligned}\Delta V &= E_s - E_r \\ &= I(R\cos\theta_1 + X\sin\theta_1) = \frac{P_r}{E_r\cos\theta_1}(R\cos\theta_1 + X\sin\theta_1) \\ &= \frac{P_r}{E_r}(R + X\tan\theta_1)\end{aligned}$$

㉡ 콘덴서 설치 후 전압강하

$$\Delta V' = \frac{P_r}{E_r}(R + X\tan\theta_2)$$

㉢ 전압강하 경감

$$\Delta V - \Delta V' = \frac{P_r X}{E_r}(\tan\theta_1 - \tan\theta_2) \rightarrow \Delta V > \Delta V'$$

$$(\theta_1 > \theta_2) \rightarrow (\cos\theta_1 < \cos\theta_2) \rightarrow (\tan\theta_1 > \tan\theta_2)$$

3) 변압기 및 배전선 손실 경감

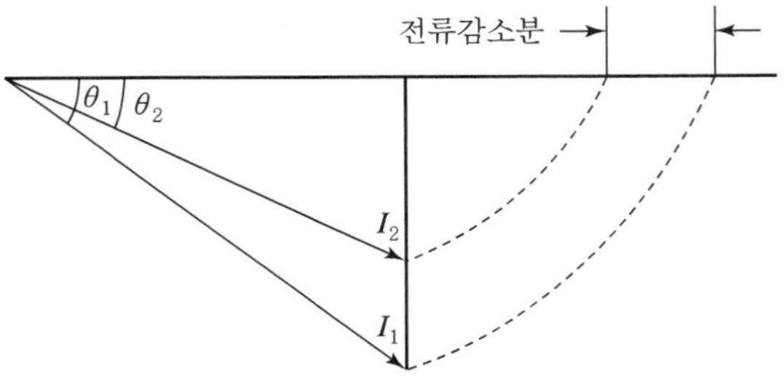

[콘덴서 설치 시 변압기 및 배전선 손실 경감]

(1) 전력손실

$$P_l = I^2 R$$

$$P_l = \left(\frac{P}{E\cos\theta}\right)^2 R = \frac{P^2}{E^2\cos^2\theta} R \rightarrow \therefore P_l \propto \frac{1}{\cos^2\theta}$$

즉, 전력손실은 역률의 제곱에 반비례한다.

(2) 전력손실 경감률

$$\alpha = \left(\frac{I_1^2 R - I_2^2 R}{I_1^2 R}\right) \times 100 = \left(1 - \frac{I_2^2 R}{I_1^2 R}\right) \times 100 = \left(1 - \frac{\cos^2\theta_1}{\cos^2\theta_2}\right) \times 100$$

4) 전기요금 경감

① 역률요금(한전 전기공급 약관)

주간 시간대(09~23시)	심야 시간대(23~09시)
• 수전단 지상분 역률 : 90[%] 기준 • 60[%]까지 1[%]마다 기본요금 0.5[%] 추가 • 95[%]까지 1[%]마다 기본요금 0.5[%] 감액	• 수전단 진상분 역률 : 95[%] 기준 • 1[%]마다 기본요금 0.5[%] 추가 • 최대 17.5[%]까지 역률요금 발생

② 전기요금 = 기본요금 + 전력사용량요금

③ 기본요금 = 계약전력 × 계약전력단가 × $\left(1 + \frac{90 - \text{역률}}{100}\right)$

④ 전력사용량요금 = 전력사용량 × 전력단가

6 설치 시 주의사항 및 저역률 문제점

주의사항	저역률 문제점
• 콘덴서 용량을 과보상하지 말 것 • 콘덴서 개폐 시 특이현상 고려 • 주위 온도 상승에 유의하고 필요시 환기설비 설치 • 고조파 공진에 주의할 것	• 설비용량 극대화 곤란 • 전압강하, 전압변동 큼 • 전력손실 큼 • 전력요금 비쌈

7 전력용 콘덴서 자동제어방식

1) 회로도

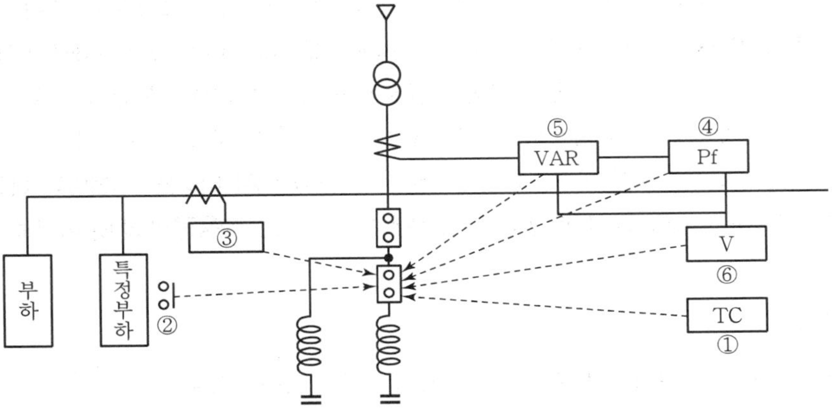

[콘덴서 자동제어방식]

2) 자동제어방식 종류 및 특징

번호	자동제어방식	적용 가능 부하	특징
1	프로그램 제어	하루 중 부하변동이 거의 없는 곳	• 타이머 조정과 조합으로 기능 변화 가능 • 특정부하 개폐신호에 의한 제어 다음으로 설치비 저렴
2	특정부하 개폐신호에 의한 제어	변동하는 특정부하, 이 외의 부하는 무효전력이 일정한 곳	• 개폐기의 접점만으로 간단히 제어 • 설치비가 가장 저렴
3	부하전류 제어	전류크기와 무효전력 관계가 일정한 곳	• CT 2차 전류만으로 적용하여, 조작이 간단함 • 말단부하의 역률 개선에 효과적

번호	자동제어방식	적용 가능 부하	특징
4	수전점 역률 제어	모든 변동부하	• 같은 역률에서도 부하 크기에 따라 무효전력이 다르므로 판정회로가 필요 • 일반적인 수용가에서는 채택하지 않음
5	수전점 무효전력 제어	모든 변동부하	• 부하변동 패턴과 관계없이 적용 가능 • 순간적인 부하변동만 주의하면 됨
6	모선전압 제어	전원 임피던스가 커서 전압변동이 큰 계통	• 역률 개선보다는 전압강하 억제 목적 • 전력회사에서 주로 채용

8 고압 · 특고압 콘덴서 설치기준(내선규정)

1) 원칙적으로 부하에 **개별 설치**하고 부득이 **집중설치** 시 인입구보다 부하 측에 설치한다.
2) 콘덴서 300[kVA] 이하는 1군, 600[kVA] 이하는 2군, 600[kVA] 초과는 3군 이상으로 분할한다.
3) 콘덴서 회로는 전용의 **과전류 트립코일부 차단기**를 설치하며, 콘덴서 용량 100[kVA] 이하는 OCB, VCB, VCS, IS를 사용하고 50[kVA] 이하는 COS를 사용할 수 있다.
4) 수전변압기 2차 측에 사용 시 콘덴서의 용량 500[kVA] 이하는 TR용량의 5[%] 이내, 500~2,000[kVA]는 TR용량의 4[%] 이내, 2,000[kVA] 초과는 TR용량의 3[%] 이내로 한다.

9 맺음말

1) 전력용 콘덴서 설치 시 변압기 1차 측에 설치하는 경우가 있다.
2) 이는 **역률 보상용**이라기보다는 무부하 투입 시 **여자돌입전류 보호용**으로 고가이므로 차단기 아래 설치하는 것이 좋다.
3) 각 콘덴서에 **직렬 리액터**를 설치하여 **돌입전류**, **이상전압**, **고조파**를 억제하고 부하변동이 심한 곳에는 APFR을 설치하여 불필요한 **전력손실** 및 **기기손상**을 막아야 한다.
4) 또한 콘덴서 설치 시 문제점인 **과보상 문제**, **개폐 시 특이현상**, **열화에 의한 2차 피해**, **고조파 공진 발생** 등의 해결책으로 **동기전동기**, **유도전동기** 등의 부하를 적절히 배치하여 역률 개선효과를 높이는 방안을 검토해야 한다.

03 콘덴서 용량계산방법

1 콘덴서 용량계산

$$\begin{aligned} Q_c &= P(\tan\theta_1 - \tan\theta_2) \\ &= P\left(\sqrt{\frac{1}{(\cos\theta_1)^2} - 1} - \sqrt{\frac{1}{(\cos\theta_2)^2} - 1}\right) \\ &= P(\tan\cos^{-1}\theta_1 - \tan\cos^{-1}\theta_2) \end{aligned}$$

2 콘덴서 용량환산

1) 단상

$$\begin{aligned} Q_c &= E \times I_c = E \times \omega \times C \times E = \omega CE^2 \\ &= \omega CE^2 \times 10^{-3} \times 10^{-6} \end{aligned}$$

$$C = \frac{Q_c}{2\pi f \times E^2}[\mu\text{F}]$$

2) 3상 △결선

$$Q_c = \omega CE^2 \times 10^{-9}$$

$Q_\Delta = 3\omega CE^2 \times 10^{-9}$, Δ결선은 E와 V가 동일

$$C = \frac{Q\Delta[\text{kVA}]}{3 \times 2\pi f \times V^2 \times 10^{-9}}[\mu\text{F}]$$

3) 3상 Y결선

$$Q_c = \omega CE^2 \times 10^{-9}$$

$Q_Y = 3\omega CE^2 \times 10^{-9}$, Y결선은 $E = \frac{V}{\sqrt{3}}$

$$C = \frac{Q_Y[\text{kVA}]}{2\pi f \times V^2 \times 10^{-9}}[\mu\text{F}]$$

04 콘덴서 설치장소에 따른 장단점

1 고압 측과 저압 측 설치 비교

구분	계통도	장점	단점
고압	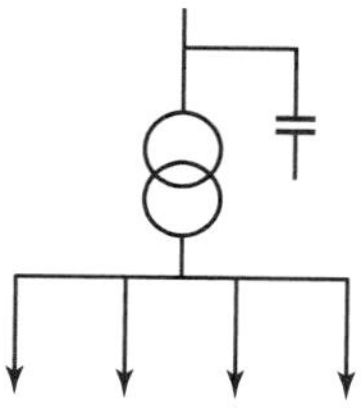	• 콘덴서 소형 • 전력요금 경감 • 고압 측 역률 개선	• 절연상 문제 발생 • 전용의 개폐기 필요 • 저압측 개선 안 됨
저압	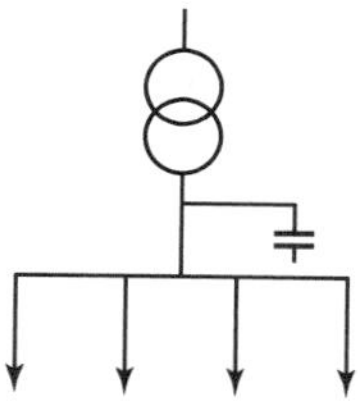	• 고압 측, 저압 측 모두 개선 • 변압기 이용률 증대 • 직렬 리액터 불필요 • 부하개폐기 공용으로 사용	• 콘덴서 대형 • 설치비용 증가 • 유지보수 증가

2 저압 측의 설치 비교

구분	계통도	장점	단점
전원부 설치	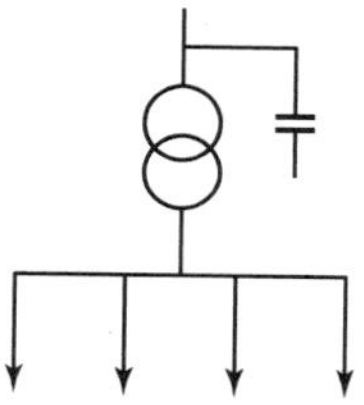	• 관리가 용이하고 경제적 • 전력요금 경감 • 무효전력변동에 신속 대응	• 선로개선 안 됨 • 부하분산설치 요구됨
분산 설치	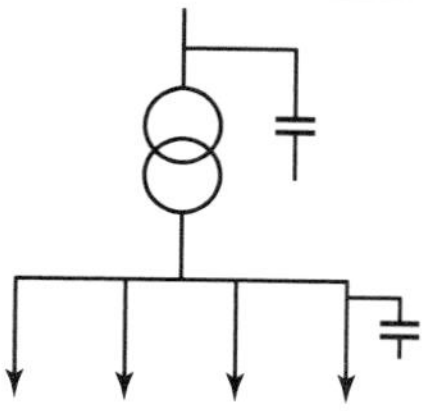	• 모선설치보다 효과가 큼 • 양쪽 모두 개선됨	• 유지보수 어려움 • 설치비용 증가
부하 말단 설치	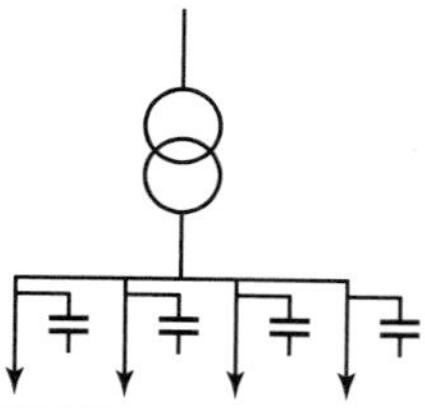	• 고압 측, 저압 측 모두 개선 • 제어계통이 간단 • 가장 효과적인 방법	• 유지보수 어려움 • 설치비용 증가

05 콘덴서 개폐 시 특이현상

1 콘덴서 투입 시 현상

1) 돌입전류와 주파수 배율

① 최대 돌입전류 배수 $= I_C \cdot \left(1+\sqrt{\dfrac{X_C}{X_L}}\right) \doteqdot$ SC의 6[%] SR 설치 시 약 5배

② 최대 주파수 배수 $= f \cdot \sqrt{\dfrac{X_C}{X_L}} \doteqdot$ SC의 6[%] SR 설치 시 약 4배

③ 일반적으로 콘덴서의 6[%]인 직렬 리액터가 설치되면 문제되지 않는다.

2) 돌입전류에 의한 과전압 발생

원인($X_L \ll X_C$)	영향
• X_L가 작은 경우 • 콘덴서에 잔류전하가 있는 경우 • 직렬 리액터가 없는 경우 • 전원 단락용량이 큰 경우	• 콘덴서 과열 · 소손 • 전동기 과열 · 소음 · 진동 • 계전기 오동작 및 계측기 오차 증대 • CT 2차 회로 과전압 발생

3) 순시 전압강하 발생

① 모선전압 강하

$$\Delta V = \frac{X_S}{X_S + X_L} \times 100[\%]$$

여기서, X_S : 전원 측 리액턴스
X_L : 직렬 리액터 리액턴스

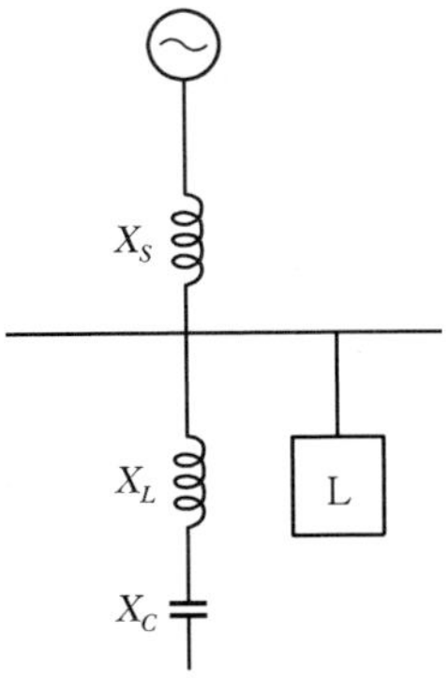

[순시 전압강하 발생]

② 영향 : Thyristor Zero Crossing 실패

2 콘덴서 개방 시 현상

1) 재점호에 의한 과전압 발생

(1) 재점호에 의한 과전압

① 접촉자 간의 절연이 재기전압에 견디지 못하고 다시 아크를 일으키는 현상

② $t=0$에서 전류 영점소호 → $\frac{1}{2}$[Cycle] 후 정전용량 C에 의해 진폭의 2배 전압이 차단기 극간에 걸리게 됨 → 재점호 발생

③ 콘덴서 단자 측은 3배, 전원 측은 1.5배가 발생

④ 재점호가 반복되면 5, 7, 9배의 과전압 발생

(2) 동작파형

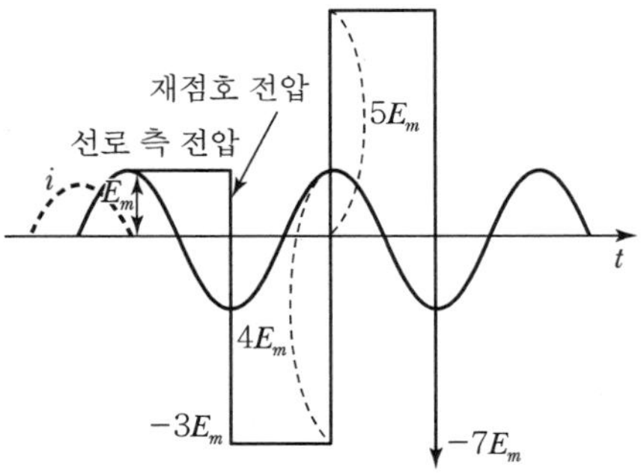

[재점호에 의한 과전압]

2) 유도전동기의 자기여자 현상 발생

(1) 자기여자 현상

① 개폐기 개방 후 전압이 즉시 '0'이 되지 않고 상승하거나 지속시간이 길어지는 현상

② 콘덴서 용량이 전동기 용량보다 클 때 발생

③ Y－Δ기동 시 콘덴서를 Δ－MC 2차 측에 접속

(2) 구성도

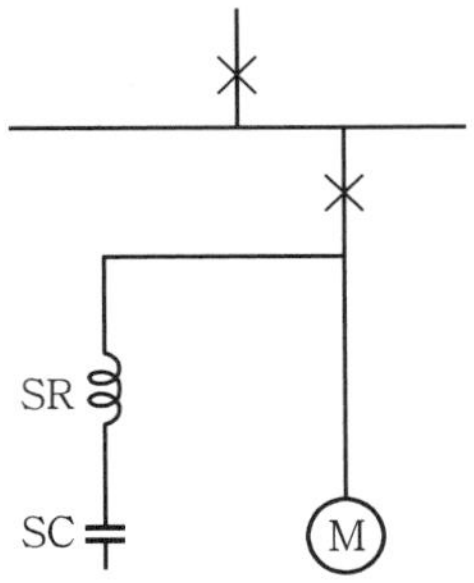

[유도기의 자기여자 현상]

❸ 콘덴서 개폐 시 대책

1) 투입 시 대책

(1) 직렬 리액터 설치(고조파 대책)

구분	내용
설치효과	돌입전류 억제, 이상전압 억제, 고조파 억제, 파형 개선
용량산출	• 5고조파 존재 시 계산상 4[%], 실제 6[%] 적용 • 3고조파 존재 시 계산상 11[%], 실제 13[%] 적용
주의사항	• 콘덴서 단자전압 상승 • 최대사용전류는 정격전류의 130[%]

(2) 방전장치 설치(잔류전하 대책)

종류	적용 용량	고압	저압
방전코일	200～300[kVA] 이상	50[V] 이하 5초 이내	75[V] 이하 3분 이내
방전저항	200～300[kVA] 미만		

2) 개방 시 대책

① 차단속도 빠르고 재점호가 없는 콘덴서 보호용 개폐장치 선정

② 콘덴서 용량을 전동기 출력의 $\frac{1}{2} \sim \frac{1}{4}$로 설계

4 콘덴서보호용 개폐장치의 요구성능 및 설치 시 주의사항

1) 요구성능

① 투입 시 돌입전류에 견디고 개방 시 재점호가 없을 것
② 많은 개폐에 견디고 수명이 길 것
③ 점검이 쉽고 종합적으로 경제적일 것

2) 설치 시 주의사항

① 뱅크용량 500[kVA] 이상 시 자동 차단장치 설치

② 개폐기 및 차단기 선정
㉠ 차단속도와 절연회복 성능이 빠른 개폐기를 선정
㉡ 고압회로 : VCB, GCB, VCS, GCS, COS
㉢ 저압회로 : MCCB, MC

③ 전력퓨즈 선정
㉠ 상시 부하전류 안전통전
㉡ 과부하 및 과도돌입전류는 단시간 허용 특성 이하
㉢ 콘덴서 파괴확률 10[%] 특성이 퓨즈 전차단 특성보다 우측에 있을 것

06 콘덴서 역률 과보상 시 문제점과 대책

1 역률 과보상 시 문제점

1) 모선전압 과상승

① 선로의 전압강하

$$\Delta V = E_s - E_r = I \cdot (R\cos\theta + X\sin\theta) = \frac{PR + QX}{E_r}$$

② 콘덴서 설치 시

$$\Delta V' = \frac{PR + (Q_L - Q_c)X}{E_r}$$

③ 경부하 시 $Q_L - Q_c$ 는 $Q_L < Q_c$ 가 되어 $\Delta V < \Delta V'$가 되어 모선전압이 과상승

지상역률인 경우($X_L > X_C$) → $E_s > E_r$	진상역률인 경우($X_L < X_C$) → $E_s < E_r$
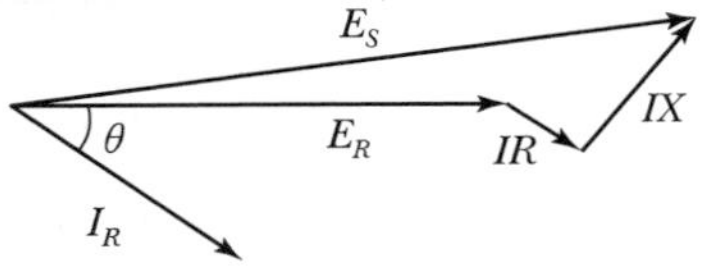	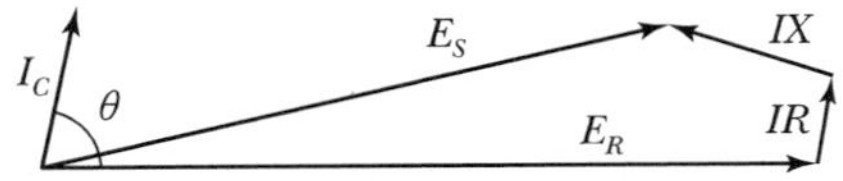
역률 개선 시 전압강하 경감	과보상 시 부하의 무효전력 감소분만큼 모선전압 상승

2) 전력손실 증가

$$전력손실\ P_l = I^2 R \rightarrow P_l \propto \frac{1}{\cos^2\theta}$$

지상역률인 경우($X_L > X_C$)	진상역률인 경우($X_L < X_C$)
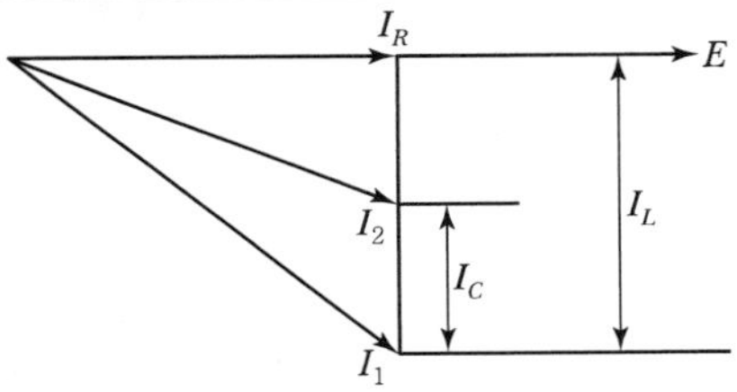	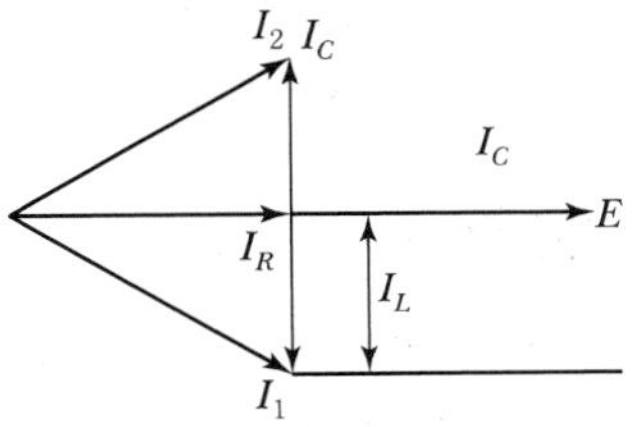
역률을 개선하면 전력손실 감소	과보상 시 다시 전력손실 증가

3) 고조파 왜곡의 증대

① 야간 또는 경부하 시 콘덴서를 삽입한 채로 사용 시 고조파 왜곡의 증대 발생

② 특히 심야 시간대 변압기 일부를 정지시킬 경우 단락용량 감소에 따라 고조파 왜곡의 증대가 심해짐

구분	회로 조건	n차 고조파
유도성	$nX_L - \frac{X_c}{n} > 0$	확대 안 됨. 바람직한 패턴
직렬공진	$nX_L - \frac{X_c}{n} = 0$	모두 콘덴서로 유입
용량성	$nX_L - \frac{X_c}{n} < 0$	확대

구분	회로 조건	n차 고조파
병렬공진	$nX_0 = \left\|\left(nX_L - \frac{X_c}{n}\right)\right\|$	극단적으로 확대

4) 유도전동기의 자기여자 현상

① 개폐기의 개방 후 전동기 모선전압이 곧 '0'이 되지 않고 이상 상승 또는 자연 감쇠하지 않는 현상 발생

② 콘덴서 용량이 유도전동기 여자용량보다 클 때 발생

5) 발전기 기동실패 및 이상전압 발생

용량성 부하인 경우 발전기 기동 시 발전기 단자전압 상승으로 과전압계전기(OVR) 동작

2 역률 과보상 시 대책

1) 모선전압 과상승에 대한 대책

① 경부하 시에도 과보상되지 않도록 콘덴서 설비를 계획

② 모선에 과전압계전기(OVR)를 설치하여 콘덴서를 트립

2) 송전손실 증가에 따른 대책

① 송전용 변전소에 분로 리액터 설치

② 자동역률 조정장치(APFR) 시스템 도입

3) 고조파 왜곡의 증대에 대한 대책

① 적정 리액터 설치(콘덴서 용량의 6[%] 이상)

② 경부하 시 부하차단과 동시에 콘덴서 회로를 차단

4) 유도전동기의 자기여자현상의 대책

전동기 출력값의 $\frac{1}{2} \sim \frac{1}{4}$ 의 콘덴서 용량 설치

07 전력용 콘덴서 열화 원인 및 대책과 보호방식

1 보호장치 설치기준

변압기 뱅크 용량	자동 차단 장치
500∼15,000[kVA] 미만	내부고장, 과전류일 때 동작
15,000[kVA] 이상	내부고장, 과전류, 과전압일 때 동작

2 열화 원인 및 대책

구분	열화원인(수명단축)	대책
온도	• 주위 온도 최고 40[°C] 초과 • 일평균 35[°C] 초과 • 연평균 25[°C] 초과	• 발열기기(변압기)와 200[mm] 이상 이격 • 복수 설치 시 측면 100[mm], 상부 300[mm] 이상 이격 • 환기구 설치
전압	• 정격전압 최고 115[%] 초과 • 일평균 110[%] 초과	• 앞선역률 금지, 자기여자현상 방지 • 완전방전 후 재투입 • 재점호 방지 개폐기 선정(VCS, GCS)
전류	• 고조파전류 유입 • 투입 시 돌입전류($1.35I_n$)	• 직렬 리액터 설치(고조파, 돌입전류 억제) • 직렬 리액터 용량(5고조파 : 6[%], 3고조파 : 13[%])

3 전력용 콘덴서의 허용 최대 사용 전류의 기준

전압 구분	최대사용전류		허용과전압
	리액터(무)	리액터(유)	
저압용(100∼400[V])	130[%] 이하	120[%] 이하 제5고조파 35[%] 이하	110[%]
고압용(3∼6[kV])	고조파 포함 135[%] 이하	120[%] 이하 제5고조파 35[%] 이하	최고 115[%]
특고압용(10[kV])	고조파 포함 135[%] 이하	120[%] 이하 제5고조파 35[%] 이하	110[%]

4 고압 콘덴서 보호방식

1) 과전압 보호

① 콘덴서 허용 과전압은 정격전압의 110[%]

② OVR은 정격전압 130[%]에서 2초 Setting

2) 부족전압 보호

① 콘덴서 투입상태에서 전압 회복 시 전압상승으로 타 기기 손상

② UVR은 정격전압 70[%]에서 2초 Setting

3) 지락 보호

① 계통별 차이로 일괄 보호방식 적용 곤란

② 선택 차단방식 적용

4) 단락 보호

① OCR은 정격전류 150[%]에서 1/4[Cycle] Setting

② PF 선정 시 고려사항

㉠ 상시 부하전류 안전통전

㉡ 과부하 및 과도돌입전류는 단시간 허용 특성 이하

㉢ 콘덴서 파괴확률 10[%] 특성이 퓨즈 전차단 특성보다 우측에 있을 것

5) 콘덴서 내부소자 사고에 대한 보호

(1) 중성점 전위 검출방식

① 중성점 전류 검출방식(NCS)

㉠ 이중 Y결선 중성선에 전류코일 삽입

㉡ 검출 Speed가 빠르고 동작 확실

㉢ 고조파, 돌입전류 영향을 받지 않음

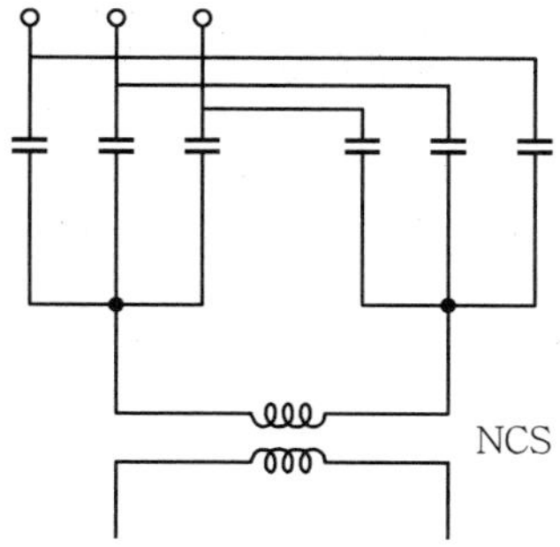

[중성점 전류 검출방식(NCS)]

② 중성점 전압 검출방식(NVS)

이중 Y결선 중성선에 NVS 삽입

$$V_n = \frac{1}{3P(S-1)+1} V_P$$

여기서, P : 병렬회로 수, S : 직렬회로 수
V_n : 중성점 전압, V_P : 상전압

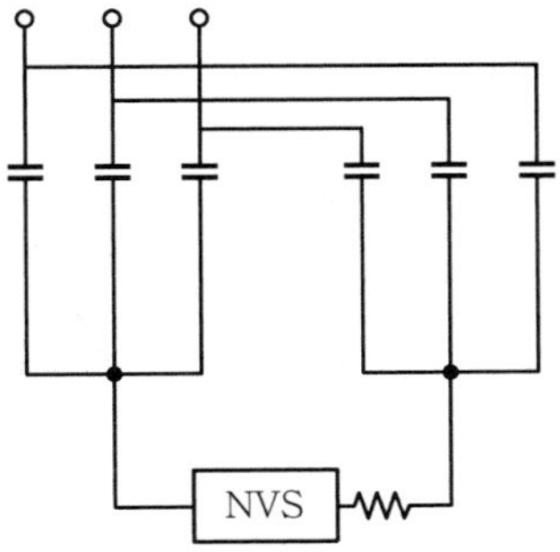

[중심점 전압 검출방식]

(2) 결선방식

① 오픈델타 결선

㉠ Y결선 콘덴서에 2차 코일이 있는 방전코일 접속

㉡ 22.9[kV] 계통에 적용

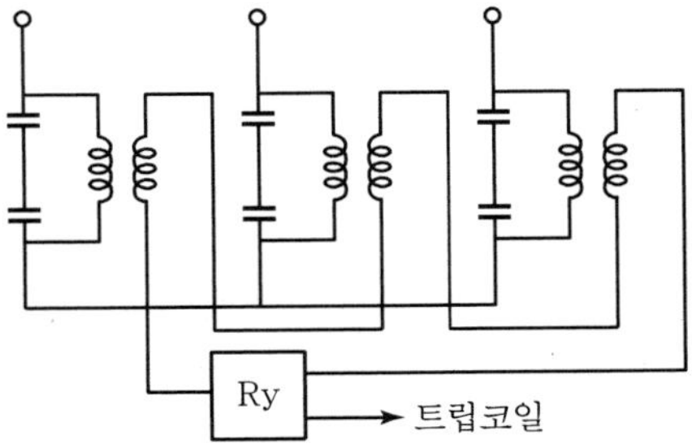

[오픈델타 결선]

② 전압차동 방식

㉠ Y결선된 콘덴서에 2단 2상의 콘덴서 직렬접속

㉡ 6.6∼22.9[kV] 계통에 적용

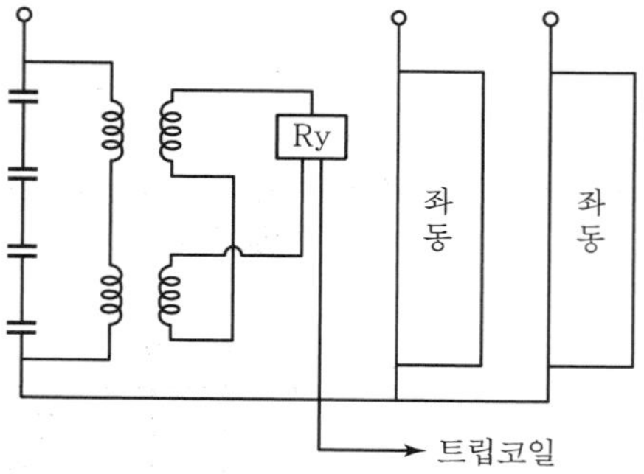

[전압차동 방식]

(3) 콘덴서 접점 방식

① Lead Cut

㉠ 내부의 압력에 의해 외함이 변형을 일으켜 보호장치가 동작하는 방식

㉡ 절연유 분해가스 발생 → 내압상승 → 기계적 동작

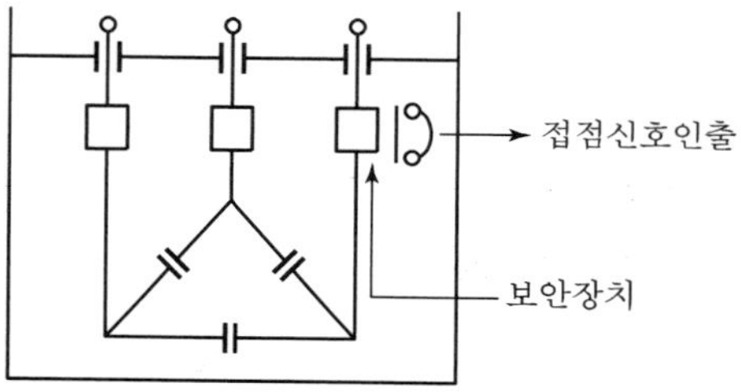

[Lead Cut]

② Arm Switch

㉠ 콘덴서 외함의 팽창변위를 검출하여 고장을 판별

㉡ 용기 내 압력검출(팽창보호) → 감압스위치 동작

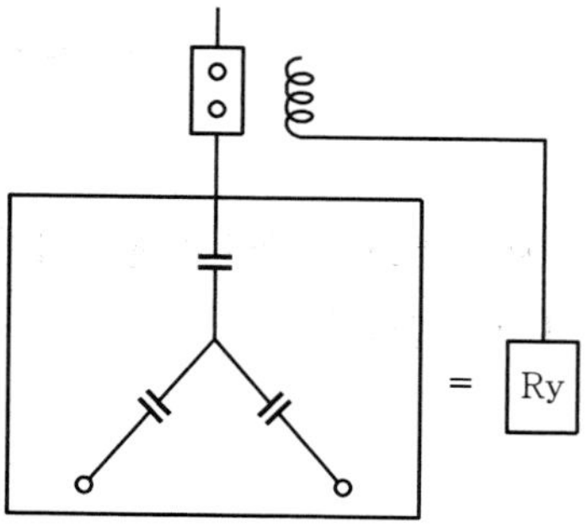

[Arm Switch]

08 전력용 콘덴서 부속기기

1 직렬 리액터

1) 설치효과

① 투입 시 돌입전류 억제, 개방 시 이상전압 억제, 고조파 억제, 파형 개선 등

② 각종 리액터 사용목적

종류	사용목적
직렬 리액터	파형 개선
한류 리액터	단락전류 제한
분로 리액터	페란티 현상 방지
소호 리액터	아크 소호

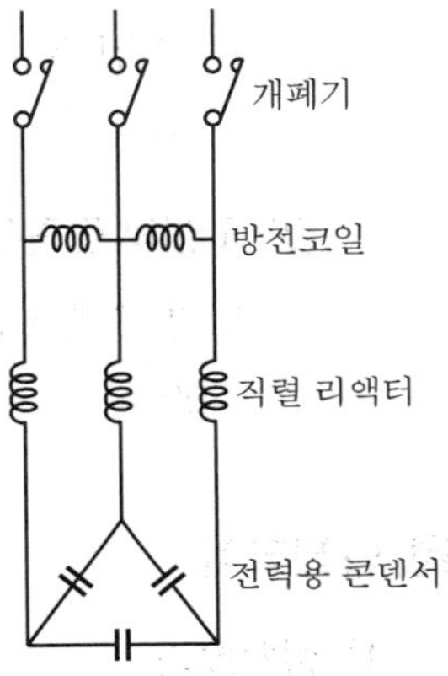

[콘덴서 부속기기]

2) 직렬 리액터 용량산출

(1) 선정방법

① 직렬 리액터는 고조파 성분에 따라 용량을 선정

② 유도성 일반부하 : 6[%] 적용

③ 변환기, 아크로 등 : 8~15[%]까지 적용

(2) 5고조파 발생설비

① 5고조파 공진 LC 값

$$5\omega L = \frac{1}{5\omega C} \Rightarrow \omega L = \frac{1}{25\omega C} = 0.04\frac{1}{\omega C}$$

② 콘덴서의 리액터는 4[%] 이상인 6[%]를 표준으로 선정

(3) 3고조파 발생설비

① 3고조파 공진 LC 값

$$3\omega L = \frac{1}{3\omega C} \Rightarrow \omega L = \frac{1}{9\omega C} = 0.11\frac{1}{\omega C}$$

② 콘덴서의 리액터는 11[%] 이상인 13[%]를 표준으로 선정

3) 직렬 리액터 주의사항

(1) 콘덴서 단자전압 상승

① 5[%]일 때 $E_c = \dfrac{1}{1-0.05} \times E = 1.052E$

② 즉, 콘덴서 단자전압은 전원전압보다 5.2[%]만큼 상승

(2) 콘덴서 최대 사용전류

① 콘덴서 최대 사용전류는 고조파가 포함되어 있는 경우 정격전류의 135[%] 이내라고 규정

② 콘덴서에 흐르는 전류가 정격전류의 120[%] 이상인 경우 고조파 영향을 받고 있는 것으로 간주

③ 따라서 타 기기에 영향을 줄 수 있으므로 직렬 리액터를 사용

(3) 모선의 단락전류

병렬 콘덴서 군이 있는 경우 콘덴서 투입 시 돌입전류가 과대하므로 반드시 직렬 리액터 사용

2 방전코일

1) 설치효과

① 콘덴서 개방 시 발생되는 **잔류전하**에 의한 위험방지

② 재투입 시 발생되는 **과전압** 방지

2) 방전코일 적용용량

(1) 방전코일

콘덴서 용량이 200~300[kVA] 이상 대용량인 경우 사용

(2) 방전저항

콘덴서 용량이 200~300[kVA] 미만 소용량인 경우 사용하며 보통 콘덴서에 내장

3) 잔류전압 방전시간

(1) 고압

콘덴서 개방 후 잔류전압 50[V] 이하로 5초 이내에 방전해야 함

(2) 저압

콘덴서 개방 후 잔류전압 75[V] 이하로 3분 이내에 방전해야 함

3 개폐스위치

1) 콘덴서 개폐의 성능조건

① 투입 시에 과대한 돌입전류에 견딜 것
② 개방 시의 회복전압에 견디고 재점호가 없을 것
③ 전기적 · 기계적 다빈도에 견딜 것
④ 보수점검의 주기가 길고 수명이 길 것
⑤ 보수가 간편하고 경제적일 것

2) 개폐기의 종류

① **고압회로** : VCB, GCB, VCS, GCS, COS
② **저압회로** : MCCB, MC

4 맺음말

1) 전력용 콘덴서에 직렬 리액터 설치로 투입 시 돌입전류 억제, 개방 시 이상전압 억제, 고조파 억제, 파형 개선 등의 효과를 볼 수 있다.
2) 전력용 콘덴서는 고압 측보다 저압 측에 설치할 때 역률 개선효과가 좋으며 고조파 문제가 심각한 최근에는 저압 측에도 직렬 리액터를 설치해야 한다.
3) 저압 측에 직렬 리액터를 설치할 경우 고조파 확산 방지와 에너지 절감 효과를 동시에 볼 수 있어 경제적이다.

09 역률 제어기기 종류

1 전력용 콘덴서(SC)

부하와 병렬로 X_c를 접속하여 지상전류와 진상전류를 서로 상쇄시켜 역률을 보상하는 장치

2 동기조상기(RC)

1) 원리

무부하 상태에서 운전되는 동기발전기의 일종으로 계자전류를 변화시켜 역률을 조정하는 장치

2) 특징

① 부족여자 운전의 경우 지상전류로 수전단 전압상승 억제
② 과여자 운전의 경우 진상전류로 수전단 전압강하 억제
③ 주로 1차 변전소에 설치

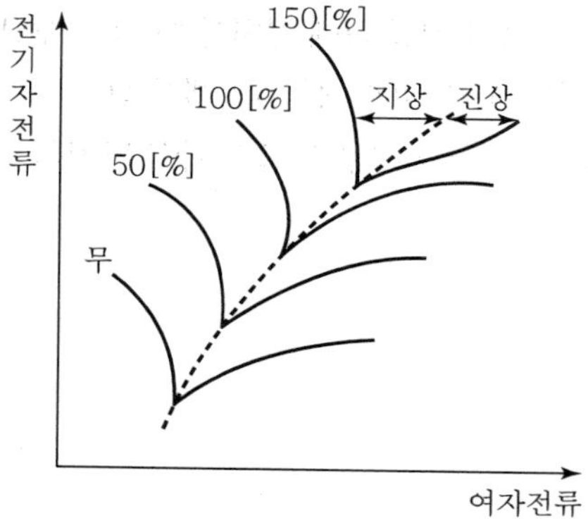

[동기조상기의 역률조정]

3 정지형 무효전력 조정장치(SVC)

1) 원리

사이리스터와 콘덴서 · 리액터 조합을 이용하여 무효전력을 자유로이 조정하는 장치

2) 특징

분류	TSC	TCR	SVG
구성도	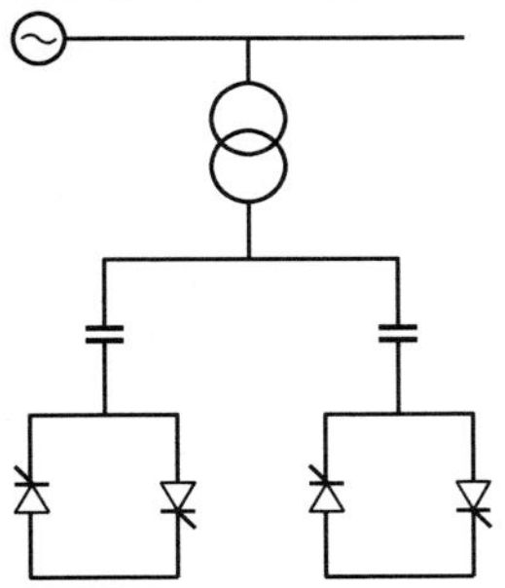	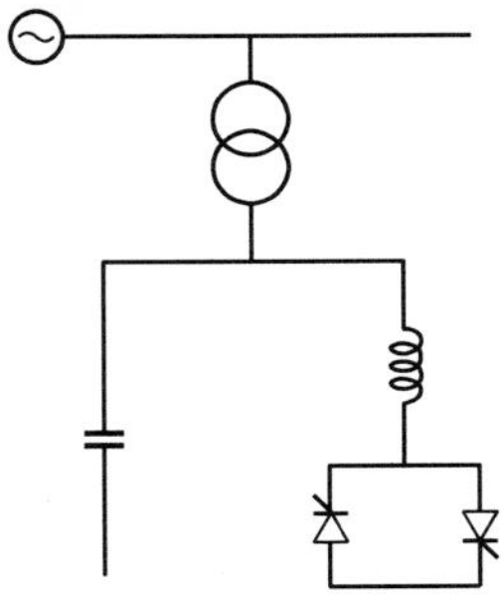	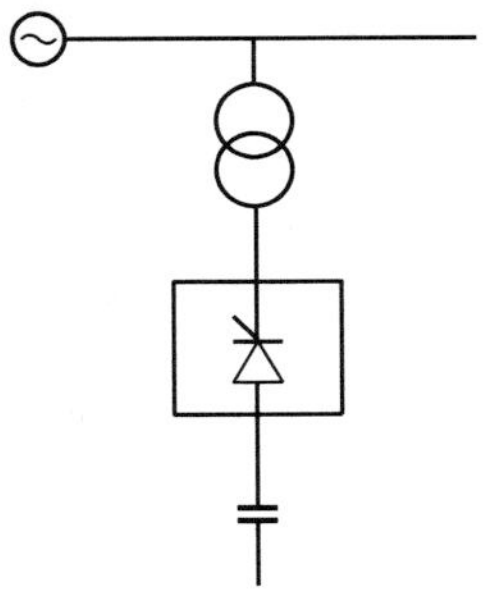
특징	• 다단계 제어 • 고조파 없음 • 비경제적	• 비교적 연속적 • 저주파 대역 고조파 발생 • 적당한 과도 특성	• 연속적이고 정확함 • 진상, 지상 모두 공급 • 과도 특성 우수

4 정지형 동기보상 장치(STATCOM)

1) 원리

인버터로 무효전력을 흡수 · 발생시켜 역률을 조정하는 장치

2) 특징

① 전압 유지와 전압 불안정 방지
② 최대전력 수요관리 및 정전예방
③ 무효전력 및 유효전력 제어
④ 과도 안정도 및 동적 안정도 개선
⑤ 직류 에너지 저장장치를 가짐
⑥ 설치면적이 적고 조작 신뢰도가 높음(SVC 의 30[%] 이하)

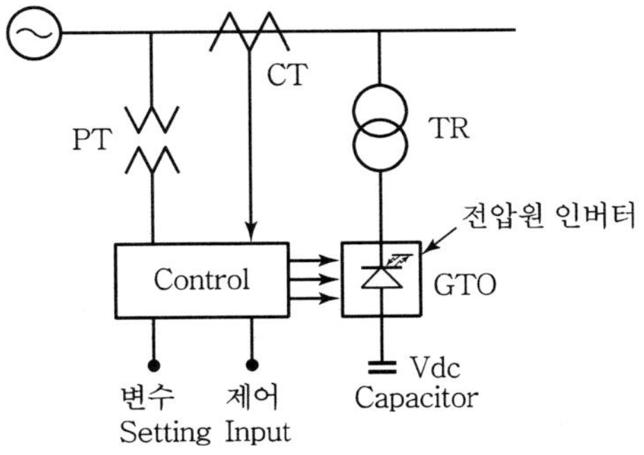

[STATCOM의 회로도]

5 APFR(Automatic Power Factor Relay)

1) 원리

콘덴서를 여러 군으로 나누어서 제어하는 장치로 무효전력을 제거해 주는 전기여과기

2) 특징

① 역률의 개선과 감시가 1대로서 가능
② 1대로 최대 6군의 콘덴서의 컨트롤이 가능
③ 콘덴서의 투입 상태를 한눈에 알 수 있음(LED 표시)
④ 타이머에 의해 부하의 순시변동에도 안정적으로 작동
⑤ 채터링(Chattering) 방지회로를 내장
⑥ 역률, 전류, 시간의 3요소가 연속 가변으로 설정 가능
⑦ 3상, 단상 어느 쪽이든 사용 가능

6 역률 제어기기 특성 비교

구분	SC	RC	SVC	STATCOM	APFR
진상 무효전력 보상	불가능	가능	가능	가능	가능
지상 무효전력 보상	가능	가능	가능	가능	가능
제어 방식	다단계	연속	연속(TSC 제외)	연속	연속
과도 안정도	보통	우수	우수	우수	우수
전력 손실	적음	큼	적음	적음	적음
투입 · 개방 시간	늦음	빠름	빠름	빠름	빠름

※ 저역률, 저전압, 플리커 등 수전단 전압 안정화, 계통 안정도 향상

CHAPTER

13

변성기

01 계기용 변류기(CT)

1 개요

1) 계기용 변성기는 고전압/대전류를 일정비율의 저전압/소전류로 변성하는 기기로 용도상 계측기용과 보호용으로 구분된다.
2) 계기용 변성기를 통해서 접속하게 되면 측정관계의 비용이 절약되고 계기회로를 선로전압으로부터 절연하므로 위험이 적다.

3) 계측기용 CT와 보호용 CT 비교

항목	계측기용	보호용
오차계급	0.1, 0.2, 0.5, 1.0, 3.0, 5.0	5P 10P
과전류에 대한 1차 정격	IPL	정격오차 1차 전류
과전류에 대한 규정	FS(규정 없으나 적을수록 좋음)	과전류 정수(5, 10, 15, 20, 40)

2 사용목적 및 선정순서

1) 사용목적

① 측정범위의 확장
② 절연유지(안전 확보)
③ 정밀도 유지
④ 원격계측 가능
⑤ 2차 회로의 표준화

2) 선정순서

① 최대 부하전류 산출
② CT 1차 정격전류 산출
③ 정격부담, 오차계급
④ 정격과전류강도, 정격과전류정수
⑤ 단락보호 검토

3 계기용 변류기 종류

분류방식	종류
절연구조	건식, 유입, 몰드, 가스
권선형태	권선형, 관통형, 봉형, 부싱형, 이중비
철심형태	다중철심형, 공심형
용도	계측기용, 보호용, C형, T형

4 계기용 변류기 정격전압

1) 규정된 조건하에서 특성을 보증할 수 있는 전압의 한도, 즉 회로최고전압이다.

2) 정격전압 분류

공칭전압[kV]	3.3	6.6	22.9(22)	66	154
정격전압[kV]	3.6	7.2	25.8(24)	72.5	170

5 계기용 변류기 정격전류

1) 정격 1차 전류

① 회로에 연속하여 흘릴 수 있는 최대부하전류에 여유를 주어 결정한다.

② 수전인입회로, 변압기회로 : 125～150[%]

③ 전동기 부하회로 : 200～250[%]

2) 정격 2차 전류

① 일반표준치 계기 또는 계전기 : 5[A]

② 원방제어 디지털 계기 : 0.1～1[A]

3) 정격 3차 전류

① 영상전류를 얻기 위해 사용

② 300[A] 이하 : Y결선 잔류 회로법

③ 300[A] 초과 : 3권선 CT법

6 정격부담(VA)

1) 규정된 조건과 오차범위 내에서 변류기 2차 측 전류가 소비할 수 있는 피상전력
2) 표준값 : 보통 40[VA]가 사용
3) 정격부담[VA] = (전선의 전기저항 $\times I_2^2$) + (계기 · 계전기의 부담)

7 오차계급

1) 변류비 오차, 위상각 오차 등에 대하여 계급별로 허용범위를 정한 규정
2) 보호용은 대전류 영역에서 비오차를 중시
3) 계측기용은 평상시 100[%] 부하 부근에서 정밀도를 중시

8 정격 과전류 강도(정격 내전류)

1) 정격 과전류 강도

① CT 1차 권선에 단락전류가 흐를 때 정격 1차 전류의 몇 배까지 견디는지를 나타낸 지수

② 정격 과전류 강도 $S_n = \dfrac{\text{단락전류}}{\text{정격 1차 전류}}$

2) 정격 과전류 강도 표준

40배, 75배, 150배, 300배(300배 이상은 주문제작)

3) 열적 과전류 강도

① 온도 상승에 의한 권선용단에 견디는 강도

② 열적 과전류 강도 $\geq \dfrac{\text{정격 과전류 강도[kA]}}{\sqrt{t}}$ → t : 통전시간(0.1초)

4) 기계적 과전류 강도

① 전자력에 의한 권선변형에 견디는 강도

② 기계적 과전류 강도 $\geq \dfrac{\text{회로의 최대고장전류}}{\text{정격 1차 전류}}$

③ 일반적으로 열적 과전류 강도의 2.5배 정도

9 정격 과전류 정수(n)

1) 과전류 영역에서 비오차가 급격히 증가할 때 비오차가 $-10[\%]$일 때 1차 전류와 정격 1차 전류와의 비

2) 과전류 정수 $n = \dfrac{\text{변성비 오차가 } -10[\%]\text{가 될 때의 1차 전류}}{\text{정격 1차 전류}}$

3) 보호용 CT 에만 적용

4) 정격 과전류 정수 표준 : $n > 5,\ n > 10,\ n > 20,\ n > 40$

5) 겉보기 과전류 정수 $n' = n \times \dfrac{\text{정격부담} + \text{정격내부손실}}{\text{사용자부담} + \text{내부손실}}$

10 IPL과 FS

1) 계측기용 CT에 대해서 IEC에서만 정의하였음

2) IPL(Rated instrument Primary Current)

① 계측기용 CT 2차가 정격부담이고 합성오차가 10[%] 또는 그 이상일 때 1차 전류 최소값

② 사고 시 계측기용 CT에 연결된 기기보호를 위해 합성오차는 10[%] 이상으로 한다.

3) FS(Instrument Security Factor)

① 정격 1차 전류와 IPL과의 비

② 계측용 CT의 2차 측에 연결된 계측기 등은 FS값이 작을수록 안전하다.

③ FS 값은 특별히 정한바 없으나 계측기용일 경우 5 또는 10 이하로 한다.

11 비오차

1) 실제 변류비가 공칭 변류비와 얼마만큼 다른지를 나타냄

2) 비오차

$$\varepsilon = \left(\frac{\text{공칭 변류비 } K_n - \text{실제 변류비 } K}{\text{실제 변류비 } K} \right) \times 100[\%]$$

3) 비보정 계수(Ratio Correction Factor)

$$RCF = \frac{\text{실제 변류비 } K}{\text{공칭 변류비 } K_n}$$

⓬ Knee Point Voltage

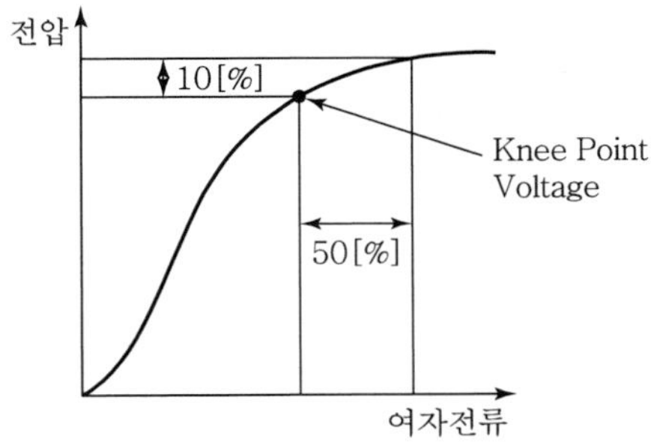

[KPV 원리]

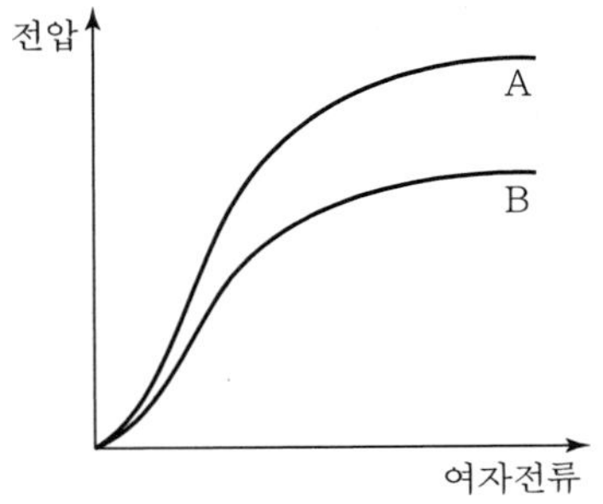

[KPV 특성]

1) 변류기의 1차 권선을 개방하고 2차 권선에 정격주파수의 교류전압을 인가하여 2차 여자전류를 측정하면 그림과 같이 2차 여자 포화곡선이 그려진다.
2) Knee Point Voltage는 2차 여자 포화곡선상에서 전압 10[%] 상승 시 2차 여자전류가 50[%] 상승되는 점을 의미한다.
3) Knee Point Voltage가 높은 특성의 CT를 사용해야 큰 고장전류에도 확실한 보호계전동작을 기대할 수 있다.

⓭ 선로전류 계산

1) 키르히호프 법칙 적용

$$I_3' + I_2' - I_1' = 0$$
$$I_2' = I_1' - I_3'$$

$$|I_2'| = 2 \times |I_1'| \cos 30° = \sqrt{3} \times \frac{|I_1|}{20}$$

$$|I_1| = |I_2'| \times \frac{20}{\sqrt{3}} = 5 \times \frac{20}{\sqrt{3}}$$
$$= 57.735[\text{A}]$$

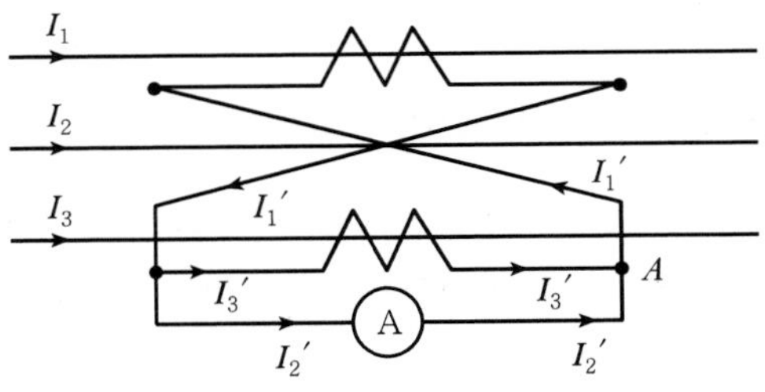

[변성기의 교차접속]

2) 벡터도

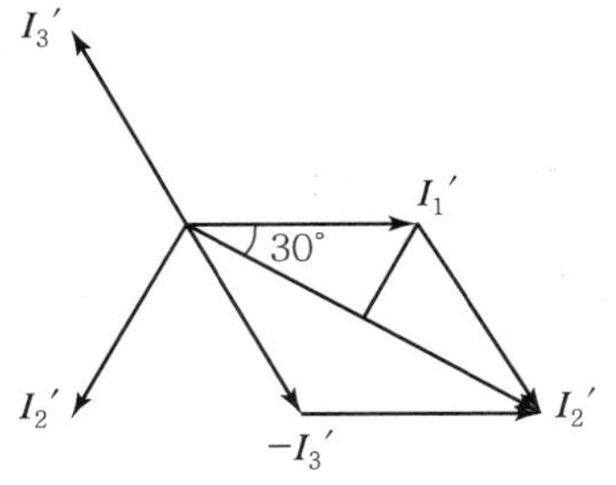

[벡터도]

14 계기용 변성기의 절연방식

분류	절연방식
건식	• 종이, 면 등 내열성이 높은 절연재료를 바니스로 처리한 방식 • 저전압 옥내용으로 많이 사용
유입	• 절연유를 절연재료로 사용한 것으로 애자형, 탱크형 등이 있음 • 22.9～345[kV] 사용
몰드	• 합성수지, 부틸고무 등을 절연재료로 사용한 것 • 저전압 및 6.6[kV], 22.9[kV]에 사용
가스	• SF_6 가스를 절연재료로 사용한 것, 탱크형으로 제작 • 최근 GIS 설비용으로 많이 사용

15 CT 설계 시 고려사항

1) CT는 감극성으로 하고 단자부호가 같아야 한다.
2) 철심포화나 잔류자속을 고려하여 정격부담 및 과전류정수에 여유를 준다.
3) 과전류정수가 너무 크면 단락사고 시 큰 전류가 계전기 내에 유입되어 소손될 수 있으므로 주의해야 한다.
4) 2차 측에 접속되는 계기, 계전기, 케이블 등의 합계부담이 정격부담을 넘지 않도록 한다.
5) CT 2차를 개로하면 이상현상이 발생하므로 회로점검 및 교체 시 반드시 단락시켜야 한다.

16 변류기와 변압기 비교

1) 변류기

① 부하 임피던스의 크기에 관계없이 2차 측 전류 일정(정전류)
② 1차 전류는 부하와 관계없이 일정
③ 2차 접속된 부하는 모두 직렬로 연결

2) 변압기

① 부하 임피던스의 크기에 관계없이 2차 측 전압 일정(정전압)
② 1차 전류는 부하의 크기에 따라 변화
③ 2차에 접속된 부하는 모두 병렬로 연결

02 변류기의 이상현상

1 개요

1) 영향

변류기의 이상현상은 절연을 악화시키고 수명단축의 원인이 됨

2) 이상현상의 종류

① 선로 이상전압 내습과 2차 측 유도
② 2차 개로에 의한 이상현상
③ 선로 단락전류의 유입에 의한 파괴(과전류 강도)

2 변류기의 이상현상

1) 선로 이상전압 내습과 2차 측 유도

(1) 원인

① 선로에 내습한 충격전압파가 도달하면 이상의 반사고전압 발생
② 1차 단자 간 및 권선 상호 간 가혹한 전압 인가

③ 이는 변류기 권선의 Surge Impedence가 선로의 값에 비하여 높고 거의 집중임피던스 (100[μH])로 여겨지기 때문임

④ 특히 입사파의 파두가 가까울수록 현저하게 나타남

(2) 대책

① 측로저항, 비직선형 측로피뢰기, 카보랜덤저항기, 불꽃갭을 갖는 측로피뢰기 등으로 이상전압의 반사를 방지

② 측로저항 : 저항이 낮을수록 효과가 크며 너무 낮으면 오차가 증가함(1～500[Ω])

③ 비직선형 측로피뢰기 : 낮은 전압에서 저항이 높고 전압이 높으면 급격히 저항이 감소

2) 2차 개로에 의한 이상현상

(1) 원인

① 1차 전류가 흐르고 있을 때 2차 측을 개방하면 1차 전류는 모두 여자됨

② 이로 인해 2차 측 유기전압이 아주 크게 되고 철심은 극도로 포화됨

③ 자속은 구형파가 되고 '0'인 점에서 2차 측 전압은 최대로 되어 변류기가 파손됨
(고전압유기 → 철손 증대 → 철심 온도 상승 → 절연파괴)

④ 특히, 입사파의 파두가 가까울수록 현저하게 나타남

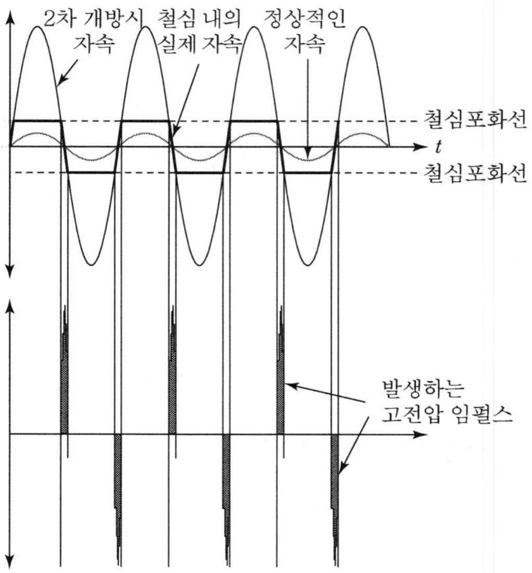

[2차 개로에 의한 이상현상]

$$V_2 = \frac{I_1}{I_2} \times V_1 \qquad \Rightarrow 2\text{차 측 개방}$$

$$I_2 = 0,\ \frac{\text{상수}}{0} = \infty \ \Rightarrow V_2\text{가 상승하여 절연파괴}$$

(2) 대책

① 변류기 2차 측은 1차 전류가 흐르고 있을 때 개로되지 않도록 함
② 2차 개로 시 보호용 비직선 저항요소를 부착함
③ 2차 측을 개로한 후 바로 단락했을 때 잔류자기에 의한 오차가 크므로 2차 측을 개로할 때는 감자(減磁)하여 잔류자기를 제거

3) 선로 단락전류의 유입에 의한 파괴(과전류 강도)

(1) 원인

① 직렬접속에 의한 계통단락 등에 의한 고장전류가 과전류 정수보다 훨씬 큰 전류가 되는 경우에 발생
② 과대한 열의 발생(열적 과전류 강도)
③ 강력한 전자력에 의한 권선의 변형(기계적 과전류 강도)
④ 1차 및 2차 권선에 발생하는 과도적인 과전압(전기적 과전류 강도)

(2) 대책

최초 파고치가 크므로 그에 따른 강도에 견딜 수 있도록 할 것

03 CT 2차 측 개방 시 현상

1 CT 원리

변류기는 1차 전류의 **전자유도 작용**에 의해 권수비만큼의 2차 전류를 발생시키며, 보통 5[A]로 변성한다.

2 CT 2차 측 개방 시 현상

1) CT의 철심에 흐르는 자속은 $\Phi = \Phi_1 - \Phi_2$[Wb]이다.
2) 2차가 개방이면 $\Phi_2 = 0$이다.
3) 1차 전류가 모두 여자전류로 되면 CT 철심은 포화된다.
4) **철심이 포화상태에 있는 구간** : $d\Phi/dt = 0$이므로 역기전력 $E = -n(d\Phi/dt) = 0$이다.

5) 철심이 포화상태가 아닌 구간 : $d\Phi/dt$가 매우 커짐으로써 역기전력 $E = -n(d\Phi/dt)$가 매우 커진다.

6) 즉, 임펄스 형태의 고전압이 불연속적으로 유기된다.

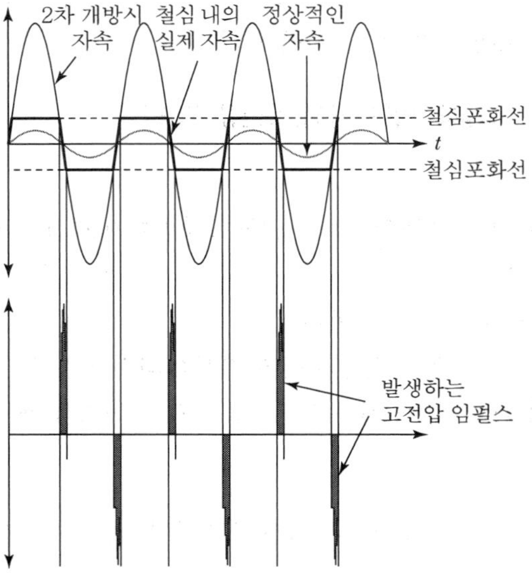

[2차 개로 시 이상현상]

❸ 영향

1) CT의 철손이 증대하고 철심이 온도 상승하여 2차 권선 또는 계기의 절연을 파괴할 수 있다.
2) 1차 측 권선은 이상이 없으나 2차 측 권선은 과열 및 소손될 수 있다.

❹ 대책

1) 셀렌 정류기를 사용한다.
2) 비직선 저항소자를 사용한다.
3) 변류기 2차 측은 1차 전류가 흐르고 있는 상태에서는 절대로 개로되지 않도록 주의한다.

04 계기용 변압기(PT)

1 개요

1) 계기용 변압기는 **고전압/대전류**를 일정비율의 **저전압/소전류**로 변성하는 기기로 2개의 전기회로와 1개의 자기회로로 구성되어 있다.
2) 계기용 변압기는 사용 목적에 따라 **접지형**과 **비접지형**으로 분류되고 상수에 따라 **단상**과 **3상**으로 분류된다.
3) 계기용 변압기를 통해 접속하면 측정관계 비용이 절약되고 고압 측과 절연되어 사고위험도 감소한다.

2 PT 종류

1) 일반적으로 **비접지형**과 **접지형**으로 구분된다.
2) **비접지형**은 1차 단자의 양단을 **선로 간**에 접속해서 사용하는 것으로 **단상형**과 **V접속의 3상형**이 있다.
3) **접지형**은 1차 단자의 양단을 **선로**에 접속해서 사용하는 것으로 **단상형**과 **Y접속의 3상형**이 있다.

3 정격부담

1) 규정된 조건과 오차범위 내에서 **변압기 2차 측 단자**에 **접속할 수 있는 피상전력**이다.
2) 정격부담$(VA) = \dfrac{V_2^2}{\text{전선의 전기저항}}$ + 계기 · 계전기의 부담
3) 전부하 VA가 정격부담 이내에 있으면 비오차, 위상오차가 작아진다.

4 PT 결선

1) **Y접속** : PT 회로의 기본 결선방식이다.
2) **Δ접속** : 거의 사용하지 않는다.
3) **V접속** : 두 개의 PT로 접속하는 경제적인 결선방식이다.
4) **Open Δ접속** : 비접지계에서 사용한다.

5 PT 접지

1) PT 혼촉에 의한 2차 측 고전압이 유기되는 것을 방지한다.
2) 두 권선 간의 정전유도에 의한 2차 측 고전압 유기되는 것을 방지한다.
3) 2점 접지를 하지 말 것
4) 7,000[V] 초과 : 제1종 접지공사, 7,000[V] 이하 : 제3종 접지공사

6 PT용 퓨즈

1) 1차 측 퓨즈

① PT 고장이 선로에 파급되는 것을 방지한다.
② 0.5[A], 1.0[A]를 사용한다.

2) 2차 측 퓨즈

① 오접속, 부하고장 등에 의한 2차 측 단락사고가 PT 사고로 파급되는 것을 방지한다.
② 3[A], 5[A], 10[A]를 사용한다.

7 PT 설계 시 고려사항

1) PT 2차 측은 고·저압 혼촉 방지를 위해 중성점 또는 1단자를 접지한다.
2) 감극성으로 하고 단자부호가 같아야 한다.
3) 최근 PT의 명칭이 VT(Voltage Transformer)로 명명되고 있다.

05 계기용 변압기 중성점 불안정 현상

1 정의

중성점에 철공진을 일으키는 과도진동이 발생되어 정상진동으로 이행되는 현상

2 발생 원인

1) 전력계통이 비접지계일 때 계기용 변압기를 접지한 경우
2) 전력계통이 접지계일 때 일시적인 계통분리로 전력계통이 비접지계로 된 경우

3) 전기적인 충격에 의한 전력계통의 혼란
4) 차단기, 개폐기, 단로기 등의 개방
5) 퓨즈 용단과 같은 전력계통의 단선

3 현상

1) 1선 대지전압이 정상 전압의 2~3배까지 상승
2) GPT에는 상시 여자전류의 수십 배에 달하는 이상전류가 흐름

4 방지대책

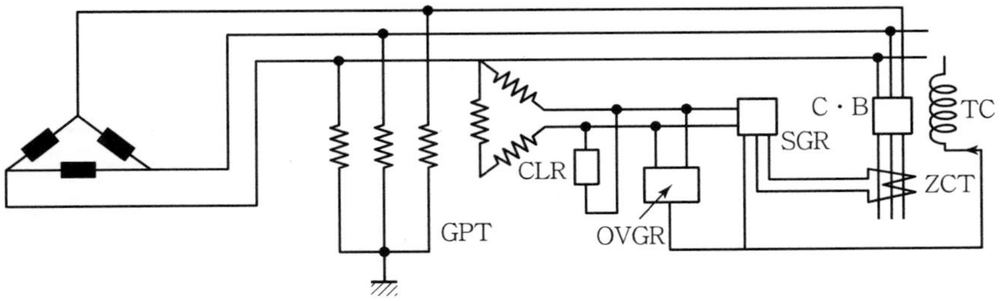

[중성점 불안정 현상 방지대책]

1) GPT 부담을 적절히 선정
2) Open Δ에 적정용량의 저항 삽입(CLR)

5 전류제한 저항기(CLR)

1) GPT 2차 측에 설치
2) 지락전류 유효분 발생, 제3고조파 발생 억제, 중성점 불안정 현상 억제

06 영상 변류기(ZCT)

1 개요

1) ZCT는 지락전류가 극히 미세한 **비접지 계통** 또는 **고저항 접지계통**에서 CT 대신 영상전류를 검출하는 장치이다.
2) ZCT는 자속에 대응하는 영상전류를 검출하여 해당 Relay에 신호를 보내고 이를 Relay가 판정하여 이상 시에 차단기를 동작시킨다.

3) 원리

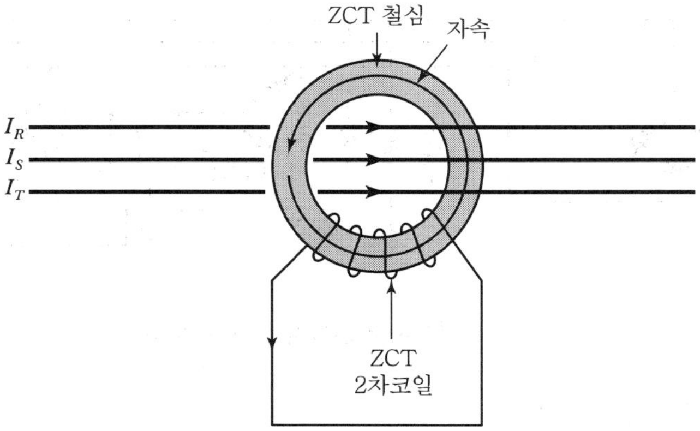

[영상 변류기 원리]

① 1차 전류에 영상전류가 포함되어 있지 않을 경우

$I_R + I_S + I_T = I_{R1} + I_{R2} + I_{S1} + I_{S2} + I_{T1} + I_{T2} = 0$

$i_r + i_s + i_t = 0$

$\Phi_R + \Phi_S + \Phi_T = 0$이 됨

② 1차 전류에 영상전류가 포함된 경우

$I_R + I_S + I_T = I_{R1} + I_{R2} + I_{R0} + I_{S1} + I_{S2} + I_{S0} + I_{T1} + I_{T2} + I_{T0} = 3I_0$

③ 이에 대응하는 자속 3Φ가 생기고 2차 측에 $3i_0$가 흐르게 됨

④ 즉, 3배의 영상전류에 해당하는 2차 전류를 얻도록 한 CT를 ZCT라고 함

2 정격전류

1) 정격영상 1차 전류 : 표준값 200[mA]

2) 정격영상 2차 전류 : 표준값 1.5[mA]

3 영상 2차 전류 허용오차

1) 허용오차를 작게 하려면 여자임피던스가 커야 한다.

2) 여자임피던스를 크게 하려면 철심을 크게 해야 한다.

3) ZCT 정격 여자임피던스(Z_0)

계급	정격 여자임피던스	영상 2차 전류	용도
H급	$Z_0 > 40[\Omega]$, $Z_0 > 20[\Omega]$	1.5 ± 0.3[mA]	계측용
L급	$Z_0 > 10[\Omega]$, $Z_0 > 5[\Omega]$	1.5 ± 0.5[mA]	보호용

4 정격 과전류 배수(n_0)

1) ZCT가 포화되지 않는 영상 1차 전류의 범위를 의미

2) 이상 시 과전류에 대한 보호를 위한 값

정격 과전류 배수	내용
$-\ n_0$	계측기를 정격전류 이하에서 동작시킬 때
$n_0 > 100$	영상 1차 전류가 20[A] 정도일 때
$n_0 > 200$	이상 지락 시 과전류를 보호할 때

5 잔류전류

구분	내용	
정의	정격부담(10[Ω]), 역률(0.5)에서 2차 측에 흐르는 잔류전류 최대치	
원인	철심을 개재시킨 1차 권선과 2차 권선 사이의 전자적 불균일로 발생	
영향	2차 회로에 접속된 계전기 오동작	
대책	• 1차 권선, 철심, 2차 권선을 상호대칭 배치 • 관통형 ZCT의 1차 권선 배치 시 원의 중심 배치 • 정격 1차 전류가 큰 ZCT를 사용	
정격 1차 전류	400[A] 이상	영상 1차 전류 100[mA]에서 영상 2차 전류치 이하
	400[A] 미만	영상 1차 전류 100[mA]에서 영상 2차 전류치의 80[%] 이하

6 ZCT 접속

1) 동일한 병렬회로는 한 개의 ZCT를 통과하도록 한다.

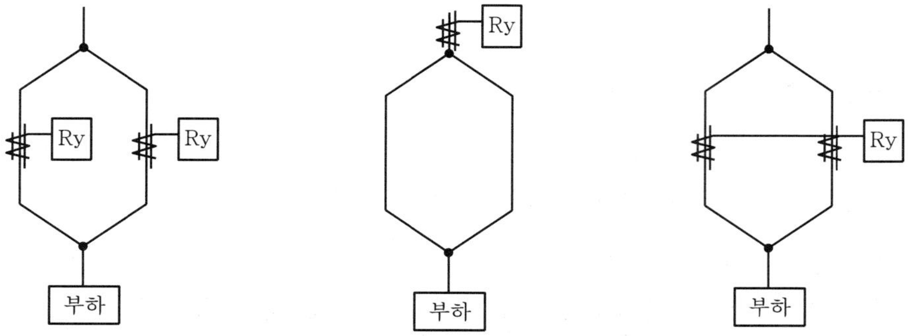

[오접속 – 검출 불능] [동일 접속 – 정상] [병렬접속 – 감도 저하]

2) **전원 측** Cable 차폐층 접지는 ZCT를 **관통**해서 접지한다.

3) **부하 측** Cable 차폐층 접지는 ZCT를 **미관통**해서 접지한다.

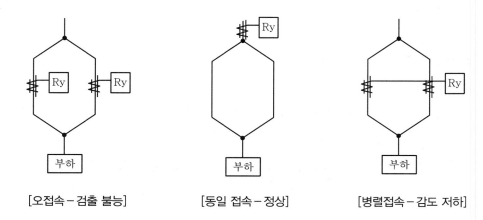

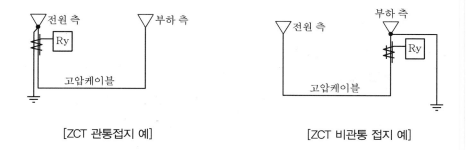

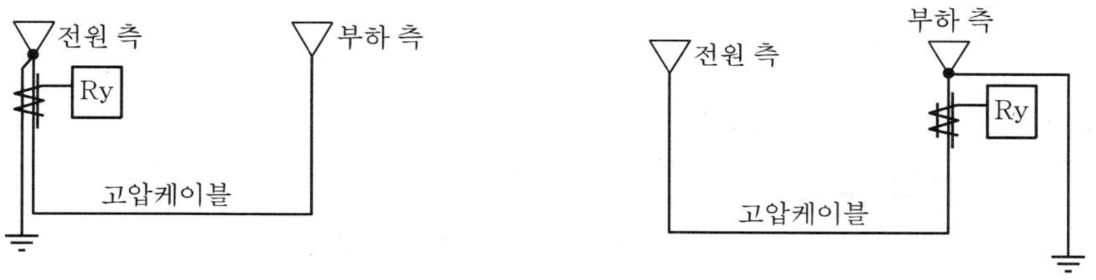

[ZCT 관통접지 예] [ZCT 비관통 접지 예]

4) 선로길이 300[m] 이상인 경우는 **양단접지**, 그보다 짧은 경우는 **편단접지**한다.

07 영상전류 검출방법

1 개요

1) 1선 지락, 2선 지락, 선간단락 등 불평형 고장에서는 영상전류가 발생하고, 기기보호와 인체안전 확보를 위해서는 영상전류를 신속, 정확히 검출해야 한다.

2) 영상전류 검출방법에는 CT를 사용하는 방법과 ZCT를 사용하는 방법 2가지가 있고, 이는 접지 방식별로 구분된다.

2 CT 사용 결선방법

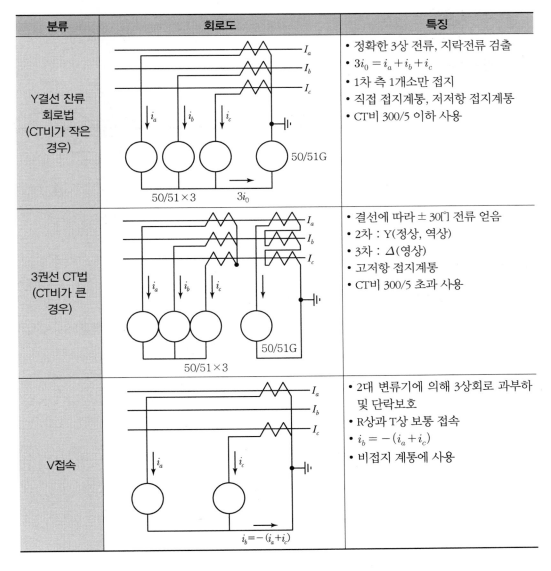

분류	회로도	특징
Y결선 잔류 회로법 (CT비가 작은 경우)	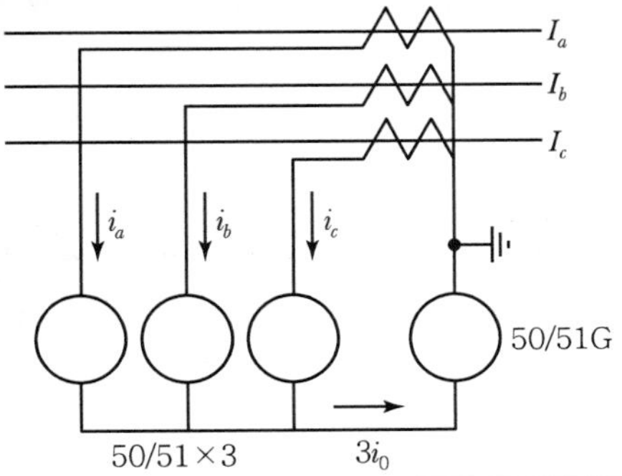	• 정확한 3상 전류, 지락전류 검출 • $3i_0 = i_a + i_b + i_c$ • 1차 측 1개소만 접지 • 직접 접지계통, 저저항 접지계통 • CT비 300/5 이하 사용
3권선 CT법 (CT비가 큰 경우)	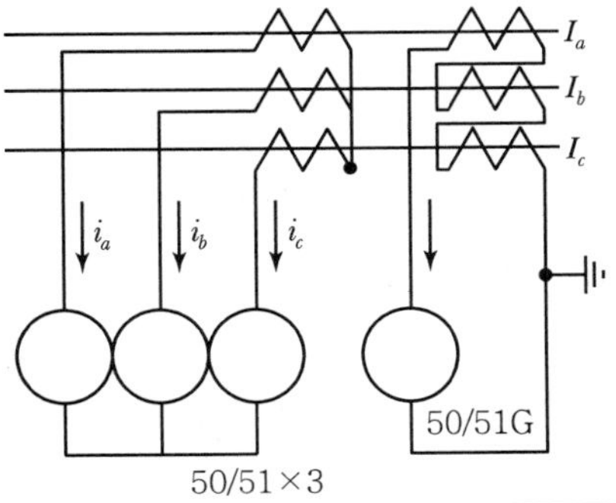	• 결선에 따라 ± 30[°] 전류 얻음 • 2차 : Y(정상, 역상) • 3차 : Δ(영상) • 고저항 접지계통 • CT비 300/5 초과 사용
V접속	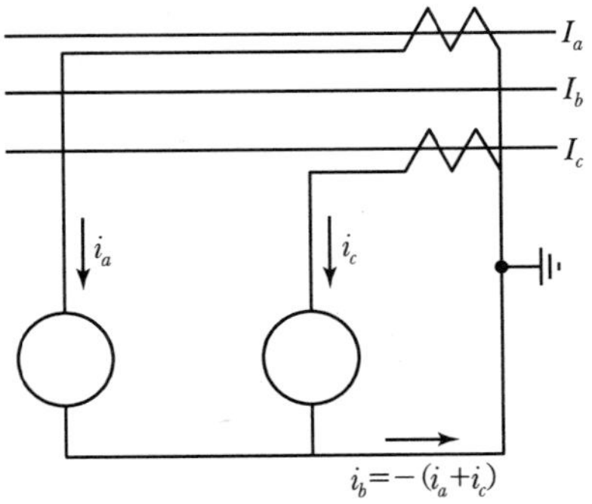	• 2대 변류기에 의해 3상회로 과부하 및 단락보호 • R상과 T상 보통 접속 • $i_b = -(i_a + i_c)$ • 비접지 계통에 사용

3 ZCT 사용 결선방법

1) 단상의 경우

지락, 누전 발생 → $I_A \neq I_B$ → ZCT 2차 측 전압유기 → 증폭 → 전자장치 여자 → 차단기 Trip

2) 3상의 경우

지락, 누전 발생 → $I_A + I_B + I_C \neq 0$ → ZCT 2차 측 전압유기 → 증폭 → 전자장치 여자 → 차단기 Trip

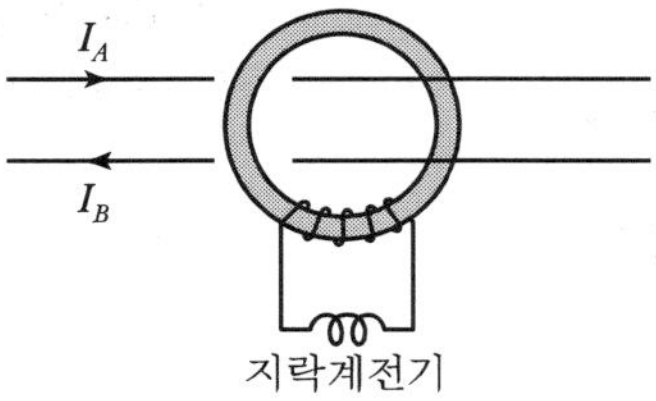

[단상 결선]

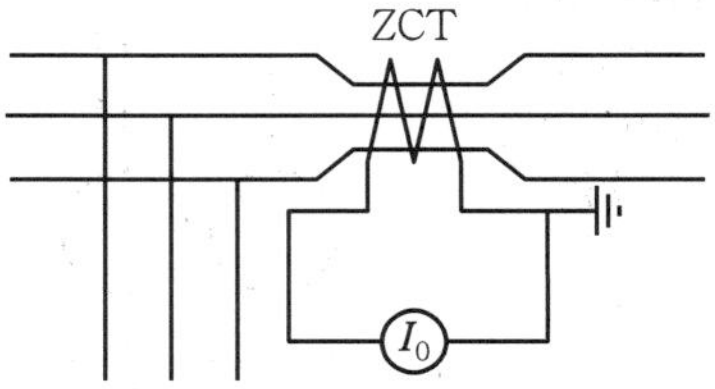

[3상 결선]

4 기타 방법

1) 중성점 접지선의 단상 CT로부터 얻는 방법

① 변압기나 발전기의 중성점 접지선에 단상 CT를 접속하여 영상전류를 검출하는 방식
② 저압계통의 변압기, 발전기가 중성점 접지인 경우 적용

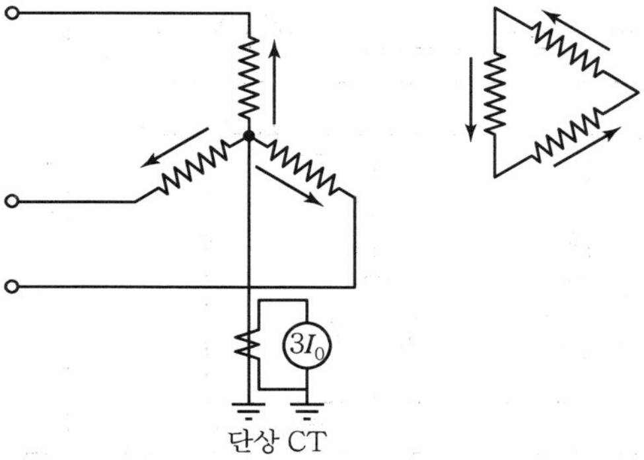

[결선법]

2) Auto Trans의 Δ권선 내부 CT로부터 얻는 방법

① Δ권선 내부 CT를 병렬 결선하여 방향 요소 계전기의 전류 극성용 영상전류로 사용하는 방식
② 사고위치에 따라 중성점 영상전류 방향이 변할 수 있는 Y결선 Auto Trans, Y-Y결선 변압기

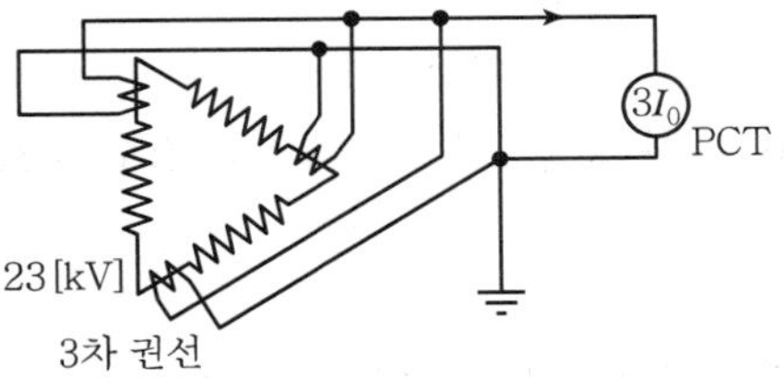

[결선법]

5 맺음말

1) 영상전류 검출방법은 접지방식별로 구분되고 비접지 방식의 경우 검출이 어려워 주의가 필요하다.
2) CT 및 ZCT 오결선은 보호기기 오동작 및 오부동작으로 연결되므로 주의가 필요하다.
3) 비선형 부하에서 발생하는 영상분 고조파 전류도 고려해야 한다.

08 변류기의 분류 및 이중비 CT

1 계기용 변류기 용도에 따른 분류

1) 계측기용 CT

① 계측기용은 평상시 정상 부하상태에서 사용되므로 정격 이내에서는 정확해야 한다.
② 사고 시에는 포화되어 계측기 및 회로를 보호하는 특성이 있어야 한다.

2) 계전기용 CT(보호용 CT)

① 보호용은 사고 시에 응동해야 하므로 상당한 대전류에서 포화되지 않아야 한다.
② ANSI 규격에서 계전기용 CT는 정격의 20배 전류에 포화되지 않고 비오차가 -10[%] 이내로 유지하도록 정해져 있다.
③ 즉, 포화 특성이 중요하다.

3) C형 CT

① ANSI 규격에서 정한 특성으로 철심의 누설자속이 규정치 이내이고, 권선이 균일하게 감겨 있어 표시된 수치에서 특성을 계산에 의해 구할 수 있는 CT이다.

② C200에서 2는 변류기 정격임피던스[Ω]를 의미하고

정격부담 $= I^2 Z = 5^2 \times 2 = 50[\mathrm{VA}]$

정격임피던스[Ω] × 2차 정격전류[A] × 과전류 정수 = 200[V] → 과전류 정수 = 20이다.

4) T형 CT

① ANSI 규격에서 정한 특성으로 철심의 누설자속이 커서 특성을 계산에 의해 구할 수 없고 시험에 의해서만 구할 수 있는 CT이다.

② 권선형 CT 중 일부가 이 특성이다.

2 이중비 CT(다중비 CT)

1) 실전력 계통에서 광범위하게 사용할 수 있도록 변류비가 두 개 이상인 CT이다.

2) 이중비 CT에는 관통형과 권선형이 있고 그림과 같이 $K_1 \sim l$ 사이 전류정격은 $K_2 \sim l$ 사이 전류정격의 2배이다. 예 100/5, 50/5

3) 이중비 CT는 하나의 CT를 **계측기용**과 **계전기용**에 겸용하고자 할 때 사용한다.

4) 이중비 CT의 과전류 정수는 가장 높은 변류비를 기준으로 하여 선정한다.

5) 종류 : 단일철심 1차 다중비 CT, 단일철심 2차 다중비 CT

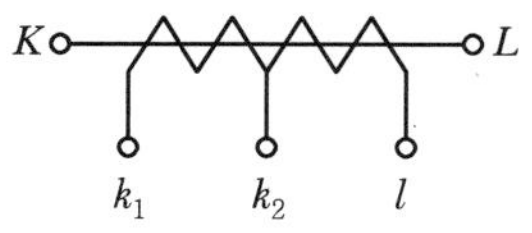

[단일철심 1차 다중비 CT]

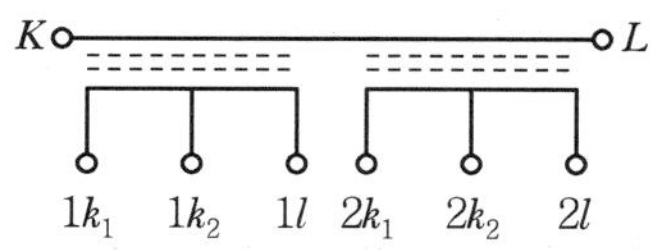

[단일철심 2차 다중비 CT]

09 전류제한 저항기(CLR : Current Limited Resistance)

1 목적

1) SGR/DGR 동작에 필요한 지락전류 유효분 발생
2) GPT 3차 측 Open Δ 내 제3고조파 발생 억제
3) 대지 정전용량을 줄여 중성점 불안정 현상 억제

2 설치위치

1) 비접지방식에서 지락보호 시 ZCT+GPT+SGR/DGR에서 사용
2) CLR(Current Limited Resistance)은 비접지방식에서 GPT의 2차(단상) 또는 3차(3상) 측에 설치

3 정격 : GPT가 190[V]인 경우

1) 3.3[kV] 계통 : 50[Ω]일 때 1[kW]로 선정
2) 6.6[kV] 계통 : 25[Ω]일 때 2[kW]로 선정
3) 시간정격은 30초

4 적정용량 계산

1) CLR 계산식 유도

$$i_2 = \frac{3e_2}{R_e},\ i_2 = n i_1 = \frac{3e_1}{R_e n} \times 3$$

$$i_1 = \frac{9e_1}{R_e n^2},\ R_e = \frac{9e_1}{n^2 i_1},\ R_N = \frac{e_1}{i_1} \text{ 을 대입하면}$$

$$\therefore\ R_e = \frac{9R_N}{n^2} = \frac{9e_1}{n^2 i_1}$$

2) 전류 380[mA], 전압 3.3[kV], 3차 전압 190[V]

$$R_e = \frac{3,300}{\sqrt{3}} \times \frac{9}{0.38 \times 30^2} = 50\,[\Omega]$$

3) 전류 380[mA], 전압 6.6[kV], 3차 전압 190[V]

$$R_e = \frac{6,600}{\sqrt{3}} \times \frac{9}{0.38 \times 60^2} = 25\,[\Omega]$$

CHAPTER

14

피뢰설비

01 피뢰기의 기본 성능, 정격, 설치위치, 주요 특성

1 개요

1) 피뢰기는 낙뢰, 개폐서지 등의 이상전압을 대지로 신속히 방류시켜 계통에 설치된 기기 및 선로를 보호하는 장치이다.

2) 피뢰기의 목적
   ① 전력설비의 기기를 이상전압(낙뢰 또는 개폐서지)으로부터 변압기를 보호한다.
   ② 이상전압 침입을 억제하고 방전시킴으로써 자동적으로 회복하는 장치이다.

3) 피뢰기 기본 성능 및 동작 특성
   ① 기본 성능
   - 이상전압 신속 방전
   - 제한전압이 낮을 것
   - 속류차단 능력 우수
   - 경년변화 없고 반복동작에 특성 안정

   ② 동작 특성

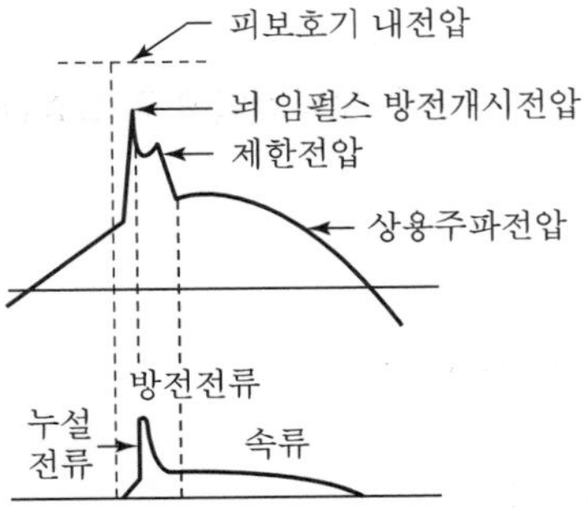

[탄화규소]

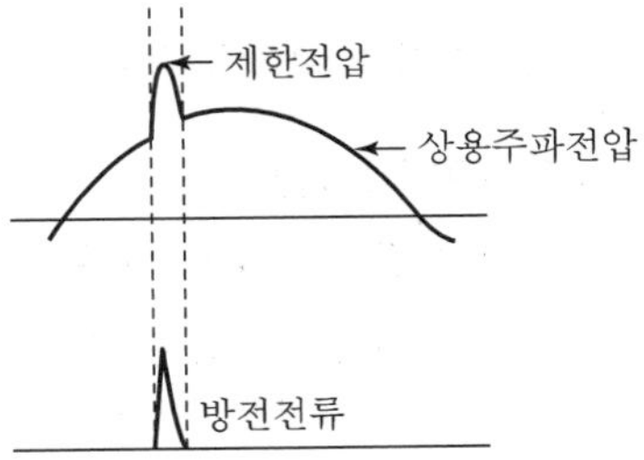

[산화아연]

4) 구조

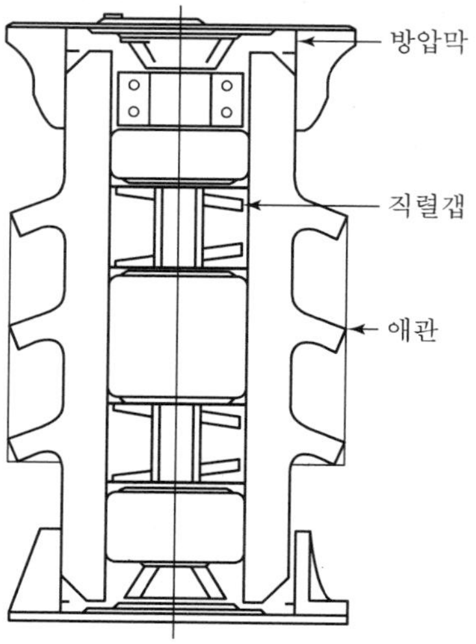

(a) 단면의 예

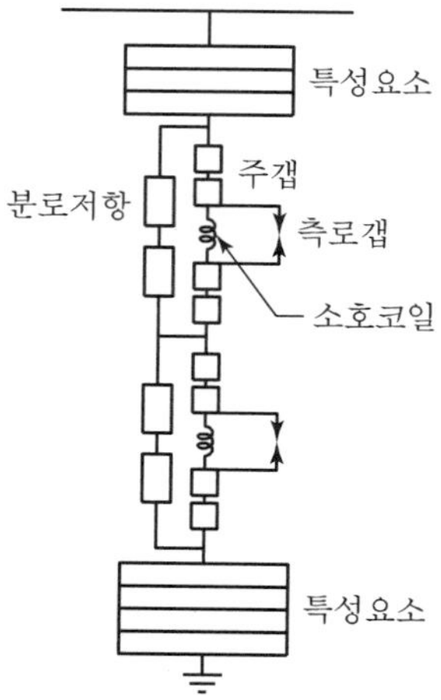

(b) 내부 구조

[피뢰기의 구조]

❷ 피뢰기 정격

1) 정격전압(상용주파 허용단자전압)

① 피뢰기에서 속류를 차단할 수 있는 최고의 상용주파수 교류전압으로 실효값으로 표시

② 정격전압 선정방법

㉠ 정격전압 $= \alpha \cdot \beta \cdot V_m = k \cdot V_m$

여기서, α : 접지계수(유효접지계 0.75, 비유효접지계 1.0)
β : 여유도(1~1.15 적용)
V_m : 최고허용전압 $\left(\text{공칭전압} \times \frac{1.2}{1.1}\right)$

㉡ 정격전압 = 공칭전압 $\times \frac{1.4}{1.1}$[kV]

㉢ 접지방식에 따른 공칭전압을 V[kV]라 할 때

- 직접접지 : 0.8~1.0[kV]
- 저항 · 소호 리액터 접지 : 1.4~1.6[kV]

㉣ 내선규정에 의한 방법

전력계통		피뢰기 정격전압[kV]	
공칭전압[kV]	중성점 접지방식	변전소	배전선로
22.9	3상 4선식 다중접지	21	18
22	PC접지, 비접지	24	–
66	PC접지, 비접지	72	–
154	유효접지	144	–
345	유효접지	288	–
765	유효접지	612	–

2) 공칭방전전류

① 방전전류란 피뢰기를 통해서 대지로 흐르는 전류를 의미

② 방전내량이란 그 허용 최대한도, 즉 **임펄스 대전류 통전능력**을 의미하며 파고값으로 표시

③ 방전전류의 결정

㉠ 정격방전전류는 발 · 변전소의 차폐 유무와 연간 뇌발생 빈도수(IKL)로 결정함

㉡ 방전전류 계산식

$$i_a = \frac{2e - e_a}{Z}$$

여기서, i_a : 피뢰기 방전전류, e : 진입 내 서지 파고값
e_a : 제한전압, Z : 선로의 서지 임피던스

④ 방전전류의 적용 예

공칭방전전류	설치장소	적용 조건
10[kA]	변전소	• 154[kV] 이상 계통 • 66[kV] 이하 계통에서 Bank 용량 3,000[kVA] 초과 • 장거리 송전선 케이블에 적용 • 배전선로 인출 측
5[kA]	변전소	66[kV] 이하 계통에서 Bank 용량 3,000[kVA] 이하
2.5[kA]	선로	배전선로

3) 수변전설비에서 정격전압 및 공칭방전전류

공칭전압[kV]	정격전압[kV]	공칭방전전류[kA]
3.3	7.5(4.3)	2.5
6.6	7.5	2.5
22	24	5
22.9	18	2.5
154	138(144)	10
345	288	10

3 피뢰기 설치위치 및 설치장소

1) 피뢰기 설치위치(피뢰기와 피보호기기 간의 거리가 미치는 영향)

① $V_t = V_p + \frac{2US}{V}$[kV]

여기서, V_t : 기기에 걸리는 단자전압[kV]
V_p : 피뢰기 제한전압[kV]
U : 침입파의 파두준도[kV/㎲]
V : 서지의 전파속도[m/㎲]
S : 피뢰기와 거리[m]

② 거리가 떨어져 있으면 이상전압 내습 시 피뢰기 단자전압보다 피보호기기 단자전압이 높아지므로 가까울수록 좋다.

③ 피뢰기의 최대 유효이격거리

공칭전압[kV]	BIL[kV]	최대 유효이격거리[m]
345	1,050	85
154	650	65
66	350	45
22	150	20
22.9	150	20

2) 피뢰기 설치장소

① 발 · 변전소 인입구 및 인출구
② 배전용 변압기의 고압 및 특고압 측
③ 고압 및 특고압 수용가의 인입구
④ 지중선과 가공선이 접속되는 곳

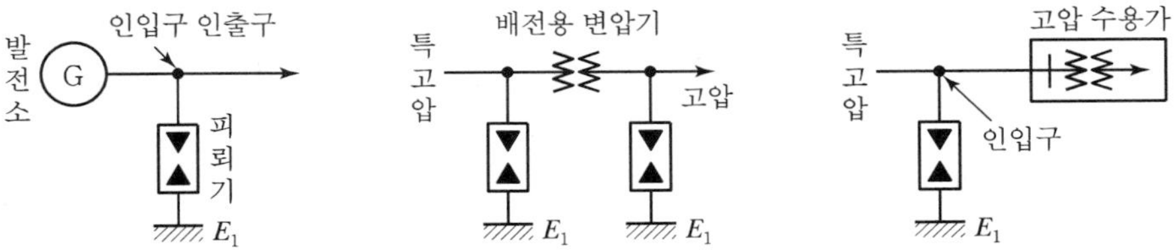

[피뢰기 설치장소]

4 갭레스형 피뢰기

장점	단점	V-I 특성
• 제한전압 안정 • 비선형 저항 특성 • 직렬 갭이 없어 구조 간단 • 소형 · 경량 • 내구성, 내오손 특성 우수	• 열폭주 현상 발생 • 국산화 미약 • 특성요소 사고 시 지락사고로 연결	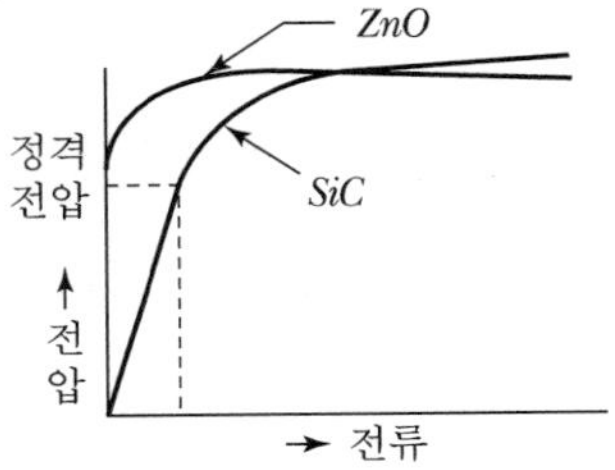

5 피뢰기 주요 특성

1) **방전개시전압** : 서지과전압 인가 시 방전을 개시하는 전압
2) **제한전압** : 방전 중 과전압이 제한되어 피뢰기 양단자 간에 잔류하는 전압
3) **방전특성** : 방전개시전압과 방전시간과의 관계(V−t 특성)
4) **보호레벨** : 뇌 임펄스 방전개시 전압, 제한전압, V−t 특성 등에 의해 결정
5) **동작개시전압** : 피뢰기 누설전류가 1~3[mA]로 흐를 때 전압 → 초과 전압이 장시간 인가되면 열폭주
6) **방전내량** : 임펄스 대전류 통전능력
7) **과전율(S)** : **동작개시 전압과 상시인가 전압의 파고값**과의 비율로 45~80[%] 정도 저감절연을 한 경우 피뢰기는 과전율이 높은 고정격 피뢰기가 됨
8) **열폭주 현상** : 누설전류로 소자온도가 증가하여 피뢰기가 과열 · 파괴되는 현상

6 피뢰기 보호레벨 및 절연협조 검토

피뢰기로 보호할 수 있는 절연기기 보호레벨(LIWL) 정도

1) **보호레벨**은 충격파 영역의 80[%] 이하가 되도록 유도를 가지고 선정

2) 피뢰기의 개폐서지에 대한 보호레벨은 LIWL×85[%]×85[%] 이하로 절연협조를 계획
3) 비유효 접지계에서는 중성점에 피뢰기 설치
4) 22.9[kV-Y] 피뢰기는 단로장치 부착용 사용
5) 제1종 접지공사는 10[Ω] 이하 또는 5[Ω] 이하로 설치
6) 접지선 굵기 : $S = \dfrac{\sqrt{t}}{282} \times I_s [\mathrm{mm}^2]$
7) 절연협조가 깨질 경우 피뢰기의 위치 및 증설 고려, 차폐 및 접지설계 개선, 피보호기기 절연레벨 향상, 계통특성 향상

02 피뢰기의 충격 방전개시전압, 제한전압, 상용주파 방전개시전압

1 충격 방전개시전압(뇌 임펄스 방전개시전압) → 최소보호비 1.2

1) 피뢰기 단자 간에 충격파 전압을 인가하였을 경우 방전을 개시하는 전압
2) 충격 방전개시전압 $= TR\ BIL \times 0.85[\mathrm{kV}]$
3) 154[kV]의 경우
   - 유입변압기 $BIL = 5E + 50 = (5 \times 140) + 50 = 750[\mathrm{kV}]$
   - 충격 방전개시전압 $= 750 \times 0.85 = 638[\mathrm{kV}]$

2 제한전압

1) 피뢰기 방전 중 과전압으로 제한되어 피뢰기 양단자 간에 잔류하는 임펄스 전압이며 파고값으로 표시
2) 피뢰기 제한전압 V_a는

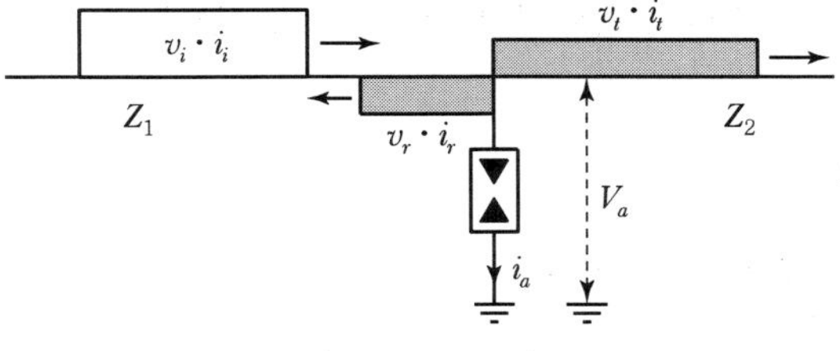

v_i, i_i : 입사파의 전압, 전류
v_r, i_r : 반사파의 전압, 전류
v_t, i_t : 투과파의 전압, 전류
V_a : 피뢰기의 제한 전압
i_a : 피뢰기의 방전 전류
Z_1, Z_2 : 선로의 특성임피던스

[피뢰기의 제한전압]

$$v_t \fallingdotseq v_a = \frac{2Z_2}{Z_1+Z_2}v_i - \frac{Z_1Z_2}{Z_1+Z_2}i_a = \frac{2Z_2}{Z_1+Z_2}\left(v_i - \frac{1}{2}Z_1 i_a\right)$$

3) 변압기의 절연강도 > 피뢰기 제한전압 + 피뢰기 접지저항 전압강하

4) 154[kV]의 경우

$$\text{제한전압} = V_m \times (2.6 \sim 3.6) = 450[\text{kV}]$$

3 상용주파 방전개시전압

1) 상용주파수 방전개시전압의 실효값

2) 피뢰기 정격전압의 1.5 배 이상

3) 154[kV]의 경우

$$\text{상용주파 방전개시전압} = 144 \times 1.5 = 216[\text{kV}]$$

4 충격비

$$\text{충격비} = \frac{\text{충격 방전개시전압}}{\text{상용주파 방전개시전압의 파고값}} \geq 1$$

5 접지선 굵기 산정

$$S = \frac{\sqrt{t}}{282} \times I_s[\text{mm}^2]$$

여기서, S : 전선 굵기
t : 고장계속시간(22.9[kV]에서 1.1초)
I_s : 고장전류

03 피뢰기의 동작개시전압, 열폭주 현상

1 동작개시전압

1) 누설전류의 종류

① 저항분 누설전류 I_R, 용량분 누설전류 I_C

② 전 누설전류 $I_0 = I_R + I_C$

③ I_R과 I_C는 위상이 90[°] 어긋나 있고 I_0는 거의 용량분 전류임

2) 동작개시전압

① I_R은 소자의 발열성분으로 I_R이 크면 소자의 열화가 염려됨

② I_R이 1～3[mA] 통전 시의 전압을 동작개시전압으로 정의하고 하한값을 규정

3) 과전율

① 과전율 S는 장기수명 특성이나 열폭주를 고려할 때의 기준임

② 45～80[%] 정도로 사용됨

$$S(\text{과전율})[\%] = \frac{\text{상시인가전압 파고치}}{\text{동작개시전압}} \times 100$$

2 열폭주 현상

1) 정의

① 갭레스 피뢰기에 일정전압을 인가 시 누설전류에 의해 발열이 발생

② 발열량(P)이 방열량(Q)을 상회하여 산화아연(ZnO) 온도가 상승하고 누설전류는 더 커져 파괴되는 현상

2) 열폭주 현상(발열－방열 특성)

① 산화아연소자는 온도가 상승하면 저항값이 감소하는 특성을 가짐

② $P = Q$: 열평형상태

$P > Q$: 개폐서지 등 열적 트리거를 받아 소자의 온도 및 누설전류 증대, 열폭주 발생

$P < Q$: S점으로 돌아가 안정상태를 유지

3) 온도 상승

$$\Delta T = \frac{w}{\rho \cdot s \cdot c \cdot q}$$

여기서, T : 온도 상승[℃]
w : 흡수에너지[J]
ρ : 소자의 비중[g/cm^2]
s : 소자의 부피[cm^3]
c : 소자의 배열[cal/g, ℃]
q : 열당량[J/cal]

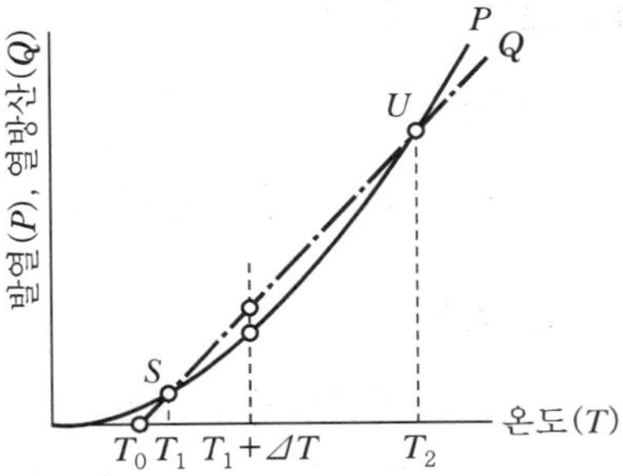

[산화 · 아연소자의 발열 · 방열 특성]

4) 대책

① 산화아연형 피뢰기에서는 동작책무시험이나 방전내량에 의한 서지전류 통전에 의해 파괴되지 않을 것
② 그 후의 인가전압에 의해 열폭주하지 않을 것

04 갭레스, 폴리머 피뢰기

1 갭레스형 피뢰기

1) 정의

① 특성요소를 탄화규소(SIC)에서 금속산화물(ZnO) 특성요소로 소성한 것
② 직렬갭을 생략하고 금속산화물 특성요소만을 포개어 애자 속에 봉입한 것

2) 특징

① 직렬갭이 없으므로 구조가 간단하고 소형 · 경량화
② 특성요소만으로 절연되어 있어 특성요소의 사고 시 단락사고와 같은 경우가 될 수 있음
③ 속류에 따른 특성요소의 변화가 작음

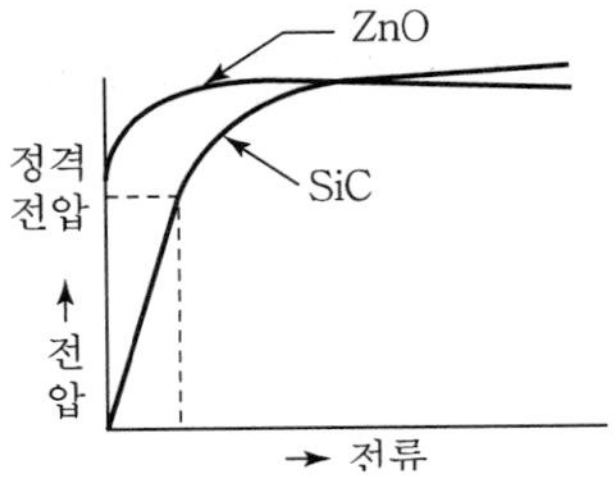

[특성요소별 V－I 곡선]

2 폴리머 피뢰기

1) 정의

피뢰기의 하우징에 기존의 자기재 대신, 고분자 절연체인 FRP 재질을 적용한 피뢰기

2) 목적

① 습기침투에 의한 ZnO 소자 열화 방지
② 자기재의 폭발 시 비산파급 방지

3) 특징

① 방압구조로서 내충격 특성과 유연성이 좋음
② 기존 자기재의 1/3 수준으로 가벼워 시공에 유리함
③ 자기재의 흡수 우려가 제거되어 고성능, 안정성이 좋음
④ 낙뢰로 인한 자기재 폭발 및 비산 등에 의한 주변기기 손상 우려가 제거됨

05 서지 흡수기(Surge Absorber)

1 설치목적

1) 서지 흡수기는 배전선로상에서 발생하는 유도뢰, 개폐서지 등의 내부이상전압을 흡수하여 2차 기기를 보호하는 장치
2) 몰드 · 건식 변압기나 계통기기 보호목적

2 설치위치

개폐서지가 발생되는 차단기 2차 측, 피보호기기 전단

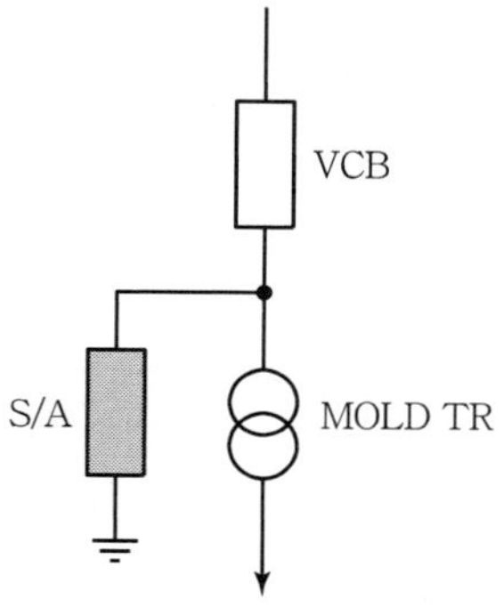

[변압기 부하인 경우]

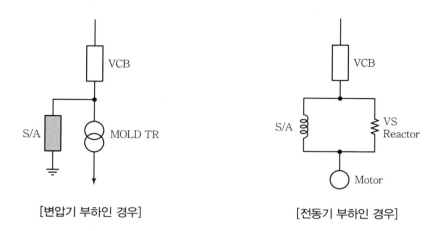

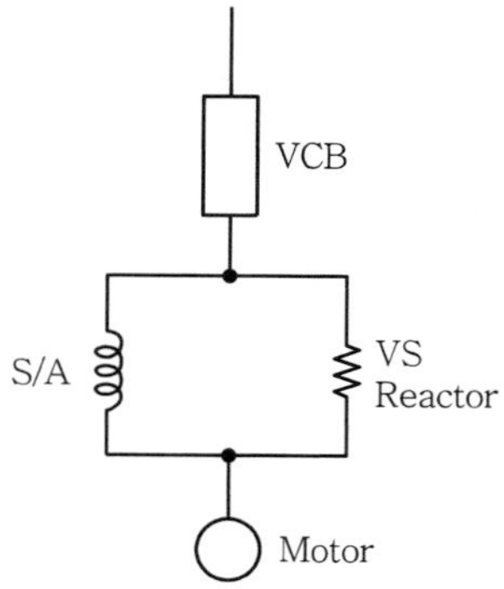

[전동기 부하인 경우]

3 적용범위

설치 필요	설치 불필요
VCB+Mold TR VCB+Motor	VCB+유입 TR OCB+Mold TR(Motor)

4 SA정격

공칭전압	3.3[kV]	6.6[kV]	22.9[kV]
정격전압	4.5[kV]	7.5[kV]	18[kV]
공칭방전전류	5[kA]	5[kA]	5[kA]

5 LA와 SA 비교

구분	LA	SA
용도	뇌서지 보호	개폐서지 보호
파고치	높다.	낮다.
파두장 및 파미장	짧다. 1.2×50[μs]	길다. 250×2,500[μs]
전류용량	크다.	작다.
발생빈도	매우 적다.	매우 많다.
설치위치	수용가 인입구와 변압기 근처	차단기 2차 측 피보호기기 전단

6 SA의 적용

차단기 종류		VCB				
2차 보호기기 \ 전압등급		3[kV]	6[kV]	10[kV]	20[kV]	30[kV]
전동기		필요	필요	필요		
변압기	유입식	불필요	불필요	불필요	불필요	불필요
	몰드식	필요	필요	필요	필요	필요
	건식	필요	필요	필요	필요	필요
콘덴서		불필요	불필요	불필요	불필요	불필요
변압기와 유도기기의 혼용		필요	필요			

06 서지 보호장치(SPD : Surge Protective Device)

1 정의 및 목적

1) 서지 보호장치(SPD)는 서지전압을 제한하고 서지전류를 분류하기 위해 1개 이상의 비선형소자를 내장하고 있는 장치이다.
2) 교류 1,000[V], 직류 1,500[V] 이하에서 전원에 접속한 기기를 보호한다.

2 필요성 및 기본성능

1) 내부 피뢰시스템은 등전위 검출이 매우 중요하다.
2) SPD는 전력설비, 통신설비 등을 직접 본딩할 수 없는 경우에 적용한다.

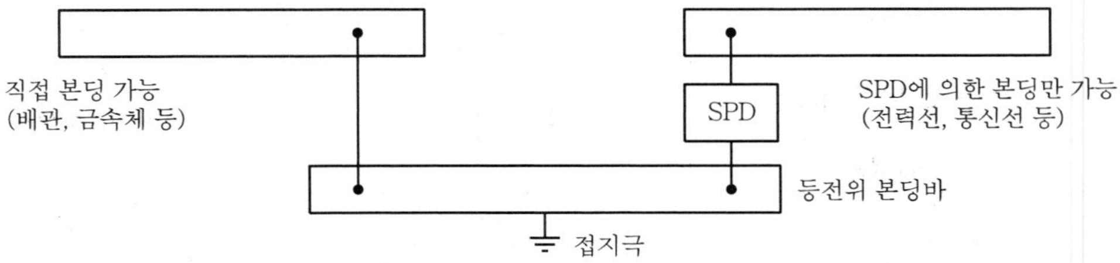

[SPD의 기본설치 예]

3) 생존성 : 설계된 환경조건에서 잘 견딜 것, 자체수명 고려

4) 보호성 : 보호대상 기기가 파괴되지 않을 정도로 과도전압을 감소시켜야 함

5) 적합성 : 보호대상 시스템에 대하여 물리적 · 법률적 요구조건을 만족할 것

❸ 동작 특성에 의한 분류

1) 전압 스위치형 : 서지 인가 시 순간적으로 임피던스가 낮아지는 SPD

2) 전압 제한형 : 서지 인가 시 연속적으로 임피던스가 낮아지는 SPD

3) 복합형 : 스위치형, 제한형 기능이 모두 가능

4) SPD 동작 예

① 개회로 전압파형 : 1.2×50[μs]

② 단락회로 전류파형 : 8×20[μs]를 인가 시 SPD 동작

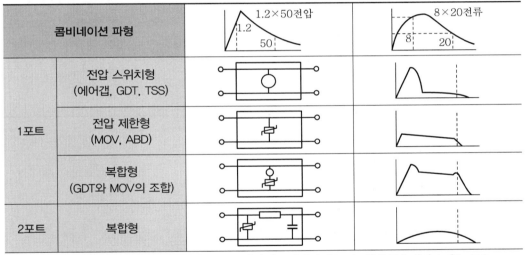

콤비네이션 파형		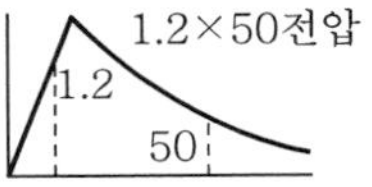	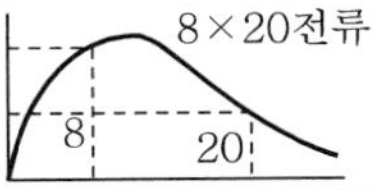
1포트	전압 스위치형 (에어갭, GDT, TSS)	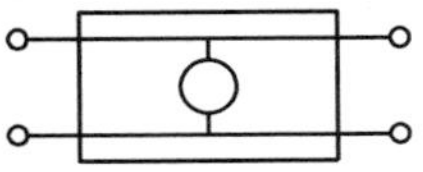	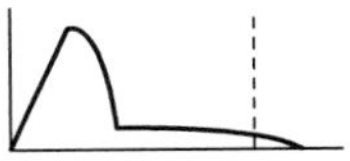
	전압 제한형 (MOV, ABD)	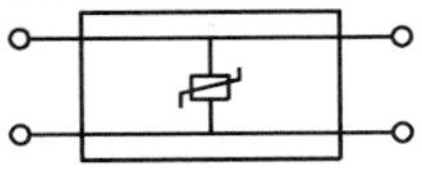	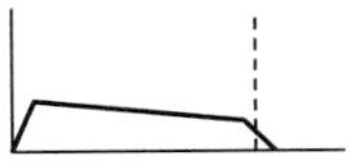
	복합형 (GDT와 MOV의 조합)	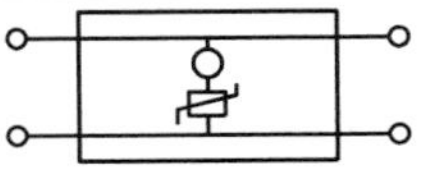	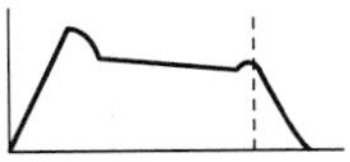
2포트	복합형	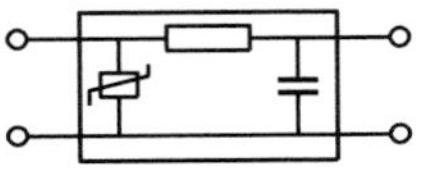	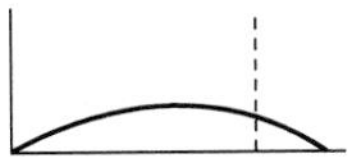

※ 서지보호소자(SPDC) → 가스방전관(GDT), 사이리스터차단기(TSS), 산화금속배리스터(MOV), 애버런시다이오드(ABD)

4 구조에 의한 분류(단자 형태)

구분	특징	표시(예)
1포트 SPD	• 1개의 단자쌍 또는 2개의 단자를 갖는 SPD로 서지를 분류할 수 있도록 접속함 • 전압스위치형, 전압제한형, 복합형	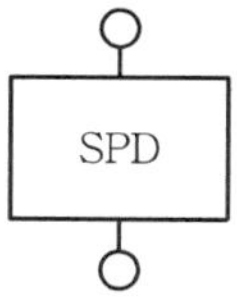
2포트 SPD	• 2단의 단자쌍 또는 4개의 단자를 갖는 SPD로 입력 단자쌍과 출력 단자쌍 간에 직렬임피던스가 있음 • 신호 · 통신계통에 사용, 복합형	

5 설치방식에 의한 분류

구분	특징	구성방법
직렬방식	• 과도전압을 미세하게 억제하는 데 효과적 • 설치 시 케이블 단절로 시공이 어려움 • 통신용, 신호용 등에 주로 사용	직렬방식, 병렬방식, 직 · 병렬 혼합방식 등으로 사용
병렬방식	• 과도전압을 미세하게 제어하기 곤란함 • 전류용량에 한계가 없어 수(A) 이상에서 선호 • 전원용으로 많이 사용	

6 LPZ에 따른 SPD 등급선정 방법

1) SPD Ⅰ : 선로 인입구로 주 배전반에 설치
2) SPD Ⅱ : LPZ 1 입구 또는 LPZ 2 입구에 설치
3) SPD Ⅲ : LPZ 2, 3 … n 입구에 설치

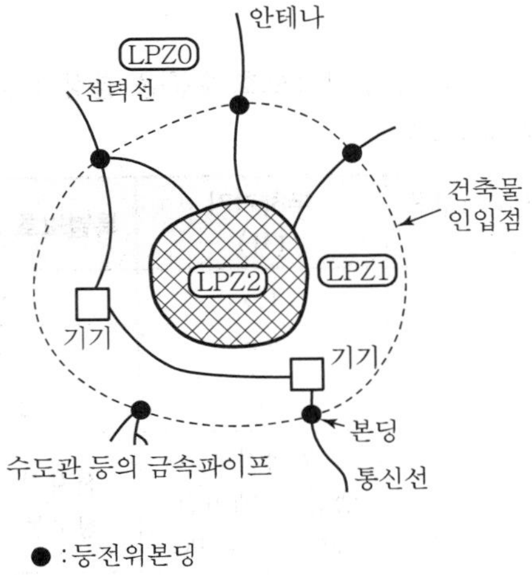

[외부 뇌보호의 등전위본딩 개념도]

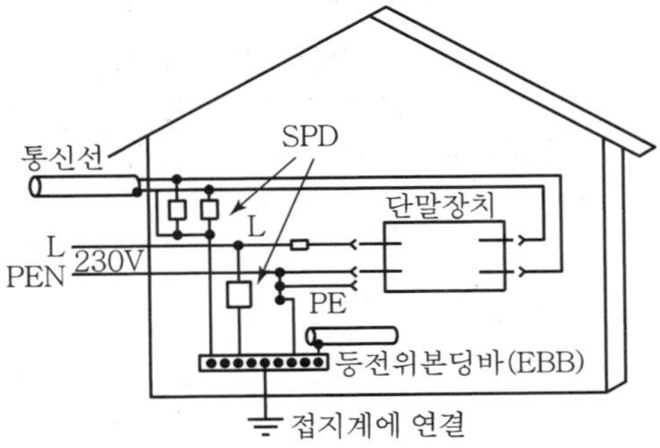

[건물 내의 SPD 설치 예(TN−C)]

7 SPD 설치위치

1) 설비 인입구 또는 건축물 인입구와 가까운 장소에 설치할 것
2) 건축물 내에서 뇌 보호영역(LPZ)이 변화되는 경계점에 설치할 것
3) 상도체와 주접지단자 간 또는 보호도체 간에 설치할 것

8 SPD 설치방법

1) 모든 본딩은 저임피던스 본딩을 구현해야 한다.
2) SPD의 리드선은 0.5[m] 이하로 하고 접지극에 직접 연결한다.
3) SPD의 리드선은 동선 10[mm^2] 이상(피뢰설비가 없을 때는 동선 4[mm^2] 이상)으로 해야 한다.

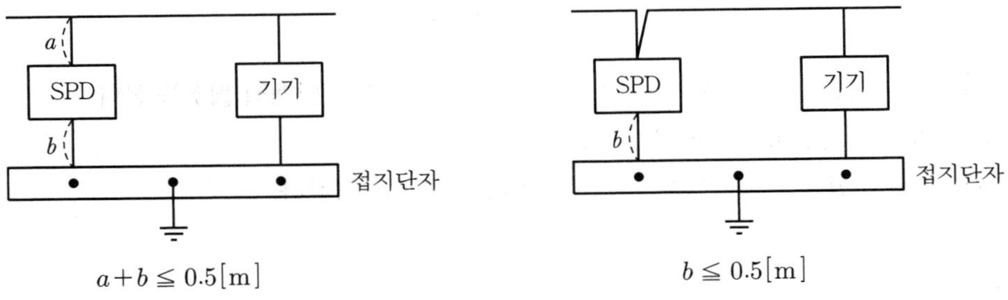

[SPD 설치방법]

9 SPD 선정 시 고려사항

1) 기기에 필요한 **임펄스 내전압**과 **계통 공칭전압**을 고려하여 전압보호 수준을 결정할 것

2) 기기에 필요한 **임펄스 내전압**[kV] → 주택옥내 배전계통

계통공칭전압[V]	설비 인입구 기기(Ⅳ)	간선 및 분기회로 기기(Ⅲ)	부하기기 (Ⅱ)	특별보호 기기(Ⅰ)
단상 120~240	4	2.5	1.5	0.8
3상 230~400	6	4	2.5	1.5
3상 1,000	8	6	4	2.5
카테고리 분류	전력량계 누전차단기 인입용 전선	주택 분전반 콘센트, 스위치 옥내배전용전선	조명기구 냉장고, 에어컨, 세탁기, TV, PC	전자기기 내부 정보통신 기기
SPD 등급	클래스 Ⅰ	클래스 Ⅱ	클래스 Ⅲ	

3) SPD 등급선정 예

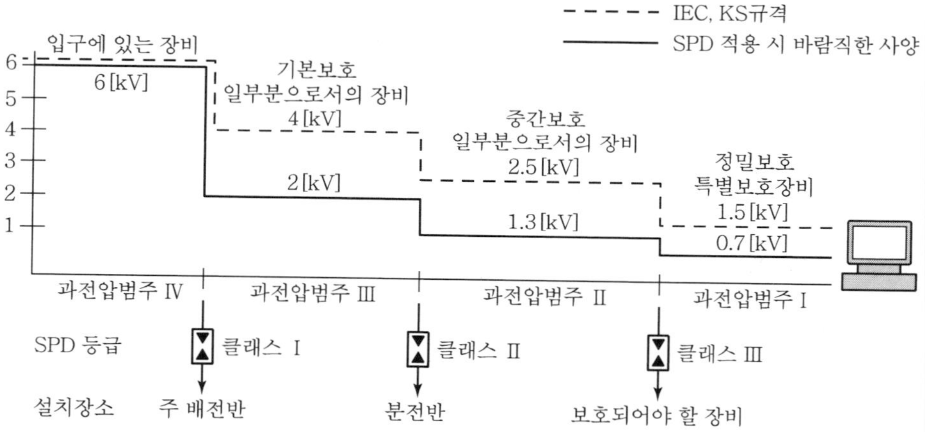

[등급선정]

4) 뇌보호 영역을 고려한 후 뇌서지의 1차 보호, 2차 보호는 **단계적 협조**를 한다.

5) SPD 접지는 가능하면 **공통접지**를 한다.

6) SPD의 리드선은 0.5[m] 이하로 하고 접지극에 직접 연결한다.

10 전원용 SPD 선정 시 고려사항

1) SPD가 처리 가능한 최대 서지전류내량은 뇌서지의 빈도나 세기, 피보호기기의 중요도에 따라 선정한다.
2) 이상 시에 전원회로와 분리한다.
3) 교체표시, 원격감시, 경고기능 등 상태표시기능이 있는지 확인한다.
4) 제한전압이 낮아야 한다(IEEE 규격에 의한 시험파형 8×20[μs]).
5) 선간 보호 : Normal Mode, 선간-대지 간 보호 : Common Mode
6) Common Mode 노이즈가 더 해로우므로 선간-대지 간 보호를 주로 적용한다.

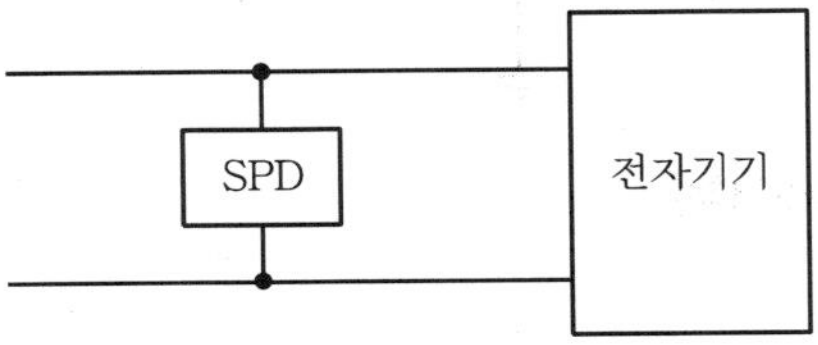

[선간보호]

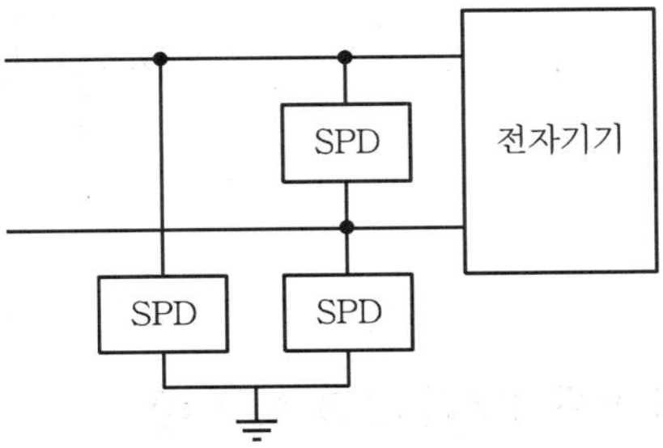

[선간-대지 간 보호]

11 통신용 SPD 선정 시 고려사항

1) 주파수 특성을 고려한다.
2) 바이패스 소자를 주로 사용하므로 속류에 대한 차단성능도 가져야 한다.

12 Surge 해소대책

1) 공용접지법 : 전력선과 통신선 접지공용화
2) 절연법 : NCT(Noise Cut Transformer)를 이용
3) By Pass법 : 전력선과 통신선 간 SPD 설치

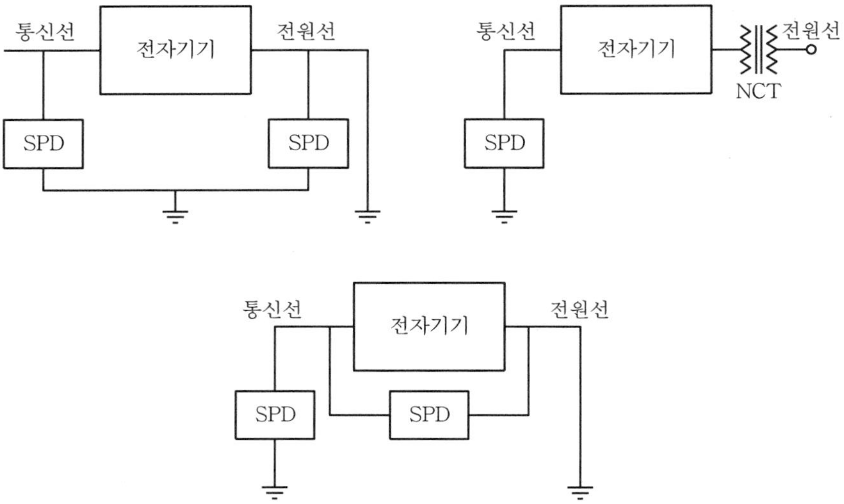

[Surge 해소대책]

⑬ 엘리베이터에 SPD 적용 예

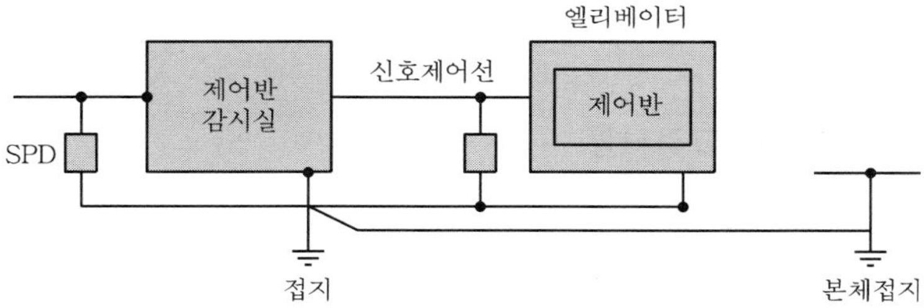

[엘리베이터에 SPD 적용 예]

⑭ 서지 보호장치 관련 용어

구분	고압용	저압용 및 통신용
산업계	• 피뢰기(LA : Lightning Arrester) • 서지어레스터(Surge Arrester)	• 서지압소버(SA : Surge Absorber) • SPD(Surge Protective Device)
IEC 표준	서지어레스터(Surge Arrester)	SPD(Surge Protective Device)

⑮ 맺음말

1) SPD 설치효과를 극대화하기 위해서는 리드선 길이를 0.5[m] 이하로 해야 한다.
2) 현장에서는 분전함 구조상 접지단자와 거리가 너무 멀어 설치효과가 미미하므로 SPD 설치 시 본딩바를 설치하여 접지단자에 연결하고 별도로 접지를 해야 한다.
3) 분전반을 규격화하여 접지단자를 SPD와 가깝게 설치할 수 있도록 해야 한다.
4) 배전반 : 80～100[kA], 분전반 : 40[kA], 통신용 : 10[kA]

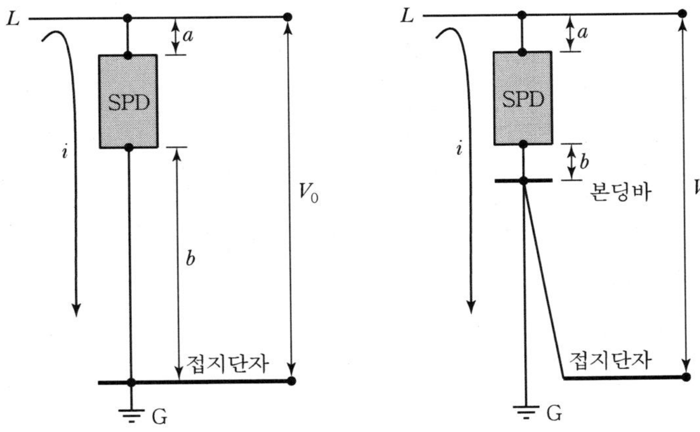

[SPD 효과 증대방안]

07 이상전압 및 절연협조

1 개요

1) 절연은 사용전압 및 이상전압에 대하여 단독 혹은 절연협조를 통해 견뎌야 한다.
2) 전력계통의 기기나 설비는 **절연내력, V-t 특성** 등이 같지 않으므로 전체를 하나로 보고 절연 협조를 해야 한다.

2 이상전압 종류

외부 이상전압 (뇌과전압)	내부 이상전압			
	과도 이상전압(개폐 과전압)		지속성 이상전압(단시간 과전압)	
	계통 조작 시	고장 발생 시	계통 조작 시	고장 발생 시
직격뢰 유도뢰 간접뢰	무부하선로 개폐 시 유도성 소전류 차단 시 3상 비동기 투입 시	고장전류 차단 시 고속도 재폐로 시 아크지락 발생 시	페란티 효과 발전기 자기여자 전동기 자기여자	지락 시 이상전압 철공진 이상전압 변압기 이행전압

3 절연계급 및 절연강도

1) 절연계급

① 절연계급이란 기기나 설비의 절연강도를 구분한 것으로서 계급을 호수로 나타낸 것이다.
② 최고전압에 따라 **절연계급**이 설정되고 **절연강도 규격**이 제공된다.
③ 절연계급은 기기 절연을 표준화하고 통일된 절연체계를 구성하기 위해 설정한다.

2) 절연강도

① 절연강도란 기기나 설비의 절연이 그 기기에 가해질 것으로 예상되는 충격전압에 견디는 강도이다.

② 절연강도 규격

IEC 규격(LIWL, SIWL)			JEC 규격(BIL)		
기기 최고전압[kV]	뇌임펄스 내전압[kV]	상용주파 내전압[kV]	절연계급 (호)	뇌임펄스 내전압[kV]	상용주파 내전압[kV]
24	145/125	50	20A/(20B)	150(125)	50
170	750/650	325/275	140A/(140B)	750(650)	325(275)

③ 절연계급 20호 이상의 비유효 접지계에 대하여 $BIL = (5 \times E) + 50[\text{kV}]$로 정해져 있다.

④ 유입변압기

$$BIL = (5 \times E) + 50[\text{kV}]$$

E : 절연호=최저전압=절연계급=공칭전압/1.1

22.9[kV]의 경우 : $BIL = 5 \times \dfrac{22.9}{1.1} + 50 = 150[\text{kV}]$

⑤ 건식 변압기

$$BIL = \text{상용주파 내전압치} \times \sqrt{2} \times 1.25[\text{kV}]$$

22.9(kV)의 경우 : $BIL = 50 \times \sqrt{2} \times 1.25 = 95[\text{kV}]$

⑥ 전동기

$$BIL = 2 \times \text{정격전압} + 1{,}000[\text{V}]$$

3) 시험전압

절연강도 시험에는 표준 뇌임펄스 전압파형과 표준 상용주파 전압파형을 사용한다.

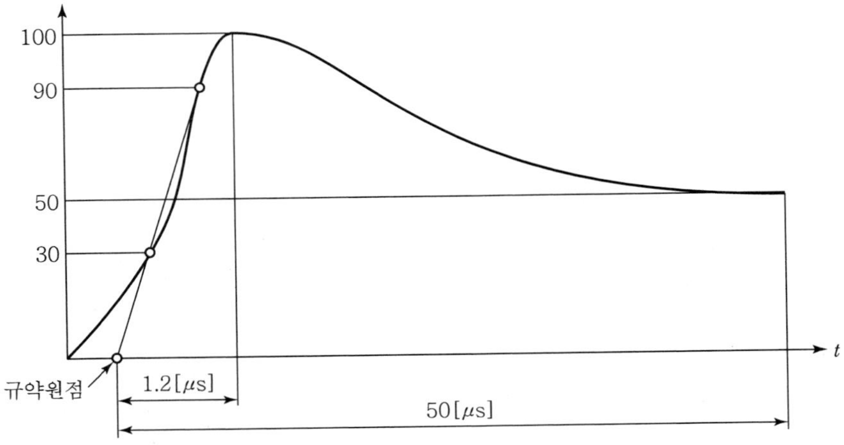

[표준 뇌임펄스 전압파형]

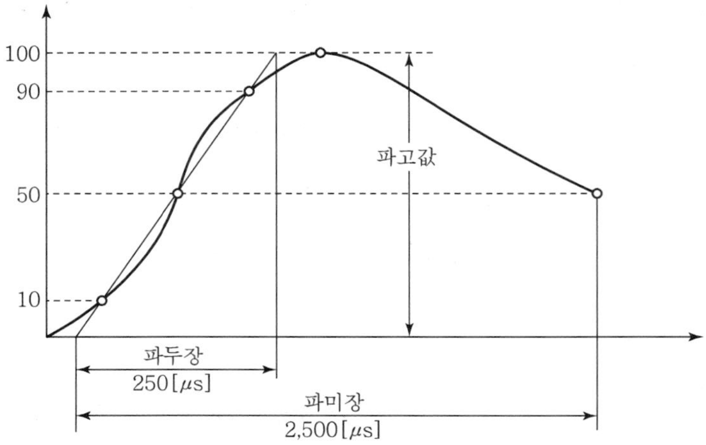

[표준 상용주파 전압파형]

4) 우리나라 저감절연 예

계통 전압[kV]	전절연 BIL[kV]	현재 사용 BIL[kV]
22.9	150	150
154	750	650(1단 저감)
345	1,550	1,050(2단 저감)

4 V－t 곡선

1) V－t 곡선 정의

① V－t 곡선은 절연체에 고전압 또는 충격파를 가할 때 방전개시전압과 방전시간과의 관계를 표시한 곡선이며. 이와 같은 특성을 V－t 특성이라 한다.

② V－t 곡선

㉠ 충격파 파두부분 : 방전개시전압과 방전시간 연결

㉡ 충격파 파미부분 : 충격파 파고치와 방전시간 연결

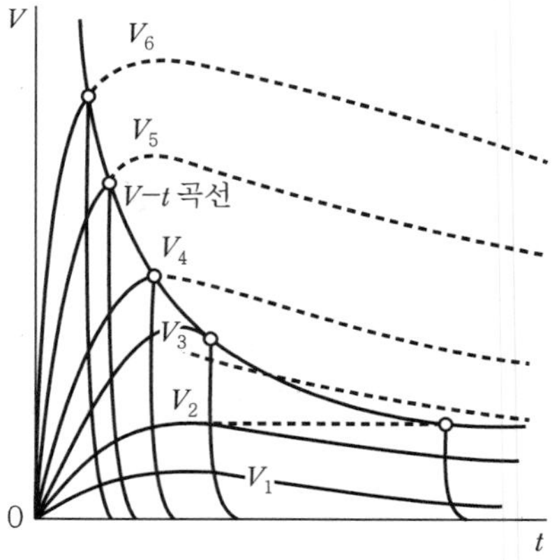

[V－t 곡선]

2) V−t 곡선 특성

① 인가전압이 높을수록 방전시간이 짧아진다.

② 충격파 파두준도[kV/μs]가 높을수록 방전시간이 짧아진다.

③ 파두준도가 높으면 충격파 앞부분에 섬락(Flash Over)이 발생하고, 낮으면 충격파 뒷부분에 섬락이 발생한다.

※ 파두준도＝충격파의 파고치/파두장[kV/μs]

5 절연협조

1) 절연협조 정의

① 절연협조란 전력계통에서 발생하는 각종 이상전압에 대하여 전기설비 전체의 절연을 기술적 · 경제적으로 합리화하는 것이다.

② V−t 곡선은 절연협조의 기초가 되는 곡선으로 V−t 곡선이 높은 기기는 V−t 곡선이 낮은 기기를 먼저 섬락시킴으로써 절연보호할 수 있다.

③ 피뢰기 V−t 곡선은 피보호기기 V−t 곡선보다 낮아야만 피보호기기를 보호할 수 있다. 즉, V−t 곡선 간의 협조를 절연협조라 한다.

2) 절연협조 기본 방침

① 외부 이상전압에 대해서는 **피뢰장치**를 이용하여 기기절연을 안전하게 보호한다.

② 내부 이상전압에 대해서는 **절연강도**에 여유를 주어 특별한 보호장치 없이도 섬락 또는 절연파괴가 일어나지 않도록 한다.

3) 각종 절연협조

① 발 · 변전소

- 구내 및 그 부근 1～2[km] 정도의 송전선에 충분한 차폐효과를 지닌 **가공지선**을 설치한다.
- **피뢰기** 설치로 이상전압을 제한전압까지 저하시킨다.

② 송전선

- 가공지선과 전선과는 충분한 **이격거리**를 확보(직격뢰 방지)한다.
- 뇌와 같은 순간적인 고장에 대해서는 **재투입 방식**을 채용한다.

③ 가공 배전선로

- 변압기의 보호를 기본으로 한다.
- 적정한 **피뢰기**를 선택하고 적용한다.

④ 수전설비
- 절연협조 중 가장 어렵다.
- 유도뢰, 과도 이상전압, 지속성 이상전압 등의 대책을 고려해야 한다.

⑤ 배전설비
- 접지를 자유롭게 선정할 수 있다.
- 접지방식 선정과 변압기 이행전압 대책에 중점을 둔다.

⑥ 부하설비
- 회로의 개폐빈도가 높기 때문에 개폐서지 대책에 중점을 둔다.
- 광범위한 구내 전기설비에는 Surge Absorber 등을 설치한다.

⑦ 저압 제어회로
- 적절한 절연레벨을 선정한다.
- SPD 등을 설치한다.

08 진행파의 기본원리

1 개요

1) 뇌격에 의해 생기는 서지성 이상전압은 수면의 물결처럼 진행파가 되어 선로를 진행한다.
2) 이상전압에서 기기를 보호하기 위해서는 그 성질을 충분히 알아둬야 한다.

2 유도뢰 서지가 진행파로 변하는 모양

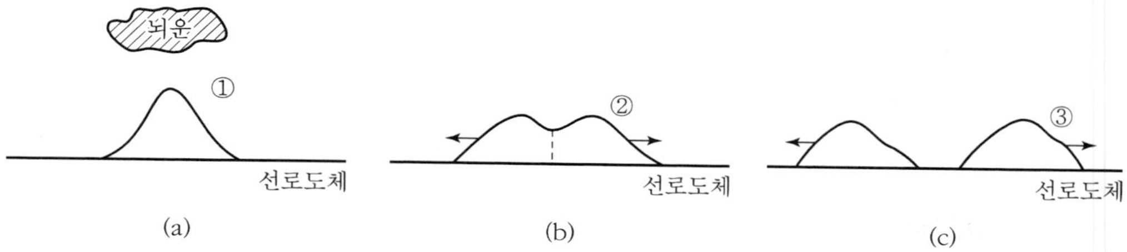

[유도뢰 서지]

❸ 진행파의 전파속도

1) 선로는 저항부분을 무시하면 다음 그림과 같이 인덕턴스(L)와 대지정전용량(C)이 사다리꼴로 연속되는 분포정수 회로가 된다.
2) 뇌서지(=진행파)는 인덕턴스(L)를 통해서 대지정전용량(C)을 충전하면서 차례로 진행해 나간다.

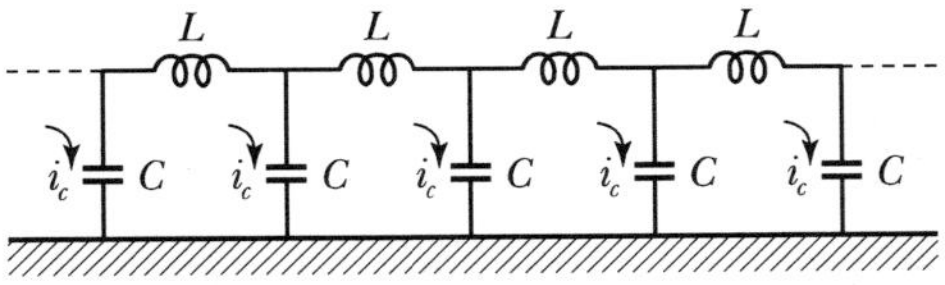

[선로의 등가회로와 진행파]

3) 진행파의 성질

선로단위길이를 dx[m], 단위길이 정전용량을 C[F/m], 단위길이 인덕턴스를 L[H/m], 진행파가 단위길이를 진행하는 시간을 dt[sec], 서지전압을 e라고 하면 dx[m] 사이에 축적되는 전하량 dq는 다음 식으로 구해진다.

① $d_q = e \cdot c \cdot dx$(Coulomb)

② 충전전류로서 흐르는 전류 i는 dq의 시간적 변화의 비율

$$i = \frac{dq}{dt} = \frac{C \cdot e \cdot dx}{dt} = C \cdot e \cdot v$$

③ 전압 e는 전류 i의 시간적 변화의 비율

$$e = \frac{d\phi}{dt} = \frac{L \cdot i \cdot dx}{dt} = L \cdot i \cdot v,\ \phi = LI$$

④ 서지 임피던스 Z

$$Z = \frac{e}{i} = \frac{e}{C \cdot e \cdot v} = \frac{1}{Cv},\ Z = \frac{e}{i} = \frac{L \cdot i \cdot v}{i} = Lv$$

$$\therefore\ Lv = \frac{1}{Cv},\ v^2LC = 1$$

$\therefore$ 전파속도 $v = \sqrt{\dfrac{1}{LC}}$[m/s], 서지 임피던스 $Z = \sqrt{\dfrac{L}{C}}$[Ω]

4 가공선의 서지 특성

1) $L = 0.054 + 0.4605\log_e \dfrac{2h}{r}$ [mH/km]

2) $C = \dfrac{0.02413}{\log_e \dfrac{2h}{r}}$ [μF/km]

3) 전파속도와 서지 임피던스

① 전파속도 $v = \sqrt{\dfrac{1}{LC}} = 3 \times 10^8$ [m/s], 서지 임피던스 $Z = \sqrt{\dfrac{L}{C}} = 60\log_e \dfrac{2h}{r}$ [Ω]

② 즉, 서지 임피던스 Z는 도체의 반경 r과 높이 h에 따라 정해지는 값이 되고 길이에는 무관하다.

③ 또한 전파속도 v는 광속도와 같아진다.

5 케이블의 서지 특성

1) $L = 0.054 + 0.4605\log_e \dfrac{R}{r}$ [mH/km]

2) $C = \dfrac{0.02413}{\log_e \dfrac{R}{r}}\varepsilon_0$ [μF/km]

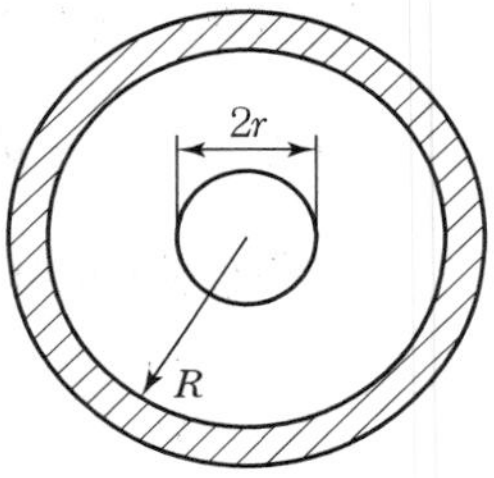

[케이블 구조]

3) 전파속도와 서지 임피던스

① 전파속도 $v = \sqrt{\dfrac{1}{LC}} = \dfrac{1}{\sqrt{\varepsilon}} 3 \times 10^8$,

서지 임피던스 $Z = \sqrt{\dfrac{L}{C}} = \dfrac{1}{\sqrt{\varepsilon}} 60\log_e \dfrac{R}{r}$

② 서지전파속도는 절연체 유전율 ε_s의 제곱근에 반비례한다.

③ 보통 ε_s는 2.5~4.5 정도이므로 광속도의 2/3~1/2이 된다.

[서지 임피던스의 개략값]

종류	서지 임피던스[Ω]
가공선(단도체)	400~600
가공선(유도체)	100~300
케이블	20~60
변압기	800~8,000
회전기	600~10,000

09 진행파의 반사계수 및 투과계수 유도

1 개요

1) 진행파는 선로의 끝 또는 가공선과 지중케이블의 접속점과 같이 서지 임피던스가 다른 변위점에서 반사 및 투과 현상이 발생한다.

2) 다음의 3가지 경우로 분류할 수 있다.
① 서지 임피던스가 다른 선로의 접속점
② 선로의 종단이 개방된 경우 $\boldsymbol{Z_2} = \infty$
③ 선로의 종단이 단락된 경우 $\boldsymbol{Z_2} = 0$

2 서지 임피던스가 다른 선로의 접속점

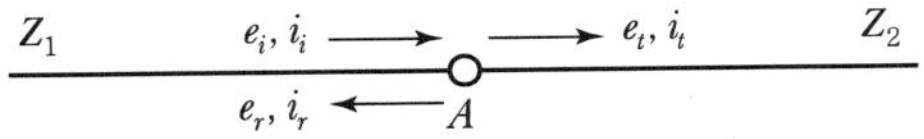

[서지 임피던스 변위점의 서지 진행파]

1) 반사계수 e_r(전압진행파)

$$i_t = i_i + i_r \quad \text{——— 식 (1)}$$

$$e_t = e_i + e_r \quad \text{——— 식 (2)}$$

$$e_i = z_1 \cdot i_i,\ e_t = z_2 \cdot i_t,\ e_r = -z_1 \cdot i_r \quad \text{——— 식 (3)}$$

$$i_i = \frac{e_i}{z_1},\ i_t = \frac{e_t}{z_2},\ i_r = -\frac{e_r}{z_1} \quad \text{——— 식 (4)}$$

식 (1)에 (4)를 대입하면

$\dfrac{e_t}{z_2} = \dfrac{e_i}{z_1} - \dfrac{e_r}{z_1}$(여기에 식 (2)를 대입하면)

$\dfrac{e_i + e_r}{z_2} = \dfrac{e_i}{z_1} - \dfrac{e_r}{z_1}$(양변에 $z_1 z_2$를 곱하면)

$z_1(e_i + e_r) = z_2(e_i - e_r)$

$z_1 e_i + z_1 e_r = z_2 e_i - z_2 e_r$

$z_1 e_i - z_2 e_i = -z_1 e_r - z_2 e_r$

$z_1 e_r + z_2 e_r = (z_2 - z_1) e_i$

$\therefore\ e_r = \dfrac{z_2 - z_1}{z_1 + z_2} e_i$

2) 투과계수 i_t(전류진행파)

식 (2)에 (3)을 대입하면

$e_t = e_i + e_r,\ z_2 i_t = z_1 i_i - z_1 i_r$(여기에 $i_r = i_t - i_i$를 대입)

$z_2 i_t = z_1 i_i - z_1 i_t + z_1 i_i,\ z_2 i_t = 2 z_1 i_i - z_1 i_t$

$(z_1 + z_2) i_t = 2 z i_i$

$\therefore\ i_t = \dfrac{2 z_1}{z_2 + z_1} i_i$

3) 투과계수 e_t(전압진행파)

식 (1)에 (4)를 대입하면

$i_t = i_i + i_r$

$\dfrac{e_t}{z_2} = \dfrac{e_i}{z_1} - \dfrac{e_r}{z_1}(e_r = e_t - e_i)$

$\dfrac{e_t}{z_2} = \dfrac{e_i}{z_1} - \dfrac{e_t - e_i}{z_1}$

$\dfrac{e_t}{z_2} = \dfrac{2e_i - e_t}{z_1}$

$z_1 e_t + z_2 e_t = 2 z_2 e_i$

$\therefore\ e_t = \dfrac{2 z_2 e_i}{z_1 + z_2}$

4) 반사계수 i_r(전류진행파)

식 (2)에 (3)을 대입하면

$e_t = e_i + e_r,\ z_2 i_t = z_1 i_i - z_1 i_r$(여기에 $i_t = i_r + i_i$를 대입)

$z_2 (i_i + i_r) = z_1 i_i - z_1 i_r,\ z_2 i_i + z_2 i_r = z_1 i_i - z_1 i_r$

$z_2 i_r + z_1 i_r = z_1 i_i - z_2 i_i$

$\therefore\ i_r = \dfrac{z_1 - z_2}{z_2 + z_1} i_i = -\dfrac{z_2 - z_1}{z_2 + z_1} i_i$

[진행파의 반사계수 및 투과계수]

구분	반사계수	투과계수
전압진행파	$\frac{z_2 - z_1}{z_1 + z_2}$	$\frac{2z_2}{z_1 + z_2}$
전류진행파	$-\frac{z_2 - z_1}{z_2 + z_1}$	$\frac{2z_1}{z_2 + z_1}$

5) $z_2 > z_1$ 인 경우 변위점의 전위, 투과하는 전위파의 값은 진행파보다 높아진다.
   $z_2 < z_1$ 인 경우 투과하는 전위파는 진행파보다 낮아진다.
6) 가공선과 지중케이블의 연결점에서는 파동임피던스가 다르므로 가공선 쪽으로부터 진행파가 지중케이블에 침입할 경우 반사계수는 0.8 정도, 투과계수는 0.2 정도 되어 진행파의 파고값이 급격히 감소한다.
7) 이것은 제2의 선로에 투과하는 전류는 진입해온 전압파를 2배하여 제1과 제2의 선로의 파동임피던스 합계로 나누면 된다.

3 종단이 개방된 경우($Z_2 = \infty$)

1) 전압진행파

$$e_r = \frac{z_2 - z_1}{z_1 + z_2} e_i = \frac{1 - \frac{z_1}{z_2}}{1 + \frac{z_1}{z_2}} e_i = 1 e_i$$

∴ e_r 의 파고값은 e_i 의 파고값

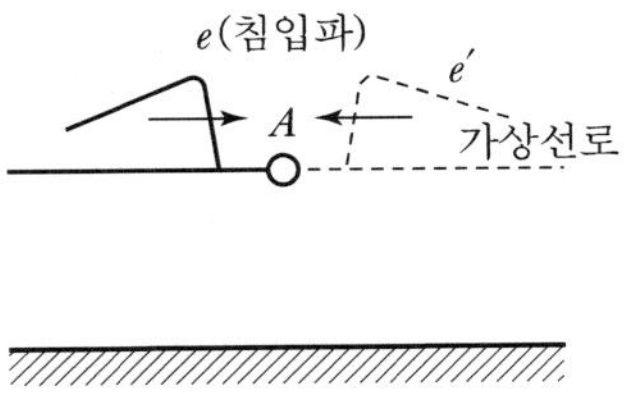

[전압진행파(반사)]

$$e_t = \frac{2z_2}{z_1 + z_2} e_i = \frac{2e_i}{1 + \frac{z_1}{z_2}} = 2e_i$$

∴ e_t 의 파고값은 e_i 의 2배

2) 전류진행파

$$i_r = -\frac{z_2 - z_1}{z_2 + z_1} i_i = -i_i$$

∴ i_r 의 파고값은 $-i_i$ 의 파고값

$$i_t = \frac{2z_1}{z_2 + z_1} i_i = \frac{2\frac{z_1}{z_2}}{1 + \frac{z_1}{z_2}} i_i = 0$$

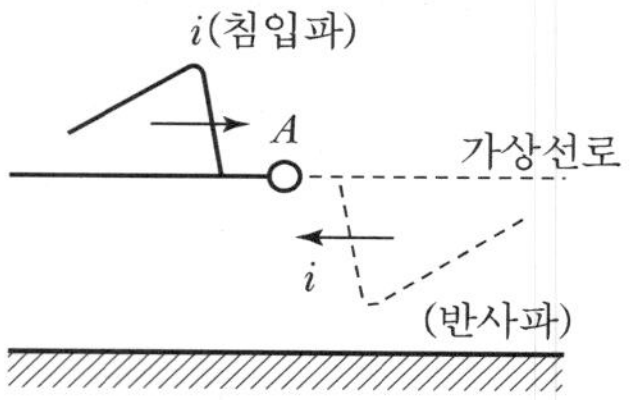

[전류진행파(반사)]

∴ i_t의 파고값은 '0'

3) 전압의 파고값은 침입파의 2배 크기로 투과되어 선로에 침입하며 전류의 파고값은 침입파의 부호가 반전한 처음 그대로의 전류반사파로 변하여 역행한다.

4 종단이 단락된 경우($Z_2 = 0$)

1) 전압진행파

$$e_r = \frac{z_2 - z_1}{z_1 + z_2} e_i = \frac{\frac{z_2}{z_1} - 1}{\frac{z_2}{z_1} + 1} e_i = -e_i$$

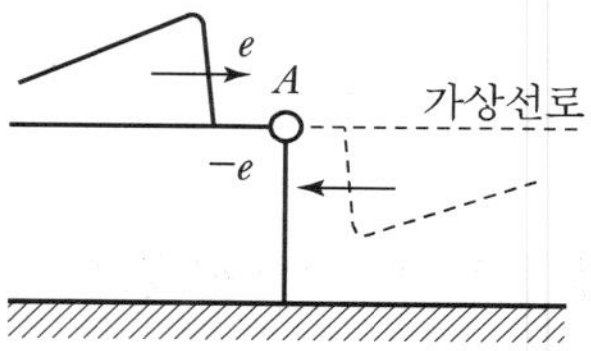

[전압진행파(반사)]

∴ e_r 의 파고값은 e_i의 파고값

$$e_t = \frac{2z_2}{z_1 + z_2} e_i = \frac{2\frac{z_2}{z_1}}{1 + \frac{z_2}{z_1}} = 0$$

∴ e_t의 파고값은 '0'

2) 전류진행파

$$i_r = -\frac{z_2 - z_1}{z_2 + z_1} i_i = -\frac{\frac{z_2}{z_1} - 1}{\frac{z_2}{z_1} + 1} = i_i$$

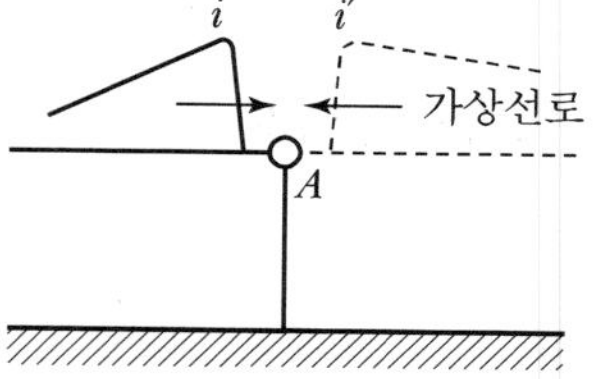

[전류진행파(반사)]

∴ i_r 의 파고값은 i_i의 파고값

$$i_t = \frac{2z_1}{z_2 + z_1} i_i = \frac{2i_i}{1 + \frac{z_2}{z_1}} = 2i_i$$

∴ i_t의 파고값은 i_i의 2배의 파고값, 즉 전류파는 침입하여 2배가 된다.

5 선로 분기점의 진행파

그림과 같이 선로의 도중에 개폐소가 있는 경우를 생각하면 개폐소에서는 서지 임피던스 Z_1인 선로가 n개의 선로로 나눠진 셈이 된다.

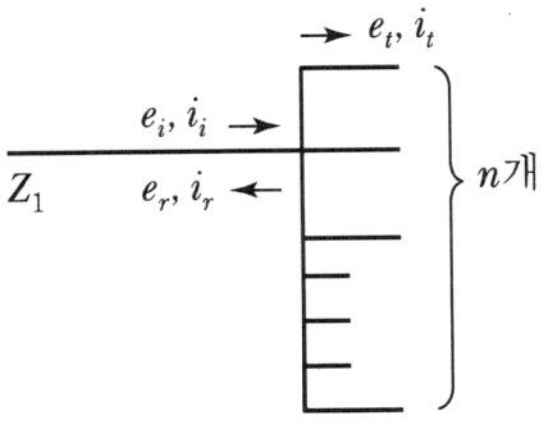

[분기점 서지]

$i_i = ni_t + i_r$ ———— 식 (1)

$e_t = e_i + e_r$ ———— 식 (2)

$e_i = z \cdot i_i,\ e_t = z \cdot i_t,\ e_r = z \cdot i_r$ ———— 식 (3)

$i_i = \frac{e_i}{z},\ i_t = \frac{e_t}{z},\ i_r = -\frac{e_r}{z}$ ———— 식 (4)

1) 투과계수(전류진행파)

식 (3)을 (2)에 대입

$z i_t = zi_i + zi_r$

위 식에 식 (1)을 대입

$i_t = i_i + i_i - ni_t = (n+1)i_t = 2i_i$

$\therefore\ i_t = \frac{2}{n+1} i_i$

2) 투과계수(전압진행파)

식 (4)를 (1)에 대입

$\frac{e_i}{z} = n\frac{e_t}{z} + \frac{e_r}{z}$

위 식에 식 (2)를 대입

$e_i = ne_t + e_t - e_i$

$\therefore\ e_t = \frac{2}{n+1} e_i$

3) 즉, $n = 3$일 때 투과파는 침입파의 1/2로 감소되고 회로수가 많은 개폐소에서는 뇌서지의 영향이 작아지게 된다.

CHAPTER

15

예비전원설비

01 예비전원

1 정의

1) 상용전원 정전 시에 대체전원으로 사용되는 전원
2) 정전 시 정상운전을 유지하고 보완전력을 확보하기 위해 예비전원설비가 필요함

2 필요성

1) 법적인 요구 : 건축법, 소방법
2) Demand Control용(수요제어용)
3) 자위상(自衛上)의 필요 또는 건축물의 신뢰도 확보 차원에서도 설치

3 구비조건

1) 비상용 부하의 사용목적에 적합한 전원설비일 것
2) 신뢰도가 높을 것
3) 경제적일 것
4) 취급, 조작, 운전이 쉬울 것

4 종류

1) 비상발전기

① 부하에 대한 적응성, 독립성에 적합함
② 정전 시 10초 이내에 전압 확립, 30분 이상 안정적인 전원공급
③ 비상용 E/V 2시간, 병원 10시간 공급 가능
④ 열병합 발전설비 또는 가스터빈 발전기 도입

2) 축전지 설비

① 소방설비의 비상전원으로 가장 신뢰성 있는 전원
② 정전 시 정격전압이 확보될 때까지의 보조전원, 10분간 전력공급
③ 발전기가 없는 경우 30분간 용량 확보

3) 무정전 전원공급장치

① 전원의 질적 향상 목적으로 순간의 정전도 허용치 않는 고신뢰성의 전원
② UPS는 CVCF(정전압 정주파수 장치)와 축전지의 조합

4) 비상전원 수전설비

① 특정소방대상물의 연면적 1,000[m^2] 이하의 소방대상물에 설치
② 특고압 및 고압수전 : 방화구획형, 옥외개방형, Cubicle형
③ 저압수전설비 방식 : 전용배전반, 공용배전반, 전용분전반 등

02 발전기 용량산정 방식

1 개요

1) 발전기는 고가로 설치 후 용량증설이 곤란하므로 용량선정이 중요하다.
2) 최근에는 전력변환장치 등의 이용 증가로 인해 **고조파** 및 **역상전류**를 고려한 발전기 용량산정 방법이 요구된다.
3) 소방부하용 발전기 용량산정법 비교

구분	PG 방식	RG 방식
용량산출방법	• 일본에서 폐기 • 용량을 그대로 산출	계수를 구한 후 용량 산출
특성	비상부하	고조파 포함 부하
계산방법	PG_1, PG_2, PG_3, PG_4	RG_1, RG_2, RG_3, RG_4

2 수전용량(변압기용량)과 자가발전용량의 관계

$$G = 2.5\sqrt{\frac{2.5 \times T \times \alpha}{0.8}}\ [\mathrm{kW}]$$

여기서, T : 변압기 용량, α : 수용률

[용도별 수용률]

구분	사무실	병원	통신시설	상하수도	기타
수용률(%)	20~25	30 이상	65 이상	80 이상	14~20

3 일반부하용 발전기 용량계산

1) 전부하 운전을 고려한 경우

발전기의 용량[kVA] = 부하 전체 입력 합계 × 수용률 × 여유율

단, 수용률에 대해서는 다음과 같다.

① 동력의 경우 : 최대 입력이고 최초 1대에 대해서 100[%], 기타 입력은 80[%]를 적용한다.
② 전등의 경우 : 발전기 회로에 접속되는 모든 부하에 대해서 100[%]를 적용한다.

2) 부하 중 최대값을 갖는 전동기를 기동할 때 허용 전압강하를 고려한 경우

$$\text{발전기의 용량[kVA]} > \left(\frac{1}{\Delta v} - 1\right) \times X_d > \text{시동[kVA]}$$

여기서, X_d : 발전기의 과도리액턴스(0.25~0.3)
ΔV : 허용 전압강하율(0.2~0.25)

3) 1)과 2)를 비교하여 큰 값을 선정

4 PG 방식 → 소방부하용 발전기 용량계산

1) PG_1 산정식

정상운전 상태에서 부하를 기동할 때 필요한 발전기 용량

$$PG_1 = \frac{\sum P_L}{\eta_L \times \cos\theta} \times \alpha\,[\mathrm{kVA}]$$

여기서, $\sum P_L$: 부하의 출력 합계[kW]
η_L : 부하의 종합 효율(불분명 시 0.85 적용)
$\cos\theta$: 부하의 종합 역률(불분명 시 0.80 적용)
α : 부하율과 수용률을 고려한 계수(불분명 시 1.0 적용)

2) PG_2 산정식

부하 중 최대값을 갖는 전동기를 기동할 때 허용 전압강하를 고려한 발전기 용량

$$PG_2 = P_n \times \beta \times C \times X_d \times \frac{1-\Delta V}{\Delta V} = K_1 \times P_n [\mathrm{kVA}]$$

여기서, P_n : 최대 기동전류를 갖는 전동기 출력[kW]
β : 전동기 출력 1[kW]에 대한 시동[kVA] (불분명 시 7.2 적용)
C : 기동방식에 따른 계수(직입 1.0, Y−Δ 0.67, 리액터 0.6, 콘돌퍼 0.42)
X_d : 발전기 리액턴스(불분명 시 0.25~0.3 적용)
ΔV : 발전기 허용 전압강하율(승강기 0.2, 기타 0.25)

3) PG_3 산정식

부하 중 최대값을 갖는 전동기를 마지막으로 기동할 때 필요한 발전기 용량

$$PG_3 = \left(\frac{\sum P_L - P_n}{\eta_L} + P_n \times \beta \times C \times \cos\theta_s \right) \times \frac{1}{\cos\phi} [\mathrm{kVA}]$$

여기서, $\sum P_L$: 부하의 출력 합계[kW]
P_n : 최대 기동전류를 갖는 전동기 또는 전동기군의 출력[kW]
$\cos\theta_s$: P_n[kW] 전동기의 기동 시 역률(불분명 시 0.4 적용)
η_L : 부하의 종합 효율(불분명 시 0.85 적용)
$\cos\phi$: 부하의 종합 역률(불분명 시 0.8 적용)

4) PG_4 산정식

부하 중 고조파 부하를 고려할 때 필요한 발전기 용량

$$PG_4 = P_C \times (2 \sim 2.5) + PG_1 [\mathrm{kVA}]$$

여기서, P_C : 고조파 부하

5 RG 방식 → 소방부하용 발전기 용량계산

1) RG_1 → 정상부하에 의한 출력계수

정상 시 발전기 부하전류에 의해 정해지는 계수

$$RG_1 = 1.47 \times D \times S_f$$

여기서, D : 부하의 수용률, S_f : 불평형 부하에 의한 선전류의 증가계수

2) RG_2 → 허용 전압강하에 의한 출력계수

대용량 전동기 기동 시에 전압강하 허용량에 의해 정해지는 계수

$$RG_2 = \frac{M}{K} \times \frac{K_S}{Z_m} \times xd' \times \frac{1-\Delta V}{\Delta V}$$

여기서, M : 기동 시 전압강하가 최대로 되는 부하의 출력[kW]
K : 부하출력의 합계[kW]
K_S : 부하의 기동방식에 따른 계수
Z_m : 부하의 기동시 임피던스[PU]
xd' : 발전기의 과도리액턴스
ΔV : 발전기의 허용 전압강하[PU]

3) RG_3 → 단시간 과전류 내력에 의한 출력계수

대용량 부하 기동 시에 발전기가 부담해야 할 최대 부하전류에 의해 정해지는 계수

$$RG_3 = 0.98D + \frac{M}{K}\left(\frac{1}{1.5} \times \frac{K_S}{Z_m} - 0.98D\right)$$

여기서, D : 베이스 부하의 수용률
M : 단시간 과전류가 최대인 부하의 출력
즉, 기동 시 입력[kVA]−정격입력[kVA]이 최대인 부하의 출력[kW]
K : 부하출력의 합계
K_S : 부하의 기동방식에 따른 계수
Z_m : 부하의 기동시 임피던스(PU)

4) RG_4 → 허용 역상전류 및 고조파분에 의한 출력계수

부하에 흐르는 역상전류 및 고조파분에 의해 정해지는 계수

$$RG_4 = \frac{1}{K_{G4}}\sqrt{\left(0.432\frac{R}{K}\right)^2 + \left(1.25\frac{\Delta P}{K}\right)}$$

여기서, K_{G4} : 발전기의 허용 역상전류에 의한 계수
R : 고조파 발생부하의 출력합계[kW]
K : 부하출력의 합계[kW]
ΔP : 단상부하 불평형분의 합계 출력[kW]
3상 각 선간에 단상부하 A, B, C가 있고 $A \geq B \geq C$일 때 $\Delta P = A + B - 2C$

5) 발전기 용량 계산

① 출력계수는 앞에 계산한 RG_1, RG_2, RG_3, RG_4 중에서 가장 큰 값을 택한다.

② RG 값의 범위는 다음 식을 만족하도록 한다.

$$1.47D \leq RG \leq 2.2$$

③ 발전기의 출력 선정

$$G[\mathrm{kVA}] = RG \times K$$

여기서, RG : 앞에서 선정한 발전기의 출력계수
K : 부하출력의 합계

6 발전기 용량 산정 시 고려사항(특수부하)

구분	내용
3상에 단상부하 접속 시	전압불평형, 파형의 찌그러짐, 이상진동, 이용률 감소, Scott 결선 TR, 불평형률 10[%] 이하로 억제
감전압 기동	유도전동기 전전압 기동 시 순시전압강하 유발, 감전압 방식 채택, 전환 시 방식별 시간설정 검토
고조파 부하	손실 및 온도 증가, 발전기 리액턴스를 작게, 발전기 용량을 크게, 부하 측 정류기 상수는 많게 설계
E/L(엘리베이터) 부하	기동 시 역률 저하, 제동 시 회생제동, DBR 설치

03 발전기 병렬운전 및 동기운전 조건

1 개요

1) 발전기는 운전방식에 따라 **단독운전**과 **병렬운전**으로 분리된다.

2) 병렬운전은 기전력의 **크기**, **위상**, **주파수**, **파형**, **상회전 방향** 등의 검토가 요구된다.

3) 병렬운전 방식의 종류 및 필요성

종류	필요성
• 2대 이상의 복수발전 • 상용전원과 병렬운전 • UPS 전원과 병렬운전	• 1대 고장 시 전원차단 없이 전원공급 가능 • 부하량에 따라 발전기 분할제어 가능 • 동일용량 단독운전보다 소음 · 진동 적음

2 발전기 병렬운전 조건

1) 기전력의 크기가 같을 것

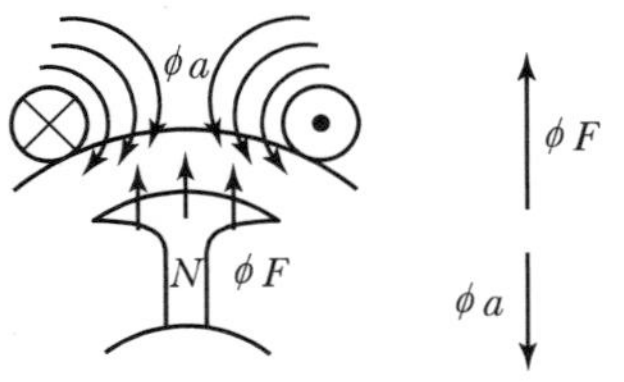

[감자작용]

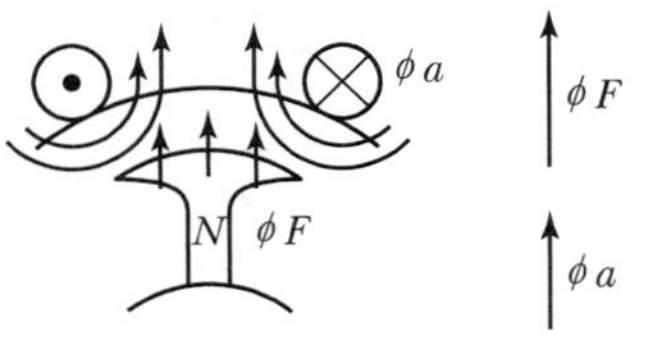

[증자작용]

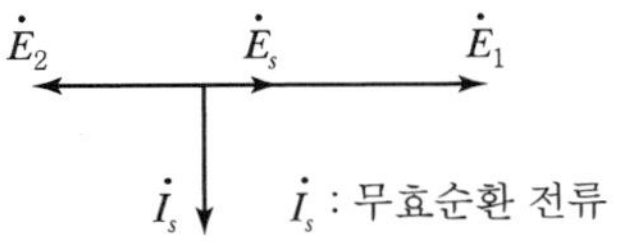

[기전력의 크기가 다른 경우 전압 · 전류 벡터도]

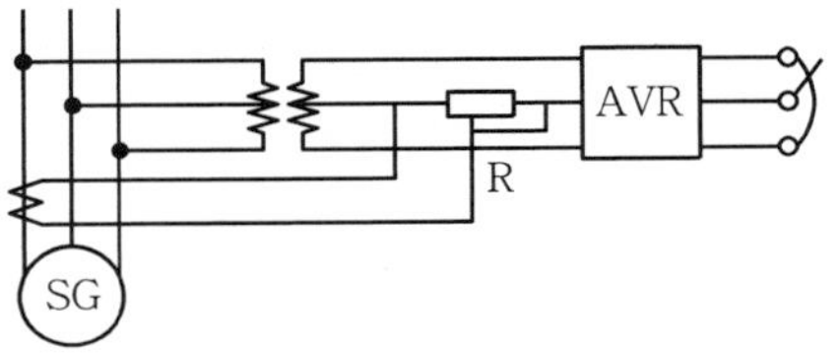

[횡류 보상장치]

① 다를 경우 전압차에 의한 **무효순환전류(무효횡류)**가 발생한다.

② 기전력이 큰 발전기 → 감자작용(유도성) → 전압 감소

③ 기전력이 작은 발전기 → 증자작용(용량성) → 전압 증가

④ 이 무효순환전류는 전기자의 **동손**을 증가시키고 **과열, 소손**의 원인이 된다.

⑤ 횡류 보상장치 내에 **전압조정기(AVR)**를 적용하여 출력전압을 정격전압과 일정하게 유지한다.

2) 기전력의 위상이 같을 것

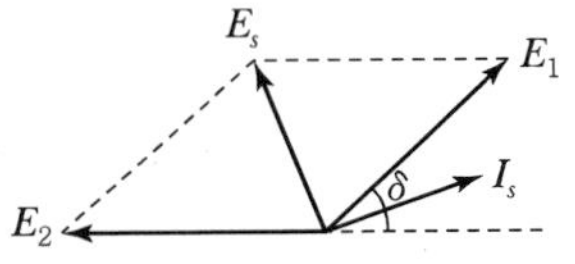

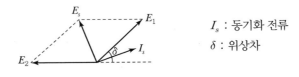

I_s : 동기화 전류
δ : 위상차

[동기화전류 벡터도]

① 다를 경우 위상차에 의한 **동기화전류(유효횡류)**가 발생한다.

② 위상이 늦은 발전기 → 부하 감소 → 회전속도 증가

③ 위상이 빠른 발전기 → 부하 증가 → 회전속도 감소

④ 즉, 두 발전기 위상이 같아지도록 작용한다.

⑤ 위상이 빠른 발전기는 부하 증가로 과부하 발생 우려가 있다.

⑥ 동기검정기를 사용하여 계통의 위상일치 여부를 검출한다.

3) 기전력의 주파수가 같을 것

① 다른 경우 기전력의 크기가 달라지는 순간이 반복되어 양 발전기 간에 **동기화전류**가 교대로 흐르게 된다.

② 난조의 원인이 되며 심할 경우 **탈조**까지 이르게 된다.

③ 발전기 단자전압이 최대 2배 상승하여 권선이 과열, 소손된다.

④ 조속기를 사용하여 엔진속도를 조정한다.

4) 기전력의 파형이 같을 것

① 다를 경우 각 순간의 순시치가 달라서 양 발전기 간에 **무효순환전류**가 흐르게 된다.

② 이 무효순환전류는 전기자의 **동손**을 증가시키고 **과열**, **소손**의 원인이 된다.

③ 발전기 **제작상 문제**

5) 상회전 방향이 같을 것

① 다를 경우 어느 순간에는 **선간단락** 상태가 발생한다.

$$I_S = \frac{E_1 + E_2}{2x_d}$$

② **상회전방향 검출기**로 방향을 파악한다.

6) 원동기는 적당한 **속도 변동률**과 **균일한 각속도**를 가질 것

3 한전과 병렬운전 조건(동기운전 조건)

1) 연계지점의 계통전압은 ±4[%] 이상 변동되지 않을 것

2) 제한변수가 다음 값을 초과하면 투입할 수 없음

발전용량 합계 [kVA]	전압차 [%]	주파수차 [Hz]	위상차 [°]
0~500	10	0.3	20
500~1,500	5	0.2	15
1,500~10,000	3	0.1	10

4 발전기 병렬운전 순서 → G_1, G_2 발전기를 병렬운전하는 경우

1) G_1 발전기 기동 → 전압조정기로 **전압** 조정 → 조속기로 **주파수** 조정 → 전압과 주파수가 **정격치**에 이르면 모선에 투입
2) G_2 발전기 기동 → 모선을 기준으로 G_2 발전기의 **전압, 주파수, 위상**이 일치하도록 전압조정기, 조속기, 동기검정기 등을 조정 → 일치된 순간에 모선에 투입
3) 일반적으로 **전압차** 5[%] 이하, **주파수차** 0.2[Hz], **위상차** 15[°] 이하이면 투입해도 무난함

5 단독운전과 병렬운전 비교

구분	단독운전	병렬운전
엔진	• 속도변동에 영향이 작음 • 순간 속도변동이 큼	• 속도변동에 영향이 큼 • 순간 속도변동이 작음
발전기	일반 동기발전기	일반 동기발전기+AVR 적용
운전성	• 부하 분배운전 불가 • 취급 간편	• 부하 분배운전 가능 • 전압조정, 속도조정, 동기화 등 복잡
기타	• 2대 병렬보다 합산용량 1대가 저가 • 설치면적 작음 • 설치비용 적음 • 운전비용 많음	• 가격이 비쌈 • 설치면적 큼 • 설치비용 많음 • 운전비용 적음

6 맺음말

1) 발전기는 상용전원의 고장 및 정전 시 부하에 안정적으로 전력을 공급하는 예비전원장치이다.
2) 발전기 병렬운전은 저압 측보다 고압 측에 설치하는 것이 바람직하고 병렬운전 조건을 만족시키기 위해서는 동기조정을 해야 한다.

04 발전기실 설계 시 고려사항

1 발전기실 위치선정 시 고려사항

1) 변전실과 평면적, 입체적 관계를 충분히 검토해야 한다.
2) 가능한 한 부하의 중심에 설치하고 전기실에 가까워야 한다.
3) 온도가 고온이 되어서는 안 되며 습도가 많지 않아야 한다.
4) 자재의 반입, 반출이 용이하고 운전 및 보수가 편리하여야 한다.
5) 실내 환기(급기, 배기)가 잘 되어야 한다.
6) 발생되는 소음 · 진동에 영향이 적어야 한다.
7) 급 · 배수가 용이해야 한다.
8) 연료의 보급이 용이하여야 한다.
9) 건축물의 옥상에는 가급적 설치하지 않는다.
10) 기타 관계법령에 만족해야 한다.

2 발전기실 설계 시 전기적 고려사항

1) 이격거리

구분	이격거리
엔진, 발전기 주위	0.8~1.0[m] 이상
배전반, 축전지 설비의 전면	1.0[m] 이상
방의 가로, 세로 관계	1 : 1.5~1 : 1.2
천장의 높이	4.5~5.0[m] 이상

2) 발전기실 면적

$$S > 2\sqrt{P} \text{ 또는 } S > 1.7\sqrt{P}[\text{m}^2]$$

여기서, 권장치 : $S \geq 3\sqrt{P}[\text{m}^2]$, P : 원동기의 출력[PS]

3) 발전기실 높이

$H = (8 \sim 17)D + (4 \sim 8)D$[m]

= 실린더 상부까지 엔진 높이 + 실린더 해체에 필요한 높이

여기서, D : 실린더 지름[mm]

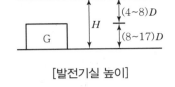

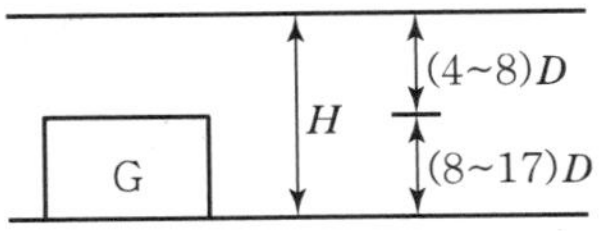

[발전기실 높이]

4) 발전기 용량 산정 시 고려사항

전기적 고려사항	내용
발전기 용량	PG 방식, RG 방식 → RG 방식 추천
발전기 대수	단독운전, 병렬운전
회전 수	고속형 : 1,200[rpm] 이상, 저속형 : 900[rpm] 이하
기동방식 및 기동시간	전기식, 압축공기식 기동시간 10초 이하
냉각방식	단순 순환식, 라디에이터식, 냉각탑 순환식, 방류식
열효율 및 연료소비량	$\eta = \frac{860P_G}{BH} \times 100[\%]$ = 보일러효율 × 터빈효율

❸ 발전기실 설계 시 건축적 고려사항 → 발전기실은 소방법을 근거로 규제한다.

1) 불연재료의 벽, 바닥, 기둥, 천장으로 구획되며, 갑종, 을종 방화문이 설치된 전용실이어야 한다. 단, 큐비클식 발전설비는 화재 발생 염려가 적은 곳에 설치 가능하다.
2) 가연성, 부식성 가스 및 증기의 발생 우려가 없는 곳이어야 한다.
3) 침수 및 침투할 수 없는 구조이어야 한다.
4) 가연성 물질이나 보수점검 시 방해가 될 수 있는 방해물을 두지 말아야 한다.
5) 실외로 통하는 유효 환기설비가 있어야 한다.
6) 벽체 관통부는 불연재료로 마감해야 한다.
7) 점검, 조작에 필요한 조명설비를 설치해야 한다.
8) 발전설비는 방진 및 내진대책을 고려해야 한다.

❹ 발전기실 설계 시 환경적 고려사항

1) 소음대책

① 배기소음 : 소음기 설치(터빈의 경우에는 고온 발생으로 단열대책 강구)

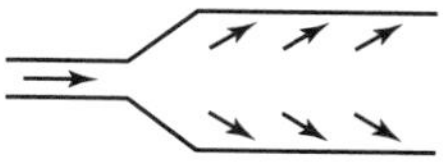

[팽창식]

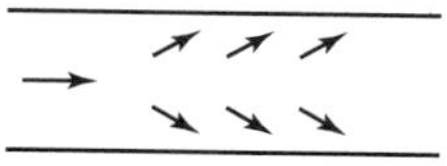

[흡음식]

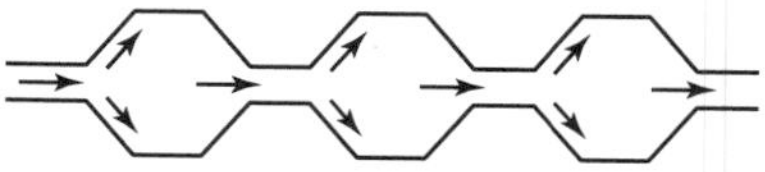

[공명식]

② 엔진소음 : 방음커버 설치, 벽에 흡음판 설치, 지하실 이용, 저속회전기 채택
③ 방음벽을 설치
④ 배기관은 주위에 소음공해를 일으키지 않는 위치에 설치

2) 진동대책

① 방진고무, 방진스프링 설치
② 엔진, 발전기 기초는 건물기초와 관계없는 장소를 택할 것
③ 공통대판과 엔진 사이에는 진동 흡수장치를 설치

3) 대기오염

SOx(유황산화물)	NOx(질소산화물)
• 유황 함유량이 적은 연료 사용 • 탈황장치 설치 • 높은 연도 사용	• 질소 함유량이 적은 연료 사용 • 탈질장치 설치 • 연소영역에서 산소의 농도를 낮게 함

4) 수질 및 지질 오염

① 기기에서 유출되는 기름이 원인
② 배관시공을 철저히 할 것
③ 바닥을 기름이 침윤되지 않는 재료로 할 것
④ 누유 피트를 만들 것

05 발전기 용량 산정 시 고려사항 및 운전형태에 따른 발전기 분류

1 발전기 용량 산정 시 고려사항

1) 발전기 용량

구분	PG 방식	RG 방식
용량산출방법	• 일본에서 폐기 • 용량을 그대로 산출	계수를 구한 후 용량을 산출한다.
특성	비상부하	고조파 포함 부하
계산방법	PG_1, PG_2, PG_3, PG_4	RG_1, RG_2, RG_3, RG_4

2) 발전기 대수

① 1대로 단독운전 할 것인지, 2대 이상으로 병렬운전 할 것인지를 결정

② 병렬운전 시에는 기전력의 크기, 위상, 주파수, 파형, 상회전 방향 등이 같을 것

③ 동기 투입장치 필요

3) 회전수

	고속형	저속형
회전수	1,200[rpm] 이상 → 6극	900[rpm] 이하 → 4극
장점	• 체적이 작다. • 설치면적이 작다. • 경제적이다.	• 전압안정도가 좋다. • 소음 · 진동이 작다. • 수명이 길다.
단점	• 전압안정도가 나쁘다. • 소음 · 진동이 크다. • 수명이 짧다.	• 체적이 크다. • 설치면적이 크다. • 고가이다.
적용	소용량, 고전압에 유리	장기 운전, 저전압에 유리

4) 기동방식 및 기동시간

① 기동에는 보통 **전기식**과 **압축공기식** 두 가지를 사용

② **전기식**은 고속의 예열식에, **압축공기식**은 중고속의 직접 분사식에 많이 적용

③ 기동시간은 일반적으로 10초 이내

5) 냉각방식

① 단순 순환식, 라디에이터식, 냉각탑순환식, 방류식 등이 있음

② 라디에이터식 : 소용량에 사용

③ 냉각탑순환식 : 대용량에 사용

④ 방류식 : 냉각수 다량 보급이 가능한 경우 사용

6) 열효율 및 연료소비량

① 열효율이 높고 같은 출력이라도 연료소비량이 적은 것을 선정

② 열효율 $\eta = \dfrac{860P}{BH} \times 100[\%]$ = 보일러 효율 × 터빈효율

여기서, P : 발전기 출력 전력량[kWh]
B : 연료 소비량[kg/h]
H : 연료 발열량[kcal/kg]

7) 소음대책

① 배기소음 : 소음기 설치(터빈의 경우에는 고온 발생으로 단열대책 강구)

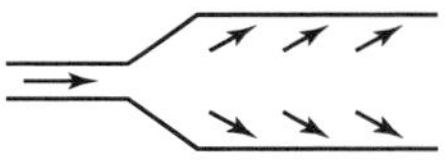

[팽창식]

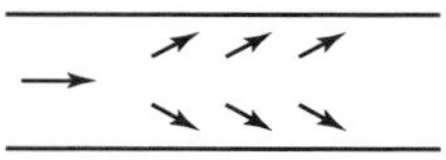

[흡음식]

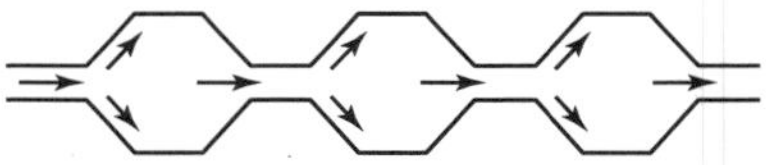

[공명식]

② 엔진소음 : 방음커버 설치, 벽에 흡음판 설치, 지하실 이용, 저속회전기 채택

③ 방음벽을 설치

④ 배기관은 소음공해를 일으키지 않는 위치에 설치

8) 진동대책

① 방진고무, 방진스프링 설치

② 엔진, 발전기 기초는 건물 기초와 관계없는 장소를 택할 것

③ 공통대판과 엔진 사이에는 진동 흡수장치를 설치

9) 대기오염

SOx(유황산화물)	NOx(질소산화물)
• 유황 함유량이 적은 연료 사용 • 탈황장치 설치 • 높은 연도 사용	• 질소 함유량이 적은 연료 사용 • 탈질장치 설치 • 연소영역에서 산소의 농도를 낮게 함

10) 수질 및 지질 오염

① 기기에서 유출되는 기름이 원인
② 배관시공을 철저히 할 것
③ 바닥을 기름이 침윤되지 않는 재료로 할 것
④ 누유 피트를 만들 것

2 운전형태에 따른 발전기 분류

1) 비상발전기

① 발전기를 상시에는 운전하지 않고 정전 시에만 운전하여 전력을 공급하는 방식
② 운전시간이 짧기 때문에 효율보다는 신뢰성 있는 기동방식에 주안점을 둠

2) 상용발전기

① 발전기를 상시 운전하여 전력을 공급하는 방식
② 상시 운전해야 하므로 효율이 높고 내구성이 좋은 저속기로 선정

3) 열병합 발전기

① 열병합 발전은 전기와 열을 동시에 생산하여 각각 다른 목적에 사용하는 방식

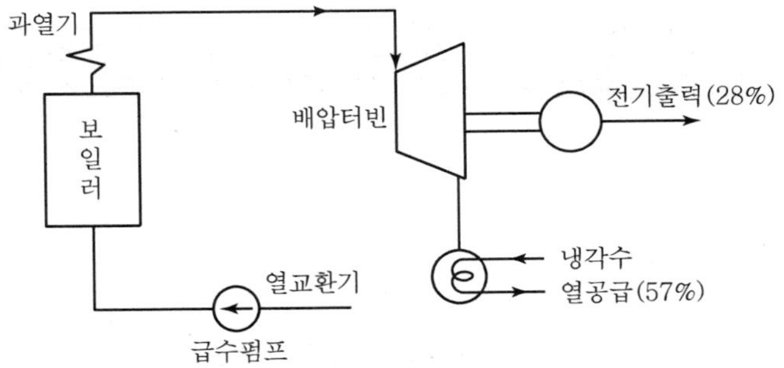

[열병합 발전기]

② Topping Cycle → 전기생산 우선 방식
㉠ 터빈이나 엔진으로 발전기를 구동한 후 배열을 흡수하여 열원으로 이용하는 방식
㉡ 도시형 열병합발전 사이클에 많이 적용

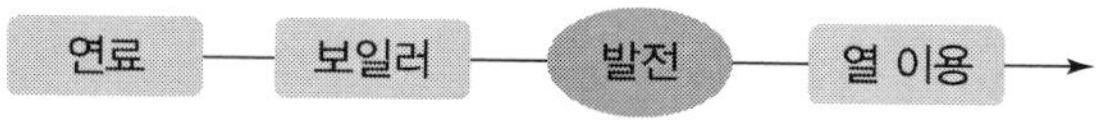

[Topping Cycle]

③ Bottoming Cycle → 증기생산 우선 방식

㉠ 고온의 열을 프로세스용으로 이용한 후 그 배열로 발전기를 구동하는 방식

㉡ 산업용 열병합발전 사이클에 많이 적용

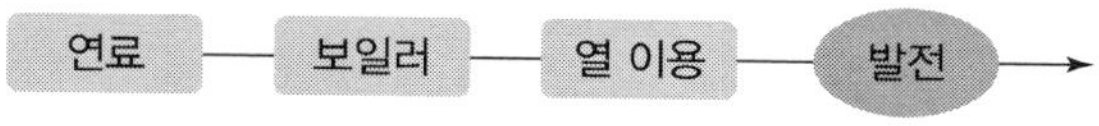

[Bottoming Cycle]

4) 피크컷용 발전기

① 피크 시 가동하여 피크전력의 일부를 담당하는 방식

② 피크컷용 발전기는 매일 여러 번 운전되어야 하므로 효율이 높고 내구성이 좋은 저속기로 선정

06 발전기 연료소비량

1 엔진출력

$$\frac{\text{발전기 정격출력} \times \cos\theta}{0.736 \times \text{발전기 효율}} [\mathrm{PS}]$$

2 엔진소비량

$$\text{엔진출력}[\mathrm{PS}] \times \text{연료소비율}[\mathrm{g/PS \cdot h}]$$

3 연료소비량

$$\frac{\text{엔진소비량}}{\text{연료비중}}[\mathrm{L/h}]$$

4 엔진 소비량(연료 소비량) 공식

$$Q = \frac{(\mathrm{kVA}) \times \cos\theta}{0.736 \times \eta_G} \times \frac{b}{1{,}000}[\mathrm{kg/h}]$$

여기서, kVA : 발전기 정격출력
$\cos\theta$: 발전기 역률
η_G : 발전기 효율
b : 연료소비율

07 UPS 기본 구성도 및 동작방식

1 개요

무정전 전원설비(Uninterruptible Power Supply)란 전원의 외란으로부터 기기를 보호하고 양질의 전원으로 변환시켜 주는 CVCF(Constant Voltage Constant Frequency) 전원장치로 주어진 방전시간 동안 무정전으로 전력을 공급한다.

2 UPS 기본 구성도

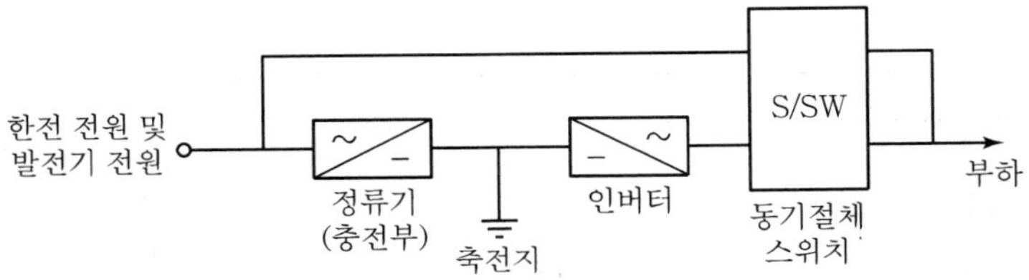

[UPS의 구성]

1) 정류기/충전부

교류전원을 직류로 변환시키며 동시에 축전지를 양질의 상태로 충전

2) 인버터

직류를 교류로 변환하는 장치

3) 동기절체 스위치(S/SW)

인버터의 과부하 및 이상 시 예비 상용전원으로 절체시키는 스위치부

4) 축전지

정전이 발생한 경우에 직류전원을 부하에 공급하여 일정 시간 동안 무정전으로 전력공급

3 On-Line 방식

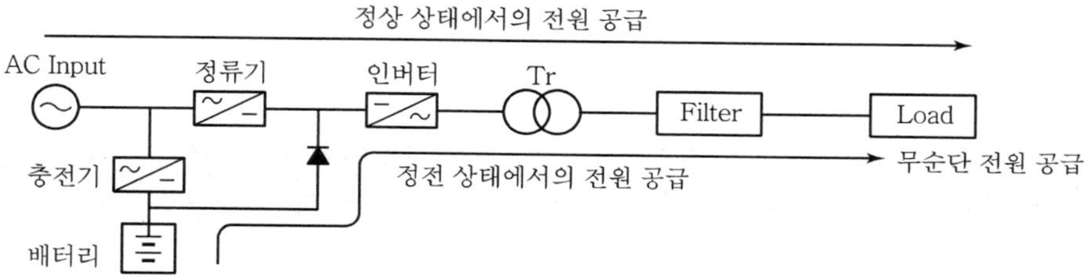

[On-Line 방식]

1) 전원을 상시 인버터를 통해 공급하는 방식
2) 입력과 관계없이 인버터를 구동하여 무정전 전원을 공급하므로 신뢰도가 높게 요구될 때 적용
3) 중용량 이상에서 적용

4 Off-Line 방식

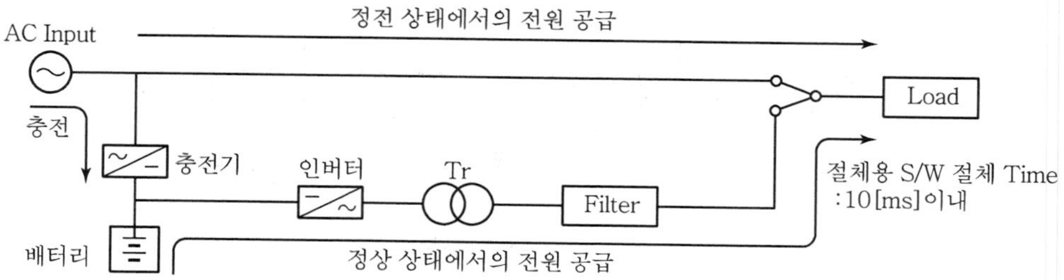

[Off-Line 방식]

1) 정상 시 상용전원으로 공급하고 정전 시에만 인버터로 공급하는 방식
2) 서버 전용의 소용량에 주로 적용

5 Line Interactive 방식

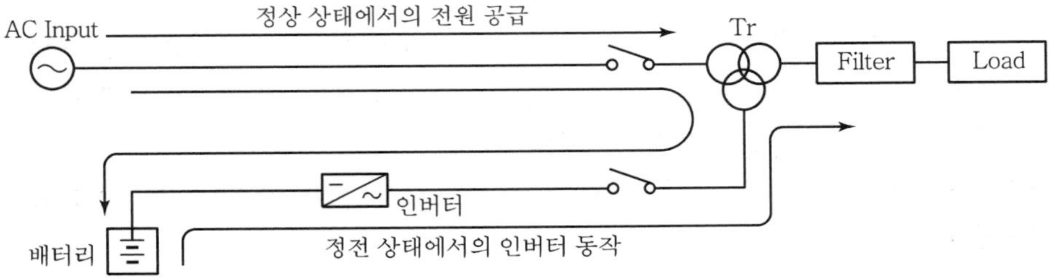

[Line Interactive 방식]

1) 정상 시 상용전원으로 공급하고 정전 시에만 인버터로 공급하는 방식
2) 정상 시 인버터 구동 소자의 Free Wheeling Diode로 축전지 충전
3) 5～10[%] 정도 전압이 자동으로 조정되는 기능이 있음

6 UPS 동작방식별 비교

구분	On-Line 방식	Off-Line 방식	Line Interactive 방식
효율	낮다. 70～90[%]	높다. 90[%] 이상	높다. 90[%] 이상
내구성(신뢰성)	오프라인 방식보다 낮다.	높다.	중간
동작	상시 인버터 구동	입력 정상 시 인버터는 구동 안 함	인버터 구동 소자의 프리휠링 다이오드로 충전
절체타임	4[ms] 이하, 무순단	10[ms] 이하	10[ms] 이하
출력전압 변동 (입력 변동 시)	입력에 관계없이 정전압	입력변동과 같이 변동	5～10[%] 정도 자동전압 조정
입력 이상 시 (Sag, Impulse, Noise)	완전 차단	차단하지 못함	부분적으로 차단
주파수 변동	변동 없음(± 0.5[%] 이내)	입력 변동에 따라 변동	입력 변동에 따라 변동
제조원가	높다.	낮다.	낮은 편이다.

08 UPS 2차회로의 단락보호

1 개요

1) 무정전 전원설비(Uninterruptible Power Supply)란 전원의 외란으로부터 기기를 보호하고 양질의 전원으로 변환시켜 주는 CVCF 전원장치로 주어진 방전시간 동안 무정전으로 전력을 공급한다.
2) 하지만 사고로 인해 UPS를 분리해야 할 경우가 있고 이 경우 보호협조를 통해 사고구간을 신속히 분리하고 UPS 전원을 재투입해야 한다.
3) UPS 2차 회로의 단락보호 방식에는 바이패스를 이용한 단락보호와 2차 측 단락회로의 분리보호가 있다.

2 바이패스를 이용한 단락보호

1) UPS가 150[%] 이상 과전류 검출과 동시에 상용 바이패스 측으로 무순단 공급이 전환되어 고장회로를 분리하는 방식

2) 적용 시 주의사항 → 적용 불가
   ① 순시전압강하가 부하설비의 최저 허용전압 범위를 넘어서는 경우
   ② 정전 등에 의해 바이패스 전원이 건전하지 않은 경우
   ③ 주파수 변환 UPS인 경우

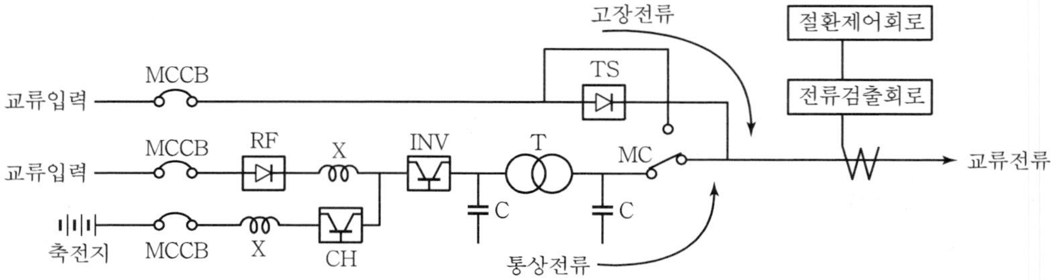

[바이패스를 이용한 단락보호 구성 예]

3 UPS 2차 측 단락회로의 분리보호

1) UPS 2차 측에 단락사고 등이 발생했을 때 UPS로부터 고장회로를 분리하는 방식
2) 분리장치에 배선용 차단기, 속단퓨즈, 반도체차단기 사용
3) 배선용 차단기는 차단시간이 10[ms] 이상이므로 부하 측 전압강하 정도를 검토

4) 속단퓨즈는 차단시간이 짧고 한류기능이 있지만 개폐기능이 없으므로 MCCB와 조합하여 사용
5) 반도체차단기는 차단시간이 100～150[μm] 정도로 짧고 성능이 우수하지만 고가이므로 경제성을 충분히 검토

6) 분리장치 비교

구분	MCCB	속단 퓨즈	반도체 차단기
회로 구성	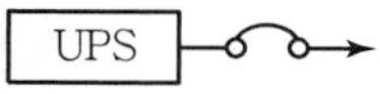		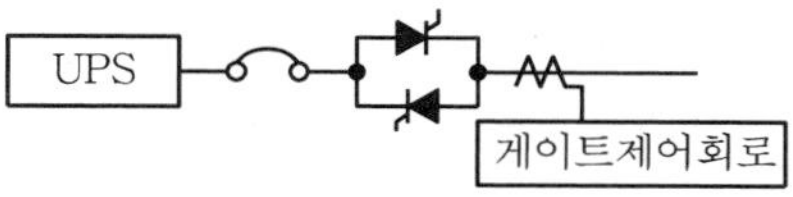
동작시간 10배 전류	10[ms]～4[s]	2～4[ms]	100～150[μs]
동작시간 한류 효과	없음	있음	없음
전류 특성	반한시 특성	반한시 특성	일정 특성
가격	저렴하다.	보통	비싸다.

4 지락보호

ELB에 의하면 사용부하가 급정지되므로 누전계전기 또는 접지용 콘덴서 등에 의한 경보시스템을 활용한다.

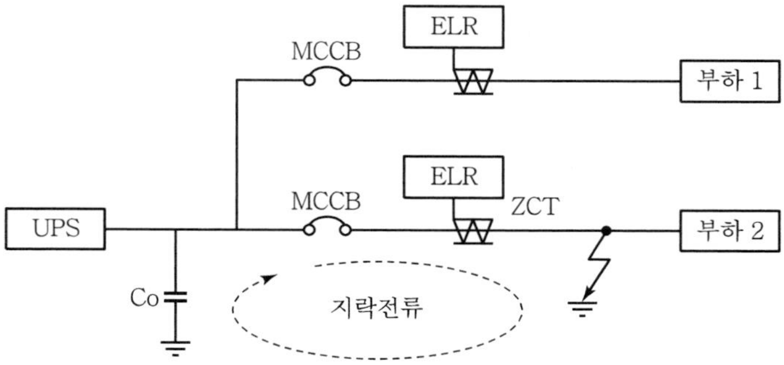

[UPS 2차 회로의 지락보호방식 중 누전보호 계전기를 사용한 예]

09 UPS 위상동기화(PLL : Phased Locked Loop)

1 개요

1) 위상동기화 방법은 기준 입력신호의 위상과 주파수에 출력신호의 위상과 주파수를 동기화시키는 PLL 회로를 구성하면 된다.
2) PLL 회로는 위상 비교기, 저역필터, 전압제어 발진기로 구성되어 있다.

2 구성도

1) 위상 비교기는 입력신호와 출력신호의 위상차를 보상(자동 주파수 제어)
2) 저역 필터는 고조파 제거하여 출력전압을 평활화
3) 전압제어 발진기(VCO : Voltage Controlled Oscillator)는 원하는 발진주파수를 발생

3 위상동기화 불일치 시 발생현상

1) 동기절체 시 순단 발생으로 시스템 정지, 데이터 손실을 야기
2) 병렬운전 시 $(n+1)$ 순환전류가 발생
3) 리플, 트러블 현상 등이 발생하여 UPS 고장의 원인이 됨

10 Dynamic UPS 및 Flywheel UPS

1 UPS 종류

회전형 UPS → Static UPS → Dynamic UPS → Flywheel UPS

2 Dynamic UPS 개요

1) Dynamic UPS는 Motor/Generator에 의해 전원을 공급하는 UPS이다.
2) Dynamic UPS는 Static UPS에 비해 고조파 함유율이 적은 양질의 전원을 얻을 수 있으며 **관성력**을 이용하므로 과도응답 특성이 매우 양호하다.

3 Dynamic UPS 동작원리

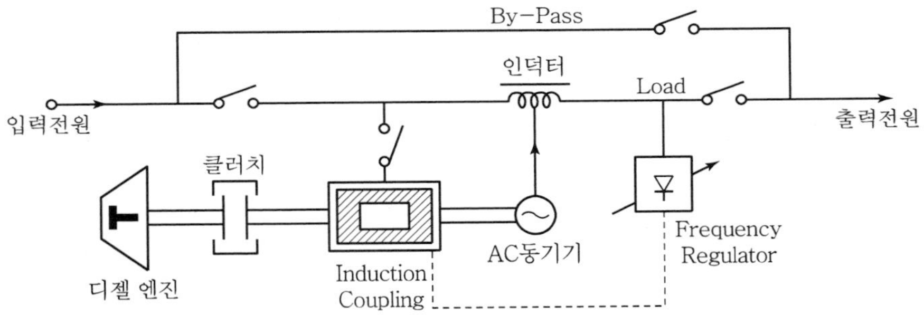

[회전형 UPS(D-UPS) 구성도]

1) 정상운전 상태 UPS 동작관계

① **상용전원**은 부하에 전력공급하고 **인덕터**는 출력전압을 기준전압과 비교하여 피드백 제어로 일정전압을 유지한다(이것이 UPS의 CV 특성이다).
② 디젤엔진과 인덕션커플링 사이는 클러치에 의해 분리된 상태이다.

2) 상용전원 정전순간 UPS 동작관계

① 인덕션커플링의 **내부회전자**는 그 운동에너지를 **외부회전자**로 이동시킨다.
② 외부회전자에 이동된 운동에너지로 **발전기**는 1,800[rpm], 60[Hz] 정속도 운전을 유지한다.

3) 완전 정전상태 UPS 동작관계

① 디젤엔진 속도와 외부회전자 속도가 동기되는 순간에 **클러치**는 자동연결된다.

② 2~3초 후 내부회전자 속도는 정상화된다.

4 Static UPS와 Dynamic UPS 비교

항목	Static UPS	Dynamic UPS
기기형태	정지기이다.	회전기이다.
설치공간	회전형에 비해 설치공간이 작다.	비교적 큰 설치공간이 필요하다.
설치장소	실내 설치가 적합하다.	발전기, 배기덕트, 연료배관 등이 있어서 실내 설치가 곤란하다.
Backup용 발전기	축전지 용량으로는 장시간 운전할 수 없기 때문에 Backup용 발전기가 필요하다.	Backup용 발전기가 필요하지 않다.
용량	인버터와 축전지 용량에 한계가 있기 때문에 대용량은 곤란하다.	발전기 용량을 크게 하면 얼마든지 대용량이 가능하다.
고조파	인버터 회로에서 다량의 고조파 발생한다.	고조파를 거의 발생시키지 않는다.
유지보수	정지기이므로 유지보수가 용이하다.	유지보수가 어려운 편이다.
소음	작다.	크다. 방음벽 설치 시 50[dB]

5 Flywheel UPS 개요

1) Flywheel UPS는 **플라이휠**에 의해 전원을 공급하는 UPS이다.

2) 정상 시 **자기부상**을 이용하여 플라이휠을 회전시키고 정전 시 **관성력**을 이용하여 일정 시간 동안 전력을 공급하는 방식이다.

3) 플라이휠 UPS는 발전기의 강제기동이 가능하다.

6 Flywheel UPS 동작원리

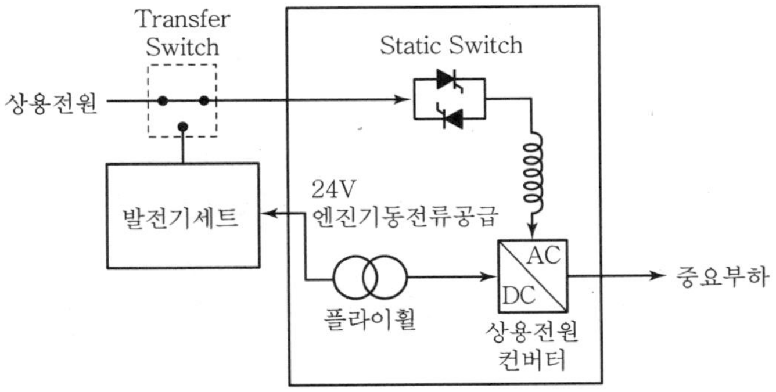

[Flywheel UPS 구성]

1) 정상 운전상태 UPS 동작관계

상용전원은 부하에 전력공급하고 UPS의 플라이휠 속도를 유지한다.

2) 상용전원 정전순간 UPS 동작관계

플라이휠은 중요 부하에 전원공급을 시작하고 Transfer Switch는 확실한 정전인지 감지한다.

3) 완전 정전상태 UPS 동작관계

플라이휠은 계속 중요부하에 전원을 공급하고 발전기 기동실패 시 기동전류를 공급하여 발전기를 기동한다.

7 Static UPS와 Flywheel UPS 비교

항목	Static UPS	Flywheel UPS
특징	• UPS 용량이 클수록 축전지 비중도 커진다. • 환경오염도 높아진다(황산). • 축전지 수명은 8~10년 정도이나 5~6년 정도이면 효율이 떨어져 교체해야 한다. • 폭발 위험성이 높다. • 축전지 충전시간이 10시간 정도 필요하다. • UPS 문제의 70[%]는 축전지에서 발생한다.	• 축전지실 불필요, 공간활용 30[%] 이상 높다. • 친환경적이다. • 자기부상식으로 소음이 적다. • 발전기 기동전류 공급(DC 24[V])으로 기동성공률이 높다. • 충전시간은 2분 정도 소요된다. • UPS실과 그에 대한 냉방시설이 필요 없다.

11 무정전 전원장치(UPS)의 용량 산정 시 고려사항

1 개요

1) 무정전 전원설비(Uninterruptible Power Supply)란 전원의 외란으로부터 기기를 보호하고, 양질의 전원으로 변환시켜 주는 CVCF 전원장치로 주어진 방전시간 동안 무정전으로 전력을 공급한다.
2) UPS 용량 결정 시에는 피보호 대상부하의 전원이 요구하는 사항을 면밀히 검토해야 한다.

2 UPS 용량산정 시 고려사항

1) 부하용량

① 부하의 용량은 피상전력 [kVA]로 표시하며 수용률($k=0.7\sim0.9$)를 적용한다.
② 부하의 특성상 (10~30[%])의 여유를 준다.
③ $P_{c1} > P_L \times k \times \alpha$

여기서, P_{c1} : 정상부하용량에 의한 UPS 용량
P_L : UPS 연결부하 총합
k : 수용률
α : 여유율(1.1~1.3)

2) 역률

① 정류기 부하의 고역률(0.9) 이상의 것은 피상용량을 저감시킨다.
② 종합역률은 $PF=$[kW]/[kVA]로 산정하고 이것은 교류사인파 역률($\cos\theta$)과 다르기 때문에 주의해야 한다.
③ $P_{c2} > P_L \times \beta$

여기서, P_{c2} : 부하역률에 의해 결정되는 UPS 용량
β : 부하역률에 의한 용량 감률

3) 피크전류

① 컴퓨터 및 전자기기의 회로는 정류기로 구성되기 때문에 왜전류가 흐르게 된다.
② 이 경우 전류의 피크값은 사인파보다 3상인 경우 1.6~1.8배, 단상의 경우 2~3배 정도가 된다.
③ 단상부하기기의 파고율이 2.5인 경우 허용피크전류가 정격전류의 2.5배인 UPS는 100[%]로 사용하지만 2배인 UPS는 $2/2.5\times100=80$[%]로 저감하여 사용한다.

④ $P_{c3} > P_L \times r$

여기서, P_{c3} : 피크전류에 의한 UPS 용량
r : 부하피크전류에 의한 용량 저감률

4) 시동 돌입 용량

① 시동용량이 큰 부하를 초기에 투입함으로써 용량을 선정한다.

② 전압변동률을 8[%] 이하로 억제시킨다(컴퓨터 부하 전압변동률의 범위는 ±10[%]임).

5) 정류기 부하에 의한 전압왜곡 특성

① UPS 인버터는 통상 PWM 제어방식이며 네모파나 펄스이므로 사인파화하기 위한 교류필터가 내장되어 있다.

② 정류기 등에 의한 고조파 성분과 교류필터에 의한 고조파 전압왜곡이 발생한다.

③ $P_{c4} > P_L \times q$

여기서, P_{c4} : 전압왜곡으로 결정되는 UPS 용량
q : 전압왜곡에 의한 용량 저감률

6) 3상 불평형 특성

① 부하의 불평형이 되면 출력 전압의 3상 불평형이 발생한다.

② 부하 불평형 30[%]에서 전압불평형 3[%]를 적용한다.

③ 단상 부하를 균등하게 분할하여 접속하거나 스코트 결선을 선정한다.

④ $P_{c5} > \text{총사용량} \times A$

여기서, P_{c5} : 3상 불평형에 의해 결정되는 UPS 용량
A : 부하의 예비율 및 사용내구성 환산수치
(전산시스템 1.5, 비상용 전등 1.3, 공장자동화 1.6, 기타 1.5)

※ $\text{총사용량} = \dfrac{\text{총부하(명판부하)[W]}}{\text{일반부하역률(0.8)}}$

3 맺음말

1) UPS 용량 결정 시에는 상시 언급한 내용 이외에 장례부하 증가를 고려해야 한다.

2) 통신기기와 같은 정류기 부하가 많은 경우는 고조파분이 많으므로 UPS 용량에 10~20[%] 정도 여유를 주어야 한다.

3) 또한 과도용량이 큰 부하에는 한류장치를 부과하도록 한다.

12 연축전지와 알칼리 축전지의 특징 비교

구분	연축전지	알칼리 축전지
셀의 공칭전압	2.0[V/Cell]	1.2[V/Cell]
셀 수	54개	86개
정격전압[V]	2.0×54=108[V]	1.2×86=103[V]
단가	싸다.	비싸다.
충전시간	길다.	짧다.
전기적 강도	과충전, 과방전에 약하다.	과충전, 과방전에 강하다.
수명	10~20년	30년 이상
가스 발생	수소 발생	부식성 가스가 없다.
최대방전전류	1.5[C]	포켓식 2[C], 소결식 10[C]
온도 특성	연축전지 열등	알칼리 우수
정격용량	10시간	5시간
용도	장시간, 일정부하에 적당하다.	단시간, 대전류 부하에 적당하며 고율방전 특성이 좋다.

13 리튬전지(Lithium Battery)

1 개요

1) HEV는 **내연기관**과 **전기모터**를 동시에 사용하는 자동차로 전기모터로 주행 시 **축전지**에 의해 전류를 공급받는다.

2) 이때 사용하는 축전지는 **소형·경량**으로 **용량**이 커야 하며, 이 조건을 가장 충족시킬 수 있는 전지가 **리튬전지**이다.

3) 리튬전지는 가장 가벼운 금속 원소인 Li으로 만든 전지로 **리튬이온전지**와 **리튬폴리머전지**가 있다.

❷ 리튬이온전지

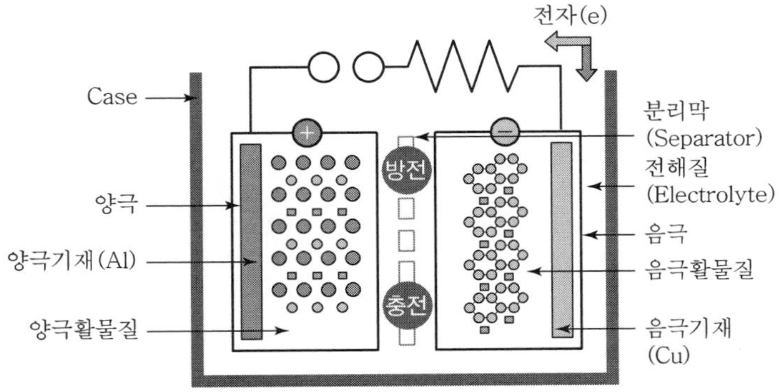

[리튬이온전지의 구조]

1) 소형 · 경량으로 용량을 크게 한 충 · 방전용 전지
2) 니켈－카드뮴에 비해 약 2배의 용량과 3배의 전압을 유지 → 3.6[V/Cell]
3) 자기방전이 적고 내구성이 좋으며 재충전 시 수명단축 없음
4) 알칼리 금속인 리튬은 물과 반응하여 수소가스 발생
5) 수용성 전해액 대신 휘발성이 있는 유기성 전해액 사용 → 폭발의 위험

❸ 리튬폴리머전지

1) 액체 전해질을 사용하는 리튬이온전지의 단점을 보완한 전지
2) 젤 타입의 고분자(폴리머)가 양극과 음극 사이의 분리막을 구성하고 전해질 역할까지 하는 것
3) 이온 전도도가 우수한 고체 전해질 사용
4) 누액 가능성과 폭발 위험성 없음 → 가장 큰 장점
5) 고체 전해질 사용 → 형상을 다양하게 설계 가능

14 축전지 설페이션(Sulfation) 현상

1 정의

극판이 백색으로 되거나 표면에 백색 반점이 생기는 현상

2 원인

1) 충전부족 상태에서 장기간 사용한 경우
2) 불순물(파라핀, 악성유기물)이 첨가된 경우
3) 비중이 과대한 경우
4) 전해액의 부족으로 극판이 노출되었을 경우
5) 충전상태에서 보충을 하지 않고 방치한 경우
6) 방전상태로 장시간 방치한 경우

3 영향

1) 비중이 저하
2) 충전용량이 감소
3) 충전 시 전압상승이 빠름
4) 가스 발생이 심함

4 대책

1) 정도가 가벼우면 20시간 정도의 과전류 충전 시 회복됨
2) 회복되지 않으면 충방전을 수회 반복하고 방전 시의 비중을 1.05 이하로 하면 회복이 빨라짐

15 축전지 자기방전

1 정의

축전지에 축적되어 있던 전기에너지가 사용하지 않는 상태에서 저절로 없어지는 현상

2 원인

1) 온도가 높으면 심해진다. 일반적으로 25[°C]까지는 직선적으로 증가하고 그 이상이면 가속적으로 증가한다.
2) 불순물(은, 동, 백금, 바륨, 니켈, 안티몬, 염산, 질산)이 양극 또는 음극 표면에 접착되어 있으면 자기방전이 현저히 증가한다.

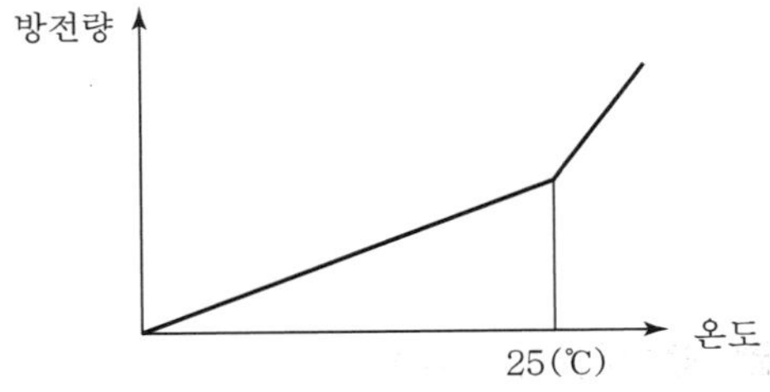

[온도와 자기방전]

3 특징

1) 낡은 축전지는 새 축전지보다 자기방전이 심하다.
2) 연축전지의 경우 전해액 비중이 크면 심해진다.
3) 연축전지는 알칼리 축전지에 비해 자기방전량이 많다.
4) 자기방전량은 평균적으로 1개당 20[%] 전후이다.

4 KS 규정

충전 완료 후 25±4[°C]에서 4주 방치 후 8시간율로 방전하였을 때 용량감소가 그 축전지 용량의 25[%] 이상이 되어서는 안 된다.

16 축전지 용량 산정 시 고려사항

1 부하 종류 결정

수변전설비 감시제어용, DC 조명용, 독립형, 분산형전원, 전기 자동차용

2 방전전류(I) 산출

방전전류는 최대 전류치를 사용한다.

$$\text{방전전류}(I) = \frac{\text{부하용량[VA]}}{\text{정격전압[V]}}$$

3 방전시간(t) 결정

1) 부하의 종류에 따른 비상시간 결정
2) 법적인 전원 공급은 10~30분
3) 발전기 설치 시 : 10분

4 방전시간(t)과 방전전류(I)의 예상부하 특성곡선 작성

방전 말기에 가급적 큰 방전전류가 되도록 그래프를 작성한다.

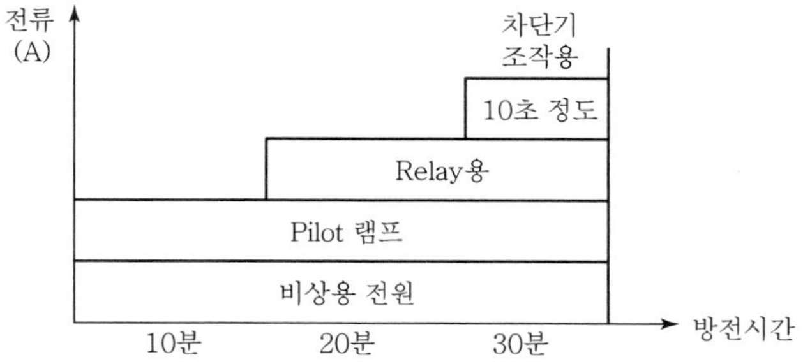

[예상부하 특성곡선(예)]

5 축전지 결정

1) 축전지 종류

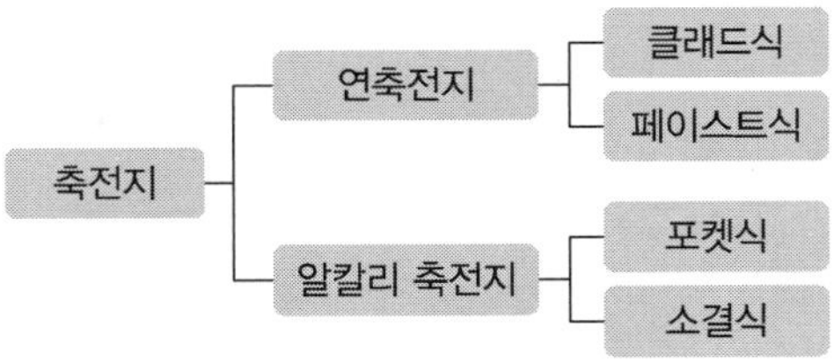

[극판의 형식에 의한 분류]

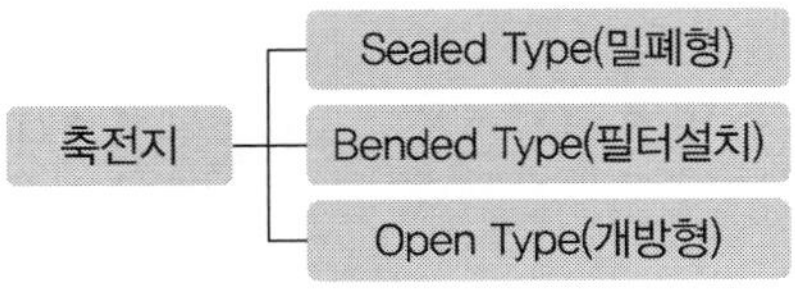

[외부 구조에 따른 분류]

2) 연축전지는 납합금의 극판이나 격자체에 양극작용 물질을 충진한 것

$$\underset{\text{양극}}{PbO_2} + 2H_2SO_4 + \underset{\text{음극}}{Pb} \Leftrightarrow \underset{\text{양극}}{PbSO_4} + 2H_2O + \underset{\text{음극}}{PbSO_4}$$

3) 알칼리 축전지는 니켈도금 강판이나 니켈을 주성분으로 한 금속분말을 성형한 것에 양극작용 물질을 충진한 것

$$\underset{\text{양극}}{2NiOOH} + 2H_2O + \underset{\text{음극}}{Cd} \Leftrightarrow \underset{\text{양극}}{2Ni(OH)_2} + \underset{\text{음극}}{Cd(OH)_2}$$

6 축전지 Cell 수 결정

종류	표준 Cell 수	Cell의 공칭전압[V/Cell]	정격전압[V]
연축전지	54개	2.0	2.0×54=108
알칼리 축전지	86개	1.2	1.2×86=103

7 허용 최저전압 결정

$$\text{1셀의 허용 최저전압[V/Cell]} = \frac{\text{부하의 허용 최저전압} + \text{배선의 전압강하}}{\text{축전지의 직렬접속 셀 수}}$$

8 최저 전지온도 결정

1) 옥내 설치 시 : 5[℃]
2) 옥외 큐비클 수납 시 : 5～10[℃]
3) 한랭지 : − 5[℃]
4) 방전 특성은 35～40[℃] 부근에서 가장 양호하다.

9 용량환산시간 K 값 결정

1) 축전지의 표준 특성곡선, 용량환산 시간표에 의하여 결정된다.
2) 축전지 종류, 허용 최저전압, 최저 전지온도 등에 따라 달리 검토한다.

10 용량환산 공식에 적용

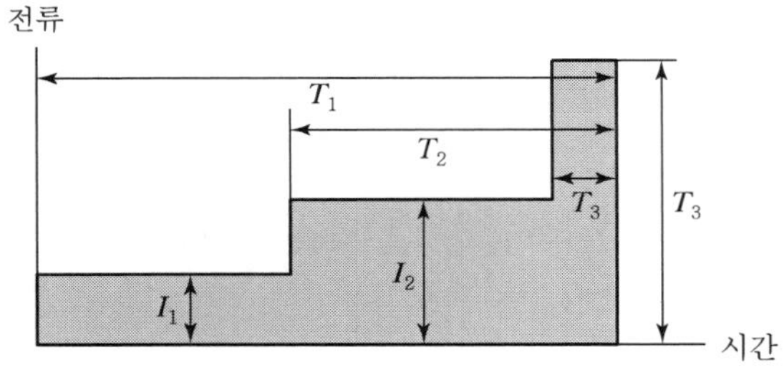

[방전시간 – 전류 특성]

$$C = \frac{1}{L}\left[K_1 I_1 + K_2(I_2 - I_1) + K_3(I_3 - I_2) + \cdots + K_n(I_n - I_{n-1})\right]$$

여기서, C : 축전지 용량[Ah]
L : 보수율, 보통 0.8
I : 방전전류[A]
K : 방전시간[min]

※ 방전종지 전압(Cut – off Voltage of Discharge)

1) 축전지의 방전을 종지(중지)해야 하는 전압이다.
2) 축전지가 일정전압 이하로 방전될 경우 수명의 급격한 저하가 발생되므로 방전을 중지시켜야 한다.
3) 만일 이 점에서 방전을 계속하면 얻는 전기량이 적을 뿐만 아니라 축전지 자체에도 악영향을 주게 된다.
4) 방전종지 전압은 방전전류, 극판 종류, 전지구조 등에 따라 다르다.
5) 방전종지 전압과 셀 수는 축전지의 최고 · 최저전압을 결정하는 데 매우 중요하다.

$$\text{방전종지 전압 } V = \frac{V_a + V_c}{n} [\mathrm{V/Cell}]$$

여기서, V_a : 부하의 허용 최저전압
V_c : 부하와 축전지 사이의 전압강하
n : 직렬접속된 셀(Cell) 수

17 축전지설비 충전방식의 종류 및 특징

1 개요

1) 축전지설비는 정전 시 및 비상시 가장 신뢰할 수 있는 설비로 건축법이나 소방법의 규정에 의해 예비전원이나 비상전원용으로 채택되고 있다.

2) 여기에서는 수변전설비 감시, 제어에 필수적인 축전설비의 충전방식별 특징에 대하여 설명한다.

3) 구성 및 특징

구성	목적	특징	문제점
• 축전지 • 충전장치 • 역변환 장치	• 상용전원 정전 시 법적요구 충족 • 보안상 필요한 시설에 전원공급 (비상조명, 감시설비, 제어전원)	• 독립된 전원 • 순수한 직류 전원 • 경제적, 유지보수 용이	• 전력공급 시간과 용량에 한계가 있음 • 자기방전 현상 발생

2 종류 및 특징

1) 초기 충전

미충전 상태의 축전지에 전해액을 주입하고 처음으로 진행하는 충전

2) 부동 충전

① 정류기가 축전지 충전기와 직류부하 전원으로 병용되는 방식

② 충전기를 축전지와 상용부하에 병렬로 연결하여 축전지의 자기방전 보충함과 동시에 상용부하에 대한 전력공급을 행하는 방식

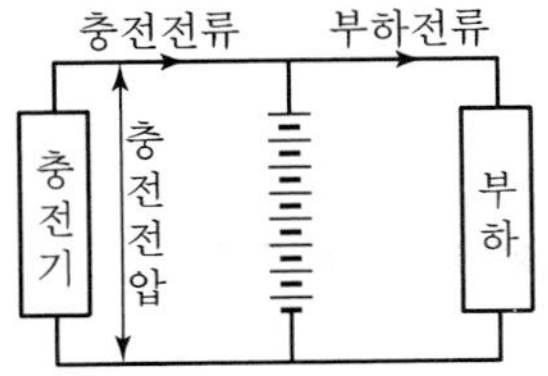

[부동 충전 방식]

③ 충전기가 부담하기 어려운 대전류 부하는 일시적으로 축전지가 부담한다.
④ 축전지가 항상 완전 충전상태에 있다.
⑤ 정류기 용량이 적어도 된다.
⑥ 급격한 부하 및 전원변동에 대응이 가능하다.

3) 균등 충전

① 극판 간 충전상태 산란과 각 단전지 간 충방전 특성의 산란으로 인한 전압 불균일을 방지하기 위해 과충전하는 방식
② 1~3개월마다 1회 정전압으로 균일하게 충전
③ **인가 정전압** : 연축전지 2.4~2.5[V/Cell], 알칼리 축전지 1.45~1.5[V/Cell]
④ 충전시간은 10~15시간

4) 세류 충전

자기방전량만을 항상 충전하는 부동충전 방식의 일종, 휴대폰, 전기자동차 등

5) 보통 충전

필요할 때마다 표준시간율로 소정의 충전을 행하는 방식

6) 급속 충전

비교적 단시간에 보통 충전전류의 2~3배 전류로 충전하는 방식

7) 전자동 충전(회복충전)

① 충전 초기에 대전류가 흐르는 결점을 보완하여 일정 전류 이상이 흐르지 않도록 **자동전류 제한장치**를 달아 충전하는 방식

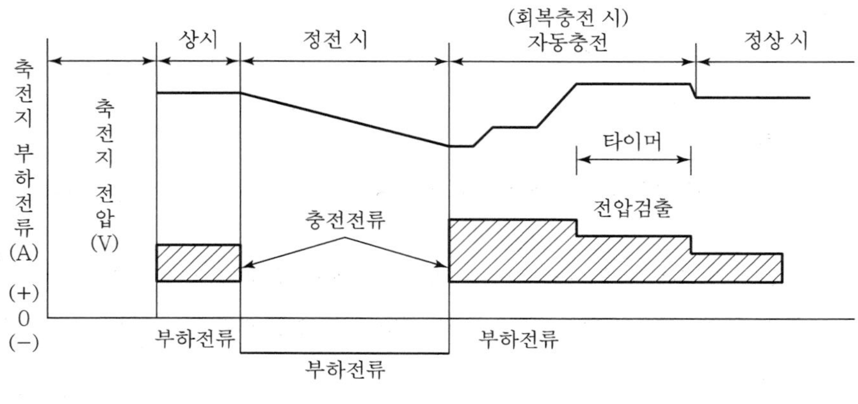

[자동충전 패턴도]

② 충전 시 정전류 충전 → 충전완료 시 정전압 충전으로 자동 전환하는 방식
③ 보수관리를 쉽게 하기 위해 적용되는 경우가 많다.

8) 과충전

축전지 고장 사전방지 또는 고장 난 축전지 회복을 위해 저전류로 장시간 충전하는 방식

9) 단별전류 충전

정전류 충전의 일종으로 충전 시 2단, 3단, 전류치로 저하시켜 충전하는 방식

10) 보충전

축전지를 장시간 방치 시 미소전류로 충전하는 방식

3 정류기 용량

$$P_{AC} = \frac{(I_L + I_C) \times V_{DC}}{\cos\phi \times \eta} \times 10^{-3}[\mathrm{kVA}]$$

여기서, P_{AC} : 정류기 교류 측 입력용량[kVA]
I_L : 정류기 직류 측 부하전류[A]
I_C : 정류기 직류 측 축전지 충전전류[A]
V_{DC} : 정류기 직류 측 전압[V]

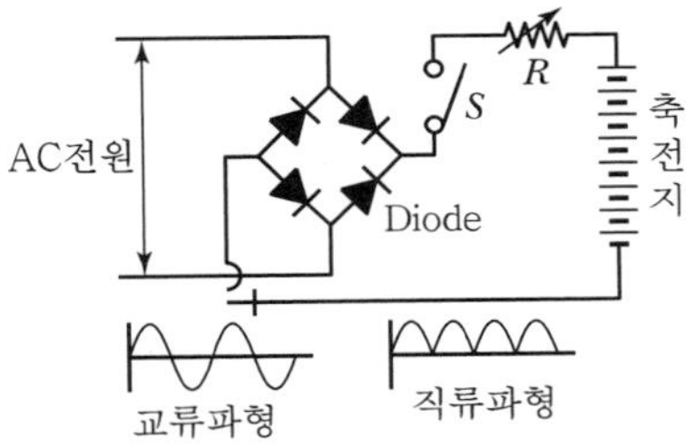

[정류기 회로]

4 맺음말

1) 축전지설비는 전력공급 시간과 용량에 한계가 있고 자기방전 현상이 발생하므로 충전방식에 대한 중요성이 크다.
2) 그러므로 용도 및 목적에 맞는 충전방식 선정이 중요하며 축전지실에 대한 전기적 · 환경적 고려사항 검토가 요구된다.

CHAPTER

16

케이블

01 케이블을 구성하는 도체, 절연체, 금속시스, 연피의 재료 및 구비조건

1 Cable의 구성

1) 도체 : 전류를 흘리는 도전부(Cu, Al)
2) 절연체 : 도체의 전압을 유지하기 위한 절연부(XLPE)
3) 시스, 연피 : 전선의 기능을 보호하기 위한 보호부

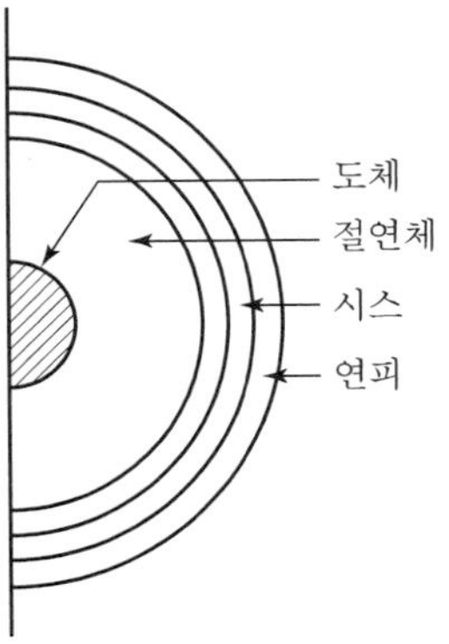

[Cable 구조]

2 구비조건

1) 도체

① 전기적 성능 : 도전율이 높을 것
② 기계적 성능 : 기계적 강도가 클 것, 가선작업이 용이할 것
③ 화학적 성능 : 사용 상태에서 안정할 것
④ 가공성 : 가공이 쉬울 것
⑤ 경제성 : 저렴하고 공급이 안정할 것, 내구성이 있을 것

2) 절연체

① 교류 및 임펄스 파괴전압이 높고 절연성능이 장기간 안정할 것
② 절연저항이 클 것
③ 내Tree, 내코로나성이 우수하고 유전체 손실이 적을 것
④ 재료 : 폴리에틸렌, 가교폴리에틸렌, 절연유, 가스 등

3) 시스, 연피(보호층)

구분	시스	연피
기계적 성능	절연체 보호 및 절연유의 압력에 견딤	내마모성, 내후성, 내노화성, 내굴곡성이 우수
전기적 성능	절연성능이 높고 장기간에 안정	좌동
화학적 성능	대기 중 습기의 침입방지	내수, 내약품성이 우수
재료	납, Al, Fe, STS	폴리에틸렌, PVC

02 케이블 종류

1 CV 케이블(Cross Linked Polyethylene Insulated PVC Sheathed Power Cable)

폴리에틸렌의 결점인 열 연화성을 개선한 가교 폴리에틸렌 케이블

1) 정식명칭 : 22[kV] 가교 폴리에틸렌 절연 비닐 시스 케이블
2) 용도 : 비접지로 편단접지의 전력회로에 적용
3) 구성 : 연동연선 도체에 XLPE로 절연, PVC로 압출한 Cable

4) 특징
① 내열, 내수성이 우수
② 고장보수가 용이
③ 제조기술개선이 필요
④ Tree 발생이 쉬움

2 CNCV 케이블(Concentric Neutral Conductor with Water Blocking Tapes and PVC Sheathed Power Cable)

1) 정식명칭 : 동심중성선 차수형 전력케이블
2) 용도 : 22.9[kV－Y] 다중접지 지중배전선로용
3) 구성 : CV 케이블에 중성선을 추가한 케이블로 중성선 층만 수밀처리

4) 특징
① CV 케이블에 중성선 추가
② 중심선은 중심도체의 1/3 이상
③ 인입지중케이블의 공칭단면적은 22[mm^2]
④ 중성선 수밀처리

3 CNCV－W 케이블

1) 정식명칭 : 수밀형 동심중성선 전력케이블
2) 중성선층의 수밀처리 이외에 도체부분까지 수밀처리
3) 도체를 구성하는 원형소선을 압축연선으로 하고 수밀 콤파운드를 소선 사이에 충진하여 도체에 수분침투 방지

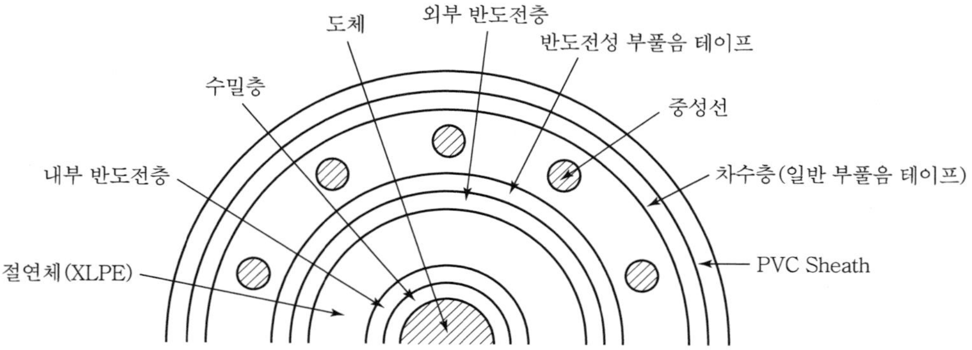

[CNCV－W 케이블]

4 TR－CNCV－W 케이블

1) **정식명칭** : 수트리억제형 동심중성선 전력케이블
2) CNCV－W에서 **절연체**로 사용되었던 **가교폴리에틸렌** 대신 **수트리 억제용 XLPE**를 사용한 케이블

5 FR－CNCO－W 케이블

1) **정식명칭** : 수밀형 동심중성선 무독성 난연케이블
2) CNCV－W에서 **시스**로 사용되었던 PVC 대신 **할로겐프리 폴리올레핀**을 사용한 케이블
3) PVC(Polyvinyl Chloride) : 폴리염화비닐

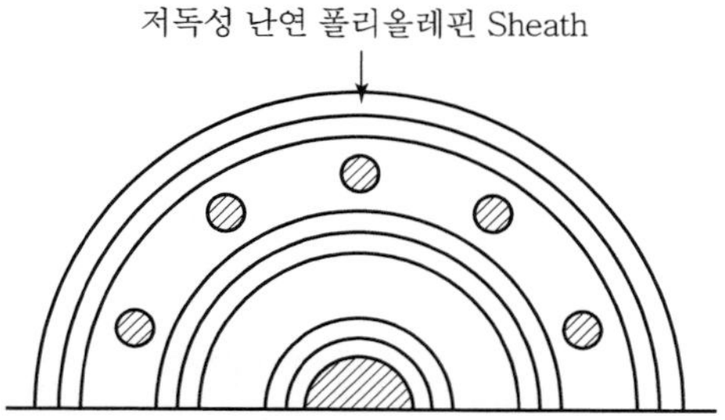

[FR CNCO－W 케이블]

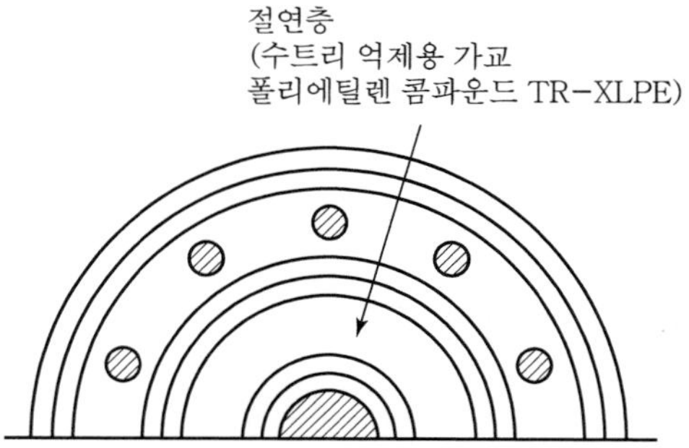

[TR CNCV－W 케이블]

6 동심 중성선 케이블 비교

항목＼약어	CNCV	CNCV－W	FR－CNCO－W	TR－CNCV－W	TR－CNCE－W
정식 명칭	동심중성선 차수형 전력케이블	수밀형 동심중성선 전력케이블	수밀형 동심중성선 무독성 난연케이블	수트리억제형 동심중성선 전력케이블	수밀형 수트리억제형 충실케이블
도체	원형압축 연동연선	수밀혼합물 충전 원형압축 연동연선	수밀혼합물 충전 원형압축 연동연선	수밀혼합물 충전 원형압축 연동연선	수밀혼합물 충전 원형압축 연동연선
절연층	가교 폴리에틸렌	가교 폴리에틸렌	가교 폴리에틸렌	수트리억제용 가교폴리 에틸렌 콤파운드 (TR－XLPE)	수트리억제용 가교폴리 에틸렌 콤파운드 (TR－XLPE)
중성선 수밀층 (안쪽)	반도전성 부풀음 테이프	반도전성 부풀음 테이프	반도전성 부풀음 테이프	반도전성 부풀음 테이프	반도전성 부풀음 테이프
중성선 수밀층 (바깥쪽)	부풀음 테이프	부풀음 테이프	부풀음 테이프	부풀음 테이프	부풀음테이프 없음 (내부충실형 중성선)
시스	PVC	PVC	할로겐프리 폴리올레핀	PVC	난연성 PE (폴리에틸렌)
비고	• 중성선 양측에 부풀음테이프 삽입 • 중성선만 수밀 처리	• 도체공간을 메꿈 • 중성선 및 도체 수밀처리	• 난연 저독성 시스 사용 • 유독가스 방지	• 수트리억제형 절연체 사용 • 수명, 신뢰성 향상	• 내부 반도전층에 Super－Smooth급 • 반도전 콤파운드 충진

7 절연에 따른 종류

항목		고온초전도 케이블	저온초전도 케이블	OF 케이블	CV 케이블
도체	재료	고온초전도 도체 (Bi－2223)	NbTi, Nb_3Sn	Cu	Cu
도체	구조	Tape 형태의 적층	Tape 또는 극세 다심연선	원형압축 연동연선	원형압축 연동연선
사용온도		77K(－196[°C])	4.2K(－269[°C])	상시 최고 90[°C]	상시 최고 90[°C]

항목	고온초전도 케이블	저온초전도 케이블	OF 케이블	CV 케이블
냉매	액체질소	액체헬륨	OF 케이블용 절연유	없음
절연	냉매함침 복합 절연방식	냉매함침 복합 절연방식	OF 절연유 함침	XLPE 압출
Sheath	고온초전도 도체 (Bi－2223)	저온초전도 도체	Aluminium	Aluminium
냉각계통	액체 질소의 순환 및 냉동기 부착	액체 헬륨의 순환 및 냉동기 부착	PT 등 유압조절장치	냉각수

03 전력케이블의 전기적인 특성에 영향을 주는 요소/선로정수

1 개요

1) 선로정수의 구성 요소로는 저항, 인덕턴스, 정전용량, 누설컨덕턴스가 있다.
2) 이들 값은 케이블의 종류, 굵기, 배치 등에 따라 결정되고 전압, 전류, 역률 등에 영향을 받지 않는다.
3) 선로정수는 케이블의 기능에 관계되기보다는 계전기 정정, 단락전류 계산, 이상전압 발생계산, 유도설계 등에 필요한 전기적 특성을 계산하는 데 사용된다.

2 저항

1) 직류도체 저항

① 전류가 흐르기 어려운 정도를 나타내는 양으로 단위는 [Ω]이다.
② 직류도체의 저항은 온도에 따라 변하므로 일반적으로 20[℃]에서 저항을 기준으로 한다.

$$R = \rho \frac{l}{A} [\Omega]$$

2) 저항－온도 관계

$$R_2 = R_1 \times \{1 + \alpha_1(T_2 - T_1)\}$$

여기서, α_1 : 온도계수

① 도체는 온도가 상승하면 저항이 상승

② 반도체, 전해액, 절연체 등은 온도가 상승하면 저항이 감소

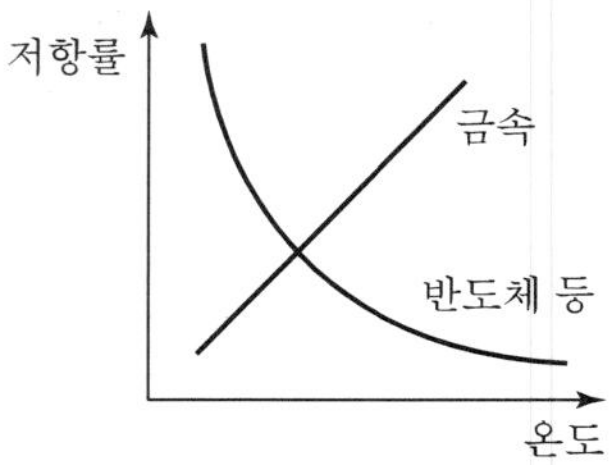

[물질의 온도 특성]

3) 교류도체 저항

$$R = \text{직류저항} \times \text{표피효과} \times \text{근접효과}$$

(1) 표피효과

① 전선에 교류가 흐를 때 도체 중심부의 쇄교 자속 증가로 인덕턴스가 커져 도체 중심부의 전류 밀도가 낮아지는 현상이다.

② 전선의 **유효면적**이 줄어들고 직류의 경우보다 **저항값**이 증가한다.

③ 전선 **단면적**이 클수록 **주파수**가 높을수록 **도전율**, **투자율**이 클수록 크게 나타난다.

(2) 근접효과

① 많은 도체가 근접 배치되어 있는 경우 전류의 크기, 방향, 주파수에 따라 각 도체 단면에 흐르는 전류 밀도의 분포가 변화하는 현상이다.

② 전선의 **유효면적**이 줄어들고 **주파수**가 높을수록, 도체가 **근접**해 있을수록 크게 나타난다.

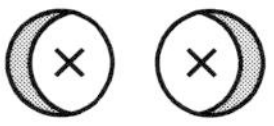

[전류가 같은 방향일 경우]

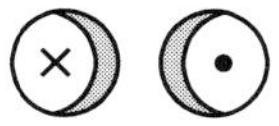

[전류가 다른 방향일 경우]

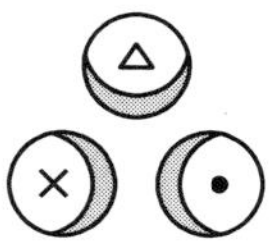

[3심 케이블(다른 방향)]

3 인덕턴스

1) 전류를 흘렸을 때 발생되는 **자속**의 크기를 결정하는 비례상수

2) 기호는 L, 단위는 [H]이고, **자기 인덕턴스**와 **상호 인덕턴스**가 있다.

① **자기 인덕턴스** : 자속이 코일 자신의 전류에 의한 것

② **상호 인덕턴스** : 자속이 다른 전선이나 코일의 전류에 의한 것

3) 인덕턴스 계산

$$L = 0.05 + 0.4605 \log_{10} \frac{D}{r} [\mathrm{mH/km}]$$

여기서, D : 등가 선간거리[m]
r : 도체의 반지름[m]

4 정전용량

1) 전압을 가했을 때 축적되는 전하량의 크기를 결정하는 비례상수
2) 기호는 C, 단위는 [F]이고, 정전용량은 대지전압에 비례한다.

3) 정전용량 계산

$$C = \frac{0.02413\varepsilon}{\log_{10}\frac{D}{r}} [\mu\mathrm{F/km}]$$

여기서, D : 등가 선간거리, 절연 반지름[m]
r : 도체의 반지름[m]
ε : 유전율

5 누설컨덕턴스

대용량에 적용

6 맺음말

1) 배전선로의 전기적 특성은 기본적으로는 송전선로의 특성과 다를 바 없다.
2) 그러나 배전선로는 소규모의 부하가 분산 접속되어 있고, 수용가와 직결되어 있어 수요 변동의 영향을 직접 받기 쉽다는 특징을 지니고 있다.
3) 케이블 선로정수는 케이블의 전력손실을 발생시키고 전력손실 저감대책에 영향을 미친다.
4) 따라서 송전선로뿐만 아니라 배전선로의 선로정수도 상세히 검토해야 한다.

04 케이블 전력손실

1 개요

케이블의 손실은 **도체손**, **유전체손**, **연피손**으로 구분된다.

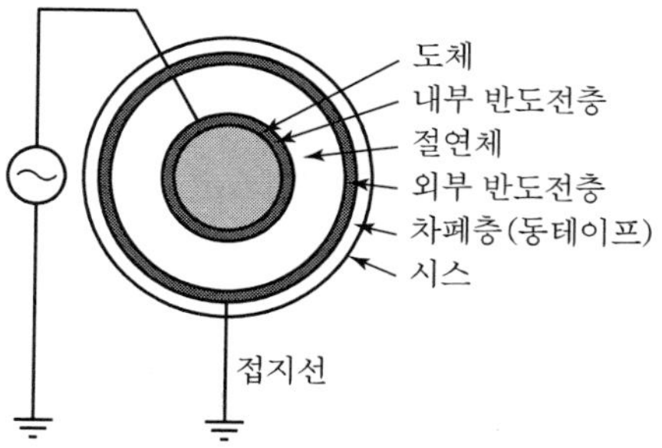

[도체손, 연피손]

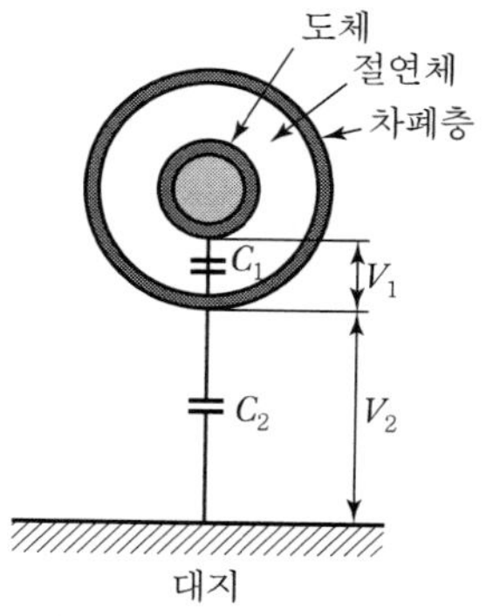

[유전체손]

2 도체손(저항손)

1) 개요

케이블의 도체에서 발생되는 손실을 말하며 전력손실 중 가장 크다.

2) 도체손 계산

$$P_l = I^2R = I^2\rho\frac{l}{A}$$
$$= I^2 \times \frac{1}{58} \times \frac{100}{C} \times \frac{l}{A}$$

① 고유저항(ρ) : Cu 1/58, Al 1/35

② 도전율(C) : Cu 100[%], 연동선 100[%], 경동선 97[%], Al 61[%]

3) 저감대책

도전율이 좋고 단면적이 큰 도체를 사용한다.

3 유전체손

1) 개요

케이블의 절연체에서 발생되는 손실로서 절연체(유전체)를 전극 간에 끼우고 교류전압을 인가했을 때 발생하는 손실을 말한다.

$$\tan\delta = \frac{I_R}{I_c} \text{ 에서 } I_R = I_c \cdot \tan\delta = \omega CE \cdot \tan\delta$$

여기서, δ : 유전손실각

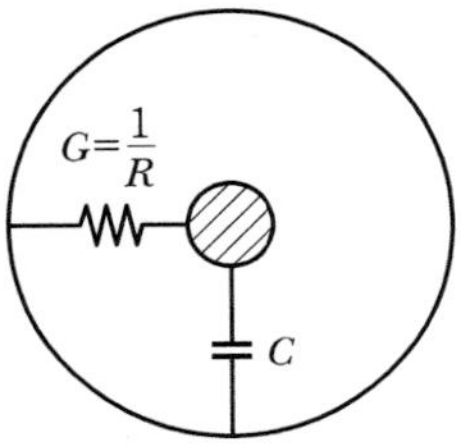

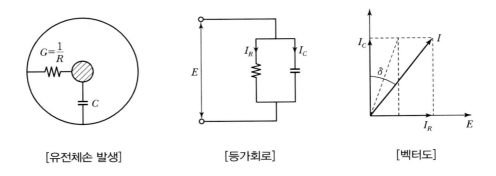

[유전체손 발생]

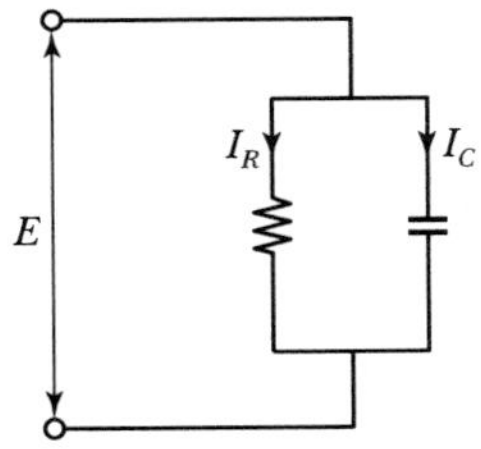

[등가회로]

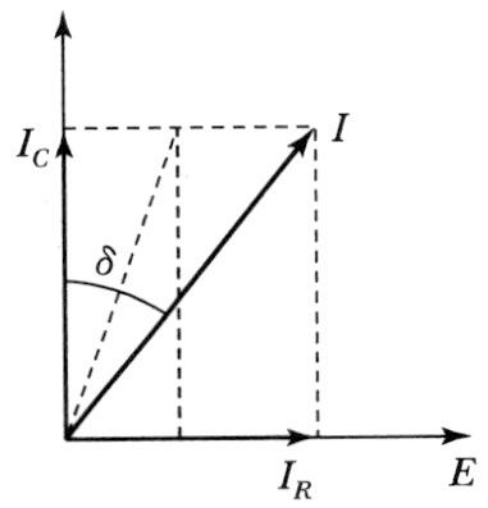

[벡터도]

2) 유전체손 계산

$$W_d = E \times I_R = E \times (\omega CE \times \tan\delta) = \omega CE^2 \times \tan\delta$$

3) 저감대책

① $W_d \propto \tan\delta$이므로 유전체 손실을 줄이기 위해서는 I_R을 줄일 수 있는 우수한 절연물질을 사용한다.

② $W_d \propto E^2$이므로 10[kV] 이하에서는 무시해도 된다.

③ 유전체 손실의 크기에 따라 케이블의 열화진단이 가능하다.

4 연피손

1) 개요

연피 및 알루미늄피 등의 도전성 외피를 갖는 케이블에서 발생하는 손실을 말한다.

2) 연피손

① 케이블 도체에 전류가 흐르면 → 전자유도 작용으로 도체주위에 자계형성 → 자속 쇄교 → 도전성 외피에 전압유기 → 와전류에 의한 손실 발생

② 연피손은 **도전성 외피의 저항률이 작을수록, 전류나 주파수가 클수록, 단심케이블의 이격거리**가 멀수록 큰 값을 나타낸다.

3) 영향

① 장거리 선로 차폐층에 **고전압 유기**

② 종단부에서 접촉 시 **감전사고** 위험

③ 연피손에 의해 **케이블 발열**

4) 저감대책

① 연가

② 차폐층을 접지(편단 접지, 양단 접지, 크로스 본딩 접지)

③ 케이블 근접시공

05 케이블 차폐층의 역할

1 개요

1) 일반적으로 전계 또는 자계의 영향을 차단하기 위한 층을 말하며 구리, 알루미늄 등 **도전성 재료** 또는 철, 퍼멀로이 등의 **자성재료**가 이용된다.

① 도전성 재료만 이용 : 정전 차폐층

② 도전성 재료와 자성 재료의 조합을 이용 : 전자 차폐층

2) 고압케이블의 차폐층은 고전위가 인가되므로 접지한다.

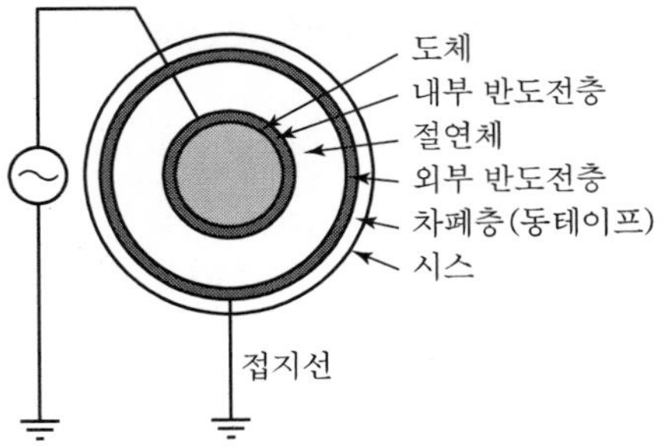

[케이블의 구성]

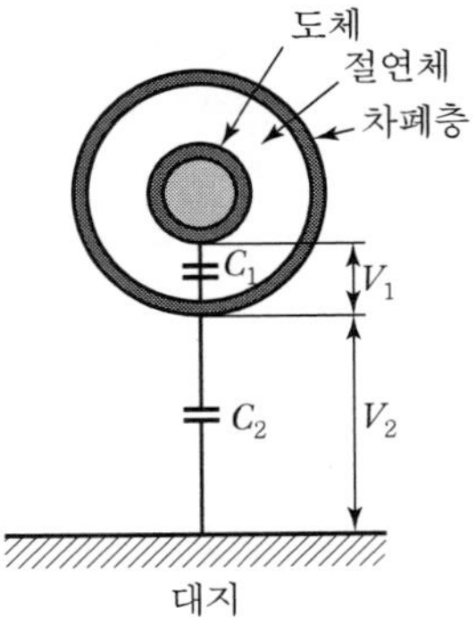

[유전체손]

2 차폐층 역할

1) 정전유도 전자유도에 의한 통신선로 **유도장애** 방지
2) 사고전류를 대지로 방류하여 **감전위험** 감소
3) 절연체에 균일한 전계가 가해져 절연체 **내전압치** 향상
4) 부분방전 또는 충전전류에 의한 **트래핑(Trapping) 현상** 방지
※ 트래핑 현상 : 전자파가 전파덕트 내에 갇혀 목적하는 방향으로의 전파가 감쇄하는 것

3 내부 반도전층

1) 열팽창으로 인한 도체와 절연체 틈새의 **부분방전** 방지
2) 도체외주 단차로 인한 **전력선 분포의 불균일** 방지

4 외부 반도전층

1) 차폐층 동 테이프와 절연체 틈새의 **부분방전** 방지
2) 차폐층 동 테이프와 절연체 간 **기계적 쿠션** 역할

06 차폐층 유기전압 발생원인 및 저감대책

1 개요

1) 시스(Sheath)는 케이블의 방수 및 기계적 · 화학적 보호를 목적으로 하는 외장재를 말하며 금속 시스는 차폐효과가 있다.
2) 시스에 전압 유기 시 인체의 위험 및 시스 노출 부분에서 아크 발생으로 케이블 손상위험이 있다.

2 발생원인

1) 케이블 배치상태와 상호 이격거리 등에 따라 달라짐
2) 케이블 도체에 전류가 흐르면 → 전자유도 작용으로 도체 주위에 자계 형성 → 자속 쇄교 → 도전성 외피에 전압 유기
3) $E_s = j\omega LI = \sum j X_{mi} \cdot I_i$[V/km]
   여기서, X_{mi} : 도체와 시스 간의 상호리액턴스[Ω/km], I : 도체의 전류[A]

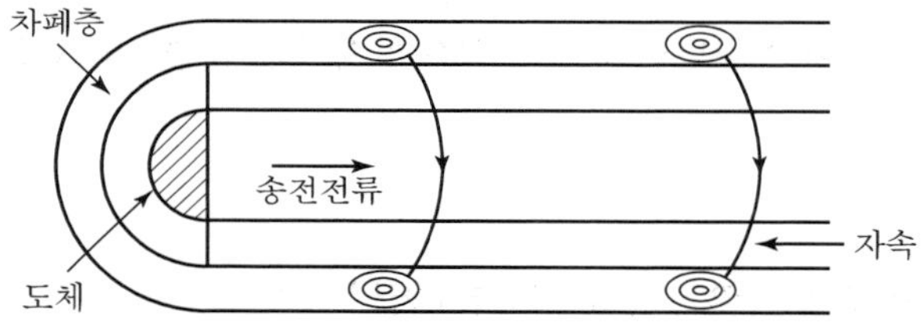

[전력 케이블 차폐층 유기 전압]

3 영향

1) 장거리 선로 차폐층에 고전압 유기
2) 종단부에서 접촉 시 감전사고 위험
3) 연피손에 의해 케이블 발열

4 저감대책

1) 케이블의 적절한 배열

① 정삼각형 배열의 경우 유기전압이 가장 낮음(수평배열의 50[%])
② 케이블 상호 간 열전달로 케이블 온도를 상승시켜 허용전류가 감소

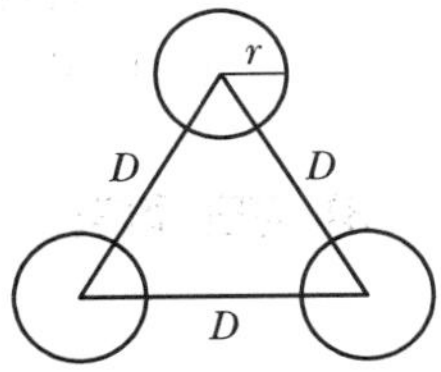

[케이블 삼각 배열]

2) 편단 접지

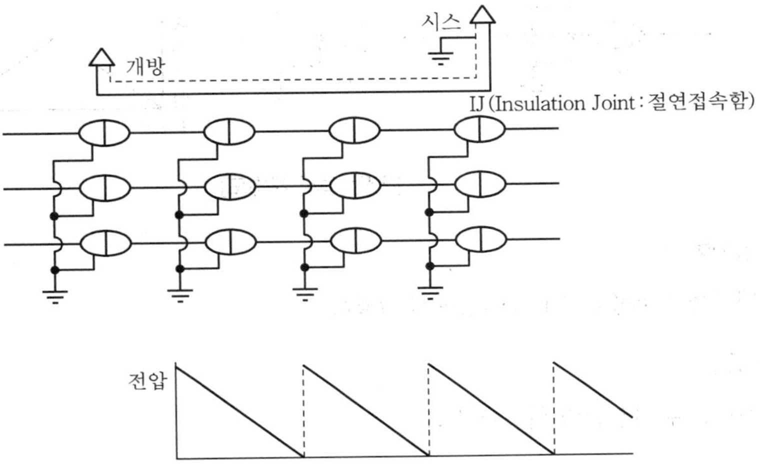

[편단 접지방식과 시스 유기전압]

(1) 접지방식

케이블 차폐층의 한쪽에만 접지하고 타단은 개방하는 방식

(2) 장점

차폐층 유기전압이 발생되지만 대지와 폐회로가 형성되지 않기 때문에 순환전류, 전력손실이 없음

(3) 단점

① 서지가 침입했을 때 이상전압이 발생되므로 피뢰기, 방식층 보호장치 등을 설치하여 외장을 보호해야 함
② 비접지된 차폐층에 고전압이 유기되어 감전사고 위험

(4) 적용

① 통신선로가 충분이 이격되어 포설된 경우 적용

② 단거리 선로에 적용

3) 양단 접지

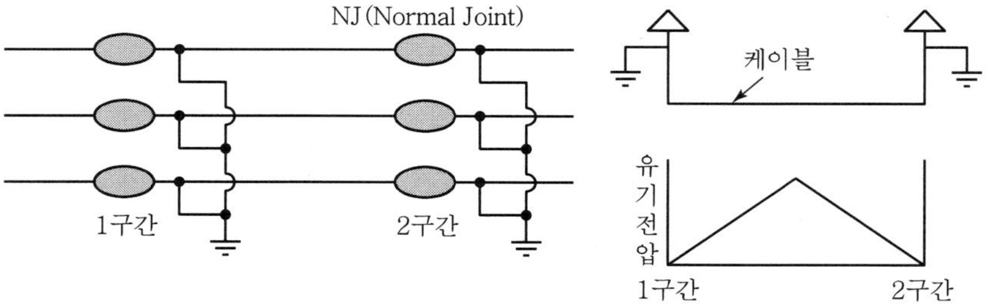

[양단 접지 계통도]

(1) 접지방식

케이블 차폐층을 2개소 이상에서 **일괄접지**

(2) 장점

차폐층 유기전압의 위험이 적음

(3) 단점

① 차폐층과 대지 간에 폐회로가 형성되어 **순환전류**가 흘러 **전력손실** 발생

② 순환전류가 커지면 차폐손 증가, 케이블 용량 감소, 열화 촉진 등이 발생

(4) 적용

① 단거리 선로, 해저 케이블

② 22.9[kV] 선로의 다중접지 방식에 적용

4) 크로스 본딩 접지

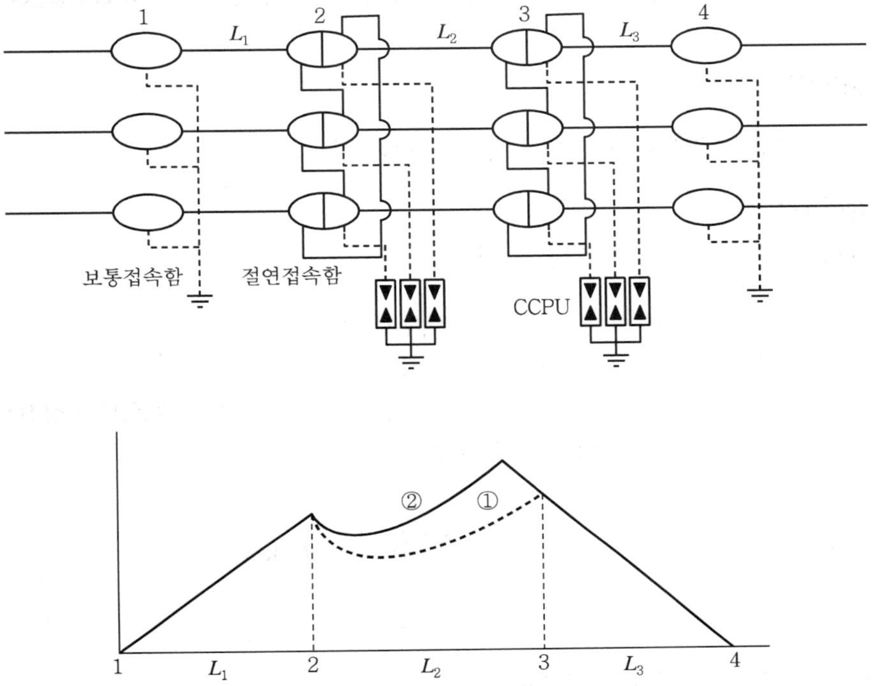

[크로스 본딩 접지]

(1) 접지방식

케이블 길이를 3등분하여 3상의 차폐선을 절연 접속함을 통해 연가

(2) 장점

차폐전압의 백터합이 0, 접지 간 수평거리가 불평형이 되어도 차폐손은 저감

(3) 단점

154[kV]의 경우 절연 접속함에 보호장치(CCPU)를 취부해야 되므로 건설비가 많이 소요

(4) 적용

① 단심케이블에서 접지구간이 3구간 이상인 경우 적용

② 수평거리가 긴 154[kV] 이상의 초고압 단심케이블에 적용

07 케이블 충전전류

1 발생원인

1) 충전전류는 선로의 **정전용량**이 상승하여 발생한다.

2) 정전용량

케이블 선로가 많은 곳에서 나타난다.

① 가공선(단도체) : $Cn = 0.008 \sim 0.01[\mu F/km]$
② 지중케이블 : $Cn = 0.2 \sim 0.5[\mu F/km]$
③ 지중케이블은 비유전율이 추가되고 등가 선간거리(D)가 매우 짧으므로 정전용량이 가공전 선로에 비해 약 30~40배 정도로 커짐

$$C = \frac{0.02413\varepsilon}{\log_{10}\frac{D}{r}}[\mu F/km]$$

3) 3상 1회선의 경우 1선당 충전전류

$$I_c = 2\pi f C_w \times \frac{V}{\sqrt{3}}[A]$$

2 충전전류 영향

1) 페란티 현상 발생

① 장거리 T/L의 경우 심야 경부하 · 무부하 시 선로의 분포된 정전용량에 의해 90[°] 앞선 진상 전류가 흐르게 됨
② 이 진상전류에 의해 수전단의 전압이 송전단보다 높아짐

2) 발전기 자기여자 현상 발생

① 발전기에 선로에서 발생된 충전전류가 유입
② 발전기의 전기자반작용에 의해 단자전압이 상승 전기자권선 절연 열화

3) 개폐서지 증대

① 재기전압 상승, 재점호 유발

② 개폐서지 차단 시(충전전류) 3, 5, 7배의 이상전압 발생

3 충전전류 대책

항목	대책
발전기 자기여자 현상 방지	단락비 크게
분로 리액터 사용	충전용량 일부를 상쇄
동기 발전기 저여자 운전	진상 무효전력 흡수
동기 조상기 지상 운전	진상 무효전력 흡수
중성점 직접 접지	개폐 이상전압 억제
유연 송전시스템 사용	SVC, STATCOM 등을 활용
직류송전(HVDC)	가장 근본적인 대책

08 전력케이블 절연열화

1 개요

1) 전력케이블의 열화는 복합적인 요인의 상호작용으로 발생하며, 외적으로 전혀 나타나지 않고 서서히 진행되므로 예방보전 차원의 진단이 필요하다.

2) 사선형태 및 활선형태 진단법

요인	Tree 형태	사선형태 진단법	활선형태 진단법
• 전기적 요인 • 열적 요인 • 화학적 요인 • 기계적 요인 • 생물적 요인	• 화학 트리 • 물 트리 • 전기 트리 • Vented 트리	• 직류고전압 인가법 • 부분방전 시험 • 절연 저항법 • tanδ법	• 수트리 진단법 • 직류전압 중첩법 • 저주파 중첩법 • 활선 tanδ법

2 절연열화 원인 및 형태

구분	원인	형태
전기적 요인	운전전압, 과전압, 서지전류	부분방전, 전기트리, 수트리
열적 요인	이상온도상승, 열신축	열, 기계적 손상 및 변형
화학적 요인	화학물질 침투	화학적 손상, 화학트리
기계적 요인	기계적 압력, 인장, 충격, 외상	기계적 손상 및 변형
생물적 요인	개미, 쥐, 벌레 등의 잠식	외피, 절연체 손상

3 CV Cable Tree 발생 형태

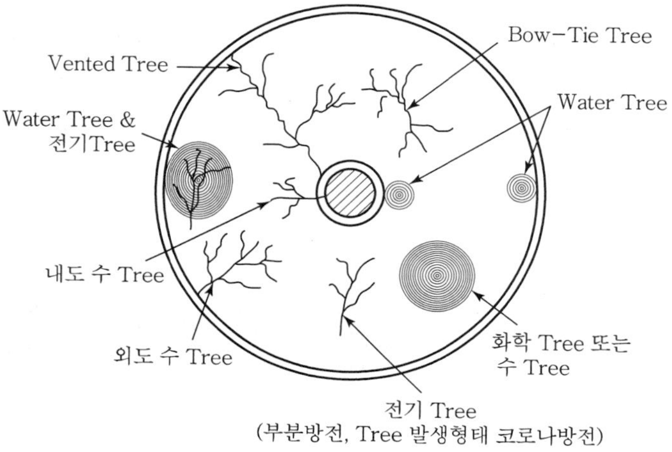

[Tree 발생 형태]

1) 화학트리 : 화학물질이 PE층을 통과하여 동과 반응하여 생긴 트리
2) 물(수, 水)트리 : 케이블 내에 수분 존재 시 고 전계가 형성되어 생긴 트리
3) 전기트리 : 부분방전에 의한 국부적인 절연 파괴로 나뭇가지 모양으로 진전된 트리
4) Vented 트리 : 각 트리가 진행되어 심선과 PE층이 연결된 트리

4 케이블 열화진단기술

정전상태 진단법		활선상태 진단법	
• 절연저항 측정법 • 직류고전압시험법 • 유전정접법	• 직류누설전류 시험법 • 등온완화전류 시험법 • 부분방전 시험법	• 직류성분법 • 직류전압 중첩법 • 저주파 중첩법	• 접지선 전류법 • 유전정접법

5 정전상태 진단법

1) 절연저항 측정법

① Megger 사용, 절연체와 시스와의 절연저항을 측정

② 도체－실드 간 500[MΩ] 이상, 실드－대지 간 1,000[MΩ] 이상이 정상

③ 특징

㉠ 양 · 부 판단 가능, 정밀분석이 어려움

㉡ 가장 간단한 방법이나 전압에 한계가 있음

2) 직류 누설전류 시험법

① 절연내력 시험기 이용. DC 30[kV] 인가하여 누설전류의 크기 및 시간 변화율 측정

② 누설전류 10[μA/km] 이하가 양호

③ 특징

㉠ OF 케이블 진단에 적합

㉡ 고분자 절연전력케이블에서는 직류전계의 형성, 절연체에 공간전하 축적으로 전기트리의 가능성이 있음

3) 직류 고전압 인가법(직류 누설전류 시험)

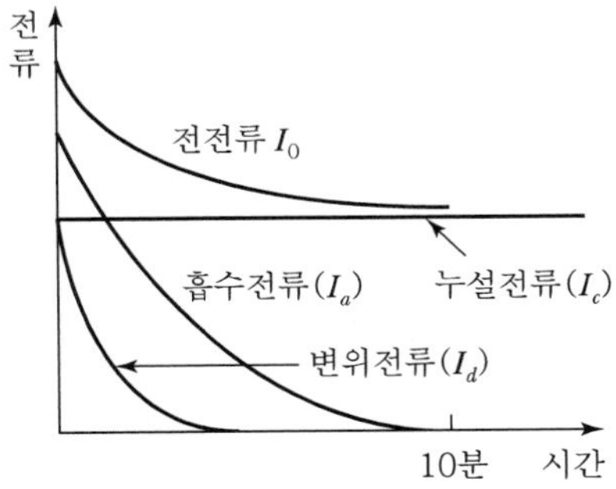

[전류－시간 특성]

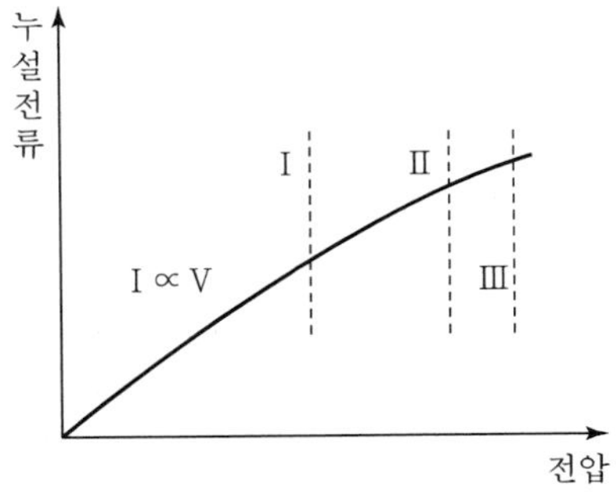

[전류－전압 특성]

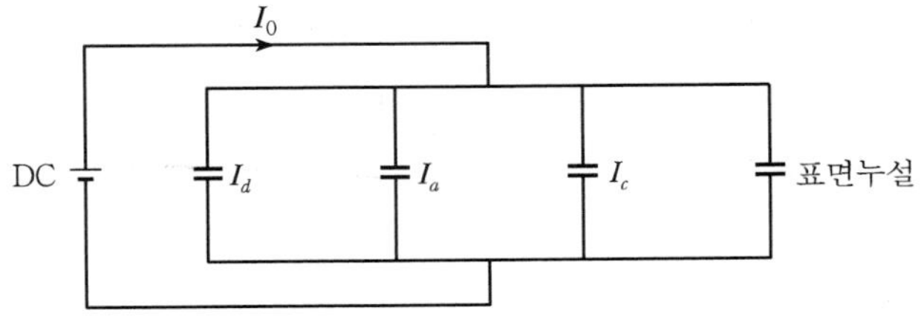

[전류의 등가 회로도]

① 절연체에 직류 고전압을 급격히 인가하여 전류-시간 특성, 전류-전압 특성, 전류-온도 특성을 파악

② 전전류 $I_0 = I_d + I_a + I_c$

③ 판정기준

양호	불량
10[μA/km] 이하	10[μA/km] 이상

4) 등온완화전류 시험법

① 케이블 방전 시 완화전류의 크기를 시간대별로 분석하여 열화 판정

② 가장 많이 사용하고 있는 시험법

③ 판정기준

양호	요주의	불량
2.0 미만	$2.0 \leq I \leq 2.5$	2.5 초과

④ 특징

㉠ PC-Software에 의한 완화전류 분석

㉡ 정밀 측정이 가능함

5) 유전정접법(tanδ법)

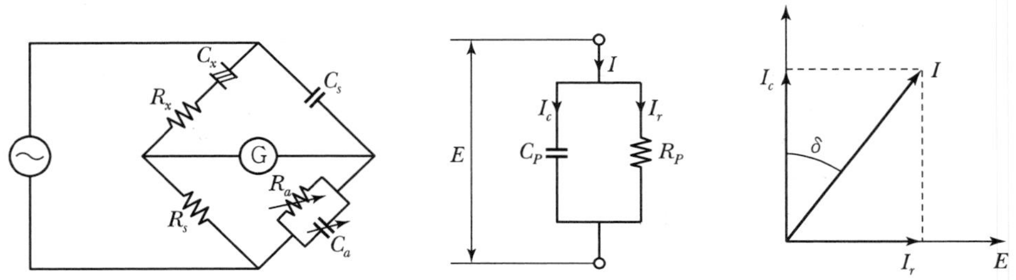

[tanδ법(유전정접법)]

① 절연체에 교류전압을 인가하여 **tanδ값, tanδ-전압 특성, tanδ-온도 특성** 파악

② 측정장치로는 가변저항, 가변콘덴서를 사용하고 Shelling Bridge 회로를 이용

③ 유전체손 $W_d = E \times I_R = E \times (\omega CE \times \tan\delta) = \omega CE^2 \times \tan\delta$

④ **판정기준** : 전류가 전압보다 86[°] 앞설 때 $\tan\delta = \tan 4[°] = 0.07 \rightarrow 7[\%]$ 발생

양호	주의	불량
0.1[%] 이하	0.1~5[%]	5[%] 이상

⑤ **특징**

㉠ 가장 정확한 시험방법임

㉡ 시험설비의 대형화로 이동에 문제가 있음

㉢ 주로 케이블의 열화진단법으로 사용됨

6) 부분방전 시험법

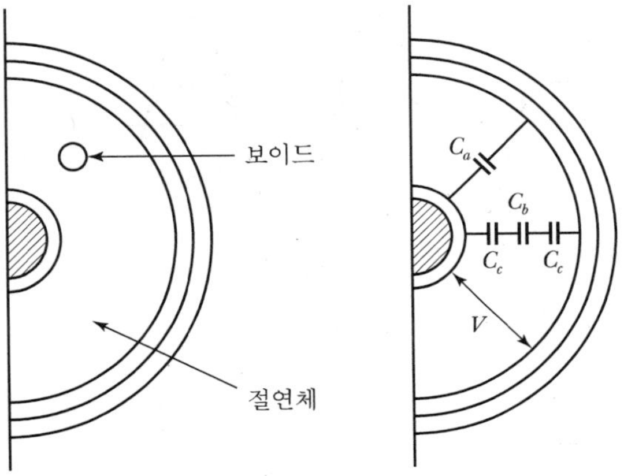

C_a : 절연물의 정전용량

C_b : 보이드의 정전용량

C_c : 보이드와 직렬의 절연물 정전용량

V : 인가전압

[케이블 정전용량 분포 모습]

① 절연체에 고전압을 인가하여 부분방전에 수반되는 **전압변화 ΔV** 검출

② 전압변화 $\Delta V = \dfrac{C_c}{C_a + C_c} \times V$

③ **특징**

㉠ 대형 전원설비가 필요함

㉡ 일반적으로 교정기를 사용하여 방전전하를 구하는 방법을 많이 채용

6 활선형태 진단법

1) 직류성분법

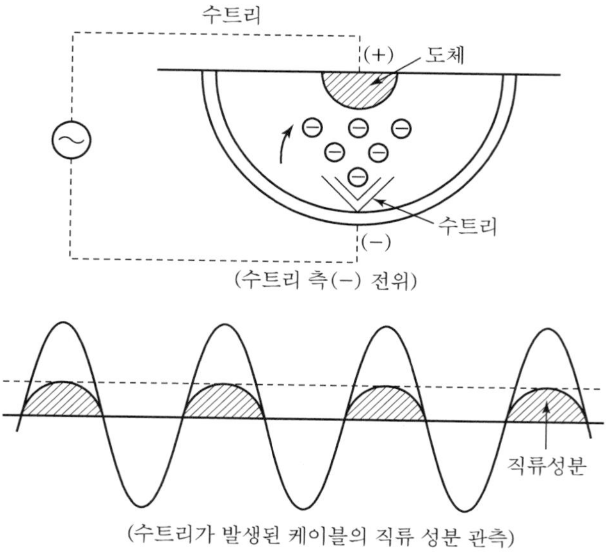

[직류 성분 발생 기구의 모델]

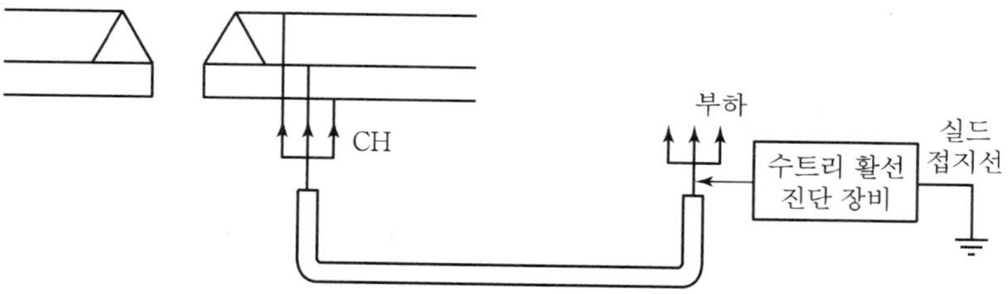

[수트리 진단법 측정회로]

① 케이블에 수트리가 발생하면 **정류작용**에 의해 직류성분의 전류가 발생, 이 직류성분의 정도를 측정하여 열화 판정

② 판정기준

양호	수리 후 재측정
시스절연저항 100[kΩ] 이상	시스절연저항 100[kΩ] 미만

③ 특징

㉠ 측정용 전원이 불필요하고 구조가 간단함

㉡ 고압충전부와 비접촉으로 진단이 가능하며, 열화 검출강도가 낮음

2) 접지선 전류법

① 수트리 열화 시 접지선전류가 증가하므로 이 전류로 진단

② 장시간 소요됨

3) 직류전압 중첩법

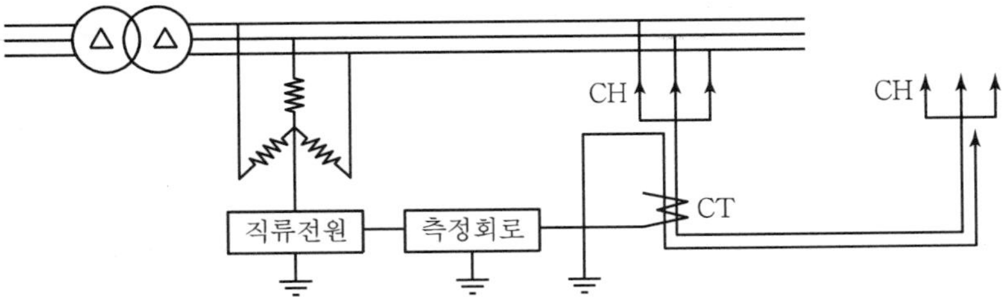

[직류전압 중첩법]

① GPT 중성점을 통해 케이블에 **직류전압**을 중첩시켜 절연체의 **누설전류** 측정

② 비접지방식에서 주로 사용

③ 판정기준

양호	주의
500[MΩ] 이상	500[MΩ] 미만

④ 특징

㉠ 절연저항측정이 용이함

㉡ GPT에 높은 직류전압을 장시간 인가 시 영상전압이 발생하여 오동작의 원인을 제공함

4) 저주파 중첩법

① 직류전압 중첩법의 문제점을 보완하기 위한 시험법

② 케이블에 **저주파수 전압**(7.5[Hz], 20[V])을 인가하고, 접지선의 **전류** 측정

③ 판정기준

정기절연진단	1년 후 재측정	즉시 교체
1,000[MΩ] 이상	1,000[MΩ] 이하	100[MΩ] 이하

④ 특징

㉠ 국내는 현재 미적용으로 상용화까지 장시간 소요 예정

㉡ 진단법으로는 이상적이나 저주파 발생장치가 대형으로 이동 측정이 어려움

5) 유전정접법(활선 $\tan\delta$법)

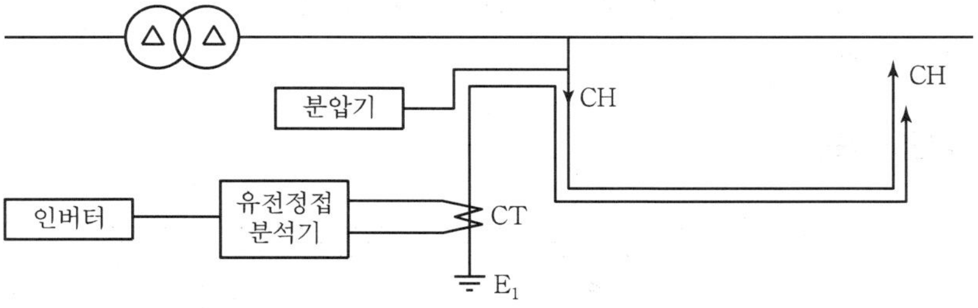

[활선 $\tan\delta$ 측정회로]

① 분압기를 통해 배전선 전압을 검출하고 CT를 통해 접지선 전류를 검출

② 그 위상차로부터 $\tan\delta$를 측정하여 열화 판정

7 방지대책

1) 케이블의 **계면**을 매끄럽게 제작
2) 도체 사이에 **콤파운드**를 충진하여 케이블에 물이 침입하지 못하도록 방지
3) **반도전층**을 균일하게 배치
4) 유전율이 다른 **각각의 절연층**을 균일하게 배치
5) 절연체에 Voltage Stabilizer 등의 첨가제를 혼입하여 전계의 집중을 방지
6) 케이블 말단에 **습기**가 침투하지 못하도록 방지
7) 포설장소는 **습기**나 **화학물질**이 적은 곳을 선택
8) 포설 시 **기계적 스트레스**를 받지 않도록 주의
9) **방충 케이블**을 사용

09 고분자 애자의 트래킹(Tracking) 현상

1 Tracking 현상 정의

절연체 표면의 전위차가 있는 부분에서 방전에 의해 절연이 파괴되기 시작하여 나뭇가지 모양으로 진행하는 현상

2 Tracking 발생 원인

1) 전압이 인가된 이극도체 간의 고체 절연물 표면에 도전성 오염물질이 부착
2) 오염된 곳의 표면을 따라 전류가 흐르고 줄열이 표면에 발생
3) 표면이 국부적으로 건조해지고 부착물 간의 미소 발광방전이 일어남
4) 이것이 지속적으로 반복되어 절연물 표면의 일부가 분해되어 탄화 및 침식됨
5) 도전성 물질이 생성되고 미세불꽃방전의 원인이 되어 다른 극의 전극 간 도전성 통로가 형성됨
6) 무염연소상태로 진행되다가 전류량이 커지면서 독립연소가 됨

3 발생장소

1) 전압이 인가된 이극도체(전선, 코드, 케이블, 배선기구) 간의 고체 절연물
2) 무기절연물은 도전성 물질의 생성이 적음

4 원인 물질

1) 수분을 많이 함유한 먼지 등의 전해질
2) 금속가루 등 도체 성분의 이물질

5 Tracking 방지대책

1) 고분자 애자는 기계적 특성, 절연 특성, 내후성 등이 좋고 기존 자기재에 비해 소형 · 경량
2) 애자의 트래킹을 방지하기 위해서는 애자를 자주 청소하는 것이 가장 좋음

6 애자 표면의 트래킹 진행과정

오염물질 생성 → 표면 젖음 → 도전층 형성 → Ohmic Heating → 발수성 표면의 전계효과 → 국부방전 → 발수성 감소 → 건조대 형성 → 열화사이클 반복 → 표면침수성 발생 → 섬락 발생

7 Tracking과 Treeing의 비교

1) Tracking 열화

절연체 표면의 전위차가 있는 부분에서 방전에 의해 절연이 파괴되기 시작하여 나뭇가지 모양으로 진행하는 현상

2) Treeing 열화

절연체 내에서 또는 절연체와 도체의 계면에서 방전에 의해 절연이 파괴되기 시작하여 나뭇가지 모양으로 진행하는 현상

10 아산화동과 반단선 현상

1 아산화동

1) 원인

① 금속 도체 상호의 접속이나 기기 간의 연결을 위해 다수의 접속기구가 사용됨
② 이 접속부의 체결이 불량하면 저항이 커지고 과열이 발생되며 아산화동이 생성 및 증식

2) 현상(증식현상)

① 접속부에 국부적인 전류흐름으로 과열이 발생하여 고온이 발생
② 동의 일부가 산화되어 아산화동이 생성(CuO_2)
③ 발열에 의해 서서히 확대되며 화재의 원인이 됨

3) 특성

① 고온을 받은 동이 대기 중의 산소와 결합하여 생성됨
② 반도체의 특성을 가지므로 저항값은 온도 부특성을 띰
　㉠ 일반금속의 저항 $R_2 = R_1 \times \{1 + \alpha_1(T_2 - T_1)\}$
　　여기서 α_1은 온도계수
　㉡ 95[°C] 전후에서 급격히 감소, 1,050[°C] 부근에서 최소가 됨
③ 아산화동의 융점은 1,232[°C]이며 건조한 공기 중에서 안정

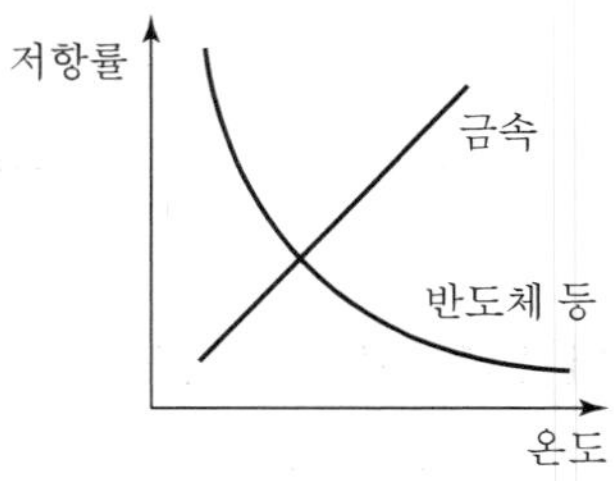

[물질의 온도 특성]

④ 아산화동에서 동의 순방향으로만 전류가 흘러 불꽃 방전과 유사한 현상이 발생, 계면이 파괴되고 동이 용융됨

4) 식별

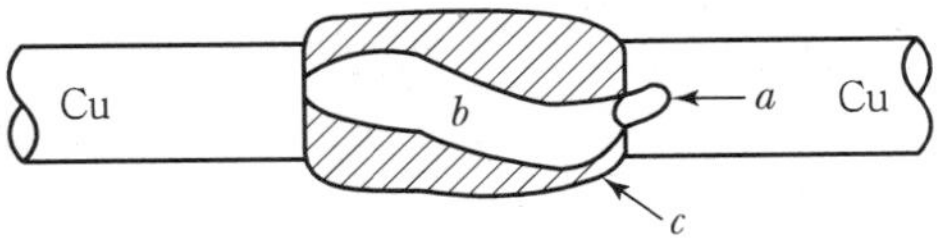

[아산화동 발생]

① 초기에는 빨간색 불이 나타나고 흑색 물질이 생성되며 서서히 커져 띠형 형성
② 띠형의 붉은 아산화동이 전류의 통로이고 양단의 전극을 연결한 형태로 발열
③ 교류에서는 양쪽 방향으로, 직류에서는 전류가 흐르기 어려운 양극 쪽에서 심하게 발열하며 아산화동이 증식됨

5) 감식

① 전기접속부를 중점적으로 조사
② 아산화동의 검은 덩어리를 회수하여 결정 확인
③ 출화부에 아산화동이 없는 경우 접촉저항의 발열이 화재의 원인이 됨

2 반단선

1) 정의

① 여러 개의 소선으로 구성된 전선 등에서 심선이 10[%] 이상 끊어지거나 완전히 단선
② 일부가 접촉상태로 남아 있는 상태－통전로의 단면적이 감소됨

2) 영향

① 단선율 10[%] 초과 시 단선율이 급격히 증가
② 발열에 의해 전선의 1선이 용단 또는 접촉, 단속을 반복하여 용융흔이 발생
③ 다른 선의 피복까지 손상시키면 단락사고 발생
④ 통전로의 감소로 과부하 상태로의 전환

3) 발생장소

① 구부러지거나 꺾임이 발생하는 곳
② 당기는 힘 등의 외력이 발생하는 곳

4) 용융흔의 식별

① 식별은 용융흔의 발생 여부에 따라 판단

② 식별

구분	단선형태	식별방법
반단선	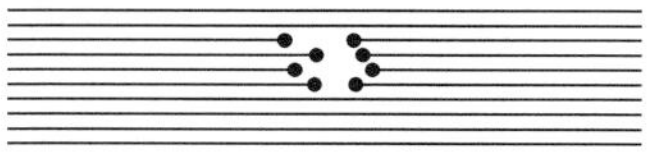	양단에 용융흔이 발생
제조불량		용융흔이 없음
금속에 의한 절단	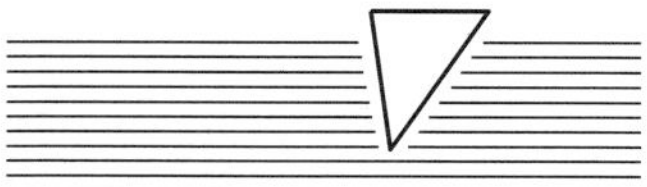	전원 측 절단부에 용융흔

11 전선재료 선정과 내열, 난연, 내화 성능 비교

1 개요

1) 전력케이블은 **사용장소**, **사용전압**에 따라 구분되며 통전부분인 **도체**, 절연능력과 열적 강도에 의존하는 **절연체**, 외장재인 **시스**, 기타 **부속재료**로 구성되어 있다.
2) 절연체로 절연능력과 열적 강도가 높은 **가교폴리에틸렌(XLPE)**이 주로 사용된다.
3) 시스는 외부 환경성이 우수한 **난연성 비닐(PVC)**, **Halogen Free 폴리올레핀** 등이 사용된다.

2 내열, 난연, 내화

내열성	난연성	내화성
절연체가 도체온도에 견디는 특성	불에 타지 않는 특성	난연성+기능 유지(통전)
FR－3(약전용) 380[°C] 15분간 정격전압 통전	배관용, 관로용	FR－8(강전용) 840[°C] 30분간 정격전압 통전

3 케이블 비교

1) 난연성 비교

구분		CV (일반 케이블)	FR-CV (난연 케이블)	HFCO (저독성 난연 케이블)
재료	절연재	XLPE	난연 XLPE	HF 난연 XLPE
	피복재	PVC	난연 PVC	HF 난연 폴리올레핀
연기 발생		많다.	연소 시 많다.	적다.
Halogen 가스 발생		많다(30[%]).	많다(30[%]).	극히 적다(0.5[%]).

2) 난연 케이블 분류

구분	특성	용도
일반 난연 케이블	난연성만 중시, 연소 시 Halogen Gas 발생	공장 · 터널 방재용
Halogen-Free 난연 케이블	난연성+연소가스에 의한 2차 피해 최소화	지하철, 빌딩의 배선, 통로 내 급전 케이블
내화 케이블 (FR-8)	내화층 0.4mm, 내화보호층, 난연성 시스 내화성 강화, 840[°C] 30분간 정격전압 통전	소방설비 급전용, 강전 배선회로용
내열 케이블 (FR-3)	내열보호층, XLPE 절연, 난연성 시스, 연속 사용 · 최고온도가 높은 케이블, 380[°C] 15분간 정격전압 통전	소방설비 제어 및 신호용, 약전배선회로용
불연 케이블 (MI Cable)	절연체를 내화수지로 절연하여 내화조치 불필요	고도의 방재대책을 요구하는 주요 건축물(문화재)

4 내화전선과 내열전선의 가열곡선 비교

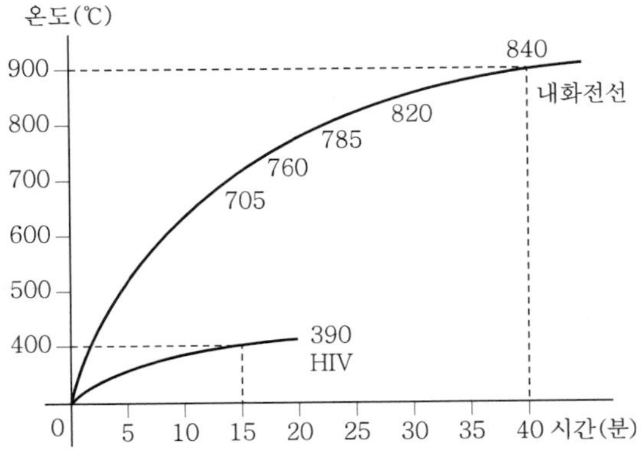

[KSF 2257의 가열곡선]

5 난연시험방법(KS C 3004)

1) 정의 불꽃으로 가열하여 시료(케이블)의 연소 정도를 측정하는 방법
2) 종류 : 수평시험, 경사시험

12 배관, 배선 일체형 케이블(ACF 케이블)

1 관련 법규

내선규정 → 알루미늄피 케이블(ACF)을 시설하는 경우 외상에 대한 방호 생략

2 개요

1) ACF(Aluminum Clad Flex Cable)이라고도 하며, HIV(IEC 90[°C])를 연합한 심선 위에 절연보호 테이프를 감은 후 알루미늄 인터록 외장을 적용한 가요성 알루미늄피 케이블
2) 전선관 등의 방호장치 생략이 가능하므로 쉽고 빠르게 배선할 수 있으며, 아웃렛 박스 등이 모듈화되어 있다는 것이 특징

3 구조

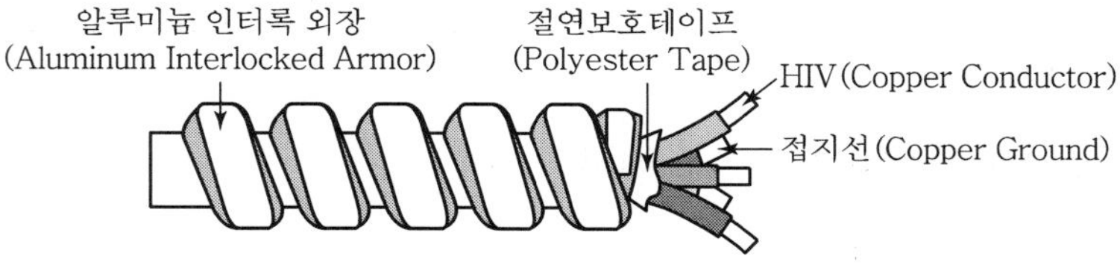

[ACF 케이블의 구조]

4 특징

1) 배관작업이 필요 없음 → 설치기간 단축, 공사비, 인건비 절감
2) 전선의 손상 위험 없음
3) 가요 전선관의 단점인 처짐 현상을 개선
4) 경량의 알루미늄을 적용

5) 굴곡성이 뛰어나 Normal Bend, Coupling 등의 배관자재가 필요 없음
6) 안정성, 즉 난연성이 우수하고 화재 시 연기 발생이 적음
7) 배선 변경이 용이하고 재활용률이 높음
8) 리모델링 공사에 적용 시 효과 우수

5 맺음말

미국에서는 이와 유사한 MC Cable이 전기공사 배선시장의 상당부분을 점유하고 있는 상황이며, 이러한 추세는 더욱 가속화될 것으로 예상된다.

13 간선설비 설계순서

1 개요

전력 간선이란 변압기 2차 배전반에서 각 부하의 분전반 또는 컨트롤 센터까지의 전력공급선로를 말한다.

2 간선설비 설계순서

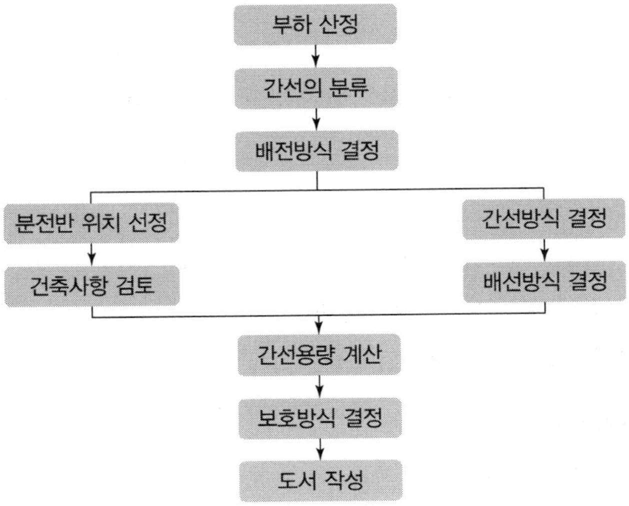

[간선설비 설계순서]

3 부하산정

1) 부하 종류, 설치 위치, 중요도, 용량, 운전상태 등을 파악한다.
2) 부하의 수용률, 부하율, 최대사용전력을 검토한다.

4 간선의 분류

사용 목적별 분류	종류
전등 및 콘센트 간선	일반조명, 건물비상조명, 콘센트, OA 콘센트
동력 간선	일반동력, 건물비상동력, 소방비상동력
특수용 간선	전산실용, 의료기기용, 관제센터용

5 배전방식 결정

고압/저압 배전, AC/DC 배전, $1\phi 2W$, $1\phi 3W$, $3\phi 3W$, $3\phi 4W$ 등

6 분전반 위치선정

1) 공급범위

① 1개 층마다 1개 이상 설치한다.
② 분전반 1개로 공급범위 1,000[m^2]가 적당하다.
③ 반경 20～30[m] 이내로 분기거리를 유지(유지관리, 전압강하, 측면에서 적당함)해야 한다.

2) 설치장소

분전반은 부하 중심에 설치하는 것이 바람직하나 미관을 고려하여 복도, ES실 등에 설치한다.

3) 설치기준

① 상단기준 1.8[m] : 분전반이 큰 경우 일반적으로 많이 사용한다.
② 중앙기준 1.4[m] : 분전반이 작은 경우에 사용한다.
③ 하단기준 1.0[m] : 중간 크기에 사용한다.
④ 분전반 간격은 60[mm] 이상으로 한다.

4) 설치 시 고려사항

① 매입형 분전반은 벽 두께를 고려한다.
② 간선 인출이 용이한 곳이어야 한다.

③ 접지공사 : 400[V] 미만 3종 접지공사, 400[V] 이상 특3종 접지공사
④ 목제 분전반은 설비용량 50[kW] 이하 시 사용한다.
⑤ 분전반 내에 사용전압이 다른 개폐기 시설 시 중간에 격벽을 설치하거나 전압표시를 한다.
⑥ 분전반에 배관이 집중되지 않도록 고려한다.

7 건축사항 검토

ES 유무, 벽의 두께, 골조의 재질, 건축물의 보 등

8 간선방식(간선의 배선방식) 결정

1) 수지식, 평행식, 수지평행식, Loop 방식, Back－Up 방식, 예비＋본선방식

2) Loop 방식
① 평상시 By－Pass Switch는 Off하여 사용한다.
② 이상 시 Switch를 On시킨다.
③ 일반적 배전방식이다.

3) Back－Up 방식
① 중요부하만 양쪽 Feeder에서 공급한다.
② 가장 경제적인 방법이다.

4) 예비＋본선방식
① 각 부하마다 양쪽 Feeder에서 연결한다.
② 고 신뢰도이고 가장 비싸다.

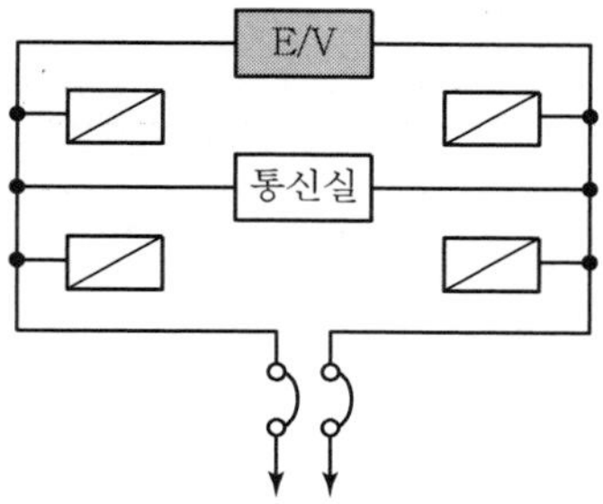

[Back－Up 방식]

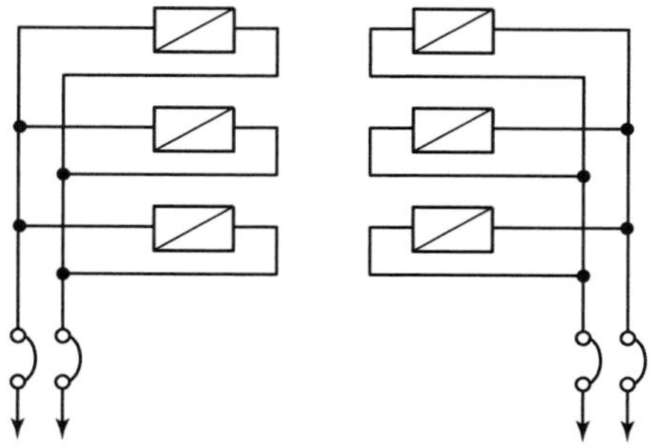

[예비＋본선방식]

9 배선방식(배선의 부설방식) 결정

1) 배관배선

① 금속관 배관 시 화재 우려가 없다.
② 기계적인 보호성이 우수하다.
③ 수직 배관 시 장력유지가 어렵다.

2) 케이블배선(트레이 사용)

① 노즐로 인한 손상이 우려된다.
② 부하 증가에 대응이 쉽다.
③ 내진성이 크다.
④ 방열 특성이 우수하다.
⑤ 허용전류가 크다.

3) Bus Duct

① 대용량을 콤팩트하게 배전할 수 있다.
② 접속부품이 많다.
③ 예정된 부하증설이 즉시 가능하다(Plug－in형 사용).
④ 내진성이 작다.
⑤ 사고 시 파급효과가 크다.

4) 부설방식에 따른 경제성 검토

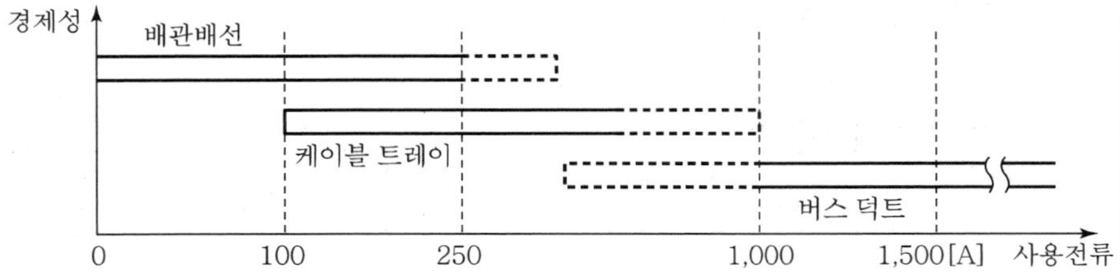

[경제적인 부설방식]

10 간선용량 계산

1) 간선의 허용전류

(1) 상시 허용전류 산정식

$$I = \left\{ \frac{\Delta\theta - W_d[0.5T_1 + n(T_2 + T_3 + T_4)]}{RT_1 + nR(1+\lambda_1)T_2 + nR(1+\lambda_1+\lambda_2)(T_3+T_4)} \right\}^{0.5}$$

(2) 절연물의 종류에 의한 허용온도

절연물의 종류	허용온도[℃]	비고
염화비닐(PVC)	70	도체
가교 폴리에틸렌(XLPE)과 에틸렌프로필렌 고무혼합물(EPR)	90	
무기물(인체에 접촉할 우려가 있는 PVC 피복 또는 나도체)	70	시스
무기물(인체 또는 가연성 물질과 접촉할 우려가 없는 나도체)	105	

(3) IEC에서 정하는 허용전류의 크기 결정방법

$$I_t \geq I_n \times \frac{1}{C_g} \times \frac{1}{C_a} \times \frac{1}{C_i} \times \frac{1}{C_d}$$

여기서, I_n : 허용전류 계산을 위한 기초전류값(통상 차단장치 정격전류)
C_g : 그룹 조건에 따른 보정계수
C_a : 주위 온도에 따른 보정계수
C_i : 내열절연체 사용조건에 따른 보정계수
C_d : 과전류차단기 조건에 따른 보정계수

2) 허용 전압강하율

전선길이[m]	전압강하율[%]	
	자가수전설비에서 공급	전기사업자로부터 공급
60[m] 이하	분기선 2[%], 간선 3[%] 이하	분기선 및 간선 2[%] 이하
120[m] 이하	5[%] 이하	4[%] 이하
200[m] 이하	6[%] 이하	5[%] 이하
200[m] 초과	7[%] 이하	6[%] 이하

3) 기계적 강도

① 단락 : 줄열에 의한 **열적용량**과 단락전류에 의한 **단락전자력**을 고려한다.

㉠ 열적용량 : 통전에 의해 발생하는 줄열

㉡ 단락전자력 : 단락 시 도체상호 간에 작용하는 전자력

$$F = K \times 2.04 \times 10^{-8} \times \frac{I_m^2}{D}$$

② 신축 : 케이블에 전류가 흐르면 도체는 발열하여 **팽창계수**에 따른 신축이 생긴다.

③ 진동 : 건물진동에 의한 공진을 방지하기 위하여 **클리트**, **스프링행거** 등으로 고정한다.

④ 발열 : 지지 금구류 및 케이블 근접부재의 발열을 고려한다.

4) 고조파

① 표피효과 및 Y결선 시 제3고조파에 의한 중성선 과열을 고려한다.

② 고조파를 함유하는 전류의 실효값

$$I = \sqrt{\sum I_n^2} = \sqrt{I_1^2 + I_2^2 + I_3^2 + \cdots}$$

5) 기타

수용률, 장래 부하증설을 고려한다.

11 보호방식 결정

1) 과부하 및 단락 보호

차단기에 의한 보호(전용량 차단, 선택 차단, 캐스케이드 차단)

2) 지락 보호

계통 접지방식에 따라 다름

14 케이블 트레이(Cable Tray)

1 Cable Tray 정의

케이블(전선관)을 지지하기 위해 사용하며 금속재 등으로 구성된 견고한 구조물을 말한다.

2 Cable Tray 종류

사다리형, 펀칭형, 채널형, 바닥밀폐형이 있다.

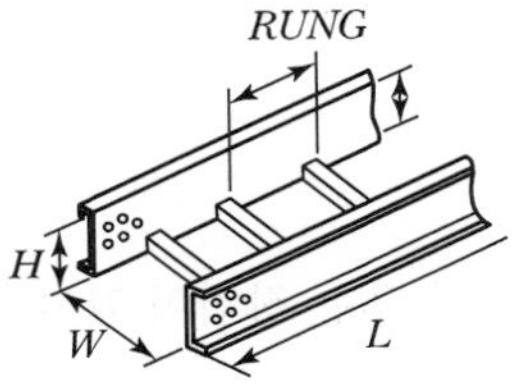

[사다리형]

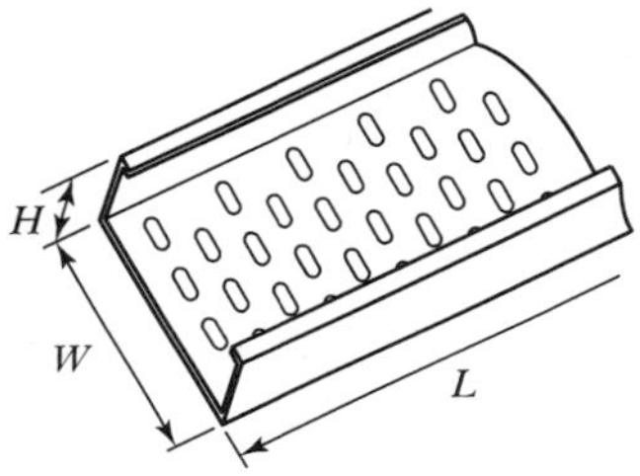

[펀칭형]

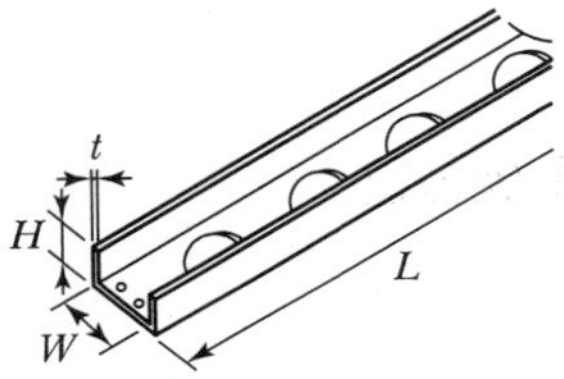

[채널형]

3 Cable Tray 특징

1) 허용전류가 크고 방열효과가 좋다.
2) 장래증설과 유지보수가 용이하다.
3) 공기가 짧고 시공성이 좋다.
4) 별도의 방호조치가 없으므로 케이블 손상 우려가 있다.
5) 방화구획 관통 시 별도의 대책이 필요하다.

4 Cable Tray 시공방법

1) 접지공사는 사용전압 400[V] 미만 시는 제3종 접지, 사용전압 400[V] 이상 시는 특3종 접지방식을 적용한다.
2) 사용전선에는 연피케이블, Al케이블, 난연성 케이블, 전선관에 넣은 절연전선 등을 사용한다.
3) 안전율 1.5 이상, 즉 모든 수용된 전선을 지지할 수 있는 강도를 확보한다.
4) 금속제 트레이는 적절한 방식처리를 한 것이나 내식성 재료를 사용한다.
5) 비금속제 트레이는 난연성 재료를 사용한다.

6) 트레이 접속 시 기계적 · 전기적으로 완전히 접속한다.
7) 방화구획 관통 시 연소방지 시설을 설치한다.

5 케이블 트레이와 행거/클리트 비교

비교 항목	케이블 트레이	행거 또는 클리트
전선 수용능력	다량 수용할 수 있다.	소량밖에 할 수 없다.
장래 증설	증설이 용이하다.	증설이 곤란하다.
화재 위험성	온도가 상승하여 위험이 있다.	열 축적이 없다.
경제성	케이블이 많을수록 유리하다.	케이블이 적을수록 유리하다.
유지보수	용이하다.	어렵다.

6 맺음말

1) 케이블 트레이는 다수의 케이블을 빠르고 저렴한 시공비로 시설할 수 있는 장점이 있어 옥내 전기설비의 전력간선 포설 시 주로 이용되고 있다.
2) 하지만 대다수의 현장과 설계사무소에서 케이블 트레이 산정의 원론적인 의미를 잘못 해석하여 부적절한 시공과 설계가 되는 경우가 많다.
3) 케이블 트레이의 특성과 장단점을 정확하게 파악하여 적절한 시공이 되도록 해야 할 것이다.

15 Bus Duct 배선

1 개요

1) Bus Duct 배선이란 절연전선이나 케이블을 사용하지 않고 관모양이나 막대모양의 도체를 이용하여 대전류, 대전력 전력간선을 구성하는 배선방식이다.
2) 전력간선 System은 최근 **케이블 공법**이 주류를 이루고 있으나 대용량 간선을 많이 사용하는 전산센터, 대형빌딩, 공장 등에서는 **Bus Duct 공법**이 사용되고 있다.
3) Bus Duct 배선은 공급신뢰도가 높고 전력수요 증가와 방재에 대한 대응이 가능하지만 내진성의 성능이 요구된다.

2 시설장소 제한

노출 장소, 점검 가능한 은폐 장소에는 설치를 제한한다.

3 Bus Duct 재료

1) Al－Fe(알루미늄 도체－금속 덕트)
2) Al－Al(알루미늄 도체－알루미늄 덕트)
3) Cu－Fe(구리 도체－금속 덕트)
4) Cu－Al(구리 도체－알루미늄 덕트)

알루미늄 도체가 가볍고 구리와의 접속이 용이하여 Al－Fe Bus Duct가 가장 많이 보급되어 있다.

4 Bus Duct 용량

1) 200～1,000[A]로 제조되고 있으며 대용량 간선에 적합하다.
2) 경제적 사용전류 1,000[A] 이상

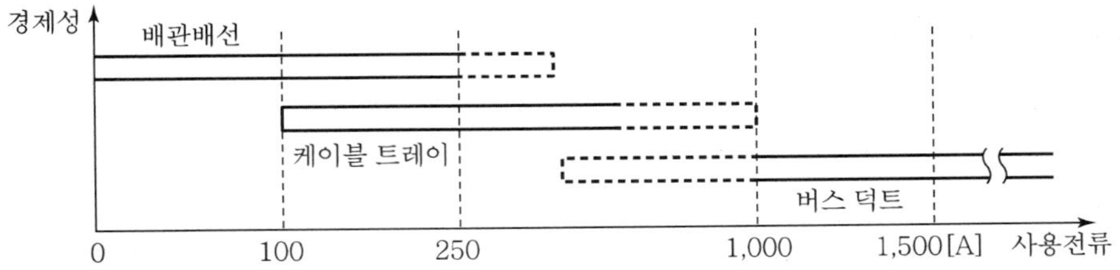

[경제적인 부설방식]

5 Bus Duct 종류

1) Feeder Bus Duct

① 도중에 부하를 접속하지 않는 것
② 변압기와 배전반 간, 배전반과 분전반 간 사용

2) Plug－in Bus Duct

도중에 부하 접속용 플러그를 시설한 것

3) Trolly Bus Duct

도중에 이동 부하를 접속할 수 있도록 트롤리 접속식 구조로 한 것

6 Bus Duct 접지

1) 사용전압이 400[V] 미만인 경우는 Bus Duct를 제3종 접지한다.
2) 사용전압이 400[V] 이상인 경우는 Bus Duct를 특별 제3종 접지한다.

7 도체 채용범위

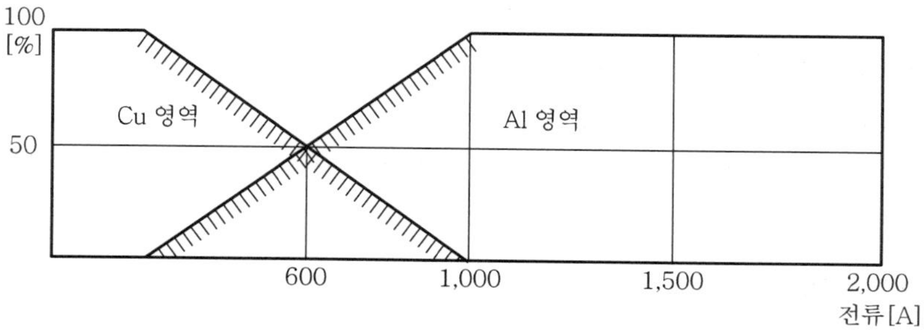

[도체의 채용범위 비교]

8 Bus Duct 시공방법

1) Bus Duct는 수평 3[m], 수직 6[m] 간격으로 견고하게 지지한다.
2) Bus Duct 상호는 견고하고 전기적으로 완전하게 연결한다.
3) Bus Duct 내부는 먼지가 침입하지 않도록 한다.
4) Bus Duct 종단부는 폐쇄한다(환기형 제외).
5) Bus Duct를 수직으로 시설할 경우 Bus Duct 지지물은 수직으로 지지하는 데 적합한 것을 사용한다.
6) 습기가 많은 장소에 시설할 경우 옥외용 Bus Duct를 사용한다.

16 간선용량 계산, 간선굵기 선정 시 고려사항

1 전력간선 정의

변압기 2차 배전반에서 각 부하의 분전반 또는 컨트롤 센터까지의 전력공급 선로를 말한다.

2 간선굵기 선정 시 고려사항

1) 허용전류

도체에 통전된 전류에 의해 전력손실이 생기고, 열이 발생해서 도체의 기계력이 손상되지 않고 절연체에 허용된 열화가 생기지 않는 최고온도로 절연체의 일부가 도달하는 전류를 의미한다.

(1) 허용전류 산정식

① 상시 허용전류

장시간에 걸쳐서 통전할 수 있는 전류이다(주위조건이 완전히 포화 · 안정되어 있다고 생각하고 구한다).

$$I = \eta_0 \frac{\sqrt{T_1 - T_2 - T_d - T_s}}{n \cdot r \cdot R_{th}} [\mathrm{A}]$$

여기서, T_1 : 상시 허용온도[℃]
T_2 : 기저온도[℃]
T_d : 유전체 손실에 의한 온도상승[℃]
T_s : 햇빛에 의한 온도상승[℃]
n : 케이블선 심수[℃]
r : 상시 허용온도에서의 교류도체저항[Ω/cm]
R_{th} : 케이블의 전(전)열저항[℃ · cm/W]
η_0 : 여러 조 포설의 경우 저감률

② 절연전선의 허용전류

저압옥내간선으로서 절연전선을 써서 금속관배선을 할 때 및 1회선의 전선 전부를 동일 관 속에 넣을 때의 허용전류로 위 표의 전류를 참고한다.

※ 절연재료의 종류, 주위온도(30℃ 이하 A란, 30℃ 초과 B란), 금속관에 인입한 전선 조 수에 따라 전류감소계수 계산식 및 전류감소계수를 위 표의 전류에 곱하여 산정한다.

[절연전선의 허용전류]

도체공칭단면적 [mm²]	허용전류[A]		
	경동선 또는 연동선	경알루미늄, 반경알루미늄 또는 연알루미늄	가호알루미늄 합금선 또는 고속알루미늄 합금선
14 이상 22 미만	88	69	63
22 이상 30 미만	125	90	83
30 이상 38 미만	139	108	100
38 이상 50 미만	162	126	117
50 이상 60 미만	190	148	137
60 이상 80 미만	217	169	156
80 이상 100 미만	257	200	185
100 이상 125 미만	298	232	215
125 이상 150 미만	344	268	248
150 이상 200 미만	395	308	284
200 이상 250 미만	469	366	338
250 이상 325 미만	556	434	400
325 이상 400 미만	650	507	468
400 이상 500 미만	745	581	536
500 이상 600 미만	842	657	606
600 이상 800 미만	930	745	690
800 이상 1,000 미만	1,080	875	820
1,000	1,260	1,040	980

[전선의 종류와 온도에 따른 허용전류 보정계수]

절연체 재료의 종류	허용전류 보정계수	전류감소계수의 계산식
비닐혼합물(내열성이 있는 것)	1.00	$\sqrt{\frac{60-\theta}{30}}$
비닐혼합물(내열성이 있는 것에 한함), 폴리에틸렌혼합물(가교한 것은 제외)	1.22	$\sqrt{\frac{75-\theta}{30}}$
에틸렌프로필렌고무혼합물	1.29	$\sqrt{\frac{80-\theta}{30}}$
폴리에틸렌혼합물(가교한 것에 한함)	1.41	$\sqrt{\frac{90-\theta}{30}}$
θ : 주위온도[℃]	A란	B란

[전선 조 수에 따른 전류감소계수]

동일관 내 전선관	전류감소계수
3 이하	0.70
4	0.63
5 또는 6	0.56
7 이상 15 이하	0.49

③ 단시간 허용전류

㉠ 사고 시에 사고선 이외의 선로에 일시적으로 과부하 송전을 필요로 하는 경우 전류이다.

㉡ 단시간 허용전류는 도체 허용온도를 상시 허용온도에서 단시간 허용온도로 변경하여 다음 식으로 계산한다.

$$I = \sqrt{\frac{1}{n \cdot r_2} \frac{T_6 - T_1}{R_{int}(1-e^{-a_1 t}) + R_{out}(1-e^{-a_2 t})} + I_1^2 \cdot \frac{r}{r_2}} \ [\mathrm{A}]$$

여기서, I : 단시간 허용전류[A]
I_1 : 상시 허용전류(또는 과부하전류가 흐르기 전의 도체전류)[A]
T_6 : 단시간 허용온도[℃]
T_1 : 상시 허용온도[℃]
n : 케이블선 심수[℃]
r_2 : 단시간 허용온도에서의 교류도체저항[Ω/cm]
r : 상시 허용온도에서의 교류도체저항[Ω/cm]
R_{int} : 표면방산 열저항을 포함한 케이블 부분열저항[℃ · cm/W]
R_{out} : 관로 및 토양부분의 열저항[℃ · cm/W]
a_1 : 케이블 부분 온도상승의 시정수의 역수[1/hr]
a_2 : 관로 및 토양 부분 온도상승의 시정수의 역수[1/hr]
t : 과부하 연속시간[hr]

④ 단락 시 허용전류

단락, 지락 등의 고장전류가 흐르는 시간이 2초 이하로 매우 짧은 시간의 전류이다.

$$I = \sqrt{\frac{Q_c A}{a r_1 t} \cdot \log_e \frac{\frac{1}{a} - 20 + T_5}{\frac{1}{a} - 20 + T_4}} \ [\mathrm{A}]$$

여기서, I : 단락 시 허용전류[A]
Q_c : 도체의 단위체적당 열용량[J/℃ · cm^3]
A : 도체의 단면적[cm^2]
a : 저항온도계수[1/℃]
r_1 : 20[℃]에서 교류도체저항[Ω/cm]
T_4 : 단락 전 도체온도(일반적인 상시 허용온도)[℃]
T_5 : 단락 시 도체온도[℃]
t : 단락전류 지속시간[sec]

⑤ 변동부하(간헐부하)인 경우 허용전류

실제로 사용되고 있는 전력부하는 모두 변동부하지만 변동부하의 주기, 즉 통전시간이 매우 길 때에는 케이블 자체의 온도는 포화상태에 이르는 것으로 생각된다.

㉠ 통전 On－Off의 간헐부하인 경우

$$I = I_0 \Sigma [\text{A}]$$

$$\Sigma = \sqrt{\frac{1-\varepsilon^{-\frac{t_1+t_2}{k}}}{1-\varepsilon^{-\frac{t_1}{k}}}}$$

여기서, I : 간헐부하 시 허용전류[A]
I_0 : 연속 허용전류[A]
Σ : 간헐부하계수
K : 열 시정수[hr]
$K = C \cdot R_{th}/3,600$
C : 케이블 열용량[J/℃ · cm](C란 케이블 각부의 단위체적당 열용량 Q[J/cm³ · ℃]와 각부의 단면적[cm²]을 곱해서 합친 총계이다.)
t_1 : 통전시간[hr]
t_2 : 정지시간[hr]

㉡ 통전되어 있고 일정시간 증가하는 사이클을 반복하는 간헐부하인 경우

$$I = \sqrt{\frac{(T_1 - T_2)(1-\varepsilon^{-\frac{t_1+t_2}{K}})}{n \cdot r \cdot R_{th}\left\{(1-\varepsilon^{-\frac{t_1}{K}}) \cdot \varepsilon^{-\frac{t_2}{k}} + (1-\varepsilon^{\frac{-t_2}{K}})P^2\right\}}}$$

여기서, T_1 : 도체 최고허용온도[℃]
T_2 : 기저온도[℃]
t_1 : I[A] 통전시간[hr]
t_2 : PI[A] 통전시간[hr]

2) 전압강하

(1) 정의

① **전압강하**는 전류가 전선에 통전 시 선로 임피던스에 의하여 감소되는 전압을 의미한다.

② **전압강하율**은 송전단전압과 수전단전압의 차(전압강하)를 수전단 전압에 대한 백분율로 표시한 것이다.

③ 전압강하율 $e = \dfrac{E_s - E_r}{E_r} \times 100[\%]$

여기서, E_s : 송전단전압, E_r : 수전단전압

(2) 허용 전압강하율

전선길이[m]	전압강하율[%]	
	자가수전설비에서 공급	전기사업자로부터 공급
60[m] 이하	분기선 2[%], 간선 3[%] 이하	분기선 및 간선 2[%] 이하
120[m] 이하	5[%] 이하	4[%] 이하
200[m] 이하	6[%] 이하	5[%] 이하
200[m] 초과	7[%] 이하	6[%] 이하

(3) 정상 시 전압강하 계산방법

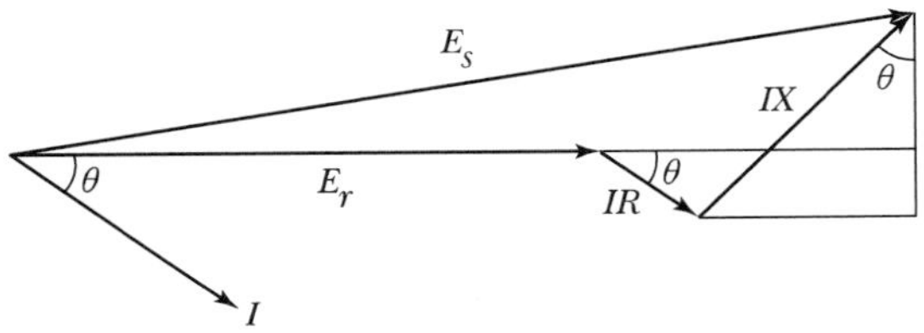

[벡터도]

$$E_S = (E_r + IR\cos\theta + IX\sin\theta) + j(IX\cos\theta - IR\sin\theta)$$

위 식에서 j항을 무시하면 전압강하 ΔV는

$\Delta V = K_w \times (R\cos\theta + X\sin\theta) \times I \times L$

(4) 간이 전압강하 계산방법

전기방식	K_w	전압강하
단상 2선식 및 직류 2선식	2	$\Delta V = \dfrac{35.6LI}{1,000A}$
3상 3선식	$\sqrt{3}$	$\Delta V = \dfrac{30.8LI}{1,000A}$
단상 3선식 및 3상 4선식	1	$\Delta V = \dfrac{17.8LI}{1,000A}$

3) 기계적 강도

① 단락 : 줄열에 의한 **열적용량**과 단락전류에 의한 **단락전자력**을 고려한다.

㉠ 열적용량 : 통전에 의해 발생하는 줄열

㉡ 단락전자력 : 단락 시 도체 상호 간에 작용하는 전자력

$$F = K \times 2.04 \times 10^{-8} \times \frac{I_m^2}{D} [\mathrm{kg/m}]$$

② 신축 : 간선의 온도변화에 따른 신축을 고려한다(접속부의 이완).

③ 진동 : 건물 진동과 공진이 되지 않도록 한다. 즉, 크리트, 스프링행거 등으로 고정한다.

④ 발열 : 지지 금구류 및 케이블 근접부재의 발열을 고려한다.

4) 고조파

① 표피효과 및 Y결선 시 제3고조파에 의한 중성선 과열을 고려한다.

② 고조파를 함유하는 전류의 실효값

$$I = \sqrt{\Sigma I_n^2} = \sqrt{I_1^2 + I_2^2 + I_3^2 + \cdots}$$

여기서, I_n : 고조파 전류의 실효값

5) 기타

수용률, 장래 부하증설을 고려한다.

17 전압강하율과 전압변동률의 비교

1 전압강하율

1) 전압강하 : 전류가 전선에 통전 시 선로 임피던스에 의하여 감소되는 전압
2) 송전단전압과 수전단전압의 차(전압강하)를 수전단 전압에 대한 백분율로 표시한 것
3) $e = \dfrac{E_s - E_r}{E_r} \times 100[\%]$

여기서, E_s : 송전단전압, E_r : 수전단전압

2 전압변동률

1) 전압변동 : 어떤 기간 동안 부하변동 시 그 단자전압의 변동폭
2) 무부하 시 수전단전압과 부하 시 수전단전압 차(전압변동)를 부하 시 수전단전압에 대한 백분율로 표시한 것
3) $\varepsilon = \dfrac{E_{ro} - E_r}{E_r} \times 100[\%]$

여기서, E_{ro} : 무부하 시 수전단전압, E_r : 부하 시 수전단전압

4) $\varepsilon = p\cos\theta + q\sin\theta[\%]$

여기서, p : %저항강하, q : %리액턴스강하

5) $\%Z = \sqrt{p^2 + q^2}$ 이므로 임피던스 전압은 전압변동률과 관련됨

3 벡터도

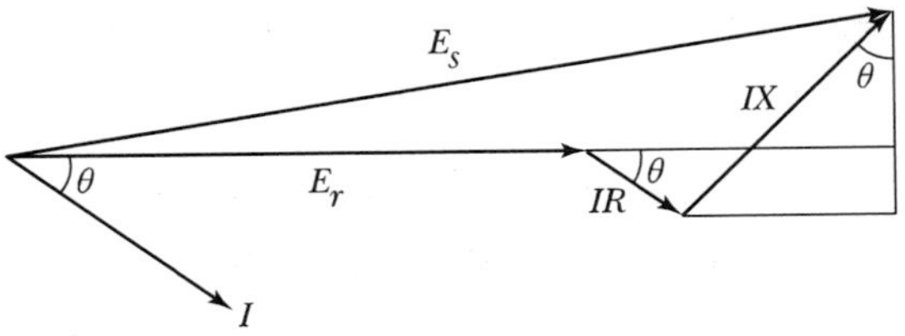

[벡터도]

$$E_s = \sqrt{(E_r + (IR\cos\theta + IX\sin\theta)^2 + (IX\cos\theta - IR\sin\theta)^2}$$

$$E_s = E_r + I(R\cos\theta + X\sin\theta)$$

$$\Delta V = E_s - E_r = I(R\cos\theta + X\sin\theta)$$

$$e = \frac{E_s - E_r}{E_r} \times 100 = \frac{I(R\cos\theta + X\sin\theta)}{E_r}$$

$$e = \frac{PR + QX}{E_r^2} \quad e = \frac{QX}{E_r^2}$$

18 저압간선 및 분기회로에서 과전류차단기 설치조건

1 개요

저압간선에서 다른 간선 또는 분기선을 분기할 때 설치해야 하는 과전류차단기의 설치조건은 주 간선보호용 과전류차단기의 정격전류와 분기선의 허용전류에 따라 달라진다.

2 저압간선을 분기하는 경우

1) 저압간선에서 다른 저압간선을 분기하는 경우 그 접속개소에 가는 전선을 단락전류로부터 보호하기 위해 과전류차단기를 시설해야 함

2) 다음의 경우 생략 가능
   ① 가는 간선이 굵은 간선에 직접 접속되어 과전류차단기로 보호될 수 있는 경우
   ② 가는 간선의 허용전류가 굵은 간선에 직접 접속되어 있는 과전류차단기의 정격전류의 55[%] 이상인 경우
   ③ 굵은 간선 또는 ②항의 가는 가선에 접속하는 길이 8[m] 이하의 가는 간선으로서 해당 가는 간선에 허용전류가 굵은 간선에 직접 접속되어 있는 과전류차단기 정격전류의 35[%] 이상인 경우
   ④ 굵은 간선 또는 ②, ③항의 가는 간선에 접속하는 길이 3[m] 이하의 가는 간선으로서 해당 가는 간선의 부하 측에 다른 간선을 접속하지 않는 경우

3 분기회로의 개폐기 및 과전류차단기 시설

1) 분기회로에는 저압 옥내간선과의 분기점에서 전선의 길이가 3[m] 이하의 장소에 개폐기 및 과전류차단기 설치를 시설해야 함

2) 다만, 다음의 경우 3[m] 초과 장소에 시설 가능

① 분기선 허용전류가 I_1 의 35[%] 이상인 경우 8[m] 이하에 설치

② 분기선 허용전류가 I_1 의 55[%] 이상인 경우 임의의 위치에 설치

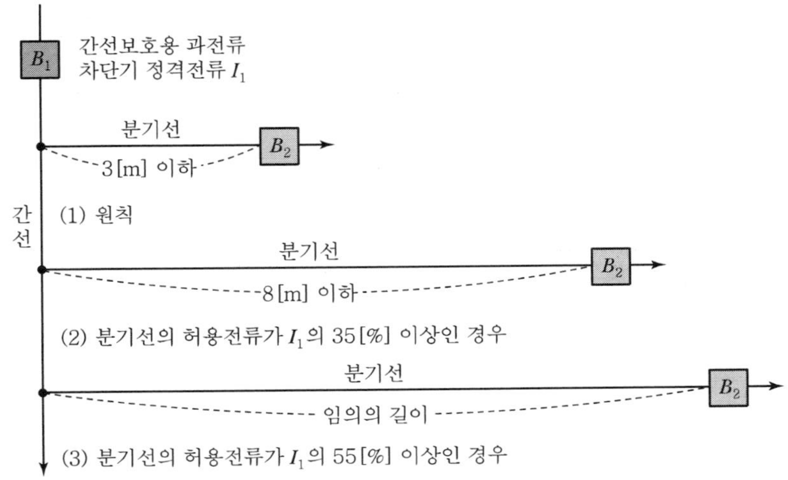

[과전류차단기 시설]

19 저압 배전선로 보호방식

1 개요

1) 교류 600[V] 이하의 저압 배전선로에는 많은 분기회로가 연결되어 있다.
2) 따라서 선로사고 시 피해의 범위가 넓고 막대한 영향을 미치게 되므로 안전하고 신뢰성 높은 선로를 구성하기 위해 적절한 보호기기를 구비해야 한다.

2 저압회로 보호기기 선정원칙

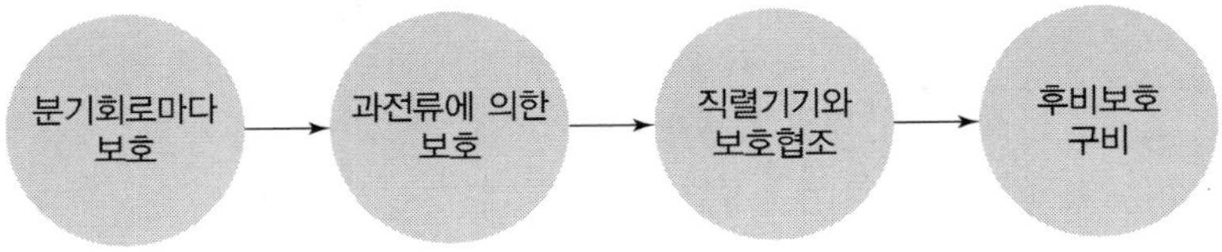

[저압회로 보호기기 선정원칙]

3 저압 배전선로 보호

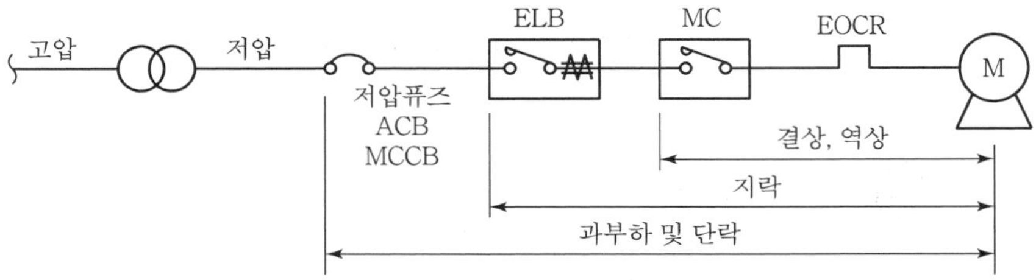

[보호 계전기의 접속 개념도]

4 저압 배전선로 보호계전시스템

보호방식	내용
과전류	반한시형 과전류계전기(51)
단락	순시 과전류계전기(50)
지락	• 전류 동작형 : ZCT+OCGR, 중성점접지+ELB, GSC+ELB • 전압 동작형 : GPT+OVGR • 전압·전류 동작형 : ZCT+GPT+SGR, ZCT+GPT+DGR
과전압 및 부족전압	과전압계전기(OVR), 부족전압계전기(UVR)
결상	열동형 과전류계전기(2E), 정지형 과전류계전기(3E), EOCR(4E)
역상	정지형 과전류계전기(3E), 전자식 과전류계전기(4E)
주보호	주로 VCB, GCB 사용
후비보호	한류형 전력퓨즈

5 저압 배전선로 단락보호기기

보호기기	내용
ACB	• 아크를 공기 중에서 자력으로 소호하는 차단기 • 교류 600[V] 이하 또는 직류 차단기로 사용
배선차단기	• 개폐기구, 트립장치 등을 몰드된 절연함 내에 수납한 차단기 • 교류 1,000[V] 이하 또는 직류 차단기로 옥내전로에 사용
CP	• 배선차단기와 유사하나 그 전류용량이 작은 것 • 배선차단기는 최소차단전류가 15[A]이므로 전류용량 작은 것은 차단하지 못함
저압퓨즈	• 차단기, 변성기, 릴레이의 역할을 수행할 수 있는 단락보호용 기기 • 후비보호 및 말단부하 보호에 사용
전자개폐기	• 전자접촉기와 열동계전기를 조합한 것 • 부하의 빈번한 개폐 및 과부하 보호용으로 사용

6 저압 배전선로 단락보호방식

고장 종류	보호방식	내용
과부하 및 단락	선택 차단 방식	• 한시차 보호방식에 의해 고장회로만 선택차단 • 공급 신뢰도 > 경제성
	Cascade 차단 방식	• 주회로 차단기로 후비 보호하는 방식 • 단락전류가 10[kA] 이상에 적용
	전정격 차단 방식	• 각 차단점에 추정단락전류 이상의 차단용량을 지닌 보호기기 선정 • 경제성이 떨어짐
지락		• 계통별 접지방식 구성 차이로 일괄보호방식 적용 곤란 • 선택 차단 방식 적용

7 저압 배전선로 지락보호기기

1) 누전차단기

교류 600[V] 이하의 저압전로에서 누전으로 인한 감전사고 방지, 전기화재 방지를 목적으로 하는 차단기이다.

2) 절연변압기

$\%Z$가 작아 전압강하 및 전력손실이 적어야 하고, 1, 2차 코일의 혼촉이 발생하지 않아야 한다.

8 저압 배전선로 지락보호방식

지락보호 방식	내용
보호접지 방식	• 감전방지가 주목적 • 전로에 지락 발생 시 접촉전압을 허용치 이하로 억제하는 방식으로 제3종 접지가 이에 해당 • 기계, 기구 외함 배선용 금속관, 금속 덕트 등을 저저항 접지
과전류차단 방식	• 전로의 손상방지가 주목적 • 접지 전용선을 설치하여 지락 발생 시 MCCB로 전로 자동차단
누전차단 방식	• 전로에 지락 발생 시 영상전류나 영상전압을 검출하여 차단 • 전류 동작형 : ZCT+OCGR(가장 많이 사용) • 전압 동작형 : GPT+OVGR • 전류 · 전압 동작형 : ZCT+GPT+SGR/DGR
누전경보 방식	• 화재경보에 많이 사용 • 전류 동작형이 주로 사용 • 전압 동작형은 보호접지 필요

지락보호 방식	내용
절연변압기 방식	• 절연 변압기 사용 • 보호대상 전로를 비접지식 또는 중성점 접지식으로 하여 접촉전압 억제 • 병원 수술실, 수중 조명설비 등에 이용
기타	감전방지 대책 : 이중절연, 전용접지방식

9 맺음말

1) 비접지 방식은 과도안정도가 높고 통신선 유도장애가 적으며 기기손상 위험이 적어 병원이나 단거리 구내배전선로에 많이 사용된다.
2) 하지만 지락전류가 적어 보호협조에 어려운 단점이 있으므로 지락보호 방식에 대한 확실한 이해가 필요하다.
3) 지락사고 시에는 사고가 파급되지 않도록 확실한 보호계전시스템을 구성해야 한다.

20 불평형 전압

1 불평형 전압 발생원인

1) 부하 접속 불평형으로 수전전압 불평형이 발생한다.
2) 변압기 및 선로 임피던스 불평형으로 선전류 불평형이 발생한다.
3) 고조파에 의한 전원 불평형이 발생한다.

2 불평형 전압 영향

1) 역률 저하로 전압강하가 커지고 전력손실이 증가한다.
2) 임피던스가 작은 쪽 케이블에 과전류 현상이 발생한다.
3) 영상 및 역상 전류가 흘러 전압의 찌그러짐이 발생한다.
4) 설비 이용률이 저하된다.
5) 3상에서 불평형률이 30[%]를 넘을 경우 계전기가 동작할 우려가 있다.

3 불평형 전압 방지대책

1) 불평형 부하 제한

① 단상 3선식 : 40[%] 이하

$$\text{설비불평형률} = \frac{\text{중성선과 각 상에 접속되는 부하설비용량의 차}}{\text{총부하설비용량의 } 1/2} \times 100$$

② 3상 3선식, 3상 4선식 : 30[%] 이하

$$\text{설비불평형률} = \frac{\text{각 선간에 접속되는 단상부하 총부하설비용량의 최대와 최소의 차}}{\text{총부하설비용량의 } 1/3} \times 100$$

2) 변압기

① 단상 변압기를 **균형** 있게 배치한다.

② 변압기 2차 측 부하를 **균형** 있게 배치한다.

3) 연선

① 선로정수가 평형이 되도록 케이블을 배치한다.

② 정삼각형 배치, 상연가 등

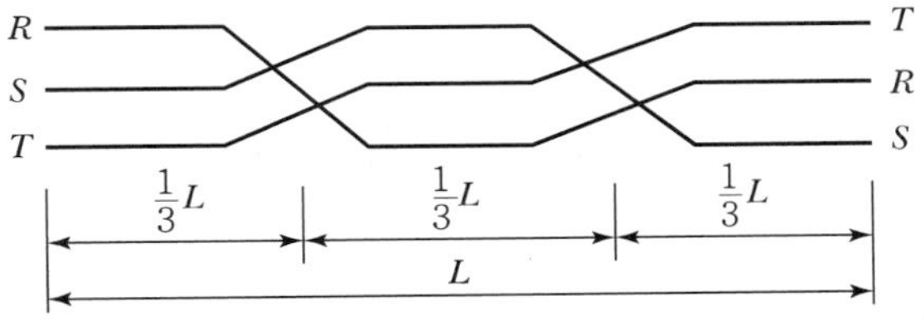

[상연가 방법]

4) 전동기

무효전력 보상장치를 설치한다.

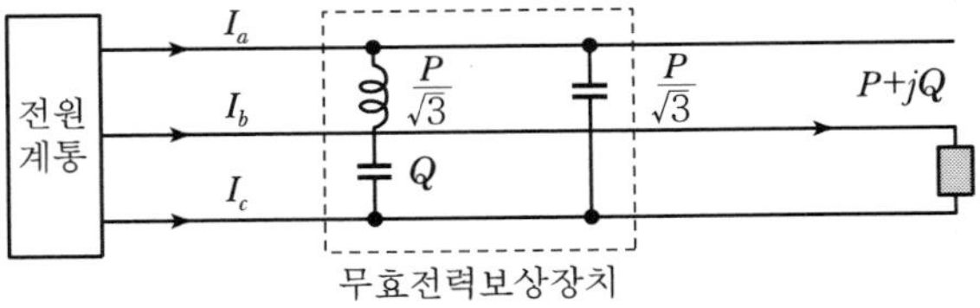

[단상부하의 평형화 보상]

5) 고조파 발생기기

고조파 필터를 설치한다.

6) 중성선

상선과 동일한 굵기 또는 그 이상으로 한다.

4 설계 시 고려사항

1) 신뢰성 있는 전원공급을 요구하고 있으므로 **3상 평형 전압**을 공급하여야 한다.
2) **부하 접속**이 3상 평형이 되도록 설계 시 고려해야 한다.
3) **고조파** 발생 부하는 계통분리를 설계 시 고려해야 한다.
4) 불평형 전압 **허용범위**를 설계 시 고려해야 한다.
5) 불평형 전압 **방지대책**을 설계 시 고려해야 한다.

21 배전전압 결정 시 고려사항

1 개요

전력 확보방법에 따른 문제점은 다음과 같다.

$$P=\sqrt{3}\,VI\cos\theta\,(\mathrm{W})$$

전력 확보방법	문제점
전압을 증가 (V)	• 전로 및 기기의 절연 Level 상승 • 가격 상승
전류를 증가 (I)	• 전선 단면적 증대로 도체비용이 증가 • 전력손실 증대 및 전압변동 초래
역률을 개선 ($\cos\theta$)	최대로 개선해도 1이 최고

2 배전전압 결정 3요소

1) 도체비용 → E에 반비례

① $M=\alpha\cdot\beta\cdot I\cdot l=K_1 l\dfrac{\alpha\beta P}{E}$

② α : 전압 차이에 따른 가격변동계수

전압	200[V]용	400[V]용	3[kV]용	6[kV]용	20[kV]용	70[kV]용
가격	100(기준)	100	110	120	200	500

㉠ 전압 상승폭 대비 가격 상승폭은 크지 않다.

㉡ 전로가 길어질 때 전압은 높은 것이 더 저렴하다.

③ β : 도체 사이즈에 따른 전류밀도 변화계수[A/mm²]

[전력케이블의 허용전류]

전선사이즈[mm²]	허용전류[A]	전류밀도[A/mm²]
8	70	8.75
22	120	5.45
60	210	3.5
100	275	2.75
200	400	2.0
400	575	1.44
800	815	1.02
1,000	895	0.89

㉠ 가는 전선에서는 전류밀도가 커지고 굵은 전선에서는 전류밀도가 작아지는 경향이 있다.

㉡ 표피효과에 따라 전선을 굵게 할수록 전류밀도는 낮아진다.

㉢ 전선이 가늘수록 전류밀도가 높고 고효율로 사용할 수 있으나 단시간 허용전류와의 관계에서 최소 사이즈가 결정되므로 함부로 가늘게 할 수 없다.

2) 전압변동 → E^2에 반비례

$$\varepsilon = \frac{I \cdot (r\cos\theta + x\sin\theta) \cdot l}{E} = K_2 l \frac{P}{E^2}$$

3) 전력손실 → E^2에 반비례

$$W_L = I^2 \cdot r \cdot l = K_3 l \frac{P^2}{E^2}$$

3 배전전압 선정 시 고려사항

1) 송전거리, 전압변동, 전력손실
2) 수전전압과 부하전압
3) 부하용량, 정격과 제작한계
4) 기설 부하가 있을 때는 기설과의 관계
5) 안정성과 경제성
6) 자가발전 설비의 유무

4 맺음말

1) 도체비용 M, 전력손실 W_L, 전압변동 ε은 배전전압 E에 따라 변화한다.
2) 도체비용 M은 전압에 반비례하나 α, β의 영향을 받는다.
3) 전력손실 W_L, 전압변동 ε은 E의 제곱에 반비례관계로 E를 높여서 해결할 수 있다.

22 전력손실 경감대책

1 개요

1) 전력공급은 적정 전압 및 주파수를 중단 없이 공급하되 경제적이어야 하므로 발전소 출력의 자동제어가 중요하다.
2) 또한 경제적인 급전이 이루어진다 해도 전력설비의 전력손실을 줄이지 못하면 이러한 노력들이 수포로 돌아갈 우려가 있다.
3) 본문에서는 배전 계통에서의 전력손실을 줄일 수 있는 방법에 대하여 살펴보기로 한다.

2 배전손실 경감대책

1) 전압 승압

① 전력손실은 E^2에 반비례하여 감소한다.

$$P_l = I^2 \cdot r \cdot l = K_3 l \frac{P^2}{E^2}$$

② 국내에서는 전압을 22.9[kV] → 154[kV] → 345[kV] → 765[kV]로 승압하여 송전하는 추세이다.

2) 역률 개선

① 전력손실은 $\cos\theta^2$에 반비례하여 감소한다.

$$P_l = I^2 \cdot r \cdot l$$

$$P_l = \left(\frac{P}{E\cos\theta}\right)^2 \cdot r = \frac{P^2}{E^2\cos^2\theta} \cdot r \rightarrow \therefore\ P_l \propto \frac{1}{\cos^2\theta}$$

② 역률요금(한전 전기공급 약관)

주간 시간대(09~23시)	심야 시간대(23~09시)
• 수전단 지상분 역률 : 90[%] 기준 • 60[%]까지 1[%]마다 기본요금 0.5[%] 추가 • 95[%]까지 1[%]마다 기본요금 0.5[%] 감액	• 수전단 진상분 역률 : 95[%] 기준 • 1[%]마다 기본요금 0.5[%] 추가 • 최대 17.5[%]까지 역률요금 발생

3) 변전소 및 변압기 적정배치

① 전력손실은 거리에 비례하여 증가한다.

$$P_l = I^2 \cdot r \cdot l = K_3 l \frac{P^2}{E^2}$$

② 변전소 및 배전용 변압기를 가능한 부하의 중심지에 가깝게 설치한다.

③ 분산형 전원의 보급을 확대한다.

4) 고효율 기기 사용

① 아몰퍼스 변압기, 자구미세 변압기 등의 고효율 기기를 사용한다.

② 전일 효율이 높도록 변압기를 설계함으로써 손실을 줄인다.

5) 선로저항 감소

① 전력손실은 저항에 비례하여 증가한다.

② 그러나 경제적 이유 때문에 전선을 무작정 굵게 할 수 없으므로 켈빈의 법칙 등으로 계산되는 경제적인 전선의 굵기를 선택하도록 한다.

③ 고온 초전도케이블을 사용하면 기존 동도체에 비해 50~100배의 대전류를 흘릴 수 있고 송전용량도 3배 이상 증가하며 교류 손실을 1/20로 줄일 수 있다.

6) 배전방식 개선

단상 2선식 배전방식보다는 단상 3선식, 3상 4선식 배전방식을 채택하면 동일 중량, 동일 전류 조건에서의 선로 손실을 줄일 수 있다.

7) 간선방식 개선

수지식 배전방식 대신 루프식 배전방식을 채택하면 루프회로에 흐르는 전류밀도가 평형이 되어 배전선로 손실이 감소된다.

3 맺음말

1) 현재는 변전소 단위기 용량이 크고 지역적으로 멀리 떨어져 있기 때문에 배전손실이 상당하다.
2) 향후에는 스마트 그리드 구축에 따른 분산형 전원의 보급 확대, 신뢰성 높은 전력저장장치의 이용, 초전도 전력기기의 이용으로 전력손실을 획기적으로 줄일 것으로 예상된다.

CHAPTER

17

접지설비

01 전기설비기술기준의 제정목적과 접지의 목적

1 전기설비기술기준의 목적

「전기사업법」 제67조 및 같은 법 시행령 제43조에 따라 발전 · 송전 · 변전 · 배전 또는 전기사용을 위하여 시설하는 기계 · 기구 · 댐 · 수로 · 저수지 · 전선로 · 보안통신선로 그 밖의 시설물의 안전에 필요한 성능과 기술적 요건을 규정함을 목적으로 한다.

2 접지목적

전기설비에 대한 접지의 근본 목적은 인체에 대한 감전보호인 안전과 기기 및 설비의 기능 향상인 안전이다. 사람이나 가축에 대한 감전방지와 전력시설이나 정보 · 통신 설비, 건축물의 재해방지, 전기설비 회로의 특성 및 기능의 향상, 이상전압의 발생억제, 보호계전기의 동작확보, 전로의 대지전압의 저감과 같은 접지효과에 의한 전기적 특성의 향상이나 대지 귀로(Ground Return Circuit)로 이용하는 것도 접지의 주요 목적이다.

1) 접촉전압의 저감
2) 유도장해 등의 방지
3) 차단기의 확실한 동작
4) 공급장해의 방지
5) 대지전위의 등전위
6) 약전회로와 혼촉방지
7) 인축 감전방지
8) 뇌해방지
9) 절연강도 저감방지
10) 정전기 장해보호

3 전기설비기술기준의 접지목적

1) 전기설비의 필요한 곳에는 이상 시 전위상승, 고전압의 침입 등에 의한 감전, 화재 그 밖에 사람에 위해를 주거나 물건에 손상을 줄 우려가 없도록 접지를 하고 그 밖에 적절한 조치를 하여야 한다. 다만, 전로에 관계되는 부분에 대해서는 제5조 제1항의 규정에서 정하는 바에 따라 이를 시행하여야 한다.
2) 전기설비를 접지하는 경우에는 전류가 안전하고 확실하게 대지로 흐를 수 있도록 하여야 한다.

02 공용접지와 단독접지의 개념 및 특징

1 공용접지와 단독접지의 개념

1) 단독접지(Isolation Grounding)

단독접지란 접지를 필요로 하는 설비들 각각에 개별적으로 접지를 시공하여 접속하는 방식으로 각각의 장비나 설비에 개별적으로 시공한 접지를 독립접지 혹은 단독접지라 한다.

2) 공용접지(Common Grounding)

공용접지는 여러 다른 시설인 통신시스템, 전기설비, 제어설비 및 피뢰설비와 같은 여러 설비를 하나의 접지전극으로 구성하여 공통으로 접속하여 사용하는 접지방식이다.

2 공용접지와 단독접지의 구성과 특징

1) 단독접지의 구성과 특징

(1) 단독접지의 구성

이상적인 단독접지는 두 개의 접지전극이 있는 경우에, 한쪽 전극에 접지전류가 아무리 흘러도 다른 쪽 접지극에 전혀 전위상승을 일으키지 않는 경우이나, 이상적으로는 두 개의 접지극이 무한대 거리만큼 떨어지도록 하지 않으면 완전한 단독이라 할 수 없다. 단독 접지는 각각의 접지 상호 간에 접지전류 혹은 서지로 인해 전위상승이나 간섭을 일으켜서는 안 된다.

(2) 단독접지의 특징

단독접지의 목적은 개별적으로 접지를 시공함으로써 다른 접지로부터 영향을 받지 않고 장비나 시설을 보호하기 위한 것이다. 단독접지는 각각의 접지를 일정거리 이상 이격거리를 두고 시공함으로써 다른 접지로부터 어떠한 접지전류가 흘러도 전위상승이나 간섭을 받지 않도록 하는 접지방식이다. 하지만 이것은 현실적으로 불가능하므로 접지의 전위상승이 일정한 범위 내에 수용되면 독립접지로 볼 수 있다.

2) 공용접지의 구성과 특징

(1) 공통접지의 구성

도심지의 협소한 면적에 독립적으로 시공되어 있는 각각의 접지를 완전한 독립접지로 볼 수 없다. 건축물 내에 설치된 여러 설비가 고정볼트나 혹은 인접 도선에 의해 대부분 철골과 연결되어 있다고 볼 때 이미 공통접지가 구성되었다고 볼 수 있으므로 건물 내에 독립적으로 설치되는 여러 접지를 공통으로 묶어 하나의 양호한 접지로 사용하면 많은 장점이 있다.

(2) 공통접지의 장점

① 신뢰도 및 경제성이 우수하다(단독접지에 비해).
② 접지선이 짧아지고 접지배선 및 구조가 단순하여 보수점검이 용이하다.
③ 접지저항을 낮추기가 쉽고, 철골 구조체를 연결하여 접지성능을 향상시키고 보조효과를 높인다.
④ 공통의 접지전극에 연결되므로 등전위가 구성되어 전위차가 발생되지 않는다.
⑤ 접지전극의 수가 적어져서 설비시공비의 면에서 경제적이다.
⑥ 전원 측 접지(2종)와 부하 측 접지(3종)의 공용은 지락보호, 부하기기 접촉전압의 관점에서 유리하다.

(3) 공통접지의 단점

① 접지전극의 손상이나 접지성능이 악화되면 접속된 모든 설비에 동시에 영향이 파급된다(대책으로는 접지저항을 낮게 한다. → 건축구조체 접지 활용).
② 설비 간 연결 접지배선이 길어지면 설비 간의 전위차가 발생할 수 있다.
③ 전위상승의 파급이 위험하며 대책이 필요하다.

3 공용접지와 단독접지의 특징 비교

분류	단독접지	공용접지
신뢰성	낮다.	높다.
경제성	도심지에서는 고가	저렴
전위상승	전위상승 발생	고른 전위분포
타 기기영향	적다.	크다.
접지저항	높다.	낮다.
적용	대지저항률 낮고, 소규모건축물	도심지 대형건축물

03 공통접지와 통합접지방식

1 접지의 목적

전기설비 기기 등의 고장 발생 시 전위 상승, 고전압의 침입 등에 의하여 감전 및 화재, 그 밖의 인체에 위해를 끼치거나, 물건에 손상을 줄 우려가 없도록 접지 또는 그 밖의 적절한 장치를 강구하는 것이다.

2 공통접지와 통합접지

공통접지	통합접지
고압 및 특고압 접지계통과 저압 접지계통이 등전위가 되도록 공통으로 접지하는 방식	• 전기설비 접지, 통신설비 접지, 피뢰설비 접지 및 수도관, 가스관, 철근, 철골 등과 같이 전기설비와 무관한 계통외도전부도 모두 함께 접지하여 그들 간에 전위차가 없도록 함으로써 인체의 감전 우려를 최소화하는 방식을 말함 • 통합접지의 본질적 목적은 건물 내에 사람이 접촉할 수 있는 모든 도전부가 항상 같은 대지전위를 유지할 수 있도록 등전위를 형성하는 것임 ※ 통신설비 통합접지 여부는 통신사업자의 결정에 의할 수 있음
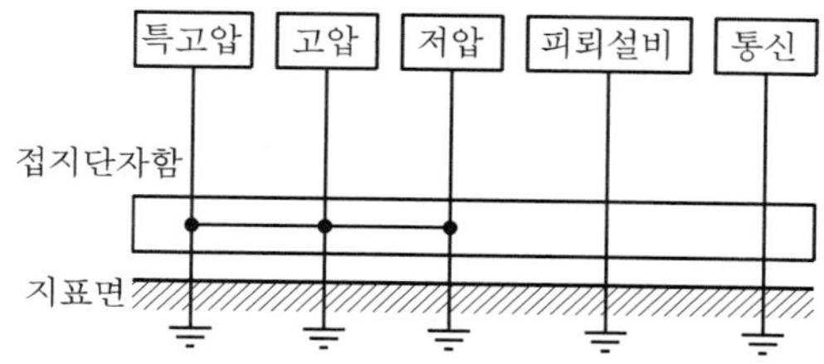	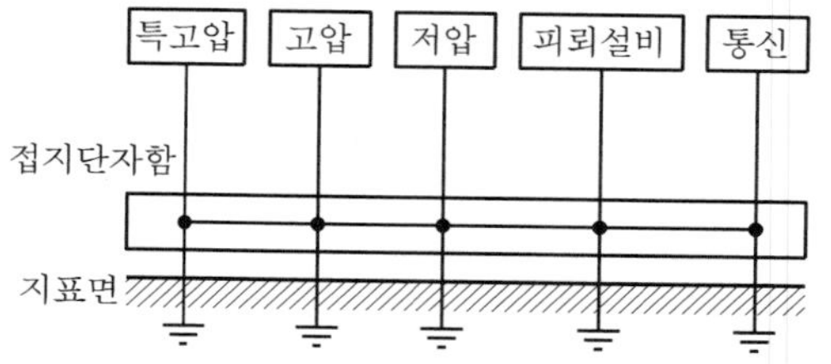
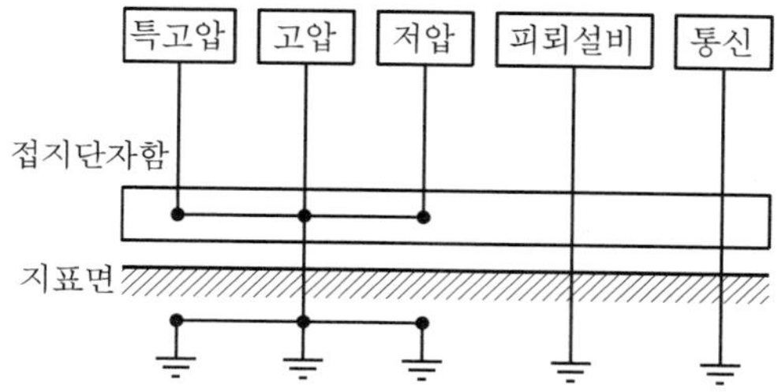	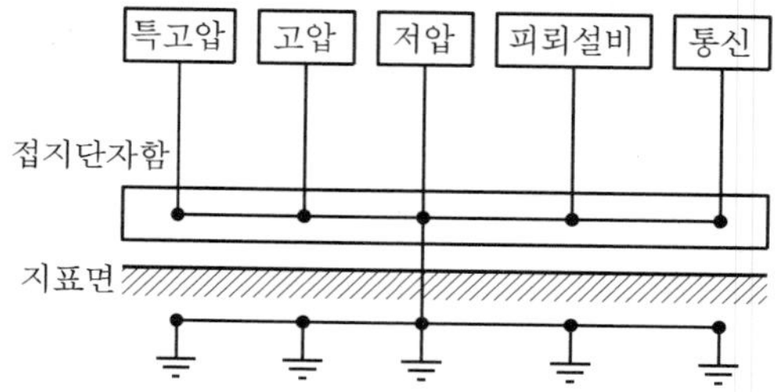

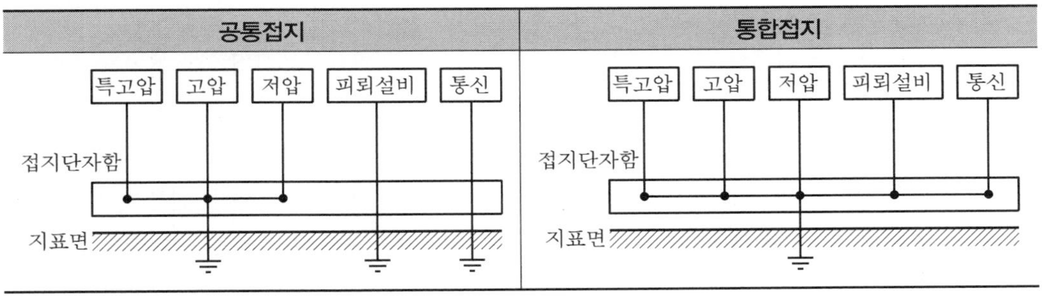

3 공통 · 통합접지 접지저항값

공사계획신고 설계도서(접지계산서 및 설계도)의 접지저항값이 다음 중 어느 하나에 해당되는 경우에는 공통 · 통합 접지저항값으로 인정

1) 특고압 계통 지락사고 시 발생하는 고장전압이 저압기기에 인가되어도 인체의 안전에 영향을 미치지 않는 인체 허용 접촉전압값 이하가 되도록 한 접지저항값인 경우
2) 통합접지방식으로 모든 도전부가 등전위를 형성하고 접지저항값이 10[Ω] 이하인 경우

4 통합접지시스템 구성 시 고려사항 및 시스템 구축

1) 보안용, 기능용, 뇌보호용 접지를 고려한 통합접지시스템은 보안용 접지의 기능을 유지, 등전위화, 접지간선의 저(低) 임피던스화를 도모, 모두 사용자의 접지 요구에 대응한 시스템이다.
   ① 전기 설비용과 뇌보호용 접지는 보호대상이나 전류 · 전압 특성이 다르기 때문에 개별로 구축한다. 단, 등전위화를 도모하는 관점에서 접지극을 연접한다.
   ② 전기 설비용 접지를 '접지간선'과 '접지극'으로 나눠 각각 효과적인 구축을 한다.
   ③ 피접지기기의 접지형태는 1점 접지를 기본으로 한다.
   ④ 접지극의 공용화 · 통합화를 도모한다.
   ⑤ 인버터 노이즈가 중첩하는 보안용 접지간선과 기능용 접지간선을 구분한다.

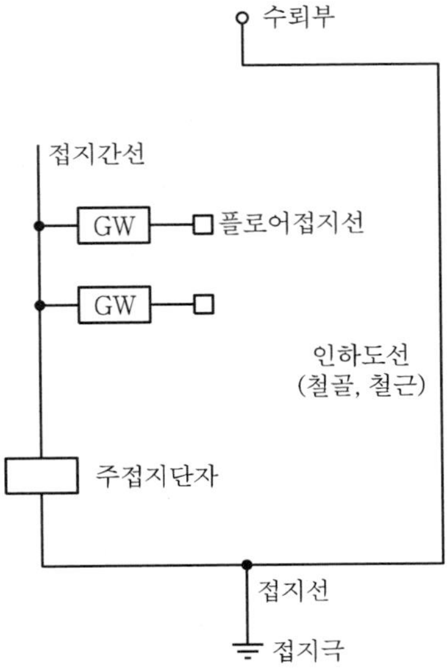

[통합접지시스템 구성도]

2) 시스템 구축

빌딩의 각 플로어에 설치되어 있는 모든 전기 · 전자 · 정보 · 통신기기의 접지는 GW(Ground Window, 접지창)에서 얻는다. 각 플로어의 GW는 저(低) 임피던스의 접지간선을 끼워 주 접지단자로 통합한다. 이로 인해 1점 접지가 되어 접지계 전체의 기준 전위점이 된다. 국부적인 기준 전위는 각 플로어, 예를 들면 ZSRG 등에서 얻을 수 있다. 여기에 접지간선을 전용 혹은 건축 구조체의 철골을 대용하는 것도 생각할 수 있다. 한편 뇌보호 설비에 있어서는 수뢰(受雷)부에서 전용 인하도선 또는 건축 구조체의 철골 또는 주 철근을 대용하여 접지간선에 본딩(Bonding)한다.

5 통합접지시스템을 위한 기술적 과제

1) 접지간선

가상대지로 가정한 접지간선은 가능한 한 저 임피던스 도체여야 하고 거기에는 종래의 접지선이나 케이블이 아닌 금속으로 포장된 동대[예를 들면 버스 덕트(Bus Duct) 같은 도체]를 생각할 수 있다. 대상(帶狀) 도체라면 고주파 영역에 있어서도 저 임피던스를 확보할 수 있다.

2) 내부 뇌보호 시스템의 적절한 도입

뇌서지에 기인한 과전압 카테고리, 뇌서지 보호장치의 선정 등을 구체화하여 빌딩에 도입할 필요가 있다.

3) EMC 기술의 도입

빌딩의 전자적 장해를 방지하기 위한 EMC에 대해서도 기술적인 가이드가 충분하지 않다. 피접지기기의 면역(내성)과 뇌서지의 관계, 노이즈 대책 등을 시스템적으로 구축해야 한다.

4) 등전위 본딩의 적합한 시공

6 맺음말

1) 통합접지시스템은 한마디로 전기적 케이지(Cage)로 확인된 빌딩에서 Ground Window(GW) 및 주접지 모선을 설치해 모든 접지를 공용화하는 것이다. 공용접지를 한다는 것은 전위차에 의한 장해를 없앨 수 있고 접지저항 관리의 필요성도 없어진다.

2) 공용접지에서는 전용 접지선 또는 빌딩의 철골을 이용하기 때문에 각각의 접지저항은 상당히 작고 완전지락인 경우는 단락상태가 되어 지락전류가 커진다. 안전장치 등을 동작하기 위한 보안상 문제는 없지만 대규모적인 빌딩이면 안전장치의 차단용량이나 전선 사이즈의 선정과 관리가 상당히 곤란하다. 게다가 주 차단기와 분기차단기의 보호협조 문제도 고려할 필요가 있다.

04 공통 · 통합접지의 접지저항 측정방법

1 개요

1) 공통접지

등전위가 형성되도록 고압 및 특고압 접지계통과 저압 접지계통을 공통으로 접지하는 방식

2) 통합접지

전기, 통신, 피뢰설비 등 모든 접지를 통합하여 접지하는 방식을 말하며, 건물 내의 사람이 접촉할 수 있는 모든 도전부가 등전위를 형성하여야 함

2 공통 · 통합 접지저항 측정방법

1) 보조극을 일직선으로 배치하여 측정하는 방법

보조극(P, C)은 저항구역이 중첩되지 않도록 접지극(접지극이 매쉬인 경우 매쉬망의 대각선 길이) 규모의 6.5배를 이격하거나, 접지극과 전류보조극 간 80[m] 이상을 이격하여 측정

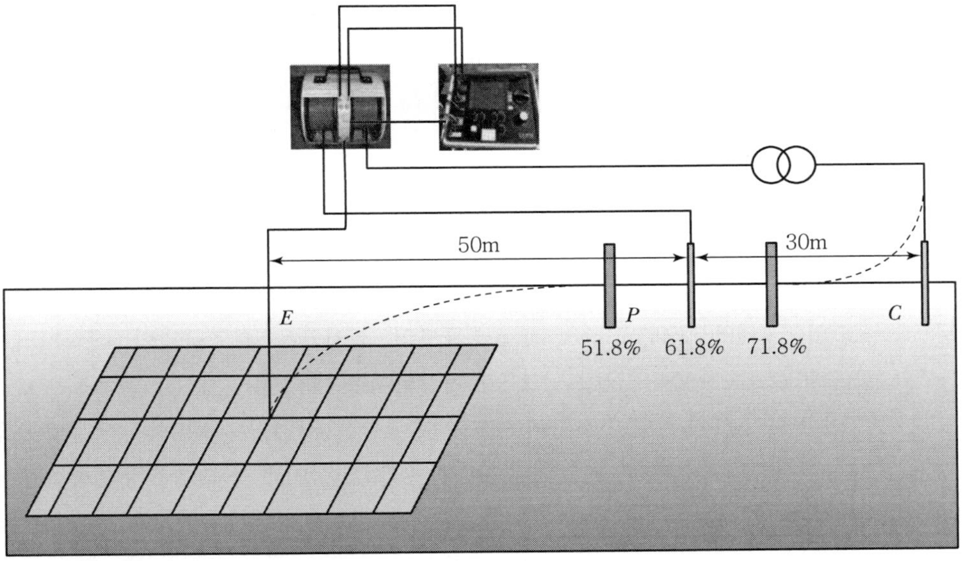

[접지저항 측정방법]

① 보조극은 저항구역이 중첩되지 않도록 접지극 규모의 6.5배를 이격하거나, 접지극과 전류 보조극 간 80[m] 이상을 이격하여 측정

② P위치는 전위변화가 적은 E, C 간 일직선상 61.8[%] 지점에 설치
반구 모양의 접지전극의 접지저항을 측정 시 위 그림처럼 $E-C$ 간의 61.8[%]의 곳에 전위 전극(P)을 박으면 적정한 저항값을 얻을 수 있다.(일명 : 61.8[%]의 법칙)

③ 접지극의 저항이 참값인가를 확인하기 위해서는 P를 C의 61.8[%] 지점, 71.8[%] 지점 및 51.8[%] 지점에 설치하여 세 측정값을 취함

④ 세 측정값의 오차가 ±5[%] 이하이면 세 측정값의 평균을 E의 접지저항값으로 함

⑤ 세 측정값의 오차가 ±5[%]를 초과하면 E와 C 간의 거리를 늘려 시험을 반복함

2) 보조극을 90～180[°] 배치하여 측정하는 방법

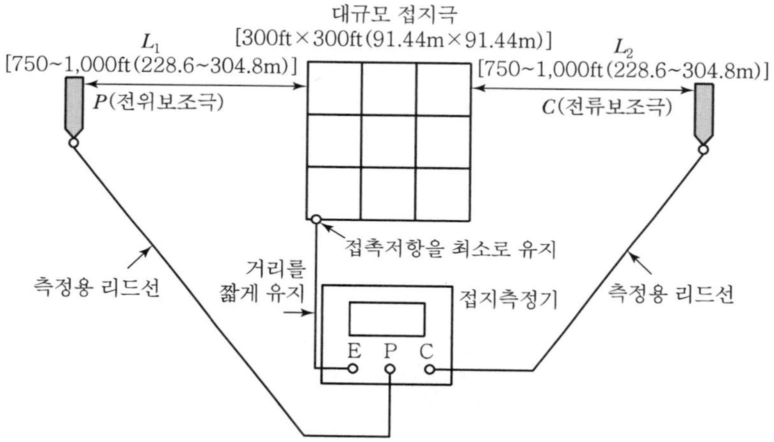

[보조극을 90～180° 배치하여 측정하는 방법]

① C(전류보조극)와 P(전위보조극)는 가능한 한 멀리 이격해야 함
300[ft]×300[ft](91.44[m]×91.44[m]) 규모의 접지극은 보조극과의 이격거리가 750～1,000[ft](228.6～304.8[m])로 약 2.5배 이상되어야 함

② 그림과 같이 C와 P를 연결하여 측정한 값과 결선을 반대로 하여 측정한 두 측정값을 취함

③ 각각의 방법으로 측정한 저항값의 차이가 15[%] 이하이면 두 측정값의 평균을 E의 접지저항값으로 함

$$R = \frac{R_{cp} + R_{pc}}{2}$$

$$\text{오차 } \varepsilon = \frac{R_{cp(\text{or } pc)} - R}{R} \times 100 \leq 15[\%]$$

④ 두 측정값의 오차가 ±15[%]를 초과하면 E와 C 간의 거리를 늘려 시험을 반복함

05 통합접지 시공 시 고려사항

1 접지공사의 종류

1) 단독접지

전기, 통신 및 피뢰설비 접지를 각각 설치하는 경우의 접지이며, 전기용 접지의 경우에도 제1종, 제2종, 제3종 및 특별 제3종 접지로 구분된다.

2) 공통접지

전기, 통신 및 피뢰접지를 각각 분리하여 설치하고, 전기용 접지는 저압과 고압 및 특고압 접지계통을 공통으로 접지하는 방식을 말한다.

3) 통합접지

전기, 통신 및 피뢰설비용의 모든 접지를 1개의 접지시스템으로 통합하여 설치하는 접지를 말한다.

2 통합접지공사의 시공 시 고려사항

1) 규정상의 조건

「전기설비기술기준의 판단기준 제7장 국제표준도입 제279조 1[kV] 이하 전기설비의 시설 제2항 동일한 전기사용장소에서는 제1항의 규정과 제3조부터 제278조까지의 규정을 혼용하여 1[kV] 이하의 전기설비를 시설하여서는 아니 된다.」의 규정과 같이 기존의 접지방식인 개별접지방식과 KSC IEC 60364의 통합접지방식인 TN접지시스템을 동일한 장소에 설치되는 동일 수전계통에서는 혼합하여 시설하여서는 안 된다. 이들의 서로 다른 접지시스템을 혼용하여 시설하는 경우에는 고장전류의 귀로가 다양해지기 때문에 고장전류의 검출이 어렵게 되고 지락고장의 보호에 문제가 발생될 수 있기 때문이다.

2) 고압 및 특고압 계통의 지락사고에 의한 저압계통 과전압 방지

「전기설비기술기준의 판단기준 제18조 접지공사의 종류 제6항 고압 및 특고압과 저압 전기설비의 접지극이 서로 근접하여 시설되어 있는 변전소 또는 이와 유사한 곳에서는 다음 각 호에 적합하게 공통접지공사를 할 수 있다.

① 저압 접지극이 고압 및 특고압 접지극의 접지저항 형성영역에 완전히 포함되어 있다면 위험전압이 발생하지 않도록 이들 접지극을 상호 접속하여야 한다.

② '①에 따라 접지공사를 하는 경우 고압 및 특고압계통의 지락사고로 인해 저압계통에 가해지는 상용주파과전압은 아래 [표]에서 정한 값을 초과해서는 안 된다.'의 규정에 따라 [표]에 적합하도록 시공하여 과전압에 따른 저압기기의 절연을 보호할 수 있도록 시설하여야 한다.

고압계통에서 지락고장시간(초)	저압설비의 허용 상용주파 과전압(V)
>5	U_o+250
≦5	$U_o+1{,}200$
※ 중성선 도체가 없는 계통에서 U_o는 선간전압을 말한다.	

비고 1. 이 표의 1행은 중성점 비접지나 소호 리액터 접지된 고압계통과 같이 긴 차단시간을 갖는 고압계통에 관한 것이다. 2행은 저저항 접지된 고압계통과 같이 짧은 차단시간을 갖는 고압계통에 관한 것이다. 두 행 모두 순시 상용주파 과전압에 대한 저압기기의 절연 설계기준과 관련된다.

2. 중성선이 변전소 변압기의 접지계에 접속된 계통에서 외함이 접지되어 있지 않은 건물 외부에 위치한 기기의 절연에도 일시적 상용주파 과전압이 나타날 수 있다.

3) 낙뢰 등에 의한 과전압 보호

전기설비기술기준의 판단기준 제18조 제7항에 의거 전기설비의 접지계통과 건축물의 피뢰설비 및 통신설비 등의 접지극을 공용하는 통합접지공사를 하는 경우 낙뢰 등에 의한 과전압으로부터 전기설비 등을 보호하기 위해 KS C IEC 60364－5－53(534. 과전압 보호 장치) 또는 한국전기기술기준위원회 기술지침 KECG 9102－2015에 따라 서지보호장치(SPD)를 설치하여야 한다.

4) 감전에 대한 보호

감전에 대한 보호는 KS C IEC 60364－4－41에 따라 시설하여야 하며, 보호방식의 종류는 다음과 같은 방식 등이 있다.

① 전원의 자동차단에 의한 보호

② 이중 또는 강화 절연에 의한 보호

③ 전기적 분리

④ SELV와 PELV에 의한 특별저전압
⑤ 누전차단기(RCD)에 의한 보호
⑥ 보조 보호등전위본딩에 의한 보호
⑦ 장애물 및 촉수가능범위(암즈리치) 밖에 배치
⑧ 비도전성 장소에 의한 보호
⑨ 비접지 국부 등전위본딩에 의한 보호

5) 전압 및 전자기 장애에 대한 보호

다음의 경우에 저압설비의 안전에 대한 보호는 KSC IEC60364－4－44에 따라 시설한다.
① 저압설비에 전력을 공급하는 변압기 변전소에서 고압계통의 지락
② 저압계통의 전원 중성선의 단선
③ 선도체와 중성선의 단락
④ 저압 IT계통의 선도체 지락고장

6) 등전위본딩 확인 및 전기적 연속성

다음과 같은 등전위본딩의 전기적 연속성을 측정한 전기저항값이 0.2[Ω] 이하가 되도록 시공한다.
① 주 접지단자와 계통 외 도전성 부분 간
② 노출 도전성 부분 간, 노출 도전성 부분과 계통 외 도전성 부분 간
③ TN계통인 경우 중성점과 노출 도전성 부분 간

7) 접지선, 보호도체 및 등전위본딩 도체 단면적 접지선, 보호도체 및 등전위본딩 도체의 단면적은 「KS C IEC 60364－5－54 접지설비 및 보호도체」의 규정에 따라 시설하며, 일반적인 사항은 다음과 같다.

(1) 접지선 및 보호도체 단면적

① $S = \frac{\sqrt{I^2 \cdot t}}{k} k \Rightarrow$ 이 식은 차단시간이 5초 이하인 경우에만 적용한다.

② 보호도체가 상도체와 동일한 경우에 다음 표 적용

설비의 상도체의 단면적 $S\,[\mathrm{mm^2}]$	보호도체의 최소단면적 $SF\,[\mathrm{mm^2}]$
$S \leqq 16$	S
$16 < S \leqq 35$	16
$S > 35$	$S/2$

(2) 등전위본딩용 도체

① 주 등전위본딩용 도체의 단면적은 가장 큰 보호도체 단면적의 1/2 이상의 단면적을 가져야 하고 다음 단면적 이상이어야 한다.

㉠ 구리 6[mm^2]

㉡ 알루미늄 16[mm^2]

㉢ 강철 50[mm^2]

② 보조 등전위본딩용 도체의 단면적의 산정은 다음 값 이상으로 한다.

㉠ 기계적 손상에 대한 보호가 된 것 : 구리 2.5[mm^2], 알루미늄 16[mm^2]

㉡ 기계적 손상에 대한 보호가 되지 않은 것 : 구리 4[mm^2], 알루미늄 16[mm^2]

06 접지전극의 설계에서 설계목적에 맞는 효과적인 접지

1 개요

① 접지저항의 목표값이 결정되면 이 값을 얻기 위하여 다음 순서대로 접지목적에 맞는 설계를 해야 한다.

대지 파라미터 파악 → 접지규모에 따른 접지공법 선택 → 설계도서 작성 → 접지공사를 시공

② 접지설계 시 경제성, 신뢰성, 보전성 등을 고려한다.

2 접지전극의 설계 기본순서

1) 기준접지저항의 결정

접지목적, 저압 및 고압에 따른 접지저항, 접촉 · 보폭전압계산 등을 고려하여 결정한다.

2) 접지형태의 선정

대지저항률에 적합한 접지규모별 접지공법을 선택한다.

3) 접지전극 설계의 흐름도

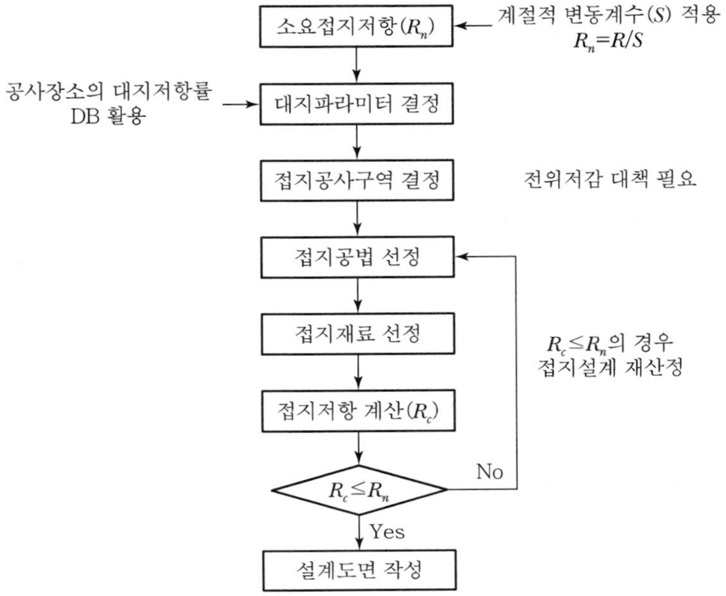

[접지전극 설계 흐름도]

❸ 접지공법의 종류

접지의 목적과 요구하는 접지저항값을 얻기 위해서는 대지구조에 따라 경제적이고 신뢰성 있는 접지공법을 채택해야 한다.

1) 봉형 접지공법

건물의 부지면적이 제한된 도시지역 등 평면적인 접지공법이 곤란한 지역에 적용한다.

(1) 심타공법

오른쪽 그림의 대지저항률이 깊이에 따라 점차 감소하는 경우, 즉 $\rho_1 > \rho_2 > \rho_3$일 경우 효과적이다.

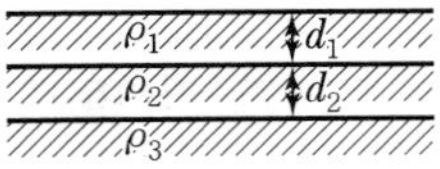

[지층 모델]

(2) 병렬접지공법

오른쪽 그림의 대지저항률이 깊이에 따라 점차 증가하는 경우, 즉 $\rho_1 < \rho_2 < \rho_3$일 경우 효과적이다.

(3) 봉형접지의 특징

① 병렬접지 극수가 3~4본, 직렬접지 극수가 4~5본일 때 접지효과가 좋고 경제적이다.

② 전극의 병렬 수 및 상호 간격을 크게 하면 병렬합성저항이 감소한다.

③ 전극 상호거리가 너무 가까우면 상호전계가 간섭하여 효과가 감소된다.

④ 대지면적을 고려한 직 · 병렬 접지를 선정한다.

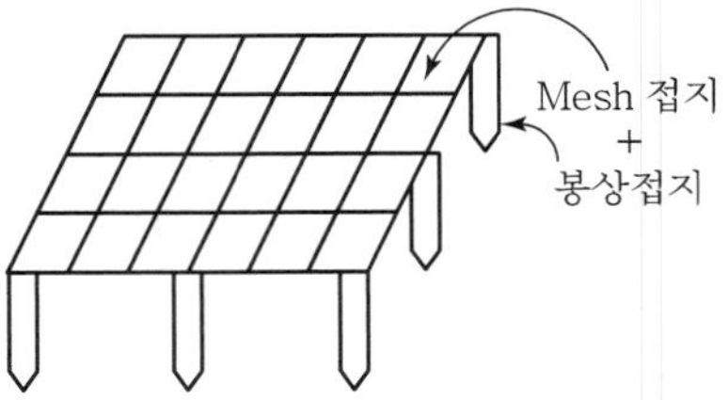

[병용 메시 접지전극]

2) 망상 접지공법(Mesh 공법)

① 서지임피던스 저감효과가 대단히 크고 공통접지방식으로 채택 시 안전성이 뛰어나다.

② 공장이나 빌딩, 발 · 변전소 등에 주로 적용한다.

㉠ 메시 간격을 조절하고 막대전극을 병렬로 접속하면 접지저항 저감효과가 있다.

㉡ 메시 전극을 깊게 박고 면적을 크게 하여 대지저항률이 낮은 지층에 매설한다.

㉢ 접지저항 저감의 경우 대지전위경도가 낮아지고 접촉전압, 보폭전압이 저하된다.

3) 건축물 구조체 접지공법(기초접지)

$$R = \frac{\rho}{2\pi r} = \frac{\rho}{\sqrt{2\pi A}}\,[\Omega],\ (\text{반구의 면적 } 2\pi r^2 = A,\ r = \sqrt{\frac{A}{2\pi}})$$

건물의 지하부분 면적(A)이 크면 등가반경이 커져 접지저항이 저감된다.

(1) 특징

① 철골, 철근끼리 전기적 접속방법에 의한 자연적인 Cage형의 가장 이상적인 접지방식이다.

② 철골, 철근 콘크리트, 철골 철근 콘크리트 등 일체화된 건축물 구조에 적용한다.

③ 설치위치는 도시지역의 부지면적이 한정되어 있는 고층건물에 적용한다.

(2) 건축물 구조체의 영향

① 상시 누설전류에 의한 구조체 부식이 우려된다.

② 상시 누설전류에 의한 구조체 온도가 상승한다.

③ 열팽창에 의한 콘크리트 강도가 저하한다.

4) 매설지선 공법

접지극 대신 지선을 땅에 매설하는 방법으로 송전선의 철탑 또는 피뢰기 등에 낮은 저항값을 필요로 할 때 사용한다.

① 매설지선이 어느 정도 길고 형상을 8방향으로 할 경우 저감효과가 크게 나타난다.

② 철탑, 소규모 발전기, 피뢰기 등 낮은 저항값을 요구하는 곳에 채용한다.

5) 평판 접지전극의 사용

① 접지봉 대신 접지판을 사용하는 방법이다.

② 전극과 토양 간의 빈 간격으로 접촉저항이 커지는 단점이 있다.

4 효과적인 접지

1) 단독접지

단독접지란 접지목적 및 종별에 따라 개별적으로 접지공사를 하는 방식, 이상적인 단독접지는 어느 한쪽에 접지전류가 흐를 경우 다른 쪽 접지전극의 전위상승에 영향을 전혀 주지 않아야 한다.

2) 공통접지

공통접지란 1개소 또는 여러 개소에 시공한 공통의 접지전극에 개개의 기계, 기구를 모아서 접속하여 접지를 공용화하는 접지방식이다.

3) 건축물 구조체 접지

구조체 접지란 건물의 일부인 철근 또는 철골에 접지선을 고정시킴으로써 구조체를 대용 접지선 및 접지전극으로 하는 접지방식이다.

(1) 전기적인 특징

① 철근, 철골끼리 전기적 접속방법에 의한 자연적인 격자(Cage)형의 접지방식이다.

② 건축 구조체의 각 부분은 낮은 전기저항으로 접속되어 건물 전체가 양도체로 구성된 전기적 격자(Cage) 구조이다.

③ 철골, 철근콘크리트, 철골철근콘크리트 구조로서 대지와의 접촉 면적이 큰 접지방식이다.

(2) 시공 시 유의사항

접지극의 조건은 건물구조가 철골 또는 철근 콘크리트조로서 대지와 큰 지하부분을 가지고 접촉면적이 커야 한다. 또한 대지저항률이 어느 정도 낮아야 한다.

① 구조체에 접속하는 접지선은 용접으로 기계 · 전기적으로 완벽하게 접속하도록 시공해야 한다.

② 전기기기와 구조체를 연결하는 연접접지선은 25[mm^2] 이상의 연동선을 사용하고 접지선의 길이는 되도록 짧게 한다.

③ 접지간선을 구조체와 연결할 때는 주 철근 2개 이상의 개소에 접속한다.

④ 건물 전체가 대지와 등전위가 되도록 건물설비의 비충전 금속부는 모두 구조체에 접지하여야 한다.

⑤ 건물에서 인 · 출입하는 전기회로(전력, 통신) 및 금속체(수도, 가스관)에는 해당 인출점 부분에 보안기(SPD)를 설치하고 구조체에 접지한다.

4) 기준 전위 확보용 접지

① 정의

기준 전위 확보용 접지란 컴퓨터, 통신기기, 계장설비 등을 안정적으로 가동하기 위하여 기준 전위를 확보하여 대지전위의 변동을 가능한 적게 하기 위한 것이다.

② 시공 시 유의사항

- 기준 접지극을 설치하여 컴퓨터 관련기기는 모두 기준 접지극에 접지한다.
- 접지선은 짧게 하고 1점 접지를 한다.
- 접지극은 전기적 Noise를 발생하는 다른 전기기기와 공통접지는 피하는 것이 좋다.

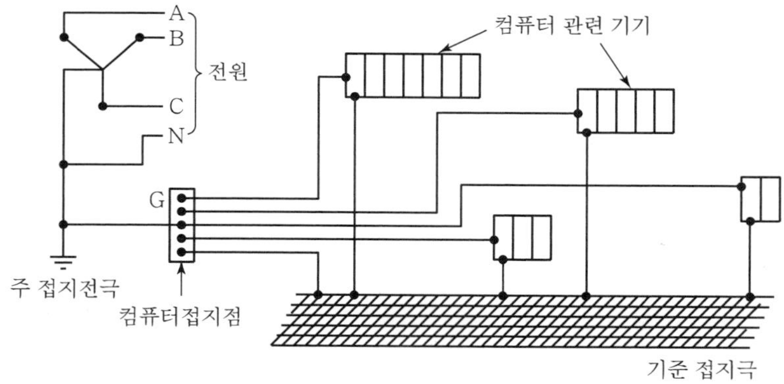

[기준 접지시스템]

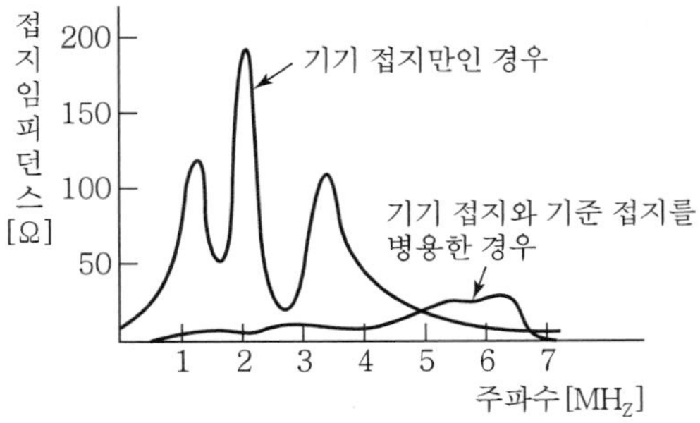

[기준 접지에 의한 접지임피던스의 저감]

5) 뇌해 방지용 접지

뇌 전류를 대지로 안전하게 흘려보내기 위한 접지로서 피뢰침, 피뢰기가 포함된다. 뇌 전류는 대단히 커서 접지전극 주변에 대지전위 상승을 일으켜 인축에 위험한 전압이 인가될 수 있으므로 전위경도를 낮게 하여야 한다.

6) Noise 장해방지를 위한 접지

외부 Noise의 침입을 억제하기 위한 접지로서 차폐실 접지, 케이블 실드접지, 필터접지 등이 있다. Noise는 고주파이기 때문에 접지계가 저 임피던스여야 한다.

07 전기설비기술기준의 통합접지시스템 및 건물 기초콘크리트 접지 시공방법

1 통합접지시스템(Global Earthing System)

최근 전기설비기술기준에 통합접지시스템을 도입함에 따라 이를 실현하기 위한 구체적인 기술에 관심이 대두되고 있다. 전기설비기술기준에서 규정하고 있는 통합접지시스템은 서로 다른 목적을 갖고 있는 접지시스템을 하나의 접지시스템에 구현하는 접지시스템을 말한다.

한편 기초콘크리트접지(건물기초접지라고도 함)는 건물의 기초콘크리트 내에 접지극을 매설하는 것으로서 감전보호용 접지, 피뢰용 접지, 기능용 접지로서도 적합하므로 기초콘크리트접지에 의해 통합접지시스템을 구축할 수 있다.

2 전기설비기술기준의 판단기준(제18조, 제19조)에 의한 설치요건 및 특징

1) 고압 및 특고압과 저압전기설비의 접지극이 서로 근접하여 시설되어 있는 변전소 또는 이와 유사한 곳에서는 다음에 적합하게 공통 접지공사를 할 수 있다.

① 저압접지극이 고압 및 특고압 접지극의 접지저항 형성 영역에 완전히 포함되어 있다면 위험전압이 발생하지 않도록 이들 접지극을 상호접속하여야 한다.

② ①에 따라 접지공사를 하는 경우 고압 및 특고압 계통의 지락사고로 인해 저압계통에 가해지는 상용주파 과전압은 아래 [표]에서 정한 값을 초과해서는 안 된다.

고압계통에서 지락고장시간(초)	저압설비의 허용 상용주파 과전압[V]
>5	U_o+250
≤5	$U_o+1,200$

※ 중성선 도체가 없는 계통에서 U_o는 선간전압을 말한다.

비고 1. 이 표의 1행은 중성점 비접지나 소호 리액터 접지된 고압계통과 같이 긴 차단시간을 갖는 고압계통에 관한 것이다. 2행은 저저항 접지된 고압계통과 같이 짧은 차단시간을 갖는 고압계통에 관한 것이다. 두 행 모두 순시 상용주파 과전압에 대한 저압기기의 절연 설계기준과 관련된다.

2. 중성선이 변전소 변압기의 접지계에 접속된 계통에서 외함이 접지되어 있지 않은 건물 외부에 위치한 기기의 절연에도 일시적 상용주파 과전압이 나타날 수 있다.

2) 낙뢰 등에 의한 과전압으로부터 전기설비 등을 보호하기 위해 KS C IEC 60364-5-53(534. 과전압 보호 장치) 또는 한국전기기술기준위원회 기술지침 KEC G 9102-2015에 따라 서지보호장치(SPD)를 설치하여야 한다. 이때 서지보호장치(SPD)는 KS C IEC 61643-11에 적합한 것이어야 한다.

3) 통합접지공사를 하는 경우의 보호도체(PE) 단면적은 다음 [표]에 따라 결정한 것으로서 고장 시에 흐르는 전류가 안전하게 통과할 수 있는 것을 사용하여야 한다. 다만 불평형 부하, 고조파전류 등을 고려하는 경우는 상도체와 같게 하고, 이때 전압강하에 의한 단면적 증가는 고려하지 않는다.

상도체의 단면적 S[mm²]	대응하는 보호도체의 최소 단면적[mm²]	
	보호도체의 재질이 상도체와 같은 경우	보호도체의 재질이 상도체와 다른 경우
$S \le 16$	S	$\frac{k_1}{k_2} \times S$
$16 < S \le 35$	16^a	$\frac{k_1}{k_2} \times 16$
$S > 35$	$\frac{S^a}{2}$	$\frac{k_1}{k_2} \times \frac{S}{2}$

여기서, k_1 : 도체 및 절연의 재질에 따라 KS C IEC 60364－5－54 부속서 A(규정)의 표 A54.1 또는 IEC 60364－4－43의 표 43A에서 선정된 상도체에 대한 k값

k_2 : KS C IEC 60364－5－54 부속서 A(규정)의 표 A54.2～A54.6에서 선정된 보호도체에 대한 k값

□[a] : PEN도체의 경우 단면적의 축소는 중성선의 크기결정에 대한 규칙에만 허용된다.

※ 계산식에서 정한 값 이상의 단면적

차단시간이 5초 이하인 경우에만 다음 계산식을 적용한다.

$$S = \frac{\sqrt{I^2 t}}{k}$$

여기서, S : 단면적[mm²]

I : 보호장치를 통해 흐를 수 있는 예상고장전류[A]

t : 자동차단을 위한 보호장치 동작시간[s]

[비고] 회로 임피던스에 의한 전류제한 효과와 보호장치의 I^2t의 한계를 고려해야 한다.

k : 보호도체, 절연, 기타 부위의 재질 및 초기온도와 최종온도에 따라 정해지는 계수 (k값의 계산은 KS C IEC 60364－5－54 부속서 A 참조)

통합접지공사를 하는 경우에는 KS C IEC 60364－4－41(안전을 위한 보호－감전에 대한 보호)에 적합하도록 시설하여야 한다.

4) 통합접지시스템의 특징

통합접지시스템은 대형접지시스템으로 대지와 접지극의 접촉면이 넓어지므로 접지저항이 낮게 되고, 고장전류도 쉽게 분산되어 접촉전압 및 보폭전압의 위험성이 낮아지게 된다.

IEC 61936－1(2002. 10)에서는 접지시스템의 설계 절차에 있어서 통합접지시스템을 채택하면 대지전위의 상승에 의한 위험성이 낮으므로 접촉 및 보폭전압의 위험성에 대한 검토를 하지 않고 곧바로 접지시스템의 설계가 완료된 것으로 간주하고 있다.

❸ 건물 기초콘크리트 접지 시공방법

기초콘크리트접지는 기초접지접지극(접지극 지지대 포함) 접지선 도체, 접속단자, 주접지단자로 구성된다. 접지선 도체는 기초콘크리트 접지극에서 피뢰시스템 또는 주 접지단자로 연결되는 도체를 말하며, 접속단지는 기초접지극과 연결하기 위하여 건축물 표면에 설치되는 단자를 말한다.

1) 기초접지극은 약 20×20[m] 구역으로 분할하여 설치한 후 접지단자 등을 통하여 서로 연결한다.
2) 접지극 재료로서 강대가 사용된 경우라면 기초콘크리트접지극은 세로로 설치되어야 한다.
3) 기초콘크리트 접지극이 신축이음매 부위를 통과할 경우에는 신축이음매 부분에서 종단되어야 하며, 신축이음부분 외벽의 종단점으로부터 접지선 도체를 인출해서 신축이음밴드로서로 연결한다. 또한 신축이음부분은 항상 가변성을 가져야 한다.

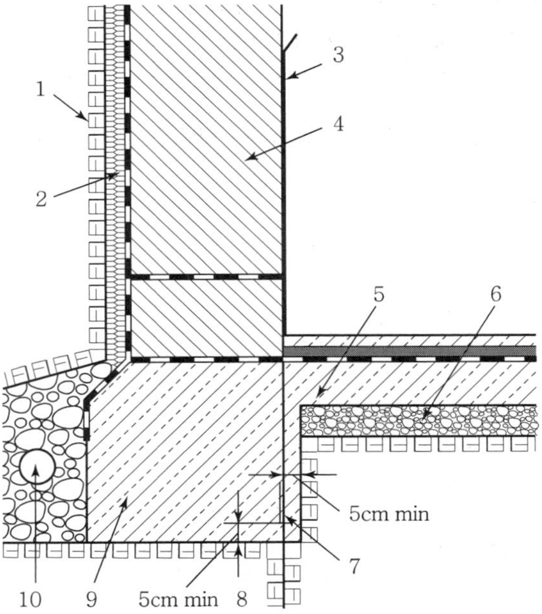

1. 대지 2. 방수층(케이스)
3. 접지선 도체, 150[cm] 이상 4. 지하 외벽
5. 바닥면 6. 자갈층(버림콘크리트)
7. 기초콘크리트접지극 8. 지지대
9. 외벽 10. 배수설비

[기초 콘크리트 접지 시공방법]

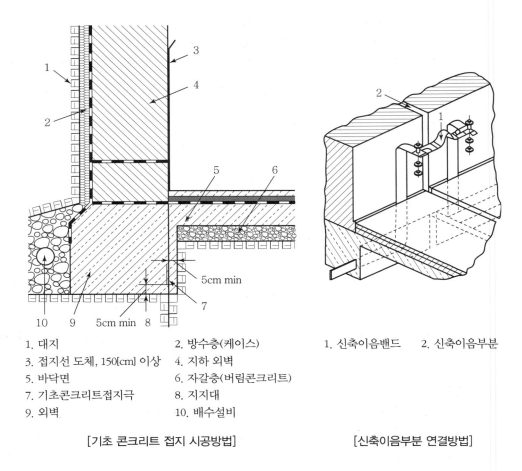

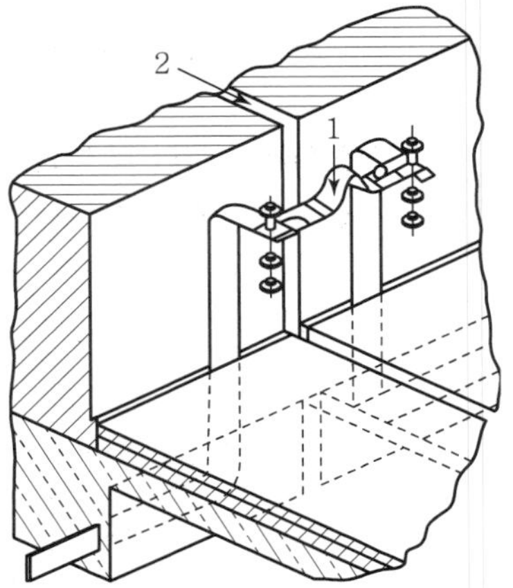

1. 신축이음밴드 2. 신축이음부분

[신축이음부분 연결방법]

4) 기초콘크리트접지극의 재료는 최소 단면이 30×3.5[mm] 강대 또는 최소 단면 지름이 10[mm] 이상인 원형의 강을 사용한다. 강은 아연도금을 할 수도 있으며 그렇지 않아도 된다.
5) 접지선도체는 아연으로 도금된 강으로 만들어지며 접속단자는 방식기능이 있는 강으로 한다.
6) 기초콘크리트접지극은 기초콘크리트에서 5[cm] 이상의 두께로 콘크리트 내부에 매설되어야 한다. 철근 없는 콘크리트 시공과정에서는 위치고정을 위해 지지대를 설치한다.
7) 기초콘크리트접지극은 최하부의 철근에 설치되며 위치를 고정하기 위해서는 약 2[m] 간격으로 철근과 고정한다.
8) 외부수압으로부터 방수시설이 설치된 건물일 경우 콘크리트층의 기초콘크리트접지극은 방수층 아래에 설치되어야 한다. 또한 접지선도체는 콘크리트의 방수층(케이스) 부위의 외부면 또는 내부에 설치되며 건물 지하수의 최소 수위보다 위쪽에 삽입되어야한다. 이때 접지선 도체 또는 접속단자는 방수층을 통과하여 건물 내부에 설치될 수 있다.

9) 접지선 도체는 주 접속단자와 연결을 하기 위해서 세대 단자함 가까이에 설치되어야 한다. 또한 접지선 도체는 건물 인입구 위치에 최소한 1.5[m] 정도 길이가 도출되도록 한다.

08 건축물의 접지공사에서 접지전극의 과도현상과 그 대책

1 개요

접지전극에 대한 과도현상은 접지전극에 임펄스전류(고주파)가 흘렀을 때 발생되는 현상으로 주입전류 위치와 주파수, 전극의 형상 및 크기에 따라 상이하며 대지저항률은 히스테리시스 특성을 나타내며 변화하는 전류밀도의 영향에 따라 달라진다.

수 [kHz]~수 [MHz]의 주파수 성분을 가진 스위칭 서지나 뇌서지가 유입될 때 접지시스템의 리액턴스 성분 등으로 인하여 60[Hz]의 상용 주파수 임피던스 특성과는 전혀 다른 반응을 나타낸다.

2 접지전극의 과도현상

1) 접지 임피던스 특성

상용 주파수에서 접지전극은 접지저항으로 나타내지만 Surge 전류 등에 의해서는 접지 임피던스로 나타내며 주파수의 크기에 따라 매우 큰 차이가 있다. 또한 위상 특성을 통해 임피던스의 유도성 및 용량성의 분석되며 접지전극의 길이와 포설면적에 따라 고주파로 갈수록 유도성에서 용량성 임피던스 특성이 나타난다.

2) 상용주파수와 고주파에서 대지전위 분포

접지전극에 유입되는 전류의 주파수에 따라 접지 전위상승값이 크게 변화한다. 저주파인 경우에는 전류 유입점에서 전위상승이 높지만 전체적으로 낮은 범위에서 전위가 상승한다. 그러나 고주파의 경우는 전류 유입점 근처에서 매우 높은 전위상승을 나타내고, 다른 모든 부분은 높은 범위의 평탄한 전위 분포를 나타낸다.

결론은 고주파에 의한 접지전극 전체의 접지 임피던스는 상승하고, 대지전위 및 접지전류는 유입되는 접지전극 주위에 순간적으로 집중된다.

3) 접지 임피던스 성능

일반적으로 접지전극은 일반봉, 메시, 습식 전해질 접지계 중에서 주파수에 따른 접지 임피던스 크기와 대지 전위상승 특성은 습식(전해질) 접지계가 가장 좋다. 따라서 접지시스템의 주파수 응답 특성으로 접지봉의 형상과 접지 포설면적이 접지 임피던스 크기와 대지 전위분포를 결정하는 중요한 요소가 된다.

4) 시간 영역의 접지 성능

시간 영역에서 임펄스 전류를 인가할 때, 접지시스템별 전위상승 특성과 임펄스 임피던스 크기는 정상상태의 임피던스보다 매우 커지고, 또한 접지봉의 형상 및 접지도체의 포설면적에 영향을 많이 받는다. 일반적으로 습식 전해질 접지시스템이 임펄스 전류에 대해 가장 낮은 전위 상승값을 나타낸다.

5) 각종 접지시스템의 과도응답 특성

① 대지표면 전위상승은 주파수 특성에 크게 변화하고, 특히 서지전류 유입점에서 영향이 매우 크다. 최초 수 [μs]에서 전체적으로 급상승하고 접지전극의 끝점으로 진행하면서 서서히 감소한다.

② 접지시스템에 주파수 특성을 분석하면 고주파일수록 유도성 인덕턴스의 영향을 받고, 일반적으로 습식 전해질 접지계가 고주파 전류에 대해서 대지표면 전위상승이 가장 낮다.

③ 접지시스템에 임펄스(뇌전류)가 유입될 때, 유입지점의 대지 전위상승(GPR)과 시간 경과에 따른 접지저항의 변화 특성을 계절별로 측정 시 습식 전해질 접지시스템이 가장 안정적이다.

3 접지전극의 과도현상 대책

접지전극의 과도현상에 따른 대책으로 다음을 들 수 있다.

① 다양한 토양 조건에서의 접지망의 주파수 및 시간 응답 특성 검토

② 과도 시 접지도체 전위상승을 억제하기 위한 도체 배열 및 보조 접지망의 추가 설치로 인한 접지 임피던스 특성 변화와 대지전위 저감효과에 대한 검토

1) 단순 접지극

주파수에 따른 응답 특성으로 대지저항률에 따른 접지도체의 유효거리를 추정하며, 유효거리 내에서 가장 효과적으로 전류를 대지로 누설시키는, 즉 과도 대지전위를 효과적으로 억제하기 위한 접지도체 배열을 해야 한다.

① 주파수와 대지저항률에 상관없이 전류는 접지도체 끝부분에서 많이 누설된다.
② 대지저항률이 작고 주파수가 클 때 접지도체의 전위는 도체 임피던스에 의한 유도성 전압강하에 의해 지배된다.
③ 대지저항률이 크고 주파수가 클 때 접지도체의 전위는 대지에서의 용량성 전압강하에 의해 지배된다.

2) 접지도체의 유효거리

전류의 유입점으로부터 유효거리 또는 유효반경이란, 접지 임피던스 또는 접지 도체 전위의 저감에 기여하는 접지도체의 최대길이를 말한다. 추정된 유효거리 내에서 접지도체를 많이 포설함으로써 고주파 성분을 포함하고 있는 서지전류 유입 시 접지도체의 전위상승을 효과적으로 저감시킬 수 있다.

3) 메시 접지극

접지망 면적이 커질수록 임펄스 임피던스는 감소하나 일정 면적 이상으로 커져도 임펄스 임피던스가 줄지 않는 한계가 존재하며, 이 한계거리(또는 유효반경)는 대지저항률에 비례하여 커진다. 면적이 동일한 경우 도체 간격이 좁아질수록, 대지저항률이 작을수록 도체 간격감소에 따른 임펄스 임피던스 저감효과가 크다.

4) 과도 접지전위 저감

임펄스 임피던스란 서지전류의 유입으로 인한 접지망의 최대 전위 상승값을 유입전류의 최대값으로 나눈 값으로 정의된다. 따라서 과도 접지전위를 저감시키기 위해서는 보조 접지망을 포설하여 과도 접지전위를 저감시킨다.
① 주 접지망 외에 전류 유입점 부근에 보조 접지망을 포설함으로써 임펄스 임피던스를 약 20 ~30[%] 정도 저감시킬 수 있다.
② 보조 접지망의 형상은 방사상이 메시형에 비해 효과적이다.
③ 메시형상 보조 접지망의 도체 간격은 좁을수록 좋다.

09 접지극의 접지저항 저감방법(물리적 · 화학적)

1 개요

1) 접지는 전기설비와 대지 사이에 확실한 전기적 접속을 실현하려는 기술이며 전기 안전의 기본이다.

2) 접지설비는 피접지체, 접지선, 대지, 접지전극 등으로 구성된다.

3) 접지저항의 정의

하나의 접지극에 접지전류 I[A]가 흐를 때 접지전극의 전위가 주변의 대지에 비해서 E[V]만큼 높아진다. 이때 전위상승값과 접지전류의 비 E/I[Ω]를 그 접지전극의 접지저항이라 한다.

4) 접지저항의 성질

① 일반 저항체에 비해 매우 복잡한 성질을 가지고 있으며 그 이유는 토양의 성분, 즉 대지 저항률의 영향을 받기 때문으로 명확히 정량화하기는 어렵다.

② 접지저항에는 다음 저항이 포함된다.

㉠ 접지선, 접지전극의 도체저항

㉡ 접지전극의 표면과 이것에 접촉하는 토양 사이의 접촉저항

㉢ 접지전극 주위의 토양이 나타내는 저항

2 접지저항 저감방법

접지저항 저감방법에는 물리적인 저감방법과 화학적인 저감방법이 있다. 토양의 오염방지와 접지저항값의 유지 측면에서 물리적 저감방법이 추천되며, 각각의 저감방법을 분류하면 다음 그림과 같다.

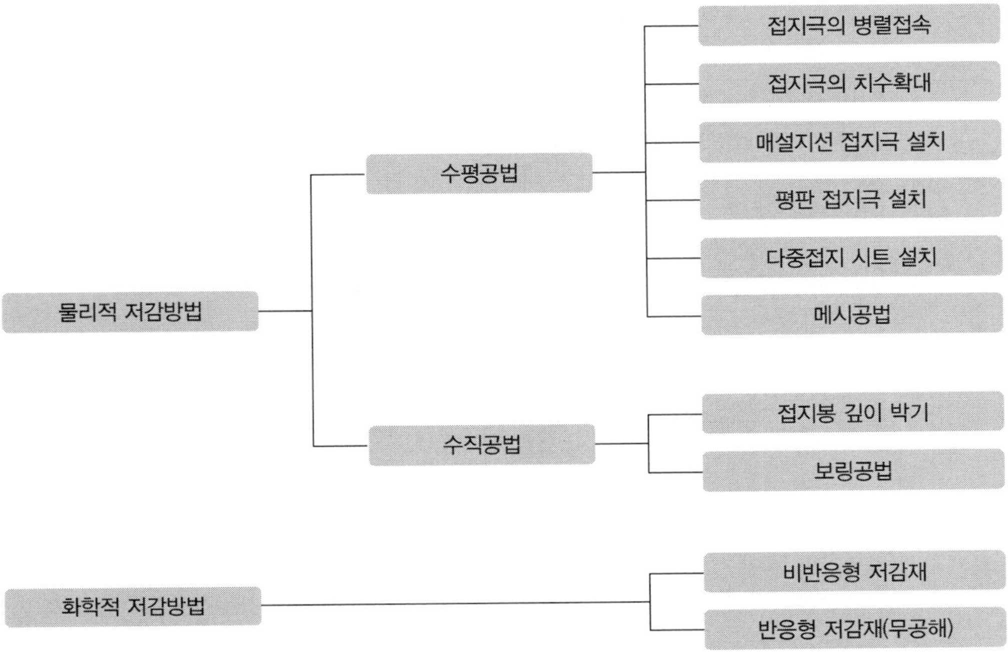

[접지저항 저감방법]

1) 물리적 저감방법

(1) 수평공법

① 접지극의 병렬접속 : 접지극의 병렬접속 개수에 따라 아래 표와 같은 접지저항 저감효과가 있다.

접지극 개수	1개 접지극의 접지저항에 대한 비
2	55[%]
3	40[%]
4	30[%]
5	25[%]

② 접지극의 치수 확대

㉠ 대지와 접촉되는 면적이 넓을수록 접지저항은 낮아진다.

㉡ 접지봉보다는 접지판을 적용한다.

③ 매설지선(환상) 접지극 사용

㉠ 철탑, 발전소 등 낮은 접지저항값을 필요로 하는 장소

㉡ 지지물인 경우 전선로와 나란히 시공

㉢ 매설지선 50[mm²] 이상

㉣ 매설깊이 75[cm] 이상

㉤ 길이 : 철탑의 경우 20～40[m], 건축물의 경우 건축물 외곽 길이의 8[%] 이상

④ 다중접지 시트

㉠ 알루미늄박과 특수 유를 서로 교대로 3매 겹쳐서 만든 것

㉡ 가볍고 유연성이 있으며, 접지저항 저감효과가 크다.

⑤ 메시공법

㉠ 공통접지 및 통합접지시스템을 채용하는 건축물

㉡ 고장전류가 큰 변전소, 플랜트에 적용

(2) 수직공법

① 접지봉 깊이 박기 및 보링공법

② 매설깊이가 깊을수록 접지저항은 깊이에 거의 비례하여 감소(토양이 일정 재질)

2) 화학적 저감방법

접지저감재를 사용하여 화학적으로 저감하는 방법으로 반응형과 비반응형이 있으며, 비반응형은 사용하지 않는다.

(1) 화학적 저감방법의 특징

① 화학적 저감방법은 사용 전 저항 값의약 30[%] 정도

② 땅이 얼면 저항값 상승

(2) 저감재 구비조건

① 공해가 없고 안전할 것

② 저감효과가 크고, 전기적으로 양도체일 것

③ 저감효과의 영속성 및 지속성이 있을 것

④ 접지선 및 접지극을 부식시키지 않을 것

⑤ 작업성이 좋을 것

(3) 접지저항 저감재 사용을 위한 검토

① 안전성 : 사람과 가축, 식물에 대한 안전성을 고려하여 토양을 오염시키지 않거나 생명체에 유해한 것은 사용을 금지해야 한다.

② 대표적인 토양의 오염물질은 다음과 같다.

㉠ 중금속류 : 아연

㉡ 유기화합물 : 폴리염화비닐

㉢ 무기화합물 : 황산소다

㉣ 기타 : 질소화합물, 황산염

③ **사용효과** : 저감재의 저항률과 토양의 저항률을 비교해서 저감효과를 얻을 수 있는지 확인해야 한다.

④ 토양에 적합한 성분을 가진 저감재인지 확인해야 한다.

⑤ **내부식성** : 접지극의 부식을 유발할 수 있으므로 접지극의 재료와 비교하여 문제가 없는지 확인해야 한다.

(4) 접지저항 저감재료의 시공방법

구분	정의	시공법
타입법	전지전극을 타입할 구멍에 저감재를 유입	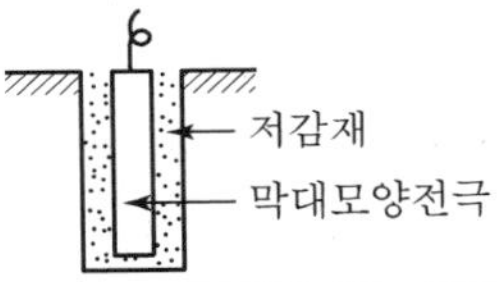
보링법	지반을 천공하여 선 혹은 띠 전극을 설치하고 그 속에 저감재를 타입	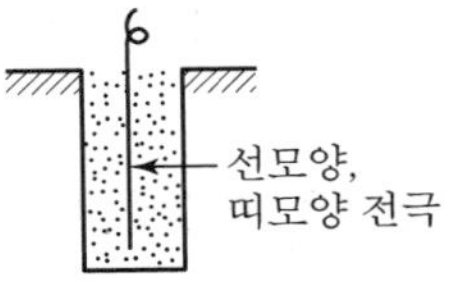
수반법	접지전극 주위 대지에 저감재를 뿌려 저감효과를 얻는 방법	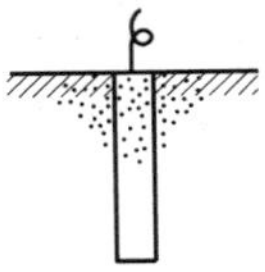
구법	접지전극 주위에 여러 홈을 파내 그 속에 저감재를 유입시켜 저감	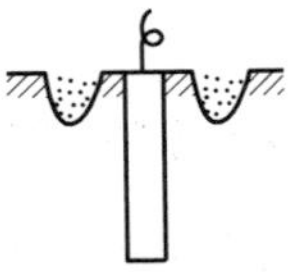
체류조법	접저전극 위에 얇게 도포하여 주로 사용	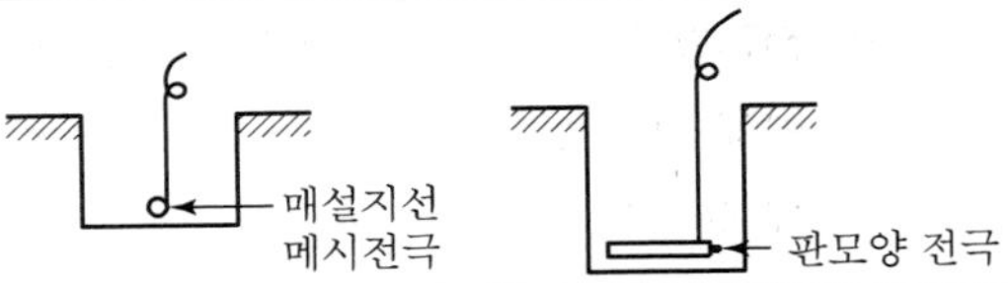

3 최근의 접지기술

1) 접지극의 과도현상을 고려하여 접지 임피던스를 저감하기 위한 접지기술을 적용한다.
2) 메시접지에 추가로 탄소봉 접지극, 침봉 접지극, XIT 전해질 접지극 등을 사용한다.
3) 토양오염 방지와 접지전극의 부식을 방지하기 위하여 도전성 콘크리트 등을 사용한다.

10 KSC IEC 61936-1의 접지 시스템 안전기준(교류 1[kV] 초과)

1 개요

교류 1[kV] 초과 전력설비의 공통규정을 다루고 있는 IEC 61936-1 표준에서 접지시스템은 기기나 시스템을 개별적으로 또는 공통으로 접지하기 위하여 필요한 접속 및 장치로 구성된 설비를 말한다. IEC 61936-1 표준에서는 어떤 조건에서도 기능을 유지하여, 사람이 정당하게 접근할 수 있는 모든 조건과 장소에서 생명의 안전이 보장될 수 있고, 접지시스템에 접속되거나 접지시스템 부근에 있는 기기의 건전성이 보장되며, 그 건전성의 유지를 보장하기 위한 기준을 제공하고 있다.

2 KSC IEC 61936-1 접지 시스템 안전기준(Safety Criteria)

인간의 위험은 심실 세동을 일으키기에 충분한 전류가 심장부위를 통하여 흐르는 데 있다. 그 허용전류는 상용주파수에 적용목적으로 KS C IEC 60479-1로부터 도출되어야 한다. 이 인체전류 한계는 다음의 요소들을 고려하여 계산된 보폭전압 및 접촉전압과의 비교를 위하여 허용전압으로 환산된다.

1) 접촉전압 허용값의 근거

① 심장 부위를 흐르는 전류의 비율 : 심장전류계수(심실 세동 가능성 5[%] 미만)
② 전류의 경로에 따른 인체 임피던스 : 인구의 50[%]가 초과하지 않는 값 기준
③ 인체 접촉점의 저항, 즉 금속구조물에 닿은 장갑을 포함한 손, 신발 또는 자갈을 포함한 땅에 닿은 발

④ 고장지속시간

[고장지속시간에 따른 허용 인체전류]

고장지속시간[s]	인체전류[mA]
0.05	900
0.10	750
0.20	600
0.50	200
1.00	80
2.00	60
5.00	51
10.00	50

⑤ 허용접촉전압 곡선은 IEC/TS 60479－2(2005)의 자료에 근거한다. 또한 고장의 발생, 고장전류의 크기, 고장지속시간 및 사람이 감전 위험에 노출될 수 있는 것은 확률적인 것임을 인지하여야 한다.

2) 허용접촉전압 적용

① 허용접촉전압(U_{Tp}) 기준은 고장지속시간에 따라 [그림]의 곡선이 적용되어야 한다.

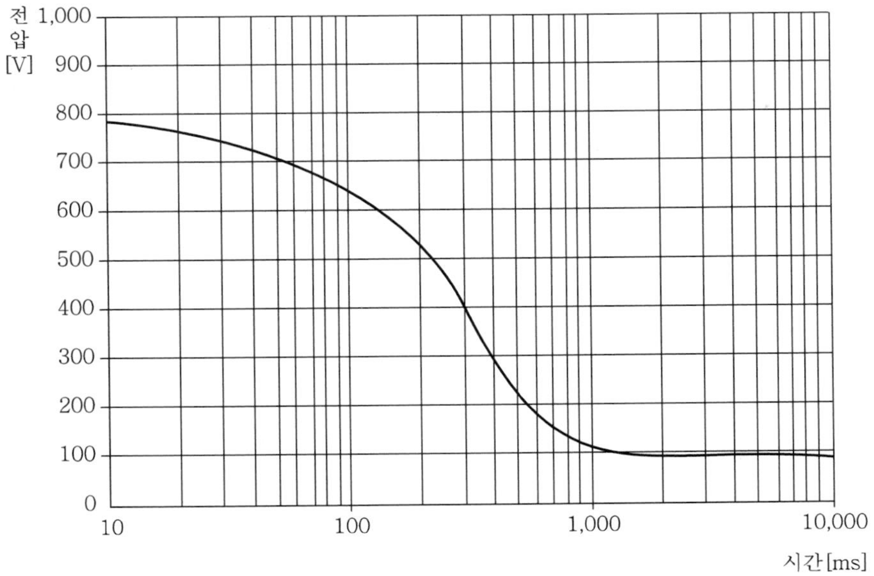

[허용접촉전압]

② 그림 IEEE 80의 허용접촉전압은 그림 허용접촉전압의 곡선에 대한 대안으로서 사용될 수 있는 IEEE 80에 따른 곡선이다.

③ 일반적으로 접촉전압 요건을 만족하면 보폭전압요건도 만족한다. 왜냐하면 인체를 통과하는 전류경로가 달라서 견딜 수 있는 보폭전압한계가 접촉전압한계보다 훨씬 크기 때문이다.

④ 고압 기기가 출입제한 전기설비 운전구역, 즉 산업환경에 설치되지 않았다면 KS C IEC 60364-4-41에서 주어진 저압한계(즉, 50[V])를 초과하는 고압 측 고장으로부터의 접촉전압을 방지할 수 있도록 통합접지가 적용되어야 한다.

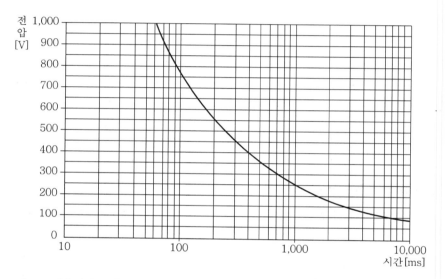

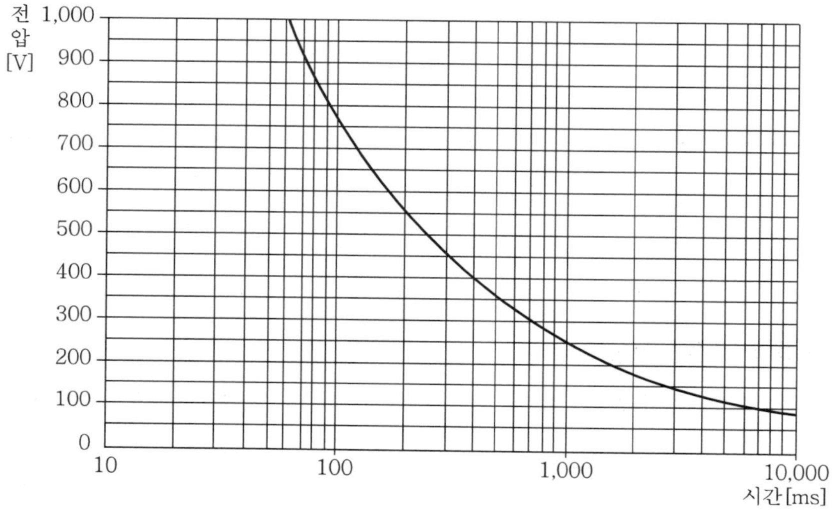

비고 1. 접촉전압 곡선은 토양 고유저항이 100[Ωm]이고 표토층이 0.1[m] 두께로서 1,000[Ωm] 저항을 지닌 경우를 기준으로 한 것이다.
2. 몸무게 50[kg]인 사람이 자갈이 깔린 지역에 있다고 가정한 것이다.

[IEEE 80의 허용접촉전압]

[전류경로가 손－손인 접촉전압 U_T에 대한 총인체임피던스 Z_T]

접촉전압 U_T[V]	인체임피던스 Z_r[Ω]		
	5[%]의 인구	50[%]의 인구	95[%]의 인구
25	1,750	3,250	6,100
50	1,375	2,500	4,600
75	1,125	2,000	3,600
100	990	1,725	3,125
125	900	1,550	2,675
150	850	1,400	2,350
175	825	1,325	2,175
200	800	1,275	2,050
225	775	1,225	1,900
400	700	950	1,275
500	625	850	1,150
700	575	775	1,050
1,000	575	775	1,050

허용접촉전압 곡선은 IEC/TS60479－1에서 추출된 데이터에 기초한다. 인체임피던스값은 건조상태, 넓은 접촉면적(손바닥 면적을 가정하여 10,000[mm^2])에서 전류경로가 손－손(통전경로 손－발에 대한 인체 총임피던스는 경로 손－손에 대한 임피던스보다 다소 작다)일 때 0.1초 동안 통전 시 인구의 50[%]를 초과하지 않는 값을 나타낸 [표] '전류경로가 손－손인 접촉전압 U_T에 대한 총인체임피던스 Z_T'와, 인체전류값은 전류 경로가 손에서 양발일 때 심실세동 발생확률 5[%] 미만인 [그림] '전류경로가 왼손－양발일 때 사람에 대한 교류전류(15～100[Hz]) 영향의 시간/전류'의 c_2 곡선을 채택하고, 이에 대응하는 고장 지속시간에 대한 허용 인체전류값인 [표] '고장지속시간에 따른 허용 인체전류'를 기초로 한다.

이런 가정에 의해 전류경로가 손－양발인 경우 인체 내부 임피던스 계수 0.75를 적용하여 식 (1)에 따라 계산한 허용접촉전압은 [그림]의 곡선과 같다. [그림]에 나타난 바와 같이 전류가 흐르는 시간이 10초 이상 지속되는 경우의 허용접촉전압은 80[V], 고장전류 지속시간이 0.5초일 때 허용접촉전압은 230[V], 1초일 때는 100[V]가 사용될 수 있다.

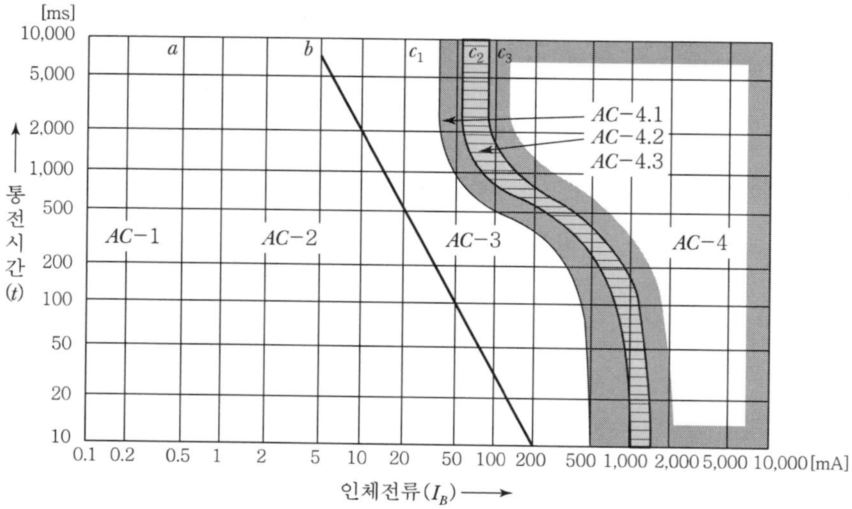

[전류경로가 왼손 – 양발일 때 사람에 대한 교류전류(15~100[Hz]) 영향의 시간/전류]

$$U_{Tp} = I_B(t_f) \times \frac{1}{HF} \times Z_T \times BF \qquad \text{—— 식 (1)}$$

여기서, U_T : 접촉전압, U_{Tp} : 허용접촉전압, t_f : 고장지속시간
$I_B(t_f)$: 인체전류제한, HF : 심장전류계수
$Z_T(U_T)$: 인체임피던스, BF : 인체계수

⑤ 접지대상 건축물의 전기설비가 글로벌접지시스템(GES : Global Earthing System)의 일부분이거나 측정 또는 계산으로 결정된 접지전위상승이 [그림] 'IEEE 80의 허용접촉전압'에 따른 허용접촉전압을 초과하지 않는 경우에는 기준을 충족하는 것으로 고려할 수 있다.

⑥ 고압계통의 지락으로 인한 저압 설비의 노출도전부와 대지 사이에 나타나는 고장 전압의 크기와 지속시간 동안에는 [그림] '허용접촉전압'에 의해 주어지는 값을 초과하지 않아야 한다.

3) 기본 요건(Functional Requirements)

① 접지계통의 구성부품 및 접속 도체는 후비보호 동작시간을 기준으로 열적 · 기계적 설계한계를 초과하지 않고 고장전류를 분류 및 방전할 수 있는 것이어야 한다.

② 접지계통은 부식 및 기계적 제약을 고려하여 그 내용연수 동안 건전성이 유지될 수 있어야 한다.

③ 접지계통의 성능은 과도전위상승, 접지계통 안에서의 전위차 및 고장전류가 흐르도록 의도되지 않은 보조경로로 과도한 전류의 흐름에 의하여 기기가 손상되는 것을 피하여야 한다.

④ 접지계통은 적절한 대책을 조합하여 보호계전기와 차단기의 정상동작시간을 기준할 때 보폭, 접촉 및 전도전위를 허용전압 이내로 유지하여야 한다.

⑤ 접지계통 성능은 IEC/TR 61000－5－2에 따라서 고압계통의 전기 및 전자설비 간의 전자기 적합성(EMC)을 보증할 수 있어야 한다.

4) 글로벌접지시스템(GES)

① IEC 61936－1의 접지설계에서 GES인 경우에는 안전을 고려한 기본설계가 완료되는 것으로 되어 있다.

② GES는 하나의 영역에서 전위차가 없거나 거의 발생하지 않는다는 사실에 근거한다. 이러한 영역을 식별하기 위해 간단하거나 독립적인 규칙은 사용할 수 없다.

③ 일반적으로 낮은 총저항은 도움이 되나 보증되지는 않는다. 그러므로 표준에서는 저항에 근거한 최소 요건을 기술하지 않는다. 또한, 높은 토양 저항과 총저항이 높은 설비에서는 추가적인 저항의 증대와 충분한 전위균등화로 안전요건을 충족시킬 수 있다.

④ 낮은 고장전류 레벨은 전체 EPR 감소에 도움이 될 것이며, 적절한 케이블시스 감소계수 또는 접지와이어 감소계수는 고장전류를 분산시켜 총EPR을 제한한다.

⑤ 또한, 단시간 고장지속시간은 허용접촉전압을 증가시켜 허용되는 제한에 대한 차이를 작게 한다.

3 향후대책

국내의 도심지 건축물에서 22.9[kV] 중성선 다중접지 배전계통의 중성선에 수용가 수전설비의 접지선을 접속한 경우는 일반적으로 GES로 판단할 수 있으나, 실제로 GES를 적용하기 위해서는 지역 또는 단지의 접지시스템의 상호 접속 여부, 건축물의 메시접지, 기초접지극 등의 접지시스템, 중성선 다중접지 배전선로, 지중선로 등 배전선로의 구성 등에 따라 추가적인 연구와 기술적 근거를 바탕으로 국내 실정에 적절한 보다 신뢰성 있는 GES의 판단기준을 정립할 필요가 있다.

11 변전실의 접지설계

1 개요

전 세계적으로 변전설비의 접지설계는 ANSI/IEEE의 규정을 적용하고 있다. 이 규정에서 정하고 있는 접지설계는 접지전극에 대한 대지표면의 전위상승에 관련된 전위경도의 경감방법을 중요시하고 있다.

2 접지설계 시 고려사항

1) 국내의 접지설비는 접지저항값을 기준으로 정하고 있어 접지설계 시 접지저항을 낮추기 위한 설계를 위주로 하고 있다.
2) IEEE 규정은 접지저항보다는 접지전극에 대한 대지표면의 전위상승에 관련된 접촉전압, 보폭전압, 메시전압 등을 검토하여 전위경도를 경감시키는 방법으로 설계한다.
3) 인체 감전은 전위경도와 직접 관계되므로 변전실 접지는 인체 안전성이 평가된 설계가 되어야 한다.

3 접지설계순서

1) 토양의 특성조사(대지저항률)

① 토양의 특성, 변전설비 평면계획, 대지저항률, 대지구조 등 현장조건을 확정한다.
② 대지고유저항은 토양의 종류, 수분의 양, 온도, 계절적 영향 및 토양 속의 물질에 따라 달라지므로 측정 시 유의해야 한다.

2) 접지고장전류의 계산(1선 지락)

접지고장전류, 고장지속시간, 접지도체의 굵기 등을 결정한다.

① 접지고장전류

$$I_g(=3I_0)=\frac{3E}{Z_0+Z_1+Z_2}$$

여기서, Z_0, Z_1, Z_2 : 고장점에서 본 계통 측의 영상, 정상, 역상임피던스

② 고장지속시간

22[kV](22.9[kV]) 계통은 1.1초, 66[kV] 비접지계통은 1.6초

보통 0.5~3초(한전규격 2.0초 권장)

③ 접지도체의 굵기 : 기계적 강도, 내식성, 전류용량의 3가지 요소를 고려하여 결정한다.

$$S = \frac{\sqrt{t_s}}{K} \times I_g [\text{mm}^2]$$

여기서, K : 접지도체의 절연물 종류 및 주위온도에 따라 정해지는 계수
t_s : 고장지속시간[sec]

[K 값]

접지선의 종류 / 주위온도	나연동선	IV, GV	CV	부틸고무
30[°C](옥내)	284	143	176	166
55[°C](옥외)	276	126	162	152

3) 감전방지 안전한계치 결정(보폭전압 및 접촉전압의 설정)

① 접촉전압(IEEE 정의)은 구조물과 대지면 사이의 거리 1[m]의 전위차를 말한다.

$$E_{Touch} = \left(R_H + R_B + \frac{R_F}{2}\right) I_B = (1{,}000 + 1.5\,C_s\,\rho_s)\frac{0.116}{\sqrt{t}}$$

여기서, R_H : 손의 접촉저항, R_B : 인체저항, R_F : 다리의 접촉저항
C_s : 계수, ρ_s : 표면재의 고유저항, t : 통전시간

② 보폭전압(IEEE 정의)은 접지전극부근 대지면 두 점 간의 거리 1[m]의 전위차를 말한다.

$$E_{Step} = (R_B + 2R_F) I_B = (1{,}000 + 6\,C_s\,\rho_s)\frac{0.116}{\sqrt{t}}$$

※ I_B 인체전류는 Dalziel의 식을 인용하며 인간체중을 50[kg]으로 환산한 식

4) 접지전극의 설계

① 변전실의 접지설비를 Mesh 접지에 의한 설계로 검토한다.

② 접지저항 계산

메시도체의 격자 수, 간격, 접지도체의 전체길이, 매설깊이 등을 설정하고 접지저항값을 계산한다(IEEE 80－86 Gide : Severak 식).

$$\text{Mesh 접지저항 } R = \rho\left[\frac{1}{L} + \frac{1}{\sqrt{20A}}\left(1 + \frac{1}{1+h\sqrt{20/A}}\right)\right][\Omega]$$

여기서, ρ : 대지저항률[$\Omega \cdot$ m], A : 메시 면적(접지부지면적 : [m^2])
L : 접지선의 길이[m], h : 접지선의 매설깊이[m]($0.25 \le h \le 2.5$)

5) 최대접지전류의 계산

① 접지고장전류는 접지전극과 가공지선이나 다른 접지설비에 의해 분류된다.
② 접지전극으로 흐르는 최대접지전류를 접지고장전류의 60[%]로 한다. $\therefore\ I = I_g \times 0.6$

6) 접지안전성평가(GPR과 접촉전압 비교)

접지망 전체의 접지저항이 계산되는 접지망의 최대전위상승은 $GPR(= I_g \times R_g)$로 표시되며 허용접촉전압과 검토가 필요하다.

대지전위상승(GPR : Ground Potential Rise)과 허용접촉전압의 비교

① GPR < 허용접촉전압의 경우 : 설계는 적절
② GPR > 허용접촉전압의 경우 : 재설계

7) 전위경도 완화대책 또는 재설계

보폭전압 및 접촉전압이 감전방지 한계치 허용값보다 높을 경우

① 접지전극의 접지저항 저감방법
　㉠ 물리적 저감법
　㉡ 화학적 저감법

② 변전실 접지설비 저감
　㉠ 메시 전극을 깊게 박고, 전극의 면적을 크게 한다.
　㉡ 메시 전극의 간격을 조정하여 봉형 전극을 병렬로 접속한다.
　㉢ 메시 전극을 대지저항률이 낮은 지층에 매설 또는 토양의 저항률을 저감시킨다.

③ 보폭전압과 접촉전압의 저감방법
　㉠ 접지기기 철구 등의 주변 1[m] 위치에 깊이 0.2~0.4[m]의 환상보조접지선을 매설하고 이를 주 접지선과 접속한다(저감률 약 25[%] 정도 저감).
　㉡ 접지기기 철구 등의 주변 약 2[m]에 자갈을 0.15[m] 깔거나 또는 콘크리트를 0.15[m] 타설한다(저감률 건조 시 19[%], 습윤 시 14[%] 저감).
　㉢ 접지망 접지간격을 좁게 한다. 메시 망의 간격을 좁게 하면 전위경도가 완화된다.

④ 고장전류를 다른 경로로 돌리는 방법

송전선로의 가공지선에 연결 등으로 접지고장전류를 다른 경로로 분류한다.

8) 기타

(1) 전위경도에 만족하는 경우

접지할 기기의 주변에 매설 접지도선이 없을 경우 추가로 접지도선을 매설한다. 피뢰기, 변압기의 중성점에는 접지봉을 추가로 타입한다.

(2) 전위경도에 불만족하는 경우

접지전극의 대지표면에 자갈을 깔거나 전기저항이 큰 재료로 마감하여 허용접촉전압 및 보폭전압을 높이는 방법도 효과적이다.

12 건축물에 시설하는 전기설비의 접지선 굵기 산정

1 개요

접지선의 굵기를 결정하는 경우 기계적 강도, 내식성, 전류용량의 3가지 요소를 고려하여 결정한다. 전기설비기준, 내선규정으로 규정되어 있는 접지선 굵기는 기계적인 최소 수치이며, 현장에서는 고장전류가 안전하게 통전할 수 있는 충분한 굵기를 사용한다.

2 특고압 기기의 접지선 굵기 계산(제1종 접지공사)

1) 도체 단면적 계산식

① 도체의 단면적은 전류, 통전시간, 온도, 재료의 특성값 등을 이용하여 도체의 단면적 계산식을 이용하여 구한다.

② 나동선의 경우

$$S = \sqrt{\frac{8.5\times10^{-6}\times t_s}{\log_{10}\left(\frac{T}{274}+1\right)}}\times I_g\,[\mathrm{mm^2}]$$

여기서, S : 접지선의 단면적[mm^2], t_s : 고장계속시간[sec]

T : 접지선의 용단에 대한 최고허용온도(상승)
(나동연선 : 850[°C], 접지용 비닐전선 : 120[°C])
I_g : 접지선의 고장전류[A]

2) 간략식

상기와 같이 분모계수는 도체의 재료, 절연물의 종류, 주위온도에 따라 결정되는 상수로 생각할 수 있다. 접지도체에 동(Cu)을 사용할 경우 간략식으로 계산할 수 있다.

① 동선의 경우

$$S = \frac{\sqrt{t_s}}{K} \times I_g [\mathrm{mm}^2]$$

여기서, K : 접지도체의 절연물 종류 및 주위온도에 따라 정해지는 계수
t_s : 고장지속시간[sec]
{22[kV](22.9[kV]) 계통 1.1초, 66[kV] 비접지계통 1.6초}

[K 값]

주위온도 \ 접지선의 종류	나연동선	IV, GV	CV	부틸고무
30[°C](옥내)	284	143	176	166
55[°C](옥외)	276	126	162	152

② 접지용 나연동선을 옥외에 설치하는 경우

$$S = \frac{\sqrt{t_s}}{276} \times I_g$$

③ 접지용 절연전선을 옥내에 설치하는 경우

$$S = \frac{\sqrt{t_s}}{143} \times I_g$$

3 저압기기 접지선의 굵기 계산

1) 접지선의 온도 상승

접지선에 단시간 전류가 흘렀을 경우 동선의 허용온도 상승

$$\theta = 0.008\left(\frac{I}{A}\right)^2 \cdot t[°C]$$

여기서, I : 통전전류[A], A : 동선의 단면적[mm^2], t : 통전시간[sec]

2) 계산조건

① 접지선에 흐르는 고장전류의 값은 전원측 과전류차단기 정격전류의 20배이다.

② 과전류차단기는 정격전류의 20배 전류에 0.1초 이하에서 끊어진다.

③ 고장전류가 흐르기 전의 접지선 온도는 30[°C]로 한다.

④ 고장전류가 흘렀을 때 접지선의 허용온도는 150[°C](허용온도 상승은 120[°C])가 된다.

3) 계산식

상기의 계산조건을 대입하면

$120 = 0.008\left(\frac{20I_n}{A}\right)^2 \times 0.1$ 에서

$\therefore A = 0.049I_n[\text{mm}^2]$ (여기서, I_n : 과전류차단기의 정격전류)

4 KS C IEC 60364－543에 의한 보호도체의 최소단면적

보호도체의 최소단면적은 다음의 계산식 또는 표에 따른다.

1) 최소단면적 산출

$$\text{단면적 } S = \frac{\sqrt{I_g^2 \cdot t}}{K} = \frac{\sqrt{t}}{K} \cdot I_g$$

여기서, I_g : 보호계전기를 통한 지락고장전류값(교류실효값),
t : 고장계속시간[sec], K : 절연물 종류 및 주위온도에 따라 정해지는 계수

2) 보호도체의 단면적 선정

보호도체의 단면적은 아래 표 값 이상의 표준규격의 도체 굵기를 선정하여야 한다.

[보호도체의 단면적]

상도체의 단면적 S[mm²]	대응하는 보호도체의 최소 단면적[mm²]	
	보호도체의 재질이 상도체와 같은 경우	보호도체의 재질이 상도체와 다른 경우
$S \leq 16$	S	$\frac{k_1}{k_2} \times S$
$16 < S \leq 35$	16^a	$\frac{k_1}{k_2} \times 16$
$S > 35$	$\frac{S^a}{2}$	$\frac{k_1}{k_2} \times \frac{S}{2}$

여기서, k_1 : 도체 및 절연의 재질
k_2 : KS C IEC 60364－5－54 보호도체
$\square^a$: PEN도체의 경우 단면적의 축소는 중성선의 크기 결정에 대한 규칙에만 허용한다.

3) 보호도체의 최소 굵기

보호도체가 전원케이블 또는 케이블 용기의 일부로 구성되어 있지 않는 경우 단면적은 어떠한 경우에도 다음 값 이상이 되어야 한다.

① 기계적 보호가 되는 것 : 2.5[mm²]
② 기계적 보호가 되지 않는 것 : 16[mm²]

13 건축물의 설비기준 등에 관한 규칙 제20조의 피뢰설비

낙뢰의 우려가 있는 건축물 또는 높이 20[m] 이상의 건축에는 다음의 기준에 적합하게 피뢰설비를 설치하여야 한다.

1) 피뢰설비는 한국산업표준이 정하는 보호등급의 피뢰레벨 등급에 적합한 피뢰설비일 것. 다만, 위험물저장 및 처리시설에 설치하는 피뢰설비는 한국산업표준이 정하는 보호등급의 피뢰시스템레벨 Ⅱ 이상이어야 한다.

2) 돌침은 건축물의 맨 윗부분으로부터 25[cm] 이상 돌출시켜 설치하되, 「건축물의 구조기준 등에 관한 규칙」 제13조의 규정에 의한 풍하중 제9조에 따른 설계하중에 견딜 수 있는 구조일 것
3) 피뢰설비의 재료는 최소 단면적이 피복이 없는 동선을 기준으로 수뢰부 35[mm^2] 이상, 인하도선 16[mm^2] 이상 및 접지극은 50[mm^2] 이상이거나 이와 동등 이상의 성능을 갖출 것
4) 피뢰설비의 인하도선을 대신하여 철골조의 철골구조물과 철근콘크리트조의 철근구조체 등을 사용하는 경우에는 전기적 연속성이 보장될 것. 이 경우 전기적 연속성이 있다고 판단되기 위하여는 건축물 금속 구조체의 최상단부와 하단부 지표레벨 사이의 전기저항이 0.2[Ω] 이하이어야 한다.
5) 측면 낙뢰를 방지하기 위하여 높이가 60[m]를 초과하는 건축물 등에는 지면에서 건축물 높이의 5분의 4가 되는 지점부터 최상단부분까지의 측면에 수뢰부를 설치하여야 하며, 지표레벨에서 최상단부의 높이가 150[m]를 초과하는 건축물은 120[m] 지점부터 최상단부분까지의 측면에 수뢰부를 설치할 것. 다만, 높이가 60[m]를 초과하는 부분 외부의 각 금속 부재(部材)를 2개소 이상 전기적으로 접속시켜 4)의 후단의 규정에 적합한 전기적 연속성이 보장된 경우에는 측면 수뢰부가 설치된 것으로 본다. 다만, 건축물의 외벽이 금속부재(部材)로 마감되고, 금속부재 상호간에 4)의 후단에 적합한 전기적 연속성이 보장되며 피뢰시스템레벨 등급에 적합하게 설치하여 인하도선에 연결한 경우에는 측면 수뢰부가 설치된 것으로 본다.
6) 접지(接地)는 환경오염을 일으킬 수 있는 시공방법이나 화학 첨가물 등을 사용하지 아니할 것
7) 급수 · 급탕 · 난방 · 가스 등을 공급하기 위하여 건축물에 설치하는 금속배관 및 금속재설비는 전위(電位)가 균등하게 이루어지도록 전기적으로 접속할 것
8) 전기설비의 접지계통과 건축물의 피뢰설비 및 통신설비 등의 접지극을 공용하는 통합접지공사를 하는 경우에는 낙뢰 등으로 인한 과전압으로부터 전기설비 등을 보호하기 위하여 한국산업표준에 적합한 서지보호장치(SPD)를 설치할 것
9) 그 밖에 피뢰설비와 관련된 사항은 한국산업규격에 적합하게 설치할 것

14 KSC IEC 62305 피뢰설비 규격

1 개요

1) 낙뢰는 건물 전체 또는 일부에 손상, 손실, 기기오동작을 일으키므로 이에 대한 대책이 요구되어 세계 각국의 낙뢰전문가들이 수년 동안의 작업을 거쳐 KSC IEC 62305 시리즈라는 새로운 피뢰설비 규격을 탄생시켰다.
2) KSC IEC 62305 시리즈는 PART－1, 2, 3, 4로 구성되어 있다.

2 주요 내용

1) KSC IEC 62305－1 : 일반적 사항
2) KSC IEC 62305－2 : 위험도 해석(관리)
3) KSC IEC 62305－3 : 구조물과 인체의 보호
4) KSC IEC 62305－4 : 구조물 내부의 전기전자시스템 뇌보호

3 KSC IEC－62305－1(일반적 사항)

1) 뇌격지점별 손상과 손실

뇌격점	형태	손상 원인	손상 유형	손실 유형
구조물	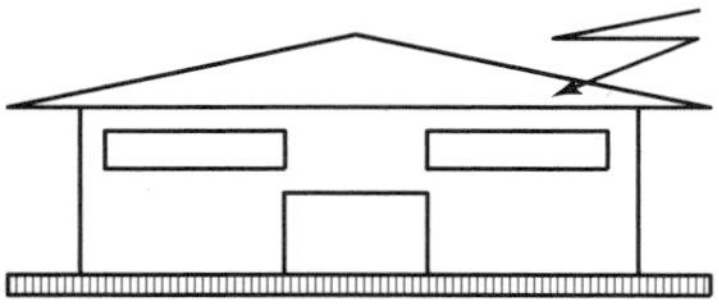	S1	D1 D2 D3	L1, L4[2] L1, L2, L3, L4 L1[1], L2, L4
구조물 근처	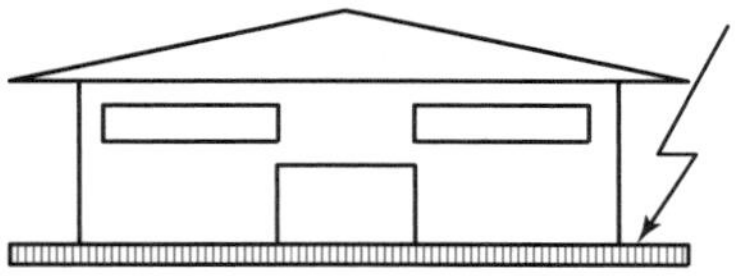	S2	D3	L1[1], L2, L4
구조물에 접속된 인입설비	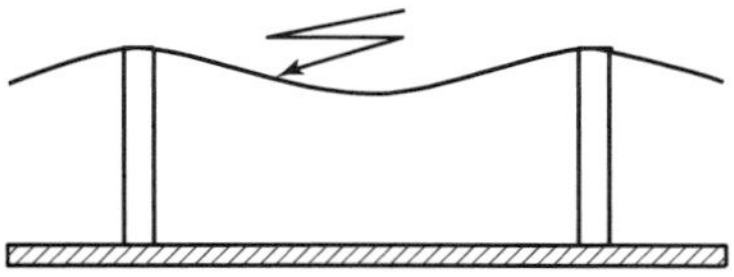	S3	D1 D2 D3	L1, L4[2] L1, L2, L3, L4 L1[(1)], L2, L4
인입설비 근처	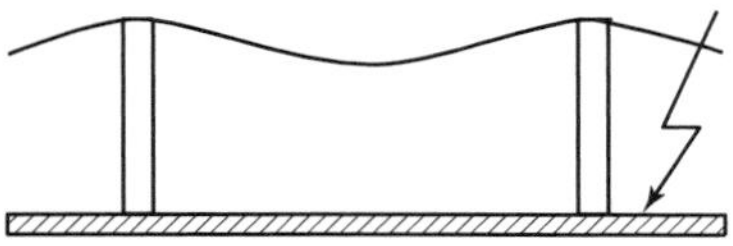	S4	D3	L1[1], L2, L4

비고 1. 폭발의 위험이 있거나 내부시스템 고장 시 인명피해가 발생할 수 있는 병원 또는 이와 같은 건물
2. 단지 동물의 피해가 유발될 수 있는 건물

2) 보호대책

① 노출된 전도성 부품의 → 충분한 절연
② 망상접지에 의한 → 등전위화
③ 서지보호기 설치 → LA, SA
④ 물리적 제한 및 경고표지
⑤ 자탐 및 소화장비설치
⑥ 대피통로설치
⑦ 매설케이블인 경우 금속덕트 사용

3) 회전구체반경과 뇌격파라미터(최소값)

뇌 기준	뇌보호 등급			
	1등급	2등급	3등급	4등급
최소피크전류 I[kA]	3	5	10	15
회전구체의 반경 R[m]	20	30	45	60

4 KSC IEC－62305－2(위험도 해석관리)

1) 정의

① 이규격에서의 위험성 관리는 낙뢰로 인하여 건축물 또는 인입설비에 발생되는 위험성을 평가하는 데 적용할 수 있다.
② 이러한 위험성 평가에 의해 보호대상물에 대한 보호의 필요성을 판단하고, 보호 필요 시 위험성 저감을 위한 최적의 보호수단을 선정할 수 있다.

2) 손상과 손실

(1) 피해원인(Source)

① S1 : 구조물에 직접뇌격
② S2 : 구조물 근방에 뇌격
③ S3 : 인입설비에 직접뇌격
④ S4 : 인입설비 근방에 뇌격

(2) 손상유형(Damage)

① D1 : 접촉 또는 보폭전압에 의한 인명의 쇼크

② D2 : 물리적 손실(화재, 폭발, 기계적 파괴, 화학물질 누출 등)

③ D3 : 전기 및 전자설비의 오동작

(3) 손실유형(Loss)

① L1 : 인명 손실

② L2 : 공공시설 손실

③ L3 : 문화유산 손실

④ L4 : 경제적 가치의 손실(구조물과 그의 내용물, 인입설비와 기능의 손실)

(4) 위험도 분류(Risk)

① R1 : 인명 피해 위험도

② R2 : 공공시설 피해 위험도

③ R3 : 문화재 손실 위험도

④ R4 : 경제적 손실 위험도

3) 보호대책 선정절차

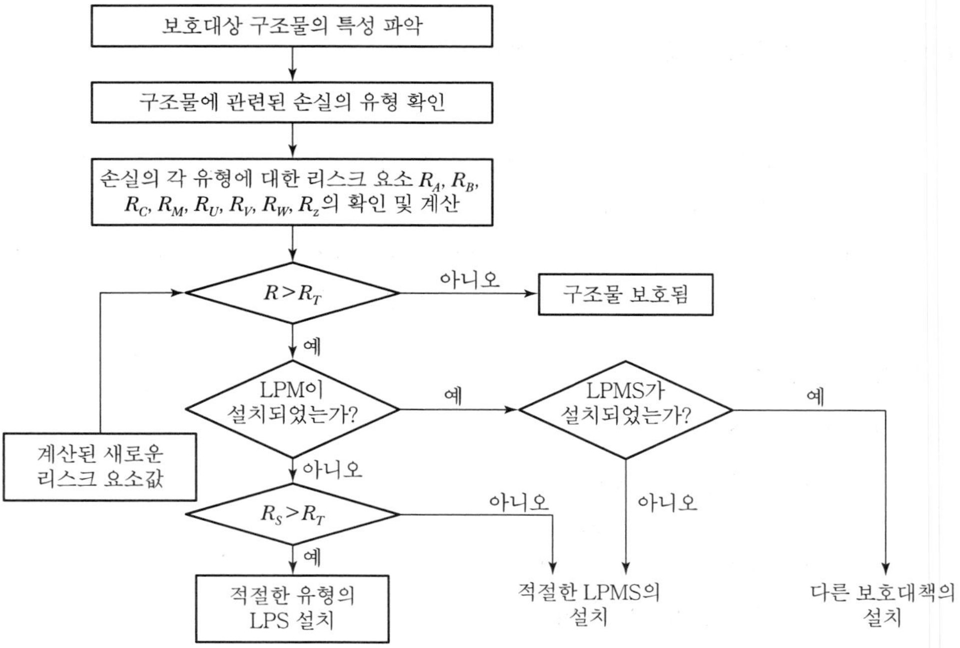

[구조물의 보호대책을 선정하는 절차]

5 KSC IEC – 62305 – 3(구조물과 인체의 보호) 낙뢰보호시스템(LPS)

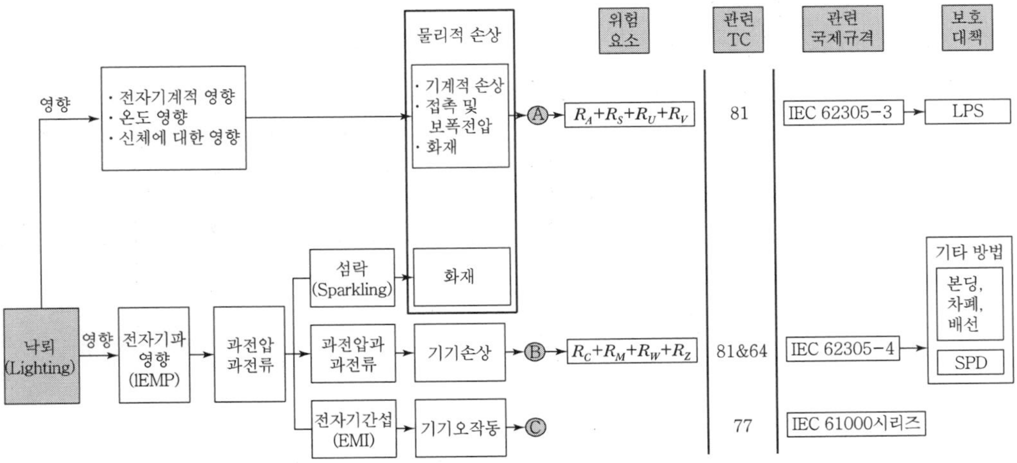

[낙뢰에 의한 피해의 종류와 보호대책]

1) 규격 적용범위

① 기존 : KSC IEC 61024 → 60[m] 이하 구조물 대상

② 신규 : KSC IEC 62305 → 건물높이에 관계없이 모든 건물 적용

2) 철근구조체

저항값이 0.2[Ω] 이하이면 → 전기적 연속성으로 규정

3) 수뢰시스템

돌침, 수평도체, 메시(Mesh) 도체만 규정

4) 보호각 적용

① 기존 : 돌침에 의한 보호각 적용

② 신규 : 그래프에 의해 연속적으로 나타남

[피뢰시스템의 레벨별 회전구체 반경, 메시치수와 보호각의 최대값]

구분	보호법		
피뢰시스템의 레벨	회전구체 반경 r[m]	메시치수 W[m]	보호각 α[°]
Ⅰ	20	5×5	아래 그림 참조
Ⅱ	30	10×10	
Ⅲ	45	15×15	
Ⅳ	60	20×20	

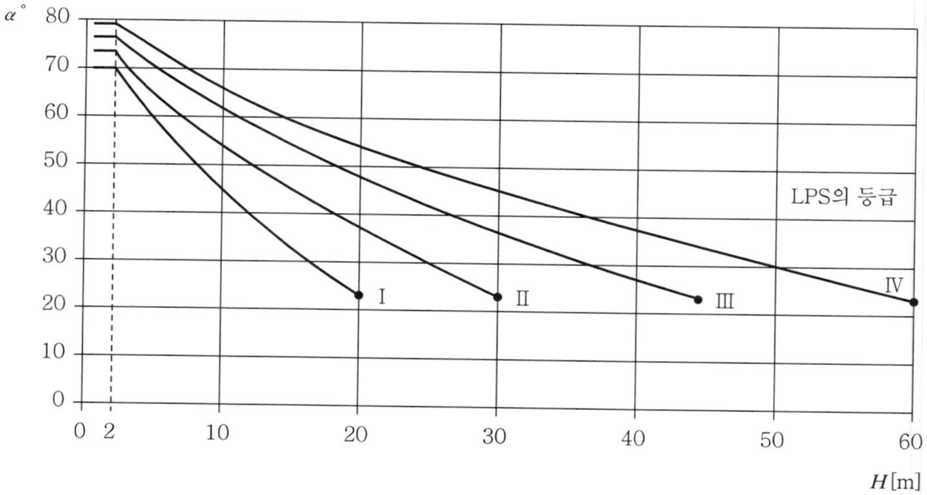

[보호각 적용기준]

6 KSC IEC－62305－4(구조물과 내부의 전기전자시스템 뇌보호) 뇌전자보호시스템(SPM)

1) 뇌보호영역(LPZ : Lightning Protection Zone)

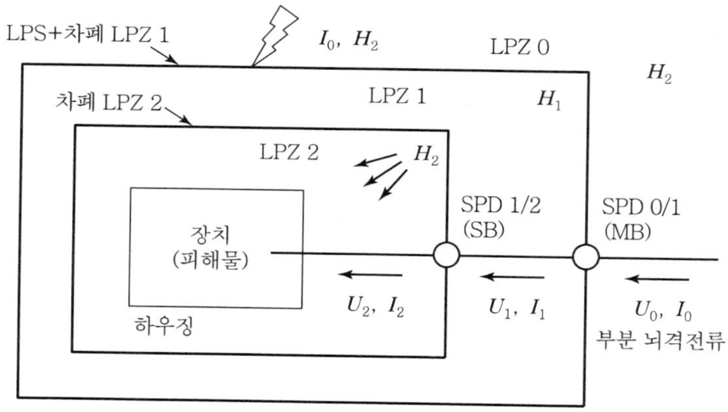

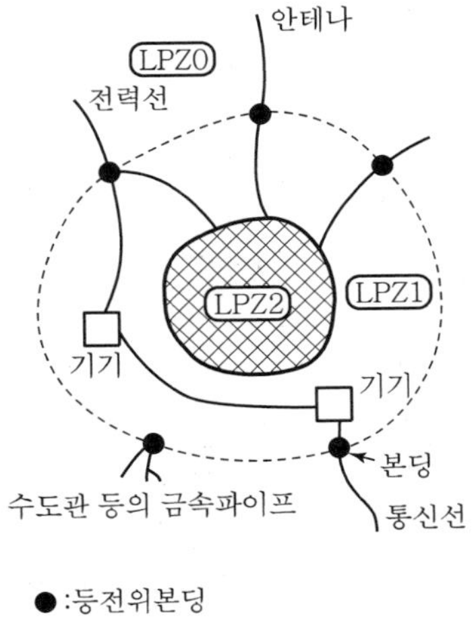

[LPZ 구분의 개념도]

2) SPM 기본보호대책

① 접지 → 뇌격전류 분산
② 본딩 → 전위차 및 자계 감소
③ 자기차폐와 선로배치
④ 협조된 서지보호기(SPD)를 사용한 보호

15 SPM(LEMP 보호대책) 시스템 설계 및 시공

1 개요

1) 전기전자시스템은 뇌전자기임펄스(LEMP)에 의해 손상을 입게 되므로 내부시스템의 고장을 방지하기 위해 SPM을 할 필요가 있다.
2) LEMP에 대한 보호는 피뢰구역(LPZ)의 개념을 기본으로 하고 있어 보호대상 시스템을 포함한 영역을 LPZ로 나누어야 한다.

2 LPZ 구역 구분 및 대상설비

1) SPD 구역 구분

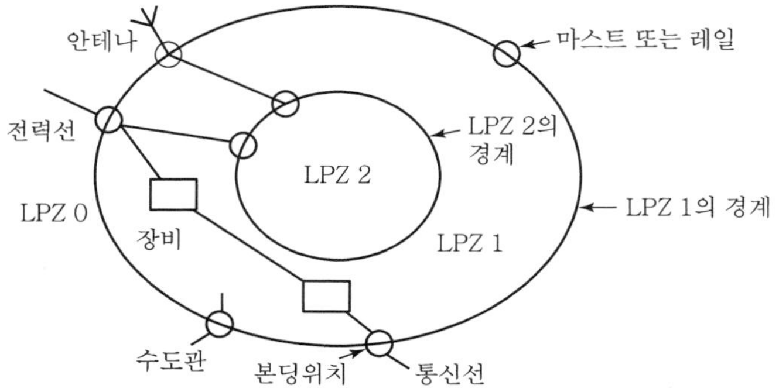

여기서, ○ : 직접 또는 적정한 SPD에 의한 인입설비의 본딩

[여러 가지 LPZ로 분할하는 일반적인 원리]

① 구조체를 내부 LPZ로 나누는 예를 나타낸 것
② 구조물에 인입하는 모든 금속 인입 설비는 LPZ 1 경계에서 본딩바를 통해 본딩함
③ 추가로 LPZ 2(예 컴퓨터실)에 인입하는 도전성 인입설비는 LPZ 2의 경계에서 본딩바를 통해 본딩함

2) LEMP로 인한 전기전자시스템의 영구적 고장 발생 원인

① 접속배선을 통하여 기기로 전달되는 전도성 서지 및 유도서지
② 기기에 직접 침투하는 방사전자계의 영향

3) LPZ 정의 및 피뢰 영역별 대상설비

피뢰영역	정의 및 대상설비의 예
LPZ 0_A	• 직격뢰에 의한 뇌격과 완전한 뇌전자계의 위험이 있는 지역 → 내부시스템은 뇌서지전류의 전체 또는 일부분이 흐르기 쉽다. • 대상설비 : 외등(가로등, 보안등) 감시카메라 등
LPZ 0_B	• 직격뢰에 의한 뇌격은 보호되나 완전한 뇌전자계의 위험이 있는 지역 → 내부시스템은 뇌서지 전류의 일부분이 흐르기 쉽다. • 옥상수전(큐비클)설비, 공조옥외기, 항공장해등, 안테나 등
LPZ 1	• 전류분배기 및 절연인터페이스 또는 경계지역의 SPD에 의해 서지전류가 제한된 지역 → 공간차폐는 뇌격에 의한 전자계의 형성을 약하게 한다. • 대상설비 : 건물 내 인입부분의 설비(수변전설비, MDF, 전화교환기)

피뢰영역	정의 및 대상설비의 예
LPZ 2	• 전류분배기 및 절연인터페이스 또는 경계지역의 SPD에 의해 서지전류가 더욱 제한된 지역 → 뇌전자계의 형성을 더욱 약하게 하기 위해 추가적인 공간 차폐가 이용됨 • 대상설비 : 방재센터, 중앙감시실, 전산실 등

3 가능한 SPM(LEMP 방호대책) 적용

1) 공간차폐물과 협조된 SPD 보호를 이용한 SPM

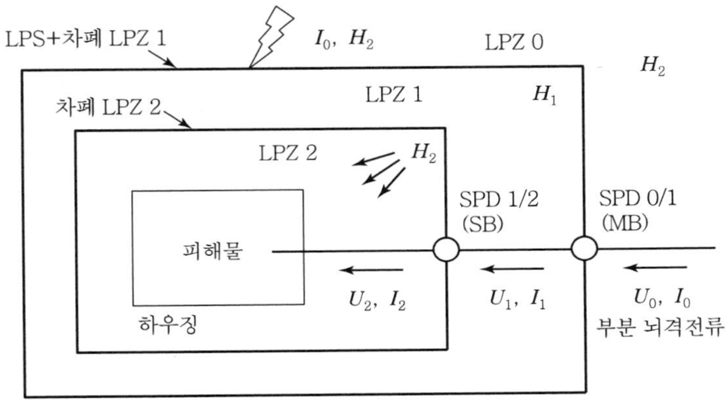

[공간차폐물과 협조된 SPD보호를 이용한 SPM]

① 전도성 서지($U_2 \ll U_0$와 $I_2 \ll I_0$)와 방사자계($H_2 \ll H_0$)에 대해 잘 보호된 기기에 대한 방호이다.

② 공간차폐물과 협조된 SPD 시스템을 이용한 SPM은 방사자계와 전도성 서지에 대하여 보호한다.

③ 일련의 공간차폐물과 SPD 보호협조는 자계와 서지를 위험레벨보다 낮은 레벨로 낮출 수 있다.

2) LPZ 1의 입구에 SPD의 설치와 LPZ 1의 공간차폐물을 이용한 SPM

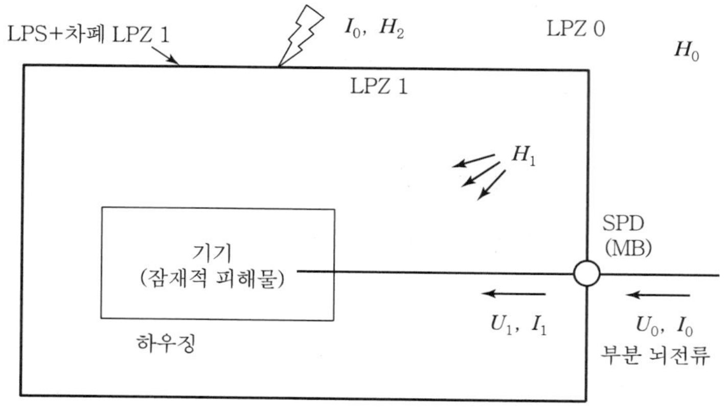

[LPZ 1의 입구에 SPD의 설치와 LPZ 1의 공간차폐물을 이용한 SPM]

① 전도성 서지($U_1 < U_0$와 $I_1 < I_0$)와 방사자계($H_1 < H_0$)에 대해 보호된 기기에 대한 방호이다.

② LPZ 1의 입구에 SPD의 설치와 공간차폐물을 이용한 SPM은 방사자계와 전도성 서지에 대하여 기기를 보호할 수 있다.

③ 만약 너무 높은 자계가 남아 있거나(LPZ 1의 낮은 차폐 효과 때문에) 또는 서지의 크기가 너무 크게 남아 있으면(SPD의 높은 전압보호레벨과 SPD 하위 배선에 나타나는 유도 영향 때문에) 그 보호는 충분하지 않다.

3) LPZ 1의 입구에 SPD의 설치와 내부선 차폐물을 이용한 SPM

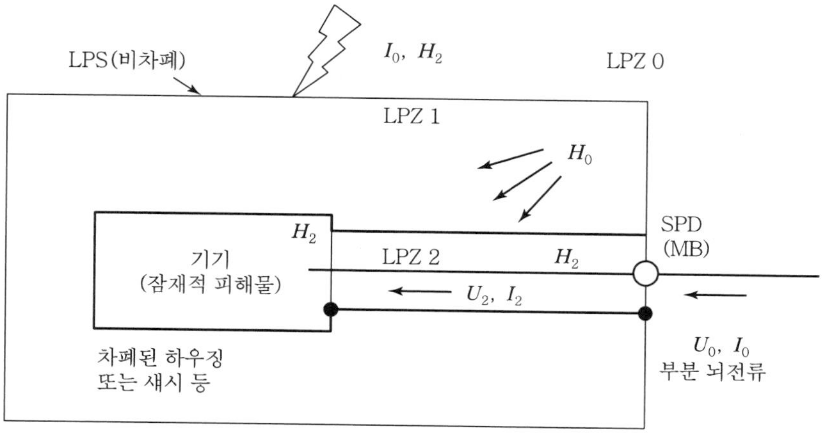

[LPZ 1의 입구에 SPD의 설치와 내부선 차폐물을 이용한 SPM]

① 전도성 서지($U_2 < U_0$와 $I_2 < I_0$)와 방사자계($H_2 < H_0$)에 대해 보호된 기기에 대한 방호이다.

② 기기의 차폐외함에 결합된 차폐선을 이용하여 만들어진 SPM은 방사자계에 대해 보호하게 된다. LPZ 1 입구에 SPD의 설치는 전도성 서지에 대해 보호를 한다.

③ 더 낮은 위험 레벨(LPZ 0에서 LPZ 2까지 한 단계에서)을 이루기 위해서는 낮은 전압 보호레벨을 충분히 만족하는 특별한 SPD를 설치할 필요가 있다(예 내부에 추가적인 협조단계).

4) 협조된 SPD 보호만 이용한 SPM

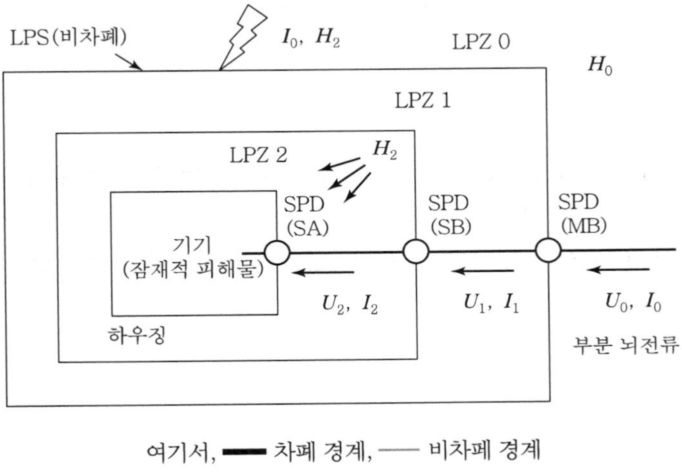

[협조된 SPD 보호만 이용한 SPM]

① 전도성 서지($U_2 \ll U_0$와 $I_2 \ll I_0$)와 방사자계(H_0)에 대해 보호된 기기에 대한 방호이다.

② SPD는 단지 전도성 서지에 대하여 보호하기 때문에 협조된 SPD 시스템을 이용하는 SPM은 방사자계에 민감하지 않은 기기의 보호에만 적합하다.

③ 더 낮은 위험 서지레벨은 SPD 간의 협조를 통해 달성할 수 있다.

4 SPM에서 기본보호대책

1) 접지와 본딩

① 접지시스템은 뇌격전류를 대지로 흘리고 분산시킨다.

② 본딩은 전위차를 최소화하고, 자계를 감소시킨다.

2) 자기차폐와 선로경로

① 공간차폐물은 구조물 또는 구조물 근처의 직격뢰에 의해 발생하는 LPZ 내부의 자계를 감쇠시키고 내부서지를 감소시킨다.

② 차폐케이블이나 케이블 덕트를 이용한 내부 배선의 차폐는 내부 유도서지를 최소화시킨다.

3) 협조된 SPD 보호

① 협조된 SPD 보호는 내부서지와 외부서지의 영향을 제한한다.

② 접지와 본딩은 항상, 특히 구조물의 인입점에서 등전위 본딩 SPD를 통해서나 또는 직접 모든 도전성 인입설비에서 본딩을 확실하게 한다.

5 맺음말

1) 접속선을 통하여 기기에 침투한 전도 및 유도된 서지의 영향으로부터 보호를 위해 협조된 SPD 시스템으로 구성한 SPM을 사용해야 한다.

2) SPM 설계는 EMC에 대한 폭넓은 지식과 설치 경험이 풍부한 낙뢰 및 서지보호 전문가가 수행하여야 한다.

16 뇌보호시스템의 수뢰부 시스템 배치방법 설계

1 개요

1) IEC 62305의 일반구조물 등에 적용되는 뇌보호 시스템(LPS)은 크게 외부 뇌보호 시스템과 내부 뇌보호 시스템으로 분류된다.

① 외부 뇌보호 시스템 : 수뢰부 시스템, 인하도선, 접지 시스템

② 내부 뇌보호 시스템 : 등전위 본딩(EB), SPD

2) 수뢰부 시스템은 돌침, 수평도체(용마루 위의 도체), 메시도체이다.

3) 수뢰부 보호 범위 산정에는 보호각법, 회전구체법, 메시법이 있다.

2 보호각법

1) 보호각 기준

① 기존 KSC 9609는 보호범위를 60[°] 이하로 한정한다(위험물 저장 취급소 45[°] 이하).
② KSC IEC 61024는 60[m] 이하 건물 보호레벨에 따른 수뢰부 배치에 적용한다.
③ KSC IEC 62305는 건물 높이 관계없이 모든 건물에 적용하며, 높이 보호레벨에 따라 차등적용한다.

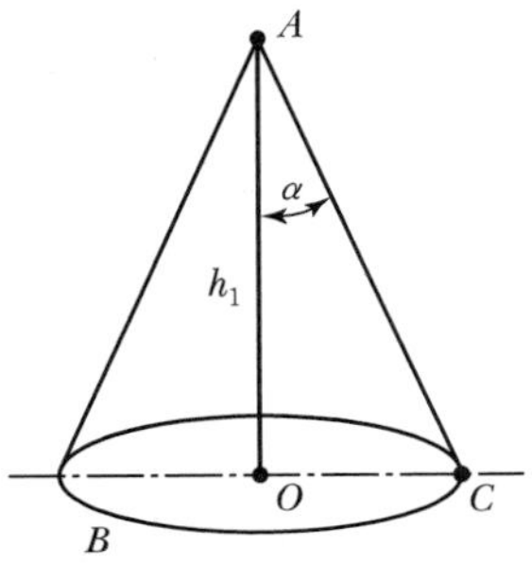

[수직피뢰침에 의한 보호범위]

여기서,
A : 수직피뢰침
B : 기준면
OC : 보호영역의 반경
h_1 : 보호를 위한 영역 기준면의 상부 수직피뢰침의 높이
α : 다음 표에 따른 보호각

2) 보호각 및 보호레벨

[피뢰시스템의 레벨별 회전구체 반경, 메시치수와 보호각의 최대값]

구분	보호법		
피뢰시스템의 레벨	회전구체 반경 r[m]	메시치수 W[m]	보호각 α[°]
I	20	5×5	다음 그림 참조
II	30	10×10	
III	45	15×15	
IV	60	20×20	

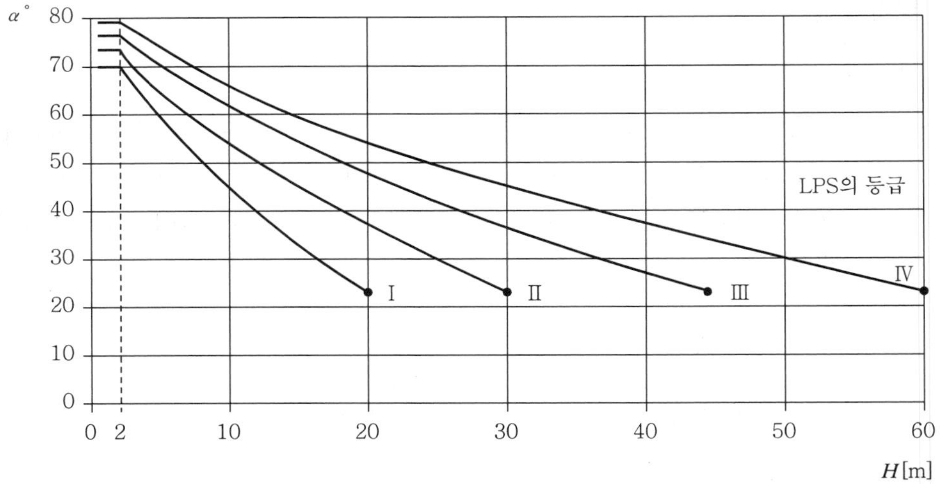

[보호레벨과 높이에 따른 돌침의 보호각]

● 표를 넘는 범위에는 적용할 수 없으며, 단지 회전구체법과 메시법만 적용할 수 있다.
H는 보호대상 지역 기준평면으로부터의 높이이다. H가 2[m] 이하인 경우 보호각은 불변이다.

3) 적용

① 건축물에 설치하는 수뢰부 시스템의 하부 또는 수뢰부 시스템 사이의 낙뢰에 대한 보호범위가 일정한 각도 내의 부분이 된다는 것을 기반으로 한다.

② 보호각법은 간단한 형상의 건물에 적용할 수 있으며 수뢰부 높이는 위 표에 제시된 값에 따른다.

3 회전구체법

1) 적용

① 낙뢰에 대한 보호범위가 구체(공과 같은 물체)를 굴렸을 때 수뢰부 시스템 사이의 구체가 닿지 않는 부분이 된다는 것을 기반으로 한다.

② 앞쪽의 [표]와 같이 건축물의 보호레벨에 따라 회전시키는 구체의 크기(R)를 다르게 적용한다.

③ 외부 피뢰시스템에서는 뇌격거리의 이론을 기초로 하는 회전구체법을 보호범위 산정 시 기본으로 하고 있다.

2) 보호범위

(1) 회전구체 반경 R에 따른 보호범위

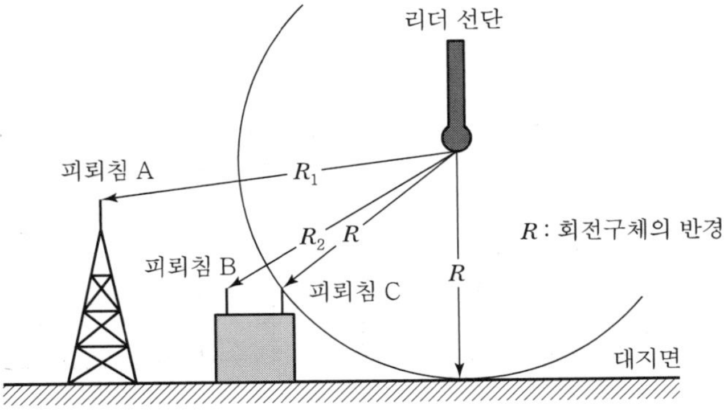

[회전구체법에 의한 보호범위]

(2) h에 따른 비교

① 현재 KSC IEC 62305는 60[m] 이상의 일반 건축물에 대한 LPS까지도 적용한다.

② 60[m]를 초과하는 건축물은 회전구체법 및 메시법만을 적용하고 측뢰보호에 관한 것은 건물 높이의 80[%] 이상 부분만을 대상으로 한다.

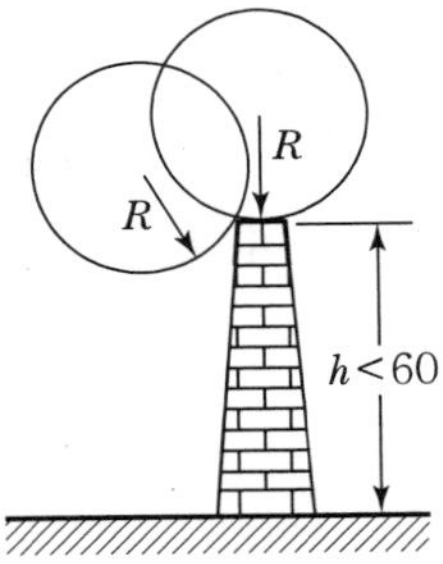

[$h < R$인 경우]

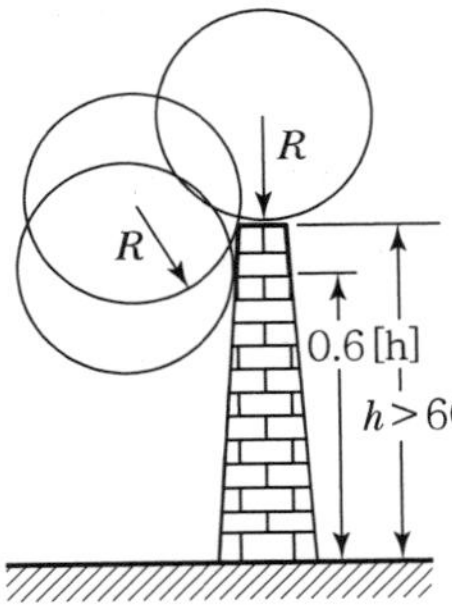

[$h > R$인 경우]

3) 기본 원리 및 개념

① 회전구체법은 직격뢰뿐만 아니라 유도뢰를 고려한 것으로 스트리머 선단에 의한 측면보호 대책을 고려한 것이다.

② 뇌의 리더가 대지면에 가까워진 때를 상정하여 반지름 R의 구가 대지면에 접하도록 범위를 구하는 것이다.

③ 모든 접점에는 피뢰침이 필요한 것으로 간주하며 구조물 위에 굴리는 구체가 회전구체, 구체에 의해 가려지는 부분이 보호범위이다.

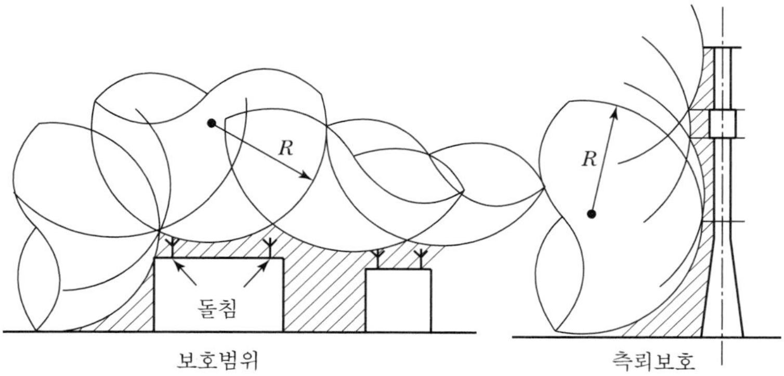

[회전구체법에 의한 보호범위]

4 메시법

1) 적용

① 건축물에 설치하는 수뢰부 시스템이 그물 또는 케이지 형태로 되는 경우에는 이 사이가 낙뢰에 대한 보호범위가 부분이 된다는 것을 기반으로 한다.
② 메시법은 굴곡이 없는 수평이거나 경사진 지붕에 적당하다.
③ [표]와 같이 건축물의 보호레벨에 따라 메시의 폭(L)을 다르게 적용한다.
④ 지붕의 경사가 1/10을 넘으면 메시 대신에 메시 폭의 치수를 넘지 않는 간격의 평행 수뢰도체를 사용할수 있다.

2) 메시도체

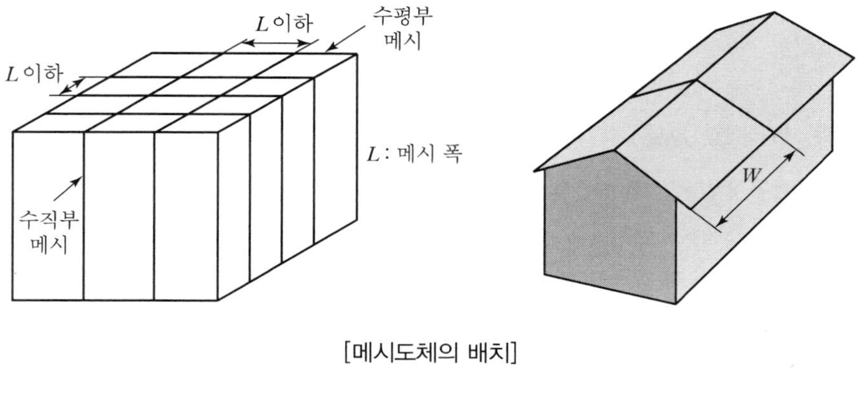

[메시도체의 배치]

보호 등급	Ⅰ	Ⅱ	Ⅲ	Ⅳ
메시 폭(L)	5×5	10×10	15×15	20×20

3) 수뢰도체 배치

① 지붕끝선
② 지붕 돌출부
③ 지붕경사가 1/10을 넘는 경우 지붕 마루선

4) 고려사항

① 관련 회전구체의 반경값보다 높은 레벨의 건축물 측면 표면에 수뢰부 시스템이 시공되었을 때 수뢰망 메시 치수는 위 표에 나타낸 값 이하로 한다.
② 수뢰부 시스템망은 뇌격전류가 항상 접지시스템에 이르는 2개 이상의 금속체로 연결되도록 구성한다.
③ 수뢰부 시스템의 보호범위 밖으로 금속체 설비가 돌출되지 않아야 한다.
④ 수뢰도체는 가능한 한 짧고 직선 경로가 되도록 한다.

17 등전위 본딩

1 개요

1) 등전위로 하기 위한 도전성 부분을 전기적으로 접속하는 것
2) 전로를 형성하기 위해 금속부분을 연결하는 것

2 역할

1) 등전위화 구성 : 접촉전압을 저감시켜 안전한계치 이하로 억제
2) 전위의 기준점 제공 : 1점에 집중시켜 전위의 기준점 제공

3) 등전위 본딩의 역할

설비의 종류	등전위 본딩의 역할
저압전로설비	주로 감전보호
정보 · 통신설비	주로 기능보증, 전위기준점의 확보, EMC 대책
뇌보호설비	주로 과도전압 보호, 불꽃방전의 방지, EMC 대책

3 감전보호용 등전위 본딩

1) 구성

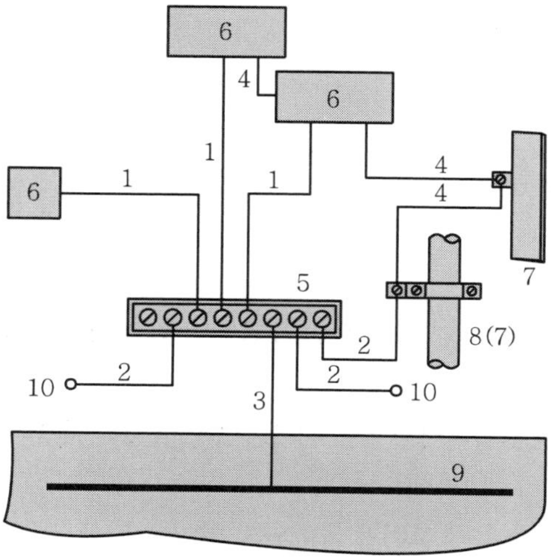

1 : 보호도체(PE)
2 : 주 등전위 본딩용 도체
3 : 접지선
4 : 보조 등전위 본딩용 도체
5 : 주 접지단자
6 : 전기기기의 노출 도전성 부분
7 : 빌딩 철골, 금속덕트
8 : 금속제 수도관 · 가스관
9 : 접지극
10 : 기타 설비기기(IT 기기 누전보호 설비)

[보호 등전위 본딩의 구성]

2) 주 등전위 본딩

① 건물은 금속제의 전기적 우리로 간주

② 건물 내 도입되어 있는 전원설비는 물론 수도관, 가스관, 급탕관, 배수관 등의 계통 외 도전성 부분을 보호도체를 이용하여 주접지단자에 집중시킴

③ 등전위 영역 내에 노출 도전성 부분, 계통 외 도전성 부분 상호 간의 등전위 실시

3) 보조 등전위 본딩

① 주 등전위 본딩을 보조하기 위한 것

② 전기기기(M)의 노출 도전성 부분, 수도관, 가스관, 덕트와 같은 계통 외 도전성 부분, 철근콘크리트 바닥 등의 상호 간에서 인간이 동시에 접근 가능한 거리에 실시(2.5[m] 미만의 이격거리)

③ 구성

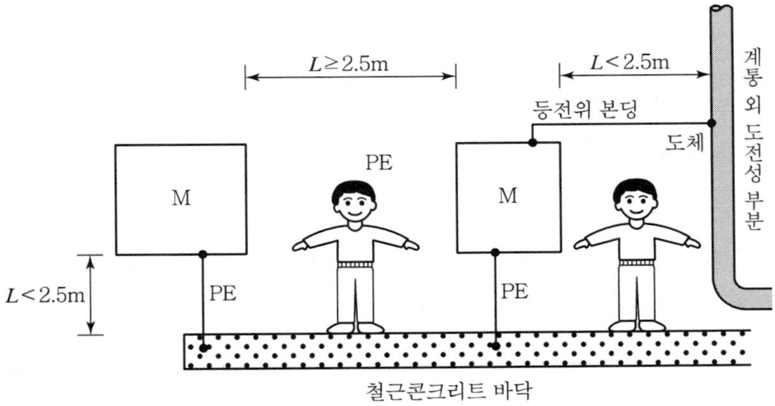

[보조 등전위 본딩의 구성]

④ TT, TN 배전계통인 경우, 고장루프의 임피던스가 커질 경우에 자동차단조건, 보호장치를 규정시간 내 동작시키기 위해 보조 등전위 본딩이 필요

4) 비접지 국부적 등전위 본딩

① 감전보호의 수단인 간접접촉보호에 있어 전원의 자동차단에 의한 보호가 적용될 수 없는 경우, 즉 보호접지를 실시하지 않는 경우의 보호수단임

② 구성

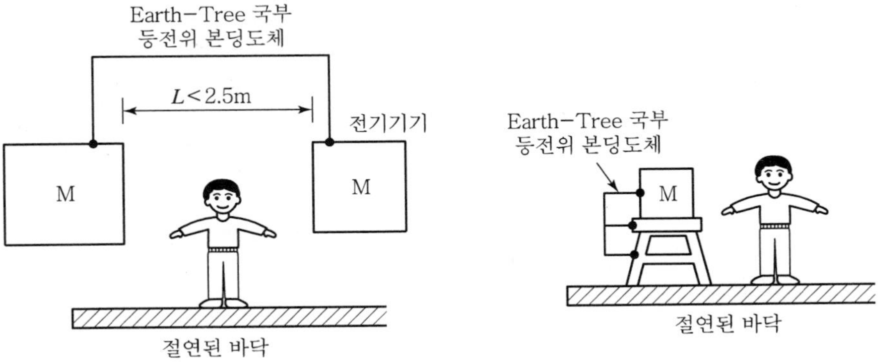

[비접지 국부적 등전위 본딩의 구성]

③ 대지로부터 절연된 바닥 위에 인간이 서 있는 경우 동시에 접촉 가능한 노출 도전성 부분인 전기기기(M)에 설치할 필요가 있음

④ 대지로부터 절연된 바닥이란 설비의 공칭전압이 500[V] 이하 50[kΩ] 이상, 500[V] 초과, 100[kΩ] 이상의 전기저항을 갖는 환경을 의미함

4 접지방식에 따른 감전보호

1) TN방식에 의한 감전보호

① 노출 도전성 부분 및 계통의 도전성 부분은 주 등전위 본딩(MEB)에 접속되어 있으며 지락전류는 PEN 도체에 의해 전원변압기로 흘러 고장루프가 형성됨

② 자동차단에 의한 간접접촉보호를 이루기 위해서는 그 조건으로서 교류 50[V]를 넘는 접촉전압이 동시에 접근 가능한 도전성 부분에 발생했을 때 규정시간 내 차단해야 함

③ TN방식에서는 고장루프임피던스(Z_S)가 극히 작기 때문에 고장전류(I_f)는 매우 커지게 됨. $Z_S \times I_f \leq U_0$가 만족해야 함

④ 규약접촉전압(U_t)은 공칭대지전압의 1/2 이하, 실제의 접촉전압은 $I_f \times R$이며 R_s와 전압 분담되어 대폭 저감됨

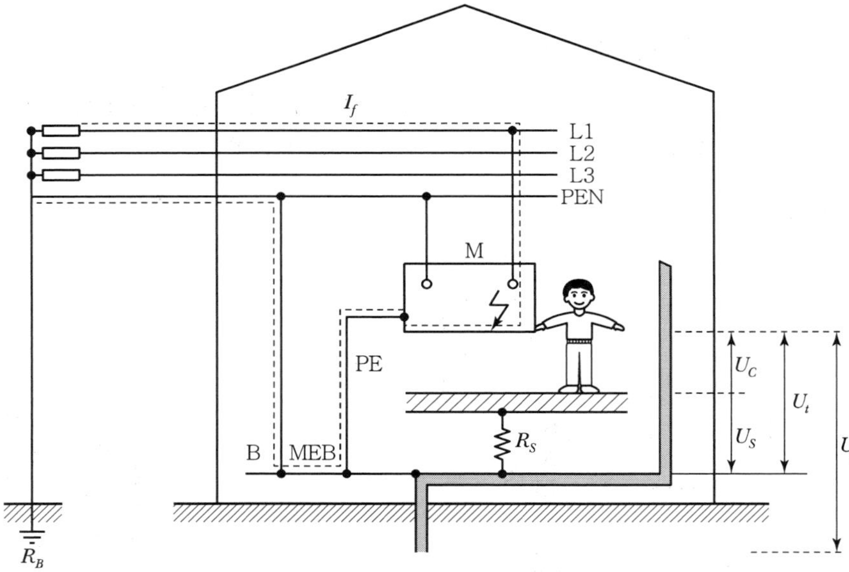

L1, L2, L3 : 상도체
PEN : PEN 도체
PE : 보호도체
I_f : 고장전류
R_B : 계통접지저항
C : 계통 외 도전성 부분

M : 노출 도전성 부분
MEB : 주 등전위 본딩
B : 전위의 기준점
R_s : 계통 외 도전성 부분과 인체가 접촉한 표면 간에 존재하는 절연물(바닥)의 저항

U_C : 접촉전압
U_S : R_S의 전압강하
U_t : 규약 접촉전압
U_f : 고장전압

[TN방식에 의한 보호형태]

2) TT방식에 의한 감전보호

① 노출 도전성 부분 및 계통의 도전성 부분(C)은 서로 연결되어 접지됨

② TT방식의 간접접촉보호를 이루기 위해서 지락전류(I_f)와 접지저항(R_D)의 관계는 다음을 만족해야 함

$$I_f \times R_D \leq 50$$

③ 규약접촉전압(U_f)이 50[V] 이하가 되도록 계통접지의 접지저항(R_B)을 선정할 수 있는 경우는 전원의 자동차단에 의한 보호는 불필요

④ 50[V] 이상인 경우 ELB를 이용하여 보호

⑤ $U_f = (R + R_D) \times I_f$

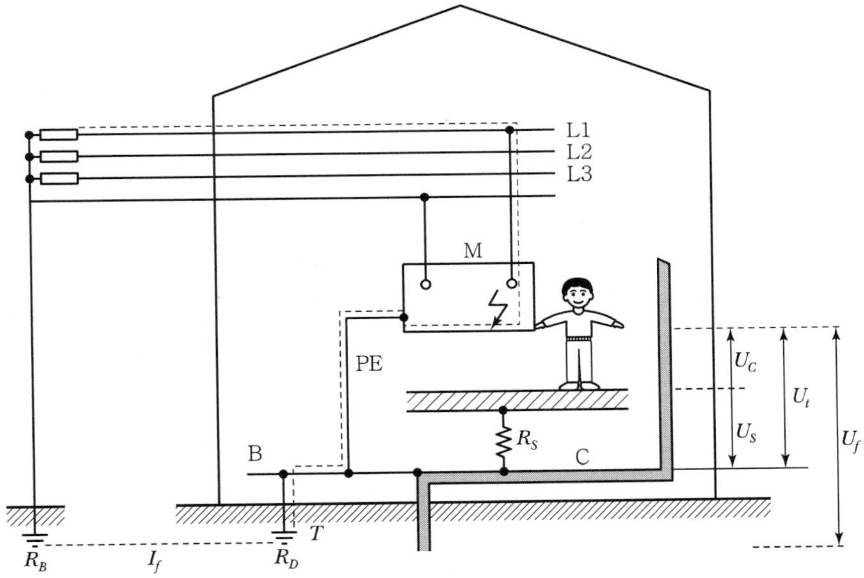

L1, L2, L3 : 상도체
N : 중성선
PE : 보호도체
I_f : 고장전류
R_B : 계통접지저항
R_D : 기기접지저항
T : 접지극, 구조체 기초

C : 계통 외 도전성 부분
M : 노출 도전성 부분
B : 전위의 기준점(주 접지단자)
R_s : 계통외 도전성 부분과 인체가 접촉하는 표면 간에 존재하는 절연물(바닥)의 저항

U_C : 접촉전압
U_S : R_S의 전압강하
U_t : 규약 접촉전압
U_f : 고장전압

[TT방식에 의한 보호형태]

5 뇌보호용 등전위 본딩

1) 뇌로 인한 불꽃방전이나 전압상승에 의한 화재 · 폭발의 위험, 감전의 위험 또는 전위차에 의한 정보기술기기의 손상, 오동작을 제거하기 위해서는 등전위화가 필수적임

2) SPD에 의한 등전위 본딩

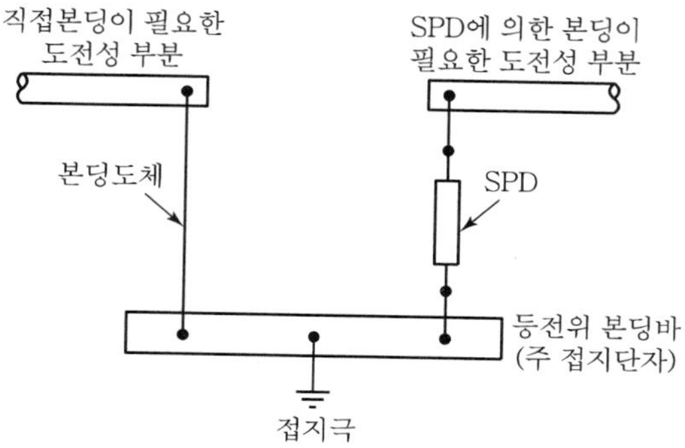

[등전위 본딩방법]

3) 뇌전류의 분포

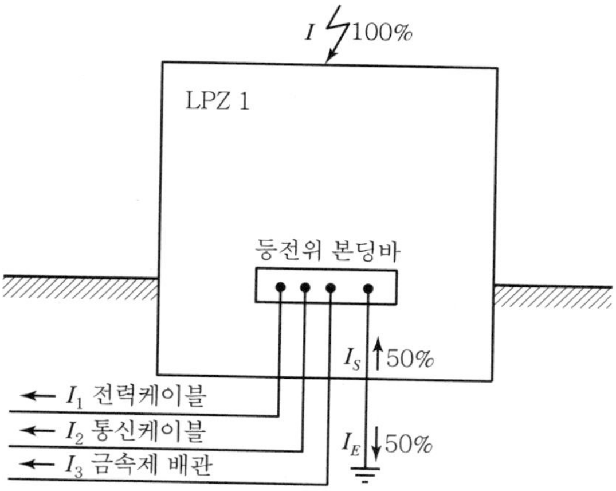

[LPZ 1 건물의 뇌전류 분포]

6 기능용 등전위 본딩

1) 정보기술기기(ITE) 등의 일렉트로닉스 기기는 미미한 전위변동에도 오동작할 우려가 있음
2) 또한 개폐서지, 뇌서지로 인한 과도적 과전압 내성이 작아 보호대책이 매우 중요함
3) 정보기술기기는 건물공간(층바닥)에 가능한 한 짧은 도체로 본딩함

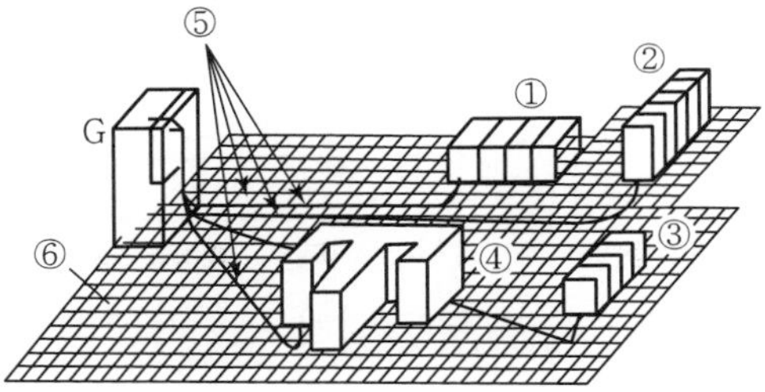

①~④ : 주변기기, ⑤ : 기기접지선, ⑥ : 메시도체

[ZSRG(Zero Signal Reference Grid)]

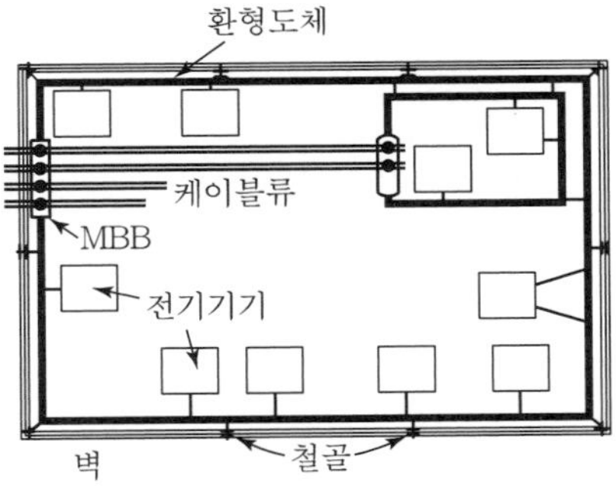

MBB : 주 등전위 본딩바, ▌: 본딩접속

[환형도체 본딩]

4) 특징

ZSRG	환형도체
• 접지임피던스 감소 • 전위차 저감	• 쉽고 간단함 • 주파수가 높은 기기에 부적합

5) 형태에 따른 분류

① 스타형

㉠ 시스템의 모든 접속부를 한 개의 기준점에 연결함

㉡ 시스템의 설치장소가 협소하고 인출입 선로가 한쪽에 집중된 경우 적용

㉢ 유도루프가 형성되지 않고 저주파 전류가 설비의 노이즈로 작용되지 않으며 과전압 보호가 이상적인 방법

② 메시형

㉠ 시스템의 금속부들을 공용접지계에 연결함

㉡ 설치공간이 넓고 인출입선로가 다수로 된 경우

㉢ 전자유도가 감소되고 대규모 설비에 적용됨

구분	스타형 본딩	메시형 본딩
1점접속	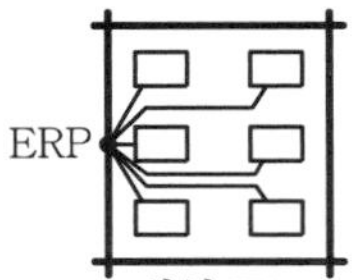 성형 IBN	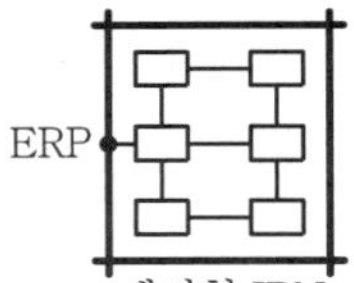 메시형 IBN
다점접속		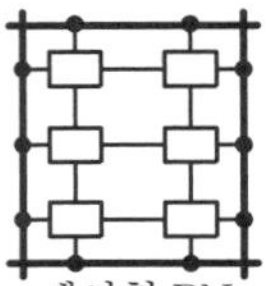 메시형 BN

━ : CBN, 구조체 철골 · 철근　　● : 본딩

── : 본딩 도체　　ERP : 전위기준점(SPCW)　　□ : ITE

7 맺음말

1) 본딩은 인체의 감전보호와 기기의 보호, 뇌서지 등의 과전압 보호가 있으며 EMC와도 관계가 깊다.
2) 특히 내부의 뇌보호는 SPD를 이용하여 과전압을 억제하지만 등전위 본딩을 사용할 필요가 있다.

CHAPTER

18

반송 및 방재설비

01 엘리베이터 안전장치

1 개요

1) 엘리베이터는 불특정 다수인이 이용하는 공공성이 높은 변동부하(반복빈도 높음)이다.
2) 건축물 내 중요한 운반시설로 건축전기 시설물이며 인원 및 물품을 운반하는 반송설비 중 하나이다.

2 엘리베이터 기본 구성

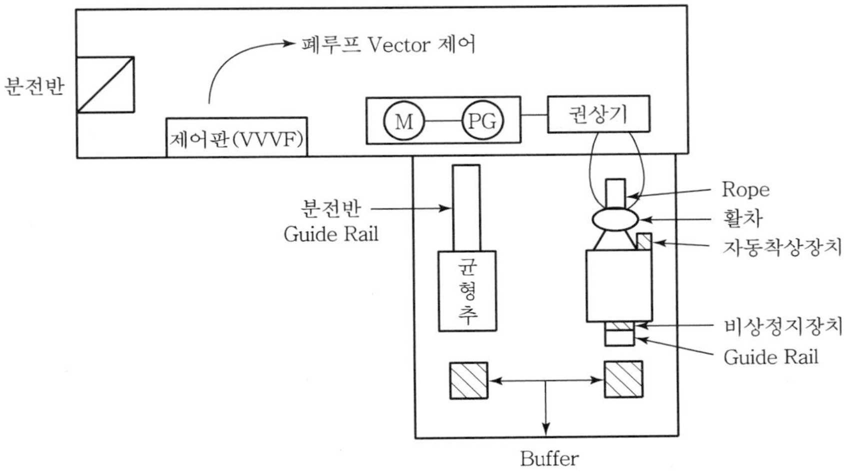

[엘리베이터 구조도]

1) 승강기

① 사람이나 화물을 싣는 바닥, 벽, 천장을 포함한 총칭
② 승용(65[kg] 기준), 화물(250[kg] 기준)

2) 제어반

엘리베이터의 기동, 정지, 운행서비스를 제어 관리하는 장치

3) 권상기

전동기의 회전력을 로프에 전달하는 기기로 Gear형과 Gearless형으로 분류

4) 균형추

카와 반대쪽에 위치하여 균형 유지, 전동기의 소요용량을 최소화하기 위한 조건

5) 가이드 레일

① 승강기나 균형추의 승강을 가이드하는 레일
② T자형이 일반적

6) 가이드 슈

① 승강기나 균형추를 레일에 따라 주행하는 것을 돕는 장치
② 슬라이드방식과 롤러방식이 있음

7) 완충기

① 최하층 바닥으로 추락할 때 운동에너지를 흡수하여 안전하게 정지시키기 위한 장치
② 스프링식과 유입식이 있음

8) 이동 케이블

전원공급용 이동 케이블로 승강기의 승강에 따라 이동

9) 비상 정지장치

이상속도로 하강하는 경우에 기계적으로 가이드레일을 잡아 정지시키는 장치

3 엘리베이터 안전장치 종류

1) 전기적 안전장치

(1) 이상 검출장치

과속도 검출기, 감시 타이머, 도어 스위치, 최종 리밋 스위치

(2) 승객 구출장치

① 구출 운전장치 : 제어장치 고장 시 자동으로 가장 가까운 층까지 저속운전
② 정전 시 자동 착상장치 : 정전 시 브레이크 작동 후 가장 가까운 층까지 저속운전

2) 기계적 안전장치

① 전자 브레이크 : 권상기에 설치되어 있으며 전동기축에 직결한 브레이크 카플링을 운전 시에는 풀어주고 정지 시에는 눌러서 제동하는 장치

② AC브레이크와 DC브레이크가 있고 대부분 DC브레이크이다.

3) 범죄 방지장치

① 각 층 강제정지 운전장치
② 방범 카메라
③ 방범 운전장치 : 방범 버튼을 누르면 자동으로 목적층까지 직행하여 범죄자의 동승 방지

4) 조속기

① 일정속도 이상이 되었을 때만 브레이크나 안전장치를 작동시키는 기능
② 케이지가 정격속도의 130[%]를 넘기 전에 전동기 전원을 차단하고 전자브레이크를 작동시켜 엘리베이터를 정지시킴
③ 케이지 속도가 증가했을 경우 정격속도의 140[%]를 넘기 전에 비상제동

5) 종단층 감속 정지장치

최상층 및 최하층에 접근했을 때 감속을 시작해서 지나치지 않게 정지

6) 최종 리밋 스위치

① 케이지가 최종층에서 정지위치를 지나쳤을 경우 바로 작동
② 제어회로 개방, 전동기 전원차단, 전자브레이크 작동으로 정지

7) 완충기

① 종단층 감속 정지장치, 최종 리밋 스위치, 비상제동이 되지 않아 최하층 바닥으로 추락할 때 운동에너지를 흡수하여 안전하게 정지시키기 위한 장치
② 스프링식과 유압식이 있으며 60[m/mim] 이하는 스프링식, 60[m/mim] 이상은 유압식을 적용

8) 문의 인터로크 스위치

운전 중 승강장 문을 열 수 없게 하는 장치로 기계적 · 전기적 병용

① 도어 머신
② 도어 인터로크
③ 도어 클로저

02 엘리베이터 설치 시 고려사항

1 엘리베이터 가속 시의 허용 전압강하

1) 전압강하 $= \dfrac{34.1 \times I_d \times N \times D \times L \times K}{1000 \times A}$ [V]

여기서, I_d : 가속전류[A], L : 배선의 거리[m], A : 전선의 단면적[mm^2], K : 전압강하계수

2) K값은 직류식은 역률 90[%]를, 교류식은 80[%]를 적용한다.
다만, 교류식으로 역률이 90[%] 이상인 것은 90[%]값을 적용한다.

3) 위 식에 의한 전압강하는 승강기 정격전압에 대하여 아래 표의 값보다 작아야 한다.

종별	변압기[%]	배선[%]	합계[%]	비고
로프식	5	5	10	승강기용 전동기 정격전압의 %
유압식	5	5	10	유압 펌프 전동기 정격전압의 %

2 엘리베이터 수량과 수용률의 관계

엘리베이터 수량	수용률	
	사용빈도가 큰 경우	사용빈도가 보통인 경우
2	0.91	0.85
3	0.85	0.78
4	0.80	0.72
5	0.76	0.67
6	0.72	0.63
7	0.69	0.59
8	0.67	0.56
9	0.64	0.54
10	0.62	0.51

비고 : 수용률은 (부등률/수량)로 구한 값임

3 전원변압기 용량 선정방법

$$P_{TR} \geq (\sqrt{3} \cdot V \cdot I_r \cdot N \cdot Df_E \cdot 10^{-3}) + (P_C \cdot N)$$

여기서, P_{TR} : 변압기용량[kVA]
V : 정격전압[V]
I_r : 정격전류[A] (전부하 상승 시 전류)
N : 엘리베이터 수량[대]
Df_E : 엘리베이터 수용률
P_C : 제어용 전력[kVA]

구분	용량[kW]
제어 및 표시 전원	1~1.5
콘센트(카 내부)	0.5
전망용일 경우(외장조명)	2~3.5

4 전력간선 산정방법

엘리베이터 전력간선 계산 시에는 전선의 허용전류(주위온도 40[℃] 기준)가 엘리베이터의 정격 속도에서의 전류(정격전류)보다 크게 선정하여야 하며, 간선에서의 허용전압강하 이내가 되도록 하여야 한다. 전류용량의 계산식은 다음과 같다.

$$I_t = (K_m \cdot I_r \cdot N \cdot Df_E) + (I_C \cdot N)$$

여기서, I_t : 간선 산출 시 고려되는 전류[A]
K_m : 1.25 ($I_r \cdot NDf_E \leqq 50$A 인 경우)
1.10 ($I_r \cdot NDf_E > 50$A 인 경우)
I_r : 정격전류[A] (전부하 상승 시 전류)
N : 엘리베이터 수량[대]
Df_E : 엘리베이터 수용률
I_C : 제어용 부하 정격전류

5 간선보호용 차단기 선정방법

아래의 계산식을 참조하며, 제조자가 설치하는 엘리베이터 전원반의 차단기용량보다 크게 한다.

$$I \geqq K_{m2} \cdot \{(I_r \cdot N \cdot Df_E) + (I_C \cdot N)\}$$

여기서, I : 차단기 전류용량[A]
K_{m2} : 22[kW]급 이하 전동기 사용 및 인버터 제어 시
1.25(기어드식), 1.5(기어레스식)

6 인버터제어 엘리베이터 설치 시 검토사항

1) 분절시공, 연돌현상, 소음(풍음)현상을 초고층 건물 시공 시 특별히 고려한다.
2) E/V 기계실 바닥의 상부에 설치하는 훅은 반드시 2톤 이상 하중에 견딜 수 있는 규격으로 건물 보 등에 설치한다.
3) 기계실 바닥 콘크리트 타설 시 기기 반입 작업을 위해 임시 개구부를 설계한다.
4) E/V 공사 시 피트 내에서 안전사고가 많이 발생하며 이에 대비 안전대책을 마련한다.
5) 순시전압강하를 고려한다.
6) 기계실 등의 주위온도를 고려하여 설치한다.
7) 인버터 승강기의 전력 간선의 단면적은 전선에 흐르는 전류에 의한 전선의 허용전류에 의한 방식과 가속전류에 의한 허용전압강하에 의한 방식 중에서 큰 굵기의 전선을 채택한다.
8) 인버터 제어 승강기에서 발생하는 저차고조파는 발생량 자체가 매우 작은 값이기 때문에 타 설비로의 영향은 크게 문제되지 않는다. 그러나 고차고조파는 타 기기로의 영향이 있기 때문에 승강기 동력선과 통신기기, OA기기 등 약전기기의 전원선, 통신선은 1[m] 이상 분리하는 것이 바람직하다. 분리하기 곤란한 경우에는 동력선의 배선을 금속배관 한다.

03 엘리베이터 설치 시 건축적 고려사항

1 일반적인 고려사항

1) 기계실 면적은 승강로 면적의 2배 이상 확보한다.
2) 기계실 층고는 최소 2[m] 이상 확보한다.
3) 기계실 바닥은 하중에 견디는 구조여야 한다.
4) 기계실 발열량에 대한 대책 수립, 냉방장치를 설치한다.
5) 기계실 천장에 기기반입을 위한 훅을 설치한다. ⇒ 2[t] 이상의 하중에 견딜 것
6) 기계실 기기반입을 위해 임시개구부를 설치한다.

2 초고층(30층 이상) 엘리베이터 고려사항

1) 진동현상(Sway Effect)

① 엘리베이터 가동 시 저층부에선 로프 진동범위가 작지만 고층부로 올라갈수록 로프 진동범위가 커지고 로프가 Hoist Way를 치게 되면 로프손상을 초래한다.

② 이동식 로프가이드를 설치한다.

2) 바람의 영향(Wind Effect)

① 초고층 빌딩에서 적용하는 엘리베이터 속도는 대개 240[m/min] 이상 초고속으로 운행되고 운행거리도 길어 승강로 내에서 바람의 이동이나 충격이 발생한다.

② 엘리베이터 통로 내에 **공기충격 흡수공간**을 설치한다.

3) 굴뚝현상(Stack Effect)

① 엘리베이터 기계실 창문이 열리고 1층 로비 현관문이 열린 상태에서 엘리베이터 문이 열리면 공기는 1층에서 최상층까지 도달되어 심한 경우 문이 닫히지 않거나 저층부 화재 시 고층거주자들이 질식하는 경우가 발생한다.

② 기준층 현관문을 **2중문**과 **회전문**으로 설치한다.

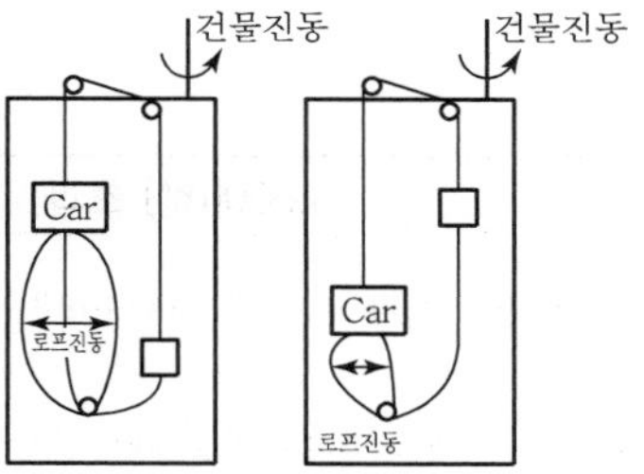

[진동현상]

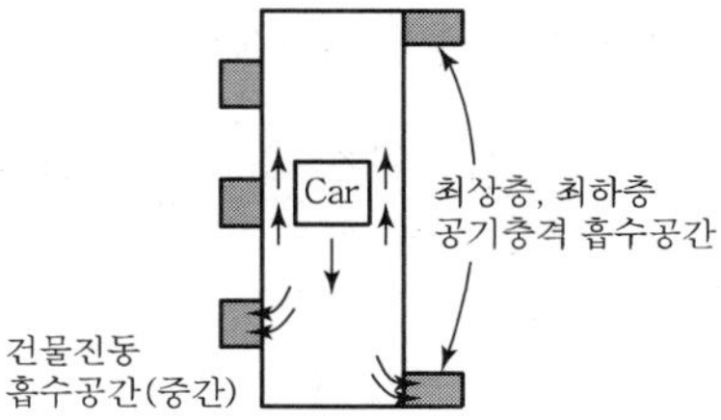

[바람의 영향]

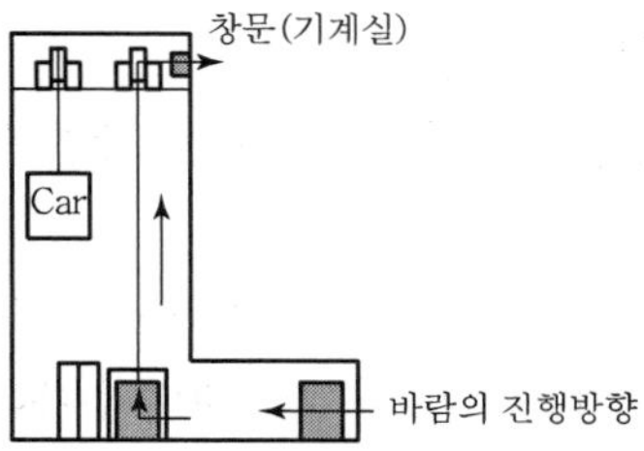

[굴뚝현상]

04 엘리베이터 설치기준 및 대수산정

1 개요

승강기는 고층건축물의 중요한 수직이동 교통수단으로서 건축물의 용도, 규모, 특성, 이용자 수 등을 종합적으로 고려하여 선정해야 한다.

2 법령에 의한 설치기준

1) 설치장소

① 6층 이상으로 연면적 2,000[m^2] 이상인 건축물 → 승객용 승강기 설치

② 높이 31[m]를 초과하는 건축물 → 비상용 승강기 설치

2) 승객용 승강기 설치대수(참고자료)

시설 구분	3,000[m^2] 이하	3,000[m^2] 초과
판매영업, 의료, 문화집회(공연, 관람)	2대	3,000[m^2]를 초과하는 매 2,000[m^2]마다 1대씩 추가
업무, 숙박, 위락, 문화집회(전시장, 동물원)	1대	3,000[m^2]를 초과하는 매 2,000[m^2]마다 1대씩 추가
공동주택, 교육, 복지	1대	매 3,000[m^2]마다 1대씩 추가

3) 비상용 승강기 설치대수

① 높이 31[m]를 넘는 각 층 바닥면적 중 최대 바닥면적이 1,500[m^2] 이하인 건축물에는 1대 이상 설치한다.

② 높이 31[m]를 넘는 각 층 바닥면적 중 최대 바닥면적이 1,500[m^2] 초과인 건축물에는 1대에 1,500[m^2]를 초과하는 매 3,000[m^2]마다 1대씩 추가한다.

③ 단, 승객용 승강기를 비상용 승강기의 구조로 하는 경우 설치하지 않아도 된다.

3 교통 수요량과 수송능력을 고려한 설치기준

1) 평균 일주시간(T)

① 기준 층 → 서비스 → 기준 층

② 평균 일주시간 = 주행시간 + 문의 개폐시간 + 승객 출입시간 + 손실시간

2) 운전간격 및 평균 대기시간

① 운전간격이 30[sec] 이하이면 양호하고, 50[sec] 초과이면 불량이다.

② $\text{운전간격} = \dfrac{\text{평균 일주시간}}{\text{운전 중인 엘리베이터 대수}}$

③ $\text{평균 대기시간} = \text{운전간격} \times \dfrac{1}{2}$

3) 설비대수(N)

(1) 5분간 수송능력(P)

$$P = \frac{5\text{분} \times 60\text{초} \times 0.8 \times C}{T}$$

여기서, T : 평균 일주시간, C : 카 정원

(2) 러시아워 5분간 이용자 수(Q)

$$Q = \phi \times M$$

여기서, ϕ : 집중률, M : 건물인구

(3) 설비대수(N)

$$N = \frac{Q}{P} = \frac{\phi \times M \times T}{5 \times 60 \times 0.8 \times C}$$

4 맺음말

1) 승강기는 고층건축물의 중요한 수직이동 교통수단으로서 승강기의 배치 및 대수가 건축의 구조, 형태 등에 큰 영향을 준다.
2) 관련법령은 건물의 기능에 따른 최소기준이므로 설계자는 건축물의 용도, 규모, 특성, 이용자 수를 예측하여 승강기의 대수를 선정해야 한다.

05 엘리베이터의 교통량 계산

1 개요

엘리베이터 교통량은 건물의 종류에 따라 다르므로 각 건물의 특성을 파악해서 그에 적절한 교통량과 평균대기시간을 결정해야 한다.

2 건물별 엘리베이터의 가동 특성(교통량 계산 시 사전검토사항)

1) 사무실 빌딩 : 아침 출근시간대 피크

① 수송능력은 아침출근시간대의 수송인원기준 연건축면적당 1인/5~12[m^2] 정도(미국식), 대규모 빌딩 1인/8[m^2] 정도

② 평균 운전 대기시간 40초 이하

층수	6	10	20	30	40
속도	60	100	210	240	300

2) 백화점 및 대형상가 : 정기세일 등 대형행사 시 피크

① 수송능력은 매장면적당 0.7/1[m^2], 1시간당 인원 80~90[%]가 E/V, E/S를 이용, 이 중 E/V는 10[%] 정도

② 평균 운전 대기시간이 사무실보다 길

③ 속도는 120[m/s]가 적당, 각 층이 정지층

3) 아파트 : 저녁 귀가시간 피크

① 수송능력은 피크시간 5분간 이용 승객 수(3층 이상 거주인원의 3.5~5[%] 정도, 상승비율 3[%] 하강비율 2[%], 거주인원 가구당 3~4인)

② 평균 운전 대기시간은 1대(150[sec]), 2대(60~90[sec]), 3대(60[sec])

4) 병원 : 면회시간에 피크

① 수송능력은 5분간 교통량 0.2인/1베드당(상승비율 3[%], 하강비율 2[%])

② 환자, 면회자, 병원 관계자에 의해 피크시간대 발생

③ 평균대기시간 60[sec]

층수	6	10	20
속도	30	45	90

5) **호텔** : 대부분 저녁시간에 피크

① 비즈니스호텔은 오전, 수송능력은 피크시간 5분간 교통량으로 숙박 객수(호텔정원 80%)의 약 10[%](상승과 하강은 같은 비율)

② 평균 대기시간 60[sec] 이하로 설정

6) **건물용도를 고려하지 않은 일반적인 적재하중과 정원 산출 방법 예**

카의 종류		적재량[kg]
승용	카 바닥면적 1.5[m^2] 이하의 경우 카 바닥면적 3.0[m^2] 이하의 경우 카 바닥면적 3.0[m^2] 초과의 경우	카 바닥면적 1[m^2]에 대해 370으로 한다. 카 바닥면적 1.5[m^2]를 초과 면적 (A−1.5)×500+550 카 바닥면적 3[m^2]를 초과 면적 (A−3)×1×600+1,300
승용 이외의 엘리베이터		카 바닥면적 1[m^2]에 대하여 250으로 계산

① 정원 산출은 카의 적재량 계산값에서 65로 나눈 값이 정원이 된다.

② 1인당 무게를 65[kg]으로 기준한 경우

3 평균일주시간의 산출

평균일주시간이란 가장 승객이 많은 시간에 카의 문을 닫고 기준층을 출발하여 원 층으로 되돌아와서 문을 열 때까지의 시간을 말한다.

1) 평균일주시간(T) = 승객출입시간 + 문의 개폐시간 + 주행시간

2) **승객출입시간** : 평균 승객수 P, 승객 1인당 출입시간 t(2.5초) ∴ $P \times t$초

3) **문의 개폐시간** : 문을 여닫는 데 걸리는 시간 $2t_d$(1.5초), 손실시간 t_l(1초), 기준층을 포함한 전 정지 층수(f)는 ∴ $f \times (2t_d + t_l)$초

4) **주행시간** : 엘리베이터의 1방향 운행거리 S[m], 정지 시 마다의 가속 또는 감속 시 추가소요시간 t_a(2.5), 엘리베이터의 속도 V[m/sec] ∴ $2t_a \cdot f + \dfrac{2S}{V}$초

5) **평균일주시간** : $T = P \cdot t + f(2t_d + t_l) + 2t_a \cdot f + \dfrac{2S}{V}$초

4 운전간격과 평균 대기시간

1) 운전간격(I)이란 뱅크운전 중의 엘리베이터 군에서의 각 카의 기준층을 출발한 간격을 말한다.

$$\therefore \text{운전간격} = \frac{\text{평균 일주시간}}{\text{동시 운행 중인 엘리베이터 대수}} \text{(30초 양호)}$$

2) 승객의 평균대기시간은 운전간격의 1/2로 된다.

5 설비대수

이용자가 가장 많다고 생각되는 시간대 5분간의 이용인원수와 엘리베이터가 5분간에 운반하는 인원수로 설비대수를 결정한다.

1) 5분간에 운반하는 수송인수

$$P = \frac{60 \times 5 \times C \times 0.8}{T}$$

여기서, C : 카 정원

2) 러시아워 5분간에 이용하는 인원수

$$Q = \phi M$$

여기서, ϕ : 계수, M : 건물 인구

3) 설비대수

$$N = \frac{Q}{P} = \frac{\phi M T}{60 \times 5 \times C \times 0.8}$$

[ϕ 값]

사무실의 종류	ϕ값
전용사무실, 임대사무실	1/3～1/4
블록임대나 플로어임대 등, 임대주 수가 적은 임대사무실	1/7～1/8
임대 주, 회사 수가 많은 임대사무실	1/9～1/10

06 비상용 엘리베이터

1 개요

비상용 엘리베이터는 화재 시 소화활동에 활용하는 것이 제1의 목적이다. 그러나 화재 시에만 사용할 경우 비경제적이기 때문에 일반용 엘리베이터와 동일하게 사용하다가 화재 시에는 전환하여 소방관이 사용할 수 있도록 하고 있다.

2 설치 제외 조건

비상용 엘리베이터는 건물높이가 31[m]를 넘으면 설치대상이 되지만 다음의 경우에는 설치하지 않을 수 있다.

1) 높이 31[m]를 넘는 층의 용도가 기계실, 계단실 등으로 상시 사람이 거주하지 않을 경우
2) 높이 31[m]를 넘는 각 층 바닥면적 합계가 500[m^2] 이하의 경우
3) 높이 31[m]를 넘는 층수가 4 이하로, 주요 구조부가 내화구조로 되어 있으며 바닥면적의 합계가 100[m^2] 이내마다 연기감지기와 연동하여 구획될 수 있는 경우
4) 주요 구조부가 불연재료로 불연성 물질을 보관하는 창고 등 화재 발생 우려가 적은 경우
5) 소방관의 진입이 곤란한 건축구조나 사다리차의 접근이 곤란한 건축물에는 41[m] 이하라도 비상용 엘리베이터를 설치하여야 함

3 설치대수와 배치방법

1) 설치대수

비상용 엘리베이터 설치대수는 높이 41[m]를 넘는 층 가운데 최대의 바닥면적층을 기준으로 아래와 같이 규정되어 있다.

높이 41[m]를 넘는 바닥면적이 최대층의 바닥면적[m^2]	비상용 엘리베이터의 대수
1,500 이하	1
1,500 초과 4,500 이하	2
4,500 초과	2대 + 4,500[m^2]를 초과하는 3,000[m^2] 이내를 증가할 때마다 1대씩 추가

$$설치대수 = \frac{바닥면적 - 1,500}{3,000} + 1$$

2) 배치방법

비상용 엘리베이터 위치는 소방대원의 진입 또는 건물 내부인이 피난에 편리하게 엘리베이터 또는 승강장 출입구에서 건물 출입구까지의 보행거리는 30[m] 이내로 한다. 대수가 2대 이상이 될 경우에는 피난상 및 소방활동상의 안전을 확보할 수 있게 다른 방화구획마다 적당한 간격으로 분산 배치하여야 한다.

4 비상용 엘리베이터의 구조와 기능

1) 구조

(1) 엘리베이터 로비

① 엘리베이터 로비는 각 층에 설치하여야 한다.
② 면적은 10[m^2] 이상이어야 한다.
③ 직접 외기에 개방창 또는 법규로 정해진 배연설비를 갖춰야 한다.
④ 로비 출입구는 갑종방화문으로 한다.
⑤ 엘리베이터 출입구 근방에 '비상호출 귀환장치'를 설치하여야 한다.
⑥ 로비조명은 예비전원으로 조명 가능해야 한다.
⑦ 로비 벽면에는 옥내소화전, 비상콘센트 등의 소화설비를 수납한 박스를 설치하여야 한다.
⑧ 승강기에 소화용수가 유입되지 않도록 물매시공을 하여야 한다.

(2) 엘리베이터 속도

① 화재층에 되도록 빨리 도달할 수 있게 60[m/min] 이상으로 한다.
② 권장 속도는 1층에서 최상층까지 1분 정도 소요될 수 있는 속도가 적정하다.

2) 기능

비상용 엘리베이터는 일반용 엘리베이터가 갖추어야 하는 안전장치 외에 아래의 기능이 있어야 한다.

(1) 비상호출 귀환운전

① 화재진화를 위해 출동한 소방대원이 곧바로 비상용 엘리베이터를 사용할 수 있게 비상호출 귀환장치를 갖추어야 한다.

② 비상호출 귀환장치로 호출하는 층은 피난층 또는 그 직상, 직하층으로 한다.
③ 조작을 하는 장소는 호출 귀환층 로비와 방재센터의 2개소로 한다.
④ 평상시 승강장 및 승강기 내에서 조작된 호출에 응답하여 정지하게 되나 비상호출 귀화 버튼을 조작하면 기타 층의 호출신호는 취소되고 귀환 호출버튼이 눌린 층으로 직행하게 한다.
⑤ 비상호출 귀환장치의 버튼이 눌리면 승강장의 '비상운전'을 점등하고, 엘리베이터는 호출 귀화층에 문을 열고 대기하여야 한다.

(2) 소방운전

비상시 운전에는 승강장문이 열린 상태에서도 출발하고 문이 열린 채 운전할 수 있는 장치를 하여야 한다.

07 고속엘리베이터 소음의 종류 및 방지대책

1 개요

고속엘리베이터의 소음 발생원인으로는 크게 승강로 내 기기에서 발생하는 것과 기계실 내의 기기에서 발생하는 동작음이 있으며, 이들 소음 방지대책은 엘리베이터 기기뿐만 아니라 건축물 측에서의 대책을 병행하는 것이 유효하다.

2 고속엘리베이터 소음의 종류 및 방지대책

1) 승강기 본체 내 소음

(1) 공기 마찰음 및 방지대책

① **공기 마찰음** : 좁은 승강로를 엘리베이터가 주행하는 경우, 엘리베이터이 속도가 빠르면 본체의 진행 방향에 있는 공기가 눌려서 승강로와 본체의 빈틈으로 흘러든다. 이때의 소음을 공기 마찰음이라 하며, 본체의 면적에 대해 틈의 면적이 작을수록 본체이 속도가 빠를수록 커진다.
② **방지대책** : 마찰소음을 적게 하는 대책으로 승강로와 본체의 틈을 크게 하여 흐르는 공기의 속도를 떨어뜨리는 것이 있다. 공기 마찰음은 단독 승강기에서는 엘리베이터의 정격속도가 150[m/min]까지, 두 대 설치된 승강로에서는 180[m/min]까지는 문제가 없으나, 그것을 넘는 속도의 경우는 승강로 면적을 1.4배 이상으로 한다.

(2) 협부 통과음 및 방지대책

① **협부 통과음** : 승강로 안의 벽에 대들보나 분리 빔 등의 요철이 있는 경우 그 부분에 걸린 풍압에 의해 발생하는 소음을 협부 통과음이라고 한다.

② **방지대책** : 협부 통과음을 방지하려면 최대한 승강로 내의 요철을 없애야 한다. 만약, 요철을 피할 수 없는 경우는 그 부분의 풍압을 완화시키기 위해서 경사판 또는 막음판을 설치하는 것이 바람직하다. 단독 승강로에서 속도 150[m/min] 이상, 두 대 설치된 승강로에서는 180[m/min] 이상의 경우 이 대책이 필요하며 요철부분의 경사판의 각도는 4～8[°] 정도가 적당하다.

(3) 돌입음 및 방지대책

① **돌입음** : 여러 대의 엘리베이터에서 한 대만이 도중에 단독 승강로로 되는 경우, 승강로가 급격히 좁아지기 때문에 단독 승강로 내의 공기가 압축되어 그 공기가 승강기 본체와 승강로의 틈으로 밀려 나온다. 이때에 발생하는 소음이 돌입음이다.

② **방지대책** : 이 돌입음을 방지하는 데는 엘리베이터에 의해 압축된 공기가 빠져나갈 길을 만들어 줄 필요가 있다. 칸막이 벽의 경우는 칸막이 벽의 밑부분에 1.5～1.8[m^2] 정도의 통풍구를 설치하면 효과적이다.
통풍구를 설치하는 것이 곤란한 경우는 공기 마찰음 대책의 경우와 같이 승강로 면적을 기본보다 약 40[%] 이상 확장해야 하며 이 대책은 엘리베이터 속도가 150[m/min] 이상인 경우에 적용된다.

(4) 기계실 내 기기음 및 방지대책

① **기계실 내 기기음** : 엘리베이터 기계실 내의 주요 소음으로 기계의 회전음, 브레이크 동작음, 제어반 내의 스위치 동작음 등을 들 수 있다. 이 소음들은 기계실 내에서 반사되어 주로 로프 구멍을 통해서 승강로 본체 안으로 전달된다.

② **방지대책** : 이들 소음의 대책으로서는 첫째 흡음재를 기계실 천장, 벽, 루프 구멍 등에 붙이고, 두 번째 기계실 바닥은 되도록 두껍게 하여 Cinder Concrete도 150[mm] 이상 되게 함으로써 효과를 얻을 수 있다.

2) 승강로 주위 소음

(1) 승강로에서의 소음 및 대책

① **승강로에서의 소음** : 승강로 내의 소음은 주행 진동이 Rail Bracket에서 벽으로 전해져 벽을 진동시켜 소음이 되는 경우(구체 전반)와 주행음이 공기 중을 따라 승강로 밖으로 새는 경우(공기 전반)의 두 종류가 있다.

② **방지대책** : 공기 전반에서의 소음은 그다지 문제가 되는 일은 없으나, 벽의 진동에 의한 소음에 대해서는 우선, 최대한 거실이나 회의실 등의 소음을 승강로로부터 격리시키고, 계단 등의 공유 Space를 주위에 배치하는 것이 바람직하다. 어쩔 수 없이 승강로 주변에 거실 등이 배치되는 경우는 승강로의 벽을 이중으로 하거나 벽의 두께를 두껍게 해야 한다. 또한 거실에 접해 있는 벽에는 Rail Bracket을 달지 말고, Separator Beam 등을 사이에 세워서 달도록 해야 한다.

(2) 드래프트음 및 방지대책

① **드래프트음** : 엘리베이터 홀 승강장 문의 삼각 테두리와 문 사이에는 수 [mm]의 틈이 있다. 엘리베이터의 주행에 의해 승강로 내에 급격한 압력변화가 발생한 경우, 이 틈새에서 급속히 바람이 출입한다. 그때에 생기는 소음을 드래프트음이라고 한다. 특히, 동절기의 난방에 의한 승강로 내의 공기 상승 시에 엘리베이터가 상승운전을 하면 심해진다.

② **방지대책** : 건축물에의 외기의 출입을 최대한 막는 것이다. 구체적으로는 건축물 출입구를 이중문이나 회전문으로 해서 가능한 한 차폐율을 높인다. 또한 엘리베이터 기계실의 환기팬은 승강로 내의 공기 상승을 더하기 때문에 공기조절장치를 설치하는 등의 고려가 필요하다.

(3) 기계실에서의 소음 및 대책

① **기계실에서의 소음** : 통상 엘리베이터 기계실은 건축물의 옥상에 설치되지만, 일조권의 문제나 조닝에 의한 분할 서비스에 의해 기계실이 건축물 내부에 배치되는 경우가 있다. 그 경우에는 승강로에서의 소음과 마찬가지로 주위의 공유 스페이스를 배치해 주어야 한다. 특히, 엘리베이터 기계실의 바로 아래에 거실 등을 만드는 것은 최대한 피해야 한다.

② **방지대책** : 기계실 내 기기음과 마찬가지로 기계실 내에 흡음재를 붙여 환기설비 등의 급배기구의 방음대책(방음 덕트 등), 출입구의 밀폐(방음문), 기계실의 격리(이중 천장이나 이중벽) 등이 유효하다.

08 에스컬레이터 안전장치

1 개요

에스컬레이터는 일정한 속도록 연속적으로 운전되기 때문에 안전장치가 필요하며 어린이들의 장난이나 정상적이 아닌 승차방법에 대해서도 안전대책을 세워야 한다. 또한 건축물의 설치부분과 관련하여 추락되거나 낙하물의 충격 등으로 안전사고가 발생될 수도 있다.

2 에스컬레이터 안전장치에 대한 고려사항

1) 스텝체인이 끊어졌을 때 또는 승강구에 있어서 바닥의 개구부를 덮는 문이 닫힐 때에 스텝의 승강을 자동적으로 제지하는 장치가 설치되어야 한다.
2) 승강구에서 스텝의 움직임을 정지시킬 수 있는 장치가 설치되어야 한다.
3) 승강구의 가까운 위치에 사람 또는 물건이 스텝과 스커트가드 사이에 끼었을 때 스텝의 움직임을 자동적으로 제지할 수 있는 장치가 설치되어야 한다.
4) 사람 또는 물건이 난간의 핸드레일의 인입구에 끼어 들어갔을 때 스텝의 움직임을 자동적으로 제지할 수 있는 장치가 설치되어야 한다.

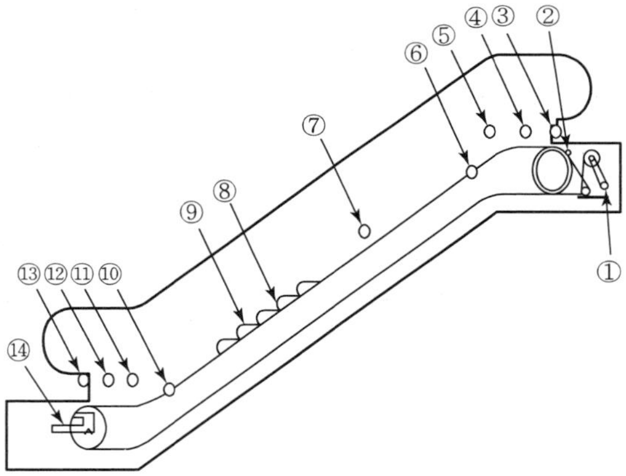

① Smooth Stop Brake 조속기
② 구동 Chain 안전장치
③ Inlet 안전장치
④ 비상 Stop Button
⑤ 스커트가드 안전장치
⑥ 스텝 이상 주행검출장치
⑦ 불소수지 코팅
⑧ Safety 라이저
⑨ 데마케이션(Demarcation)
⑩ 스텝 이상 주행검출장치
⑪ 스커트가드 안전장치
⑫ 비상 Stop Button
⑬ Inlet 안전장치
⑭ 스텝체인 안전장치

[E/S의 안전장치]

3 안전장치

1) 역전방지 장치

(1) 구동체인(Driving Chain) 안전장치

구동체인의 상부에 상시 슈(Shoe)가 접촉하여 구동체인의 인장 정도를 검출하고 있으며 구동 체인이 느슨해지거나 끊어지면 슈가 작동하여 전원을 차단한다. 이것과 동시에 메인 드라이브의 하강방향의 회전을 기계적으로 제지한다. 그때 브레이크 래치가 순간적으로 스텝을 정지시키면 승객이 넘어져 위험하므로 라제트 휠이 메인 드라이브에 마찰되어 계속 유지됨으로써 서서히 정지하게 하여 승객의 넘어짐을 방지한다.

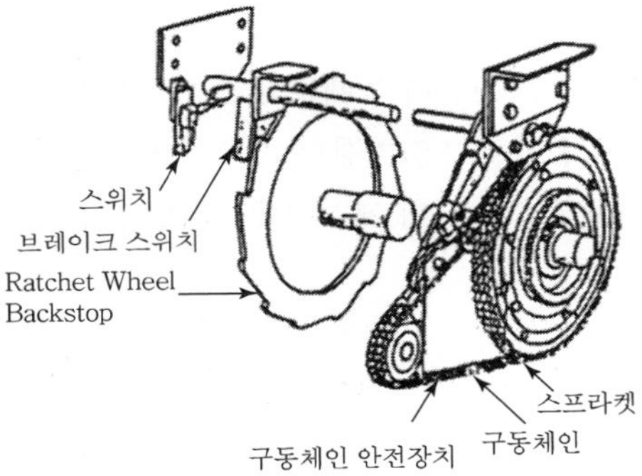

(a) 조립도

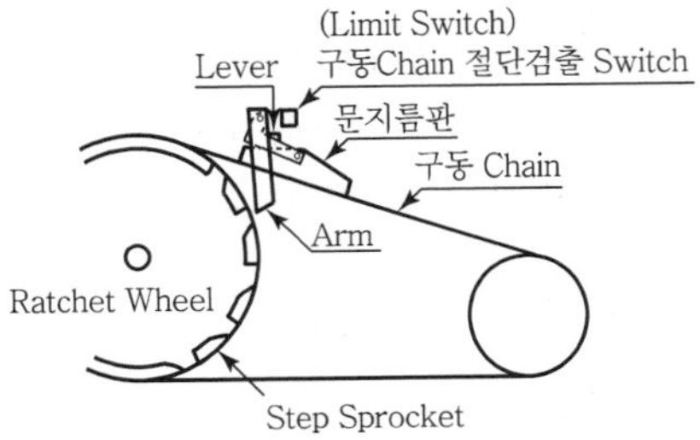

(b) 안전장치 상세

[구동체인 안전장치]

(2) 기계 브레이크(Machine Brake)

슈(Shoe)에 의한 드럼식, 디스크식이 있다. 전동기의 회전을 직접 제동하는 것으로 각종의 안전장치가 작동하여 전원이 끊기면 스프링의 힘에 의하여 에스컬레이터의 작동을 안전하게 정지시킨다. 이때 급히 정지시키면 승객이 넘어질 우려가 있으므로 최저정치거리를 정하도록 규정되어 있다. 일반적으로 무부하 상승인 경우 0.1[m]부터 0.6[m] 이내로 되어 있다.

(3) 조속기(Speed Regulator)

에스컬레이터의 과부하운전, 전동기 전원의 결상 등이 발생되면 전동기의 토크 부족으로 상승운전 중에 하강이 일어날 수가 있으므로 하강운전의 속도가 상승되지 않도록 하기 위하여 전동기의 축에 조속기를 설치하여 전원을 차단하고 전동기를 정지시켜야 한다.

2) 스텝체인 안전장치

스텝체인이 늘어나서 스텝과 스텝 사이에 틈이 생겨서 절단되는 경우에는 스텝 수개 분의 공간이 생길 우려가 발생되므로 스텝체인의 장력을 일정하게 유지시키기 위하여 Tension Carriage를 설치하여 이상이 발생하면 구동기의 전동기를 정지시키고 브레이크를 작동시킨다.

3) 스텝이상 검출장치

스텝과 스텝의 사이에 이물질이 끼어 있는 상태로 에스컬레이터가 운행하는 것은 아주 위험하기 때문에 스텝이 4[mm] 이상 떠올라 있으면 검출스위치가 작동하여 에스컬레이터의 운행을 정지시킨다.

4) 스커트가드 패널 안전장치

스커트가드 패널과 스텝 사이에 이물질이 끼면 위험하기 때문에 스커트가드 패널에 불소수지 코팅을 하여 미끄러져 딸려 들어가는 것을 방지하고 있지만 스커트가드 패널에 일정압력 이상 힘이 가해지면 스프링 힘에 의하여 스위치를 작동시켜 에스컬레이터의 운전을 정지시킨다.

5) 건물 측 안전장치

건물 측 안전장치로 삼각부 안내판, 칸막이판, 낙하물 위해방지망, 셔터운전 안전장치, 난간 설치 등이 있다.

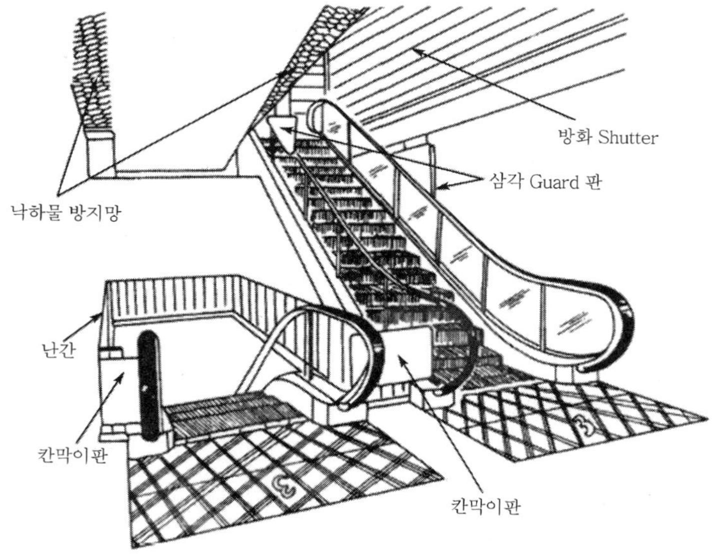

[건물 측 안전장치]

09 에스컬레이터 설계 시 고려사항

1 개요

1) 에스컬레이터는 철골구조 트러스 두 대에 스텝체인 발판을 설치하고 이를 구동시켜 승객을 운반하는 장치이다.
2) 에스컬레이터 설계 시에는 에스컬레이터의 기본사양, 배치배열 시 고려사항, 배열방식, 전원설비 등에 대한 고려가 필요하다.

2 E/C 기본사양

분류	800형	1,200형
수송능력	6,000[명/h]	9,000[명/h]
스텝 폭	600[mm]	1,200[mm]
속도	30[m/min]	
경사각도	30[°]	
효율	0.75	0.84

3 E/C 배치배열 시 고려사항

1) 승객의 보행거리를 짧게 한다.
2) 점유면적을 작게 한다.
3) 각 층 E/C와 연속적인 흐름을 갖도록 한다.
4) 매장이 잘 보이도록 배치한다.
5) 건물의 기둥, 벽, 보를 고려한 위치선정을 한다.

4 E/C 배열방식

1) 연속일렬배열

바닥면적이 평면적으로 연장되어 실용적이지 않다.

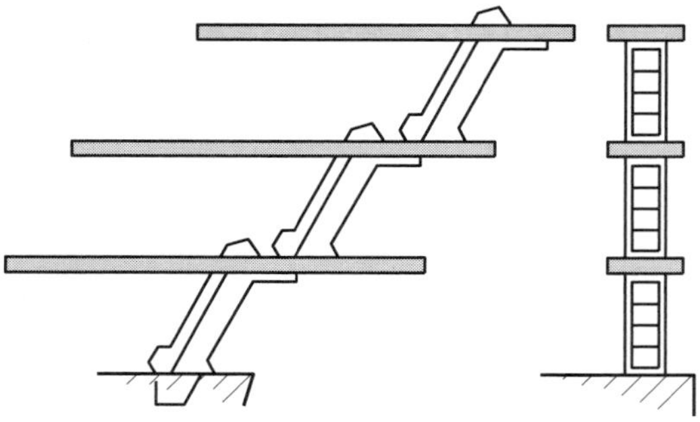

[연속일렬배열]

2) 단열형

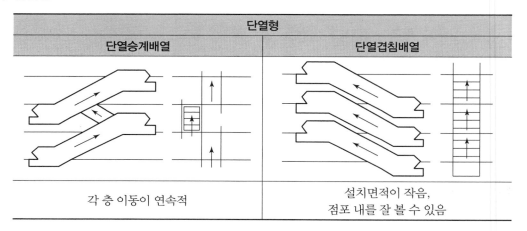

단열형	
단열승계배열	단열겹침배열
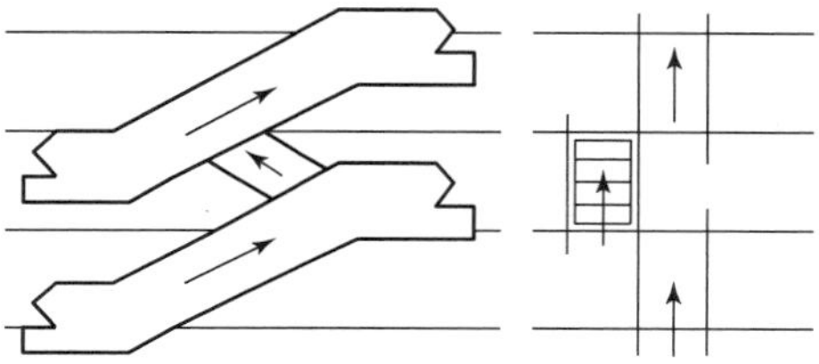	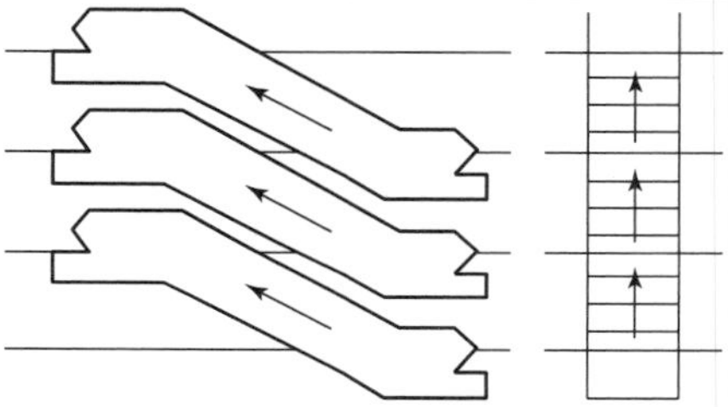
각 층 이동이 연속적	설치면적이 작음, 점포 내를 잘 볼 수 있음

3) 복렬형

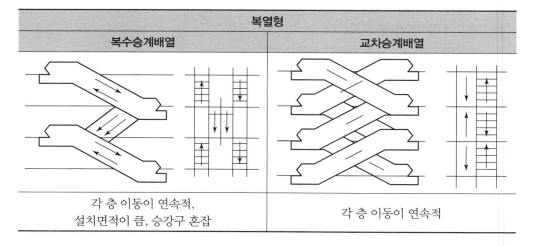

복열형	
복수승계배열	교차승계배열
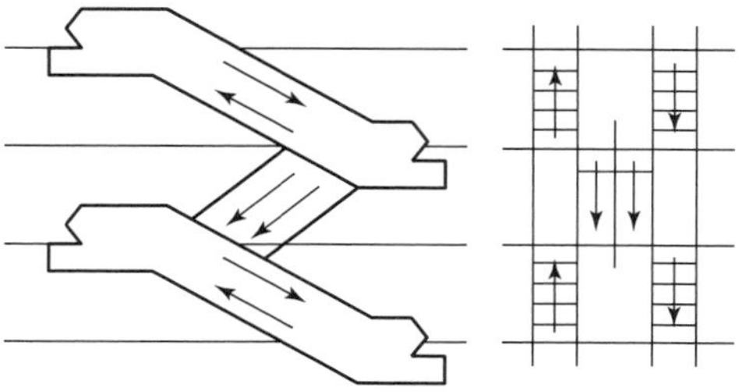	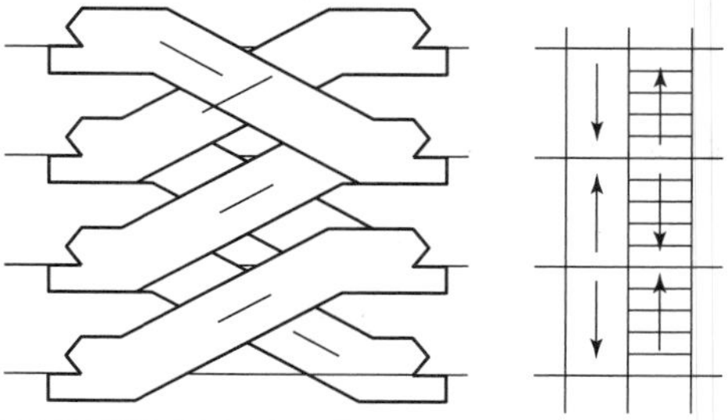
각 층 이동이 연속적, 설치면적이 큼, 승강구 혼잡	각 층 이동이 연속적

4) 병렬형

올라가기와 내려가기 운전을 하는 것

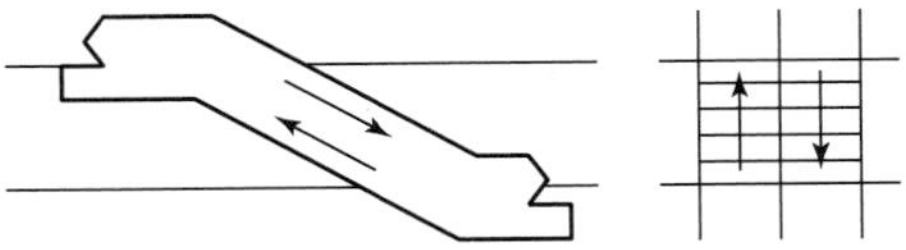

[병렬형]

5 E/C 전원설비

1) 변압기 용량

$$\text{변압기 용량} \geq \frac{1.25\sqrt{3} \cdot E \cdot I_n \cdot N}{1,000}[\text{kVA}]$$

여기서, E : 정격전압, I_n : 정격전류, N : E/C 대수

2) 차단기 정격전류

$$I_f \leq 3 \times \sum I_M + \sum I_H,\ I_f \leq 2.5 I_a \rightarrow \text{작은 값 선정}$$

여기서, I_M : 전동기 정격전류, I_H : 전동기 이외 기기의 정격전류, I_a : 전선의 허용전류

3) 전원선 굵기

$$A \geq \frac{30.8 \cdot (I_s + I_L) \cdot l}{1,000E \cdot \dfrac{(20 - \Delta V)}{100} \cdot N \cdot Y}$$

여기서, A : 인입선 굵기[mm²]
I_s : 전동기 기동전류[A]
I_L : 슬립라인조명의 전류[A]
l : 인입거리[m]
E : 정격전압(3상 3선식)
ΔV : 건축물의 전압강하율[%]
N : 병렬대수
Y : 부등률

4) 전동기 용량

$$Q = \frac{270\sqrt{3}\,HS \cdot 0.5\,V}{6120\,\eta} = \frac{0.0382 \cdot H \cdot S \cdot V}{\eta}$$

여기서, H : 계단높이
V : 운행속도(30[m/min])
S : E/C 폭(800형 또는 1,200형)
η : 효율(0.6~0.9)

6 E/C 장점

1) 대기시간이 없어 연속 수송이 가능하다.
2) 수송능력이 E/L의 7~10배이다.
3) 승강 중 상품투시가 가능하다.
4) 점유면적이 적고 별도의 기계실이 불필요하다(건물의 하중분산).

7 밀도율

1) 밀도율 $= \dfrac{10 \times 2\text{층 이상의 유효바닥면적}[\mathrm{m}^2]}{1\text{시간의 수송능력}}$

2) 사람의 흐름이나 혼잡의 비율을 중점으로 두고 설비대수를 정하지만 대체로 위 밀도율을 적용한다.

10 방폭 전기설비

1 방재설비

1) 방재설비란 재난을 방지하기 위한 설비이다.
2) 종류에는 **피뢰설비**, **소방설비**, **방범설비**, **접지설비**, **방폭설비** 등이 있다.
3) 방재설비의 설치목적은 뇌해, 화재, 범죄로부터 건축물, 인명, 재산을 보호하는 것이다.

2 개요

1) 방폭설비란 인화성 가스, 증기, 먼지, 분진 등의 위험물질이 존재하는 지역에서 전기설비가 점화원이 되는 폭발을 방지하기 위한 설비를 의미한다.
2) 방폭시스템의 확립 및 위험성 평가기법 도입(EPL)

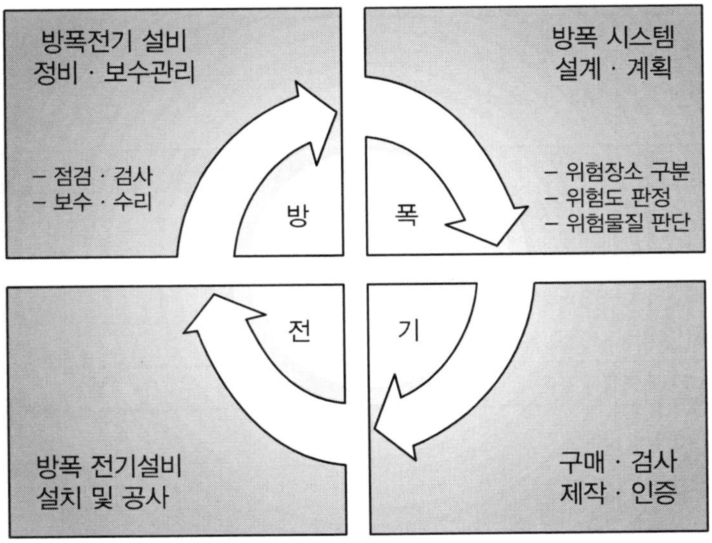

[방폭시스템의 위험성 평가기법]

3 기본대책

1) 화재, 폭발 발생확률을 제로화

위험 분위기 생성확률 × 전기설비 점화원 작용확률 = 0

2) 위험 분위기 생성 방지 → 기본대책

화재 · 폭발성 가스의 누출방지, 체류방지

3) 전기기기, 설비의 방폭화 → 후비보호

점화원 격리, 전기기기 안전도 증가, 점화능력의 본질적 억제 등

4 폭발위험지역(장소) 구분

구분	내용
0종 장소	장시간 또는 빈번하게 위험분위기가 존재하는 장소
1종 장소	정상상태에서 간헐적으로 위험분위기가 존재하는 장소
2종 장소	이상상태에서 간헐적으로 위험분위기가 존재하는 장소

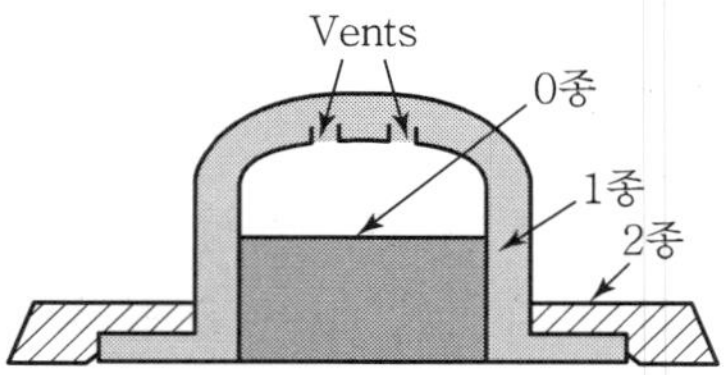

[폭발위험장소 구분 개념도]

5 폭발위험지역(장소)에 따른 방폭구조

방폭구조	0종 장소	1종 장소	2종 장소
내압 방폭구조(EXd)	×	○	○
압력 방폭구조(EXp)	×	○	○
유입 방폭구조(EXo)	×	○	○
안전증 방폭구조(EXe)	×	×	○
본질안전 방폭구조(EXi)	○	○	○

6 방폭구조의 종류 및 특징

1) 내압 방폭구조(d)

점화원이 될 우려가 있는 부분을 **전폐구조**로 된 용기에 넣어 내부에 폭발이 생겨도 용기가 압력에 견디고 외부의 폭발성 가스에 화염이 파급될 우려가 없도록 한 구조

[내압 방폭구조]

2) 압력 방폭구조(p)

점화원이 될 우려가 있는 부분을 용기 내에 넣고 신선한 공기 또는 불활성 가스 등을 내부에 압입하여 내부압력을 유지함으로써 폭발성 가스가 침입하지 않도록 한 구조

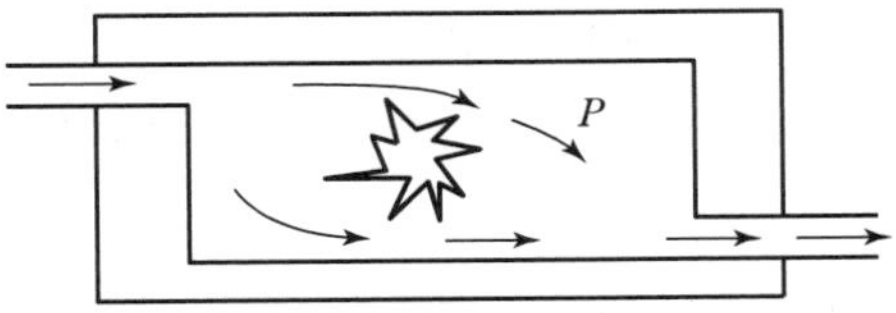

[압력 방폭구조]

3) 유입 방폭구조(o)

점화원이 될 우려가 있는 부분을 절연유 중에 넣어 주위의 폭발성 가스로부터 격리시키는 구조

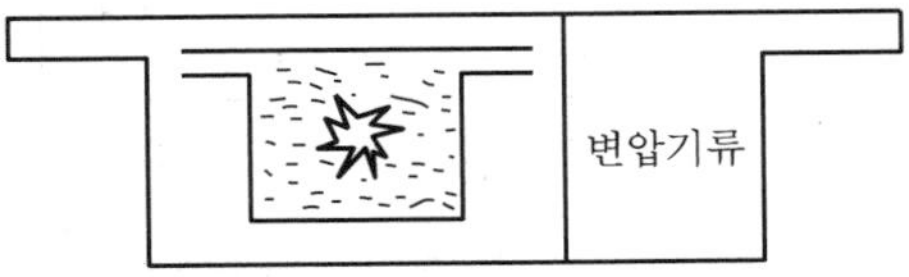

[유입 방폭구조]

4) 안전증 방폭구조(e)

정상운전 중에 불꽃, 아크, 과열이 생기면 안 되는 부분에 특별히 안전도를 증가시켜 제작한 구조

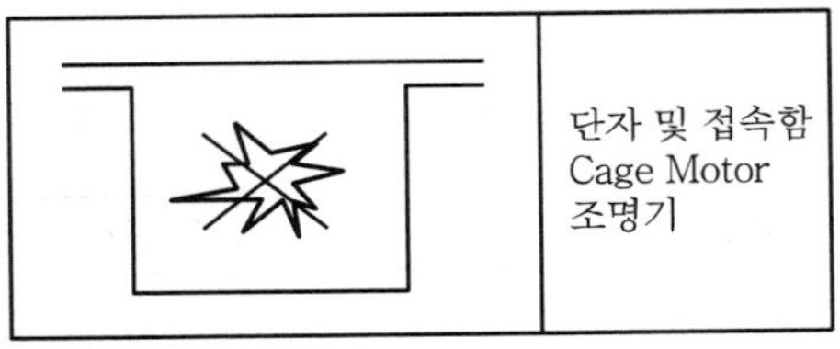

[안전증 방폭구조]

5) 몰드 방폭구조(m)

점화원 부분을 절연성 콤파운드로 몰드화한 것

6) 충전 방폭구조(q)

내부를 석영 유리 등의 입자로 채워 주위의 폭발성 가스로부터 격리시키는 구조

7) 본질안전 방폭구조(i)

① 점화능력을 본질적으로 억제하는 것
② 폭발성 가스 등이 점화되어 폭발을 일으키려면 최소한도의 에너지가 주어져야 한다는 개념에 기초
③ 소세력화를 유지하여 정상 시뿐만 아니라 사고 시에도 폭발성 가스에 점화하지 않는다는 것을 시험을 통해 확인한 구조

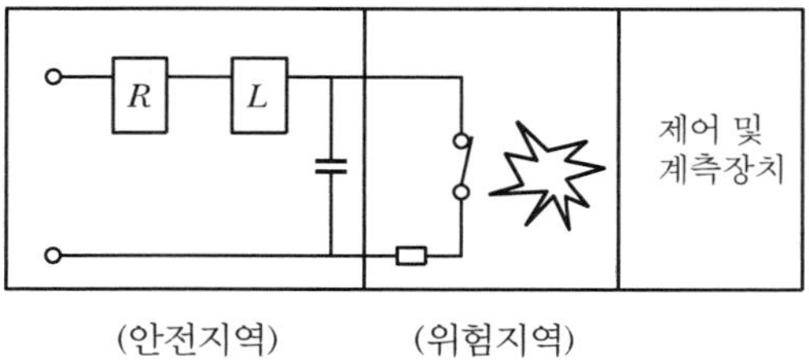

[본질안전 방폭구조]

8) 특수 방폭구조(s)

앞에서 열거한 것 이외의 방폭구조로서 폭발성 가스를 인화시키지 않는다는 사실이 시험이나 기타 방법에 의해 확인된 구조

7 방폭 전기배선 방법

1) 폭발위험지역(장소)에 따른 전기배선

배선방법		0종 장소	1종 장소	2종 장소
본질안전 방폭회로 이외의 배선	케이블 배선	×	○	○
	전선관 배선	×	○	○
	이동 전기기기의 배선	×	○	○
본질안전 방폭회로 배선		○	○	○

2) 케이블 · 전선관 인입방법

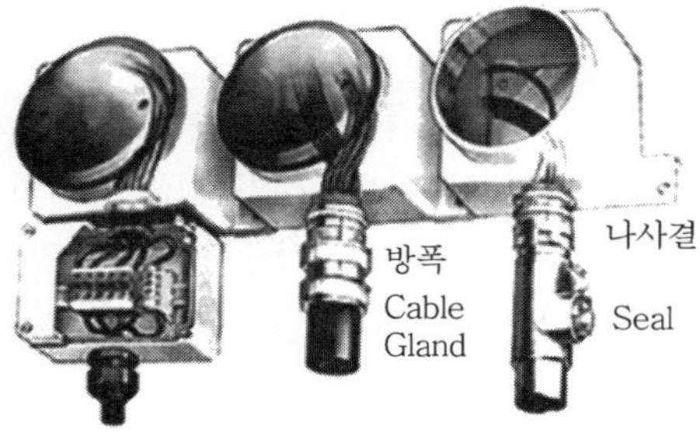

[케이블 · 전선관 인입방법]

① 간접연결 : 복합형 EX de

② 직접연결 : 2종장소에서 MI, MC, MV, TC Cable 허용

③ 전선관 : 후강전선관에 일반전선 사용

3) 전기배선 방법 비교

구분	케이블	전선관	방폭 전기배선 현황
장점	공사비 저렴 수정, 확장 용이	신뢰성, 내구성 양호	• 국내 플랜트 방폭 전기배선 공사는 주로 케이블 공법 사용 • 기계적 보호는 전선관 공법 채택 • 국내 전선관 배선 관련 규격 부재 • IEC 규격은 전선관 배선 관련 내용이 구체적이지 못함
단점	별도의 보호 필요 Armored Cable 사용	공사비 과다 수정, 확장이 어려움	
규격	유럽/IEC	미주/NEC	

11 전기적인 재해

1 개요

1) 전기에너지는 존재하는 형태에 따라 동전기, 정전기, 낙뢰, 전자파로 구분된다.
2) 이와 같은 전기에너지가 위험원인으로 작용하여 사고가 발생하고 그 결과로 인명 및 재산의 손해가 발생하는 것을 '전기적인 재해'라 한다.

2 전기 에너지 존재 형태

존재 형태	내용
동전기	전선로를 따라 흐르는 전기에너지로 일반적인 전기에너지
정전기	절연된 금속체나 절연체에 존재하는 전기에너지로 회로를 구성하지 않으면 대전상태를 유지하는 에너지
낙뢰	대전된 뇌운과 대지와의 사이에서 방전현상이 발생하여 흐르게 되는 거대한 전기에너지
전자파	공간에서 발생하는 전자파가 가지고 있는 전기에너지

3 주요 전기적인 재해

1) 전격재해

감전사고로 인한 사망, 실신, 화상, 열상 또는 충격(Shock)에 의해 2차적으로 발생하는 추락, 전도, 등에 의한 상해

2) 전기화재

전기에너지가 점화원으로 작용하여 건축물, 시설물 등에 화재가 발생하는 재해

3) 전기폭발

전기에너지가 폭발성 가스나 물질에 점화원으로 작용하여 발생하는 폭발 또는 전기설비 자체 폭발 등에 의한 재해

12 전기화재

1 개요

1) 우리나라 화재발생 현황 중 원인은 부주의, 전기, 방화, 담배의 순서로 전기화재 발생이 높은 편이다.
2) 전기점화원의 주원인은 줄열 등에 의한 발열작용과 공기의 절연내력인 3[kV/mm] 이상 시 불꽃을 수반하는 스파크인 방전현상이다.
3) 원인별 메커니즘을 숙지하여 그에 적합한 안전대책을 세워야 한다.

2 출화경과에 따른 화재 메커니즘

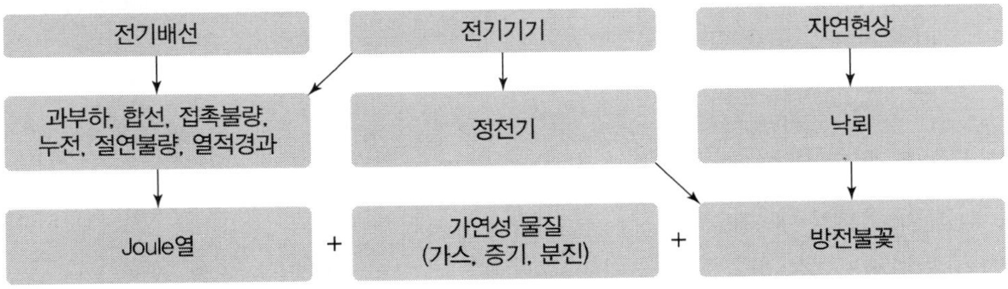

[출화경과에 따른 화재 발생 메커니즘]

1) 중요 원인 : 줄열, 불꽃방전(스파크)
2) 발생 요인 : 과전류, 단락, 지락, 누락, 접속불량, 스파크, 절연체 열화, 열적경과, 정전기, 낙뢰 등
3) 원인에 따른 대책수립으로 인명보호 및 화재발생 방지

3 전기화재 발생원인

1) 줄열에 의한 발화메커니즘

① 도체에 전류가 흐르면 줄열이 발생하는데 열량을 전류의 2승과 도체저항의 곱에 비례

② $Q = 0.24I^2RT$

2) 스파크에 의한 발화메커니즘

① 전기회로를 개폐하거나 퓨즈가 용단될 때, 전기회로가 단락될 때 강한 스파크가 발생

② 가연성 가스, 인화성 액체의 증기, 분진 등이 있는 곳에서 점화원으로 작용

③ 착화되기 위한 최소한의 에너지를 MIE라고 함
④ MIE 이상일 경우 가연물과 격리되도록 밀폐된 스위치나 방폭형 기기 사용 필요

4 발화형태에 따른 전기화재 종류

1) 과전류에 의한 발화

① 전선에 전류가 흐르면 줄열이 발생, 발열과 방열의 평형이 깨지면 발화의 원인이 됨
② 비닐절연전선의 경우
전류 : 200～300[%] − 피복이 변질, 변형
500～600[%] − 붉게 열이 난 후 ~~용융~~

2) 단락(합선)에 의한 발화

① 전기적 · 기계적 원인으로 합선이 발생 시 저압옥내배선일 경우 1,000[A] 이상의 단락전류가 발생
② 스파크와 줄열로 연소시킴

3) 지락에 의한 발화

① 단락전류가 대지로 흐름
② 스파크가 발생하고 목재나 가연물에 흐를 때 발열하게 됨

4) 누전에 의한 발화

① 전선이나 전기기기의 절연이 파괴되어 전류가 대지로 흐름
② 누설전류가 500[mA] 이상일 때 누전에 의한 화재 위험이 발생

5) 접속부 과열에 의한 발화

① 전기적 접촉상태가 불완전할 때 접촉저항에 의한 발열
② 전선과 전선, 전선과 단자 또는 접속핀 등의 불완전상태가 발생하면 아산화동, 접촉저항 등을 나타내며 발열하게 됨

6) 스파크에 의한 발화

전원 스위치에 의한 전류의 차단 또는 투입 시 스파크 발생

7) 절연체의 열화 또는 탄화

유기질 절연체의 경년변화에 의한 열화로 흑연화(탄화)

8) 열적경과에 의한 발화

① 열의 축적에 의해 발화
② 방열이 잘 되지 않는 장소에서 사용 시

9) 정전기에 의한 발화

① 두 물체 간의 접촉, 분리, 마찰 등으로 전하가 발생
② 축적되었다가 방전하면서 스파크 발생

10) 낙뢰에 의한 발화

① 낙뢰가 전선로에 유입되었을 때 충격파 및 고전압의 발생으로 발화
② 고압배선에 낙뢰가 발생하여 전기기기를 소손시킨 경우 발화

5 전기안전예방대책

화재원인	예방대책
과전류	• 전선의 용량을 부하의 허용전류 이상이 되는 것으로 선정 • 과전류 차단기 또는 전력퓨즈 설치
누전	• 누전차단기 및 누전경보기 설치, 접지와 본딩 실시 • 회로의 절연저항을 정기적으로 측정검사 실시
스파크	스파크 발생 우려 지역에 적합한 방폭기구 선정
접속부 과열	접속부 정기점검 실시
절연체 열화	불량, 노후된 절연부위는 교체
낙뢰	피뢰설비 설치
정전기	생성억제, 대전방지, 축적방지

13 케이블 화재

1 개요

1) 최근 건축물이 대형화, 고층화되면서 전력공급의 우수성, 시공의 편리성, 지진 · 진동에 대한 안전성 등에 부합된 배선방식인 케이블 공법이 주로 사용되고 있다.
2) 이러한 케이블의 절연재나 피복재는 고분자 물질로서 화재 발생 시 유독가스, 부식성 가스를 발생시키고 연소속도가 빠르며 열기가 강해 대형화재로 이어지므로 주의가 필요하다.

2 케이블 화재 원인

1) 케이블 자체 발화

① 과전류, 단락, 지락, 누전에 의한 발화
② 접촉부의 과열에 의한 발화
③ 탄화 및 절연열화에 의한 발화
④ 시공불량 등에 의한 온도상승으로 부분발열
⑤ 허용전류 저감률 부족에 의한 온도상승으로 발화
⑥ 스파크 등에 의한 발화

2) 외부에 의한 발화

① 타 구역에서 발생한 화재가 케이블로 연소 확대
② 방화
③ 기기류의 과열에 의한 발화
④ 용접불꽃 등에 의한 발화
⑤ 가연물의 연소에 의한 발화

3 케이블 화재 문제점

1) 농연 및 부식성 가스 발생
2) 연소에너지가 높고 열기가 강함
3) 연소가 빠름
4) 사고 시 타 계통에 연계 피해 우려
5) 사고 시 대형피해로 기간산업이 마비

4 케이블 화재 방지대책

1) 출화 방지

① 케이블 선로, 전기기기의 적정화

② 케이블의 유지, 보수, 점검 등을 철저히 한다.
㉠ 외부 요인에 의한 손상을 방지
㉡ 정기적인 점검 및 절연진단 실시
㉢ 유압온도 감시장치 부착, 이상온도 감시 및 경보

③ 케이블의 난연화, 불연화
㉠ FR−8 사용, 발화, 연소, 화재의 확대 방지
㉡ 난연제 Coating, 피복물질에 난연제 첨가

2) 연소 확대 방지

① 케이블의 난연화, 불연화, 방화보호
② 케이블의 관통부 방화조치
③ 화재의 조기 발견, 초기 소화
④ 방재설비 시스템 적용

5 맺음말

1) 케이블 화재의 주요원인은 접촉불량, 합선, 과부하가 대부분이다.
2) 사고 보호장치의 개발, 절연물의 성능 향상, 관련 법규의 강화에도 불구하고 케이블 화재는 여전히 발생하고 있다.
3) 따라서 설계나 시공에 있어서의 고려뿐만 아니라 체계적이고 지속적인 유지관리가 필요하다.

14 전기설비 내진설계

1 개요

1) 지진은 맨틀의 유동에 의해 지표 부분의 균형이 파괴되어 단층, 융기 등이 되면서 발생한다.
2) 최근 국내에도 지진의 빈도가 늘고 강도가 강해져 이에 대한 대책이 필요하며 지진의 종류, 시설물의 중요도 등을 고려하여 경제적이고 효과적인 내진설계를 해야 한다.

3) 내진설계의 목적 및 기능

목적	기능
• 인명의 안전성을 확보 • 재산 보호 • 설비의 기능을 유지	• 지진 중 운전이 가능할 것 • 점검 확인이 용이할 것 • 자동 재운전이 가능할 것

2 내진설계 시 고려사항

1) 건축법상 내진설계 기준

① 3층 이상의 연면적 1,000[m^2] 이상인 건축물
② 경간 10[m^2] 이상인 5층 이상 아파트, 연면적 500[m^2]인 판매시설 등
③ 바닥면적 합계가 1,000[m^2] 이상인 발전소, 종합병원, 방송국, 공공건물
④ 바닥면적 합계가 5,000[m^2] 이상인 관람실, 집회실, 판매시설

2) 전기설비 중요도 파악

(1) A등급(비상용)

① 지진 발생 시 인명보호에 가장 중요한 역할을 하는 설비
② 비상전원설비, 간선 및 부하, 비상조명, 비상승강기, 비상콘센트 등

(2) B등급(일반용)

① 지진 피해로 2차 피해를 줄 수 있는 설비
② 일반 변압기, 배전반, 간선류 등

(3) C등급

① 지진 피해를 적게 받는 설비
② 일반 조명설비, 기타 전기설비 등

3 내진대책

1) 장비의 적정 배치

① 중요도에 따라 설비기기의 배치 : 내진력이 약한 것은 저층배치 등
② 저층배치 기기에는 주로 폭발 가능성이 있는 기기, 오동작 우려의 기기 등
③ 피난경로를 피해 기기배치
④ 점검이 용이하도록 기기배치

2) 지진응답을 예측 적용하여 배치

① 수평 지진력 : $F = K \times W[\text{kg} \cdot \text{m}]$
② 수평 지진도 : $K = Z \cdot I \cdot K_1 \cdot K_2 \cdot K_3$

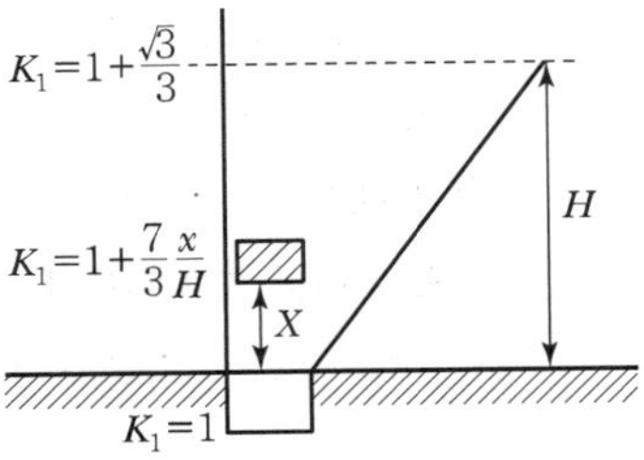

[K_1의 적용 예]

3) 공진방지 및 자재강도 확보

① 건물과 공진이 되지 않게 설계시공

② 건물설계용 1차 주기
㉠ 철골 구조물의 1차 주기 : $T_1 = 0.028$[sec]
㉡ 철근 콘크리트 1차 주기 : $T_2 = 0.02$[sec]

③ 층간 변위강도 : 1/200 이내

4 건축물에서 내진대책 적용 예

1) 기초의 보강

① 하부 Fix는 필수적이고, 측면 Fix는 부수적이다.
② 기기와 옹벽 사이에 내진 보강재로 보강한다.

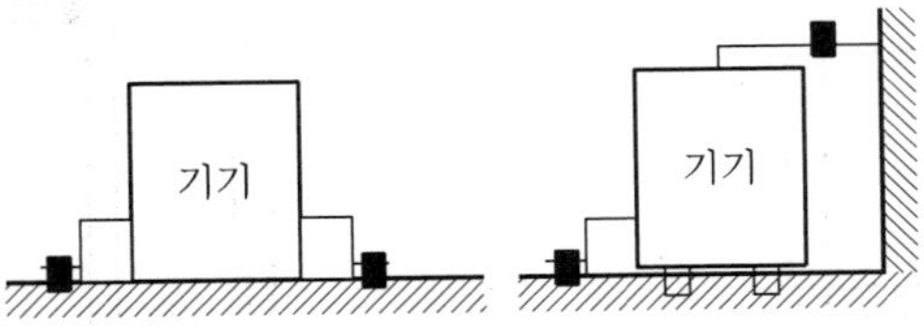

[기초의 보강]

2) 부재의 보강

배관을 행거 등으로 보강한다.

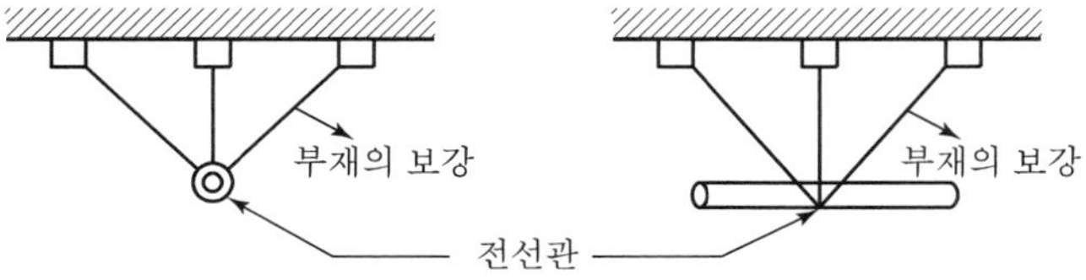

[부재의 보강]

3) 초고층 빌딩에서 간선의 지지

① 간선의 정하중에 대하여 충분한 강도를 가져야 하고 지진 발생 시 무리한 압력이 가해지지 않도록 한다.

② 주로 버스 덕트를 사용하므로 상부지지대에 **방진고무**, Coil Spring을 사용하고 필요 개소에 **플렉서블 조인트**를 두어 응력을 흡수시킨다.

③ 기타 방법은 기초보강, 부제보강, 방안과 비슷하다.

4) 변압기 내진대책

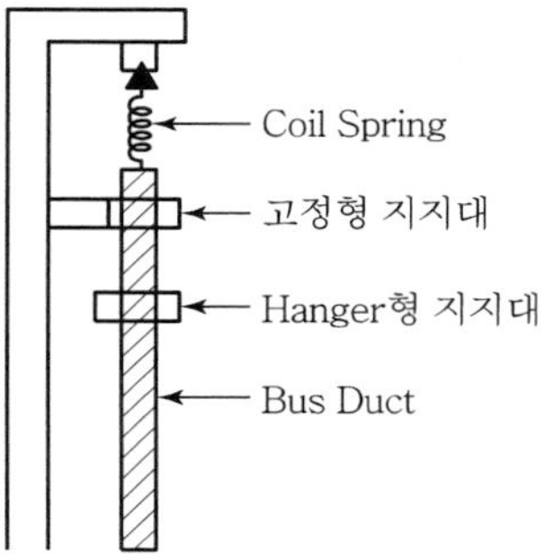

[초고층 빌딩의 강선(Bus Duct) 부재 보강]

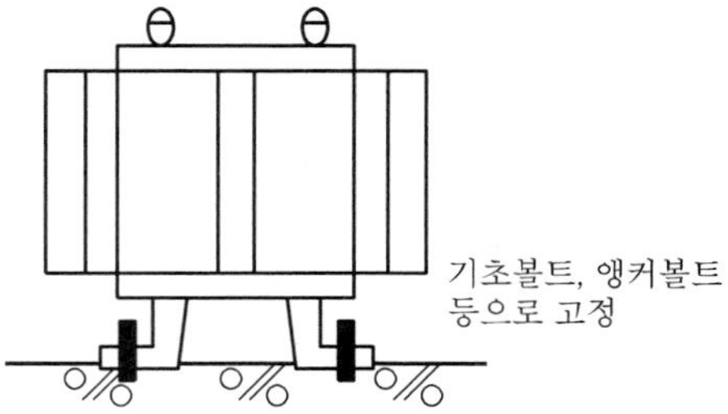

[기본 조치]

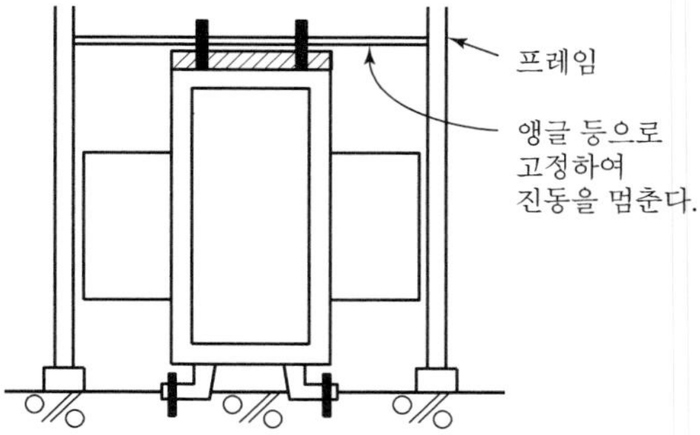

[보조적인 내진대책]

5) 분전반 내진대책

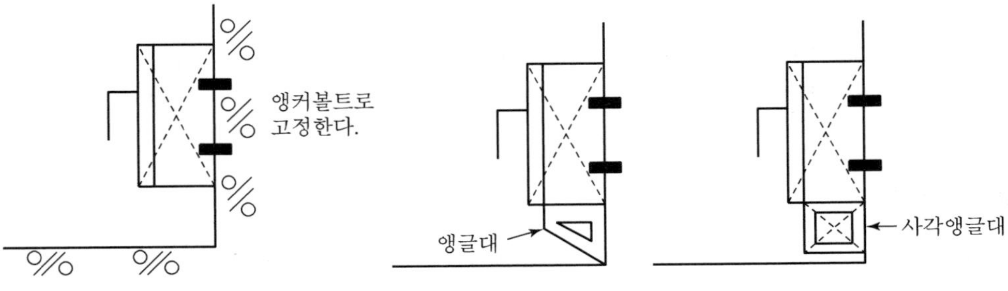

[분전반 내진대책]

5 수변전설비 내진설계

1) 변압기

① 기초볼트의 정적하중이 최대 체크 포인트이다.

② 애자는 0.3G, 공진 3파에 견디는 것으로 한다.

③ 저압 측이 부스바인 경우 **접속부**에는 가요성 도체를 사용하고 절연커버를 설치한다.

2) 가스절연 개폐장치(GIS)

① 기초부를 중심으로 한 정적 내진설계로 계획한다.

② 가공선 인입의 경우 **부싱**은 공진을 고려한다.

③ **접속부**에는 케이블 및 Flexible Conductor를 사용하고 가요성을 고려한다.

3) 보호계전기

① 정지형 계전기나 디지털 계전기를 사용한다.

② 협조 가능한 범위에서 타이머를 넣는다.

6 예비전원 설비 내진설계

1) 자가발전설비

① 발전기 연료는 자체 저장시설에서 공급하는 방식일 것

② 발전기 냉각방식은 자체 라디에이터 냉각방식일 것

③ 엔진의 각 출입구 부분에는 변위량을 흡수할 수 있는 가요관을 시설할 것

2) 축전지 설비

① 앵글 프레임은 관통볼트에 의하여 고정한다.
② 내진 가대의 바닥면 고정은 지진강도에 충분히 견딜 수 있도록 처리한다.
③ 축전지 인출선은 가요성이 있는 접속재로 충분한 길이의 것을 사용한다.

7 맺음말

1) 전기설비 기술기준에는 수변전실에 시설하는 전기설비를 지진, 진동, 충격에 안전한 구조로 시설하도록 규정하고 있다.
2) 하지만 이에 대한 설계기준이 없는 상황이므로 현장적용이 어렵다.
3) 따라서 수변전 설비는 지진 발생 시 인명의 안전에 직결되므로 내진설계와 내진시공에 대한 명확한 검사기준을 마련하여 지진을 대비해야 한다.

15 배관의 부식

1 정의와 종류

1) 정의

부식이란 금속 또는 합금이 전기 또는 화학적 작용에 의해 산화소모되어 파괴되는 현상이다.

2) 종류

(1) 습식과 건식

습식 부식(물)	건식 부식(물과 미접촉)
저온상태에서 수중, 땅속, 대기 중의 부식	고온의 공기나 가스 중의 부식

(2) 전면부식과 국부부식

전면부식	국부부식
피복이 타지 않은 배관에서 Micro Cell 형성에 따라 전면에서 고르게 부식하는 현상	대부분 배관시스템이 국부부식(부분적) 전지, 침식, 응력, 피로 부식 등

(3) 간극(틈새) 부식

금속과 금속(또는 다른 물질)의 사이에 틈새가 있을 경우 전해질 농도와 용존산소농도 차이에 의한 전위차 발생의 부식현상

(4) 입계 부식

입계, 즉 원자배열이 달라지는 한 경계면에서 발생되어 부식(고온 또는 냉각 시)

(5) 갈바닉 부식(2중금속의 전위차)

2중금속의 접촉 시 전위차에 의한 부식

3) 부식 발생 조건

① 음극부와 양극부의 존재
② 전해질
③ 전위차(부식전류의 폐회로 구성)

❷ 부식 발생의 메커니즘

1) 구성도

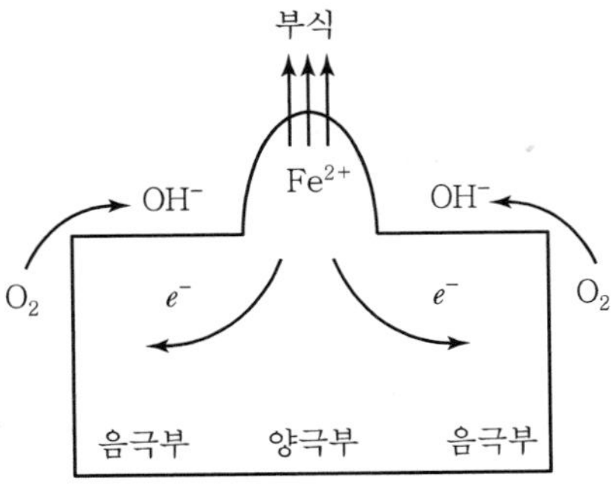

[부식 발생]

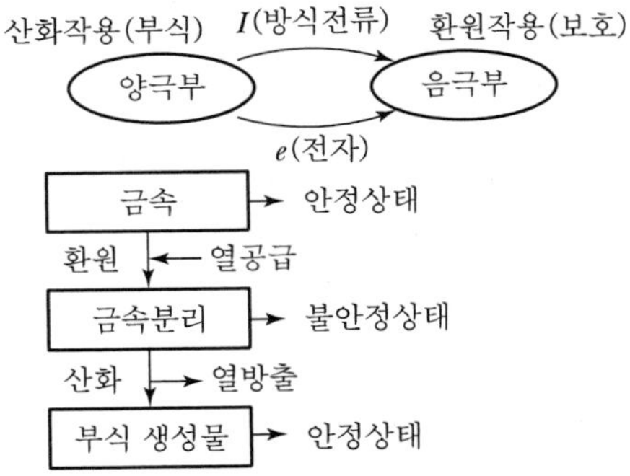

[메커니즘]

2) 양극반응(산화)

① 금속 → 전해질(전자방출) → 양이온 → 부식
② $Fe \rightarrow Fe^{2+} + 2e^-$ (산화반응)

3) 음극반응(환원)

① 양극발생 이온 → 음극이동반응

② $O_2 + 2H_2O + 4e^- \rightarrow 4OH^-$(수산화이온의 환원반응)

4) 녹 발생

① 음극부 → 수산화이온(OH^-)＋양극 금속이온(Fe^{2+})
⇒ 전해질 반응에 의한 부식 생성물 → 붉은색의 녹 발생

② $Fe^{2+} + 2OH^- \rightarrow Fe(OH)^2$: 수산화 제1철
$4Fe(OH)_2 + O_2 + 2H_2O \rightarrow 4Fe(OH_2)_3$: 수산화 제2철
$2Fe(OH_2)_3 \rightarrow Fe_2O_3 + 3H_2O$: 붉은 녹 생성

3 부식의 원인 및 영향

1) 원인

외적 요인	내적 요인	기타 요인
• 용존산소의 표면부식 • 용해성분의 가수분해 • 유속에 의한 산화작용 • 온도에 의한 고온부식 • PM 저하에 따른 부식	• 금속조직의 결정상태 영향 • 금속의 가공정도의 영향 • 금속의 열처리 영향 • 금속의 응력 영향	• 아연에 의한 철부식 • 동에 의한 부식 • 이중금속에 의한 부식 • 탈아연 현상에 의한 부식 • 유리탄관에 의한 부식

2) 부식의 영향

① 경제적 손실 : 부식사고에 따른 조업정리, 기계장치 효율 저하
② 신뢰성 및 안전성 저하
③ 환경오염 : 지하수오염

4 부식방지대책

1) 배관재료 측 대책

배관재의 선정	배관표면피복	배관의 절연
• 부식여유의 고급재질 선정 • 강관 대신 합성수지관 사용	• 내부 : Lining • 외부 : 도금 시행	• 이중금속배관 사용 시 • 연결부분에 절연가스켓 설치

2) 설계개선

① 2중금속의 조합을 피하고 동일재질 사용
② 불필요한 틈새, 요철을 피하고 응력제한

3) 부식환경 억제(산화, 환원반응 억제)

① 순환수 온도제어 : 50[°C] 내외

② 유속제어 : 내부 Lining 손상 방지(1.5[m/s] 이하)

③ 용존산소의 신속한 제거 : 자동공기 배출 밸브 설치

4) 산소와 금속표면의 접속 차단

① 에어벤트 : 배관 내의 공기를 완전배출

5) 전기방식법 사용

회생양극(유전)	외부전원법	배류법
고전위 금속의 접촉 (Mg, Al, Zn)	• 외부 DC전원에 의한 방식전류 공급 • Anode는 내구성이 강한 재질	직접, 선택, 강제배류법 적용

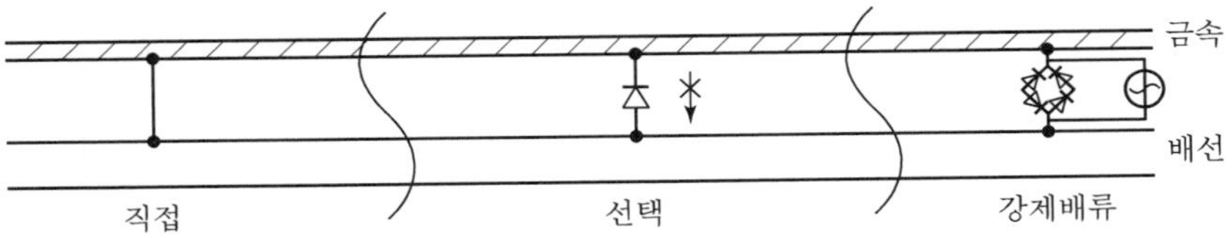

[배류법의 종류]

APPENDIX

부록

01 | 과년도 기출문제

02 | 한국전기설비규정 KEC

03 | 탄소중립 사회를 향한 그린 뉴딜 정책

01 과년도 기출문제

국가기술자격 기술사 시험문제

기술사 제94회 제1교시(시험시간 : 100분)

분야	전기 · 전자	종목	전기응용기술사	수험번호		성명	

※ 다음 문제 중 10문제를 선택하여 설명하시오(각 10점).

1. 전자유도 현상의 종류를 들고 설명하시오.

2. 전기철도에서 사용되는 회생제동의 원리와 장단점에 대하여 설명하시오.

3. 지하터널구간에서 주로 적용되는 교류(AC) 및 직류(DC) 강체조가방식에 대하여 설명하시오.

4. 건축조명 시스템 중 태양광 채광 시스템의 종류 및 구성에 대하여 설명하시오.

5. 열전효과에 대하여 설명하시오.

6. 외부전극형광램프(EEFL : External Electrode Fluorescent Lamp)에 대하여 설명하시오.

7. 전기 2중층 커패시터(Capacitor)에 대하여 설명하시오.

8. 리튬이온전지(Lithium Ion Battery)에 대하여 설명하시오.

9. TBM(Time Based Maintenance) 및 CBM(Condition Based Maintenance)에 대하여 설명하시오.

10. 전기철도에서 열차속도 향상을 위하여 고려하는 파동전파속도에 대하여 설명하시오.

11. 전기가열방식에 대하여 설명하시오.

12. 전기철도에서 많이 사용되고 있는 아래 설비의 용어에 대하여 설명하시오.

SP, SSP, ATP, PW, FPW

13. 플라즈마 생성원리와 응용에 대하여 설명하시오.

국가기술자격 기술사 시험문제

기술사 제94회 제2교시(시험시간 : 100분)

분야	전기 · 전자	종목	전기응용기술사	수험번호		성명	

※ 다음 문제 중 4문제를 선택하여 설명하시오(각 25점).

1. 초전도현상의 특성과 실제 전력용 변압기에서 응용되는 예를 설명하시오.
2. 대기전력(Stand－By Power)의 종류와 저감 대책에 대하여 설명하시오.
3. 몰드(Mold)변압기의 제작방법에 대하여 설명하시오.
4. 단상유도전동기의 회전원리 및 기동방법에 대하여 설명하시오.
5. 직류식 전기철도에서 전기부식의 피해를 최소화하기 위한 방안을 설명하시오.
6. 전지전력저장시스템(BESS : Battery Energy Storage System)에 대하여 설명하시오.

국가기술자격 기술사 시험문제

기술사 제94회 제3교시(시험시간 : 100분)

분야	전기 · 전자	종목	전기응용기술사	수험번호		성명	

※ 다음 문제 중 4문제를 선택하여 설명하시오(각 25점).

1. 교류전기철도의 변전소에서 3상전원을 단상으로 공급하는 방식(4가지)에 대하여 설명하시오.
2. 서보전동기(Servo Motor)가 갖추어야 할 특성과 종류에 대하여 설명하시오.
3. 전력용 반도체 소자 중에서 Diode, SCR, GTO, IGBT, BJT에 대하여 비교 설명하시오.
4. 전력시설물의 설치, 보수공사의 품질확보 및 향상을 위하여 공사감리를 발주한다. 전력기술관리법상의 감리원의 업무범위, 감리대상 및 제외대상에 대하여 설명하시오.
5. KSA 3701에 의거하여 도로조명설계기준에 대하여 설명하시오.
6. 교류전철변전소의 보호계전기 종류 및 역할에 대하여 설명하시오.

국가기술자격 기술사 시험문제

기술사 제94회 제4교시(시험시간 : 100분)

분야	전기 · 전자	종목	전기응용기술사	수험번호		성명	

※ 다음 문제 중 4문제를 선택하여 설명하시오(각 25점).

1. 무정전 전원설비(UPS)의 2차 회로의 단락보호에 대하여 설명하시오.

2. 에너지 절감을 위한 조명설계에 대하여 설명하시오.

3. 단상반파 및 전파정류회로에서 전압변동률, 맥동률, 정류효율, 최대역전압(PIV)에 대하여 설명하시오.

4. 변전소에서 직류(DC)전류 검지 방법 3가지를 들고 설명하시오.

5. 차단기 선정 시 고려할 사항 및 동작책무에 대하여 설명하시오.

6. 전기철도에서 유도장해의 종류와 경감대책에 대하여 설명하시오.

국가기술자격 기술사 시험문제

기술사 제97회 제1교시(시험시간 : 100분)

분야	전기 · 전자	종목	전기응용기술사	수험번호		성명	

※ 다음 문제 중 10문제를 선택하여 설명하시오(각 10점).

1. 유도전동기에서 비례추이(比例推移) 특성을 설명하시오.
2. 자외선등(紫外線燈)을 산업일반에 응용할 때 자외선의 장단점에 대하여 설명하시오.
3. 사이리스터(Thyristor)식 UPS(Uninterruptible Power Supply)와 비상용 디젤 발전기를 동시에 병렬운전 하여 전기부하에 전력을 공급할 때 예상되는 문제점과 대처방안에 대하여 설명하시오.
4. 전동기제어에 사이리스터를 사용한 정류기가 많이 사용된다. 그중 3상 브리지 전파정류 결선도를 그리고 무부하무제동 시의 직류출력전압 평균치(E_{do})를 구하시오(단, E : 교류선간전압 실효치, E_{do} : 직류출력전압 평균치).
5. 냉동사이클(열펌프사이클 : Heat Pump Cycle)에 대하여 원리도를 그리고 설명하시오.
6. 메탈헬라이드등(Metal Halide Lamp)의 특성과 발광원리에 대하여 설명하시오.
7. 아크용접 중 원자 수소용접(Atomic Hydrogen Welding)에 대하여 설명하시오.
8. 450/750V로 표기된 염화비닐 절연 케이블의 정격전압에 대하여 설명하시오.
9. 독립형 전원(풍력발전, 태양광발전 등)시스템용 축전지 선정 시 고려할 사항에 대하여 설명하시오.
10. 전동기 운전 중에 발생하는 진동과 소음에 대하여 발생원인별로 분류하여 설명하시오.
11. 열에 대한 옴(Ohm)법칙과, 열계(熱界)와 전기계(電氣界)의 양(量)에 있어 상호 대응관계를 설명하시오.
12. 전력시설물 공사감리 시 전력기술관리법 시행령 제23조에서 정한 "감리원의 업무 범위"에 대하여 10가지 이상을 나열하고 설명하시오.

13. 다음 그림과 같은 회로의 단자 ab 간의 전압을 밀만의 정리를 이용하여 구하시오.

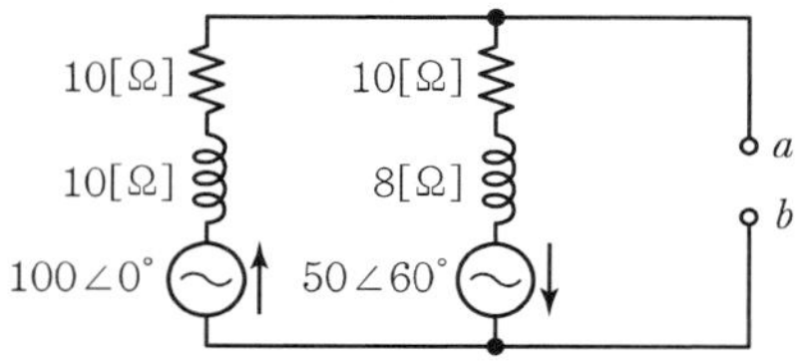

국가기술자격 기술사 시험문제

기술사 제97회

제2교시(시험시간 : 100분)

분야	전기 · 전자	종목	전기응용기술사	수험번호		성명	

※ 다음 문제 중 4문제를 선택하여 설명하시오(각 25점).

1. 3상 유도전동기의 제동방법과 제동방법 선정 시 유의점에 대하여 설명하시오.
2. 고온초전도 전력저장시스템(SMES : Super Conducting Magnetic Energy Storage) 개발 배경, 원리 및 응용분야에 대하여 설명하시오.
3. 역률개선용 전력용 콘덴서의 전압파형 개선을 위하여 설치하는 직렬리액터의 용량에 따른 콘덴서 단자전압과 고조파에 대한 영향을 설명하시오.
4. 케이블의 열화진단 방법에 대하여 설명하시오.
5. 태양광 발전설비 등의 신재생에너지에서 축전지내장 계통연계시스템을 분류하여 설명하시오.
6. 전기철도의 경제적인 운전방법에 대하여 운전과 설비로 구분하여 설명하시오.

국가기술자격 기술사 시험문제

기술사 제97회

제3교시(시험시간 : 100분)

분야	전기 · 전자	종목	전기응용기술사	수험번호		성명	

※ 다음 문제 중 4문제를 선택하여 설명하시오(각 25점).

1. 신재생에너지 중 태양광 발전의 장단점과 계통에 연계할 때 고려할 사항에 대하여 설명하시오.
2. 긴 터널(1,000m 이상)의 조명설계를 하고자 할 때 고려사항에 대하여 설명하시오.
3. LED광원의 특성과 조명제어방법을 설명하시오.
4. 전기철도에서 전기차의 주전동기 속도제어 방법 중 직병렬제어에 대하여 설명하시오.
5. 유도가열(Induction Heating)에 대하여 그림으로 원리를 설명하고 특징과 적용사례를 설명하시오.
6. 우리나라는 2010년 1월 스마트 그리드 국가로드맵을 발표한 바 있다. 그에 따른 스마트 그리드를 정의하고 분야별 스마트 그리드 구축계획상의 5대 기술구분에 대하여 각각 설명하시오.

국가기술자격 기술사 시험문제

기술사 제97회 | 제4교시(시험시간 : 100분)

분야	전기 · 전자	종목	전기응용기술사	수험번호		성명	

※ 다음 문제 중 4문제를 선택하여 설명하시오(각 25점).

1. 가변속도의 구동기로서 인버터(Inverter)와 유도전동기의 조합이 많이 사용되고 있다. 현장에서 인버터의 사용, 보전(Operation & Maintenance)상의 유의 사항에 대하여 설명하시오.
2. 전기철도에서 점착력을 설명하고 점착계수(粘着計數)를 크게 할 수 있는 방법을 설명하시오.
3. 전위강하법을 이용한 접지저항 측정방식에 대하여 설명하시오.
4. 풍력발전시스템의 낙뢰피해와 피뢰대책에 대하여 설명하시오.
5. 최근 지자체별로 광해(光害) 조례를 발표하여 관리를 하는 등 빛공해(公害)에 관한 관심이 높아지고 있다. 이와 관련하여 빛공해의 종류를 대별하고 생태계에 미치는 영향 및 빛공해 방지대책에 대하여 설명하시오.
6. 생체 물리현상의 계측에 대하여 설명하시오.

국가기술자격 기술사 시험문제

기술사 제100회 제1교시(시험시간 : 100분)

분야	전기 · 전자	종목	전기응용기술사	수험번호		성명	

※ 다음 문제 중 10문제를 선택하여 설명하시오(각 10점).

1. 조명에서 온도방사와 루미네선스(Luminescence)에 대하여 설명하시오.
2. 전로의 한 상이 완전지락 시 GPT(Ground Potential Transformer)와 연결된 CLR(Current Limit Resistor) 에 걸리는 전압을 설명하시오.
3. 순시 전압강하의 원인과 대책을 설명하시오.
4. 콘덴서용 개폐장치 적용 시 고려할 사항에 대하여 설명하시오.
5. 전기설비 외함의 IP(Ingress Protection) 보호등급에 대하여 설명하시오.
6. 변압기의 %임피던스(Impedance)에 대하여 설명하시오.
7. 유도전동기 기동 시 기동전류와 역률의 상관관계를 설명하시오.
8. HVDC(High Voltage Direct Current) 송전의 장점과 단점을 설명하시오.
9. 과전류 계전기의 한시특성에 대하여 설명하시오.
10. 정전기 완화를 위한 본딩(Bonding) 접지방법에 대하여 설명하시오.
11. 적외선건조의 적용분야 및 특징을 설명하시오.
12. 전기절연재료의 열화(劣化)원인에 대하여 설명하시오.
13. 60Hz용 유도전동기를 50Hz 전원에서 운전할 경우 발생되는 현상에 대하여 설명하시오.

국가기술자격 기술사 시험문제

기술사 제100회 제2교시(시험시간 : 100분)

분야	전기 · 전자	종목	전기응용기술사	수험번호		성명	

※ 다음 문제 중 4문제를 선택하여 설명하시오(각 25점).

1. 유도전동기의 제동방법에 대하여 설명하시오.
2. 고압케이블의 활선 진단방법에 대하여 설명하시오.
3. 전기설비의 방폭(防爆) 대책에 대하여 설명하시오.
4. MTBF(Mean Time Between Failures), MTTF(Mean Time To Failures) 및 MTTR(Mean Time To Repair)에 대하여 설명하시오.
5. 접지공사 시 접지저항 저감방법 중에서 물리적 저감방법과 화학적 저감방법에 대하여 설명하시오.
6. 직류전동차에 전원을 공급하기 위한 정류기용 변압기와 정류기의 용량이 서로 다른 이유에 대하여 설명하시오.

국가기술자격 기술사 시험문제

기술사 제100회

제3교시(시험시간 : 100분)

분야	전기 · 전자	종목	전기응용기술사	수험번호		성명	

※ 다음 문제 중 4문제를 선택하여 설명하시오(각 25점).

1. 고장전류의 종류와 임피던스(Impedance)의 변화를 설명하시오.
2. 전력계통에서 플리커(Flicker)의 발생 원인과 저감 대책에 대하여 설명하시오.
3. 정전기 발생 메커니즘(Mechanism)에 대하여 설명하시오.
4. 연료전지에 대하여 설명하시오.
5. 유도전동기를 VVVF 방식으로 기동할 경우에 발생하는 노이즈(Noise)의 종류와 대책에 대하여 설명하시오.
6. 전기설비기술기준의 판단기준에서 전기자동차에 안정적 전력공급을 위한 시설기준에 대하여 설명하시오.

국가기술자격 기술사 시험문제

기술사 제100회 제4교시(시험시간 : 100분)

분야	전기 · 전자	종목	전기응용기술사	수험번호		성명	

※ 다음 문제 중 4문제를 선택하여 설명하시오(각 25점).

1. VCB(Vacuum Circuit Breaker)의 차단성능과 차단 시 이상전압의 발생 원인에 대하여 설명하시오.
2. 스코트결선(Scott Connection) 변압기에 대하여 설명하시오.
3. 열전효과에 대하여 설명하시오.
4. 직렬리액터(Series Reactor) 설치 시 콘덴서 단자전압과의 관계에 대하여 설명하시오.
5. 전기 동력설비의 에너지 절감(Saving)방법에 대하여 설명하시오.
6. 단상과 3상 유도전동기의 회전자계 발생 원리에 대하여 설명하시오.

국가기술자격 기술사 시험문제

기술사 제103회 제1교시(시험시간 : 100분)

분야	전기 · 전자	종목	전기응용기술사	수험번호		성명	

※ 다음 문제 중 10문제를 선택하여 설명하시오(각 10점).

1. 전기화학에서의 애노드(Anode) 및 캐소드(Cathode)에 대하여 설명하시오.
2. 알칼리 전해액 연료전지에 대하여 설명하시오.
3. 열전기 발전(Thermoelectric Generation)에 대하여 설명하시오.
4. 휘도가 B[cd/m^2]인 무한대의 한 평면이 있다. 이것과 일정한 거리에서 평행한 평면의 조도 E[lx]를 구하시오.
5. 변류기(CT)의 과전류정수(Overcurrent Constant) 및 부담(Burden), CT의 과전류정수와 부담과의 관계에 대하여 설명하시오.
6. 현재 운용 중인 전기철도에서 부하 급전계통의 특성을 요약하여 설명하시오.
7. 경관조명에서 장해광의 종류와 방지 대책에 대하여 설명하시오.
8. LED조명의 장단점을 설명하고 LED조명과 형광등과의 특성을 비교 설명하시오.
9. 제강용 아크로와 같이 전류를 조절하기 위해 속도가 빠른 가동전극을 사용하는 경우에 고온용 전극재료가 갖추어야 할 구비요건에 대하여 설명하시오.
10. 에스컬레이터(Escalator)의 안전장치에 대하여 설명하시오.
11. 조명설계 시 눈부심을 좌우하는 요소와 억제대책에 대하여 설명하시오.
12. 고조파가 전기기기에 미치는 영향에 대하여 설명하시오.
13. 열원으로 전기에너지를 사용하는 경우 다른 열원과 비교하여 어떤 특성을 갖는지 설명하시오.

국가기술자격 기술사 시험문제

기술사 제103회 제2교시(시험시간 : 100분)

분야	전기 · 전자	종목	전기응용기술사	수험번호		성명	

※ 다음 문제 중 4문제를 선택하여 설명하시오(각 25점).

1. 실내에서 광속법을 이용하여 전반조명 설계 시 설계방법을 순서대로 설명하시오.
2. 산업현장에서 정전기(靜電氣) 발생과 정전기 방지 대책에 대하여 설명하시오.
3. 전력용 변압기의 내부 이상 검출을 위한 방법 중 예방보전 최신 기술에 대하여 설명하시오.
4. 무정전 전원장치(UPS)의 On-Line 방식과 Off-Line 방식의 동작 특성을 설명하시오.
5. 전기도금의 이론 및 도금의 조건에 대하여 설명하시오.
6. 서지흡수기(Surge Absorber)를 설치하는 이유와 설치위치 및 정격전류에 대하여 설명하시오.

국가기술자격 기술사 시험문제

기술사 제103회 제3교시(시험시간 : 100분)

분야	전기 · 전자	종목	전기응용기술사	수험번호		성명	

※ 다음 문제 중 4문제를 선택하여 설명하시오(각 25점).

1. 유입변압기 열화 원인에 대하여 설명하시오.
2. 전기 설비에 Noise 침입 시 System의 이상현상에 대한 방지 대책을 설명하시오.
3. 공장의 조명 설계 시 에너지 절약 방안에 대하여 설명하시오.
4. 최근 건축물 또는 시설물 프로젝트 등에서 적용하는 VE(Value Engineering)에 대하여 1) 정의, 2) 특징, 3) 적용대상, 4) 추진단계, 5) 시행효과에 대하여 설명하시오.
5. 초전도 자기부상열차의 원리 및 특징을 설명하시오.
6. GIS(Gas Insulated Switchgear)의 특징과 진단 기술을 설명하시오.

국가기술자격 기술사 시험문제

기술사 제103회 제4교시(시험시간 : 100분)

분야	전기 · 전자	종목	전기응용기술사	수험번호		성명	

※ 다음 문제 중 4문제를 선택하여 설명하시오(각 25점).

1. 전기용접 방식의 특징과 기계적 접합방식 및 가스용접방식의 특징을 비교하여 장점만을 설명하시오.
2. 초전도현상(Superconductivity)의 특징과 고온 초전도체 응용에 대하여 설명하시오.
3. 배선용 저압차단기(MCCB)의 특징, 시설개소, 단락보호 협조방식에 대하여 설명하시오.
4. 수전용 자가용 변전소에서 적용하는 특고압(22.9kV/저압)변압기로서 적용이 증가되는 하이브리드 변압기의 개념과 권선법을 설명하고, 그 특성을 일반 변압기 및 저소음 고효율 변압기와 비교하여 설명하시오.
5. 비상발전기를 공장에 설치하는 경우 주의사항과 유지관리에 대하여 설명하시오.
6. 전력저장시스템(Energy Storage System)을 종류별로 구분하여 특징을 설명하시오.

국가기술자격 기술사 시험문제

기술사 제106회 　　　　　　　　　　　　　　　　　　　　 제1교시(시험시간 : 100분)

분야	전기 · 전자	종목	전기응용기술사	수험번호		성명	

※ 다음 문제 중 10문제를 선택하여 설명하시오(각 10점).

1. 전기철도에서 이선(離線) 방지 대책에 대하여 설명하시오.
2. 변전소에 설치하는 계기용 변류기(CT)의 과도특성에 대하여 설명하시오.
3. 접지설계 시 보폭전압 및 접촉전압이 감전방지 한계치보다 높을 경우에 전위경도 완화대책에 대하여 설명하시오.
4. 태양광 발전시스템설계 시 발전량을 산출하는 절차에 대하여 설명하시오.
5. 전자회로 및 제품의 정전기 방지 대책 중 ESD에 대하여 설명하시오.
6. 대형 플랜트(Plant)현장에 설치되는 계측기기를 선정하는 데 있어서 주요 고려사항에 대하여 설명하시오.
7. 전력용 차단기(CB)의 정격구분에 대하여 설명하시오.
8. 다음 용어를 기호와 단위가 포함된 내용으로 설명하시오.

광속, 광효율, 광도, 조도, 조도균제도, 광속유지율

9. 제어 전원 측 Sag 대책으로 설치하는 DPI(Voltage – Dip Proofing Inverters) 의 구성 및 동작원리에 대하여 설명하시오.
10. 가스절연개폐장치(Gas Insulated Switchgear)의 종류에 대하여 설명하시오.
11. 변압기의 Y – Zig Zag 결선에 대하여 설명하시오.
12. 유도전동기 기동 시 기동전류와 역률의 상관관계를 설명하시오.
13. 어떤 코일에 단상 100V의 전압을 인가하면 20A의 전류가 흐르고 1.5kW의 전력을 소비한다. 이 코일과 병렬로 콘덴서를 접속하여 합성역률이 1이 되기 위한 용량리액턴스를 구하시오.

국가기술자격 기술사 시험문제

기술사 제106회 제2교시(시험시간 : 100분)

분야	전기 · 전자	종목	전기응용기술사	수험번호		성명	

※ 다음 문제 중 4문제를 선택하여 설명하시오(각 25점).

1. 전기철도의 교류 급전계통에서 발생하는 고조파 억제대책에 대하여 설명하시오.
2. 유기발광다이오드(OLED)에 대하여 설명하시오.
3. 전자파(EMC)시험에 대하여 설명하시오.
4. 전력용 반도체 스위칭소자에 대하여 설명하시오.
5. ATS(Automatic Transfer Switch)와 CTTS(Closed Transition Transfer Switch)의 특징 및 차이점에 대하여 설명하시오.
6. 비상발전기 보호방식에 대하여 설명하시오.

국가기술자격 기술사 시험문제

기술사 제106회

제3교시(시험시간 : 100분)

분야	전기 · 전자	종목	전기응용기술사	수험번호		성명	

※ 다음 문제 중 4문제를 선택하여 설명하시오(각 25점).

1. 케이블의 열화(劣化)현상 중에서 전기 트리잉(Treeing)과 트래킹(Tracking)에 대하여 설명하시오.
2. 보호계전기의 신뢰도 향상방법과 정지형(Static Type) 및 디지털(Digital Type) 계전기에 대하여 설명하시오.
3. 고주파케이블의 사용용도, 문제점 및 성(省)에너지설계에 대하여 설명하시오.
4. 유도전동기의 벡터제어에 대하여 설명하시오.
5. 광원의 연색성(Color Rendition)평가와 연색성이 물체에 미치는 영향에 대하여 설명하시오.
6. CNT(Carbon Nano Tube) 광원에 대하여 설명하시오.

국가기술자격 기술사 시험문제

기술사 제106회 제4교시(시험시간 : 100분)

분야	전기 · 전자	종목	전기응용기술사	수험번호		성명	

※ 다음 문제 중 4문제를 선택하여 설명하시오(각 25점).

1. 교류 전기철도에 사용하는 단권변압기(AT)에 대하여 설명하시오.
2. 태양광 발전시스템에서 인버터회로 방식에 대하여 설명하시오.
3. 회로 및 시스템설계 시 사용하는 리던던시(Redundancy), 디레이팅(Derating) 및 페일세이프(Fail-safe)에 대하여 사용방법, 특징 및 적용사례를 설명하시오.
4. 제어기기에서 노이즈 대책용 소자들의 회로구성 및 특성에 대하여 설명하시오.
5. 고압 유도전동기의 보호를 위한 계전기 정정에 대하여 설명하시오.
6. 좋은 조명요건에 대하여 설명하시오.

국가기술자격 기술사 시험문제

기술사 제109회 | 제1교시(시험시간 : 100분)

분야	전기 · 전자	종목	전기응용기술사	수험번호		성명	

※ 다음 문제 중 10문제를 선택하여 설명하시오(각 10점).

1. 공업용으로 사용되는 ISM(Industrial Scientific Medical) 주파수의 고주파와 마이크로파의 사용 예를 들고 설명하시오.
2. 점광원으로 사용되고 있는 광원 중 지르코늄(Zirconium) 방전등에 관하여 구조, 점등회로 및 특성을 각각 설명하시오.
3. 전자빔 용접에 대하여 (1) 원리, (2) 특징, (3) 응용 순으로 설명하시오.
4. 초전도 에너지 저장장치(SMES : Super Conducting Magnetic Energy Storage)에 대하여 원리와 구성 그리고 활용방안을 설명하시오.
5. 열차의 표정속도의 정의 및 표정속도 향상법에 대하여 설명하시오.
6. 단락전류 계산 방법 및 억제대책에 대하여 설명하시오.
7. 지름 25cm, 길이 1m인 탄소전극의 열저항을 계산하시오[단, 전극의 열저항율은 2.5cm℃/W(=열옴 · cm)로 한다].
8. 자기부상철도의 특징 중 비접촉 추진에 따른 장점 5가지를 설명하시오.
9. 최근 산업현장에서는 정전기로 인한 다양한 재해나 장해가 발생하고 있다. 정전기의 발생현상과 방전 종류에 대해서 설명하시오.
10. 입사광에 대한 흡수율(α), 반사율(ρ), 투과율(τ)에 대한 개념을 그림과 관계식으로 설명하고, 어떤 면이 투과율 50%, 반사율 30%이며, 그 면에 3,000lm의 빛이 입사하고 있을 때의 흡수광속은 얼마인지 계산하시오.

11. 대형건물에서 방재센터의 위치 및 설치목적에 대하여 설명하시오.

12. 산업발전으로 인하여 전력용 반도체 사용이 중요한 요소로 부각되었다. 전력용 반도체 중에서 GTO, SCR, IGBT 원리 및 특징에 대하여 설명하시오.

13. LED 광원의 기술개발에 따라 식물공장(Plant Factory)이 새로운 산업으로 기대되고 있다. LED 광원이 식물공장용 광원으로서 적절하게 활용될 수 있는 이유를 설명하시오.

국가기술자격 기술사 시험문제

기술사 제109회 제2교시(시험시간 : 100분)

분야	전기 · 전자	종목	전기응용기술사	수험번호		성명	

※ 다음 문제 중 4문제를 선택하여 설명하시오(각 25점).

1. 정부는 현재 신재생에너지 공급 의무화제도(RPS)를 도입 운영하고 있다. 에너지를 공급하는 발전사업자에 부과되는 RPS 제도에 대하여 설명하시오.
2. 직류 전기철도에서 전식(電蝕)의 발생원인 및 방식대책에 대하여 설명하시오.
3. 초음파 가열의 특성, 강도, 파장, 응용에 대하여 설명하시오.
4. 분산형 전원의 전력 안정화를 기하기 위한 에너지 저장시스템에 적용되는 PCS(Power Conditioning System)의 요구 성능에 대하여 설명하시오.
5. 무선전력전송기술은 향후 산업 전반에 걸쳐 급속한 확산이 예상된다. 무선전력전송 기술의 종류 및 그 특징에 대하여 설명하시오.
6. 환태평양 지진대의 동시 다발적인 지진발생으로 인해, 한반도에서도 지진발생에 대한 대책이 요구되고 있다. 이에 대해 전기설계자가 행해야 할 실내 변전실 전기설비의 내진 설계에 대하여 설명하시오.

국가기술자격 기술사 시험문제

기술사 제109회

제3교시(시험시간 : 100분)

분야	전기 · 전자	종목	전기응용기술사	수험번호		성명	

※ 다음 문제 중 4문제를 선택하여 설명하시오(각 25점).

1. 전기 선로에서 순간전압강하(Voltage Sag)의 주요 원인과 부하에 미치는 영향에 대하여 설명하시오.
2. 전기설비에 전기를 공급하기 위해 많이 사용되는 유입변압기의 사고예방을 위한 열화 진단 기법에 대하여 설명하시오.
3. 주요 거점도시 등에서는 그 지역을 대표하는 랜드마크형 건축물이나 테마 공원 등이 증가하는 경향을 나타내고 있다. 이에 따라 필요한 경관조명에 대하여 관련 설계기준(국토해양부 공고 '11.12)을 참조하여 (1) 일반사항, (2) 설계절차, (3) 설계단계의 고려사항을 설명하시오.
4. 최근 주목받고 있는 첨단 학문인 의용 생체공학의 필요성과 특성 및 생체 발전현상 계측에 대하여 설명하시오.
5. 광원의 디밍(Dimming)은 기능적 용도 외에 에너지 절감에 매우 효과적인 수단으로 주목을 받아왔다. 반도체 광원인 LED의 디밍 제어기술에 대하여 설명하시오.
6. 수용가의 최대수요전력을 감시 또는 예측하여 목표전력을 초과할 우려가 있을 때에 부하를 제한하는 기능을 갖는 최대수요전력 관리장치(Demand Controller)의 동작원리에 대하여 설명하시오.

국가기술자격 기술사 시험문제

기술사 제109회

제4교시(시험시간 : 100분)

분야	전기 · 전자	종목	전기응용기술사	수험번호		성명	

※ 다음 문제 중 4문제를 선택하여 설명하시오(각 25점).

1. 직류 전기철도에서 고장발생 시 보호장치로 사용되는 직류 고속도 차단기의 특성 및 차단원리에 대하여 설명하시오.

2. 지능형 전력망 관련 이차전지를 이용한 전기저장장치의 시설에 대하여 전기설비기술기준의 판단기준에서 정한 아래 사항을 설명하시오.

   (1) 적용범위, (2) 일반요건, (3) 제어 및 보호장치의 시설, (4) 계측장치 등의 시설

3. 물체에 전력을 공급하여 물질에 함유된 수분을 증발시켜 산업현장에서 응용되고 있는 전기 건조의 원리, 특징 및 적용분야에 대하여 설명하시오.

4. 반도체를 사용한 전력변환장치 등과 같이 비선형 특성을 갖는 부하에 정현파 전압을 인가하면 흐르는 전류는 일반적으로 고조파가 함유되어 왜형파가 된다. 왜형파에 의한 총고조파 왜형률(THD)을 정의하고 배전계통에서의 고조파 저감대책에 대하여 설명하시오.

5. 신재생에너지를 신에너지와 재생에너지로 구분한 후, 각각에 대한 원리 및 특징을 설명하시오.

6. 최근 전력, 에너지 분야 등 공공분야의 빅데이터를 활용한 효율화를 바탕으로 국가의 경쟁력 강화에 대한 기대가 높아지고 있다. 그 기반이 되는 빅데이터의 특성과 오픈소스 빅데이터 기술에 관하여 설명하시오.

국가기술자격 기술사 시험문제

기술사 제112회 제1교시(시험시간 : 100분)

분야	전기 · 전자	종목	전기응용기술사	수험번호		성명	

※ 다음 문제 중 10문제를 선택하여 설명하시오(각 10점).

1. 열전현상의 종류에 대하여 설명하시오.
2. 전기설비기술기준의 판단기준에서 전기자동차용 충전장치의 시설기준에 대하여 설명하시오.
3. 정보통신 전송용으로 사용되는 광섬유(Optical Fiber)의 원리, 종류, 특징에 대하여 설명하시오.
4. 태양광 발전시스템에서 음영문제 해결 방안에 대하여 설명하시오.
5. 1상(相)에 여러 가닥의 케이블(Cable)을 병렬로 배치 시에 전류를 평형시키는 방법에 대하여 설명하시오.
6. 대지저항률에 영향을 주는 주요 요인과 측정방법을 설명하시오.
7. 전력용 반도체의 열저항 특성과 냉각 기술에 대하여 설명하시오.
8. 전기설비기술기준의 판단기준에서 직류 전기철도 전식방지(電蝕防止)를 위한 선택배류기 및 강제배류기의 시설기준에 대하여 설명하시오.
9. 한류형 전력퓨즈(Power Fuse)의 특징과 단점을 보완하기 위한 대책을 설명하시오.
10. 변압기의 임피던스 전압과 %임피던스를 설명하시오.
11. 변압기 이행전압(移行電壓)에 대하여 설명하시오.
12. 전기철도 전차선로에서 이종(異種) 금속의 접촉에 의한 부식방지 대책에 대하여 설명하시오.
13. 고압차단기의 차단 동작 시에 발생하는 현상에 대하여 설명하시오.

국가기술자격 기술사 시험문제

기술사 제112회 제2교시(시험시간 : 100분)

분야	전기 · 전자	종목	전기응용기술사	수험번호		성명	

※ 다음 문제 중 4문제를 선택하여 설명하시오(각 25점).

1. 태양광 발전시스템의 계측기구와 표시장치에 대하여 설명하시오.
2. 저압 전기회로(간선, 분기)의 과부하 및 단락 보호를 위한 방법에 대하여 설명하시오.
3. 무정전 전원설비(UPS)의 종류별 동작 방식을 설명하시오.
4. 교량의 경관조명 요건과 기법에 대하여 설명하시오.
5. 직류전동기의 전기제동의 종류에 대하여 설명하시오.
6. 초전도체를 이용한 MHD(Magneto－Hydro Dynamic) 발전 원리, 종류, 특징에 대하여 설명하시오.

국가기술자격 기술사 시험문제

기술사 제112회 제3교시(시험시간 : 100분)

분야	전기 · 전자	종목	전기응용기술사	수험번호		성명	

※ 다음 문제 중 4문제를 선택하여 설명하시오(각 25점).

1. 전동기의 전기적 고장에 대한 보호 방식을 설명하시오.

2. 내진설계 대상 건축물에서 고압 및 특고압 전기설비의 내진 대책에 대하여 설명하시오.

3. 피뢰기(LA)의 정격 선정 시 고려할 사항에 대하여 설명하시오.

4. 자동고장구분 개폐기(ASS)의 기능에 대하여 설명하시오.

5. LED(Light Emitting Diode)램프 발광원리 및 광원의 장단점을 설명하고, 다음 사항을 형광램프와 비교 설명하시오.

1) 발광광속	2) 발광효율	3) 색온도	4) 연색성	5) 수명

6. 태양전지의 발전 원리와 재료에 따른 종류, 태양광 세기 및 주변 온도 변화에 따른 전압－전류특성을 설명하시오.

국가기술자격 기술사 시험문제

기술사 제112회 제4교시(시험시간 : 100분)

분야	전기 · 전자	종목	전기응용기술사	수험번호		성명	

※ 다음 문제 중 4문제를 선택하여 설명하시오(각 25점).

1. 전기가열방식에서 유전가열(誘電加熱)에 대하여 설명하시오.
2. 분산형 전원의 계통 연계 및 연계선로의 보호 협조에 대하여 설명하시오.
3. 변압기의 내부 고장전류와 여자돌입전류를 구분하여 검출할 수 있는 방법과 여자돌입전류로 인한 오동작 방지 대책에 대하여 설명하시오.
4. 화학저감제 접지의 특성과 시공방법에 대하여 설명하시오.
5. 대기환경의 공기 질 향상을 위한 전기집진기의 원리, 종류, 특징, 적용분야에 대하여 설명하시오.
6. 전기자동차의 종류에 따른 특징과 충전 알고리즘에 대하여 설명하시오.

국가기술자격 기술사 시험문제

기술사 제113회

제1교시(시험시간 : 100분)

분야	전기 · 전자	종목	전기응용기술사	수험번호		성명	

※ 다음 문제 중 10문제를 선택하여 설명하시오(각 10점).

1. 전력기술관리법 시행령 제23조에서 정한 감리원의 업무범위에 대하여 설명하시오.
2. 변압기 결선방식 중 Dy_{11} 결선방식에 대한 각변위, 용도 및 특징에 대하여 설명하시오.
3. 주강 1ton을 50분에 용해하는 전기로에 필요한 입력전류가 몇 A인지 계산하시오(단, 주강의 초기온도는 30℃, 융점은 1,530℃, 비열은 670J/kg · K, 융해잠열은 314×10^3J/kg이며, 전기로의 공급전압은 3상 380V, 효율은 85%, 역률은 80%이다).
4. 전기차량의 동력원으로 사용되는 주견인용 전동기의 종류와 주요 특성에 대하여 설명하시오.
5. 조명기구의 배광곡선에 대하여 설명하시오.
6. 직선형 유도전동기의 단부효과(End Effect)에 대하여 설명하시오.
7. 파센의 법칙(Paschen's Law)과 페닝효과(Penning Effect)에 대하여 설명하시오.
8. AC 모터 60Hz 제품을 50Hz에서 사용할 때 발생되는 문제점에 대하여 설명하시오.
9. 전기기기에 사용되는 리츠 와이어(Litz Wire)에 대하여 설명하시오.
10. 변압기의 과부하에 대한 운전조건과 금지조건에 대하여 설명하시오.
11. 풍력발전설비에서 출력제어방식의 종류에 대하여 설명하시오.
12. 피뢰기를 보호기기(변압기)에 설치할 경우 가까이 설치해야 하는 이유에 대하여 설명하시오.
13. 유도전동기의 기동방식 선정 시 고려사항에 대하여 설명하시오.

국가기술자격 기술사 시험문제

기술사 제113회 제2교시(시험시간 : 100분)

분야	전기 · 전자	종목	전기응용기술사	수험번호		성명	

※ 다음 문제 중 4문제를 선택하여 설명하시오(각 25점).

1. 태양광 발전시스템의 구성, 종류 및 발전방식에 대하여 설명하시오.
2. 자동제어에 사용되는 센서의 아날로그 표준 출력과 전압신호를 전류신호로, 전류신호를 전압신호로 바꾸는 원리, 방법 및 특징에 대하여 설명하시오.
3. 가연성 가스 및 증기에 대한 전기설비의 방폭구조에 대하여 설명하시오.
4. 변전소 내에 있는 사람에게 인가되는 보폭전압, 접촉전압, 메시전압, 전이전압에 대하여 설명하시오.
5. 레이저 가열을 재료에 따른 종류와 특징(적용사례 포함)에 대하여 설명하시오.
6. 최근 대형 공공건물 건설 시 적용되고 있는 BIM(Building Information Modeling)에 대한 아래 사항에 대하여 설명하시오.
   1) 기본사항, 특징, 도입효과
   2) 전기부문 BIM 설계 라이브러리(Library) 구축방안

국가기술자격 기술사 시험문제

기술사 제113회 | 제3교시(시험시간 : 100분)

분야	전기 · 전자	종목	전기응용기술사	수험번호		성명	

※ 다음 문제 중 4문제를 선택하여 설명하시오(각 25점).

1. 케이블의 손실(저항손, 유전체손, 연피손)에 대해 각각 설명하고, 유전체손의 표현방식을 sinδ 대신에 tanδ를 사용하는 이유에 대하여 설명하시오.
2. 변압기의 공장시험에 대하여 설명하시오.
3. 연료전지의 원리, 특징 및 종류에 대하여 설명하시오.
4. 전자파 적합성(EMC)시험의 종류와 내용에 대하여 설명하시오.
5. 제품 및 시스템 설계 시 사용되는 리던던시(Redundancy), 디레이팅(Derating), 고장수명(MTBF 또는 MTTF), 페일 세이프(Fail Safe), 셸프 라이프(Shelf Life)에 대한 용어정의 및 목적에 대하여 설명하시오.
6. 공장설비설계에서 동력설비와 조명설비에 대한 에너지절감대책에 대하여 설명하시오.

국가기술자격 기술사 시험문제

기술사 제113회 | 제4교시(시험시간 : 100분)

분야	전기 · 전자	종목	전기응용기술사	수험번호		성명	

※ 다음 문제 중 4문제를 선택하여 설명하시오(각 25점).

1. 고장전류 차단 시의 과도회복전압(TRV : Transient Recovery Voltage)의 유형에 대하여 설명하시오.
2. 교류전철 변전소에 설치되는 계통별 보호계전기의 종류와 용도를 수전 측, 변압기 측 및 급전 측으로 구분하여 설명하시오.
3. 장해광의 문제가 날로 심각해지자 서울특별시를 비롯하여 일부 지자체에서는 '인공조명에 의한 빛공해 방지법'(법률 제13884호 2016.07 시행)에 의해서 조명 환경구역을 정하여 관리하게 하고 있다. 법에서 정한 조명 환경 관리구역의 구분법(4종)과 그 장해광의 방지대책에 대하여 설명하시오.
4. SMPS(Switching Mode Power Supply)의 기본구성, 회로방식, 용도 및 특징에 대하여 설명하시오.
5. 전기기기의 절연저항시험과 내전압시험의 목적 및 방법에 대하여 설명하시오.
6. 무선 충전방식의 종류, 동작원리 및 특징에 대하여 설명하시오.

국가기술자격 기술사 시험문제

기술사 제115회 제1교시(시험시간 : 100분)

분야	전기 · 전자	종목	전기응용기술사	수험번호		성명	

※ 다음 문제 중 10문제를 선택하여 설명하시오(각 10점).

1. 접지저항측정 방법 중에서 전위강하법에 대하여 설명하시오.
2. 태양전지의 전류 및 전압(I－V)특성에 대하여 설명하시오.
3. UTP(Unshielded Twisted Pair) 케이블의 종류 및 특성에 대하여 설명하시오.
4. 눈부심(Glare) 중에서 불쾌글레어(Discomfort Glare), 불능글레어(Disability Glare), 직접글레어(Direct Glare)에 대하여 설명하시오.
5. LED램프의 점등방식 중에서 스태틱(Static) 점등방식과 다이내믹(Dynamic) 점등방식에 대하여 설명하시오.
6. DC－DC 컨버터 회로로 설계가 가능한 자기적 결합 초퍼회로의 종류를 열거하시오.
7. 태양열 집열기 중 평판형 집열기의 특성과 흡수기 주위에서 일어나는 손실에 대하여 설명하시오.
8. 조명기구의 조명방식 중에서 배광에 의한 방식과 배치에 의한 방식에 대하여 설명하시오.
9. 전기가열의 특징에 대하여 설명하시오.
10. 연료전지의 원리에 대하여 설명하시오.
11. 교류전기철도의 특징과 문제점에 대하여 설명하시오.
12. 알루미늄권선 변압기의 특징에 대하여 설명하시오.
13. 정전도장 및 정전분체도장의 원리에 대하여 설명하시오.

국가기술자격 기술사 시험문제

기술사 제115회 | 제2교시(시험시간 : 100분)

분야	전기 · 전자	종목	전기응용기술사	수험번호		성명	

※ 다음 문제 중 4문제를 선택하여 설명하시오(각 25점).

1. 신기후체제 파리협정(Post－2020)에 따른 에너지 신산업에 대하여 설명하시오.
2. 온도를 측정하기 위한 온도계 중에서 광 고온도계, 복사 고온도계에 대하여 설명하시오.
3. 컨베이어 구동방식 중에서 단독구동, 탠덤(Tandem)구동, 다수구동에 대하여 설명하시오.
4. 제어시스템의 안정도 판별법 중 나이퀴스트(Nyquist)의 안정도 판별법의 특징과 안정도의 조건에 대하여 설명하시오.
5. 히트 펌프에 대해 다음 사항을 설명하시오.

1) 정의	2) 구성과 원리	3) 특징	4) 용도

6. 전산실에서의 정전기 장해요인과 대책에 대하여 설명하시오.

국가기술자격 기술사 시험문제

기술사 제115회 제3교시(시험시간 : 100분)

분야	전기 · 전자	종목	전기응용기술사	수험번호		성명	

※ 다음 문제 중 4문제를 선택하여 설명하시오(각 25점).

1. 유도전동기의 속도제어방법에 대하여 설명하시오.
2. 전기철도에서 점착력(Adhesion)에 대하여 설명하시오.
3. 리튬이온(Li－ion) 전지의 동작원리와 특징에 대하여 설명하시오.
4. 다음과 같은 질량, 스프링, 선형마찰 요소로 구성된 시스템의 전달함수를 구하시오(단, K는 스프링상수, B는 마찰계수, M은 질량, y는 변위, f는 힘).

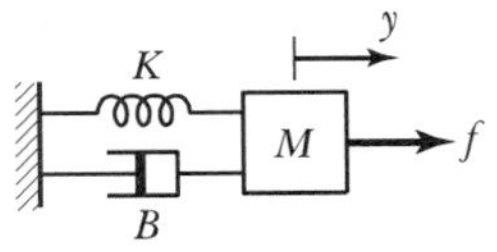

5. 자기부상열차의 부상원리와 부상방식의 종류에 대하여 설명하시오.
6. 직류고속도 차단기(HSCB)의 차단원리와 종류에 대하여 설명하시오.

국가기술자격 기술사 시험문제

기술사 제115회 제4교시(시험시간 : 100분)

분야	전기 · 전자	종목	전기응용기술사	수험번호		성명	

※ 다음 문제 중 4문제를 선택하여 설명하시오(각 25점).

1. 연계형 태양광발전시스템의 구성요소에 대하여 설명하시오.
2. 장대터널 조명의 설계 시 터널 조명의 구성과 설계 시 유의사항에 대하여 설명하시오.
3. 태양광발전시스템에서 바이패스(By-pass) 다이오드에 대하여 설명하시오.
4. 마그네트론 발진기의 특성과 응용분야에 대하여 설명하시오.
5. 운전 중인 변압기의 온도상승 원인, 절연유 구비조건, 변압기 냉각방식에 대하여 설명하시오.
6. 무정전 전원장치(UPS) 선정 시 고려사항 및 2차 회로의 보호에 대하여 설명하시오.

국가기술자격 기술사 시험문제

기술사 제116회 제1교시(시험시간 : 100분)

분야	전기 · 전자	종목	전기응용기술사	수험번호		성명	

※ 다음 문제 중 10문제를 선택하여 설명하시오(각 10점).

1. 전기설비기술기준의 제정 목적에 대하여 설명하시오.
2. 조명용어 중 균제도에 대하여 설명하시오.
3. 전기설비기술기준에서 전기자동차 전원설비의 이차전지를 이용한 전기저장장치 일반 요건을 설명하시오.
4. 정류기반의 납(연)축전지의 관리방법을 설명하시오.
5. CT(Current Transformer)의 과전류강도와 과전류정수에 대하여 설명하시오.
6. 변압기 병렬운전의 조건을 제시하고, 병렬운전이 적합하지 않은 경우를 설명하고, 임피던스전압이 다를 경우 부하분담 및 과부하 운전을 하지 않기 위한 부하제한에 대하여 설명하시오.
7. 연색성은 조명용 광원에 있어서 아주 중요한 특성 중 하나이다. 연색성을 수치로 표시한 연색평가수에 대하여 설명하시오.
8. 전기철도 레일의 복진(匐進) 방지장치에 대하여 설명하시오.
9. 전력용 반도체 소자의 과전압 보호 방안에 대하여 설명하시오.
10. 산업 현장에서 다양하게 사용되고 있는 직류전동기의 특징에 대하여 설명하시오.
11. 자동화 운전방식인 자동 열차 운전장치(ATO : Automatic Train Operation)의 주요 기능에 대하여 설명하시오.
12. 도체에 전류를 흘리면 발생하는 줄(Joule)열이 전기화재 원인이 될 수 있다. 줄의 법칙과 줄열에 의한 전기화재에 대하여 설명하시오.
13. 전기화학산업의 발전으로 전기자동차, 에너지저장장치(ESS) 등의 발전은 주목할 만하다. 안정적 운영을 위한 직류변환장치 요구사항에 대하여 설명하시오.

국가기술자격 기술사 시험문제

기술사 제116회 제2교시(시험시간 : 100분)

분야	전기 · 전자	종목	전기응용기술사	수험번호		성명	

※ 다음 문제 중 4문제를 선택하여 설명하시오(각 25점).

1. 배전용 변압기(22.9kV－LV)로서 고조파 감쇄기능을 갖는 하이브리드 변압기의 권선법을 설명하고, 하이브리드 변압기와 K－fator 변압기의 특성을 비교하여 설명하시오.
2. 경제적 배선을 위한 송전전력과 배선전압을 결정할 때 고려사항에 대하여 설명하시오.
3. 산업현장에서 범용적으로 사용하고 있는 전기용접의 종류 및 특징에 대하여 설명하시오.
4. 사업장의 전기안전사고 예방을 위하여 저압설비 지락사고에 의한 인체 감전사고 방지대책에 대하여 설명하시오.
5. 조명설비 중 자연채광(집광) 시스템의 종류에 대하여 설명하시오.
6. CN－CV 전력케이블의 열화 발생요인, 열화형태, 활선상태의 진단방법에 대하여 설명하시오.

국가기술자격 기술사 시험문제

기술사 제116회 제3교시(시험시간 : 100분)

분야	전기 · 전자	종목	전기응용기술사	수험번호		성명	

※ 다음 문제 중 4문제를 선택하여 설명하시오(각 25점).

1. 반송설비 중 엘리베이터 설치기준과 대수 산정방법에 대하여 설명하시오.
2. 스마트 그리드(Smart Grid) 구성요소와 응용분야에 대하여 설명하시오.
3. 자가발전설비의 부하결정 시 고려사항과 RG 계수에 의한 발전기용량 산정방식에 대하여 설명하시오.
4. 교류급전방식의 전기철도에서 3상 전원을 2상으로 변환하여 급전하는 스코트(Scott) 결선방식에 대하여 설명하시오.
5. 고용량 광원을 효율적으로 사용할 수 있는 3배광법에 의한 전반조명 설계 시 검토사항을 설명하시오.
6. 전력수요를 억제하기 위한 전기요금 및 기기보급 관점의 수요관리 방법과 수요반응(Demand Response) 제도에 대하여 설명하시오.

국가기술자격 기술사 시험문제

기술사 제116회

제4교시(시험시간 : 100분)

분야	전기 · 전자	종목	전기응용기술사	수험번호		성명	

※ 다음 문제 중 4문제를 선택하여 설명하시오(각 25점).

1. 축전지 용량산정 시 고려사항에 대하여 설명하시오.
2. 공공기관 신축, 개축, 증축 시 적용해야 할 에너지이용 합리화 추진에 대한 관련 제도에 대하여 설명하시오.
3. 건축물이나 건축물에 인입하는 설비에 대한 뇌격으로 인한 손상과 보호대책에 대하여 설명하시오.
4. 태양광발전시스템 기획 및 설계 시 고려사항에 대하여 설명하시오.
5. 물체에 전력을 공급하여 물질 중에 함유된 수분을 증발시켜 건조시키는 전기건조의 원리, 특징 및 응용분야에 대하여 설명하시오.
6. 전기열차를 안전하고 확실하게 정지시키기 위한 제동장치와 경제적 운전 방법에 대하여 설명하시오.

국가기술자격 기술사 시험문제

기술사 제118회 제1교시(시험시간 : 100분)

분야	전기 · 전자	종목	전기응용기술사	수험번호		성명	

※ 다음 문제 중 10문제를 선택하여 설명하시오(각 10점).

1. 직류전동기의 구조와 동작원리에 대하여 설명하시오.
2. 변압기 및 케이블의 단절연에 대하여 설명하시오.
3. 자가용 수변전설비에서 부하개폐기(LBS : Load Breaker Switch)의 적용 시 고려사항에 대하여 설명하시오.
4. 연료전지시스템의 구성요소에 대하여 설명하시오.
5. 유도전동기의 비례추이에 대하여 설명하시오.
6. 한류형 전력퓨즈(Power Fuse)의 성능을 규정하는 3가지 특성에 대하여 설명하시오.
7. 전기감리원의 업무범위와 기술검토 의견서 작성사항에 대하여 설명하시오.
8. 조명설계 시에 고려하는 눈부심의 종류와 방지대책에 대하여 설명하시오.
9. 과전류 보호계전기(OCR : Over Current Relay)의 동작특성에 대하여 설명하시오.
10. 전기가열방식 중에서 레이저가열의 특징에 대하여 설명하시오.
11. 전기용접 중에서 플라즈마 플레임용접에 대하여 설명하시오.
12. 전기철도에서 열차자동정지장치(ATS : Automatic Train Stop), 열차자동제어장치(ATC : Automatic Train Control)에 대하여 설명하시오.
13. 완전확산성 광원인 평판광원과 구면광원의 배광곡선에 대하여 설명하시오.

국가기술자격 기술사 시험문제

기술사 제118회

제2교시(시험시간 : 100분)

분야	전기 · 전자	종목	전기응용기술사	수험번호		성명	

※ 다음 문제 중 4문제를 선택하여 설명하시오(각 25점).

1. 3상 유도전동기의 제동방법에 대하여 설명하시오.
2. 고조파가 변압기에 미치는 영향 및 저감대책에 대하여 설명하시오.
3. 터널조명 설계 시 고려할 사항 중 터널입구에서 발생하는 블랙홀 효과 및 블랙프레임 효과에 대하여 설명하시오.
4. 태양광발전시스템의 어레이(Array) 지지방식 중에서, 고정형 어레이방식, 가변식 어레이방식, 단방향 추적식 어레이방식, 양방향추적식 어레이방식에 대하여 설명하시오.
5. 저압 서지보호기(SPD : Surge Protector Device)의 기본요건 및 전원장해에 대한 SPD의 효과에 대하여 설명하시오.
6. 전기철도에서 전식(Electrolytic Corrosion)의 발생원인과 매설 금속체 측에서의 방지대책에 대하여 설명하시오.

국가기술자격 기술사 시험문제

기술사 제118회 제3교시(시험시간 : 100분)

분야	전기 · 전자	종목	전기응용기술사	수험번호		성명	

※ 다음 문제 중 4문제를 선택하여 설명하시오(각 25점).

1. 변압기의 규약효율, 실측효율, 전일효율 및 최대효율에 대하여 설명하시오.
2. 차단기의 정격 선정 시 고려사항에 대하여 설명하시오.
3. 전기철도에서 사용되는 SCADA(Supervisory Control and Data Acquisition) 시스템의 주요기능에 대하여 설명하시오.
4. 첨단 건축물에서의 전자기 적합성(EMC : Electromagnetic Compatibility) 발생요인 및 대책에 대하여 설명하시오.
5. 무정전 전원공급장치(UPS : Uninterruptible Power Supply)의 기본 구성요소 및 동작 특성에 대하여 설명하시오.
6. 6.6kV 전력용 CV 케이블의 구조에서 구성요소별 기능에 대하여 설명하시오.

국가기술자격 기술사 시험문제

기술사 제118회 제4교시(시험시간 : 100분)

분야	전기 · 전자	종목	전기응용기술사	수험번호		성명	

※ 다음 문제 중 4문제를 선택하여 설명하시오(각 25점).

1. 축전지의 용량산정 시 고려사항에 대하여 설명하시오.
2. 전력계통에서 플리커(Flicker)의 발생원인, 영향 및 저감대책에 대하여 설명하시오.
3. 콘서베이터(Conservator)방식 유입변압기에 대하여 설명하시오.
4. 표준전구 A와 측정전구 T가 있을 때, 시감(視感)측정에 의해 광도를 측정하는 방법에 대하여 설명하시오.
5. 태양전지의 전기적 특성과 변환효율에 영향을 미치는 요소에 대하여 설명하시오.
6. IoT(Internet of Thing) 기반 스마트 조명시스템에 대하여 설명하시오.

국가기술자격 기술사 시험문제

기술사 제119회 제1교시(시험시간 : 100분)

분야	전기 · 전자	종목	전기응용기술사	수험번호		성명	

※ 다음 문제 중 10문제를 선택하여 설명하시오(각 10점).

1. 플레밍(Fleming)의 왼손법칙과 오른손법칙에 대하여 설명하시오.
2. 동기전동기의 탈출토크(Pull－out Torque)에 대하여 설명하시오.
3. 직류전동기와 유도전동기의 역전(역회전)법에 대하여 설명하시오.
4. 태양광발전용 PCS(Power Conditioning System)의 회로방식을 분류하고 설명하시오.
5. 전동기가 부하운전 상태에서 과열되는 경우 그 원인과 대책에 대하여 설명하시오.
6. IGBT(Insulated Gate Bipolar Transistor)의 동작원리와 구조, 특성에 대하여 설명하시오.
7. 전기가열의 특징과 종류에 대하여 설명하시오.
8. 교류전기철도의 통신유도장해 발생원인과 대책을 설명하시오.
9. 조도의 측정방법에 대하여 설명하시오.
10. 고속열차(KTX)의 동력차 시스템 구성과 그 기능에 대하여 설명하시오.
11. 특고압케이블 중 CV, CNCV의 차이점과 적용 시 주의점에 대하여 설명하시오.
12. 레이저 저소음 고효율(자구미세화) 변압기의 특징에 대하여 설명하시오.
13. 정전분체도장의 원리와 특징에 대하여 설명하시오.

국가기술자격 기술사 시험문제

기술사 제119회

제2교시(시험시간 : 100분)

분야	전기 · 전자	종목	전기응용기술사	수험번호		성명	

※ 다음 문제 중 4문제를 선택하여 설명하시오(각 25점).

1. BLDC(Brushless DC) 모터의 동작원리와 특징에 대하여 설명하시오.
2. 압전체의 압전효과 및 응용분야에 대하여 설명하시오.
3. 리튬이온 전지(Li-ion Battery)의 동작원리와 특징을 쓰고, 이것을 전기에너지 저장장치(ESS)에 사용할 경우 안전대책에 대하여 설명하시오.
4. 전기철도의 전기 공급방식 종류와 선정 시 고려사항에 대하여 설명하시오.
5. 중앙감시설비 설치를 계획하려 할 때 기본기능, 배선, 중앙감시실의 위치, 배치 및 환경조건에 대하여 설명하시오.
6. 초고압 수변전설비를 계획할 때 가스절연변전소의 장단점, 설비진단기술 적용 시 유의사항에 대하여 설명하시오.

국가기술자격 기술사 시험문제

기술사 제119회 제3교시(시험시간 : 100분)

분야	전기 · 전자	종목	전기응용기술사	수험번호		성명	

※ 다음 문제 중 4문제를 선택하여 설명하시오(각 25점).

1. 태양광발전시스템 구성에서 독립형, 계통연계형 시스템에 대하여 설명하시오.
2. 3상 권선형 유도전동기와 농형 유도전동기의 기동방법에 대하여 설명하시오.
3. 전기자동차 전원공급설비에 대하여 설명하시오.
4. 에너지절감을 위한 조명설계에 대하여 설명하시오.
5. 특별고압전로에 사용되는 기중절연 자동 고장구간개폐기(AISS)의 적용과 기능에 대하여 설명하시오.
6. 60Hz에서 사용하는 변압기를 50Hz 계통에 사용하였을 때 고려할 사항에 대하여 설명하시오.

국가기술자격 기술사 시험문제

기술사 제119회

제4교시(시험시간 : 100분)

분야	전기 · 전자	종목	전기응용기술사	수험번호		성명	

※ 다음 문제 중 4문제를 선택하여 설명하시오(각 25점).

1. 직류직권전동기의 속도특성과 토크특성, 용도에 대하여 설명하시오.
2. 전동기에서 발생한 동력을 부하에 전달하기 위한 기계적 동력전달장치와 전자적 동력전달장치에 대하여 설명하시오.
3. 디지털계전기의 설치환경, 노이즈 영향과 대책에 대하여 설명하시오.
4. 무정전 전원장치(UPS)의 동작특성, 정격 및 선정 시 고려사항에 대하여 설명하시오.
5. 전력용 변압기 효율관리 방안에 대하여 설명하시오.
6. 누전차단기 설치기준에 대하여 설명하시오.

국가기술자격 기술사 시험문제

기술사 제121회

제1교시(시험시간 : 100분)

분야	전기 · 전자	종목	전기응용기술사	수험번호		성명	

※ 다음 문제 중 10문제를 선택하여 설명하시오(각 10점).

1. 유도전동기의 효율을 설명하고, 손실의 종류에 대하여 설명하시오.
2. 조명설비 전반에 대한 절전 대책을 설명하시오.
3. 차단기의 정격(정격전압, 정격전류, 정격차단전류, 정격차단용량) 및 동작 책무에 대하여 설명하시오.
4. 전기집진기의 원리와 특징에 대하여 설명하시오.
5. 방사선을 이용한 고전압 응용기술 중 방사선 살균과 플라스틱의 방사선가공 원리를 설명하시오.
6. 전력용 반도체 소자 중 GTO(Gate Turn－Off Thyristor)와 IGBT(Insulated Gate Bipolar Transistor)에 대하여 설명하시오.
7. 유도전동기의 벡터제어 원리에 대하여 설명하시오.
8. 전기저항 가열용 발열체의 종류와 구비 조건에 대하여 설명하시오.
9. 케이블의 저항손, 유전체손 및 연피손에 대하여 설명하시오.
10. 경전철에 사용되는 제3궤조 방식을 접촉방식으로 구분하여 설명하시오.
11. 직류전동기의 속도특성 및 토크특성에 대하여 설명하시오.
12. 맥스웰(Maxwell)의 전자방정식에 대한 물리적 의미를 설명하시오.
13. KS C IEC 62262 기준에 따른 IK 등급(외부의 물리적 충격에 대한 전기기기 외함의 보호 등급)에 대하여 설명하시오.

국가기술자격 기술사 시험문제

기술사 제121회

제2교시(시험시간 : 100분)

분야	전기 · 전자	종목	전기응용기술사	수험번호		성명	

※ 다음 문제 중 4문제를 선택하여 설명하시오(각 25점).

1. 지중케이블 고장점 추정법에 대하여 설명하시오.
2. 접지공사 시 접지저항 저감방법 중에서 물리적 저감방법과 화학적 저감방법에 대하여 설명하시오.
3. 피뢰기의 구조, 종류, 동작특성 및 정격에 대하여 설명하시오.
4. 전력용 콘덴서의 내부 보호 방식에 대하여 설명하시오.
5. 도시철도 직류 변전소의 정류기에 사용되는 3상 전파 정류방식과 6상 직렬연결 정류방식에 대하여 설명하시오.
6. 고주파 가열 중 유도가열과 유전가열에 대하여 설명하시오.

국가기술자격 기술사 시험문제

기술사 제121회 제3교시(시험시간 : 100분)

분야	전기 · 전자	종목	전기응용기술사	수험번호		성명	

※ 다음 문제 중 4문제를 선택하여 설명하시오(각 25점).

1. 변압기 임피던스 전압이 전기설비에 미치는 영향에 대하여 설명하시오.
2. 계기용 변류기(CT)의 선정 시 고려할 사항 중 정격전류, 정격부담, 과전류정수, 과전류강도에 대하여 설명하시오.
3. LED 조명기구의 구성과 일반적 특징 및 동특성(전압-전류특성, 전류-온도특성)에 대하여 설명하시오.
4. 서보모터(Servo Motor)가 갖추어야 할 특성과 필수적인 피드백 제어에 대하여 설명하시오.
5. 3상 유도전동기의 전기적 · 기계적 제동과 이에 대한 설계 시 고려사항에 대하여 설명하시오.
6. 태양광발전시스템의 태양전지 특성과 음영의 원인, 영향, 대책에 대하여 설명하시오.

국가기술자격 기술사 시험문제

기술사 제121회 제4교시(시험시간 : 100분)

분야	전기 · 전자	종목	전기응용기술사	수험번호		성명	

※ 다음 문제 중 4문제를 선택하여 설명하시오(각 25점).

1. 저압용 과전류 보호기의 종류와 특징에 대하여 설명하시오.
2. 고압 CV 케이블의 차폐층의 역할과 접지방식에 따른 특징에 대하여 설명하시오.
3. 전기부식의 원리를 쓰고 전식(電蝕)방지 대책에 대하여 설명하시오.
4. 엘리베이터 및 에스컬레이터의 안전장치에 대하여 설명하시오.
5. 자동차용 수소 연료전지의 원리를 쓰고, 전기자동차용으로 사용되는 배터리의 종류와 특성을 설명하시오.
6. 전기철도의 고속화를 위한 차량의 집전설비 및 전차선로 측에서 요구되는 사항을 설명하시오.

국가기술자격 기술사 시험문제

기술사 제122회 제1교시(시험시간 : 100분)

분야	전기 · 전자	종목	전기응용기술사	수험번호		성명	

※ 다음 문제 중 10문제를 선택하여 설명하시오(각 10점).

1. 유도전동기의 허용 구속시간에 대하여 설명하시오.
2. KS C IEC 60085(전기 절연 – 내열성평가와 표시)에 따라 전기절연, 내열성 등급 및 공기로 냉각할 수 있는 허용온도와 최대허용온도의 관계에 대하여 설명하시오.
3. 전기회로와 자기회로의 차이점에 대하여 설명하시오.
4. 3상 전동기의 전원 측 1상 결상 시 부하에 역상전류가 흐르는 이유에 대하여 설명하시오.
5. 전철에 적용하는 직류 고속도차단기(HSCB : High Speed Circuit Breaker)의 요구 성능과 특징에 대하여 설명하시오.
6. 산업플랜트 전력집중원격 감시제어시스템(SCADA)의 목적, 기능 및 최근 동향에 대하여 각각 설명하시오.
7. 사무공간에서 발생하는 눈부심 대책인 VDT(Visual Display Terminal) 환경에서의 조명설계 시 고려사항에 대하여 설명하시오.
8. 자가용 수용가에서 변압기 결선방식의 선택 시 변압기 이용률과 수전용량을 고려하여 설명하시오.
9. 연료전지의 구성도를 그리고 동작원리를 설명하시오.
10. 전기자동차와 분산형 전원을 접속하는 V2G(Vehicle To Grid)의 구성도를 그리고 설명하시오.
11. 변압기 이행전압의 종류와 대책에 대하여 설명하시오.
12. 변압기 고압 측에 PF(Power Fuse)와 저압 측에 ACB 및 MCCB가 설치된 경우의 보호협조에 대하여 설명하시오.
13. 진공차단기(VCB) 보수의 일상점검과 정밀점검에 대하여 각각 설명하시오.

국가기술자격 기술사 시험문제

기술사 제122회 제2교시(시험시간 : 100분)

분야	전기 · 전자	종목	전기응용기술사	수험번호		성명	

※ 다음 문제 중 4문제를 선택하여 설명하시오(각 25점).

1. 무정전 전원공급장치(UPS)의 구성도를 그리고, 동작원리 및 운용방식과 전산센터의 고신뢰 시스템 구축방법에 대하여 각각 설명하시오.
2. 폐루프제어(Closed Loop Control)의 기본 구성도 및 개념을 설명하고, 비례적분미분(PID)제어에 대하여 설명하시오.
3. 단락고장 시 발생하는 비대칭 전류의 개념과 비대칭 계수를 설명하고, 일반적으로 자가용 전기설비계통의 차단기 용량 산정에 대칭전류를 적용하는 이유에 대하여 설명하시오.
4. 디지털 계전기에 미치는 노이즈(Noise)의 발생원, 침입모드 및 방지대책에 대하여 각각 설명하시오.
5. 케이블의 손실(저항손, 유전체손, 연피손)에 대하여 설명하고, 유전체손의 표현방식으로 tanδ를 사용하는 이유를 설명하시오.
6. 3상 유도전동기 최저소비효율기준의 적용범위, 적용대상 및 동력 배선에 대하여 각각 설명하시오.

국가기술자격 기술사 시험문제

기술사 제122회 제3교시(시험시간 : 100분)

분야	전기 · 전자	종목	전기응용기술사	수험번호		성명	

※ 다음 문제 중 4문제를 선택하여 설명하시오(각 25점).

1. 조명의 기본원리에 적용하는 법칙으로 아래 사항을 설명하시오.

   1) 퍼킨제 효과 2) 온도방사 3법칙

   3) 파센의 법칙 4) 페닝 효과

2. 전력변환방식인 펄스폭 변조(PWM), 펄스진폭 변조(PAM)에 대하여 각각 설명하고, PWM 인버터의 구성도와 특징에 대하여 설명하시오.

3. 가스절연개폐장치(GIS : Gas Insulated Switchgear)의 접지에 대하여 아래 사항을 설명하시오.

   1) 탱크 및 가대의 접지 2) 주회로의 접지

   3) GIS와 다른 기기의 접속 시 접지

4. 고전압(High Voltage) 레이저, CRT(음극선관), 레이더 송신기, 전자레인지 등의 DC 고전압 발생장치나 전력설비 시험용 DC 고전압발생장치에 사용되는 Cockcraft－Walton 타입의 직류 전압증배회로(캐스케이드 회로)에 대하여 설명하시오.

5. 저압 유도전동기의 보호계전방식에 대하여 설명하시오.

6. 직류전동기의 일반적인 특징을 설명하고, 브러시(Brush)형과 브러시리스(Brush－Less)형 직류전동기에 대하여 설명하시오.

국가기술자격 기술사 시험문제

기술사 제122회 제4교시(시험시간 : 100분)

분야	전기 · 전자	종목	전기응용기술사	수험번호		성명	

※ 다음 문제 중 4문제를 선택하여 설명하시오(각 25점).

1. 전력계통에서 중성점 저항접지방식을 적용하는 이유와 중성점 접지저항(NGR : Neutral Grounding Resistor) 값 선정의 개념에 대하여 각각 설명하시오.
2. 고압 커패시터(Capacitor)의 내부고장보호방식 중 중성점 전류검출(NCS : Neutral Current Sensing) 방식과 중성점 전압검출(NVS : Neutral Voltage Sensing)방식에 대하여 각각 설명하시오.
3. 2차 전지(축전지)의 충전방식과 축전지의 충 · 방전에 따른 화재 원인 및 대책에 대하여 각각 설명하시오.
4. 고속전철에서 열차 이동지점의 전력품질 문제에 대한 대책장치로 적용할 수 있는 정지형 무효전력보상장치(SVC : Static Var Compensator)에 대하여 설명하시오.
5. 전동기에 사용되는 영구자석의 재료 종류에 대하여 3가지 예를 들어 설명하시오.
6. 태양광발전용 인버터의 주요 기능과 종류별 특징에 대하여 각각 설명하시오.

02 한국전기설비규정 KEC(제정 2018. 3. 9., 시행 2021. 1. 19.)

자료출처 : 대한전기협회 기술기준처(2020. 3.)

1. 「한국전기설비규정」 개요
   - 현행 전기설비기술기준의 판단기준을 2021년 1월 1일부터 대체
     - 최초 제정 및 시행유예 공고 : 산업부 공고 제2018－103호(2018.03.09.)

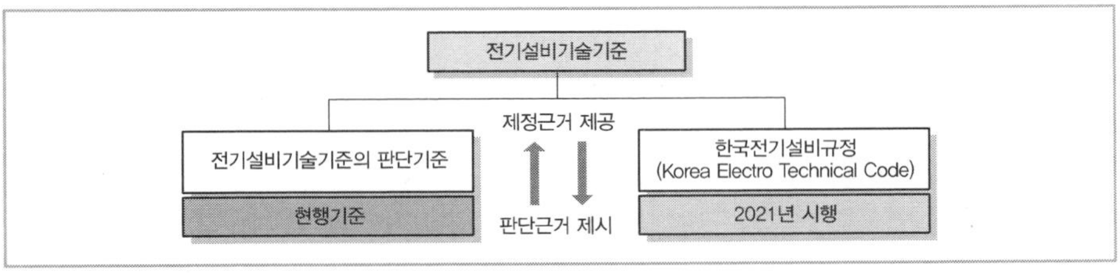

   - 국제표준 기술사항 부합화 등을 통한 전기설비의 안전성/경쟁력 향상 목적
     - 객관 지표에 근거한 과전류보호 등의 상세사항 부합화
     - 국제 규정의 도입 및 국내 실정 반영을 통한 관련 기술 경쟁력 향상
   - 전기설비 및 발전설비 통합 시설기준(확장성을 고려한 코드화 분류체계 도입)

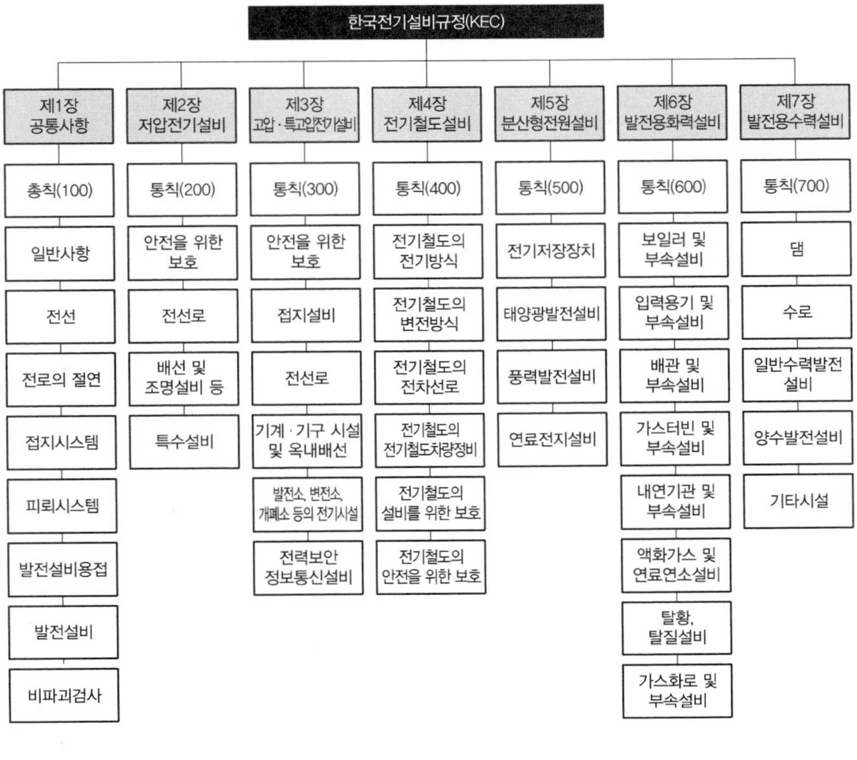

2. 「한국전기설비규정」 제 · 개정 주요사항

□ 저압범위 변경(KEC 111.1)

• 국제표준에 부합한 저압범위 설정을 통한 관련 보호방식의 직접 적용 기여
• 관련 기기의 인증/확인 중복 절차 단순화 및 재생에너지산업 활성화 기여

전압구분	현행 기술기준	KEC
저압	• 교류 : 600V 이하 • 직류 : 750V 이하	• 교류 : 1kV 이하 • 직류 : 1.5kV 이하
고압	교류 및 직류 : 7kV 이하	• 교류 : 1kV 초과, 7kV 이하 • 직류 : 1.5kV 초과, 7kV 이하
특고압	7kV 초과	현행과 같음

□ 전선식별법 국제표준화(KEC 121.2)

• 국내 규정별 상이한 식별색상의 일원화 : 기타사항 KS C IEC 60445 참조

전선구분	현행기술기준	KEC
상선(L1)	–	갈색
상선(L2)	–	흑색
상선(L3)	–	회색
중성선(N)	–	청색
접지/보호도체(PE)	녹색 또는 녹황 교차	녹황 교차

□ 개소별 시설조건을 고려한 배선 선정(KEC 232.5)

• 차단기 정격전류에 따라 일괄적으로 적용한 배선 선정방식 폐지('21 시행)
  – 현행 두 가지 선정방식 중 "차단기 정격기반 선정방식"만 폐지(표 참조)
• 배선의 시설조건에 따라 선종 · 절연체 · 상선수별 허용전류 적용(IEC 부합)
  – 배선공사방법 등 시설조건이 전선의 허용전류에 미치는 환경 영향 고려
  – 현실적인 허용전류 도출을 통한 전기안전 확보에 기여

배선구분 (차단기정격)	현행 배선 선정기준		KEC
	차단기정격 기반	허용전류	
15A	연동선 $2.5mm^2$	KS C IEC 60364－5－52 "부속서 B"에 의한 선종별 굵기 선정	[현행 허용전류방식(KS C IEC 60364－5－52 "부속서 B"에 의한 선정)에 의한 것과 같음]
20A	연동선 $4.0mm^2$		
30A	연동선 $6.0mm^2$		
40A	연동선 $10.0mm^2$		
50A	연동선 $16.0mm^2$		

□ 종별 접지설계방식 폐지(KEC 140)

- 접지대상에 따라 일괄 적용한 종별 접지(1종, 2종, 3종, 특3종) 폐지('21 시행)
- 국제표준의 접지설계 방식 도입을 통한 현장 특화된 접지시스템 구분 설정
  - 계통접지 : 전력계통의 이상현상에 대비하여 대지와 계통을 접속
  - 보호접지 : 감전보호를 목적으로 기기의 한 점 이상을 접지
  - 피뢰시스템 접지 : 뇌격전류를 안전하게 대지로 방류하기 위한 접지
- 접지설계 방식의 국내 수용성 향상을 위한 접지시스템의 시설 종류 설정
  - 단독접지 : (특)고압 계통의 접지극과 저압 접지계통의 접지극을 독립적으로 시설하는 접지방식
  - 공통/통합접지 : 공통접지는 (특)고압 접지계통과 저압 접지계통을 등전위 형성을 위해 공통으로 접지하는 방식, 통합접지방식은 계통접지 · 통신접지 · 피뢰접지의 접지극을 통합하여 접지하는 방식
- 수전전압별 접지설계 시 고려사항
  - 저압수전 수용가 접지설계 : 주상변압기를 통해 저압전원을 공급받는 수용가의 경우 지락전류 계산과 자동 차단조건 등을 고려하여 접지설계
  - (특)고압수전 수용가 접지설계 : (특)고압으로 수전받는 수용가의 경우 접촉 · 보폭전압과 대지전위 상승(EPR), 허용접촉전압 등을 고려하여 접지설계

접지대상	현행기술기준	KEC
(특)고압설비	1종 : 접지저항 10Ω	• 계통접지 : TN, TT, IT 계통 • 보호접지 : 등전위본딩 등 • 피뢰시스템접지
600V 이하 설비	특3종 : 접지저항 10Ω	
400V 이하 설비	3종 : 접지저항 100Ω	
변압기	2종 : 계산 요함	"변압기 중성점 접지"로 명칭 변경

접지대상	현행접지도체 최소 단면적	KEC
(특)고압설비	1종 : 6.0mm^2	상도체 단면적 S(mm^2)에 따라 선정 • $S<16$: S • $16<S<35$: 16 • $35<S$: $S/2$ 또는 차단시간 5초 이하의 경우 • $S=\sqrt{I^2t}/k$
600V 이하설비	특3종 : 2.5mm^2	
400V 이하설비	3종 : 2.5mm^2	
변압기	2종 : 16.0mm^2	

* 접지도체와 상도체의 재질이 같은 경우로서, 다른 경우에는 재질보정계수(k_1/k_2)를 곱함

□ 과전류보호장치 선정방식의 국제표준화(KEC 212)

- 기계기구 정격전류에 종속된 과부하보호장치 정격 선정방식 탈피
- 과부하보호와 단락보호를 포함한 과전류보호방식의 명확화
  - 과부하보호 : 전선의 과부하 보호점($1.45I_z$)에 근거한 보호장치 정격전류(In) 선정 및 기동전류 등을 고려한 규약동작전류 특성 검토

–단락보호 : 단기 허용온도 도달시간, 전동기 돌입전류, 회로 최대고장전류 등 단락보호 장치 선정 근거 제시

• 보호장치의 분기점 설치 원칙 및 예외 설치를 위한 보완조치 명확화
–분기점 : 배선의 변경 등으로 인해 허용전류가 작아지는 지점
–상위 보호장치에서 하위 분기회로보호 시 보호범위까지 거리 제한 없음

구분	현행 배선 선정방식	KEC 배선 선정방식
과전류 보호장치 정격전류	[과부하보호] • 전등 · 전열회로 : I_z 이하 • 코드, 전등기구용 심선 등 전로 : 15A 또는 20A • 정격 50A 초과 기계기구 전로 : 기계기구 정격의 1.3배 이하 [단락보호] (정격선정 관련 별도 규정 없음)	[과부하보호] • 정격전류 선정 시 고려사항 –부하의 설계전류 –전선의 과부하 보호점 –전동기 기동전류 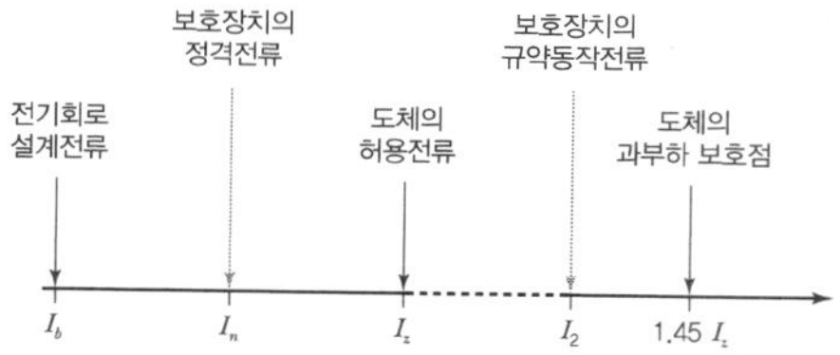 [단락보호] • 단락보호장치 선정 시 고려사항 –전선 허용온도 도달시간[단시간 사고, $t=(kS/I)2$ 등] –전동기 돌입전류 유형 –회로의 최대고장전류
과전류 보호장치 설치위치 (분기점 기준)	• 3m 이내 : 설치 원칙 • 8m 이내 : $I_{z2} \geq 0.35 I_{nP1}$ • 제한없음 : $I_{z2} \geq 0.55 I_{nP1}$	• 분기점 : 설치 원칙 • 3m 이내 : 감전 · 화재보호 전제 • 제한 없음 : P_1로 P_2 전단 단락보호

* I_{zN} : 도체 N의 허용전류, I_{nPN} : 보호장치(P_N)의 정격전류

(110 일반사항)

111 통칙

111.1 적용범위

1. 이 규정은 인축의 감전에 대한 보호와 전기설비 계통, 시설물, 발전용 수력설비, 발전용 화력설비, 발전설비 용접 등의 안전에 필요한 성능과 기술적인 요구사항에 대하여 적용한다.
2. 이 규정에서 적용하는 전압의 구분은 다음과 같다.
   가. 저압 : 교류는 1kV 이하, 직류는 1.5kV 이하인 것
   나. 고압 : 교류는 1kV를, 직류는 1.5kV를 초과하고, 7kV 이하인 것
   다. 특고압 : 7kV를 초과하는 것

(120 전선)

121 전선의 선정 및 식별

121.2 전선의 식별

1. 전선의 색상은 표 121.2－1에 따른다.

표 121.2－1 전선 식별

상(문자)	색상
L1	갈색
L2	흑색
L3	회색
N	청색
보호도체	녹색－노란색

2. 색상 식별이 종단 및 연결 지점에서만 이루어지는 나도체 등은 전선 종단부에 색상이 반영구적으로 유지될 수 있는 도색, 밴드, 색 테이프 등의 방법으로 표시해야 한다.
3. 제1 및 제2를 제외한 전선의 식별은 KS C IEC 60445(인간과 기계 간 인터페이스, 표시 식별의 기본 및 안전원칙－장비단자, 도체단자 및 도체의 식별)에 적합하여야 한다.

(230 배선 및 조명설비 등)

232.5 허용전류

232.5.1 절연물의 허용온도

1. 정상적인 사용 상태에서 내용기간 중에 전선에 흘러야 할 전류는 통상적으로 표 232.5－1에 따른 절연물의 허용온도 이하이어야 한다. 그 전류 값은 232.5.2의 1에 따라 선정하거나 232.5.2의 3에 따라 결정하여야 한다.

표 232.5－1 절연물의 종류에 대한 최고허용온도

절연물의 종류	최고허용온도(℃)[a,d]
열가소성 물질[폴리염화비닐(PVC)]	70(도체)
열경화성 물질[가교폴리에틸렌(XLPE) 또는 에틸렌프로필렌고무(EPR) 혼합물]	90(도체)[b]
무기물(열가소성 물질 피복 또는 나도체로 사람이 접촉할 우려가 있는 것)	70(시스)
무기물(사람의 접촉에 노출되지 않고, 가연성 물질과 접촉할 우려가 없는 나도체)	105(시스)[b,c]

[a] 이 표에서 도체의 최고허용온도(최대연속운전온도)는 KS C IEC 60364－5－52(저압전기설비－제5－52부 : 전기기기의 선정 및 설치－배선설비)의 "부속서 B(허용전류)"에 나타낸 허용전류 값의 기초가 되는 것으로서 KS C IEC 60502(정격전압 1~30kV 압출 성형 절연 전력케이블 및 그 부속품) 및 IEC 60702(정격전압 750V 이하 무기물 절연 케이블 및 단말부) 시리즈에서 인용하였다.

[b] 도체가 70℃를 초과하는 온도에서 사용될 경우, 도체에 접속되어 있는 기기가 접속 후에 나타나는 온도에 적합한지 확인하여야 한다.

[c] 무기절연(MI)케이블은 케이블의 온도 정격, 단말 처리, 환경조건 및 그 밖의 외부영향에 따라 더 높은 허용온도로 할 수 있다.

[d] (공인)인증된 경우, 도체 또는 케이블 제조자의 규격에 따라 최대허용온도 한계(범위)를 가질 수 있다.

2. 표 232.5－1은 KS C IEC 60439－2(저전압 개폐장치 및 제어장치 부속품－제2부 : 버스바 트렁킹 시스템의 개별 요구사항), KS C IEC 61534－1(전원 트랙－제1부 : 일반 요구사항) 등에 따라 제조자가 허용전류 범위를 제공해야 하는 버스바트렁킹시스템, 전원 트랙시스템 및 라이팅 트랙시스템에는 적용하지 않는다.
3. 다른 종류의 절연물에 대한 허용온도는 케이블 표준 또는 제조자 시방에 따른다.

232.5.2 허용전류의 결정

1. 절연도체와 비외장케이블에 대한 전류가 KS C IEC 60364－5－52(저압전기설비－제5－52부 : 전기기기의 선정 및 설치－배선설비)의 "부속서 B(허용전류)"에 주어진 필요한 보정 계수를 적용하고, KS C IEC 60364－5－52(저압전기설비－제5－52부 : 전기기기의 선정 및 설치－배선설비)의 "부속서 A(공사방법)"를 참조하여 KS C IEC 60364－5－52(저압전기설비－제5－52부 : 전기기기의 선정 및 설치－배선설비)의 "부속서 B(허용전류)"의 표(공사방법, 도체의 종류 등을 고려 허용전류)에서 선정된 적절한 값을 초과하지 않는 경우 232.5.1의 요구사항을 충족하는 것으로 간주한다.
2. 허용전류의 적정 값은 KS C IEC 60287(전기 케이블－전류 정격 계산) 시리즈에서 규정한 방법, 시험 또는 방법이 정해진 경우 승인된 방법을 이용한 계산을 통해 결정할 수도 있다. 이것을 사용하려면 부하 특성 및 토양 열저항의 영향을 고려하여야 한다.
3. 주위온도는 해당 케이블 또는 절연전선이 무부하일 때 주위 매체의 온도이다.

232.5.3 복수회로로 포설된 그룹

1. KS C IEC 60364－5－52(저압전기설비－제5－52부 : 전기기기의 선정 및 설치－배선설비)의 "부속서 B(허용전류)"의 그룹감소계수는 최고허용온도가 동일한 절연전선 또는 케이블의 그룹에 적용한다.
2. 최고허용온도가 다른 케이블 또는 절연전선이 포설된 그룹의 경우 해당 그룹의 모든 케이블 또는 절연전선의 허용전류용량은 그룹의 케이블 또는 절연전선 중에서 최고허용온도가 가장 낮은 것을 기준으로 적절한 집합감소계수를 적용하여야 한다.
3. 사용조건을 알고 있는 경우, 1가닥의 케이블 또는 절연전선이 그룹 허용전류의 30% 이하를 유지하는 경우는 해당 케이블 또는 절연전선을 무시하고 그 그룹의 나머지에 대하여 감소계수를 적용할 수 있다.

232.5.4 통전도체의 수

1. 한 회로에서 고려해야 하는 전선의 수는 부하 전류가 흐르는 도체의 수이다. 다상회로 도체의 전류가 평형상태로 간주되는 경우는 중성선을 고려할 필요는 없다. 이 조건에서 4심 케이블의 허용전류는 각 상이 동일 도체단면적인 3심 케이블의 허용전류와 같다. 4심, 5심 케이블에서 3도체만이 통전도체일 때 허용전류를 더 크게 할 수 있다. 이것은 15% 이상의 THDi(전류종합고조파 왜형률)가 있는 제3고조파 또는 3의 홀수(기수) 배수 고조파가 존재하는 경우에는 별도로 고려

해야 한다.

2. 선전류의 불평형으로 인해 다심케이블의 중성선에 전류가 흐르는 경우, 중성선 전류에 의한 온도 상승은 1가닥 이상의 선도체에 발생한 열이 감소함으로써 상쇄된다. 이 경우, 중성선의 굵기는 가장 많은 선전류에 따라 선택하여야 한다. 중성선은 어떠한 경우에도 제1에 적합한 단면적을 가져야 한다.
3. 중성선 전류 값이 도체의 부하전류보다 커지는 경우는 회로의 허용전류를 결정하는 데 있어서 중성선도 고려하여야 한다. 중선선의 전류는 3상회로의 3배수고조파(영상분고조파) 전류를 무시할 수 없는 데서 기인한다. 고조파 함유율이 기본파 선전류의 15%를 초과하는 경우 중성선의 굵기는 선도체 이상이어야 한다. 고조파 전류에 의한 열의 영향 및 고차 고조파 전류에 대응하는 감소계수를 KS C IEC 60364－5－52(저압전기설비－제5－52부 : 전기기기의 선정 및 설치－배선설비)의 "부속서 E(고조파 전류가 평형3상 계통에 미치는 영향)"에 나타내었다.

4. 보호도체로만 사용되는 도체(PE도체)은 고려하지 않는다. PEN도체는 중성선과 같은 방법으로 취급한다.

232.5.5 배선경로 중 설치조건의 변화

배선경로 중의 일부에서 다른 부분과 방열조건이 다른 경우 배선경로 중 가장 나쁜 조건의 부분을 기준으로 허용전류를 결정하여야 한다(단, 배선이 0.35m 이하인 벽을 관통하는 장소에서만 방열조건이 다른 경우에는 이 요구사항을 무시할 수 있다).

(140 접지시스템)

141 접지시스템의 구분 및 종류

1. 접지시스템은 계통접지, 보호접지, 피뢰시스템 접지 등으로 구분한다.
2. 접지시스템의 시설 종류에는 단독접지, 공통접지, 통합접지가 있다.

142 접지시스템의 시설

142.1 접지시스템의 구성요소 및 요구사항

142.1.1 접지시스템 구성요소

1. 접지시스템은 접지극, 접지도체, 보호도체 및 기타 설비로 구성하고, 140에 의하는 것 이외에는 KS C IEC 60364－5－54(저압전기설비－제5－54부 : 전기기기의 선정 및 설치－접지설비 및 보호도체)에 의한다.
2. 접지극은 접지도체를 사용하여 주접지단자에 연결하여야 한다.

142.1.2 접지시스템 요구사항

1. 접지시스템은 다음에 적합하여야 한다.
   가. 전기설비의 보호 요구사항을 충족하여야 한다.
   나. 지락전류와 보호도체 전류를 대지에 전달할 것. 다만, 열적, 열 · 기계적, 전기 · 기계적 응력 및 이러한 전류로 인한 감전 위험이 없어야 한다.
   다. 전기설비의 기능적 요구사항을 충족하여야 한다.
2. 접지저항 값은 다음에 의한다.
   가. 부식, 건조 및 동결 등 대지환경 변화에 충족하여야 한다.
   나. 인체감전보호를 위한 값과 전기설비의 기계적 요구에 의한 값을 만족하여야 한다.

142.2 접지극의 시설 및 접지저항

1. 접지극은 다음에 따라 시설하여야 한다.
   가. 토양 또는 콘크리트에 매입되는 접지극의 재료 및 최소 굵기 등은 KS C IEC 60364－5－54(저압전기설비－제5－54부 : 전기기기의 선정 및 설치－접지설비 및 보호도체)의 "표 54.1(토양 또는 콘크리트에 매설되는 접지극으로 부식방지 및 기계적 강도를 대비하여 일반적으로 사용되는 재질의 최소 굵기)"에 따라야 한다.
   나. 피뢰시스템의 접지는 152.1.3을 우선 적용하여야 한다.
2. 접지극은 다음의 방법 중 하나 또는 복합하여 시설하여야 한다.
   가. 콘크리트에 매입된 기초 접지극
   나. 토양에 매설된 기초 접지극
   다. 토양에 수직 또는 수평으로 직접 매설된 금속전극(봉, 전선, 테이프, 배관, 판 등)
   라. 케이블의 금속외장 및 그 밖에 금속피복
   마. 지중 금속구조물(배관 등)
   바. 대지에 매설된 철근콘크리트의 용접된 금속 보강재. 다만, 강화콘크리트는 제외한다.
3. 접지극의 매설은 다음에 의한다.
   가. 접지극은 매설하는 토양을 오염시키지 않아야 하며, 가능한 한 다습한 부분에 설치한다.
   나. 접지극은 동결 깊이를 감안하여 시설하되 고압 이상의 전기설비와 142.5에 의하여 시설하는 접지극의 매설깊이는 지표면으로부터 지하 0.75m 이상으로 한다. 다만, 발전소 · 변전소 · 개폐소 또는 이에 준하는 곳에 접지극을 322.5의 1의 "가"에 준하여 시설하는 경우에는 그러하지 아니하다.
   다. 접지도체를 철주 기타의 금속체를 따라서 시설하는 경우에는 접지극을 철주의 밑면으로부터 0.3m 이상의 깊이에 매설하는 경우 이외에는 접지극을 지중에서 그 금속체로부터 1m 이상 떼어 매설하여야 한다.
4. 접지시스템 부식에 대한 고려는 다음에 의한다.

가. 접지극에 부식을 일으킬 수 있는 폐기물 집하장 및 번화한 장소에 접지극 설치는 피해야 한다.

나. 서로 다른 재질의 접지극을 연결할 경우 전식을 고려하여야 한다.

다. 콘크리트 기초접지극에 접속하는 접지도체가 용융아연도금강제인 경우 접속부를 토양에 직접 매설해서는 안 된다.

5. 접지극을 접속하는 경우에는 발열성 용접, 압착접속, 클램프 또는 그 밖의 적절한 기계적 접속장치로 접속하여야 한다.

6. 가연성 액체나 가스를 운반하는 금속제 배관은 접지설비의 접지극으로 사용 할 수 없다. 다만, 보호등전위본딩은 예외로 한다.

7. 수도관 등을 접지극으로 사용하는 경우는 다음에 의한다.

가. 지중에 매설되어 있고 대지와의 전기저항 값이 3Ω 이하의 값을 유지하고 있는 금속제 수도관로가 다음에 따르는 경우 접지극으로 사용이 가능하다.

(1) 접지도체와 금속제 수도관로의 접속은 안지름 75mm 이상인 부분 또는 여기에서 분기한 안지름 75mm 미만인 분기점으로부터 5m 이내의 부분에서 하여야 한다. 다만, 금속제 수도관로와 대지 사이의 전기저항 값이 2Ω 이하인 경우에는 분기점으로부터의 거리는 5m를 넘을 수 있다.

(2) 접지도체와 금속제 수도관로의 접속부를 수도계량기로부터 수도 수용가 측에 설치하는 경우에는 수도계량기를 사이에 두고 양측 수도관로를 등전위본딩 하여야 한다.

(3) 접지도체와 금속제 수도관로의 접속부를 사람이 접촉할 우려가 있는 곳에 설치하는 경우에는 손상을 방지하도록 방호장치를 설치하여야 한다.

(4) 접지도체와 금속제 수도관로의 접속에 사용하는 금속제는 접속부에 전기적 부식이 생기지 않아야 한다.

나. 건축물 · 구조물의 철골 기타의 금속제는 이를 비접지식 고압전로에 시설하는 기계기구의 철대 또는 금속제 외함의 접지공사 또는 비접지식 고압전로와 저압전로를 결합하는 변압기의 저압전로의 접지공사의 접지극으로 사용할 수 있다. 다만, 대지와의 사이에 전기저항 값이 2Ω 이하인 값을 유지하는 경우에 한한다.

142.3 접지도체 · 보호도체

142.3.1 접지도체

1. 접지도체의 선정

가. 접지도체의 단면적은 142.3.2의 1에 의하며 큰 고장전류가 접지도체를 통하여 흐르지 않을 경우 접지도체의 최소 단면적은 다음과 같다.

(1) 구리는 $6mm^2$ 이상

(2) 철제는 $50mm^2$ 이상

나. 접지도체에 피뢰시스템이 접속되는 경우, 접지도체의 단면적은 구리 16mm² 또는 철 50mm² 이상으로 하여야 한다.

2. 접지도체와 접지극의 접속은 다음에 의한다.

가. 접속은 견고하고 전기적인 연속성이 보장되도록, 접속부는 발열성 용접, 압착접속, 클램프 또는 그 밖에 적절한 기계적 접속장치에 의해야 한다. 다만, 기계적인 접속장치는 제작자의 지침에 따라 설치하여야 한다.

나. 클램프를 사용하는 경우, 접지극 또는 접지도체를 손상시키지 않아야 한다. 납땜에만 의존하는 접속은 사용해서는 안 된다.

3. 접지도체를 접지극이나 접지의 다른 수단과 연결하는 것은 견고하게 접속하고, 전기적, 기계적으로 적합하여야 하며, 부식에 대해 적절하게 보호되어야 한다. 또한, 다음과 같이 매입되는 지점에는 "안전 전기 연결"라벨이 영구적으로 고정되도록 시설하여야 한다.

가. 접지극의 모든 접지도체 연결지점

나. 외부도전성 부분의 모든 본딩도체 연결지점

다. 주 개폐기에서 분리된 주접지단자

4. 접지도체는 지하 0.75m부터 지표상 2m까지 부분은 합성수지관(두께 2mm 미만의 합성수지제 전선관 및 가연성 콤바인덕트관은 제외한다) 또는 이와 동등 이상의 절연효과와 강도를 가지는 몰드로 덮어야 한다.

5. 특고압 · 고압 전기설비 및 변압기 중성점 접지시스템의 경우 접지도체가 사람이 접촉할 우려가 있는 곳에 시설되는 고정설비인 경우에는 다음에 따라야 한다. 다만, 발전소 · 변전소 · 개폐소 또는 이에 준하는 곳에서는 개별 요구사항에 의한다.

가. 접지도체는 절연전선(옥외용 비닐절연전선은 제외) 또는 케이블(통신용 케이블은 제외)을 사용하여야 한다. 다만, 접지도체를 철주 기타의 금속체를 따라서 시설하는 경우 이외의 경우에는 접지도체의 지표상 0.6m를 초과하는 부분에 대하여는 절연전선을 사용하지 않을 수 있다.

나. 접지극 매설은 142.2의 3에 따른다.

6. 접지도체의 굵기는 제1의 "가"에서 정한 것 이외에 고장 시 흐르는 전류를 안전하게 통할 수 있는 것으로서 다음에 의한다.

가. 특고압 · 고압 전기설비용 접지도체는 단면적 6mm² 이상의 연동선 또는 동등 이상의 단면적 및 강도를 가져야 한다.

나. 중성점 접지용 접지도체는 공칭단면적 16mm² 이상의 연동선 또는 동등 이상의 단면적 및 세기를 가져야 한다. 다만, 다음의 경우에는 공칭단면적 6mm² 이상의 연동선 또는 동등 이상의 단면적 및 강도를 가져야 한다.

(1) 7kV 이하의 전로

(2) 사용전압이 25kV 이하인 특고압 가공전선로. 다만, 중성선 다중접지 방식의 것으로서 전로에 지락이 생겼을 때 2초 이내에 자동적으로 이를 전로로부터 차단하는 장치가 되어 있는 것

다. 이동하여 사용하는 전기기계기구의 금속제 외함 등의 접지시스템의 경우는 다음의 것을 사용하여야 한다.

(1) 특고압 · 고압 전기설비용 접지도체 및 중성점 접지용 접지도체는 클로로프렌캡타이어케이블(3종 및 4종) 또는 클로로설포네이트폴리에틸렌캡타이어케이블(3종 및 4종)의 1개 도체 또는 다심 캡타이어케이블의 차폐 또는 기타의 금속체로 단면적이 $10mm^2$ 이상인 것을 사용한다.

(2) 저압 전기설비용 접지도체는 다심 코드 또는 다심 캡타이어케이블의 1개 도체의 단면적이 $0.75mm^2$ 이상인 것을 사용한다. 다만, 기타 유연성이 있는 연동연선은 1개 도체의 단면적이 $1.5mm^2$ 이상인 것을 사용한다.

142.3.2 보호도체

1. 보호도체의 최소 단면적은 다음에 의한다.

가. 보호도체의 최소 단면적은 "나"에 따라 계산하거나 표 142.3-1에 따라 선정할 수 있다. 다만, "다"의 요건을 고려하여 선정한다.

표 142.3-1 보호도체의 최소 단면적

선도체의 단면적 S (mm^2, 구리)	보호도체의 최소 단면적(mm^2, 구리)	
	보호도체의 재질	
	선도체와 같은 경우	선도체와 다른 경우
$S \leq 16$	S	$(k_1/k_2) \times S$
$16 < S \leq 35$	16^a	$(k_1/k_2) \times 16$
$S > 35$	$S^a/2$	$(k_1/k_2) \times (S/2)$

여기서, k_1 : 도체 및 절연의 재질에 따라 KS C IEC 60364-5-54(저압전기설비-제5-54부 : 전기기기의 선정 및 설치-접지설비 및 보호도체)의 "표 A54.1(여러 가지 재료의 변수값)" 또는 KS C IEC 60364-4-43(저압전기설비-제4-43부 : 안전을 위한 보호-과전류에 대한 보호)의 "표 43A(도체에 대한 k값)"에서 선정된 선도체에 대한 k값

k_2 : KS C IEC 60364-5-54(저압전기설비-제5-54부 : 전기기기의 선정 및 설치-접지설비 및 보호도체)의 "표 A.54.2(케이블에 병합되지 않고 다른 케이블과 묶여 있지 않은 절연 보호도체의 k값)~표 A.54.6(제시된 온도에서 모든 인접 물질에 손상 위험성이 없는 경우 나도체의 k값)"에서 선정된 보호도체에 대한 k값

^{a} : PEN 도체의 최소단면적은 중성선과 동일하게 적용한다[KS C IEC 60364-5-52(저압전기설비-제5-52부 : 전기기기의 선정 및 설치-배선설비) 참조].

나. 차단시간이 5초 이하인 경우에만 다음 계산식을 적용한다.

$$S = \frac{\sqrt{I^2 t}}{k}$$

여기서, S : 단면적(mm²)
I : 보호장치를 통해 흐를 수 있는 예상 고장전류 실효값(A)
t : 자동차단을 위한 보호장치의 동작시간(s)
k : 보호도체, 절연, 기타 부위의 재질 및 초기온도와 최종온도에 따라 정해지는 계수로 KS C IEC 60364－5－54(저압전기설비－제5－54부 : 전기기기의 선정 및 설치－접지설비 및 보호도체)의"부속서 A(기본보호에 관한 규정)"에 의한다.

다. 보호도체가 케이블의 일부가 아니거나 선도체와 동일 외함에 설치되지 않으면 단면적은 다음의 굵기 이상으로 하여야 한다.
(1) 기계적 손상에 대해 보호가 되는 경우는 구리 2.5mm², 알루미늄 16mm² 이상
(2) 기계적 손상에 대해 보호가 되지 않는 경우는 구리 4mm², 알루미늄 16mm² 이상
(3) 케이블의 일부가 아니라도 전선관 및 트렁킹 내부에 설치되거나, 이와 유사한 방법으로 보호되는 경우 기계적으로 보호되는 것으로 간주한다.

라. 보호도체가 두 개 이상의 회로에 공통으로 사용되면 단면적은 다음과 같이 선정하여야 한다.
(1) 회로 중 가장 부담이 큰 것으로 예상되는 고장전류 및 동작시간을 고려하여 "가" 또는 "나"에 따라 선정한다.
(2) 회로 중 가장 큰 선도체의 단면적을 기준으로 "가"에 따라 선정한다.

2. 보호도체의 종류는 다음에 의한다.

가. 보호도체는 다음 중 하나 또는 복수로 구성하여야 한다.
(1) 다심케이블의 도체
(2) 충전도체와 같은 트렁킹에 수납된 절연도체 또는 나도체
(3) 고정된 절연도체 또는 나도체
(4) "나" (1), (2) 조건을 만족하는 금속케이블 외장, 케이블 차폐, 케이블 외장, 전선묶음(편조전선), 동심도체, 금속관

나. 전기설비에 저압개폐기, 제어반 또는 버스덕트와 같은 금속제 외함을 가진 기기가 포함된 경우, 금속함이나 프레임이 다음과 같은 조건을 모두 충족하면 보호도체로 사용이 가능하다.
(1) 구조 · 접속이 기계적, 화학적 또는 전기화학적 열화에 대해 보호할 수 있으며 전기적 연속성을 유지 하는 경우
(2) 도전성이 제1의 "가" 또는 "나"의 조건을 충족하는 경우
(3) 연결하고자 하는 모든 분기 접속점에서 다른 보호도체의 연결을 허용하는 경우

다. 다음과 같은 금속부분은 보호도체 또는 보호본딩도체로 사용해서는 안 된다.
(1) 금속 수도관

(2) 가스 · 액체 · 분말과 같은 잠재적인 인화성 물질을 포함하는 금속관
(3) 상시 기계적 응력을 받는 지지 구조물 일부
(4) 가요성 금속배관. 다만, 보호도체의 목적으로 설계된 경우는 예외로 한다.
(5) 가요성 금속전선관
(6) 지지선, 케이블트레이 및 이와 비슷한 것

3. 보호도체의 전기적 연속성은 다음에 의한다.
가. 보호도체의 보호는 다음에 의한다.
(1) 기계적인 손상, 화학적 · 전기화학적 열화, 전기역학적 · 열역학적 힘에 대해 보호되어야 한다.
(2) 나사접속 · 클램프접속 등 보호도체 사이 또는 보호도체와 타 기기 사이의 접속은 전기적 연속성 보장 및 충분한 기계적 강도와 보호를 구비하여야 한다.
(3) 보호도체를 접속하는 나사는 다른 목적으로 겸용해서는 안 된다.
(4) 접속부는 납땜(Soldering)으로 접속해서는 안 된다.
나. 보호도체의 접속부는 검사와 시험이 가능하여야 한다. 다만 다음의 경우는 예외로 한다.
(1) 화합물로 충전된 접속부
(2) 캡슐로 보호되는 접속부
(3) 금속관, 덕트 및 버스덕트에서의 접속부
(4) 기기의 한 부분으로서 규정에 부합하는 접속부
(5) 용접(Welding)이나 경납땜(Brazing)에 의한 접속부
(6) 압착 공구에 의한 접속부

4. 보호도체에는 어떠한 개폐장치를 연결해서는 안 된다. 다만, 시험목적으로 공구를 이용하여 보호도체를 분리할 수 있는 접속점을 만들 수 있다.
5. 접지에 대한 전기적 감시를 위한 전용장치(동작센서, 코일, 변류기 등)를 설치하는 경우, 보호도체 경로에 직렬로 접속하면 안 된다.
6. 기기 · 장비의 노출도전부는 다른 기기를 위한 보호도체의 부분을 구성하는 데 사용할 수 없다. 다만, 제2의 "나"에서 허용하는 것은 제외한다.

142.3.3 보호도체의 단면적 보강

1. 보호도체는 정상 운전상태에서 전류의 전도성 경로(전기자기간섭 보호용 필터의 접속 등으로 인한)로 사용되지 않아야 한다.
2. 전기설비의 정상 운전상태에서 보호도체에 10mA를 초과하는 전류가 흐르는 경우, 다음에 의해 보호도체를 증강하여 사용하여야 한다.
가. 보호도체가 하나인 경우 보호도체의 단면적은 전 구간에 구리 $10mm^2$ 이상 또는 알루미늄 $16mm^2$ 이상으로 하여야 한다.

나. 추가로 보호도체를 위한 별도의 단자가 구비된 경우, 최소한 고장보호에 요구되는 보호도체의 단면적은 구리 10mm², 알루미늄 16mm² 이상으로 한다.

142.3.4 보호도체와 계통도체 겸용

1. 보호도체와 계통도체를 겸용하는 겸용도체(중성선과 겸용, 선도체와 겸용, 중간도체와 겸용 등)는 해당하는 계통의 기능에 대한 조건을 만족하여야 한다.
2. 겸용도체는 고정된 전기설비에서만 사용할 수 있으며 다음에 의한다.
   가. 단면적은 구리 10mm² 또는 알루미늄 16mm² 이상이어야 한다.
   나. 중성선과 보호도체의 겸용도체는 전기설비의 부하 측으로 시설하여서는 안 된다.
   다. 폭발성 분위기 장소는 보호도체를 전용으로 하여야 한다.
3. 겸용도체의 성능은 다음에 의한다.
   가. 공칭전압과 같거나 높은 절연성능을 가져야 한다.
   나. 배선설비의 금속 외함은 겸용도체로 사용해서는 안 된다. 다만, KS C IEC 60439－2(저전압 개폐장치 및 제어장치 부속품－제2부 : 버스바 트렁킹 시스템의 개별 요구사항)에 의한 것 또는 KS C IEC 61534－1(전원 트랙－제1부 : 일반요구사항)에 의한 것은 제외한다.
4. 겸용도체는 다음 사항을 준수하여야 한다.
   가. 전기설비의 일부에서 중성선 · 중간도체 · 선도체 및 보호도체가 별도로 배선되는 경우, 중성선 · 중간도체 · 선도체를 전기설비의 다른 접지된 부분에 접속해서는 안 된다. 다만, 겸용도체에서 각각의 중성선 · 중간도체 · 선도체와 보호도체를 구성하는 것은 허용한다.
   나. 겸용도체는 보호도체용 단자 또는 바에 접속되어야 한다.
   다. 계통외도전부는 겸용도체로 사용해서는 안 된다.

142.3.5 보호접지 및 기능접지의 겸용도체

1. 보호접지와 기능접지 도체를 겸용하여 사용할 경우 142.3.2에 대한 조건과 143 및 153.2(피뢰시스템 등전위본딩)의 조건에도 적합하여야 한다.
2. 전자통신기기에 전원공급을 위한 직류귀환 도체는 겸용도체(PEL 또는 PEM)로 사용 가능하고, 기능접지도체와 보호도체를 겸용할 수 있다.

142.3.6 감전보호에 따른 보호도체

과전류보호장치를 감전에 대한 보호용으로 사용하는 경우, 보호도체는 충전도체와 같은 배선설비에 병합시키거나 근접한 경로로 설치하여야 한다.

142.3.7 주접지단자

1. 접지시스템은 주접지단자를 설치하고, 다음의 도체들을 접속하여야 한다.
   가. 등전위본딩도체

나. 접지도체

다. 보호도체

라. 관련이 있는 경우, 기능성 접지도체

2. 여러 개의 접지단자가 있는 장소는 접지단자를 상호 접속하여야 한다.
3. 주접지단자에 접속하는 각 접지도체는 개별적으로 분리할 수 있어야 하며, 접지저항을 편리하게 측정할 수 있어야 한다. 다만, 접속은 견고해야 하며 공구에 의해서만 분리되는 방법으로 하여야 한다.

142.4 전기수용가 접지

142.4.1 저압수용가 인입구 접지

1. 수용장소 인입구 부근에서 다음의 것을 접지극으로 사용하여 변압기 중성점 접지를 한 저압전선로의 중성선 또는 접지 측 전선에 추가로 접지공사를 할 수 있다.

가. 지중에 매설되어 있고 대지와의 전기저항 값이 3Ω 이하의 값을 유지하고 있는 금속제 수도관로

나. 대지 사이의 전기저항 값이 3Ω 이하인 값을 유지하는 건물의 철골

2. 제1에 따른 접지도체는 공칭단면적 $6mm^2$ 이상의 연동선 또는 이와 동등 이상의 세기 및 굵기의 쉽게 부식하지 않는 금속선으로서 고장 시 흐르는 전류를 안전하게 통할 수 있는 것이어야 한다. 다만, 접지도체를 사람이 접촉할 우려가 있는 곳에 시설할 때에는 접지도체는 142.3.1의 6에 따른다.

142.4.2 주택 등 저압수용장소 접지

1. 저압수용장소에서 계통접지가 TN－C－S 방식인 경우에 보호도체는 다음에 따라 시설하여야 한다.

가. 보호도체의 최소 단면적은 142.3.2의 1에 의한 값 이상으로 한다.

나. 중성선 겸용 보호도체(PEN)는 고정 전기설비에만 사용할 수 있고, 그 도체의 단면적이 구리는 $10mm^2$ 이상, 알루미늄은 $16mm^2$ 이상이어야 하며, 그 계통의 최고전압에 대하여 절연되어야 한다.

2. 제1에 따른 접지의 경우에는 감전보호용 등전위본딩을 하여야 한다. 다만, 이 조건을 충족시키지 못하는 경우에 중성선 겸용 보호도체를 수용장소의 인입구 부근에 추가로 접지하여야 하며, 그 접지저항 값은 접촉전압을 허용접촉전압 범위 내로 제한하는 값 이하로 하여야 한다.

142.5 변압기 중성점 접지

1. 변압기의 중성점 접지 저항 값은 다음에 의한다.

가. 일반적으로 변압기의 고압・특고압 측 전로 1선 지락전류로 150을 나눈 값과 같은 저항 값 이하

나. 변압기의 고압 · 특고압 측 전로 또는 사용전압이 35kV 이하의 특고압전로가 저압 측 전로와 혼촉하고 저압전로의 대지전압이 150V를 초과하는 경우는 저항 값은 다음에 의한다.

(1) 1초 초과 2초 이내에 고압 · 특고압 전로를 자동으로 차단하는 장치를 설치할 때는 300을 나눈 값 이하

(2) 1초 이내에 고압 · 특고압 전로를 자동으로 차단하는 장치를 설치할 때는 600을 나눈 값 이하

2. 전로의 1선 지락전류는 실측값에 의한다. 다만, 실측이 곤란한 경우에는 선로정수 등으로 계산한 값에 의한다.

142.6 공통접지 및 통합접지

1. 고압 및 특고압과 저압 전기설비의 접지극이 서로 근접하여 시설되어 있는 변전소 또는 이와 유사한 곳에서는 다음과 같이 공통접지시스템으로 할 수 있다.

가. 저압 전기설비의 접지극이 고압 및 특고압 접지극의 접지저항 형성영역에 완전히 포함되어 있다면 위험전압이 발생하지 않도록 이들 접지극을 상호 접속하여야 한다.

나. 접지시스템에서 고압 및 특고압 계통의 지락사고 시 저압계통에 가해지는 상용주파 과전압은 표 142.6－1에서 정한 값을 초과해서는 안 된다.

표 142.6－1 저압설비 허용 상용주파 과전압

고압계통에서 지락고장시간(초)	저압설비 허용 상용주파 과전압(V)	비고
>5	U_0+250	중성선 도체가 없는 계통에서 U_0는 선간전압을 말한다.
≤5	$U_0+1,200$	

1. 순시 상용주파 과전압에 대한 저압기기의 절연 설계기준과 관련된다.
2. 중성선이 변전소 변압기의 접지계통에 접속된 계통에서, 건축물외부에 설치한 외함이 접지되지 않은 기기의 절연에는 일시적 상용주파 과전압이 나타날 수 있다.

다. 고압 및 특고압을 수전받는 수용가의 접지계통을 수전 전원의 다중접지된 중성선과 접속하면 "나"의 요건은 충족하는 것으로 간주할 수 있다.

라. 기타 공통접지와 관련한 사항은 KS C IEC 61936－1(교류 1kV 초과 전력설비－제1부 : 공통규정)의 "10 접지시스템"에 의한다.

2. 전기설비의 접지설비, 건축물의 피뢰설비 · 전자통신설비 등의 접지극을 공용하는 통합접지시스템으로 하는 경우 다음과 같이 하여야 한다.

가. 통합접지시스템은 제1에 의한다.

나. 낙뢰에 의한 과전압 등으로부터 전기전자기기 등을 보호하기 위해 153.1의 규정에 따라 서지보호장치를 설치하여야 한다.

142.7 기계기구의 철대 및 외함의 접지

1. 전로에 시설하는 기계기구의 철대 및 금속제 외함(외함이 없는 변압기 또는 계기용변성기는 철심)에는 140에 의한 접지공사를 하여야 한다.
2. 다음의 어느 하나에 해당하는 경우에는 제1의 규정에 따르지 않을 수 있다.
   가. 사용전압이 직류 300V 또는 교류 대지전압이 150V 이하인 기계기구를 건조한 곳에 시설하는 경우
   나. 저압용의 기계기구를 건조한 목재의 마루 기타 이와 유사한 절연성 물건 위에서 취급하도록 시설하는 경우
   다. 저압용이나 고압용의 기계기구, 341.2에서 규정하는 특고압 전선로에 접속하는 배전용 변압기나 이에 접속하는 전선에 시설하는 기계기구 또는 333.32의 1과 4에서 규정하는 특고압 가공전선로의 전로에 시설하는 기계기구를 사람이 쉽게 접촉할 우려가 없도록 목주 기타 이와 유사한 것의 위에 시설하는 경우
   라. 철대 또는 외함의 주위에 적당한 절연대를 설치하는 경우
   마. 외함이 없는 계기용변성기가 고무 · 합성수지 기타의 절연물로 피복한 것일 경우
   바. 「전기용품 및 생활용품 안전관리법」의 적용을 받는 이중절연구조로 되어 있는 기계기구를 시설하는 경우
   사. 저압용 기계기구에 전기를 공급하는 전로의 전원측에 절연변압기(2차 전압이 300V 이하이며, 정격용량이 3kVA 이하인 것에 한한다)를 시설하고 또한 그 절연변압기의 부하측 전로를 접지하지 않은 경우
   아. 물기 있는 장소 이외의 장소에 시설하는 저압용의 개별 기계기구에 전기를 공급하는 전로에 「전기용품 및 생활용품 안전관리법」의 적용을 받는 인체감전보호용 누전차단기(정격감도전류가 30mA 이하, 동작시간이 0.03초 이하의 전류동작형에 한한다)를 시설하는 경우
   자. 외함을 충전하여 사용하는 기계기구에 사람이 접촉할 우려가 없도록 시설하거나 절연대를 시설하는 경우

143 감전보호용 등전위본딩

143.1 등전위본딩의 적용

1. 건축물 · 구조물에서 접지도체, 주접지단자와 다음의 도전성부분은 등전위본딩 하여야 한다. 다만, 이들 부분이 다른 보호도체로 주접지단자에 연결된 경우는 그러하지 아니하다.
   가. 수도관 · 가스관 등 외부에서 내부로 인입되는 금속배관
   나. 건축물 · 구조물의 철근, 철골 등 금속보강재
   다. 일상생활에서 접촉이 가능한 금속제 난방배관 및 공조설비 등 계통외도전부
2. 주접지단자에 보호등전위본딩 도체, 접지도체, 보호도체, 기능성 접지도체를 접속하여야 한다.

143.2 등전위본딩 시설

143.2.1 보호등전위본딩

1. 건축물 · 구조물의 외부에서 내부로 들어오는 각종 금속제 배관은 다음과 같이 하여야 한다.
   가. 1개소에 집중하여 인입하고, 인입구 부근에서 서로 접속하여 등전위본딩 바에 접속하여야 한다.
   나. 대형건축물 등으로 1개소에 집중하여 인입하기 어려운 경우에는 본딩도체를 1개의 본딩 바에 연결한다.
2. 수도관 · 가스관의 경우 내부로 인입된 최초의 밸브 후단에서 등전위본딩을 하여야 한다.
3. 건축물 · 구조물의 철근, 철골 등 금속보강재는 등전위본딩을 하여야 한다.

143.2.2 보조 보호등전위본딩

1. 보조 보호등전위본딩의 대상은 전원자동차단에 의한 감전보호방식에서 고장 시 자동차단시간이 211.2.3의 3에서 요구하는 계통별 최대차단시간을 초과하는 경우이다.
2. 제1의 차단시간을 초과하고 2.5m 이내에 설치된 고정기기의 노출도전부와 계통외도전부는 보조 보호등전위본딩을 하여야 한다. 다만, 보조 보호등전위본딩의 유효성에 관해 의문이 생길 경우 동시에 접근 가능한 노출도전부와 계통외도전부 사이의 저항 값(R)이 다음의 조건을 충족하는지 확인하여야 한다.

• 교류 계통 : $R \le \dfrac{50\,V}{I_a}(\Omega)$

• 직류 계통 : $R \le \dfrac{120\,V}{I_a}(\Omega)$

여기서, I_a : 보호장치의 동작전류(A)
(누전차단기의 경우 $I_{\Delta n}$(정격감도전류), 과전류보호장치의 경우 5초 이내 동작전류)

143.2.3 비접지 국부등전위본딩

1. 절연성 바닥으로 된 비접지 장소에서 다음의 경우 국부등전위본딩을 하여야 한다.
   가. 전기설비 상호 간이 2.5m 이내인 경우
   나. 전기설비와 이를 지지하는 금속체 사이
2. 전기설비 또는 계통외도전부를 통해 대지에 접촉하지 않아야 한다.

143.3 등전위본딩 도체

143.3.1 보호등전위본딩 도체

1. 주접지단자에 접속하기 위한 등전위본딩 도체는 설비 내에 있는 가장 큰 보호접지도체 단면적의 1/2 이상의 단면적을 가져야 하고 다음의 단면적 이상이어야 한다.
   가. 구리도체 $6mm^2$

나. 알루미늄 도체 $16mm^2$

다. 강철 도체 $50mm^2$

2. 주접지단자에 접속하기 위한 보호본딩도체의 단면적은 구리도체 $25mm^2$ 또는 다른 재질의 동등한 단면적을 초과할 필요는 없다.
3. 등전위본딩 도체의 상호접속은 153.2.1의 2를 따른다.

143.3.2 보조 보호등전위본딩 도체

1. 두 개의 노출도전부를 접속하는 경우 도전성은 노출도전부에 접속된 더 작은 보호도체의 도전성보다 커야 한다.
2. 노출도전부를 계통외도전부에 접속하는 경우 도전성은 같은 단면적을 갖는 보호도체의 1/2 이상이어야 한다.
3. 케이블의 일부가 아닌 경우 또는 선로도체와 함께 수납되지 않은 본딩도체는 다음 값 이상 이어야 한다.

가. 기계적 보호가 된 것은 구리도체 $2.5mm^2$, 알루미늄 도체 $16mm^2$

나. 기계적 보호가 없는 것은 구리도체 $4mm^2$, 알루미늄 도체 $16mm^2$

212 과전류에 대한 보호

212.1 일반사항

212.1.1 적용범위

과전류의 영향으로부터 회로도체를 보호하기 위한 요구사항으로서 과부하 및 단락고장이 발생할 때 전원을 자동으로 차단하는 하나 이상의 장치에 의해서 회로도체를 보호하기 위한 방법을 규정한다. 다만, 플러그 및 소켓으로 고정 설비에 기기를 연결하는 가요성 케이블(또는 가요성 전선)은 이 기준의 적용 범위가 아니므로 과전류에 대한 보호가 반드시 이루어지지는 않는다.

212.1.2 일반 요구사항

과전류로 인하여 회로의 도체, 절연체, 접속부, 단자부 또는 도체를 감싸는 물체 등에 유해한 열적 및 기계적인 위험이 발생되지 않도록, 그 회로의 과전류를 차단하는 보호장치를 설치해야 한다.

212.2 회로의 특성에 따른 요구사항

212.2.1 선도체의 보호

1. 과전류 검출기의 설치

가. 과전류의 검출은 제2를 적용하는 경우를 제외하고 모든 선도체에 대하여 과전류 검출기를 설치하여 과전류가 발생할 때 전원을 안전하게 차단해야 한다. 다만, 과전류가 검출된 도체 이외의 다른 선도체는 차단하지 않아도 된다.

나. 3상 전동기 등과 같이 단상 차단이 위험을 일으킬 수 있는 경우 적절한 보호 조치를 해야 한다.

2. 과전류 검출기 설치 예외

TT 계통 또는 TN 계통에서, 선도체만을 이용하여 전원을 공급하는 회로의 경우, 다음 조건들을 충족하면 선도체 중 어느 하나에는 과전류 검출기를 설치하지 않아도 된다.

가. 동일 회로 또는 전원 측에서 부하 불평형을 감지하고 모든 선도체를 차단하기 위한 보호장치를 갖춘 경우

나. "가"에서 규정한 보호장치의 부하 측에 위치한 회로의 인위적 중성점으로부터 중성선을 배선하지 않는 경우

212.2.2 중성선의 보호

1. TT 계통 또는 TN 계통

가. 중성선의 단면적이 선도체의 단면적과 동등 이상의 크기이고, 그 중성선의 전류가 선도체의 전류보다 크지 않을 것으로 예상될 경우, 중성선에는 과전류 검출기 또는 차단장치를 설치하지 않아도 된다. 중성선의 단면적이 선도체의 단면적보다 작은 경우 과전류 검출기를 설치할 필요가 있다. 검출된 과전류가 설계전류를 초과하면 선도체를 차단해야 하지만, 중성선을 차단할 필요까지는 없다.

나. "가"의 2가지 경우 모두 단락전류로부터 중성선을 보호해야 한다.

다. 중성선에 관한 요구사항은 차단에 관한 것을 제외하고 중성선과 보호도체 겸용(PEN) 도체에도 적용한다.

2. IT 계통

중성선을 배선하는 경우 중성선에 과전류검출기를 설치해야 하며, 과전류가 검출되면 중성선을 포함한 해당 회로의 모든 충전도체를 차단해야 한다. 다음의 경우에는 과전류검출기를 설치하지 않아도 된다.

가. 설비의 전력 공급점과 같은 전원 측에 설치된 보호장치에 의해 그 중성선이 과전류에 대해 효과적으로 보호되는 경우

나. 정격감도전류가 해당 중성선 허용전류의 0.2배 이하인 누전차단기로 그 회로를 보호하는 경우

212.2.3 중성선의 차단 및 재폐로

중성선을 차단 및 재폐로하는 회로의 경우에 설치하는 개폐기 및 차단기는 차단 시에는 중성선이 선도체보다 늦게 차단되어야 하며, 재폐로 시에는 선도체와 동시 또는 그 이전에 재폐로되는 것을 설치하여야 한다.

212.3 보호장치의 종류 및 특성

212.3.1 과부하전류 및 단락전류 겸용 보호장치

과부하전류 및 단락전류 모두를 보호하는 장치는 그 보호장치 설치 점에서 예상되는 단락전류를 포함한 모든 과전류를 차단 및 투입할 수 있는 능력이 있어야 한다.

212.3.2 과부하전류 전용 보호장치

과부하전류 전용 보호장치는 212.4의 요구사항을 충족하여야 하며, 차단용량은 그 설치 점에서의 예상 단락전류 값 미만으로 할 수 있다.

212.3.3 단락전류 전용 보호장치

단락전류 전용 보호장치는 과부하 보호를 별도의 보호장치에 의하거나, 212.4에서 과부하 보호장치의 생략이 허용되는 경우에 설치할 수 있다.

이 보호장치는 예상 단락전류를 차단할 수 있어야 하며, 차단기인 경우에는 이 단락전류를 투입할 수 있는 능력이 있어야 한다.

212.3.4 보호장치의 특성

1. 과전류 보호장치는 KS C 또는 KS C IEC 관련 표준(배선차단기, 누전차단기, 퓨즈 등의 표준)의 동작특성에 적합하여야 한다.
2. 과전류차단기로 저압전로에 사용하는 범용의 퓨즈(「전기용품 및 생활용품 안전관리법」에서 규정하는 것을 제외한다)는 표 212.3－1에 적합한 것이어야 한다.

표 212.3－1 퓨즈(gG)의 용단특성

정격전류의 구분	시 간	정격전류의 배수	
		불용단전류	용단전류
4A 이하	60분	1.5배	2.1배
4A 초과 16A 미만	60분	1.5배	1.9배
16A 이상 63A 이하	60분	1.25배	1.6배
63A 초과 160A 이하	120분	1.25배	1.6배
160A 초과 400A 이하	180분	1.25배	1.6배
400A 초과	240분	1.25배	1.6배

3. 과전류차단기로 저압전로에 사용하는 산업용 배선차단기(「전기용품 및 생활용품 안전관리법」에서 규정하는 것을 제외한다)는 표 212.3－2에 주택용 배선차단기는 표 212.3－3 및 표 212.3－4에 적합한 것이어야 한다. 다만, 일반인이 접촉할 우려가 있는 장소(세대 내 분전반 및 이와 유사한 장소)에는 주택용 배선차단기를 시설하여야 한다.

표 212.3-2 과전류트립 동작시간 및 특성(산업용 배선차단기)

정격전류의 구분	시 간	정격전류의 배수(모든 극에 통전)	
		부동작 전류	동작 전류
63A 이하	60분	1.05배	1.3배
63A 초과	120분	1.05배	1.3배

표 212.3-3 순시트립에 따른 구분(주택용 배선차단기)

형	순시트립범위
B	$3I_n$ 초과~$5I_n$ 이하
C	$5I_n$ 초과~$10I_n$ 이하
D	$10I_n$ 초과~$20I_n$ 이하

[비고] 1. B, C, D : 순시트립전류에 따른 차단기 분류
2. I_n : 차단기 정격전류

표 212.3-4 과전류트립 동작시간 및 특성(주택용 배선차단기)

정격전류의 구분	시 간	정격전류의 배수(모든 극에 통전)	
		부동작 전류	동작 전류
63A 이하	60분	1.13배	1.45배
63A 초과	120분	1.13배	1.45배

212.4 과부하전류에 대한 보호

212.4.1 도체와 과부하 보호장치 사이의 협조

과부하에 대해 케이블(전선)을 보호하는 장치의 동작특성은 다음의 조건을 충족해야 한다.

$I_B \leq I_n \leq I_Z$ .... (식 212.4-1)

$I_2 \leq 1.45 \times I_Z$ .... (식 212.4-2)

여기서, I_B : 회로의 설계전류
I_Z : 케이블의 허용전류
I_n : 보호장치의 정격전류
I_2 : 보호장치가 규약시간 이내에 유효하게 동작하는 것을 보장하는 전류

1. 조정할 수 있게 설계 및 제작된 보호장치의 경우, 정격전류 I_n은 사용현장에 적합하게 조정된 전류의 설정 값이다.
2. 보호장치의 유효한 동작을 보장하는 전류 I_2는 제조자로부터 제공되거나 제품 표준에 제시되어야 한다.
3. 식 212.4-2에 따른 보호는 조건에 따라서는 보호가 불확실한 경우가 발생할 수 있다. 이러한 경우에는 식 212.4-2에 따라 선정된 케이블 보다 단면적이 큰 케이블을 선정하여야 한다.

4. I_B는 선도체를 흐르는 설계전류이거나, 함유율이 높은 영상분 고조파(특히 제3고조파)가 지속적으로 흐르는 경우 중성선에 흐르는 전류이다.

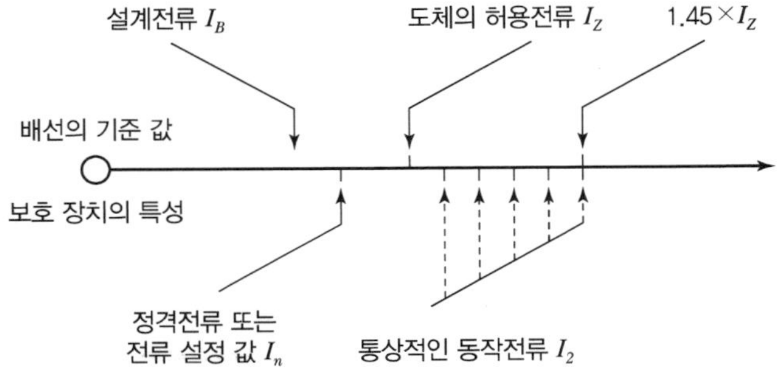

그림 212.4-1 과부하 보호 설계 조건도

212.4.2 과부하 보호장치의 설치위치

1. 설치위치

과부하 보호장치는 전로 중 도체의 단면적, 특성, 설치방법, 구성의 변경으로 도체의 허용전류 값이 줄어드는 곳(이하 "분기점"이라 함)에 설치해야 한다.

2. 설치위치의 예외

과부하 보호장치는 분기점(O)에 설치해야 하나, 분기점(O)과 분기회로의 과부하 보호장치의 설치점 사이의 배선 부분에 다른 분기회로나 콘센트 회로가 접속되어 있지 않고, 다음 중 하나를 충족하는 경우에는 변경이 있는 배선에 설치할 수 있다.

가. 그림 212.4-2와 같이 분기회로(S_2)의 과부하 보호장치(P_2)의 전원 측에 다른 분기회로 또는 콘센트의 접속이 없고 212.5의 요구사항에 따라 분기회로에 대한 단락보호가 이루어지고 있는 경우, P_2는 분기회로의 분기점(O)으로부터 부하 측으로 거리에 구애받지 않고 이동하여 설치할 수 있다.

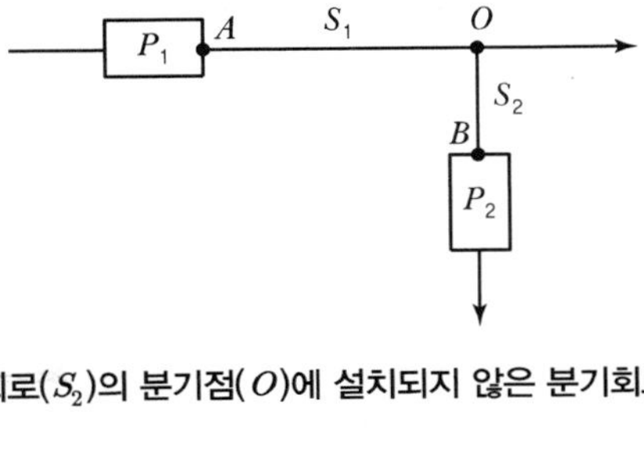

그림 212.4-2 분기회로(S_2)의 분기점(O)에 설치되지 않은 분기회로 과부하보호장치(P_2)

나. 그림 212.4-3과 같이 분기회로(S_2)의 보호장치(P_2)는 (P_2)의 전원 측에서 분기점(O) 사이에 다른 분기회로 또는 콘센트의 접속이 없고, 단락의 위험과 화재 및 인체에 대한 위험성이 최소화되도록 시설된 경우, 분기회로의 보호장치(P_2)는 분기회로의 분기점(O)으로부터 3m까지 이동하여 설치할 수 있다.

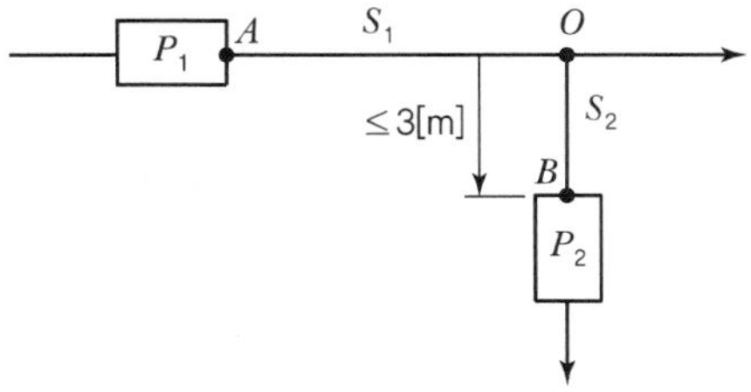

그림 212.4-3 분기회로(S_2)의 분기점(O)에서 3m 이내에 설치된 과부하 보호장치(P_2)

212.4.3 과부하보호장치의 생략

다음과 같은 경우에는 과부하보호장치를 생략할 수 있다. 다만, 화재 또는 폭발 위험성이 있는 장소에 설치되는 설비 또는 특수설비 및 특수 장소의 요구사항들을 별도로 규정하는 경우에는 과부하보호장치를 생략할 수 없다.

가. 일반사항

다음의 어느 하나에 해당되는 경우에는 과부하 보호장치 생략이 가능하다.

(1) 분기회로의 전원 측에 설치된 보호장치에 의하여 분기회로에서 발생하는 과부하에 대해 유효하게 보호되고 있는 분기회로

(2) 212.5의 요구사항에 따라 단락보호가 되고 있으며, 분기점 이후의 분기회로에 다른 분기회로 및 콘센트가 접속되지 않는 분기회로 중, 부하에 설치된 과부하 보호장치가 유효하게 동작하여 과부하전류가 분기회로에 전달되지 않도록 조치를 하는 경우

(3) 통신회로용, 제어회로용, 신호회로용 및 이와 유사한 설비

나. IT 계통에서 과부하 보호장치 설치위치 변경 또는 생략

(1) 과부하에 대해 보호가 되지 않은 각 회로가 다음과 같은 방법 중 어느 하나에 의해 보호될 경우, 설치위치 변경 또는 생략이 가능하다.

(가) 211.3에 의한 보호수단 적용

(나) 2차 고장이 발생할 때 즉시 작동하는 누전차단기로 각 회로를 보호

(다) 지속적으로 감시되는 시스템의 경우 다음 중 어느 하나의 기능을 구비한 절연 감시장치의 사용

① 최초 고장이 발생한 경우 회로를 차단하는 기능

② 고장을 나타내는 신호를 제공하는 기능. 이 고장은 운전 요구사항 또는 2차 고장에 의한 위험을 인식하고 조치가 취해져야 한다.

(2) 중성선이 없는 IT 계통에서 각 회로에 누전차단기가 설치된 경우에는 선도체 중의 어느 1개에는 과부하 보호장치를 생략할 수 있다.

다. 안전을 위해 과부하 보호장치를 생략할 수 있는 경우

사용 중 예상치 못한 회로의 개방이 위험 또는 큰 손상을 초래할 수 있는 다음과 같은 부하에 전원을 공급하는 회로에 대해서는 과부하 보호장치를 생략할 수 있다.

(1) 회전기의 여자회로

(2) 전자석 크레인의 전원회로

(3) 전류변성기의 2차회로

(4) 소방설비의 전원회로

(5) 안전설비(주거침입경보, 가스누출경보 등)의 전원회로

212.4.4 병렬 도체의 과부하 보호

하나의 보호장치가 여러 개의 병렬도체를 보호할 경우, 병렬도체는 분기회로, 분리, 개폐장치를 사용할 수 없다.

212.5 단락전류에 대한 보호

이 기준은 동일회로에 속하는 도체 사이의 단락인 경우에만 적용하여야 한다.

212.5.1 예상 단락전류의 결정

설비의 모든 관련 지점에서의 예상 단락전류를 결정해야 한다. 이는 계산 또는 측정에 의하여 수행할 수 있다.

212.5.2 단락보호장치의 설치위치

1. 단락전류 보호장치는 분기점(O)에 설치해야 한다. 다만, 그림 212.5－1과 같이 분기회로의 단락보호장치 설치점(B)과 분기점(O) 사이에 다른 분기회로 또는 콘센트의 접속이 없고 단락, 화재 및 인체에 대한 위험이 최소화될 경우, 분기회로의 단락 보호장치 P_2는 분기점(O)으로부터 3m까지 이동하여 설치할 수 있다.

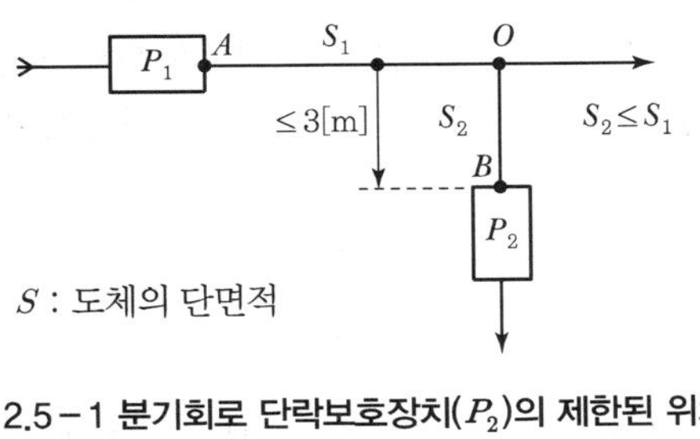

그림 212.5－1 분기회로 단락보호장치(P_2)의 제한된 위치 변경

2. 도체의 단면적이 줄어들거나 다른 변경이 이루어진 분기회로의 시작점(O)과 이 분기회로의 단락보호장치(P_2) 사이에 있는 도체가 전원 측에 설치되는 보호장치(P_1)에 의해 단락보호가 되는 경우에, P_2의 설치위치는 분기점(O)로부터 거리제한이 없이 설치할 수 있다. 단, 전원 측 단락보호장치(P_1)은 부하 측 배선(S_2)에 대하여 212.5.5에 따라 단락보호를 할 수 있는 특성을 가져야 한다.

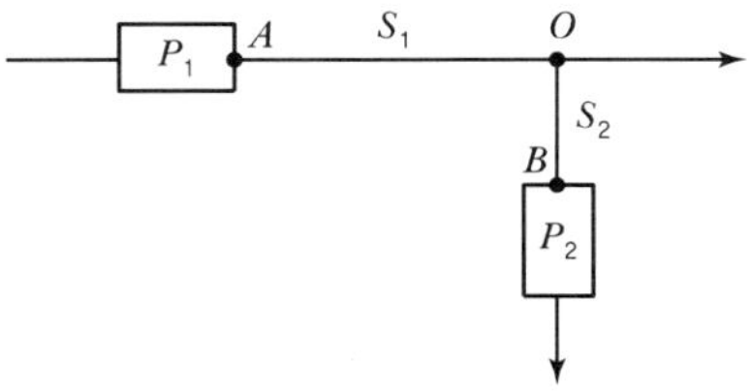

그림 212.5-2 분기회로 단락보호장치(P_2)의 설치 위치

212.5.3 단락보호장치의 생략

배선을 단락위험이 최소화할 수 있는 방법과 가연성 물질 근처에 설치하지 않는 조건이 모두 충족되면 다음과 같은 경우 단락보호장치를 생략할 수 있다.

1. 발전기, 변압기, 정류기, 축전지와 보호장치가 설치된 제어반을 연결하는 도체
2. 212.4.3의 "다"와 같이 전원차단이 설비의 운전에 위험을 가져올 수 있는 회로
3. 특정 측정회로

212.5.4 병렬도체의 단락보호

1. 여러 개의 병렬도체를 사용하는 회로의 전원 측에 1개의 단락보호장치가 설치되어 있는 조건에서, 어느 하나의 도체에서 발생한 단락고장이라도 효과적인 동작이 보증되는 경우, 해당 보호장치 1개를 이용하여 그 병렬도체 전체의 단락보호장치로 사용할 수 있다.
2. 1개의 보호장치에 의한 단락보호가 효과적이지 못하면, 다음 중 1가지 이상의 조치를 취해야 한다.
 가. 배선은 기계적인 손상 보호와 같은 방법으로 병렬도체에서의 단락위험을 최소화할 수 있는 방법으로 설치하고, 화재 또는 인체에 대한 위험을 최소화할 수 있는 방법으로 설치하여야 한다.
 나. 병렬도체가 2가닥인 경우 단락보호장치를 각 병렬도체의 전원 측에 설치해야 한다.
 다. 병렬도체가 3가닥 이상인 경우 단락보호장치는 각 병렬도체의 전원 측과 부하 측에 설치해야 한다.

212.5.5 단락보호장치의 특성

1. 차단용량

 정격차단용량은 단락전류보호장치 설치 점에서 예상되는 최대 크기의 단락전류보다 커야 한다. 다만, 전원 측 전로에 단락고장전류 이상의 차단능력이 있는 과전류차단기가 설치되는 경우에는

그러하지 아니하다. 이 경우에 두 장치를 통과하는 에너지가 부하 측 장치와 이 보호장치로 보호를 받는 도체가 손상을 입지 않고 견뎌낼 수 있는 에너지를 초과하지 않도록 양쪽 보호장치의 특성이 협조되도록 해야 한다.

2. 케이블 등의 단락전류

회로의 임의의 지점에서 발생한 모든 단락전류는 케이블 및 절연도체의 허용 온도를 초과하지 않는 시간 내에 차단되도록 해야 한다. 단락지속시간이 5초 이하인 경우, 통상 사용조건에서의 단락전류에 의해 절연체의 허용온도에 도달하기까지의 시간 t는 식 212.5－1과 같이 계산할 수 있다.

$$t = \left(\frac{kS}{I}\right)^2 \qquad \text{(식 212.5－1)}$$

여기서, t : 단락전류 지속시간(초)

S : 도체의 단면적(mm^2)

I : 유효 단락전류(A, rms)

k : 도체 재료의 저항률, 온도계수, 열용량, 해당 초기온도와 최종온도를 고려한 계수로서, 일반적인 도체의 절연물에서, 선 도체에 대한 k 값은 표 212.5－1과 같다.

표 212.5－1 도체에 대한 k 값

구 분	도체절연 형식							
	PVC (열가소성)		PVC (열가소성) 90℃		에틸렌프로필렌 고무/가교폴리에틸렌(열경화성)	고무 (열경화성) 60℃	무기재료	
							PVC 외장	노출 비외장
단면적 (mm^2)	≦300 mm^2	＞300 mm^2	≦300 mm^2	＞300 mm^2				
초기온도 (℃)	70		90		90	60	70	105
최종온도 (℃)	160	140	160	140	250	200	160	250
도체재료 : 구리	115	103	100	86	143	141	115	135/115*
알루미늄	76	68	66	57	94	93	－	－
구리의 납땜접속	115	－			－	－	－	－

* 이 값은 사람이 접촉할 우려가 있는 노출 케이블에 적용되어야 한다.

1) 다음 사항에 대한 다른 k 값은 검토 중이다.
 －가는 도체(특히, 단면적이 10mm^2 미만)
 －기타 다른 형식의 전선 접속
 －노출 도체
2) 단락보호장치의 정격전류는 케이블의 허용전류보다 클 수도 된다.
3) 위의 계수는 KS C IEC 60724(정격전압 1kV 및 3kV 전기케이블의 단락 온도 한계)에 근거한다.
4) 계수 k의 계산방법에 대해서는 IEC 60364－5－54(전기기기의 선정 및 설치－접지설비 및 보호도체)의 "부속서 A" 참조

212.6 저압전로 중의 개폐기 및 과전류차단장치의 시설

212.6.1 저압전로 중의 개폐기의 시설

1. 저압전로 중에 개폐기를 시설하는 경우(이 규정에서 개폐기를 시설하도록 정하는 경우에 한한다)에는 그 곳의 각 극에 설치하여야 한다.
2. 사용전압이 다른 개폐기는 상호 식별이 용이하도록 시설하여야 한다.

212.6.2 저압 옥내전로 인입구에서의 개폐기의 시설

1. 저압 옥내전로(242.5.1의 1에 규정하는 화약류 저장소에 시설하는 것을 제외한다. 이하 같다)에는 인입구에 가까운 곳으로서 쉽게 개폐할 수 있는 곳에 개폐기(개폐기의 용량이 큰 경우에는 적정 회로로 분할하여 각 회로별로 개폐기를 시설할 수 있다. 이 경우에 각 회로별 개폐기는 집합하여 시설하여야 한다)를 각 극에 시설하여야 한다.
2. 사용전압이 400V 이하인 옥내 전로로서 다른 옥내전로(정격전류가 16A 이하인 과전류 차단기 또는 정격전류가 16A를 초과하고 20A 이하인 배선차단기로 보호되고 있는 것에 한한다)에 접속하는 길이 15m 이하의 전로에서 전기의 공급을 받는 것은 제1의 규정에 의하지 아니할 수 있다.
3. 저압 옥내전로에 접속하는 전원 측의 전로(그 전로에 가공 부분 또는 옥상 부분이 있는 경우에는 그 가공 부분 또는 옥상 부분보다 부하 측에 있는 부분에 한한다)의 그 저압 옥내 전로의 인입구에 가까운 곳에 전용의 개폐기를 쉽게 개폐할 수 있는 곳의 각 극에 시설하는 경우에는 제1의 규정에 의하지 아니할 수 있다.

212.6.3 저압전로 중의 전동기 보호용 과전류보호장치의 시설

1. 과전류차단기로 저압전로에 시설하는 과부하보호장치(전동기가 손상될 우려가 있는 과전류가 발생했을 경우에 자동적으로 이것을 차단하는 것에 한한다)와 단락보호 전용차단기 또는 과부하보호장치와 단락보호전용퓨즈를 조합한 장치는 전동기에만 연결하는 저압전로에 사용하고 다음 각각에 적합한 것이어야 한다.
   가. 과부하 보호장치, 단락보호전용 차단기 및 단락보호전용 퓨즈는 「전기용품 및 생활용품 안전관리법」에 적용을 받는 것 이외에는 한국산업표준(이하 "KS"라 한다)에 적합하여야 하며, 다음에 따라 시설할 것
      (1) 과부하 보호장치로 전자접촉기를 사용할 경우에는 반드시 과부하계전기가 부착되어 있을 것
      (2) 단락보호전용 차단기의 단락동작설정 전류 값은 전동기의 기동방식에 따른 기동돌입전류를 고려할 것
      (3) 단락보호전용 퓨즈는 표 212.6－5의 용단 특성에 적합한 것일 것

표 212.6-5 단락보호전용 퓨즈(aM)의 용단특성

정격전류의 배수	불용단시간	용단시간
4배	60초 이내	-
6.3배	-	60초 이내
8배	0.5초 이내	-
10배	0.2초 이내	-
12.5배	-	0.5초 이내
19배	-	0.1초 이내

나. 과부하 보호장치와 단락보호 전용 차단기 또는 단락보호 전용 퓨즈를 하나의 전용함 속에 넣어 시설한 것일 것

다. 과부하 보호장치가 단락전류에 의하여 손상되기 전에 그 단락전류를 차단하는 능력을 가진 단락보호 전용 차단기 또는 단락보호 전용 퓨즈를 시설한 것일 것

라. 과부하 보호장치와 단락보호 전용 퓨즈를 조합한 장치는 단락보호 전용 퓨즈의 정격전류가 과부하 보호장치의 설정 전류(Setting Current) 값 이하가 되도록 시설한 것(그 값이 단락보호 전용 퓨즈의 표준 정격에 해당하지 아니하는 경우는 단락보호 전용 퓨즈의 정격전류가 그 값의 바로 상위의 정격이 되도록 시설한 것을 포함한다)일 것

2. 저압 옥내 시설하는 보호장치의 정격전류 또는 전류 설정 값은 전동기 등이 접속되는 경우에는 그 전동기의 기동방식에 따른 기동전류와 다른 전기사용기계기구의 정격전류를 고려하여 선정하여야 한다.

3. 옥내에 시설하는 전동기(정격 출력이 0.2kW 이하인 것을 제외한다. 이하 여기에서 같다)에는 전동기가 손상될 우려가 있는 과전류가 생겼을 때에 자동적으로 이를 저지하거나 이를 경보하는 장치를 하여야 한다. 다만, 다음의 어느 하나에 해당하는 경우에는 그러하지 아니하다.

가. 전동기를 운전 중 상시 취급자가 감시할 수 있는 위치에 시설하는 경우

나. 전동기의 구조나 부하의 성질로 보아 전동기가 손상될 수 있는 과전류가 생길 우려가 없는 경우

다. 단상전동기[KS C 4204(2013)의 표준정격의 것을 말한다]로서 그 전원 측 전로에 시설하는 과전류 차단기의 정격전류가 16A(배선차단기는 20A) 이하인 경우

212.6.4 분기회로의 시설

분기회로는 212.4.2, 212.4.3, 212.5.2, 212.5.3에 준하여 시설하여야 한다.

212.7 과부하 및 단락 보호의 협조

212.7.1 한 개의 보호장치를 이용한 보호

과부하 및 단락전류 보호장치는 212.4 및 212.5의 관련 요구사항을 만족하여야 한다.

212.7.2 개별 장치를 이용한 보호

212.4 및 212.5의 요구사항을 과부하 보호장치와 단락 보호장치에 각각 적용한다. 단락 보호장치의 통과에너지가 과부하 보호장치에 손상을 주지 않고 견딜 수 있는 값을 초과하지 않도록 보호장치의 특성을 협조시켜야 한다.

212.8 전원 특성을 이용한 과전류 제한

도체의 허용전류를 초과하는 전류를 공급할 수 없는 전원으로부터 전류를 공급받은 도체의 경우 과부하 및 단락보호가 적용된 것으로 간주한다.

03 탄소중립 사회를 향한 그린 뉴딜 정책

자료출처 : 산업통상자원부 보도자료(2020.07.16.)

1. 개요

1) 탄소중립 사회를 위해 2025년까지 73.4조 원 투자, 일자리 65.9만 개 창출, 1,229만 톤의 온실가스 감축(국가 온실가스 감축 목표량의 20.1%) 목표를 설정하고 2020년 7월 16일 산업통상자원부와 환경부는 그린 뉴딜 계획을 발표함

2) 그린 뉴딜 계획은 한국판 뉴딜 종합계획(14일 발표)의 일환으로 마련되었으며 코로나19로 인한 경제위기와 함께 코로나19를 불러온 기후 환경 위기를 동시에 극복하기 위한 전략으로 추진됨

3) 한국판 뉴딜의 구조

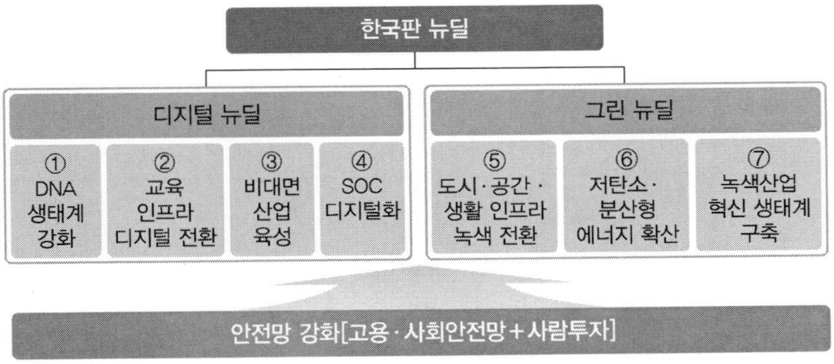

4) 추진과제

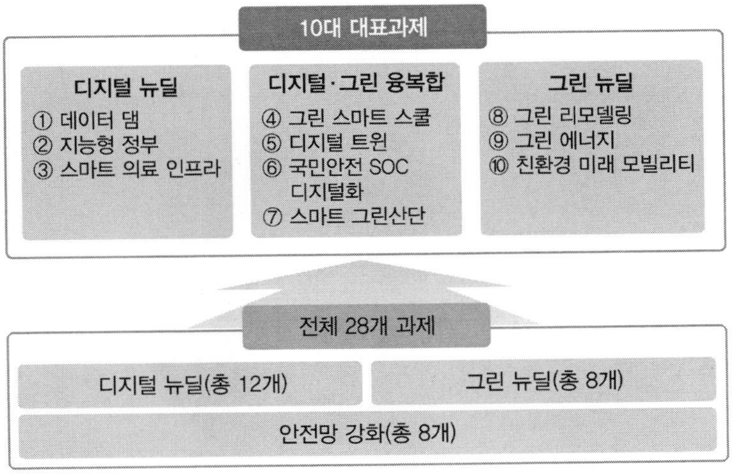

2. 배경 및 방향

1) 배경 : 코로나19를 계기로 자연 · 생태계 보전 등 지속가능성에 기초한 국가 발전전략의 중요성이 부각됨

(1) 세계 주요 선진국 : 넷 제로를 선언하고 저탄소 경제 선도전략으로 그린 뉴딜을 제시

(2) 국내 : 온실가스 배출이 계속 증가, 탄소중심 산업생태계가 유지됨에 따라 우려 의견이 커지고 있음

2) 방향 : 탄소중립 사회를 지향하고 그린 뉴딜을 추진

[그린 뉴딜 3대 분야 8개 추진과제]

구분	분야	추진과제
1	도시 · 공간 · 생활 인프라 녹색 전환	• 국민생활과 밀접한 공공시설 제로 에너지화 • 국토 · 해양 · 도시의 녹색생태계 회복 • 깨끗하고 안전한 물 관리체계 구축
2	저탄소 · 분산형 에너지 확산	• 신재생에너지 확산기반 구축 및 공정한 전환 지원 에너지관리 효율화 • 지능형 스마트 그리드 구축 • 전기차 · 수소차 등 그린 모빌리티 보급 확대
3	녹색산업 혁신 생태계 구축	• 녹색선도 유망기업 육성 및 저탄소 · 녹색산단 조성 • R&D · 금융 등 녹색혁신 기반 조성

3. 추진과제별 주요 내용

1) 국민생활과 밀접한 공공시설 제로 에너지화

사업 · 제도	내용
그린 리모델링	공공건물 제로에너지화(22.5만 호)
에너지저감 문화시설	태양광시스템 및 에너지절감설비(1,148개소)
그린 스마트 스쿨	친환경 · 디지털 교육환경 조성(2,835+@동)

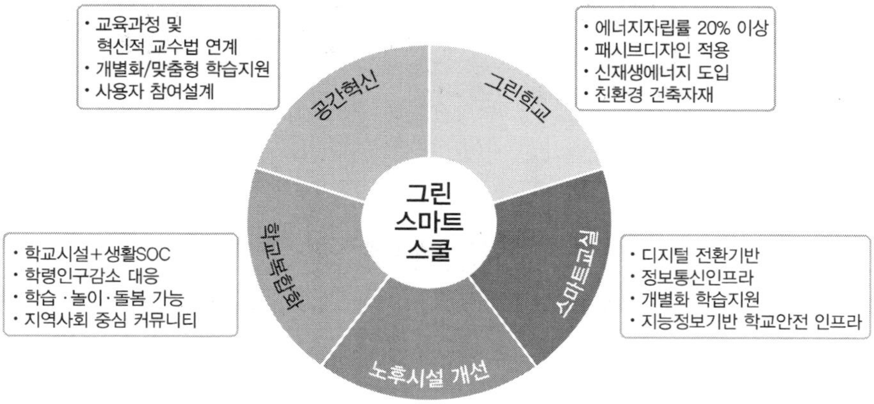

2) 국토 · 해양 · 도시의 녹색 생태계 회복

사업 · 제도	내용
스마트 그린 도시	ICT 기반 맞춤형 환경개선 지원(25개 지역)
도심녹지	미세먼지, 열섬 완화 도시 숲 조성(723ha, 228개소)
국립공원 복원	자연성보전 및 동식물 서식지 보존(41개소)
갯벌 복원	자연적 기능 회복 및 해양생물 서식지 보존(4.5km^2)

3) 깨끗하고 안전한 물 관리체계 구축

사업 · 제도	내용
상수도 스마트관망	ICT · AI 기반 관리체계 마련(광역 : 48개, 지방 : 161개)
하수도 스마트화	도시침수 · 악취관리 시범사업 추진(AI 처리장 17개소)
노후시설 개선	먹는물 관리 관련 시설 개선(3,332km)
홍수센서	가뭄 · 홍수 등 기후변화 대응(100개 하천 홍수센서 설치)

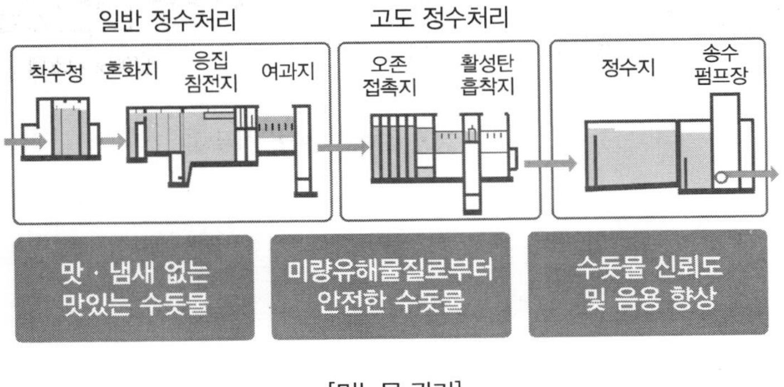

[먹는물 관리]

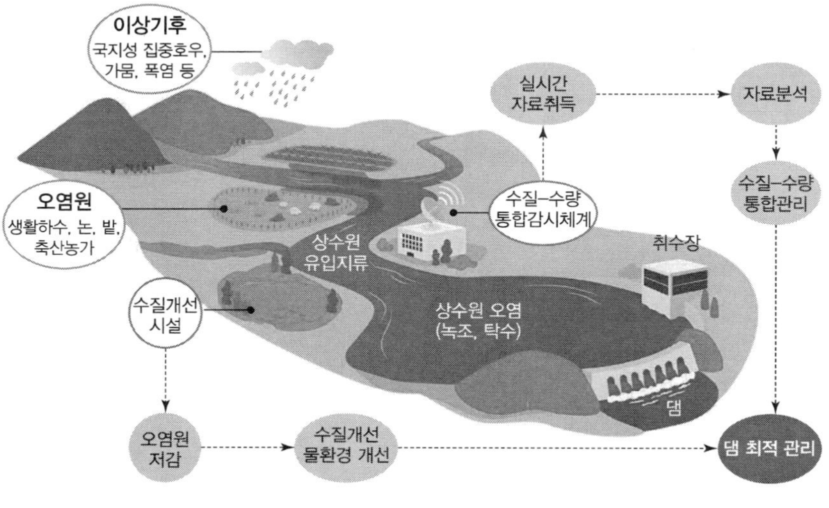

[수량 수질 관리]

4) 에너지관리 효율화 지능형 스마트 그리드 구축

사업 · 제도	내용
아파트 스마트 전력망	전력수요 분산 및 에너지 절감(500만 호)
도서 마이크로 전력망	오염물질 배출량 감축(42개 도서)
에너지 진단	에너지효율 개선방안 발굴(3,000동)

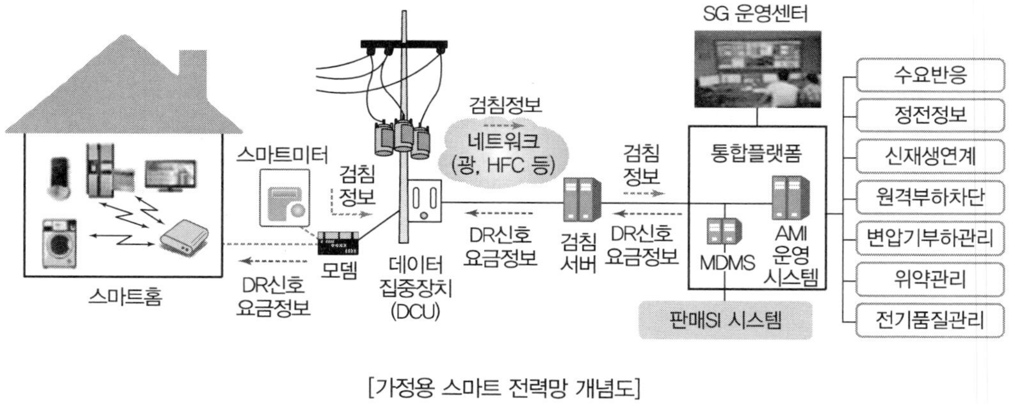

[가정용 스마트 전력망 개념도]

5) 신재생에너지 확산기반 구축 및 공정한 전환 지원

사업 · 제도	내용
재생에너지 발전용량	신재생에너지 보급확대(42.7GW)
수소 원천기술	수소산업 생태계 경쟁력 강화(원천기술 보유)
공정 전환	사업축소가 예상되는 위기지역 대상 신재생 업종 전환

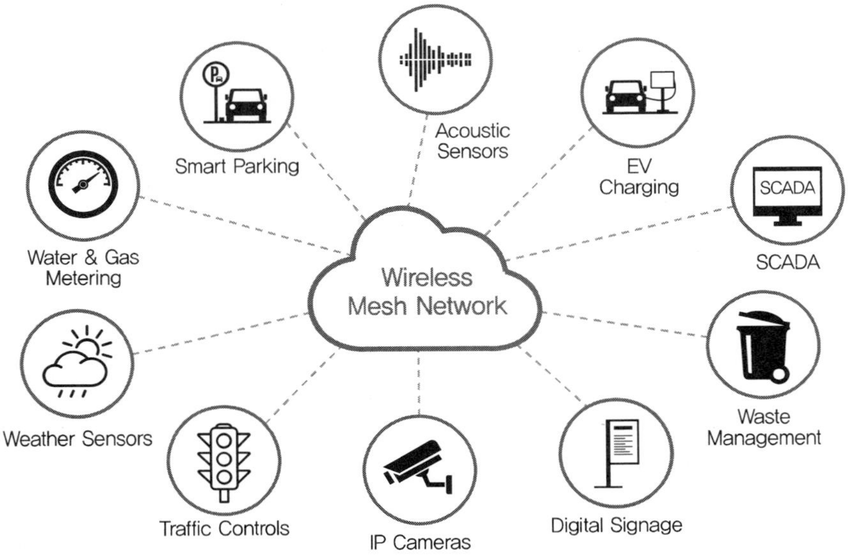

[R&D 추진 및 보급 확산]

6) 전기차 · 수소차 등 그린 모빌리티 보급 확대

사업 · 제도	내용
전기차 보급대수	기후변화 · 미세먼지 대응(113만 대 보급, 인프라 확충)
수소차 보급대수	20만 대 보급 및 충전인프라 450대(누적) 설치
노후경유차 조기폐차	미세먼지 온실가스 배출 원인 폐차(222만 대)
노후경유화물차 LPG전환	LNG, 하이브리드로 전환(15만 대)

7) 녹색선도 유망기업 육성 및 저탄소 · 녹색산단 조성

사업 · 제도	내용
유망기업 성장 지원	환경 에너지 분야 그린 스타트업 타운 조성(55개 사 → 123개 사)
녹색 융합 클러스터	녹색산업 기술개발 · 실증 등 융합한 거점 구축(1개소 → 6개소)
스마트 에너지 플랫폼	에너지 발전 · 소비를 실시간 모니터링 · 제어(7개소 → 10개소)
클린 팩토리	배출특성 진단 및 오염물질 저감 설비(700개소 → 1,750개소)

[유망 녹색기업 육성]

[친환경 제조공정 전환 촉진]

8) R&D · 금융 등 녹색혁신 기반조성

사업 · 제도	내용
CCUS 실증 · 상용화 기반구축(R&D)	기후 및 환경문제에 대응(CO_2로 유용물질 생산)
노후 전력기자재 재제조	자원순환 촉진, 에너지 효율 향상
희소금속 회수활용	10대 회수금속 순도 향상률(98.7%)
미래환경산업 육성 융자	환경 · 에너지 관련 기업 자금융자(1.9조 원)

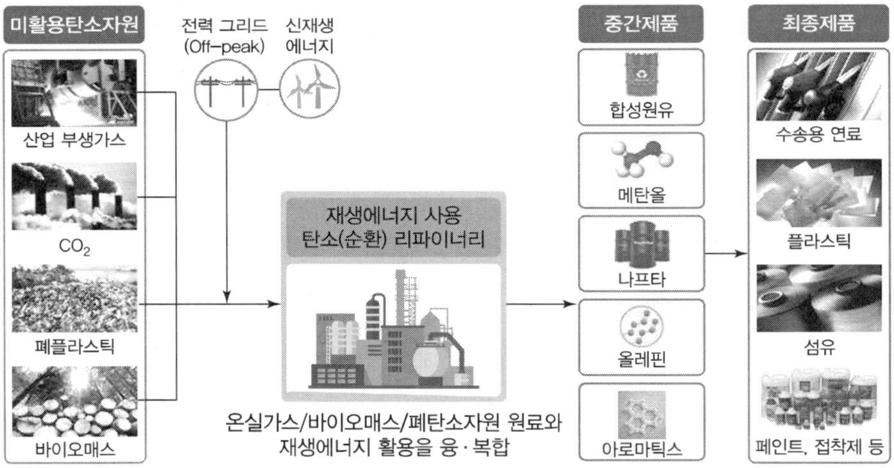

[CO_2 고부가화 기술 개념도]

4. 10대 과제 중 그린 뉴딜 5대 과제(그린 3대 과제+융복합 2대 과제)

1) 그린 스마트 스쿨

(1) 과제 개요

안전 · 쾌적한 녹색환경과 온 · 오프 융합 학습공간 구현을 위해 전국 초중고 에너지 절감시설 설치 및 디지털 교육환경 조성

(2) 투자사업 및 제도 개선(예상사업비 : 20.6조 원, 일자리 창출 : 16.6만 개)

사업 · 제도개선	내용
리모델링	노후학교 대상 태양광발전시설 설치 및 친환경단열재 보강공사
무선망	전체교실 WiFi 100% 구축
스마트기기	노후 PC · 노트북 20만 대 교체 및 태블릿 24만 개 지원
온라인 플랫폼	빅데이터를 활용한 온라인 교육 통합 플랫폼 구축

2) 스마트 그린산단

(1) 과제 개요

산업단지를 디지털 기반 고생산성, 에너지 고효율 저오염 등 스마트 친환경 제조공간으로 전환

(2) 투자사업 및 제도 개선(예상사업비 : 6.1조 원, 일자리 창출 : 5만 개)

사업 · 제도개선	내용
스마트산단	AI · 드론 기반 유해화학물질 유 · 누출 원격모니터링 체계 구축(15개소)
에너지관리	에너지 발전 · 소비를 실시간 모니터링 · 제어하는 스마트 에너지 플랫폼 구축(10개소)
녹색공장	스마트 생태공장(100개소) 및 클린 팩토리(1,750개소) 구축
온실가스	기업 간 폐기물 재활용 연계 지원(81개 산단)
미세먼지	소규모 사업장 미세먼지 저감시설 설치 지원(9,000개소)

3) 그린 리모델링

(1) 과제 개요

공공건물이 선도적으로 태양광 설치 · 친환경 단열재 교체 등 에너지 성능 강화

(2) 투자사업 및 제도 개선(예상사업비 : 8.5조 원, 일자리 창출 : 20.2만 개)

사업 · 제도개선	내용
노후건축물	공공임대주책, 어린이집 · 보건소 · 의료기관 대상 태양광 설치 및 고성능 단열재 교체
신축건축물	고효율에너지 기자재 · 친환경 소재 등 활용(약 500개소)
문화시설	태양광시스템 및 LED조명 등 에너지 저감설비 설치(1,148개소)
정부청사	노후 정부청사 단열재 보강 및 주요 정부청사 에너지관리 효율화
전선지중화	전선 · 통신선 공동지중화 추진

4) 그린 에너지

(1) 과제 개요

태양광 · 풍력 등 신재생에너지 산업 생태계 육성을 위한 대규모 R&D 실증사업 및 설비보급 확대

(2) 투자사업 및 제도 개선(예상사업비 : 15.8조 원, 일자리 창출 : 5.4만 개)

사업 · 제도개선	내용
풍력	13개 권역의 풍황 계측 · 타당성 조사 지원 및 실증단지 단계적 구축
태양광	주민참여형 이익공유사업 도입, 농촌 · 산단 융자지원 확대, 자가용 설치비 지원
수소	전(全) 주기 원천기술개발 및 수소도시 조성
공정 전환	화석연료 사업축소가 예상되는 지역대상 신재생에너지 업종전환 지원

5) 친환경 미래 모빌리티

(1) 과제 개요

온실가스 · 미세먼지 감축 및 글로벌 미래차 시장 선점을 위한 전기 · 수소차 보급 및 친환경 전환

(2) 투자사업 및 제도 개선(예상사업비 : 30조 원, 일자리 창출 : 20.3만 개)

사업 · 제도개선	내용
전기차	승용 · 버스 · 화물 등 전기자동차 113만 대 보급, 충전 인프라 확충
수소차	승용 · 버스 · 화물 등 수소차 20만 대 보급, 충전 인프라 450대 설치 및 수소기반 구축
노후차량	노후경유차의 LPG · 전기차 전환 및 조기폐차 지원
노후선박	관공선 · 함정, 민간선박의 친환경 전환(LNG, 하이브리드) 및 매연저감장치 부착
미래차핵심	미래형 전기차 부품 · 수소차용 연료전지 시스템 · 친환경 선박 혼합연료 등 기술개발 추진

5. 그린 뉴딜 기대효과 및 향후계획

1) 기대효과

2025년	2030년	2050년
• 73.4조 원을 투자해 65만 9천 개의 일자리 창출 • 1,229만 톤의 온실가스 감축	• 2030년 온실가스 감축 목표 • 3020계획 등을 이행	• 장기 저탄소 발전전략을 수립 • 산업계, 시민사회, 국민의 의견 수렴

2) 향후계획

(1) 한국판 뉴딜 전략회의를 통해 그린 뉴딜 추진에 있어 범국가적 역량을 결집하여 추진할 예정임

(2) 산업부와 환경부는 지자체, 기업, 시민사회 등과 적극 소통해 다양한 주체의 참여와 역할을 확대할 것

참고문헌

강상윤 · 고현욱 · 양재학 · 오재형 · 이성배(2011), 전기응용기술사 문제해설집 상권, NT미디어

김병철(2003), 광원과 전기응용, 태영문화사

김세동(2014), 건축전기설비기술사 해설, 동일출판사

박삼홍 · 유해출(2019), NEW 전기철도기술사 해설, 동일출판사

양병남(2007), 적중 전기철도기술사, 성안당

양재학 · 오진택 · 송영주(2020), 건축전기설비기술사, 성안당

유제형 · 김한식 · 최창규(2010), FINAL 건축전기설비기술사, 예문사

이순영(2011), 수 · 변전설비의 계획과 설계, 기다리

이재언, 건축전기설비기술사, 대한영상시스템

정용기(1998), 건축전기설비기술사 핵심문제총람, 의제

최기영 · 정태규 · 이규복 · 임근하 · 유상봉(2010), 최신 전기설비의 이해, 기다리

최홍규(2009), 전력사용시설물 설비 및 설계, 성안당

한국교원대학교 국정도서편찬위원회(2013), 전기응용, 한국산업인력관리공단

AUTHOR INTRODUCTION

저자소개

▪임근하

[학력사항]
- 서울과학기술대학교 나노IT 박사
- 서울과학기술대학교 전기공학 석사
- 국민대학교 전자공학과 학사

[자격사항]
- 건축전기설비기술사
- 전기응용기술사
- 전기안전기술사

[경력사항]
- 서울특별시 화재조사 전문위원
- 과학기술정보통신부 사고조사 위원
- LH 공사 자문위원
- 한국전기기술인협회 강사
- 한국전기공사협회 강사
- 대한상사중재원 중재인
- 인천광역시 안전전문 위원
- 한국광해관리공단 심의위원회 위원

▪오승용

[학력사항]
- 호남대학교 전기공학과 석사
- 조선대학교 전기공학과 학사

[자격사항]
- 건축전기설비기술사
- 전기응용기술사

[경력사항]
- 오진택전기기술사학원 강사
- 전기공사협회 직무능력향상 강사
- 신재생에너지협회 강사
- 스마트그리드 협회 강사
- 태양광협회 강사
- 서울시 건설기술 심의위원(16기)
- 인천광역시 설계 VE위원
- NCS기술개발 전문위원

▪유문석

[학력사항]
- 수원대학교 전기공학과 석사
- 한서대학교 전자공학과 학사

[자격사항]
- 전기응용기술사
- 전기기능장

[경력사항]
- 신재생에너지협회 강사
- 인천국제공항 전력계통 운영
- 화력발전 탈황설비 운영
- 화력발전 회처리설비 운영
- 화력발전 석탄설비 정비

▪정재만

[학력사항]
- 대진대학교 전기공학과 석사과정
- 대진대학교 전기공학과 학사

[자격사항]
- 전기응용기술사
- 전기기사 · 전기공사기사

[경력사항]
- 전기응용기술사회 이사
- 전기기술사협의회 실무위원
- 한국기술사회 정회원
- 前)한국전력거래소 근무

전기기술사 시험 대비

전기응용기술

발행일 | 2021. 6. 1. 초판발행
2022. 6. 10. 초판 2쇄

저　자 | 임근하 · 오승용 · 유문석 · 정재만

발행인 | 정용수
발행처 | 예문사

주　소 | 경기도 파주시 직지길 460(출판도시) 도서출판 예문사
TEL | 031) 955-0550
FAX | 031) 955-0660
등록번호 | 11-76호

정가 : 80,000원

ISBN 978-89-274-4025-3 13560